KB185757

2025년 최신판

전과목 핵심 요약·최근 기출문제

전기산업기사 필기
최근 12년간 기출문제

테스트나라 검정연구회 편저

이노 books

전 과목 핵심 요약·최근 기출문제 및 상세한 해설
2025 전기산업기사 필기 최근 12년간 기출문제

초판 1쇄 발행 | 2025년 01월 10일
편저자 | 테스트나라 검정연구회 편저
발행인 | 송주환

발행처 | 이노Books
출판등록 | 301-2011-082
주소 | 서울시 중구 퇴계로 180-15(필동1가 21-9번지 뉴동화빌딩 119호)
전화 | (02) 2269-5815
팩스 | (02) 2269-5816
홈페이지 | www.innobooks.co.kr

ISBN 979-11-91567-52-6 [13560]
정가 25,000원

copyright ⓒ 이노Books
이 책은 저작권자와의 계약에 의해서 본사의 허락 없이 내용을 전재 또는 복사하는 행위는
저작권법 제136조에 의거 적용을 받습니다.

머리말

오늘날 일상생활에서 가장 비중 있는 에너지원으로 자리 잡은 전기는 더욱 다양한 방법으로 사용되고 있으며, 만드는 방법 또한 매우 다양해지고 있습니다. '신재생 에너지' '태양광 발전' '스마트 그리드' 등과 같은 조금은 생소한 전기 용어들을 자주 접할 수 있는 것처럼 매일 새로운 기술이 개발되고 있으며, 지금까지와는 전혀 다른 개념이 만들어지고 있습니다. 이에 따라 갈수록 다양한 분야에서 다양한 기술을 가진 전문 인력이 다른 어떤 직종보다 필요한 분야가 바로 전기분야입니다.

이러한 시류를 반영이라도 하듯이 최근 들어 전공자는 물론이고 전기를 전공하지 않은 비전공자들까지 대거 전기수험서 분야로 몰리면서 그 경쟁은 더 치열해지고 있습니다.

본도서는 어렵고 힘든 전기기사 필기시험을 준비하는 수험생들에게 좀 더 쉽고 빠르게 시험을 준비할 수 있도록 했습니다. 본도서의 가장 큰 목표이기도 합니다.
모든 수험생 여러분들에게 행운이 깃들길 기원합니다.
감사합니다.

목 차

PART 02 최근 12년간 기출문제 (2024~2013)

e북 증정 이벤트

1. 증정도서 : 전기산업기사 필기 과목별 기본서

   (요약+핵심기출+단원별 핵심체크)

   (전기자기학, 전력공학, 전기기기, 회로이론, 전기설비기술기준

2. 파일 형식 : PDF

3. 페이지 : 330페이지 (190×260mm)

4. 제공방법 : 구입 도서 판권에 본인 사인과 받을 메일 주소를 적어 촬영한 후 홈페이지 [자료실]에 올려 주시면 해당 메일로 보내드립니다.

   문의전화 : (02) 2269-5815, 홈페이지 : www.innobooks.co.kr

[2025 전기자기학]

[2025 전력공학]

[2025 전기기기]

[2025 회로이론]

[2025 전기설비기술기준]

PART

01

과목별 핵심 요약

전기자기학 핵심 요약

1. 벡터의 표시 방법

스칼라 A와 구분하기 위하여 특이한 표시를 한다.

$$\dot{A} = \vec{A} = \hat{A}$$

예 남으로 10[m] → (거리 10[m]는 스칼라)

2. 벡터의 성분 표시 방법

· $\dot{A} = Aa$에서 A : 크기, a : 성분(단위 벡터)

3. 직교 좌표계

① 단위벡터 : 크기가 1인 단지 방향만을 제시해 주는 벡터, 수직으로 만나는 x축과 y축으로부터의 거리인 x좌표와 y좌표로 점을 나타내는 좌표계

② 방향 벡터의 표시 방법

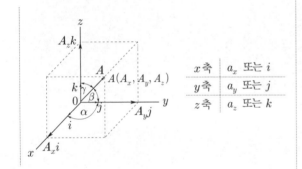

x축	a_x 또는 i
y축	a_y 또는 j
z축	a_z 또는 k

4. 벡터의 크기 계산

① 벡터 $\dot{A} = A_x i + A_y j + A_z k$

② 크기 $|A| = \sqrt{A_x^2 + A_y^2 + A_z^2}$

③ 벡터 A의 단위 벡터 a

$$a = \frac{\dot{A}}{|A|} = \frac{A_x i + A_y j + A_z k}{\sqrt{A_x^2 + A_y^2 + A_z^2}}$$

5. 벡터의 연산

(1) 벡터의 덧셈 및 뺄셈

두 벡터 $\dot{A} = A_x i + A_y j + A_z k$

$\dot{B} = B_x i + B_y j + B_z k$에서

① $\dot{A} + \dot{B} = (A_x + B_x)i + (A_y + B_y)j + (A_z + B_z)k$

② $\dot{A} - \dot{B} = (A_x - B_x)i + (A_y - B_y)j + (A_z - B_z)k$

(2) 벡터의 곱(Dot product, 내적)

① $\vec{A} \cdot \vec{B} = |A||B| \cos\theta$

(벡터에서 각 계산, A, B 수직 조건 $\vec{A} \cdot \vec{B} = 0$)

② $\vec{A} \cdot \vec{B} = A_x B_x + A_y B_y + A_z B_z$

$$\begin{cases} i \cdot i = 1 \\ j \cdot j = 1 \\ k \cdot k = 1 \end{cases} \quad \begin{cases} i \cdot j = 0 \\ j \cdot k = 0 \\ k \cdot i = 0 \end{cases}$$

(3) 벡터의 곱(Cross Product, 외적)

① $\vec{A} \times \vec{B} = |A||B| \sin\theta$

② $\vec{A} \times \vec{B} = \begin{vmatrix} i & j & k \\ A_x & A_y & A_z \\ B_x & B_y & B_z \end{vmatrix}$

$= (A_y B_z - A_z B_y)i + (A_z B_x - A_x B_z)j + (A_x B_y - A_y B_x)k$

$$\begin{cases} i \times i = 0 \\ j \times j = 0 \\ k \times k = 0 \end{cases} \quad \begin{cases} i \times j = k \\ j \times k = i \\ k \times i = j \end{cases} \quad \begin{cases} j \times i = -k \\ k \times j = -i \\ i \times k = -j \end{cases}$$

6. 벡터의 미분연산

(1) 스칼라 함수의 기울기(gradint) → (경도, 구배)

① $grad \, f = \nabla f = \frac{\partial f}{\partial x}i + \frac{\partial f}{\partial y}j + \frac{\partial f}{\partial z}k$

② $\nabla = \frac{\partial}{\partial x}i + \frac{\partial}{\partial y}j + \frac{\partial}{\partial z}k$ → (편미분함수)

(2) 벡터 $\dot{A}$의 발산(DIVERGENCE)

$div \vec{A} = \nabla \cdot \vec{A}$

$= \left(\frac{\partial}{\partial x}i + \frac{\partial}{\partial y}j + \frac{\partial}{\partial z}k \right) \cdot (A_x i + A_y j + A_z k)$

$= \frac{\partial A_x}{\partial x} + \frac{\partial A_y}{\partial y} + \frac{\partial A_z}{\partial z}$

(3) 벡터 $\dot{A}$의 회전(ROTATION, CURL)

$$rot\ \vec{A} = \nabla \times \vec{A}$$

$$= \left(\frac{\partial}{\partial x}i + \frac{\partial}{\partial y}j + \frac{\partial}{\partial z}k \right) \times (A_x i + A_y j + A_z k)$$

$$= \left(\frac{\partial A_z}{\partial y} - \frac{\partial A_y}{\partial z} \right)i + \left(\frac{\partial A_x}{\partial z} - \frac{\partial A_z}{\partial x} \right)j + \left(\frac{\partial A_y}{\partial x} - \frac{\partial A_x}{\partial y} \right)k$$

$$= \begin{vmatrix} i & j & k \\ \dfrac{\partial}{\partial x} & \dfrac{\partial}{\partial y} & \dfrac{\partial}{\partial z} \\ A_x & A_y & A_z \end{vmatrix}$$

(4) LAPLACIAN (∇^2)

$$div\ grad\ f = \triangle \cdot \triangle f$$

$$= \triangle^2 f = \frac{\partial^2 f}{\partial x^2} + \frac{\partial^2 f}{\partial y^2} + \frac{\partial^2 f}{\partial z^2}$$

(5) 발산정리(면적적분 ⇄ 체적적분)

$$\int_s \vec{A}\, ds = \int_v div\ \vec{A}\, dv = \int_v \nabla \cdot \vec{A}\, dv$$

(6) STOKES정리(선적분 ⇄ 면적적분)

$$\int_l \vec{A}\, dl = \int_v div\ \vec{A}\, dv = \int_v \nabla \cdot \vec{A}\, ds$$

핵심 **02** **진공 중의 정전계**

1. 쿨롱의 법칙

$$F = \frac{Q_1 Q_2}{4\pi\epsilon_0 r^2} = 9 \times 10^9 \frac{Q_1 Q_2}{r^2}\, [N]$$

$$\rightarrow \left(\frac{1}{4\pi\epsilon_0} = 9 \times 10^9 \right)$$

두 점전하간 작용력으로 힘은 항상 일직선상에 존재, 거리 제곱에 반비례

2. 전계의 세기(E)

전계내의 임의의 점에 "단위정전하(+1[C])"를 놓았을 때 단위정전하에 작용하는 힘 [N/C=V/m]

$$E = \frac{F}{Q}\, [V/m] = \frac{Q \times 1}{4\pi\epsilon_0 r^2} = 9 \times 10^9 \frac{Q}{r^2}\, [V/m]$$

3. 도체 모양에 따른 전계의 세기

(1) 원형 도체 중심에서 직각으로 r[m] 떨어진 지점의 전계 세기

$$E = \frac{\lambda a r}{2\epsilon_0 (a^2 + r^2)^{\frac{3}{2}}}\, [V/m] \qquad \rightarrow (\lambda[C/m] : 선전하밀도)$$

(2) 구도체 전계의 세기(E)

① 도체 외부 전하($r > a$)의 전계의 세기(E)

$$Q_1 = Q[C],\ Q_2 = +1[C]$$

$$E = \frac{Q}{4\pi\epsilon_0 r^2}\, [V/m]$$

② 구(점) 표면 전하($r = a$)의 전계의 세기(E)

$$E = \frac{Q}{4\pi\epsilon_0 a^2}\, [V/m]$$

③ 구 내부의 전하($r < a$)]의 전계의 세기(E)
(단, 전하가 내부에 균일하게 분포된 경우)

$$E = \frac{Q}{4\pi\epsilon_0 r^2} \times \frac{체적'(r)}{체적(a)} = \frac{rQ}{4\pi\epsilon_0 a^3}\, [V/m]$$

(3) 무한장 직선 도체에서의 전계의 세기

$$E = \frac{\lambda}{2\pi\epsilon_0 r}\, [V/m] \qquad \rightarrow (\lambda[C/m] : 선전하밀도)$$

(4) 동축 원통(무한장 원주형)의 전계

① 원주 외부 ($r > a$)
(길이 l, 반지름 r인 원통의 표면적 $S = 2\pi r l$)

전계 $E(외부) = \dfrac{\lambda}{2\pi\epsilon_0 r}\, [V/m]$

② 원주 내부 ($r < a$)
(단, 전하가 내부에 균일하게 분포된 경우)
(길이 l, 반지름 r인 원통의 체적 $v = \pi r^2 l$)

전계 $E(내부) = \dfrac{r\lambda}{2\pi\epsilon_0 a^2}\, [V/m]$

③ 원주 평면 ($r = a$)

전계 $E = \dfrac{\lambda}{2\pi\epsilon_0 r}\, [V/m]$

(5) 무한 평면 도체에 의한 전계 세기

$$E = \frac{D}{\epsilon_0} = \frac{\rho}{2\epsilon_0} \, [V/m]$$

$$\rightarrow (\text{전속밀도 } D = \frac{\rho}{2} [C/m^2]$$

$$\rightarrow (\rho [C/m^2] : \text{무한 평면의 면전하밀도})$$

(6) 임의 모양의 도체에 의한 전계 세기

$$E = \frac{\rho}{\epsilon_0} \, [V/m]$$

4. 전기력선의 성질

① 정전하(+)에서 시작하여 부전하(−)에서 끝난다.

② 전위가 높은 곳에서 낮은 곳으로 향한다.

③ 그 자신만으로 폐곡선이 되지 않는다.

④ 도체 표면에서 수직으로 출입한다.

⑤ 서로 다른 두 전기력선은 서로 반발력이 작용하여 교차하지 않는다.

⑥ 전기력선 밀도는 그 점의 전계의 세기와 같다.

⑦ 전하가 없는 곳에서는 전기력선이 존재하지 않는다.

⑧ 도체 내부에서의 전기력선은 존재하지 않는다.

⑨ $Q[C]$의 전하에서 나오는 전기력선의 개수는 $\frac{Q}{\epsilon_0}$ 개

(단위 전하에서는 $\frac{1}{\epsilon_0}$ 개의 전기력선이 출입한다.)

⑩ 전기력선의 방향은 그 점의 전계의 방향과 일치한다.

5. 전기력선의 방정식

① $\dfrac{dx}{E_x} = \dfrac{dy}{E_y} = \dfrac{dz}{E_z}$

② $V = x^2 + y^2$, $E = E_x i + E_y j$ 에서

· V와 E가 + 이면 $\dfrac{x}{y} = c$ 형태

− 이면 $xy = c$ 형태

※ x, y값이 주어지면 대입하여 성립하면 답

6. 전하의 성질

① 전하는 "도체 표면에만" 존재한다.

② 도체 표면에서 전하는 곡률이 큰 부분, 곡률 반경이 작은 부분에 집중한다.

7. 전속밀도(D)

유전체 중 어느 점의 단위 면적 중을 통과하는 전속선 개수, 단위 $[C/m^2]$

① $D = \dfrac{\text{전속수}}{\text{면적}} = \dfrac{Q}{S} [C/m^2] = \dfrac{Q}{4\pi r^2} [C/m^2]$

② $D = \epsilon_0 E [C/m^2]$ $\rightarrow (E = \dfrac{D}{\epsilon_0} [V/m])$

8. 등전위면

① 전위가 같은 점을 연결하여 얻어지는 면, 에너지의 증감이 없으므로 일(W)은 0이다.

② 서로 다른 등전위면은 교차하지 않는다.

③ 등전위면과 전기력선은 수직 교차한다.

9. 전위경도($grad$ V)

① $grad$ V $= \nabla V = -E$

전위경도와 전계의 세기는 크기는 같고 방향은 반대이다.

② 전위(V) 주어진 경우 전계의 세기(E) 계산식

$$E = -\nabla V$$

$$= -\frac{\partial V}{\partial x} i - \frac{\partial V}{\partial y} j - \frac{\partial V}{\partial z} k \, [V/m]$$

10. 가우스법칙

임의의 폐곡면을 통하여 나오는 전기력선은 폐곡면 내 전하 총합의 $\dfrac{1}{\epsilon_0}$ 배와 같다.

$$\int_s E \, ds = \frac{Q}{\epsilon_0} \quad \rightarrow (\text{전기력선수})$$

11. 전기쌍극자

① 전위 $V = \dfrac{M \cos\theta}{4\pi\epsilon_0 r^2} [V]$

② 전계 $E = \dfrac{M\sqrt{1 + 3\cos^2\theta}}{4\pi\epsilon_0 r^3} [V/m] \propto \dfrac{1}{r^3}$

③ $M = Q \cdot \delta [C \cdot m] \rightarrow (M : \text{전기쌍극자 모우멘트})$

12. 자기쌍극자

① 자위 $U = \dfrac{M\cos\theta}{4\pi\mu_0 r^2}[AT]$

② 자계 $H = \dfrac{M\sqrt{1+3\cos^2\theta}}{4\pi\mu_0 r^3}[AT/m] \propto \dfrac{1}{r^3}$

③ $M = m \cdot l\,[Wbm] \rightarrow (M$: 자기 쌍극자 모우멘트$)$

※ 크기가 같고 극성이 다른 두 점전하가 아주 미소한 거리에 있는 상태를 전기쌍극자 상태라 한다.

13. POISSON(포아송) 방정식

① $div\,E = \nabla \cdot E = \dfrac{\rho}{\epsilon_0}$

　→ (E가 주어진 경우 체적전하 $\rho[C/m^3]$ 계산식)

② $div\,D = \nabla \cdot D = \rho$

　→ (D가 주어진 경우 체적전하 $\rho[C/m^3]$ 계산식)

③ $\nabla^2 V = -\dfrac{\rho}{\epsilon_0}$　　→ (포아송 방정식)

　→ (전위가 주어진 경우 체적전하 $\rho[C/m^3]$ 계산식)

14. LAPLACE(라플라스) 방정식($\rho = 0$)

$\nabla^2 V = 0$　　→ (라플라스 방정식)

전하가 없는 곳에서 전위(V) 계산식

15. 정전응력

도체 표면에 단위 면적당 작용하는 힘

$f_e = \dfrac{1}{2}\epsilon_0 E^2 = \dfrac{1}{2}DE = \dfrac{D^2}{2\epsilon_0}[N/m^2] = w_e[J/m^3]$

16. 전기 이중층

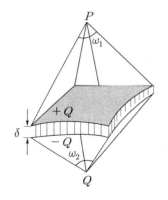

① P점의 전위 $V_p = \dfrac{M}{4\pi\epsilon_0}\omega_1$

② Q점의 전위 $V_Q = \dfrac{-M}{4\pi\epsilon_0}\omega_2$

③ P, Q점의 전위차 $V_{PQ} = \dfrac{M}{\epsilon_0}$

④ 이중층의 세기 $M = \sigma\delta[\omega b/m]$

$(\sigma$: 면전하 밀도$[C/m^2]$, δ : 판의 두께$[m])$

17. 자기이중층(판자석)

① P점의 전위 $U_p = \dfrac{M}{4\pi\epsilon_0}\omega_1[AT]$,

② Q점의 전위 $U_Q = \dfrac{-M}{4\pi\mu_0}\omega_2[AT]$

③ P, Q점의 전위차 $U_{PQ} = \dfrac{M}{\mu_0}$

④ 판자석 세기 $M = \sigma\delta[wb/m]$

18. 전계의 세기가 0 되는 점

① 두 전하의 극성이 같으면 : 두 전하 사이에 존재
② 두 전하의 극성이 다르면: 크기가 작은 측의 외측에 존재

핵심 **03** **진공 중의 도체계와 정전용량**

1. 정전용량의 종류

① 반지름 $a[m]$인 고립 도체구의 정전용량

　$C = \dfrac{Q}{V} = 4\pi\epsilon_0 a[F]$

② 동심구 콘덴서의 정전용량

　　　　　　　→ (중심이 같은 두 개의 구)

　$C = \dfrac{Q}{V} = \dfrac{4\pi\epsilon_0}{\left(\dfrac{1}{a}-\dfrac{1}{b}\right)} = \dfrac{4\pi\epsilon_0 ab}{b-a}[F]$

③ 평행판 콘덴서의 정전용량

　$C = \dfrac{Q}{V} = \dfrac{\epsilon_0 \cdot S}{d}[F]$

④ 두 개의 평행 도선(선간 정전용량)

$$C = \frac{\pi\epsilon_0}{\ln\dfrac{d}{r}}l[F] = \frac{\pi\epsilon_0}{\ln\dfrac{d}{r}}[F/m]$$

→ (단위 길이당 정전용량)

⑤ 동축원통 콘덴서의 정전용량

$$C = \frac{2\pi\epsilon_0}{\ln\dfrac{b}{a}}l[F] = \frac{2\pi\epsilon_0}{\ln\dfrac{b}{a}}[F/m]$$

2. 전위계수

① 전위계수

$$\cdot V_1 = \frac{Q_1}{4\pi\epsilon_0 R_1} + \frac{Q_2}{4\pi\epsilon_0 r} = P_{11}Q_1 + P_{12}Q_2[V]$$

$$\cdot V_2 = \frac{Q_1}{4\pi\epsilon_0 r} + \frac{Q_2}{4\pi\epsilon_0 R_2} = P_{21}Q_1 + P_{22}Q_2[V]$$

② 전위계수 성질

$\cdot P_{rr}\,(P_{11},\ P_{22},\ P_{33},\ ....) \geq 0$

$\cdot P_{rs}\,(P_{12},\ P_{23},\ P_{34},\ ....) \geq 0$

$\cdot P_{rs} = P_{sr}\,(P_{12} = P_{21})$

$\cdot P_{rr} = P_{sr}\,(P_{11} = P_{21})$

→ (s도체가 r도체 내부에 있다.)

3. 용량계수 및 유도계수

$\cdot Q_1 = q_{11}V_1 + q_{12}V_2$

$\cdot Q_2 = q_{21}V_1 + q_{22}V_2$

여기서, $q_{rr}\,(q_{11},\ q_{22},\ .....,q_{rr}) > 0$: 용량계수

$q_{rs}\,(q_{12},\ q_{23},\ .....,q_{rs}) \leq 0$: 유도계수

$\cdot Q = CV$ →(정전용량 $C = \dfrac{Q}{V}[F] = [C/V]$)

4. 콘덴서에 축적되는 에너지(저장에너지)

$$W = \frac{1}{2}CV^2 = \frac{1}{2}QV = \frac{Q^2}{2C}[J]$$

5. 유전체에 축적되는 에너지(저장에너지)

$$\omega = \frac{W}{v} = \frac{\rho_s^2}{2\epsilon_0} = \frac{D^2}{2\epsilon_0} = \frac{1}{2}\epsilon_0 E^2 = \frac{1}{2}ED[J/m^3]$$

→ $\left(E = \dfrac{D}{\epsilon_0}[V/m]\right)$

6. 정전 흡인력(단위 면적당 받는 힘)

① V 일정 : $F = \dfrac{\frac{1}{2}CV^2}{d} = \dfrac{\epsilon S V^2}{2d^2}$ → $\left(C = \dfrac{\epsilon S}{d}\right)$

② Q 일정 = $F = \dfrac{\frac{Q^2}{2C}}{d} = \dfrac{Q^2}{2\epsilon S}[N/m^2]$

핵심 04 유전체

1. 유전율 $(\epsilon = \epsilon_0\epsilon_s)$

① $\epsilon = \epsilon_0\epsilon_s[F/m]$

② $\epsilon_0 = 8.855 \times 10^{-12}[F/m]$: 진공중의 유전율

③ ϵ_s : 비유전율(진공시, 공기중 $\epsilon_s = 1$)

※유전율의 단위는 $[C^2/N \cdot m^2]$ 또는 $[F/m]$이다.

2. 비유전율(ϵ_s)

·비유전율은 물질의 매질에 따라 다르다.

·모든 유전체는 비유전율(ϵ_s)이 1보다 크거나 같다.

  즉, $\epsilon_s \geq 1$

·공기중이나 진공 상태에서의 비유전율(ϵ_s)은 1이다.

  (진공중, 공기중 $\epsilon_s = 1$

※비유전율은 단위가 없다.

3. 전기분극의 종류

① 이온분극 : 염화나트륨(NaCl)의 양이온(Na^+)과 음이온(Cl^-) 원자

② 전자분극 : 헬륨과 같은 단 결정에서 원자 내의 전자와 핵의 상대적 변위로 발생

③ 쌍극자분극 : 유극성 분자가 전계 방향에 의해 재배열한 분극

4. 분극의 세기

$$P = D - \epsilon_0 E = \epsilon_0 \epsilon_s E - \epsilon_0 E = \epsilon_0 (\epsilon_s - 1) E [C/m^2]$$
$$\rightarrow (D = \epsilon E = P + \epsilon_0 E [C/m^2])$$

5. 유전체 콘덴서의 직렬 및 병렬 구조

① 유전체의 콘덴서 내에 직렬 삽입

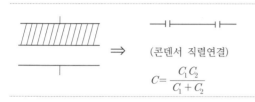

(콘덴서 직렬연결)

$$C = \frac{C_1 C_2}{C_1 + C_2}$$

② 유전체의 콘덴서 내에 병렬 삽입

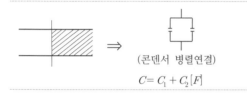

(콘덴서 병렬연결)

$$C = C_1 + C_2 [F]$$

6. 유전체의 경계 조건

① 전속 밀도의 법선 성분의 크기는 같다.
  ($D_1' = D_2' \rightarrow D_1 \cos\theta_1 = D_2 \cos\theta_2$) → 수직성분
② 전계의 접선 성분의 크기는 같다.
  ($E_1' = E_2' \rightarrow E_1 \sin\theta_1 = E_2 \sin\theta_2$) → 평행성분
③ 굴절의 법칙

$$\cdot \frac{E_1 \sin\theta_1}{D_1 \cos\theta_1} = \frac{E_2 \sin\theta_2}{D_2 \cos\theta_2}, \ \frac{E_1 \sin\theta_1}{\epsilon_1 E_1 \cos\theta_1} = \frac{E_1 \sin\theta_1}{\epsilon_2 E_2 \cos\theta_2}$$

$$\cdot \frac{\tan\theta_1}{\epsilon_1} = \frac{\tan\theta_2}{\epsilon_2}, \ \frac{\epsilon_2}{\epsilon_1} = \frac{\tan\theta_2}{\tan\theta_1}$$

7. 전속 및 전기력선의 굴절

· $\epsilon_1 > \epsilon_2$ 일 때 유전율의 크기와 굴절각의 크기는 비례한다.

· $\epsilon_1 > \epsilon_2$ 이면, $\theta_1 > \theta_2$, $D_1 > D_2$, $E_1 < E_2$

8. 유전체가 경계면에 작용하는 힘

① 전계가 경계면에 수직한 경우($\epsilon_1 > \epsilon_2$)

전계 및 전속밀도가 경계면에 수직 입사하면(인장응력)

작용하는 힘 $f = \frac{1}{2}(E_2 - E_1)D^2$
$$= \frac{1}{2}\left(\frac{1}{\epsilon_2} - \frac{1}{\epsilon_1}\right)D^2 [N/m^2]$$

② 전계가 경계면에 평행한 경우($\epsilon_1 > \epsilon_2$)

전계 및 전속밀도가 경계면에 평행 입사하면(압축응력)

작용하는 힘 $f = \frac{1}{2}(\epsilon_1 - \epsilon_2)E^2 [N/m^2]$

핵심 05 전기영상법

1. 무한 평면도체와 점전하 간 작용력

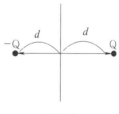

흡인력

$$F = \frac{1}{4\pi\epsilon_0} \frac{Q \times (-Q)}{(2d)^2} = -\frac{Q^2}{16\pi\epsilon_0 d^2} [N] \rightarrow (- : 흡인력)$$

2. 무한 평면 도체와 선전하간 작용력

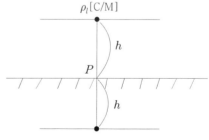

$$F = \rho_l \cdot E = \frac{-\rho_l^2}{4\pi\epsilon_0 h} [N/m] \rightarrow (\rho_l ; 선전하밀도)$$

3. 접지 구도체와 점전하

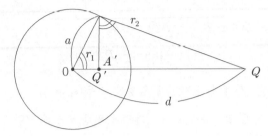

① 영상전하의 위치 $x = \dfrac{a^2}{d}[m]$

② 영상전하의 크기 $Q' = -\dfrac{r_1}{r_2}Q = -\dfrac{a}{d}Q[C]$

③ 접지구도체와 점전하간 작용력 (쿨롱의 힘)

$$F = \frac{Q_1 Q_2}{4\pi\epsilon_0 r^2} = \frac{Q\left(-\dfrac{a}{b}Q\right)}{4\pi\epsilon_0\left(d - \dfrac{a^2}{d}\right)^2}$$

$$= -\frac{adQ^2}{4\pi\epsilon_0 (d^2 - a^2)^2}[N] \quad \rightarrow (흡입력)$$

핵심 06 전류

1. 전류

$$I = \frac{Q}{t} = \frac{ne}{t}[C/\sec = A]$$

2. 전하량

$$Q = I \cdot t = ne[C]$$

여기서, n : 전자의 개수

$\quad\quad e[C]$: 기본 전하량$(e = 1.602 \times 10^{-19}[C])$

$\quad\quad$ (전자의 전하량 $-e = -1.602 \times 10^{-19}[C])$

3. 전기저항

(1) 저항

$$R = \rho\frac{1}{S} = \frac{1}{kS}[\Omega] \quad \rightarrow (저항률\ \rho = \frac{1}{k}\ (k : 도전율))$$

(2) 콘덕턴스

$$G = \frac{1}{R} = \frac{S}{\rho l} = k\frac{S}{l}[\text{℧}]$$

여기서, ρ : 고유 저항 $[\Omega \cdot m]$

$\quad\quad k$: 도전율 $[\text{℧}/m][S/m]$

$\quad\quad l$: 도선의 길이 $[m]$

$\quad\quad S$: 도선의 단면적 $[m^2]$

(3) 온도계수와 저항과의 관계

① 온도 T_1 및 T_2일 때 저항이 각각 R_1, R_2, 온도 T_1에서의 온도계수 a_1

$$R_2 = R_1[1 + a_1(T_2 - T_1)][\Omega]$$

② 동선에서 저항 온도 계수 $a_1 = \dfrac{a_0}{1 + a_0 T_1}$

$\quad (0[°C]에서 a_1 = \dfrac{1}{234.5},\ t[°C]에서 a_2 = \dfrac{1}{234.5 + t})$

※온도가 올라가면 저항은 증가한다.

(4) 합성 온도계수

$$\alpha = \frac{a_1 R_1 + a_2 R_2}{R_1 + R_2}$$

4. 전력과 전력량

(1) 전력

$$P = VI = I^2 R = \frac{V^2}{R}[W = J/\sec]$$

(2) 전력량

$$W = Pt = VIt = I^2 Rt = \frac{V^2}{R}t[W \cdot \sec = J]$$

5. 저항과 정전용량과의 관계

(1) 평행판 콘덴서에서의 저항과 정전용량

$$RC = \rho\epsilon$$

(2) 콘덴서에 흐르는 누설전류

$$I = \frac{V}{R} = \frac{V}{\dfrac{\epsilon\rho}{C}} = \frac{CV}{\epsilon\rho}[A]$$

6. 열전현상

① 제벡 효과 : 두 종류 금속 접속 면에 온도차가 있으면 기전력이 발생하는 효과이다. 열전온도계에 적용된다.

② 펠티에 효과 : 두 종류 금속 접속 면에 전류를 흘리면 접속점에서 열의 흡수(온도 강하), 발생(온도 상승)이 일어나는 효과. 제벡 효과와 반대 효과이며 전자 냉동 등에 응용

③ 톰슨 효과 : 동일한 금속 도선의 두 점간에 온도차를 주고, 고온 쪽에서 저온 쪽으로 전류를 흘리면 도선 속에서 열이 발생되거나 흡수가 일어나는 이러한 현상을 톰슨효과라 한다.

핵심 07 진공 중의 정자계

1. 정자계의 쿨롱의 법칙

자기력 $F = \dfrac{m_1 m_2}{4\pi\mu_0 r^2} = 6.33 \times 10^4 \times \dfrac{m_1 m_2}{r^2}$ [N]

$\rightarrow (\mu_0 = 4\pi \times 10^{-7} [H/m])$

2. 자계의 세기

$H = \dfrac{m_1 \cdot m_2}{4\pi\mu_0 r^2} = 6.33 \times 10^4 \times \dfrac{m \times 1}{r^2}$ [AT/m]

$\rightarrow (F = mH[\text{N}])$

3. 자기력선의 성질

· 자기력선은 정(+)자극(N극)에서 시작하여 부(−)자극(S극)에서 끝난다.

· 자기력선은 반드시 자성체 표면에 수직으로 출입한다.

· 자기력선은 자신만으로 폐곡선을 이룰 수 없다.

· 자장 안에서 임의의 점에서의 자기력선의 접선방향은 그 접점에서의 자기장의 방향을 나타낸다.

· 자장 안에서 임의의 점에서의 자기력선 밀도는 그 점에서의 자장의 세기를 나타낸다.

· 두 개의 자기력선은 서로 반발하며 교차하지 않는다.

· 자기력선은 등자위면과 수직이다.

· m[Wb]의 자하에서 나오는 자기력선의 개수는 $\dfrac{m}{\mu_0}$ 개다.

4. 자속과 자속밀도

① 자속 $\varnothing = m$ [Wb]

② 자속밀도(단위 면적당의 자속선 수)

$B = \dfrac{\varnothing}{S} = \dfrac{m}{S}$ [Wb/m^2]

③ 자속밀도와 자계의 세기 $B = \mu_0 H$ [Wb/m^2]

$\rightarrow (m : 자속선 수, H : 자계의 세기)$

5. 가우스(GAUSS)의 법칙

(1) 전계

① 전기력선의 수 $N = \displaystyle\int_s E\,ds = \dfrac{Q}{\epsilon_0}$

② 전속선수 $\varnothing = \displaystyle\int_s D\,ds = Q$

(2) 자계

① 자기력선의 수 $N = \displaystyle\int_s H\,ds = \dfrac{m}{\mu_0}$

② 자속선수 $\varnothing = \displaystyle\int_s B\,ds = m$

6. 자계의 세기

① $H = \dfrac{m_1 \cdot m_2}{4\pi\mu_0 r^2} [A/m] = 6.33 \times 10^4 \times \dfrac{m \times 1}{r^2}$ [AT/m]

② $H = \dfrac{F}{m}$ [N/Wb]

7. 자위

① 점자극 m에서 거리 r인 점의 자위 $U = \dfrac{m}{4\pi\mu_0 r}$ [AT]

② $U = Hr$ [A]

8. 자기 쌍극자

자기 쌍극자에서 r만큼 떨어진 한 점에서의 자위

$U = \dfrac{M\cos\theta}{4\pi\mu_0 r^2}$ [AT]

9. 자기 이중층(판자석)

① 판자석의 자위 $U = \pm \dfrac{P}{4\pi\mu_0}\omega[AT]$

② ω의 무한 접근시 $\omega = 2\pi(1-\cos\theta)[sr]$

$\cos\theta = -1$이므로 $\omega = 4\pi$ $\therefore U = \dfrac{P}{\mu_0}[AT]$

③ 판자석의 세기 $P = \sigma \times \delta[Wb/m]$

여기서, P : 판자석의 세기$[Wb/m]$

σ : 판자석의 표면 밀도$[Wb/m^2]$

δ : 두께$[m]$, ω : 입체각

10. 막대자석의 회전력(회전력(T))

① 자기모멘트 $M = m \cdot l[Wb/m]$

② 회전력 $T = M \times H[N\cdot m] = MH\sin\theta$

$= m \cdot l H \sin\theta[N\cdot m]$

여기서, T : 회전력, M : 자기모멘트

θ : 막대자석과 자계가 이루는 각

11. 전기의 특수한 현상

① 핀치 효과 : 액체 상태의 원통상 도선 내부에 균일하게 전류가 흐를 때 도체 내부에 자장이 생겨 전류가 원통 중심 방향으로 수축하려는 효과

② 홀 효과(Hall effect) : 도체에 전류를 흘리고 이것과 직각 방향으로 자계를 가하면 도체 내부의 전하가 횡방향으로 힘을 모아 도체 측면에 전하가 나타나는 현상

③ 스트레치 효과 : 자유로이 구부릴 수 있는 도선에 대전류를 통하면 도선 상호간에 반발력에 의하여 도선이 원을 형성하는 현상

④ 파이로 전기 : 압전 현상이 나타나는 결정을 가열하면 한 면에 정(+)의 전기가, 다른 면에 부(-)의 전기가 나타나 분극이 일어나며, 반대로 냉각하면 역분극이 생기는 현상

12. 전류에 의한 자계의 계산

(1) 암페어(Amper)의 법칙

전류에 의한 자계의 방향을 결정하는 법칙

(2) 암페어(Amper)의 주회 적분 법칙

전류에 의한 자계의 크기를 구하는 법칙

$$\oint H dl = \sum NI$$

(3) 비오-사바르의 법칙 (전류와 자계 관계)

$$dH = \frac{Idl\sin\theta}{4\pi r^2}[AT/m]$$

(4) 여러 도체 모양에 따른 자계의 세기

① 반지름이 $a[m]$인 원형코일 중심의 자계

$$H = \frac{NI}{2a}[AT/m]$$

② 원형코일 중심축상의 자계

$$H = \frac{Ia^2}{2(a^2+x^2)^{\frac{3}{2}}}[AT/m]$$

③ 유한 직선 전류에 의한 자계

$$H = \frac{I}{4\pi a}(\cos\theta_1 + \cos\theta_2)$$

$$= \frac{I}{4\pi a}(\sin\beta_1 + \sin\beta_2)[A/m]$$

④ 반지름 $a[m]$인 원에 내접하는 정 n변형의 자계

㉮ 정삼각형 중심의 자계 $H = \dfrac{9I}{2\pi l}[AT/m]$

㉯ 정사각형 중심의 자계 $H = \dfrac{2\sqrt{2}I}{\pi l}[AT/m]$

㉰ 정육각형 중심의 자계 $H = \dfrac{\sqrt{3}I}{\pi l}[AT/m]$

㉱ 정 n 각형 중심의 자계 $H = \dfrac{nI}{2\pi a}\tan\dfrac{\pi}{n}[AT/m]$

$\rightarrow$ (a는 반지름)

(5) 솔레노이드에 의한 자계의 세기

① 환상 솔레노이드에서 자계의 세기

㉮ $Hl = NI$

㉯ 내부자계 $H = \dfrac{NI}{2\pi a}[AT/m]$

㉰ 외부자계 H=0

② 무한장 솔레노이드에서 자계의 세기

㉮ 단위 길이당 권수 $n = \dfrac{N}{l}$

㉯ 암페어의 주회적분 법칙 $Hl = NI$

㉰ 내부자계 $H = \dfrac{NI}{l} = nI[\mathrm{AT/m}]$

㉱ 외부자계 H=0

13. 플레밍 왼손법칙   → (전동기 원리)

자계 내에서 전류가 흐르는 도선에 작용하는 힘

$F = IBl\sin\theta = qv\sin\theta\,[N]$

14. 플레밍 오른손법칙   → (발전기 원리)

자계 내에서 도선을 왕복 운동시키면 도선에 기전력이 유기된다.

$e = vBl\sin\theta\,[V]$

15. 로렌쯔의 힘

전계(E)와 자속밀도(B)가 동시에 존재 시

$F = q[E + (v \times B)]\,[N]$

16. 두 개의 평행 도선 간 작용력

$F = \dfrac{\mu_0 I_1 I_2}{2\pi r}[\mathrm{N/m}]$

$= \dfrac{4\pi \times 10^{-7}}{2\pi r}I_1 I_2 = \dfrac{2I_1 I_2}{r} \times 10^{-7}[\mathrm{N/m}]$

※두 전류의 방향이 같으면 : 흡인력

두 전류의 방향이 반대면 : 반발력

17. 전계와 자계의 특성 비교

① 진공중의 전계

전하	Q[C]
유전율	$\epsilon = \epsilon_0 \epsilon_s\,[F/m]$ 진공중의 유전율 : $\epsilon_0 = 8.855 \times 10^{-12}\,[F/m]$ 비유전율 : ϵ_s(공기중, 진공시 $\epsilon_s \fallingdotseq 1$)
쿨롱의 법칙	$F = \dfrac{Q_1 Q_2}{4\pi\epsilon_0 r^2} = 9 \times 10^9 \dfrac{Q_1 Q_2}{r^2}[N]$
전계의 세기	$E = \dfrac{F}{Q} = \dfrac{Q}{4\pi\epsilon_0 r^2} = 9 \times 10^9 \dfrac{Q}{r^2}[V/m]$
선위	$V = \dfrac{Q}{4\pi\epsilon_0 r} = 9 \times 10^9 \dfrac{Q}{r}[V]$
전속밀도	$D = \epsilon_0 E[C/m^2]$

② 진공중의 자계

자극	m[wb]
투자율	$\mu = \mu_0 \mu_s\,[H/m]$ 진공중의 투자율 : $\mu_0 = 4\pi \times 10^{-7}\,[H/m]$ 비투자율 : μ_s(진공, 공기중 $\mu_s = 1$)
쿨롱의 법칙	$F = \dfrac{m_1 m_2}{4\pi\mu_0 r^2} = 6.33 \times 10^4 \times \dfrac{m_1 m_2}{r^2}[N]$
자계의 세기	$H = \dfrac{F}{m} = \dfrac{m}{4\pi\mu_0 r^2} = 6.33 \times 10^4 \times \dfrac{m}{r^2}[A]$
자위	$U = \dfrac{m}{4\pi\mu_0 r} = 6.33 \times 10^4 \times \dfrac{m}{r}[A]$
자속밀도	$B = \mu_0 H[wb/m^2]$

핵심 08 자성체와 자기회로

1. 자성체의 종류

	강자성체 $\mu_s \geq 1$	·인접 영구자기 쌍극자의 방향이 동일 방향으로 배열하는 재질 ·철, 니켈, 코발트
	상자성체 (약자성체) $\mu_s > 1$	·인접 영구자기 쌍극자의 방향이 규칙성이 없는 재질 ·알루미늄, 망간, 백금, 주석, 산소, 질소 등
역자성체	반자성체 $\mu_s < 1$	·영구자기 쌍극자가 없는 재질 ·비스무트, 탄소, 규소, 납, 수소, 아연, 황, 구리, 동선, 게르마늄, 안티몬 등
	반강자성체 $\mu_s < 1$	·인접 영구자기 쌍극자의 배열이 서로 반대인 재질 ·자성체의 스핀 배열 (자기쌍극자 배열)

2. 자화의 세기

$J = \dfrac{m}{s} = \dfrac{m \cdot l}{s \cdot l} = \dfrac{M}{V}$

$= \lambda_m H = \mu_0(\mu_s - 1)H[wb/m^2]$

$\to (\lambda_m = \mu_s - 1)$

3. 히스테리시스 곡선

① 영구자석 : B_r(大) , H_c(大)

$\to$ (철 , 텅스텐 , 코발트)

② 전자석 : B_r(大) , H_c(小)

③ 히스테리시스손 $P_h = f v \eta B_m^{1.6} [W]$

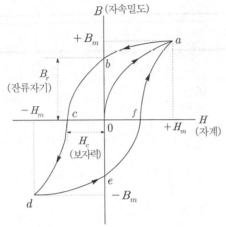

여기서, B_r : 잔류 자속밀도(종축과 만나는 점)

H_e : 보자력(횡축과 만나는 점)

4. 자성체의 경계면 조건

(1) 자속밀도는 경계면에서 법선 성분은 같다

① $B_{1n} = B_{2n}$

② $B_1 \cos\theta_1 = B_2 \cos\theta_2 \rightarrow (B_1 = \mu_1 H_1,\ B_2 = \mu_2 H_2)$

(2) 자계의 세기는 경계면에서 접선성분은 같다

① $H_{1t} = H_{2t}$

② $H_1 \sin\theta_1 = H_2 \sin\theta_2 \rightarrow (B_1 > B_2,\ H_1 < H_2)$

(3) 자성체의 굴절의 법칙(굴절각과 투자율은 비례)

① $\dfrac{\tan\theta_1}{\tan\theta_2} = \dfrac{\epsilon_1}{\epsilon_2} = \dfrac{\mu_1}{\mu_2} = \dfrac{k_1}{k_2}$

② $\mu_1 > \mu_2$ 일 때

$\theta_1 > \theta_2,\ B_1 < B_2,\ H_1 < H_2$

5. 자기회로

① 기자력 $F = \varnothing R_m = NI [\text{AT}]$

② 자속 $\varnothing = \dfrac{F}{R_m} = BS = \mu HS [\text{Wb}]$

③ 자계의 세기 $H = \dfrac{\varnothing}{\mu S} [\text{AT/m}]$

④ 자기저항 $R_m = \dfrac{F}{\varnothing} = \dfrac{l}{\mu S} [\text{AT/Wb}]$

핵심 09 전자유도

1. 전자유도 법칙

(1) 패러데이 법칙

$$e = -\frac{d\Phi}{dt} = -N\frac{d\phi}{dt}[\text{V}] = -L\frac{di}{dt} \quad \rightarrow \quad (LI = N\phi)$$

($\Phi = N\varnothing$ 로 쇄교 자속수, N : 권수)

(2) 렌쯔의 법칙

전자 유도에 의해 발생하는 기전력은 자속 변화를 방해하는 방향으로 전류가 발생한다.

① 유기기전력 $e = -L\dfrac{di}{dt}[V]$

② 자속 ϕ 가 변화 할 때 유기기전력

$$e = -N\frac{d\phi}{dt}[V] = -N\frac{dB}{dt} \cdot S[V]$$

2. 표피효과

도선에 교류전류가 흐르면 전류는 도선 바깥쪽으로 흐르려는 성질

① 표피 깊이 $\delta = \sqrt{\dfrac{2}{w \cdot \sigma \cdot \mu}} = \sqrt{\dfrac{1}{\pi f \sigma \mu}}[m]$

여기서, μ : 투자율[H/m], ω : 각속도($=2\pi f$)

δ : 표피두께(침투깊이), f : 주파수

② $\omega,\ \mu,\ \sigma$ 가 大 → 표피 깊이 小 → 표피 효과 大

핵심 10 인덕턴스

1. 자기인덕턴스

인덕턴스 자속 $\varnothing = LI$

권수(N)가 있다면 $N\varnothing = LI$

자기인덕턴스 $L = \dfrac{N\varnothing}{I}$

2. 도체 모양에 따른 인덕턴스의 종류

(1) 동축 원통에서 인덕턴스

① 외부$(a < r < b)$ $L = \dfrac{\mu_0 l}{2\pi} \ln \dfrac{b}{a}$[H]

② 내부$(r < a)$ $L = \dfrac{\mu l}{8\pi}$[H]

③ 전 인덕턴스 $L = $ 외부 $+$ 내부 $= \dfrac{\mu_0 l}{2\pi} \ln \dfrac{b}{a} + \dfrac{\mu l}{8\pi}$[H]

(2) 평행 도선에서 인덕턴스 계산

① 외부 $L = \dfrac{\mu_0 l}{\pi} \ln \dfrac{d}{a}$[H]

② 내부 $L = \dfrac{\mu l}{4\pi}$[H]

③ 전 인덕턴스 $L = $ 외부 $+$ 내부

$= \dfrac{\mu_0 l}{\pi} \ln \dfrac{d}{a} + \dfrac{\mu l}{4\pi}$[H/m]

(3) 솔레노이드에서 자기인덕턴스

$L = \dfrac{\mu S N^2}{l}$[H]

3. 상호 인덕턴스

① $M = \dfrac{N_2}{N_1} L_1$

② $M = k\sqrt{L_1 L_2}$ $\rightarrow (0 \leq k(\text{결합계수}) \leq 1)$

③ 결합계수 $k = \dfrac{M}{\sqrt{L_1 L_2}}$

4. 인덕턴스 접속

(1) 직렬접속

① 가동접속(가극성) $L = L_1 + L_2 + 2M$

② 차동접속 (감극성) $L = L_1 + L_2 - 2M$

(2) 병렬접속

① 가동접속(가극성) $L = \dfrac{L_1 L_2 - M^2}{L_1 + L_2 - 2M}$

② 차동접속(감극성) $L = \dfrac{L_1 L_2 - M^2}{L_1 + L_2 + 2M}$[H]

5. 인덕턴스(코일)에 축적되는 에너지

$$W = \dfrac{1}{2} L I^2 = \dfrac{1}{2} \varnothing I = \dfrac{1}{2}(L_1 + L_2 \pm 2M) I^2 [J]$$

$$\rightarrow (\varnothing = L I), \ (L = L_1 + L_2 \pm 2M [H])$$

6. 변위전류(Displacement Current)

유전체에 흐르는 전류

① 전류 $I = \dfrac{\partial Q}{\partial t} = \dfrac{\partial (S \sigma)}{\partial t} = \dfrac{\partial D}{\partial t} S$

② 변위전류밀도 $J_d = \dfrac{I_d}{S} = \dfrac{\partial D}{\partial t} [A/m^2]$

핵심 **11** **전자계**

1. 변위전류밀도(i_d)

① 변위전류밀도 $i_d = \dfrac{\partial D}{\partial t} = \epsilon \dfrac{\partial E}{\partial t} \rightarrow (D = \epsilon E)$

$= \epsilon \dfrac{V}{d} [A/m^2] \rightarrow (E = \dfrac{V}{d})$

$= \dfrac{\epsilon}{d} \dfrac{\partial V}{\partial t} \rightarrow (V = V_m \sin \omega t)$

$= \dfrac{\epsilon}{d} \dfrac{\partial}{\partial t} V_m \sin \omega t$

$= \omega \dfrac{\epsilon}{d} V_m \cos \omega t [A/m^2]$

② 변위전류 $I_d = i_d \times S = \omega \dfrac{\epsilon S}{d} V_m \cos \omega t [A]$

$= \omega C V_m \cos \omega t [A]$

$\rightarrow (\text{정전용량 } C = \dfrac{\epsilon S}{d})$

2. 전자계의 파동방정식

① (전계) $\nabla^2 E = \epsilon \mu \dfrac{\partial^2 E}{\partial t^2}$

② (자계) $\nabla^2 H = \epsilon \mu \dfrac{\partial^2 H}{\partial t^2}$

3. 전자파의 특징

· 전계(E)와 자계(H)는 공존하면서 상호 직각 방향으로 진동을 한다.

- 진공 또는 완전 유전체에서 전계와 자계의 파동의 위상차는 없다.
- 전자파 전달 방향은 $E \times H$ 방향이다.
- 전자파 전달 방향의 E, H 성분은 없다.
- 전계 E와 자계 H의 비는 $\dfrac{E_x}{H_y} = \sqrt{\dfrac{\mu}{\epsilon}}$
- 자유공간인 경우 동일 전원에서 나오는 전파는 자파보다 377배($E = 377H$)로 매우 크기 때문에 전자파를 간단히 전파라고도 한다.

4. 전파속도

① 전파속도(매질(ϵ, μ)중인 경우)

$$v = \frac{\lambda}{T} = f\lambda = \frac{\omega}{\beta}$$
$$= \sqrt{\frac{1}{\epsilon\mu}} = \frac{c}{\sqrt{\epsilon_s\mu_s}} = \frac{3 \times 10^8}{\sqrt{\epsilon_s\mu_s}}[\text{m/s}]$$

② 전파속도(진공(공기))인 경우

$$v_0 = \frac{1}{\sqrt{\epsilon_0\mu_0}} = 3 \times 10^8 = c[\text{m/s}]$$

③ 진동시 주파수 $f = \dfrac{1}{2\pi\sqrt{LC}}[Hz]$

④ 파장 $\lambda = \dfrac{v}{f} = \dfrac{1}{f}\dfrac{1}{\sqrt{\epsilon\mu}}$

$$= \frac{1}{f}\frac{1}{\sqrt{\epsilon_0\mu_0 \times \epsilon_s\mu_s}} = \frac{3 \times 10^8}{f\sqrt{\epsilon_s\mu_s}}[m]$$

5. 전자파의 고유 임피던스

① 진공시 고유 임피던스

$$\eta_0 = \frac{E}{H} = \sqrt{\frac{\mu_0}{\epsilon_0}} = \sqrt{\frac{4\pi \times 10^{-7}}{8.855 \times 10^{-12}}} = 377[\Omega]$$
$$\rightarrow (\text{진공시 } \epsilon_s = 1, \ \mu_s = 1)$$

② 고유 임피던스 $\eta = \dfrac{E}{H} = \sqrt{\dfrac{\mu_0}{\epsilon_0}\dfrac{\mu_s}{\epsilon_s}} = 377\sqrt{\dfrac{\mu_s}{\epsilon_s}}[\Omega]$

6. 특성 임피던스

① 특성 임피던스 $Z_0 = \sqrt{\dfrac{Z}{Y}}[\Omega] = \sqrt{\dfrac{R + jwL}{G + jwC}}[\Omega]$

② 특성 임피던스 (무손실의 경우 ($R = G = 0$))

$$Z_0 = \sqrt{\frac{L}{C}}[\Omega]$$

③ 동축 케이블 (고주파 사용)

$$Z_0 = \sqrt{\frac{L}{C}} = \frac{1}{2\pi}\sqrt{\frac{\mu}{\epsilon}}\ln\frac{b}{a} = 60\sqrt{\frac{\mu_0}{\epsilon_s}}\ln\frac{b}{a}[\Omega]$$

7. 맥스웰(MAXWELL) 방정식

(1) 맥스웰의 제1방정식(암페어의 주회적분 법칙)

① 미분형 $rot H = J + \dfrac{\partial D}{\partial t}$

여기서, J : 전도 전류 밀도, $\dfrac{\partial D}{\partial t}$: 변위 전류 밀도

② 적분형 $\oint_c H \cdot dl = I + \displaystyle\int_s \frac{\partial D}{\partial t} \cdot dS$

(2) 맥스웰의 제2방정식(패러데이 전자 유도 법칙)

① 미분형 $rot E = -\dfrac{\partial B}{\partial t} = -\mu\dfrac{\partial H}{\partial t}$

② 적분형 $\oint_c E \cdot dl = -\displaystyle\int_s \frac{\partial B}{\partial t} \cdot dS$

(3) 맥스웰의 제3방정식(전기장의 가우스의 법칙)

① 미분형 $div D = \rho[\text{c/m}^3]$
② 적분형 $\displaystyle\int_s D \cdot dS = \int_v \rho dv = Q$

(4) 맥스웰의 제4방정식(자기장의 가우스의 법칙)

① 미분형 $div B = 0$
② 적분형 $\displaystyle\int_s B \cdot dS = 0$

여기서, D : 전속밀도, ρ : 전하밀도

B : 자속밀도, E : 전계의 세기

J : 전류밀도, H : 자계의 세기

8. 포인팅벡터

단위 시간에 진행 방향과 직각인 단위 면적을 통과하는 에너지

① $P = \dfrac{W}{S} = E \cdot H[W/m^2]$

② $\vec{P} = \dot{E} \times \dot{H}[W/m^2]$

1. 송전용 전선

(1) 전선수에 따른 종류

① 단선
- 단면이 원형인 1조를 도체로 한 것
- 단선은 지름(mm)으로 표시한다.

② 연선
- 단선을 수조~수십조로 꼰 것
- 연선은 단면적(mm^2)으로 표시한다.

(2) 전선의 재료에 따른 종류

① 연동선(옥내용)

② 경동선(옥외용)

③ 강심 알루미늄 연선(ACSR)

(3) 전선의 구비 조건

- 도전율이 좋을 것(저항률은 작아야 한다)
- 기계적 강도가 클 것
- 내구성이 있을 것
- 중량이 가벼울 것(비중, 밀도가 작을 것)
- 가선 작업이 용이할 것
- 가요성(유연성)이 클 것
- 허용 전류가 클 것

(4) 전선의 굵기 선정

허용 전류, 전압 강하, 기계적 강도

2. 송전용 지지물

(1) 철탑의 형대에 따른 지지물의 종류

- 사각 철탑
- 방형 철탑
- 문형 철탑
- 우두형 철탑

(2) 철탑의 용도에 따른 지지물의 종류

① 보강형

② 직선형 : 특고압 3[°] 이하 (A형)

③ 각도형 : B형, C형

④ 잡아 당김형(인류형) : 전선로 말단 (D형)

⑤ 내장형 : 지지물 간 거리(경간)의 차가 큰 곳 (E형), 10기마다 1기 설치

3. 애자

(1) 구비조건

- 절연내력이 커야
- 절연저항이 커야
- 기계적 강도가 커야
- 충전용량이 작아야

(2) 애자의 종류

① 핀애자, 현수애자, 긴 애자(장간애자), 내무애자

② 사용 전압 별 현수 애자 개수 (250[mm] 표준)

2.2[kV]	66[kV]	154[kV]	345[kV]
2개	4개	10개	20개

(3) 현수 애자의 섬락 전압 (250[mm] 현수 애자 1개 기준)

① 주수 섬락 전압 : 50[kV]

② 건조 섬락 전압 : 80[kV]

③ 충격 섬락 전압 : 125[kV]

④ 유중 섬락 전압 : 140[kV] 이상

(4) 애자련의 전압 분담과 련능률(련효율) η

① 현수 애자 1련의 전압 분담
  ㉮ 전압 분담이 가장 큰 애자 : 전선에 가장 가까운 애자
  ㉯ 전압 분담이 가장 적은 애자 : 전선에서 8번째 애자

② 애자 보호 대책
  - 초호각(소호각)
  - 애자련의 전압 분포 개선

③ 애자련의 효율 $\eta = \dfrac{V_n}{n\,V_1} \times 100$

여기서, V_n : 애자련의 섬락 전압[kV]

V_1 : 애자 1개의 섬락 전압[kV]

n : 애자 1련의 개수

④ 애자섬락전압 : 주수섬락 50, 건조섬락 80, 충격전
압 시험 125, 유중파괴 시험 140[kV]

(5) 전선 도약에 의한 단락 방지

오프셋(off-set)

(6) 전선의 진동 방지

댐퍼, 아머로드

4. 송전선로의 설치

(1) 전선의 이도

전선이 전선의 지지점을 연결하는 수평선으로부터
밑으로 내려가(처져) 있는 길이

① 전선의 이도 $D = \dfrac{WS^2}{8T}[m]$

여기서, W : 전선의 중량[kg/m]

T : 전선의 수평 장력[kg]

S : 지지물 간 거리(경간)[m]

② 전선의 실제 길이 $L = S + \dfrac{8D^2}{3S}[m]$

③ 전선의 평균 높이 $h = H - \dfrac{2}{3}D[m]$

여기서, H : 지지점의 높이

④ 지지점의 전선 장력 $T_p = T + WD[kg]$

(2) 전선의 도약에 의한 상간 단락 방지

① 전선의 주위에 빙설이 부착하였다가 탈락하는 반
동으로 전선이 튀어 올라가 상부의 전선과 혼촉
(단락)이 일어나는 것

② 방지책으로 1회선 철탑의 사용 및 전선의 오프셋
(Off Set)이 있다.

5. 지중 전선로

(1) 지중 전선로가 필요한 곳

· 높은 공급 신뢰도를 요구하는 장소

· 도시의 미관을 중요시하는 장소

· 전력 수용 밀도가 현저히 높은 지역에 공급하는 장소

(2) 지중 전선로의 장·단점

· 뇌해, 풍수 등 자연재해에 강하다.

· 전선로의 경과지 확보가 용이하다.

· 다회선 설치가 가능하다.

· 보안상 유리하다.

· 미관상 유리하다.

· 고장 시 고장 확인과 고장 복구가 곤란함

· 송전 용량이 감소함

(3) 지중 전선로의 케이블에서 발생하는 손실

① 도체손(저항손) $P_c = I^2R[W]$

② 유전체 손실 $P_d = 2\pi f C \left(\dfrac{V}{\sqrt{3}}\right)^2 \tan\delta[W/km]$

여기서, C : 작용 정전용량 $[\mu F/km]$, δ : 유전 손실각

V : 선간 전압

③ 연피손(시스손)

핵심 02 선로정수와 코로나

1. 선로정수

(1) 선로정수의 의미

· 전선에 전류가 흐르면 전류의 흐름을 방해하는 요소

· 선로정수로는 R(저항), L(인덕턴스), C(정전용
량), g(누설콘덕턴스)가 있다.

· 선로정수는 전선의 종류, 굵기, 배치에 따라 정해진다.

· 송전전압, 주파수, 전류, 역률 및 기상 등에는 영
향을 받지 않는다.

· R, L는 단거리 송전선로

· R, L, C는 중거리 송전선로

· R, L, C, g는 장거리 송전선로에서 필요하다.

※ 리액턴스는 주파수에 관계되므로 선로정수가 아니다.

(2) 인덕턴스 L

① 작용인덕턴스(단도체)

$L = 0.05 + 0.4605\log_{10}\dfrac{D}{r}[mH/km]$

② 3상3선식 인덕턴스

$L = 0.05 + 0.4605\log_{10}\dfrac{D}{r}[mH/km]$

③ 작용인덕턴스(다도체)

$$L_n = \frac{0.05}{n} + 0.4605 \log_{10} \frac{D}{\sqrt[n]{rs^{n-1}}} [mH/km]$$

단, 등가 반지름 $r_e = \sqrt[n]{rs^{n-1}}$

여기서, n : 복도체수, r : 전선 반지름

s : 소도체간 거리

(3) 등가선간거리

$$D_e = \sqrt[\text{총 거리의 수}]{\text{각 거리간의 곱}} = \sqrt[3]{D_{ab} \cdot D_{bc} \cdot D_{ca}}$$

세제곱근은 전선 간 이격거리가 3개임을 의미한다.

(4) 정전용량

① 작용정전용량 $C = \dfrac{0.02413}{\log_{10} \dfrac{D}{\sqrt[n]{rs^{n-1}}}} [\mu F/km]$

여기서, D : 전선 간의 이격거리[m]

r : 전선의 반지름[m]

n : 다도체를 구성하는 소도체의 개수

② 대지정전용량

㉮ 단상 : $C = \dfrac{0.02413}{\log \dfrac{(2h)^2}{rD}}$

㉯ 3상 : $C = \dfrac{0.02413}{\log \dfrac{(2h)^3}{rD}}$

③ 부분 정전용량

㉮ 단상 : $C = C_s + 2C_m$

㉯ 3상 : $C = C_s + 3C_m$

2. 복도체 방식

(1) 복도체란?

도체가 1가닥인 것은 2가닥으로 나누어 도체의 등가 반지름을 키우겠다는 것

· L(인덕턴스)값은 감소

· C(정전용량) 값은 증가

· 리액턴스 감소($X = 2\pi f L$)로 송전용량 증가

· 안정도 증가

· 코로나 발생 억제

※ 스페이시 : 복수도체를 다발로 사용하는 다도체의 경우 전선 상호간의 접근, 충돌의 방지책

(2) 전압 별 사용 도체 형식

① 154[kV]용 : 복도체

② 345[kV]용 : 4도체

(3) 복도체의 장·단점

장점	단점
· 코로나 임계전압 상승 · 선로의 인덕턴스 감소 · 선로의 정전용량 증가 · 허용 전류가 증가 · 선로의 송전용량 20[%] 정도 증가	· 수전단의 전압 상승 · 전선의 진동, 동요가 발생 · 코로나 임계전압이 낮아져 코로나 발생용이 · 꼬임 현상, 소도체 충돌 현상이 생긴다. ※대책 : 스페이서의 설치 단락 시 대전류 등이 흐를 때 정전흡인력이 발생한다.

(4) 복도체의 등가 반지름 구하는 식

$$R_e = \sqrt{r \times S^{n-1}} [m]$$

여기서, n : 소도체의 개수

3. 충전전류 및 충전용량

(1) 전선로 1선당 충전 전류

전선의 충전전류 $I_c = \omega C\, lE = 2\pi f C l \times \dfrac{V}{\sqrt{3}} [A]$

$$= 2\pi f (C_s + 3C_m) l \frac{V}{\sqrt{3}} [A]$$

여기서, E : 상전압[V], V : 선간전압[V]

※선로의 충전전류 계산 시 전압은 변압기 결선과 관계 없이 상전압($\dfrac{V}{\sqrt{3}}$)을 적용하여야 한다.

(2) 3상 송전선로에 충전되는 충전용량(Q_c)

① $Q_\triangle = 3\omega CE^2 = 3 \times \omega C \left(\dfrac{V}{\sqrt{3}}\right)^2 = \omega CV^2 [VA]$

$Q_\triangle = 3\omega(C_s + 3C_m)E^2 = \omega(C_s + 3C_m)V^2 [VA]$

② $Q_Y = \omega CV^2 = 2\pi f CV^2 [VA]$

여기서, C : 전선 1선당 정전용량[F]

V : 선간전압[V], E : 대지전압[V]

l : 선로의 길이[m], f : 주파수[Hz]

4. 코로나

(1) 코로나의 정의

이상 전압이 내습 전선로 주위의 공기의 절연 또는 자장이 국부적으로 파괴되면서 빛과 잡음을 내는 현상

(2) 파열극한전위경도

① DC 30[kV/cm]

② AC $\dfrac{30}{\sqrt{2}}$ =21.2[kV/cm]

(3) 코로나 임계전압

$$E_0 = 24.3 m_0 m_1 \delta d \log_{10} \dfrac{D}{r} [kV]$$

여기서, E_0 : 코로나 임계전압[kV]

m_0 : 전선의 표면계수

m_1 : 기후에 관한 계수

(맑은 날 : 1.0, 비오는 날 : 0.8)

δ : 상대 공기밀도

(t [℃]에서 기압을 b[mmHg]라면

$$\delta = \dfrac{0.386b}{273+t}$$)

d : 전선의 지름[cm], D : 선간거리[cm]

(4) 코로나 영향

· 유도장해

· 전력손실 $P \propto (E - E_0)^2$

· 코로나 잡음, 유도장해

· 전선의 부식 (원인 : 오존(O_3))

(5) 코로나 방지 대책

· 코로나 임계전압을 크게

· 전선의 지름을 크게

· 복도체(다도체)를 사용

· 전선이 표면을 매끄럽게 유지

· 가선 금구를 매끄럽게 개량

핵심 03 송전특성 및 전력원선도

1. 송전선로

(1) 송전선로의 구분

구분	거리	선로정수	회로
단거리	10[km] 이내	R, L만 필요	집중정수회로로 취급
중거리	40~60[km]	R, L, C만 필요	T회로, π회로로 취급
장거리	100[km] 이상	R, L, C, g 필요	분포정수회로로 취급

(2) 단거리 송전선로 (50[km] 이하 집중정수회로)

전압강하(e) (3상3선식)	$e = V_s - V_r = \sqrt{3} I(R\cos\theta + X\sin\theta)$ $= \dfrac{P}{V_r}(R + X\tan\theta) \rightarrow \left(e \propto \dfrac{1}{V_r}\right)$
전압강하율(ϵ)	$\epsilon = \dfrac{e}{V_r} \times 100 = \dfrac{V_s - V_r}{V_r} \times 100$ $= \dfrac{\sqrt{3} I}{V_r}(R\cos\theta_r + X\sin\theta_r) \times 100$ 여기서, $\cos\theta$: 역률, $\sin\theta$: 무효율 ※ 단상 $\epsilon = \dfrac{I(R\cos\theta_r + X\sin\theta_r)}{V_r} \times 100[\%]$
전압변동률(δ)	$\delta = \dfrac{V_{r0} - V_r}{V_r} \times 100[\%]$ 여기서, V_{ro} : 무부하시의 수전단 전압 V_r : 정격부하시의 수전단 전압
전력손실(P_l)	$P_l = 3I^2 R[W] \rightarrow (I = \dfrac{P \times 10^3}{\sqrt{3} V\cos\theta})$ $= \dfrac{P^2 R}{V^2 \cos^2\theta} \times 10^3[kW] \rightarrow (P_l \propto \dfrac{1}{V^2})$ ※전력손실은 전압의 제곱에 반비례한다.
전력손실률(K)	$K = \dfrac{P_l}{P} \times 100 = \dfrac{3I^2 R}{P} \times 100$ $= \dfrac{3R}{P}\left(\dfrac{P}{\sqrt{3} V\cos\theta}\right)^2 \times 100$ $= \dfrac{RP}{V^2 \cos^2\theta} \times 100[\%]$ 여기서, R : 1선의 저항, P_l : 전력손실 P : 전력 $K \propto \dfrac{1}{V^2}$, $P \propto V^2$, $A \propto \dfrac{1}{V^2}$

(3) 중거리 송전선로 (50~100[km])

① T형 회로 : 선로 양단에 $\dfrac{Z}{2}$씩, 선로 중앙에 Y로 집중한 회로

㉮ 송전전압 $E_s = \left(1+\dfrac{ZY}{2}\right)E_r + Z\left(1+\dfrac{ZY}{4}\right)I_r\,[V]$

㉯ 송전전류 $I_s = YE_r + \left(1+\dfrac{ZY}{2}\right)I_r\,[A]$

② π형 회로 : 선로 양단에 $\dfrac{Y}{2}$씩, 선로 중앙에 Z로 집중한 회로

㉮ 송전전압 $E_s = \left(1+\dfrac{ZY}{2}\right)E_r + ZI_r\,[V]$

㉯ 송전전류 $I_s = Y\left(1+\dfrac{ZY}{4}\right)E_r + \left(1+\dfrac{ZY}{2}\right)I_r\,[A]$

여기서, E_s : 송전전압, E_r : 수전전압

Z : 임피던스, Y : 어드미턴스

I_r : 수전단 전류

(4) 장거리 송전선로 (100[km] 이상 분포정수회로)

① 특성(파동)임피던스 (거리와 무관)

$$Z_0 = \sqrt{\dfrac{Z}{Y}} = \sqrt{\dfrac{L}{C}} = 138\log\dfrac{D}{r}\,[\Omega]$$

② 전파정수

$\gamma = \sqrt{ZY} = \sqrt{(R+jwL)(G+jwC)} = \alpha + j\beta$

㉮ 무손실 조건 : R=G=0, $\alpha = 0$, $\beta = w\sqrt{LC}$

㉯ 무왜형 조건 : RC=LG=0

③ 전파 속도 $V = \dfrac{1}{\sqrt{LC}} = 3\times10^8[m/s]$

④ 인덕턴스

$$L = 0.4605\log_{10}\dfrac{D}{r} = 0.4605\times\dfrac{Z_0}{138}\,[mH/km]$$

⑤ 정전용량 $C = \dfrac{0.02413}{\log_{10}\dfrac{D}{r}} = \dfrac{0.02413}{\dfrac{Z_0}{138}}\,[\mu F/km]$

2. 4단자정수

(1) 송전선로의 4단자정수 관계

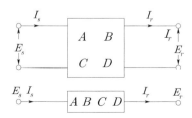

① $E_s = AE_r + BI_r$

② $I_s = CE_r + DI_r$

③ $AD - BC = 1$

④ $A = D$

(2) 단거리 송전선로의 경우

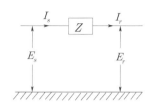

$E_s = E_r + ZI_r$

$I_s = I_r$ 이므로

$$\begin{bmatrix} A & B \\ C & D \end{bmatrix} = \begin{bmatrix} 1 & Z \\ 0 & 1 \end{bmatrix}$$

(3) 중거리 송전선로의 경우

① T형 회로

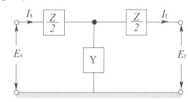

$$\begin{bmatrix} A & B \\ C & D \end{bmatrix} = \begin{bmatrix} 1+\dfrac{ZY}{2} & Z\left(1+\dfrac{ZY}{4}\right) \\ Y & 1+\dfrac{ZY}{2} \end{bmatrix}$$

② π형 회로

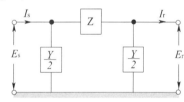

$$\begin{bmatrix} A & B \\ C & D \end{bmatrix} = \begin{bmatrix} 1+\dfrac{ZY}{2} & Z \\ Y\left(1+\dfrac{ZY}{4}\right) & 1+\dfrac{ZY}{2} \end{bmatrix}$$

3. 전력 원선도

(1) 송전단 원선도

$(P_s - m'E_s^2)^2 + (Q_s - n'E_s^2)^2 = \rho^2$

(2) 수전단 원선도

$$(P_r+mE_r'^2)^2+(Q_r+nE_r'^2)^2=\rho^2$$

(3) 원선도 중심 및 반지름

　① 중심 : $(m'E_s^2,\ n'E_s^2),\ (-mE_r^2,\ -nE_r^2)$

　② 반지름 $\rho=\dfrac{E_sE_r}{B}$

　　여기서, P : 유효전력, Q : 무효전력, P_s : 송전전력

　　　　　　P_r : 수전전력, B : 임피던스

(4) 전력원선도에서 알 수 있는 사항

　·필요한 전력을 보내기 위한 송·수전단 전압간의 위상각
　·송·수전할 수 있는 최대 전력
　·선로 손실과 송전 효율
　·수전단 역률(조상 용량의 공급에 의해 조성된 후의 값)
　·조상용량

(5) 전력원선도에서 구할 수 없는 사항

　·과도 안정 극한 전력
　·코로나 손실

4. 조상설비

(1) 조상설비란?

위상을 제거해서 역률을 개선함으로써 송전선을 일정한 전압으로 운전하기 위해 필요한 무효전력을 공급하는 장치

(2) 조상설비의 종류

무효 전력 보상 장치 (동기조상기)	무부하 운전중인 동기전동기를 과여자 운전하면 콘덴서로 작용하며, 부족여자로 운전하면 리액터로 작용한다.
리액터	늦은 전류를 취하여 이상전압의 상승을 억제한다.
콘덴서	앞선 전류를 취하여 전압강하를 보상한다.

(3) 조상설비의 비교

항목	무효 전력 보상 장치 (동기조상기)	전력용 콘덴서	분로리액터
전력손실	많다 (1.5~2.5[%])	적다 (0.3[%] 이하)	적다 (0.6[%] 이하)
무효전력	진상, 지상 양용	진상 전용	지상 전용
조정	연속적	계단적 (불연속)	계단적 (불연속)
시송전 (시충전)	가능	불가능	불가능
가격	비싸다	저렴	저렴
보수	손질필요	용이	용이

5. 페란티 현상

(1) 페란티 현상이란?

선로의 정전용량으로 인하여 무부하시나 경부하시 진상전류가 흘러 수전단 전압이 송전단 전압보다 높아지는 현상

(2) 페란티 방지대책

　·선로에 흐르는 전류가 지상이 되도록 한다.
　·수전단에 분로리액터를 설치한다.
　·무효 전력 보상 장치(동기조상기)의 부족여자 운전

6. 송전 용량

(1) 송전용량 개략 계산법

　① Still의 식(경제적인 송전전압)

　　송전전압 $V_s=5.5\sqrt{0.6l+\dfrac{P}{100}}\,[kV]$

　　여기서, l : 송전거리$[km]$, P : 송전용량$[kW]$

　② 고유부하법(고유송전용량)

$$P=\frac{V_r^2}{Z_o}\,[W]=\frac{V_r^2}{\sqrt{\dfrac{L}{C}}}\,[MW/회선]$$

　　여기서, V_r : 수전단 선간 전압 [kV]

　　　　　　Z_o : 특성 임피던스

　③ 송전용량 계수법(수전단 전력)

$$P_r=k\frac{V_r^2}{l}\,[\text{kW}]$$

　　여기서, l : 송전거리[km]

　　　　　　V_r : 수전단 선간 전압 [kV]

k : 송전 용량 계수

$60[\text{kV}] \rightarrow 600$

$100[\text{kV}] \rightarrow 800$

$140[\text{kV}] \rightarrow 1200$

④ 송전전력 $P = \dfrac{V_s V_r}{X} \sin\delta \ [\text{MW}]$

여기서, V_s, V_r : 송·수전단 전압[kV]

δ : 송·수전단 전압의 위상차

X : 선로의 리액턴스[Ω]

※ 발전기 출력 $P = 3\dfrac{VE}{X}\sin\delta$

수전전력 $P = \sqrt{3}\,VI\cos\theta$

핵심 04 고장전류 및 대칭좌표법

1. 고장

(1) 1선지락

영상전류, 정상전류, 역상전류의 크기가 모두 같다. 즉, $I_0 = I_1 = I_2$

(2) 2선지락

영상전압, 정상전압, 역상전압의 크기가 모두 같다. 즉, $V_0 = V_1 = V_2$

(3) 선간단락

단락이 되면 영상이 없어지고 정상과 역상만 존재한다.

(4) 3상단락

정상분만 존재한다.

2. 단락전류 계산법

(1) 오옴법

① 단락전류(단상) $I_s = \dfrac{E}{Z} = \dfrac{E}{\sqrt{R^2 + X^2}}$

$= \dfrac{E}{Z_g + Z_t + Z_l}\,[\text{A}]$

여기서, Z_g : 발전기의 임피던스

Z_t : 변압기의 임피던스

Z_l : 선로의 임피던스

② 단락용량 $P_s = 3EI_s = \sqrt{3}\,VI_s\,[kVA]$

③ 단락전류(3상) $I_s = \dfrac{\frac{V}{\sqrt{3}}}{Z} = \dfrac{V}{\sqrt{3}\,Z}\,[\text{A}]$

(2) 고유 부하법 $P = \dfrac{V^2}{\sqrt{\dfrac{L}{C}}}$

(3) 용량계수법 $P = K\dfrac{V^2}{l}$

(4) Still의 식(가장 경제적인 송전전압의 결정)

$V_s = 5.5\sqrt{0.6\,l + 0.01\,P}\,[kV]$

(5) %임피던스법(백분율법)

① $\%Z = \dfrac{I_n Z}{E} \times 100\,[\%]$

② $\%Z = \dfrac{P \cdot Z}{10\,V^2}\,[\%] \rightarrow$ 단상

(6) 차단용량 $P_s = \dfrac{100}{\%Z}P_n\,[MVA]$

여기서, P_n : 정격용량

V : 단락점의 선간전압[kV]

Z : 계통임피던스

(7) 단위법

임피던스로 표시하는 방법으로 백분율법에서 100[%]를 제거한 것이다.

$Z(p.u) = \dfrac{ZI}{E}$

3. 대칭좌표법

(1) 대칭좌표법이란?

· 불평형 전압이나 불평형 전류를 3개의 성분, 즉 영상분, 정상분, 역상분으로 나누어 계산하는 빙법

· 비대칭 3상교류=영상분 + 정상분 + 역상분

※ 영상분은 전지선 중성선에만 존재한다. 따라서 비접지의 영상분은 없다.

(2) 대칭분

① 영상전류(I_0) : 지락(1선 지락, 2선 지락)고장 시 접지계전기를 동작시키는 전류

② 정상전류(I_1) : 평상시에나 고장 시에나 항상 존재 하는 성분

③ 역상전류(I_2) : 불평형 사고(1선지락, 2선 지락, 선 간 단락) 시에 존재하는 성분

(3) 대칭성분 각상성분

① 대칭성분

㉮ 영상분 $V_0 = \dfrac{1}{3}(V_a + V_b + V_c)$

㉯ 정상분 $V_1 = \dfrac{1}{3}(V_a + a V_b + a^2 V_c)$

㉰ 역상분 $V_2 = \dfrac{1}{3}(V_a + a^2 V_b + a V_c)$

② 각상성분

㉮ $V_a = V_0 + V_1 + V_2$

㉯ $V_b = V_0 + a^2 V_1 + a V_2$

㉰ $V_c = V_0 + a V_1 + a^2 V_2$

(4) 교류발전기 기본공식

① 영상 전압 $V_0 = -Z_0 I_0$

② 정상 전압 $V_1 = E_a - Z_1 I_1$

③ 역상 전압 $V_2 = -Z_2 I_2$

여기서, Z_0 : 영상 임피던스, Z_1 : 정상 임피던스

Z_2 : 역상 임피던스

(5) 대칭좌표법으로 해석할 경우 필요한 것

	정상분	역상분	영상분
1선 지락 2선 지락	○	○	○
선간 단락	○	○	
3상 단락	○		

※ 2선지락 : $V_0 = V_1 = V_2 \neq 0$

1선지락 : $I_0 = I_1 = I_2 \neq 0$

(6) 영상 임피던스·전압·전류 측정

① 영상 임피던스 측정

㉮ $Z_1 = Z_2$

㉯ Z_0에 I_0가 흐를 때 $Z_0 = Z + 3Z_n$

㉰ $Z_0 > Z_1 = Z_2$

② 영상 전압 측정

GPT(접지형 계기용 변압기) 3대로 개방 델타 접 속한다.

③ 지락전류(영상전류) 검출 ZCT(영상변전류)가 한 다. ZCT는 GR(접지 계전기)와 항상 조합된다.

---

1. 유도장해

(1) 정전유도

전력선과 통신선과의 상호정전용량(C_m)에 의해 평상시 발생한다.

정전유도에 의해 영상전압(V_0)이 발생한다.

길이에 무관하다.

① 단상 정전유도전압

$$E_0 = \dfrac{C_m}{C_m + C_0} E_1 [\text{V}]$$

→ (전압이 크면 통신선에 장해를 준다.)

여기서, C_m : 전력선과 통신선 간의 정전용량

C_0 : 통신선의 대지 정전용량

E_1 : 전력선의 전위

(선간 전압 $V = \sqrt{3} E$)

② 3상 정전유도전압 $E_0 = \dfrac{3 C_m}{C_0 + 3 C_m} E_1 [V]$

(2) 전자유도

전자유도는 상호인덕턴스(M)에 의해 발생하며 지락사고 시 영상전류에 의해 발생한다.

선로와 통신선의 병행 길이에 비례한다.

① 전자유도전압(E_m)

$$E_m = -jwMl(I_a + I_b + I_c) = -jwMl \times 3I_0 [V]$$

여기서, l : 전력선과 통신선의 병행 길이[km]

$3I_0$: $3 \times$영상전류(=기유도 전류=지락 전류)

M : 전력선과 통신선과의 상호 인덕턴스

I_a, I_b, I_c : 각 상의 불평형 전류

$\omega(=2\pi f)$: 각주파수

(3) 유도장해 방지대책

① 전력선측 대책
- 차폐선 설치 (유도장해를 30~50[%] 감소)
- 고속도 차단기 설치
- 연가를 충분히 한다.
- 케이블을 사용 (전자유도 50[%] 정도 감소)
- 소호 리액터의 채택
- 송전선로를 통신선으로부터 멀리 이격시킨다.
- 중성점의 접지저항값을 크게 한다.

② 통신선측 대책
- 통신선의 도중에 배류코일(절연 변압기)을 넣어서 구간을 분할한다(병행길이의 단축).
- 연피 통신 케이블 사용(상호 인덕턴스 M의 저감)
- 성능이 우수한 피뢰기의 사용(유도 전압의 저감)

2. 안정도

(1) 안정도란?

- 계통이 주어진 운전 조건하에서 안정하게 운전을 계속할 수 있는 능력
- 정태안정도, 동태안정도, 과도안정도가 있다.

(2) 안정도의 종류

① 정태안정도 : 전력계통에서 극히 완만한 부하 변화가 발생하더라도 안정하게 계속적으로 송전할 수 있는 정도

② 동태안정도 : 고속자동전압조정기(AVR)로 동기기의 여자 전류를 제어할 경우의 정태 안정도

③ 과도안정도 : 계통에 갑자기 고장사고(지락, 단락, 재연결(재폐로)과 같은 급격한 외란이 발생하였을 때에도 탈조하지 않고 새로운 평형 상태를 회복하여 송전을 계속 할 수 있는 능력

(3) 안정도에 관한 공식

① 송전전력 $P = \dfrac{V_s V_r}{X}\sin\delta\,[\text{MW}]$

② 최대송전전력 $P_m = \dfrac{V_s V_r}{X}\,[\text{MW}]$

③ 바그너의 식 $\tan\delta = \dfrac{M_G + M_m}{M_G - M_m}\tan\beta$

여기서, δ : 송전단 전압(V_s)과 수전단 전압(V_r)의 상차각

V_s : 송전단 전압, V_r : 수전단 전압

X : 계통의 송·수전단 간의 전달 리액턴스[Ω]

β : 송전계통의 전 임피던스의 위상차각

M_G : 발전기의 관성 정수

M_m : 전동기의 관성 정수

(4) 안정도 향상 대책

① 계통의 직렬 리액턴스(X)를 작게
- 발전기나 변압기의 리액턴스를 작게 한다.
- 선로의 병행회선수를 늘리거나 복도체 또는 다도체 방식을 사용
- 직렬 콘덴서를 삽입하여 선로의 리액턴스를 보상한다.

② 계통의 전압변동률을 작게(단락비를 크게)
- 속응 여자 방식 채용
- 계통의 연계
- 중간 조상 방식

③ 고장 전류를 줄이고 고장 구간을 신속 차단
- 적당한 중성점 접지 방식
- 고속 차단 방식
- 재연결(재폐로) 방식

④ 고장 시 발전기 입·출력의 불평형을 작게

핵심 06 중성점 접지방식

(1) 중성점접지 목적

- 1선지락시 전위 상승 억제, 계통의 기계·기구의 절연보호
- 지락사고시 보호계전기 동작의 확실
- 안정도 증진

(2) 중성점접지 종류

① 직접접지 방식(유효접지 : 154[kV], 345[kV]) : 1선 지락사고 시 전압 상승이 1.3배 이하가 되도록 하는 집지방식

⑦ 직접접지방식의 장점
- 전위 상승이 최소
- 단절연, 저감절연 가능 - 기기값의 저렴
- 지락전류 검출이 쉽다. - 지락보호기 작동 확실

⑭ 직접접지방식의 단점
- 1선지락 시 지락전류가 최대
- 유도장해가 크다.
- 전류를 차단하므로 차단기용량 커짐
  - 안정도 저하

② 비접지 방식(3.3[kV], 6.6[kV])의 특징
- 저전압 단거리
- 1상고장 시 V-V 결선이 가능하다(고장 중 운전가능).
- $\sqrt{3}$ 배의 전위 상승

③ 소호리액터 방식(병렬공진 이용 → 전류 최소)

⑦ 소호리액터 크기 $X = \dfrac{1}{3\omega C_s}[\Omega]$

$$L = \dfrac{1}{3\omega^2 C_s}[H]$$

⑭ 소호리액터 용량

$$P = 2\pi f C_S V^2 l \times 10^{-3} (\times 1.1\text{배})[KVA]$$

여기서, V : [V], l : [km], (×1.1배) : 과보상)

※ 과보상을 하는 이유는 직렬공진시의 이상 전압의 상승을 억제한다.

⑭ 합조도(반드시 과보상이 되도록 한다.)

$$P = \dfrac{\text{탭전류} - \text{전대지충전전류}}{\text{전대지충전전류}} \times 100$$

$$= \dfrac{I - I_C}{I} \times 100[\%]$$

㉠ $P > 0 \to \omega L < \dfrac{1}{3\omega C}$: 과보상, 합조도 +

㉡ $P = 0 \to \omega L = \dfrac{1}{3\omega C}$: 완전공진, 합조도 0

㉢ $P < 0 \to \omega L > \dfrac{1}{3\omega C}$: 부족보상, 합조도 -

④ 유효접지 방식

⑦ 지락사고 시 건전상의 전압 상승이 대지 전압의 1.3배 이하가 되도록 한 접지방식이다.

⑭ 유효접지 조건 $\dfrac{R_0}{X_1} \le 1, \ 0 \le \dfrac{X_0}{X_1} \le 3$

여기서, R_0 : 영상저항

X_0 : 영상리액턴스

X_1 : 정상리액턴스

(3) 중성점 잔류전압(E_n)

① 중성점 잔류전압의 발생원인
- 송전선의 3상 각상의 대지 정전 용량이 불균등 ($C_a \ne C_b \ne C_c$)일 경우 발생
- 차단기의 개폐가 동시에 이루어지지 않음에 따른 3상간의 불평형

② 중성점 잔류전압의 크기

$$E_n = \dfrac{\sqrt{C_a(C_a - C_b) + C_b(C_b - C_c) + C_c(C_c - C_a)}}{C_a + C_b + C_c} \times \dfrac{V}{\sqrt{3}}$$

여기서, V : 선간 전압 ($V = \sqrt{3} E$)

③ 중성점 잔류전압 감소 대책
송전선로의 충분한 연가 실시이다.

※ 연가를 완벽하게 하여 $C_a = C_b = C_c$의 조건이 되면 잔류전압은 0이다.

핵심 **07 이상전압 및 개폐기**

1. 이상전압

(1) 이상전압 종류

① 내부 이상전압
- 개폐 이상전압
- 계통 내부 사고에 의한 이상전압
- 대책은 차단기 내에 저항기 설치

② 외부 이상전압 : 직격뢰, 유도뢰, 수목과의 접촉

(2) 외부 이상전압 방호대책

① 가공지선 : 직격뢰 차폐(차폐각 작게 할수록 좋다)

② 매설지선 : 역섬락 방지(철탑저항을 작게 한다.)

③ 애자련 보호 : 아킹혼(초호각)

(3) 뇌서지(충격파)

① 파형(뇌운이 전선로에 이동시)

㉮ 표준 충격파 : $1.2 \times 50[\mu\mathrm{sec}]$

㉯ 뇌서지와 개폐서지는 파두장 파미장 모두 다름

② 뇌의 값

㉮ 반사계수 $\beta = \dfrac{Z_2 - Z_1}{Z_2 + Z_1}$

㉯ 투과계수 $\alpha = \dfrac{2Z_2}{Z_2 + Z_1}$

여기서, Z_1 : 전원측 임피던스$[\Omega]$

Z_2 : 부하측 임피던스$[\Omega]$

(4) 이상 전압 방지 대책

피뢰기 설치	기기 보호
매설지선	역섬락 방지
가공지선	뇌의 차폐

(5) 피뢰기

① 피뢰기의 역할

피뢰기는 이상 전압을 대지로 방류함으로서 그 파고치를 저감시켜 설비를 보호하는 장치

② 피뢰기의 구비조건

• 충격 방전 개시 전압이 낮을 것

• 상용 주파수의 방전 개시 전압이 높을 것

• 방전 내량이 크면서 제한 전압이 낮을 것

• 속류 차단 능력이 충분할 것

③ 피뢰기의 정격전압(E_R)

속류의 차단이 되는 최고의 교류전압

정격전압 $E_R = \alpha\beta\dfrac{V_m}{\sqrt{3}}$

여기서, E_R : 피뢰기의 정격전압,

α : 접지계수, β : 여유도(1.15)

V_m : 선간의 최고 허용전압

$\left(V_m = 공칭전압 \times \dfrac{1.2}{1.1}\right)$

④ 피뢰기의 제한전압

충격파전류가 흐르고 있을 때 피뢰기 단자전압의 파고치

제한전압 $= \dfrac{2Z_2}{Z_1 + Z_2}e - \dfrac{Z_1 Z_2}{Z_1 + Z_2}i$

여기서, Z_1 : 선로 임피던스, Z_2 : 부하 임피던스

(6) 섬락 및 역섬락

① 역섬락

㉮ 정의 : 철탑의 접지저항이 크면 낙뢰 시 철탑의 전위가 매우 높게 되어 철탑에서 송전선으로 섬락을 일으키는 것이다.

㉯ 방지 대책 : 탑각접지저항을 작게(매설지선을 설치)

② 섬락

㉮ 정의 : 뇌서지가 철답에 설치된 애자의 절연을 파괴해서 불꽃 방전을 일으키는 현상

㉯ 대책 : 가공지선 설치, 아킹혼 설치

(7) 가공지선의 역할

• 직격뢰에 대한 차폐 효과

• 유도뢰에 대한 정전 차폐 효과

• 통신선에 대한 전자 유도 장애 경감 효과

2. 개폐기

(1) 차단기(CB)

① 차단기의 목적

• 선로 이상상태 (과부하, 단락, 지락)고장 시, 고장전류 차단

• 부하전류, 무부하전류를 차단한다.

② 차단기의 종류

유입차단기 (OCB)	• 소호능력이 크다. • 화재의 위험이 있다. • 소호매질 : 절연유
공기차단기 (ABB)	• 투입과 차단을 압축공기로 한다. • 소음이 크다(방음설비). • 소호매질 : 압축공기
진공차단기 (VCB)	• 차단시간이 짧고 폭발음이 없다. • 소호매질 : 진공
자기차단기 (MBB)	• 전류절단에 의한 와전압이 발생하지 않는다. • 소호매질 : 전자력
가스차단기 (GCB)	• 밀폐구조이므로 소음이 없다. • 절연내력이 공기의 2~3배정도 • 소호능력이 우수함 • 소호매질 : SF_6

③ 차단용량

$$P_s = \sqrt{3}\,VI_s\,[\text{MVA}]$$

여기서, V : 정격전압[V](=공칭전압$\times\dfrac{1.2}{1.1}$)

　　　　I_s : 정격차단전류[A]

④ 차단기의 차단시간

정격 차단 시간=개극 시간 + 아크 소호 시간

⑤ 차단기의 정격 투입 전류 : 투입 전류의 최초 주파수의 최대값 표시, 정격 차단 전류(실효값)의 2.5배를 표준

⑥ 차단기의 표준 동작 책무(duty cycle) : 차단기의 동작책무란 1~2회 이상의 차단-투입-차단을 일정한 시간 간격으로 행하는 일련의 동작

⑦ 차단기의 트립방식

· 변류기 2차 전류 트립방식(CT)

· 부족 전압 트립방식(UVR)

· 전압 트립방식(PT전원)

· 콘덴서 트립방식(CTD)

· DC 전압 방식

(2) 단로기(DS)

① 단로기의 역할

소호 장치가 없어서 아크를 소멸시킬 수 없다. 각 상별로 개폐가능

② 차단기와 단로기의 조작 순서

㉮ 투입시 : 단로기(DS) 투입 → 차단기(CB) 투입

㉯ 차단시 : 차단기(CB) 개방 → 단로기(DS) 개방

(3) 전력퓨즈(PF)

① 전력퓨즈의 기능

· 부하전류를 안전하게 통전시킨다.

· 동작 대상의 일정값 이상 과전류에서는 오동작 없이 차단하여 전로나 기기를 보호

② 전력퓨즈의 장·단점

장점	· 현저한 한류 특성을 갖는다. · 고속도 차단할 수 있다. · 소형으로 큰 차단 용량을 갖는다.
단점	· 재투입이 불가능하다. · 과전류에 용단되기 쉽다. · 결상을 일으킬 우려가 있다. · 한류형 퓨즈는 용단되어도 차단되지 않는 범위가 있다.

③ 전력 퓨즈 선정 시 고려사항

· 보호기와 협조를 가질 것

· 변압기 여자돌입전류에 동작하지 말 것

· 과부하전류에 동작하지 말 것

· 충전기 및 전동기 기동전류에 동작하지 말 것

④ 퓨즈의 특성 : 전차단 특성, 단시간 허용 특성, 용단 특성

(4) 차단기와 단로기의 동작 특성 비교

① 차단기 : 단락전류 개폐

② 전력용 퓨즈 : 단락전류 차단, 부하전류 통과

③ 단로기 : 무부하회로 개폐, 차단 능력이 없다.

④ 계전기

㉮ 정한시 : 일정시간 이상이면 구동

㉯ 반한시 : 시간의 반비례 특성

㉰ 순한시 : 일정값 이상이면 구동

3. 보호계전기

(1) 보호계전기의 구비 조건

· 고장 상태를 식별하여 정도를 파악할 수 있을 것

· 고장 개소와 고장 정도를 정확히 선택할 수 있을 것

· 동작이 예민하고 오동작이 없을 것

· 적절한 후비 보호 능력이 있을 것

· 경제적일 것

(2) 보호계전기의 기능상의 분류

① 과전류계전기(OCR) : 일정한 전류 이상이 흐르면 동작 (발전기, 변압기, 선로 등의 단락 보호용)

② 과전압계전기(OVR) : 일정값 이상의 전압이 걸렸을 때 동작

③ 부족전압계전기(UVR) : 전압이 일정전압 이하로 떨어졌을 경우 동작

④ 비율차동계전기(RDFR) : 고장시의 불평형 차단전류가 평형전류의 이상으로 되었을 때 동작 (발전기 또는 변압기의 내부 고장 보호용으로 사용)

⑤ 부족전류계전기(UCR) : 직류기의 기동용 등에 사용되는 보호 계전기(교류 발전기의 계자 보호용)

⑥ 선택접지계전기(SGR) : 다회선에서 접지 고장 회선의 선택

⑦ 거리계전기 : 선로의 단락보호 및 사고의 검출용

⑧ 방향·단락계전기 : 환상 선로의 단락사고 보호

⑨ 지락계전기(GR) : 영상변전류(ZCT)에 의해 검출된 영상전류에 의해 동작

(3) 보호 계전기의 보호방식

① 표시선계전 방식
- 방향비교 방식
- 전압반향 방식
- 전류순환 방식
- 전송트릭 방식

② 반송보호계전 방식
- 방향비교반송 방식
- 위상비교반송 방식
- 반송트릭 방식

(4) 비율차동계전기

① 발전기 보호 : 87G

② 변압기 보호 : 87T

③ 모선 보호 : 87B

(5) 계기용 변압기(PT)

① 계기용 변압기 용도
1차 측의 고전압을 2차 측의 저전압(110[V])으로 변성하여 계기나 계전기에 전압원 공급

② 접속 : 주회로에 병렬 연결

③ 주의 사항 : 2차 측을 단락하지 말 것

(6) 계기용 변류기(CT)

① 계기용 변류기의 용도
배전반의 전류계, 전력계, 역률계 등 각종 계기 및 차단기 트립코일의 전원으로 사용

② 접속 : 주회로에 직렬 연결

③ 주의 사항 : 2차 측을 개방하지 말 것

(7) 계기용 변압변류기(MOF : Metering Out Fit)

전력량계 적산을 위해서 PT, CT를 한 탱크 속에 넣은 것

1. 배전선로의 구성 방식

(1) 수지식(나뭇가지 식 : tree system)

수요 변동에 쉽게 대응할 수 있다.

(2) 환상방식(loop system)

- 고장 구간의 분리조작이 용이하다.
- 전력손실이 적다.
- 전압강하가 적다.

(3) 망상방식(network system)

- 플리커, 전압변동률이 적다.
- 기기의 이용률이 향상된다.
- 전력손실이 적다.
- 전압강하가 적다.

(4) 저압뱅킹방식

- 고압선(모선)에 접속된 2대 이상의 변압기의 저압측을 병렬 접속하는 방식
- 전압변동 및 전력손실이 경감
- 변압기용량 및 저압선 동량이 절감
- 특별한 보호 장치(네트워크 프로텍트)

2. 배전선로의 전기 공급 방법

(1) 경제적인 전송방식

	단상 2선식	단상 3선식	3상 3선식	3상 4선식
송전전력(P)	$VI\cos\theta$	$VI\cos\theta$	$\sqrt{3}\,VI\cos\theta$	$\sqrt{3}\,VI\cos\theta$
1선당 송전전력	100[%]	67[%]	115[%]	87[%]
전선무게	100[%]	150[%]	75[%]	100[%]
1선당 배전전력	100[%]	133[%]	115[%]	150[%]

※ 송전에서는 3상3선식이 유리하며, 배전에서는 3상4선식이 유리하다.

1. 전압강하율과 전압변동률

(1) 전압강하율 $\epsilon = \dfrac{V_s - V_r}{V_r} \times 100 [\%]$

(2) 전압변동률 $\delta = \dfrac{V_{ro} - V_r}{V_r} \times 100 [\%]$

(3) 전력손실률

전력손실률 $= \dfrac{I^2 R}{P_r} \times 100 = \dfrac{I^2 R}{V_r I} \times 100 [\%]$

여기서, V_s : 송전단전압

$\quad\quad\quad V_r$: 전부하시 수전단전압

$\quad\quad\quad V_{r0}$: 무부하시 수전단전압

$\quad\quad\quad R$: 전선 1선당의 저항

$\quad\quad\quad I$: 전류, P_r : 소비전력

2. 부하의 특성

(1) 수용률

① 수용률 $= \dfrac{\text{최대수용전력[kW]}}{\text{부하설비용량합계[kW]}} \times 100 [\%]$

② 보통 1보다 작다.

③ 수용률이 1보다 크면 과부하

(2) 부등률

① 부등률 $= \dfrac{\text{각 부하의 최대수용전력의 합계[kW]}}{\text{합성 최대 수용전력[kW]}}$

② 부등률은 1보다 크다(부등률 $\geq$ 1).

(3) 부하율

① 일정기간 중 부하 변동의 정도를 나타내는 것

② 부하율 $= \dfrac{\text{평균수용전력}}{\text{최대수용전력}} \times 100 [\%]$

$\quad\quad = \dfrac{\text{평균부하}}{\text{최대부하}} \times 100 [\%]$

(4) 수용률, 부등률, 부하율의 관계

① 합성 최대전력 $= \dfrac{\text{최대전력의 합계}}{\text{부등률}}$

$\quad\quad = \dfrac{\text{설치부하의 합계} \times \text{수용률}}{\text{부등률}}$

② 부하율 $= \dfrac{\text{평균전력}}{\text{설치부하의 합계}} \times \dfrac{\text{부등률}}{\text{수용률}} \times 100 [\%]$

3. 변압기용량 및 출력

(1) 실측효율

① 입력과 출력의 실측값으로부터 계산

② 실측효율 $= \dfrac{\text{출력의 측정값}}{\text{입력의 측정값}} \times 100 [\%]$

(2) 규약효율

① 규약효율 $= \dfrac{\text{출력}}{\text{출력} + \text{손실}} \times 100$

$\quad\quad = \dfrac{\text{입력} - \text{손실}}{\text{입력}} \times 100 [\%]$

③ 전일효율

$= \dfrac{\text{1일간의 출력 전력량}}{\text{1일간의 출력 전력량} + \text{1일간의 손실 전력량}}$

$\times 100$

(3) 변압기 용량

① 한 대일 경우 $T_r = \dfrac{\text{설비용량} \times \text{수용률}}{\text{역률}} [kVA]$

② 여러 대일 경우

$T_r = \dfrac{\sum (\text{설비용량} \times \text{수용률})}{\text{부등률} \times \text{역률}} [kVA]$

(4) 변압기 최고 효율 조건 $P_i = a^2 P_c$

여기서, P_i : 철손, a : 부하율, P_c : 전부하 시 동손

4. 전력 손실

(1) 배전선로의 전력손 $P_c = N I^2 R [W]$

여기서, R : 전선 1가닥의 저항[Ω]

$\quad\quad\quad I$: 부하전류[A], N : 전선의 가닥수

$\quad\quad\quad$ (2선식(N=2), 3선식(N=3))

(2) 부하율 F와 손실계수 H와의 관계

$0 \leq F^2 \leq H \leq F < 1$가 있으므로

손실계수 $H = aF + (1-a)F^2$ 로 표현한다.

여기서, a는 상수로서 0.1~0.4

10 **배전선로의 운영과 보호**

(1) 배전선로의 손실 경감 대책

① 적정 배전 방식의 채용

② 역률 개선

③ 변전소 및 변압기의 적정 배치

④ 변압기 손실 경감

⑤ 배전전압의 승압

(2) 역률 개선

① 역률 개선용 콘덴서용량(Q)

$$Q = P(\tan\theta_1 - \tan\theta_2) = P\left(\frac{\sin\theta_1}{\cos\theta_1} - \frac{\sin\theta_2}{\cos\theta_2}\right)$$
$$= P\left(\frac{\sqrt{1-\cos^2\theta_1}}{\cos\theta_1} - \frac{\sqrt{1-\cos^2\theta_2}}{\cos\theta_2}\right)$$

여기서, $\cos\theta_1$: 개선 전 역률

$\cos\theta_2$: 개선 후 역률

② 역률 개선의 효과

·선로, 변압기 등의 저항손 감소

·변압기, 개폐기 등의 소요 용량 감소

·송전용량이 증대

·전압강하 감소

·설비용량의 여유 증가

·전기요금이 감소한다.

11 **수력발전소**

(1) 수력학

① 연속의 원리

임의의 점에서의 유량은 항상 일정하다.

$$A_1 v_1 = A_2 v_2 = Q[m^3/s] \to (일정)$$

여기서, A_1, A_2 : a, b점의 단면적$[m^2]$

v_1, v_2 : a, b점의 유속$[m/s]$

② 베르누이 정리

흐르는 물의 어느 곳에서도 위치에너지(H), 압력

에너지($\frac{P}{w}$), 속도에너지($\frac{v^2}{2g}$)의 합은 일정

$$H_a + \frac{P_a}{w} + \frac{v_a^2}{2g} = H_b + \frac{P_b}{w} + \frac{v_b^2}{2g} = k\,(일정)$$

③ 물의 이론 분출 속도(v) → (토리첼리의 정리)

운동 에너지 E_k = 위치 에너지 E_p 이므로

$$H = \frac{v^2}{2g}[m] 에서$$

유속 $v = \sqrt{2gH}[m/s]$

(2) 수력발전소의 출력

① 이론적 출력 $P_0 = 9.8QH$ [kW]

② 수차 출력 $P_t = 9.8QH\eta_t$

③ 발전소 출력 $P_g = 9.8QH\eta_t\eta_g$[kW]

여기서, Q : 유량$[m^3/s]$, H : 낙차[m]

η_g : 발전기 효율, η_t : 수차의 효율

(3) 유량 도표

① 유량도 : 365일 동안 매일의 유량을 역일순으로 기록한 것

② 유황 곡선 : 가로축에 일수를, 세로축에는 유량을 표시하고 유량이 많은 일수를 역순으로 차례로 배열하여 맺은 곡선, 발전계획수립에 이용

③ 적산유량곡선 : 수력발전소의 댐 설계 및 저수지 용량 등을 결정하는데 사용

④ 유량의 종류

㉮ 갈수량(갈수위) : 365일 중 355일 이것보다 내려가지 않는 유량

㉯ 평수량(평수위) : 365일 중 185일은 이것보다 내려가지 않는 유량

㉰ 저수량(저수위) : 365일 중 275일은 이것보다 내려가지 않는 유량

(4) 수차의 종류 별 적용 낙차 범위

① 펠턴수차(충동수차)

㉮ 유효낙차 : 300[m]

㉯ 형식 : 충동

㉰ 주요 특징 : 고낙차, 디플렉디, 특유 속도 최소

② 프란시스수차

㉮ 유효낙차 : 50~500[m]

㉯ 형식 : 반동

㉰ 주요 특징 : 중낙차

③ 사류수차

  ㉮ 유효낙차 : 50~150[m]

  ㉯ 형식 : 반동

  ㉰ 주요 특징 : 중낙차

④ 카플란수차

  ㉮ 유효낙차 : 10~50[m]

  ㉯ 형식 : 반동

  ㉰ 주요 특징 : 저낙차, 흡출관(유효 낙차를 크게), 효율이 최고, 속도 변동이 최소

(5) 적용 낙차가 큰 순서

펠턴 → 프란시스 → 프로펠러

(6) 조압수조

· 압력수로인 경우에 시설

· 사용 유량의 급변으로 수격 작용을 흡수 완화하여 압력이 터널에 미치지 않도록 하여 수압관을 보호하는 안전장치

(7) 캐비테이션 현상

① 효율, 출력, 낙차의 저하

② 러너, 버킷의 부식

③ 진동에 의한 소음

④ 속도 변동이 심하다.

⑤ 대책

  · 흡출고를 너무 높게 잡지 말 것

  · 특유속도를 너무 높게 잡지 말 것

(8) 수차의 특유속도(비교 회전수) (N_s)

낙차에서 단위 출력을 발생시키는데 필요한 1분 동안의 회전수

특유속도 $N_s = \dfrac{N\sqrt{P}}{H^{\frac{5}{4}}}$ [rpm]

여기서, N : 수차의 회전속도[rpm]

  P : 수차출력[kW], H : 유효낙차[m]

(9) 양수발전소

낮에는 발전을 하고, 밤에는 원자력, 대용량 화력 발전소의 잉여 전력으로 필요한 물을 다시 상류 쪽으로 양수하여 발전하는 방식으로 잉여 전력의 효율적인 활용, 첨두부하용으로 많이 쓰인다.

(1) 화력발전소의 열 사이클 종류

① 카르노 사이클 (Carnot Cycle) : 두 개의 등온 변화와 두 개의 단일 변화로 이루어지며, 가장 효율이 좋은 이상적인 사이클

② 랭킨 사이클(Rankine Cycle)

  · 증기를 작업 유체로 사용하는 기력 발전소의 가장 기본적인 사이클

  · 급수 펌프 → 보일러 → 과열기 → 터빈 → 복수기 → 다시 보일러로

③ 재생 사이클 : 증기 터빈에서 팽창 도중에 있는 증기를 일부 추기하여 급수가열에 이용한 열 사이클

④ 재열 사이클 : 어느 압력까지 터빈에서 팽창한 증기를 보일러에 되돌려 재열기로 적당한 온도까지 재 과열시킨 다음 다시 터빈에 보내서 팽창한 열 사이클

⑤ 재생·재열 사이클 : 재생 사이클과 재열 사이클을 겸용하여 사이클의 효율을 향상시킨다.

(2) 화력발전소의 열효율

① 발전소의 열효율 $\eta = \dfrac{860\,W}{mH} \times 100[\%]$

  여기서, W : 발전 전력량[kWh]

   m : 연료 소비량[kg]

   H : 연료의 발열량[kcal/kg]

② 발전소의 열효율의 향상 대책

  · 재생·재열 사이클의 사용

  · 고압, 고온 증기 채용 및 과열기 설치

  · 절탄기, 공기예열기 설치

  · 연소 가스의 열손실 감소

(3) 화력발전소용 보일러

① 과열기 : 보일러에서 발생한 포화증기를 가열하여 증기 터빈에 과열증기를 공급하는 장치

② 절탄기(가열기) : 보일러 급수를 보일러로부터 나오는 연도 폐기 가스로 예열하는 장치

③ 재열기 : 터빈에서 팽창하여 포화온도에 가깝게 된 증기를 추기하여 다시 보일러에서 처음의 과열 온도에 가깝게까지 온도를 올린다.

④ 공기 예열기 : 연도에서 배출되는 연소가스가 갖는 열량을 회수하여 연소용 공기의 온도를 높인다.

⑤ 집진기 : 연도로 배출되는 먼지(분진)를 수거하기
위한 설비로 기계식과 전기식이 있다.
⑦ 기계식 : 원심력 이용(사이클론 식)
⑭ 전기식 : 코로나 방전 이용(코트렐 방식)
⑥ 복수기 : 터빈 중의 열 강하를 크게 함으로써 증기
의 보유 열량을 가능한 많이 이용하려고 하는 장치
⑦ 급수 펌프 : 급수를 보일러에 보내기 위하여 사용

<h2>핵심 13 원자력발전소</h2>

(1) 원자력 발전의 기본 원리

① 핵분열 에너지 : 질량수가 큰 원자핵(예 $_{92}U^{35}$)이
핵분열을 일으킬 때 방출하는 에너지

② 핵융합 에너지 : 질량수가 작은 원자핵 2개가 1개
의 원자핵으로 융합될 때 방출하는 에너지

(2) 원자력 발전의 장·단점

① 장점 :
· 오염이 없는 깨끗한 에너지
· 연료의 수송과 저장이 용이하다.

② 단점
· 방사선 측정기, 폐기물 처리장치 등이 필요하다.
· 건설비가 많이 든다.

(3) 원자로의 구성

① 노심 : 핵 분열이 진행되고 있는 부분

② 냉각재
· 원자로 속에서 발생한 열에너지를 외부로 배출
시키기 위한 열매체
· 흑연(C), 경수(H_2O), 중수(D_2O) 등이 사용
· 열전도율이 클 것
· 중성자 흡수가 적을 것
· 비등점이 높을 것
· 열용량이 큰 섯
· 방사능을 띠기 어려울 것

③ 제어봉
· 원자로내의 중성자를 흡수되는 비율을 제어하
기 위한 것

· 카드뮴(Cd), 붕소(B), 하프늄(Hf) 등이 사용

④ 감속재
· 원자로 안에서 핵분열의 연쇄 반응이 계속되도록
연료체의 핵분열에서 방출되는 고속 중성자를 열
중성자의 단계까지 감속시키는 데 쓰는 물질
· 흑연(C), 경수(H_2O), 중수(D_2O), 베릴륨(Be),
흑연 등이 사용

⑤ 반사체
· 중성자를 반사시켜 외부에 누설되는 것을 방지
· 노심의 주위에 반사체를 설치
· 베릴륨 혹은 흑연과 같이 중성자를 잘 산란시키
는 재료가 좋다.

⑥ 차폐재
· 원자로 내의 방사선이 외부로 빠져 나가는 것을
방지
· 열차폐와 생체 차폐가 있다.

(4) 원자로의 종류

① 가압수형 원자로
· 경수형 PWR
· 연료로 저농축 우라늄 사용
· 감속제로는 경수 사용
· 냉각제로 경수 사용

② 비등수형 원자로(BWR) :
· 저농축 우라늄의 산화물을 소결한 연료를 사용
· 감속재, 냉각재로서 물을 사용
· 열교환기가 없다.

핵심 01 직류기

1. 직류 발전기

(1) 직류 발전기의 주요 구성

① 계자 권선

② 전기자 권선

③ 정류자

④ 브러시 : 탄소 브러시, 전기 흑연 브러시, 금속 흑연 브러시

(2) 전기자 권선의 권선법 종류

고상권, 폐로권, 이층권, 중권이 많이 사용되는 권선법

전기자권선 ┬ 환상권
        └ 고상권 ┬ 개로권
                └ 폐로권 ┬ 단층권
                             └ 2층권 ┬ 중권
                                        └ 파권

(3) 전기자권선법의 중권과 파권의 비교

	중권 (병렬권)	파권 (직렬권)
병렬회로 수(a)	극수(p)와 같다	항상 2개
브러시 수(b)	극수(p)와 같다	2개 또는 극수(p)
다중도(m)	$a = mp$	$a = 2m$
균압선	반드시 필요	필요 없음
용도	대전류, 저전압	소전류, 고전압

(4) 직류 발전기의 유기 기전력

$$E = \frac{Z}{a}p\varnothing\frac{N}{60}[V]$$

여기서, N : 회전수[rpm], z : 총 도체수

    a : 병렬회로수, p : 극수, $\varnothing$: 자속[Wb]

※·중권일 경우 : $a = p$(중권에서는 전기자 병렬회로수와 극수는 항상 같다)

  ·파권일 경우 : $a = 2$(파권에서는 전기자 병렬회로수는 항상 2이다)

(5) 정류자 편수와 정류자 편간 유기되는 전압

① 정류자 편수

$$K = \frac{\text{총 전기자 도체수}}{2}$$

$$= \frac{\text{슬롯 한 개에 들어가는 코일 변수} \times \text{전체 슬롯수}}{2}$$

② 정류자 편간 평균 전압

$$e = \frac{\text{총 전기자 유기 기전력}}{\text{정류자 편수}} = \frac{E \times p}{K}[V]$$

여기서, E : 전기자 권선에 유기되는 기전력[V]

       p : 극수[극]

(6) 전기자 반작용

① 감자작용 : 주자속의 감소

  ㉮ 발전기 : 유기기전력 감소

  ㉯ 전동기 : 토크 감소, 속도 증가

② 편자작용 : 전기적 중성축 이동

  ㉮ 발전기 : 회전 방향

  ㉯ 전동기 : 회전 반대 방향

③ 전기자 반작용 방지 대책

  ·브러시를 중성축 이동 방향과 같게 이동시킴

  ·보상 권선 설치

  ·보극 설치

(7) 직류 발전기의 정류 작용

① 정류주기 $T_c = \frac{b - \delta}{v_c}[s]$

② 정류곡선

  ㉮ 부족정류 : 정류 말기에 브러시 후단부에서 불꽃 발생

  ㉯ 과정류 : 정류 초기에 브러시 전단부에서 불꽃 발생

③ 양호한 정류를 얻는 조건

  ㉮ 저항정류 : 접촉저항이 큰 탄소브러시 사용

  ㉯ 전압정류 : 보극을 설치(평균 리액턴스 전압을 줄임)

  ㉰ 리액턴스 전압을 작게 함

    (평균 리액턴스 전압 $e_L = L\frac{2I_c}{T_c}[V]$)

  ㉱ 정류주기를 길게 한다.

  ㉲ 코일의 자기 인덕턴스를 줄인다(단절권 채용).

(8) **직류 발전기의 전압변동률**

$$\epsilon = \frac{V_0 - V_n}{V_n} \times 100 [\%]$$

여기서, V_0 : 무부하시 단자전압

V_n : 정격 전압

① $\epsilon(+)$: 타여자, 분권, 부족복권, 차동복권
② $\epsilon(0)$: 평복권
③ $\epsilon(-)$: 과복권, 직권

(9) **직류 발전기의 종류**

① 타여자 발전기

· 정전압 특성을 보임

· 잔류 자기가 필요 없음

· 대형 교류 발전기의 여자 전원용

· 직류 전동기 속도 제어용 전원 등에 사용

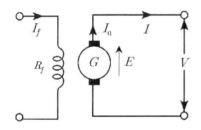

여기서, I_a, R_a : 전기자 전류, 전기자 저항

I_f, R_f : 계자 전류, 계자 저항

E : 유기 기전력, V : 단자전압

V_0 : 무부하시 단자전압, I : 전류

② 자여자 발전기

· 직권 발전기

· 계자와 전기자, 그리고 부하가 직렬로 구성됨

· 전류 관계는 $I = I_a = I_s$

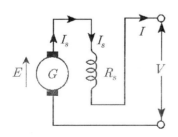

여기서, I_s : 부하 전류, R_s : 부하 저항

③ 분권 발전기

· 전기자와 계자 권선이 병렬로 구성됨

· 전기자 전류 $I_a = I_f + I$

④ 복권 발전기

· 전기자와 계자 권선이 직·병렬로 구성됨

· 복권 발전기는 내분권과 외분권으로 구성

(10) **직류 발전기의 특성**

분권 발전기	직권 발전기
$I_a = I_f + I$	$I_a = I_f = I$
$E = V + I_a R_a$	$E = V + I_a(R_a + R_f)$
$V = I_f R_f$	$V_0 = 0$

(11) **자여자 발전기의 전압 확립 조건**

· 무부하 특성 곡선이 자기 포화의 성질이 있을 것
· 잔류 자기가 있을 것
· 계자 저항이 임계저항보다 작을 것
· 회전 방향이 잔류자기를 강화하는 방향일 것
(회전 방향이 반대이면 잔류자기가 소멸되어 발전 하지 않는다.)

(12) **직류 발전기의 병렬 운전**

① 직류 발전기의 병렬 운전 조건

· 극성이 같을 것

· 정격 전압이 같을 것

· 외부 특성 곡선이 약간의 수하 특성을 가질 것

② 직류 발전기의 부하 분담

저항이 같으면 유기 기전력이 큰 쪽이 부하 분담 을 많이 갖는다.

㉮ 부하 분담이 큰 발전기 : 계자 전류(I_f) 증가

㉯ 부하 분담이 작은 발전기 : 계자 전류(I_f) 감가

㉰ 균압선이 필요한 발전기 : 직권 발전기, 복 권 발전기

(13) **직류 발전기의 특성 곡선**

① 무부하 특성 곡선 : 정격 속도에서 무부하 상태의 I_f와 E와의 관계를 나타내는 곡선

② 부하 특성 곡선 : 정격 속도에서 I를 정격값으로 유지했을 때, I_f와 V와의 관계를 나타내는 곡선

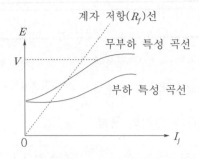

[직류 발전기의 무부하 특성 곡선 및 부하 특성 곡선]

③ 외부 특성 곡선 : 계자 회로의 저항을 일정하게 유지하면서 부하전류 I를 변화시켰을 때 I와 V의 관계를 나타내는 곡선

2. 직류 전동기

(1) 직류 전동기의 특성

분권전동기	직권전동기
$I = I_a + I_f$	$I_a = I_f = I$
$E = V - I_a R_a$	$E = V - I_a(R_a + R_f)$
$T \propto \dfrac{1}{N} \propto I$	$T \propto \dfrac{1}{N^2} \propto I^2$

(2) 직류 전동기의 속도 제어

$$n = k\frac{E}{\phi} = \frac{V - R_a I_a}{\phi}[rps]$$

① 전압 제어(정토크 제어)
  · 전동기의 외부 단자에서 공급 전압을 조절하여 속도를 제어
  · 효율이 좋고 광범위한 속도 제어가 가능
  ㉮ 워드레오너드 방식 : 가장 광범위한 속도제어
  ㉯ 일그너 방식 : 부하가 급변하는 곳에 사용(플라이휠 사용)
② 계자 제어(정출력 제어)
  · 계자 저항을 조절하여 계자 자속을 변화시켜 속도를 제어
  · 전력 손실이 적고 간단하여 속도 제어 범위가 적음

③ 저항 제어
  · 전기자 회로에 삽입한 기동 저항으로 속도 제어
  · 효율이 나쁘다.

(3) 직류 기기의 손실

① 가변손(부하손)
  · 동손 $P_c = I^2 R[W]$
  · 표류 부하손
② 고정손(무부하손)
  ㉮ 철손
    · 히스테리시스손 $P_h = \eta f B^{1.6}[W]$
    · 와류손 $P_e = \eta f^2 B^2 t^2[W]$
  ㉯ 기계손 : 마찰손, 풍손

(4) 직류 기기의 효율

① $\eta = \dfrac{입력}{출력} \times 100[\%]$

② $\eta = \dfrac{출력}{출력 + 손실} \times 100[\%]$ → (발전기)

③ $\eta = \dfrac{입력 - 손실}{입력} \times 100[\%]$ → (전동기)

핵심 **02** 동기기

1. 동기발전기

(1) 회전자에 의한 분류

① 회전계자형 : 전기자를 고정자로 하고, 계자극을 회전자로 한 것. 동기발전기에서 사용
② 회전전기자형 : 계자극을 고정자로 하고, 전기자를 회전자로 한 것. 특수용도 및 극히 저용량에 적용
③ 유도자형 : 계자극과 전기자를 모두 고정자로 하고 권선이 없는 회전자. 고주파(수백~수만[Hz]) 발전기로 쓰인다.

(2) 회전계자형으로 하는 이유

① 전기적인 면
  · 계자는 직류 저압이 인가되고, 전기자는 교류 고압이

유기되므로 저압을 회전시키는 편이 위험성이 적다.
- 전기자는 3상 결선이고 계자는 단상 직류이므로 결선이 간단한 계자가 위험성이 작다.

② 기계적인 면
- 회전시 기계적으로 더 튼튼하다.
- 전기자는 권선을 많이 감아야 되므로 회전자 구조가 커지기 때문에 원동기 측에서 볼 때 출력이 더 증대하게 된다.

(3) 회전자의 구조

① 동기속도 $N_s = \dfrac{120}{P}f[rpm]$

② 유도기전력 $E = 4.44fn\varnothing K_w[V]$
여기서, n : 한 상당 직렬 권수, K_w : 권선계수

(4) 전기자 권선법

① 분포권계수 $K_d = \dfrac{\sin\dfrac{n\pi}{2m}}{q\sin\dfrac{n\pi}{2mq}} < 1$

여기서, q : 매극 매상 당 슬롯 수, m : 상수
n : 고조파 차수, $\varnothing$: 자속

② 단절권계수 $K_p = \sin\dfrac{n\beta\pi}{2} < 1$

③ 분포권과 단절권의 특징
- 고조파 감소
- 파형 개선

(5) 전기자 결선을 Y결선으로 하는 이유

- 정격전압을 $\sqrt{3}$ 배 만큼 더 크게 할 수 있다.
- 이상 전압으로부터 보호 받을 수 있다.
- 권선에서 발생되는 열이 작고, 선간전압에도 3고조파전압이 나타나지 않는다.
- 코일의 코로나 열화 등이 작다.

(6) 동기발전기의 전기자 반작용

① 교차자화작용 : 전기자전류와 유기기전력이 동상인 경우
② 감자작용 : 전기자 전류가 유기기전력보다 90^0 뒤질 때(지상 : L부하)
③ 증자직용 : 전기자 전류기 유기기전력보다 90^0 앞설 때(진상 : C부하)

※동기 전동기의 전기자 반작용은 동기발전기와 반대

(7) 동기기의 전압변동률

$$\epsilon = \frac{V_0 - V_n}{V_n} \times 100[\%]$$

여기서, V_0 : 무부하시 단자전압
V_n : 정격 단자전압

① $\epsilon(+)$ $V_0 > V_n$: 감자작용 (L부하)
② $\epsilon(-)$ $V_0 < V_n$: 증자작용 (C부하)

(8) 단 상 동기발전기 출력

① 단 상 발전기의 출력 $P = \dfrac{EV}{x_s}\sin\delta[W]$

② 3상 발전기의 출력 $P = 3\dfrac{EV}{x_s}\sin\delta$

여기서, V : 단자전압[V], E : 공칭유기기전력[V]
δ : 상차각, x_s : 동기리액턴스[Ω]

(9) 단락비가 큰 기계의 특징

① 장점
- 단락비가 크다.
- 동기임피던스가 작다.
- 전압 변동이 작다(안정도가 높다).
- 공극이 크다.
- 전기자 반작용이 작다.
- 계자의 기자력이 크다.
- 전기자 기자력은 작다.
- 출력이 향상
- 자기여자를 방지 할 수 있다.

② 단점
- 철손이 크다.
- 효율이 나쁘다.
- 설비비가 고가이다.
- 단락전류가 커진다.

(10) 동기발전기의 단락전류

① 지속단락전류 $I_s = \dfrac{E}{x_l + x_a} = \dfrac{E}{x_s} ≒ \dfrac{E}{Z_s}[A]$

② 돌발단락전류 $I_l = \dfrac{E}{x_l}[A]$

여기서, E : 상전압, x_a : 전기자 반작용 리액턴스

x_l : 전기자 누설리액턴스, Z_s : 동기임피던스

(11) 동기발전기의 병렬운전 조건

① 기전력의 크기가 같을 것

→ 기전력의 크기가 다를 때 : 무효순환전류(역률을 떨어뜨림)가 발생

무효순환전류 $I_c = \dfrac{E_A - E_B}{2Z_s}[A]$

② 기전력의 위상이 같을 것

→ 기전력의 위상이 다를 때 : 유효순환전류(동기화전류)가 발생

유효순환전류 $I_s = \dfrac{2E_A}{2Z_s}\sin\dfrac{\delta}{2}[A]$

※유효전력 $P_s = \dfrac{E_A^2}{2Z_s}\sin\delta[A]$

③ 기전력의 파형이 같을 것

④ 기전력의 상회전 방향이 같을 것

(12) 동기발전기 자기여자현상의 방지대책

· 무효 전력 보상 장치(동기조상기)를 지상 운전(저여자 운전)

· 분로리액터를 설치

· 발전기 및 변압기를 병렬 운전

(13) 동기발전기 안정도의 향상대책

· 정상 과도 리액턴스를 작게하고, 단락비를 크게 한다.

· 영상 임피던스와 역상 임피던스를 크게 한다.

· 회전자 관성을 크게 한다(플라이휠 효과).

· 속응 여자 방식을 채용한다.

· 조속기 동작을 신속히 한다.

(14) 난조

① 난조 발생의 원인 : 조속기의 감도가 지나치게 예민한 경우

② 난조 방지 : 제동권선을 설치한다.

(15) 제동권선의 효용

· 난조방지

· 기동토크 발생

· 불평형 부하시의 전류, 전압 파형개선

· 송전선의 불평형 단락시에 이상전압의 방지

2. 동기 전동기

(1) 동기 전동기의 특징

① 장점

· 속도가 일정하다.

· 언제나 역률 1로 운전할 수 있다.

· 유도 전동기에 비해 효율이 좋다.

· 공극이 크고 기계적으로 튼튼하다.

② 단점

· 기동시 토크를 얻기가 어렵다.

· 속도 제어가 어렵다.

· 구조가 복잡하다.

· 난조가 일어나기 쉽다.

· 가격이 고가이다.

· 직류 전원 설비가 필요하다(직류 여자 방식).

(2) 동기 전동기의 용도

① 저속도 대용량 : 시멘트 공장의 분쇄기, 송풍기, 무효 전력 보상 장치(동기조상기), 각종 압착기, 쇄목기

② 소용량 : 전기시계, 오실로 그래프, 전송 사진

(3) 동기전동기 기동법

① 자기기동법 : 제동권선 이용한다.

② 유도전동기법 : 유도전동기를 이용하여 토크를 발생한다.

(4) 동기속도

$$N_s = \dfrac{120f}{p}[\text{rpm}]$$

(5) 동기토크

$$T = 0.975\dfrac{P_0}{N_s}[\text{kg·m}] \quad \rightarrow (P_0 : 출력)$$

(6) 동기와트

전동기 속도가 동기속도일 때 토크 T와 출력 P_0는 정비례하므로 토크의 개념을 와트로도 환산할 수 있다. 이 와트를 동기와트라고 하며 곧 토크를 의미한다.

핵심 03 변압기

1. 변압기의 구조

(1) 변압기 철심의 구비 조건

- 변압기 철심에는 투자율과 저항률이 크고 히스테리시스손이 작은 규소강판을 사용한다.
- 규소 함유량은 4~4.5[%] 정도이고 두께는 0.3~0.6[mm]이다.

(2) 변압기유가 갖추어야 할 성능

- 절연저항 및 절연내력이 클 것
- 비열이 크고, 점도가 낮을 것
- 인화점이 높고 응고점이 낮을 것
- 절연 재료 및 금속에 화학 작용을 일으키지 않을 것
- 변질하지 말 것

(3) 변압기 절연유의 열화

① 원인

변압기 내부의 온도 변화로 공기의 침입에 의한 절연유와 화학 반응 부식

② 열화의 악영향

- 절연 내력의 저하
- 냉각 효과의 감소
- 절연유의 부식 및 침식 작용으로 인한 변압기 단축

③ 열화 방지 대책

- 개방형 콘서베이터를 사용하여 공기의 침입 방지
- 콘서베이터 내에 질소 및 흡착제 넣기

2. 변압기의 특성

(1) 유기기전력

① 1차 유기기전력 $E_1 = 4.44 f_1 N_1 \varnothing_m$

② 2차 유기기전력 $E_2 = 4.44 f_1 N_2 \varnothing_m$

(2) 권수비(a)와 유기기전력

$$a = \frac{E_1}{E_2} = \frac{N_1}{N_2} = \frac{I_2}{I_1}$$

(3) 여자전류

변압기의 무부하 전류로서 1차 측에 흐르는 전류

① 여자전류의 크기 $I_0 = \sqrt{I_\varnothing^2 + I_i^2}$ [A]

여기서, $I_\varnothing$: 자화전류, I_i : 철손전류

② 철손전류 : 변압기 철심에서 철손을 발생시키는 전류 성분 $I_i = \dfrac{P_i}{V_1}$ [A]

③ 자화전류 : 변압기 철심에서 자속만을 발생시키는 전류 성분 $I_\varnothing = \sqrt{I_0^2 - I_i^2}$ [A]

(4) 등가회로 작성 시 필요한 시험과 측정 가능한 성분

각 권선의 저항 측정

① 무부하 시험 : 철손, 여자(무부하)전류, 여자어드미턴스

② 단락시험 : 동손, 임피던스 와트(전압), 단락전류

(5) 등가회로

2차를 1차로 환산	1차를 2차로 환산
$V_1 = a V_2$ $I_1 = \dfrac{1}{a} I_2$ $Z_1 = a^2 Z_2$	$V_2 = \dfrac{1}{a} V_1$ $I_2 = a I_1$ $Z_2 = \dfrac{1}{a^2} Z_1$

(6) 임피던스 전압

변압기 임피던스를 구하기 위하여 2차 측을 단락하고 변압기 1차 측에 정격 전류가 흐를 때까지만 인가하는 전압

(7) 임피던스 와트

임피던스 전압을 걸 때 발생하는 전력[W]

(8) 철손

① 히스테리시스손 $P_h = fB^{1.6} = \dfrac{f^{1.6}B^{1.6}}{f^{0.6}} \propto \dfrac{E^{1.6}}{f^{0.6}}$

주파수의 0.6승에 반비례하고 유기기전력의 1.6승에 비례

② 와류손 $P_e = f^2 B^2 t^2 \rightarrow P_e \propto f^2 B^2 \propto E^2$

여기서, t : 강판의 두께(일정)

와류손은 전압의 2승에 비례할 뿐이고 주파수와는 무관하다.

(9) 백분율 전압강하

① %저항강하 $p = \dfrac{r_{21}I_{1n}}{V_{1n}} \times 100 = \dfrac{P_c}{P_n} \times 100\,[\%]$

② %리액턴스강하 $q = \dfrac{x_{21}I_{1n}}{V_{1n}} \times 100\,[\%]$

③ %임피던스강하 $z = \dfrac{Z_{21}I_{1n}}{V_{1n}} \times 100 = \sqrt{p^2 + q^2}\,[\%]$

(10) 전압변동률

$\epsilon = \dfrac{V_{20} - V_{2n}}{V_{2n}} \times 100\,[\%] = p\cos\theta \pm q\sin\theta\,[\%]$

$\rightarrow (+ : $ 지상 역률, $- : $ 진상 역률$)$

(11) 전압변동률의 최대값

① 최대 전압변동률 $\epsilon_m = \sqrt{p^2 + q^2}$

② 역률 $\cos\theta = \dfrac{p}{\sqrt{p^2 + q^2}}$

(12) 변압기효율(η)

① 전부하시 $\eta = \dfrac{P}{P + P_i + P_c} \times 100\,[\%]$

② $\dfrac{1}{m}$ 부하시 $\eta_{\frac{1}{m}} = \dfrac{\dfrac{1}{m}P}{\dfrac{1}{m}P + P_i + \left(\dfrac{1}{m}\right)^2 P_c} \times 100\,[\%]$

③ 최대 효율 조건 $P_i = \left(\dfrac{1}{m}\right)^2 P_c$

④ 최대 효율시 부하 $\dfrac{1}{m} = \sqrt{\dfrac{P_i}{P_c}}$

(13) 변압기 3상 결선

① Y결선의 특징

· $V_l = \sqrt{3}\, V_p$ · $I_l = V_p$

② △결선의 특징

· $V_i = V_p$ · $I_l = \sqrt{3}\, I_p$

③ V결선

㉮ 고장 전 출력(단상 변압기 3대 △결선)

$P_\triangle = 3P\,[kVA]$

㉯ 변압기 1대 고장 후 출력(단상 변압기 2대 V결선)

$P_v = \sqrt{3}\, P\,[kVA]$

④ V결선 출력비 및 이용률

· 출력비 57.7[%]   · 이용률 86.6[%]

(14) 상수의 변환

① 3상 → 2상간 상수 변환

· 스코트결선(T결선)   · 메이어결선

· 우드브리지결선

② 3상 → 6상간의 상수의 변환

· 환상결선   · 대각결선

· 2중성형결선   · 2중3각결선

· 포크결선

(15) 변압기의 병렬 운전

① 변압기의 병렬 운전 조건

· 극성이 같을 것

· 정격전압과 권수비가 같을 것

· 퍼센트저항강하와 리액턴스강하비가 같을 것

· 부하전류 분담은 용량에 비례, %Z에는 반비례 할 것

$\dfrac{I_a}{I_b} = \dfrac{P_a\,[KVA]}{P_b\,[KVA]} \times \dfrac{\%Z_b}{\%Z_a}$

· 상회전이 일치할 것

· 각 변위가 같을 것

② 3상 변압기의 병렬 운전 결선

병렬 운전 가능	병렬 운전 불가능
$\triangle - \triangle$와 $\triangle - \triangle$	$\triangle - \triangle$와 $\triangle - Y$
$Y - \triangle$와 $Y - \triangle$	$\triangle - \triangle$와 $Y - \triangle$
$Y - Y$와 $Y - Y$	$Y - Y$와 $Y - \triangle$
$\triangle - Y$와 $\triangle - Y$	$Y - Y$와 $\triangle - Y$
$\triangle - \triangle$와 $Y - Y$	
$\triangle - Y$와 $Y - \triangle$	

(16) 변압기의 극성

① 감극성 변압기
- V의 지시값 $V = V_1 - V_2$
- U와 u가 외함의 같은 쪽에 있다.

② 가극성 변압기
- V의 지시값 $V = V_1 + V_2$
- U와 u가 대각선 상에 있다.

(17) 단권변압기

① 자기용량 $= \dfrac{\text{승압된 전압}}{\text{고압측 전압}} \times \text{부하용량}$

② 단권변압기 3상 결선

결선방식	Y결선	△결선	V결선
$\dfrac{\text{자기용량}}{\text{부하용량}}$	$\dfrac{V_h - V_l}{V_h}$	$\dfrac{V_h^2 - V_l^2}{\sqrt{3}\,V_h V_l}$	$\dfrac{2}{\sqrt{3}} \cdot \dfrac{V_h - V_l}{V_h}$

(18) 변압기 고장보호

- 브흐홀쯔계전기
- 비율차동계전기
- 차동계전기

(19) 변압기의 시험

① 개방회로 시험으로 측정할 수 있는 항목
- 무부하 전류
- 히스테리시스손
- 와류손
- 여자어드미턴스
- 철손

② 단락시험으로 측정할 수 있는 항목
- 동손
- 임피던스와트

- 임피던스 전압

③ 등가회로 작성시험
- 단락시험
- 무부하시험
- 저항측정시험

④ 변압기의 온도시험
- 실부하법
- 반환부하법
- 단락시험법

⑤ 변압기의 절연내력시험
- 유도시험
- 가압시험
- 충격전압시험

핵심 04 유도기

1. 유도전동기의 구조 및 원리

(1) 유도전동기의 기본 법칙

- 전자유도의 법칙이다.
- 자계와 전류 사이에 기계적인 힘이 작용한다는 법칙

(2) 회전자

농형 회전자	·중·소형에서 많이 사용 ·구조 간단하고 보수가 용이 ·효율 좋음 ·속도조정 곤란 ·기동토크 작음(대형운전 곤란)
권선형 회전자	·중·대형에서 많이 사용 ·기동이 쉬움 ·속도 조정 용이 ·기동토크가 크고 비례추이 가능한 구조

2. 유도전동기의 특성

(1) 동기속도

$$N_s = \frac{120f}{p}[\text{rpm}]$$

여기서, f : 주파수, p : 극수

(2) 슬립

$$s = \frac{N_s - N}{N_s} \quad \rightarrow (0 \le s \le 1)$$

① $N = (1-s)N_s = (1-s)\frac{120}{p}f[\text{rpm}]$

② $f_2' = sf_1$

③ $E_2' = sE_2$

④ $P_{c2} = sP_2$

⑤ $P_0 = (1-s)P_2$

⑥ $\eta_2 = (1-s) = \frac{N}{N_s}$

여기서, f_1 : 1차 주파수, f_2' : 2차에 유기되는 주파수

E_1 : 1차 유기 기전력, E_2 : 2차 유기 기전력

E_2' : 회전시 2차 유기 기전력, N_s : 동기속도

P_{c2} : 2차 동손, P_2 : 2차 입력, η_2 : 2차 효율

(3) 권선형 유도전동기의 비례추이

$$\frac{r_2}{s} = \frac{r_2 + R}{s_t}$$

여기서, s_t : 최대 토크 시 슬립, R : 외부 저항

① 비례추이의 특징
  - 최대토크는 불변
  - 슬립이 증가하면 기동전류는 감소, 기동토크는 증가

② 비례추이 할 수 있는 것
  - 토크(T)
  - 1차 전류(I_1)
  - 2차 전류(I_2)
  - 역률($\cos\theta$)
  - 1차 입력(P_1)

③ 비례추이 할 수 없는 것
  - 출력(P_0)
  - 2차 동손(P_{c2})
  - 2차 효율(η_2)
  - 동기 속도(N_s)

(4) 원선도 작도 시 필요한 시험

  - 무부하 시험
  - 구속 시험
  - 고정자 저항 측정
  - 단락 시험

3. 유도 전동기의 기동법

(1) 권선형 유도전동기 기동 방식

  - 2차 저항 기동법(비례추이 이용)
  - 게르게스법
  - 2차 임피던스 기동법

(2) 농형 유도전동기 기동 방식

① 전 전압 기동(직입 기동) : 5[HP] 이하 소용량

② Y-△ 기동 : 5~15[kw]

  토크 $\frac{1}{3}$ 배 감소, 기동전류 $\frac{1}{3}$ 배 감소

③ 기동 보상기법

④ 리액터 기동법

⑤ 콘도르파법

4. 유도 전동기의 속도 제어법

(1) 권선형 유도전동기

① 2차 저항 제어(슬립제어)

② 2차 여자법

③ 종속법

  ㉮ 직렬 종속법 $N = \frac{120f}{p_1 + p_2}[\text{rpm}]$

  ㉯ 차동 종속법 $N = \frac{120f}{p_1 - p_2}[\text{rpm}]$

  ㉰ 병렬 종속법 $N = \frac{2 \times 120f}{p_1 + p_2}[\text{rpm}]$

(2) 농형 유도전동기

① 주파수 제어법 : 포트모터(방직 공장), 선박용 모터

② 극수 변환법

③ 전압 제어법

5. 유도전동기의 이상 현상

(1) 크로우링 현상

① 원인
- ·공극 불일치
- ·전동기에 고조파가유입될 때

② 방지책 : 사구(skew slot)를 채용

(2) 게르게스(Gerges) 현상

① 원인 : 3상 유도 전동기의 단상 운전
② 방지책 : 결상 운전을 방지함

6. 단상 유도전동기

(1) 단상 유도전동기의 특징

- ·교번 자계에 의해 회전
- ·별도의 기동 장치 필요

(2) 단상 유도전동기의 기동토크가 큰 순서

반발 기동형 → 반발 유도형 → 콘덴서 기동형
→ 콘덴서 전동기 → 분상 기동형 → 세이딩 코일형

7. 유도전압 조정기

(1) 단상과 3상의 공통점

- ·1차권선(분로권선)과 2차권선(직렬권선)이 분리
- ·회전자의 위상각으로 전압조정
- ·원활한 전압조정

(2) 단상과 3상의 차이점

① 단상
- ·교번자계 이용
- ·입력전압과 출력전압의 위상이 같다.
- ·단락권선 설치(단락권선 : 리액턴스 전압강하 방지)

② 3상
- ·교번자계 이용
- ·입력전압과 출력전압의 위상차가 있다.
- ·단락권선이 없다.

(3) 전압 조정 범위

$$V_2 = V_1 + E_2 \cos\alpha \quad (\text{위상각 } \alpha = 0 \sim 180[^\circ])$$

(4) 정격용량 및 정격출력

	정격용량	정격출력 (부하용량)
단상	$P = E_2 I_2$	$P = V_2 I_2$
3상	$P = \sqrt{3} E_2 I_2$	$P = \sqrt{3} V_2 I_2$

핵심 05 정류기

(1) 전력 변환기의 종류

① 인버터 : 직류 → 교류로 변환
② 컨버터 : 교류 → 직류로 변환
③ 초퍼 : 직류 → 직류로 직접 제어
④ 사이클로 컨버터 : 교류 → 교류로 주파수 변환

(2) 회전 변류기

① 전압비 : $\dfrac{E_a}{E_d} = \dfrac{1}{\sqrt{2}} \sin\dfrac{\pi}{m} \quad \rightarrow (m : 상수)$

② 전류비 : $\dfrac{I_a}{I_d} = \dfrac{2\sqrt{2}}{m \cos\theta}$

여기서, E_a : 슬립링 사이의 전압[V]

E_d : 직류 전압[V]

I_a : 교류 측 선전류[A]

I_d : 직류 측 전류[A]

(3) 수은 정류기

① 원리 : 진공관 안에 수은 기체를 넣고 순방향에서는 수은 기체가 방전하고 역방향에서는 방전하지 않는 특성을 이용한다.

② 전압비 : 교류 전압(E_a)과 직류 전압(E_d)의 관계

$$\dfrac{E_a}{E_d} = \dfrac{\dfrac{\pi}{m}}{\sqrt{2} \sin\dfrac{\pi}{m}}$$

③ 전압비(3상) : $E_d = 1.17 E_a$
④ 전압비(6상) : $E_d = 1.35 E_a$

⑤ 전류비 : $\dfrac{I_a}{I_d} = \dfrac{1}{\sqrt{m}}$

여기서, E_a : 교류측 전압[V], E_d : 직류측 전압[V]

$\qquad I_a$: 교류측 전류[A], I_d : 직류측 전류[A]

$\qquad m$: 상수

⑥ 역호 : 수은 정류기가 역방향으로 방전되어 밸브 작용의 상실로 인한 전자 역류 현상

⑦ 이상전압 : 수은 정류기가 정류되지만 직류측 전압이 너무 높아 과열되는 현상이다.

⑧ 통호 : 수은 정류기가 지나치게 방전되는 현상(아크 유출)

⑨ 실호 : 수은 정류기 양극의 점호가 실패하는 현상 (점호 실패)

(4) 정류회로

① 직류 평균 전압

㉮ 단상 반파 : $E_d = 0.45E - e[V]$

㉯ 단상 전파 : $E_d = 0.9E - e[V]$

㉰ 3상 반파 : $E_d = 1.17E - e[V]$

㉱ 6상 반파 : $E_d = 1.35E - e[V]$

② 역전압 첨두치

㉮ 단상 반파 : $PIV = E_m = \sqrt{2}\,E\ [V]$

㉯ 단상 전파 : $PIV = 2E_m = 2\sqrt{2}\,E\ [V]$

(5) SCR(사이리스터) : 위상 제어 소자

① SCR의 on 조건 : 게이트에 래칭전류 이상의 전류가 흐를 때

② SCR의 off 조건 : 애노드에 역전압이 인가되거나, 유지전류 이하가 될 때

③ 특성

• 위상제어소자로 전압 및 주파수를 제어

• 전류가 흐르고 있을 때 양극의 전압강하가 작다.

• 정류기능을 갖는 단일방향성3단자소자이다.

• 역률각 이하에서는 제어가 되지 않는다.

④ 유지전류 : 게이트를 개방한 상태에서 사이리스터 도통 상태를 유지하기 위한 최소의 순전류

⑤ 래칭전류 : 사이리스터가 턴온하기 시작하는 순전류

(6) 맥동률

$$맥동률 = \sqrt{\dfrac{실효값^2 - 평균값^2}{평균값^2}} \times 100$$

$$= \dfrac{맥동\,전압의\,교류분실효치}{직류\,전압의\,평균치} \times 100[\%]$$

① 단상 반파 : 121[%]

② 단상 전파 : 48.4[%]

③ 단상 브리지 : 48.4[%]

④ 3상 반파 : 17[%]

⑤ 3상 브리지 : 4.2[%]

핵심 **01** 직류 회로

(1) 전류

$$I = \frac{Q}{t}[C/s = A], \ i = \int q(t)dt[A]$$

(2) 전압

$$V = \frac{W}{Q}[J/C = V]$$

(3) 옴의 법칙

① 전압 $V = RI[V]$

② 전류 $I = \frac{V}{R}[A]$

③ 저항 $R = \frac{V}{I}[\Omega]$

(4) 저항의 연결

① 직렬연결

합성저항 $R_n = R_1 + R_2 + R_3 + \cdots + R_n[\Omega]$

② 병렬 연결

합성저항 $R_n = \dfrac{1}{\dfrac{1}{R_1} + \dfrac{1}{R_2} + \dfrac{1}{R_3} + \cdots + \dfrac{1}{R_n}}[\Omega]$

(5) 전선의 저항 $R = \rho\dfrac{l}{A} = \rho\dfrac{l}{\pi r^2} = \rho\dfrac{4l}{\pi d^2}[\Omega]$

핵심 **02** 정현파 교류

(1) 정현파교류의 표현

① 순시값 : 시간 경과에 따라 그 크기가 변하는 교류의 매 순간 값

순시값 $v(t) = V_m \sin(\omega t \pm \theta)[V]$

순시값 $i(t) = I_m \sin(\omega t \pm \theta)[A]$

여기서, V_m, I_m : 전압, 전류의 최대값

ω : 각 주파수(=$2\pi f[rad/sec]$

θ : 전압, 전류의 위상[°]

② 실효값 $V = \sqrt{\dfrac{1}{T}\int v(t)^2 dt}\,[V]$

③ 평균값 $V_a = \dfrac{1}{T}\int v(t)dt[V]$

④ 파고율 = $\dfrac{최대값}{실효값}$

⑤ 파형률 = $\dfrac{실효값}{평균값}$

(2) 대표적인 교류 파형

파형	실효값	평균값	파형률	파고율
정현파	$\dfrac{V_m}{\sqrt{2}}$	$\dfrac{2V_m}{\pi}$	1.11	1.414
정현반파	$\dfrac{V_m}{2}$	$\dfrac{V_m}{\pi}$	1.57	2
삼각파	$\dfrac{V_m}{\sqrt{3}}$	$\dfrac{V_m}{2}$	1.15	1.73
구형 반파	$\dfrac{V_m}{\sqrt{2}}$	$\dfrac{V_m}{2}$	1.41	1.41
구형파 (전파)	V_m	V_m	1	1

핵심 **03** 기본 교류 회로

(1) 회로 기본 소자의 특성

① 저항 회로 $R[\Omega]$: 전압과 전류의 위상이 같다(동상 소자).

② 인덕턴스 회로 $L[H]$: 회로의 인가 전압에 비해 전류의 위상이 90[°] 늦다(지상 소자).

③ 커패시턴스(정전 용량) 회로 $C[F]$: 회로의 인가 전압에 비해 전류의 위상이 90[°] 빠르다(진상 소자).

(2) 직렬회로

① 저항과 인덕턴스의 직렬회로($R-L$)

㉮ 임피던스 $\dot{Z}=R+j\omega L[\Omega]=|Z|\angle\theta[\Omega]$

·크기 $|Z|=\sqrt{R^2+X_L^2}=\sqrt{R^2+(\omega L)^2}$

·위상 $\theta=\tan^{-1}\dfrac{X_L}{R}$

㉯ 전류 : $i=\dfrac{v}{Z}=\dfrac{V_m\sin\omega t}{|Z|\angle\theta}=\dfrac{V_m}{|Z|}\sin(\omega t-\theta)$

㉰ 위상 : 전류가 전압보다 $\tan^{-1}\dfrac{\omega L}{R}$ 만큼 뒤진다. (지상 회로).

② 저항과 커패시턴스의 직렬회로($R-C$)

㉮ 임피던스 $\dot{Z}=R-j\dfrac{1}{\omega C}[\Omega]=|Z|\angle-\theta[\Omega]$

·크기 $|Z|=\sqrt{R^2+X_C^2}=\sqrt{R^2+\left(\dfrac{1}{\omega C}\right)^2}$

·위상 $\theta=\tan^{-1}\dfrac{-X_C}{R}$

㉯ 전류 : $i=\dfrac{v}{Z}=\dfrac{V_m\sin\omega t}{|Z|\angle-\theta}=\dfrac{V_m}{|Z|}\sin(\omega t+\theta)$

㉰ 위상 : 전류가 전압보다 $\tan^{-1}\dfrac{1}{RwC}$ 만큼 앞선다(진상 회로).

(3) 병렬회로

① 저항과 인덕턴스의 병렬회로($R-L$)

㉮ 어드미턴스 $\dot{Y}=\dfrac{1}{R}+\dfrac{1}{j\omega L}[\mho]=|Y|\angle-\theta[\mho]$

·크기 $|Y|=\sqrt{\left(\dfrac{1}{R}\right)^2+\left(\dfrac{1}{X_L}\right)^2}$

·위상 $\theta=\tan^{-1}\dfrac{R}{X_L}$

㉯ 전류 : $i=\dfrac{v}{Z}=\dfrac{V_m\sin\omega t}{|Z|\angle\theta}=\dfrac{V_m}{|Z|}\sin(\omega t-\theta)$

㉰ 위상 : 회로의 인가 전압에 비해 전류의 위상이 θ만큼 늦다(지상 회로).

② 저항과 커패시턴스의 직렬회로($R-C$)

㉮ 임피던스 $\dot{Y}=\dfrac{1}{R}+j\omega C[\mho]=|Y|\angle\theta[\mho]$

·크기 $|Y|=\sqrt{\left(\dfrac{1}{R}\right)^2+\left(\dfrac{1}{X_C}\right)^2}$

·위상 $\theta=\tan^{-1}\dfrac{R}{X_C}$

㉯ 전류 : $i=Yv=|Y|V_m\sin(\omega t+\theta)$

㉰ 위상 : 회로의 인가전압에 비해 전류의 위상이 θ만큼 빠르다(진상 회로).

(4) $R-X$의 직렬 및 병렬회로에서의 역률과 무효율

① 저항과 리액턴스($R-L$)의 직렬회로

㉮ 역률 $\cos\theta=\dfrac{R}{|Z|}=\dfrac{R}{\sqrt{R^2+X^2}}$

㉯ 무효율 $\sin\theta=\dfrac{X}{|Z|}=\dfrac{X}{\sqrt{R^2+X^2}}$

② 저항과 리액턴스($R-L$)의 병렬회로

㉮ 역률 $\cos\theta=\dfrac{X}{\sqrt{R^2+X^2}}$

㉯ 무효율 $\sin\theta=\dfrac{R}{\sqrt{R^2+X^2}}$

(5) $R-L-C$ 직렬 및 병렬회로에서의 공진현상

① $R-L-C$ 직렬공진

㉮ 공진조건 $X_L=X_C$ → $\omega L=\dfrac{1}{\omega C}$

㉯ 공진주파수 $\omega L=\dfrac{1}{\omega C}$ → $2\pi f_0 L=\dfrac{1}{2\pi f_0 C}$

→ $f_0=\dfrac{1}{2\pi\sqrt{LC}}[Hz]$

㉰ 공진전류 : 공진 시에 회로의 전류는 최대로 증가한다. $I=\dfrac{V}{R}$

㉱ 전압확대비(선택도, 첨예도)

$Q=\dfrac{V_L}{V}=\dfrac{V_C}{V}=\dfrac{1}{R}\sqrt{\dfrac{L}{C}}[배]$

㉲ 공진의 의미

·허수부가 0이다.

·전압과 전류가 동상이다.

·역률이 1이다.

·임피던스가 최소이다.

· 흐르는 전류가 최대이다.

② $R-L-C$ 병렬 공진

㉮ 공진조건 $X_L = X_C \rightarrow \omega L = \dfrac{1}{\omega C}$

㉯ 공진주파수 $\omega L = \dfrac{1}{\omega C} \rightarrow 2\pi f_0 L = \dfrac{1}{2\pi f_0 C}$

$$\rightarrow f_0 = \dfrac{1}{2\pi \sqrt{LC}}[Hz]$$

㉰ 공진전류 : 공진 시에 회로의 전류는 최소로 감소한다.

㉱ 전류확대비(선택도, 첨예도)

$$Q = \dfrac{I_L}{I} = \dfrac{I_C}{I} = R\sqrt{\dfrac{C}{L}}[배]$$

㉲ 공진의 의미

· 허수부가 0이다.

· 전압과 전류가 동상이다.

· 역률이 1이다.

· 임피던스가 최대이다.

· 흐르는 전류가 최소이다.

(1) 단상 교류전력

종류	직렬회로	복소전력
피상전력	$P_a = VI = I^2 Z$ $= \dfrac{V^2 Z}{R^2 + X^2}$	$P_a = VI$ $= P + jP_r$ · $P_r > 0$: 용량성 · $P_r < 0$: 유도성
유효전력	$P = VI\cos\theta = I^2 R$ $= \dfrac{V^2 R}{R^2 + X^2}$	
무효전력	$P_r = VI\sin\theta = I^2 X$ $= \dfrac{V^2 X}{R^2 + X^2}$	

(2) 전력의 측정

① 3전류계법

㉮ 전력 $P = \dfrac{R}{2}(I_1^2 - I_2^2 - I_3^2)$

㉯ 역률 $\cos\theta = \dfrac{I_1^2 - I_2^2 - I_3^2}{2 I_2 I_3}$

② 3전압계법

㉮ 전력 $P = \dfrac{1}{2R}(V_1^2 - V_2^2 - V_3^2)$

㉯ 역률 $\cos\theta = \dfrac{V_1^2 - V_2^2 - V_3^2}{2 V_2 V_3}$

(1) 인덕턴스의 종류

① 자기인덕턴스 $L[H]$: $L = \dfrac{\varnothing}{I}[H]$

② 상호인덕턴스 $M[H]$: $M = \dfrac{\varnothing}{I}[H]$

(2) 유도결합회로의 L의 연결

구분	직렬	병렬
가동결합	$L_0 = L_1 + L_2 + 2M$	$L_0 = \dfrac{L_1 L_2 - M^2}{L_1 + L_2 - 2M}$
차동결합	$L_0 = L_1 + L_2 - 2M$	$L_0 = \dfrac{L_1 L_2 - M^2}{L_1 + L_2 + 2M}$

※ 결합계수 $k = \dfrac{M}{\sqrt{L_1 L_2}}$

(1) 궤적

① 직렬

㉮ Z : 원점을 지나는 직선

㉯ Y : 원점을 지나는 4사분면의 반원

② 병렬

㉮ Y : 원점을 지나는 직선

㉯ Z : 원점을 지나는 4사분면의 반원

(1) 키르히호프 법칙(Kirchhoff's Law)

① 제1법칙(KCL : 전류법칙) : 임의의 절점(node)에서 유입, 유출하는 전류의 합은 같다.

② 제2법칙(KVL : 전압법칙) : 임의의 폐루프 내에서 기전력의 합은 전압 강하의 합과 같다.

(2) 테브낭의 정리(Thevenin's theorem)

복잡한 회로를 1개의 직렬 저항으로 변환하여 쉽게 풀이하는 회로 해석 기법

$$I = \frac{V_{ab}}{Z_{ab} + Z}$$

Z_{ab} : 단자 a, b에서 전원을 모두 제거한(전압전원은 단락, 전류전압은 개방)상태에서 단자 a, b 에서 본 합성 임피던스

V_{ab} : 단자 a, b를 개방했을 때 단자 a, b에 나타나는 단자전압

(3) 노턴의 정리

· 데브낭의 회로의 전압원을 전류원으로, 직렬 저항을 병렬 저항으로 등가 변환하여 해석하는 기법

· 테브낭 회로는 전압 전원으로 표시하며 이를 전류 전원으로 바꾸면 노튼의 회로가 된다.

(4) 중첩의 원리

한 회로망 내에 다수의 전원(전류원, 전압원)이 동시에 존재할 때 각 지로에 흐르는 전류는 전원이 각각 단독으로 존재할 때 흐르는 전류의 벡터 합과 같다.

(5) 밀만의 정리

다수의 전압원이 병렬로 접속된 회로를 간단하게 전압원의 등가회로(테브낭의 등가회로)로 대치시키는 방법

(6) 가역 정리

회로의 입력 측 에너지와 출력 측 에너지는 항상 같다는 회로망 이론, 즉 $V_1 I_1 = V_2 I_2$

(7) 브리지 평형 회로

브리지회로에서 대각으로의 곱이 같으면 회로가 평형이므로 검류계에는 전류가 흐르지 않는다.

$R_2 R_3 = R_1 R_4$(브리지 평행 조건)

(1) 각상 성분과 대칭분

대칭 성분	영상분 : $V_0 = \frac{1}{3}(V_a + V_b + V_c)$
	정상분 : $V_1 = \frac{1}{3}(V_a + aV_b + a^2V_c)$
	역상분 : $V_2 = \frac{1}{3}(V_a + a^2V_b + aV_c)$

각 상 대칭분	a상 : $V_a = V_0 + V_1 + V_2$
	b상 : $V_b = V_0 + a^2V_1 + aV_2$
	c상 : $V_c = V_0 + aV_1 + a^2V_2$

※영상분은 접지선, 중성선(Y−Y결선의 3상 4선식)에 존재

※a상 기준이면 0, V_a, 0

(2) 발전기 1선 지락 고장 시 흐르는 전류

$$I_g = \frac{3E_a}{Z_0 + Z_1 + Z_2 + 3Z_g}[A]$$

(3) 불평형률

$$\epsilon = \frac{역상분}{정상분} \times 100[\%]$$

(4) 발전기 기본식

① $V_0 = -Z_0 I_0$

② $V_1 = E_a - Z_1 I_1$

③ $V_2 = -Z_2 I_2$

(1) 3상 교류의 각 상의 순시값 표현

① $v_a = V_m \sin \omega t$

② $v_b = V_m \sin(\omega t - 120°)$

③ $v_c = V_m \sin(\omega t - 240°)$

(2) 3상 교류의 결선

항목	Y결선	△결선
전압	$V_l = \sqrt{3}\, V_P \angle 30$	$V_l = V_p$
전류	$I_l = I_p$	$I_l = \sqrt{3}\, I_p \angle -30$
전력	$P_a = 3V_p I_p = \sqrt{3}\, V_l I_l = 3\dfrac{V_p^2 Z}{R^2 + X^2}\,[VA]$	
	$P = 3V_p I_p \cos\theta = \sqrt{3}\, V_l I_l \cos\theta = 3\dfrac{V_p^2 R}{R^2 + X^2}\,[W]$	
	$P_r = 3V_p I_p \sin\theta = \sqrt{3}\, V_l I_l \sin\theta = 3\dfrac{V_p^2 X}{R^2 + X^2}\,[\mathrm{Var}]$	

여기서, V_p, I_p : 상전압, 상전류

V_l, I_l : 선간전압, 선전류

P : 유효전력, P_a : 피상전력, P_r : 무효전력

(3) n상 교류의 결선

결선	Y(성형 결선)	△(환상 결선)
전압	$V_l = 2\sin\dfrac{\pi}{n} V_p$	$V_l = V_p$
전류	$I_l = I_p$	$I_l = 2\sin\dfrac{\pi}{n} I_p$
위상	$\theta = \dfrac{\pi}{2} - \dfrac{\pi}{n}$ 만큼 선간전압이 앞선다.	$\theta = \dfrac{\pi}{2} - \dfrac{\pi}{n}$ 만큼 선전류가 뒤진다.
전력	$P = nV_p I_p \cos\theta = \dfrac{n}{2\sin\dfrac{\pi}{n}} V_l I_l \cos\theta\,[W]$	

(4) V결선

① V결선 시 변압기 용량(2대의 경우)

$$P_v = \sqrt{3}\, P$$

② 이용률 $= \dfrac{\sqrt{3}\, P}{2P} = 0.866$

③ 출력비 $= \dfrac{\sqrt{3}\, P}{3P} = 0.577$

(5) △를 Y로 하면

전류	전압	전력	임피던스 (R, L)
3배	$\dfrac{1}{\sqrt{3}}$ 배	$\dfrac{1}{3}$ 배	$\dfrac{1}{3}$ 배

예 $I_\triangle = 3I_Y$

(6) 1전력계법(1개의 전력계로 3상 전력 측정)

$$P = 2W \qquad \rightarrow (W = 전력계의\ 지시치)$$

(7) 2전력계법

단상 전력계 2대로 전력 및 역률을 측정하는 방법

① 유효전력 $P = |W_1| + |W_2|$

② 무효전력 $P_r = \sqrt{3}\,(|W_1 - W_2|)$

③ 피상전력 $P_a = \sqrt{P^2 + P_r^2} = 2\sqrt{W_1^2 + W_1^2 - W_1 W_2}$

④ 역률 $\cos\theta = \dfrac{P}{P_a} = \dfrac{W_1 + W_2}{2\sqrt{W_1^2 + W_2^2 - W_1 W_2}}$

(8) 3전압계법

전압계 3개로 단상 전력 및 역률을 측정하는 방법

① 유효전력 $P = \dfrac{V^2}{R} = \dfrac{1}{2R}(V_1^2 - V_2^2 - V_3^2)[W]$

② 역률 $\cos\theta = \dfrac{V_1^2 - V_2^2 - V_3^2}{2V_2 V_3}$

(9) 3전류계법

전류계 3개로 단상 전력 및 역률을 측정하는 방법

① 유효전력 $P = I^2 R = \dfrac{R}{2}(I_1^2 - I_2^2 - I_3^2)[W]$

② 역률 $\cos\theta = \dfrac{I_1^2 - I_2^2 - I_3^2}{2I_2 I_3}$

핵심 10 비정현파

1. 비정현파 교류

(1) 비정현파의 전압 및 전류 실효값

① 비정현파의 전류(실효값) 크기 계산 방법

$I = \sqrt{각파의\ 실효값\ 제곱의\ 합}$

$= \sqrt{I_0^2 + I_1^2 + I_2^2 + \cdots\cdots + I_n^2}\,[A]$

② 비정현파의 전압(실효값) 크기 계산 방법

$V = \sqrt{각파의\ 실효값\ 제곱의\ 합}$

$= \sqrt{V_0^2 + V_1^2 + V_2^2 + \cdots\cdots + V_n^2}\,[V]$

(2) 비정현파의 전력 및 역률의 계산

① 유효전력 $P = V_0 I_0 + \sum_{n=1}^{\infty} V_n I_n \cos\theta_n \, [\text{W}]$

② 무효전력 $P_r = \sum_{n=1}^{\infty} V_n I_n \sin\theta_n \, [\text{Var}]$

③ 피상전력

$$P_a = \sqrt{V_1^2 + V_2^2 + V_3^2 \cdots} \times \sqrt{I_1^2 + I_2^2 + I_3^2 \cdots}$$

$$= |V||I| \, [VA]$$

④ 역률 $\cos\theta = \dfrac{P}{P_a} = \dfrac{VI\cos\theta}{|V||I|}$

2. 비정현파(왜형파)

(1) 대칭성

대칭 항목	정현 대칭 (기함수)	여현 대칭 (우함수)	반파 대칭
대칭	$f(t) = -f(-t)$	$f(t) = f(-t)$	$f(t) = -f(t+\pi)$
특징	원점 대칭 (sin대칭)	y축 대칭 (cos대칭)	반주기 마다 파형이 교대로 +, − 값을 갖는다.
존재하는 항	sin항	cos항 직류분	기수항 (홀수항)
존재하지 않는 항	직류분 cos항	sin항	짝수항 직류분

(2) 실효값

$$I = \sqrt{I_0^2 + \left(\frac{I_{m1}}{\sqrt{2}}\right)^2 + \left(\frac{I_{m2}}{\sqrt{2}}\right)^2 + \cdots + \left(\frac{I_{mn}}{\sqrt{2}}\right)^2}$$

$$= \sqrt{I_0^2 + I_1^2 + I_2^2 + \cdots + I_n^2}$$

(3) 왜형률

$$D = \frac{\text{전고조파의 실효값}}{\text{기본파의 실효값}} = \frac{\sqrt{I_2^2 + I_3^2 + \cdots + I_n^2}}{I_1}$$

(1) 2단자 회로망 해석 방법

① 회로망을 2개의 인출 단자로 뽑아내어 해석한 회로망

② 구동점 임피던스 : 어느 회로 소자에 전원을 인가한 상태에서의 임피던스

(2) 영점과 극점

① 영점 : $Z(s) = 0$, 회로망 단락 상태

② 극점 : $Z(s) = \infty$, 회로망 개방 상태

(3) 정저항 회로

① 정저항 회로의 정의

$R - L - C$ 직·병렬 2단자 회로망에 있어서 회로망의 동작이 주파수에 관계없이 항상 일정한 회로로 동작하는 회로

② 정저항 회로의 조건

$$R^2 = Z_1 Z_2 = \frac{L}{C} \quad \rightarrow (Z_1 = jwL, \ Z_2 = \frac{1}{jwC})$$

(4) 역회로

주파수와 무관한 정수

$$K^2 = Z_1 Z_2 = \frac{L}{C}$$

$$K^2 = \frac{L_1}{C_1} = \frac{L_2}{C_2}$$

(1) 4단자정수

$$\begin{bmatrix} V_1 \\ I_1 \end{bmatrix} = \begin{bmatrix} A & B \\ C & D \end{bmatrix} \begin{bmatrix} V_2 \\ I_2 \end{bmatrix}$$

$$V_1 = AV_2 + BI_2, \ I_1 = CV_2 + DI_2$$

$$AD - BC = 1$$

① $A = \dfrac{V_1}{V_2}\bigg|_{I_2=0}$: 출력을 개방한 상태에서 입력과 출력의 전압비(이득)

② $B = \dfrac{V_1}{I_2}\bigg|_{V_2=0}$: 출력을 단락한 상태에서의 입력과

출력의 임피던스[Ω]

③ $C = \dfrac{I_1}{V_2}\bigg|_{I_2=0}$: 출력을 개방한 상태에서 입력과

출력의 어드미턴스[℧]

④ $D = \dfrac{I_1}{I_2}\bigg|_{V_2=0}$: 출력을 단락한 상태에서 입력과 출

력의 전류비(이득)

여기서, A = 전압비, B = 임피던스

C = 어드미턴스, D = 전류비

(2) 영상파라미터

① 입력 단에서 본 영상임피던스(1차 영상임피던스)

: $Z_{01} = \sqrt{\dfrac{AB}{DC}}$

② 출력 단에서 본 영상임피던스(2차 영상임피던스)

: $Z_{02} = \sqrt{\dfrac{BD}{AC}}$

③ 전달정수 $\theta = \log_e(\sqrt{AD} + \sqrt{BC})$

$= \cosh^{-1}\sqrt{AD} = \sinh^{-1}\sqrt{BC}$

④ 좌우 대칭인 경우 $A = D$ 이므로

$Z_{01} = Z_{02} = Z_0 = \sqrt{\dfrac{B}{C}}$

핵심 13 분포정수회로

(1) 특성임피던스(파동임피던스)

$Z_0 = \sqrt{\dfrac{Z}{Y}} = \sqrt{\dfrac{R+j\omega L}{G+j\omega C}} = \sqrt{\dfrac{L}{C}}\,[\Omega]$

(2) 전파정수

$\gamma = \sqrt{ZY} = \sqrt{(R+jwL)(G+jwC)} = \alpha + j\beta$

여기서, α : 감쇠 정수, β : 위상 정수

(3) 무손실 신로 및 무왜형 선로

① 무손실 선로 : 전선의 저항과 누설 컨덕턴스가 극히 작아($R-G \fallingdotseq 0$) 전력 손실이 없는 회로

② 무왜형 선로 : 파형의 일그러짐이 없는 회로 ($LG = RG$ 조건 성립)

구분	무손실 선로	무왜형 선로
조건	$R=0,\ G=0$	$RC=LG$
특성 임피던스	$Z_0 = \sqrt{\dfrac{L}{C}}$	
전파정수	$\gamma = jw\sqrt{LC}$	$\gamma = \sqrt{RG} + jw\sqrt{LC}$
파장	$\lambda = \dfrac{2\pi}{\beta} = \dfrac{2\pi}{w\sqrt{LC}} = \dfrac{1}{f\sqrt{LC}} = \dfrac{v}{f} = \dfrac{3\times10^8}{f}[m]$	
전파속도	$v = f\lambda = \dfrac{1}{\sqrt{LC}} = 3\times10^8[m/s]$	

(4) 분포정수회로의 4단자정수

① $V_1 = \cosh rl\, V_2 + Z_0 \sinh rl\, I_2$

② $I_1 = \dfrac{1}{Z_0}\sinh rl\, V_2 + Z_0 \cosh rl\, I_2$

핵심 14 라플라스 변환

(1) 라플라스 기본 변환

① 정의 : $F(s) = £\,[f(t)] = \displaystyle\int_0^\infty f(t)e^{-at}dt$

② $f(t)$를 라플라스 변환하면 $F(s)$가 된다.

	$f(t)$	$F(s)$
임펄스함수	$\delta(t)$	1
단위계단함수	$u(t),\ 1$	$\dfrac{1}{s}$
단위램프함수	t	$\dfrac{1}{s^2}$
n차램프함수	t^n	$\dfrac{n!}{s^{n+1}}$
정현파함수	$\sin\omega t$	$\dfrac{\omega}{s^2+\omega^2}$
	$\cos\omega t$	$\dfrac{s}{s^2+\omega^2}$
지수감쇠함수	e^{-at}	$\dfrac{1}{s+a}$
지수감쇠 램프함수 (복소추이)	$t^n e^{at}$	$\dfrac{n!}{(S+a)^{n+1}}$
정현파 램프함수	$t\sin\omega t$	$\dfrac{2\omega s}{(s^2+\omega^2)^2}$
	$t\cos\omega t$	$\dfrac{s^2-\omega^2}{(s^2+\omega^2)^2}$

	$e^{-at}\sin\omega t$	$\dfrac{\omega}{(s+a)^2+\omega^2}$
지수감쇠 정현파함수	$e^{-at}\cos\omega t$	$\dfrac{s+a}{(s+a)^2+\omega^2}$
쌍곡선함수	$\sinh\omega t$	$\dfrac{\omega}{s^2-\omega^2}$
	$\cosh\omega t$	$\dfrac{s}{s^2-\omega^2}$

(2) 라플라스의 성질

선형정리	$\mathcal{L}[af_1(t)+bf_1(t)]=aF_1(s)+bF_2(s)$
시간추이정리	$\mathcal{L}[f(t-a)]=e^{-as}F(s)$
복소추이정리	$\mathcal{L}[e^{\mp at}f(t)]=F(s\pm a)$
복소미분정리	$\mathcal{L}[t^n f(t)]=(-1)^n\dfrac{d^n}{ds^n}F(s)$
초기값정리	$\displaystyle\lim_{t\to 0}f(t)=\lim_{s\to\infty}sF(s)$
최종값정리	$\displaystyle\lim_{t\to\infty}f(t)=\lim_{s\to 0}sF(s)$

핵심 15 전달 함수

(1) 정의

모든 초기값을 0으로 했을 경우 입력에 대한 출력의 비

$$G(s)=\frac{C(s)}{R(s)}$$

(2) 제어요소

비례 요소	$G(s)=K$
적분 요소	$G(s)=\dfrac{K}{s}$
미분 요소	$G(s)=Ks$
1차 지연 요소	$G(s)=\dfrac{K}{1+Ks}$
2차 지연 요소	$G(s)=\dfrac{\omega_n^2}{s^2+\delta\omega_n s+\omega_n^2}$

(3) 물리계와 대응 관계

직선계	회전계	전기계
m : 질량	J : 관성 모멘트	L : 인덕턴스
B : 마찰	B : 마찰	R : 저항
k : 스프링	k : 비틀림	C : 콘덴서
x : 변위	θ : 각변위	Q : 전기량
V : 속도	ω : 가곡도	I : 전류
F : 힘	T : 토크	V : 전위차

핵심 16 과도현상

(1) 과도현상

과도현상은 시정수가 클수록 오래 지속된다.
시정수는 특성근의 절대값의 역과 같다.

(2) $R-L$ 직렬회로의 과도현상

① $t=0$ 초기 상태 : 개방

② $t=\infty$ 정상 상태 : 단락

③ $R-L$ 직렬회로의 과도전류

$$i(t)=\frac{E}{R}\left(1-e^{-\frac{R}{L}t}\right)[\text{A}]$$

④ $R-L$ 직렬회로의 과도특성

㉮ 특성근 $s=-\dfrac{1}{\tau}=-\dfrac{R}{L}$

㉯ 시정수 $\tau=\dfrac{L}{R}[\text{sec}]$

※시정수 : 전류 $i(t)$가 정상값의 63.2[%]까지 도달
하는데 걸리는 시간

(3) $R-C$ 직렬회로의 과도현상

① $t=0$ 초기 상태 : 단락

② $t=\infty$ 정상 상태 : 개방

③ $R-C$ 직렬회로의 과도전류

$$i(t)=\frac{E}{R}e^{-\frac{1}{RC}t}[\text{A}]$$

④ $R-C$ 직렬회로의 과도 특성

㉮ 특성근 $s=-\dfrac{1}{\tau}=-\dfrac{1}{RC}$

㉯ 시정수 $\tau=RC[\text{sec}]$

※시정수 : 전류 $i(t)$가 정상값의 36.8[%]까지 도달
하는데 걸리는 시간

(4) $R-L-C$ 직렬회로의 과도현상

① 비진동 조건 $\left(\dfrac{R}{2L}\right)^2 > \dfrac{1}{LC} \rightarrow R^2 > 4\dfrac{L}{C}$

② 진동 조건 $\left(\dfrac{R}{2L}\right)^2 < \dfrac{1}{LC} \rightarrow R^2 < 4\dfrac{L}{C}$

③ 임계 조건 $\left(\dfrac{R}{2L}\right)^2 = \dfrac{1}{LC} \rightarrow R^2 = 4\dfrac{L}{C}$

④ 과도 상태가 나타나지 않는 위상각 $\theta = \tan^{-1}\dfrac{X}{R}$

한국전기설비규정(KEC)

1. 전기설비기술기준에서 사용하고 있는 용어 중 어려운 전문용어를 쉬운 우리말로 바꿔야 할 필요성 제기
2. 주요 개정 내용 정리 → 자세한 내용은 기본서 참고 (2025 전기기사필기 기본서 e북(PDF)으로 제공)

개정 전	개정
간판 등 타 **공작물**과의 **이격거리**는	간판 등 타 **인공구조물**과의 **간격**은
강대를 **원통상(圓筒狀)**으로 성형하고	강대를 **원통 모양**으로 성형하고
개거(開渠))	개방 수로
개로	열린회로
결선	**전선연결**
경간 (예, 전주**경간** 50[m] 기준)	**지지물 간 거리** (예, 전주 **간 거리** 50[m] 기준)
곡률반경	곡선 반지름
공차	허용오차
교량	다리
교점	교차점
굴곡부	굽은 부분
극세선의 전체 도체의 **말단**을	극세선의 전체 도체의 **끝부분**을
근가(根架)	전주 버팀대
금구류	금속 부속품
내경	**안지름**
내성	견디는 성질
단심 케이블을 **트리프렉스형,** **쿼드랍프렉스형**으로 하거나	단심 케이블을 **3묶음형, 4묶음형**으로 하거나
동(Cu) → 동선	구리 → 구리선
두께의 **허용차**는	두께의 **허용오차**는
로울러	롤러
룩스(lx)	럭스(lx)
리드선	연결선
말구(末口)	위쪽 끝
망상	그물형
메시	**그물망**
메크로시험	매크로시험
메터	미터
모듈은 **자중**, 적설, 풍압, 지진	모듈은 **자체중량**, 적설, 풍압, 지진
발열성 용접, **압착접속**	발열성 용접, **눌러 붙임** 접속
발열에 **용손(溶損)**되지 않도록	발열에 **의해 녹아서 손상**되지 않도록
방식조치	**부식방지**조치
방청	녹방지

개정 전	개정
방폭형	**폭발 방지형**
배기(장치)	공기 배출(장치)
백색	흰색
병가	병행설치
분말	**가루**
분진	**먼지**
불연성 또는 **자소성**이 있는 난연성의 관	불연성 또는 **자기소화성**이 있는 난연성의 관
블레이드	날개
비자동	수동
사양	규격
섬락	불꽃방전
수밀형 (예, 특고압 **수밀형** 케이블)	수분 침투 방지형 (예, 특고압 **수분 침투 방지형** 케이블)
수상전선로에 사용하는 **부대(浮臺)**는 쇠사슬 등으로 견고하게 연결한 것일 것	수상전선로에 사용하는 **부유식 구조물**은 쇠사슬 등으로 견고하게 연결한 것일 것
수트리	수분 침투 균열
수평 횡 하중	수평 가로 하중
스테인레스	스테인리스
시뮬레이션	모의실험
실드(실드가스)	보호(보호가스)
심(shim)	끼움쇠
싸이클	주기
압축기의 **최종단(最終段)**	압축기의 **맨 끝**
연접 인입선의 시설	**이웃 연결** 인입선의 시설
염해	염분 피해
외경	**바깥지름**
외주	**바깥둘레**
원추형	**원뿔형**
위치마커	위치표지
유수	흐르는 물
유희용 전차	**놀이용** 전차
응동시간이 1사이클 이하	**따라 움직임** 시간이 1사이클 이하이고
이격거리	**간격**
이도(弛度)	**처짐 정도**
인류(引留)	**잡아 당김**
자복성(自復性)이 있는 릴레이 보안기	**자동복구성**이 있는 릴레이 보안기
자외선 **조사장치**를 이용한 형광자분	자외선 **빛쬠장치**를 이용한 형광자분

개정 전	개정
잔여	나머지
장간애자	**간 애자**
장방형	직사각형
재폐로	**재연결**
적색	**빨간색** ·
적절한(히)	삭제
전선을 **조하**하는	전선을 **매다는**
전식	전기부식
전차선 **가선**방식	전차선 **전선 설치**방식
점퍼선	연결선
접지극은 동결 깊이를 **감안하여**	접지극은 동결 깊이를 **고려하여**
조가용선	조가선
조상기	무효 전력 보상 장치
조속기(조속장치)	속도조절기
종방향 굽힘시험편	**세로방향** 굽힘시험편
지선	**지지선**
지주	지지기둥
지지물의 **도괴** 등에	지지물의 **넘어지거나 무너짐** 등에
지지주	지지기둥
직매(용)	직접매설(용)
천정	천장
청색 (예, 전선의 식별)	**파란색** (예, 전선의 식별)

상(문자)	색상		상(문자)	색상
L1	갈색		L1	갈색
L2	**흑색**		L2	**검은색**
L3	회색		L3	회색
N	**청색**		N	**파란색**
보호도체	녹색–노란색		보호도체	녹색–노란색

개정 전	개정
충분한(히) (예, 매설 깊이가 **충분**하지 못한 장소에는)	삭제(또는 충족) (예, 매설 깊이를 **충족**하지 못한 장소에는
커넥터	접속기
커버	덮개
커브	곡선형
키	스위치
태블릿(tablet)	태블릿
템퍼링(tempering)	뜨임
트라프	트로프
폐로	닫힌회로
흑색	**검은색**

1. 통칙

(1) 용어 정리

① 변전소 : 구외로부터 전송되는 전기를 변성하여 구외로 전송하는 곳(50,000[V] 이상)

② 급전소 : 전력계통의 운용 및 지시를 하는 곳

③ 관등회로 : 안정기에서 방전관까지의 전로

④ 대지전압

　㉮ 접지식 : 전선과 대지 사이의 전압

　㉯ 비접지식 : 전선과 전선 사이의 전압

⑤ 1차 접근 상태 : 지지물의 높이에 상당하는 거리에 시설(수평 거리로 3 m 미만인 곳에 시설되는 것을 제외한다)됨으로써 가공 전선로의 전선의 절단, 지지물의 넘어지거나 무너짐 등의 경우에 그 전선이 다른 시설물에 접촉할 우려가 있는 상태를 말한다.

⑥ 2차 접근 상태 : 가공전선이 다른 시설물과 접근하는 경우에 그 가공전선이 다른 시설물의 위쪽 또는 옆쪽에서 수평거리로 3[m] 미만인 곳에 시설되는 상태

⑦ 인입선 : 수용 장소의 붙임점에 이르는 전선

　㉮ 가공 인입선 : 가공 전선로의 지지물로부터 다른 지지물을 거치지 아니하고 수용 장소의 붙임점에 이르는 가공 전선

　㉯ 이웃 연결(연접) 인입선 : 한 수용장소의 인입선에서 분기하여 지지물을 거치지 않고 다른 수용장소의 인입구에 이르는 부분의 전선. 저압에서만 시설할 수 있다.

※ 저압 이웃연결(연접) 인입선은 저압 가공 인입선의 규정에 준하며 다음에 의하여 시설

　1. 인입선에서 분기하는 점으로부터 100[m]를 넘는 지역에 미치지 않을 것

　2. 폭 5[m]를 넘는 도로를 횡단하지 않을 것

　3. 옥내를 통과하지 않을 것

⑧ 지지물 : 목주, 철주, 철근 콘크리트주 및 철탑과 이와 유사한 시설물로서 전선, 약전류 전선 또는 광섬유 케이블을 지지하는 것을 주된 목적으로 하는 것

⑨ 지중 관로 : 지중 전선로, 지중 약전류 전선로, 지중 광섬유 케이블 선로, 지중에 시설하는 수관 및 가스관과 이와 유사한 것 및 이들에 부속하는 지중함 등을 말한다.

(2) 전압의 종별

저압	·직류 : 1500[V] 이하 ·교류 : 1000[V] 이하
고압	·직류 : 1500[V] 초과 7000[V] 이하 ·교류 : 1000[V] 초과 7000[V] 이하
특고압	직류, 교류 모두 7000[V]를 초과

2. 전선

(1) 전선의 식별

상(문자)	색상
L1	갈색
L2	검은색
L3	회색
N	파란색
보호도체	녹색-노란색

(2) MI 케이블

내열, 내연성이 뛰어나고 기계적 강도가 높으며 내수, 내유, 내습, 내후, 내노화성이 뛰어나며 선박용, 제련공장, 주물 공장 및 화재 예방이 특히 중요한 문화재 등에 적합(저압 1.0[mm^2])

(3) 전선의 접속 인장 강도

80[%] 이상 유지. 다만, 연결선을 접속하는 경우와 기타 전선에 가하여지는 장력이 전선의 세기에 비하여 현저히 작을 경우에는 적용하지 않는다.

(4) 고압 및 특고압케이블

클로로프렌외장케이블, 비닐외장케이블, 폴리에틸렌외장케이블, 콤바인 덕트 케이블 또는 이들에 보호피복을 한 것을 사용하여야 한다.

※두 개 이상의 전선을 병렬로 사용하는 경우

① 병렬로 사용하는 각 전선의 굵기는 구리 50[mm^2] 이상 또는 알루미늄 80[mm^2] 이상으로 하고 전선

은 같은 도체, 같은 재료, 같은 길이 및 같은 굵기의 것을 사용할 것

② 같은 극의 각 전선은 동일한 터미널러그에 완전히 접속할 것

③ 같은 극인 각 전선의 터미널러그는 동일한 도체에 2개 이상의 리벳 또는 2개 이상의 나사로 접속할 것

3. 전로의 절연

(1) 전선의 절연

접지 공사의 접지점은 절연하지 않음, 접지측 전선 절연

(2) 최대 누설 전류 한도

최대 사용 전류의 $\dfrac{1}{2000}$ 이하

※단상 2선식($1\varnothing 2w$)의 경우는 $\dfrac{1}{1000}$ 이하

(3) 전로의 사용전압에 따른 절연저항값

전로의 사용전압의 구분	DC 시험전압	절연 저항값
SELV 및 PELV	250	0.5[MΩ]
FELV, 500[V] 이하	500	1[MΩ]
500[V] 초과	1000	1[MΩ]

※특별저압(Extra Low Voltage : 2차 전압이 AC 50[V], DC 120[V] 이하)으로 SELV(비접지 회로 구성) 및 PELV (접지회로 구성)은 1차와 2차가 전기적으로 절연된 회로, FELV는 1차와 2차가 전기적으로 절연되지 않은 회로

(4) 전로의 절연내력 시험

① 전로의 절연내력 시험

절연내력 시험 전압 → 최대 사용전압×배수

접지 방법	전로의 종류	배율	최저 전압
비접지식	7[kV] 이하	1.5	500[V]
	7[kV] 초과	1.25	10,500[V]
중성점 다중 접지식	7[kV]~25[kV] 이하	0.92	–
중성점 접지식	60[kV] 초과	1.1	7,500[V]

접지 방법	전로의 종류	배율	최저 전압
중성점 직접 접지식	60[kVA] 초과 170[kV] 이하	0.72	–
	170[kV] 초과	0.64	–

② 회전기 및 정류기의 절연내력 시험

종류		시험전압	시험방법
회전기	발전기 전동기 무효 전력 보상 장치 (조상기) 기타회전기	7[kV] 이하 — 1.5배 (최저 500[V])	권선과 대지 사이에 연속 하여 10분간 가한다.
		7[kV] 초과 — 1.25배 (최저 10,500[V])	
	회전변류기	직류 최대사용전 압의 1배의 교류 전압 (최저 500[V])	
정류기	60[kV] 이하	직류 최대 사용 전압의 1배의 교 류전압 (최저 500[V])	충전부분과 외함 간에 연속하여 10 분간 가한다.
	60[kV] 초과	교류 최대사용전 압의 1.1배의 교 류전압 또는 직 류측의 최대사용 전압의 1.1배의 직류전압	교류측 및 직류고전압 측단자와 대 지사이에 연 속하여 10분 간 가한다.

4. 전로의 접지

(1) 접지 시스템 구분

① 계통접지 : 전력 계통의 이상 현상에 대비하여 대지와 계통을 접속

② 보호접지 : 감전 보호를 목적으로 기기의 한 점 이상을 접지

③ 피뢰시스템 접지 : 뇌격전류를 안전하게 대지 로 방류하기 위한 접지

(2) 접지극의 매설방법

① 접지극은 지표면으로부터 지하 75[cm] 이상

② 접지극을 지중에서 금속체로부터 1[m] 이상 이격

(3) 수도관 등의 접지극

접지 저항값 3[Ω] 이하

(4) 수용 장소 인입구의 접지

① 접지도체의 공칭면적 : $6[mm^2]$ 이상 연동선

② 접지 저항값 : 3[Ω] 이하

(5) 변압기 중성점 접지의 접지저항

변압기의 중성점접지 저항 값은 다음에 의한다.

① $R = \dfrac{150}{I}[\Omega]$: 특별한 보호 장치가 없는 경우

여기서, I : 1선지락전류

② $R = \dfrac{300}{I}[\Omega]$: 보호 장치의 동작이 1~2초 이내

③ $R = \dfrac{600}{I}[\Omega]$: 보호 장치의 동작이 1초 이내

(6) 혼촉에 의한 위험 방지 시설

① 변압기의 저압측의 중성점에는 접지공사

② 중성점을 접지하기 어려운 경우 : 300[V] 이하 시 1단자 접지

③ 규정의 접지 저항값을 얻기 어려운 경우 : 저압 가공전선의 설치 방법으로 접지 위치를 200[m]까지 이격 가능

④ 시설이 어려울 때 : 변압기 중심에서 400[m] 이내, 1[km]당 계산값 이하의 저항값, 각 접지의 저항값은 300[Ω] 이하

(7) 기계 기구의 철대 및 외함의 접지를 생략하는 경우

① 사용전압이 직류 300[V] 또는 교류 대지전압 150[V] 이하 기계 기구를 건조장소 시설

② 저압용 기계 기구를 그 전로에 지기 발생 시 자동 차단하는 장치를 시설한 저압 전로에 접속하여 건조한 곳에 시설하는 경우

③ 저압용 기계 기구를 건조한 목재의 마루 등 이와 유사한 절연성 물건 위에서 취급 경우

④ 철대 또는 외함 주위에 적당한 절연대 설치한 경우

⑤ 외함없는 계기용 변성기가 고무, 합성수지 기타 절연물로 피복한 경우

⑥ 2중 절연되어 있는 구조의 기계기구

5. 과전류 차단기

(1) 과전류차단기로 저압전로에 사용하는 퓨즈

정격전류의 구분	시간 [분]	정격전류의 배수	
		불용단 전류	용단 전류
4[A] 이하	60분	1.5배	2.1배
4[A] 초과 16[A] 미만	60분	1.5배	1.9배
16[A] 이상 63[A] 이하	60분	1.25배	1.6배
63[A] 초과 160[A] 이하	120분	1.25배	1.6배
160[A] 초과 400[A] 이하	180분	1.25배	1.6배
400[A] 초과	240분	1.25배	1.6배

(2) 고압용 퓨즈

① 포장 퓨즈 : 정격전류의 1.3배에 견디고 2배의 전류로 120분 안에 용단

② 비포장 퓨즈(고리퓨즈) : 정격전류의 1.25배에 견디고 2배의 전류에 2분 안에 용단

6. 지락 차단 장치의 시설

지락이 생겼을 때에 자동적으로 전로를 차단하는 장치를 시설하여야 한다.

① 발전소, 변전소 또는 이에 준하는 곳의 인출구

② 다른 전기사업자로부터 공급받는 수전점

③ 배전용변압기(단권변압기를 제외)의 시설 장소

7. 피뢰기의 시설

① 고압 및 특고압의 전로에 시설하는 피뢰기 접지 저항 값은 10[Ω] 이하

② 고압가공전선로에 시설하는 피뢰기 접지공사의 접지선이 전용의 것인 경우에는 접지저항 값이 30[Ω]까지 허용

(1) 발전소의 울타리, 담 등의 시설

- 울타리, 담 등을 시설할 것
- 출입구에는 출입 금지의 표시를 할 것
- 출입구에는 자물쇠 장치 기타 적당한 장치를 할
- 울타리, 담, 등의 높이는 2[m] 이상으로 할 것
- 지표면과 울타리, 담, 등의 하단 사이의 간격은 15[cm] 이하로 할 것

사용 전압 구분	울타리, 담 등의 높이와 울타리, 담 등에서 충전 부분까지 거리 합계
35[kV] 이하	5[m] 이상
35[kV] 넘고 160[kV] 이하	6[m] 이상
160[kV] 넘는 것	• 거리의 합계 : 6[m]에 160[kV]를 넘는 10[kV] 또는 그 단수마다 12[cm]를 더한 값 거리의 합계 $= 6 + 단수 \times 0.12[m]$ • 단수 $= \dfrac{사용전압[kV] - 160}{10}$ ※ 단수 계산에서 소수점 이하는 절상

(2) 보호장치의 시설

① 발전기

용량	사고의 종류	보호 장치
모든 발전기	과전류가 생긴 경우	
용량 500[kVA] 이상	수차 압유 장치의 유압이 현저히 저하	
용량 100[kVA] 이상	풍차 압유 장치의 유압이 현저히 저하	자동 차단 장치
용량 2천[kVA] 이상	수차의 스러스트베어링의 온도가 상승	
용량 1만[kVA] 이상	발전기 내부 고장	
정격출력 1만[kVA] 이상	• 증기터빈의 베어링 마모 • 온도 상승	

② 특고압 변압기

용량	사고의 종류	보호 장치
5천~1만[kVA] 미만	변압기 내부 고장	경보 장치
1만[kVA] 이상	변압기 내부 고장	자동 차단 장치

③ 전력 콘덴서 및 분로 리액터

용량	사고의 종류	보호 장치
500~15000[kVA] 미만	• 내부고장. 과전류	자동 차단 장치
15,000[kVA] 이상	• 내부고장, 과전류. 과전압	

④ 무효 전력 보상 장치(조상기) : 15,000[kVA] 이상, 내부 고장 : 자동 차단 장치

(3) 계측장치

전압, 전류, 전력, 고정자의 온도, 변압기 온도 등을 측정 (역률, 유량 등은 반드시 있어야 하는 것은 아니다.)

(4) 압축 공기 장치의 시설

① 압력 시험 : 최고 사용 압력에 수압 1.5배, 기압은 1.25배로 10분간 시험

② 탱크 용량 : 1회 이상 차단할 수 있는 용량

③ 압력계 : 사용 압력 1.5배 이상 3배 이하의 최고 눈금이 있는 것

(1) 풍압하중

① 갑종 풍압 하중

수직 투영 면적 1[m^2]에 대한 풍압을 기초로 하여 계산

풍압을 받는 구분				구성재의 수직 투영 면적 1[m^2]에 대한 풍압
목주				588[Pa]
지지물	철주	원형의 것		588[Pa]
		삼각형 또는 마름모형		1412[Pa]
		강관에 의하여 구성되는 4각형의 것		1117[Pa]
		기타의 것		복재 1627[Pa]
				기타 1784[Pa]
	철근 콘크리트주	원형의 것		588[Pa]
		기타의 것		882[Pa]
	철탑	단주(완철류는 제외)	원형의 것	588[Pa]
			기타의 것	1117[Pa]
		강관으로 구성되는 것 (단주는 제외함)		1255[Pa]
		기타의 것		2157[Pa]

풍압을 받는 구분			구성재의 수직 투영 면적 1[m^2]에 대한 풍압
전선 기타의 가섭선	다도체를 구성하는 전선		666[Pa]
	기타의 것		745[Pa]
애자 장치(특별 고압 전선용의 것에 한한다.)			1039[Pa]
목주, 철주(원형의 것에 한한다.) 및 철근 콘크리트주의 완금류 (특별 고압 전선로용의 것에 한한다.)		단일재 사용	1196[Pa]
		기타의 경우	1627[Pa]

② 을종, 병종

· 갑종의 50[%] 적용

· 전선 기타 가섭선 주위에 두께 6[mm], 비중 0.9의 빙설이 부착된 상태에서 수직 투영 면적 1[m^2]당 372[Pa](다도체 구성 전선은 333[Pa]), 그 이외의 것은 갑종 풍입 하중의 $\frac{1}{2}$을 기초로 하여 계산한 값

(2) **지지물의 기초 안전율**

① 기초 안전율 : 2(이상 상정하중에 대한 철탑 1.33)

② 기초 안전율 적용 예외

· 16[m] 이하, 6.8[KN] 이하인 것 : 15[m] 넘는 것을 2.5[m] 이상 매설

· 16[m] 초과, 9.8[KN] 이하인 것 : 2.8[m] 이상 매설

(3) 가공 전선로의 지지물에 시설하는 지지선

① 지지선의 안전율은 2.5 이상일 것(목주, A종 경우 1.5), 허용 인장 하중의 최저는 4.31[KN]으로 한다.

② 지지선에 연선을 사용할 경우에는

· 소선은 3가닥 이상의 연선일 것

- 소선의 지름이 2.6[mm] 이상의 금속선을 사용한 것이거나 소선의 지름이 2[mm] 이상인 아연도강 연선으로서 소선의 인장강도 0.68[KN/mm^2] 이상인 것을 사용하는 경우는 그러하지 아니하다.
- 지중의 부분 및 지표상 30[cm]까지의 부분에는 내식성이 있는 것 또는 아연 도금한 철봉을 사용한다.

(4) 저·고·특고압 가공 케이블 시설

(5) 가공전선의 굵기 및 종류

① 저압 가공전선이 굵기 및 종류

전압	전선의 굵기		인장강도
400[V] 미만	절연전선	지름 2.6[mm] 이상 경동선	2.30[kN] 이상
	절연전선 외	지름 3.2[mm] 이상 경동선	3.43[kN] 이상
400[V] 이상	시가지외	지름 4.0[mm] 이상 경동선	5.26[kN] 이상
	시가지	지름 5.0[mm] 이상 경동선	8.01[kN] 이상

② 특고압 가공전선의 굵기 및 종류

인장강도 8.71[KN] 이상의 연선 또는 25[mm^2]의 경동연선

(6) 특고 가공 전선로의 종류 (B종, 철탑)

① 직선형 : 각도 3도 이하
② 각도형 : 3도 초과
③ 잡아 당김형(인류형) : 전가섭선 잡아 당기는 곳
④ 내장형 : 지지물 간 거리(경간) 차가 큰 곳
⑤ 보강형 : 직선부분 보강

(7) 내장형 지지물 등의 시설

철탑 10기마다 1기씩 내장형 애자 장치 시설된 철탑 사용

(8) 농사용 및 구내 저압 가공 전선로

전선로의 지지점 간 거리는 30[m] 이하일 것

(9) 전선로 지지물 간 거리(경간)의 제한

① 조가선에 50[cm] 간격의 행거사용
② 조가선 굵기 : 22[mm^2] 아연도 철선
③ 반도전성 케이블 : 금속 테이프를 20[cm] 이하로 감음
④ 조가선 : kec140에 준하여 접지공사

지지물 종류	저·고 특고 표준 지지물 간 거리 (경간)	계곡 ·하천	저··고압 보안 공사	1종 특고 보안 공사	2·3종 특고 보안 공사
A종	150[m]	300[m]	100[m]	할 수 없음	100[m]
B종	250[m]	500[m]	150[m]	150[m]	200[m]
철탑	600[m]	∞	400[m]	400[m]	400[m]

⑩ 가공전선의 높이

① 도로 횡단 : 노면상 6[m](지지선, 독립 전화선, 저압 인입선 : 5[m])
② 철도 횡단 : 궤도면상 6.5[m]

⑪ 지중 전선로(직접 매설식)

① 차량 기타 중량물의 압력을 받는 곳 : 1.0[m] 이상
② 기타 장소 : 0.6[m] 이상

⑫ 지중 전선로(관로식)

① 매설 깊이 : 1.0 [m] 이상

② 중량물의 압력을 받을 우려가 없는 곳 : 60 [cm] 이상

⑬ 지중 전선과 지중 약전선 등과의 접근 교차

① 저·고압의 지중 전선 : 30[cm] 이상

② 특고압 : 60[cm] 이상

③ 특고 지중 선선과 유독성 가스관이 접근 교차하는 경우 : 1[m] 이상

⑭ 터널 내 전선로

① 저압 전선로 : 절연 전선으로 2.6[mm] 이상 경동선 사용, 궤조면·노면 상 2.5[m] 이상 유지

② 고압 전선로 : 절연 전선으로 4[mm] 이상 경동선 사용, 노면 상 3[m] 이상 높이에 시설

핵심 04 전력 보안 통신 설비

(1) 전력보안통신설비의 시설 요구사항

① 원격감시가 되지 않는 발·변전소, 발·변전 제어소, 개폐소 및 전선로의 기술원 주재소와 이를 운용하는 급전소간

② 2 이상의 급전소 상호 간과 이들을 총합 운영하는 급전소간

③ 수력설비 중 필요한 곳(양수소 및 강수량 관측소와 수력 발전소 간)

④ 동일 수계에 속하고 보안상 긴급 연락 필요 있는 수력 발전소 상호 간

⑤ 동일 전력 계통에 속하고 보안상 긴급 연락 필요 있는 발·변전소, 발·변전 제어소 및 개폐소 상호 간

(2) 전력보안통신선의 높이와 간격(이격거리)

구분	지상고	비고
도로(인도)에 시설 시	5.0[m] 이상	지표상
도로횡단 시	6.0[m] 이상	지표상
철도 궤도 횡단 시	6.5[m] 이상	레일면상
횡단보도교 위	3.0[m] 이상	그 노면상
기타	3.5[m] 이상	지표상

핵심 05 전기 사용 장소의 시설

(1) 저압 옥내 배선

(사용 전압 400[V])

단면적 $2.5[mm^2]$ 이상의 연동선 또는 이와 동등 이상의 강도 및 굵기의 것

(2) 타임 스위치의 시설

① 주택, APT 각 호실의 현관 3분 이내에 소등

② 여관, 호텔의 객실 입구 1분 이내 소등

(4) 애자사용공사

① 전선 상호간의 간격 : 6[cm] 이상

② 전선과 조영재와의 간격(이격거리)

㉮ 400[V] 미만 : 2.5[cm] 이상

㉯ 400[V] 이상 : 4.5[cm] 이상(건조한 곳은 2.5[cm] 이상)

③ 지지점 간의 거리

㉮ 조영재 윗면, 옆면 : 2[m] 이하

㉯ 400[V] 이상 조영재의 아래면 : 6[m] 이하

(5) 합성수지관

관 상호 간, 박스에 관을 삽입하는 깊이는 관의 바깥지름의 1.2배(접착제 사용 시 0.8배) 이상일 것

(6) 금속관 공사

관의 두께는 콘크리트 매설 시 1.2[mm] 이상

(7) 금속 덕트 공사

덕트에 넣는 전선 단면적의 합계는 덕트 내부 단면적의 20[%](제어회로, 출퇴표시등, 전관표시 장치 등은 50[%]) 이하일 것

(8) 지지점 간의 거리

① 캡타이어 케이블, 쇼케이스 : 1[m]

② 합성수지관 : 1.5[m]

③ 라이팅 덕트 및 애자 : 2[m]

④ 버스, 금속 덕트 : 3[m]

(9) 기타

① 위험물 : 금속관, 케이블, 합성수지관

② 전시회, 쇼 및 공연장 : 사용전압 400[V] 미만

③ 접촉전선 : 높이 3.5[m], 400[V] 이상 28[mm²]

④ 고압 이동전선 : 단면적 0.75[mm²] 이상의 코드 또는 캡타이어케이블

⑤ 전기 울타리 : 사용전압 250[V], 2.0[mm] 이상 경동선

⑥ 유희성 전차 : 직류 60[V], 교류 40[V]

⑦ 교통신호 : 사용전압 300[V], 공칭단면적 2.5[mm²]

⑧ 전기온상 : 발열선의 오도 80[℃] 이하

⑨ 전기 욕기 : 사용전압 10[V] 이하

⑩ 풀용 수중 2차 비접지

㉮ 30[V] 초과 : 지락 차단장치 시설

㉯ 30[V] 이하 : 혼촉 방지판을 시설

⑪ 전기부식방지 : 직류 60[V] 이하

⑫ 아크용접 : 1차 대지전압 300[V] 이하, 절연 변압기 사용

핵심 06 전기 철도 설비

(1) 전차선의 건조물 간의 최소 간격(이격거리)

시스템 종류	공칭 전압 [V]	동적(mm)		정적(mm)	
		비오염	오염	비오염	오염
직류	750	25	25	25	25
	1,500	100	110	150	160
단상 교류	25,000	170	220	270	320

(2) 전차선로 설비의 안전율

① 합금전차선의 경우 2.0 이상

② 경동선의 경우 2.2 이상

③ 조가선 및 조가선 장력을 지탱하는 부품에 대하여 2.5 이상

④ 복합체 자재(고분자 애자 포함)에 대하여 2.5 이상

⑤ 지지물 기초에 대하여 2.0 이상

⑥ 장력조정장치 2.0 이상

⑦ 빔 및 브래킷은 소재 허용응력에 대하여 1.0 이상

⑧ 철주는 소재 허용응력에 대하여 1.0 이상

⑨ 가동브래킷의 애자는 최대 만곡하중에 대하여 2.5 이상

⑩ 지지선은 선형일 경우 2.5 이상, 강봉형은 소재 허용응력에 대하여 1.0 이상

(3) 전기부식 방지 대책

① 전기철도 측의 전기부식방식 또는 전기부식예방을 위해서는 다음 방법을 고려하여야 한다.

1. 변전소 간 간격 축소

2. 레일본드의 양호한 시공

3. 장대레일채택

4. 절연도상 및 레일과 침목사이에 절연층의 설치

② 매설금속체측의 누설전류에 의한 전기부식의 피해가 예상되는 곳은 다음 방법을 고려하여야 한다.

1. 배류장치 설치

2. 절연코팅

3. 매설금속체 접속부 절연

4. 저준위 금속체를 접속

5. 궤도와의 간격(이격거리) 증대

6. 금속판 등의 도체로 차폐

(4) 누설전류 간섭에 대한 방지

① 접속하여 전체 종 방향 저항이 5[%] 이상 증가하지 않도록 하여야 한다.

② 주행레일과 최소 1[m] 이상의 거리를 유지

PART

02

최근 12년간
기출문제 (2024~2013)

01. 평행판 콘덴서의 양극판 면적을 3배로 하고 간격을 $\frac{1}{3}$배로 줄이면 정전용량은 처음의 몇 배가 되는가?

① 1   ② 3
③ 6   ④ 9

|정|답|및|해|설|

[평행판 콘덴서의 정전용량] $C = \frac{\epsilon S}{d}[F]$

여기서, ϵ : 유전율, S : 면적, d : 간격

$S' = 3S, \quad d' = \frac{1}{3}d$

$\therefore C' = \frac{\epsilon S'}{d'} = \frac{\epsilon \times 3S}{\frac{1}{3}d} = 9\frac{\epsilon S}{d} = 9C[F]$ 【정답】④

02. 도전성을 가진 매질 내의 평면파에서 전송계수 γ를 표현한 것으로 알맞은 것은? (단, a는 감쇠정수, β는 위상정수이다.)

① $\gamma = a + j\beta$ ② $\gamma = a - j\beta$
③ $\gamma = ja + \beta$ ④ $\gamma = ja - \beta$

|정|답|및|해|설|

[전파정수] $\lambda = \sqrt{ZY} = \sqrt{(r+jwL)(g+jwC)} = \alpha + j\beta$

여기서, α : 감쇠계수, β : 위상정수   → (공식으로 외울 것)
                                                      【정답】①

03. 제벡(Seebeck) 효과를 이용한 것은?

① 광전지   ② 열전대
③ 전자냉동   ④ 수정 발진기

|정|답|및|해|설|

[제벡 효과] 서로 다른 두 종류의 금속선을 접합하여 폐회로를 만든 후 두 접합점의 온도를 달리하였을 때, 폐회로에 열기전력이 발생하여 열전류가 흐르게 된다. 이러한 현상을 **제벡효과**라 하며 이때 연결한 금속 루프를 **열전대**라 한다.   【정답】②

04. 각각 $\pm Q[C]$로 대전된 두 개의 도체 간의 전위차를 전위계수로 표시하면? (단, $P_{12} = P_{21}$이다.)

① $(P_{11} + P_{12} + P_{22})Q$

② $(P_{11} + P_{12} - P_{22})Q$

③ $(P_{11} - P_{12} + P_{22})Q$

④ $(P_{11} - 2P_{12} + P_{22})Q$

|정|답|및|해|설|

[도체의 전위차] $V = V_1 - V_2[V]$
1. 1도체의 전위 $V_1 = P_{11}Q_1 + P_{12}Q_2[V]$
2. 2도체의 전위 $V_2 = P_{21}Q_1 + P_{22}Q_2[V]$
 → $Q_1 = Q, \ Q_2 = -Q$를 대입
∴전위차 $V = V_1 - V_2 = P_{11}Q - P_{12}Q - P_{12}Q + P_{22}Q$
          $= (P_{11} - 2P_{12} + P_{22})Q$ 【정답】④

05. 강자성체가 아닌 것은?

① 철(Fe)   ② 니켈(Ni)
③ 백금(Pt)   ④ 코발트(Co)

|정|답|및|해|설|

[자성체의 분류] 자계 내에 놓았을 때 자석화 되는 물질

종류	비투자율	비자하율	원소
강자성체	$\mu_r \geq 1$	$\chi_m \gg 1$	철, 니켈, 코발트
상자성체	$\mu_r > 1$	$\chi_m > 0$	알루미늄, 망간, **백금**, 주석, 산소, 질소
반(역)자성체	$\mu_r < 1$	$\chi_m < 0$	은, 비스무트, 탄소, 규소, 납, 아연, 황, 구리, 실리콘
반강자성체			

【정답】③

06. 모든 전기장치를 접지시키는 근본적 이유는?

① 영상전하를 이용하기 때문에

② 지구는 전류가 잘 통하기 때문에

③ 편의상 지면의 전위를 무한대로 보기 때문에

④ 지구의 용량이 커서 전위가 거의 일정하기 때문에

|정|답|및|해|설|

[접지] 지구는 정전용량(C)이 크므로 많은 전하가 축적되어도 지구의 전위는 일정하다. 모든 전기 장치를 접지시킨다.

【정답】④

07. 자기회로의 자기저항에 대한 설명으로 옳지 않은 것은?

① 자기회로의 단면적에 반비례 한다.

② 자기회로의 길이에 반비례 한다.

③ 자성체의 비투자율에 반비례한다.

④ 단위는 [AT/Wb]이다.

|정|답|및|해|설|

[자기저항] $R_m = \dfrac{F}{\varnothing} = \dfrac{l}{\mu S} = \dfrac{l}{\mu_0 \mu_s S}$ [AT/Wb]

$R \propto l$ 이다. 즉, 자기저항(R_m)은 **길이(l)에 비례**하고, 단면적(S)와 투자율(μ)에 반비례한다.

【정답】②

08. 액체 유전체를 넣은 콘덴서의 용량이 30[μF]이다. 여기에 500[V]의 전압을 가했을 때 누설전류는 약 얼마인가? (단, 고유저항 ρ는 10^{11}[$\Omega \cdot m$], 비유전율 ϵ_s는 2.2이다.)

① 5.1[mA]

② 7.7[mA]

③ 10.2[mA]

④ 15.4[mA]

|정|답|및|해|설|

[누설전류] $I = \dfrac{V}{R} = \dfrac{CV}{\rho\epsilon} = \dfrac{CV}{\rho\epsilon_0\epsilon_s}$　→ $(RC = \rho\epsilon \;\rightarrow\; R = \dfrac{\rho\epsilon}{C}[\Omega])$

누설전류 $I = \dfrac{CV}{\rho\epsilon_0\epsilon_s}$

$= \dfrac{30 \times 10^{-6} \times 500}{10^{11} \times 8.855 \times 10^{-12} \times 2.2} = 7.7[mA]$

【정답】②

09. 전계 내에서 폐회로를 따라 단위 전하를 일주시킬 때 전계가 행하는 일은 몇 [J]인가?

① ∞

② π

③ 1

④ 0

|정|답|및|해|설|

[에너지 보존의 법칙] 폐회로를 따라 단위 정전하를 **일주**시킬 때 전계가 하는 일은 **항상 0**을 의미한다.　【정답】④

10. 투자율이 각각 μ_1, μ_2인 두 자성체의 경계면에서 자기력선의 굴절의 법칙을 나타낸 식은?

① $\dfrac{\mu_1}{\mu_2} = \dfrac{\sin\theta_1}{\sin\theta_2}$

② $\dfrac{\mu_1}{\mu_2} = \dfrac{\sin\theta_2}{\sin\theta_1}$

③ $\dfrac{\mu_1}{\mu_2} = \dfrac{\tan\theta_1}{\tan\theta_2}$

④ $\dfrac{\mu_1}{\mu_2} = \dfrac{\tan\theta_2}{\tan\theta_1}$

|정|답|및|해|설|

[굴절각의 경계 조건]

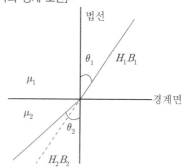

1. $H_1\sin\theta_1 = H_2\sin\theta_2$　　→ (자계가 오면 sin 성분이 온다)

2. $B_1\cos\theta_1 = B_2\cos\theta_2$　　→ (자속밀도가 오면 cos 성분이 온다)

3. $\dfrac{\tan\theta_1}{\tan\theta_2} = \dfrac{\epsilon_1}{\epsilon_2} = \dfrac{\mu_1}{\mu_2}$　　　　【정답】③

11. 그림과 같이 진공내의 A, B, C 각 점에

$Q_A = 4 \times 10^{-6}[C]$, $Q_B = 3 \times 10^{-6}[C]$,

$Q_C = 5 \times 10^{-6}[C]$의 점전하가 일직선상에 놓여있을 때 B점에 작용하는 힘은 몇 [N]인가?

① 0.8×10^{-2} ② 1.2×10^{-2}

③ 1.8×10^{-2} ④ 2.4×10^{-2}

|정|답|및|해|설|
[B구에 작용하는 힘] $F_B = F_{BA} - F_{BC}$

1. $F_{BA} = \dfrac{Q_B Q_A}{4\pi\epsilon_0 r_A^2}$

2. $F_{BC} = \dfrac{Q_B Q_C}{4\pi\epsilon_0 r_B^2}$

→ (힘의 방향이 서로 반대이므로 큰 것에서 작을 것을 빼준다.)

$\therefore F_B = F_{BA} - F_{BC} = \dfrac{Q_B Q_A}{4\pi\epsilon_0 r_A^2} - \dfrac{Q_B Q_C}{4\pi\epsilon_0 r_B^2} = \dfrac{Q_B}{4\pi\epsilon_0}\left(\dfrac{Q_A}{r_A^2} - \dfrac{Q_C}{r_B^2}\right)$

$= 9 \times 10^9 \times 3 \times 10^{-6}\left(\dfrac{4 \times 10^{-6}}{2^2} - \dfrac{5 \times 10^{-6}}{3^2}\right)$

→ $\left(\dfrac{1}{4\pi\epsilon_0} = \dfrac{1}{4 \times 3.14 \times 8.855 \times 10^{-12}} = 9 \times 10^9\right)$

$= 12 \times 10^{-3} = 1.2 \times 10^{-2}[N]$ 【정답】②

12. 다음 중 정전계의 설명으로 옳은 것은?

① 전계 에너지가 최소로 되는 전하분포의 전계이다.

② 전계 에너지가 최대로 되는 전하분포의 전계이다.

③ 전계 에너지가 항상 0인 전기장을 말한다.

④ 전계 에너지가 항상 ∞인 전기장을 말한다.

|정|답|및|해|설|
[정전계] 전계 에너지가 최소로 되는 전하분포의 전계

※ 전계(전기장, 전장) : 전기력이 미치는 공간

【정답】①

13. 다음 ( )안에 들어갈 내용으로 옳은 것은?

전기쌍극자에 의해 발생하는 전위의 크기는 전기쌍극자 중심으로부터 거리의 (ⓐ)에 반비례하고, 자기쌍극자에 의해 발생하는 전계의 크기는 자기쌍극자 중심으로부터 거리의 (ⓑ)에 반비례한다.

① ⓐ 제곱, ⓑ 제곱

② ⓐ 제곱, ⓑ 세제곱

③ ⓐ 세제곱, ⓑ 제곱

④ ⓐ 세제곱, ⓑ 세제곱

|정|답|및|해|설|
[전기쌍극자(전위)] 전위 $V = \dfrac{M}{4\pi\epsilon_0 r^2}\cos\theta[V]$

[자기쌍극자(전계)] 전계 $E = \dfrac{M}{4\pi\epsilon_0 r^3}\sqrt{1 + 2\cos^2\theta}\,[V/m]$

【정답】②

14. 전하 $\pi[C]$이 2[m/s]의 속도로 진공 중을 직선운동하고 있다면, 이 운동 방향에 대하여 각도 θ이고, 거리 2[m] 떨어진 점의 자계의 세기는 몇 [A/m]인가?

① $\cos\theta$ ② $\dfrac{1}{2\sin\theta}$

③ $\sin\theta$ ④ $\dfrac{1}{8}\sin\theta$

|정|답|및|해|설|
[비오-사바르의 법칙 (전류와 자계 관계)]

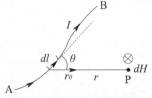

점 P에서의 자장의 세기 $H = \dfrac{Il\sin\theta}{4\pi r^2} = \dfrac{qv\sin\theta}{4\pi r^2}[A/m]$

→ (등가전류 $I = \dfrac{q}{t} = \dfrac{qv}{l} \rightarrow v = \dfrac{l}{t}$)

$\therefore H = \dfrac{qv\sin\theta}{4\pi r^2} = \dfrac{\pi \times 2 \times \sin\theta}{4\pi \times 2^2} = \dfrac{1}{8}\sin\theta[A/m]$

【정답】③

15. 유전율 $\epsilon[F/m]$인 유전체 중에서 전하가 $Q[C]$, 전위가 $V[V]$, 반지름 $a[m]$이 도체구가 갖는 에너지는 몇 [J]인가?

① $\dfrac{1}{2}\pi\epsilon a V^2$ ② $\pi\epsilon a V^2$

③ $2\pi\epsilon a V^2$ ④ $4\pi\epsilon a V^2$

|정|답|및|해|설|

[도체구가 갖는 에너지] $W = \dfrac{1}{2}QV = \dfrac{1}{2}CV^2[J]$

$\rightarrow (Q = CV)$

반경 a인 도체구의 정전용량 $C = 4\pi\epsilon a[F]$

$\therefore W = \dfrac{1}{2}CV^2 = \dfrac{1}{2}\times 4\pi\epsilon a V^2 = 2\pi\epsilon a V^2[J]$ 【정답】 ③

16. 그림(a)의 인덕턴스에 전류가 그림(b)와 같이 흐를 때 2초에서 6초 사이의 인덕턴스 전압 V_L은?

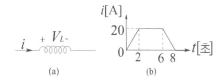
(a)   (b)

① 0[V]   ② 5[V]

③ 10[V]   ④ 20[V]

|정|답|및|해|설|

[코일에 걸리는 전압] $V_L = -L\dfrac{di}{dt}[V]$

$\rightarrow (di : 전류변화율)$

$2 \le t \le 6$인 구간에서는 전류의 변화가 없으므로 자속이 변화하지 않는다. 즉, $di = 0$, 따라서 $V_L = 0$이다.   【정답】 ①

17. 그림과 같이 Q_x, Q_y, Q_z를 직각 좌표축이라 하고, 무한장 직선 도선 l이 z의 +방향으로 전류 i_1이 흐르고 있다. 그리고 $y - z$ 면상에 직사각형 도선 ABCD가 있고 이것에 ABCD 방향으로 선류 i_2가 흐르고 있을 때 z의 +방향으로 힘이 발생하는 변은?

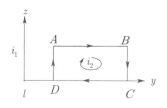

① AB   ② BC

③ CD   ④ DA

|정|답|및|해|설|

[평행 도선 사이의 힘의 방향]
1. 전류 방향 반대 → 반발력
2. 전류 방향 동일 → 흡입력

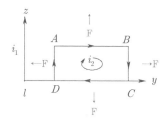

3. 그림에서 AB와 DC는 전류의 방향이 반대이므로 **반발력 F**가 화살표 방향으로 발생한다.
4. 그림에서 AD와 BC는 전류의 방향이 반대이므로 **반발력 F**가 화살표 방향으로 발생한다.

$\therefore z$의 +방향으로 발생하는 힘은 AB이다.

【정답】 ①

18. 자속밀도 $0.5[Wb/m^2]$인 균일한 자장 내에 반지름 10[cm], 권수 1,000[회]인 원형코일이 매분 1,800 회전할 때 이 코일의 저항이 $100[\Omega]$일 경우 이 코일에 흐르는 전류의 최대값[A]은 약 몇 [A]인가?

① 14.4   ② 23.5

③ 29.6   ④ 43.2

|정|답|및|해|설|

[전류의 최대값] $I_m = \dfrac{E_m}{R}[A]$

최대전압 $E_m = N\omega BS = N(2\pi n)B\cdot\pi r^2$ $\rightarrow (\omega = 2\pi n)$

$E_m = N(2\pi n)B\cdot\pi r^2$ $\rightarrow (N : 권선수,\ n = \dfrac{분당 회전수}{60})$

$= 1000\times 2\pi \times \dfrac{1800}{60}\times 0.5\times\pi\times 0.1^2 = 2961[V]$

$\therefore 전류의 최대값\ I_m = \dfrac{E_m}{R} = \dfrac{2961}{100} = 29.6[A]$ 【정답】 ③

19. 반지름이 a[m]인 접지 구도체의 중심에서 d[m] 거리에 점전하 Q[C]을 놓았을 때 구도체에 유도된 총 전하는 몇 [C]인가?

① $-Q$ ② $-\dfrac{d}{a}Q$

③ 0 ④ $-\dfrac{a}{d}Q$

|정|답|및|해|설|

[구도체의 전하] 유도된 전하는 전기영상법

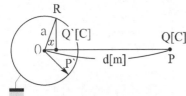

$+Q[C]$에 의해 내부 x[m] 위치에 영상전하 $Q'[C]$가 생성된다. 이때 $Q'=-\dfrac{a}{d}Q[C]$이고 $OP\cdot OP'=a^2$, $OP'=\dfrac{a^2}{d}$[m]

$\therefore Q'=-\dfrac{a}{d}Q[C]$ 【정답】④

|참|고|

1. 위치 : $x=\dfrac{a^2}{d}$

2. 작용하는 힘 : 흡인력

20. 간격이 3[cm]이고 면적이 $30[\text{cm}^2]$인 평판의 공기 콘덴서에 220[V]의 전압을 가하면 두 판 사이에 작용하는 힘은 약 몇 [N]인가?

① 6.3×10^{-6} ② 7.14×10^{-7}

③ 8×10^{-5} ④ 5.75×10^{-4}

|정|답|및|해|설|

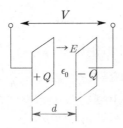

[두 판 사이에 작용하는 힘]

※ +전하의 판과 −전하의 판에 작용하는 흡입력을 구하는 문제

1. 정전응력 : 도체에 전하가 분포되어 있을 때, 도체 표면에 작용하는 힘 $f=\dfrac{1}{2}\epsilon E^2=\dfrac{1}{2}ED=\dfrac{1}{2}\dfrac{D^2}{\epsilon}[N/m^2]$ → $(D=\epsilon_0 E)$

여기서, ϵ : 유전율, E : 전계의 세기, D : 전속밀도

2. 힘의 크기를 [N]으로 물어봤기 때문에 정전응력 f를 면적(S)으로 곱해 주어야 한다. 즉 $F=f\cdot S$[N]

3. 1의 공식 3개 중 어떤 공식을 적용할 것인가? 문제에서 간격(d)과 전압(v)이 주어졌으므로

전계 $E=\dfrac{v}{d}$, (평행판일 경우) 적용해

→ 공식 $f=\dfrac{1}{2}\epsilon_0 E^2=\dfrac{1}{2}\epsilon_0\left(\dfrac{v}{d}\right)^2[N/m^2]$을 적용한다.

$\therefore$ 힘 $F=f\cdot S=\dfrac{1}{2}\times8.855\times10^{-12}\times\left(\dfrac{220}{3\times10^{-2}}\right)^2\times30\times10^{-4}$

→ $(30[cm^2]=30\times10^{-4}[m^2])$

$=7.14\times10^{-7}$[N] 【정답】②

---

21. 그림과 같은 수전단 전력원선도가 있다. 부하직선을 참고하여 다음 중 전압조정을 위한 조상설비가 없어도 정전압운전이 가능한 부하전력은 대략 어느 정도일 때인가?

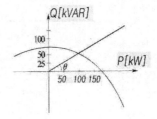

① 무부하일 때   ② 50[kW]일 때

③ 100[kW]일 때   ④ 150[kW]일 때

|정|답|및|해|설|

[정전압운전이 가능한 부하전력] 원선도와 부하곡선이 일치하는 점 **100[kW]에서 운전**하면 정전압운전이 가능하다.

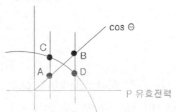

부하가 A점에서 운전되는 경우 무효전력을 $\overline{AC}$만큼 공급해서 원선도상에서 안정 운전하도록 한다.

부하가 증가하여 B점에서 운전되는 경우 무효전력을 $\overline{BD}$만큼 감소시켜서 D점 원선도상에서 안전 운전하도록 한다.

【정답】③

22. 3상 전원에 접속된 △ 결선의 캐패시터를 Y결선으로 바꾸면 진상용량 $Q_Y[kVA]$는 어떻게 되는가? (단, $Q_\triangle$는 △ 결선된 커패시터의 진상용량이고 Q_Y는 Y결선된 커패시터의 진상용량이다.)

① $Q_Y = \sqrt{3}\, Q_\triangle$ ② $Q_Y = \frac{1}{3} Q_\triangle$

③ $Q_Y = 3 Q_\triangle$ ④ $Q_Y = \frac{1}{\sqrt{3}} Q_\triangle$

|정|답|및|해|설|

[진상용량(충전용량)] $Q_\triangle = 6\pi f C V^2$, $Q_Y = 2\pi f C V^2$
△ 결선된 경우 진상용량
$Q_\triangle = 3 \times Q_Y = 6\pi f C V^2 [KVA]$ 이므로
△을 Y로 바꾸면
$Q_Y = \frac{1}{3} Q_\triangle = \frac{1}{3} \times 6\pi f C\, V^2 = 2\pi f C V^2$ → $\therefore Q_Y = \frac{1}{3} Q_\triangle$

【정답】②

23. 배전선로에서 사용하는 전압 조정 방법이 아닌 것은?

① 승압기 사용   ② 차단기

③ 병렬콘덴서 사용   ④ 주상변압기 탭 전환

|정|답|및|해|설|

[선로전압조정]
· 선로전압강하 보상기
· 고정 승압기 : 단상 승압기, 3상 V결선 승압기, 3상 △ 결선 승압기, 3상 △ 결선 승압기
· 직렬콘덴서(병렬콘덴서는 주로 역률 개선용으로 사용되지만 동시에 전압 조정 효과도 있다.)
· 주상변압기의 탭 조정

【정답】②

24. 다음 중 뇌해 방지와 관계가 없는 것은?

① 매설지선   ② 가공지선

③ 소호각   ④ 댐퍼

|정|답|및|해|설|

[뇌의 보호장치 및 기능]
① 매설지선 : 탑각 접지저항을 낮추어 역섬락을 방지
② 가공지선 : 뇌서지의 차폐
③ 소호각 : 섬락사고 시 애자련의 보호
※④ 댐퍼 : 전선의 진동을 억제하기 위해 지지점 가까운 곳에 설치한다.

【정답】④

25. 계전기의 반한시 특성이란?

① 동작전류가 클수록 동작시간이 길어진다.

② 동작전류가 흐르는 순간에 동작한다.

③ 동작전류에 관계없이 동작시간은 일정하다.

④ 동작전류가 크면 동작시간은 짧아진다.

|정|답|및|해|설|

[보호계전기의 특징]

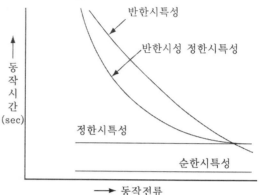

[동작 시간에 따른 보호 계전기의 종류]

1. 순한시 : 최초 동작전류 이상의 전류가 흐르면 즉시 동작하는 특징
2. **반한시 : 동작전류가 커질수록 동작시간이 짧게 되는 특징**
3. 정한시 : 동작 전류의 크기에 관계없이 일정한 시간에 동작하는 특징
4. 반한시 정한시 : 동작전류가 적은 동안에는 동작전류가 커질수록 동작시간이 짧게 되고 어떤 전류 이상이면 동작 전류의 크기에 관계없이 일정한 시간에 동작하는 특성

【정답】④

26. 1선지락시 건전상의 전압상승이 가장 적은 중성점 접지방식은?

① 직접접지방식   ② 비접지방식

③ 저항접지방식   ④ 소호리액터접지방식

|정|답|및|해|설|

[직접접지방식의 장·단점]
1. 장점
· 1선지락시에 건전상의 **대지전압이 거의 상승하지 않는다.**
· 피뢰기의 효과를 증신시킬 수 있다.
· 단절연이 가능하다.
· 계전기의 동작이 확실해 진다.
2. 단점
· 송전 계통의 과도 안정도가 나빠진다.
· 통신선에 유도 장해가 크다.
· 지락시 대전류가 흘러 기기에 손상을 준다.
· 대용량 차단기가 필요하다.

【정답】①

27. 발전소 원동기로 이용되는 가스터빈의 특징을 증기 터빈과 내연기관에 비교하였을 때 옳은 것은?

① 열균효율이 증기터빈에 비하여 대단히 낮다.

② 기동시간이 짧고 조작이 간단하므로 첨두부하 발전에 적당하다.

③ 냉각수가 비교적 많이 든다.

④ 설비가 복잡하며, 건설비 및 유지비가 많고 보수가 어렵다.

|정|답|및|해|설|

[증기터빈] 가스터빈 발전도 첨두부하용으로 사용이 용이하다. 주요 특징은 다음과 같다.

·기동 시간이 짧다.
·운전, 조작이 쉽다.
·부하 변동에 쉽게 응할 수 있다.
·**첨두부하용**이다.
·**냉각수가 적계** 든다.
·**유지 보수가 간단**하다.

|참|고|

1. 수력발전에서 첨두부하용 : 양수발전
2. 화력발전에서 첨두부하용 : 가스터빈 발전 【정답】②

28. 다음 송전선의 전압변동률 식에서 V_{R1}은 무엇을 의미하는가?

$$\epsilon = \frac{V_{R1} - V_{R2}}{V_{R2}} \times 100 [\%]$$

① 부하시 송전단전압

② 무부하시 송전단전압

③ 전부하시 수전단전압

④ 무부하시 수전단전압

|정|답|및|해|설|

[전압변동률(ϵ)] 전압변동률은 수전단전압으로 계산

$$\epsilon = \frac{\text{무부하시 수전단 전압}(V_{R1}) - \text{수전단 정격 전압}(V_{R2})}{\text{수전단 정격 전압}(V_{R2})} \times 100 [\%]$$

※분자의 앞에는 큰 값이 들어가야 하므로 무부하시 수전단전압

【정답】④

29. 송전전력, 부하역률, 송전거리, 전력손실 및 선간 전압이 같을 경우 3상 3선식에서 전선 한 가닥에 흐르는 전류는 단상 2선식에서 전선 한 가닥에 흐르는 경우의 몇 배가 되는가?

① $\frac{1}{\sqrt{3}}$ 배   ② $\frac{2}{3}$ 배

③ $\frac{3}{4}$ 배   ④ $\frac{4}{9}$ 배

|정|답|및|해|설|

[3상3선식의 전력] $P = \sqrt{3} \, V I_3 \cos\theta$
[단상2선식의 전력] $P = V I_1 \cos\theta$
$P = \sqrt{3} \, V I_3 \cos\theta == V I_1 \cos\theta \rightarrow \sqrt{3} I_3 = I_1$ 【정답】①

30. 그림과 같은 저압배전선이 있다. AB, BC, CD 간의 저항은 각각 0.05[Ω], 0.2[Ω], 0.1[Ω]이고, A, B, C점에 전등(역률 100[%])부하가 각각 50[A], 40[A], 30[A]가 걸려 있다. 지금 급전점 A의 전압을 100[V]라 하면 B, C, C점의 전압 [V]은? (단, 선로의 리액턴스는 무시한다.)

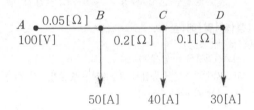

① B : 99, C : 85, D : 82

② B : 95, C : 80, D : 77

③ B : 94, C : 80, D : 77

④ B : 92, C : 85, D : 73

|정|답|및|해|설|

[부하점의 전압] $E_r = E_s - e = E_s - IR$
　　　　　　　→ (A : 급전점, B, C, D : 부하점)
　　　　　　　→ ($e = E_s - E_r$, $e = IR$)

1. $E_B = E_A - R_{AB}(I_B + I_C + I_D)$
   $= 100 - 0.05 \times (50 + 40 + 30) = 94[V]$
2. $E_C = E_B - R_{BC}(I_C + I_D)$
   $= 94 - 0.2 \times (40 + 30) = 80[V]$
3. $E_D = E_C - R_{CD}I_D = 80 - 0.1 \times 30 = 77[V]$

【정답】③

31. 어떤 수력발전소의 수압관에서 분출되는 물의 속도가 33.1[m/s]이다. 유효낙차는 얼마인가?

① 45.9　　　② 50.9

③ 55.9　　　④ 60.9

|정|답|및|해|설|
[물의 분출속도] $v = C_v \sqrt{2gh} \, [m/s]$)
여기서, C_v : 유속계수, g : 중력 가속도$[m/s^2]$, h : 유효낙차$[m]$
$\therefore h = \dfrac{v^2}{2g} = \dfrac{33.3^2}{2 \times 9.8} = 55.89[m]$ → (유속계수(C_v) 무시)

【정답】③

32. 정삼각형 배치의 선간거리가 5[m]이고, 전선의 지름이 1[cm]인 3상 가공 송전선의 1선의 정전용량은 약 몇 [μF/km]인가?

① 0.008　　　② 0.016

③ 0.024　　　④ 0.032

|정|답|및|해|설|

[단상 1회선 작용정전용량] $C_w = C_s + 2C_m = \dfrac{0.02413}{\log_{10} \dfrac{D}{r}}$

여기서, r : 반지름, D : 선간거리
$\therefore C_w = \dfrac{0.02413}{\log_{10} \dfrac{D}{r}} = \dfrac{0.02413}{\log_{10} \dfrac{5}{0.5 \times 10^{-2}}} = 0.008[\mu F/km]$

【정답】①

33. 전선의 자체 중량과 빙설의 종합하중을 W_1, 풍압하중을 W_2라 할 때 합성하중은?

① $W_1 + W_2$　　　② $W_2 - W_1$

③ $\sqrt{W_1 - W_2}$　　　④ $\sqrt{W_1^2 + W_2^2}$

|정|답|및|해|설|
[합성하중]
1. 빙설이 많은 지역 : $W = \sqrt{(W_i + W_c)^2 + W_w^2}$ [kg/m]
2. 빙설이 적은 지역 : $W = \sqrt{W_c^2 + W_w^2}$
　　여기서, W_i : 빙설하중, W_c : 전선중량, W_w : 풍압하중
【정답】④

34. 보호계전기의 구비 조건으로 틀린 것은?

① 고장 상태를 신속하게 선택할 것

② 조정 범위가 넓고 조정이 쉬울 것

③ 보호동작이 정확하고 감도가 예민할 것

④ 접점의 소모가 크고, 열적 기계적 강도가 클 것

|정|답|및|해|설|
[보호계전기의 구비조건]
·고장 상태를 식별하여 정도를 파악할 수 있을 것
·고장 개소와 고장 정도·위치를 정확히 선택할 수 있을 것
·동작이 예민하고 오동작이 없을 것
·적절한 후비보호 능력이 있을 것
·소비전력이 적고 경제적일 것　　【정답】④

|참|고|
[보호계전기의 설치목적]
1. 계통사고의 보호대상을 완전히 보호하여 각종 계전기의 손상 최소화
2. 사고구간을 고속 선택·차단하여 피해를 최소화
3. 정전사고 방지 및 전기기기의 손상방지
4. 전력계통의 안정도 향상

35. 우리나라에서 현재 가장 많이 사용되고 있는 배전 방식은?

① 3상 3선식　　　② 3상 4선식

③ 단상 2선식　　　④ 단상 3선식

|정|답|및|해|설|
[우리나라 공급방식]
1. 송전 : 3상 3선식
2. 배전 : 3상 4선식　　　【정답】②

36. 석탄연소 화력발전소에서 사용되는 집진장치의 효율이 가장 큰 것은?

① 전기식집진기

② 수세식집진기

③ 원심력식 집진장치

④ 직접 결합식 집진장치

|정|답|및|해|설|

[집진기] 연도로 배출되는 먼지(분진)를 수거하기 위한 설비로 기계식과 전기식이 있다.
1. 기계식 : 원심력 이용(사이클론 식)
2. 전기식 : 코로나 방전 이용(코트렐 방식)　　【정답】①

37. 장거리 송전선로는 일반적으로 어떤 회로로 취급하여 회로를 해석하는가?

① 분포정수회로　　② 분산부하회로

③ 집중정수회　　　④ 특성임피던스회로

|정|답|및|해|설|
[송전선로의 구분]

구 분	선로정수	거리	회로
단거리 송전선로	R, L	10[km] 이내	집중정수회로
중거리 송전선로	R, L, C	40[km]~60[km]	T회로, π회로
장거리 송전선로	R, L, C, g	100[km] 이상	분포정수회로

【정답】①

38. 동일 송전선로에 있어서 1선 지락의 경우 지락전류가 가장 적은 중성점 접지방식은?

① 비접지방식　　　② 저항접지방식

③ 직접접지방식　　④ 소호리액터 접지방식

|정|답|및|해|설|
[중성점 접지 방식의 비교]

종류 구분	비접지	직접 접지	고저항 접지	소후리액터 접지
1선지락 고장시 건전상의 대지전압	$\sqrt{3}$ 배 이상	큰 변화 없음	$\sqrt{3}$ 배 이상	$\sqrt{3}$ 배 또는 그 이상
지락전류	소	최대	100~ 150[A]	최소
보호계전기 동작	적용 곤란	확실	소세력 지락계전기	불확실
유도장해	적음	최대	적음	최소
과도안정도	큼	최소	중	최대
주요 특징	저전압 단거리에 적용	중성점 영전위 단절연 가능		병렬공진 고장전류 최소

【정답】③

39. 조상설비가 아닌 것은?

① 단권변압기

② 분로리액터

③ 무효전력보상장치(동기조상기)

④ 전력용 콘덴서

|정|답|및|해|설|
[조상설비] 위상을 제거해서 역률을 개선함으로써 송전선을 일정한 전압으로 운전하기 위해 필요한 무효전력을 공급하는 장치로 조상기(동기조상기, 비동기 조상기), 전력용 콘덴서, 분로 리액터 등이 있다.

|참|고|
[조상설비의 비교]

항목	무효전력보상장치 (동기조상기)	전력용 콘덴서	분로리액터
전력손실	많다 (1.5~2.5[%])	적다 (0.3[%] 이하)	적다 (0.6[%] 이하)
무효전력	진·지상 양용	진상 전용	지상 전용
조정	연속적	계단적 (불연속)	계단적 (불연속)
시송전 (시충전)	가능	불가능	불가능
가격	비싸다	저렴	저렴
보수	손질필요	용이	용이

【정답】①

40. 그림과 같은 회로에 있어서의 합성 4단자정수에서 B_0의 값은? (단, Z_{tr}은 수전단에 접속된 변압기의 임피던스이다.)

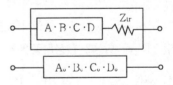

① $B_0 = B + Z_{tr}$　　② $B_0 = A + BZ_{tr}$

③ $B_0 = C + DZ_{tr}$　　④ $B_0 = B + AZ_{tr}$

|정|답|및|해|설|
[4단자정수] $\begin{bmatrix} A_0 & B_0 \\ C_0 & D_0 \end{bmatrix} = \begin{bmatrix} A & B \\ C & D \end{bmatrix} \begin{bmatrix} 1 & Z_{tr} \\ 0 & 1 \end{bmatrix} = \begin{bmatrix} A & AZ_{tr} + B \\ C & CZ_{tr} + D \end{bmatrix}$

$A_0 = A, \quad B_0 = AZ_{tr} + B, \quad C_0 = C, \quad D_0 = CZ_{tr} + D$

【정답】④

41. 3상 유도전동기의 원선도 작성에 필요한 시험이 아닌 것은?

① 저항측정 　　　　② 슬립측정

③ 무부하시험 　　　④ 구속시험

|정|답|및|해|설|

[유도전동기의 원선도]
1. 원선도 작성에 필요한 시험 : **저항측정, 무부하시험, 구속시험**
2. 유도전동기의 원선도에서 구할 수 있는 항목 : 전부하 전류, 역률, 효율, 슬립, 최대출력/정격출력, 토크

【정답】②

42. 다음 중 2방향성 3단자 사이리스터는?

① SCR 　　　　② SSS

③ SCS 　　　　④ TRIAC

|정|답|및|해|설|

[사이리스터의 비교]

방향성	명칭	단자	기호	응용 예
역저지 (단방향) 사이리스터	SCR	3단자		정류기 인버터
	LASCR			정지스위치 및 응용스위치
	GTO			쵸퍼 직류스위치
	SCS	4단자		
쌍방향성 사이리스터	SSS	2단자		초광장치, 교류스위치
	TRIAC	3단자		초광장치, 교류스위치
	역도통			직류효과

【정답】④

43. 용량 1[kVA], 3000/200[V]의 단상 변압기를 단권변압기로 결선해서 3000/3200[V]의 승압기로 사용할 때 그 부하용량은?

① 16 　　　　② 15

③ 1 　　　　④ 1/16

|정|답|및|해|설|

[자기용량 및 부하용량] $\dfrac{\text{자기용량}}{\text{부하용량}} = \dfrac{(V_2 - V_1)}{V_2}$

$\therefore$ 부하용량 $= \dfrac{V_3}{V_3 - V_2} \times$ 자기용량

$= \dfrac{3200}{3200 - 3000} \times 1 = 16[kVA]$

【정답】①

44. 직류 분권전동기의 공급전압의 극성을 반대로 하면 회전방향은 어떻게 되는가?

① 반대로 된다. 　　② 변하지 않는다.

③ 발전기로 된다. 　④ 회전하지 않는다.

|정|답|및|해|설|

[직류 분권전동기] 직류 분권전동기의 공급전압의 **극성이 반대로 되면**, 계자전류와 전기자전류의 방향이 동시에 반대로 되기 때문에 **회전방향은 변하지 않는다**. 　【정답】②

45. 동기발전기의 전기자 권선법 중 단절권, 분포권으로 하는 가장 중요한 목적은?

① 높은 전압을 얻기 위해서

② 일정한 주파수를 얻기 위해서

③ 좋은 파형을 얻기 위해서

④ 효율을 좋게 하기 위해서

|정|답|및|해|설|

[동기기의 권선계수] 분포권이나 단절권은 유기기전력은 감소되나 **파형개선**과 분포권은 누설리액턴스 감소, 단절권은 고조파제서 등의 장점이 있다.
[분포권의 특징]
·합성 유기기전력이 감소한다.
·기전력의 고조파가 감소하여 기전력(전압)의 파형이 좋아진다.
·누설리액턴스는 감소된다.
·과열 방지의 이점이 있다. 　　　　　【정답】②

46. 동기발전기의 병렬운전에 필요한 조건이 아닌 것은?

① 기전력의 주파수가 같을 것

② 기전력의 위상이 같을 것

③ 임피던스 및 상회전 방향과 각 변위가 같을 것

④ 기전력의 크기가 같은 것

|정|답|및|해|설|

[동기발전기의 병렬운전 조건]

·기전력의 크기가 같을 것

·기전력의 위상이 같을 것

·기전력의 주파수가 같을 것

·기전력의 파형이 같을 것

·상회전 방향이 같을 것　　　　　　　【정답】③

47. 변류기의 점검을 위해 변류기 2차측 회로를 분리할 경우 과전압으로 인한 절연파괴를 방지하기 위한 변류기 2차측의 조치방법은?

① 2차측 단자를 개방한다.

② 2차측 단자를 단락한다.

③ 2차측 단자 사이에 저항을 접속한다.

④ 2차측 단자를 보강한다.

|정|답|및|해|설|

[절연파괴] 전기적으로 절연된 물질 상호간의 전기저항이 감소되어 많은 전류가 흐르게 되는 현상을 절연파괴라 한다.

[원인]

·기계적 성질의 열화

·취급불량에 의한 절연피복의 손상이나 절연거리의 감소

·이상전압 발생에 의한 절연피복이나 허용전류를 초과하는 전류 때문에 과열에 의한 절연피복의 열화 등

[방지대책] **변류기 2차측 단자를 단락**시킨다.

【정답】②

48. 60[Hz], 4극 유도전동기의 슬립이 4[%]인 때의 회전수[rpm]는?

① 1728　　　　② 1738

③ 1748　　　　④ 1758

|정|답|및|해|설|

[유도전동기의 회전수] $N = (1-s)N_s = (1-s)\frac{120f}{p}[rpm]$

$$\therefore N = (1-s)\frac{120f}{p} = (1-0.04) \times \frac{120 \times 60}{4} = 1728[rpm]$$

【정답】①

49. 220[V], 6극, 60[Hz], 10[kW]인 3상 유도전동기의 회전자 1상의 저항은 0.1[Ω], 리액턴스는 0.5[Ω]이다. 정격전압을 가했을 때 슬립이 4[%]일 때 회전자전류는 몇 [A]인가? (단, 고정자와 회전자는 삼각(△)결선으로서 권수는 각각 300회와 150회이며, 각 권선계수는 같다.)

① 27　　　　② 36

③ 43　　　　④ 52

|정|답|및|해|설|

[회전자전류] $I_2 = \dfrac{sE_2}{\sqrt{r_2^2 + (sx_2)^2}}$

1. 권수비 $a = \dfrac{E_1}{E_2} = \dfrac{N_1}{N_2} = \dfrac{300}{150} = 2$

2. 2차 유기전압 $E_2 = \dfrac{E_1}{a} = \dfrac{220}{2} = 110[V]$

$\therefore$ 회전자 전류 $I_2 = \dfrac{sE_2}{\sqrt{r_2^2 + (sx_2)^2}}$

$= \dfrac{0.04 \times 110}{\sqrt{0.1^2 + (0.04 \times 0.5)^2}} = 43[A]$

【정답】③

50. 다음중 변압기유가 갖추어야 할 조건으로 옳은 것은?

① 절연내력이 낮을 것

② 인화점이 높을 것

③ 비열이 적어 냉각효과가 클 것

④ 응고점이 높을 것

|정|답|및|해|설|

[변압기유의 구비조건]

·**절연내력이 클 것**

·절연 재료 및 금속에 화학 작용을 일으키지 않을 것

·인화점이 높고, **응고점이 낮을 것**

·점도가 낮고, **비열이 커서** 냉각 효과가 클 것

·고온에 있어 석출물이 생기거나 산화하지 않을 것

·증발량이 적을 것　　　　　　　　　　【정답】②

51. 변압기 철심으로 주철을 사용하지 않고 규소강판이 사용되는 주된 이유는?

① 와류손을 적게 하기 위하여

② 큐리온도를 높이기 위하여

③ 히스테리시스손을 적게 하기 위하여

④ 부하손(동손)을 적게 하기 위하여

|정|답|및|해|설|

[변압기 철손(P_i)] 자속 변화로 발생하는 손실은 무부하 손, 즉 철손으로 와류손과 히스테리시스손이 있다.

1. 와류손 : 자속의 변화로 생기는 와전류에 의해 생기는 손실
   → 방지책 : 성층결선
2. **히스테리시스손** : 자화를 하기 위해서 생기는 **에너지 손실**이다.
   → 방지책 : **규소강판 사용**　　　　　　　【정답】③

52. 3300/200[V], 50[kVA]인 단상 변압기의 %저항, %리액턴스를 각각 2.4[%], 1.6[%]라 하면 이때의 임피던스 전압은 약 몇 [V]인가?

① 95　　　　　　　② 100

③ 105　　　　　　　④ 110

|정|답|및|해|설|

[임피던스 전압] $V_{1s} = \dfrac{\%Z \times V_{1n}}{100}[V]$

$\rightarrow (\%Z = \dfrac{I_n Z_1}{V_{1n}} \times 100 = \dfrac{V_{1s}}{V_{1n}} \times 100 = \sqrt{p^2+q^2} = \dfrac{I_n}{I_s} \times 100)$

$\%임피던스(\%Z) = \sqrt{(\%r)^2 + (\%x)^2} \qquad \rightarrow (Z=\sqrt{r^2+x^2})$

$\qquad\qquad = \sqrt{2.4^2+1.6^2} \fallingdotseq 2.88[\%]$

$\therefore V_{1s} = \dfrac{\%Z \times V_{1n}}{100} = \dfrac{2.88 \times 3300}{100} = 95[V]$

【정답】①

53. 직류발전기의 무부하 특성곡선은 다음 중 어느 관계를 표시한 것인가?

① 계자전류-부하전류

② 유도기전력-계자전류

③ 단자전압-회전속도

④ 부하전류-단자전압

|정|답|및|해|설|

[무부하특성곡선] 정격속도에서 무부하 상태의 **계자전류(I_f)와 유도기전력(E)**과의 관계를 나타내는 곡선을 무부하 특성 곡선 또는 무부하 포화 곡선이라고 한다.　　　　　　【정답】②

|참|고|

	횡축	종축
무부하특성곡선	I_f	$V(E)$
내부특성곡선	I	E
부하특성곡선	I_f	V
외부특성곡선	I	V

54. 다음 중 3상 동기기의 제동권선의 주된 설치 목적은?

① 출력을 증가시키기 위하여

② 효율을 증가시키기 위하여

③ 역률을 개선하기 위하여

④ 난조를 방지하기 위하여

|정|답|및|해|설|

[제동권선] 제동권선은 회전 자극 표면에 설치한 유도전동기의 농형 권선과 같은 권선으로서 회전자가 동기속도로 회전하고 있는 동안에는 전압을 유도하지 않으므로 아무런 작용이 없다. 그러나, 조금이라도 동기속도를 벗어나면 전기자자속을 끊어 전압이 유도되어 단락전류가 흐르므로 동기속도로 되돌아가게 된다. 즉, 진동에너지를 열로 소비하여 진동을 방지한다.

3상 동기기의 **제동권선 효용은 난조 방지**이다.　　【정답】④

55. 직류 분권발전기가 있다. 극당 자속 0.01[Wb], 도체수 400, 회전수 600[rpm]인 6극 직류기의 유기기전력은 몇 [V]인가? (단, 병렬회로수는 2이다.)

① 100　　　　　　　② 120

③ 140　　　　　　　④ 160

|정|답|및|해|설|

[직류분권발전기 유도기전력] $E = \dfrac{pZ}{a}\phi n = \dfrac{pZ}{a}\phi\dfrac{N}{60}[V]$

파권이므로 $a=2, \ \phi=0.01, \ Z=400, \ N=600, \ p=6$

$\therefore E = \dfrac{pZ}{a}\phi\dfrac{N}{60} = \dfrac{6 \times 400}{2} \times 0.01 \times \dfrac{600}{60} = 120[V]$

【정답】②

56.
스테핑전동기의 스텝 각이 3[°]이고, 스테핑주파수(pulse rate)가, 1,200[pps]이다. 이 스테핑전동기의 회전속도[rps]는?

① 10 ② 12

③ 14 ④ 16

|정|답|및|해|설|

[스테핑 모터속도] $n = \dfrac{\beta f_s}{360°}$

여기서, β : 스텝각, f_s : 스테핑 주파수

1초당 입력펄스가 1200[pps]이므로 1초당 스텝각은

스텝각(β) × 스테핑 주파수(f_s) = $3 \times 1,200 = 3,600°$

동기 1회전 당 회전각도는 360° 이므로

∴ 스테핑 전동기의 회전속도 $n = \dfrac{3,600°}{360°} = 10$[rps]

【정답】①

57.
단상 다이오드 반파 정류회로인 경우 정류효율은 약 몇 [%]인가? (단, 저항부하인 경우이다.)

① 12.6 ② 40.6

③ 60.6 ④ 81.2

|정|답|및|해|설|

[정류효율(단상반파)] $\eta_r = \left(\dfrac{2}{\pi}\right)^2$

$\rightarrow (\eta_r = \dfrac{\text{부하에 공급된 직류전력}}{\text{교류 입력전력}} \times 100)$

$= \left(\dfrac{I_d}{I}\right)^2 = \left(\dfrac{\frac{I_m}{\pi}}{\frac{I_m}{2}}\right)^2 = \left(\dfrac{2}{\pi}\right)^2$

∴ $\eta_r = \left(\dfrac{2}{\pi}\right)^2 = 0.406 \times 100 = 40.6$[%]

【정답】②

|참|고|

[각 정류 회로의 특성]

정류 종류	단상반파	단상전파	3상반파	3상전파
맥동률[%]	121	48	17.7	4.04
정류효율	40.6 $\left(\dfrac{4}{\pi^2} \times 100\right)$	81.1 $\left(\dfrac{8}{\pi^2} \times 100\right)$	96.7	99.8
맥동주파수	f	$2f$	$3f$	$6f$

58.
명판(name plate)에 정격전압 220[V], 정격전류 14.4[A], 출력 3.7[kW]로 기재되어 있는 3상 유도전동기가 있다. 이 전동기의 역률을 84[%]라 할 때 이 전동기의 효율[%]은?

① 78.25 ② 78.84

③ 79.15 ④ 80.27

|정|답|및|해|설|

[전동기의 효율] $\eta = \dfrac{P}{\sqrt{3}\,VI\cos\theta} \times 100$[%]

$\rightarrow (P = \sqrt{3}\,VI\cos\theta \cdot \eta)$

∴ $\eta = \dfrac{P}{\sqrt{3}\,VI\cos\theta} \times 100$

$= \dfrac{3.7 \times 10^3}{\sqrt{3} \times 220 \times 14.4 \times 0.84} \times 100[\%] = 80.27[\%]$

【정답】④

59.
변압기의 표유부하손이란?

① 동손, 철손

② 부하전류 중 누전에 의한 손실

③ 권선이외 부분의 누설자속에 의한 손실

④ 무부하시 여자전류에 의한 동손

|정|답|및|해|설|

[손실]
1. 무부하손
·철손 : 부하의 유무에 관계없이 발생
·동손 : 부하의 크기에 의해 변화
·표유 무부하손 :
2. 부하손
·동손 : 부하의 크기에 의해 변화
·표유 부하손 : **누설 자속에 의해 외함**, 조임 볼트 등에 발생하는 손실

【정답】③

60. 출력 3[kW], 1500[rpm]인 전동기의 토크[kg·m]는?

① 1.95   ② 2.12

③ 2.90   ④ 3.82

|정|답|및|해|설|

[전동기의 토크] $\tau = 975\dfrac{P[kW]}{N}[kg \cdot m]$

$$\rightarrow \left(\tau = 0.975\dfrac{P[W]}{N}[kg \cdot m]\right)$$

$\therefore \tau = 975\dfrac{P[kW]}{N}[kg \cdot m] = 975\dfrac{3}{1500} = 1.95[kg \cdot m]$

※토크

1. $\tau = 0.975\dfrac{P[W]}{N}[kg \cdot m]$ 2. $\tau = 9.55\dfrac{P[W]}{N}[N \cdot m]$

【정답】①

1회 **2024년 전기산업기사필기 (회로이론)**

61. 대칭 6상 기전력의 선간전압과 상기전력의 위상차는?

① 120°   ② 60°

③ 30°   ④ 15°

|정|답|및|해|설|

[대칭 n상인 경우 기전력의 위상차] $\theta_n = \dfrac{\pi}{2} - \dfrac{\pi}{n} = \dfrac{\pi}{2}\left(1 - \dfrac{2}{n}\right)$

$\therefore \theta_6 = \dfrac{180}{2}\left(1 - \dfrac{2}{6}\right) = 90 \times \dfrac{2}{3} = 60°$ 【정답】②

62. $L-R$ 직렬회로에서

$$e = 10 + 100\sqrt{2}\sin\omega t$$
$$+ 50\sqrt{2}\sin(3\omega t + 60°)$$
$$+ 60\sqrt{2}\sin(5\omega t + 30°)[V]$$

인 전압을 가할 때 제3고조파 전류의 실효값은 약 몇 [A]인가? (단, $R = 8[\Omega]$, $wL = 2[\Omega]$이다.)

① 1[A]   ② 3[A]

③ 5[A]   ④ 7[A]

|정|답|및|해|설|

[제3고조파 전류의 실효값] $I_3 = \dfrac{V_3}{|Z_3|} = \dfrac{V_3}{\sqrt{R^2 + (3\omega L)^2}}[A]$

1. 기본파 $|Z_1| = \sqrt{R^2 + \omega L^2}$

2. 3고조파 $|Z_3| = \sqrt{R^2 + (3\omega L)^2}$

$\therefore I_3 = \dfrac{V_3}{\sqrt{R^2 + (3\omega L)^2}} = \dfrac{50}{\sqrt{8^2 + 6^2}} = 5[A]$ $\rightarrow (Z_3 = 8 + j3 \times 2)$

【정답】③

63. 회로의 전압비 전달함수 $G(s) = \dfrac{V_2(s)}{V_1(s)}$는?

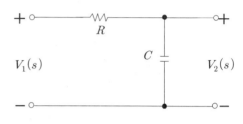

① RC ② $\dfrac{1}{RC}$

③ $RCs + 1$ ④ $\dfrac{1}{RCs + 1}$

|정|답|및|해|설|

[전달함수] $G(s) = \dfrac{V_2(s)}{V_1(s)}$

전압비 전달함수는 임피던스비이므로

$V_1(s) = \left(R + \dfrac{1}{Cs}\right)I(s)$, $V_2(s) = \dfrac{1}{Cs}I(s)$

$\therefore G(s) = \dfrac{V_2(s)}{V_1(s)} = \dfrac{\dfrac{1}{Cs}}{R + \dfrac{1}{Cs}} = \dfrac{1}{RCs + 1}$ 【정답】④

64. 불평형 3상전류 $I_a = 15 + j2[A]$, $I_b = -20 - j14[A]$, $I_c = -3 + j10[A]$일 때 영상전류 I_0는 약 몇 [A]인가?

① $2.67 + j0.36$ ② $15.7 - j3.25$

③ $-1.91 + j6.24$ ④ $-2.67 - j0.67$

|정|답|및|해|설|

[영상전류] $I_0 = \dfrac{1}{3}(I_a + I_b + I_c)$

$\therefore I_0 = \dfrac{1}{3}(15 + j2 - 20 - j14 - 3 + j10)$

$= \dfrac{1}{3}(-8 - j2) = -2.67 - j0.67[A]$ 【정답】④

65. 그림과 같은 회로에서 L_2에 흐르는 전류 $I_2[A]$가 단자전압 $V[V]$보다 위상 90[°] 뒤지기 위한 조건은? (단, ω는 회로의 각주파수[rad/s]이다.)

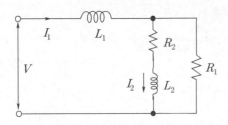

① $\dfrac{R_2}{R_1} = \dfrac{L_2}{L_1}$ 　　　　② $R_1 R_2 = L_1 L_2$

③ $R_1 R_2 = \omega L_1 L_2$ 　　　④ $R_1 R_2 = \omega^2 L_1 L_2$

|정|답|및|해|설|⎯⎯⎯⎯⎯⎯⎯⎯⎯⎯⎯⎯⎯⎯⎯

[L만의 회로] 허수부만 존재 (실수부가 0인 조건을 찾는다)

$I_2 = \dfrac{R_1}{(R_2 + j\omega L_2) + R_1} I_1$

$= \dfrac{R_1}{(R_2 + j\omega L_2) + R_1} \cdot \dfrac{V}{j\omega L_1 + \dfrac{(R_2 + j\omega L_2) R_1}{(R_2 + j\omega L_2) + R_1}}$

$= \dfrac{R_1}{(R_2 + j\omega L_2) + R_1} \cdot \dfrac{V}{\dfrac{j\omega L_1((R_2 + j\omega L_2) + R_1) + (R_2 + j\omega L_2) R_1}{(R_2 + j\omega L_2) + R_1}}$

$= \dfrac{R_1}{(R_2 + j\omega L_2) + R_1} \cdot \dfrac{((R_2 + j\omega L_2) + R_1) V}{j\omega L_1((R_2 + j\omega L_2) + R_1) + (R_2 + j\omega L_2) R_1}$

$= \dfrac{R_1 V}{j\omega L_1((R_2 + j\omega L_2) + R_1) + (R_2 + j\omega L_2) R_1}$

$= \dfrac{R_1 V}{j\omega L_1 R_2 - \omega^2 L_1 L_2 + j\omega L_1 R_1 + R_2 R_1 + j\omega L_2 R_1}$

I_2 위상이 90° 뒤지기 위해서는 실수가 0이 되어야 하므로

$R_2 R_1 - \omega^2 L_1 L_2 = 0$이 되어야 한다.

$\therefore R_2 R_1 = \omega^2 L_1 L_2$ 　　　　　　【정답】④

66. RC 직렬회로의 과도현상에 대하여 옳게 설명한 것은?

① $\dfrac{1}{RC}$의 값이 클수록 전류값은 천천히 사라진다.

② RC값이 클수록 과도전류값은 빨리 사라진다.

③ 과도전류는 RC값에 관계가 없다.

④ RC값이 클수록 과도전류값은 천천히 사라진다.

|정|답|및|해|설|⎯⎯⎯⎯⎯⎯⎯⎯⎯⎯⎯⎯⎯⎯⎯

[RC 직렬회로 시정수] $\tau = RC[\text{sec}]$

RC 직렬회로에서 시정수는 $RC[\text{s}]$

시정수가 크면 응답이 늦다(**과도전류가 천천히 사라진다**).

　　　　　　　　　　　　　　【정답】④

67. 어떤 회로에 흐르는 전류가

$i = 5 + 14.1 \sin\left(\omega t - \dfrac{\pi}{6}\right)$인 경우 실효값은 약

몇 [A]인가?

① 11.2[A] 　　　　② 12.5[A]

③ 14.4[A] 　　　　④ 16.1[A]

|정|답|및|해|설|⎯⎯⎯⎯⎯⎯⎯⎯⎯⎯⎯⎯⎯⎯⎯

[비정현파의 실효값] $I = \sqrt{I_0^2 + I_1^2 + I_2^2 + \cdots + I_n^2}$

$I = \sqrt{I_0^2 + I_1^2} = \sqrt{5^2 + \left(\dfrac{14.1}{\sqrt{2}}\right)^2} = 11.2[A]$ 　$\longrightarrow \left(I = \dfrac{I_m}{\sqrt{2}}\right)$

　　　　　　　　　　　　　　【정답】①

68. 상순이 a, b, c인 3상 회로에 있어서 대칭분 전압이

$V_0 = -8 + j3[V]$,　$V_1 = 6 - j8[V]$

$V_2 = 8 + j12[V]$일 때 a상의 전압 $V_a[V]$는?

① 6+j7 　　　　② 8+j12

③ 6+j14 　　　④ 16+j4

|정|답|및|해|설|⎯⎯⎯⎯⎯⎯⎯⎯⎯⎯⎯⎯⎯⎯⎯

[대칭분에 의한 비대칭을 구할 때]

1. $V_a = V_0 + V_1 + V_2 = -8 + j3 + 6 - j8 + 8 + j12$

　　　 $= 6 + j7[V]$

2. $V_b = V_0 + a^2 V_1 + a V_2$

3. $V_c = V_0 + a V_1 + a^2 V_2$ 　　　　【정답】①

69. 그림과 같은 회로에서 처음에 스위치 S가 닫힌 상태에서 회로에 정상전류가 흐르고 있었다. t=0에서 스위치 S를 연다면 회로의 전류[A]는?

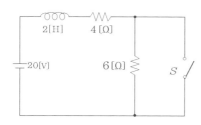

① $2+3e^{-5t}$ ② $2+3e^{-2t}$

③ $4+2e^{-2t}$ ④ $4+2e^{-5t}$

|정|답|및|해|설|

[회로에 흐르는 전류[A]]

1. 최초 스위치가 닫힌 상태의 전류 $I=\dfrac{20}{4}=5[A]$

2. 스위치가 열린 상태의 정상전류 $2\dfrac{di(t)}{dt}+(4+6)i(t)=20$

i_s는 정상전류이므로 $0+(4+6)i_s=20 \to i_s=2$

3. 보조하는 우변 E를 0으로 놓은 미분방정식

즉, $2\dfrac{di(t)}{dt}+(4+6)i(t)=0$

$i_t=Ae^{-\frac{4+6}{2}t}=Ae^{-5t}$

4. $i(t)=i_s+i_t=2+Ae^{-5t}[A]$

5. $t=0$에서 $i(0)=2+A=5 \to$ A=3

$\to$ (최초 전류는 5[A]이므로)

$\therefore i(t)=2+3e^{-5t}[A]$ 【정답】①

70. 다음과 같은 파형을 푸리에 급수로 전개하면?

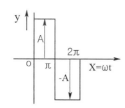

① $y=\dfrac{4A}{\pi}(\sin a \sin x+\dfrac{1}{9}\sin 3a \sin 3x+\cdots)$

② $y-\dfrac{4A}{\pi}(\sin x+\dfrac{1}{3}\sin 3x+\dfrac{1}{5}\sin 5x+\cdots)$

③ $y=\dfrac{A}{\pi}(\dfrac{\cos 2x}{1.3}+\dfrac{\cos 4x}{3.5}+\dfrac{\cos 6x}{5.7}+\cdots)$

④ $y=\dfrac{A}{\pi}+\dfrac{\sin 2x}{2}+\dfrac{\sin 4x}{4}+\cdots)$

|정|답|및|해|설|

[구형파] 정현대칭(원점대칭)이므로 **홀수항 사인파**를 찾는다.

※1. 반파대칭 : 짝수파는 상쇄되므로 홀수만 남는다.

　2. 원점대칭 : sin항만 존재   【정답】②

71. 다음 왜형파 전압과 전류에 의한 전력은 몇 [W]인가? (단, 전압의 단위는 [V], 전류의 단위는 [A]이다.)

$$e=100\sin(wt+30°)-50\sin(3wt+60°)+25\sin wt$$
$$i=20\sin(wt-30°)+15\sin(3wt+30°)+10\cos(5wt-60°)$$

① 9330 ② 566.9

③ 420.0 ④ 283.5

|정|답|및|해|설|

[왜형파 전력] $P=V_1I_1\cos\theta_1+V_3I_3\cos\theta_3+V_5I_5\cos\theta_5$

$\cos\theta=\sin(wt+90°)$이므로

$i=20\sin(wt-30°)+15\sin(3wt+30°)+10\sin(5wt-60°+90°)$

　$=20\sin(wt-30°)+15\sin(3wt+30°)+10\sin(5wt+30°)[A]$

$\therefore P=V_1I_1\cos\theta_1+V_3I_3\cos\theta_3+V_5I_5\cos\theta_5$

$=\dfrac{100}{\sqrt{2}}\cdot\dfrac{20}{\sqrt{2}}\cos(30-(-30)°)-\dfrac{50}{\sqrt{2}}\cdot\dfrac{15}{\sqrt{2}}\cos(60-30)°$
$+\dfrac{25}{\sqrt{2}}\cdot\dfrac{10}{\sqrt{2}}\cos 30°$

$\fallingdotseq 283.5[W]$ 【정답】④

72. 1[km]당의 인덕턴스 30[mH], 정전용량 0.007[μF]의 선로가 있을 때 무손실 선로라고 가정한 경우의 위상속도[km/sec]는?

① 약 6.9×10^3 ② 약 6.9×10^4

③ 약 6.9×10^2 ④ 약 6.9×10^5

|정|답|및|해|설|

[위상속도] $v=\dfrac{2\pi}{\beta}f=\dfrac{\omega}{\beta}=\dfrac{1}{\sqrt{LC}}[km/\sec]$

$v=\dfrac{1}{\sqrt{LC}}=\dfrac{1}{\sqrt{30\times10^{-3}\times0.007\times10^{-6}}}$

$=\dfrac{1}{\sqrt{2.1\times10^{-10}}}=6.9\times10^4[km/\sec]$

【정답】②

73. $\dfrac{E_o(s)}{E_i(s)} = \dfrac{1}{s^2+3s+1}$ 의 전달함수를 미분방정

식으로 표시하면?

(단, $\mathcal{L}^{-1}[E_o(s)] = e_o(t)$, $\mathcal{L}^{-1}[E_i(s)] = e_i(t)$ 이다.)

① $\dfrac{d^2}{dt^2}e_0(t) + 3\dfrac{d}{dt}e_o(t) + e_o(t) = e_i(t)$

② $\dfrac{d^2}{dt^2}e_i(t) + 3\dfrac{d}{dt}e_i(t) + e_i(t) = e_o(t)$

③ $\dfrac{d^2}{dt^2}e_i(t) + 3\dfrac{d}{dt}e_i(t) + \int e_i(t)dt = e_o(t)$

④ $\dfrac{d^2}{dt^2}e_o(t) + 3\dfrac{d}{dt}e_o(t) + \int e_o(t)dt = e_i(t)$

|정|답|및|해|설|

[전달함수의 미분방정식]

$\dfrac{E_o(s)}{E_i(s)} = \dfrac{1}{s^2+3s+1} \rightarrow (s^2+3s+1)E_o(s) = E_i(s)$

$\therefore \dfrac{d^2}{dt^2}e_o(t) + 3\dfrac{d}{dt}e_o(t) + e_o(t) = e_i(t)$ 【정답】①

74. 그림에서 단자 ab에 나타나는 전압 V_{ab}는 몇 [V]인가?

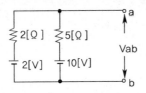

① 약 2[V]　　　② 약 4.3[V]

③ 약 5.6[V]　　④ 약 8[V]

|정|답|및|해|설|

[밀만의 정리] $V_{ab} = \dfrac{\sum I}{\sum Y} = \dfrac{\sum \dfrac{V}{Z}}{\sum \dfrac{1}{Z}}$

$\therefore E_{ab} = \dfrac{\sum \dfrac{V}{Z}}{\sum \dfrac{1}{Z}} = \dfrac{\dfrac{2}{2} + \dfrac{10}{5}}{\dfrac{1}{2} + \dfrac{1}{5}} = \dfrac{30}{7} \fallingdotseq 4.3[V]$

※[밀만의 정리] 다수의 전압원이 병렬로 접속된 회로를 간단하게 전압원의
등가회로(테브닝의 등가회로)로 대치시키는 방법

【정답】②

75. 다음 결합 회로의 4단자정수 A, B, C, D 파라미터
행렬은?

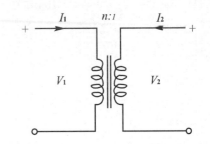

① $\begin{bmatrix} A & B \\ C & D \end{bmatrix} = \begin{bmatrix} n & 0 \\ 0 & \dfrac{1}{n} \end{bmatrix}$　② $\begin{bmatrix} A & B \\ C & D \end{bmatrix} = \begin{bmatrix} n & 0 \\ \dfrac{1}{n} & 0 \end{bmatrix}$

③ $\begin{bmatrix} A & B \\ C & D \end{bmatrix} = \begin{bmatrix} 0 & n \\ \dfrac{1}{n} & 0 \end{bmatrix}$　④ $\begin{bmatrix} A & B \\ C & D \end{bmatrix} = \begin{bmatrix} \dfrac{1}{n} & 0 \\ 0 & n \end{bmatrix}$

|정|답|및|해|설|

[변압기의 4단자정수] $\begin{bmatrix} A & B \\ C & D \end{bmatrix} = \begin{bmatrix} \dfrac{V_1}{V_2} & 0 \\ 0 & \dfrac{I_1}{I_2} \end{bmatrix} = \begin{bmatrix} N & 0 \\ 0 & \dfrac{1}{N} \end{bmatrix}$

권수비 $n = \dfrac{N_1}{N_2} = \dfrac{V_1}{V_2} = \dfrac{I_2}{I_1}$

$\dfrac{V_1}{V_2} = n, \quad \dfrac{I_1}{I_2} = \dfrac{1}{n}$ 【정답】①

76. 코일에 단상 100[V]의 전압을 가하면 30[A]의
전류가 흐르고 1.8[kW]의 전력을 소비한다고 한
다. 이 코일과 병렬로 콘덴서를 접속하여 회로의
역률을 100[%]로 하기 위한 용량리액턴스는 약
몇 $[\Omega]$인가?

① 4.2　　　　② 6.2

③ 8.2　　　　④ 10.2

|정|답|및|해|설|

[용량리액턴스(병렬)] $X_c = \dfrac{V^2}{Q}[\Omega]$　　→ $(Q = WCV^2 = \dfrac{V^2}{X_c})$

전압 : 100[V], 전류 : 30[A], 전력 : 1.8[kW]이면

$P_a = VI = 100 \times 30 = 3000[VA] = 3[kVA]$

$P = 1.8[kW]$, 역률 $\cos\theta = \dfrac{1.8}{3} = 0.6$　　→ $(P = VI\cos\theta)$

무효전력 $P_r = 3 \times 0.8 = 2.4[kVar]$

따라서 역률을 100%로 하려면 무효전력을 2.4[kVar] 공급해야
한다.

$\therefore X_c = \dfrac{V^2}{Q} = \dfrac{100^2}{2.4 \times 10^3} \fallingdotseq 4.2[\Omega]$ 【정답】①

77. 4단자정수 A, B, C, D로 출력 측을 개방시켰을 때 입력 측에서 본 구동점 임피던스 $Z_{11} = \dfrac{V_1}{I_1}\bigg|_{I_2=0}$ 를 표시한 것 중 옳은 것은?

① $Z_{11} = \dfrac{A}{C}$ ② $Z_{11} = \dfrac{B}{D}$

③ $Z_{11} = \dfrac{A}{B}$ ④ $Z_{11} = \dfrac{B}{C}$

|정|답|및|해|설|

[4단자정수] $V_1 = AV_2 + BI_2$, $I_1 = CV_2 + DI_2$에서 출력 측을 개방했으므로 $I_2 = 0$

$V_1 = AV_2$, $I_1 = CV_2$

$\therefore Z_{11} = \dfrac{V_1}{I_1}\bigg|_{I_2=0} = \dfrac{AV_2}{CV_2}\bigg|_{I_2=0} = \dfrac{A}{C}$

$\rightarrow (Z_{12} = Z_{21} = \dfrac{1}{C},\ Z_{22} = \dfrac{D}{C})$

【정답】①

78. 다음 4단자정수의 정의에서 틀린 것은?

① $A = \dfrac{V_1}{V_2}\bigg|_{I_2=0}$ ② $B = \dfrac{V_1}{I_2}\bigg|_{V_1=0}$

③ $C = \dfrac{I_1}{V_2}\bigg|_{I_2=0}$ ④ $D = \dfrac{I_1}{I_2}\bigg|_{V_2=0}$

|정|답|및|해|설|

[4단자정수] A, B, C, D의 물리적 의미

1. $A = \dfrac{V_s}{V_r}\bigg|_{I_r=0}$: 수전단 개방 시의 송·수전단 전압비

2. $B = \dfrac{V_s}{I_r}\bigg|_{V_r=0}$: 수전단 단락 시의 송·수전단 전달 임피던스[Ω]

3. $C = \dfrac{I_s}{V_r}\bigg|_{I_r=0}$: 수전단 개방 시의 송·수전단 전달 어드미턴스[℧]

4. $D = \dfrac{I_s}{I_r}\bigg|_{V_r=0}$: 수전단 단락 시의 송·수전단 전류비

【정답】②

79. 그림과 같은 회로에서 $i_1 = I_m \sin \omega t$ 일 때 개방된 2차 단자에 나타나는 유기기전력 e_2는 몇 $[V]$인가?

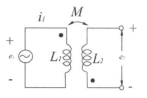

① $\omega M I_m \sin \omega t$

② $w M I_m \cos \omega t$

③ $w M I_m \sin(\omega t - 90°)$

④ $\omega M I_m \sin(\omega t + 90°)$

|정|답|및|해|설|

[1차 전류에 의한 2차 단자의 유기기전력] $e_2 = -M\dfrac{di_1(t)}{dt}[V]$

$\rightarrow (e_2 = L_2\dfrac{di_2(t)}{dt} \pm M\dfrac{di_1(t)}{dt}$ 에서 $di_2 = 0$, 차동(-))

$i_1 = I_m \sin \omega t$

$\therefore e_2 = -M\dfrac{di_1(t)}{dt} = -M\dfrac{d}{dt}I_m \sin \omega t = -w M I_m \cos wt$

$= -w M I_m \sin(wt + 90°) = w M I_m \sin(wt - 90°)[V]$

【정답】③

80. 주파수 1000[Hz]에서 코일 5[mH]의 리엑턴스와 동일한 리액턴스를 갖게 되는 콘덴서의 정전용량은 몇 $[\mu F]$인가?

① 5 ② 12

③ 20 ④ 24

|정|답|및|해|설|

[공진 조건] $\omega L = \dfrac{1}{\omega C}$ $\rightarrow (\omega = 2\pi f)$

정전용량 $C = \dfrac{1}{\omega^2 L} = \dfrac{1}{(2\pi \times 1000)^2 \times 5 \times 10^{-3}}$

$\rightarrow (2\pi \times 1000 = 6280)$

$= 5 \times 10^{-6}[F] = 5[\mu F]$

【정답】①

81. 공통접지공사 적용 시 선도체의 단면적이 16 $[mm^2]$인 경우 보호도체(PE)에 적합한 단면적은? (단, 보호도체의 재질이 선도체와 같은 경우)

① 4　　　　　　② 6

③ 10　　　　　　④ 16

|정|답|및|해|설|
[보호도체 (KEC 142.3.2)]

선도체의 단면적 S (mm²)	대응하는 보호도체의 최소 단면적(mm²)	
	보호도체의 재질이 선도체와 같은 경우	보호도체의 재질이 선도체와 다른 경우
$S \leq 16$	S	$\frac{k_1}{k_2} \times S$
$16 < S \leq 35$	$16(a)$	$\frac{k_1}{k_2} \times 16$
$S > 35$	$\frac{S(a)}{2}$	$\frac{k_1}{k_2} \times \frac{S}{2}$

k_1 : 도체 및 절연의 재질에 따라 KS C IEC 60364-5-54 부속서 A(규정)에서 선정된 선도체에 대한 k값

k_2 : KS C IEC 60364-5-54 부속서 A(규정)에서 선정된 보호도체에 대한 k값

a : PEN도체의 경우 단면적의 축소는 중성선의 크기결정에 대한 규칙에만 허용된다.

선도체의 **단면적이 16$[mm^2]$ 이하**이고 보호도체의 재질이 선도체와 같을 때에는 **최소 단면적을 선도체와 같게 한다.** 【정답】④

82. 수소냉각식 발전기안의 수소 순도가 몇 % 이하로 저하한 경우에 이를 경보하는 장치를 시설해야 하는가?

① 65　　② 75　　③ 85　　④ 95

|정|답|및|해|설|
[수소냉각식 발전기 등의 시설 (KEC 351.10)]
수소냉각식의 발전기·무효 전력 보상 장치(조상기) 또는 이에 부속하는 수소 냉각 장치는 다음 각 호에 따라 시설하여야 한다.
1. 발전기 내부 또는 무효 전력 보상 장치 **내부의 수소의 순도가 85[%] 이하**로 저하한 경우에 이를 경보하는 장치를 시설할 것.
2. 발전기 내부 또는 무효 전력 보상 장치 내부의 수소의 압력을 계측하는 장치 및 그 압력이 현저히 변동한 경우에 이를 경보하는 장치를 시설할 것.
3. 발전기 내부 또는 무효 전력 보상 장치 내부의 수소의 온도를 계측하는 장치를 시설할 것.
4. 수소를 통하는 관은 동관 또는 이음매 없는 강관이어야 하며 또한 수소가 대기압에서 폭발하는 경우에 생기는 압력에 견디는 강도의 것일 것. 【정답】③

83. 저압전로에 사용하는 배선용 차단기의 경우 산업용 일 경우 63[A] 이하 일 때 동작전류는 몇 배인가?

① 1.05　　　　　　② 1.13

③ 1.3　　　　　　④ 1.45

|정|답|및|해|설|
[보호장치의 특성 (KEC 212.3.4)]
[산업용·배선용 차단기]

정격전류의 구분	시간	정격전류의 배수 (모든 극에 통전)	
		부동작전류	동작전류
63[A] 이하	60분	1.05배	1.3배
63[A] 초과	120분	1.05배	1.3배

【정답】③

84. 고압 보안공사시 목주의 풍압하중에 대한 안전율은 얼마인가?

① 1.2　　　　　　② 1.3

③ 1.5　　　　　　④ 2.0

|정|답|및|해|설|
[고압 보안공사 (KEC 332.10)]
1. 전선은 케이블인 경우 이외에는 인장강도 8.01[kN] 이상의 것 또는 지름 5[㎜] 이상의 경동선
2. **목주**의 풍압하중에 대한 **안전율은 1.5 이상**일 것 【정답】③

85. 금속덕트공사에 의한 저압 옥내 배선에서, 금속덕트에 넣은 전선의 단면적의 합계는 일반적으로 덕트 내부 단면적의 얼마 이하여야 하는가? (단, 전광판표시 장치, 출퇴표시등 기타 이와 유사한 장치 또는 제어회로 등의 배선만을 넣는 경우에는 제외)

① 20[%] 이하　　　　② 30[%] 이하

③ 40[%] 이하　　　　④ 50[%] 이하

|정|답|및|해|설|
[금속덕트공사 (KEC 232.31)] 금속덕트에 넣는 전선의 단면적의 합계는 덕트 **내부 단면적의 20[%]**(전광 표시 장치, 출퇴근 표시등, 제어 회로 등의 배전선만을 넣는 경우는 50[%]) 이하일 것 【정답】①

86. 가공전선로의 지지선 시설에 관한 설명으로 옳은 것은?

① 지지선의 안전율은 2.0으로 한다.

② 지중 및 지표상 20[cm]까지의 부분은 아연도금 철봉 등을 사용

③ 지지선에 연선을 사용할 경우 소선 2가닥 이상의 연선이어야 한다.

④ 도로 횡단하는 곳의 지선의 높이는 지표상 5[m]로 하였다.

|정|답|및|해|설|
[지지선의 시설 (KEC 331.11)] 가공 전선로의 지지물로서 사용하는 철탑은 지지선을 사용하여 그 강도를 분담시켜서는 아니 된다.
1. 안전율 : **2.5 이상** 일 것
2. 최저 인상 하중:4.31[kN]
3. 2.6[mm] 이상의 금속선을 **3조** 이상 꼬아서 사용
4. 지중 및 **지표상 30[cm]까지**의 부분은 아연도금 철봉 등을 사용
5. 도로 횡단시의 높이 : 5[m] (교통에 지장이 없을 경우 4.5[m])
【정답】④

87. 제2종 특고압 보안공사 시 B종 철근콘크리트주에 사용하는 경우에 지지물 간 거리(경간)는 몇 [m] 이하인가?

① 100　　　　　② 200

③ 400　　　　　④ 500

|정|답|및|해|설|
[특고압 보안공사 (KEC 333.22)] 제2종 특고압 보안공사

지지물 종류	지지물 간 거리(경간)[m]
목주, A종 철주 A종 철근콘크리트주	100
B종 철주 B종 철근콘크리트주	200
철탑	400 (단주인 경우 300)

【정답】②

88. 전기철도차량에 전력을 공급하는 전차선의 가선방식에 포함되지 않는 것은?

① 가공방식　　　② 강체방식

③ 제3레일방식　　④ 지중조가선방식

|정|답|및|해|설|
[전차선 가선방식 (KEC 431.1)] 전차선의 가선방식은 가공방식, 강체가선방식, 제3궤조 방식을 표준으로 한다.
【정답】④

89. 22.9[kV] 중성선 다중접지 계통에서 각 접지선을 중성선으로부터 분리하였을 경우의 1[km] 마다의 중성선과 대지사이의 합성 전기저항값은 몇 [Ω] 이하이어야 하는가? (단, 전로에 지락이 생겼을 때에 2초 이내에 자동적으로 전로로부터 차단하는 장치가 되어 있다고 한다.)

① 15[Ω]　　　　② 50[Ω]

③ 100[Ω]　　　　④ 150[Ω]

|정|답|및|해|설|
[25[kV] 이하인 특고압 가공 전선로의 시설 (Kec 333.32)] 각 접지선을 중성선으로부터 분리하였을 경우의 각 접지점의 대지 전기 저항치가 1[km] 마다의 중성선과 대지사이의 합성 전기저항치

사용전압	각 접지점의 대지 전기 저항치	1[km] 마다의 합성전기저항치
15[kV] 이하	300[Ω]	30[Ω]
15[kV] 초과 25[kV] 이하	300[Ω]	15[Ω]

【정답】①

90. 통신선(광섬유케이블 제외)에 직접 접속하는 옥내통신 설비를 시설하는 곳에는 통신선의 구별에 따라 어떠한 설비를 하는가?

① 전류조정장치

② 전압조정장치

③ 저항조정장치

④ 보안장치

|정|답|및|해|설|
[전력보안통신설비의 보안장치 (KEC 360.10)] 통신선(광섬유 케이블을 제외한다)에 직접 접속하는 옥내통신 설비를 시설하는 곳에는 통신선의 구별에 따라 규정에서 정하는 **표준에 적합한 보안장치** 또는 이에 준하는 보안장치를 시설하여야 한다. 다만, 통신선이 통신용 케이블인 경우에 뇌(雷) 또는 전선과의 혼촉에 의하여 사람에게 위험을 줄 우려가 없도록 시설하는 경우에는 그러하지 아니하다.
【정답】④

91. 내부고장이 발생하는 경우를 대비하여 자동 차단장치를 시설하여야 하는 특고압용 변압기의 뱅크용량의 구분으로 알맞은 것은?

① 5,000[kVA]미만

② 5,000[kVA] 이상 10,000[kVA] 미만

③ 10,000[kVA] 이상

④ 15,000[kVA] 이상

|정|답|및|해|설|
[특고압용 변압기의 보호장치 (KEC 351.4)] 특고압용의 변압기에는 그 내부에 고장이 생겼을 경우에 보호하는 장치를 표와 같이 시설하여야 한다.

뱅크 용량의 구분	동작 조건	장치의 종류
5,000[kVA] 이상 10,000[kVA] 미만	변압기 내부 고장	자동 차단 장치 또는 경보 장치
10,000[kVA] 이상	변압기 내부 고장	**자동 차단 장치**
타냉식 변압기(변압기의 권선 및 철심을 직접 냉각시키기 위하여 봉입한 냉매를 강제 순환시키는 냉각 방식을 말한다.)	냉각 장치에 고장이 생긴 경우 또는 변압기의 온도가 현저히 상승한 경우	경보 장치

【정답】③

92. 고압 가공전선이 도로를 횡단할 때 지표상의 높이는 몇 [m] 이상으로 하여야 하는가? (단 농로 기타 교통이 번잡하지 않는 도로 및 횡단보도교는 제외한다.)

① 4 　　　　② 5

③ 6 　　　　④ 7

|정|답|및|해|설|
[저고압 가공 전선의 높이 (KEC 333.7)]
저고압 가공전선의 높이는 다음과 같다.

1. **도로 횡단 : 6[m] 이상**
2. 철도 횡단 : 레일면상 6.5[m] 이상
3. 횡단 보도교 위 : 3.5[m] 이상
4. 기타 : 5[m] 이상　　　　【정답】③

93. 풍력터빈에 설비의 손상을 방지하기 위하여 시설하는 운전상태를 계속하는 계측장치로 틀린 것은?

① 조도계　　　　② 압력계

③ 온도계　　　　④ 풍속계

|정|답|및|해|설|
[계측장치의 시설 (KEC 532.3.7)] 풍력터빈에는 설비의 손상을 방지하기 위하여 운전 상태를 계측하는 다음의 계측장치를 시설하여야 한다.
1. 회전속도계
2. 풍속계
3. 압력계
4. 온도계
5. 나셀(nacelle) 내의 진동을 감시하기 위한 진동계　　【정답】①

94. 154[kV] 가공전선로를 제1종 특고압 보안공사에 의하여 시설하는 경우 사용전선의 단면적은 [mm²] 이상의 경동연선이어야 하는가?

① 35 　　　　② 50

③ 95 　　　　④ 150

|정|답|및|해|설|
[특고압 보안공사 (KEC 333.22)]
제1종 특고압 보안공사의 전선 굵기

사용전압	전선
100[kV] 미만	인장강도 21.67[kN] 이상의 연선 또는 단면적 55[mm²] 이상의 경동연선
100[kV] 이상 300[kV] 미만	인장강도 58.84[kN] 이상의 연선 또는 **단면적 150[mm²] 이상의 경동연선**
300[kV] 이상	인장강도 77.47[kN] 이상의 연선 또는 단면적 200[mm²] 이상의 경동연선

【정답】④

95. 사무실 건물의 조명설비에 사용되는 백열전등 또는 방전등에 전기를 공급하는 옥내 전로의 대지전압은 몇 [V] 이하인가?

① 250 　　　　② 300

③ 350 　　　　④ 400

|정|답|및|해|설|
[옥내전로의 대지 전압의 제한 (kec 231.6)] 백열전등 또는 방전등에 전기를 공급하는 옥내 전로의 **대지전압은 300[V] 이하**여야 한다.
【정답】②

|참|고|
[대자전압]
1. 90[%] 이상은 300[V]
2. 예외인 경우
　① 누설전압이 없는 경우 → 대지전압 150[V]
　② 전기저장장치, 태양광설비 → 직류 600[V]

96. 저압 옥상 전선로의 시설 기준으로 틀린 것은?

① 전개된 장소에 위험의 우려가 없도록 시설할 것

② 전선은 지름 2.6[mm] 이상의 경동선을 사용할 것

③ 전선은 절연전선(옥외용 비닐 절연 전선은 제외)을 사용할 것

④ 전선은 상시 부는 바람 등에 의하여 식물에 접촉하지 아니하도록 시설하여야 한다.)

|정|답|및|해|설|

[저압 옥상전선로의 시설 (KEC 221.3)]
1. 전개된 장소에 시설하고 위험이 없도록 시설해야 한다.
2. 전선은 절연전선(**옥외용 비밀 절연전선 포함**)일 것
3. 전선은 인장강도 2.30[kN] 이상의 것 또는 지름이 2.6[mm] 이상의 경동선을 사용한다.
4. 전선은 조영재에 견고하게 붙인 지지기둥 또는 지지대에 절연성·난연성 및 내수성이 있는 애자를 사용하여 지지하고 또한 그 지지점 간의 거리는 15[m] 이하일 것
5. 전선과 그 저압 옥상 전선로를 시설하는 조영재와의 간격(이격거리)은 2[m](전선이 고압 절연전선, 특고압 절연전선 또는 케이블인 경우에는 1[m]) 이상일 것 【정답】③

97. 수상 전선로의 시설 기준으로 옳은 것은?

① 사용전압이 고압인 경우에 클로로프렌 캡타이어 케이블을 사용한다.

② 수상 전로에 사용하는 부유식 구조물(부대)은 쇠사슬 등으로 견고하게 연결한다.

③ 수상 전선로의 전선은 부유식 구조물(부대)의 아래에 지지하여 시설하고 또한 그 절연피복을 손상하지 아니하도록 시설한다.

④ 고압 수상 전선로에 지락이 생길 때를 대비하여 전로를 수동으로 차단하는 장치를 시설한다.

|정|답|및|해|설|

[수상전선로의 시설(KEC 335.3)]
1. 사용 전선
 · 저압 : 클로로프렌 캡타이어 케이블
 · **고압 : 캡타이어 케이블**
2. 수상전선로의 전선은 부유식 구조물(부대)의 **위에** 지지하여 시설하고 또한 그 절연피복을 손상하지 아니하도록 시설할 것
3. 수상진신로의 사용선압이 고압인 경우에는 전로에 지락이 생겼을 때에 **자동적**으로 전로를 차단하기 위한 장치를 시설하여야 한다. 【정답】②

98. 사용전압이 400[V] 미만인 저압 가공전선은 케이블이나 절연전선인 경우를 제외하고 인장강도가 3.43[kN] 이상인 것 또는 지름이 몇 [mm] 이상 이어야 하는가?

① 1.2   ② 2.6   ③ 3.2   ④ 4.0

|정|답|및|해|설|

[저압 가공전선의 굵기 및 종류 (KEC 222.5)] 사용전압이 400[V] 미만인 가공전선은 케이블인 경우를 제외하고는 인장강도 3.43[kN] 이상의 것 또는 **지름 3.2[mm] 이상**의 경동선 【정답】③

99. 전기울타리의 시설에 관한 설명 중 옳지 않은 것은?

① 사용전압은 250[V] 이하이어야 한다.

② 사람이 쉽게 출입하지 아니하는 곳에 시설할 것.

③ 전선은 인장강도 1.38[kN] 이상의 것 또는 지름 2[mm] 이상의 경동선일 것.

④ 전선과 이를 지지하는 기둥 사이의 간격(이격거리)은 30[cm] 이상일 것.

|정|답|및|해|설|

[전기울타리의 시설 (KEC 241.1)]
·전로의 사용전압은 250[V] 이하
·전기울타리는 사람이 쉽게 출입하지 아니하는 곳에 시설할 것.
·전선은 인장강도 1.38[kN] 이상의 것 또는 지름 2[mm] 이상의 경동선일 것
·전선과 이를 지지하는 **기둥 사이의 간격(이격거리)은 2.5[cm] 이상**일 것
·전선과 다른 시설물(가공 전선을 제외한다) 또는 **수목 사이의 간격(이격거리)은 30[cm] 이상**일 것
·전기울타리에 전기를 공급하는 전로에는 쉽게 개폐할 수 있는 곳에 전용 개폐기를 시설하여야 한다. 【정답】④

100. 다음 중 가연성 먼지(분진)에 전기설비가 발화원이 되어 폭발할 우려가 있는 곳에 시공할 수 있는 저압 옥내배선은?

① 버스덕트공사   ② 라이팅덕트공사
③ 가요전선관공사   ④ 금속관공사

|정|답|및|해|설|

[가연성 먼지(분진) 위험장소 (KEC 242.2.2)] 가연성 먼지(분진)에 전기설비가 발화원이 되어 폭발할 우려가 있는 곳에 시설하는 저압 옥내 전기설비는 **합성수지관공사**(두께 2[mm] 미만의 합성수지전선관 및 콤바인덕트관을 사용하는 것을 제외한다.) **금속관공사 또는 케이블공사**에 의할 것 【정답】④

전기산업기사 필기 기출문제

1. 전계 E와 전위 V 사이의 관계, 즉 $E = -grad\,V$에 관한 설명으로 잘못된 것은?

① 전계는 전위가 일정한 면에 수직이다.

② 전계의 방향은 전위가 감소하는 방향으로 향한다.

③ 전계의 전기력선은 연속적이다.

④ 전계의 전기력선은 폐곡면을 이루지 않는다.

|정|답|및|해|설|

[전계(E)와 전위(V)와의 관계]

전계의 세기 $E = -grad\,V = \nabla \cdot V$ → ($grad\,V$: 전위경도)

$$= (\frac{\partial}{\partial x}i + \frac{\partial}{\partial y}j + \frac{\partial}{\partial z}k)\,V$$

$$= \frac{\partial V}{\partial x}i + \frac{\partial V}{\partial y}j + \frac{\partial V}{\partial z}k$$

전계의 세기는 전위경도의 세기와 같고, 방향은 반대

※③ 전계의 전기력선은 불연속적이다.   **【정답】③**

02. 진공 중에 있는 반지름 a[m]인 도체구의 표면전하밀도가 σ[C/m²]일 때 도체구 표면의 전계의 세기는 몇 [V/m]인가?

① $\frac{\sigma}{\epsilon_o}$

② $\frac{\sigma}{2\epsilon_o}$

③ $\frac{\sigma^2}{2\epsilon_o}$

④ $\frac{\epsilon_o \sigma^2}{2}$

|정|답|및|해|설|

[도체구의 표면 전계] $E = \frac{Q}{4\pi\epsilon_0 a^2}$[V/m]

전체전하량 $Q = \sigma \cdot S = \sigma 4\pi a^2$이므로

$\therefore E = \frac{\sigma 4\pi a^2}{4\pi\epsilon_0 a^2} = \frac{\sigma}{\epsilon_o}$[V/m]   **【정답】①**

3. 전위경도 V와 전계 E의 관계식은?

① $E = grad\,V$

② $E = div\,V$

③ $E = -grad\,V$

④ $E = -div\,V$

|정|답|및|해|설|

[전위와 전계]

1. 전위경도 $= = grad \cdot V$[V/m]

2. 전계 $E = -grad \cdot V$[V/m]

전위경도는 전계의 세기와 크기는 같고, 방향은 반대이다.   **【정답】③**

04. 쌍극자 모멘트가 M[C·m]인 전기쌍극자에 의한 임의의 점의 전위는 몇 [V]인가? (단, 전기쌍극자 간의 중심점에서 임의 점까지의 거리는 R[m], 이들 간에 이루어진 각은 θ이다)

① $9 \times 10^9 \frac{M}{R}\cos\theta$[V]

② $9 \times 10^9 \frac{M}{R^2}\cos\theta$[V]

③ $9 \times 10^9 \frac{M}{R}\sin\theta$[V]

④ $9 \times 10^9 \frac{M}{R^2}\sin\theta$[V]

|정|답|및|해|설|

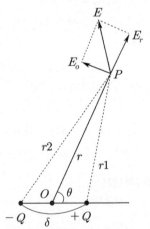

[전기쌍극자]

1. 전기쌍극자 모멘트 크기 $M = Q \cdot \delta$[C·m]

2. 전계 $E = \frac{M}{4\pi\epsilon_0 r^3}(\sqrt{1+3\cos^2\theta})$ [V/m]

3. 전위 $V = \frac{M}{4\pi\epsilon_0 r^2}\cos\theta = 9 \times 10^9 \frac{M}{r^2}\cos\theta$[V]

4. 점 P의 전계는 $\theta = 0°$일 때 최대이고 $\theta = 90°$일 때 최소가 된다.   **【정답】②**

05. 평행판 콘덴서에서 전극 간에 $V[V]$의 전위차를 가할 때, 전계의 강도가 공기의 절연내력 $E[V/m]$를 넘지 않도록 하기 위한 콘덴서의 단위 면적당 최대 용량은 몇 $[F/m^2]$인가?

① $\epsilon_o EV$

② $\dfrac{\epsilon_o E}{V}$

③ $\dfrac{\epsilon_o V}{E}$

④ $\dfrac{EV}{\epsilon_o}$

|정|답|및|해|설|

[평행판 도체(콘덴서)]

1. 전계의 세기 $E = \dfrac{V}{d}$ 에서 $d = \dfrac{V}{E}$ 이며

2. 정전용량 $C = \dfrac{\epsilon_0 S}{d} = \dfrac{\epsilon_o S}{\frac{V}{E}} = \dfrac{\epsilon_o ES}{V}$ [F]

그러므로 단위면적당 정전용량 $C = \dfrac{\epsilon_o E}{V}$ [F/m²] **【정답】②**

06. 그림과 같이 도체1을 도체2로 포위하여 도체2를 일정전위로 유지하고 도체1과 도체2의 외측에 도체3이 있을 때 용량계수 및 유도계수의 성질로 옳은 것은?

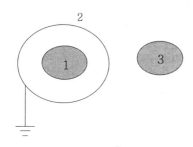

① $q_{23} = q_{11}$

② $q_{13} = -q_{11}$

③ $q_{31} = q_{11}$

④ $q_{21} = -q_{11}$

|정|답|및|해|설|

[정전차폐]

・1도체와 2도체는 유도계수가 존재
・2도체와 3도체도 유도계수가 존재
・1도체와 3도체는 유도계수가 존재하지 않는다.

[용량계수 및 유도계수의 성질]

・q_{11}, q_{22}, q_{33}, …… > 0 : 용량계수(q_{rr}) > 0

・q_{12}, q_{21}, q_{31}, …… ≤ 0 : 유도계수(q_{rs}) ≤ 0

・$q_{11} \geq -(q_{21}+q_{31}+q_{41}+\cdots+q_{n1})$
   또는 $q_{11}+q_{21}+q_{31}+q_{41}+\cdots+q_{n1} \geq 0$

・$q_{11} > -q_{rs}$

・$q_{rr} = -q_{rs}$ → (s도체는 r도체를 포함한다.)

그러므로 1도체가 2도체에 포함되어 있는 경우이다.

---

07. 반지름 $a[m]$인 접지 도체구 중심으로부터 $d[m](> a)$인 곳에 점전하 $Q[C]$이 있으면 구도체에 유기되는 전하량[C]은?

① $-\dfrac{a}{d}Q$

② $\dfrac{a}{d}Q$

③ $-\dfrac{d}{a}Q$

④ $\dfrac{d}{a}Q$

|정|답|및|해|설|

[접지 도체구와 점전하]

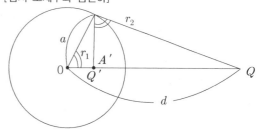

1. 접지 도체구에서 영상전하(Q') : 크기는 다르지만 부호가 반대이다.

2. 영상전하의 위치 : 영상점은 중심으로부터 $\dfrac{a^2}{d}$ 인 점

3. 영상전하의 크기 $Q' = -\dfrac{a}{d}Q$

4. 항상 흡인력 작용 **【정답】①**

08. 액체 유전체를 넣은 콘덴서의 용량이 $30[\mu F]$이다. 여기에 $500[V]$의 전압을 가했을 때 누설전류는 약 얼마인가? (단, 고유저항 ρ는 $10^{11}[\Omega \cdot m]$, 비유전율 ϵ_s는 2.2이다.)

① $5.1[mA]$

② $7.7[mA]$

③ $10.2[mA]$

④ $15.4[mA]$

|정|답|및|해|설|

[누설전류] $I = \dfrac{V}{R} = \dfrac{CV}{\rho\epsilon} = \dfrac{CV}{\rho\epsilon_0\epsilon_s}$ $\cdot (RC - \rho\epsilon \to R = \dfrac{\rho\epsilon}{C}[\Omega])$

누설전류 $I = \dfrac{CV}{\rho\epsilon_0\epsilon_s}$

$= \dfrac{30 \times 10^{-6} \times 500}{10^{11} \times 8.855 \times 10^{-12} \times 2.2} = 7.7[mA]$

【정답】②

9. 지면에 평행으로 높이 h[m]에 가설된 반지름 a [m]인 가공직선 도체의 대지 간 정전용량은 몇 [F/m]인가? (단, $h \gg a$이다.)

① $\dfrac{\pi\epsilon_0}{\ln\dfrac{2h}{a}}$ ② $\dfrac{2\pi\epsilon_0}{\ln\dfrac{2h}{a}}$

③ $\dfrac{\pi\epsilon_0}{\ln\dfrac{a}{2h}}$ ④ $\dfrac{2\pi\epsilon_0}{\ln\dfrac{a}{2h}}$

|정|답|및|해|설|

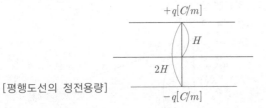

[평행도선의 정전용량]

$$C = \frac{\pi\epsilon_0}{\ln\dfrac{2h}{a}}[F/m]$$

대지간 정전용량의 거리 $\dfrac{1}{2}$ 이므로

$$\therefore C_0 = \frac{2\pi\epsilon_0}{\ln\dfrac{2h}{a}}[F/m] = 2C$$ 　　　　【정답】②

10. 두 종류의 금속으로 된 폐회로에 전류를 흘리면 양 접속점에서 한쪽은 온도가 올라가고 다른 쪽은 온도가 내려가는 현상을 무엇이라 하는가?

① 볼타(Volta) 효과

② 지벡(Seebeck) 효과

③ 펠티에(peltier) 효과

④ 톰슨(Thomson) 효과

|정|답|및|해|설|

[펠티에 효과] 두 종류 금속 접속 면에 전류를 흘리면 접속점에서 **열의 흡수(온도 강하), 발생(온도 상승)이 일어나는 효과**이다. 제벡 효과와 반대 효과이며 전자 냉동 등에 응용되고 있다.

※① 볼타 효과 : 서로 다른 두 종류의 금속을 접촉시킨 다음 얼마 후에 떼어서 각각을 검사해 보면 + 및 -로 대전하는 현상

② 제백 효과 : 두 종류 금속 접속 면에 온도차가 있으면 기전력이 발생하는 효과이다. 열전온도계에 적용

④ 톰슨 효과 : 동일한 금속 도선의 두 점간에 온도차를 주고, 고온 쪽에서 저온 쪽으로 전류를 흘리면 도선 속에서 열이 발생되거나 흡수가 일어나는 이러한 현상

　　　　【정답】③

11. 그림과 같이 균일한 자계의 세기 H[AT/m] 내에 자극의 세기가 $\pm m[Wb]$, 길이 l[m]인 막대자석을 그 중심 주위에 회전할 수 있도록 놓는다. 이때 자석과 자계의 방향이 이룬 각을 θ라고 하면 자석이 받는 회전력[$N\cdot m$]은?

① $mHl\cos\theta$ ② $mHl\sin\theta$

③ $2mHl\sin\theta$ ④ $2mHl\tan\theta$

|정|답|및|해|설|

[막대자석의 회전력]　$T = MH\sin\theta = mlH\sin\theta[N\cdot m]$
여기서, M : 자기모멘트, H : 평등자계, m : 자극
　　　　l : 자극 사이의 길이, θ ; 자석과 자계가 이루는 각
　　　　　　　　　　　　　　　　　　　　【정답】②

12. 두 자성체의 경계면에서 경계조건을 설명한 것 중 옳은 것은?

① 자계의 법선성분은 서로 같다.

② 자계와 자속밀도의 대수합은 항상 0이다.

③ 자속밀도의 법선성분은 서로 같다.

④ 자계와 자속밀도의 대수합은 ∞ 이다.

|정|답|및|해|설|

[두 자성체의 경계면에서의 경계조건]
1. 자계(H)의 **접선성분(수평성분)**은 서로 같다.
　$H_1\sin\theta_1 = H_2\sin\theta_2$
　경계면에서 양쪽이 서로 같다.
2. 자속밀도(B)의 법선성분(수직성분)은 서로 같다.
　$B_1\cos\theta_1 = B_2\cos\theta_2$
　경계면에서 양쪽이 서로 같다.
3. 경계면상의 두 점간의 자위차는 같다.
4. 자속은 투자율이 높은 쪽으로 모이려는 성질이 있다.
　　　　　　　　　　　　　　　　　　　【정답】③

13. v[m/s]의 속도로 전자가 B[Wb/m^2]의 평등자계에 직각으로 들어가면 원운동을 한다. 이때의 각속도 $\omega[rad/s]$와 주기 T[sec]에 해당되는 것은? (단, 전자의 질량은 m, 전자의 전하는 e 이다.)

① $\omega = \dfrac{m}{eB}$, $T = \dfrac{eB}{2\pi m}$

② $\omega = \dfrac{eB}{m}$, $T = \dfrac{2\pi m}{eB}$

③ $\omega = \dfrac{mv}{eB}$, $T = \dfrac{2\pi B}{mv}$

④ $\omega = \dfrac{em}{B}$, $T = \dfrac{2\pi m}{Bv}$

|정|답|및|해|설|

[전자의 원 운동] 전자의 질량은 m, 궤도의 반지름을 r 이라고 하면 F와 원심력 F_0는 평형이므로

$$F = evB = \frac{mv^2}{r}[N]$$

직선 자계내에서 전자는 원운동을 한다.

$$eB = \frac{mv}{r} = mw$$

1. 각속도 : $\omega = \dfrac{eB}{m}[rad/s]$

2. 주파수 $\omega = 2\pi f$이므로 $f = \dfrac{eB}{2\pi m}[\mu z]$

3. 주기 : $f = \dfrac{1}{T} \rightarrow T = \dfrac{2\pi m}{eB}[sec]$ 【정답】②

14. 히스테리시스손과 와류손은 주파수 및 최대 자속밀도와 관계가 있다. 히스테리시스손과 와류손은 최대자속밀도의 몇 승에 비례하는가?

① 1.6, 2 ② 2, 1.6

③ 1.2, 1.6 ④ 2, 2

|정|답|및|해|설|

[히스테리시스손, 주파수, 자속밀도의 관계]

1. 히스테리시스손(P_h) : $P_h \propto f \cdot B^{1.6}$

여기서, f : 주파수, v : 철심의 체적, k_n : 히스테리시스 상수

B_m : 최대자속밀도[Wb/m^2], 1.6 : 스타인메츠 정수

즉, 주파수에 비례하고 **자속밀도의 1.6승에 비례**한다.

2. 와류손(P_e) : $P_e \propto f^2 B^2 t^2$

여기서, f : 주파수, k_e : 와류손 상수, B_m : 최대자속밀도[Wb/m^2],
ρ : 고유저항, t : 두께 【정답】①

|참|고|

[각 손실의 방지책]

1. 히스테리시스손(P_h) : 규소강판 사용

2. 와류손(P_e) : 성층결선 사용

15. 유전율 $\epsilon[F/m]$인 유전체 중에서 전하가 $Q[C]$, 전위가 $V[V]$, 반지름 $a[m]$이 도체구가 갖는 에너지는 몇 [J]인가?

① $\dfrac{1}{2}\pi\epsilon a V^2$ ② $\pi\epsilon a V^2$

③ $2\pi\epsilon a V^2$ ④ $4\pi\epsilon a V^2$

|정|답|및|해|설|

[도체구가 갖는 에너지] $W = \dfrac{1}{2}QV = \dfrac{1}{2}CV^2[J]$

$\rightarrow (Q = CV)$

반경 a인 도체구의 정전용량 $C = 4\pi\epsilon a[F]$

$\therefore W = \dfrac{1}{2}CV^2 = \dfrac{1}{2} \times 4\pi\epsilon a V^2 = 2\pi\epsilon a V^2[J]$ 【정답】③

16. 다음 중 전기력선의 성질로 옳지 않은 것은?

① 전기력선은 정전하에서 시작하여 부전하에서 그친다.

② 전기력선은 도체 내부에만 존재한다.

③ 단위전하는 $\dfrac{1}{\epsilon_0}$개의 전기력선이 출입한다.

④ 전기력선은 전위가 높은 점에서 낮은 점으로 향한다.

|정|답|및|해|설|

[전기력선의 성질]

·전기력선의 방향은 전계의 방향과 일치한다.

·단위전하(1[C])에서는

$\dfrac{1}{\epsilon_0} = 36\pi \times 10^9 = 1.13 \times 10^{11}$개의 전기력선이 발생한다.

·Q[C]의 전하에서 전기력선의 수 N = $\dfrac{Q}{\epsilon_0}$개의 전기력선이 발생한다.

·정전하(+)에서 부전하(−) 방향으로 연결된다.

·전기력선은 전하가 없는 곳에서 연속

·**도체 내부에는 전기력선이 없다.**

·전기력선은 도체의 표면에서 수직으로 출입한다.

·전기력선은 스스로 폐곡선을 만들지 않는다.

·전기력선은 전위가 높은 곳에서 낮은 곳으로 향한다.

·대전, 평형 상태 시 전하는 표면에만 분포

·전하가 없는 곳에서는 전기력선의 발생과 소멸이 없고 연속이다.

·2개의 전기력선은 서로 교차하지 않는다.

·전기력선은 등전위면과 직교한다. 【정답】②

17. 도전율이 $5.8 \times 10^7 [\mho/m]$이고, 길이가 1[km]이며, 단면적이 $1.309 \times 10^{-9}[m^2]$인 물체가 갖는 저항값은 약 몇 $[\Omega]$인가?

① 7.64   ② 13.2

③ 21.2   ④ 32.4

|정|답|및|해|설|

[도체의 저항] $R = \rho \cdot \dfrac{l}{A} = \dfrac{l}{\sigma A}[\Omega]$

여기서, R : 저항, ρ : 저항률 또는 고유저항, σ : 도전율

$\therefore R = \dfrac{l}{\sigma A} = \dfrac{1 \times 10^3}{5.8 \times 10^7 \times 1.309 \times 10^{-6}} = 13.2[\Omega]$

【정답】②

18. 다음 중 전자계에 대한 맥스웰(Maxwell)의 기본 이론으로 옳지 않은 것은?

① 고립된 자극이 존재한다.

② 전하에서 전속선이 발산된다.

③ 전도전류와 변위전류는 자계의 회전을 발생시킨다.

④ 자속밀도의 시간적 변화에 따라 전계의 회전이 생긴다.

|정|답|및|해|설|

[전자계에 대한 맥스웰의 기본 이론]
① **고립된 자극은 존재하지 않는다.** → $divB = 0$
② 전하에서 전속선이 발산된다. → $divD = \rho$
③ 전도전류와 변위전류는 자계의 회전을 발생시킨다.
    → $rot H = J + \dfrac{\partial D}{\partial t}$
④ 자속밀도의 시간적 변화에 따라 전계의 회전이 생긴다.
    → $rot E = -\dfrac{\partial B}{\partial t}$

【정답】①

19. 도전율 σ, 투자율 μ인 도체에 교류 전류가 흐를 때 표피효과에 의한 침투깊이 δ는 σ와 μ, 그리고 주파수 f에 어떤 관계가 있는가?

① 주파수 f와 무관하다.

② σ가 클수록 작다.

③ σ와 μ에 비례한다.

④ μ가 클수록 크다.

|정|답|및|해|설|

[표피 효과] 표피 효과 깊이 $\delta = \sqrt{\dfrac{2}{w\sigma\mu}} = \sqrt{\dfrac{1}{\pi f \sigma \mu}}[m]$

즉, 표피효과는 f(주파수), σ(도전율), μ(투자율)가 클수록 δ(표피깊이)가 작게 되어 표피 효과가 커진다.

【정답】②

20. 평행판 공기 콘덴서의 정전용량이 $C_1[F]$인 콘덴서의 양극판 면적을 $\dfrac{1}{3}$ 배로 하고 간격을 $\dfrac{1}{2}$로 줄이면 정전용량 $C_2[F]$일 때 $C_2[F]$와 $C_1[F]$의 관계는?

① $C_2 = \dfrac{3}{2}C_1$ ② $C_2 = 2C_1$

③ $C_2 = 3C_1$ ④ $C_2 = \dfrac{2}{3}C_1$

|정|답|및|해|설|

[평행판 콘덴서의 정전용량] $C = \dfrac{\epsilon_0 S}{d}[F]$

여기서, S : 면적, d : 간격
$S' = \dfrac{1}{3}S, \quad d' = \dfrac{1}{2}d$

$C' = \dfrac{\epsilon_0 S'}{d'} = \dfrac{\epsilon_0 \times \dfrac{1}{3}S}{\dfrac{1}{2}d} = \dfrac{2 \times \epsilon_0 S}{3 \times d} = \dfrac{2}{3}C[F]$

【정답】④

21. 철탑으로부터의 전선의 오프셋을 주는 이유로 가장 알맞은 것은?

① 불평형 전압의 유도방지

② 지락사고 방지

③ 전선의 진동방지

④ 상하 전선의 접촉방지

|정|답|및|해|설|

[오프셋] 상하 전선의 단락을 방지하기 위하여 철탑 지지물의 위치를 **수직에서 벗어나게 하는 것**이다.
1. 전선 도약에 의한 단락 방지 : 오프셋(off-set)
2. 전선의 진동 방지 : 댐퍼, 아머로드

【정답】④

22. 송전선로에서 역섬락을 방지하는 가장 유효한 방법은?

① 피뢰기를 설치한다.

② 가공지선을 설치한다.

③ 소호각을 설치한다.

④ 탑각 접지저항을 작게 한다.

|정|답|및|해|설|_____

[역섬락] 역섬락은 철탑의 탑각 접지 저항이 커서 뇌서지를 대지로 방전하지 못하고 선로에 뇌격을 보내는 현상이다.
1. 역섬락을 방지하기 위해서는 탑각 접지저항을 작게 해야 한다.
2. 이를 위해 매설지선 설치한다. 【정답】④

23. 그림과 같이 송전선이 4도체인 경우 소선 상호간의 기하학적 평균거리는?

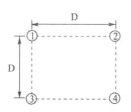

① $\sqrt[3]{2}\,D$

② $\sqrt[4]{2}\,D$

③ $\sqrt[6]{2}\,D$

④ $\sqrt[8]{2}\,D$

|정|답|및|해|설|_____

[4도체에서 소선 간 기하학적 평균거리]

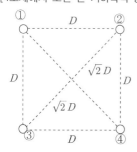

$$\therefore D_e = \sqrt[3]{D \times D \times \sqrt{2}\,D} = \sqrt[6]{2}\,D$$ 【정답】③

24. 연가의 효과로 볼 수 없는 깃은?

① 선로정수의 평형

② 대지징진용량의 감소

③ 통신선의 유도장해의 감소

④ 직렬 공진의 방지

|정|답|및|해|설|_____

[연가의 효과]
· 선로정수평형 (L, C 평형)
· **대지정전용량 증가**
· 소호리액터 접지 시 직렬공진방지
· 통신유도장해 감소 【정답】②

25. 송전선로에서 4단자정수 A, B, C, D 사이의 관계는?

① $BC - AD = 1$

② $AC - BD = 1$

③ $AB - CD = 1$

④ $AD - BC = 1$

|정|답|및|해|설|_____

[4단자 정수] A, B, C, D의 관계
1. $AD - BC = 1$
2. 대칭일 때 $A = D$ 【정답】④

26. 3상 1회선 송전선로의 소호리액터의 용량[kVA]은?

① 선로 충전용량과 같다.

② 선간 충전용량의 1/2이다.

③ 3선 일괄의 대지 충전용량과 같다.

④ 1선과 중성점 사이의 충전용량과 같다.

|정|답|및|해|설|_____

[3상 1회선 소호리액터 용량]

$$P = 3\omega C E^2 = 3\omega C \left(\frac{V}{\sqrt{3}}\right)^2 = \omega C V^2 [kVA]$$

여기서, C : 1선당의 대지 정전 용량, E : 대지전압, V : 선간전압
【정답】③

27. 외뢰(外雷)에 대한 주 보호장치로서 송전계통의 절연협조의 기본이 되는 것은?

① 애자

② 변압기

③ 차단기

④ 피뢰기

|정|답|및|해|설|_____

[절연 협조]
· **절연협조의 기본은 피뢰기**(외부 이상 전압에 대한 보호대책)의 제한전압이다.
· 각 기기의 절연 강도를 그 이상으로 유지함과 동시에 기기 상호간의 관계는 가장 경제적이고 합리적으로 결정한다.
【정답】④

28. 수전단에 관련된 다음 사항 중 틀린 것은?

① 경부하시 수전단에 설치된 무효전력보상장치
(동기조상기)는 부족여자로 운전

② 중부하시 수전단에 설치된 무효전력보상장치
(동기조상기)는 부족여자로 운전

③ 중부하시 수전단에 전력 콘덴서를 투입

④ 시충전 시 수전단 전압이 송전단보다 높게 됨

|정|답|및|해|설|

[무효전력보상장치(동기조상기)] 무부하 운전중인 동기전동기를 과여자 운전하면 콘덴서로 작용하며, 부족여자로 운전하면 리액터로 작용한다.

1. **중부하시 과여자 운전** : 콘덴서로 작용, 진상
2. 경부하시 부족여자 운전 : 리액터로 작용, 지상
3. 연속적인 조정(진상 · 지상) 및 시송전(시충전)이 가능하다.
4. 증설이 어렵다. 손실 최대(회전기)　　【정답】②

29. 송전선로의 개폐조작 시 발생하는 이상전압은
상규 대지전압의 약 몇 배 정도로 나타나는가?

① 2.5　　　　　② 4

③ 6　　　　　　④ 7

|정|답|및|해|설|

[개폐서지에 의한 이상전압] 선로중간에 개폐나 차단기가 동작할 때 무부하 충전전류를 개방하는 경우 이상전압이 최대로 나타나게 되며 상규대지전압의 약 **3.5~4배** 정도로 나타난다.
　　　　　　　　　　　　　　　　　　　　【정답】②

30. 다음 중 페란티 현상의 방지대책으로 적합하지
않은 것은?

① 선로 전류를 지상이 되도록 한다.

② 수전단에 분로리액터를 설치한다.

③ 무효전력보상장치(동기조상기)를 부족여자로
운전한다.

④ 부하를 차단하여 무부하가 되도록 한다.

|정|답|및|해|설|

[페란티 현상] 선로의 정전용량으로 인하여 **무부하시나 경부하시** 진상전류가 흘러 수전단전압이 송전단전압보다 높아지는 현상을 말한다.
[방지책]
·선로에 흐르는 전류가 지상이 되도록 한다.
·수전단에 분로리액터를 설치한다.

·무효전력보상장치(동기조상기)의 부족여자 운전　【정답】④

31. 우리나라 발전전압으로 옳은 것은?

① 220[V]　　　　② 440[V]

③ 6.6[kV]　　　　④ 154[kV]

|정|답|및|해|설|

[우리나라 발전소]
1. 발전기 : 3상동기발전기
2. 결선 : Y결선
3. 전압발생 : 6.6[kV]~24[kV]　　　　【정답】③

32. 변전소에서 사용되는 조상설비 중 지상용으로만
사용되는 조상설비는?

① 분로리액터

② 무효전력보상장치(동기조상기)

③ 전력용 콘덴서

④ 정지형 무효전력 보상장치

|정|답|및|해|설|

항목	무효전력보상장치(동기조상기)	전력용 콘덴서	분로리액터
전력손실	많음 (1.5~2.5[%])	적음 (0.3[%] 이하)	적음 (0.6[%] 이하)
가격	비싸다(전력용 콘덴서, 분로 리액터의 1.5~2.5배)	저렴	저렴
무효전력	진상, 지상 양용	진상전용	**지상 전용**
조정	연속적	계단적	계단적
사고시 전압유지	큼	작음	적음
시송 전	가능	불가능	불가능
보수	손질필요	용이	용이

조상설비는 전력용콘덴서, 분로리액터, 무효전력보상장치(동기조상기)가 있는데 **지상용으로 사용되는 것은 분로리액터**이다.
　　　　　　　　　　　　　　　　　　　　【정답】①

33. 수전용 변전설비의 1차측에 설치하는 차단기의 용량은 어느 것에 의하여 정하는가?

① 수전전력과 부하율

② 수전계약용량

③ 공급측 전원의 단락용량

④ 부하설비용량

|정|답|및|해|설|_____

[수전용 변전설비 1차측 차단기 용량] 차단기 차단용량은 그 점에 있어서의 **단락용량**에 의해 결정된다. $P_s = \dfrac{100}{\%Z} P_n$

여기서, P_s : 선로의 단락용량[MVA], P_n : 선로의 기준용량[MVA]

$\%Z$: 발전소로부터 1차측까지 백분율 임피던스

【정답】③

---

34. 순저항 부하의 부하전력 P[kW], 전압 E[V], 선로의 길이 l[m], 고유저항 $\rho[\Omega \cdot mm^2/m]$인 단상 2선식 선로에서 선로손실 $q[W]$라 하면, 전선의 단면적은 몇 $[mm^2]$인가?

① $\dfrac{\rho l P^2}{qE^2} \times 10^6$ ② $\dfrac{2\rho l P^2}{qE^2} \times 10^6$

③ $\dfrac{\rho l P^2}{2qE^2} \times 10^6$ ④ $\dfrac{2\rho l P^2}{q^2 E} \times 10^6$

|정|답|및|해|설|_____

[단상2선식의 선로손실($P_l = q$)] $q = I^2 R = \dfrac{2P^2 R}{E^2 \cos^2\theta}$

$\rightarrow (P = VI\cos\theta)$

언급이 없으므로 역률 100[%], 즉 $\cos\theta = 1$

$q = \dfrac{2P^2 R}{E^2} = \dfrac{2P^2}{E^2} \times \rho \dfrac{l}{A}$ 에서

$\therefore$ 단면적 $A = \dfrac{2P^2 \rho l}{qE^2} \times 10^6 [mm^2]$ 【정답】②

---

35. 변류기 개방 시 2차 측을 단락하는 이유는?

① 2차 측 절연 보호

② 2차 측 과전류 보호

③ 측정 오차 방지

④ 1차 측 과전류 방지

|정|답|및|해|설|_____

[변류기] 변류기의 **2차 측을 개방**하면 2차 전류는 흐르지 않으나 1차 전류가 모두 여자 전류가 되어 **2차 권선**에 매우 높은 전압이 유기되어 **절연이 파괴되고 소손될 염려**가 있다.

2차는 선로의 접지 측에 접속하고 1단을 접지하여야 한다.

【정답】①

---

36. 초호각(Arcing Horn)의 설치목적은?

① 풍압을 조정한다.

② 차단기의 단락강도를 높인다.

③ 송전효율을 높인다.

④ 애자의 파손을 방지한다.

|정|답|및|해|설|_____

[아킹혼(초호각)] 이상전압 시 **애자련 보호**, 전압 분담 평준화

【정답】④

---

37. 동작시간에 따른 보호계전기의 분류와 이에 대한 설명으로 틀린 것은?

① 순한시 계전기는 설정된 최소 동작전류 이상의 전류가 흐르면 즉시 동작한다.

② 반한시 계전기는 동작시간이 전류값의 크기에 따라 변하는 것으로 전류값이 클수록 느리게 동작하고 반대로 전류값이 작아질수록 빠르게 동작하는 계전기이다.

③ 정한시 계전기는 설정된 값 이상의 전류가 흘렀을 때 동작전류의 크기와는 관계없이 항상 일정한 시간 후에 동작하는 계전기이다.

④ 반한시·정한시 계전기는 어느 전류값까지는 반한시성이지만 그 이상이 되면 정한시로 동작하는 계전기이다.

|정|답|및|해|설|_____

[계전기 동작 시간에 의한 분류]

1. 순한시 계전기 : 정정된 최소 동작 전류 이상의 전류가 흐르면 즉시 동작하는 계전기

2. 정한시 계전기 : 정정된 값 이상의 전류가 흐르면 정해진 일정 시간 후에 동작하는 계전기

3. 반한시 계전기 : 정정된 값 이상의 전류가 흐를 때 동작 시간이 **전류값이 크면 동작 시간은 짧아지고, 전류값이 적으면 동작 시간이 길어진다**

4. 반한시·정한시 특징 : 동작 전류가 적은 동안에는 동작 전류가 커질수록 동작 시간이 짧게 되고 어떤 전류 이상이면 동작 전류의 크기에 관계없이 일정한 시간에 동작하는 특성

【정답】②

38. 흡출관이 필요하지 않은 수차는?

① 프로펠러수차　　② 카플란수차

③ 프란시스 수차　　④ 펠턴수차

|정|답|및|해|설|

[흡출관] 흡출관은 반동 수차의 출구에서부터 방수로 수면까지 연결하는 관으로 **낙차를 유용하게 이용(손실수두회수)하기 위해 사용**한다.

1. 프로펠러수차, 카플란수차, 프란시스수차 등은 흡출관이 필요
2. **펠턴수차는 충동수차이므로 흡출관이 필요 없다.**

【정답】④

39. 송전단전압이 3300[V], 수전단전압은 3000[V]이다. 수전단의 부하를 차단한 경우, 수전단전압이 3200[V]라면 이 회로의 전압변동률은 약 몇 [%]인가?

① 3.25　　② 4.28

③ 5.67　　④ 6.67

|정|답|및|해|설|

[전압변동률] $\delta = \dfrac{V_{r0} - V_r}{V_r} \times 100 \, [\%]$

(V_{r0} : 무부하시 수전단 전압, V_r : 전부하시 수전단 전압)

$\therefore \delta = \dfrac{3200 - 3000}{3000} \times 100 = 6.67 \, [\%]$

【정답】④

40. 지상부하를 가진 3상3선식 배전선로 또는 단거리 송전선로에서 선간전압강하를 나타낸 식은?
(단, I, R, X, θ는 각각 수전단전류, 선로저항, 리액턴스 및 수전단 전류의 위상각이다.)

① $I(R\cos\theta + X\sin\theta)$

② $2I(R\cos\theta + X\sin\theta)$

③ $\sqrt{3}\,I(R\cos\theta + X\sin\theta)$

④ $3I(R\cos\theta + X\sin\theta)$

|정|답|및|해|설|

[3상3선 전압강하] $e_3 = \sqrt{3}\,I(R\cos\theta + X\sin\theta)$

· $I(R\cos\theta + X\sin\theta)$ → 1∅2w(저항값을 왕복선)
· $2I(R\cos\theta + X\sin\theta)$ → 1∅2w(저항값을 한가닥의 저항값)

【정답】③

---

41. 동기기의 과도 안정도를 증가시키는 방법이 아닌 것?

① 속응여자방식을 채용한다.

② 조속기의 동작을 신속히 한다.

③ 동기화 리액턴스를 크게 한다.

④ 회전자의 플라이휠 효과를 크게 한다.

|정|답|및|해|설|

[동기기의 안정도 향상 대책]

· 계통의 직렬 리액턴스 감소
· 전압 변동률을 적게 한다(속응여자방식 채용, 계통의 연계, 중간 조상 방식).
· 계통에 주는 충격을 적게 한다(적당한 중성점 접지 방식, 고속 차단 방식, 재폐로 방식).
· 고장 중의 발전기 돌입 출력의 불평형을 적게 한다.

※③ 동기화 리액턴스를 작게 한다. 【정답】③

42. 동기발전기의 단락비를 계산하는데 필요한 시험의 종류는?

① 동기화시험, 3상 단락시험

② 부하포화시험, 동기화시험

③ 무부하포화시험, 3상단락시험

④ 전기자반작용시험, 3상단락시험

|정|답|및|해|설|

[단락비(K_s)] 동기발전기에 있어서 정격속도에서 무부하 정격 전압을 발생시키는 여자전류와 단락 시에 정격전류를 흘려 얻는 여자전류와의 비

단락비 $K_s = \dfrac{I_{f1}}{I_{f2}} = \dfrac{I_s}{I_n} = \dfrac{1}{\%Z_s} \times 100$

여기서, I_{f1} : **무부하**시 정격전압을 유지하는데 필요한 여자전류

I_{f2} : **3상단락**시 정격전류와 같은 단락 전류를 흐르게 하는데 필요한 여자전류

I_n : 한 상의 정격전류, I_s : 단락전류

【정답】③

|참|고|

[동기발전기 시험]

시험의 종류	산출 되는 항목
무부하시험	철손, 기계손, 단락비, 여자전류
단락시험	동기임피던스, 동기리액턴스, 단락비, 임피던스 와트, 임피던스 전압

---

43. 직류전동기의 회전수를 1/2로 줄이려면, 계자자속을 몇 배로 하여야 하는가? (단, 전압과 전류 등은 일정하다.)

① 1   ② 2   ③ 3   ④ 4

|정|답|및|해|설|

[직류전동기의 회전수] $N = \dfrac{E}{k\varnothing} \times 60 [rpm]$

$\rightarrow (E = k\varnothing N[V])$

$\varnothing \propto \dfrac{1}{N}$ 이므로 회전수 N을 $\dfrac{1}{2}$로 하려면 자속 $\varnothing$는 2배가 된다.

【정답】②

44. SCR에 관한 설명으로 틀린 것은?

① 3단자 소자이다.

② 전류는 애노드에서 캐소드로 흐른다.

③ 소형의 전력을 다루고 고주파 스위칭을 요구하는 응용분야에 주로 사용된다.

④ 도통 상태에서 순반향 애노드전류가 유지전류 이하로 되면 SCR은 차단상태로 된다.

|정|답|및|해|설|

[SCR(실리콘 제어 정류기)의 기능]
· 실리콘 정류 소자 역저지 3단자, **대전력 제어**
· 부성저항 특성이 없다.
· 동작 최고 온도가 가장 높다(200[℃]).
· 정류기능의 단일 방향성 3단자 소자
· 게이트의 작용 : 통과 전류 제어 작용
· 위상 제어, 인버터, 초퍼 등에 사용
· 역방향 내전압 : 약 500~1,000[V](역방향 내전압이 가장 크다.)

【정답】③

45. 변압기 내부 고장 보호에 쓰이는 계전기는?

① 역상계전기   ② O.C.R

③ 비율차동계전기   ④ 접지계전기

|정|답|및|해|설|

[비율차동계전기] 비율 차동 계전기는 **발전기나 변압기** 등이 고장에 의해 생긴 불평형의 전류 차가 평형 전류의 몇 [%] 이상 되었을 때 동작하는 계전기로 기기의 **내부 고장 보호**에 쓰인다.

1. 선로보호 : 거리계전기(임피던스계전기, mho 계전기)
2. 기기보호
   ① 차동계전기(DfR) : 양쪽 전류의 차로 동작
   ② 비율차동계전기(RDfR) : 발·변압기 층간, 단락 보호(내부 고장 보호)

※① 역상계전기 : 3상 전기회로에서 단선사고 시 전압 불평형에 의한 사고 방지를 목적으로 설치
② OCR(과전류 계전기) : 일정값 이상의 전류가 흘렀을 때 동작
④ 접지계전기 : 선로의 접지 검출용   【정답】③

46. 다음 중 3상 동기기의 제동권선의 주된 설치 목적은?

① 출력을 증가시키기 위하여

② 효율을 증가시키기 위하여

③ 역률을 개선하기 위하여

④ 난조를 방지하기 위하여

|정|답|및|해|설|

[제동권선] 제동권선은 회전 자극 표면에 설치한 유도전동기의 농형 권선과 같은 권선으로서 회전자가 동기속도로 회전하고 있는 동안에는 전압을 유도하지 않으므로 아무런 작용이 없다. 그러나, 조금이라도 동기속도를 벗어나면 전기자자속을 끊어 전압이 유도되어 단락전류가 흐르므로 동기속도로 되돌아가게 된다. 즉, 진동에너지를 열로 소비하여 진동을 방지한다.
3상 동기기의 **제동권선 효용은 난조 방지**이다.

【정답】④

47. 타여자 직류전동기의 속도제어에 사용되는 워드 레오나드(Ward Leonard) 방식은 다음 중 어느 제어법을 이용한 것인가?

① 저항제어법   ② 전압제어법

③ 주파수제어법   ④ 직병렬제어법

|정|답|및|해|설|

[직류전동기의 속도 제어법 비교]

구분	제어 특성	특징
계자제어법	계자 전류의 변화에 의한 자속의 변화로 속도 제어	속도 제어 범위가 좁다.
전압제어법	·정토크 제어 -워드 레오나드 방식 -일그너 방식	·제어 범위가 넓다. ·손실이 적다. ·정역운전 가능 ·설비비 많이 듦
저항제어법	전기자 회로의 저항 변화에 의한 속도 제어법	효율이 나쁘다.

【정답】②

48. 3상 직권 정류자 전동기에 있어서 중간 변압기를 사용하는 주된 목적은?

① 역회전의 방지를 위하여

② 역회전을 하기 위하여

③ 권수비를 바꾸어서 전동기의 특성을 조정하기 위하여

④ 분권 특성을 얻기 위하여

|정|답|및|해|설|
[중간 변압기를 사용하는 주요한 이유]
· 회전자상수의 증가
· 정류자전압의 조정
· 경부하 시 속도 이상 상승 방지
· 실효 권수비의 조정　　　　　　　　　　【정답】③

49. 코일피치와 자극피치의 비를 β라 하면 기본파 기전력에 대한 단절계수는?

① $\sin\beta\pi$

② $\cos\beta\pi$

③ $\sin\dfrac{\beta\pi}{2}$

④ $\cos\dfrac{\beta\pi}{2}$

|정|답|및|해|설|
[단절계수]
1. $K_p = \sin\dfrac{\beta\pi}{2}$　　→　(기본파)

2. $K_{pn} = \sin\dfrac{n\beta\pi}{2}$　　→　(n차 고조파)　【정답】③

50. 단상 정류자 전동기에 보상권선을 사용하는 이유는?

① 정류개선

② 기동토크 조절

③ 속도제어

④ 역률개선

|정|답|및|해|설|
[단상 정류자전동기 보상권선] 단상 직권전동기의 보상권선은 직류 직권전동기와 달리 전기자반작용으로 생기는 필요 없는 자속을 상쇄하도록 하여, 무효전력의 증대에 따르는 **역률의 저하를 방지**한다.
　　　　　　　　　　　　　　　　　　　【정답】④

51. 동기발전기의 전기자 권선법 중 집중권인 경우 매 극 매상의 홈(slot) 수는?

① 1개

② 2개

③ 3개

④ 4개

|정|답|및|해|설|
[집중권] 매극 매상의 도체를 한 개의 슬롯에 집중시켜서 권선하는 법으로 **1극, 1상, 슬롯 1개**　　　　　　【정답】①

52. 3상 유도전동기의 슬립을 m배로 하면 동일하게 m배로 되는 것은?

① 역률

② 전류

③ 2차저항

④ 토크

|정|답|및|해|설|
[3상 유도전동기의 2차저항] $\dfrac{r_2}{s_m} = \dfrac{r_2 + R_s}{s_t}$

· 2차 저항 $r_2{}'$를 변화해도 최대토크는 변화하지 않는다.

· $r_2{}'$를 크게 하면 s_m도 커진다.

· $r_2{}'$를 크게 하면 기동전류는 감소하고 기동토크는 증가한다. 따라서 최대토크를 내는 **슬립만 2차저항에 비례**한다.
　　　　　　　　　　　　　　　　　　　【정답】③

53. 선간전압을 $E[V]$, 정격전류를 $I[A]$, 한 상의 임피던스를 $Z[\Omega]$이라 할 때, 동기기의 %Z[%]는?

① $\dfrac{E}{Z}\times 100$

② $\dfrac{IZ}{E}\times 100$

③ $\dfrac{\sqrt{3}\,IZ}{E}\times 100$

④ $\dfrac{IZ}{\sqrt{3}\,E}\times 100$

|정|답|및|해|설|
[퍼센트 동기임피던스 (%Z_s)] 동기임피던스를 $[\Omega]$으로 나타내지 않고 백분율로 나타낸 것

$\%Z_s = \dfrac{I_n \times Z_s}{E_n}\times 100 = \dfrac{\sqrt{3}\times I_n \times Z_s}{V}\times 100[\%]$

여기서, I_n : 한 상의 정격전류, E_n : 한 상의 정격전압(상전압),
　　　　Z_s : 한 상의 동기임피던스, V : 선간전압

※**상전압, 선간전압**에 주의할 것

　　　　　　　　　　　　　　　　　　　【정답】③

54. 단상 3권선 변압기가 있다. 1차 전압은 100[kV] 2차 전압은 20[kV], 3차 전압은 10[kV]이다. 2차에 10,000[kVA]인 지상 역률 80[%]의 부하가 접속되어 있고, 3차 권선에는 6,000[kVA]의 동기조상기를 진상 무효전력으로 운전하고 있다. 변압기 1차 전류[A]는? (단, 변압기 손실 및 여자전류는 무시한다.)

① 60　　　　　　② 80

③ 100　　　　　　④ 120

|정|답|및|해|설|
[변압기 1차 전류]

1. 진상 무효전력(콘덴서 역할, $\cos\theta = 0$)

2. ·권수비(1-2차) $a_{12} = \dfrac{n_1}{n_2} = \dfrac{V_1}{V_2} = \dfrac{I_2}{I_1}$

　 ·권수비(1-3차) $a_{13} = \dfrac{n_1}{n_3} = \dfrac{V_1}{V_3} = \dfrac{I_3}{I_1}$

3. 1차 전류 $I_1 = I_{12} + I_{13}$

4. 2차 전류 $I_2 = \dfrac{P_2}{V_2} = \dfrac{10000}{20}(\cos\theta_2 - j\sin\theta_2)$

　　　　　　→ (역률이 주어졌으므로 피상전력을 유효분과 무효분으로 나눈다.)
　　　　　　→ (지상이므로 $-j$)

$= \dfrac{10000}{20}(0.8 - j0.6) = 400 - j300[A]$

5. 3차 전류 $I_3 = j\dfrac{6000}{10} = j600[A]$　　　→ (진상이므로 $+j$)

∴ 1차 전류 $I_1 = I_{12} + I_{13} = \dfrac{20}{100} \times (400 - j300) + \dfrac{10}{100} \times j600$

$= 80 - j60 + j60 = 80$

【정답】②

55. 3상 전원의 수전단에서 전압 3,300[V], 전류 800[A], 뒤진 역률 0.8의 전력을 받고 있을 때 무효전력보상장치(동기조상기)로 역률을 개선하여 1로 하고자 한다. 필요한 무효전력보상장치(동기조상기)의 용량은 약 몇 [kVA]인가?

① 1,525　　　　　② 1,950

③ 2,250　　　　　④ 2,740

|정|답|및|해|설|
[동기조상기 용량] $Q = P(\tan\theta_1 - \tan\theta_2)$

$= P\left(\dfrac{\sqrt{1 - \cos^2\theta_1}}{\cos\theta_1} - \dfrac{\sqrt{1 - \cos^2\theta_2}}{\cos\theta_2}\right)[kVA]$

유효전력 $P = \sqrt{3}\,VI\cos\theta$

$= \sqrt{3} \times 3300 \times 800 \times 0.8 \times 10^{-3} = 3658.09[kW]$

∴ $Q = P\left(\dfrac{\sqrt{1 - \cos^2\theta_1}}{\cos\theta_1} - \dfrac{\sqrt{1 - \cos^2\theta_2}}{\cos\theta_2}\right)$

$= 3658.09 \times \left(\dfrac{0.6}{0.8} - \dfrac{0}{1}\right) = 2,740[kVA]$　　　【정답】④

56. 극수 6, 회전수 1200[rpm]의 교류발전기와 병렬 운전하는 극수 8의 교류발전기의 회전수는 몇 [rpm] 이어야 하는가?

① 800　　　　　　② 900

③ 1050　　　　　④ 1100

|정|답|및|해|설|

[동기속도] $N_s = \dfrac{120f}{p}$

교류발전기(동기속도) 병렬 운전시 주파수가 같아야 하므로

$N_s = \dfrac{120f}{p}$ 에서 주파수 f를 구하면,

$f = \dfrac{p}{120} \cdot N_s = \dfrac{6}{120} \times 1200 = 60[Hz]$

∴ $N_s{'} = \dfrac{120f}{p'} = \dfrac{120 \times 60}{8} = 900[rpm]$　　　【정답】②

57. 총도체수 100, 단중 파권으로 자극수는 4, 자속수 3.14[Wb], 부하를 가하여 전기자에 5[A]가 흐르고 있는 직류분권전동기의 토크[N·m]는?

① 400　　　　　　② 450

③ 500　　　　　　④ 550

|정|답|및|해|설|
[직류 분권전동기의 토크]

$T = \dfrac{E_c I_a}{2\pi n} = \dfrac{p\varnothing n \dfrac{Z}{a} I_a}{2\pi n} = \dfrac{pZ}{2\pi a}\varnothing I_a[N.m]$

　　　　　　→ (파권이므로 병렬회로수 $a = 2$)

∴ $T = \dfrac{pZ\varnothing I_a}{2\pi a} = \dfrac{4 \times 100 \times 3.14 \times 5}{2 \times 3.14 \times 2} = 500[N \cdot m]$

※주의 : 단위[N·m]

만약 단위가 $[kg \cdot m]$일 경우 $T = \dfrac{1}{9.8} \times 500[kg \cdot m]$

【정답】③

58. 다음의 정류회로 중 가장 큰 출력값을 갖는 회로는?

① 단상 반파 정류회로

② 3상 반파 정류회로

③ 단상 전파 정류회로

④ 3상 전파 정류회로

|정|답|및|해|설|
[각 정류회로의 특징]

1. 단상 반파 정류 : $E_d = \frac{\sqrt{2}}{\pi}E = 0.45E$

2. 단상 전파 정류 : $E_d = \frac{2\sqrt{2}}{\pi}E = 0.9E$

3. 3상 반파 정류 : $E_d = \frac{3\sqrt{3}}{\sqrt{2}\pi}E = 1.17E$

4. 3상 전파 정류 : $E_d = 2.34E$　　　　　【정답】④

|참|고|
[각 정류회로의 특징]

① 단상 정류회로

	단상 반파	단상 전파
직류출력	$E_d = 0.45E$	$E_d = 0.9E$
SCR의 출력 평균	$E_d = \frac{E}{\sqrt{2}\pi}(1+\cos\alpha)$ $= 0.225E(1+\cos\alpha)$	$E_d = \frac{\sqrt{2}E}{\pi}(1+\cos\alpha)$ $= 0.45E(1+\cos\alpha)$
맥동 주파수	60[Hz]	120[Hz]
정류효율	40.6[%]	81.2[%]
PIV	$PIV = \sqrt{2}E = \pi E_d$	$PIV = 2\sqrt{2}E$
맥동률	121[%]	48[%]

※전파=2×반파

② 3상 정류회로

	3상 반파	3상 전파
직류출력	$E_d = 1.17E$	$E_d = 2.34E$ $(E_d = 1.35E_l)$
맥동 주파수	180[Hz]	360[Hz]
정류효율	96.7[%]	99.8[%]
PIV	$PIV = \sqrt{6}E$	$PIV = \sqrt{6}E$
맥동률	17[%]	4[%]

여기서, E_d : 직류전압, E : 교류전압

59. 정격 150[kVA], 철손 1[kW], 전부하동손이 4[kW]인 단상 변압기의 최대 효율[%]과 최대 효율 시의 부하 [kVA]를 구하면 얼마인가? (단, 부하 역률은 1이다.)

① 96.8[%], 125[kVA]

② 97.4[%], 75[kVA]

③ 97[%], 50[kVA]

④ 97.2[%], 100[kVA]

|정|답|및|해|설|

[변압기의 최대효율] $\eta_{\max} = \frac{\frac{1}{m}P\cos\theta}{\frac{1}{m}P\cos\theta + 2P_i} \times 100$

$\rightarrow (\frac{1}{m}$부하 시$)$

1. 최대 효율 조건 $P_i = \left(\frac{1}{m}\right)^2 P_c$

$\frac{1}{m} = \sqrt{\frac{P_i}{P_c}} = \sqrt{\frac{1}{4}} = \frac{1}{2}$ → (P_i : 철손, P_c : 동손)

따라서, 효율이 최대가 되는 부하는 전부하 용량이 $\frac{1}{2}$이므로

$P_n = P_0 \times \frac{1}{m} = 150 \times \frac{1}{2} = 75[kVA]$

∴75[kVA]에서 최대 효율이 된다.

2. 최대효율 $\eta_{\max} = \frac{\frac{1}{m}P\cos\theta}{\frac{1}{m}P\cos\theta + 2P_i} \times 100$에서

$P = 150[kVA], \quad P_i = 1[kW], \quad \cos\theta = 1$

$\therefore \eta_{\max} = \frac{\frac{1}{2} \times 150 \times 1}{\frac{1}{2} \times 150 \times 1 + 1 \times 2} \times 100 = 97.4[\%]$

【정답】②

60. 75[kVA], 6000/200[V]의 단상변압기의 %임피던스강하가 4[%]이다. 1차 단락전류[A]는?

① 512.5　　　　② 412.5

③ 312.5　　　　④ 212.5

|정|답|및|해|설|

[1차 단락전류] $I_{1s} = \frac{100}{\%Z} \times I_{1n}[A]$

$\therefore I_{1s} = \frac{100}{\%Z} \times I_{1n} = \frac{100}{4} \times \frac{75 \times 10^3}{6000} = 312.5[A]$

※$I_{1n} = \frac{P}{V}$, $I_{3n} = \frac{P}{\sqrt{3}V}$　　　　　【정답】③

61. 저항 R인 검류계 G에 그림과 같이 r_1인 저항을 병렬로, 또 r_2인 저항을 직렬로 접속하였을 때 A, B단자 사이의 저항을 R과 같게 하고 또한 G에 흐르는 전류를 전전류의 $1/n$로 하기 위한 $r_1[\Omega]$의 값은?

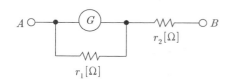

① $\dfrac{n-1}{R}$ 　　② $R\left(1-\dfrac{1}{n}\right)$

③ $\dfrac{R}{n-1}$ 　　④ $R\left(1+\dfrac{1}{n}\right)$

|정|답|및|해|설|

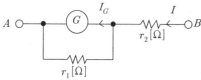

[저항]

전 전류를 I, 검류계에 흐르는 전류를 I_G라고 하면,

$$I_G = \frac{1}{n}I = \frac{r_1}{R+r_1} \times I$$

$$\therefore r_1 = \frac{R}{n-1}$$

【정답】③

62. 그림과 같은 회로에서 R_2 양단의 전압 $E_2[V]$는?

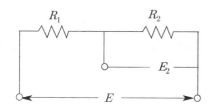

① $\dfrac{R_1}{R_1+R_2}E$ 　　② $\dfrac{R_2}{R_1+R_2}E$

③ $\dfrac{R_1 R_2}{R_1+R_2}E$ 　　④ $\dfrac{R_1+R_2}{R_1 R_2}E$

|정|답|및|해|설|

[저항이 직렬일 때 분배의 법칙]

$$E_2 = \frac{R_2}{R_1+R_2}E$$

【정답】②

63. $L-R$ 직렬회로에서

$$e = 10 + 50\sqrt{2}\sin\omega t$$
$$\qquad + 100\sqrt{2}\sin(3\omega t + 60°)$$
$$\qquad + 60\sqrt{2}\sin(5\omega t + 30°)[V]$$

인 전압을 가할 때 제3고조파 전류의 실효값은 약 몇 [A]인가? (단, $R=8[\Omega]$, $wL=4[\Omega]$이다.)

① $1.12[A]$ 　　② $3.27[A]$

③ $6.93[A]$ 　　④ $4.3[A]$

|정|답|및|해|설|

[제3고조파 전류의 실효값] $I_3 = \dfrac{V_3}{|Z_3|} = \dfrac{V_3}{\sqrt{R^2+(3\omega L)^2}}[A]$

1. 기본파 $|Z_1| = \sqrt{R^2+\omega L^2}$

2. 3고조파 $|Z_3| = \sqrt{R^2+(3\omega L)^2}$

$\therefore I_3 = \dfrac{V_3}{\sqrt{R^2+(3\omega L)^2}} = \dfrac{100}{\sqrt{8^2+12^2}} = 6.93[A]$ 　【정답】③

64. 그림과 같은 회로에서 R의 값은 얼마인가?

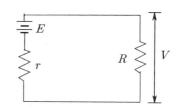

① $\dfrac{E}{E-V}\cdot r$ 　　② $\dfrac{V}{E-V}\cdot r$

③ $\dfrac{E-V}{E}\cdot r$ 　　④ $\dfrac{E-V}{V}\cdot r$

|정|답|및|해|설|

[저항]

1. 내부 저항 r에 걸리는 전압 : $E-V$

2. 두 개의 저항이 직렬이므로 전류는 일정하다.

　즉, $\dfrac{E-V}{r} = \dfrac{V}{R}$

$\therefore R = \dfrac{r}{E-V}V[\Omega]$ 　【정답】②

65. 그림과 같이 최대값 V_m 정현파 교류를 다이오드 1개로 반파 정류하여 순저항 부하에 가하고, 직류 전압계로 전압을 측정할 때, 전압계의 지시값은 몇 [V]인가?

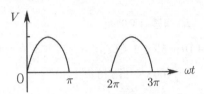

① πV_m
② $\dfrac{V_m}{\pi}$
③ $\dfrac{\sqrt{2}}{\pi} V_m$
④ $\dfrac{2}{\pi} V_m$

|정|답|및|해|설|
[정현파 반파 교류의 평균값]
1. $V_{av} = \dfrac{2V_m}{\pi} \times \dfrac{1}{2} = \dfrac{V_m}{\pi} [V]$

2. $I_{av} = \dfrac{2}{\pi} I_m \times \dfrac{1}{2} = \dfrac{I_m}{\pi} [A]$

※ 정현파 전파의 평균값
1. $V_{av} = \dfrac{2V_m}{\pi} [V]$ 2. $I_{av} = \dfrac{2I_m}{\pi} [A]$

【정답】②

66. 라플라스 변환함수 $\dfrac{1}{s(s+1)}$ 에 대한 역라플라스 변환은?

① $1 + e^{-t}$
② $1 - e^{-t}$
③ $\dfrac{1}{1 - e^{-t}}$
④ $\dfrac{1}{1 + e^{-t}}$

|정|답|및|해|설|
[역라플라스 변환] $\mathcal{L}^{-1}[F(s)] = f(t)$

1. $F(x) = \dfrac{1}{s(s+1)} = \dfrac{K_1}{s} + \dfrac{K_2}{s+1}$

    → (부분 분수로 고치고 분자에 미지의 수를 놓는다.)

   $\cdot K_1 = \dfrac{1}{s+1}\Big|_{s=0} = 1$ $\cdot K_2 = \dfrac{1}{s}\Big|_{s=-1} = -1$

2. $F(x) = \dfrac{1}{s(s+1)} = \dfrac{1}{s} - \dfrac{1}{s+1}$

$\therefore f(t) = \mathcal{L}^{-1}[F(s)] = 1 - e^{-t}$

【정답】②

67. 그림과 같은 L형 회로의 4단자 A, B, C, D 정수 중 A는?

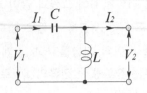

① $1 + \dfrac{1}{\omega L C}$
② $1 - \dfrac{1}{\omega^2 L C}$
③ $1 + \dfrac{1}{j\omega L}$
④ $\dfrac{1}{2\sqrt{LC}}$

|정|답|및|해|설|
[4단자정수]
$$\begin{bmatrix} A & B \\ C & D \end{bmatrix} = \begin{bmatrix} 1 & \dfrac{1}{jwC} \\ 0 & 1 \end{bmatrix} \begin{bmatrix} 1 & 0 \\ \dfrac{1}{jwL} & 1 \end{bmatrix} = \begin{bmatrix} 1 - \dfrac{1}{w^2 LC} & \dfrac{1}{jwC} \\ \dfrac{1}{jwL} & 1 \end{bmatrix}$$

$\rightarrow (A = 1 + \dfrac{1}{jwC} \cdot \dfrac{1}{jwL} = 1 + \dfrac{1}{j^2 w^2 LC} = 1 - \dfrac{1}{w^2 LC})$

【정답】②

68. 임피던스 함수가 $Z(s) = \dfrac{4s+2}{s}$ 로 표시되는 리액턴스 2단자망은?

① ⊶ᴧᴧᴧ— 4 —⊣⊢ $1/2$ ⊷

② ⊶ᴧᴧᴧ— 4 —⊣⊢ 2 ⊷

③ ⊶ᴧᴧᴧ— 4 —ⵛⵛⵛ 2 ⊷

④ ⊶ᴧᴧᴧ— 4 —ⵛⵛⵛ $1/2$ ⊷

|정|답|및|해|설|
[직렬에서 임피던스 표현] $Z = R + Ls + \dfrac{1}{Cs}$
리액턴스 2단자망
1. $Z(s) = \dfrac{4s+2}{s}$ → (분모가 더 크면 병렬연결)

2. $Z(s) = \dfrac{s}{4s+2}$ → (분자가 더 크면 직렬연결)

$Z(s) = \dfrac{4s+2}{s} = \dfrac{4s}{s} + \dfrac{2}{s} = 4 + \dfrac{1}{\frac{1}{2}s}$

$\therefore R = 4, \quad C = \dfrac{1}{2}$

【정답】④

69. 그림과 같은 회로의 출력전압 $e_0(t)$의 위상은 입력 전압 $e_i(t)$의 위상보다 어떻게 되는가?

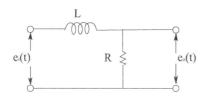

① 앞선다.

② 뒤진다.

③ 같다.

④ 앞설 수도 있고, 뒤질 수도 있다.

|정|답|및|해|설|────────────

[$R-L$회로의 위상]

전류 $i = \dfrac{e_i}{R+jwL}[A]$

$e_o = iR = \dfrac{e_i}{R+jwL} \times R = \dfrac{e_i \cdot R}{R^2 + w^2 L^2}(R-jwL)[V]$

e_i의 허수값이 $-j$이므로, e_o는 e_i보다 위상이 뒤진다.

【정답】②

70. 그림의 $R-L$ 직렬회로에서 스위치 s를 닫아 직류 전압 $E[V]$을 회로 양단에 급히 가한 후 $\dfrac{L}{R}[s]$ 후의 전류 $I[A]$값은?

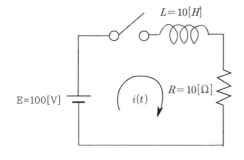

① 6.32   ② 7.25

③ 2.21   ④ 6.8

|정|답|및|해|설|────────────

[$R-L$ 직렬 회로의 전류] $i(t) = \dfrac{E}{R}\left(1 - e^{-\frac{R}{L}t}\right)[A]$

$R-L$ 직렬 회로의 시정수 $\tau = \dfrac{L}{R}[\sec]$

$i(t) = \dfrac{E}{R}\left(1 - e^{-\frac{R}{L}t}\right)[A]$에서 t에 시정수를 대입하면

$i(t) = 0.632 \times \dfrac{E}{R} = 0.632 \times \dfrac{100}{10} = 6.32[A]$

※시정수 (τ) : 전류 $i(t)$가 정상값의 63.2[%]까지 도달하는데 걸리는 시간으로 단위는 [sec]

【정답】①

71. R-C 직렬 관도회로에서 일어나는 과도현상은 그 회로의 시정수와 관계가 있다. 이 사이의 관계를 옳게 표현한 것은?

① 회로의 RC가 클수록 과도현상은 오래 동안 지속된다.

② 시정수는 과도현상의 지속시간에는 상관되지 않는다.

③ $\dfrac{1}{RC}$이 클수록 과도현상은 천천히 사라진다.

④ 회로의 RC가 클수록 과도현상은 빨리 사라진다.

|정|답|및|해|설|────────────

[과도현상과 시정수와 관계] 시정수(r)는 과도현상의 길고 짧음을 나타낸 양으로 회로의 시정수가 클수록 정상값에 도달하는 시간은 길어지고, 과도현상은 **오래 지속**된다.   → $(\tau = RC)$

【정답】①

72. 기본파의 60[%]인 제3고조파와 기본파의 80[%]인 제5고조파를 포함하는 전압파의 왜형률은 약 얼마인가?

① 0.3   ② 1

③ 5   ④ 10

|정|답|및|해|설|────────────

$[왜형률] = \dfrac{전고조파의\ 실효값}{기본파의\ 실효값}$

$= \dfrac{\sqrt{V_3^2 + V_5^2}}{V_1} = \sqrt{\left(\dfrac{V_3}{V_1}\right)^2 + \left(\dfrac{V_5}{V_1}\right)^2}$

$= \sqrt{0.6^2 + 0.8^2} = \sqrt{\left(\dfrac{6}{10}\right)^2 + \left(\dfrac{8}{10}\right)^2} = \sqrt{\dfrac{100}{100}} = 1$

【정답】②

73. 불평형 3상 전류가 $I_a = 15 + j2[A]$, $I_b = -20 - j14[A]$ $I_c = -3 + j10[A]$일 때, 정상분 전류 $I[A]$는?

① $1.91 + j6.24$ ② $-2.67 - j0.67$

③ $15.7 - j3.57$ ④ $18.4 + j12.3$

|정|답|및|해|설|

[정상전류(I_1)]

1. 영상전류 $I_0 = \dfrac{1}{3}(I_a + I_b + I_c)$

2. 정상전류 $I_1 = \dfrac{1}{3}(I_a + aI_b + a^2 I_c)$

3. 역상전류 $I_2 = \dfrac{1}{3}(I_a + a^2 I_b + aI_c)$

∴정상전류 I_1

$$I_1 = \frac{1}{3}(I_a + aI_b + a^2 I_c)$$
$$= \frac{1}{3}\left\{ (15+j2) + \left(-\frac{1}{2} + j\frac{\sqrt{3}}{2}\right)(-20-j14) \right.$$
$$\left. + \left(-\frac{1}{2} + j\frac{\sqrt{3}}{2}\right)(-3+j10) \right\}$$
$$= 15.7 - j3.57[A] \qquad\qquad 【정답】③$$

74. 평형 3상 저항 부하가 3상 4선식 회로에 접속하여 있을 때 단상 전력계를 그림과 같이 접속하였더니 그 지시값이 W[W]이었다. 이 부하의 3상 전력[W]은?

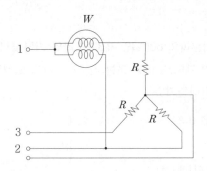

① $\sqrt{2}\,W$ ② $2W$

③ $\sqrt{3}\,W$ ④ $3W$

|정|답|및|해|설|

[2전력계법] 유효전력 $P = |W_1| + |W_2| = 2W$

· 부하의 3상 전력 $P = VI\cos\theta[W]$

· 평형 3상 저항 부하이므로 $\theta = 0$

· 1, 2단자 연결 시 전력계 지시

$$W = VI\cos\theta(30+\theta) = VI\cos30 = \frac{\sqrt{3}}{2}V_l I_l[W] \dots\dots①$$

· 1, 3단자 연결 시 전력계 지시

$$W = VI\cos\theta(30-\theta) = VI\cos30[W] \dots\dots\dots②$$

∴

①과 ②식에서 부하의 3상 전력

$$P = W_1 + W_2 = 2W$$
$$= 2VI\cos30 = 2VI \times \frac{\sqrt{3}}{2} = \sqrt{3}\,VI[W] = 2W$$

【정답】②

75. 같은 저항 $r[\Omega]$ 6개를 사용하여 그림과 같이 결선하고 대칭 3상 전압 $V[V]$를 가했을 때 흐르는 전류 I는 몇 [A]인가?

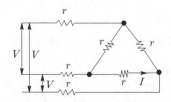

① $\dfrac{V}{2r}$ ② $\dfrac{V}{3r}$

③ $\dfrac{V}{4r}$ ④ $\dfrac{V}{5r}$

|정|답|및|해|설|

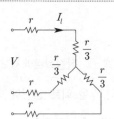

[△결선의 상전류]

$$I_{\triangle p} = \frac{I_l}{\sqrt{3}}[A]$$

회로를 △ → Y결선으로 변환하면 저항은 $\dfrac{1}{3}$이 되므로 $\dfrac{1}{3}r$

전체 1상의 저항을 구하면 $R = r + \dfrac{r}{3} = \dfrac{4}{3}r$

$$I_l = \frac{V_p}{Z} = \frac{\dfrac{V}{\sqrt{3}}}{\dfrac{4}{3}r} = \frac{3V}{4\sqrt{3}\,r} = \frac{\sqrt{3}\,V}{4r}$$

∴△결선의 상전류 $I_{\triangle p} = \dfrac{I_l}{\sqrt{3}} = \dfrac{\dfrac{\sqrt{3}\,V}{4r}}{\sqrt{3}} = \dfrac{V}{4r}$

【정답】③

76. 그림과 같은 불평형 Y형 회로에 평형 3상 전압을 가할 경우 중성점의 전위 $V_{n'n}[V]$는? (단, Z_1, Z_2, Z_3는 각 상의 임피던스[Ω]이고, Y_1, Y_2, Y_3는 각 상의 임피던스에 대한 어드미턴스[℧]이다.)

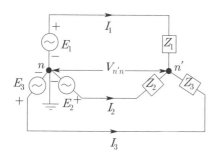

① $\dfrac{E_1 + E_2 + E_3}{Z_1 + Z_2 + Z_3}$ ② $\dfrac{Z_1 E_1 + Z_2 E_2 + Z_3 E_3}{Z_1 + Z_2 + Z_3}$

③ $\dfrac{E_1 + E_2 + E_3}{Y_1 + Y_2 + Y_3}$ ④ $\dfrac{Y_1 E_1 + Y_2 E_2 + Y_3 E_3}{Y_1 + Y_2 + Y_3}$

|정|답|및|해|설|

[밀만의 정리로 중성점의 전위] $V_{ab} = IZ = \dfrac{\sum\limits_{k=1}^{m} I_k}{\sum\limits_{k=1}^{m} Y_k} = \dfrac{\sum\limits_{k=1}^{m} \dfrac{E_k}{R_k}}{\sum\limits_{k=1}^{m} \dfrac{1}{R_k}}$

평형 3상에서 중성점에 흐르는 전류 $I_n = I_1 + I_2 + I_3 = 0$이므로

$I_1 + I_2 + I_3 = \dfrac{E_1 - V_n}{Z_1} + \dfrac{E_2 - V_n}{Z_2} + \dfrac{E_3 - V_n}{Z_3} = 0$

$\rightarrow \dfrac{E_1}{Z_1} + \dfrac{E_2}{Z_2} + \dfrac{E_3}{Z_3} = V_n\left(\dfrac{1}{Z_1} + \dfrac{1}{Z_2} + \dfrac{1}{Z_3}\right)$

$Z = \dfrac{1}{Y}$ 이므로

$\rightarrow Y_1 E_1 + Y_2 E_2 + Y_3 E_3 = V_n(Y_1 + Y_2 + Y_3)$

따라서 밀만의 정리로 중성점의 전위를 구하면

$V_{n'n} = V_n = IZ = \dfrac{I}{Y} = \dfrac{\dfrac{V}{Z}}{Y} = \dfrac{Y_1 E_1 + Y_2 E_2 + Y_3 E_3}{Y_1 + Y_2 + Y_3}[V]$

【정답】④

---

77. 3[μF]인 커패시턴스를 50[Ω]으로 용량성 리액턴스로 사용하려면 정현파 교류의 주파수는 약 몇 [Hz]로 하면 되는가?

① 1.06×10^3 ② 2.06×10^3

③ 3.06×10^3 ④ 4.06×10^3

|정|답|및|해|설|

[리액턴스]

1. L회로 (인덕턴스만의 회로) : 유도성리액턴스 $wL = X_L$

2. C회로 (정전용량만의 회로) : 용량성 리액턴스 $X_C = \dfrac{1}{wC}$

$X_C = \dfrac{1}{2\pi f C} \rightarrow f = \dfrac{1}{2\pi C \cdot X_C}$

$\therefore f = \dfrac{1}{2\pi \times 3 \times 10^{-6} \times 50} = 1.06 \times 10^3 [Hz]$

【정답】①

---

78. 8[Ω]인 저항과 6[Ω]의 용량리액턴스 직렬회로에 $E = 28 - j4[V]$인 전압을 가했을 때 흐르는 전류는 몇 [A]인가?

① $3.5 - j0.5[A]$ ② $2.48 + j1.36[A]$

③ $2.8 - j0.4[A]$ ④ $5.3 + j2.21[A]$

|정|답|및|해|설|

[전류]

1. $Z = R - jX_c = 8 - j6$ → (용량 리액턴스 $\dfrac{1}{j\omega C} = -j\dfrac{1}{\omega C}$)

2. $E = 28 - j4$

$\therefore I = \dfrac{E}{Z} = \dfrac{28 - j4}{8 - j6} = \dfrac{(28 - j4)(8 + j6)}{(8 - j6)(8 + j6)}$

$= \dfrac{248 + j136}{100} = 2.48 + j1.36[A]$

【정답】②

---

79. 두개의 코일 a, b가 있다. 두 개를 직렬로 접속하였더니 합성인덕턴스가 119[mH]이었고, 극성을 반대로 접속하였더니 합성인덕턴스가 11[mH]이었고, 코일 a의 자기인덕턴스가 20[mH]라면 결합계수 K는 얼마인가?

① 0.6   ② 0.7   ③ 0.8   ④ 0.9

|정|답|및|해|설|

[결합계수] $K = \dfrac{M}{\sqrt{L_1 L_2}}$

$L_1 + L_2 + 2M = 119$ ··①

$L_1 + L_2 - 2M = 11$ ···②

①과 ②에서

$M = \dfrac{119 - 11}{4} = 27[mH]$, $L_1 = 20[mH]$

$119 = 20 + L_2 + 2 \times 27$

$L_2 = 119 - 2 \times 27 - 20 = 45[mH]$

$\therefore K = \dfrac{M}{\sqrt{L_1 L_2}} = \dfrac{27}{\sqrt{20 \times 45}} = 0.9$

【정답】④

80. 대칭 3상 Y결선 부하에서 각 상의 임피던스가 $Z = 12 + j16[\Omega]$이고 부하전류가 10[A]일 때, 이 부하의 선간전압[V]은?

① 235.7   ② 346.4

③ 456.4   ④ 524.7

|정|답|및|해|설|⋯⋯⋯⋯⋯⋯⋯⋯⋯⋯⋯⋯⋯⋯⋯

[Y결선에서의 선간전압] $V_l = \sqrt{3}\, V_p$

상전압(V_p) = 부하 전류(I_p) × 1상 임피던스(Z)

$$= 10 \times \sqrt{12^2 + 16^2} = 200[V] \quad \rightarrow (Z = \sqrt{R^2 + X^2})$$

$$\therefore V_l = \sqrt{3}\, V_p = 200\sqrt{3} = 346.4[V] \qquad 【정답】②$$

---

81. 전력보안통신설비인 무선통신용 안테나 등을 지지하는 철주의 기초 안전율은 얼마 이상이어야 하는가? (단, 무선용 안테나 등이 전선로의 주의 상태를 감시할 목적으로 시설되는 것이 아닌 경우이다.)

① 1.3   ② 1.5

③ 1.8   ④ 2.0

|정|답|및|해|설|⋯⋯⋯⋯⋯⋯⋯⋯⋯⋯⋯⋯⋯⋯⋯

[무선용 안테나 등을 지지하는 철탑 등의 시설 (KEC 364.1)]

1. 목주의 안전율은 1.5 이상이어야 한다.
2. **철주**철근 콘크리트주 또는 철탑의 기초 **안전율은 1.5 이상**이어야 한다. 【정답】②

---

82. 주택 등 저압 수용 장소에서 고정 전기설비에 TN-C-S 접지방식으로 접지공사 시 중성선 겸용 보호도체(PEN)를 알루미늄으로 사용할 경우 단면적은 몇 $[mm^2]$ 이상이어야 하는가?

① 2.5   ② 6

③ 10   ④ 16

|정|답|및|해|설|⋯⋯⋯⋯⋯⋯⋯⋯⋯⋯⋯⋯⋯⋯⋯

[전기수용가 접지 (KEC 142.4)] 주택 등 저압수용장소 접지

주택 등 저압 수용장소에서 TN-C-S 접지방식으로 접지공사를 하는 경우에 보호도체는 중성선 겸용 보호도체(PEN)는 고정 전기설비에만 사용 할 수 있고, 그 도체의 단면적이 구리는 10$[mm^2]$ 이상, **알루미늄은 16$[mm^2]$ 이상**이어야 하며, 그 계통의 최고전압에 대하여 절연시켜야 한다. 【정답】④

---

83. 전기절도차량에 전력을 공급하는 전차선의 가선방식에 포함되지 않는 것은?

① 가공방식   ② 강체방식

③ 제3레일방식   ④ 지중조가선방식

|정|답|및|해|설|⋯⋯⋯⋯⋯⋯⋯⋯⋯⋯⋯⋯⋯⋯⋯

[전차선 가선방식 (KEC 431.1)] 전차선의 가선방식은 가공방식, 강체가선방식, 제3궤조 방식을 표준으로 한다. 【정답】④

---

84. 소세력회로의 최대 사용전압이 15[V]라면, 절연변압기의 2차 단락전류는 몇 [A] 이하여야 하는가?

① 1   ② 3

③ 5   ④ 8

|정|답|및|해|설|⋯⋯⋯⋯⋯⋯⋯⋯⋯⋯⋯⋯⋯⋯⋯

[소세력 회로 (KEC 241.14)]
절연변압기의 2차 단락전류 및 과전류차단기의 정격전류

소세력 회로의 최대 사용전압의 구분	2차 단락전류	과전류 차단기의 정격전류
15[V] 이하	**8[A]**	5[A]
15[V] 초과 30[V] 이하	5[A]	3[A]
30[V] 초과 60[V] 이하	3[A]	1.5[A]

【정답】④

---

85. 전선 기타의 가섭선(架渉線) 주위에 두께 6[mm], 비중 0.9의 빙설이 부착된 상태에서 을종풍압하중은 구성재의 수직 투영면적 1$[m^2]$당 몇 [Pa]를 기초로 하여 계산하는가?

① 333[Pa]   ② 372[Pa]

③ 588[Pa]   ④ 666[Pa]

|정|답|및|해|설|⋯⋯⋯⋯⋯⋯⋯⋯⋯⋯⋯⋯⋯⋯⋯

[풍압하중의 종별과 적용 (KEC 331.6)] 빙설이 많은 지방에서는 고온계절에는 갑종 풍압 하중, 저온계절에는 을종 풍압 하중을 적용한다.

1. 갑종 풍압 하중 : 구성재의 수직 투영면적 1[㎡], 에 대한 풍압을 기초로 하여 계산한 것
2. 을종 풍압 하중 : 전선 기타 가섭선의 주위에 두께 6[mm], 비중 0.9의 빙설이 부착한 상태에서 수직 **투영 면적 372[Pa]**(다도체를 구성하는 전선은 333[Pa]), 그 이외의 것은 갑종 풍압 하중의 1/2을 기초로 하여 계산한 것
3. 병종풍압하중 : 갑종풍압하중의 1/2의 값 【정답】②

---

86. 일반주택 및 아파트 각 호실의 현관 등은 몇 분 이내에 소등되는 타임스위치를 시설하여야 하는가?

① 1분 ② 3분

③ 5분 ④ 10분

|정|답|및|해|설|_____

[점멸기의 시설 (KEC 234.6)]
1. 숙박시설, 호텔, 여관 각 객실 입구등은 1분
2. 거주시설, **일반 주택 및 아파트 현관등은 3분**

【정답】②

87. 고압가공인입선이 케이블 이외의 것으로서 그 아래에 위험표시를 하였다면 전선의 지표상 높이는 몇 [m]까지로 감할 수 있는가?

① 2.5 ② 3.5

③ 4.5 ④ 5.5

|정|답|및|해|설|_____

[고압 가공인입선의 높이 (KEC 331.12.1)]

도로횡단	6[m]
철도횡단	6.5[m]
횡단보도교위	3.5[m]
기타	5[m] (단, 위험표시를 하면 3.5[m])

【정답】②

88. 시가지 또는 그 밖에 인가가 밀집한 지역에 154[kV] 가공전선로의 전선을 케이블로 시설하고자 한다. 이때 가공전선을 지지하는 애자장치의 50[%] 충격 섬락전압 값이 그 전선의 근접한 다른 부분을 지지하는 애자장치 값의 몇 [%] 이상이어야 하는가?

① 75 ② 100

③ 105 ④ 110

|정|답|및|해|설|_____

[시가지 등에서 특고압 가공전선로의 시설 제한 (KEC 333.1)]
·애자 장치는 50[%] 충격 섬락 전압의 값이 타부분 애자 장치값의 110[%](**사용 전압이 130[kV]를 넘는 경우는 105[%]**) 이상인 것
·아크 혼을 취부하고 또는 2연 이상의 현수 애자, 긴 애자(장간 애자)를 사용한다.

【정답】③

89. 철도·궤도 또는 자동차도의 전용터널 안의 전선로의 시설방법으로 틀린 것은?

① 고압전선은 케이블공사로 하였다.

② 저압전선을 가요전선관공사에 의하여 시설하였다.

③ 저압전선으로 지름 2.0[mm]의 경동선을 사용하였다.

④ 저압전선을 애자사용공사에 의하여 시설하고 이를 레일면상 또는 노면상 2.5[m] 이상의 높이로 유지하였다.

|정|답|및|해|설|_____

[터널 안 전선로의 시설 (KEC 335.1)]

전압	전선의 굵기	시공 방법	애자사용 공사 시 높이
고압	4[mm] 이상의 경동선의 절연전선	·케이블공사 ·애자사용공사	노면상, 레일면상 3[m] 이상
저압	인장강도 2.3[kN] 이상의 절연전선 또는 **2.6[mm] 이상**의 경동선의 절연전선	·합성수지관공사 ·금속관공사 ·가요전선관 사 ·케이블공사 ·애자사용공사	노면상, 레일면상 2.5[m] 이상

【정답】③

90. 놀이용(유희용) 전차에 전기를 공급하는 전로의 사용전압이 교류인 경우 몇 [V] 이하이어야 하는가?

① 20 ② 40

③ 60 ④ 100

|정|답|및|해|설|_____

[놀이용(유희용) 전차의 시설 (KEC 241.8)]
1. 놀이용(유희용) 전차(유원지·유회장 등의 구내에서 놀이용(유희용)으로 시설하는 것을 말한다)에 전기를 공급하기 위하여 사용하는 변압기의 1차 전압은 400[V] 이하
2. 놀이용(유희용) 전자에 전기를 공급하는 전로(전원장치)의 서용 전압은 직류 60[V] 이하, **교류 40[V] 이하일** 것
3. 접촉 전선은 제3레일 방식에 의할 것
4. 전차 안에 승압용 변압기를 사용하는 경우는 절연 변압기로 그 2차 전압은 150[V] 이하일 것

【정답】②

91. 전기부식(전식)방지대책에서 매설금속체 측의 누설전류에 의한 전식의 피해가 예상되는 곳에 고려하여야 하는 방법으로 틀린 것은?

① 절연코팅

② 배류장치 설치

③ 발전소 간 간격 축소

④ 저준위 금속체를 접촉

|정|답|및|해|설|

[전기부식(전식)방지대책 (KEC 461.4)] 매설금속체 측의 누설전류에 의한 전기부식의 피해가 예상되는 곳은 다음 방법을 고려하여야 한다.

1. 배류장치 설치
2. 절연코팅
3. 매설금속체 접속부 절연
4. 저준위 금속체를 접속
5. 궤도와의 간격(이격거리) 증대
6. 금속판 등의 도체로 차폐

【정답】③

---

92. 사용전압이 22.9[kV]인 특고압 가공전선과 그 지지물 완금류·지주 또는 지지선 사이의 간격은 몇 [cm] 이상이어야 하는가?

① 15　　　　② 20

③ 25　　　　④ 30

|정|답|및|해|설|

[특고압 가공전선과 지지물 등의 간격(이격거리) (KEC 333.5)]

사용 전압의 구분	간격(이격거리)
15[kV] 미만	15[cm]
15[kV] 이상　25[kV] 미만	20[cm]
25[kV] 이상　35[kV] 미만	25[cm]
35[kV] 이상　50[kV] 미만	30[cm]
50[kV] 이상　60[kV] 미만	35[cm]
60[kV] 이상　70[kV] 미만	40[cm]
70[kV] 이상　80[kV] 미만	45[cm]
80[kV] 이상　130[kV] 미만	65[cm]
130[kV] 이상　160[kV] 미만	90[cm]
160[kV] 이상　200[kV] 미만	110[cm]
200[kV] 이상　230[kV] 미만	130[cm]
230[kV] 이상	160[cm]

【정답】②

---

93. 변압기 1차 측 3300[V], 2차 측 220[V]의 변압기 전로의 절연내력시험 전압은 각각 몇 [V]에서 10분간 견디어야 하는가?

① 1차측 4950[V], 2차측 500[V]

② 1차측 4500[V], 2차측 400[V]

③ 1차측 4125[V], 2차측 500[V]

④ 1차측 3300[V], 2차측 400[V]

|정|답|및|해|설|

[변압기 전로의 절연내력 (KEC 135)]

접지 방식	최대 사용전압	시험전압(최대 사용전압 배수)	최저 시험전압
비접지	7[kV] 이하	1.5배	500[V]
	7[kV] 초과	1.25배	10,500[V] (60[kV]이하)
중성점 접지	60[kV] 초과	1.1배	75[kV]
중성점 직접접지	60[kV]초과 170[kV] 이하	0.72배	
	170[kV] 초과	0.64배	
중성점 다중접지	25[kV] 이하	0.92배	500[V] (75[kV]이하)

1차 측과 2차 측 모두 7000[V] 이하이므로 1.5배하면
→ 1차 측 시험전압 : $3300 \times 1.5 = 4950[V]$
→ 2차 측 시험전압 : $220 \times 1.5 = 330[V]$
　　2차 측은 최저시험전압이 500[V] 이므로 500[V]

【정답】①

---

94. 전기 욕기에 전기를 공급하기 위한 전원변압기의 2차측 전로의 사용전압을 몇 [V] 이하로 한정하고 있는가?

① 6　　　　② 10

③ 12　　　　④ 15

|정|답|및|해|설|

[전기욕기의 시설 (KEC 241.2)]

· 내장되어 있는 전원 변압기의 **2차측 전로의 사용전압이 10[V] 이하**인 것에 한한다.

· 욕탕안의 전극간의 거리는 1[m] 이상일 것

· 전원장치로부터 욕탕안의 전극까지의 배선은 공칭단면적 2.5[mm²] 이상의 연동선

【정답】②

95. 저압 옥상 전선로의 시설 기준으로 틀린 것은?

① 전선 지지점 간의 거리를 15[m]로 하였다.

② 전선은 지름 2.6[mm] 이상의 경동선을 사용한다.

③ 전선은 상시 부는 바람 등에 의하여 식물에 접촉하지 아니하도록 시설하여야 한다.

④ 저압 절연전선과 그 저압 옥상 전선로를 시설하는 조영재와의 간격을 0.5[m]로 할 것

|정|답|및|해|설|

[저압 옥상전선로의 시설 (KEC 221.3)]

1. 전개된 장소에 시설하고 위험이 없도록 시설해야 한다.
2. 전선은 절연전선(옥외용 비밀 절연전선 포함)일 것
3. 전선은 인장강도 2.30[kN] 이상의 것 또는 지름이 2.6[mm] 이상의 경동선을 사용한다.
4. 전선은 조영재에 견고하게 붙인 지지기둥 또는 지지대에 절연성·난연성 및 내수성이 있는 애자를 사용하여 지지하고 또한 그 지지점 간의 거리는 15[m] 이하일 것
5. 전선과 그 저압 옥상 전선로를 시설하는 **조영재와의 간격은 2[m]**(전선이 고압 절연전선, 특고압 절연전선 또는 케이블인 경우에는 1[m]) 이상일 것
6. 저압 옥상전선로의 전선은 상시 부는 바람 등에 의하여 식물에 접촉하지 아니하도록 시설하여야 한다. **【정답】④**

96. 계통연계하는 분산형 전원을 설치하는 경우에 이상 또는 고장 발생 시 자동적으로 분산형 전원을 전력계통으로부터 분리하기 위한 장치를 시설해야 하는 경우가 아닌 것은?

① 조상설비의 이상 발생 시

② 단독운전 상태

③ 분산형 전원의 이상 또는 고장

④ 연계한 전력계통의 이상 또는 고장

|정|답|및|해|설|

[계통 연계용 보호장치의 시설 (kec 503.2.4)] 계통연계하는 분산형 전원을 설치하는 경우 다음에 해당하는 이상 또는 고장 발생 시 자동적으로 분산형 전원을 전력계통으로부터 분리하기 위한 장치 시설 및 계통과의 보호협조를 실시하여야 한다.

· 분산형 전원의 이상 또는 고장
· 연계한 전력계통의 이상 또는 고장
· 단독운전 상태 **【정답】①**

97. 전기철도차량이 전차선로와 접촉한 상태에서 견인력을 끄고 보조전력을 가동한 상태로 정지해 있는 경우, 가공 전차선로의 유효전력이 200[kW] 이상일 경우 총 역률은 얼마보다 작아서는 안 되는가?

① 0.6 　　　　② 0.7

③ 0.8 　　　　④ 0.9

|정|답|및|해|설|

[전기철도차량의 역률 (KEC 441.4)] 비지속성 최저전압에서 비지속성 최고전압까지의 전압범위에서 유도성 역률 및 전력소비에 대해서만 적용되며, 회생제동 중에는 전압을 제한 범위내로 유지시키기 위하여 유도성 역률을 낮출 수 있다. 다만, 전기철도차량이 전차선로와 접촉한 상태에서 견인력을 끄고 보조전력을 가동한 상태로 정지해 있는 경우, 가공 전차선로의 **유효전력이 200[kW] 이상**일 경우 총 **역률은 0.8보다는 작아서는 안 된다.**

【정답】③

98. 1차 22,900[V], 2차 3,300[V]의 변압기를 옥외에 시설할 때 구내에 취급자 이외의 사람이 들어가지 아니하도록 울타리를 시설하려고 한다. 이때 울타리의 높이는 몇 [m] 이상으로 하여야 하는가?

① 2[m] 　　　　② 3[m]

③ 4[m] 　　　　④ 5[m]

|정|답|및|해|설|

[특별고압용 기계기구의 시설 (KEC 341.4)]

1. 기계 기구의 주위에 울타리·담 등을 시설하는 경우
   ① 울타리·담 등의 높이 : **2[m] 이상**
   ② 지표면과 울타리·담 등의 하단 사이의 간격 : 15 [cm] 이하
2. 기계 기구를 지표상 5[m] 이상의 높이에 시설하고 또한 사람이 접촉할 우려가 없도록 시설하는 경우 다음과 같이 시설한다.

전압의 구분	울타리의 높이와 울타리로부터 충전부분까지의 거리의 합계 또는 지표상의 높이
35[kV] 이하	5[m]
35[kV] 넘고 160[kV] 이하	6[m]
160[kV] 초과	·6[m]에 160[kV]를 넘는 10[kV] 또는 그 단수마다 12[cm]를 더한 값 $$거리의 합계 = 6 + 단수 \times 12[cm]$$ ·단수 $= \dfrac{사용전압[kV] - 160}{10}$ → (단수 계산에서 소수점 이하는 절상)

【정답】①

99. 특고압가공전선로의 지지물로 사용하는 목주의 풍압하중에 대한 안전율은 얼마 이상이어야 하는가?

① 1.2   ② 1.5

③ 2.0   ④ 2.5

|정|답|및|해|설|
....
[특고압 가공전선로의 목주 시설 (KEC 333.10)] 특고압 가공전선로의 지지물로 사용하는 목주는 다음 각 호에 따르고 또한 경고하게 시설하여야 한다.
1. 풍압하중에 대한 안전율은 **1.5 이상**일 것.
2. 굵기는 위쪽 끝(말구) 지름 12[cm] 이상일 것.   【정답】②

100. 다음 중 전선 접속 방법이 잘못된 것은?

① 알루미늄과 동을 사용하는 전선을 접속하는 경우에는 접속 부분에 전기적 부식이 생기지 않아야 한다.

② 두 개 이상의 전선을 병렬로 사용할 때 각 전선의 굵기는 35[mm^2] 이상의 구리선을 사용하여야 한다.

③ 절연전선 상호간을 접속하는 경우에는 접속 부분을 절연효력이 있는 것으로 충분히 피복하여야 한다.

④ 나전선 상호간의 접속인 경우에는 전선의 세기를 20[%] 이상 감소시키지 않아야 한다.

|정|답|및|해|설|
....
[전선의 접속 (kec 123)] 두 개 이상의 전선을 병렬로 사용하는 경우, **병렬**로 사용하는 각 전선의 굵기는 **구리선(동선) 50[mm^2] 이상** 또는 알루미늄 70[mm^2] 이상으로 하고, 전선은 같은 도체, 같은 재료, 같은 길이 및 같은 굵기의 것을 사용할 것   【정답】②

3회 2024년 전기산업기사필기 (전기자기학)

01. 한 번의 길이가 $a[m]$인 정육각형의 각 정점에 각각 $Q[C]$의 전하를 놓았을 때, 정육각형의 중심 0의 전계의 세기는 몇 [V/m]인가?

① 0

② $\dfrac{Q}{2\pi\epsilon_0 a}$

③ $\dfrac{Q}{4\pi\epsilon_0 a}$

④ $\dfrac{Q}{8\pi\epsilon_0 a}$

|정|답|및|해|설|
[정육각형 중심의 전계의 세기]
1. 전계의 세기(중심) $E=0$
2. 전위 $V=\dfrac{Q}{4\pi\epsilon_0 a}\times 6=\dfrac{3}{2}\dfrac{Q}{\pi\epsilon_0 a}$ [V] 【정답】①

02. 권수 500회이고 자기인덕턴스가 0.05[H]인 코일이 있을 때 여기에 전류 5[A]를 흘리면 자속 쇄교수는 몇 [Wb]인가?

① 0.15[Wb]

② 0.25[Wb]

③ 15[Wb]

④ 25[Wb]

|정|답|및|해|설|
[쇄교자속] $N\varnothing = LI$,
∴쇄교자속(총자속) $N\varnothing = 0.05\times 5 = 0.25$
→ (⊘ : 자속, $N\varnothing$: 쇄교자속(총자속))
【정답】②

03. 공기 중에서 무한평면 도체 표면 아래의 1[m] 떨어진 곳에 1[C]의 점전하가 있다. 전하가 받는 힘의 크기는 몇 [N] 인가?

① 9×10^9

② $\dfrac{9}{2}\times 10^9$

③ $\dfrac{9}{4}\times 10^9$

④ $\dfrac{9}{16}\times 10^9$

|정|답|및|해|설|
[무한평면과 정전하(쿨롱인력 F)] $F=\dfrac{Q^2}{16\pi\epsilon_0 d^2}=\dfrac{1}{4}\times\dfrac{1}{4\pi\epsilon_0 d^2}$

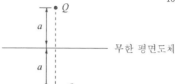

$F=\dfrac{1}{4\pi\epsilon_0}\dfrac{Q^2}{(2d)^2}\,[N]$
여기서, ϵ_0 : 진공중이 유전율, Q : 전하, d : 거리
$F=\dfrac{Q^2}{16\pi\epsilon_0 d^2}=\dfrac{1}{4}\times\dfrac{1}{4\pi\epsilon_0 d^2}$ → $(\dfrac{1}{4\pi\epsilon_0}=9\times 10^9)$
$=\dfrac{1}{4}\times 9\times 10^9\times\dfrac{1}{1^2}=\dfrac{9}{4}\times 10^9\,[N]$ 【정답】③

04. 두 자성체 경계면에서 정자계가 만족하는 것은?

① 자계의 법선성분이 같다.

② 자속밀도의 접선성분이 같다.

③ 자속은 투자율이 작은 자성체에 모인다.

④ 양측 경계면상의 두 점간의 자위차가 같다.

|정|답|및|해|설|
[두 자성체 경계면에서 정자계]
·자계의 **접선성분이 같다.**
·자속밀도의 **법선성분이 같다.**
·경계면상의 두 점간의 자위치는 같다.
·자속은 **투자율이 높은 쪽으로 모이려는 성질**이 있다.
【정답】④

05. 공기중 임의의 점에서 자계의 세기(H)가 20[AT/m]라면 자속밀도(B)는 약 몇 [Wb/m²]인가?

① 2.5×10^{-5}

② 3.5×10^{-5}

③ 4.5×10^{-5}

④ 5.5×10^{-5}

|정|답|및|해|설|
[자속밀도와 자계의 세기] $B=\mu_0 H[\text{Wb/m}^2]$
여기서, μ_0 : 진공시의 투자율, H : 자계의 세기
→ $(\mu=\mu_s\mu_0,\ 공기중\ \mu_s=1,\ \mu_0=4\pi\times 10^{-7})$
∴$B=\mu_0 H=4\pi\times 10^{-7}\times 20=2.5\times 10^{-5}[\text{Wb/m}^2]$
【정답】①

06. 자기회로 단면적 $4[cm^2]$의 철심에 6×10^{-4} $[Wb]$의 자속을 통하게 하려면 2800[AT/m]의 자계가 필요하다. 이 철심의 비투자율은?

① 12[H/m]　　　　② 43[H/m]

③ 75[H/m]　　　　④ 426[H/m]

|정|답|및|해|설|

[철심의 비투자율] $\mu_s = \dfrac{\varnothing}{\mu_0 HS}[H/m]$

$\rightarrow (\varnothing = BS = \mu HS = \mu_0 \mu_s HS)$

$\therefore \mu_s = \dfrac{\varnothing}{\mu_0 HS} = \dfrac{6 \times 10^{-4}}{4\pi \times 10^{-7} \times 2800 \times 4 \times 10^{-4}} = 426[H/m]$

【정답】④

---

07. 강자성체가 아닌 것은?

① 철(Fe)　　　　② 니켈(Ni)

③ 백금(Pt)　　　　④ 코발트(Co)

|정|답|및|해|설|

[자성체의 분류] 자계 내에 놓았을 때 자석화 되는 물질

종류	비투자율	비자하율	원소
강자성체	$\mu_r \geq 1$	$\chi_m \gg 1$	철, 니켈, 코발트
상자성체	$\mu_r > 1$	$\chi_m > 0$	알루미늄, 망간, **백금**, 주석, 산소, 질소
반(역)자성체	$\mu_r < 1$	$\chi_m < 0$	은, 비스무트, 탄소, 규소, 납, 아연, 황, 구리, 실리콘
반강자성체			

【정답】③

---

08. 자기인덕턴스가 10[H]인 코일에 3[A]의 전류가 흐를 때 코일에 축적된 자계에너지는 몇 [J]인가?

① 30　　　　② 45

③ 60　　　　④ 90

|정|답|및|해|설|

[코일에 축적된 자계에너지] $W = \dfrac{1}{2}LI^2$

$W = \dfrac{1}{2}LI^2 = \dfrac{1}{2} \times 10 \times 3^2 = 45[J]$

※ 1. L : —⟋⟍⟋⟍⟋⟍— $W = \dfrac{1}{2}LI^2[J]$

2. C : —| |— $W = \dfrac{1}{2}CV^2[J]$

3. R : —⟋⟍⟋⟍— $W = Pt[J]$

【정답】②

---

09. 무손실 유전체에서 평면 전자파의 전계 E와 자계 H 사이 관계식으로 옳은 것은?

① $H = \sqrt{\dfrac{\epsilon}{\mu}}\,E$　　　　② $H = \sqrt{\dfrac{\mu}{\epsilon}}\,E$

③ $H = \dfrac{\epsilon}{\mu}E$　　　　④ $H = \dfrac{\mu}{\epsilon}E$

|정|답|및|해|설|

[고유임피던스] $Z_\eta = \dfrac{E}{H} = \sqrt{\dfrac{\mu}{\epsilon}}$

$\therefore H = \dfrac{E}{\sqrt{\dfrac{\mu}{\epsilon}}} = E \cdot \sqrt{\dfrac{\epsilon}{\mu}}$

【정답】①

---

10. 진공 중에 판간 거리가 $d[m]$인 무한 평판 도체 간의 전위차[V]는? (단, 각 평판 도체에는 면전하밀도 $+\sigma[C/m^2]$, $-\sigma[C/m^2]$가 각각 분포되어 있다.)

① σd　　　　② $\dfrac{\sigma}{\epsilon_0}$

③ $\dfrac{\epsilon_0 \sigma}{d}$　　　　④ $\dfrac{\sigma}{\epsilon_0}d$

|정|답|및|해|설|

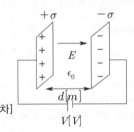

[평행판에서의 전위차]

$V = Ed = \dfrac{\sigma}{\epsilon_0} \cdot d$　　$\rightarrow (\sigma : 면전하밀도)$

전하밀도 $\sigma[C/m^2]$에서 나오는 전기력선 밀도

전계의 세기 $E = \dfrac{\sigma}{\epsilon_0}[개/m^2] = \dfrac{\sigma}{\epsilon_0}[V/m]$이므로

전위차 $V = Ed \rightarrow V = \dfrac{\sigma}{\epsilon_0}d[V]$

【정답】④

11. 도체가 관통하는 자속이 변하든가 또는 자속과 도체가 상대적으로 운동하여 도체내의 자속이 시간적 변화를 일으키면 이 변화를 막기 위하여 도체 내에 국부적으로 형성되는 임의의 폐회로를 따라 전류가 유기되는데 이 전류를 무엇이라 하는가?

① 히스테리시스전류 ② 와전류

③ 변위전류 ④ 과도전류

|정|답|및|해|설|

[와전류] 와전류는 자속의 변화를 방해하기 위해서 국부적으로 만들어지는 맴돌이 전류로서 자속이 통과하는 면을 따라 폐곡선을 그리면서 흐르는 전류이다. 【정답】②

|참|고|

① 히스테리시스전류 : 주로 자성 물질이나 코어 재료에서 전자기적인 히스테리시스 현상으로 인해 발생하는 전류

③ 변위전류 : 유전체 내에 존재하는 전속밀도의 시간적 변화에 의한 것

④ 과도전류 : 회로가 과도상태일 때 흐르는 전류. 즉 회로를 개폐하거나 회로상수를 급변하거나 하는 순간에 회로 중간에 흐르는 전류

12. 유전율 ϵ, 투자율 μ인 매질 내에서 전자파의 전파속도는 몇 [m/sc]인가?

① $\sqrt{\epsilon\mu}$ ② $\sqrt{\dfrac{\epsilon}{\mu}}$

③ $\dfrac{1}{\sqrt{\epsilon\mu}}$ ④ $\sqrt{\dfrac{\mu}{\epsilon}}$

|정|답|및|해|설|

[전자파의 속도] $v=\dfrac{\omega}{\beta}=\dfrac{1}{\sqrt{LC}}=\lambda f=\dfrac{1}{\sqrt{\epsilon\mu}}=\dfrac{3\times10^8}{\sqrt{\epsilon_s\mu_s}}[m/\sec]$

여기서, ϵ : 유전율, μ : 투자율

$\therefore v=\dfrac{1}{\sqrt{\mu\epsilon}}=\dfrac{1}{\sqrt{\mu_0\mu_s\epsilon_0\epsilon_s}}=\dfrac{C_0}{\sqrt{\mu_s\epsilon_s}}=\dfrac{3\times10^8}{\sqrt{\mu_s\epsilon_s}}[m/s]$

$\rightarrow(C_0(\text{빛의 속도})=\dfrac{1}{\sqrt{\epsilon_0\mu_0}}=3\times10^8[m/s])$

【정답】③

13. 1,000[AT/m]의 자계 중에 어떤 자극을 놓았을 때 3×10^2[N]의 힘을 받았다고 한다. 자극의 세기는 몇 [Wb]인가?

① 0.03[Wb] ② 0.3[Wb]

③ 3[Wb] ④ 30[Wb]

|정|답|및|해|설|

[자극에 작용하는 힘] $F=mH$

여기서, m : 자극, H : 자계의 세기

$\therefore m=\dfrac{F}{H}=\dfrac{3\times10^2}{1000}=\dfrac{300}{1000}=0.3[Wb]$ 【정답】②

14. 접지 구도체와 점전하간의 작용력은?

① 항상 반발력이다.

② 항상 흡인력이다.

③ 조건적 반발력이다.

④ 조건적 흡인력이다.

|정|답|및|해|설|

[접지 도체구와 점전하]

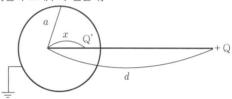

1. 영상전하 $Q'=-\dfrac{a}{d}Q[C]$

2. 영상전하 위치 $x=\dfrac{a^2}{d}[m]$

3. 접지구도체에는 항상 점전하와 **반대 극성**인 전하가 유도되므로 항상 **흡인력**이 작용한다. 【정답】②

15. 권선가 N인 철심이 들어있는 환상 솔레노이드가 있다. 철심의 투자율이 일정하다고 하면, 이 솔레노이드의 자기인덕턴스 L은 얼마인가? (단, R_m은 철심의 자기저항이다.)

① $L=\dfrac{R_m}{N^2}$ ② $L=\dfrac{N^2}{R_m}$

③ $L=R_mN^2$ ④ $L=\dfrac{N}{R_m}$

|정|답|및|해|설|

[환상 솔레노이드의 자기인덕턴스] $L=\dfrac{\mu SN^2}{l}[H]$

여기서, L : 자기인덕턴스, μ : 투자율[H/m], N : 권수
    S : 단면적[m²], l : 길이[m]

$\therefore L=\dfrac{\mu SN^2}{l}=\dfrac{N^2}{\dfrac{l}{\mu S}}=\dfrac{N^2}{R_m}[H]$ → (자기저항 $R_m=\dfrac{l}{\mu S}[AT/Wb]$)

【정답】④

16. 변압기 철심으로 주철을 사용하지 않고 규소강판이 사용되는 주된 이유는?

① 와류손을 적게 하기 위하여

② 큐리온도를 높이기 위하여

③ 히스테리시스손을 적게 하기 위하여

④ 부하손(동손)을 적게 하기 위하여

|정|답|및|해|설|
[변압기 철손(P_i)] 자속 변화로 발생하는 손실은 무부하 손, 즉 철손으로 와류손과 히스테리시스손이 있다.
1. 와류손 : 자속의 변화로 생기는 와전류에 의해 생기는 손실
  → 방지책 : 성층결선
2. **히스테리시스손** : 자화를 하기 위해서 생기는 **에너지 손실**이다.
  → 방지책 : **규소강판 사용**　　　　　　【정답】③

17. 동심구에서 내부 도체의 반지름이 a, 절연체의 반지름이 b, 외부 도체의 반지름이 c이다. 내부 도체에만 전하 Q를 주었을 때 내부 도체의 전위는? (단, 절연체의 유전율은 ϵ_0이다.)

① $\dfrac{Q}{4\pi\epsilon_0 a}\left(\dfrac{1}{a}+\dfrac{1}{b}\right)$　② $\dfrac{Q}{4\pi\epsilon_0}\left(\dfrac{1}{a}-\dfrac{1}{b}\right)$

③ $\dfrac{Q}{4\pi\epsilon_0}\left(\dfrac{1}{a}-\dfrac{1}{b}-\dfrac{1}{c}\right)$　④ $\dfrac{Q}{4\pi\epsilon_0}\left(\dfrac{1}{a}-\dfrac{1}{b}+\dfrac{1}{c}\right)$

|정|답|및|해|설|
[동심도구체의 전위]

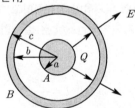

1. 도체A Q[C], 도체B -Q[C] : $V_a=\dfrac{Q}{4\pi\epsilon_0}\left(\dfrac{1}{a}-\dfrac{1}{b}\right)[V]$
  → (접지가 있을 경우)
2. 도체A Q[C], 도체B Q=0 : $V_a=\dfrac{Q}{4\pi\epsilon_0}\left(\dfrac{1}{a}-\dfrac{1}{b}+\dfrac{1}{c}\right)[V]$
  → (전하 $Q=0$의 의미는 +와 -가 공존, $b=-1$, $c=+1$)
3. 도체A Q=0, 도체B Q[C] : $V_a=\dfrac{Q}{4\pi\epsilon_0 c}[V][V]$
　　　　　　　　　　　　　　　　　　　【정답】④

18. 전계의 세기를 주는 대전체 중 거리 r에 반비례하는 것은?

① 구전하에 의한 전계

② 점전하에 의한 전계

③ 선전하에 의한 전계

④ 전기쌍극자에 의한 전계

|정|답|및|해|설|
[선전하에 의한 전계] $E=\dfrac{\lambda}{2\pi\epsilon_0 r}[V/m]$

$\therefore E\propto\dfrac{1}{r}$　　　　　　　　　　【정답】③

|참|고|
① 구전하 $E=\dfrac{Q}{4\pi\epsilon r^2}=9\times10^9\dfrac{Q}{\epsilon_s r^2}[N]$

② 점전하 $E=\dfrac{Q_1 Q_2}{4\pi\epsilon r^2}=9\times10^9\dfrac{Q_1 Q_2}{\epsilon_s r^2}[N]$

④ 전기쌍극자 $E=\dfrac{M}{4\pi\epsilon_0 r^3}\sqrt{1+3\cos^2\theta}\,[V/m]$

19. 철심에 도선을 250회 감고 1.2[A]의 전류를 흘렸더니 1.5×10^{-3}[Wb]의 자속이 생겼다. 자기저항[AT/Wb]은?

① 2×10^5　　　　② 3×10^5

③ 4×10^5　　　　④ 5×10^5

|정|답|및|해|설|
[자기저항] $R_m=\dfrac{F}{\varnothing}=\dfrac{NI}{\varnothing}[AT/Wb]$
　　　　　　　　→ (기자력 $F=NI=R\varnothing\,[AT]$)
$R_m=\dfrac{NI}{\varnothing}=\dfrac{250\times1.2}{1.5\times10^{-3}}=2\times10^5[AT/Wb]$

　　　　　　　　　　　　　　　　　　　【정답】①

20. 반지름 a[m]인 도체구에 전하 Q[C]을 주었을 때, 구 중심에서 r[m] 떨어진 구 밖$(r>a)$의 한 점의 전속밀도 D[C/m^2]는?

① $\dfrac{Q}{4\pi o^2}$　　　　② $\dfrac{Q}{4\pi r^2}$

③ $\dfrac{Q}{4\pi \epsilon a^2}$　　　　④ $\dfrac{Q}{4\pi \epsilon r^2}$

|정|답|및|해|설|

[전속밀도] $D=\dfrac{\text{전기량}}{\text{면적}}=\dfrac{Q}{S}=\dfrac{Q}{4\pi r^2}=E\cdot\epsilon_0\,[C/m^2]$

$\rightarrow \left(E=\dfrac{Q}{4\pi\epsilon_0 r^2}[V/m]\right)$

【정답】②

3회　2024년 전기산업기사필기 (전력공학)

21. 저압 네트워크 배전 방식에 대한 설명으로 틀린 것은?

① 전압강하가 적다.

② 인축의 접촉 사고가 거의 없다.

③ 무정전 공급의 신뢰도가 높다.

④ 부하의 증가에 대한 적응성이 크다.

|정|답|및|해|설|

[네트워크 배전 방식의 장점]
· 정전이 적으며 배전 신뢰도가 높다.
· 기기 이용률이 향상된다.
· 전압 변동이 적다.
· 적응성이 양호하다.
· 전력 손실이 감소한다.
· 변전소 수를 줄일 수 있다.
[네트워크 배전 방식의 단점]
· 건설비가 비싸다.
· **인축의 접촉 사고가 증가한다.**
· 특별한 보호 장치를 필요로 한다.　　　【정답】②

22. 조상설비가 있는 발전소 측 변전소에서 주변압기로 주로 사용되는 변압기는?

① 강압용 변압기　　② 단권 변압기
③ 3권선 변압기　　④ 단상 변압기

|정|답|및|해|설|

[조상설비] 조상설비는 계통에 무효전력을 공급하는 설비이다. **조상설비에는 3권선 변압기**를 사용한다.　　【정답】③

23. 송전선에 코로나가 발생하면 전선이 부식된다. 무엇에 의하여 부식되는가?

① 산소　　　　② 오존

③ 수소　　　　④ 질소

|정|답|및|해|설|

[코로나] 코로나의 영향으로는 전력의 손실과 전선의 부식, 그리고 통신선의 유도장해가 있으며, **전선의 부식은 오존(O_3)의 영향**으로 생긴다. 코로나의 발생을 억제하기 위해서는 도체의 굵기가 굵어져야 해서 복도체를 사용한다.　　【정답】②

24. 공칭단면적 200[mm^2], 전선무게 1.838 [kg/m], 전선의 바깥지름 18.5[mm]인 경동연선을 지지점 간 거리(경간) 200[m]로 가설하는 경우의 처짐정도(이도)는 약 몇 [m]인가? (단, 경동연선의 전단 인장하중은 7910[kg], 빙설하중은 0.416[kg/m], 풍압하중은 1.525 [kg/m], 안전율은 2.0이다.)

① 3.44[m]　　　　② 3.78[m]

③ 4.28[m]　　　　④ 4.78[m]

|정|답|및|해|설|

[처짐 정도(이도)] $D=\dfrac{WS^2}{8T}[m]$

여기서, W : 전선의 중량[kg/m], S : 지지점간 거리(경간) [m]
　　　　T : 전선의 수평장력[kg] $\left(T=\dfrac{\text{인장하중}}{\text{안전율}}\right)$

· 수직하중=자중+빙설하중 =1.838+0.416=2.254[kg/m]
· 수평하중=풍압하중=1525[kg/m]
· 전선의 하중= $\sqrt{(\text{수직하중})^2+(\text{수평하중})^2}$
　　　　= $\sqrt{2.254^2+1.525^2}=2.72[kg/m]$

$\therefore D=\dfrac{WS^2}{8T}=\dfrac{2.721\times200^2}{8\times\dfrac{7910}{2}}=3.44[m]$　　【정답】①

25. 1[BTU]는 약 몇 [kcal]인가?

① 0.252　　　　② 0.2389

③ 47.86　　　　④ 71.67

|정|답|및|해|설|

[BTU] B.T.U와 kcal의 관계
1[kcal]=3.968[BTU]
1[BTU]=0.252[kcal]　　　　　　　　　　【정답】①

26. 석탄연소 화력발전소에서 사용되는 집진장치의 효율이 가장 큰 것은?

① 전기식집진기

② 수세식집진기

③ 원심력식 집진장치

④ 직접 결합식 집진장치

|정|답|및|해|설|
[집진기] 연도로 배출되는 먼지(분진)를 수거하기 위한 설비로 기계식과 전기식이 있다.
1. 기계식 : 원심력 이용(사이클론 식)
2. 전기식 : 코로나 방전 이용(코트렐 방식)
【정답】①

27. 전력용 퓨즈에 대한 설명 중 틀린 것은?

① 정전용량이 크다.   ② 차단용량이 크다.

③ 보수가 간단하다.   ④ 가격이 저렴하다.

|정|답|및|해|설|
[전력용 퓨즈의 장점]
·소형, 경량으로 가격이 저렴하다.
·한류 특성을 가진다.
·고속도 차단할 수 있다.
·소형으로 큰 차단용량을 가진다.
·유지 보수가 간단하다.
·정전용량이 작다.
·릴레이나 변성기가 필요하다.
[전력용 퓨즈의 단점]
·결상의 우려가 있다.
·재투입할 수 없다.
·차단시 과전압 발생
·과도전류에 용단되기 쉽다.
※전력퓨즈는 단락보호로 사용되나 부하전류의 개폐용으로 사용되지 않는다.
【정답】①

28. 지중 케이블에서 고장점을 찾는 방법이 아닌 것은?

① 머리 루프(Murray loop) 시험기에 의한 방법

② 메거(Megger)에 의한 측정방법

③ 임피던스 브리지법

④ 펄스에 의한 측정법

|정|답|및|해|설|
[고장점을 찾는 방법]
1. 펄스레이다
2. 머리 루프
3. 정전용량 측정
4. 임피던스측정
5. 음향탐지법
※메거는 절연저항계이고 절연저항측정 시에 사용한다.
【정답】②

29. 피뢰기의 구비조건이 아닌 것은?

① 속류의 차단 능력이 충분할 것

② 충격방전 개시전압이 높을 것

③ 상용 주파 방전 개시 전압이 높을 것

④ 방전 내량이 크고, 제한전압이 낮을 것

|정|답|및|해|설|
[피뢰기의 구비 조건]
·충격 방전 개시 전압이 **낮을 것**
·상용 주파 방전 개시 전압이 높을 것
·방전내량이 크면서 제한 전압이 낮을 것
·속류 차단 능력이 충분할 것   【정답】②

30. 송전 계통의 중성점을 직접 접지하는 목적과 관계 없는 것은?

① 고장전류 크기의 억제

② 이상전압 발생의 방지

③ 보호계전기의 신속 정확한 동작

④ 전선로 및 기기의 절연 레벨을 경감

|정|답|및|해|설|
[직접접지의 목적]
1. 1선지락 시 건전상의 대지전압 상승을 1.3배 이하로 억제한다(유효접지).
2. 선로 및 기기의 절연레벨을 경감시킨다(저감절연, 단절연 가능).
3. 보호계전기의 동작을 확실하게 한다.
4. 이상전압의 경감 및 발생 억제   【정답】①

|참|고|
[고장전류 억제 방법]
1. 한류리액터 설치
2. 한류퓨즈 설치
3. 고속차단기 설치
4. 계통의 분리 및 설계 개선

31. 고압 가공배전선로에서 고장, 또는 보수 점검시, 정전 구간을 축소하기 위하여 사용되는 것은?

① 구분개폐기   ② 컷아웃스위치

③ 캐치홀더   ④ 공기차단기

|정|답|및|해|설|

[구분 개폐기(ASS)] 고압 가공배전선에서 고장 또는 보수점검시 정전 **구간을 축소하기 위하여 사용**되는 개폐기이다.

【정답】①

32. 인입되는 전압이 정정값 이하로 되었을 때 동작하는 것으로서 단락 고장검출 등에 사용되는 계전기는?

① 접지 계전기

② 부족 전압 계전기

③ 역전력 계전기

④ 과전압 계전기

|정|답|및|해|설|

[부족전압 계전기(UVR : undervoltage Relay)] 전압이 정정치 이하로 동작하는 계전기로 단락고장 검출 등에 사용된다.

【정답】②

|참|고|

① 접지계전기 : 선로의 접지 검출용

③ 역전력 계전기는 전력 시스템에서 전력이 역류하는 상황을 감지하여 보호하는 장치

④ 과전압 계전기 : 과전압 계전기는 계전기에 주어지는 전압이 설정값과 같던가, 그보다 커지면 동작하는 계전기로 과전압 보호용이다.

33. 배전선로의 주상변압기에서 1차 측에 시설하는 개폐기는?

① 컷아웃 스위치   ② 부하개폐기

③ 리클로저   ④ 캐치홀더

|정|답|및|해|설|

[주상변압기 보호장치]

1. 1차측(고압) 보호 : 피뢰기, 컷아웃스위치(COS)나 프라이머리 컷아웃 스위치(P.C)를 설치

2. 2차측(저압) 보호 : 중성점 접지, 캐치 홀더를 설치한다.

【정답】①

34. 개폐서지를 흡수할 목적으로 설치하는 것의 약어는?

① CT   ② SA

③ GIS   ④ ATS

|정|답|및|해|설|

[서지흡수기(SA)] 변압기, 발전기 등을 서지로부터 보호 (내부 이상 전압에 대한 보호대책)

【정답】②

|참|고|

① CT(계기용변류기) : 대전류를 소전류로 변성하여 계기나계전기에 공급하기 위한 목적으로 사용되며 2차측 정격전류는 5[A]이다.

③ GIS(가스절연개폐기) : SF_6 가스를 이용하여 정상상태 및 사고, 단락 등의 고장상태에서 선로를 안전하게 개폐하여 보호

④ ATS(자동절환개폐기) : 주 전원이 정전되거나 전압이 기준치 이하로 떨어질 경우 예비전원으로 자동 절환 하는 개폐기

※피뢰기 : 외부 이상전압에 대한 보호대책

35. 단상 2선식을 기준으로 하여 단상 3선식의 부하 전력, 전압을 같게 하였을 경우 단상 3선식에 흐르는 전류는 단상 2선식의 몇 배가 되는가? (단, 중성선에 전류는 흐르지 않는다.)

① $\frac{1}{2}$ 배   ② $\frac{3}{2}$ 배

③ $\frac{1}{3}$ 배   ④ $\frac{\sqrt{3}}{2}$ 배

|정|답|및|해|설|

[단상2선식의 전력] $P_1 = VI_1\cos\theta$

[단상3선식의 전력] $P_2 = 2VI_2\cos\theta$

$P = 2VI_2\cos\theta == VI_1\cos\theta \;\; \rightarrow 2I_2 = I_1$

$\therefore I_2 = \frac{1}{2}I_1$

【정답】①

36. 어떤 발전소의 발전기는 그 정격이 13.2[kV], 93,000[kVA], 95[%]라고 명판에 씌어 있다. 이 발전기의 임피던스는 몇 [Ω]인가?

① 1.2   ② 1.8

③ 1200   ④ 1780

|정|답|및|해|설|

[임피던스] $Z = \dfrac{\%Z \times 10 \times V^2}{P_a}$

$\rightarrow (\%Z = \dfrac{P_a \cdot Z}{10\,V^2}[\%]) \;\; \rightarrow (P_a[kVA] : 피상전력(P_a = E \cdot I))$

$\therefore Z = \dfrac{\%Z \times 10 \times V^2}{P_a} = \dfrac{95 \times 10 \times 13.2^2}{93000} = 1.8[\Omega]$

【정답】②

37. 다음 중 계기용 변성기가 아닌 것은?

① 과전압계전기   ② 계기용변류기

③ 계기용변압기   ④ 영상변류기

|정|답|및|해|설|
[계기용 변성기] 고전압, 대전류의 전력계통에서 측정용 계기나 보호 계전기 등에 안전하고 정확한 값을 제공하기 위해 사용되는 변성기이다.
1. 전압 측정용으로 계기용변압기
2. 전류 측정용으로 계기용 변류기
3. 약호 및 용도

명칭	약호	심벌 (단선도)	용도(역할)
계기용 변압변류기	MOF	MOF	전력량을 적산하기 위하여 고전압과 대전류를 저전압, 소전류로 변성 **MOF=PT+CT**
계기용 변압기	PT		고전압을 저전압(110[V])으로 변성 계기나 계전기에 전압원 공급
계기용 변류기	CT	CT CT	대전류를 소전류(5[A])로 변성 계기나 계전기에 전류원공급
영상변류기	ZCT	ZCT	지락전류(영상전류)의 검출 1차 정격 200[mA] 2차 정격 1.5[mA]

※ ① 과전압 계전기 : 과전압 계전기는 계전기에 주어지는 전압이 설정값과 같던가, 그보다 커지면 동작하는 계전기로 과전압 보호용이다.

【정답】①

38. 길이가 37[km]인 단상 2선식 전선로의 작용인덕턴스가 1.5[mH/km]일 때 리액턴스는 몇 [Ω]인가? (단, 정격전압 100[V], 주파수 60[Hz]이다.)

① 100   ② 50

③ 40   ④ 30

|정|답|및|해|설|
[유도성리액턴스] $X_L = wL = 2\pi f L$

$\therefore X_L = 2\pi f L l = 2 \times 3.14 \times 60 \times 1.5 \times 10^{-3} \times 37 = 40[\Omega]$

【정답】③

39. 송전선에 복도체를 사용하는 주된 목적은?

① 역률 개선

② 정전용량의 감소

③ 인덕턴스의 증가

④ 코로나 발생의 방지

|정|답|및|해|설|
[복도체] 3상 송전선의 한 상당 전선을 2가닥 이상으로 한 것을 다도체라 하고, 2가닥으로 한 것을 보통 복도체라 한다.

[복도체의 특징]
· 코로나 임계전압이 15~20[%] 상승하여 **코로나 발생을 억제**
· 인덕턴스 20~30[%] 감소
· 정전용량 20[%] 증가
· 안정도가 증대된다.

【정답】④

40. 송전선로의 건설비와 전압과의 관계를 나타낸 것은?

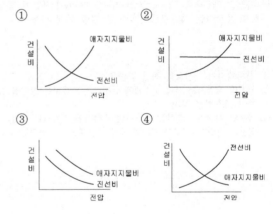

|정|답|및|해|설|
[건설비와 전압과의 관계]

1. 전선의 굵기 $A \propto \dfrac{1}{V^2}$ 이므로 V가 높을수록 전선비가 적게 든다.

2. 그러나 V가 높으면 건설비(애자 및 지지물 비용)나 유지비가 많이 든다.

【정답】①

41. 정격전압 1차 6,600[V], 2차 220[V]의 단상 변압기 2대를 승압기로 [V] 결선하여 6,300[V]의 3상 전원에 접속하면 승압된 전압은 약 몇 [V] 인가?

① 6,410   ② 6,460

③ 6,510   ④ 6,560

|정|답|및|해|설|

[승압된 전압] $E_2 = E\left(1 + \dfrac{e_2}{e_1}\right)$ [V]

여기서, E : 공급전압, e_1, e_2 : 정격전압

$\therefore E_2 = E\left(1 + \dfrac{e_2}{e_1}\right) = 6300\left(1 + \dfrac{220}{6600}\right) = 6,510$ [V]   【정답】③

42. 50[kVA], 3,300/110[V]의 변압기가 있다. 무부하일 때 1차 전류 0.5[A], 입력 600[W]이다. 변압기의 자화전류는 약 몇 [A]인가?

① 약 0.18   ② 약 0.36

③ 약 0.47   ④ 약 0.54

|정|답|및|해|설|

[자화전류] $I_\varnothing = \sqrt{I_0^2 - I_i^2}$

여기서, I_0 : 무부하전류(여자전류), I_i : 철손전류

$\rightarrow$ (여자전류 $I_0 = \sqrt{I_i^2 + I_\varnothing^2}$)

철손전류 $I_i = \dfrac{P_i}{V_1} = \dfrac{600}{3300} = 0.182$ [A] $\rightarrow (P_i = V_1 I_i)$

$\therefore I_\varnothing = \sqrt{I_0^2 - I_i^2} = \sqrt{0.5^2 - 0.182^2} = 0.47$ [A]   【정답】③

43. 6극 직류발전기의 정류자 편수가 132, 단자전압이 220[V], 직렬 도체수가 132개이고 중권이다. 정류자 편간전압은 몇 [V] 인가?

① 10   ② 20

③ 30   ④ 40

|정|답|및|해|설|

[정류자 편간전압] $e_{sa} = \dfrac{pE}{k}$ [V]

여기서, e_{sa} : 정류자편간전압, E : 유기기전력, p : 극수

    k : 정류자편수

$\therefore e_{sa} = \dfrac{pE}{k} = \dfrac{6 \times 220}{132} = 10$ [V]   【정답】①

|참|고|

[정류자] · 정류자편수 $k = \dfrac{Z}{2} = \dfrac{\mu}{2} s$

         · 정류자편수의 위상차 $\theta = \dfrac{2\pi}{k} = \dfrac{2\pi}{k}$

44. 비돌극형 동기발전기의 단자전압(1상)을 V, 유도기전력(1상)을 E, 동기리액턴스를 x_s, 부하각을 δ라고 하면 1상의 출력은 대략 얼마인가?

① $\dfrac{E^2 V}{x_s} \sin\delta$ ② $\dfrac{EV^2}{x_s} \sin\delta$

③ $\dfrac{EV}{x_s} \sin\delta$ ④ $\dfrac{EV}{x_s} \cos\delta$

|정|답|및|해|설|

[1상의 출력]

비돌극기의 출력 $P = \dfrac{EV}{Z_s} \sin(\alpha + \delta) - \dfrac{V^2}{Z_s} \sin\alpha$

전기자저항 r_a는 매우 작은 값이므로 무시하고

$Z_s \fallingdotseq x_s$, $\alpha \fallingdotseq 0$로 가정하면

$\therefore$1상의 출력 $P = \dfrac{EV}{x_s} \sin\delta$ [W]   【정답】③

45. 200[kW], 200[V]의 직류 분권발전기가 있다. 전기자권선의 저항이 0.025[Ω]일 때 전압변동률은 몇 [%]인가?

① 6.0   ② 12.5

③ 20.5   ④ 25.0

|정|답|및|해|설|

[전압변동률] $\epsilon = \dfrac{V_0 - V_n}{V_n} \times 100$

(V_0 : 무부하 단자전압 V_n : 단자전압)

$V_0 = V_n + R_a I_a \rightarrow (V_0 = E(기전력))$

$I_a = I + I_f = \dfrac{P}{V} + \dfrac{V}{R_f}$ 에서 계자저항이 주어지지않으므로

$I_a = \dfrac{P}{V} = \dfrac{200 \times 10^3}{200} = 1000$

$V_0 = V_n + R_a I_a = 200 + 0.025 \times 1000 = 225$

$\therefore$전압변동률 $\epsilon = \dfrac{V_0 - V_n}{V_n} \times 100 = \dfrac{225 - 200}{200} \times 100 = 12.5$ [%]

【정답】②

46. 무효전력보상장치(동기조상기)를 부족여자로 사용하면?

① 리액터로 작용

② 저항손의 보상

③ 일반 부하의 뒤진 전류를 보상

④ 콘덴서로 작용

|정|답|및|해|설|

[무효전력보상장치(동기조상기)] 무효전력보상장치(동기 조상기)는 동기전동기를 무부하로 회전시켜 직류 계자전류 I_f의 크기를 조정하여 무효 전력을 지상 또는 진상으로 제어하는 기기이다. 동력을 전달하지 않는다.

1. 중부하 시 **과여자 운전 : 콘덴서(C) 작용** → 역률개선
2. 경부하시 **부족여자 운전 : 리액터(L) 작용** → 이상전압의 상승 억제
3. 연속적인 조정(진상·지상) 및 시송전(시충전)이 가능하다.
4. 증설이 어렵다. 손실 최대(회전기)　　　　【정답】①

|참|고|

[동기전동기의 위상특성곡선(V곡선)]

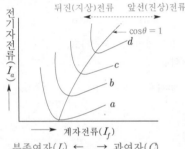

위상특성곡선(V곡선)에 나타난 바와 같이 공급 전압 V 및 출력 P_2를 일정한 상태로 두고 여자만을 변화시켰을 경우 **전기자 전류의 크기와 역률**이 달라진다.

1. 과여자(I_f : 증가)→앞선 전류(진상, 콘덴서(C) 작용)
2. 부족 여자(I_f : 감소)→뒤진 전류(지상, 리액터(L) 작용)

47. 3상 농형 유도전동기 기동법 중 옳은 것은?

① Y-△ 기동을 한다.

② 콘덴서를 이용하여 기동한다.

③ 2차 회로에 저항을 넣어 기동한다.

④ 기동저항기법을 사용한다.

|정|답|및|해|설|

[3상 농형 유도전동기의 기동법]
1. 전전압 기동법 : 5[hP] 이하의 소형(3.7[kW])
2. Y-△ 기동법 : 5~15[kW] 정도
3. 기동 보상기법
　·리액터 기동법 : 기동 전류를 제한하고자 할 때, 15[kW] 이상
　·콘돌파 기동법 : 동보상기법과 리액터기동 방식을 혼합한 방식
　　　　　　　　　　　　　　　　　　　【정답】①

|참|고|

[권선형 유도전동기 기동법]

1. 2차측의 슬립링을 통하여 기동저항을 삽입하고 비례 추이의 특성을 이용하여 속도·토크 특성을 변화시켜 가면서 가동하는 방식

2. 2차저항기법, 게르게스법 등이 있다.

48. 직류-직류 변환기이고 전기철도의 직권전동기의 속도제어에서 전기자전압을 조정하면 속도 제어가 되는 것은?

① 초퍼　　　　　② 인버터

③ 듀얼 컨버터　　④ 사이클로 컨버터

|정|답|및|해|설|

[전력변환장치]
1. 컨버터(AC-DC) : 직류 전동기의 속도 제어
2. 인버터(DC-AC) : 교류 전동기의 속도 제어
3. **초퍼(고정DC-가변DC)** : 직류 전동기의 속도 제어
4. 사이클로 컨버터(고정AC-가변AC) : 가변 주파수, 가변 출력 전압 발생　　　　　　　　　　　　　　【정답】①

49. 직류발전기를 병렬운전할 때 균압선이 필요한 직류발전기는?

① 분권발전기, 직권발전기

② 분권발전기, 복권발전기

③ 직권발전기, 복권발전기

④ 분권발전기, 단극발전기

|정|답|및|해|설|

[균압선의 목적]

·병렬운전을 안정하게 하기 위하여 설치하는 것

·일반적으로 **직권 및 복권 발전기**에는 직권 계자 코일에 흐르는 전류에 의하여 병렬 운전이 불안정하게 되므로 **균압선을 설치**하여 직권 계자 코일에 흐르는 전류를 분류하게 된다.

【정답】③

50. 직류전동기의 속도제어 방법에서 광범위한 속도 제어가 가능하며, 운전효율이 가장 좋은 방법은?

① 계자제어   ② 전압제어
③ 직렬 저항제어   ④ 병렬 저항제어

|정|답|및|해|설|

[직류 전동기의 속도 제어법 비교]

구분	제어 특성	특징
계자제어법	계자 전류의 변화에 의한 자속의 변화로 속도 제어	속도 제어 범위가 좁다.
전압제어법	·정트크 제어 　-워드 레오나드 방식 　-일그너 방식	**·제어 범위가 넓다.** **·운전 효율 우수** ·손실이 적다. ·정역운전 가능 ·설비비 많이 듦
저항제어법	전기자 회로의 저항 변화에 의한 속도 제어법	효율이 나쁘다.

【정답】②

51. 직류 분권전동기가 있다. 단자전압이 215[V], 전기자 전류가 50[A], 전기자저항이 0.1[Ω], 회전수가 1,500[rpm]일 때 발생 회전력은 약 몇 [N·m]인가?

① 66.8   ② 72.7
③ 81.6   ④ 91.2

|정|답|및|해|설|

[직류 분권전동기 토크] $\tau = \dfrac{60EI_a}{2\pi N} = 9.55\dfrac{EI_a}{N} = 9.55\dfrac{P}{N}[N \cdot m]$

1. 역기전력 $E_c = V - R_a I_a = 215 - 50 \times 0.1 = 210[V]$
2. 출력 $P = E_c I_a = 210 \times 50 = 10500[W]$

∴ 토크 $\tau = 9.55\dfrac{P}{N} = 9.55 \times \dfrac{10500}{1500} = 66.85[N \cdot m]$

※ $\tau = 0.975\dfrac{P}{N}[kg \cdot m]$

【정답】①

52. 교류에서 직류로 변환하는 기기가 아닌 것은?

① 회전변류기   ② 인버터
③ 전동 직류발전기   ④ 셀렌정류기

|정|답|및|해|설|

[전력변환장치]
① 회전변류기 : 교류 전력을 직류 전력으로, 또는 그 반대로 변환하는 데 사용되는 전기 기기로 교류와 직류 사이의 변환기 역할
② 인버터(DC-AC) : **직류(DC) 전원을 교류(AC) 전원으로 변환**해 주는 전력 변환 장치. 교류 전동기의 속도 제어
③ 전동 직류발전기 : 전동기의 원리를 이용하여 직류 전류를 만들어내는 기계이다. 즉, 외부에서 공급된 전기에너지를 역학적인 회전 에너지로 바꾼 후, 다시 전기에너지(직류)로 변환하는 과정을 거친다.
④ 셀렌정류기 : 교류 전류를 직류 전류로 변환하는 역할을 하며, 셀레늄이라는 물질의 특성을 이용하여 만들어졌다.

【정답】②

53. 2대의 동기발전기가 병렬 운전하고 있을 때 동기화 전류가 흐르는 경우는?

① 기전력의 크기에 차가 있을 때
② 기전력의 위상에 차가 있을 때
③ 부하 분담에 차가 있을 때
④ 기전력의 파형에 차가 있을 때

|정|답|및|해|설|

[동기발전기 병렬 운전]

병렬 운전 조건	같지 않은 경우
기전력의 크기가 같을 것	무효순환전류가 흘러서 저항손 증가, 전기자 권선 과열, 역률 변동 등이 일어난다.
기전력의 위상이 같을 것	**동기화전류**가 흐르고 동기화력 작용, 출력 변동이 일어난다.
기전력의 주파수가 같을 것	동기화전류가 주기적으로 흘러서 심해지면 병렬운전을 할 수 없다.
기전력의 파형이 같을 것	고조파 무효 순환 전류가 흐르고 전기자 저항손이 증가하여 과열의 원인이 된다.

【정답】②

54. 6,600/210[V], 10[kVA] 단상 변압기의 퍼센트 저항강하는 1.2[%], 리액턴스강하는 0.9[%]이다. 임피던스전압[V]은?

① 99 ② 81
③ 65 ④ 37

|정|답|및|해|설|

[임피던스 전압] $V_s = \dfrac{\%z\, V_{1n}}{100}$ [V]

$\rightarrow (\%z = \dfrac{\text{임피던스전압}}{\text{인가전압}} = \dfrac{V_s}{V_{1n}} \times 100 [\%])$

퍼센트저항강하 $p = 1.2[\%]$, 퍼센트리액턴스강하 $q = 0.9[\%]$

1. 퍼센트 임피던스 강하
$\%z = \sqrt{p^2 + q^2} = \sqrt{1.2^2 + 0.9^2} = 1.5[\%]$

2. 임피던스 전압 $V_s = \dfrac{\%z\, V_{1n}}{100} = \dfrac{1.5 \times 6600}{100} = 99[V]$

【정답】①

55. 단락비가 큰 동기기의 특징 중 옳은 것은?

① 전압 변동률이 크다.
② 과부하 내량이 크다.
③ 전기자 반작용이 크다.
④ 송전선로의 충전용량이 작다.

|정|답|및|해|설|

[단락비가 큰 기계(철기계)]
·부피가 커지며 값이 비싸다.
·철손, 기계손 등의 고정손이 커서 효율은 나쁘다.
·**전압 변동률이 작다.**
·안정도 및 과부하 내량이 크다.
·**전기자 반작용이 작다.**
·**선로 충전 용량이 크다.**
·극수가 많은 저속기에 적합하다.
(단락비가 작은 기계를 동기계라고 한다.) 【정답】②

56. %임피던스 강하가 4[%]인 변압기가 운전 중 단락되었을 때 단락전류는 정격전류의 몇 배인가?

① 10 ② 15 ③ 20 ④ 25

|정|답|및|해|설|

[%임피던스] $\%Z = \dfrac{I_n}{I_s} \times 100 [\%]$ $\rightarrow (I_n : \text{정격전류})$

$\therefore I_s = \dfrac{V}{Z} = \dfrac{100}{\%Z} I_n = \dfrac{100}{4} I_n = 25 I_n [A]$ 【정답】④

|참|고|

[정격전류(I_n)가 주어지지 않을 경우]

1. 단상 : $I_n = \dfrac{P}{V} [A]$

2. 3상 : $I_n = \dfrac{P}{\sqrt{3}\, V} [A]$

57. 다음 전자석의 그림 중에서 전류의 방향이 화살표와 같을 때 위쪽 부분이 N극인 것은?

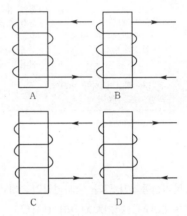

A B
C D

① A, B ② B, C
③ A, D ④ B, D

|정|답|및|해|설|

[앙페르의 오른나사법칙]
·전류의 방향과 자장의 방향의 관계를 나타내는 법칙
·오른나사의 진행방향으로 전류가 흐를 때 오른나사의 회전방향이 자장의 방향이 된다.

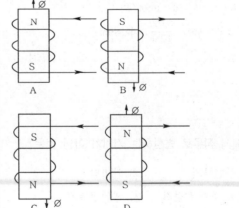

【정답】③

58. 다이오드를 사용한 정류회로에서 여러 개를 병렬로 연결하여 사용할 경우 얻는 효과는?

① 인가전압 증가

② 다이오드의 효율 증가

③ 부하 출력의 맥동률 감소

④ 다이오드의 허용 전류 증가

|정|답|및|해|설|
[다이오드의 접속]
1. 다이오드 직렬연결 : 과전압 방지
2. 다이오드 병렬연결 : 과전류 방지　　　　　　【정답】④

59. 2중 농형 유도전동기에서 외측(회전자 표면에 가까운 쪽) 슬롯에 사용되는 전선에 대한 설명으로 적합한 것은?

① 누설리액턴스가 작고 저항이 커야 한다.

② 누설리액턴스가 크고 저항이 커야 한다.

③ 누설리액턴스가 작고 저항이 작아야 한다.

④ 누설리액턴스가 크고 저항이 작아야 한다.

|정|답|및|해|설|
[2중 농형 유도전동기 외측 도체(슬롯)의 성질]
1. 기동전류가 작아야 한다. → (**저항이 커야 한다.**)
2. 기동토크는 커야 한다. → (**리액턴스가 작아야 한다.**)
　　　　　　　　　　　　　　　　　　【정답】①

60. 3상 유도전동기에 직결된 펌프가 있다. 펌프 출력은 80[kW], 효율 74.6[%], 전동기의 효율과 역률은 94[%]와 90[%] 라고 하면 전동기의 입력은 약 몇 [kVA]인가?

① 95.74　　　　　　② 104.4

③ 121.1　　　　　　④ 126.7

|정|답|및|해|설|
[3상 유도전동기의 입력] 전동기의 출력은 펌프의 입력이다.
펌프의 입력 $P_1 = \dfrac{출력}{효율} = \dfrac{80}{0.746} = 107.24[\text{kW}]$ → (효율 $= \dfrac{출력}{입력}$)

전동기 입력 $P_2 = \dfrac{전동기의 출력}{전동기 효율} = \dfrac{107.24}{0.94 \times 0.9} = 126.76[\text{kVA}]$

　→ ([kW]를 [kVA]로 바꾸기 위해서는 역률로 나누어 준다.)
　　　　　　　　　　　　　　　　　　【정답】④

61. 그림에서 a, b단자에 200[V]를 가할 때 저항 2[Ω]에 흐르는 전류 I_1[A]는?

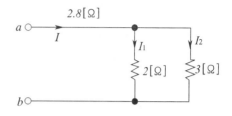

① 40　　　　　　　② 30

③ 20　　　　　　　④ 10

|정|답|및|해|설|
[분배전류] $I_1 = \dfrac{R_2}{R_1 + R_2} \times I[\text{A}]$

1. 합성저항 $R = 2.8 + \dfrac{2 \times 3}{2 + 3} = 4[\Omega]$

2. 전체전류 $I = \dfrac{V}{R} = \dfrac{200}{4} = 50[\text{A}]$

$\therefore I_1 = \dfrac{R_2}{R_1 + R_2} \times I = \dfrac{3}{2+3} \times 50 = 30[\text{A}]$

　　　　　　　　　　　　　　　　　　【정답】②

62. 정현파 교류의 실효값을 계산하는 식은?

① $I = \dfrac{1}{T} \displaystyle\int_0^T i^2 dt$　　　　② $I^2 = \dfrac{2}{T} \displaystyle\int_0^T i \, dt$

③ $I^2 = \dfrac{1}{T} \displaystyle\int_0^T i^2 dt$　　　　④ $I = \sqrt{\dfrac{2}{T} \displaystyle\int_0^T i^2 dt}$

|정|답|및|해|설|
[교류의 실효값]
1. 직류전류 I[A]가 흐를 때 소비전력 $P_{DC} = I^2 R[\text{W}]$

2. 교류전류 i[A]가 흐를 때 소비전력 $P_{AC} = \dfrac{1}{T} \displaystyle\int_0^T i^2 R dt \,[\text{W}]$
　　　　　　　　　　　　　　　　→ (T : 주기)

3. 실효값의 정의에 의해 $P_{DC} = P_{AC}$　→　$I^2 R = \dfrac{R}{T} \displaystyle\int_0^T i^2 dt$

$\therefore I^2 = \dfrac{1}{T} \displaystyle\int_0^T i^2 dt$　　　　　　【정답】③

63. 그림의 회로가 주파수에 관계없이 일정한 임피던스를 갖도록 $C[\mu F]$의 값을 구하면?

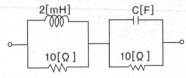

① 20
② 10
③ 2.45
④ 0.24

|정|답|및|해|설|

[정저항 회로] $R^2 = \dfrac{L}{C}$ $\qquad \rightarrow \left(R = \sqrt{\dfrac{L}{C}}\right)$

$\therefore C = \dfrac{L}{R^2} = \dfrac{2 \times 10^{-3}}{10^2} = 2 \times 10^{-5}[F] = 20[\mu F]$ $\quad \rightarrow (\mu = 10^{-6})$

【정답】①

64. $\pounds[f(t)] = F(s)$일 때의 $\displaystyle\lim_{t \to \infty} f(t)$는?

① $\displaystyle\lim_{s \to 0} F(s)$
② $\displaystyle\lim_{s \to 0} sF(s)$
③ $\displaystyle\lim_{s \to \infty} F(s)$
④ $\displaystyle\lim_{s \to \infty} sF(s)$

|정|답|및|해|설|

[최종값 정리] $\displaystyle\lim_{t \to \infty} f(t) = \lim_{s \to 0} sF(s)$ 【정답】②

|참|고|

[초기값의 정리] 함수 $f(t)$에 대해서 시간 t가 0에 가까워지는 경우 $f(t)$의 극한값을 초기값이라 한다. $f(0_+) = \displaystyle\lim_{t \to 0} f(t) = \lim_{s \to \infty} sF(s)$

65. 4단자 정수 A, B, C, D 중에서 어드미턴스 차원을 가진 정수는?

① A
② B
③ C
④ D

|정|답|및|해|설|

[4단자 기초 방정식]
A : 전압비, B : 임피던스, C : 어드미턴스, D : 전류비
4단자 기초 방정식 $\begin{bmatrix} V_1 \\ I_1 \end{bmatrix} = \begin{bmatrix} A & B \\ C & D \end{bmatrix}\begin{bmatrix} V_2 \\ I_2 \end{bmatrix}$

$V_1 = AV_2 + BI_2$, $\qquad I_1 = CV_2 + DI_2$

$A = \dfrac{V_1}{V_2}\bigg|_{I_2=0}$ 전압비, $\qquad B = \dfrac{V_1}{I_2}\bigg|_{V_2=0}$ 전달임피던스

$C = \dfrac{I_1}{V_2}\bigg|_{I_2=0}$ 어드미턴스, $\quad D = \dfrac{I_1}{I_2}\bigg|_{V_2=0}$ 전류비

【정답】③

66. 그림과 같은 회로에서 t=0일 때 스위치 K를 닫을 때 과도전류 $i(t)$ 어떻게 표시되는가?

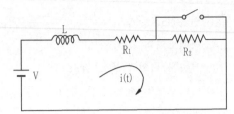

① $i(t) = \dfrac{V}{R_1}\left(1 - \dfrac{R_2}{R_1 + R_2}e^{-\frac{R_1}{L}t}\right)$

② $i(t) = \dfrac{V}{R_1 + R_2}\left(1 + \dfrac{R_2}{R_1}e^{-\frac{(R_1 + R_2)}{L}t}\right)$

③ $i(t) = \dfrac{V}{R_1}\left(1 + \dfrac{R_2}{R_1}e^{-\frac{R_2}{L}t}\right)$

④ $i(t) = \dfrac{R_1 V}{R_2 + R_1}\left(1 + \dfrac{R_1}{R_2 + R_1}e^{-\frac{(R_1 + R_2)}{L}t}\right)$

|정|답|및|해|설|

[과도전류]
1. 정상전류 $I_s = \dfrac{V}{R_1}$

2. 시정수 $\tau = \dfrac{L}{R_1}$

3. 초기전류 $i(0) = \dfrac{V}{R_1 + R_2} = \dfrac{V}{R_1} + K \rightarrow K = \dfrac{-R_2 V}{R_1(R_1 + R_2)}$

4. $i(t) = I_s + Ke^{-\frac{1}{\tau}t}[A]$

$i(t) = \dfrac{V}{R_1} - \dfrac{R_2 V}{R_1(R_1 + R_2)}e^{-\frac{R_1}{L}} = \dfrac{V}{R_1}\left(1 - \dfrac{R_2}{R_1 + R_2}e^{-\frac{R_1}{L}t}\right)[A]$

【정답】①

67. 그림과 같은 회로가 정저항회로가 되기 위한 $L[H]$은?

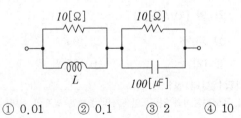

① 0.01
② 0.1
③ 2
④ 10

|정|답|및|해|설|

[정저항 회로 조건] $R = \sqrt{\dfrac{L}{C}}$

$L = CR^2 = 100 \times 10^{-6} \times 10^2 = 0.01[H]$

【정답】①

68. 어떤 소자가 60[Hz]에서 리액턴스 값이 10[Ω]이었다. 이 소자를 인덕터 또는 커패시터라 할 때, 인덕턴스[mH]와 정전용량[μF]은 각각 얼마인가?

① 26.53[mH], 295.37[μF]

② 18.37[mH], 265.25[μF]

③ 18.37[mH], 295.37[μF]

④ 26.53[mH], 265.25[μF]

|정|답|및|해|설|

[인덕턴스와 정전용량]

각속도 $\omega = 2\pi f = 2\pi \times 60 = 377$

1. 용량성리액턴스 $X_L = \omega L = 377L = 10[\Omega]$

$$\therefore L = \frac{10}{377} = 0.02653[\text{H}] = 26.53[\text{mH}]$$

2. 유도성리액턴스 $X_C = \frac{1}{\omega C} = \frac{1}{377C} = 10[\Omega]$

$$\therefore C = \frac{1}{377 \times 10} = 0.00026525[\text{F}] = 265.25[\mu\text{F}]$$

【정답】④

69. 선간전압 220[V], 역률 60[%]인 평형 3상 부하에서 소비전력 $P = 10[kW]$일 때 선전류는 약 몇 [A]인가?

① 25.8

② 32.8

③ 43.7

④ 53.6

|정|답|및|해|설|

[소비전력(3상)] $P = \sqrt{3} \, VI\cos\theta$

$$\therefore I = \frac{P_0}{\sqrt{3} \, V\cos\theta} = \frac{10 \times 10^3}{\sqrt{3} \times 220 \times 0.8} = 43.7[A]$$

【정답】③

70. 20[kVA] 변압기 2대로 공급할 수 있는 최대 3상 전력은 약 몇 [kVA]인가?

① 17

② 25

③ 35

④ 40

|정|답|및|해|설|

[V결선의 출력] '변압기 2대로 공급할 수 있는 최대 3상 전력'으로 V결선임을 알 수 있다.

V결선의 출력 $P_v = \sqrt{3} \, P_1 = \sqrt{3} \times 20 = 35[kVA]$ 【정답】③

71. 3상 회로의 선간전압이 각각 80[V], 50[V], 50[V] 일 때의 전압의 불평형률[%]은?

① 39.6

② 57.3

③ 73.6

④ 86.7

|정|답|및|해|설|

[전압의 불평형률] 불평형률 $= \dfrac{\text{역상분}}{\text{정상분}} = \dfrac{|E_2|}{|E_1|} \times 100[\%]$

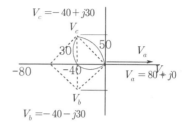

$E_a = 80 + j0[\text{V}]$, $E_b = -40 - j30[\text{V}]$, $E_c = -40 + j30[\text{V}]$

1. $E_1 = \frac{1}{3}(E_a + aE_b + a^2E_c)$: 정상전압

$$= \frac{1}{3}\left\{80 + \left(-\frac{1}{2} + j\frac{\sqrt{3}}{2}\right)(-40 - j30) + \left(-\frac{1}{2} - j\frac{\sqrt{3}}{2}\right)(-40 + j30)\right\}$$

$$= \frac{1}{3}(80 + 40 + 30\sqrt{3}) = 57.32[\text{V}]$$

2. $E_2 = \frac{1}{3}(E_a + a^2E_b + aE_c)$: 역상전압

$$= \frac{1}{3}\left\{80 + \left(-\frac{1}{2} - j\frac{\sqrt{3}}{2}\right)(-40 - j30) + \left(-\frac{1}{2} + j\frac{\sqrt{3}}{2}\right)(-40 + j30)\right\}$$

$$= \frac{1}{3}(80 + 40 - 30\sqrt{3}) = 22.68[\text{V}]$$

$\therefore$ 불평형률 $= \dfrac{|E_2|}{|E_1|} \times 100 = \dfrac{22.68}{57.32} \times 100 = 39.6[\%]$ 【정답】①

※문제에서 선간전압과 불평형률이 나오면 3이 들어간 답 중 가장 적은 것을 선택한다. → (시간이 없어 찍을 때 사용)

72. 기본파의 30[%]인 제3고조파와 기본파의 20[%]인 제5고조파를 포함하는 전압파의 왜형률은?

① 0.21

② 0.31

③ 0.36

④ 0.42

|정|답|및|해|설|

[왜형률] 왜형률 $= \dfrac{\text{각 고조파의 실효값의 합}}{\text{기본파의 실효값}}$

$$= \frac{\sqrt{V_3^2 + V_5^2}}{V_1} = \sqrt{\left(\frac{V_3}{V_1}\right)^2 + \left(\frac{V_5}{V_1}\right)^2}$$

$$= \sqrt{0.3^2 + 0.2^2} = 0.36$$

【정답】③

73. 그림과 같은 회로에서 스위치 S를 $t = 0$에서 닫았을 때 $(V_L)_{t=0} = 100[V]$, $\left(\dfrac{di}{dt}\right)_{t=0} = 400[A/s]$이다. $L[H]$의 값은?

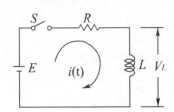

① 0.75 ② 0.5 ③ 0.25 ④ 0.1

|정|답|및|해|설|

[패러데이의 법칙] $V_L = L\dfrac{di}{dt}[V]$

$100 = L \times 400 \rightarrow \therefore L = \dfrac{100}{400} = 0.25[H]$ 【정답】③

74. 그림과 같은 회로에서 저항 $0.2[\Omega]$에 흐르는 전류는 몇 [A]인가?

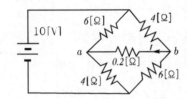

① 0.4 ② -0.4
③ 0.2 ④ -0.2

|정|답|및|해|설|

[테브낭의 정리]
1. 테브낭의 정리 이용 $0.2[\Omega]$ 개방시 양단에 전압 V_{ab}

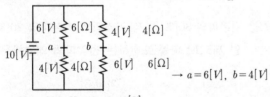

$\rightarrow a = 6[V], \ b = 4[V]$

$\therefore V_{ab} = V_a - V_b = 6 - 4 = 2[V]$

2. 전압원 제거(단락)하고, a, b에서 본 저항 R_t는

$R_{ab} = \dfrac{4 \times 6}{4 + 6} + \dfrac{4 \times 6}{4 + 6} = 4.8[\Omega]$

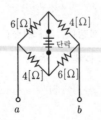

3. 테브낭의 등가회로

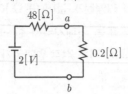

$I = \dfrac{V_{ab}}{R_{ab} + R} = \dfrac{2}{4.8 + 0.2} = 0.4[A]$ 【정답】①

75. $\dfrac{1}{s^2 + 2s + 5}$ 의 라플라스 역변환 값은?

① $e^{-2t}\cos 2t$ ② $\dfrac{1}{2}e^{-t}\sin t$

③ $\dfrac{1}{2}e^{-t}\sin 2t$ ④ $\dfrac{1}{2}e^{-t}\cos 2t$

|정|답|및|해|설|

[라플라스 변환] 변환된 함수가 유리수인 경우
1. 분모가 인수분해 되는 경우 : 부분 분수 전개
2. 분모가 인수분해 되는 않는 경우 : 완전 제곱형
그러므로 완전 제곱형

$F(s) = \dfrac{1}{s^2 + 2s + 5} = \dfrac{1}{(s+1)^2 + 4} = \dfrac{1}{2} \cdot \dfrac{2}{(s+1)^2 + 2^2}$

$\rightarrow (\dfrac{\omega}{s^2 + \omega^2} \leftarrow \sin\omega t)$

역라플라스 변환하면

$i(t) = \mathcal{L}^{-1}[I(s)] = \dfrac{1}{2}e^{-t}\sin 2t$ 【정답】③

76. 600[kVA], 역률 0.6(지상)인 부하 A와 800 [kVA], 역률0.8(진상)인 부하 B를 연결시 전체 피상전력[kVA]는?

① 640 ② 1000
③ 0 ④ 1400

|정|답|및|해|설|

[피상전력]
1. 부하 A의 피상전력
  $P_{a1} = 600 \times 0.6 - j600 \times 0.8 = 360 - j480[kVA]$
2. 부하 B의 피상전력
  $P_{a2} = 800 \times 0.8 + j800 \times 0.6 = 640 + j480[kVA]$
3. 전체 피상전력 $P_a = P_{a1} + P_{a2}$
  $= 360 - j480 + 640 + j480 = 1000[kVA]$

【정답】②

77. 상순이 a, b, c인 3상 회로에 있어서 대칭분 전압이
$V_0 = -8 + j3\,[V]$, $V_1 = 6 - j8\,[V]$
$V_2 = 8 + j12\,[V]$일 때 a상의 전압 $V_a[V]$는?
(단, V_0은 영상분, V_1은 정상분, V_1는 역상분전압이다.)

① $6 + j7$ ② $8 + j12$
③ $6 + j14$ ④ $16 + j4$

|정|답|및|해|설|_____
[대칭분에 의한 비대칭을 구할 때]
1. $V_a = V_0 + V_1 + V_2 = -8 + j3 + 6 - j8 + 8 + j12$
   $= 6 + j7[V]$
2. $V_b = V_0 + a^2 V_1 + a V_2$
3. $V_c = V_0 + a V_1 + a^2 V_2$ 【정답】①

78. 다음과 같은 비정현파 전압 및 전류에 의한 전력을 구하면 몇 [W]인가?

$$v(t) = 100\sin\omega t - 50\sin(3\omega t + 30°)$$
$$+ 20\sin(5\omega t + 45°)\,[V]$$

$$i(t) = 20\sin\omega t + 10\sin(3\omega t - 30°)$$
$$+ 5\sin(5\omega t - 45°)\,[A]$$

① 1175   ② 925
③ 875   ④ 825

|정|답|및|해|설|_____
[전력] $P = P_1 + P_3 + P_5 = V_1 I_1 \cos\theta_1 + V_3 I_3 \cos\theta_3 + V_5 I_5 \cos\theta_5$
→ (1고조파, 3고조파, 5고조파 존재하므로)
$\therefore P = V_1 I_1 \cos\theta_1 + V_3 I_3 \cos\theta_3 + V_5 I_5 \cos\theta_5$

$= \dfrac{100}{\sqrt{2}} \cdot \dfrac{20}{\sqrt{2}} \cos 0 + \dfrac{-50}{\sqrt{2}} \cdot \dfrac{10}{\sqrt{2}} \cos(60) + \dfrac{20}{\sqrt{2}} \cdot \dfrac{5}{\sqrt{2}} \cos(90)$

$= 1000 \times 1 - 250 \times \dfrac{1}{2} + 0 = 875\,[W]$

→ (실효값 $V = \dfrac{V_m}{\sqrt{2}}$, 위상차 θ = 전류 − 전압)
【정답】③

79. 어떤 회로에 전압 $v(t) = V_m \cos\omega t$를 가했더니 회로에 흐르는 전류는 $i(t) = I_m \sin\omega t$였다. 이 회로가 한 개의 회로 소자로 구성되어 있다면 이 소자의 종류는? (단, $V_m > 0$, $I_m > 0$이다)

① 저항   ② 인덕턴스
③ 정전용량   ④ 컨덕턴스

|정|답|및|해|설|_____
[인덕턴스] 전류가 전압보다 90도 위상이 뒤지는 현상은 인덕턴스의 고유한 특성
1. $V(t) = V_m \cos\omega t$
   $= V_m \sin(\omega t + 90)\,[V]$ → (cos을 sin으로 변환)
2. $i(t) = I_m \sin\omega t$
$\therefore$ 전류는 전압보다 90도 느리므로 인덕턴스 L이다.

＊[커패시터 회로] 전류가 전압보다 90도 위상이 앞서는 현상은 커패시터의 고유한 특성   【정답】②

80. 그림에서 $10[\Omega]$의 저항에 흐르는 전류는 몇 [A]인가?

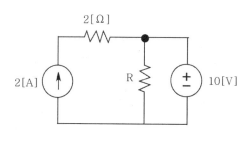

① 1   ② 2
③ 3   ④ 4

|정|답|및|해|설|_____
[중첩의 원리]
1. 2[A] 전류원, 10[V] 부하(단락)

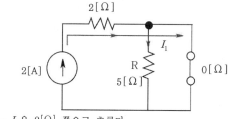

→ I_1은 0[Ω] 쪽으로 흐른다.
   따라서 $I_1 = 0[A]$

2. 2[A] 전류원, 10[V] 부하(개방)

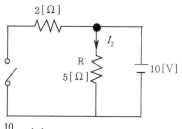

→ $I_2 = \dfrac{10}{5} = 2[A]$

$\therefore I = I_1 + I_2 = 0 + 2 = 2[A]$ 【정답】②

81. 시가지 내에 시설하는 154[kV] 가공 전선로에 지락 또는 단락이 생겼을 때 몇 초 안에 자동적으로 이를 전로로부터 차단하는 장치를 시설하여야 하는가?

① 1   ② 3   ③ 5   ④ 10

|정|답|및|해|설|
[시가지 등에서 특고압 가공전선로의 시설 (KEC 333.1)]
사용전압이 100[kV]을 초과하는 특고압 가공전선에 지락 또는 단락이 생겼을 때에는 **1초 이내에 자동적으로 이를 전로로부터 차단**하는 장치를 시설할 것
특고압보안공사시에는 2초 이내   【정답】①

82. 지중전선로를 직접 매설식에 의하여 차량 기타 중량물의 압력을 받을 우려가 있는 장소에 시설하는 경우 그 깊이는 몇 [m] 이상이어야 하는가?

① 1   ② 1.2

③ 1.5   ④ 1.8

|정|답|및|해|설|
[지중 전선로의 시설 (KEC 334.1)] 전선은 케이블을 사용하고, 또한 관로식, 암거식, 직접 매설식에 의하여 시공한다.
1. 직접 매설식 : 매설 깊이는 **중량물의 입력이 있는 곳은 1.0[m]** 이상, 없는 곳은 0.6[m] 이상으로 한다.
2. 관로식 : 매설 깊이를 1.0 [m]이상, 중량물의 압력을 받을 우려가 없는 곳은 60 [cm] 이상으로 한다.
3. 암거식 : 지하 구조물 내 케이블 지지대를 설치하고 그 위에 케이블을 부설하는 방식   【정답】①

83. 특고압을 직접 저압으로 변성하는 변압기의 시설 기준으로 적합하지 않은 것은?

① 전기로 등 전류가 큰 전기를 소비하기 위한 변압기

② 사용전압이 100[kV] 초과인 변압기로서 그 특고압측 권선과 저압측 권선이 혼촉하는 경우 자동 차단장치를 설치한 것

③ 발전소·변전소·개폐소 또는 이에 준하는 곳의 소내용 변압기

④ 교류식 전기철도용 신호회로에 전기를 공급하기 위한 변압기

|정|답|및|해|설|
[특고압을 직접 저압으로 변성하는 변압기의 시설 (KEC 341.3)]
특고압을 직접 저압으로 변성하는 변압기는 다음의 것 이외에는 시설하여서는 아니 된다.
1. 전기로 등 전류가 큰 전기를 소비하기 위한 변압기
2. 발전소·변전소·개폐소 또는 이에 준하는 곳의 소내용 변압기
3. 25[kV] 이하 중성점 다중 접지식 전로에 접속하는 변압기
4. 사용전압이 35[kV] 이하인 변압기로서 그 특고압측 권선과 저압측 권선이 혼촉한 경우에 자동적으로 변압기를 전로로부터 차단하기 위한 장치를 설치한 것.
5. 사용전압이 100[kV] **이하**인 변압기로서 그 특고압측 권선과 저압측 권선사이에 접지공사(접지저항 값이 10[Ω] 이하인 것에 한한다)를 한 금속제의 **혼촉방지판이 있는 것**.
6. 교류식 전기철도용 신호회로에 전기를 공급하기 위한 변압기
      【정답】②

84. 과부하 보호장치 설치시 단락의 위험과 화재 및 인체에 대한 위험성이 최소화 되도록 시설된 경우, 분기점으로부터 몇 [m] 까지 이동하여 설치할 수 있는가?

① 1   ② 2   ③ 3   ④ 4

|정|답|및|해|설|
[고부하 보호장치의 설치 및 위치 (KEC 212.4.2)] 단락의 위험과 화재 및 인체에 대한 위험성이 최소화 되도록 시설된 경우, 분기회로의 보호장치는 분기회로의 분기점(O)으로부터 **3[m]까지** 이동하여 설치할 수 있다.   【정답】③

85. 금속덕트공사에 적당하지 않은 것은?

① 전선은 절연전선을 사용한다.

② 덕트의 끝부분은 항시 개방시킨다.

③ 덕트 안에는 전선의 접속점이 없도록 한다.

④ 덕트의 안쪽 면 및 바깥 면에는 산화 방지를 위하여 아연도금을 한다.

|정|답|및|해|설|
[금속 덕트 공사 (KEC 232.31)] 금속 덕트는 다음 각 호에 따라 시설하여야 한다.
·덕트 상호 간은 견고하고 또한 전기적으로 완전하게 접속할 것.
·덕트를 조영재에 붙이는 경우에는 덕트의 지지점 간의 거리를 3[m](취급자 이외의 자가 출입할 수 없도록 설비한 곳에서 수직으로 붙이는 경우에는 6[m]) 이하로 하고 또한 견고하게 붙일 것.
·덕트의 뚜껑은 쉽게 열리지 아니하도록 시설할 것.
·**덕트의 끝부분은 막을 것**
·덕트 안에 먼지가 침입하지 아니하도록 할 것.
·덕트는 물이 고이는 낮은 부분을 만들지 않도록 시설할 것.
      【정답】②

86. 고압 가공전선로에 시설하는 피뢰기의 접지도체가 접지공사 전용의 것인 경우에 접지저항 값은 몇 [Ω]까지 허용되는가?

① 20   ② 30

③ 50   ④ 75

|정|답|및|해|설|
[피뢰기의 접지 (KEC 341.14)]
고압 및 특고압의 전로에 시설하는 피뢰기 접지저항 값은 10[Ω] 이하로 하여야 한다. 다만, 고압가공전선로에 시설하는 피뢰기 접지공사의 **접지선이 전용의 것인 경우에는 접지저항 값이 30[Ω]까지 허용**한다. 【정답】②

87. 다음 ( )에 들어갈 내용으로 옳은 것은?

> 전차선로는 무선설비의 기능에 계속적이고 또한 중대한 장해를 주는 ( )가 생길 우려가 있는 경우에는 이를 방지하도록 시설하여야 한다.

① 전자파   ② 혼촉

③ 단락   ④ 정전기

|정|답|및|해|설|
[전자파 장해의 방지 (KEC 461.6)]
1. 전차선로는 무선설비의 기능에 계속적이고 또한 중대한 장해를 주는 **전자파**가 생길 우려가 있는 경우에는 이를 방지하도록 시설하여야 한다.
2. 제1의 경우에 전차선로에서 발생하는 전자파 방사성 방해 허용기준은 궤도중심선으로부터 측정안테나까지의 거리 10[m] 떨어진 지점에서 6회 이상 측정하고, 각 회 측정한 첨두값의 평균값이 「전자파적합성 기준」에 따르도록 한다. 【정답】①

88. 폭연성 먼지(분진) 또는 화약류의 가루(분말)가 존재하는 곳의 저압 옥내배선은 어느 공사에 의하는가?

① 애자사용 공사 또는 가요전선관 공사

② 캡타이어케이블 공사

③ 합성수지관 공사

④ 금속관공사 또는 케이블 공사

|정|답|및|해|설|
[먼지(분진) 위험장소 (KEC 242.2)]
1. 폭연성 먼지(분진) : 설비를 금속관공사 또는 케이블 공사(캡타이어 케이블 제외)
2. 가연성 먼지(분진) : 합성수지관 공사, 금속관공사, 케이블 공사 【정답】④

89. 전로의 중성점을 접지하는 목적에 해당되지 않는 것은?

① 보호장치의 확실한 동작의 확보

② 부하전류의 일부를 대지로 흐르게 하여 전선 절약

③ 이상전압의 억제

④ 대지전압의 저하

|정|답|및|해|설|
[전로의 중성점의 접지 (KEC 322.5)] 중성점 접지의 목적은 이상전압의 억제, 기기보호, 보호계전기의 확실한 동작을 확보하며 절연을 경감하려는데 있다. 【정답】②

90. 특고압 가공전선로의 지지물로 사용하는 B종 철주에서 각도형은 전선로 중 몇 도를 넘는 수평 각도를 이루는 곳에 사용되는가?

① 1   ② 2   ③ 3   ④ 5

|정|답|및|해|설|
[특고압 가공전선로의 철주·철근 콘크리트주 또는 철탑의 종류 (KEC 333.11)] 특고 가공 전선로의 지지물로 사용하는 B종 철주, 철근 콘크리트주, 철탑의 종류는 다음과 같다.
1. 직선형 : 전선로의 직선 부분(3° 이하의 수평 각도 이루는 곳 포함)에 사용되는 것
2. **각도형** : 전선로 중 수평 각도 **3[°]를 넘는 곳**에 사용되는 것
3. 잡아 당김형(인류형) : 전 가섭선을 잡아 당기는 곳에 사용하는 것
4. 내장형 : 전선로 지지물 양측의 지지물 간 거리(경간) 차가 큰 곳에 사용하는 것
5. 보강형 : 전선로 직선 부분을 보강하기 위하여 사용하는 것 【정답】③

91. 저압 가공전선과 고압 가공전선을 동일 지지물에 시설하는 경우 저압 가공전선과 고압 가공전선 간격(이격거리)은 몇[cm] 이상이어야 하는가? (단, 각도주, 분기주 등에서 혼촉의 우려가 없도록 시설하는 경우는 제외한다.)

① 10   ② 20   ③ 40   ④ 50

|정|답|및|해|설|
[고압 가공전선 등의 병행설치 (KEC 332.8)]
· 저압 가공전선을 고압 가공전선의 아래로 하고 별개의 완금류에 시설할 것
· 간격(이격거리) **50[cm] 이상**으로 저압선을 고압선의 아래로 별개의 완금류에 시설 【정답】④

92. 특고압을 옥내에 시설하는 경우 그 사용전압의 최대 한도는 몇 [kV] 이하인가? (단, 케이블트레이공사는 제외)

① 25
② 80
③ 100
④ 160

|정|답|및|해|설|
[특고압 옥내 전기 설비의 시설 (KEC 342.4)]
· 사용전압은 **100[kV] 이하**일 것, 다만 케이블트레이공사에 의하여 시설하는 경우에는 35[kV] 이하일 것
· 전선은 케이블일 것   【정답】③

93. 직류 750[V]인 전차선과 건조물 간의 최소 절연간격은 동적인 경우 몇 [mm]인가?

① 25
② 100
③ 150
④ 170

|정|답|및|해|설|
[전차선로의 충전부와 건조물 간의 절연이격(KEC 431.2)]

시스템 종류	공칭전압 (V)	동적[mm]		정적[mm]	
		비오염	오염	비오염	오염
직류	750	**25**	**25**	25	25
	1,500	100	110	150	160
단상교류	25,000	170	220	270	320

【정답】①

94. 전력보안통신설비에서 전원공급기의 시설로 알맞지 않은 것은

① 지상에서 4[m4 이상 유지할 것
② 누전차단기를 내장할 것
③ 시설방향은 인도측으로 시설하며 외함은 접지를 시행할 것
④ 기기주, 변압기 전주 및 분기주 등 설비 복잡개소에는 전원공급기를 시설할 수 있다.

|정|답|및|해|설|
[전원공급기의 시설 (KEC 362.9)]
1. 전원공급기는 다음에 따라 시설하여야 한다.
  가. 지상에서 4[m] 이상 유지할 것.
  나. 누전차단기를 내장할 것.
  다. 시설방향은 인도측으로 시설하며 외함은 접지를 시행할 것.
2. 기기주, 변압기 전주 및 분기주 등 설비 복잡개소에는 **전원공급기를 시설할 수 없다.** 다만, 현장 여건상 부득이한 경우에는 예외적으로 전원공급기를 시설할 수 있나.
3. 전원공급기 시설시 통신사업자는 기기 전면에 명판을 부착하여야 한다.   【정답】④

95. 전로 중에 개폐기를 시설하는 경우에 각 극에 설치하지 않아도 되는 경우에 해당되지 않는 것은?

① 제어회로 등에 조작용 개폐기를 시설하는 경우
② 특고압 가공전선로로서 다중 접지를 한 중성선 포함 각 극에 개폐기를 시설하는 경우
③ 저압 옥내전로에 접속하는 전원측의 전로의 그 저압 옥내 전로의 인입구에 가까운 곳에 전용의 개폐기를 쉽게 개폐할 수 있는 곳의 각 극에 시설하는 경우
④ 사용전압이 400[V] 이하인 옥내 전로로서 다른 옥내전로(정격전류가 16[A] 이하인 과전류 차단기 또는 정격전류가 16[A]를 초과하고 20[A] 이하인 배선차단기로 보호되고 있는 것에 한한다)에 접속하는 길이 15[m] 이하의 전로에서 전기의 공급을 받는 것

|정|답|및|해|설|
[개폐기의 시설 (KEC 341.9)] 전로 중에 개폐기를 시설하는 경우(이 기준에서 개폐기를 시설하도록 정하는 경우에 한한다)에는 그곳의 각 극에 설치하여야 한다. 다만, 다음의 경우에는 그러하지 아니하다.
1. 저압 옥내 간선을 거치지 아니하고 전기사용 기계기구에 이르는 저압 옥내전로를 포함한다)의 규정에 의하여 개폐기를 시설하는 경우
2. 특고압 가공전선로로서 다중 접지를 **한 중성선 이외의 각 극에** 개폐기를 시설하는 경우
3. 제어회로 등에 조작용 개폐기를 시설하는 경우
4. 사용전압이 400[V] 이하인 옥내 전로로서 다른 옥내전로(정격전류가 16[A] 이하인 과전류 차단기 또는 정격전류가 16[A]를 초과하고 20[A] 이하인 배선차단기로 보호되고 있는 것에 한한다)에 접속하는 **길이 15[m] 이하**의 전로에서 전기의 공급을 받는 것
5. 저압 옥내전로에 접속하는 전원측의 전로의 그 저압 옥내 전로의 인입구에 가까운 곳에 전용의 개폐기를 쉽게 개폐할 수 있는 곳의 각 극에 시설하는 경우

【정답】②

96. 특고압 가공전선로를 가공케이블로 시설하는 경우 잘못된 것은?

① 조가선(조가용선)에 행거의 간격은 1[m]로 시설하였다.

② 조가선 및 케이블의 피복에 사용하는 금속체에는 제3종 접지공사를 하였다.

③ 조가선은 단면적 22$[mm^2]$의 아연도강연선을 사용하였다.

④ 조가선에 접촉시켜 금속테이프를 간격 20[cm] 이하의 간격을 유지시켜 나선형으로 감아 붙였다.

|정|답|및|해|설|
[가공케이블의 시설 (KEC 332.2)] 가공전선에 케이블을 사용한 경우에는 다음과 같이 시설한다.
1. 케이블은 조가선(조가용선)에 행거로 시설하며 고압 및 특고압인 경우 **행거의 간격을 50[㎝] 이하**로 한다.
2. 조가선은 인장 강도 5.93[kN](특고압 일 경우는 13.93[kN]) 이상의 것 또는 단면적 22[㎟] 이상인 아연도철연선일 것을 사용한다.
3. 조가선 및 케이블의 피복에 사용하는 금속체에는 접지공사를 한다.
4. 조가선을 케이블에 접촉시켜 금속 테이프를 감는 경우에는 20[㎝] 이하의 간격으로 나선상으로 한다.
【정답】①

97. 금속제 수도관로를 접지공사의 접지극으로 사용하는 경우에 대한 사항이다. (ⓐ), (ⓑ), (ⓒ)에 들어갈 수치로 알맞은 것은?

> 접지도체와 금속제 수도관로의 접속은 안지름 (ⓐ)[mm] 이상인 부분 또는 여기에서 분기한 안지름 (ⓑ)[mm] 미만인 분기점으로부터 5[m] 이내의 부분에서 하여야 한다. 다만, 금속제 수도관로와 대지 사이의 전기 저항 값이 (ⓒ)[Ω] 이하인 경우에는 분기점으로부터의 거리는 5[m]을 넘을 수 있다.

① ⓐ 75, ⓑ 75, ⓒ 2

② ⓐ 75, ⓑ 50, ⓒ 2

③ ⓐ 50, ⓑ 75, ⓒ 4

④ ⓐ 50, ⓑ 50, ⓒ 4

|정|답|및|해|설|
[접지극의 시설 및 접지저항 (KEC 142.2)] 접지도체와 금속제 수도관로의 접속은 안지름 **75[㎜] 이상**인 부분 또는 여기에서 분기한 안지름 **75[㎜] 미만**인 분기점으로부터 5[m] 이내의 부분에서 하여야 한다. 다만, 금속제 수도관로와 대지 사이의 전기저항 값이 **2[Ω] 이하**인 경우에는 분기점으로부터의 거리는 5[m]을 넘을 수 있다.
【정답】①

98. 파이프라인 등의 전열장치에 대한 사항으로 잘못된 것은?

① 발열체는 그 온도가 피 가열 액체의 발화 온도의 90[%]를 넘지 아니하도록 시설할 것.

② 발열체 상호 간의 접속은 용접 또는 프렌지 접합에 의할 것

③ 발열체에는 슈를 직접 붙이지 아니할 것

④ 발열체 상호 간의 프렌지 접합부 및 발열체와 통기관·드레인관 등의 부속물과의 접속부분에는 발열체가 발생하는 열에 견디는 절연물을 삽입할 것.

|정|답|및|해|설|
[파이프라인 등의 전열장치 (KEC 241.11)]
1. 발열체는 그 온도가 피 가열 액체의 발화 **온도의 80[%]**를 넘지 아니하도록 시설할 것.
2. 발열체 상호 간의 접속은 용접 또는 프렌지 접합에 의할 것.
3. 발열체에는 슈를 직접 붙이지 아니할 것.
4. 발열체 상호 간의 프렌지 접합부 및 발열체와 통기관·드레인관 등의 부속물과의 접속부분에는 발열체가 발생하는 열에 견디는 절연물을 삽입할 것. 【정답】①

99. 전기저장장치의 시설 기준으로 잘못된 것은?

① 전선은 공칭단면적 $2.5[mm^2]$ 이상의 연동선 또는 이와 동등 이상의 세기 및 굵기의 것일 것.

② 단자를 체결 또는 잠글 때 너트나 나사는 풀림방지 기능이 있는 것을 사용하여야 한다.

③ 외부터미널과 접속하기 위해 필요한 접점의 압력이 사용기간 동안 유지되어야 한다.

④ 옥측 또는 옥외에 시설할 경우에는 애자사용공사로 시설할 것.

|정|답|및|해|설|..
[전기저장장치의 시설 (kec 510)] 옥측 또는 옥외에 시설할 경우에는 합성수지관공사, 금속관공사, 금속제 가요전선관공사, 케이블공사　　　　　　　　　　　　【정답】④

100. 사용전압이 저압인 전로에서 정전이 어려운 경우 등 절연저항 측정이 곤란한 경우에는 누설전류를 몇 [mA] 이하로 유지하여야 하는가?

① 0.1[mA]　　　　② 1.0[mA]

③ 10[mA]　　　　④ 100[mA]

|정|답|및|해|설|..
[비도전성 장소 (KEC 211.9.1)] 계통외도전부의 절연 또는 절연 배치. 절연은 충분한 기계적 강도와 2[kV] 이상의 시험전압에 견딜 수 있어야 하며, 누설전류는 통상적인 사용 상태에서 **1[mA]**를 초과하지 말아야 한다.　　　　　　　　　　　【정답】②

1회 2023년 전기산업기사필기 (전기자기학)

01. 유전율 $\epsilon_0\epsilon_s$ 의 유전체 내에 있는 전하 Q에서 나오는 전속선의 수는?

① $\dfrac{Q}{\epsilon_s}$

② $\dfrac{Q}{\epsilon_0}$

③ $\dfrac{Q}{\epsilon_0\epsilon_s}$

④ Q

|정|답|및|해|설|____

[전계에서 가우스(GAUSS)의 법칙]

1. 전속선수 $\varnothing=\displaystyle\int_s Dds=Q$ → (폐곡면 안의 전하량과 동일)

2. 자기력선의 수 $N=\displaystyle\int_s Eds=\dfrac{Q}{\epsilon_0\epsilon_s}$ 【정답】④

02. 무한장 직선 도체에 선전하밀도 $\lambda[C/m]$의 전하가 분포되어 있는 경우 직선도체를 축으로 하는 반경 $r[m]$의 원통면상의 전계는 몇 [V/m]인가?

① $E=\dfrac{\lambda}{4\pi\epsilon_0 r^2}$

② $E=\dfrac{\lambda}{2\pi\epsilon_0 r}$

③ $E=\dfrac{\lambda}{2\pi\epsilon_0 r^2}$

④ $E=\dfrac{\lambda}{4\pi\epsilon_0}$

|정|답|및|해|설|____

[무한 선전하에 의한 전계] $E=\dfrac{\lambda}{2\pi\epsilon_0 r}[V/m]$ → ($E\propto\dfrac{1}{r}$)

【정답】②

|참|고|____

1. 점전하(Q) $E=\dfrac{Q}{4\pi\epsilon_0 r^2}[V/m]$

2. 면전하(ρ) $E=\dfrac{\rho}{2\epsilon_0}[V/m]$

03. 동심구에서 내부 도체의 반지름이 a, 절연체의 반지름이 b, 외부 도체의 반지름이 c이다. 내부 도체에만 전하 Q를 주었을 때 내부 도체의 전위는? (단, 절연체의 유전율은 ϵ_0이다.)

① $\dfrac{Q}{4\pi\epsilon_0 a}\left(\dfrac{1}{a}+\dfrac{1}{b}\right)$

② $\dfrac{Q}{4\pi\epsilon_0}\left(\dfrac{1}{a}-\dfrac{1}{b}\right)$

③ $\dfrac{Q}{4\pi\epsilon_0}\left(\dfrac{1}{a}-\dfrac{1}{b}-\dfrac{1}{c}\right)$

④ $\dfrac{Q}{4\pi\epsilon_0}\left(\dfrac{1}{a}-\dfrac{1}{b}+\dfrac{1}{c}\right)$

|정|답|및|해|설|____

[동심도구체의 전위]

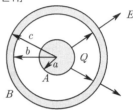

1. 도체A Q[C], 도체B -Q[C] : $V_a=\dfrac{Q}{4\pi\epsilon_0}\left(\dfrac{1}{a}-\dfrac{1}{b}\right)[V]$

→ (접지가 있을 경우)

2. 도체A Q[C], 도체B $Q=0$: $V_a=\dfrac{Q}{4\pi\epsilon_0}\left(\dfrac{1}{a}-\dfrac{1}{b}+\dfrac{1}{c}\right)[V]$

→ (전하 $Q=0$의 의미는 +와 -가 공존, $b=-1$, $c=+1$)

3. 도체A Q=0, 도체B Q[C] : $V_a=\dfrac{Q}{4\pi\epsilon_0 c}[V][V]$

【정답】④

04. 고립 도체구의 정전용량이 50[pF]일 때 이 도체구의 반지름은 약 몇 [cm]인가?

① 5   ② 25   ③ 45   ④ 85

|정|답|및|해|설|____

[진공 중 고립된 도체의 정전용량] $C=4\pi\epsilon_0 a[F]$

$50\times 10^{-12}=4\pi\epsilon_0 a$이므로

∴반지름 $a=\dfrac{50\times 10^{-12}}{4\pi\epsilon_0}=0.44[m]=45[cm]$

【정답】③

|참|고|____

[각 도형의 정전용량]

1. 구 : $C=4\pi\epsilon a[F]$

2. 동심구 : $C=\dfrac{4\pi\epsilon}{\dfrac{1}{a}-\dfrac{1}{b}}[F]$

3. 원주 : $C=\dfrac{2\pi\epsilon l}{\ln\dfrac{b}{a}}[F]$

4. 평행도선 : $C=\dfrac{\pi\epsilon l}{\ln\dfrac{d}{b}}[F]$

5. 평판 : $C=\dfrac{Q}{V_0}=\dfrac{\epsilon S}{d}=\dfrac{\epsilon_0\epsilon_s S}{d}$

05. 전계의 세기가 $5 \times 10^2 [V/m^2]$인 전계 중에 $8 \times 10^{-8}[C]$의 전하가 놓일 때 전하가 받는 힘은 몇 [N]인가?

① 4×10^{-2} ② 4×10^{-3}

③ 4×10^{-4} ④ 4×10^{-5}

|정|답|및|해|설|
[전하가 받는 힘] $F = Q \cdot E[N]$
$\therefore F = Q \cdot E = 8 \times 10^{-8} \times 5 \times 10^2 = 4 \times 10^{-5}[N]$ 　【정답】④

06. 평행판 콘덴서의 양극판 면적을 3배로 하고 간격을 $\frac{1}{2}$배로 줄이면 정전용량은 처음의 몇 배가 되는가?

① 1 ② 3 ③ 6 ④ 9

|정|답|및|해|설|

[평행판 콘덴서의 정전용량] $C = \frac{\epsilon S}{d}[F]$

여기서, S : 면적, d : 간격

$S' = 3S, \quad d' = \frac{1}{2}d$

$C' = \frac{\epsilon S'}{d'} = \frac{\epsilon \times 3S}{\frac{1}{2}d} = 6\frac{\epsilon S}{d} = 6C[F]$ 　【정답】③

07. 대전도체표면의 전하밀도를 $\sigma[C/m^2]$이라 할 때, 대전도체표면의 단위면적이 받는 정전응력은 전하밀도 σ와 어떤 관계에 있는가?

① $\sigma^{\frac{1}{2}}$에 비례 ② $\sigma^{\frac{3}{2}}$에 비례

③ σ에 비례 ④ σ^2에 비례

|정|답|및|해|설|

[정전응력] 정전응력 $F = -\frac{\partial W}{\partial d} = -\frac{\sigma^2}{2\epsilon_0}S[N]$

$\rightarrow$ (정전에너지 $W = \frac{Q^2}{2C} = \frac{Q^2}{2\left(\frac{\epsilon_0 S}{d}\right)} = \frac{Q^2 d}{2\epsilon_0 S} = \frac{\sigma^2 d}{2\epsilon_0}S[J]$)

정전응력 $F = -\frac{\sigma^2}{2\epsilon_0}S[N]$ 　$\rightarrow \therefore F \propto \sigma^2$ 　【정답】④

08. 두 종류의 유전체 경계면에서 전속과 전기력선이 경계면에 수직으로 도달할 때 다음 중 옳지 않은 것은?

① 전속과 전기력선은 굴절하지 않는다.
② 전속밀도는 변하지 않는다.
③ 전계의 세기는 불연속적으로 변한다.
④ 전속선은 유전율이 작은 유전체 중으로 모이려는 성질이 있다.

|정|답|및|해|설|
[두 유전체의 경계 조건] 두 종류의 유전체 경계면에서 전속과 전기력선이 경계면에 수직으로 도달할 때
1. 전속과 전기력선은 굴절하지 않는다.
　$E_1 \sin\theta_1 = E_2 \sin\theta_2$에서 입사각 $\theta_1 = 0^o$이므로
　$0 = E_2 \sin\theta_2$
　$E_2 \neq 0$가 아닌 경우 $\sin\theta_2 = 0$가 되어야 하므로 $\theta_2 = 0$, 즉 굴절하지 않는다.
2. 전속밀도는 변하지 않는다.
　$\theta_1 = \theta_2 = 0^\circ$이므로 $D_1 \cos\theta_2$에서 $\cos 0^\circ = 1$
　$D_1 = D_2$, 즉 전속밀도는 불변(연속)이다.
3. 전계의 세기는 불연속적으로 변한다.
　$D_1 = \epsilon_1 E_1, \ D_2 = \epsilon_2 E_2$
　$D_1 = D_2$인 경우 $\epsilon_1 E_1 = \epsilon_2 E_2$가 성립
　$\epsilon_1 \neq \epsilon_2$이면 $E_1 \neq E_2$
　즉, 전계의 세기는 크기가 같지 않다(불연속이다.)
4. 전속은 **유전율이 큰 유전체로 모이려는 성질**이 있다.
　　　　　　　　　　　　　　　　　　　　　【정답】④

09. 비유전율 $\epsilon_s = 5$인 유전체 내의 한 점에서의 전계의 세기(E)가 $10^4[V/m]$이다. 이 점의 분극의 세기는 약 몇 $[C/m^2]$인가?

① 3.5×10^{-7} ② 4.3×10^{-7}

③ 3.5×10^{-11} ④ 4.3×10^{-11}

|정|답|및|해|설|
[분극의 세기] $P = \chi E = \epsilon_0(\epsilon_s - 1)E[C/m^2]$
$P = \epsilon_0(\epsilon_s - 1)E = 8.855 \times 10^{-12}(5-1) \times 10^4 = 3.5 \times 10^{-7}[C/m^2]$
　　　　　　　　$\rightarrow$ ($\epsilon_0 = 8.855 \times 10^{-12}$)
　　　　　　　　　　　　　　　　　　　　　【정답】①

10. 500[AT/m]의 자계 중에 어떤 자극을 놓았을 때 $4 \times 10^3 [N]$의 힘은 작용했다면 이때 자극의 세기는 몇 [Wb]인가?

① 2   ② 4

③ 6   ④ 8

|정|답|및|해|설|

[자극에 작용하는 힘] $F = mH[N]$

여기서, m : 자극, H : 자계의 세기

$\therefore m = \dfrac{F}{H} = \dfrac{4 \times 10^3}{500} = \dfrac{4000}{500} = 8[Wb]$ 【정답】④

11. 반지름이 a[m]인 접지 구도체의 중심에서 d[m] 거리에 점전하 Q[C]을 놓았을 때 구도체에 유도된 총 전하는 몇 [C]인가?

① $-Q$ ② $-\dfrac{d}{a}Q$

③ 0   ④ $-\dfrac{a}{d}Q$

|정|답|및|해|설|

[구도체의 전하] 유도된 전하는 전기영상법

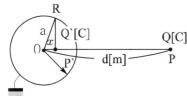

$+Q[C]$에 의해 내부 x[m] 위치에 영상전하 Q'[C]가 생성된다.

이때 $Q' = -\dfrac{a}{d}Q[C]$이고 $OP \cdot OP' = a^2$, $OP' = \dfrac{a^2}{d}$[m]

$\therefore Q' = -\dfrac{a}{d}Q[C]$ 【정답】④

|참|고|

3. 위치 : $x = \dfrac{a^2}{d}$

4. 작용하는 힘 : 흡인력

12. 두 종류의 금속으로 하나의 폐회로를 만들고 여기에 전류를 흘리면 양 접점에서 한 쪽은 온도가 올라가고, 다른 쪽은 온도가 내려가서 열의 발생 또는 **흡수**가 생기고, 전류를 반대 방향으로 변화시키면 열의 발생부와 흡수부가 바뀌는 현상이 발생한다. 이 현상을 지칭하는 효과로 알맞은 것은?

① 핀치효과   ② 펠티어효과

③ 톰슨효과   ④ 제벡효과

|정|답|및|해|설|

[펠티어효과] **두 종류 금속** 접속면에 전류를 흘리면 접속점에서 열의 흡수, 발생이 일어나는 효과   【정답】②

|참|고|

① 핀치 효과 : 기체 중을 흐르는 전류는 동일 방향의 평행 전류 간에 작용하는 흡인력에 의해 중심을 향해서 수축하려는 성질이 있다. 이것을 핀치 효과라 하고, 고온의 플라스마를 용기에 봉해 넣는다든지 하는 데 이용한다.

③ **톰슨효과** : **동일한 금속** 도선의 두 점간에 온도차를 주고, 고온 쪽에서 저온 쪽으로 전류를 흘리면 도선 속에서 열이 발생되거나 흡수가 일어나는 이러한 현상을 톰슨효과라 한다.

④ 제벡 효과 : 서로 다른 두 종류의 금속선을 접합하여 폐회로를 만든 후 두 접합점의 온도를 달리하였을 때, 폐회로에 열기전력이 발생하여 열전류가 흐르게 된다. 이러한 현상을 제벡 효과라 하며 이때 연결한 금속 루프를 열전대라 한다.

13. 반지름 1[m]의 원형 코일에 1[A]의 전류가 흐를 때 중심점의 자계의 세기는 몇 [AT/m]인가?

① 1/4   ② 1/2   ③ 1   ④ 2

|정|답|및|해|설|

[원형 전류 자계의 세기] $H = \dfrac{a^2 NI}{2(a^2 + x^2)^{\frac{3}{2}}}[\text{AT/m}]$

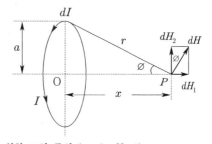

· 원형 코일 중심 ($x=0$, $N=1$)

$H = \dfrac{NI}{2a} = \dfrac{I}{2a}[\text{AT/m}] \rightarrow (N$: 감은 권수(=1))

$\rightarrow$ (권수에 대한 언급이 없으면 N=1)

$\therefore H_s = \dfrac{I}{2a} = \dfrac{1}{2 \times 1} = \dfrac{1}{2}[A/m]$ 【정답】②

|참|고|

1. 원형 코일 중심($N=1$)

$H = \dfrac{NI}{2a} = \dfrac{I}{2a}[\text{AT/m}] \rightarrow (N$: 감은 권수(=1), a : 반지름)

2. 반원형($N = \dfrac{1}{2}$) 중심에서 자계의 세기 H

$H = \dfrac{I}{2a} \times \dfrac{1}{2} = \dfrac{I}{4a}[\text{AT/m}]$

3. $\dfrac{3}{4}$원($N = \dfrac{3}{4}$) 중심에서 자계의 세기 H

$H = \dfrac{I}{2a} \times \dfrac{3}{4} = \dfrac{3I}{8a}[\text{AT/m}]$

14. 서로 같은 방향으로 전류가 흐르고 있는 평행한 두 도선 사이에는 어떤 힘이 작용하는가? (단, 두 도선간의 거리는 r[m]라 한다.)

① r에 반비례한다.   ② r에 비례한다.

③ r^2에 비례한다.   ④ r^2에 반비례한다.

|정|답|및|해|설|

[평행도선 단위 길이 당 작용하는 힘]

$$F = \frac{\mu_0 I_1 I_2}{2\pi r} \quad \rightarrow \quad (\mu_0 = 4\pi \times 10^{-7})$$

$$= \frac{4\pi \times 10^{-7}}{2\pi r} I_1 I_2 = \frac{2I_1 I_2}{r} \times 10^{-7} [\text{N/m}]$$

· 플레밍 왼손법칙에 의해 전류의 방향이 같으면 흡인력
· 전류의 방향이 다르면 반발력   【정답】①

15. 강자성체의 자속밀도 B의 크기와 자화의 세기 J의 크기 사이의 관계로 옳은 것은?

① J는 B보다 크다.

② J는 B보다 약간 작다.

③ J는 B와 그 값이 같다.

④ J는 B에 투자율을 더한 값과 같다.

|정|답|및|해|설|

[자속밀도(B)의 크기와 자화의 세기(J)] 자화의 세기란 자속밀도 중에서 강자성체가 자화되는 것이므로 자속밀도보다 약간 작다.
1. 자와의 세기 $J = \mu_0(\mu_s - 1)H[wb/m^2]$
2. 자속밀도 $B = \mu H = \mu_0 \mu_s H[wb/m^2]$

자속밀도는 자화의 세기에서 진공상태 자속밀도를 더한 것으로 조금 커진다.
∴ J가 B보다 약간 작다.   【정답】②

16. 변압기 철심으로 규소강판이 사용되는 주된 이유는?

① 와류손을 적게 하기 위하여

② 큐리 온도를 높이기 위하여

③ 히스테리시스손을 적게 하기 위하여

④ 부하손(동손)을 적게 하기 위하여

|정|답|및|해|설|

[변압기 철손(P_i)] 자속 변화로 발생하는 손실은 무부하 손, 즉 철손으로 와류손과 히스테리시스손이 있다.
1. 와류손 : 자속의 변화로 생기는 와전류에 의해 생기는 손실
   → 방지책 : 성층결선
2. **히스테리시스손** : 자화를 하기 위해서 생기는 **에너지 손실**이다.
   → 방지책 : **규소강판 사용**   【정답】③

17. 두 코일의 인덕턴스가 각각 0.25[H]와 0.4[H]이고 결합계수가 1인 경우 상호인덕턴스 의 크기[H]는?

① 0.32   ② 0.48

③ 0.53   ④ 0.75

|정|답|및|해|설|

[상호인덕턴스] $M = k\sqrt{L_1 L_2}$

여기서, L_1, L_2 : 자기인덕턴스, k : 결합계수($0 \le k \le 1$)
∴ $M = k\sqrt{L_1 L_2} = 1 \times \sqrt{0.25 \times 0.4} = 0.32$ 【정답】①

|참|고|

[결합계수($0 \le k \le 1$)]
1. k=1 : 누설자속이 없다. 이상적 결합, 완전결합
2. k=0 : 결합자속이 없다. 서로 간섭이 없다.

18. 자기회로와 전기회로의 대응 관계가 잘못된 것은?

① 자속 ↔전속

② 기자력 ↔기전력

③ 투자율 ↔도전율

④ 자계의 세기 ↔전계의 세기

|정|답|및|해|설|

[자기회로와 전기회로의 대응]

자기회로	전기회로
자속 $\phi[Wb]$	**전류** $I[A]$
자계 $H[A/m]$	전계 $E[V/m]$
기자력 $F[AT]$	기전력 $U[V]$
자속밀도 $B[Wb/m^2]$	전류밀도 $i[A/m^2]$
투자율 $\mu[H/m]$	도전율 $k[℧/m]$
자기저항 $R_m[AT/Wb]$	전기저항 $R[\Omega]$

【정답】①

19. 10[V]의 기전력을 유기시키려면 5초간에 몇 [Wb]의 자속을 끊어야 하는가?

① 2   ② 10   ③ 25   ④ 50

|정|답|및|해|설|

[패러데이 법칙(기전력)] $e = -N\dfrac{d\phi}{dt}$ 에서 크기이므로 $e = N\dfrac{d\phi}{dt}$

$10 = \dfrac{d\phi}{5} \rightarrow d\phi = 10 \times 5 = 50[\text{Wb}]$ 【정답】④

20. 다음 중 맥스웰의 방정식으로 틀린 것은?

① $rot\,H = J + \dfrac{\partial D}{\partial t}$ ② $rot\,E = -\dfrac{\partial B}{\partial t}$

③ $div\,D = \rho$ ④ $div\,B = \varnothing$

|정|답|및|해|설|

[맥스웰 방정식]

① $rot\,H = i + \dfrac{\partial D}{\partial t}$: 맥스웰 제1방정식(암페어의 주회적분 법칙)

② $rot\,E = -\dfrac{\partial B}{\partial t}$: 맥스웰 제2방정식(Faraday 전자유도법칙)

③ $div\,D = \rho$: 맥스웰 제3방정식(전기장의 가우스의 법칙)

④ $div\,B = 0$: 맥스웰 제4방정식(자기장의 가우스의 법칙)
    → (N, S극이 공존(자속의 연속성), 고립된 자극은 없다)

여기서, D : 전속밀도, ρ : 전하밀도, B : 자속밀도
    E : 전계의 세기, H : 자계의 세기

【정답】④

1회 2023년 전기산업기사필기 (전력공학)

21. 공칭단면적 200[mm^2], 전선무게 1.838 [kg/m], 전선의 바깥지름 18.5[mm]인 경동연선을 지지점 간 거리(경간) 200[m]로 가설하는 경우의 처짐정도(이도)는 약 몇 [m]인가? (단, 경동연선의 전단인장하중은 7910[kg], 빙설하중은 0.416[kg/m], 풍압하중은 1.525 [kg/m], 안전율은 2.00이다.)

① 3.44[m]   ② 3.78[m]

③ 4.28[m]   ④ 4.78[m]

|정|답|및|해|설|

[처짐 정도(이도)] $D = \dfrac{WS^2}{8T}[m]$

여기서, W : 전선의 중량[kg/m], S : 지지점간 거리(경간) [m]

T : 전선의 수평장력[kg] ($T = \dfrac{\text{인장하중}}{\text{안전율}}$)

· 수직하중=자중+빙설하중 =1.838+0.416=2.254[kg/m]

· 수평하중=풍압하중=1525[kg/m]

· 전선의 하중= $\sqrt{(\text{수직하중})^2 + (\text{수평하중})^2}$
    = $\sqrt{2.254^2 + 1.525^2} = 2.72[kg/m]$

$\therefore D = \dfrac{WS^2}{8T} = \dfrac{2.721 \times 200^2}{8 \times \dfrac{7910}{2}} = 3.44[m]$ 【정답】①

22. 3상 1회선 전선로에서 대지정전용량은 C_s 이고 선간정전용량을 C_m 이라 할 때, 작용정전용량 C_n 은?

① $C_s + C_m$ ② $C_s + 2C_m$

③ $C_s + 3C_m$ ④ $2C_s + C_m$

|정|답|및|해|설|

[3상 1회선 작용정전용량]

C_w = 대지정전용량+3선간정전용량[μF/km]
    = $C_s + 3C_m[\mu$F/km]

※단상 1회선 작용정전용량
    C_w = 대지정전용량 + 2선간정전용량 [μF/km]
        = $C_s + 2C_m[\mu$F/km]   【정답】③

23. 늦은 역률의 부하를 갖는 단거리 송전선로의 전압 강하의 근사식은? (단, P는 3상부하전력[kW], E는 상전압[kV], R은 선로저항[Ω], θ 는 부하의 늦은 역률각이다.)

① $\dfrac{\sqrt{3}P}{E}(R + X\tan\theta)$

② $\dfrac{P}{\sqrt{3}E}(R + X\tan\theta)$

③ $\dfrac{P}{E}(R + X\tan\theta)$

④ $\dfrac{P}{\sqrt{3}E}(R\cos\theta + X\sin\theta)$

|정|답|및|해|설|

[단상 전압강하] $e = I(R + X\tan\theta) = \dfrac{P}{V}(R + X\sin\theta)$

    → ($P = VI$, V : 선간전압, E : 상전압, $V = \sqrt{3}E$)

$\therefore e = \dfrac{P}{\sqrt{3}E}(R + X\tan\theta)$ 【정답】②

24. 송전계통의 안정도 증진 방법에 대한 설명이 아닌 것은?

① 전압변동을 작게 한다.

② 차폐선의 채용

③ 고장 시 발전기 입·출력의 불평형을 작게 한다.

④ 계통의 전달 리액턴스 감소

|정|답|및|해|설|

[동기기의 안정도 향상 대책]

· 과도 리액턴스는 작게, 단락비는 크게 한다.

· 정상임피던스는 작게, 영상, 역상임피던스는 크게 한다.

· 회전자의 플라이휠 효과를 크게 한다.

· **속응여자방식을 채용**한다.

· 발전기의 조속기 동작을 신속하게 할 것

· 동기 탈조 계전기를 사용한다.

· 전압변동을 작게 한다.

· 고장 시 발전기 입·출력의 불평형을 작게 한다.

【정답】②

25. 3상 3선식 1선 1[km]의 임피던스가 $Z[\Omega]$이고, 어드미턴스가 $Y[\mho]$일 때 특성임피던스는?

① $\sqrt{\dfrac{Z}{Y}}$

② $\sqrt{\dfrac{Y}{Z}}$

③ $\sqrt{ZY}$

④ $\sqrt{Z+Y}$

|정|답|및|해|설|

[특성(파동)임피던스] $Z_0 = \sqrt{\dfrac{Z}{Y}} = \sqrt{\dfrac{r+j\omega L}{g+j\omega C}} ≒ \sqrt{\dfrac{L}{C}}$

※특성임피던스(Z_0)는 전선의 길이(l)와는 무관하다.

【정답】①

26. 소호 원리에 따른 차단기의 종류 중에서 소호실에서 아크에 의한 절연유 분해가스의 흡부력을 이용하여 차단하는 것은?

① 유입 차단기

② 기중 차단기

③ 자기 차단기

④ 가스 차단기

|정|답|및|해|설|

[유입 차단기의 특징] 절연유 이용 소호

· 보수가 번거롭다(정기적으로 절연유의 여과 및 교체 필요).

· 방음설비가 필요 없다.

· 공기보다 소호능력이 크다.

· 붓싱 변류기를 사용할 수 있다.

· 전극 개폐 시 발생하는 **아크열에 의해 수소 가스가 발생**, 이로 인해 냉각능력이 커서 아크로부터 열을 빼앗아 소호하게 된다.

|참|고|

② 기중차단기(ACB) : 대기 중에서 아크를 길게 해서 소호실에서 냉각 차단

③ 자기 차단기(MBB) : 자기력으로 소호

④ 가스 차단기(GCB) : SF_6 가스 이용

【정답】①

27. 차단기의 정격차단시간을 설명한 것으로 옳은 것은?

① 가동 접촉자의 동작 시간부터 소호까지의 시간

② 고장 발생부터 소호까지의 시간

③ 가동 접촉자의 개극부터 소호까지의 시간

④ 트립코일 여자부터 소호까지의 시간

|정|답|및|해|설|

[차단기의 정격차단시간] **트립코일 여자부터** 차단기의 가동 전극이 고정 전극으로부터 이동을 개시하여 개극할 때까지의 개극시간과 접점이 충분히 떨어져 아크가 완전히 **소호할 때까지의 아크 시간의 합**으로 3~8[Hz] 이다.

【정답】④

28. 역률 80[%]의 3상 평형부하에 공급하고 있는 선로길이 2[km]의 3상 3선식 배전선로가 있다. 부하의 단자전압을 6000[V]로 유지하였을 경우, 선로의 전압강하율 10[%]를 넘지 않게 하기 위해서는 부하전력을 약 몇 [kW]까지 허용할 수 있는가? (단, 전선 1선당의 저항은 0.82 $[\Omega/km]$, 리액턴스는 0.38 $[\Omega/km]$라 하고, 그 밖의 정수는 무시한다.)

① 1303

② 1629

③ 2257

④ 2821

|정|답|및|해|설|

[부하전력] $P = \dfrac{\delta V_r^2}{R+X\tan\theta}$ → (전압강하율 $\delta = \dfrac{P}{V_r^2}(R+X\tan\theta)$)

여기서, V_r : 수전단전압, P : 전력, R : 저항, X : 리액턴스

$P = \dfrac{\delta V_r^2}{R+X\tan\theta} = \dfrac{0.1 \times 6000^2}{0.82 \times 2 + 0.38 \times 2 \times \dfrac{0.6}{0.8}} \times 10^{-3} = 1629[kW]$

→ (저항과 리액턴스에 길이를 곱한다.)

→ $(\tan\theta = \dfrac{\sin\theta}{\cos\theta},\ \sin\theta = \sqrt{1-\cos\theta^2})$

【정답】②

29. 부하전력 및 역률이 같을 때 전압을 n배 승압하면 전압강하율과 전력손실은 어떻게 되는가?

	전압 강하율	전력 손실		전압 강하율	전력 손실
①	$\dfrac{1}{n^2}$	$\dfrac{1}{n^2}$	②	$\dfrac{1}{n}$	$\dfrac{1}{n}$
③	$\dfrac{1}{n}$	$\dfrac{1}{n^2}$	④	$\dfrac{1}{n^2}$	$\dfrac{1}{n}$

|정|답|및|해|설|

[전압을 n배 승압 송전할 경우]

1. 전압강하 $e = \dfrac{P}{V}(R + X\tan\theta) \rightarrow e \propto \dfrac{1}{V}$

   ∴전압강하는 승압전의 $\dfrac{1}{n}$ 배

2. 전압강하율 $\delta = \dfrac{e}{V} = \dfrac{P}{V^2}(R + X\tan\theta) \rightarrow \delta \propto \dfrac{1}{V^2}$

   ∴전압강하율은 $\dfrac{1}{n^2}$ 배

3. 전력손실률 $P_l = 3I^2R = \dfrac{P^2 R}{V^2\cos^2\theta} \rightarrow P_l \propto \dfrac{1}{V^2}$

   ∴전력손실률은 승압전의 $\dfrac{1}{n^2}$ 배이다.　　　　　【정답】①

30. 그림과 같이 강제전선관과 (a) 측의 전선 심선이 X점에서 접촉했을 때 누설전류는 몇 [A]인가? (단, 전원전압은 100[V]이며, 접지저항 외에 다른 저항은 고려하지 않는다.)

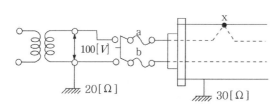

① 2　　　　　　　　② 3.3
③ 5　　　　　　　　④ 8.3

|정|답|및|해|설|

[누설전류] $I = \dfrac{V}{R}[A]$

∴누설전류 $I = \dfrac{V}{R} = \dfrac{100}{30+20} = 2[A]$　　　　【정답】①

31. 송전선에 복도체(또는 다도체)를 사용할 경우 같은 단면적의 단도체를 사용하였을 경우에 비하여 다음 표현 중 적합하지 않는 것은?

① 전선의 인덕턴스는 감소되고 정전용량은 증가된다.
② 고유 송전용량이 증대되고 정태 안정도가 증대된다.
③ 전선 표면의 전위 경도가 증가한다.
④ 전선의 코로나 개시전압이 높아진다.

|정|답|및|해|설|

[복도체 방식의 특징]
· 전선의 인덕턴스가 감소하고 정전 용량이 증가되어 선로의 송전 용량이 증가하고 계통의 안정도를 증진시킨다.
· **전선 표면의 전위경도가 저감**되므로 코로나 임계전압을 높일 수 있고 코로나 손, 코로나 잡음 등의 장해가 저감된다.
· 복도체에서 단락시는 모든 소도체에는 동일 방향으로 전류가 흐르므로 흡인력이 생긴다.　　　　　【정답】③

32. 지중 케이블에서 고장점을 찾는 방법이 아닌 것은?

① 머리 루프(Murray loop) 시험기에 의한 방법
② 메거(Megger)에 의한 측정방법
③ 임피던스 브리지법
④ 펄스에 의한 측정법

|정|답|및|해|설|

[고장점을 찾는 방법]
1. 펄스레이다　　　　2. 머리 루프
3. 정전용량 측정　　　4. 임피던스측정
5. 음향탐지법

※메거는 절연저항계이고 절연저항측정 시에 사용한다.
　　　　　【정답】②

33. 비접지 3상3선식 배전선로에 지락계전기를 사용하여 선택 지락보호를 하려고 한다. 필요한 것은?

① CT + OCR　　　　② CT + PT
③ GPT + ZCT　　　　④ GPT + PF

|정|답|및|해|설|

[비접지계통의 지락사고 검출]
선택접지계전기(SGR)+영상전류검출(ZCT)+영상전압 검출(GPT)
지락보호를 위해서는 영상계통이 감지되어야 하므로 영상전류는 영상변류기로 영상전압은 접지변압기로 또한 선택접지계전기로 보호되어야 한다.　　　　　【정답】③

34. 교류 송전방식과 직류 송전방식을 비교했을 때 직류 송전방식의 장점이 아닌 것은?

① 전압의 승압, 강압 변경이 용이하다.

② 선로 절연이 더 수월하다.

③ 송전효율이 좋다.

④ 안정도가 좋다.

|정|답|및|해|설|⋯⋯⋯⋯⋯⋯⋯⋯⋯⋯⋯⋯⋯⋯

[교류송전의 특징]
· **승압, 강압이 용이하다.**
· 회전자계를 얻기가 용이하다.
· 통신선 유도장해가 크다.

[직류송전의 특징]
· 차단 및 **전압의 변성이 어렵다.**
· 리액턴스 손실이 적다
· 리액턴스의 영향이 없으므로 안정도가 좋다(즉, 역률이 항상 1이다).
　→ (주파수가 $0(f=0)$이므로 $X_L = 2\pi f L = 0$)
· 절연 레벨을 낮출 수 있다(절연이 수월하다).
【정답】①

35. 복도체에 있어서 소도체의 반지름을 r[m], 소도체 사이의 간격을 s[m]라고 할 때 2개의 소도체를 사용한 복도체의 등가반지름[m]은?

① $\sqrt{r \cdot s}$　　　② $\sqrt{r^2 \cdot s}$

③ $\sqrt{r \cdot s^2}$　　　④ $r \cdot s$

|정|답|및|해|설|⋯⋯⋯⋯⋯⋯⋯⋯⋯⋯⋯⋯⋯⋯

[등가반지름] $r_e = \sqrt[n]{rs^{n-1}}$
여기서, n: 소도체수, r: 소도체 반지름, s: 소도체간 거리
n=2 → $\therefore r_e = \sqrt{r \cdot s}$
【정답】①

36. 송전선에 낙뢰가 가해져서 애자에 섬락이 생기면 아크가 생겨 애자가 손상되는 경우가 있다. 이것을 방지하기 위하여 사용되는 것은?

① 댐퍼(damper)

② 아머로드(armour rod)

③ 가공지선

④ 아킹혼(arcing horn)

|정|답|및|해|설|⋯⋯⋯⋯⋯⋯⋯⋯⋯⋯⋯⋯⋯⋯

[아킹혼] 애자련 보호, 전압 분담 평준화
① 댐퍼 : 전선의 진동 방지
② 아머로드: 전선이 소선으로 절단되는 것을 방지하기 위하여 감아 붙이는 전선과 같은 종류의 재료로 된 보강선.
③ 가공지선 : 직격뢰, 유도뢰 등 차폐 【정답】④

37. 페란티현상이 발생하는 주된 원인은?

① 선로의 저항　　　② 선로의 인덕턴스

③ 선로의 정전용량　　④ 선로의 누설콘덕턴스

|정|답|및|해|설|⋯⋯⋯⋯⋯⋯⋯⋯⋯⋯⋯⋯⋯⋯

[페란티 현상] **선로의 정전용량**으로 인하여 무부하시나 경부하시 진상전류가 흘러 수전단전압이 송전단전압보다 높아지는 현상을 말한다. 페란티 현상은 지상무효전력을 공급하여 방지할 수가 있다. 【정답】③

38. 변압기 등 전력설비 내부 고장 시 변류기에 유입하는 전류와 유출하는 전류의 차로 동작하는 보호계전기는?

① 차동계전기　　　② 지락계전기

③ 과전류계전기　　④ 역상전류계전기

|정|답|및|해|설|⋯⋯⋯⋯⋯⋯⋯⋯⋯⋯⋯⋯⋯⋯

[비율차동계전기] 보호 구간에 유입하는 전류와 **유출하는 전류의 벡터 차와 출입하는 전류의 관계비로 동작**, 발전기, 변압기 보호, 외부 단락 시 오동작을 방지하고 내부 고장 시에만 예민하게 동작
② 지락계전기 : 영상변류기(ZCT)에 의해 검출된 영상전류에 의해 동작
③ 과전류계전기 : 일정한 전류 이상이 흐르면 동작
④ 역상 전류 계전기: 시스템의 고장 시에 발생하는 불평형 전류나 전압으로부터 역상 성분에 대해서 작동할 수 있도록 한 계전기
【정답】①

39. 전력용 퓨즈는 주로 어떤 전류의 차단을 목적으로 사용하는가?

① 충전전류　　　② 부하전류

③ 단락전류　　　④ 지락전류

|정|답|및|해|설|⋯⋯⋯⋯⋯⋯⋯⋯⋯⋯⋯⋯⋯⋯

[전력용 퓨즈] 고압 및 특별고압기기의 단락보호용 퓨즈이고 소호방식에 따라 한류형과 비한류형이 있다. 전력퓨즈는 주로 **단락전류의 차단**을 목적으로 사용된다. 【정답】③

40. 수조에 대한 설명 중 틀린 것은?

① 수조 내의 수위의 이상 상승을 방지한다.

② 수로식 발전소의 수로 처음 부분과 수압관 아래 부분에 설치한다.

③ 수로에서 유입하는 물속의 토사를 침전시켜서 배사문으로 배사하고 부유물을 제거한다.

④ 상수조는 최대사용량의 1~2분 정도의 조정용량을 가질 필요가 있다.

|정|답|및|해|설|

[조압 수조(head tank)] 조압 수조는 압력 수조에서 **수로와 수압철관 사이의 수격을 방지하기 위해 설치**하는 것으로, 저수지 이용 수심이 크면 수실 조압 수조를 설치해서 수조의 높이를 낮추도록 한다. 차동 조압 수조는 서지가 빠르게 낮아지도록 라이저를 설치한 것이다. 【정답】②

1회 2023년 전기산업기사필기 (전기기기)

41. 전기자저항과 계자저항이 각각 0.8[Ω]인 직류 직권전동기가 회전수 200[rpm], 전기자전류 30[A]일 때 역기전력은 300[V]이다. 이 전동기의 단자전압을 500[V]로 사용한다면 전기자전류가 위와 같은 30[A]로 될 때의 속도[rpm]는? (단, 전기자반작용, 마찰손, 풍손 및 철손은 무시한다.)

① 200 ② 301

③ 452 ④ 500

|정|답|및|해|설|

[직권전동기의 회전수] $N = \frac{k}{\varnothing} \cdot E_c$

$\rightarrow (E_c : 역기전력, \ k = \frac{a}{pz})$

·단자전압 $V = E_c + I_a(R_a + R_s) = 300 + 30(0.8 + 0.8) = 348[V]$

$N = k\frac{E_c}{\varnothing} \rightarrow \frac{k}{\varnothing} = \frac{N}{E_c} = \frac{200}{300}$

·변경 후의 역기전력

$E_c' = V - I_a(R_a + R_s) = 500 - 30(0.8 + 0.8) = 452[V]$

$\therefore N = \frac{k}{\varnothing} \cdot E_c' = \frac{200}{300} \times 452 = 301[rpm]$ 【정답】②

42. 직류 분권전동기의 정격전압 220[V], 정격전류 105[A], 전기자저항 및 계자회로의 저항이 각각 0.1[Ω] 및 40[Ω]이다. 기동전류를 정격전류의 150[%]로 할 때의 기동저항은 약 몇 [Ω]인가?

① 0.46 ② 0.92 ③ 1.21 ④ 1.35

|정|답|및|해|설|

[기동 시 전기자저항] 기동 시 전기자저항=전기자저항+기동저항

1. 계자전류 $I_f = \frac{V}{R_f} = \frac{220}{40} = 5.5[A]$

2. 기동전류는 정격의 150[%]이므로
기동전류$= 105 \times 1.5 = 157.5[A]$
기동시 전기자전류 $I_a = I - I_f = 157.5 - 5.5 = 152[A]$

3. $R_a + R_s = \frac{V}{I_a} = \frac{220}{152} = 1.45[\Omega]$

∴기동저항 $R_s = 1.45 - R_a = 1.45 - 0.1 = 1.35[\Omega]$

【정답】④

43. 직류발전기에서 브러시 간 유기되는 기전력의 파형의 맥동을 방지하는 대책이 될 수 없는 것은?

① 사구를 채용할 것

② 갭의 길이를 균일하게 할 것

③ 통풍 속에 대하여 갭을 크게 할 것

④ 정류자 편수를 적게 할 것

|정|답|및|해|설|

[맥동전류] 전류의 방향은 일정하나 전압은 수시로 변하는 전류로 마치 AC전류와 DC전류를 합한 것과 같은 파형의 전류이다.

④ 정류자 편수를 **크게 할 것** 【정답】④

44. 전기자 지름 0.2[m]의 직류발전기가 1.5[kW]의 출력에서 1,800[rpm]으로 회전하고 있을 때 전기자 주변속도는 약 몇 [m/s]인가?

① 18.84 ② 21.96

③ 32.74 ④ 42.85

|정|답|및|해|설|

[회전자 주변속도] $v = \pi D \cdot \frac{N_s}{60}[m/s]$

여기서, D: 회전자 둘레, N_s : 동기속도[rpm]

$\therefore v = \pi D \frac{N_s}{60} = \pi \times 0.2 \times \frac{1800}{60} = 18.84[m/s]$ 【정답】①

45. 다음 중 3상 동기기의 제동권선의 주된 설치 목적은?

① 출력을 증가시키기 위하여

② 효율을 증가시키기 위하여

③ 역률을 개선하기 위하여

④ 난조를 방지하기 위하여

|정|답|및|해|설|

[제동권선] 제동권선은 회전 자극 표면에 설치한 유도전동기의 농형 권선과 같은 권선으로서 회전자가 동기속도로 회전하고 있는 동안에는 전압을 유도하지 않으므로 아무런 작용이 없다. 그러나, 조금이라도 동기속도를 벗어나면 전기자자속을 끊어 전압이 유도되어 단락전류가 흐르므로 동기속도로 되돌아가게 된다. 즉, 진동에너지를 열로 소비하여 진동을 방지한다. 3상 동기기의 **제동권선 효용은 난조 방지**이다. 【정답】④

46. 3상 교류 발전기의 기전력에 대하여 $\frac{\pi}{2}[rad]$ 뒤진 전기자 전류가 흐르면 전기자 반작용은?

① 증자작용을 한다.

② 감자작용을 한다.

③ 횡축 반작용을 한다.

④ 교차 자화작용을 한다.

|정|답|및|해|설|

[동기발전기 전기자 반작용] 전기자 반작용이란 전기자전류에 의한 자속 중 주자극에 들어가 계자자속에 영향을 미치는 것이다.
1. 교차자화작용(횡축반작용)
　·전기자전류와 유기기전력이 동상인 경우
　·편자작용(교차자화작용)이 일어난다.
　·부하 역률이 1($\cos\theta=1$)인 경우의 전기자 반작용
2. **감자작용(직축반작용)** : 전기자전류가 유기기전력보다 **90° 뒤질 때(지상) 감자작용**이 일어난다.
3. 증자작용 (자화작용) : 전기자전류가 유기기전력보다 90° 앞설 때(진상) 증자작용(자화작용)이 일어난다.

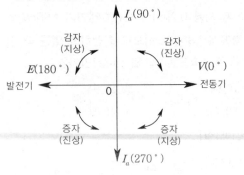

→ (위상 : 반시계방향)

※동기전동기의 전기자반작용은 동기발전기와 반대 【정답】②

47. 3상 유도전동기에서 동기와트로 표시되는 것은?

① 각속도　　　　② 토크

③ 2차 출력　　　④ 1차 입력

|정|답|및|해|설|

[동기와트] 전동기 속도가 동기속도일 때 토크 T와 출력 P_0는 정비례하므로 토크의 개념을 와트로도 환산할 수 있다. 이 와트를 동기와트라고 하며 곧 **토크를 의미**한다.

동기와트　$P_0 = 1.026 N_s T[W]$

여기서, P_0 : 출력, N_s : 동기속도 【정답】②

48. 정격 150[kVA], 철손 1[kW], 전부하동손이 4[kW]인 단상 변압기의 최대 효율[%]과 최대 효율 시의 부하 [kVA]를 구하면 얼마인가? (단, 부하 역률은 1이다.)

① 96.8[%], 125[kVA]

② 97.4[%], 75[kVA]

③ 97[%], 50[kVA]

④ 97.2[%], 100[kVA]

|정|답|및|해|설|

[변압기의 최대효율] $\eta_{max} = \dfrac{\frac{1}{m}P\cos\theta}{\frac{1}{m}P\cos\theta + 2P_i} \times 100$

$\rightarrow (\frac{1}{m}부하 시)$

1. 최대 효율 조건 $P_i = \left(\dfrac{1}{m}\right)^2 P_c$

　$\dfrac{1}{m} = \sqrt{\dfrac{P_i}{P_c}} = \sqrt{\dfrac{1}{4}} = \dfrac{1}{2}$　$\rightarrow (P_i : 철손, P_c : 동손)$

　따라서, 효율이 최대가 되는 부하는 전부하 용량이 $\dfrac{1}{2}$이므로

　$P_n = P_0 \times \dfrac{1}{m} = 150 \times \dfrac{1}{2} = 75[kVA]$

　∴75[kVA]에서 최대 효율이 된다.

2. 최대효율 $\eta_{max} = \dfrac{\frac{1}{m}P\cos\theta}{\frac{1}{m}P\cos\theta + 2P_i} \times 100$에서

　$P = 150[kVA]$, $P_i = 1[kW]$, $\cos\theta = 1$

　$\therefore \eta_{max} = \dfrac{\frac{1}{2} \times 150 \times 1}{\frac{1}{2} \times 150 \times 1 + 1 \times 2} \times 100 = 97.4[\%]$

【정답】②

49. 3상 동기발전기의 단락비를 산출하는데 필요한 시험은?

① 외부특성시험과 3상 단락시험

② 돌발단락시험과 부하시험

③ 무부하 포화시험과 3상 단락시험

④ 대칭분의 리액턴스 측정시험

|정|답|및|해|설|

[단락비 산출 시험]
1. 무부하포화시험 : 철손, 기계손, 단락비, 여자전류
2. 3상 단락시험 : 동기임피던스, 동기리액턴스, 단락비, 임피던스와트, 임피던스전압 **【정답】③**

50. 단상 단권변압기 2대를 V결선으로 해서 3상 전압 3000[V]를 3300[V]로 승압하고, 150[kVA]를 송전하려고 한다. 이 경우 단상 단권변압기 1대분의 자기용량[kVA]은 약 얼마인가?

① 15.74

② 13.62

③ 7.87

④ 4.54

|정|답|및|해|설|

[단상 단권변압기 자기용량] 자기용량 $= \dfrac{2}{\sqrt{3}} \times \dfrac{V_h - V_l}{V_h} \times$ 부하용량

$$\rightarrow \left(\frac{\text{자기용량}}{\text{부하용량}} = \frac{2}{\sqrt{3}} \times \frac{V_h - V_l}{V_h} \right)$$

자기용량 $== \dfrac{2}{\sqrt{3}} \times \dfrac{3300 - 3000}{3300} \times 150 = 15.75[kVA]$

$\rightarrow$ (위의 값은 단권변압기 두 대의 용량)

∴한 대의 용량은 $\dfrac{15.75}{2} = 7.87[kVA]$ **【정답】③**

51. 변압기의 온도시험을 하는 데 가장 좋은 방법은?

① 실부하법

② 반환 부하법

③ 단락 시험법

④ 내전압법

|정|답|및|해|설|

[온도시험] 실부하법, 반환부하법(카프법, 홉킨스법, 브론델법)
① 실부하법 : 전력 손실이 크기 때문에 소용량 이외에는 별로 적용되지 않는다.
② 반환부하법 : 반환부하법은 동일 성격의 변압기가 2대 이상 있을 경우에 채용되며, 전력 소비가 적고 철손과 동손을 따로 공급하는 것으로 **현재 가장 많이 사용**하고 있다.

【정답】②

52. 권선형 3상 유도전동기의 2차회로는 Y로 접속되고 2차 각 상의 저항은 0.3[Ω]이며 1차, 2차 리액턴스의 합은 1.5[Ω]이다. 기동 시에 최대 토크를 발생하기 위해서 삽입하여야 할 저항[Ω]은? 단, 1차 각 상의 저항은 무시한다.

① 1.2

② 1.5

③ 2

④ 2.2

|정|답|및|해|설|

[외부 삽입 저항] $R_s = \sqrt{r_1^2 + (x_1 + x_2')^2} - r_2'[\Omega]$

1차 저항 $r_1 = 0$이므로

$R_s' = \sqrt{r_1^2 + (x_1 + x_2')^2} - r_2' = \sqrt{(x_1 + x_2')^2} - r_2'$

$x_1 + x_2' = 1.5[\Omega]$, $r_2' = 0.3[\Omega]$이므로

$R_s = \sqrt{(x_1 + x_2')^2} - r_2' = \sqrt{(1.5)^2} - 0.3 = 1.2[\Omega]$

【정답】①

53. 권수비 10:1 인 동일정격 3대의 단상 변압기를 $Y-\triangle$ 로 결선하여 2차 단자에 200[V], 75[kVA]의 평형부하를 걸었을 때, 각 변압기의 1차 권선의 전류[A] 및 1차 선간전압 [V]은? (단, 여자전류와 임피던스는 무시한다.)

① 21.6[A], 2000[V]

② 12.5[A], 2000[V]

③ 21.6[A], 3464[V]

④ 12.5[A], 3464[V]

|정|답|및|해|설|

[변압기의 1차 권선의 전류 및 1차 선간전압]
권수비 $a = 10$, $Y - \triangle$ 2차 200[V], 75[kVA]

1. $I_{2l\triangle} = \dfrac{P}{\sqrt{3}E} = \dfrac{75 \times 10^3}{\sqrt{3} \times 200} = 216.5[A]$ $\rightarrow$ (선전류)

상전류이므로 $I_{2p\triangle} = \dfrac{1}{\sqrt{3}} I_{2l\triangle} = \dfrac{216.5}{\sqrt{3}} = 125[A]$

$\rightarrow (P = \sqrt{3} VI[VA], \ I_l = \sqrt{3} I_p)$

권수비 $a = \dfrac{I_2}{I_1} = 10$이므로 $I_1 = \dfrac{125}{10} = 12.5[A]$

∴Y결선이므로 $I_1 = I_l = I_p = 12.5[A]$

2. $a = \dfrac{V_1}{V_2}$ $\rightarrow$ $V_{1p} = aV_2 = 10 \times 200 = 2000[V]$

$\rightarrow (V_l = \sqrt{3} V_p)$

∴Y결선이므로 $V_{1l} = 2000\sqrt{3} = 3464[V]$ **【정답】④**

54. 3상 유도전동기의 전원주파수와 전압의 비가 일정하고 정격속도 이하로 속도를 제어하는 경우 전동기의 출력 P와 주파수 f와의 관계는?

① $P \propto f$ ② $P \propto \dfrac{1}{f}$

③ $P \propto f^2$ ④ P는 f에 무관

|정|답|및|해|설|......................................

[유도전동기 토크]

$$T = \frac{P_0}{2\pi \dfrac{N}{60}} = \frac{P_0}{\dfrac{2\pi}{60}(1-s)N_s} = \frac{P_0}{(1-s)\dfrac{2\pi}{60} \times \dfrac{120}{p} f}$$

$$\rightarrow (N = N_s(1-s), \ N_s = \frac{120f}{p}[rpm] \ N_s : 동기속도)$$

$$= \frac{P_0}{(1-s)\dfrac{4\pi f}{p}}[N \cdot m]$$

출력 $P_0 = (1-s)\dfrac{4\pi f}{p}T \rightarrow \therefore P_0 \propto f$ 【정답】①

55. 브러시의 위치를 바꾸어서 회전방향을 바꿀 수 있는 전기기계가 아닌 것은?

① 톰슨형 반발전동기
② 3상 직권정류자전동기
③ 시라게 전동기
④ 정류자형 주파수 변환기

|정|답|및|해|설|......................................

[회전방향] 브러시의 위치를 바꾸어서 회전방향을 바꿀 수 있는 전동기로는 **톰슨형 반발 전동기, 3상 직권정류자전동기, 시라게 전동기** 등이 있다.   【정답】④

56. 4극 7.5[kW], 200[V], 60[Hz]인 3상 유도전동기가 있다. 전부하에서의 2차 입력이 7950[W]이다. 이 경우의 2차 효율은 약 몇 [%]인가? (단, 기계손은 130[W]이다.)

① 92   ② 94   ③ 96   ④ 98

|정|답|및|해|설|......................................

[3상 유도전동기의 2차 효율] $\eta_2 = \dfrac{P + P_m}{P_2} = \dfrac{N}{N_s} = \dfrac{\omega}{\omega_s} = 1 - s$

1. 2차입력 $P_2 = P_a + P_{c2} + P_m$

출력 $P_a = 7500[W]$, 기계손 $P_m = 130[W]$,

2차입력 $P_2 = 7950[W]$

$P_{c2} = P_2 - (P_a + P_m) = 7950 - (7500 + 130) = 320[W]$

2. $P_{c2} = sP_2 \rightarrow s = \dfrac{P_{c2}}{P_2} = \dfrac{320}{7950} = 0.04$

$\therefore \eta_2 = 1 - s = 1 - 0.04 = 0.96 = 96[\%]$ 【정답】③

57. 농형 유도전동기의 속도제어법이 아닌 것은?

① 극수 변환   ② 1차 저항 변환
③ 전원전압 변환   ④ 전원주파수 변환

|정|답|및|해|설|......................................

[유도전동기의 속도제어법]
1. 농형 유도전동기의 속도 제어법
·주파수를 바꾸는 방법
·극수를 바꾸는 방법
·전원 전압을 바꾸는 방법
2. 권선형 유도전동기의 속도 제어법
·2차 여자 제어법
·**2차 저항 제어법**
·종속 제어법   【정답】②

58. 다음 정류방식 중 맥동률이 가장 작은 방식은? (단, 저항부하를 사용한 경우이다.)

① 단상반파정류   ② 단상전파정류
③ 3상반파정류   ④ 3상전파정류

|정|답|및|해|설|......................................

[맥동률] $\gamma = \dfrac{\triangle E}{E_d} \times 100 \ [\%]$

($\triangle E$: 교류분, E_d : 직류분)

|참|고|......................................

[각 정류 회로의 특성]

정류 종류	단상 반파	단상 전파	3상 반파	3상 전파
맥동률[%]	121	48	17.7	4.04
정류효율	40.6	81.1	96.7	99.8
맥동주파수	f	$2f$	$3f$	$6f$

【정답】④

59. 단상 반파 정류로 직류전압 150[V]를 얻으려고 한다. 최대 역전압(Peak Inverse Voltage)이 약 몇 [V] 이상의 다이오드를 사용하여야 하는가? (단, 정류회로 및 변압기의 전압강하는 무시한다.)

① 약 150[V]　　　② 약 166[V]

③ 약 333[V]　　　④ 약 470[V]

|정|답|및|해|설|

[최대역전압(Peak Inverse Voltage)]
단상반파정류회로의 $PIV = \sqrt{2}\,E = \pi E_d$
$PIV = \pi \times 150 = 470[V]$　　　【정답】④

60. 3상 직권정류자전동기의 중간 변압기의 사용 목적이 아닌 것은?

① 실효권수비의 조정

② 정류전압의 조정

③ 경부하 때 속도의 이상 상승 방지

④ 직권 특성을 얻기 위하여

|정|답|및|해|설|

[중간 변압기를 사용하는 주요한 이유]
1. 직권 특성이기 때문에 경부하에서는 속도가 매우 상승하나 중간 변압기를 사용, 그 철심을 포화하도록 해서 그 **속도 상승을 제한**할 수 있다.
2. 전원 전압의 크기에 관계없이 **정류에 알맞게** 회전자 전압을 선택할 수 있다.
3. 중간 변압기의 **권수비를 바꾸어** 전동기의 특성을 조정할 수 있다.　　　【정답】④

1회 2023년 전기산업기사필기(회로이론)

61. 선간전압이 200[V]이고 10[kW]인 대칭부하에 3상 전력을 공급하는 선로임피던스가 $6 + j8\,[\Omega]$일 때 부하가 뒤진 역률 80[%]이면 선전류[A]는?

① $18.8 + j21.6[A]$　　　② $28.9 - j21.7[A]$

③ $35.7 + j4.3[A]$　　　④ $14.1 + j33.1[A]$

|정|답|및|해|설|

[선전류] $I_l = \dfrac{P}{\sqrt{3}\,V_l \cos\theta}[A]$　　　→ $(P = \sqrt{3}\,V_l I_l \cos\theta)$

1. 선전류 $I_l = \dfrac{10 \times 10^3}{\sqrt{3} \times 200 \times 0.8} = 36.1[A]$

2. 복소수값 $I_l = 36.1\cos\theta - j36.1\sin\theta$　→ (뒤진 역률이므로 $-j$)

$= 36.1 \times 0.8 - j36.1 \times 0.6 = 28.9 - j21.7[A]$
→ $(\sin\theta = \sqrt{1 - \cos^2\theta})$
【정답】②

62. 평형 3상 회로에서 그림과 같이 변류기를 접속하고 전류계를 연결하였을 때, A2에 흐르는 전류[A]는?

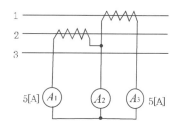

① $5\sqrt{3}$　　② $5\sqrt{2}$　　③ 5　　④ 0

|정|답|및|해|설|

[변류기(CT)] 변류기에 흐르는 전류는 두 상에 흐르는 전류의 차(감극성)와 같다.

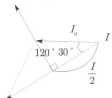

$\cos 30° = \dfrac{\dfrac{I}{2}}{I_a} = \dfrac{I}{2I_a}$

$I = 2I_a \times \cos 30° = \sqrt{3}\,I_a = 5\sqrt{3}\,[A]$

【정답】①

63. 3상 불평형 전압에서 불평형률은?

① $\dfrac{\text{영상전압}}{\text{정상전압}} \times 100[\%]$

② $\dfrac{\text{역상전압}}{\text{정상전압}} \times 100[\%]$

③ $\dfrac{\text{정상전압}}{\text{역상전압}} \times 100[\%]$

④ $\dfrac{\text{정상전압}}{\text{영상전압}} \times 100[\%]$

|정|답|및|해|설|

[불평형률] 불평형률 $= \dfrac{\text{역상분}}{\text{정상분}} \times 100[\%]$　　　【정답】②

64. 어떤 회로에 100+*j*50[V]인 전압을 가했을 때, 3+*j*4 [A]인 전류가 흘렀다면 이 회로의 소비전력은?

① 300[W]   ② 500[W]

③ 700[W]   ④ 900[W]

|정|답|및|해|설|

[복소전력] $P = \overline{V}I$

$V = 100 + 50j \rightarrow \overline{V} = 100 - j50$

$I = 3 + j4$

$P = \overline{V}I = (100 - j50)(3 + j4) = 500 + j250$

유효전력, 즉 소비전력은 500[W], 무효전력은 250[Var]

【정답】②

65. 2개의 전력계로 평형 3상 부하의 전력을 측정하였더니 한쪽의 지시치가 다른 쪽 전력계의 지시치보다 3배 이었다면 부하역률은 약 얼마인가?

① 0.37   ② 0.57

③ 0.76   ④ 0.86

|정|답|및|해|설|

[역률] $\cos\varnothing = \dfrac{P_1 + P_2}{2\sqrt{P_1^2 + P_2^2 - P_1 \times P_2}}$ $\rightarrow (P_1 = 3P_2)$

$\therefore \cos\varnothing = \dfrac{3P_2 + P_2}{2\sqrt{(3P_2)^2 + P_2^2 - (3P_2) \times P_2}} = \dfrac{2}{\sqrt{7}} = 0.76$

【정답】③

66. 그림과 같은 회로에서 저항 0.2[Ω]에 흐르는 전류는 몇 [A]인가?

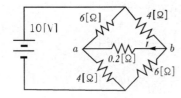

① 0.1   ② 0.2

③ 0.3   ④ 0.4

|정|답|및|해|설|

[테브난의 정리]

1. 테브난의 정리 이용 0.2[Ω] 개방 시 양단에 전압 V_{ab}

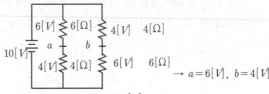

$\rightarrow a = 6[V], \ b = 4[V]$

$\therefore V_{ab} = V_a - V_b = 6 - 4 = 2[V]$

2. 전압원 제거(단락)하고, a, b에서 본 저항 R_t는

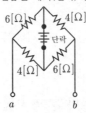

$R_{ab} = \dfrac{4 \times 6}{4 + 6} + \dfrac{4 \times 6}{4 + 6} = 4.8[\Omega]$

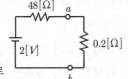

3. 테브난의 등가회로

$I = \dfrac{V_{ab}}{R_{ab} + R} = \dfrac{2}{4.8 + 0.2} = 0.4[A]$ 【정답】④

67. $t = 0$에서 회로의 스위치를 닫을 때 $t = 0^+$에서의 전류 $i(t)$는 어떻게 되는가? (단 커패시터에 초기 전하는 없다.)

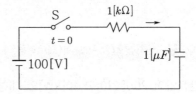

① 0.1   ② 0.2

③ 0.4   ④ 1.0

|정|답|및|해|설|

[$R - C$직렬회로] 전류 순시값 $i(t) = \dfrac{E}{R}\left(e^{-\frac{1}{RC}t}\right)$

$i(t) = \dfrac{E}{R}\left(e^{-\frac{1}{RC}t}\right)\bigg|_{t=0}$ $\rightarrow \ \therefore i(0) = \dfrac{100}{1000} = 0.1[A]$

【정답】①

68. 그림의 회로에서 $20[\Omega]$의 저항이 소비하는 전력은 몇 [W]인가?

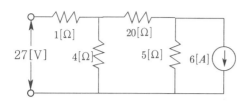

① 14

② 27

③ 40

④ 80

|정|답|및|해|설|

[전력] $P = I^2 R[W]$

문제의 회로를 테브난의 등가회로로 고친다.

1. $R_r = \dfrac{1 \times 4}{1+4} = 0.8$

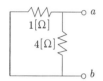

2. $V_r = \dfrac{4}{1+4} \times 27 = 21.6$ → (전압 분배의 법칙)

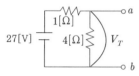

3. 전류 $I = \dfrac{V}{R} = \dfrac{21.6+30}{0.8+20+5} = 2[A]$

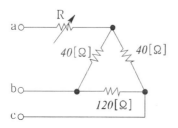

∴전력 $P = I^2 R = 2^2 \times 20 = 80[W]$ 【정답】④

69. 그림과 같은 순저항 회로에서 대칭 3상 전압을 가할 때 각 선에 흐르는 전류가 같으려면 R의 값은?

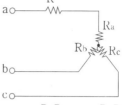

---

① 4

② 8

③ 12

④ 16

|정|답|및|해|설|

[등가변환] △결선을 Y 결선으로 등가 변환하면

$$R_a = \frac{R_{ca}R_{ab}}{R_{ab}+R_{bc}+R_{ca}} = \frac{R_{ab}R_{ca}}{R_\triangle} = \frac{40 \times 40}{40+120+40} = 8[\Omega]$$

$$R_b = \frac{R_{ab}R_{bc}}{R_\triangle} = \frac{400 \times 120}{200} = 24[\Omega]$$

$$R_c = \frac{R_{bc}R_{ca}}{R_\triangle} = \frac{120 \times 40}{200} = 24[\Omega]$$

각 선의 전류가 같으려면 각 상의 저항이 같아야 하므로
$R + R_a = 24 \ \to R = 24 - 8 = 16[\Omega]$ 【정답】④

70. 불평형 3상 전류가 다음과 같을 때 역상전류 I_2는 약 몇 [A]인가?

$$I_a = 15 + j2[A], \quad I_b = -20 - j14[A]$$
$$I_c = -3 + j10[A]$$

① $1.91 + j6.24$

② $2.17 + j5.34$

③ $3.38 - j4.26$

④ $4.27 - j3.68$

|정|답|및|해|설|

[역상분 전류] $I_2 = \dfrac{1}{3}(I_a + a^2 I_b + aI_c)$

$$\therefore I_2 = \frac{1}{3}(I_a + a^2 I_b + aI_c)$$
$$= \frac{1}{3}\left(15+j2 + \left(-\frac{1}{2} - j\frac{\sqrt{3}}{2}\right)(-20-j14)\right.$$
$$\left. + \left(-\frac{1}{2} + j\frac{\sqrt{3}}{2}\right)(-3+j10)\right)$$
$$= 1.91 + j6.24$$ 【정답】①

|참|고|

1. 영상분 $I_0 - \dfrac{1}{3}(I_a + I_b + I_c)$

2. 정상분 $I_1 = \dfrac{1}{3}(I_a + aI_b + a^2 I_c)$ → $(a : 1\angle 120, \ a^2 : 1\angle 240)$

71. 그림과 같은 π형 4단자회로의 어드미턴스 파라미터 중 Y_{11}는?

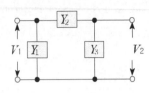

① Y_1 ② Y_2

③ $Y_1 + Y_2$ ④ $Y_2 + Y_3$

|정|답|및|해|설|⋯⋯⋯⋯⋯⋯⋯⋯⋯⋯

[π형 4단자회로]

$$Y_{11} = \frac{I_1}{V_1}\bigg|_{V_2=0} = Y_1 + Y_2$$

$$Y_{12} = \frac{I_1}{Y_1}\bigg|_{V_1=0} = \frac{-Y_2 V_2}{V_2} = -Y_2$$

$$Y_{21} = \frac{I_2}{V_1}\bigg|_{V_2=0} = \frac{-Y_2 V_1}{V_1} = -Y_2$$

$$Y_{22} = \frac{I_2}{V_2}\bigg|_{V_1=0} = Y_2 + Y_3 \qquad 【정답】③$$

72. 다음 파형의 라플라스 변환은?

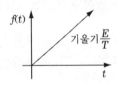

① $\dfrac{E}{s}$ ② $\dfrac{E}{s^2}$

③ $\dfrac{E}{Ts}$ ④ $\dfrac{E}{Ts^2}$

|정|답|및|해|설|⋯⋯⋯⋯⋯⋯⋯⋯⋯

[라플라스 변환] $F(s) = \mathcal{L}f(t)$

$f(t) = \dfrac{E}{T}t\, u(t)$

$$F(s) = \mathcal{L}f(t) = \frac{E}{T}\mathcal{L}t^1 u(t) = \frac{E}{T} \cdot \frac{1}{s^2} \qquad 【정답】④$$

73. 단위 길이당 직렬 임피던스 및 병렬 어드미턴스가 각각 $Z[\Omega]$ 및 $Y[\mho]$ 인 전송 선로의 전파정수 γ 는?

① $\sqrt{\dfrac{Z}{Y}}$ ② $\sqrt{\dfrac{Y}{Z}}$

③ $\sqrt{YZ}$ ④ YZ

|정|답|및|해|설|⋯⋯⋯⋯⋯⋯⋯⋯⋯

[선로의 전파정수]

$Z = R + jwL[\Omega/m], \quad Y = G + jwC[\mho/m]$

선로의 전파 정수 γ은

$\gamma = \sqrt{ZY} = \sqrt{(R + jwL)(G + jwC)}$ 【정답】③

74. 10[Ω]의 저항 5개를 접속하여 얻을 수 있는 합성 저항 중 가장 작은 값은 몇 [Ω]인가?

① 10   ② 5

③ 2   ④ 0.5

|정|답|및|해|설|⋯⋯⋯⋯⋯⋯⋯⋯⋯

[합성저항] 직렬 $= n \times R[\Omega]$, 병렬 $\dfrac{R}{n}[\Omega]$ → $(n$: 저항수$)$

1. 전부 직렬연결 시의 합성저항 $R_0 = 10 \times 5 = 50[\Omega]$
               → (가장 크다)

2. 전부 병렬연결 시의병렬 합성저항 $R_0 = \dfrac{10}{5} = 2[\Omega]$
               → (가장 적다)
               【정답】③

75. 단위 길이당 인덕턴스 및 커패시턴스가 각각 L 및 C일 때 고주파 전송선로의 특성임피던스는? (단, 전송선로는 무손실 선로이다.)

① $\dfrac{L}{C}$ ② $\dfrac{C}{L}$

③ $\sqrt{\dfrac{C}{L}}$ ④ $\sqrt{\dfrac{L}{C}}$

|정|답|및|해|설|⋯⋯⋯⋯⋯⋯⋯⋯⋯

[전송선로의 특성임피던스]

・특성임피던스 $Z_0 = \sqrt{\dfrac{Z}{Y}} = \sqrt{\dfrac{R + jwL}{G + jwC}}[\Omega]$

・무손실 선로 : 저항(R)=0, 컨덕턴스(G)=0

$\therefore Z_0 = \sqrt{\dfrac{L}{C}}[\Omega]$ 【정답】④

76. 전기회로의 입력을 V_1, 출력을 V_2라고 할 때 전달함수는? 단, $s = j\omega$이다.

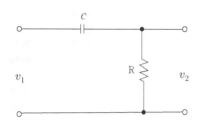

① $\dfrac{1}{R + \dfrac{1}{j\omega C}}$

② $\dfrac{1}{j\omega + \dfrac{1}{RC}}$

③ $\dfrac{j\omega}{j\omega + \dfrac{1}{RC}}$

④ $\dfrac{j\omega}{R + \dfrac{1}{j\omega C}}$

|정|답|및|해|설|

[전달함수] $G(s) = \dfrac{E_o(s)}{E_i(s)}$

입력과 출력이 모두 전압함수로 주어졌을 경우에는 입력 측에서 바라본 임피던스 값하고 출력단자에 결합된 임피던스의 비로 계산한다.

·입력 측 $E_i(s) = R + \dfrac{1}{sC}$

·출력 측 $E_o(s) = R$

∴전달함수 $G(s) = \dfrac{R}{R + \dfrac{1}{sC}} = \dfrac{RsC}{RsC + 1}$

$\qquad = \dfrac{s}{s + \dfrac{1}{RC}} = \dfrac{jw}{jw + \dfrac{1}{RC}}$

【정답】③

77. 그림과 같은 회로망에서 전류를 산출하는데 옳게 표시한 것은?

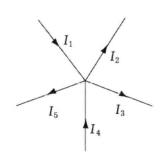

① $I_1 + I_4 - I_2 - I_3 - I_5 = 0$

② $I_1 + I_3 - I_2 - I_4 - I_5 = 0$

③ $I_1 + I_5 - I_2 - I_3 - I_4 = 0$

④ $I_1 + I_2 - I_3 - I_4 - I_5 = 0$

|정|답|및|해|설|

[키르히호프의 전류 법칙(KCL)] $\sum i_i = \sum i_o$

·유입전류=유출전류

·단위 체적당 전류의 크기 변화는 없다.

∴ $\sum i_i = \sum i_o \rightarrow I_1 + I_4 = I_2 + I_3 + I_5$

$\qquad \rightarrow I_1 + I_4 - I_2 - I_3 - I_5 = 0$ 【정답】①

78. 기본파의 60[%]인 제3고조파와 기본파의 80[%]인 제5고조파를 포함하는 전압파의 왜형률은 약 얼마인가?

① 0.3   ② 1

③ 5   ④ 10

|정|답|및|해|설|

[왜형률] $= \dfrac{\text{전고조파의 실효값}}{\text{기본파의 실효값}}$

$= \dfrac{\sqrt{V_3^2 + V_5^2}}{V_1} = \sqrt{\left(\dfrac{V_3}{V_1}\right)^2 + \left(\dfrac{V_5}{V_1}\right)^2}$

$= \sqrt{0.6^2 + 0.8^2} = \sqrt{\left(\dfrac{6}{10}\right)^2 + \left(\dfrac{8}{10}\right)^2} = \sqrt{\dfrac{100}{100}} = 1$

【정답】②

79. 주기함수 $f(t)$의 푸리에 급수 전개식으로 옳은 것은?

① $f(t) = \sum_{n=1}^{\infty} a_n \sin nwt + \sum_{n=1}^{\infty} b_n \sin nwt$

② $f(t) = b_0 + \sum_{n=2}^{\infty} a_n \sin nwt + \sum_{n=2}^{\infty} b_n \cos nwt$

③ $f(t) = a_0 + \sum_{n=1}^{\infty} a_n \cos nwt + \sum_{n=1}^{\infty} b_n \sin nwt$

④ $f(t) = \sum_{n=1}^{\infty} a_n \cos nwt + \sum_{n=1}^{\infty} b_n \cos nwt$

|정|답|및|해|설|

[푸리에 급수] 푸리에 급수는 주파수의 진폭을 달리하는 무수히 많은 성분을 갖는 비정현파를 무수히 많은 정현항과 여현항의 합으로 표현한다.

$f(t) = a_0 + \sum_{n=1}^{\infty} a_n \cos nwt + \sum_{n=1}^{\infty} b_n \sin nwt$ 【정답】③

80. 그림과 같은 회로에서 5[Ω]에 흐르는 전류 I는 몇 [A]인가?

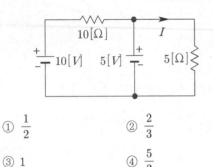

① $\dfrac{1}{2}$　　　　② $\dfrac{2}{3}$

③ 1　　　　④ $\dfrac{5}{3}$

|정|답|및|해|설|
[중첩의 원리]
1. 전압원 10[V]를 기준으로 전압원 5[V]를 단락하면 $I_1 = 0[A]$

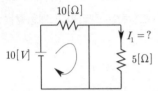

2. 전압원 5[V]를 기준으로 전압원 10[V]를 단락하면
$I_2 = \dfrac{V}{R} = \dfrac{5}{5} = 1[A]$

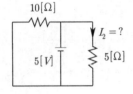

∴ 전체전류 $I = I_1 + I_2 = 1[A]$　　　　【정답】③

---

81. 수소냉각식 발전기안의 수소 순도가 몇 % 이하로 저하한 경우에 이를 경보하는 장치를 시설해야 하는가?

① 65　　② 75　　③ 85　　④ 95

|정|답|및|해|설|
[수소냉각식 발전기 등의 시설 (KEC 351.10)]
수소냉각식의 발전기·무효 전력 보상 장치(조상기) 또는 이에 부속하는 수소 냉각 장치는 다음 각 호에 따라 시설하여야 한다.
1. 발전기 내부 또는 무효 전력 보상 장치 **내부의 수소의 순도가 85[%] 이하**로 저하한 경우에 이를 경보하는 장치를 시설할 것.
2. 발전기 내부 또는 무효 전력 보상 장치 내부의 수소의 압력을 계측하는 장치 및 그 압력이 현저히 변동한 경우에 이를 경보하는 장치를 시설할 것.

3. 발전기 내부 또는 무효 전력 보상 장치 내부의 수소의 온도를 계측하는 장치를 시설할 것.
4. 수소를 통하는 관은 동관 또는 이음매 없는 강판이어야 하며 또한 수소가 대기압에서 폭발하는 경우에 생기는 압력에 견디는 강도의 것일 것.　　【정답】③

---

82. 사용전압이 15[kV] 이상 5[kV] 이하의 특고압 가공전선로가 상호간 접근 또는 교차하는 경우 사용 전선이 양쪽 모두 나전선인 경우 간격(이격거리)은 얼마 이상이어야 하는가? (단, 중성점 다중접지 방식의 것으로서 전로에 지락이 생겼을 때 2초 이내에 자동적으로 이를 전로로부터 차단하는 장치가 되어 있다.)

① 1.0[m]　　　　② 1.2[m]

③ 1.5[m]　　　　④ 1.75[m]

|정|답|및|해|설|
[특고압 가공전선로가 상호 간 접근 또는 교차(KEC 333.32)]
특고압 가공전선이 다른 특고압 가공전선과 접근 또는 교차하는 경우의 간격(이격거리)은 표에서 정한 값 이상일 것
[15[kV] 초과 25[kV] 이하 특고압 가공전선로 간격]

사용전선의 종류	간격(이격거리)
어느 한쪽 또는 **양쪽이 나전선**인 경우	**1.5[m]**
양쪽이 특고압 절연전선인 경우	1.0[m]
한쪽이 케이블이고 다른 한쪽이 케이블이거나 특고압 절연전선인 경우	0.5[m]

【정답】③

---

83. 사용전압이 고압인 전로에만 사용되는 케이블은?

① 콤바인덕트케이블　② 연피케이블

③ 비닐외장케이블　④ 폴리에틸렌외장케이블

|정|답|및|해|설|
[저압케이블 (kec 122.4)] 사용전압이 저압인 전로의 전선으로 사용하는 케이블은「전기용품 및 생활용품 안전관리법」의 적용을 받는 것 이외에는 KS 표준에 적합한 것으로 0.6/1[kV] **연피케이블**, 클로로프렌외장케이블, **비닐외장케이블**, **폴리에틸렌외장케이블**, 무기물 절연케이블, 금속외장케이블, 유선텔레비전용 급전겸용 동축 케이블을 사용하여야 한다.

[고압케이블 (KEC 122.5)] 사용전압이 고압인 전로(전기기계기구 안의 전로를 제외한다)의 전선으로 사용하는 케이블은 KS에 적합한 것으로 **연피케이블**·알루미늄피케이블·클로로프렌외장케이블·**비닐외장케이블**·**폴리에틸렌외장케이블**·저독성 난연 폴리올레핀외장케이블·**콤바인 덕트 케이블** 또는 KS에서 정하는 성능 이상의 것을 사용하여야 한다.　　【정답】①

84. 옥내에 시설하는 전동기에 과부하 보호 장치의 시설을 생략할 수 없는 경우는?

① 전동기가 단상의 것으로 전원 측 전로에 시설하는 과전류차단기의 정격전류가 16[A] 이하인 경우

② 전동기가 단상의 것으로 전원 측 전로에 시설하는 경우 배선용 차단기의 정격전류가 20[A] 이하인 경우

③ 전동기 운전 중 취급자가 상시 감시할 수 있는 위치에 시설하는 경우

④ 전동기의 정격 출력이 0.75[kW]인 전동기

|정|답|및|해|설|

[전동기의 과부하 보호 장치의 생략조건 (KEC 212.6.3)]
·**정격출력이 0.2[kW] 이하**인 경우
·전동기를 운전 중 상시 취급자가 감시할 수 있는 위치에 시설하는 경우
·전동기의 구조나 부하의 성질로 보아 전동기가 소손할 수 있는 과전류가 생길 우려가 없는 경우
·단상전동기로써 그 전원측 전로에 시설하는 과전류 차단기의 정격전류가 16[A](배선용 차단기는 20[A]) 이하인 경우

【정답】④

85. 저압 옥측 전선로에서 목조의 조영물에 시설할 수 있는 공사 방법은?

① 금속관 공사

② 버스덕트공사

③ 합성수지관공사

④ 연피 또는 알루미늄 케이블공사

|정|답|및|해|설|

[저압 옥측 전선로의 시설 (KEC 221.2)]
· 애자사용공사(전개된 장소에 한한다)
· 합성수지관공사
· 금속관공사(목조 이외의 조영물에 시설하는 경우에 한한다)
· 버스덕트공사[목조 이외의 조영물(점검할 수 없는 은폐된 장소를 제외한다)에 시설하는 경우에 한한나]
· 케이블공사(연피 케이블·알루미늄피 케이블 또는 미네럴인슈레이션게이블을 사용하는 경우에는 목조 이외의 조영물에 시설하는 경우에 한한다)

【정답】③

86. 전기철도 측의 전기부식(전식)방지 또는 전기부식 예방에 대한 방법으로 틀린 것은?

① 장대레일의 채택

② 레일본드의 양호한 시공

③ 절연도상 및 레일과 침목 사이의 절연층의 설치

④ 변전소 간 간격 확대

|정|답|및|해|설|

[전기부식(전식)방지 대책 (KEC 461.4)] 전기철도 측의 전기부식방식 또는 전기부식예방을 위해서는 다음 방법을 고려하여야 한다.
1. 변전소 간 간격 **축소**
2. 레일본드의 양호한 시공
3. 장대레일채택
4. 절연도상 및 레일과 침목사이에 절연층의 설치

【정답】④

87. 가공전선의 지지물에 시설하는 통신선과 특고압 가공전선 사이의 간격(이격거리)은 몇 [m] 이상이어야 하는가?

① 1.4   ② 1

③ 1.2   ④ 0.8

|정|답|및|해|설|

[가공전선과 첨가 통신선과의 간격(이격거리) KEC 362.2]
가공전선로의 지지물에 시설하는 통신선은 다음에 따른다.
1. 통신선과 저압 가공전선 또는 특고압 가공전선로의 다중 접지를 한 중성선 사이의 간격은 0.6[m] 이상일 것. 다만, 저압 가공전선이 절연전선 또는 케이블인 경우에 통신선이 절연전선과 동등 이상의 절연성능이 있는 것인 경우에는 0.3[m] (저압 가공전선이 인입선이고 또한 통신선이 첨가 통신용 제2종 케이블 또는 광섬유 케이블일 경우에는 0.15[m]) 이상으로 할 수 있다.
2. 통신선과 고압 가공전선 사이의 간격은 0.6[m] 이상일 것. 다만, 고압 가공 전선이 케이블인 경우에 통신선이 절연전선과 동등 이상의 절연성능이 있는 것인 경우에는 0.3[m] 이상으로 할 수 있다.
3. **통신선과 특고압 가공전선 사이의 간격은 1.2[m] 이상**일 것. 다만, 특고압 가공전선이 케이블인 경우에 통신선이 절연전선과 동등 이상의 절연성능이 있는 것인 경우에는 0.3[m] 이상으로 할 수 있다.   **【정답】③**

88. 특고압 가공전선로의 지지물 중 전선로의 지지물 양쪽의 지지물 간 거리(경간)의 차가 큰 곳에 사용하는 철탑은?

① 내장형 철탑   ② 인류형 철탑

③ 보강형 철탑   ④ 각도형 철탑

|정|답|및|해|설|
[특고압 가공전선로의 철주 · 철근 콘크리트주 또는 철탑의 종류 (KEC 333.11)] 특고 가공 전선로의 지지물로 사용하는 B종 철주, 철근 콘크리트주, 철탑의 종류는 다음과 같다.
1. 직선형 : 전선로의 직선 부분(3° 이하의 수평 각도 이루는 곳 포함)에 사용되는 것
2. 각도형 : 전선로 중 수형 각도 3°를 넘는 곳에 사용되는 것
3. 인류형 : 전 가섭선을 인류하는 곳에 사용하는 것
4. **내장형 : 전선로 지지물 양측의 지지물 간 거리(경간) 차가 큰 곳에 사용**하는 것
5. 보강형 : 전선로 직선 부분을 보강하기 위하여 사용하는 것
【정답】①

89. 가요전선관 공사에 있어서 저압 옥내배선 시설에 맞지 않는 것은?

① 전선은 절연전선일 것

② 가요전선관 안에는 전선에 접속점이 없을 것

③ 단면적 10[㎟] 이하인 것은 단선을 쓸 수 있다.

④ 일반적으로 가요전선관은 3종 금속제 가요전선관일 것

|정|답|및|해|설|
[금속제가요전선관공사 (KEC 232.13)]
· 전선은 절연 전선 이상일 것(옥외용 비닐 절연 전선은 제외)
· 전선은 연선일 것 다만, 단면적 10[㎟] 이하인 것은 단선을 쓸 수 있다.
· 가요 전선관 안에는 전선에 접속점이 없도록 할 것
· **가요 전선관은 2종 금속제 가요 전선관일 것**
【정답】④

90. 변전소에 울타리, 담 등을 시설할 때, 사용전압이 345[kV]이면 울타리 · 담 등의 높이와 울타리 · 담 등으로부터 충전부분까지의 거리의 합계는 몇 [m] 이상으로 하여야 하는가?

① 6.48   ② 8.16

③ 8.40   ④ 8.28

|정|답|및|해|설|
[발전소 등의 울타리·담 등의 시설 (KEC 351.1)]
· 160[kV]를 넘는 경우 : 6[m]에 160[kV]를 넘는 10[kV] 또는 그 단수마다 12[cm]를 가한 값으로 한다.
· 단수=34.5−16=18.5 → 19단
· 충전 부분까지의 거리[m]
거리[m]=6+19×0.12=8.28[m]
【정답】④

91. 사용전압이 35[k] 이하인 특고압 가공전선과 가공 약전류전선 등을 동일 지지물에 시설하는 경우, 특고압 가공전선로는 어떤 종류의 보안공사로 하여야 하는가?

① 제1종 특고압 보안공사

② 제2종 특고압 보안공사

③ 제3종 특고압 보안공사

④ 고압 보안공사

|정|답|및|해|설|
[특고압 가공전선과 가공약전류전선 등의 공용 설치 (KEC 333.19)]
특고압 가공전선과 가공약전류 전선과의 공기는 35[kV] 이하인 경우에 시설하여야 한다.
· **특고압 가공전선로는 제2종 특고압 보안공사**에 의한 것
· 특고압은 케이블을 제외하고 인장강도 21.67[kN] 이상의 연선 또는 단면적이 50[mm²] 이상인 경동연선일 것
· 가공약전류 전선은 특고압 가공전선이 케이블인 경우를 제외하고 차폐층을 가지는 통신용 케이블일 것
【정답】②

92. 지중 전선로에 사용하는 지중함의 시설기준으로 틀린 것은?

① 조명 및 세척이 가능한 장치를 하도록 할 것

② 그 안의 고인 물을 제거할 수 있는 구조일 것

③ 견고하고 차량 기타 중량물의 압력에 견딜 수 있을 것

④ 뚜껑은 시설자 이외의 자가 쉽게 열 수 없도록 할 것

|정|답|및|해|설|
[지중함의 시설 (KEC 334.2)]
· 지중함은 견고하고 차량 기타 중량물의 압력에 견디는 구조 일 것
· 지중함은 그 안의 고인물을 제거할 수 있는 구조로 되어 있을 것
· 폭발성 또는 연소성의 가스가 침입할 우려가 있는 곳에 시설하는 지중함으로 그 크기가 1[m³] 이상인 것은 통풍장치 기타 가스를 방산시키기 위한 장치를 하여야 한다.
· 지중함의 뚜껑은 시설자 이외의 자가 쉽게 열 수 없도록 시설할 것
【정답】①

93. 내부고장이 발생하는 경우를 대비하여 자동 차단장치 또는 경보장치를 시설하여야 하는 특고압용 변압기의 뱅크용량의 구분으로 알맞은 것은?

① 5000[kVA]미만

② 5000[kVA] 이상 10000[kVA] 미만

③ 10000[kVA] 이상

④ 타냉식 변압기

|정|답|및|해|설|

[특고압용 변압기의 보호장치 (KEC 351.4)] 특고압용의 변압기에는 그 내부에 고장이 생겼을 경우에 보호하는 장치를 표와 같이 시설하여야 한다.

뱅크 용량의 구분	동작 조건	장치의 종류
5,000[kVA] 이상 10,000[kVA] 미만	**변압기 내부 고장**	**자동 차단 장치 또는 경보 장치**
10,000[kVA] 이상	변압기 내부 고장	자동 차단 장치
타냉식 변압기(변압기의 권선 및 철심을 직접 냉각시키기 위하여 봉입한 냉매를 강제 순환시키는 냉각 방식을 말한다.)	냉각 장치에 고장이 생긴 경우 또는 변압기의 온도가 현저히 상승한 경우	경보 장치

【정답】②

94. 교류 전기철도 급전시스템에서 레일 전위의 최대 허용 접촉전압은 작업장 및 이와 유사한 장소에서는 몇 [V](실효값)을 초과하지 않아야 하는가?

① 20

② 25

③ 30

④ 35

|정|답|및|해|설|

[레일 전위의 위험에 대한 보호(kec 461.2)]

1. 레일 전위는 고장 조건에서의 접촉전압 또는 정상 운전조건에서의 접촉전압으로 구분하여야 한다.

2. 교류 전기철도 급전시스템에서의 레일 전위의 최대 허용 접촉전압은 [표]의 값 이하여야 한다. 단, 작업장 및 이와 유사한 장소에서는 최대 허용 접촉전압을 **25[V](실효값)**를 초과하지 않아야 한다.

[표] 교류 전기철도 급전시스템의 최대 허용 접촉전압

시간 조건	최대 허용 접촉전압(실효값)
순시조건(t≤0.5초)	670[V]
일시적 조건(0.5초＜t≤300초)	65[V]
영구적 조건(t＞300초)	60[V]

【정답】②

95. 저압옥내배선에서 일반적으로 사용하는 연동선의 단면적은 몇 $[mm^2]$ 이상인가?

① 2

② 2.5

③ 3

④ 3.5

|정|답|및|해|설|

[저압 옥내배선의 사용전선 (KEC 231.3.1)] 단면적 **2.5$[mm^2]$** 이상의 연동선 또는 이와 동등 이상의 강도 및 굵기의 것

【정답】②

96. 다음 중 가연성 먼지(분진)에 전기설비가 발화원이 되어 폭발할 우려가 있는 곳에 시공할 수 있는 저압 옥내배선은?

① 버스덕트공사

② 라이팅덕트공사

③ 가요전선관공사

④ 금속관공사

|정|답|및|해|설|

[가연성 먼지(분진) 위험장소 (KEC 242.2.2)] 가연성 먼지(분진)에 전기설비가 발화원이 되어 폭발할 우려가 있는 곳에 시설하는 저압 옥내 전기설비는 **합성수지관 공사**(두께 2[mm] 미만의 합성수지전선관 및 콤바인덕트관을 사용하는 것을 제외한다.) **금속관 공사** 또는 **케이블 공사**에 의할 것

【정답】④

97. 선도체의 단면적이 몇 $[mm^2]$ 이하인 다상회로의 경우, 중성선의 단면적은 최소한 선도체의 단면적 이상이어야 하는가? (단, 선도체는 구리선인 경우이다)

① 10

② 16

③ 22

④ 25

|정|답|및|해|설|

[중성선의 단면적 (KEC 231.3.2)] 다음의 경우는 중성선의 단면적은 최소한 선도체의 단면적 이상이어야 한다.

1. 2선식 단상회로

2. 선도체의 단면적이 **구리선 16**$[mm^2]$, 알루미늄선 25$[mm^2]$ 이하인 다상 회로

3. 제3고조파 및 제3고조파의 홀수배수의 고조파 전류가 흐를 가능성이 높고 선류 종합고조파왜형률이 15~33%인 3상회로

【정답】②

98. 전로의 절연원칙에 따라 대지로부터 반드시 절연하여야 하는 것은?

① 수용장소의 인입구 접지점
② 고압과 특별고압 및 저압과의 혼촉 위험방지를 한 경우 접지점
③ 저압가공전선로의 접지측 전선
④ 시험용 변압기

|정|답|및|해|설|

[전로의 절연 원칙 (KEC 131)] 전로는 다음의 경우를 제외하고 대지로부터 절연하여야 한다.

· 저압 전로에 접지공사를 하는 경우의 <u>접지점</u>
· 전로의 중성점에 접지공사를 하는 경우의 접지점
· 계기용변성기의 2차측 전로에 접지공사를 하는 경우의 접지점
· 특고압 가공전선과 저고압 가공전선의 병행설치(병가)에 따라 저압 가공 전선의 특고압 가공 전선과 동일 지지물에 시설되는 부분에 접지공사를 하는 경우의 접지점
· 25[kV] 이하로서 다중 접지를 하는 경우의 접지점
· <u>시험용 변압기</u>, 전력선 반송용 결합 리액터, 전기울타리용 전원장치, 엑스선발생장치, 전기부식방지용 양극, 단선식 전기철도의 귀선 등 전로의 일부를 대지로부터 절연하지 아니하고 전기를 사용하는 것이 부득이한 것.
· 전기욕기, 전기로, 전기보일러, 전해조 등 대지로부터 절연하는 것이 기술상 곤란한 것　　　　　　　　　　【정답】③

99. 변압기 1차 측 3300[V], 2차 측 220[V]의 변압기 전로의 절연내력시험 전압은 각각 몇 [V]에서 10분간 견디어야 하는가?

① 1차측 4950[V], 2차측 500[V]
② 1차측 4500[V], 2차측 400[V]
③ 1차측 4125[V], 2차측 500[V]
④ 1차측 3300[V], 2차측 400[V]

|정|답|및|해|설|

[변압기 전로의 절연내력 (KEC 135)]

접지 방식	최대 사용전압	시험 전압(최대 사용전압 배수)	최저 시험 전압
비접지	7[kV] 이하	1.5배	500[V]
	7[kV] 초과	1.25배	10,500[V] (60[kV]이하)
중성점접지	60[kV] 초과	1.1배	75[kV]
중성점 직접접지	60[kV]초과 170[kV] 이하	0.72배	
	170[kV] 초과	0.64배	
중성점 다중접지	25[kV] 이하	0.92배	500[V] (75[kV]이하)

1차 측과 2차 측 모두 7000[V] 이하이므로 1.5배하면
→ 1차 측 시험전압 : $3300 \times 1.5 = 4950[V]$
→ 2차 측 시험전압 : $220 \times 1.5 = 330[V]$
　　2차 측은 최저시험전압이 500[V] 이므로 500[V]
　　　　　　　　　　　　　　　　　　【정답】①

100. 사용 전압이 154[kV]인 가공 송전선의 시설에서 전선과 식물과의 간격(이격거리)은 일반적인 경우에 몇 [m] 이상으로 하여야 하는가?

① 2.8　　② 3.2　　③ 3.6　　④ 4.2

|정|답|및|해|설|

[특별고압 가공전선과 식물의 간격(이격거리) (KEC 333.30)]
· 사용전압이 35[kV] 이하인 경우 0.5[m] 이상 이격
· 60[kV] 이하는 2[m] 이상
· 60[kV]를 넘는 것은 2[m]에 60,000[V]를 넘는 1만[V] 또는 그 단수마다 12[cm]를 가산한 값 이상으로 이격시킨다.
· 단수 $= \dfrac{154-60}{10} = 9.4 \rightarrow 10$단
간격(이격거리) $= 2 + 0.12 \times 10 = 3.2[m]$　　　【정답】②

01. 그림과 같이 내부 도체구 A에 $+Q[C]$, 외부 도체구 B에 $-Q[C]$를 부여한 동심 도체구 사이의 정전용량 $C[F]$는?

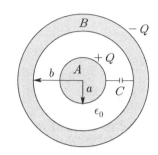

① $4\pi\epsilon_0(b-a)$
② $\dfrac{4\pi\epsilon_0 ab}{b-a}$

③ $\dfrac{ab}{4\pi\epsilon_0(b-a)}$
④ $4\pi\epsilon_0\left(\dfrac{1}{a}-\dfrac{1}{b}\right)$

|정|답|및|해|설|

[정전용량] $C=\dfrac{V}{Q}$

두 도체 사이의 전위차 $V=\dfrac{Q}{4\pi\epsilon_0}\left(\dfrac{1}{a}-\dfrac{1}{b}\right)[V]$

$C=\dfrac{V}{Q}=\dfrac{4\pi\epsilon_0}{\dfrac{1}{a}-\dfrac{1}{b}}=\dfrac{4\pi\epsilon_0 ab}{b-a}$ 【정답】②

02. 표면 전하밀도 $\sigma[C/m^2]$로 대전된 도체 내부의 전속밀도는 몇 $[C/m^2]$인가?

① σ　② $\epsilon_0\sigma$　③ $\dfrac{\sigma}{\epsilon_0}$　④ 0

|정|답|및|해|설|
[대전된 도체 내부의 전속밀도]
· 전속밀도 $D=\epsilon E$
· **도체 내부에서는 전계의 세기** $E=0$
∴전속밀도 $D=\epsilon E=0$이다. 【정답】④

03. 자유공간에서 정육각형의 꼭짓점에 동량, 동질의 점전하 Q가 각각 놓여 있을 때 정육각형 한 변의 길이가 a라 하면 정육각형 중심의 전계의 세기는?

① $\dfrac{Q}{4\pi\varepsilon_0 a^2}$
② $\dfrac{3Q}{2\pi\varepsilon_0 a^2}$

③ $6Q$
④ 0

|정|답|및|해|설|

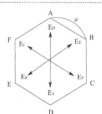

[정육각형 중심의 전계의 세기]

2개의 점전하가 3쌍으로 맞서있어 각 쌍의 중심 전계의 세기는 0이 되어 정육각형의 합성중심자계는 0이다.
【정답】④

04. 단면적이 3[cm²]이고 길이가 30[cm], 비투자율 1000인 철심에 3000회의 코일을 감았다. 코일의 자기인덕턴스[H]는?

① 9.31　② 11.31
③ 10.31　④ 12.31

|정|답|및|해|설|

[환상코일의 자기인덕턴스] $L=\dfrac{\mu SN^2}{l}=\dfrac{\mu_0\mu_s SN^2}{l}[H]$
여기서, μ : 투자율, S : 단면적, N : 권수, l : 길이
∴$L=\dfrac{\mu_0\mu_s SN^2}{l}$

$=\dfrac{4\pi\times10^{-7}\times1000\times3\times10^{-4}\times3000^2}{30\times10^{-2}}=11.31[H]$
【정답】②

05. 다음 중 감자율이 0인 자성체로 알맞은 것은?

① 가늘고 짧은 막대 자성체

② 굵고 짧은 막대 자성체

③ 가늘고 긴 막대 자성체

④ 환상 솔레노이드

|정|답|및|해|설|

[감자력] 감자력은 자석의 세기에 비례하며, 이때 비례상수를 감자율이라 한다.

· 감자율이 0이 되려면 잘려진 극이 존재하지 않으면 된다. 환상 솔레노이드가 무단 철심이므로 이에 해당된다. 즉, **환상 솔레노이드 철심의 감자율은 0**이다.

· 긴 막대자석이 자계와 평등일 때는 감자율이 0에 가깝고, 자계와 직각일 때에는 감자율이 1에 가까워진다.

【정답】④

06. 맥스웰의 전자방정식에 대한 설명으로 틀린 것은?

① 폐곡면을 통해 나오는 전속은 폐곡면 내의 전하량과 같다.

② 폐곡면을 통해 나오는 자속은 폐곡면 내의 자극의 세기와 같다.

③ 폐곡면에 따른 전계의 선적분은 폐곡선 내를 통하는 자속의 시간 변화율과 같다.

④ 폐곡면에 따른 자계의 선적분은 폐곡선 내를 통하는 전류의 전속의 시간적 변화율을 더한 것과 같다.

|정|답|및|해|설|

[맥스웰 전자계 기초 방정식]

1. $\text{div}D = \rho$ (맥스웰의 제3방정식) : 단위 체적당 발산 전속수는 단위 체적당 공간전하 밀도와 같다.

2. $\text{div}B = 0$ (맥스웰의 제4방정식) : 자계는 **외부로 발산하지 않으며**, 자극은 단독으로 존재하지 않는다.

3. $\text{rot}E = -\dfrac{\partial B}{\partial t}$ (맥스웰의 제2방정식) : 전계의 회전은 자속밀도의 시간적 감소율과 같다.

4. $\text{rot}H = \nabla \times E = i + \dfrac{\partial D}{\partial t}$ (맥스웰의 제1방정식) : 자계의 회전은 전류밀도와 같다.

【정답】②

07. 점전하 $Q[C]$에 의한 무한평면 도체의 영상전하는?

① $Q[C]$보다 작다. ② $Q[C]$보다 크다.

③ $-Q[C]$와 같다. ④ 0

|정|답|및|해|설|

[무한 평면과 점전하] 무한 평면도체에서 점전하 Q에 의한 영상전하는 $-Q[C]$이고, 점전하가 평면도체와 떨어진 거리와 같은 반대편 거리에 있다.

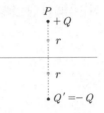

【정답】③

08. 공간도체 중의 정상 전류밀도를 i, 공간 전하밀도를 ρ 라고 할 때 키르히호프의 전류법칙을 나타내는 것은?

① $i = 0$ ② $\text{div}i = 0$

③ $i = \dfrac{\partial \rho}{\partial t}$ ④ $\text{div}i = \infty$

|정|답|및|해|설|

[키르히호프의 전류 법칙(KCL)]

1. 유입전류=유출전류, 즉 $\sum i_i = \sum i_o$

2. 단위 체적당 전류의 크기 변화는 없다.

3. 전류의 **연속성** $\text{div}\,i = 0(\nabla \cdot J = 0)$로 표현된다.

【정답】②

09. 평행판 콘덴서의 판 사이에 비유전율 ϵ_s의 유전체를 삽입하였을 때의 정전용량은 진공일 때 보다 어떻게 되는가?

① ϵ_s 배로 증가 ② $\pi \epsilon_s$

③ $\dfrac{1}{\epsilon_s}$로 감소 ④ $(\epsilon_s + 1)$배로 증가

|정|답|및|해|설|

[정전용량의 비]

1. 진공시의 정전용량 $C_0 = \dfrac{\epsilon_0 S}{d}$

2. 비유전율 삽입 시의 정전용량 $C = \dfrac{\epsilon_0 \epsilon_s S}{d}$

$\therefore C = \dfrac{\epsilon_0 \epsilon_s S}{d} = \epsilon_s C_0$

【정답】①

10. 접지된 구도체와 점전하 간에 작용하는 힘은?

① 항상 흡인력이다.

② 항상 반발력이다.

③ 조건적 흡인력이다.

④ 조건적 반발력이다.

|정|답|및|해|설|

[접지 구도체와 점전하] 반지름 a의 접지 도체구의 중심으로부터 $d(>a)$인 점에 점전하 Q가 있는 경우

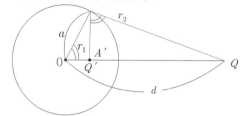

1. 영상전하의 위치 : $x = \dfrac{a^2}{d}$[m] (점전하와 구도체 중심을 이은 직선상, 구도체 내부)

2. 영상전하의 크기 : $Q' = -\dfrac{a}{d}Q$[C] $\rightarrow (-\dfrac{a}{d}Q \neq Q)$

3. 영상전하와 점전하 사이에는 **항상 흡인력이 작용**한다.

【정답】①

11. 전자석에 사용하는 연철(soft iron)은 다음 어느 성질을 갖는가?

① 잔류자기, 보자력이 모두 크다.

② 보자력이 크고 잔류자기가 작다.

③ 보자력이 크고 히스테리시스 곡선의 면적이 작다.

④ 보자력과 히스테리시스 곡선의 면적이 모두 작다.

|정|답|및|해|설|

[전자석] 전자석의 재료는 잔류자기가 크고 보자력이 작아야 한다. 즉, **보자력과 히스테리시스 곡선의 면적이 모두 작다.**

【정답】④

|참|고|

[영구자석과 전자석의 비교]

종류	영구자석	전자석
잔류자기(B_r)	크다	크다
보자력(H_c)	크다	작다
히스테리시스 손 (히스테리시스 곡선 면적)	크다	작다

12. 무손실 유전체에서 평면 전자파의 전계 E와 자계 H 사이 관계식으로 옳은 것은?

① $H = \sqrt{\dfrac{\epsilon}{\mu}}\, E$ ② $H = \sqrt{\dfrac{\mu}{\epsilon}}\, E$

③ $H = \dfrac{\epsilon}{\mu} E$ ④ $H = \dfrac{\mu}{\epsilon} E$

|정|답|및|해|설|

[고유임피던스] $Z_\eta = \dfrac{E}{H} = \sqrt{\dfrac{\mu}{\epsilon}}$

$\therefore H = \dfrac{E}{\sqrt{\dfrac{\mu}{\epsilon}}} = E \cdot \sqrt{\dfrac{\epsilon}{\mu}}$ 【정답】①

13. 대전된 구도체를 반지름이 2배가 되는 대전이 되지 않은 구도체에 가는 도선으로 연결할 때 원래의 에너지에 대해 손실된 에너지의 비율은 얼마가 되는가? (단, 구도체는 충분히 떨어져 있다고 한다.)

① $\dfrac{1}{2}$ ② $\dfrac{1}{3}$

③ $\dfrac{2}{3}$ ④ $\dfrac{2}{5}$

|정|답|및|해|설|

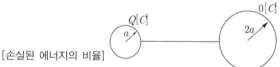

[손실된 에너지의 비율]

· $C_1 = 4\pi\epsilon a$ · $C_2 = 4\pi\epsilon 2a = 2C_1$

· 전체 $C = C_1 + C_2 = 3C_1$

· 연결 전 에너지 $W = \dfrac{Q^2}{2C_1}$[J]

· 연결 후 에너지 $W' = \dfrac{Q^2}{2 \times 3C_1} = \dfrac{Q^2}{6C_1}$[J]

$\therefore \dfrac{W - W'}{W} = \dfrac{\dfrac{Q^2}{2C_1} - \dfrac{Q^2}{6C_1}}{\dfrac{Q^2}{2C_1}} = \dfrac{\dfrac{1}{2} - \dfrac{1}{6}}{\dfrac{1}{2}} = \dfrac{2}{3}$ 배   【정답】③

14. 자속밀도 $0.4a_z[Wb/m^2]$ 내에서 5[m] 길이의 도선에 30[A]의 전류가 $-z$ 방향으로 흐를 때 전자력[N]은??

① $60a_z$ ② $-60a_x$

③ $-60a_z$ ④ 0

|정|답|및|해|설|

[플레밍의 왼손법칙] 평등 자장 내에 전류가 흐르고 있는 도체가 받는 힘(전동기의 원리) → (엄지(힘), 검지(자속밀도), 중지(전류))

힘 $F = IBl\sin\theta = (\vec{I} \times \vec{B})l = I\mu_0 Hl\cos\theta[N]$

$\qquad\qquad\qquad\qquad\qquad\qquad\qquad\rightarrow (B = \mu_0 H[wb/m^2])$

$B = 0.4a_z[Wb/m^2]$, $l = 5[m]$, $I = -30a_z[A]$

1. 힘 $F = (\vec{I} \times \vec{B})l[N]$ 적용
2. $\vec{I} \times \vec{B}$ → (외적)

$$= \begin{vmatrix} a_x & a_y & a_z \\ 0 & 0 & -30 \\ 0 & 0 & 0.4 \end{vmatrix} = a_x(0-0) - a_y(0-0) + a_z(0-0) = 0$$

$\therefore F = (\vec{I} \times \vec{B})l = 0[N]$ 【정답】④

15. 유전체의 초전효과(pyroelectric effect)에 대한 설명이 아닌 것은?

① 온도변화에 관계없이 일어난다.

② 자발 분극을 가진 유전체에서 생긴다.

③ 초전효과가 있는 유전체를 공기 중에 놓으면 중화된다.

④ 열에너지를 전기에너지로 변화시키는 데 이용된다.

|정|답|및|해|설|

[파이로전기 효과(초전효과)] 압전 현상이 나타나는 **결정을 가열하면** 한 면에 정(+)의 전기가, 다른 면에 부(-)의 전기가 나타나 분극이 일어나며, 반대로 냉각하면 역(逆)분극이 생긴다. 이 전기를 파이로 전기라고 한다. 【정답】①

16. 철심이 들어있는 환상코일이 있다. 1차 코일의 권수 $N_1 = 100$회일 때 자기인덕턴스는 0.01[H]였다. 이 철심에 2차 코일 $N_2 = 200$회를 감았을 때 1, 2차 코일의 상호인덕턴스는 몇 [H]인가? (단, 이 경우 결합계수 $k = 1$로 한다.)

① 0.01   ② 0.02

③ 0.03   ④ 0.04

|정|답|및|해|설|

[코일의 상호인덕턴스] $M = k\sqrt{L_1 L_2} = L_1\dfrac{N_2}{N_1}[H]$ → (k : 결합계수)

$\qquad\qquad\qquad\qquad\rightarrow$ (권수비 $a = \dfrac{V_1}{V_2} = \dfrac{N_1}{N_2} = \dfrac{L_1}{M} = \dfrac{M}{L_2}$)

$N_1 = 100$회, $N_2 = 200$회, $L_A = 0.01[H]$를 대입

$\therefore M = L_1\dfrac{N_2}{N_1} = 0.01 \times \dfrac{200}{100} = 0.02[H]$ 【정답】②

17. 아래 회로도의 $2[\mu F]$ 콘덴서에 $100[\mu C]$의 전하가 축적되었을 때 $3[\mu F]$ 콘덴서 양단에 걸리는 전위차[V]는?

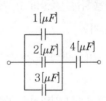

① 50   ② 100

③ 70   ④ 150

|정|답|및|해|설|

[전위차] $V = \dfrac{Q}{C}[V]$

$C = 2[\mu C]$, $Q = 100[\mu C]$

1. $2[\mu F]$에 걸리는 $V = \dfrac{Q}{C} = \dfrac{100}{2} = 50[V]$

2. $1[\mu F]$, $2[\mu F]$, $3[\mu F]$ 병렬연결이므로 전압일정, 즉 모두 50[V]

$\therefore 3[\mu F]$에 걸리는 전압은 50[V] 【정답】①

18. 무한히 넓은 평행판 콘덴서에서 두 평행판 사이의 간격이 d[m]일 때 단위 면적당 두 평행판상의 정전용량[F/m^2]은?

① $\dfrac{1}{4\pi\epsilon_0 d}$　　② $\dfrac{4\pi\epsilon_o}{d}$

③ $\dfrac{\epsilon_o}{d}$　　④ $\dfrac{\epsilon_o}{d^2}$

|정|답|및|해|설|

[평행판 콘덴서의 정전용량] $C = \dfrac{\epsilon_0 S}{d}$[F]

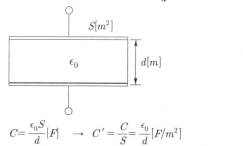

$C = \dfrac{\epsilon_0 S}{d}$[F] $\rightarrow$ $C' = \dfrac{C}{S} = \dfrac{\epsilon_0}{d}$[$F/m^2$] 　　【정답】③

19. 자극의 세기가 8×10^{-6}[Wb]이고, 길이가 30[cm]인 막대자석을 120[AT/m] 평등 자계 내에 자력선과 30[°]의 각도로 놓았다면 자석이 받는 회전력은 몇 [$N \cdot m$]인가?

① 1.44×10^{-4}　　② 1.44×10^{-5}

③ 2.88×10^{-4}　　④ 2.88×10^{-5}

|정|답|및|해|설|

[막대자석의 회전력] $T = MH\sin\theta = mlH\sin\theta$[$N \cdot m$]
여기서, M : 자기모멘트, H : 평등자계, m : 자극
　　　l : 자극 사이의 길이, θ ; 자석과 자계가 이루는 각
$\therefore T = mlH\sin\theta = 8 \times 10^{-6} \times 30 \times 10^{-2} \times 120 \times \sin 30°$
　　　　$= 1.44 \times 10^{-4}$[$N \cdot m$] 　　【정답】①

20. 권수가 500회인 자기인덕턴스 0.05[H]인 코일에 5[A]의 전류를 흘리면 쇄교자속은 몇 [Wb·T]인가?

① 5　　② 0.25　　③ 2.5　　④ 50

|정|답|및|해|설|

[쇄교자속] $N\varnothing = LI$
$N\varnothing = LI = 0.05 \times 5 = 0.25$[$Wb \cdot T$]
　　　　　　　→ (전선수에 자속을 곱하는 것이므로)
　　　　　　　　　　　　　　【정답】②

21. 조상설비가 있는 1차 변전소에서 주변압기로 주로 사용되는 변압기는?

① 승압용 변압기　　② 단권 변압기

③ 단상 변압기　　④ 3권선 변압기

|정|답|및|해|설|

[조상설비] 조상설비는 계통에 무효전력을 공급하는 설비이다.
조상설비에는 3권선 변압기를 사용한다. 　　【정답】④

22. 송전선로의 중성점을 접지하는 목적이 아닌 것은?

① 송전용량의 증가

② 과도 안정도의 증진

③ 이상전압 발생의 억제

④ 보호 계전기의 신속, 확실한 동작

|정|답|및|해|설|

[중성점 접지의 목적]
1. 이상전압의 방지
2. 기기 보호
3. 과도 안정도의 증진
4. 보호계전기 동작확보 　　【정답】①

23. 단권 변압기 66[kV], 60[Hz] 3상 3선식 선로에서 중성점을 소호리액터 접지하여 완전 공진상태로 되었을 때 중성점에 흐르는 전류는 몇 [A]인가? (단, 소호리액터를 포함한 영상회로의 등가저항은 200[Ω], 중성점 잔류전압을 4400[V]라고 한다.)

① 11　　② 22

③ 33　　④ 44

|정|답|및|해|설|

[전류] $I = \dfrac{V}{R}$[A]

$\therefore I = \dfrac{V}{R} = \dfrac{4400}{200} = 22$[A] 　　【정답】②

24. 평형 3상 송전선에서 보통의 운전상태인 경우 중성점 전위는 항상 얼마인가?

① 0   ② 1

③ 송전 전압과 같다.   ④ ∞(무한대)

|정|답|및|해|설|

[중성점전위] 평형 3상 송전선의 전위는 불평형 상태에서는 중성점 전위가 존재하나 평형 상태에서는 **항상 0**이다. 【정답】①

25. 전압 66000[V], 주파수 60[Hz], 길이 7[km], 1회선의 3상 지중전선로에서 3상 무부하 충전용량은 약 몇 [kVA]인가? (단, 케이블의 심선 1선 1[km]의 정전용량은 0.4[μF/km]라 한다.)

① 2560[kVA]   ② 4600[kVA]

③ 7970[kVA]   ④ 13800[kVA]

|정|답|및|해|설|

[충전용량] $Q_c = 3EI_c = 3wC\left(\dfrac{V}{\sqrt{3}}\right)^2 = 3\times2\pi fC\left(\dfrac{V}{\sqrt{3}}\right)^2$

$\rightarrow (E : \text{대지전압}, \ V : \text{선간전압}, \ E = \dfrac{V}{\sqrt{3}})$

$Q_c = 3\times2\pi fC\left(\dfrac{V}{\sqrt{3}}\right)^2$

$= 3\times2\pi\times60\times0.4\times10^{-6}\times7\times\left(\dfrac{66000}{\sqrt{3}}\right)^2\times10^{-3}$

$= 4598[kVA]$ 【정답】②

26. 전력용 퓨즈를 차단기와 비교할 때 옳지 않은 것은?

① 소형, 경량이다.

② 고속도 차단을 할 수 없다.

③ 큰 차단용량을 갖는다.

④ 보수가 간단하다.

|정|답|및|해|설|

[전력용 퓨즈의 장점]
·소형, 경량으로 가격이 저렴하다.
·한류 특성을 가진다.
·**고속도 차단할 수 있다.**

·소형으로 큰 차단용량을 가진다.
·유지 보수가 간단하다.
·정전용량이 작다.
·릴레이나 변성기가 필요하다.
[전력용 퓨즈의 단점]
·결상의 우려가 있다.
·재투입할 수 없다.
·차단시 과전압 발생
·과도전류에 용단되기 쉽다.

※전력퓨즈는 단락보호로 사용되나 부하전류의 개폐용으로 사용되지 않는다. 【정답】②

27. 그림과 같은 배전선이 있다. 부하에 급전 및 정전할 때 조작방법으로 옳은 것은?

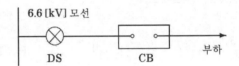

① 급전 및 정전할 때는 항상 DS, CB순으로 한다.

② 급전 및 정전할 때는 항상 CB, DS순으로 한다.

③ 급전시는 DS, CB순이고 정전시는 CB, DS순이다.

④ 급전시는 CB, DS순이고 정전시는 DS, CB순이다.

|정|답|및|해|설|

[배전선 조작방법] 부하전류가 흐르는 상태에서는 단로기를 열거나 닫을 수가 없으므로 차단기가 열려 있을 때만 단로기는 개폐할 수 있다. 따라서 **급전시는 DS, CB순**이고 **정전시는 CB, DS순**이다. 【정답】③

28. 송전선에 코로나가 발생하면 전선이 부식된다. 무엇에 의하여 부식되는가?

① 산소   ② 오존

③ 수소   ④ 질소

|정|답|및|해|설|

[코로나] 코로나의 영향으로는 전력의 손실과 전선의 부식, 그리고 통신선의 유도장해가 있으며, 전선의 부식은 오존(O_3)의 영향으로 생긴다. 코로나의 발생을 억제하기 위해서는 도체의 굵기가 굵어져야 해서 복도체를 사용한다. 【정답】②

29. 송전선에 복도체를 사용할 때의 설명으로 틀린 것은?

① 코로나 손실이 경감된다.

② 안정도가 상승하고 송전용량이 증가한다.

③ 정전 반발력에 의한 전선의 진동이 감소된다.

④ 전선의 인덕턴스는 감소하고, 정전용량이 증가한다.

|정|답|및|해|설|

[복도체] 도체가 1가닥인 것은 2가닥으로 나누어 도체의 등가반지름을 키우겠다는 것

[장점]
1. 코로나 임계전압 상승
2. 선로의 인덕턴스 감소
3. 선로의 정전용량 증가
4. 허용 전류가 증가
5. 선로의 송전용량 20[%] 정도 증가

[단점]
1. 페란티 효과에 의한 수전단의 전압 상승
2. 강풍 또는 빙설기 부착에 의한 **전선의 진동, 동요가 발생**
3. 코로나 임계전압이 낮아져 코로나 발생 용이

【정답】③

30. 출력 5000[kW], 유효낙차 50[m]인 수차에서 안내 날개의 개방상태나 효율의 변화 없이 일정할 때 유효낙차가 5[m] 줄었을 경우 출력은 약 몇 [kW]인가?

① 4000　② 4270　③ 4500　④ 4740

|정|답|및|해|설|

[발전소의 출력과 낙차와의 관계] $\left(\dfrac{P_2}{P_1}\right)=\left(\dfrac{H_2}{H_1}\right)^{\frac{3}{2}}$

P_1 : 낙차 변화 전의 출력[kW], P_2 : 낙차 변화 후의 출력[kW]
H_1 : 변화 전의 낙차, H_2 : 변화 후의 낙차라고 하면

$\therefore P_2 = P_1\left(\dfrac{H_2}{H_1}\right)^{3/2} = 5000 \times \left(\dfrac{50-5}{50}\right)^{3/2} = 4270[kW]$

【정답】②

31. 석탄연소 화력발전소에서 사용되는 집진장치의 효율이 가장 큰 것은?

① 전기식집진기

② 수세식집진기

③ 원심력식 집진장치

④ 직접 결합식 집진장치

|정|답|및|해|설|

[집진기] 연도로 배출되는 먼지(분진)를 수거하기 위한 설비로 기계식과 전기식이 있다.
1. 기계식 : 원심력 이용(사이클론 식)
2. 전기식 : 코로나 방전 이용(코트렐 방식)

【정답】①

32. 송전선로에 가공지선을 설치하는 목적은?

① 코로나 방지　② 뇌에 대한 차폐

③ 선로정수의 평형　④ 철탑 지지

|정|답|및|해|설|

[가공지선의 설치 목적]
· **직격뇌에 대한 차폐 효과**
· 유도체에 대한 정전차폐 효과
· 통신법에 대한 전자유도장해 경감 효과

※매설지선 설치 목적 : 역섬락 사고를 방지, 즉 철탑의 접지저항을 줄여주기 위해서 사용한다.　　　【정답】②

33. 송전전력, 송전거리, 전선의 비중 및 전력손실률이 일정하다고 할 때, 전선의 단면적 A[mm^2]와 송전전압 V[kV]와 관계로 옳은 것은?

① $A \propto V$　　② $A \propto V^2$

③ $A \propto \dfrac{1}{V^2}$　　④ $A \propto \sqrt{V}$

|정|답|및|해|설|
[전압과의 관계]

전압강하	$e = \dfrac{P}{V_r}(R+X\tan\theta)$	$e \propto \dfrac{1}{V}$
전압강하율	$\delta = \dfrac{P}{V_r^2}(R+X\tan\theta)$	$\delta \propto \dfrac{1}{V^2}$
전력손실	$P_l = \dfrac{P^2 R}{V^2 \cos^2\theta}$	$P_l \propto \dfrac{1}{V^2}$
전선단면적	$A = \dfrac{P\rho l}{h V^2 \cos^2\theta}$	$A \propto \dfrac{1}{V^2}$

【정답】③

34. 송전선로에 충전전류가 흐르면 수전단 전압이 4전단 전압보다 높아지는 현상과 이 현상의 발생 원인으로 가장 옳은 것은?

① 페란티효과, 선로의 인덕턴스 때문
② 페란티효과, 선로의 정전용량 때문
③ 근접효과, 선로의 인덕턴스 때문
④ 근접효과, 선로의 정전용량 때문

|정|답|및|해|설|

[페란티현상] **선로의 정전용량**으로 인하여 무부하시나 경부하시 진상전류가 흘러 **수전단 전압이 송전단 전압보다 높아지는 현상**이다. 그의 대책으로는 분로 리액터(병렬 리액터)나 무효 전력 보상 장치(동기 조상기)의 지상 운전으로 방지할 수 있다.　　　　【정답】②

35. 피뢰기의 제한전압이란?

① 상용주파 전압에 대한 피뢰기의 충격방전 개시전압
② 충격파 전압 침입시 피뢰기의 충격방전 개시전압
③ 피뢰기가 충격파 방전 종류 후 언제나 속류를 확실히 차단할 수 있는 상용주파 최대 전압
④ 충격파 전류가 흐르고 있을 때의 피뢰기 단자전압

|정|답|및|해|설|

[제한전압] 피뢰기 동작 중의 단자전압의 파고값　　　　【정답】④

36. 수지식 배전방식과 비교한 저압 뱅킹 방식에 대한 설명으로 틀린 것은?

① 전압 변동이 적다.
② 캐스케이딩 현상에 의해 고장확대가 축소된다.
③ 부하증가에 대해 탄력성이 향상된다.
④ 고장 보호 방식이 적당할 때 공급 신뢰도는 향상된다.

|정|답|및|해|설|

[저압 뱅킹 방식] 고압선(모선)에 접속된 2대 이상의 변압기의 저압측을 병렬 접속하는 방식으로 부하가 밀집된 시가지에 적합
1. 장점
　·변압기 용량을 저감할 수 있다.
　·변압기 용량 및 저압선 동량이 절감
　·부하 증가에 대한 탄력성이 향상

2. 단점
　·캐스케이딩 현상 발생(저압선의 일부 **고장으로 건전한 변압기의 일부 또는 전부가 차단되는 현상**)　　　　【정답】②

37. 다음 중 그 값이 1 이상인 것은?

① 부등률　　　　② 부하율
③ 수용률　　　　④ 전압강하율

|정|답|및|해|설|

[부등률] 최대 전력의 발생시각 또는 발생시기의 분산을 나타내는 지표로 일반적으로 부등률은 1보다 크다(부등률≥1)

$$부등률 = \frac{각\,부하의\,최대\,수용\,전력의\,합계[kW]}{합성\,최대\,수용전력[kW]}$$

|참|고|

② 부하율 : 1보다 작다. 높을수록 설비가 효율적으로 사용
③ 수용률 : 1보다 작다. 1보다 크면 과부하
④ 전압강하율 : 수전전압에 대한 전압강하의 비를 백분율
　　　　【정답】①

38. 그림과 같은 22[kV] 3상 3선식 전선로의 P점에 단락이 발생하였다면 3상 단락전류는 약 몇 [A]인가? (단, %리액턴스는 8[%]이며 저항분은 무시한다.)

22[kV]
20000[kVA]

① 6561　　　　② 8560
③ 11364　　　　④ 12684

|정|답|및|해|설|

[단락전류] $I_s = \frac{100}{\%Z}I_n = \frac{100}{\%Z} \times \frac{P_n}{\sqrt{3} \times V_n}[A]$

$$\rightarrow (I_n = \frac{P_n}{\sqrt{3} \times V_n})$$

$$\therefore I_s = \frac{100}{\%Z} \times \frac{P_n}{\sqrt{3} \times V_n} = \frac{100}{8} \times \frac{20000}{\sqrt{3} \times 22} = 6561[A]$$
　　　　【정답】①

39. 전력계통의 주파수가 기준치보다 증가하는 경우 어떻게 하는 것이 타당한가?

① 발전출력(kW)을 증가시켜야 한다.

② 발전출력(kW)을 감소시켜야 한다.

③ 무효전력(kVar)을 증가시켜야 한다.

④ 무효전력(kVar)을 감소시켜야 한다.

|정|답|및|해|설|

[주파수가 기준치보다 증가 시 대책] 발전출력이 증가하면 주파수 증가, 발전출력 감소하면 주파수 감소.

주파수가 기준치보다 증가하는 경우 **발전출력을 감소시키면 주파수를 기준치 이내**로 할 수 있다. 【정답】②

40. 진상 전류만이 아니라 지상 전류도 잡아서 광범위하게 연속적인 전압 조정을 할 수 있는 것은?

① 전력용 콘덴서

② 무효 전력 보상 장치(동기 조상기)

③ 분로리액터

④ 직렬리액터

|정|답|및|해|설|

[조상설비]

	전력용 콘덴서	분로 리액터	무효 전력 보상 장치 (동기 조상기)
전력 계통 역할	진상	지상	지상 진상
전압 조정	단계적	단계적	연속적

【정답】②

2회 2023년 전기산업기사필기 (전기기기)

41. 변압기의 부하가 증가할 때의 현상으로서 틀린 것은?

① 동손이 증가한다.　② 온도가 상승한다.

③ 철손이 승가한다.　④ 여자전류는 변함없다.

|정|답|및|해|설|

[변압기의 손실]

1. 부하손 : 동손 ($P_c = I^2R$)

2. 무부하손 : 철손(히스테리시스손+와류손)

그러므로 2차 부하가 증가하면 **철손은 일정하나 동손은 증가**하게 된다. 【정답】③

42. 유도전동기의 슬립 s의 범위는?

① $1 < s < 0$　　② $0 < s < 1$

③ $-1 < s < 1$　　④ $-1 < s < 0$

|정|답|및|해|설|

[유도전동기의 슬립(s)] $s = \dfrac{N_s - N}{N_s} \times 100[\%]$

여기서, N_s : 동기 속도[rpm], N : 회전 속도[rpm]

슬립의 범위 : $0 \langle s \langle 1$

1. $s = 1$이면 N=0이어서 전동기가 정지 상태

2. $s = 0$이면 $N = N_s$, 전동기가 동기 속도로 회전(무부하 상태)

|참|고|

[각 기기의 슬립의 범위]

1. $0 \langle$ 발전기

2. $0 \langle$ 전동기 $\langle 1$

3. $1 \langle$ 제동기 $\langle 2$ 【정답】②

43. 유도전동기에 전력용 커패시턴스를 사용하는 이유는?

① 전동기 진동을 방지한다.

② 회전속도의 변동을 방지한다.

③ 전원주파수의 변동을 방지한다.

④ 역률 개선

|정|답|및|해|설|

[역률 개선방법] 역률은 주로 지상 부하에 의한 지상 무효전력 때문에 저하되므로 부하와 병렬로 전력용 콘덴서를 연결하여 진상 전류를 공급한다. 【정답】④

44. 부하 급변 시 부하각과 부하속도가 진동하는 난조 현상을 일으키는 원인이 아닌 것은?

① 원동기의 조속기 감도가 너무 예민한 경우

② 자속의 분포가 기울어져 자속의 크기가 감소한 경우

③ 전기자 회로의 저항이 너무 큰 경우

④ 원동기의 토크에 고조파 토크를 포함하는 경우

|정|답|및|해|설|

[난조현상] 부하가 급변할 때 조속기의 감도가 예민하면 발생되는 현상

① 원동기의 조속기 감도가 지나치게 예민한 경우

→ 조속기의 감도를 적당히 조정하면 방지할 수 있다.

③ 전기자 회로의 저항이 상당히 큰 경우

→ 회로의 저항을 작게 하거나 리액턴스를 삽입하면 방지할 수 있다.

④ 원동기의 토크에 고조파 토크가 포함된 경우

→ 회전부의 플라이휠 효과를 주어 방지할 수 있다. 【정답】②

45. 직류 분권 발전기의 브러시를 중성축에서 회전방향쪽으로 이동하면 전압은?

① 상승한다.　　　② 급격히 상승한다.

③ 변화하지 않는다.　④ 감소한다.

|정|답|및|해|설|‧‧‧‧‧‧‧‧‧‧‧‧‧‧‧‧‧‧‧‧‧‧‧‧‧‧

[직류 분권 발전기의 브러시] 브러시를 중성축에서 회전방향으로 이동시키면 감자각이 증가하며 **기전력이 감소**한다.

【정답】④

46. 직류전동기의 회전수를 1/2로 줄이려면, 계자자속을 몇 배로 하여야 하는가? (단, 전압과 전류 등은 일정하다.)

① 1　　　② 2　　　③ 3　　　④ 4

|정|답|및|해|설|‧‧‧‧‧‧‧‧‧‧‧‧‧‧‧‧‧‧‧‧‧‧‧‧‧‧

[직류전동기의 회전수] $N = \dfrac{E}{k\varnothing} \times 60 [rpm]$

$\rightarrow (E = k\varnothing N[V])$

$\varnothing \propto \dfrac{1}{N}$ 이므로 회전수 N을 $\dfrac{1}{2}$ 로 하려면 자속 $\varnothing$는 2배가 된다.

【정답】②

47. 동기발전기 병렬운전 시 유효전력 분담을 증가시키기 위한 방법은?

① 동기발전기의 계자전류를 증가시킨다.
② 동기발전기의 계자전류를 감소시킨다.
③ 동기발전기의 원동기 속도를 증가시킨다.
④ 동기발전기의 원동기 속도를 감소시킨다.

|정|답|및|해|설|‧‧‧‧‧‧‧‧‧‧‧‧‧‧‧‧‧‧‧‧‧‧‧‧‧‧

[동기발전기의 병렬 운전] **기전력의 위상**이 같지 않을 때는 **유효순환전류**가 흘러 위상이 앞선 발전기는 뒤지게, 위상이 뒤진 발전기는 앞서도록 작용하여 동기 상태를 유지한다.

[동기발전기의 병렬 운전 조건 및 다른 경우]

병렬 운전 조건	불일치 시 흐르는 전류
기전력의 크기가 같을 것	무효순환 전류 (무효횡류)
기전력의 위상이 같을 것	동기화 전류 (유효횡류, **유효순환류**)
기전력의 주파수가 같을 것	동기화 전류
기전력의 파형이 같을 것	고주파 무효순환전류

【정답】③

48. 단락사고 시 전동기의 과전류 보호기기가 아닌 것은?

① MCCB　　　② OCR

③ MC　　　④ PF

|정|답|및|해|설|‧‧‧‧‧‧‧‧‧‧‧‧‧‧‧‧‧‧‧‧‧‧‧‧‧‧

[과전류 보호기기]
① MCCB(배선용 차단기) : 과전류가 흘렀을 때 동작을 차단한다.
② OCR(과전류계전기) : 정정치 이상의 전류에 의해 동작
③ MC(전자접촉기) : 모터와 같은 부하들을 동작(ON) 또는 멈춤(OFF)을 시킬 때 사용되는 부품이다.
④ PF(전력퓨즈) : 부하 전류 통전 및 과전류, 단락 전류 차단

【정답】③

49. 변압기 유(油)의 열화에 따른 영향으로 옳지 않은 것은?

① 침식작용　　② 절연내력의 저하

③ 냉각효과의 감소　④ 공기 중 수분의 흡수

|정|답|및|해|설|‧‧‧‧‧‧‧‧‧‧‧‧‧‧‧‧‧‧‧‧‧‧‧‧‧‧

[변압기유의 열화와 영향] 변압기유를 사용하는 이유는 절연 및 냉각을 위해 사용한다. 그러나 변압기 유에 수분이 함유되어 있으면 변압기유의 특성이 다음과 같이 저하된다.
1. 절연내력의 저하　　　2. 냉각효과의 감소
3. 침식작용　　　　　　　【정답】④

50. 다음 중 부하의 변화에 대하여 속도변동이 가장 큰 직류전동기는?

① 분권전동기　　　② 차동복권전동기

③ 가동복권전동기　④ 직권전동기

|정|답|및|해|설|‧‧‧‧‧‧‧‧‧‧‧‧‧‧‧‧‧‧‧‧‧‧‧‧‧‧

[직류 전동기]
1. 직권전동기 : 부하 변화에 대하여 속도 변동이 가장 큰 직류 전동기
2. 차동복권전동기 : 부하 변화에 대하여 속도 변동이 가장 작은 직류 전동기
【정답】④

|참|고|‧‧‧‧‧‧‧‧‧‧‧‧‧‧‧‧‧‧‧‧‧‧‧‧‧‧

[직류 전동기]

1 : 직권, 2: 가동복권, 3. 분권, 4: 차동복권

51. 3상 직권 정류자전동기의 중간 변압기는 고정자 권선과 회전자권선 사이에 직렬로 접속되는데 이 중간 변압기를 사용하는 중요한 이유는?

① 경부하시 속도의 급상승 방지를 위하여

② 주파수 변동으로 속도를 조정하기 위하여

③ 회전자 상수를 감소하기 위하여

④ 역회전을 방지하기 위하여

|정|답|및|해|설|
[중간 변압기를 사용하는 주요한 이유]
1. 직권 특성이기 때문에 **경부하에서는** 속도가 매우 상승하나 중간변압기를 사용, 그 철심을 포화하도록 해서 그 **속도 상승을 제한**할 수 있다.
2. 전원전압의 크기에 관계없이 정류에 알맞게 회전자 전압을 선택할 수 있다.
3. 중간 변압기의 권수비를 바꾸어 전동기의 특성을 조정할 수 있다.
4. 실효 권수비 조정 　　　　　　　　　　　　**【정답】①**

52. 단상변압기 2대를 사용하여 3,150[V]의 평형 3상에서 210[V]의 평형 2상으로 변환하는 경우에 각 변압기의 1차 전압과 2차 전압은 얼마인가?

① 주좌 변압기 : 1차 3,150[V], 2차 210[V]
　 T좌 변압기 : 1차 3,150[V], 2차 210[V]

② 주좌 변압기 : 1차 3,150[V], 2차 210[V]
　 T좌 변압기 : 1차 $3,150 \times \dfrac{\sqrt{3}}{2}$[V], 2차 210[V]

③ 주좌 변압기 : 1차 $3,150 \times \dfrac{\sqrt{3}}{2}$[V], 2차 210[V]
　 T좌 변압기 : 1차 $3,150 \times \dfrac{\sqrt{3}}{2}$[V], 2차 210[V]

④ 주좌 변압기 : 1차 $3,150 \times \dfrac{\sqrt{3}}{2}$[V], 2차 210[V]
　 T좌 변압기 : 1차 3,150[V], 2차 210[V]

|정|답|및|해|설|
[스코트 결선 (T결선)] 3상 전원에서 2상 전압을 얻는 결선 방식

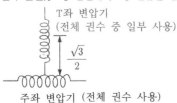

주좌 변압기 (전체 권수 사용)

・T좌 변압기의 권선비 $a_T = \dfrac{\sqrt{3}}{2}a$

　－주좌 변압기 : 1차 V_1[V], 2차 V_2[V]

　－T좌 변압기 : 1차 $V_1 \times \dfrac{\sqrt{3}}{2}$[V], 2차 V_2[V]

　　　　　　　　　　　　　　　　　【정답】②

53. 소형 유도전동기의 슬롯을 사구(skew slot)로 하는 이유는?

① 토크 증가

② 게르게스 현상의 방지

③ 크로우링 현상의 방지

④ 제동 토크의 증가

|정|답|및|해|설|
[크로우링 현상(차동기 운전)] 3상유도전동기에서 회전자의 슬롯수 및 권선법이 적당하지 않아 고조파가 발생되고, 이로 인해 전동기는 낮은 속도에서 안정상태가 되어 더 이상 가속하지 않는 현상
1. 원인 : 공극이 불균일할 때, 고조파가 전동기에 유입될 때
2. 방지책 : 스큐슬롯(사구)을 채용한다. 　　　**【정답】③**

54. 3상 동기발전기에서 그림과 같이 1상의 권선을 서로 똑같은 2조로 나누어서 그 1조의 권선전압을 E[V], 각 권선의 전류를 I[A]라 하고 2중 성형결선으로 하는 경우 선간전압과 선전류 및 피상전력은?

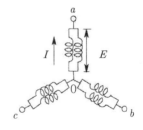

① $3E$, I, $5.19EI$

② $\sqrt{3}E$, $2I$, $6EI$

③ E, $2\sqrt{3}I$, $6EI$

④ $\sqrt{3}E$, $\sqrt{3}I$, $5.19EI$

|정|답|및|해|설|
[3상의 피상전력] $P_{3a} = \sqrt{3}\,VI$

1. Y결선에서 전압 : $V_l = \sqrt{3}\,E$,

2. Y결선에서 전류 : $I_l = I_p \rightarrow I_l = 2I$　→ (2중 권선이므로 $2 \times I$)

3. 피상전력 $P_{3a} = \sqrt{3}\,VI = \sqrt{3} \times \sqrt{3}\,E \times 2I = 6EI$

　　　　　　　　　　　　　　　　　【정답】②

55. 어떤 IGBT의 열용량은 0.02[J/℃], 열저항은 0.625 [℃/W]이다. 이 소자에 직류 25[A]가 흐를 때 전압강 하는 3[V]이다. 몇 [℃]의 온도 상승이 발생하는가?

① 1.5　　② 1.7　　③ 47　　④ 52

|정|답|및|해|설|
[온도상승] $\theta = $ 열저항×소비전력
1. 전압강하 $e = IR \rightarrow 3[V] = 25 \times R$
2. 저항 $R = \dfrac{e}{I} = \dfrac{3}{25}[\Omega]$
3. 소비전력 $P = I^2 R = 25^2 \times \dfrac{3}{25} = 75[W]$
∴온도상승 $\theta = $ 열저항×소비전력 $= 0.625 \times 75 = 46.9[℃]$
【정답】③

56. 동기발전기의 권선을 분포권으로 하면?

① 집중권에 비하여 합성 유도기전력이 높아진다.
② 권선의 리액턴스가 커진다.
③ 파형이 좋아진다.
④ 난조를 방지한다.

|정|답|및|해|설|
[분포권을 사용하는 이유]
· 분포권은 집중권에 비하여 합성 **유기기전력이 감소**한다.
· 기전력의 **고조파가 감소하여 파형이 좋아진다.**
· 권선의 누설 **임피던스가 감소**한다.
· 전기자 권선에 의한 열을 고르게 분포시켜 과열을 방지하고 코일 배치가 균일하게 되어 통풍 효과를 높인다. 【정답】③

57. 변압기의 임피던스전압이란?

① 정격전류 시 2차측 단자전압이다.
② 변압기의 1차를 단락, 1차에 1차 정격전류와 같은 전류를 흐르게 하는데 필요한 1차 전압이다.
③ 변압기 내부임피던스와 정격전류와의 곱인 내부 전압강하이다.
④ 변압기의 2차를 단락, 2차에 2차 정격전류와 같은 전류를 흐르게 하는데 필요한 2차 전압이다.

|정|답|및|해|설|
[변압기의 임피던스전압]
$\%Z = \dfrac{IZ}{E} \times 100 = \dfrac{\text{임피던스전압}}{E} \times 100$
변압이 자체 임피던스에 걸리는 내부 전압강하를 말한다.
【정답】③

58. 유도전동기 원선도에서 원의 지름은? (단, E는 1차전압, r은 1차로 환산한 저항, x를 1차로 환산한 누설리액턴스라 한다.)

① rE에 비례　　② rxE에 비례
③ $\dfrac{E}{r}$에 비례　　④ $\dfrac{E}{x}$에 비례

|정|답|및|해|설|
[원선도의 반지름] 지름 $\propto \dfrac{E}{x} = \dfrac{V_1}{x}$
유도전동기는 일정값의 리액턴스와 부하에 의하여 변하는 저항 (r_2'/s)의 직렬 회로라고 생각되므로 부하에 의하여 변화하는 전류 벡터의 궤적, 즉 **원선도의 지름은 전압에 비례하고 리액턴스에 반비례**한다. 즉, 지름 $\propto \dfrac{E}{x}$　　【정답】④

59. 20[kVA]의 단상변압기가 역률 1일 때 전부하 효율이 97[%]이다. 3/4 부하일 때 이 변압기는 최고 효율을 나타낸다. 전부하에서 철손(P_i)과 동손(P_c)은 각각 몇 [W]인가?

① $P_i = 222$, $P_c = 396$
② $P_i = 232$, $P_c = 386$
③ $P_i = 242$, $P_c = 376$
④ $P_i = 252$, $P_c = 356$

|정|답|및|해|설|
[철손(P_i)과 동손(P_c)]
효율 $\eta_m = \dfrac{\text{최대 효율시의 출력}}{\text{최대 효율시의 출력 + 철손 + 동손}} \times 100[\%]$
$0.97 = \dfrac{20 \times 10^3}{20 \times 10^3 + P_i + P_c}$
$P_i + P_c = \dfrac{20 \times 10^3}{0.97} - 20 \times 10^3 = 618[W]$ ·····················①
$P_i = \left(\dfrac{3}{4}\right)^2 P_c = 0.563 P_c$ ·····························②
$0.563 P_c + P_c = 618 \rightarrow$ ∴동손 $P_c = \dfrac{618}{1.563} ≒ 396[W]$
P_c의 값을 식 ①에 대입하면 $396 + P_i = 618$
∴철손 $P_i = 618 - 306 = 222[W]$ 　　【정답】①

60. 다음 정류방식 중 맥동률이 가장 작은 방식은?
(단, 저항부하를 사용한 경우이다.)

① 단상반파정류　　② 단상전파정류
③ 3상반파정류　　④ 3상전파정류

|정|답|및|해|설|

[맥동률] $\gamma = \dfrac{\Delta E}{E_d} \times 100$ [%]

(ΔE : 교류분, E_d : 직류분)　　　　　【정답】④

|참|고|

[각 정류 회로의 특성]

정류 종류	단상 반파	단상 전파	3상 반파	3상 전파
맥동률[%]	121	48	17.7	4.04
정류효율	40.6	81.1	96.7	99.8
맥동주파수	f	$2f$	$3f$	$6f$

2회 2023년 전기산업기사필기(회로이론)

61. 대칭 6상 성형(star)결선에서 선간전압과 상전압의 위상차는?

① 90도　　　　② 30도
③ 120도　　　④ 60도

|정|답|및|해|설|

[대칭 n상의 위상차] $\theta = \dfrac{\pi}{2}\left(1 - \dfrac{2}{n}\right)$[rad]

$n = 6$상이므로

$\theta = \dfrac{\pi}{2}\left(1 - \dfrac{2}{6}\right) = \dfrac{180}{2}\left(1 - \dfrac{1}{3}\right) = 60$도

※n상인 전압차 $V_l = 2V_p \sin\left(\dfrac{\pi}{n}\right)$　→ (n : 상수)

【정답】④

62. 그림과 같은 회로망의 전압 전달함수 G(s)는?

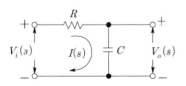

① $\dfrac{1}{1+s}$　　　　② $\dfrac{CR}{s+CR}$

③ $\dfrac{CR}{RCs+1}$　　④ $\dfrac{1}{RCs+1}$

|정|답|및|해|설|

[전압 전달함수] $G(s) = \dfrac{V_0(s)}{V_i(s)}$

라플라스 변환 $V_i(s) = \left(R + \dfrac{1}{Cs}\right)I(s)$

$V_0(s) = \dfrac{1}{Cs}I(s)$

$\therefore G(s) = \dfrac{V_0(s)}{V_i(s)} = \dfrac{\dfrac{1}{Cs}}{R + \dfrac{1}{Cs}} = \dfrac{1}{RCs+1}$　　　【정답】④

63. 그림과 같은 회로에서 처음에 스위치 S가 닫힌 상태에서 회로에 정상전류가 흐르고 있었다. t=0에서 스위치 S를 연다면 회로의 전류[A]는?

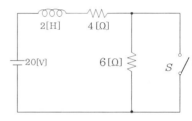

① $2 + 3e^{-5t}$　　② $2 + 3e^{-2t}$
③ $4 + 2e^{-2t}$　　④ $4 + 2e^{-5t}$

|정|답|및|해|설|

[회로에 흐르는 전류[A]]

1. 최초 스위치가 닫힌 상태의 전류 $I = \dfrac{20}{4} = 5$[A]

2. 스위치가 열린 상태의 정상전류 $2\dfrac{di(t)}{dt} + (4+6)i(t) = 20$

　i_s는 정상전류이므로 $0 + (4+6)i_s = 20 \rightarrow i_s = 2$

3. 보조하는 우변 E를 0으로 놓은 미분방정식

　즉, $2\dfrac{di(t)}{dt} + (4+6)i(t) = 0$

　$i_t = Ae^{-\frac{4+6}{2}t} - Ae^{-5t}$

4. $i(t) = i_s + i_t = 2 + Ae^{-5t}$[A]

5. $t = 0$에서 $i(0) = 2 + A = 5 \rightarrow$ A=3

　　　　　　　　　→ (최초 전류는 5[A]이므로)

　$\therefore i(t) = 2 + 3e^{-5t}$[A]　　　　　【정답】①

64. 1000[Hz]인 정현파 교류에서 5[mH]인 유도리액턴스와 같은 용량리액턴스를 갖는 C의 값은 약 몇 [μF]인가?

① 4.07   ② 5.07

③ 6.07   ④ 7.07

|정|답|및|해|설|

[용량 리액턴스]

1. L회로 (인덕턴스만의 회로) : 유도성 리액턴스 $wL = X_L$

2. C회로 (정전용량만의 회로) : 용량성 리액턴스 $X_C = \dfrac{1}{wC}$

3. $X_L = X_c$, $wL = \dfrac{1}{wC}$ $\rightarrow w^2 LC = 1$

$\therefore C = \dfrac{1}{w^2 L} = \dfrac{1}{(2\pi \times 1000)^2 \times 5 \times 10^{-3}} = 5.07$ 【정답】②

65. 어떤 회로에 흐르는 전류가 $v(t) = 14.1 \sin wt + 7.1 \sin\left(3wt - \dfrac{\pi}{4}\right)[V]$인 경우 실효값은 약 몇 [V]인가?

① 11.2[A]   ② 12.5[A]

③ 14.4[A]   ④ 16.1[A]

|정|답|및|해|설|

[비정현파의 실효값] $V = \sqrt{V_0^2 + V_1^2 + V_2^2 + \cdots + V_n^2}$

$V = \sqrt{V_1^2 + V_3^2} = \sqrt{\left(\dfrac{14.1}{\sqrt{2}}\right)^2 + \left(\dfrac{7.1}{\sqrt{2}}\right)^2} = 11.2[V]$

$\rightarrow \left(V = \dfrac{V_m}{\sqrt{2}}\right)$

【정답】①

66. 상순이 a, b, c인 3상 회로에 있어서 대칭분 전압이 $V_0 = -8 + j3[V]$, $V_1 = 6 - j8[V]$

$V_2 = 8 + j12[V]$일 때 a상의 전압 $V_a[V]$는?

① 6+j7   ② 8+j12

③ 6+j14   ④ 16+j4

|정|답|및|해|설|

[대칭분에 의한 비대칭을 구할 때]

1. $V_a = V_0 + V_1 + V_2 = -8 + j3 + 6 - j8 + 8 + j12$
$= 6 + j7[V]$

2. $V_b = V_0 + a^2 V_1 + a V_2$

3. $V_c = V_0 + a V_1 + a^2 V_2$ 【정답】①

|참|고|

[비대칭분에 의한 대칭을 구할 때]

1. 영상전압 $V_0 = \dfrac{1}{3}(V_a + V_b + V_c)$

2. 정상전압 $V_1 = \dfrac{1}{3}(V_a + a V_b + a^2 V_c)$

$\rightarrow (a : 1\angle 120, \ a^2 : 1\angle 240)$

3. 역상전압 $V_2 = \dfrac{1}{3}(V_a + a^2 V_b + a V_c)$

67. 그림과 같은 회로에서 L_2에 흐르는 전류 $I_2[A]$가 단자전압 $V[V]$보다 위상 90[°] 뒤지기 위한 조건은? (단, ω는 회로의 각주파수[rad/s]이다.)

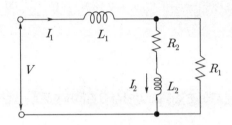

① $\dfrac{R_2}{R_1} = \dfrac{L_2}{L_1}$ ② $R_1 R_2 = L_1 L_2$

③ $R_1 R_2 = \omega L_1 L_2$ ④ $R_1 R_2 = \omega^2 L_1 L_2$

|정|답|및|해|설|

[L만의 회로] 허수부만 존재 (실수부가 0인 조건을 찾는다)

$I_2 = \dfrac{R_1}{(R_2 + j\omega L_2) + R_1} I_1$

$= \dfrac{R_1}{(R_2 + j\omega L_2) + R_1} \cdot \dfrac{V}{j\omega L_1 + \dfrac{(R_2 + j\omega L_2) R_1}{(R_2 + j\omega L_2) + R_1}}$

$= \dfrac{R_1}{(R_2 + j\omega L_2) + R_1} \cdot \dfrac{V}{\dfrac{j\omega L_1((R_2 + j\omega L_2) + R_1) + (R_2 + j\omega L_2) R_1}{(R_2 + j\omega L_2) + R_1}}$

$= \dfrac{R_1}{(R_2 + j\omega L_2) + R_1} \cdot \dfrac{((R_2 + j\omega L_2) + R_1) V}{j\omega L_1((R_2 + j\omega L_2) + R_1) + (R_2 + j\omega L_2) R_1}$

$= \dfrac{R_1 V}{j\omega L_1((R_2 + j\omega L_2) + R_1) + (R_2 + j\omega L_2) R_1}$

$= \dfrac{R_1 V}{j\omega L_1 R_2 - \omega^2 L_1 L_2 + j\omega L_1 R_1 + R_2 R_1 + j\omega L_2 R_1}$

I_2 위상이 90° 뒤지기 위해서는 실수가 0이 되어야 하므로 $R_2 R_1 - \omega^2 L_1 L_2 = 0$이 되어야 한다.

$\therefore R_2 R_1 = \omega^2 L_1 L_2$ 【정답】④

68. 아래와 같은 비정현파 전압을 RL 직렬회로에 인가할 때에 제 3고조파 전류의 실효값[A]은? (단, $R = 4[\Omega] \ \omega L = 1[\Omega]$ 이다.)

$$e = 100\sqrt{2}\sin\omega t + 75\sqrt{2}\sin3\omega t + 20\sqrt{2}\sin5\omega t\,[V]$$

① 4　　② 15　　③ 20　　④ 75

|정|답|및|해|설|

[3고조파 전류의 실효값] $I_3 = \dfrac{V_3}{Z_3} = \dfrac{V_3}{\sqrt{R^2 + (3\omega L)^2}}$

· 기본파 $Z_1 = \sqrt{R^2 + (\omega L)^2}$

· 3고조파 $Z_3 = \sqrt{R^2 + (3\omega L)^2}$

$\therefore I_3 = \dfrac{V_3}{\sqrt{R^2 + (3\omega L)^2}} = \dfrac{75}{\sqrt{4^2 + 3^2}} = 15[A]$

$\rightarrow (V = \dfrac{V_m}{\sqrt{2}} = \dfrac{75\sqrt{2}}{\sqrt{2}} = 75)$

【정답】②

69. 그림에서 $e(t) = E_m\cos\omega t$ 의 전원전압을 인가했을 때 인덕턴스 L에 축적되는 에너지[J]는?

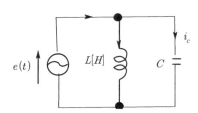

① $\dfrac{1}{2}\dfrac{E_m^2}{\omega^2 L^2}(1 + \cos\omega t)$

② $\dfrac{1}{4}\dfrac{E_m^2}{\omega^2 L}(1 - \cos\omega t)$

③ $\dfrac{1}{2}\dfrac{E_m^2}{\omega^2 L^2}(1 + \cos2\omega t)$

④ $\dfrac{1}{4}\dfrac{E_m^2}{\omega^2 L}(1 - \cos2\omega t)$

|정|답|및|해|설|

[L에 축적되는 에너지[J]] $W = \dfrac{1}{2}LI^2[J]$

$e = L\dfrac{di}{dt}$ 이므로 $I = \dfrac{1}{L}\int e\,dt$

$I = \dfrac{1}{L}\int E_m\cos\omega t\ dt = \dfrac{E_m}{\omega L}\sin\omega t$

$\therefore W_L = \dfrac{1}{2}LI^2 = \dfrac{1}{2}L\cdot\left(\dfrac{E_m}{\omega L}\sin\omega t\right)^2$

$= \dfrac{1}{2}\dfrac{E_m^2}{\omega^2 L}\sin^2\omega t = \dfrac{E_m^2}{2\omega^2 L}\left(\dfrac{1 - \cos2\omega t}{2}\right)$

$\rightarrow (\sin^2\omega t = \dfrac{1 - \cos2\omega t}{2})$

$= \dfrac{E_m^2}{4\omega^2 L}(1 - \cos2\omega t)\,[J]$

【정답】④

70. $V_a = 3[V],\ V_b = 2 - j3[V],\ V_c = 4 + j3[V]$ 를 3상 불평형 전압이라고 할 때, 영상전압[V]은?

① 0　　② 3　　③ 9　　④ 27

|정|답|및|해|설|

[영상전압]

1. 영상전압 $V_0 = \dfrac{1}{3}(V_a + V_b + V_c)[V]$

2. 정상전압 $V_1 = \dfrac{1}{3}(V_a + aV_b + a^2 V_c)$

$\rightarrow (a : 1\angle120,\ a^2 : 1\angle240)$

3. 역상전압 $V_2 = \dfrac{1}{3}(V_a + a^2 V_b + aV_c)$

$\therefore V_0 = \dfrac{1}{3}(V_a + V_b + V_c) = \dfrac{1}{3}(3 + 2 - j3 + 4 + j3) = \dfrac{9}{3} = 3[V]$

【정답】②

71. 자동차 축전지의 무부하 전압을 측정하니 13.5[V]를 지시 하였다. 이때 정격이 12[V], 55[W]인 자동차 전구를 연결하여 축전지의 단자전압을 측정하니 12[V]를 지시하였다. 축전지의 내부저항은 약 몇 [Ω]인가?

① 0.33[Ω]　　② 0.45[Ω]

③ 2.62[Ω]　　④ 3.31[Ω]

|정|답|및|해|설|

[축전지의 내부저항] $r = \dfrac{e}{I}[\Omega]$

$I = \dfrac{P}{V} = \dfrac{55}{12} = 4.58[A]$

$e = Ir = 4.58r = 13.5 - 12 = 1.5[V]$

$\therefore r = \dfrac{e}{I} = \dfrac{1.5}{4.58} = 0.33[\Omega]$

【정답】①

72. 그림과 같은 회로에서 임피던스 파라미터 Z_{11} 은?

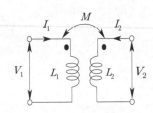

① sL_1
② sM
③ sL_1L_2
④ sL_2

|정|답|및|해|설|

[임피던스 파라미터]

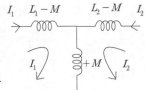

1. T형 등가회로

2. $Z_{11} = j\omega(L_1 - M) + j\omega M$
$\quad\quad = j\omega L_1 - j\omega M + j\omega M$
$\quad\quad = j\omega L_1 = sL_1$

【정답】①

|참|고|

[다른 방법]
1. 임피던스(Z) → T형으로 만든다.

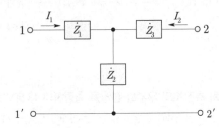

· $Z_{11} = Z_1 + Z_2 [\Omega]$
· $Z_{12} = Z_{21} = Z_2 [\Omega]$ → ($I_2 \rightarrow$, 전류방향 같을 때)
· $Z_{12} = Z_{21} = -Z_2 [\Omega]$ → ($I_2 \leftarrow$ 전류방향 다를 때)
· $Z_{22} = Z_2 + Z_3 [\Omega]$

2. 어드미턴스(Y) → π형으로 만든다.

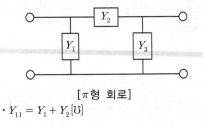

[π형 회로]

· $Y_{11} = Y_1 + Y_2 [\mho]$

· $Y_{12} = Y_{21} = Y_2 [\mho]$ → ($I_2 \rightarrow$, 전류방향 같을 때)
· $Y_{12} = Y_{21} = -Y_2 [\mho]$ → ($I_2 \leftarrow$, 전류방향 다를 때)
· $Y_{22} = Y_2 + Y_3 [\mho]$

73. 대칭 3상 Y결선에서 선간전압이 $200\sqrt{3}$ [V]이고 각 상의 임피던스 $Z = 30 + j40[\Omega]$의 평형부하일 때 선전류는 몇 [A]인가?

① 2
② $2\sqrt{3}$
② 4
④ $4\sqrt{3}$

|정|답|및|해|설|

[3상 Y결선시의 선전류] $I_l = \dfrac{V_p}{Z}[A]$
→ (임피던스는 상에 대한 임피던스이므로 상전압(V_p)이 온다.)

$\therefore I_l = \dfrac{V_p}{Z} = \dfrac{200\sqrt{3}/\sqrt{3}}{\sqrt{30^2 + 40^2}} = 4[A]$

→ (Y결선 시 $V_l = \sqrt{3}\,V_p$, $I_l = I_p$)

【정답】③

74. 4단자 정수를 구하는 식으로 틀린 것은?

① $A = \left(\dfrac{V_1}{V_2}\right)_{I_2=0}$
② $B = \left(\dfrac{V_2}{I_2}\right)_{V_1=0}$
③ $C = \left(\dfrac{I_1}{V_2}\right)_{I_2=0}$
④ $D = \left(\dfrac{I_1}{I_2}\right)_{V_2=0}$

|정|답|및|해|설|

[각 파라미터의 물리적 의미]

1. $A = \dfrac{V_1}{V_2}\bigg|_{I_2=0}$: 출력을 개방했을때 전압 이득(전압비)

→ (비교값은 항상 $\dfrac{입력}{출력} = \dfrac{V_1}{V_2}, \dfrac{I_1}{I_2}$)

→ (비교값은 분모에 대비, 즉 분모가 V_2면 $I_2 = 0$)

2. $B = \dfrac{V_1}{I_2}\bigg|_{V_2=0}$: 출력을 단락했을때 전달 임피던스

3. $C = \dfrac{I_1}{V_2}\bigg|_{I_2=0}$: 출력을 개방했을때 전달 어드미턴스

4. $D = \dfrac{I_1}{I_2}\bigg|_{V_2=0}$: 출력을 단락했을때 전류 이득(전류비)

【정답】②

75. 서로 결합된 2개의 코일을 직렬로 연결하면 합성자기인덕턴스가 20[mH]이고, 한쪽 코일의 연결을 반대로 하면 8[mH]가 되었다. 두 코일의 상호인덕턴스는?

① 3[mH] ② 6[mH]
③ 14[mH] ④ 28[mH]

|정|답|및|해|설|

[인덕턴스 결합] $L = L_1 + L_2 \pm 2M$

1. 자속이 동일 방향 : $L_1 + L_2 + 2M = 20$ → (가동)
2. 자속이 반대 방향 : $L_1 + L_2 - 2M = 8$ → (차동)

1식에서 2식을 뺀다. → $4M = 12$ ∴ $M = 3$ 【정답】①

76. 평형 3상 3선식 회로에서 부하는 Y결선이고 선간전압이 $173.2\angle 0°[V]$일 때 선전류는 $20\angle -120°[A]$이었다면, Y결선된 부하 한 상의 임피던스는 약 몇 $[\Omega]$인가?

① $5\angle 60°$ ② $5\angle 90°$
③ $5\sqrt{3}\angle 60°$ ④ $5\sqrt{3}\angle 90°$

|정|답|및|해|설|

[한상의 임피던스] $Z_p = \dfrac{V_p}{I_p} = \dfrac{\dfrac{V_l}{\sqrt{3}}\angle -30°}{I_l}[\Omega]$

Y결선에서 $V_l = \sqrt{3}\,V_p \angle 30°$, $I_l = I_p$

∴ $Z_p = \dfrac{\dfrac{173.2}{\sqrt{3}}\angle -30°}{20\angle -120°} = 5\angle 90°$ → (각은 (분자-분모)이다.)

【정답】②

77. 다음은 과도현상에 관한 내용이다. 틀린 것은?

① RL 직렬회로의 시정수는 $\dfrac{L}{R}[s]$이다.

② RC 직렬회로에서 V_0로 충전된 콘덴서를 방전시킬 경우 $t = RC$에서의 콘덴서 단자전압은 $0.632\,V_0$이다.

③ 정현파 교류회로에서는 전원을 넣을 때 위상을 조절함으로써 과도현상의 영향을 제거할 수 있다.

④ 전원이 직류 기전력인 때에도 회로의 전류가 정현파로 되는 경우가 있다.

|정|답|및|해|설|

[과도현상] RC 회로에서 콘덴서가 방전될 때는 시정수 타임에서 크기가 최소값의 0.368배가 되면서 감소한다.

$t = RC$일 때의 콘덴서 전압 V_c는

$$V_c = V_0 e^{-\frac{1}{RC}t} = V_0 e^{-\frac{1}{RC}RC} = V_0 e^{-1} = 0.368\,V_0$$

【정답】②

78. 전압 $v = 20\sin 20t + 30\sin 30t\,[V]$이고, 전류가 $i = 30\sin 20t + 20\sin 30t\,[A]$이면 소비전력[W]은?

① 1200[W] ② 600[W]
③ 400[W] ④ 300[W]

|정|답|및|해|설|

[비정현파의 소비전력] $P = \displaystyle\sum_{n=1}^{\infty} V_n I_n \cos\theta_n$

    → (V_n, I_n : 실효값, $V_n = \dfrac{V_m}{\sqrt{2}}$)

∴ $P = \dfrac{20}{\sqrt{2}} \times \dfrac{30}{\sqrt{2}} \times \cos 0° + \dfrac{30}{\sqrt{2}} \times \dfrac{20}{\sqrt{2}} \times \cos 0° = 600[W]$

    → (위상차는 0, $\cos 0 = 1$)

【정답】②

79. 그림의 회로에서 단자 a-b에 나타나는 전압은 몇 [V]인가?

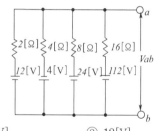

① 10[V] ② 12[V]
③ 14[V] ④ 16[V]

|정|답|및|해|설|

[밀만의 정리] $V_{ab} = \dfrac{\sum I}{\sum Y} = \dfrac{\sum \dfrac{V}{Z}}{\sum \dfrac{1}{Z}}$

4[V]의 극성은 반대 방향

$V_{ab} = \dfrac{\dfrac{E_1}{R_1} + \dfrac{E_2}{R_2} + \dfrac{E_3}{R_3} + \dfrac{E_4}{R_4}}{\dfrac{1}{R_1} + \dfrac{1}{R_2} + \dfrac{1}{R_3} + \dfrac{1}{R_4}} = \dfrac{\dfrac{12}{2} - \dfrac{4}{4} + \dfrac{24}{8} + \dfrac{112}{16}}{\dfrac{1}{2} + \dfrac{1}{4} + \dfrac{1}{8} + \dfrac{1}{16}} = 16[V]$

    → ($4[\Omega]$, $4[V]$ 전압원의 방향이 반대인 것에 주의할 것)

【정답】④

80. $f(t) = \delta(t) - be^{-bt}$ 의 라플라스 변환은? (단, $\delta(t)$는 임펄스함수이다.)

① $\dfrac{b}{s+b}$ ② $\dfrac{s(1-b)+5}{s(s+b)}$

③ $\dfrac{1}{s(s+b)}$ ④ $\dfrac{s}{s+b}$

|정|답|및|해|설|

[라플라스 변환] $\mathcal{L} f(s) = F(s)$

$F(s) = \mathcal{L}[\delta(t)] - \mathcal{L}[be^{-bt}] = 1 - \dfrac{b}{s+b} = \dfrac{s}{s+b}$ 【정답】④

---

81. 중성점 접지용 접지도체는 공칭단면적 몇 $[mm^2]$이 상의 연동선이어야 하는가?

① 2.5 ② 6 ③ 10 ④ 16

|정|답|및|해|설|

[접지도체 (KEC 142.3.1)] [적용 종류별 접지선의 최소 단면적]
1. 특고압 · 고압 전기설비용 접지도체는 단면적 6 $[mm^2]$ 이상의 연동선 또는 동등 이상의 단면적 및 강도를 가져야 한다.
2. **중성점 접지용 접지도체는 공칭단면적 16[mm^2] 이상의 연동선** 또는 동등 이상의 단면적 및 세기를 가져야 한다. 다만, 다음의 경우에는 공칭단면적 6[mm^2] 이상의 연동선 또는 동등 이상의 단면적 및 강도를 가져야 한다.
  가. 7[kV] 이하의 전로
  나. 사용전압이 25[kV] 이하인 특고압 가공전선로. 다만, 중성선 다중접지식의 것으로서 전로에 지락이 생겼을 때 2초 이내에 자동적으로 이를 전로로부터 차단하는 장치가 되어 있는 것
  【정답】④

82. 과전류차단기로 저압전로에 사용하는 주택용 배선 용차단기의 동작전류로 알맞은 것은?

① 1.05 ② 1.3

③ 1.13 ④ 1.45

|정|답|및|해|설|

[주택용 · 배선용 차단기 순시트립에 따른 구분 (kec 212.3.4)]
과전류트립 동작시간 및 특성

정격전류의 구분	시간	정격전류의 배수 (모든 극에 통전)	
		부동작 전류	동작 전류
63 A 이하	60분	1.13배	1.45배
63 A 초과	120분	1.13배	1.45배

【정답】④

83. 지중 공가설비로 사용하는 광섬유 케이블 및 동축 케이블은 지름 몇 [mm] 이하이어야 하는가?

① 16 ② 5

③ 4 ④ 22

|정|답|및|해|설|

[지중통신선로설비 시설 (KEC 363.1)] 지중 공가설비로 사용하 는 광섬유 케이블 및 동축케이블은 **지름 22[㎜] 이하**일 것
【정답】④

84. 다선식 옥내 배선인 경우 중성선의 색별 표시는?

① 갈색 ② 검은색

③ 파란색 ④ 녹색-노란색

|문|제|풀|이|

[전선의 식별]

상(문자)	색상
L1	갈색
L2	검은색
L3	회색
N(중성선)	**파란색**
보호도체(접지선)	녹색-노란색 혼용

【정답】③

85. 수중조명등의 시설공사에서 절연변압기는 그 2차 측 전로의 사용전압이 몇 [V] 이하인 경우에는 1차권선과 2차권선 사이에 금속제의 혼촉방지판을 설치하여야 하는가?

① 30[V]　　　　② 50[V]

③ 60[V]　　　　④ 60[V]

|정|답|및|해|설|

[수중 조명등 (KEC 234.14)]
· 풀용 수중조명등 기타 이에 준하는 조명등에 전기를 공급하는 변압기를 1차 400[V] 미만, 2차 150[V] 이하의 절연 변압기를 사용할 것
· 절연 변압기 2차측 전로의 **사용전압이 30[V] 이하**인 경우에는 1차 권선과 2차 권선 사이에 **금속제의 혼촉 방지판을 설치**하고 kec140에 준하는 접지공사를 할 것
· 수중조명등의 절연변압기의 2차측 전로의 사용전압이 30[V]를 초과하는 경우 지락이 발생하면 자동적으로 전로를 차단하는 정격감도전류 30[mA] 이하의 누전차단기를 시설하여야 한다.
【정답】①

86. 사람이 상시 통행하는 터널 안의 교류 220[V]의 배선을 애자사용공사에 의하여 시설할 경우 전선은 노면상 몇 [m] 이상의 높이로 시설하여야 하는가?

① 2.0　　　　② 2.5

③ 3.0　　　　④ 3.5

|정|답|및|해|설|

[터널 안 전선로의 시설 (KEC 335.1)] 사람이 통행하는 터널 내의 전선의 경우

저압	① 전선 : 인장강도 2.30[kN] 이상의 절연전선 또는 지름 2.6[mm] 이상의 경동선의 절연전선 ② 설치 높이 : **애자사용공사시 레일면상 또는 노면상 2.5[m] 이상** ③ 합성수지관배선, 금속관배선, 가요전선관배선, 애자사용고사, 케이블 공사
고압	전선 : 케이블공사 (특고압전선은 시설하지 않는 것을 원칙으로 한다.)

【정답】②

87. 이동형의 용접 전극을 사용하는 아크 용접 장치의 시설 기준으로 틀린 것은?

① 용접변압기는 절연변압기일 것
② 용접변압기의 1차측 전로의 대지전압은 300[V] 이하일 것

③ 용접변압기의 2차측 전로에는 용접변압기에 가까운 곳에 쉽게 개폐할 수 있는 개폐기를 시설할 것
④ 용접변압기의 2차측 전로 중 용접변압기로부터 용접전극에 이르는 부분의 전로는 용접 시 흐르는 전류를 안전하게 통할 수 있는 것일 것

|정|답|및|해|설|

[아크 용접장치의 시설 (KEC 241.10)] 가반형의 용접 전극을 사용하는 아크용접장치는 다음 각 호에 의하여 시설하여야 한다.
· 용접변압기는 절연변압기일 것
· 용접변압기의 1차 측 전로의 대지전압은 300[V] 이하일 것
· **용접변압기의 1차 측 전로에는 용접변압기에 가까운 곳에 쉽게 개폐할 수 있는 개폐기를 시설할 것**
· 용접변압기의 2차측 전로 중 용접변압기로부터 용접전극에 이르는 부분 및 용접변압기로부터 피용접재에 이르는 부분은 용접용 케이블 또는 캡타이어 케이블(용접변압기로부터 용접전극에 이르는 전로는 0.6/1[kV] EP 고무 절연 클로로프렌 캡타이어 케이블에 한한다)일 것
· 전로는 용접 시 흐르는 전류를 안전하게 통할 수 있는 것일 것.
· 중량물이 압력 또는 현저한 기계적 충격을 받을 우려가 있는 곳에 시설하는 전선에는 적당한 방호장치를 할 것.
【정답】③

88. 과전류 차단기로서 저압전로에 사용하는 범용의 퓨즈(「전기용품 및 생활용품 안전관리법」에서 규정하는 것을 제외한다.)의 정격전류가 16[A]인 경우 용단전류는 정격전류의 몇 배인가? (단, 퓨즈(gG)인 경우이다.)

① 1.25　　② 1.5　　③ 1.6　　④ 1.9

|정|답|및|해|설|

[보호장치의 특성 (kec 212.3.4)]
과전류차단기로 저압전로에 사용하는 퓨즈

정격전류의 구분	시간[분]	정격전류의 배수	
		불용단전류	용단전류
4[A] 이하	60분	1.5배	2.1배
4[A] 초과 16[A] 미만	60분	1.5배	1.9배
16[A] 이상 63[A] 이하	60분	1.25배	**1.6배**
63[A] 초과 160[A] 이하	120분	1.25배	1.6배
160[A] 초과 400[A] 이하	180분	1.25배	1.6배
400[A] 초과	240분	1.25배	1.6배

【정답】③

89. 전력계통에서 돌발적으로 발생하는 이상현상에 대비하여 대지와 계통을 연결하는 것으로, 중성점을 대지에 접속하는 것은 무엇인가?

① 피뢰시스템접지　　② 단독접지

③ 계통접지　　④ 보호접지

|정|답|및|해|설|........

[계통접지(System Earthing)] 전력계통에서 돌발적으로 발생하는 이상현상에 대비하여 대지와 계통을 연결하는 것으로, 중성점을 대지에 접속하는 것을 말한다.

※④ 보호접지(Protective Earthing) : 고장 시 감전에 대한 보호를 목적으로 기기의 한 점 또는 여러 점을 접지하는 것을 말한다.

【정답】③

---

90. 저압 옥내배선을 합성수지관 공사에 의하여 실시하는 경우 사용할 수 있는 단선(동선)의 최대 단면적은 몇 $[mm^2]$인가?

① 4　　② 6　　③ 10　　④ 16

|정|답|및|해|설|........

[합성수지관 공사 (KEC 232.11)]
1. 전선은 절연전선(옥내용 비닐 절연전선을 제외한다)일 것
2. 전선은 연선일 것. 다만, 다음의 것은 적용하지 않는다.
  ·짧고 가는 합성수지관에 넣은 것
  ·**단면적 10[㎟]**(알루미늄선은 단면적 16[㎟]) 이하의 것
3. 전선은 합성수지관 안에서 접속점이 없도록 할 것

【정답】③

---

91. 사용전압이 400[V] 미만인 저압 가공전선은 지름 몇 [mm] 이상인 절연전선이어야 하는가?

① 2.6　　② 3.2

③ 4.6　　④ 5.0

|정|답|및|해|설|........

[저압 가공전선의 굵기 및 종류 (KEC 222.5)]

400[V] 미만	절연전선	지름 2.6[mm] 이상 경동선	2.30[kN] 이상
	절연전선 외	지름 3.2[mm] 이상 경동선	3.43[kN] 이상

【정답】①

---

92. 금속관공사에 의한 저압 옥내배선 시설에 대한 설명으로 틀린 것은?

① 인입용 비닐절연전선을 사용했다.

② 옥외용 비닐절연전선을 사용했다.

③ 짧고 가는 금속관에 연선을 사용했다.

④ 단면적 $10[mm^2]$ 이하의 전선을 사용했다.

|정|답|및|해|설|........

[금속관 공사 (KEC 232.12)]
·전선관과의 접속 부분의 나사는 5턱 이상 완전히 나사 결합이 될 수 있는 길이일 것
·전선은 절연전선(**옥외용 비닐절연전선을 제외**)
·전선관의 두께 : 콘크리트 매설시 1.2[mm] 이상
·관에는 kec140에 준하여 접지공사

【정답】②

---

93. 임시 전선로의 시설 시 건조물의 상부 조영재 옆쪽의 최소 간격(이격거리)은 몇 [m] 이상인가?

① 4　　② 1

③ 0.4　　④ 0.1

|정|답|및|해|설|........

[임시 전선로의 시설 (KEC 335.10)]
임시 전선로 시설(저압 방호구)의 간격

조영물 조영재의 구분		접근형태	간격
건조물	**상부 조영재**	위쪽	1[m]
		옆쪽 또는 아래쪽	**0.4[m]**
	상부이외의 조영재		0.4[m]
건조물 이외의 조영물	상부 조영재	위쪽	1[m]
		옆쪽 또는 아래쪽	0.4[m] (저압 가공전선은 0.3[m])
	상부 조영재 이외의 조영재		0.4[m] (저압 가공전선은 0.3[m])

【정답】③

94. 고압 가공전선으로 ACSR선을 사용할 때의 안전율은 얼마 이상이 되는 처짐 정도(이도)로 시설하여야 하는가?

① 2.2 ② 2.5
③ 3 ④ 3.5

|정|답|및|해|설|
[저·고압 가공전선의 안전율 (KEC 332.4)]
· 경동선 : 2.2 이상
· ACSR 등 : 2.5 이상 【정답】②

|참|고|
[안전율]
1.33 : 이상시 상정하중 철탑의 기초
1.5 : 케이블트레이, 안테나
2.0 : 기초 안전율
2.2 : 경동선/내열동 합금선
2.5 : 지지선, ACSR, 기타 전선

95. 수소냉각식 발전기 및 이에 부속하는 수소냉각장치에 시설에 대한 설명으로 틀린 것은?

① 발전기 안의 수소의 온도를 계측하는 장치를 시설할 것
② 발전기 안의 수소의 순도가 70[%] 이하로 저하한 경우에 이를 경보하는 장치를 시설할 것
③ 발전기 안의 수소의 압력을 계측하는 장치 및 그 압력이 현저히 변동할 경우 이를 경보하는 장치를 시설할 것
④ 발전기는 기밀구조의 것이고 또한 수소가 대기압에서 폭발하는 경우에 생기는 압력에 견디는 강도를 가지는 것일 것

|정|답|및|해|설|
[수소냉각식 발전기 등의 시설 (kec 351.10)] 발전기 또는 무효 전력 보상 장치(조상기) 안의 **수소의 순도가 85[%] 이하**로 저하한 경우에는 이를 경보하는 장치를 시설해야 한다. 【정답】②

96. B종 철주 또는 B종 철근 콘크리트 주를 사용하는 특고압 가공전선로의 지지물 간 거리(경간)는 몇 [m] 이하이어야 하는가?

① 150 ② 250
③ 400 ④ 600

|정|답|및|해|설|
[특고압 가공전선로의 지지물 간 거리(경간) 제한 (KEC 333.21)]

지지물의 종류	지지물 간 거리
목주·A종 철주 A종 철근 콘크리트주	150[m]
B종 철주·B종 철근 콘크리트주	**250[m]**
철탑	600[m] (단주인 경우에는 400[m])

【정답】②

97. 무효 전력 보상 장치(조상기)의 보호장치로서 내부 고장 시에 자동적으로 전로로부터 차단하는 장치를 하여야 하는 무효 전력 보상 장치의 용량은 몇 [kVA] 이상인가?

① 5000 ② 7500
③ 10000 ④ 15000

|정|답|및|해|설|
[보상설비의 보호장치 (KEC 351.5)]

설비 종별	뱅크 용량의 구분	자동적으로 전로로부터 차단하는 장치
전력용 커패시터 및 분로리액터	500[kVA] 초과 15,000[kVA] 미만	· 내부에 고장이 생긴 경우 · 과전류가 생긴 경우
	15,000[kVA] 이상	· 내부에 고장이 생긴 경우 · 과전류가 생긴 경우 · 과전압이 생긴 경우
무효 전력 보상 장치(조상기)	**15,000[kVA] 이상**	· 내부에 고장이 생긴 경우

【정답】④

98. 사용전압 35[kV]의 가공전선을 시가지에 시설할 경우 전선의 지표상 최소 높이는 몇 [m]인가? (단, 전선은 특고압 절연전선이다.)

① 4 　　　　　　　② 5

③ 6 　　　　　　　④ 8

|정|답|및|해|설|

[시가지 등에서 특고압 가공전선로의 시설 (KEC 333.1)]
시가지에 특고가 시설되는 경우 전선의 지표상 높이는 35[kV] 이하 10[m](**특고 절연전선인 경우 8[m]) 이상**, 35[kV]를 넘는 경우 10[m]에 35[kV]를 넘는 10[kV] 또는 그 단수마다 12[cm]를 더한 값으로 한다. 　　　　　　　【정답】④

99. 제1종 특고압 보안공사로 시설하는 전선로의 지지물로 사용할 수 있는 것은?

① 철탑 　　　　　　② A종 철주

③ A종 철근콘크리트주 　　　④ 목주

|정|답|및|해|설|

[특고압 보안공사 (KEC 333.22)]
제1종 특고압 보안 공사의 지지물에는 B종 철주, B종 철근 콘크리트주 또는 철탑을 사용할 것(**목주, A종은 사용불가**) 　　　　　　　【정답】①

100. 시가지에서 특고압 가공전선로의 지지물에 시설하는 통신선은 단선의 경우 지름 몇 [mm] 이상의 절연전선 또는 광섬유 케이블이어야 하는가?

① 4 　　　　　　　② 4.5

③ 5 　　　　　　　④ 5.5

|정|답|및|해|설|

[특고압 가공전선로 첨가설치 통신선의 시가지 인입 제한 (KEC 362.5)] **시가지**에 시설하는 통신선은 특고압 가공전선로의 지지물에 시설하여서는 아니 된다. 다만, 통신선이 절연전선과 동등 이상의 절연효력이 있고 **인장강도 5.26[kN] 이상의 것 또는 단면적 16[mm²](지름 4[mm]) 이상**의 절연전선 또는 광섬유 케이블인 경우에는 그러하지 아니하다. 　　　　　　　【정답】①

1. 강자성체의 자화의 세기 J와 자화력 H 사이의 관계는?

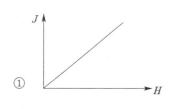

①

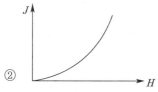

②

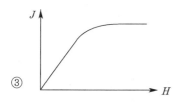

③

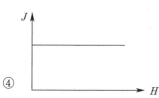

④

|정|답|및|해|설|

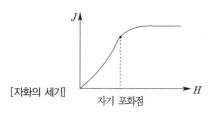

[자화의 세기]

자화의 세기 $J = B(1 - \dfrac{1}{\mu_s})$ → $(J \propto B)$

자속밀도 $B - \mu H$

【정답】③

02. 비유전율 ϵ_s에 대한 설명으로 옳은 것은?

　① ϵ_s의 단위는 [C/m]이다.

　② ϵ_s는 항상 1보다 작은 값이다.

　③ ϵ_s는 유전체의 종류에 따라 다르다.

　④ 진공의 비유전율은 0이고, 공기의 비유전율은 1이다.

|정|답|및|해|설|

[비유전율]

· 비유전율은 진공의 유전율과 다른 절연물의 유전율과의 비이다.

· 유전체의 ϵ_s는 물질의 종류에 따라 다르고, 항상 1보다 크다.

· 비유전율의 단위는 $[F/m]$이다.

· 유전율 ϵ과 비유전율 ϵ_s의 관계식 $\epsilon = \epsilon_0 \epsilon_s$ 이다.

· 진공의 비유전율 $\epsilon_s = 1$, 공기의 비유전율 $\epsilon_s \fallingdotseq 1$

【정답】③

03. 공기 중에서 1[V/m]의 크기를 가진 정현파 전계에 대한 변위전류 $1[A/m^2]$를 흐르게 하기 위해서는 이 전계의 주파수가 몇 [MHz]가 되어야 하는가?

　① $1500[MHz]$　　　② $1800[MHz]$

　③ $15000[MHz]$　　　④ $18000[MHz]$

|정|답|및|해|설|

[전계의 주파수] $f = \dfrac{i_d}{2\pi\epsilon E}[Hz]$

→ (변위전류밀도 $i_d = \dfrac{\partial D}{\partial t} = \epsilon \dfrac{\partial E}{\partial t} = \omega \epsilon E = 2\pi f \epsilon E$)

→ $(\omega = 2\pi f)$

$\therefore f = \dfrac{i_d}{2\pi\epsilon E}[Hz] = \dfrac{1}{2\pi \times 8.855 \times 10^{-12} \times 1}$

$= 17973 \times 10^6 [Hz] = 17973[MHz]$ 　　【정답】④

04. 다음 중 맥스웰의 방정식으로 틀린 것은?

① $rot\,H = J + \dfrac{\partial D}{\partial t}$ ② $rot\,E = -\dfrac{\partial B}{\partial t}$

③ $div\,D = \rho$ ④ $div\,B = \varnothing$

|정|답|및|해|설|

[맥스웰 방정식]

① $rot\,H = i + \dfrac{\partial D}{\partial t}$: 맥스웰 제1방정식(암페어의 주회적분 법칙)

② $rot\,E = -\dfrac{\partial B}{\partial t}$: 맥스웰 제2방정식(Faraday 전자유도법칙)

③ $div\,D = \rho$: 맥스웰 제3방정식(전기장의 가우스의 법칙)

④ $div\,B = 0$: 맥스웰 제4방정식(자기장의 가우스의 법칙)
　→ (N, S극이 공존(자속의 연속성), 고립된 자극은 없다)

여기서, D : 전속밀도, ρ : 전하밀도, B : 자속밀도
　E : 전계의 세기, H : 자계의 세기

【정답】④

05. 다음 물질 중에서 비유전율이 가장 큰 것은?

① 운모 ② 유리
③ 증류수 ④ 고무

|정|답|및|해|설|

[주요 유전체의 비유전율]

유전체	비유전율(ϵ_s)
종이	2~2.6
변압기 기름	2.2~2.4
유리	5.4~9.9
운모	5.5~6.6
물(증류수)	**80**
산화티탄 자기	115~5000

【정답】③

06. 2[μF], 3[μF], 4[μF]의 커패시터를 직렬연결하고 양단에 직류 전압을 가하여 전압을 서서히 상승시킬 때의 현상으로 옳은 것은? (단, 유전체의 재질 및 두께는 같다고 한다.)

① 2[μF]의 커패시터가 제일 먼저 파괴된다.
② 3[μF]의 커패시터가 제일 먼저 파괴된다.
③ 4[μF]의 커패시터가 제일 먼저 파괴된다.
④ 3개의 커패시터가 동시에 파괴된다.

|정|답|및|해|설|

[직렬 연결된 콘덴서 최초로 파괴되는 콘덴서] 직렬회로에서 각 콘덴서의 전하용량이 작을수록 빨리 파괴된다.
(전하량=정전용량×내압, 전하량 $Q = CV[C]$)

따라서 전하용량이 가장 작은 2[μF]가 가장 빨리 파괴된다.
(전하량이 가장 작은 것에 가장 큰 전압이 많이 걸린다.)

【정답】①

07. 대기 중의 두 전극 사이에 있는 어떤 점의 전계의 세기가 $E = 4[V/cm]$, 지면의 도전율이 $k = 10^{-4}[\mho/m]$일 때, 이 점의 전류밀도 $[A/m^2]$는?

① 4×10^{-2} ② 5×10^{-2}
③ 6×10^{-2} ④ 7×10^{-2}

|정|답|및|해|설|

[전류밀도] $i = K\dfrac{V}{l} = KE[A/m^2]$

$i = KE = 10^{-4} \times \left(4 \times \dfrac{1}{10^{-2}}\right) = 4 \times 10^{-2}[A/m^2]$

【정답】①

08. 진공 중에 $2 \times 10^{-5}[C]$과 $1 \times 10^{-6}[C]$인 2개의 점전하가 50[cm]간격으로 놓여 있을 때 두 전하 사이에 작용하는 힘은 몇 [N]인가?

① 2.02[N] ② 1.82[N]
③ 0.92[N] ④ 0.72[N]

|정|답|및|해|설|

[쿨롱의 법칙] $F = \dfrac{Q_1 Q_2}{4\pi\epsilon_0 r^2}[N]$

여기서, Q_1, Q_2 : 전하, r ; 전하 사이의 거리[m]
ϵ_0 : 진공중의 유전율($= 8.855 \times 10^{-12}$[F/m])

$\therefore F = \dfrac{Q_1 Q_2}{4\pi\epsilon_0 r^2}[N] = 9 \times 10^9 \times \dfrac{2 \times 10^{-5} \times 1 \times 10^{-6}}{(50 \times 10^{-2})^2} = 0.72[N]$

【정답】④

09. 유전율이 각각 다른 두 유전체의 경계면에 전속이 입사 될 때 이 전속은 어떻게 되는가? (단, 경계면에 수직으로 입사하지 않은 경우이다.)

① 굴절   ② 반사

③ 회전   ④ 직진

|정|답|및|해|설|

[유전체의 경계 조건]
1. 전속밀도의 법선성분(수직성분)의 크기는 같다.
   $(D_1\cos\theta_1 = D_2\cos\theta_2)$ → 수직성분
2. 전계의 접선성분(수평성분)의 크기는 같다.
   $(E_1\sin\theta_1 = E_2\sin\theta_2)$ → 평행성분

경계면에서 수직인 경우 굴절하지 않으나 **수직 입사가 아닌 경우 굴절**하며 크기가 변한다.   【정답】①

10. 점전하 $Q[C]$에 의한 무한평면 도체의 영상전하는?

① $Q[C]$보다 작다.   ② $Q[C]$보다 크다.

③ $-Q[C]$와 같다.   ④ 0

|정|답|및|해|설|

[무한 평면과 점전하] 무한 평면도체에서 점전하 Q에 의한 영상전하는 $-Q[C]$이고, 점전하가 평면도체와 떨어진 거리와 같은 반대편 거리에 있다.

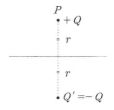

【정답】③

11. 대전도체 표면전하밀도는 도체표면의 모양에 따라 어떻게 분포하는가?

① 표면전하밀도는 뾰족할수록 커진다.

② 표면전하밀도는 평면일 때 가장 크다.

③ 표면전하밀도는 곡률이 크면 작아진다.

④ 표면전하밀도는 표면의 모양과 무관하다.

|정|답|및|해|설|

[도체의 성질과 전하분포]

곡률 반지름	작을 때	클 때
곡률	크다	작다
도체표면의 모양	뾰족	평평
전하밀도	크다	작다

전하밀도는 뾰족할수록 **커지고** 뾰족하다는 것은 곡률 반지름이 매우 작다는 것이다. 곡률과 곡률 반지름은 반비례하므로 전하밀도는 곡률과 비례한다. 그리고 대전도체는 모든 전하가 표면에 위치하므로 내부에는 전하가 없다.   【정답】①

12. 물질의 자화현상과 관계가 가장 깊은 것은?

① 전자의 자전   ② 전자의 공전

③ 전자의 이동   ④ 분자의 운동

|정|답|및|해|설|

[자화현상] 물질의 자화는 주로 **전자의 자전**에 의한 자기 쌍극자 모멘트가 원인이 되고 있는 것이다.   【정답】①

13. 안지름의 반지름이 $a[m]$, 바깥지름의 반지름이 b[m]인 동축 원통 내 전체 인덕턴스는 약 몇 $[H/m]$인가? (단, 내원통의 비투자율은 μ_r이다.)

① $\dfrac{\mu_0}{2\pi}\left(\dfrac{\mu_s}{2} + \ln\dfrac{b}{a}\right)[H/m]$

② $\dfrac{\mu_0}{\pi}\left(\dfrac{\mu_s}{2} + \ln\dfrac{b}{a}\right)[H/m]$

③ $\dfrac{\mu_0}{\pi}\left(\dfrac{\mu_s}{4} + \ln\dfrac{b}{a}\right)[H/m]$

④ $\dfrac{\mu_0}{2\pi}\left(\dfrac{\mu_s}{4} + \ln\dfrac{b}{a}\right)[H/m]$

|정|답|및|해|설|

[동축원통의 전체 인덕턴스 L]

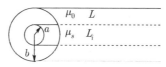

$\therefore L_0 - L_i + L[H/m]$

$= \dfrac{\mu}{8\pi} + \dfrac{\mu_0}{2\pi}\ln\dfrac{b}{a} = \dfrac{\mu_0}{2\pi}\left(\dfrac{\mu_s}{4} + \ln\dfrac{b}{a}\right)[H/m]$

【정답】④

14. 다음 중 자기회로의 자기저항에 대한 설명으로 옳은 것은?

① 자기회로의 단면적에 비례한다.

② 투자율에 반비례한다.

③ 자기회로의 길이에 반비례한다.

④ 단면적에 반비례하고 길이의 제곱에 비례한다.

|정|답|및|해|설|

[자기저항] $R_m = \dfrac{l}{\mu S} = \dfrac{l}{\mu_0 \mu_s S}[AT/Wb]$

여기서, $S[m^2]$: 단면적, $l[m]$: 길이, μ : 투자율
자기저항(R_m)은 **길이**(l)**에 비례**하고, **단면적**(S)**와 투자율**(μ)**에 반비례**한다. 【정답】②

15. 극판의 면적 $0.12[m^2]$, 간격 $80[\mu m]$의 평행판 콘덴서에 전압 $12[V]$를 인가하여 $1[\mu J]$의 에너지가 축적되었을 때 콘덴서 내 유전체의 비유전율은?

① 2.39 ② 0.51
③ 1.05 ④ 1.68

|정|답|및|해|설|

[축적에너지] $W = \dfrac{1}{2} C V^2[J][J/m^3]$ → ($C = \dfrac{\epsilon_0 \epsilon_s S}{d}[F]$)

$W = \dfrac{1}{2} \dfrac{\epsilon_0 \epsilon_s S}{d} V^2[J]$ 에서

∴ 비유전율 $\epsilon_s = \dfrac{2dW}{\epsilon_0 S V^2} = \dfrac{2 \times 80 \times 10^{-6} \times 1 \times 10^{-6}}{8.855 \times 10^{-12} \times 0.12 \times 12^2} = 1.05$

【정답】③

16. 전류가 흐르고 있는 무한 직선도체로부터 2[m]만큼 떨어진 자유공간 내 P점의 자계의 세기가 $\dfrac{4}{\pi}$[AT/m]일 때, 이 도체에 흐르는 전류는 몇 [A]인가?

① 2 ② 4 ③ 8 ④ 16

|정|답|및|해|설|

[도체에 흐르는 전류] $I = 2\pi r H[A]$

→ (자계의 세기 $H = \dfrac{I}{2\pi r}$[A/m])

∴ $I = 2\pi r H = 2\pi \times 2 \times \dfrac{4}{\pi} = 16[A]$ 【정답】④

17. 자계의 세기가 800[AT/m]이고, 자속밀도가 $0.2[Wb/m^2]$인 재질의 투자율[H/m]은?

① $2.5 \times 10^{-3}[H/m]$ ② $4 \times 10^{-3}[H/m]$
③ $2.5 \times 10^{-4}[H/m]$ ④ $4 \times 10^{-4}[H/m]$

|정|답|및|해|설|

[자속밀도] $B = \mu H$

∴ $\mu = \dfrac{B}{H} = \dfrac{0.2}{800} = 2.5 \times 10^{-4}[H/m]$ 【정답】③

18. 구도체의 전위가 60[kV]이며 구도체 표면 전계가 4[kV/cm] 일 때 구도체에 대전된 전하량[μC]은?

① 10^5 ② 1 ③ 10^{-5} ④ 10^{-6}

|정|답|및|해|설|

[도체구의 전하량]

1. 전위 $V = \dfrac{Q}{4\pi\epsilon_0 a} = 9 \times 10^9 \dfrac{Q}{a}[N]$ → (a : 반지름)

→ ($\dfrac{1}{4\pi\epsilon_0} = 9 \times 10^9$)

2. 전하량 $Q = \dfrac{Va}{9 \times 10^9}[C]$

3. 반지름 $a = \dfrac{V}{E}$ → ($V = Ea[V]$)

$= \dfrac{60 \times 10^3}{4 \times 10^3 \times 10^2} = 0.15[m]$

∴ $Q = \dfrac{Va}{9 \times 10^9}[C] = \dfrac{60 \times 10^3 \times 0.15}{9 \times 10^9} \times 10^6 = 1[\mu C]$

【정답】②

19. 자유 공간을 통과하는 전자파의 전파속도 v는? (단, ϵ_0 : 자유공간의 유전율, μ_0 : 자유공간의 투자율)

① 1×10^8 ② 2×10^8
③ 3×10^8 ④ 4×10^8

|정|답|및|해|설|

[전자파의 전파속도]

$v = \lambda f = \dfrac{\omega}{\beta} = \dfrac{1}{\sqrt{\mu\epsilon}} = \dfrac{1}{\sqrt{\mu_0 \mu_s \times \epsilon_0 \epsilon_s}} = \dfrac{1}{\sqrt{\mu_0 \epsilon_0}} = 3 \times 10^8[m/s]$

→ (진공시나 공기중에서 $\epsilon_s = 1$, $\mu_s = 1$)

→ ($\epsilon_0 = 8.855 \times 10^{-12}$, $\mu_0 = 4\pi \times 10^{-7}$)

【정답】③

20. 진공 중에 있는 반지름 a[m]인 도체구의 표면전하밀도가 $\sigma[C/m^2]$일 때 도체구 표면의 전계의 세기는 몇 [V/m]인가?

① $\dfrac{\sigma}{\epsilon_o}$　　　　② $\dfrac{\sigma}{2\epsilon_o}$

③ $\dfrac{\sigma^2}{2\epsilon_o}$　　　　④ $\dfrac{\epsilon_o\sigma^2}{2}$

|정|답|및|해|설|

[도체구의 표면 전계] $E = \dfrac{Q}{4\pi\epsilon_0 a^2}[V/m]$

전체전하량 $Q = \sigma\cdot S = \sigma 4\pi a^2$ 이므로

$\therefore E = \dfrac{\sigma 4\pi a^2}{4\pi\epsilon_0 a^2} = \dfrac{\sigma}{\epsilon_o}[V/m]$　　　　【정답】①

3회 2023년 전기산업기사필기 (전력공학)

21. 전력용 퓨즈의 설명으로 옳지 않은 것은?

① 소형으로 큰 차단용량을 갖는다.

② 가격이 싸고 유지 보수가 간단하다.

③ 밀폐형 퓨즈는 차단 시에 소음이 없다.

④ 과도전류에 의해 쉽게 용단되지 않는다.

|정|답|및|해|설|

[전력용 퓨즈의 장점]
·소형, 경량이다.　　　　·한류 특성을 가진다.
·고속도 차단할 수 있다.　·소형으로 큰 차단용량을 가진다.
·유지 보수가 간단하다.　·릴레이나 변성기가 필요하다.
·정전용량이 작다.
[전력용 퓨즈의 단점]
·결상의 우려가 있다.　　·재투입할 수 없다.
·차단시 과전압 발생　　**·과도전류에 용단되기 쉽다.**

※전력퓨즈는 단락보호로 사용되나 부하전류의 개폐용으로 사용되지 않는다.
　　　　【정답】④

22. 다음 송전선의 전압변동률 식에서 V_{R1}은 무엇을 의미하는가?

$$\epsilon = \dfrac{V_{R1} - V_{R2}}{V_{R2}} \times 100[\%]$$

① 부하시 송전단전압

② 무부하시 송전단전압

③ 전부하시 수전단전압

④ 무부하시 수전단전압

|정|답|및|해|설|

[전압변동률(ϵ)] 전압변동률은 수전단전압으로 계산

$$\epsilon = \dfrac{\text{무부하시 수전단 전압}(V_{R1}) - \text{수전단 정격 전압}(V_{R2})}{\text{수전단 정격 전압}(V_{R2})} \times 100[\%]$$

#분자의 앞에는 큰 값이 들어가야 하므로 무부하시 수전단전압
　　　　【정답】④

23. 송전전력, 송전거리, 전선의 비중 및 전력손실률이 일정하다고 할 때, 전선의 단면적 $A[mm^2]$와 송전전압 $V[kV]$와 관계로 옳은 것은?

① $A \propto V$　　　　② $A \propto V^2$

③ $A \propto \dfrac{1}{V^2}$　　　　④ $A \propto \sqrt{V}$

|정|답|및|해|설|
[전압과의 관계]

전압강하	$e = \dfrac{P}{V_r}(R + X\tan\theta)$	$e \propto \dfrac{1}{V}$
전압강하율	$\delta = \dfrac{P}{V_r^2}(R + X\tan\theta)$	$\delta \propto \dfrac{1}{V^2}$
전력손실	$P_l = \dfrac{P^2 R}{V^2\cos^2\theta}$	$P_l \propto \dfrac{1}{V^2}$
전선단면적	$A = \dfrac{P\rho l}{hV^2\cos^2\theta}$	$A \propto \dfrac{1}{V^2}$

　　　　【정답】③

24. 송전선에 코로나가 발생하면 전선이 부식된다. 무엇에 의하여 부식되는가?

① 산소　　　　② 오존

③ 수소　　　　④ 질소

|정|답|및|해|설|
[코로나] 코로나의 영향으로는 전력의 손실과 전선의 부식, 그리고 통신선의 유도장해가 있으며, **전선의 부식은 오존(O_3)의 영향으로 생긴다.** 코로나의 발생을 억제하기 위해서는 도체의 굵기가 굵어져야 해서 복도체를 사용한다.　　　　【정답】②

25. 3상 수직 배치인 선로에서 오프셋(off set)을 주는 이유는?

① 전선의 진동 억제

② 단락 방지

③ 철탑의 중량 감소

④ 전선의 풍압 감소

|정|답|및|해|설|

[오프셋] 상·하 전선의 단락을 방지하기 위하여 철탑 지지물의 위치를 수직에서 벗어나게 하는 것이다. 【정답】②

26. 어떤 발전소의 발전기는 그 정격이 13.2[kV], 93000[kVA], 95[%]라고 명판에 씌어 있다. 이 발전기의 임피던스는 몇 [Ω]인가?

① 1.2 ② 1.8 ③ 1200 ④ 1780

|정|답|및|해|설|

[임피던스] $Z = \dfrac{\%Z \times 10 \times V^2}{P_a}$

$\rightarrow (\%Z = \dfrac{P_a \cdot Z}{10 V^2}[\%]) \rightarrow (P_a[\text{kVA}] : 피상전력(P_a = E \cdot I))$

$\therefore Z = \dfrac{\%Z \times 10 \times V^2}{P_a} = \dfrac{95 \times 10 \times 13.2^2}{93000} = 1.8[\Omega]$

【정답】②

27. A, B 및 C상의 전류를 각각 I_a, I_b, I_c라 할 때, $I_x = \dfrac{1}{3}(I_a + aI_b + a^2I_c)$이고, $a = -\dfrac{1}{2} + j\dfrac{\sqrt{3}}{2}$ 이다. I_x는 어떤 전류인가?

① 정상전류 ② 역상전류

③ 영상전류 ④ 무효전류

|정|답|및|해|설|

[대칭좌표법]

1. 정상전류 $I_1 = \dfrac{1}{3}(I_a + aI_b + a^2I_c)$ $\rightarrow (1 \rightarrow a \rightarrow a^2$의 순서)

2. 역상전류 $I_2 = \dfrac{1}{3}(I_a + a^2I_b + aI_c)$ $\rightarrow (1 \rightarrow a^2 \rightarrow a$의 순서)

3. 영상전류 $I_0 = \dfrac{1}{3}(I_a + I_b + I_c)$ 【정답】①

28. 피뢰기가 구비해야 할 조건 중 잘못 설명된 것은?

① 충격 방전개시 전압이 낮을 것

② 상용주파수 방전개시전압이 높을 것

③ 방전내량이 크면서 제한전압이 높을 것

④ 속류 차단능력이 충분할 것

|정|답|및|해|설|

[피뢰기 구비 요건]

· 방전내량은 크고 **제한전압은 낮을 것**

· 상용주파수 방전개시 전압이 높을 것

· 속류차단 능력이 클 것

· 충격 방전 개시 전압이 낮을 것 【정답】③

29. 개폐서지를 흡수할 목적으로 설치하는 것의 약어는?

① CT ② SA

③ GIS ④ ATS

|정|답|및|해|설|

[서지흡수기(SA)] 변압기, 발전기 등을 서지로부터 보호 (내부 이상 전압에 대한 보호대책)

|참|고|

① CT(계기용변류기) : 대전류를 소전류로 변성하여 계기나계전기에 공급하기 위한 목적으로 사용되며 2차측 정격전류는 5[A]이다.

③ GIS(가스절연개폐기) : SF_6 가스를 이용하여 정상상태 및 사고, 단락 등의 고장상태에서 선로를 안전하게 개폐하여 보호

④ ATS(자동절환개폐기) : 주 전원이 정전되거나 전압이 기준치 이하로 떨어질 경우 예비전원으로 자동 절환 하는 개폐기

※피뢰기 : 외부 이상전압에 대한 보호대책 【정답】②

30. 1[BTU]는 약 몇 [kcal]인가?

① 0.252 ② 0.2389

③ 47.86 ④ 71.67

|정|답|및|해|설|

[BTU] B.T.U와 kcal의 관계

1[kcal]=3.968[BTU]

1[BTU]=0.252[kcal] 【정답】①

31. 계기용 변성기 중에서 전압, 전류를 동시에 변성하여 전력량을 계량할 목적으로 사용하는 것은?

① CT ② MOF
③ PT ④ ZCT

|정|답|및|해|설|

[계기용 변성기]

명칭	약호	심벌 (단선도)	용도(역할)
계기용 변압변류기	MOF	MOF	전력량을 적산하기 위하여 고전압과 대전류를 저전압, 소전류로 변성 **MOF=PT+CT**
계기용 변압기	PT	≋≶	고전압을 저전압(110[V])으로 변성 계기나 계전기에 전압원 공급
계기용 변류기	CT	CT≶ ≶CT	대전류를 소전류(5[A])로 변성 계기나 계전기에 전류원공급
영상변류기	ZCT	ZCT≋	지락전류(영상전류)의 검출 1차 정격 200[mA] 2차 정격 1.5[mA]

【정답】②

32. 순저항 부하의 부하전력 P[kW], 전압 E[V], 선로의 길이 l[m], 고유저항 $\rho[\Omega \cdot mm^2/m]$인 단상 2선식 선로에서 선로손실 $q[W]$라 하면, 전선의 단면적은 몇 $[mm^2]$인가?

① $\dfrac{\rho l P^2}{qE^2} \times 10^6$ ② $\dfrac{2\rho l P^2}{qE^2} \times 10^6$

③ $\dfrac{\rho l P^2}{2qE^2} \times 10^6$ ④ $\dfrac{2\rho l P^2}{q^2 E} \times 10^6$

|정|답|및|해|설|

[단상2선식의 선로손실($P_l = q$)] $q = I^2 R = \dfrac{2P^2 R}{E^2 \cos^2\theta}$

$\rightarrow (P = VI\cos\theta)$

언급이 없으므로 역률 100[%], 즉 $\cos\theta = 1$

$q = \dfrac{2P^2 R}{E^2} = \dfrac{2P^2}{E^2} \times \rho \dfrac{l}{A}$ 에서

$\therefore$ 단면적 $A = \dfrac{2P^2 \rho l}{qE^2} \times 10^6 [mm^2]$

【정답】②

33. 전력선 1선의 대지전압을 E, 통신선의 대지정전용량을 C_b, 전력선과 통신선 사이의 상호정전용량을 C_{ab}라고 하면, 통신선의 정전유도전압은?

① $\dfrac{C_{ab} + C_b}{C_b} \cdot E$ ② $\dfrac{C_{ab} + C_b}{C_{ab}} \cdot E$

③ $\dfrac{C_{ab}}{C_{ab} + C_b} \cdot E$ ④ $\dfrac{C_a}{C_{ab} + C_b} \cdot E$

|정|답|및|해|설|

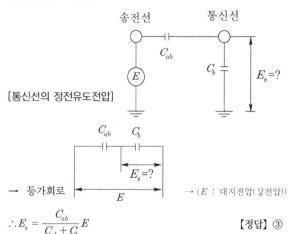

[통신선의 정전유도전압]

→ 등가회로

→ (E : 대지전압(상전압))

$\therefore E_s = \dfrac{C_{ab}}{C_{ab} + C_b} E$

【정답】③

34. 전압이 일정 값 이하로 되었을 때 동작하는 것으로서 단락 시 고장 검출용으로도 사용되는 계전기는?

① OVR ② OVGR
③ NSR ④ UVR

|정|답|및|해|설|

[보호계전기]
① 과전압 계전기(OVR) : 전압이 일정값 초과 시 동작
② 지락과전압계전기(OVGR) : 지락 발생 시 영상전압을 검출하기 위해사용
④ 부족전압 계전기(UVR) : 전압이 **일정값 이하 시 동작**

【정답】④

35. 전력계통에 과도안정도 향상 대책과 관련 없는 것은?

① 빠른 고장 제거
② 속응여자시스템 사용
③ 큰 임피던스의 변압기 사용
④ 병렬 송전선로의 추가 건설

|정|답|및|해|설|
[안정도 향상 대책]
1. 계통의 **직렬 리액턴스 감소**
2. 전압변동률을 적게 한다.
 ·속응여자방식의 채용
 ·계통의 연계
 ·중간 조상 방식
3. 계통에 주는 충격의 경감
 ·적당한 중성점 접지 방식
 ·고속 차단 방식
 ·재폐로 방식
 ·빠른 고장 제거
4. 고장 중의 발전기 입·출력의 불평형을 적게 한다.
【정답】③

36. 배전선로의 고장 또는 보수 점검 시 정전 구간을 축소하기 위하여 사용되는 것은?

① 단로기
② 컷아웃스위치
③ 계자저항기
④ 구분 개폐기

|정|답|및|해|설|
[배전선로의 사고 범위의 축소 또는 분리] 배전선로의 사고 범위의 축소 또는 분리를 위해서 **구분 개폐기**를 설치하거나, 선택 접지 계전 방식을 채택한다.
【정답】④

|참|고|
① 단로기(DS) : 단로기(DS)는 소호 장치가 없고 아크 소멸 능력이 없으므로 부하전류나 사고전류의 개폐할 수 없다.
② 컷아웃스위치(COS) : 주된 용도로는 주상변압기의 고장의 배전선로에 파급되는 것을 방지하고 변압기의 과부하 소손을 예방하고자 사용한다.
③ 계자저항기 : 계자권선에 직렬로 연결된 가감 저항기. 전압 제어 또는 속도 제어에 사용된다.

37. 송전선로의 단락보호계전방식이 아닌 것은?

① 과전류계전방식
② 방향단락계전방식
③ 거리계전방식
④ 과전압계전방식

|정|답|및|해|설|
[단락 보호 계전방식 보호 계전기]

과전류계전기 (OCR)	단락이 되면 **일정한 전류 이상**이 흐르면 동작
거리계전기	선로의 **단락보호**, 사고의 검출용
방향·단락계전기 (DSR)	환상 선로의 **단락사고** 보호에 사용

※[과전압 계전기] 일정 값 이상의 전압이 걸렸을 때 동작하는 계전기이다.
【정답】④

38. 주상변압기의 고압측 및 저압측에 설치되는 보호 장치가 아닌 것은?

① 피뢰기
② 1차 컷아웃 스위치
③ 캐치홀더
④ 케이블 헤드

|정|답|및|해|설|
[주상변압기의 보호장치]
1. 1차측 : COS(컷아웃 스위치)
2. 2차측 : 캐치홀더(퓨즈홀더)
3. 피뢰기 : 낙뢰 방지

※[케이블 헤드] 가공전선과 케이블 중단접속
【정답】④

39. 유량을 구분할 때 매년 1~2회 발생하는 출수의 유량을 나타내는 것은?

① 홍수량
② 풍수량
③ 고수량
④ 갈수량

|정|답|및|해|설|
[유량의 구분]
1. 홍수량 : 3~5년에 한 번씩 발생하는 홍수의 유량
2. 풍수량 : 1년을 통하여 95일은 이보다 내려가지 않는 유량
3. **고수량 : 매년 한두 번 발생하는 출수의 유량**
4. 갈수량 : 1년을 통하여 355일은 이보다 내려가지 않는 유량
5. 평수량 : 1년을 통하여 185일은 이보다 내려가지 않는 유량
6. 저수량 : 1년을 통하여 275일은 이보다 내려가지 않는 유량
【정답】③

40. 154[kV] 2회선 송전선로에서 송전거리가 154[km] 라 할 때 송전용량 계수법에 의한 송전용량은 몇 [MW] 인가? (단, 송전용량계수는 1300으로 한다.)

① 250   ② 300

③ 350   ④ 400

|정|답|및|해|설|

[송전용량 계산법 (용량계수법)] $P = K\dfrac{V^2}{l}[kW]$

(k : 용량계수, V : 송전전압$[kV]$, l : 송전거리$[km]$)

$\therefore P = 1300 \times \dfrac{154^2}{154} \times 2 \times 10^{-3} = 400[MW]$

|참|고|

송전용량 계산법 (고유 부하법)

$P = \dfrac{V_r^2}{Z_o}[W] = \dfrac{V_r^2}{\sqrt{\dfrac{L}{C}}}[MW/회선]$

(V_r : 수전단 선간전압 [kV], Z_o : 특성 임피던스)

【정답】④

3회 2023년 전기산업기사필기 (전기기기)

41. 동기전동기에 관한 설명으로 옳은 것은?

① 기동 토크가 크다.

② 기동조작이 간단하다.

③ 속도가 일정하다.

④ 역률을 조정할 수 없다.

|정|답|및|해|설|

[동기전동기] 동기전동기의 장·단점

장점	·속도가 일정하다. ·**기동 토크가 작다.** ·언제나 역률 1로 운전할 수 있다. ·**역률을 조정할 수 있다.** ·유도 전동기에 비해 효율이 좋다. ·공극이 크고 기계적으로 튼튼하다.
단점	·기동시 토크를 얻기가 어렵다. ·**속도 제어가 어렵다.** ·구조가 복잡하다. ·난조가 일어나기 쉽다. ·가격이 고가이다. ·직류 전원 설비가 필요하다(직류 여자 방식).

【정답】③

42. 60[Hz] 4극 3상 유도전동기가 1620[rpm]으로 운전 하고 있다. 이 전동기의 슬립은?

① 0.025   ② 0.05

③ 0.075   ④ 0.1

|정|답|및|해|설|

[유도전동기의 슬립(s)] $s = \dfrac{N_s - N}{N_s}$

→ (동기속도 $N_s = \dfrac{120f}{p}[rpm]$)

여기서, N_s : 동기 속도[rpm], N : 회전 속도[rpm]

f : 주파수, p : 극수

1. 동기속도 $N_s = \dfrac{120f}{p} = \dfrac{120 \times 60}{4} = 1800[rpm]$

2. $s = \dfrac{N_s - N}{N_s} = \dfrac{1800 - 1620}{1800} = 0.1$ 【정답】④

|참|고|

[각 기기의 슬립의 범위]
1. 유도전동기의 동작 범위 $1 > s > 0$
2. 유도제동기의 동작 범위 $s > 1$
3. 유도발전기의 동작 범위 $s < 0$

---

43. 동기발전기의 단락비가 1.20이면 이 발전기의 %동 기임피던스[%]는?

① 12   ② 25

③ 52   ④ 83

|정|답|및|해|설|

[단락비] $K_s = \dfrac{1}{\%Z_s}$ → ($\%Z_s$: 퍼센트동기임피던스)

$\therefore \%Z_s = \dfrac{1}{K_s} \times 100 = \dfrac{1}{1.2} \times 100 = 83[\%]$ 【정답】④

---

44. 단상 유도전동기의 기동방법 중 기동 토크가 가장 작은 것은?

① 반발기동형   ② 세이딩코일형

③ 콘덴서기동형   ④ 분상기동형

|정|답|및|해|설|

[단상 유도전동기에 대한 기동 토크의 크기]
반발기동형 〉 반발유도형 〉 콘덴서기동형 〉 분상기동형 〉 세이딩 코일형(모노사이클릭 기동형) 순이다.

【정답】②

45. 단락비가 큰 동기기의 특징 중 옳은 것은?

① 전압 변동률이 크다.

② 과부하 내량이 크다.

③ 전기자 반작용이 크다.

④ 송전선로의 충전용량이 작다.

|정|답|및|해|설|
[단락비가 큰 기계(철기계)]
·부피가 커지며 값이 비싸다.
·철손, 기계손 등의 고정손이 커서 효율은 나쁘다.
·**전압 변동률이 작다.**
·안정도 및 과부하 내량이 크다.
·**전기자 반작용이 작다.**
·**선로 충전 용량이 크다.**
·극수가 많은 저속기에 적합하다.
(단락비가 작은 기계를 동기계라고 한다.)　　　　【정답】②

46. 단상 및 3상 유도전압 조정기에 관하여 옳게 설명한 것은?

① 단락권선은 단상 및 3상 유도전압조정기 모두 필요하다.

② 3상유도전압조정기에는 단락권선이 필요 없다.

③ 3상유도전압조정기의 1차와 2차 전압은 동상이다.

④ 단상유도전압조정기의 기전력은 회전자계에 의해서 유도 된다.

|정|답|및|해|설|
[유도전압조정기] **3상유도전압조정기**의 직렬권선에 의한 기전력은 회전자계의 위치에 관계없이 1차 부하 전류에 의한 분로 권선의 기자력에 의하여 소멸되므로 **단락권선이 필요 없다.**
단상 유도전압조정기는 교번자계, 3상 유도전압조정기는 회전자계로 구동되며, 1, 2차 전압 간에 위상차가 생긴다.
　　　　【정답】②

47. 정격전압 525[V], 전기자전류 50[A]에서 1500[rpm]으로 회전하는 직류 직권전동기의 공급전압을 400[V]로 감소하고, 전기자전류는 동일하게 유지하면 회전수는 몇 [rpm]이 되는가? (단, 전기자권선 및 계자권선의 저항은 0.5[Ω]이라 한다.)

① 1125

② 1175

③ 1200

④ 1250

|정|답|및|해|설|
[회전수]
1. 기전력($V_1 = 525[V]$일 때)
   $E_1 = V_1 - I_a R_a = 525 - 50 \times 0.5 = 500[V]$
2. 기전력($V_2 = 400[V]$일 때)
   $E_2 = V_2 - I_a R_a = 400 - 50 \times 0.5 = 375[V]$

$\therefore N_2 = N_1 \times \dfrac{375}{500} = 1500 \times \dfrac{375}{500} = 1125[rpm]$

$\rightarrow (E = K\varnothing N \propto N)$
　　　　【정답】①

48. 극수 6, 회전수 1,200[rpm]의 교류발전기와 병렬 운전하는 극수 8의 교류발전기의 회전수는 몇 [rpm] 이어야 하는가? (단, 주파수는 60[Hz]이다.)

① 800

② 900

③ 1,050

④ 1,100

|정|답|및|해|설|
[동기속도] $N_s = \dfrac{120f}{p}$　$\rightarrow (f : 주파수, \; p : 극수)$
교류발전기(동기속도) 병렬 운전 시 주파수가 같아야 하므로
$\therefore N_s = \dfrac{120f}{p} = \dfrac{120 \times 60}{8} = 900[rpm]$　　【정답】②

49. 10[kVA], 20000/100[V] 변압기에서 1차에 환산한 등가 임피던스는 6.2+j7[Ω]이다. 이 변압기의 퍼센트 리액턴스 강하는?

① 3.5

② 0.175

③ 0.36

④ 1.75

|정|답|및|해|설|
[퍼센트 리액턴스 강하] $\%X = \dfrac{I_{1n} \times X}{V_{1n}} \times 100$

여기서, V_{1n} : 1차 정격 전압, I_{1n} : 1차 정격 전류, X : 리액턴스

$I_{1n} = \dfrac{P_n}{V_{1n}} = \dfrac{10 \times 10^3}{2000} = 5[A]$

$\therefore \%X = \dfrac{I_{1n} \times X}{V_{1n}} \times 100 = \dfrac{5 \times 7}{2000} \times 100 = 1.75[\%]$

　　　　【정답】④

50. 다음 정류방식 중 맥동률이 가장 작은 방식은?
(단, 저항부하를 사용한 경우이다.)

① 단상반파정류   ② 단상전파정류

③ 3상반파정류   ④ 3상전파정류

|정|답|및|해|설|

[맥동률] $\gamma = \dfrac{\triangle E}{E_d} \times 100$ [%]   → ($\triangle E$: 교류분, E_d : 직류분)

|참|고|

[각 정류 회로의 특성]

정류 종류	단상 반파	단상 전파	3상 반파	3상 전파
맥동률[%]	121	48	17.7	4.04
정류효율	40.6	81.1	96.7	99.8
맥동주파수	f	$2f$	$3f$	$6f$

【정답】④

51. 단상 직권정류자전동기는 그 전기자권선의 권선수를 계자권수에 비해서 특히 많게 하고 있는 이유를 설명한 것으로 옳지 않은 것은?

① 주자속을 작게 하고 토크를 증가하기 위하여

② 속도 기전력을 크게 하기 위하여

③ 변압기 기전력을 크게 하기 위하여

④ 역률 저하를 방지하기 위하여

|정|답|및|해|설|

[단상 직권정류자전동기] 단상 직권 정류자 전동기는 그 전기자 권선의 권선수를 계자권수에 비해서 특히 많게 하고 있는 이유는 다음과 같다.
· 주자속을 적게하고 토크를 증가하기 위해
· 속도 기전력을 크게 하기 위해
· 역률을 좋게 하기 위해
· **변압기 기전력을 작게 하기 위해**   【정답】③

52. 단상 변압기를 병렬 운전할 경우에 부하전류의 분담은 무엇에 관계되는가?

① 누설리액턴스에 비례한다.

② 누설리액턴스 제곱에 반비례한다.

③ 누설임피던스에 비례한다.

④ 누설임피던스에 반비례한다.

|정|답|및|해|설|

[변압기의 전류 분담비] $\dfrac{I_a}{I_b} = \dfrac{P_A}{P_B} \times \dfrac{\%Z_B}{\%Z_A}$

여기서, I_a, I_b : 각 변압기의 전류 분담
          P_A, P_B : A, B 변압기의 정격용량
          $\%Z_A$, $\%Z_B$: A, B 변압기의 %임피던스

∴부하전류 분담비는 **누설임피던스에 반비례, 정격용량에 비례**
【정답】④

53. 무부하 포화곡선을 얻을 수 없는 발전기는?

① 가동복권발전기   ② 차동복권발전기

③ 직권발전기   ④ 분권발전기

|정|답|및|해|설|

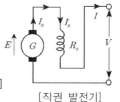

[직권발전기의 특징]
[직권 발전기]

·계자권선과 전기자권선 그리고 부하가 직렬로 구성
·잔류자기가 없으면 발전 불가능
·운전 중 전기자 회전 방향을 반대
·무부하시 단자전압은 $V_0 = 0$이므로 전압이 확립되지 않는다.
· **무부하 특성곡선은 존재하지 않는다.**   【정답】③

54. PN 접합 구조로 되어 있고 제어는 불가능하나 교류를 직류로 변환하는 반도체 정류 소자는?

① IGBT   ② 다이오드

③ MOSFET   ④ 사이리스터

|정|답|및|해|설|

[다이오드]   A ──▷├── K
          양극(애노드)   음극(캐소드)

PN 접합 구조로 되어 있고 **제어는 불가능하나 AC를 DC로 변환**(정류 다이오드)하는 반도체 소자로 애노드에 (+), 캐소드에 (−)만 존재하므로 제어가 불가능하다.   【정답】②

55. 변류기를 개방할 때 2차 측을 단락하는 이유는?

① 1차 측 과전류 보호

② 1차 측 과전압 방지

③ 2차 측 과전류 보호

④ 2차 측 절연 보호

|정|답|및|해|설|

[계기용 변류기(CT)] 변류기 2차 측을 개방하면 1차 전류가 모두 여자전류가 되어 2차 권선에 매우 높은 전압이 유기되어 **절연이 파괴되고 소손될 우려**가 있다.　　　　　　　　【정답】④

56. 온도 측정장치 중 변압기의 권선온도 측정에 가장 적당한 것은?

① 탐지코일　　　　　② dial온도계

③ 권선온도계　　　　④ 봉상온도계

|정|답|및|해|설|

[권선온도계] 온도 측정장치 중 변압기의 권선온도 측정

【정답】③

57. 직류발전기의 정류시간에 비례하는 요소를 바르게 나타낸 것은? (단, b : 브러시의 두께[mm], δ : 정류자편사이의 두께[mm], v_c : 정류자의 주변속도이다.)

① $v_c - \delta$　　　　② $b - \delta$

③ $\delta - b$　　　　④ $b + \delta$

|정|답|및|해|설|

[직류발전기의 정류시간] $T = \dfrac{y}{v} = \dfrac{b-\delta}{v}$ [s]

$\rightarrow$ (정류속도 $v = \dfrac{y}{T} = \dfrac{거리}{시간}$ [m/s])

브러시가 이동한 거리는 $b - \delta$이다.　　　【정답】②

58. 직류전동기의 전기자저항이 0.2[Ω]이다. 단자전압이 120[V], 전기자전류가 100[A]이다. 이때 직류 전동기의 출력은 얼마인가?

① 10[kW]　　　　② 15[kW]

③ 20[kW]　　　　④ 25[kW]

|정|답|및|해|설|

[직류전동기의 출력] $P = E_c I_a$ [W]

여기서, E_c : 역기전력, I_a : 전기자전류, R_a : 전기자저항

$R_a = 0.2[\Omega]$, $V = 120[V]$, $I_a = 100[A]$

1. 전동기의 역기전력 $E_c = V - I_a R_a = 120 - 100 \times 0.2 = 100[V]$

2. 출력 $P = E_c I_a = 100 \times 100 = 10,000[W] = 10[kW]$

【정답】①

59. 3상 농형유도전동기를 전 전압 기동할 때의 토크는 전부하시의 $\dfrac{1}{\sqrt{2}}$ 배이다. 기동 보상기로 전전압의 $\dfrac{1}{\sqrt{3}}$ 로 기동하면 토크는 전부하 토크의 몇 배가 되는가? (단, 주파수는 일정)

① $\dfrac{\sqrt{3}}{2}$　　　　② $\dfrac{1}{\sqrt{3}}$

③ $\dfrac{2}{\sqrt{3}}$　　　　④ $\dfrac{1}{3\sqrt{2}}$

|정|답|및|해|설|

[3상 농형 유도전동기의 토크] 전부하시 토크가 $\dfrac{1}{\sqrt{2}}T$, 전전압의 $\dfrac{1}{\sqrt{3}}$ 배이다. 즉, $\dfrac{1}{\sqrt{3}}V$로 기동할 때의 토크 T_s와 비교하면 토크는 전압의 제곱에 비례한다.

유도전동기는 $T \propto V^2$이므로 $\dfrac{1}{\sqrt{2}}T : T_s = V^2 : \left(\dfrac{1}{\sqrt{3}}V\right)^2$

$\therefore T_s = \dfrac{\frac{1}{3}V^2}{V^2} \cdot \dfrac{1}{\sqrt{2}}T = \dfrac{1}{3\sqrt{2}}T$　　　【정답】④

60. 직류 분권전동기 운전 중 계자권선의 저항이 증가할 때 회전속도는?

① 일정하다.　　　　② 감소한다.

③ 증가한다.　　　　④ 관계없다.

|정|답|및|해|설|

[직류 분권전동기의 속도] $n = K\dfrac{V - I_a R_a}{\phi}$

$I_f = \dfrac{V}{R_f}$ 에서 계자저항 R_f를 증가하면 계자전류 I_f가 감소하며 따라서, 자속 ϕ가 감소하므로 속도는 증가한다.

※ $R_f \uparrow \Rightarrow I_f \downarrow \Rightarrow \varnothing \downarrow \Rightarrow N \uparrow$　　　【정답】③

61. 그림과 같은 회로에 대한 서술에서 잘못된 것은?

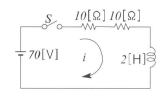

① 이 회로의 시정수는 0.1초이다.

② 이 회로의 특성근은 −10이다.

③ 이 회로의 특성근은 +15이다.

④ 정상 전류값은 3.5[A]이다.

|정|답|및|해|설|

1. 시정수 $\tau = \dfrac{L}{R} = \dfrac{2}{10+10} = 0.1$ [초]

2. 특성근 $a = -\dfrac{R}{L} = -\dfrac{10+10}{2} = -10$

3. 정상전류 $I = \dfrac{E}{R} = \dfrac{70}{20} = 3.5$ [A]   【정답】③

62. 한 상의 임피던스가 $20 + j10[\Omega]$인 Y결선 부하에 대칭 3상 선간전압 200[V]를 가할 때 전 소비전력은?

① 1600[W]   ② 1700[W]

③ 1800[W]   ④ 1900[W]

|정|답|및|해|설|

[소비전력] $P = 3I_p^2 R = \dfrac{3V_p^2 R}{R^2 + X^2}[W]$ → $\left(I_p = \dfrac{V_p}{Z}\right)$

$\therefore P = \dfrac{3V_p^2 R}{R^2 + X^2} = \dfrac{3\left(\dfrac{200}{\sqrt{3}}\right)^2 \times 20}{20^2 + 10^2} = 1600[W]$

→ (Y결선시의 상전압 $V_p = \dfrac{V_l}{\sqrt{3}}$)

【정답】①

63. 전원과 부하가 다같이 △결선된 3상 평형회로에서 전원전압이 200[V], 부하 한 상의 임피던스가 $6 + j8[\Omega]$인 경우 선전류는 몇 [A]인가?

① 20   ② $\dfrac{20}{\sqrt{3}}$

③ $20\sqrt{3}$ ④ $40\sqrt{3}$

|정|답|및|해|설|

[△결선 선전류] $I_l = \sqrt{3}\,I_p$

상전류 $I_p = \dfrac{V}{Z} = \dfrac{200}{\sqrt{6^2 + 8^2}} = 20[A]$

$\therefore I_l = \sqrt{3}\,I_p = 20\sqrt{3}[A]$ 【정답】③

64. 저항과 유도 리액턴스의 직렬 회로에 $\dot{E} = 14 + j38[V]$인 교류 전압을 가하니 $\dot{I} = 6 + j2[A]$의 전류가 흐른다. 이 회로의 저항과 유도 리액턴스는 얼마인가?

① $R = 4[\Omega]$, $X_L = 5[\Omega]$

② $R = 5[\Omega]$, $X_L = 4[\Omega]$

③ $R = 6[\Omega]$, $X_L = 3[\Omega]$

④ $R = 7[\Omega]$, $X_L = 2[\Omega]$

|정|답|및|해|설|

[직렬 회로의 임피던스]

$\dot{Z} = \dfrac{\dot{E}}{\dot{I}} = \dfrac{14 + j38}{6 + j2} = \dfrac{(14 + j38)(6 - j2)}{(6 + j2)(6 - j2)}$

$= \dfrac{160 + j200}{40} = 4 + j5[\Omega] = R + jX_L[\Omega]$

$\therefore R = 4[\Omega]$, $X_L = 5[\Omega]$ 【정답】①

65. 아래와 같은 비정현파 전압을 RL 직렬회로에 인가할 때에 제 3고조파 전류의 실효값[A]은? (단, $R = 4[\Omega]$ $\omega L = 1[\Omega]$이다.)

$$e = 100\sqrt{2}\sin\omega t + 75\sqrt{2}\sin 3\omega t + 20\sqrt{2}\sin 5\omega t\,[V]$$

① 4   ② 15   ③ 20   ④ 75

|정|답|및|해|설|

[3고조파 전류의 실효값] $I_3 = \dfrac{V_3}{Z_3} = \dfrac{V_3}{\sqrt{R^2 + (3\omega L)^2}}$

· 기본파 $Z_1 = \sqrt{R^2 + (\omega L)^2}$

· 3고조파 $Z_3 = \sqrt{R^2 + (3\omega L)^2}$

$\therefore I_3 = \dfrac{V_3}{\sqrt{R^2 + (3\omega L)^2}} = \dfrac{75}{\sqrt{4^2 + 3^2}} = 15[A]$

→ $\left(V = \dfrac{V_m}{\sqrt{2}} = \dfrac{75\sqrt{2}}{\sqrt{2}} = 75\right)$

【정답】②

66. 같은 저항 $r[\Omega]$ 6개를 사용하여 그림과 같이 결선하고 대칭 3상 전압 $V[V]$를 가했을 때 흐르는 전류 I는 몇 [A]인가?

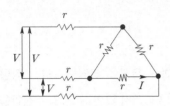

① $\dfrac{V}{2r}$ 　　② $\dfrac{V}{3r}$

③ $\dfrac{V}{4r}$ 　　④ $\dfrac{V}{5r}$

|정|답|및|해|설| ....

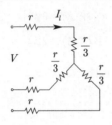

[△결선의 상전류]

$$I_{\triangle p} = \frac{I_l}{\sqrt{3}}[A]$$

회로를 △ → Y결선으로 변환하면 저항은 $\dfrac{1}{3}$ 이 되므로 $\dfrac{1}{3}r$

전체 1상의 저항을 구하면 $R = r + \dfrac{r}{3} = \dfrac{4}{3}r$

$$I_l = \frac{V_p}{Z} = \frac{\dfrac{V}{\sqrt{3}}}{\dfrac{4}{3}r} = \frac{3V}{4\sqrt{3}r} = \frac{\sqrt{3}\,V}{4r}$$

$\therefore$ △결선의 상전류 $I_{\triangle p} = \dfrac{I_l}{\sqrt{3}} = \dfrac{\dfrac{\sqrt{3}\,V}{4r}}{\sqrt{3}} = \dfrac{V}{4r}$

【정답】③

67. 그림과 같은 회로의 영상임피던스 Z_{01}, $Z_{02}[\Omega]$는 각각 얼마인가?

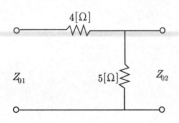

① 9, 5 　　② 6, $\dfrac{10}{3}$

③ 4, 5 　　④ 4, $\dfrac{20}{9}$

|정|답|및|해|설| ....

[영상임피던스(Z_{01}, Z_{02})] $Z_{01} = \sqrt{\dfrac{AB}{CD}}[\Omega]$, $Z_{02} = \sqrt{\dfrac{BD}{AC}}[\Omega]$

$A = 1 + \dfrac{4}{5} = \dfrac{9}{5}$, $D = 1 + \dfrac{0}{5} = 1$, $B = 4$, $C = \dfrac{1}{5}$ 이므로

$$Z_{01} = \sqrt{\frac{AB}{CD}} = \sqrt{\frac{\dfrac{9}{5} \times 4}{\dfrac{1}{5} \times 1}} = 6[\Omega]$$

$$Z_{02} = \sqrt{\frac{BD}{AC}} = \sqrt{\frac{4 \times 1}{\dfrac{9}{5} \times \dfrac{1}{5}}} = \frac{10}{3}[\Omega]$$

$\ast$ $\begin{vmatrix} A & B \\ C & D \end{vmatrix} = \begin{vmatrix} 1 + \dfrac{4}{5} & 4 \\ \dfrac{1}{5} & 1 \end{vmatrix} = \begin{vmatrix} \dfrac{9}{5} & 4 \\ \dfrac{1}{5} & 1 \end{vmatrix}$

【정답】②

68. 그림과 같이 T형 4단자 회로망에서 4단자 정수 A, B, C, D로 틀린 것은?

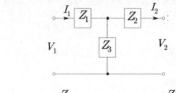

① $A = 1 + \dfrac{Z_1}{Z_3}$ 　　② $B = \dfrac{Z_1 Z_2}{Z_3} + Z_1 + Z_2$

③ $C = 1 + \dfrac{Z_3}{Z_2}$ 　　④ $D = 1 + \dfrac{Z_2}{Z_3}$

|정|답|및|해|설| ....

[T형 4단자 회로망]

$A = 1 + \dfrac{Z_1}{Z_3}$

$B = \dfrac{Z_1 Z_2 + Z_2 Z_3 + Z_3 Z_1}{Z_3}$

$C = \dfrac{1}{Z_3}$

$D = 1 + \dfrac{Z_1}{Z_3}$

【정답】③

69. 600[kVA], 역률 0.6(지상)인 부하 A와 800 [kVA], 역률0.8(진상)인 부하 B를 연결시 전체 피상전력[kVA]는?

① 640　　　　　② 1000
③ 0　　　　　　④ 1400

|정|답|및|해|설|

[피상전력]
1. 부하 A의 피상전력
　$P_{a1} = 600 \times 0.6 - j600 \times 0.8 = 360 - j480[kVA]$
2. 부하 B의 피상전력
　$P_{a2} = 800 \times 0.8 + j800 \times 0.6 = 640 + j480[kVA]$
3. 전체 피상전력 $P_a = P_{a1} + P_{a2}$
　　　　　$= 360 - j480 + 640 + j480 = 1000[kVA]$

【정답】②

70. 내부 임피던스가 순저항 6[Ω]의 전원과 120[Ω]의 순저항 부하 사이에 임피던스 정합을 위한 이상 변압기의 권선비는?

① $\dfrac{1}{\sqrt{20}}$　　　　② $\dfrac{1}{\sqrt{2}}$

③ $\dfrac{1}{20}$　　　　　④ $\dfrac{1}{2}$

|정|답|및|해|설|

[이상전압의 임피던스 정합] $Z_{in} = a^2 Z_L$

$\therefore a = \sqrt{\dfrac{Z_{in}}{Z_L}} = \sqrt{\dfrac{6}{120}} = \dfrac{1}{\sqrt{20}}$　　　　【정답】①

71. 저항 40[Ω], 임피던스 50[Ω]의 직렬 유도부하에서 100[V]가 인가될 때 소비되는 무효전력은?

① 120[Var]　　　② 160[Var]
③ 200[Var]　　　④ 250[Var]

|정|답|및|해|설|

[무효전력] $P_r = I^2 \cdot X_L[\text{Var}]$
$R = 40[\Omega],\ Z = 50[\Omega]$
$X_L = \sqrt{50^2 - 40^2} = 30[\Omega]$

$\therefore$ 무효전력 $P_r = I^2 \cdot X_L = \left(\dfrac{100}{50}\right)^2 \cdot 30 = 120[\text{Var}]$

【정답】①

72. $F(s) = \dfrac{3s+10}{s^3 + 2s^2 + 5s}$ 일 때 $f(t)$의 최종값은?

① 0　　　② 1　　　③ 2　　　④ 3

|정|답|및|해|설|

[최종값 정리] $\lim\limits_{t \to \infty} f(t) = \lim\limits_{s \to 0} s F(s)$

$\lim\limits_{t \to \infty} f(t) = \lim\limits_{s \to 0} s F(s) = \lim\limits_{s \to 0} s \cdot \dfrac{3s+10}{s(s^2 + 2s + 5)} = \dfrac{10}{5} = 2$

【정답】③

73. 그림과 같은 회로에서 입력을 V_1[s], 출력을 V_2[s]라 할 때 전압비 전달함수는?

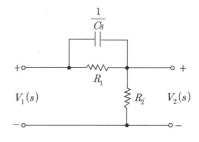

① $\dfrac{R_1}{R_1 Cs + 1}$

② $\dfrac{R_2 + R_1 R_2 Cs}{R_1 + R_2 + R_1 R_2 Cs}$

③ $\dfrac{R_1 R_2 S + RCs}{R_1 Cs + R_1 R_2 S^2 + C}$

④ $\dfrac{S+1}{S + (R_1 + R_2) + R_1 R_2 C}$

|정|답|및|해|설|

[전달함수] $G(s) = \dfrac{V_2(s)}{V_1(s)}$

R_1과 C의 합성 임피던스 등가회로

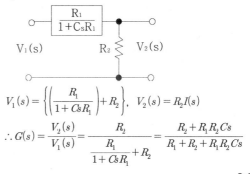

$V_1(s) = \left\{\left(\dfrac{R_1}{1+CsR_1}\right) + R_2\right\},\quad V_2(s) = R_2 I(s)$

$\therefore G(s) = \dfrac{V_2(s)}{V_1(s)} = \dfrac{R_2}{\dfrac{R_1}{1+CsR_1} + R_2} = \dfrac{R_2 + R_1 R_2 Cs}{R_1 + R_2 + R_1 R_2 Cs}$

【정답】②

74. $F(s) = \dfrac{s+1}{s^2+2s}$ 의 역라플라스 변환은?

① $\dfrac{1}{2}(1-e^{-t})$ ② $\dfrac{1}{2}(1-e^{-2t})$

③ $\dfrac{1}{2}(1+e^{t})$ ④ $\dfrac{1}{2}(1+e^{-2t})$

|정|답|및|해|설|

[역라플라스 변환] 분모가 인수분해가 가능하므로

$F(s) = \dfrac{s+1}{s(s+2)} = \dfrac{K_1}{s} + \dfrac{K_2}{s+2}$

$K_1 \equiv \left[\dfrac{s+1}{s+2}\right]_{s=0} = \dfrac{1}{2}$

$K_2 = \left[\dfrac{s+1}{s}\right]_{s=-2} = \dfrac{-2+1}{-2} = \dfrac{1}{2}$

$F(s) = \dfrac{1}{2}\dfrac{1}{s} + \dfrac{1}{2}\dfrac{1}{s+2} = \dfrac{1}{2}\left(\dfrac{1}{s} + \dfrac{1}{s+2}\right)$

$\therefore f(t) = \mathcal{L}^{-1}[F(s)] = \dfrac{1}{2}(1+e^{-2t})$ 【정답】④

75. 다음과 같은 회로에서 a, b 양단의 전압은 몇 [V]인가?

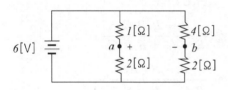

① 1[V] ② 2[V]

③ 2.5[V] ④ 3.5[V]

|정|답|및|해|설|

[a, b사이의 전위차] $V_{ab} = V_b - V_a[V]$

1. 전체저항 $R_0 = \dfrac{(R_1+R_2) \times (R_3+R_4)}{(R_1+R_2)+(R_3+R_4)} = \dfrac{3\times6}{3+6} = 2[\Omega]$

2. 전류 $I = \dfrac{E}{R_0} = \dfrac{6}{2} = 3[A]$ → $(I_1 = 2[A], \ I_2 = 1[A])$

3. a점의 전위 $V_a = I_1 \times R_1 = 2 \times 1 = 2[V]$
   b점의 전위 $V_b = I_2 \times R_3 = 1 \times 4 = 4[V]$

$\therefore V_{ab} = V_b - V_a = 4 - 2 = 2[V]$ 【정답】②

76. 그림에서 $10[\Omega]$의 저항에 흐르는 전류는 몇 [A]인가?

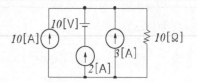

① 13 ② 14 ③ 15 ④ 16

|정|답|및|해|설|

[중첩의 원리]

1. 전류원 기준(전압원 단락) $I_R = 10+2+3 = 15[A]$

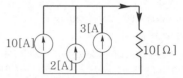

2. 전압원 기준(전류원 개방) $I'_R = 0[A]$

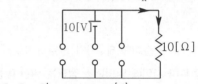

$\therefore I = I_R - I'_R = 15 - 0 = 15[A]$ 【정답】③

77. 저항 $1[\Omega]$과 인덕턴스 $1[H]$를 직렬로 연결한 후 $60[Hz]$, $100[V]$의 전압을 인가할 때 흐르는 전류의 위상은 전압의 위상보다 어떻게 되는가?

① 뒤지지만 $90[°]$ 이하이다.

② $90[°]$ 늦다.

③ 앞서지만 $90[°]$ 이하이다.

④ $90[°]$ 빠르다.

|정|답|및|해|설|

[직렬회로의 전류] $I = \dfrac{V}{Z}[A]$

· 직렬 임피던스 $Z = R + jwL = R + j2\pi f L$
$= 1 + j2\times3.14\times60\times1$
$= 1 + j377[\Omega]$

· 직렬회로의 전류

$I = \dfrac{V}{Z} = \dfrac{100}{1+j377} = \dfrac{100}{\sqrt{1^2 + 377^2} \angle \tan^{-1}\frac{377}{1}}$

$= \dfrac{100}{\sqrt{142130}} \angle -\tan^{-1}377$

$= \dfrac{100}{119} \angle -89.85[°] = 0.84 \angle -89.85 = -90[°]$

이는 전압(V)기준 전류(I)의 위상은 뒤지지만 $90[°]$ 이하이다.
  【정답】①

78. 그림과 같은 $e = E_m \sin \omega t$인 정현파 교류의 반파 정류파형의 실효값은?

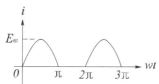

① E_m

② $\dfrac{E_m}{\sqrt{2}}$

③ $\dfrac{E_m}{2}$

④ $\dfrac{E_m}{\sqrt{3}}$

|정|답|및|해|설|

[교류의 반파 정류파형의 실효값] $E = \dfrac{E_m}{2}$

실효값 $E = \sqrt{\dfrac{1}{T} \int_0^T e^2 dt} = \sqrt{\dfrac{1}{2\pi} \int_0^{2\pi} e^2 d(wt)}$

반파 정류파는 $\pi \sim 2\pi$일 때 $e = 0$이므로

$E = \sqrt{\dfrac{1}{2\pi} \int_0^{\pi} e^2 d(wt)} = \sqrt{\dfrac{1}{2\pi} \int_0^{\pi} E_m^2 \sin^2 wt \, d(wt)}$

$= \sqrt{\dfrac{E_m^2}{2\pi} \int_0^{\pi} \dfrac{1 - \cos 2wt}{2} d(wt)} = \dfrac{E_m}{2}$

【정답】③

|참|고|

[각종 파형의 평균값, 실효값, 파형률, 파고율]

명칭	파형	평균값	실효값	파형률	파고율
정현파 (전파)		$\dfrac{2I_m}{\pi}$	$\dfrac{I_m}{\sqrt{2}}$	1.11	$\sqrt{2}$
정현파 (반파)		$\dfrac{I_m}{\pi}$	$\dfrac{I_m}{2}$	$\dfrac{\pi}{2}$	2
사각파 (전파)		I_m	I_m	1	1
사각파 (반파)		$\dfrac{I_m}{2}$	$\dfrac{I_m}{\sqrt{2}}$	$\sqrt{2}$	$\sqrt{2}$
삼각파		$\dfrac{I_m}{2}$	$\dfrac{I_m}{\sqrt{3}}$	$\dfrac{2}{\sqrt{3}}$	$\sqrt{3}$

79. 그림에서 a, b 단자의 전압이 100[V], a, b에서 본 능동 회로망 N의 임피던스가 15[Ω]일 때 a, b 단자에 10[Ω]의 저항을 접속하면 a, b 사이에 흐르는 전류는 몇 [A]인가?

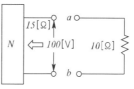

① 2

② 4

③ 6

④ 8

|정|답|및|해|설|

[테브난의 정리] $I = \dfrac{V_{ab}}{Z_{ab} + Z}$

Z_{ab} : 단자 a, b에서 전원을 모두 제거한(전압원은 단락, 전류원 개방) 상태에서 단자 a, b 에서 본 합성 임피던스

V_{ab} : 단자 a, b를 개방했을 때 단자 a, b에 나타나는 단자전압

1. 개방 단 전압 : 테브난 전압 $V = 100[V]$
2. 개방 단 저항 : 테브난 저항 $R = 15[\Omega]$

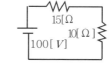

∴테브난의 정리에 의해 $I = \dfrac{100}{15 + 10} = 4[A]$

【정답】②

80. 대칭좌표법에 관한 설명이 아닌 것은?

① 대칭좌표법은 일반적인 비대칭 3상 교류회로의 계산에도 이용된다.

② 대칭 3상 전압의 영상분과 역상분은 0이고, 정상분만 남는다.

③ 비대칭 3상 교류회로는 영상분, 역상분 및 정상분의 3성분으로 해석한다.

④ 비대칭 3상 회로의 접지식 회로에는 영상분이 존재하지 않는다.

|정|답|및|해|설|

[대칭좌표법] ④ 비대칭 3상 회로의 접지식 회로에서는 **영상분이 존재**한다.

【정답】④

81. 공통접지공사 적용 시 선도체의 단면적이 16 $[mm^2]$인 경우 보호도체(PE)에 적합한 단면적은? 단, 보호도체의 재질이 선도체와 같은 경우

① 4 ② 6
③ 10 ④ 16

|정|답|및|해|설|

[보호도체 (KEC 142.3.2)]

선도체의 단면적 S (mm²)	대응하는 보호도체의 최소 단면적(mm²)	
	보호도체의 재질이 선도체와 같은 경우	보호도체의 재질이 선도체와 다른 경우
$S \leq 16$	S	$\dfrac{k_1}{k_2} \times S$
$16 < S \leq 35$	$16(a)$	$\dfrac{k_1}{k_2} \times 16$
$S > 35$	$\dfrac{S(a)}{2}$	$\dfrac{k_1}{k_2} \times \dfrac{S}{2}$

k_1 : 도체 및 절연의 재질에 따라 KS C IEC 60364-5-54 부속서 A(규정)에서 선정된 선도체에 대한 k값

k_2 : KS C IEC 60364-5-54 부속서 A(규정)에서 선정된 보호도체에 대한 k값

a : PEN도체의 경우 단면적의 축소는 중성선의 크기결정에 대한 규칙에만 허용된다.

선도체의 **단면적이 16$[mm^2]$ 이하**이고 보호도체의 재질이 선도체와 같을 때에는 **최소 단면적을 선도체와 같게 한다.**
【정답】④

82. 옥내의 네온방전등 공사 시 전선의 지지점 간의 거리는 몇 [m] 이하 이어야 하는가?

① 1 ② 2
③ 3 ④ 4

|정|답|및|해|설|

[옥내의 네온방전등 공사 (KEC 234.12)]
1. 방전등용 변압기는 네온 변압기일 것
2. 관등 회로의 배선은 전개된 장소 또는 점검할 수 있는 은폐된 장소에 시설할 것
3. 관등 회로의 배선은 애자 사용 공사에 의하여 시설하고 또한 다음에 의할 것
 ·**전선의 지지점 간의 거리는 1[m] 이하**일 것
 ·전선 상호 간의 간격은 6[cm] 이상일
【정답】①

83. 최대사용전압 7[kV] 초과 25[kV] 이하인 중성점 접지식 전로의 질연내력시험은 몇 배의 전압으로 하는가? (단, 중성점을 가지는 것으로서 그 중성선을 다중접지 하는 것에 한한다.)

① 0.72 ② 0.92
③ 1.25 ④ 0.64

|정|답|및|해|설|

[절연내력 시험전압] (최대 사용전압의 배수)

권선의 종류		시험 전압	시험 최소 전압
7[kV] 이하	권선	1.5배	500[V]
7[kV] 넘고 25[kV] 이하	**다중접지식**	**0.92배**	
7[kV] 넘고 60[kV] 이하	비접지방식	1.25배	10,500[V]
60[kV]초과	비접지	1.25배	
	접지식	1.1배	75000[V]
60[kV] 넘고 170[kV] 이하	중성점 직접지식	0.72배	
170[kV] 초과	중성점 직접지식	0.64배	

【정답】②

84. 사용전압이 400[V] 초과인 저압 가공전선이 시가지 시설 시 종류로 잘못 된 것은?

① 인입용 비닐절연전선
② 지름 5[mm] 이상의 경동선
③ 케이블
④ 나전선(중성선 또는 다중접지 된 접지 측 전선으로 사용하는 전선)

|정|답|및|해|설|

[저압 가공전선로 (KEC 222)]
1. 저압 가공전선은 나전선(중성선 또는 다중접지 된 접지 측 전선으로 사용하는 전선에 한한다), 절연전선, 다심형 전선 또는 케이블을 사용하여야 한다.
2. 사용전압이 400[V] 초과인 저압 가공전선이 시가지 시설 시 지름 5.0[mm] 이상 경동선
【정답】①

85. 등기구의 주변에 발광과 대류 에너지의 열영향에서 가연성 재료로부터 안전거리를 유지하여야 하며, 제작자에 의해 다른 정보가 주어지지 않으면, 스포트라이트나 프로젝터는 모든 방향에서 가연성 재료로부터 최소 거리로 잘못 된 것은?

① 정격용량 100[W] 이하: 0.4[m]

② 정격용량 100[W] 초과 300[W] 이하: 0.8[m]

③ 정격용량 300[W] 초과 500[W] 이하: 1.0[m]

④ 정격용량 500[W] 초과: 1.0[m] 초과

|정|답|및|해|설|
[열 영향에 대한 주변의 보호 (KEC 234.1.3)] 스포트라이트나 프로젝터는 모든 방향에서 가연성 재료로부터 다음의 최소 거리를 두고 설치하여야 한다.
1. **정격용량 100[W] 이하: 0.5[m]**
2. 정격용량 100[W] 초과 300[W] 이하: 0.8[m]
3. 정격용량 300[W] 초과 500[W] 이하: 1.0[m]
4. 정격용량 500[W] 초과: 1.0[m] 초과　　　　【정답】①

86. 저압 가공전선로와 기설 가공약전류전선로가 병행하는 경우에는 유도작용에 의하여 통신상의 장해가 생기지 아니하도록 전선과 기설 약전류전선 간의 간격(이격거리)은 몇 [m] 이상이어야 하는가? (단, 전기철도용 급전선로는 제외한다.)

① 1　　　　　　② 2

③ 2.5　　　　　④ 4.5

|정|답|및|해|설|
[가공 약전류전선로의 유도장해 방지 (KEC 332.1)] 저고압 가공전선류와 가공 약전류 전선로가 병행하는 경우에는 유도작용에 의하여 통신상의 장해가 생기지 아니하도록 전선과 약전류 전선과의 **간격(이격거리)은 2[m] 이상**　　　【정답】②

87. 가요전선관 공사에 있어서 저압 옥내배선 시설에 맞지 않는 것은?

① 전선은 절연전선일 것

② 가요전선관 안에는 전선에 접속점이 없을 것

③ 단면적 10[㎟] 이하인 것은 단선을 쓸 수 있다.

④ 일반적으로 가요전선관은 4종 금속제 가요전

선관일 것

|정|답|및|해|설|
[금속제가요전선관공사 (KEC 232.13)]
· 전선은 절연 전선 이상일 것(옥외용 비닐 절연 전선은 제외)
· 전선은 연선일 것 다만, 단면적 10[㎟] 이하인 것은 단선을 쓸 수 있다.
· 가요 전선관 안에는 전선에 접속점이 없도록 할 것
· 가요 전선관은 **2종** 금속제 가요 전선관일 것
【정답】④

88. 비나 이슬에 젖지 않는 장소에서 400[V] 이하인 저압 애자공사에 의한 저압 옥측전선를 시설할 때 전선과 조영재와의 간격(이격거리)은 몇 [m] 이상이어야 하는가?

① 0.025　　　　② 0.045

③ 0.06　　　　　④ 0.05

|정|답|및|해|설|
[옥측전선로 (KEC 221.2)] 애자공사에 의한 저압 옥측 전선로는 다음에 의하고 또한 사람이 쉽게 접촉될 우려가 없도록 시설할 것

시설 장소	전선과 조영재 사이의 간격(이격거리)	
	사용전압이 400[V] 이하인 경우	사용전압이 400[V] 초과인 경우
비나 이슬에 젖지 않는 장소	0.025[m]	0.025[m]
비나 이슬에 젖는 장소	**0.025[m]**	0.045[m]

【정답】①

89. 가공전선로의 지지물에 시설하는 지지선으로 연선을 사용할 경우 소선은 최소 몇 가닥 이상이어야 하는가?

① 3　　　　　　② 5

③ 7　　　　　　④ 9

|정|답|및|해|설|
[지지선의 시설 (KEC 331.11)]
· 소선 **3가닥 이상**의 연선
· 지지선의 안전율이 2.5 이상일 것
· 소선의 지름이 2.6[㎜] 이상의 금속선을 사용할 것

【정답】①

90. 내부에 고장이 생긴 경우에 자동적으로 이를 전로로 부터 차단하는 장치가 반드시 필요한 것은?

① 뱅크용량 1,000[kVA]인 변압기

② 뱅크용량 10,000[kVA]인 무효전력보상장치 (조상기)

③ 뱅크용량 300[kVA]인 분로리액터

④ 뱅크용량 10,000[kVA]인 전력용 커패시터

|정|답|및|해|설|⋯⋯⋯⋯⋯⋯⋯⋯⋯⋯⋯⋯⋯⋯⋯⋯

[보상설비의 보호장치 (KEC 351.5)]

설비 종별	뱅크 용량의 구분	자동적으로 전로로부터 차단하는 장치
전력용 **커패시터** 및 분로리액터	500[kVA] 초과 15,000[kVA] 미만	・**내부에 고장**이 생긴 경우 ・과전류가 생긴 경우
	15,000[kVA] 이상	・**내부에 고장**이 생긴 경우 ・과전류가 생긴 경우 ・과전압이 생긴 경우
무효 전력 보상장치 (조상기)	15,000[kVA] 이상	・내부에 고장이 생긴 경우

【정답】④

91. 고압 지중케이블로서 직접 매설식에 의하여 콘크리트제 기타 견고한 관 또는 드로프에 넣지 않고 부설할 수 있는 케이블은?

① 비닐외장케이블　　② 고무외장케이블

③ 클로로프렌외장케이블　④ 콤바인덕트케이블

|정|답|및|해|설|⋯⋯⋯⋯⋯⋯⋯⋯⋯⋯⋯⋯⋯⋯⋯⋯

[지중 전로의 시설 (KEC 334.1)] 저압 또는 고압의 지중전선에 **콤바인덕트 케이블** 또는 고시하는 구조로 개장한 케이블을 사용하여 시설하는 경우에는 지중전선을 견고한 **관 또는 트로프 방호물에 넣지 아니하여도 된다.**

|참|고|⋯⋯⋯⋯⋯⋯⋯⋯⋯⋯⋯⋯⋯⋯⋯⋯⋯⋯⋯⋯

[지중전선로 시설]

전선은 케이블을 사용하고, 관로식, 암거식, 직접 매설식에 의하여 시공한다.

1. 직접 매설식 : 매설 깊이는 중량물의 압력이 있는 곳은 1.0[m] 이상, 없는 곳은 0.6[m] 이상으로 한다.

2. 관로식 : 매설 깊이를 1.0[m]이상, 중량물의 압력을 받을 우려가 없는 곳은 60[cm] 이상으로 한다.

3. 암거식 : 지하 구조물 내 케이블 지지대를 설치하고 그 위에 케이블을 부설하는 방식

【정답】④

92. 아래 그림은 전력보안통신설비의 보안장치이다. L_1은 어떤 크기로 동작하는 기기의 명칭인가?

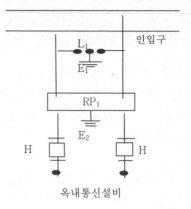

옥내통신설비

① 교류 1[kV] 이하에서 동작하는 피뢰기

② 교류 1[kV] 이하에서 동작하는 단로기

③ 교류 1.5[kV] 이하에서 동작하는 피뢰기

④ 교류 1.5[kV] 이하에서 동작하는 단로기

|정|답|및|해|설|⋯⋯⋯⋯⋯⋯⋯⋯⋯⋯⋯⋯⋯⋯⋯⋯

[특고압 가공전선로 첨가설치 통신선의 시가지 인입 제한 (KEC 362.5)]

1. RP_1 : 교류 300[V] 이하에서 동작하고, 최소 감도 전류가 3[A] 이하로서 최소 감도전류 때의 응동시간이 1사이클 이하이고 또한 전류 용량이 50[A], 20초 이상인 자복성이 있는 릴레이 보안기

2. L_1 : **교류 1[kV] 이하에서 동작하는 피뢰기**

【정답】①

93. 사용전압이 25[kV] 이하인 다중접지방식 지중전선로를 관로식 또는 직접매설식으로 시설하는 경우, 그 간격(이격거리)은 몇 [m] 이상이 되도록 시설하여야 하는가?

① 0.1　　　　② 0.3

③ 0.6　　　　④ 1.0

|정|답|및|해|설|⋯⋯⋯⋯⋯⋯⋯⋯⋯⋯⋯⋯⋯⋯⋯⋯

[지중전선 상호 간의 접근 또는 교차 (KEC 334.7)] 사용전압이 25[kV] 이하인 **다중접지방식** 지중전선로를 관로식 또는 직접매설식으로 시설하는 경우, 그 **간격(이격거리)이 0.1[m] 이상**이 되도록 시설하여야 한다.

【정답】①

94. 내부고장이 발생하는 경우를 대비하여 자동 차단장치 또는 경보장치를 시설하여야 하는 특고압용 변압기의 뱅크용량의 구분으로 알맞은 것은?

① 5000[kVA]미만

② 5000[kVA] 이상 10000[kVA] 미만

③ 10000[kVA] 이상

④ 타냉식 변압기

|정|답|및|해|설|
[특고압용 변압기의 보호장치 (KEC 351.4)] 특고압용의 변압기에는 그 내부에 고장이 생겼을 경우에 보호하는 장치를 표와 같이 시설하여야 한다.

뱅크 용량의 구분	동작 조건	장치의 종류
5,000[kVA] 이상 10,000[kVA] 미만	변압기 내부 고장	자동 차단 장치 또는 경보 장치
10,000[kVA] 이상	변압기 내부 고장	자동 차단 장치
타냉식 변압기(변압기의 권선 및 철심을 직접 냉각시키기 위하여 봉입한 냉매를 강제 순환시키는 냉각 방식을 말한다.)	냉각 장치에 고장이 생긴 경우 또는 변압기의 온도가 현저히 상승한 경우	경보 장치

【정답】②

95. 전기철도 변전소에 대한 사항으로 잘못된 것은?

① 제어반의 경우 디지털계전기방식을 원칙으로 하여야 한다.

② 개폐기는 개폐상태의 표시, 잠금장치 등을 설치하여야 한다.

③ 급전용변압기는 직류 전기철도의 경우 3상 스코트결선 변압기를 적용한다.

④ 차단기는 계통의 장래계획을 고려하여 용량을 결정하고, 회로의 특성에 따라 기종과 동작책무 및 차단시간을 선정하여야 한다.

|정|답|및|해|설|
[전기철도 변전소의 설비 (KEC 421.4)]
1. 변전소 등의 계통을 구성하는 각종 기기는 운용 및 유지보수성, 시공성, 내구성, 효율성, 친환경성, 안전성 및 경제성 등을 종합적으로 고려하여 선정하여야 한다.
2. 급전용변압기는 **직류 전기철도의 경우 3상 정류기용 변압기, 교류 전기철도의 경우 3상 스코트결선 변압기의 적용**을 원칙으로 하고, 급전계통에 적합하게 선정하여야 한다.
3. 차단기는 계통의 장래계획을 고려하여 용량을 결정하고, 회로의 특성에 따라 기종과 동작책무 및 차단시간을 선정하여야 한다.

4. 개폐기는 선로 중 중요한 분기점, 고장발견이 필요한 장소, 빈번한 개폐를 필요로 하는 곳에 설치하며, 개폐상태의 표시, 잠금장치 등을 설치하여야 한다.
5. 제어용 교류전원은 상용과 예비의 2계통으로 구성하여야 한다.
6. 제어반의 경우 디지털계전기방식을 원칙으로 하여야 한다.
【정답】③

96. 시가지에 시설하는 154[kV] 가공전선로를 도로와 1차 접근 상태로 시설하는 경우, 전선과 도로와의 간격(이격거리)은 몇 [m] 이상이어야 하는가?

① 4.4 ② 4.8
③ 5.2 ④ 5.6

|정|답|및|해|설|
[특고압 가공전선과 도로 등의 접근 또는 교차 (KEC 333.24)]
· 사용전압이 35[kV] 가공 전선로를 경우 3[m]에 35[kV]를 넘는 매 10[kV] 또는 그 단수마다 0.15[m]를 가산
· 단수 $= \dfrac{154-35}{10} = 11.9 \rightarrow 12$단
· 간격(이격거리)$=3+12\times0.15 = 4.8[m]$ 【정답】②

97. 사용전압이 154[kV]의 가공전선을 시가지에 시설하는 경우 전선의 지표상의 높이는 최소 몇 [m] 이상이어야 하는가?

① 7.44 ② 9.44
③ 11.44 ④ 8.13

|정|답|및|해|설|
[시가지 등에서 특고압 가공전선로의 시설 (KEC 333.1)]
1. 사시가지에 특고가 시설되는 경우 전선의 지표상 높이는 35[kV] 이하 10[m](특고 절연 전선인 경우 8[m]) 이상, 35[kV]를 넘는 경우 10[m]에 35[kV]를 넘는 10[kV] 또는 그 단수마다 12[cm]를 더한 값으로 한다.
2. 단수 $= \dfrac{154-35}{10} = 11.9 \rightarrow 12$단
3. 지표상의 높이 $= 10 + 12 \times 0.12 = 11.44[m]$ 【정답】③

98. 발전기가 정격운전상태에 있을 때, 동기기 단자에서의 전압을 무엇이라 하는가?

① 부족저압   ② 과전압

③ 유도전압   ④ 정격전압

|정|답|및|해|설|...
[정격전압 (KEC 112(용어))] 정격전압이란 발전기가 정격운전상태에 있을 때, 동기기 단자에서의 전압을 말한다.
                                         【정답】④

99. 하중을 지탱하는 전차선로 설비의 강도는 작용이 예상되는 하중의 최악 조건 조합에 대하여 경동선의 경우 최소 안전율 몇 이 곱해진 값을 견디어야 하는가?

① 2.0   ② 1.0

③ 2.5   ④ 2.2

|정|답|및|해|설|...
[전차선로 설비의 안전율 (KEC 431.10)] 하중을 지탱하는 전차선로 설비의 강도는 작용이 예상되는 하중의 최악 조건 조합에 대하여 다음의 최소 안전율이 곱해진 값을 견디어야 한다.
1. 합금전차선의 경우 2.0 이상
2. **경동선의 경우 2.2 이상**
3. 조가선 및 조가선 장력을 지탱하는 부품에 대하여 2.5 이상
4. 복합체 자재(고분자 애자 포함)에 대하여 2.5 이상
5. 지지물 기초에 대하여 2.0 이상
6. 장력조정장치 2.0 이상
7. 빔 및 브래킷은 소재 허용응력에 대하여 1.0 이상
8. 철주는 소재 허용응력에 대하여 1.0 이상
9. 브래킷의 애자는 최대 굽힘하중에 대하여 2.5 이상
10. 지지선은 선형일 경우 2.5 이상, 강봉형은 소재 허용응력에 대하여 1.0 이상   【정답】④

100. 연료전지의 내압시험은 내압 부분 중 최고 사용압력이 0.1[MPa] 이상의 부분은 최고 사용압력의 몇 배의 수압을 가압하여 최소 10분간 유지하는 시험을 실시하는가?

① 1.1   ② 1.25

③ 1.5   ④ 2

|정|답|및|해|설|...
[연료전지설비의 구조 (KEC 542.1.3)] 내압시험은 연료전지 설비의 내압 부분 중 최고 사용압력이 0.1[MPa] 이상의 부분은 최고 **사용압력의 1.5배의 수압**(수압으로 시험을 실시하는 것이 곤란한 경우는 최고 사용압력의 1.25배의 기압)까지 가압하여 압력이 안정된 후 최소 10분간 유지하는 시험을 실시하였을 때 이것에 견디고 누설이 없어야 한다.   【정답】③

1회 2022년 전기산업기사필기 (전기자기학)

01. 반지름이 a[m]인 접지 구도체의 중심에서 d[m] 거리에 점전하 Q[C]을 놓았을 때 구도체에 유도된 총 전하는 몇 [C]인가?

① $-Q$

② $-\dfrac{d}{a}Q$

③ 0

④ $-\dfrac{a}{d}Q$

|정|답|및|해|설|

[구도체의 전하] 유도된 전하는 전기영상법

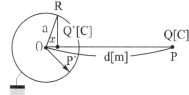

$+Q$[C]에 의해 내부 x[m] 위치에 영상전하 Q'[C]가 생성된다.

이때 $Q' = -\dfrac{a}{d}Q$[C]이고 $OP \cdot OP' = a^2$, $OP' = \dfrac{a^2}{d}$[m]

$\therefore Q' = -\dfrac{a}{d}Q$[C] 【정답】④

02. 직선 도선에 전류가 흐를 때 주위에 생기는 자계의 방향은?

① 오른 나사의 진행방향

② 오른 나사의 회전방향

③ 전류와 반대방향

④ 전류의 방향

|정|답|및|해|설|

「오른손(오른나사) 법칙」 전류가 만드는 자계의 방향을 찾아내기 위한 법칙으로 전류가 흐르는 방향(+ → -)으로 오른손 엄지손가락을 향하면, 나머지 손가락은 자기장의 방향이 된다.

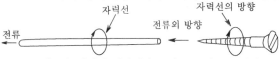

1. ⊙ : 전류가 지면의 뒷면에서 표면으로 나오는 방향

2. ⊗ : 전류가 지면의 표면에서 뒷면으로 들어가는 방향

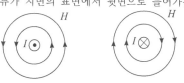

【정답】②

03. 유전체 중의 전계의 세기를 E, 유전율을 ϵ이라 하면 전기변위[C/m²]는?

① $\dfrac{1}{2}\epsilon E^2$

② $\dfrac{E}{\epsilon}$

③ ϵE^2

④ ϵE

|정|답|및|해|설|

[전기변위] 전기변위는 전속밀도(D)와 같다.

변위전류 $i_a = \dfrac{\partial D}{\partial t} = \dfrac{\partial \epsilon E}{\partial t}$[A/m²]

$\therefore$ 변위전류(i_a)=전속밀도 $D = \epsilon E$[C/m²]이다 【정답】④

04. 변압기 철심으로 규소강판이 사용되는 주된 이유는?

① 와류손을 적게 하기 위하여

② 큐리 온도를 높이기 위하여

③ 히스테리시스손을 적게 하기 위하여

④ 부하손(동손)을 적게 하기 위하여

|정|답|및|해|설|

[변압기 철손(P_i)] 자속 변화로 발생하는 손실은 무부하 손, 즉 철손으로 와류손과 히스테리시스손이 있다.

1. 와류손 : 자속의 변화로 생기는 와전류에 의해 생기는 손실
   → 방지책 : 성층결선

2. **히스테리시스손** : 자화를 하기 위해서 생기는 에너지 손실이다.
   → 방지책 : **규소강판 사용** 【정답】③

05. 진공 중에 그림과 같이 한 변이 a [m]인 정삼각형의 꼭짓점에 각각 서로 같은 점전하 $+Q$[C]이 있을 때 그 각 전하에 작용하는 힘 F는 몇 [N]인가?

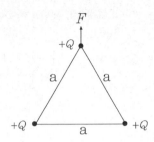

① $F = \dfrac{Q^2}{4\pi\epsilon_0 a^2}$ ② $F = \dfrac{Q^2}{2\pi\epsilon_0 a^2}$

③ $F = \dfrac{\sqrt{2}\,Q^2}{4\pi\epsilon_0 a^2}$ ④ $F = \dfrac{\sqrt{3}\,Q^2}{4\pi\epsilon_0 a^2}$

|정|답|및|해|설|......

[두 전하 사이에 작용하는 힘] $F = \sqrt{F_1^2 + F_2^2 + 2F_1 F_2 \cos\theta}\,[N]$

→ (평행사변형 대각선의 길이)

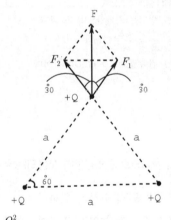

$F_1 = F_2 = \dfrac{Q^2}{4\pi\epsilon_0 a^2}[N], \ \theta = 60[°]$

$\therefore F = \sqrt{F_1^2 + F_2^2 + 2F_1 F_2 \cos\theta} = \sqrt{F_1^2 + F_1^2 + 2F_1^2 \times \dfrac{1}{2}} = \sqrt{3}\,F_1$

$= \sqrt{3}\,\dfrac{Q^2}{4\pi\epsilon_0 a^2}[N]$ → $\left(F_1 = \dfrac{Q^2}{4\pi\epsilon_0 a^2}[N]\right)$

【정답】④

06. 도체의 단면적이 5[m²]인 곳을 3초 동안에 30[C]의 전하가 통과하였다면 이때의 전류는?

① 5[A]   ② 10[A]

③ 30[A]   ④ 90[A]

|정|답|및|해|설|......

[전류] $I = \dfrac{dQ}{dt}[A]$ → (Q : 전하량, t : 시간)

$\therefore I = \dfrac{dQ}{dt} = \dfrac{30}{3} = 10[A]$ 【정답】②

07. 그림과 같이 권수가 1이고 반지름 a[m]인 원형 I[A]가 만드는 자계의 세기[AT/m]는?

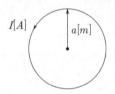

① $\dfrac{I}{a}$ ② $\dfrac{I}{2a}$

③ $\dfrac{I}{3a}$ ④ $\dfrac{I}{4a}$

|정|답|및|해|설|......

[원형 코일 중심의 자계의 세기] $H = \dfrac{IN}{2a}[AT/m]$

여기서, x : 원형 코일 중심에서 떨어진 거리
      N : 권수, a : 반지름, I : 전류

$x = 0, \ N = 1$ → $\therefore H_0 = \dfrac{I}{2a}[AT/m]$ 【정답】②

|참|고|......

1. 원형 코일 중심($N=1$)

   $H = \dfrac{NI}{2a} = \dfrac{I}{2a}[AT/m]$ → (N : 감은 권수(=1), a : 반지름)

2. 반원형($N = \dfrac{1}{2}$) 중심에서 자계의 세기 H

   $H = \dfrac{I}{2a} \times \dfrac{1}{2} = \dfrac{I}{4a}[AT/m]$

3. $\dfrac{3}{4}$원($N = \dfrac{3}{4}$) 중심에서 자계의 세기 H

   $H = \dfrac{I}{2a} \times \dfrac{3}{4} = \dfrac{3I}{8a}[AT/m]$

08. 비유전율 $\epsilon_s = 4$인 유전체 내에서의 전자파의 전파속도는 약 [m/s]인가? (단, $\mu_s = 1$이다)

① 0.5×10^8 ② 1.0×10^8

③ 1.5×10^8 ④ 2.0×10^8

|정|답|및|해|설|

[전파속도] $v = \dfrac{1}{\sqrt{\epsilon\mu}} = \dfrac{1}{\sqrt{\epsilon_0\epsilon_s\mu_0\mu_s}} = \dfrac{3 \times 10^8}{\sqrt{\epsilon_s\mu_s}}[m/sec]$

→ (빛의 속도(진공) $c = \dfrac{1}{\sqrt{\epsilon_0\mu_0}} = 3 \times 10^8[m/s]$)

$\therefore v = \dfrac{3 \times 10^8}{\sqrt{\epsilon_s\mu_s}} = \dfrac{3 \times 10^8}{\sqrt{4 \times 1}} = 1.5 \times 10^8[m/sec]$ 【정답】③

|참|고|

※$v = \dfrac{\omega}{\beta} = \dfrac{1}{\sqrt{LC}} = \lambda f[m/sec]$

여기서, β : 위상정수, ω : 각주파수, λ : 파장, f : 주파수

09. 자기인덕턴스가 각각 L_1, L_2인 두 코일을 서로 간섭이 없도록 병렬로 연결하였을 때 그 합성 인덕턴스는?

① $L_1 L_2$ ② $\dfrac{L_1 + L_2}{L_1 L_2}$

③ $L_1 + L_2$ ④ $\dfrac{L_1 L_2}{L_1 + L_2}$

|정|답|및|해|설|

[합성인덕턴스(병렬)] $L_0 = \dfrac{L_1 L_2 - M^2}{L_1 + L_2 \pm 2M}$

→ (+ : 차동결합, − : 가동결합)

여기서, L_1, L_2 : 자기인덕턴스, M : 상호인덕턴스

→ (간섭이 없다 : 상호인덕턴스 $M = 0$)

$\therefore L_0 = \dfrac{L_1 L_2 - M^2}{L_1 + L_2 - 2M} = \dfrac{L_1 L_2}{L_1 + L_2}$ 【정답】④

|참|고|

[합성인덕턴스(병렬)]

$L_0 = L_1 + L_2 \pm 2M$ → (+ : 가동결합, − : 차동결합)

10. 두 개의 코일이 있다. 각각의 자기인덕턴스가 0.4[H], 0.9[H] 상호인덕턴스가 0.36[H]일 때 결합계수는?

① 0.5   ② 0.6

③ 0.7   ④ 0.8

|정|답|및|해|설|

[상호인덕턴스] $M = k\sqrt{L_1 L_2}$

여기서, L_1, L_2 : 자기인덕턴스, k : 결합계수($0 \le k \le 1$)

$\therefore$ 결합계수 $k = \dfrac{M}{\sqrt{L_1 L_2}} = \dfrac{0.36}{\sqrt{0.4 \times 0.9}} = 0.6$ 【정답】②

|참|고|

[결합계수($0 \le k \le 1$)]

1. $k = 1$: 누설자속이 없다. 이상적 결합, 완전결합
2. $k = 0$: 결합자속이 없다. 서로 간섭이 없다.

11. 두 종류의 금속으로 하나의 폐회로를 만들고 여기에 전류를 흘리면 양 접점에서 한 쪽은 온도가 올라가고, 다른 쪽은 온도가 내려가서 열의 발생 또는 흡수가 생기고, 전류를 반대 방향으로 변화시키면 열의 발생부와 흡수부가 바뀌는 현상이 발생한다. 이 현상을 지칭하는 효과로 알맞은 것은?

① 핀치효과   ② 펠티어효과

③ 톰슨효과   ④ 제벡효과

|정|답|및|해|설|

[펠티어효과] 두 종류 금속 접속면에 전류를 흘리면 접속점에서 열의 흡수, 발생이 일어나는 효과

【정답】②

|참|고|

① 핀치 효과 : 기체 중을 흐르는 전류는 동일 방향의 평행 전류 간에 작용하는 흡인력에 의해 중심을 향해서 수축하려는 성질이 있다. 이것을 핀치 효과라 하고, 고온의 플라스마를 용기에 봉해 넣는다든지 하는 데 이용한다.

③ 톰슨효과 : 동일한 금속 도선의 두 점간에 온도차를 주고, 고온 쪽에서 저온 쪽으로 전류를 흘리면 도선 속에서 열이 발생되거나 흡수가 일어나는 이러한 현상을 톰슨효과라 한다.

④ 제벡 효과 : 서로 다른 두 종류의 금속선을 접합하여 폐회로를 만든 후 두 접합점의 온도를 달리하였을 때, 폐회로에 열기전력이 발생하여 열전류가 흐르게 된다. 이러한 현상을 제벡 효과라 하며 이때 연결한 금속 루프를 열전대라 한다.

12. 환상철심에 감은 코일에 5[A]의 전류를 흘려 2000[AT]의 기자력을 생기게 하려면 코일의 권수(회)는 얼마로 하여야 하는가?

① 10000 ② 5000
③ 400   ④ 250

|정|답|및|해|설|

[기자력] $F = NI[AT]$

여기서, F : 기자력, N : 권수, I : 전류

∴ 권수 $N = \dfrac{F}{I} = \dfrac{2000}{5} = 400$회 【정답】③

13. 진공 중의 도체계에서 임의의 도체를 일정 전위의 도체로 완전히 포위하면 내외 공간의 전계를 완전 차단시킬 수 있는데 이것을 무엇이라 하는가?

① 홀효과   ② 정전차폐
③ 핀치효과   ④ 전자차폐

|정|답|및|해|설|

[정전차폐] 임의의 도체를 일정 전위(영전위)의 도체로 완전 포위하여 내외 공간의 **전계**를 완전히 **차단**하는 현상
→ (자기차폐 : **자계**를 차단)
【정답】②

|참|고|

① 홀효과 : 도체나 반도체의 물질에 전류를 흘리고 이것과 직각 방향으로 자계를 가하면 플레밍의 오른손 법칙에 의하여 도체 내부의 전하가 횡방향으로 힘을 모아 도체 측면에 (+), (−)의 전하가 나타나는데 이러한 현상을 홀 효과라고 한다.
③ 핀치효과 : 반지름 a인 액체 상태의 원통 모양 도선 내부에 균일 하게 전류가 흐를 때 도체 내부에 자장이 생겨 로렌츠의 힘으로 전류가 원통 중심 방향으로 수축하려는 효과
④ 전자차폐 : 전자 유도에 의한 방해 작용을 방지할 목적으로 대상 이 되는 장치 또는 시설을 적당한 자기 차폐체에 의해 감싸서 외부 전자계의 영향으로부터 차단하는 것

14. 자기 쌍극자에 의한 자위 $U[A]$에 해당되는 것은? (단, 자기 쌍극자의 자기모멘트 $M[Wb \cdot m]$, 쌍극자의 중심으로부터의 거리는 $r[m]$, 쌍극자의 정방향과의 각도는 θ라 한다.)

① $6.33 \times 10^4 \times \dfrac{M\sin\theta}{r^3}$

② $6.33 \times 10^4 \times \dfrac{M\sin\theta}{r^2}$

③ $6.33 \times 10^4 \times \dfrac{M\cos\theta}{r^3}$

④ $6.33 \times 10^4 \times \dfrac{M\cos\theta}{r^2}$

|정|답|및|해|설|

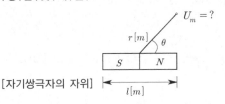

[자기쌍극자의 자위]

$U_m = \dfrac{M\cos\theta}{4\pi\mu_0 r^2} = 6.33 \times 10^4 \times \dfrac{M\cos\theta}{r^2}[A]$

$\rightarrow (\mu_0 = 4\pi \times 10^{-7}, \ \dfrac{1}{4\pi\mu_0} = 6.33 \times 10^4)$

여기서, M : 쌍극자의 자기모멘트 ($M = ml$)
μ_0 : 진공중의 투자율, m : 자극의 세기, l : 자석의 길이
r : 거리, θ : 쌍극자의 정방향과의 각도
【정답】④

15. 면전하밀도 $\sigma[C/m^2]$의 대전 도체가 진공 중에 놓여 있을 때 도체 표면에 작용하는 정전응력은?

① σ에 비례한다.
② σ^2에 비례한다.
③ σ에 반비례한다.
④ σ^2에 반비례한다.

|정|답|및|해|설|

[정전응력(진공)] $f = \dfrac{D^2}{2\epsilon_0}$ → $(D = \sigma, \ E = \dfrac{\sigma}{\epsilon_0}, \ D = \epsilon_0 E)$

$= \dfrac{(\epsilon_0 E)^2}{2\epsilon_0} = \dfrac{1}{2}\epsilon_0 E^2 = \dfrac{1}{2}\dfrac{D}{E}E^2$

$\rightarrow (\epsilon_0 = \dfrac{D}{E})$

$= \dfrac{1}{2}ED[N/m^2]$

여기서, $D[c/m^2]$: 전하밀도, E : 전계의 세기
$\sigma[C/m^2]$: 표면전하밀도, ϵ_0 : 진공중의 유전율

∴ $f \propto E^2 \propto D^2 \propto \sigma^2$ 【정답】②

16. 유전율 $\epsilon_0\epsilon_s$의 유전체 내에 있는 전하 Q에서 나오는 전속선의 수는?

① $\dfrac{Q}{\epsilon_s}$　　　　　② $\dfrac{Q}{\epsilon_0}$

③ $\dfrac{Q}{\epsilon_0\epsilon_s}$　　　　④ Q

|정|답|및|해|설|

[전계에서 가우스(GAUSS)의 법칙]

1. 전속선수 $\varnothing = \displaystyle\int_s D\,ds = Q$　　→ (폐곡면 안의 전하량과 동일)

2. 자기력선의 수 $N = \displaystyle\int_s E\,ds = \dfrac{Q}{\epsilon_0\epsilon_s}$　　【정답】④

17. 권수 1회의 코일에 5[Wb]의 자속이 쇄교하고 있을 때 $t = 10^{-1}$초 사이에 자속이 0으로 변했다면 이때 코일에 유도되는 기전력은 몇 [V]이겠는가?

① 5　　　　　② 25
③ 50　　　　④ 100

|정|답|및|해|설|

[유도기전력] $e = -N\dfrac{d\varnothing}{dt}[V]$

　　　　→ ($d\varnothing = \varnothing_2 - \varnothing_1$: 자속의 변화율)

$\therefore e = -N\dfrac{d\varnothing}{dt} = -1 \times \dfrac{0-5}{10^{-1}} = 50[V]$　　【정답】③

18. 점(-2, 1, 5)[m]와 점(1, 3, -1)[m]에 각각 위치해 있는 점전하 1[μC]과 4[μC]에 의해 발생된 전위장 내에 저장된 정전에너지는 약 몇 [mJ]인가?

① 2.57　　　　② 5.14
③ 7.71　　　　④ 10.28

|정|답|및|해|설|

[정전에너지(W)] $W = \displaystyle\sum_{n=1}^{n} \dfrac{1}{2} Q_i V_i = \dfrac{1}{2}(Q_1 V_1 + Q_2 V_2)$

1. 거리 구하기
 · 점(-2, 1, 5)에 점전하 1[μC]
 · 점(1, 3, -1)의 점전하 4[μC]
 · 거리 $\vec{r} = (1-(-2))i + (3-1)j + (-1-5)k = 3i + 2j - 6k$
　　　　→ (같은 축끼리 빼준다)

 $\therefore |\vec{r}| = \sqrt{3^2 + 2^2 + (-6)^2} = \sqrt{49} = 7[m]$

2. 정전에너지 $W = \dfrac{1}{2}(Q_1 \cdot V_2 + Q_2 \cdot V_1)$

　　→ (각 점전하에 대해 상대편의 전위(V)가 발생한다.)

　　→ ($V = \dfrac{Q}{4\pi\epsilon_0 r} = 9 \times 10^9 \dfrac{Q}{r}[V]$)

$= \dfrac{1}{2}\left(Q_1\dfrac{Q_2}{4\pi\epsilon_0 r} + Q_2\dfrac{Q_1}{4\pi\epsilon_0 r}\right) = \dfrac{Q_1 Q_2}{4\pi\epsilon_0 r} = 9 \times 10^9 \dfrac{Q_1 Q_2}{r}$

$= 9 \times 10^9 \times \dfrac{1 \times 10^{-6} \times 4 \times 10^{-6}}{7} = 0.00514[J] = 5.14[mJ]$

　　【정답】②

19. 평행판 콘덴서에 어떤 유전체를 넣었을 때 전속밀도가 $2.4 \times 10^{-7}[C/m^2]$이고 단위체적당 정전에너지가 $5.3 \times 10^{-3}[J/m^3]$이었다. 이 유전체의 유전율은 몇 [F/m]인가?

① 2.17×10^{-11}　　　② 5.43×10^{-11}

③ 5.17×10^{-12}　　　④ 5.43×10^{-12}

|정|답|및|해|설|

[단위 체적당 축적되는 정전에너지]

$W = \dfrac{1}{2}DE = \dfrac{1}{2}\epsilon E^2 = \dfrac{1}{2}\dfrac{D^2}{\epsilon}[J/m^3]$　　　→ ($D = \epsilon E$)

$W = \dfrac{1}{2}\dfrac{D^2}{\epsilon} \rightarrow \epsilon = \dfrac{D^2}{2W}$

$\therefore \epsilon = \dfrac{(2.4 \times 10^{-7})^2}{2 \times 5.3 \times 10^{-3}} = 5.43 \times 10^{-12}[F/m]$　　【정답】④

20. 다음 중 맥스웰의 방정식으로 틀린 것은?

① $rot\,H = J + \dfrac{\partial D}{\partial t}$　　　② $rot\,E = -\dfrac{\partial B}{\partial t}$

③ $div\,D = \rho$　　　④ $div\,B = \varnothing$

|정|답|및|해|설|

[맥스웰 방정식]

① $rot\,H = i + \dfrac{\partial D}{\partial t}$: 맥스웰 제1방정식(임페어의 주회적분 법칙)

② $rot\,E = -\dfrac{\partial B}{\partial t}$: 맥스웰 제2방정식(Faraday 전자유도법칙)

③ $div\,D = \rho$: 맥스웰 제3방정식(전기장의 가우스의 법칙)

④ $div\,B = 0$: 맥스웰 제4방정식(자기장의 가우스의 법칙)
　　→ (N, S극이 공존(자속의 연속성), 고립된 자극은 없다)

여기서, D : 전속밀도, ρ : 전하밀도, B : 자속밀도

E : 전계의 세기, H : 자계의 세기

【정답】④

21. 다중접지 계통에 사용되는 재폐로 기능을 갖는 일종의 차단기로서 과부하 또는 고장전류가 흐르면 순시동작하고, 일정시간 후에는 자동적으로 재폐로 하는 보호기기는?

① 리클로저
② 라인 퓨즈
③ 섹셔널라이저
④ 고장구간 자동개폐기

|정|답|및|해|설|
[리클로저(R/C)]
·차단 장치를 <u>자동 재폐로</u> 하는 일
·간선과 3상 분기점에 설치
·직렬로 3대까지 설치 가능
·보호 협조가 가능하도록 위치 선정　　　　【정답】①

|참|고|
[섹셔널라이저(S/E)]
·고압 배전선에서 사용되는 차단 능력이 없는 유입 개폐기
·리클로저의 부하 측에 설치
·직렬로 3대까지 설치 가능

22. 배선계통에서 사용하는 고압용 차단기의 종류가 아닌 것은?

① 기중차단기(ACB)
② 공기차단기(ABB)
③ 진공차단기(VCB)
④ 유입차단기(OCB)

|정|답|및|해|설|
[대표적인 고압 차단기]

종류	소호원리
유입차단기 (OCB)	소호실에서 아크에 의한 절연유 분해 가스의 열전도 및 압력에 의한 blast를 이용해서 차단
공기차단기 (ABB)	압축된 공기(15~30[kg/cm])를 아크에 불어 넣어서 차단
진공차단기 (VCB)	고진공 중에서 전자의 고속도 확산에 의해 차단
가스차단기 (GCB)	고성능 절연 특성을 가진 특수 가스(SF_6)를 이용해서 차단

※기중차단기(ACB) : 대기 중에서 아크를 길게 해서 소호실에서 냉각 차단 → 저압용 차단기　　　　【정답】①

23. 압축된 공기를 아크에 불어 넣어서 차단하는 차단기는?

① ABB
② MBB
③ VCB
④ ACB

|정|답|및|해|설|
[차단기의 종류 및 소호 작용]
1. 유입차단기(OCB) : 절연유 이용 소호
2. 자기차단기(MBB) : 자기력으로 소호
3. 공기차단기(ABB) : 압축 공기를 이용해 소호
4. 가스차단기(GCB) : SF_6 가스 이용
6. 기중차단기(ACB) : 대기중에서 아크를 길게 하여 소호실에서 냉각 차단
6. 진공차단기(VCB) : 진공 상태에서 아크 확산 작용을 이용하여 소호한다.　　　　【정답】①

24. 다음 중 모선보호용 계전기로 사용하면 가장 유리한 것은?

① 거리방향계전기
② 역상계전기
③ 재폐로계전기
④ 과전류계전기

|정|답|및|해|설|
[모선보호용 계전기] 전압 및 전류 차동 계전기가 많이 쓰인다. 모선 보호용 계전기의 종류는 다음과 같다.
1. 전류차동계전기 : 비율차동계전기를 설치하는 계전방식
2. 전압차동계전기 : 모선 내 고장 시 계전기에 큰 전압이 인가되어 기동하는 계전기
3. 위상비교계전기 : 모선 내 접속된 각 회선의 전류 위상을 비교하여 모선 내 고장인지 외부 고장인지 판별하는 방식
4. 거리방향계전기 : 고장 발생 시 고장점까지의 거리를 계산하여 동작하는 계전기　　　　【정답】①

25. 배전전압, 배전거리 및 전력손실이 같다는 조건에서 단상 2선식 전기방식의 전선 총 중량을 100[%]라 할 때 3상 3선식 전기방식은 몇 [%]인가?

① 33.3
② 37.5
③ 75.0
④ 100.0

|정|답|및|해|설|
[전선의 중량]

	단상 2선식	단상 3선식	3상 3선식	3상 4선식
소요 전선비 (중량)	100[%] 기준	37.5[%] (62.5[%] 절약)	75[%] (25[%] 절약)	33.3[%] (66[%] 절약)

【정답】③

26. 전력용 콘덴서에서 방전코일의 역할은?

① 전류전하의 방전

② 고조파의 억제

③ 역률의 개선

④ 콘덴서의 수명 연장

|정|답|및|해|설|

[방전코일] 방전코일은 콘덴서를 열린회로 상태로 할 경우의 전류전하에 의한 위험을 방지하기 위한 것이다.

1. 방전코일의 역할 : 전류전하 방전, 인체 보호　　【정답】①

27. 배전선로에 3상 3선식 비접지방식을 채용할 경우 장점이 아닌 것은?

① 과도 안정도가 크다.

② 1선 지락고장 시 고장전류가 작다.

③ 1선 지락고장 시 인접 통신선의 유도장해가 작다.

④ 1선 지락고장 시 건전상의 대지전위 상승이 작다.

|정|답|및|해|설|

[비접지의 특징(직접 접지와 비교)]

· 지락전류가 비교적 적다(유도 장해 감소).

· 보호계전기 동작이 불확실하다.

· △결선 가능

· V-V결선 가능

· 1선 지락고장 시 건전상의 대지전위는 $\sqrt{3}$ 배까지 상승한다.

※직접접지 방식 : 대지전압 상승이 거의 없다.　　【정답】④

28. 계통의 기기절연을 표준화하고 통일된 절연 체계를 구성하는 목적으로 절연계급을 설정하고 있다. 이 절연계급에 해당하는 내용을 무엇이라 부르는가?

① 제한전압　　　　② 기준 충격 절연강도

③ 상용 주파 내전압　④ 보호 계전

|정|답|및|해|설|

[기준 충격 절연강도] 기준 충격 절연강도(BIL, basic impulse insulation level)란 기기절연을 표준화할 목적 및 통일된 절연체계를 구성할 목적으로 절연계급을 설정한다.　　【정답】②

29. 뒤진 역률 80[%], 1000[kW]의 3상 부하가 있다. 이것에 콘덴서를 설치하여 역률을 95[%]로 개선하려면 콘덴서의 용량은 약 몇 [kVA] 인가?

① 240[kVA]　　　② 420[kVA]

③ 630[kVA]　　　④ 950[kVA]

|정|답|및|해|설|

[역률 개선용 콘덴서 용량]

$$Q_c = P(\tan\theta_1 - \tan\theta_2) = P\left(\frac{\sin\theta_1}{\cos\theta_1} - \frac{\sin\theta_2}{\cos\theta_2}\right)$$

$$= P\left(\frac{\sqrt{1-\cos^2\theta_1}}{\cos\theta_1} - \frac{\sqrt{1-\cos^2\theta_2}}{\cos\theta_2}\right) \quad \rightarrow (\sin\theta = \sqrt{1-\cos^2\theta})$$

여기서, $\cos\theta_1$: 개선 전 역률, $\cos\theta_2$: 개선 후 역률

$$\therefore Q_c = P\left(\frac{\sqrt{1-\cos^2\theta_1}}{\cos\theta_1} - \frac{\sqrt{1-\cos^2\theta_2}}{\cos\theta_2}\right)$$

$$= 1000\left(\frac{0.6}{0.8} - \frac{\sqrt{1-0.95^2}}{0.95}\right) = 421.32[kVA]$$

【정답】②

30. 그림의 X 부분에 흐르는 전류는 어떤 전류인가?

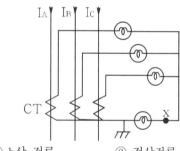

① b상 전류　　　　② 정상전류

③ 역상전류　　　　④ 영상전류

|정|답|및|해|설|

[영상전류] 접지선으로 나가는 전류는 영상전류이다.

영상전류 $I_0 = \frac{1}{3}(I_a + I_b + I_c)$　　【정답】④

|참|고|

1. 정상분 전류 $I_0 = \frac{1}{3}(I_a + aI_b + a^2I_c)$

2. 역상분 전류 $I_2 = \frac{1}{3}(I_a + a^2I_b + aI_c)$

$\rightarrow (a : 1\angle 120, \ a^2 : 1\angle 240)$

31. 전선의 지지점 높이가 31[m]이고, 전선의 처짐 정도(이도)가 9[m]라면 전선의 평균 높이는 몇 [m]인가?

① 25.0   ② 26.5

③ 28.5   ④ 30.0

|정|답|및|해|설|

[전선의 평균 높이] $h = h' - \dfrac{2}{3}D[m]$

여기서, h : 전선의 평균 높이, h' : 전선의 지지점의 높이
　　　　D : 처짐 정도(이도)

$\therefore h = h' - \dfrac{2}{3}D = 31 - \dfrac{2}{3} \times 9 = 25[m]$ 　【정답】①

32. 배전선의 전압 조정 장치가 아닌 것은?

① 승압기

② 리클로저

③ 유도전압 조정기

④ 주상변압기 탭 절환장치

|정|답|및|해|설|

[배전선로 전압 조정 장치]
·승압기
·유도전압조정기(부하에 따라 전압 변동이 심한 경우)
·주상변압기 탭 조정

※② 리클로저 : 리클로저는 회로의 차단과 투입을 자동적으로 반복하는 기구를 갖춘 차단기의 일종이다. 　　　【정답】②

33. 철탑의 접지저항이 커지면 가장 크게 우려되는 문제점은?

① 정전유도   ② 역섬락 발생

③ 코로나 증가   ④ 차폐각 증가

|정|답|및|해|설|

[역섬락]
1. **철탑의 접지저항이 크면** 낙뢰 시 철탑의 전위가 매우 높게 되어 철탑에서 송전선으로 역섬락을 일으키는 것이다.
2. 역섬락을 방지하려면 탑각 접지저항을 작게 해야 하며 이를 위하여 매설지선을 설치한다. 　　　【정답】②

34. 송전선의 특성임피던스와 전파정수는 어떤 시험으로 구할 수 있는가?

① 뇌파시험

② 정격부하시험

③ 절연강도 측정시험

④ 무부하시험과 단락시험

|정|답|및|해|설|

[특성임피던스, 전파정수] 특성임피던스나 전파정수를 알기 위해서는 임피던스와 어드미턴스를 알아야 한다.

·전파정수 $\gamma = \sqrt{ZY}$

·특성임피던스 $Z_0 = \sqrt{\dfrac{Z}{Y}}$

[개방회로시험(무부하시험)의 측정 항목]
·무부하 전류 　　　　·히스테리시스손
·**와류손** 　　　　　·**여자어드미턴스**
·철손
[단락시험으로 측정할 수 있는 항목]
·동손 　　　　　·임피던스와트
·**임피던스전압** 　　　　　　　　【정답】④

35. 1선 1km당의 코로나손실 P[kW]를 나타내는 Peek식은? (단, δ : 상대공기밀도, D : 선간거리 [cm], d : 전선의 지름[cm], f : 주파수[Hz], E : 전선에 걸리는 대지전압[kV], E_0 : 코로나 임계전압[kV]이다.)

① $P = \dfrac{241}{\delta}(f+25)\sqrt{\dfrac{d}{2D}}(E-E_0)^2 \times 10^{-5}$

② $P = \dfrac{241}{\delta}(f+25)\sqrt{\dfrac{2D}{d}}(E-E_0)^2 \times 10^{-5}$

③ $P = \dfrac{241}{\delta}(f+25)\sqrt{\dfrac{d}{2D}}(E-E_0)^2 \times 10^{-3}$

④ $P = \dfrac{241}{\delta}(f+25)\sqrt{\dfrac{2D}{d}}(E-E_0)^2 \times 10^{-3}$

|정|답|및|해|설|

[코로나 손실(Peek식)] 선로의 강한 전계로 인하여 절연이 부분적으로 파괴되어 발광과 소음을 동반하면서 발생하는 손실을 코로나 손실이라고 한다.

$P = \dfrac{241}{\delta}(f+25)\sqrt{\dfrac{d}{2D}}(E-E_0)^2 \times 10^{-5}[kW/km/line]$

여기서, δ : 상대 공기 밀도, f : 주파수[Hz], d : 전선의 지름[cm]
　　　r : 전선의 반지름[cm], D : 선간거리[cm]
　　　E : 전선의 대지전압[kV], E_0 : 코로나 임계전압[kV]
　　　　　　　　　　　　　　　　　【정답】①

36. 옥내배선의 보호방법이 아닌 것은?

① 과전류 보호

② 지락 보호

③ 전압강하 보호

④ 절연 접지 보호

|정|답|및|해|설|
[전압강하 보호] 전압강하는 전선의 굵기 등을 선정할 때 사용하는 것으로, 전기 품질과 관계가 있다. 【정답】③

37. 반한시성 과전류계전기의 전류-시간 특성에 대한 설명 중 옳은 것은?

① 계전기 동작시간은 전류값의 크기와 비례한다.

② 계전기 동작시간은 전류의 크기와 관계없이 일정하다.

③ 계전기 동작시간은 전류값의 크기와 반비례한다.

④ 계전기 동작시간은 전류값의 크기의 제곱에 비례한다.

|정|답|및|해|설|

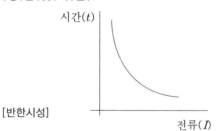

[반한시성]

반한시성은 고장전류가 클수록 빨리 동작하는(동작하는 시간이 짧은) 계전기이다.

|참|고|
1. 정한시 : 일정 시간 이상이면 동작
2. 순한시 : 고속 차단
3. 정·반한시 : 정한시, 반한시 특성을 이용

【정답】③

38. 수력발전소에서 조압수조를 설치하는 목적은?

① 부유물의 제거

② 수격작용의 완화

③ 유량의 조절

④ 토사의 제거

|정|답|및|해|설|
[조압 수조] 조압 소조(surge tank)는 저수지로부터의 수로가 터널인 경우에 시설하는 것으로서 사용 유량의 급변으로 **수격 작용을 흡수 완화**하여 압력이 터널에 미치지 않도록 하여 수압관을 보호하는 일종의 안전장치이다. 【정답】②

39. 다음 중 원자로에서 독작용을 설명한 것으로 가장 알맞은 것은?

① 열중성자가 독성을 받는 것을 말한다.

② $_{54}Xe^{135}$와 $_{62}Sn^{149}$가 인체에 독성을 주는 작용이다.

③ 열중성자 이용률이 저하되고 반응도가 감소되는 작용을 말한다.

④ 방사성 물질이 생체에 유해 작용을 하는 것을 말한다.

|정|답|및|해|설|
[독작용] 원자로에서의 독작용이란 열중성자 이용률이 저하되고 반응도가 감소되는 작용을 말한다. 또한 열중성자 흡수단면적이 큰 핵분열 생성물을 독물질이라고 한다. 【정답】③

40. 가공 송전선에 사용되는 애자 1련 중 전압 부담이 최대인 애자는?

① 철탑에 제일 가까운 애자

② 전선에 제일 가까운 애자

③ 중앙에 있는 애자

④ 전선으로부터 1/4 지점에 있는 애자

|정|답|및|해|설|
[애자련의 전압부담]

전압분담 최소 7%

154[kV]

현수애자
10개

전압분담 최대 21%
전선에 가장 가까운 애자

· 지지물로부터 세 번째 애자가 전압분담이 가장 적다.

· 전선에 가까운 것이 전압분담이 가장 크다.

【정답】②

41. %임피던스 강하가 5[%]인 변압기가 운전 중 단락되었을 때 단락전류는 정격전류의 몇 배인가?

① 15배   ② 20배
③ 25배   ④ 30배

|정|답|및|해|설|_____

[%임피던스] $\%Z = \dfrac{I_n}{I_s} \times 100[\%]$ → (I_n : 정격전류)

$\therefore I_s = \dfrac{100}{\%Z} I_n = \dfrac{100}{5} I_n = 20 I_n [A]$ 【정답】②

42. 직류 분권전동기의 공급전압의 극성을 반대로 하면 회전방향은 어떻게 되는가?

① 반대로 된다.   ② 변하지 않는다.
③ 발전기로 된다.   ④ 회전하지 않는다.

|정|답|및|해|설|_____

[직류 분권전동기] 직류 분권전동기의 공급전압의 <u>극성이 반대로</u> <u>되면</u>, 계자전류와 전기자전류의 방향이 동시에 반대로 되기 때문에 <u>회전방향은 변하지 않는다.</u>   【정답】②

43. 슬롯수 36의 고정자 철심이 있다. 여기에 3상 4극의 2층권을 시행할 때 매극 매상의 슬롯수와 총 코일수는?

① 3과 18   ② 9과 36
③ 3과 36   ④ 9과 18

|정|답|및|해|설|_____

[매극 매상의 슬롯수와 총 코일수]

1. 매극 매상의 슬롯수 = $\dfrac{총슬롯수}{극성 \times 상수}$

   $= \dfrac{36}{4 \times 3} = 3$

2. 코일수 = $\dfrac{슬롯수 \times 층수}{2}$

   2층권에서는 코일수와 슬롯수는 같다. 즉, 코일수는 36

   → 코일수 = $\dfrac{슬롯수 \times 층수}{2} = \dfrac{36 \times 2}{2} = 36$ 【정답】③

44. 단상 정류자전동기의 일종인 단상 반발전동기에 해당되는 것은?

① 시라게 전동기
② 반발 유도전동기
③ 아트킨손형 전동기
④ 단상 직권정류자전동기

|정|답|및|해|설|_____

[단상 정류자 전동기] 단상 직권정류자전동기(단상 직권전동기)는 교류, 직류 양용으로 사용할 수 있으며 만능 전동기라고도 불린다.

1. 직권 특성
   · 단상 직권정류자 전동기 : 직권형, 보상직권형, 유도보상직권형
   · <u>단상 반발전동기 : 아트킨손형 전동기</u>, 톰슨 전동기, 데리 전동기
2. 분권 특성 : 현제 실용화 되지 않고 있음   【정답】③

45. 동기발전기의 병렬운전에서 기전력의 위상이 다른 경우, 동기화력(P_s)을 나타내는 식은? (단, P: 수수전력, δ: 상차각 이다.)

① $P_s = \dfrac{dP}{d\delta}$ ② $P_s = \int P d\delta$

③ $P_s = P \times \cos\delta$ ④ $P_s = \dfrac{P}{\cos\delta}$

|정|답|및|해|설|_____

[동기화력] 동기화력(P_s)이란 부하각(δ)의 미소 변동에 대한 출력의 변화율이다.

$P_s = \dfrac{dP}{d\delta} = \dfrac{d}{d\delta} \cdot \dfrac{E^2}{2Z_s} \sin\delta = \dfrac{E^2}{2Z_s} \cos\delta [W/rad]$

→ (수수전력 $P = \dfrac{E_d^2}{2Z_s} \sin\delta_s$)

동기화력 P_s는 $\cos\delta$에 비례한다.   【정답】①

46. 단상 유도전압조정기에서 단락권선의 역할은?

① 철손 경감   ② 절연보호
③ 전압강하 경감   ④ 전압조정 용이

|정|답|및|해|설|_____

[단락권선의 역할] 단상유도전동기의 단락권선은 누설리액턴스로 인한 <u>전압강하를 경감</u>시키기 위해 설치한다.   【정답】③

47. 자여자 발전기의 전압확립 필요조건이 아닌 것은?

① 무부하 특성곡선은 자기포화를 가질 것

② 계자저항이 임계저항 이상일 것

③ 잔류기전력에 의해 흐르는 계자전류의 기자력이 잔류자기와 같은 방향일 것

④ 잔류자기가 존재할 것

|정|답|및|해|설|

[자여자 발전기 전압 확립 조건]

1. 잔류자기가 존재해야 한다.

2. 계자저항 〈 임계저항

3. 회전방향이 잔류자기의 방향과 일치해야 한다.

4. 역회전 시 잔류자기가 소멸되어 전압 확립이 되지 않는다.

【정답】②

48. 출력 측 직류 평균전압이 200[V]이고 맥동률은 5[%]라고 한다. 이 경우 교류분은 몇 [V]가 포함되어 있는가?

① 5 　　　　② 10

③ 15 　　　　④ 20

|정|답|및|해|설|

[맥동률] 맥동률 $= \frac{\Delta E}{E_d} \times 100 [\%]$

여기서, ΔE : 교류분, E_d : 직류분

∴ $\Delta E =$ 맥동률 $\times E_d = 0.05 \times 200 = 10$ [V]

【정답】②

49. 단상 유도전동기의 토크에 대한 2차 저항을 어느 정도 이상으로 증가시킬 때 나타나는 현상으로 옳은 것은?

① 역회전 가능　　② 최대토크 일정

③ 기동토크 증가　　④ 토그는 힝상 (+)

|정|답|및|해|설|

[단상 유도전동기] 단상 유도전동기의 토크에 대한 2차 저항을 어느 정도 이상으로 증가시면 역회전 가능하다.

【정답】①

50. 단상 3권선 변압기의 1차 전압이 100[kV], 2차 전압이 20[kV], 3차 전압은 10[kV]이다. 2차에 10,000[kVA], 역률 80[%]의 유도성 부하, 3차에는 6,000[kVA]의 진상 무효전력이 걸렸을 때 1차 전류[A]는? (단, 변압기의 손실과 여자전류는 무시한다.)

① 100 　　　　② 60

③ 120 　　　　④ 80

|정|답|및|해|설|

[단상 3권선 변압기의 1차 전류(I_1)] $I_1 = \frac{P_1}{V_1}[A]$

　　　　　　　　　　　　$\rightarrow (P = VI[W])$

1. $P_1 = P_2 + P_3 = P_2(\cos\theta - j\sin\theta) + jP_3$

　　　　　　$\rightarrow$ (유도성(지상), 진상(용량))

$= 10000(0.8 - j0.6) + j6000$

$= 8000 - j6000 + j6000 = 8000[kVA]$

2. $I_1 = \frac{P_1}{V_1} = \frac{8000}{100} = 80[A]$　　　　【정답】④

51. 전기자 철심을 규소강판으로 성층하는 주된 이유로 적합한 것은?

① 가공을 쉽게 하기 위하여

② 철손을 줄이기 위하여

③ 히스테리시스손을 증가시키기 위하여

④ 기계적 강도를 보강하기 위하여

|정|답|및|해|설|

[직류기의 손실]

・무부하손(고정손)

　-철손 : 히스테리시스손, 와류손

　-기계손 : 풍손, 베어링 마찰손

・부하손(가변손)

　-동손(전기자 저항손, 계자동손)

　-브러시손

　-표류부하손　　　　　　　　【정답】②

|참|고|

1. 규소 강판 : 히스테리시스손 감소

2. 성층 : 와류손 감소

52. 변압기 절연물의 열화 정도를 파악하는 방법이 아닌 것은?

① 절연내력시험　　② 절연지항측정시험
③ 유전정접시험　　④ 권선저항측정시험

|정|답|및|해|설|_____

[변압기 열화] 변압기유를 장기간 사용하여 화학적 변화가 일어나 침전물이 생기는 경우를 말한다.
[방지 대책]
・콘서베이터 설치
・브리더(흡착제) 방식
・너기 질소봉입(밀봉)

※④ 권선저항측정시험 : 등가회로 작성 시 필요한 시험
【정답】④

---

53. 3상 동기발전기에서 그림과 같이 1상의 권선을 서로 똑같은 2조로 나누어서 그 1조의 권선전압을 E[V], 각 권선의 전류를 I[A]라 하고 2중 Δ형 (double delta)으로 결선하는 경우 선간전압과 선전류 및 피상전력은?

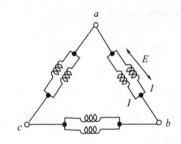

① $3E$, I, $5.19EI$
② $\sqrt{3}\,E$, $2I$, $6EI$
③ E, $2\sqrt{3}\,I$, $6EI$
④ $\sqrt{3}\,E$, $\sqrt{3}\,I$, $5.19EI$

|정|답|및|해|설|_____

[피상전력] $P_a = \sqrt{3}\,V_l I_l$

1. $\triangle$ 결선에서 선간전압=상전압, $V_l = E$
2. 선전류= $\sqrt{3} \times$ 상전류
　$I_l = \sqrt{3} \times 2I = 2\sqrt{3}\,I$　　→ (2중 권선이므로 2I)
3. 피상전력 $P_a = \sqrt{3}\,V_l I_l = \sqrt{3} \times \sqrt{3}\,E \times 2I = 6EI$

【정답】③

---

54. 용량 1[kVA], 3000/200[V]의 단상 변압기를 단권변압기로 결선해서 3000/3200[V]의 승압기로 사용할 때 그 부하용량은?

① 16　　　　② 15
③ 1　　　　④ 1/16

|정|답|및|해|설|_____

[자기용량 및 부하용량] $\dfrac{\text{자기용량}}{\text{부하용량}} = \dfrac{(V_2 - V_1)}{V_2}$

∴ 부하용량 $= \dfrac{V_3}{V_3 - V_2} \times$ 자기용량

$= \dfrac{3200}{3200 - 3000} \times 1 = 16[kVA]$

【정답】①

---

55. 트라이액(triac)에 대한 설명으로 틀린 것은?

① 쌍방향성 3단자 사이리스터이다.
② 턴오프 시간이 SCR보다 짧으며 급격한 전압변동에 강하다.
③ SCR 2개를 서로 반대 방향으로 병렬 연결하여 양방향 전류 제어가 가능하다.
④ 게이트에 전류를 흘리면 어느 방향이든 전압이 높은 쪽에서 낮은 쪽으로 도통한다.

|정|답|및|해|설|_____

[TRIAC의 특징]
・양방향성 3단자 사이리스터
・기능상으로 SCR 2개를 역병렬 접속한 것과 같다.
・게이트에 전류를 흘리면 그 상황에서 어느 방향이건 전압이 높은 쪽에서 낮은 쪽으로 도통한다.
・정격전류 이하로 전류를 제어해주면 과전압에 의해서는 파괴되지 않는다.

【정답】②

56. 3300[V], 60[Hz]용 변압기의 와류손이 720[W] 이다. 이 변압기를 2750[V], 50[Hz]에서 사용할 때 이 변압기의 와류손은 몇 [W]인가?

① 350   ② 400

③ 450   ④ 500

|정|답|및|해|설|

[변압기의 와류손] $P_e = K\left(f \cdot \dfrac{V}{f}\right)^2 = KV^2$

여기서, K : 재료에 따라 정해지는 상수, V : 전압, f : 주파수

$P_e = kV^2[W]$에서 $P_e \propto V^2$

따라서 와류손은 주파수 f와는 무관하고

전압 V의 제곱에 비례한다.

$$\therefore P_e{}' = P_e \times \left(\dfrac{V'}{V}\right)^2 = 720 \times \left(\dfrac{2750}{3300}\right)^2 = 500[W]$$

【정답】④

57. 대형 직류발전기에서 전기자 반작용을 보상하는 데 이상적인 것은?

① 보극   ② 탄소브러시

③ 보상권선   ④ 균압환

|정|답|및|해|설|

[전기자 반작용] 전기자 반작용을 보상하는 효과는 보극보다 보상권선이 유리하다.
[전기자 반작용의 방지 대책]
·보극과 보상권선을 설치한다.
　－ 보극 : 중성축 부근의 전기자 반작용 상쇄
　－ 보상권선 : 대부분의 전기자 반작용 상쇄(가장 유리한 방법이다.)

【정답】③

58. 권선형 유도전동기의 설명으로 틀린 것은?

① 회전자의 3개의 단자는 슬립링과 연결되어 있다.

② 기동할 때에 회전자는 슬립링을 통하여 외부에 가감저항기를 접속한다.

③ 기동할 때에 회전자에 적당한 저항을 갖게 하여 필요한 기동토크를 갖게 한다.

④ 전동기 속도가 상승함에 따라 외부저항을 점점 감소시키고 최후에는 슬립링을 개방한다.

|정|답|및|해|설|

[권선형 유도전동기(비례추이)]
1. 2차 저항을 감소하면 슬립이 적어져 속도가 상승한다.
2. 2차 저항을 증가하면 슬립이 커져서 속도가 감소한다.
※④ 전동기 속도가 상승함에 따라 외부저항을 점점 감소시키고 최후에는 슬립링을 단락한다. 　【정답】④

59. 전동기의 제동시 전원을 끊고 전동기를 발전기로 동작시켜 이때 발생하는 전력을 저항에 의해 열로 소모시키는 제동법은?

① 회생제동   ② 와전류제동

③ 역상제동   ④ 발전제동

|정|답|및|해|설|

[전동기의 제동]
① 회생제동 : 운전 중인 전동기를 전원에서 분리하면 발전기로 동작하는데 이때 발생된 전력을 제동용 전원으로 사용하면 회생제동이라 한다.
② 와전류제동 : 차량의 전기제동의 일종으로서 차축에 고정한 브레이크 디스크와 적당한 극간을 두고 설치한 전자석과의 상대운동에 따라 디스크 면에 유기되는 와전류에 의하여 발생하는 제동력을 이용한 것
③ 역상제동
·1차권선 3단자 중 임의의 2단자의 접속을 바꾼다.
·제동시 전동기를 역회전시켜 속도를 급감시킨 다음 속도가 0에 가까워지면 전동기를 전원에서 분리하는 제동법
·급제동시 사용하는 방법
④ 발전제동 : 운전 중인 전동기를 전원에서 분리하면 발전기로 동작하는데 이때 발생된 전력을 저항에서 열로 소비하는 제동법
　【정답】④

60. 동기전동기에 관한 설명으로 잘못된 것은?

① 제동권선이 필요하다

② 난조가 발생하기 쉽다.

③ 여자기가 필요하다.

④ 역률을 조성할 수 없다.

|정|답|및|해|설|

[동기전동기] 동기전동기는 계자전류의 크기를 조정함으로써 지상에서부터 진상까지 역률을 조정할 수 있어서 무효전력을 공급하는 무효 전력 보상 장치(동기조상기)로 사용하고 있다.

　【정답】④

61. $R-L$ 직렬 회로에 $i = I_m \cos(\omega t + \theta)$인 전류가 흐른다. 이 직렬 회로 양단의 순시전압은 어떻게 표시되는가? (단, 여기서 ϕ는 전압과 전류의 위상차이다.)

① $\dfrac{I_m}{\sqrt{R^2 + \omega^2 L^2}} \cos(\omega t + \theta - \phi)$

② $\dfrac{I_m}{\sqrt{R^2 + \omega^2 L^2}} \cos(\omega t + \theta + \phi)$

③ $I_m \sqrt{R^2 + \omega^2 L^2} \cos(\omega t + \theta + \phi)$

④ $I_m \sqrt{R^2 + \omega^2 L^2} \cos(\omega t + \theta - \phi)$

|정|답|및|해|설|

[$R-L$ 직렬회로(저항과 인덕턴스의 직렬회로)]
1. 위상차=큰 각-작은 각=∅
   = 전압각-$(\omega t + \theta)$ = ∅
   = $\omega t + \theta + \varnothing - \omega t - \theta$ = ∅ → $(\cos(\omega t + \theta + \varnothing))$
2. 전압 : $V = Z \cdot i = \sqrt{R^2 + \omega^2 L^2} \times I_m$
   → (임피던스 $Z = R + j\omega L$ → $|Z| = \sqrt{R^2 + \omega^2 L^2}$)
∴ $V = I_m \sqrt{R^2 + \omega^2 L^2} \cos(\omega t + \theta + \varnothing)$ 【정답】③

62. 임피던스함수가 $Z_{(s)} = \dfrac{s + 30}{s^2 + 2RLs + 1}$[Ω]으로 주어지는 2단자 회로망에 직류전류 3[A]를 흘렸을 때, 이 회로망의 정상상태 단자전압[V]은?

① 90   ② 30

③ 900   ④ 300

|정|답|및|해|설|

[단자전압] $V = I \cdot R$[V]
1. 직류 전류 : $f = 0$ → $\omega = 0$ → $s = 0$
   $Z_{(0)} = \dfrac{s + 30}{s^2 + 2RLs + 1} = 30$[Ω] → $R = 30$[Ω]
2. 단자전압 $V = I \cdot R = 3 \times 30 = 90$[V] 【정답】①

63. $10[\Omega]$의 저항 3개를 Y로 결선한 것을 △ 결선으로 환산한 저항의 크기는?

① 20   ② 30

③ 40   ④ 60

|정|답|및|해|설|

[Y 결선한 것을 △ 결선으로 환산한 저항]

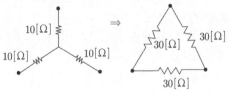

→ (△결선은 Y결선에 비해 임피던스가 3배이다.) 【정답】②

64. 전류 순시값 $i(t) = 30\sin\omega t + 50\sin(3wt + 60°)$[A]의 실효값은 약 몇 [A]인가?

① 41.2   ② 58.3

③ 29.1   ④ 50.4

|정|답|및|해|설|

[비정현파의 실효값] $I = \sqrt{I_1^2 + I_2^2 + \cdots + I_n^2}$

$I = \sqrt{I_1^2 + I_3^2} = \sqrt{\left(\dfrac{I_{m1}}{\sqrt{2}}\right)^2 + \left(\dfrac{I_{m3}}{\sqrt{2}}\right)^2}$ → (I_n : 실효값, I_m : 최대값)

→ (문제에서 1고조파와 3고조파가 주어졌으므로)

$= \sqrt{\left(\dfrac{30}{\sqrt{2}}\right)^2 + \left(\dfrac{50}{\sqrt{2}}\right)^2} = \dfrac{1}{\sqrt{2}} \sqrt{30^2 + 50^2} = 41.2$[A]

【정답】①

65. 3상 4선식에서 중성선을 제거하여 3상 3선식으로 하려고 할 때 필요한 조건은? (단, I_a, I_b, I_c는 각 상의 전류이다.)

① $I_a + I_b + I_c = 0$

② $I_a + I_b + I_v = 1$

③ $I_a + I_b + I_c = \sqrt{3}$

④ $I_a + I_b + I_c = 3$

|정|답|및|해|설|

[중성선의 조건] 평형 3상이면 중성선에는 전류가 흐르지 않는다. 즉, $I_a + I_b + I_c = 0$ 【정답】①

66. $V_a = 3[V]$, $V_b = 2 - j3[V]$, $V_c = 4 + j3[V]$를 3상 불평형 전압이라고 할 때, 영상전압[V]은?

① 0   ② 3   ③ 9   ④ 27

|정|답|및|해|설|

[영상전압] $V_0 = \dfrac{1}{3}(V_a + V_b + V_c)[V]$

$\therefore V_0 = \dfrac{1}{3}(V_a + V_b + V_c) = \dfrac{1}{3}(3 + 2 - j3 + 4 + j3) = \dfrac{9}{3} = 3[V]$

【정답】②

|참|고|

1. 비대칭분에 의한 대칭을 구할 때

· 영상전압 $V_0 = \dfrac{1}{3}(V_a + V_b + V_c)$

· 정상전압 $V_1 = \dfrac{1}{3}(V_a + aV_b + a^2 V_c)$

$\rightarrow (a : 1\angle 120,\ a^2 : 1\angle 240)$

· 역상전압 $V_2 = \dfrac{1}{3}(V_a + a^2 V_b + a V_c)$

2. 대칭분에 의한 비대칭을 구할 때

· $V_a = V_0 + V_1 + V_2$

· $V_b = V_0 + a^2 V_1 + a V_2$

· $V_c = V_0 + a V_1 + a^2 V_2$

67. 회로의 전압비 전달함수 $G(s) = \dfrac{V_2(s)}{V_1(s)}$ 는?

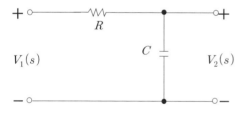

① RC ② $\dfrac{1}{RC}$

③ $RCs + 1$ ④ $\dfrac{1}{RCs + 1}$

|정|답|및|해|설|

[전달함수] $G(s) = \dfrac{V_2(s)}{V_1(s)}$

전압비 전달함수는 임피던스비이므로

$V_1(s) = \left(R + \dfrac{1}{Cs}\right)I(s),\ \ V_2(s) = \dfrac{1}{Cs}I(s)$

$\therefore G(s) = \dfrac{V_2(s)}{V_1(s)} = \dfrac{\dfrac{1}{Cs}}{R + \dfrac{1}{Cs}} = \dfrac{1}{RCs + 1}$ 【정답】④

68. $f(t) = \sin t \cos t$를 라플라스 변환하면?

① $\dfrac{1}{s^2 + 2}$ ② $\dfrac{1}{s^2 + 4}$

③ $\dfrac{1}{(s + 2)^2}$ ④ $\dfrac{1}{(s + 4)^2}$

|정|답|및|해|설|

[라플라스 변환]

$\sin t \cos t = \dfrac{1}{2}\sin 2t$ $\rightarrow$ (삼각함수의 가법 정리)

$F(s) = \mathcal{L}[\sin t \cos t] = \mathcal{L}\left[\dfrac{1}{2}\sin 2t\right] = \dfrac{1}{2}\cdot\dfrac{2}{s^2 + 2^2} = \dfrac{1}{s^2 + 4}$

【정답】②

69. 다음 회로에서 입력 임피던스 Z의 실수부가 $\dfrac{R}{2}$ 이 되려면 $\dfrac{1}{\omega C}$은? (단, 각 주파수는 $\omega[\text{rad/s}]$이다.)

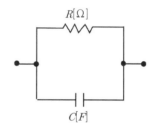

① R ② $\dfrac{1}{R}$

③ $R\omega$ ④ $\dfrac{\omega}{R}$

|정|답|및|해|설|

[입력 임피던스]

1. 임피던스 $Z = \dfrac{1}{Y} = \dfrac{1}{\dfrac{1}{R} + j\omega C} = \dfrac{R}{1 + jR\omega C}$

$= \dfrac{R}{1 + jR\omega C}\times\dfrac{(1 - jR\omega C)}{(1 - jR\omega C)}$

$\rightarrow ((a + b)(a - b) = a^2 - b^2)$

$Z = \dfrac{R}{1 + jR\omega C}\times\dfrac{(1 - jR\omega C)}{(1 - jR\omega C)} = \dfrac{R - jR^2\omega C}{1 + R^2\omega^2 C^2}$ $\rightarrow (j^2 = -1)$

2. 실수부 : $\dfrac{R}{1 + R^2\omega^2 C^2} = \dfrac{R}{2} \rightarrow 2R = R(1 + R^2\omega^2 C^2)$

$R = R^3\omega^2 C^2 \rightarrow 1 = R^2\omega^2 C^2 \rightarrow \omega C = \dfrac{1}{R}$

$\therefore \dfrac{1}{\omega C} = R$ 【정답】①

70. 파고율 값이 $\sqrt{2}$인 파형은?

① 톱니파   ② 구형파

③ 정현파   ④ 반파정류파

|정|답|및|해|설|

[파형률과 파고율] 파형률 $= \dfrac{실효치}{평균치}$, 파고율 $= \dfrac{최대치}{실효치}$

	구형파	삼각파	정현파	정류파(전파)	정류파(반파)
파형률	1.0	1.15	1.11		1.57
파고율		$\sqrt{3}=1.732$	$\sqrt{2}=1.414$		2.0③

【정답】③

71. $R-L-C$직렬회로에서 회로 저항값이 다음의 어느 값이어야 이 회로가 임계적으로 제동되는가?

① $\sqrt{\dfrac{L}{C}}$ ② $2\sqrt{\dfrac{L}{C}}$

③ $\dfrac{1}{\sqrt{CL}}$ ④ $2\sqrt{\dfrac{C}{L}}$

|정|답|및|해|설|

[임계조건] $\left(\dfrac{R}{2L}\right)^2 - \dfrac{1}{LC} = 0$

$R^2 = 4\dfrac{L}{C} \quad \rightarrow \quad R = 2\sqrt{\dfrac{L}{C}}$ 【정답】②

|참|고|

[회로의 진동 관계 조건]

조건	특성
$R > 2\sqrt{\dfrac{L}{C}}$	과제동(비진동적)
$R = 2\sqrt{\dfrac{L}{C}}$	임계제동(진동)
$R < 2\sqrt{\dfrac{L}{C}}$	부족제동(진동적)

72. 대칭 좌표법에 관한 설명으로 틀린 것은?

① 불평형 3상 Y결선의 비접지식 회로에서는 영상분이 존재한다.

② 불평형 3상 Y결선의 접지식 회로에서는 영상분이 존재한다.

③ 평형 3상 전압에서 영상분은 0이다.

④ 평형 3상 전압은 정상분만 존재한다.

|정|답|및|해|설|

[대칭 좌표법] ① 대칭 좌표법에서 접지식은 영상분이 있고, 비접지식은 영상분이 없다. 【정답】①

73. 그림과 같은 교류 회로에서 저항 R을 변환시킬 때 저항에서 소비되는 최대전력[W]은?

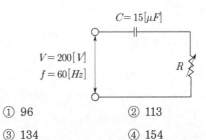

① 96   ② 113

③ 134   ④ 154

|정|답|및|해|설|

[최대전력] $P_m = \dfrac{1}{2}\omega CV^2 [W]$

$\therefore P_m = \dfrac{1}{2}\omega CV^2 = \dfrac{1}{2}\times 2\pi\times 60\times 15\times 10^{-6}\times 200^2 = 113[W]$

$\rightarrow (\omega = 2\pi f)$

【정답】②

74. 그림과 같이 π형 회로에서 Z_3를 4단자 정수로 표시한 것은?

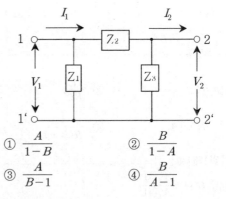

① $\dfrac{A}{1-B}$ ② $\dfrac{B}{1-A}$

③ $\dfrac{A}{B-1}$ ④ $\dfrac{B}{A-1}$

|정|답|및|해|설|

[4단자 정수] π형 4단자 정수 중 A와 B는

$A = \left.\dfrac{V_1}{V_2}\right|_{I_2=0} = 1 + \dfrac{Z_2}{Z_3}, \qquad B = Z_2$

$A - 1 = \dfrac{B}{Z_3} \quad \rightarrow \quad \therefore Z_3 = \dfrac{B}{A-1}$ 【정답】④

75. 그림과 같은 회로에서 $i_1 = I_m \sin wt$일 때 개방된 2차 단자에 나타나는 유기기전력 e_2는 몇 $[V]$인가?

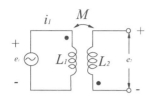

① $\omega M I_m \sin \omega t$

② $w M I_m \cos \omega t$

③ $w M I_m \sin(\omega t - 90°)$

④ $\omega M I_m \sin(\omega t + 90°)$

|정|답|및|해|설|

[1차 전류에 의한 2차 단자의 유기기전력] $e_2 = -M\dfrac{di_1(t)}{dt}[V]$

$\quad\rightarrow (e_2 = L_2\dfrac{di_2(t)}{dt} \pm M\dfrac{di_1(t)}{dt}$ 에서 $di_2 = 0$. 차동(-))

$i_1 = I_m \sin \omega t$

$\therefore e_2 = -M\dfrac{di_1(t)}{dt} = -M\dfrac{d}{dt}I_m \sin\omega t = -w M I_m \cos wt$

$\quad = -w M I_m \sin(wt + 90°) = w M I_m \sin(wt - 90°)[V]$

【정답】③

76. 푸리에 급수에서 직류항은?

① 우함수이다

② 기함수이다.

③ 우함수+기함수이다.

④ 우함수×기함수이다.

|정|답|및|해|설|

[푸리에 급수]
1. 직류항은 주파수 0에서의 값으로서 우함수에서 y축에 걸리는 값이다.
2. 기함수는 주파수가 0에서 원점에서 만나게 되므로 <u>직류항은 항상 0</u>이다.
【정답】①

77. 저항 3개를 Y결선으로 접속하고 이것을 선간전압 300[V]의 평형 3상 교류 전원에 연결할 때 선전류가 30[A]흘렀다. 이 3개의 저항을 △로 접속하고 동일 전원에 연결하였을 때의 선전류는 약 몇 [A]인가?

① 30

② 52

③ 90

④ 10

|정|답|및|해|설|

[Y결선에서 △ 결선으로 이동시 선전류]

1. Y결선 상전류 $I_Y = \dfrac{300}{\sqrt{3}R}$

2. Y결선 선전류 $I_{Yl} = \dfrac{\frac{V}{\sqrt{3}}}{R} = \dfrac{V}{\sqrt{3}R} = \dfrac{300}{\sqrt{3}R}$

$\quad R = \dfrac{V}{\sqrt{3}I_{Yl}} = \dfrac{300}{\sqrt{3}\times 20} = \dfrac{15}{\sqrt{3}}$

3. △ 결선 상전류 $I_\triangle = \dfrac{300}{R}$

4. △ 결선 선전류 $I_\triangle = \sqrt{3}I_\triangle = \sqrt{3}\times\dfrac{V}{R} = \dfrac{300\sqrt{3}}{R}$

5. $\dfrac{I_{\triangle l}}{I_{Yl}} = \dfrac{\frac{300\sqrt{3}}{R}}{\frac{300}{\sqrt{3}R}} = \dfrac{\frac{300\sqrt{3}}{\frac{15}{\sqrt{3}}}}{\frac{300}{\sqrt{3}\frac{15}{\sqrt{3}}}} = \dfrac{3\times 20}{20} = 3$

$\therefore I_{\triangle l} = 3I_{Yl} = 3\times 30 = 90[A]$

【정답】③

78. 그림과 같은 회로에서 Z_1의 단자전압 $V_1 = \sqrt{3} + jy$, Z_2의 단자 전압 $V_2|V|\angle 30°$ 일 때 y 및 $|V|$의 값은?

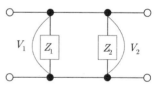

① y=1, $|V|=2$

② y=$\sqrt{3}$, $|V|=2$

③ y=$2\sqrt{3}$, $|V|=1$

④ y=1, $|V|=\sqrt{3}$

|정|답|및|해|설|

[단자전압]
1. 병렬회로이므로 전압이 일정하다. 즉, $V_1 = V_2$

2. $\sqrt{3} + jy = V\cos 30 + j V \sin 30$

$\qquad\qquad\rightarrow (A\angle\theta = A\cos\theta + jA\sin\theta)$

$\quad \sqrt{3} + jy = V\dfrac{\sqrt{3}}{2} + j2\times\dfrac{1}{2}$

$\qquad\qquad\rightarrow (\cos 30 = \dfrac{\sqrt{3}}{2}, \ \sin 30 = \dfrac{1}{2})$

$\qquad\qquad\rightarrow$ (실수는 실수, 허수는 허수끼리 정리)

㉠ 실수 부분 : $\sqrt{3} = V\dfrac{\sqrt{3}}{2}$ $\rightarrow V = 2$

㉡ 허수 부분 : $y = 1$
【정답】①

79. 그림과 같은 회로에서 I는 몇 [A]인가? (단, 저항의 단위는 $[\Omega]$이다.)

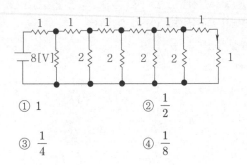

① 1

② $\dfrac{1}{2}$

③ $\dfrac{1}{4}$

④ $\dfrac{1}{8}$

|정|답|및|해|설|

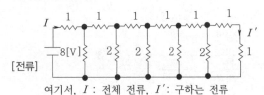

[전류]

여기서, I : 전체 전류, I' : 구하는 전류
1. 전체전류 I를 구한다.
　㉠ 전체 합성저항 $R_0 = 2[\Omega]$
　　회로 오른쪽부터 계산한다.
　　· $1[\Omega]$과 $1[\Omega]$이 직렬연결 → $1[\Omega] + 1[\Omega] = 2[\Omega]$
　　· $2[\Omega]$과 $2[\Omega]$이 병렬연결 → $\dfrac{2 \times 2}{2+2} = 1[\Omega]$
　　· 같은 식으로 반복되므로 최종 값은 $2[\Omega]$이다.
　㉡ 전압 8[V]
　　$\therefore I = \dfrac{V}{R_0} = \dfrac{8}{2} = 4[A] +$
2. 전체 전류 4[A]가 왼쪽에서부터 저항에 따라 나누어진다.
　왼쪽에서부터 저항이 같으므로 같은 비율로 나누어진다.
　즉, 2[A]와 2[A]가 나누어진다.
　$4[A] \rightarrow 2[A]\ 2[A] \rightarrow 1[A]\ 1[A]\ 1/2[A]\ 1/2[A] \rightarrow 1/4[A]$
　$1/4[A] \rightarrow 1/8[A]\ 1/8[A]$

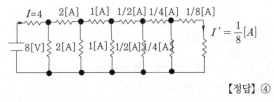

【정답】④

---

80. 그림과 같은 회로에서 스위치 S를 닫았을 때 시정수 [sec]의 값은? (단, L=10[mH], R=10$[\Omega]$ 이다.)

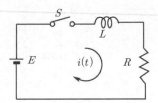

① $10^3[s]$

② $10^{-3}[s]$

③ $10^2[s]$

④ $10^{-2}[s]$

|정|답|및|해|설|

[RL회로의 시정수] 시정수 $\tau = \dfrac{L}{R}[\text{sec}]$

$\therefore$ 시정수 $\tau = \dfrac{L}{R} = \dfrac{10 \times 10^{-3}}{10} = 10^{-3}[\text{sec}]$　　　【정답】②

---

81. 연료전지 및 태양전지 모듈의 절연내력 시험을 하는 경우 충전 부분과 대지 사이의 어느 정도의 시험 전압을 인가하여야 하는가? (단, 연속하여 10분간 가하여 견디는 것이어야 한다.)

① 최대 사용 전압의 1.5배의 직류 전압 또는 1.25배의 교류 전압

② 최대 사용 전압의 1.25배의 직류 전압 또는 1.25배의 교류 전압

③ 최대 사용 전압의 1.5배의 직류 전압 또는 1배의 교류 전압

④ 최대 사용 전압의 1.25배의 직류 전압 또는 1배의 교류 전압

|정|답|및|해|설|

[연료전지 및 태양전지 모듈의 절연내력 (KEC 134)]
연료전지 및 태양전지 모듈은 최대사용전압의 1.5배의 직류전압 또는 1배의 교류전압(500[V] 미만으로 되는 경우에는 500[V])을 충전 부분과 대지 사이에 연속하여 10분간 가하여 절연내력을 시험하였을 때에 이에 견디는 것이어야 한다.

【정답】③

82. 사용전압이 저압인 전로에서 정전이 어려운 경우 등 절연저항 측정이 곤란한 경우에는 누설전류를 몇 [mA] 이하로 유지하여야 하는가?

① 0.1[mA] ② 1.0[mA]

③ 10[mA] ④ 100[mA]

|정|답|및|해|설|
[비도전성 장소 (KEC 211.9.1)] 계통외도전부의 절연 또는 절연 배치. 절연은 충분한 기계적 강도와 2[kV] 이상의 시험전압에 견딜 수 있어야 하며, 누설전류는 통상적인 사용 상태에서 1[mA]를 초과하지 말아야 한다.　　　　　　　　　　　【정답】②

83. 다음은 무엇에 관한 설명인가?

> 가공 전선이 다른 시설물과 접근하는 경우에 그 가공전선이 다른 시설물의 위쪽 또는 옆쪽에서 수평 거리로 3[m] 이만인 곳에 시설되는 상태

① 제1차 접근상태 ② 제2차 접근상태

③ 제3차 접근상태 ④ 제4차 접근상태

|정|답|및|해|설|
[주요 용어의 정의 (KEC 112)] 제2차 접근상태는 가공 전선이 다른 시설물과 상방 또는 측방에서 수평 거리로 3[m] 미만인 곳에 시설되는 상태를 말한다.　　　　　　　【정답】②

84. 사용전압이 400[V] 미만인 저압 가공전선은 케이블이나 절연전선인 경우를 제외하고 인장강도가 3.43[kN] 이상인 것 또는 지름이 몇 [mm] 이상 이어야 하는가?

① 1.2 ② 2.6 ③ 3.2 ④ 4.0

|정|답|및|해|설|

[저압 가공전선의 굵기 및 종류 (KEC 222.5)]
사용전압이 400[V] 미만인 가공전선은 케이블인 경우를 제외하고는 인장강도 3.43[kN] 이상의 것 또는 지름 3.2[mm] 이상의 경동선　　　　　　　　　　　　　　【정답】③

85. 애자사용공사에 의한 고압 옥내배선을 할 때 전선을 조영재의 면을 따라 붙이는 경우, 전선의 지지점간의 거리는 몇 [m] 이하이어야 하는가?

① 2[m] ② 3[m]

③ 4[m] ④ 5[m]

|정|답|및|해|설|
[애자사용공사 (KEC 232.56)]
·전선은 절연전선(옥외용 비닐 절연전선 및 인입용 비닐 절연전선을 제외한다)일 것
·전선 상호 간의 간격은 6[cm] 이상일 것
·전선과 조영재 사이의 간격(이격거리)은 사용전압이 400[V] 미만인 경우에는 2.5[cm] 이상, 400[V] 이상인 경우에는 4.5[cm](건조한 장소에 시설하는 경우에는 2.5[cm])이상일 것
·전선의 지지점 간의 거리는 전선을 조영재의 윗면 또는 옆면에 따라 붙일 경우에는 2[m] 이하일 것
　　　　　　　　　　　　　　【정답】①

86. 합성수지관공사에 의한 저압 옥내배선에 대한 설명으로 잘못된 것은?

① 합성수지관 안에 전선의 접속점이 없도록 한다.

② 전선은 반드시 옥외용 비닐절연전선을 사용한다.

③ 단면적 10[mm²] 이하의 연동선은 단선을 사용할 수 있다.

④ 관의 지지점간의 거리는 1.5[m] 이하로 한다.

|정|답|및|해|설|
[합성수지관공사 (KEC 232.11)]
1. 전선은 절연전선(옥외용 비닐 절연전선을 제외)일 것
2. 전선은 연선일 것. 다만, 다음의 것은 적용하지 않는다.
　㉠ 짧고 가는 합성수지관에 넣은 것
　㉡ 단면적 $10[mm^2]$(알루미늄선은 단면적 $16[mm^2]$) 이하의 것
3. 전선은 합성수지관 안에서 접속점이 없도록 할 것
4. 중량물의 압력 또는 현저한 기계적 충격을 받을 우려가 없도록 시설할 것
5. 합성수지제 휨(가요) 전선관 상호 간은 직접 접속하지 말 것
6. 이중천장(반자 속 포함) 내에는 시설할 수 없다.
7. 관 상호간 및 박스와는 삽입하는 깊이를 관 바깥지름의 1.2배 (접착제 사용하는 경우 0.8배) 이상으로 견고하게 접속할 것
8. 관의 지지점간의 거리는 1.5[m] 이하
　　　　　　　　　　　　　　【정답】②

87. 가반형의 용접전극을 사용하는 아크 용접장치의 용접변압기의 1차 측 전로의 대지전압을 몇 [V] 이하이어야 하는가?

① 60   ② 150
③ 300   ④ 400

|정|답|및|해|설|

[아크 용접기 (KEC 241.10)]
·용접변압기는 절연변압기일 것.
·용접변압기의 1차측 전로의 대지전압은 300[V] 이하일 것.
·용접변압기의 2차측 전로 중 용접변압기로부터 용접전극에 이르는 부분 및 용접변압기로부터 피용접재에 이르는 부분은 용접용 케이블일 것
·피용접재 또는 이와 전기적으로 접속되는 받침대·정반 등의 금속체에는 접지공사를 할 것 **【정답】③**

|참|고|
대자전압
1. 90[%] 이상은 300[V]
2. 예외인 경우
   ① 누설전압이 없는 경우 → 대지전압 150[V]
   ② 전기저장장치, 태양광설비 → 직류 600[V]

88. 전기울타리의 시설에 관한 설명 중 옳지 않은 것은?

① 사용전압은 600[V] 이하이어야 한다.
② 사람이 쉽게 출입하지 아니하는 곳에 시설할 것.
③ 전선은 인장강도 1.38[kN] 이상의 것 또는 지름 2[mm] 이상의 경동선일 것.
④ 전선과 이를 지지하는 기둥 사이의 간격(이격거리)은 2.5[cm] 이상일 것.

|정|답|및|해|설|

[전기울타리의 시설 (KEC 241.1)]
·전로의 사용전압은 250[V] 이하
·전기울타리는 사람이 쉽게 출입하지 아니하는 곳에 시설할 것.
·전선은 인장강도 1.38[kN] 이상의 것 또는 지름 2[mm] 이상의 경동선일 것
·전선과 이를 지지하는 기둥 사이의 간격(이격거리)은 2.5[cm] 이상일 것
·전선과 다른 시설물(가공 전선을 제외한다) 또는 수목 사이의 간격(이격거리)은 30[cm] 이상일 것
·전기울타리에 전기를 공급하는 전로에는 쉽게 개폐할 수 있는 곳에 전용 개폐기를 시설하여야 한다. **【정답】①**

89. 가공전선로의 지지물에 지지선을 시설할 때 옳은 방법은?

① 지선의 안전율을 2.0으로 하였다.
② 소선은 최소 2가닥 이상의 연선을 사용하였다.
③ 지중의 부분 및 지표상 20[cm]까지의 부분은 아연도금 철봉 등 내식성 재료를 사용하였다.
④ 도로를 횡단하는 곳의 지지선의 높이는 지표상 5[m]로 하였다.

|정|답|및|해|설|

[지지선의 시설 (KEC 331.11)]
1. 안전율 : 2.5 이상
2. 최저 인장 하중 : 4.31[kN]
3. 2.6[mm] 이상의 금속선을 3조 이상 꼬아서 사용
4. 지중 및 지표상 30[cm]까지의 부분은 아연도금 철봉 등을 사용
5. 지지선의 설치 높이
  ·도로를 횡단하는 경우 지표상 5[m] 이상
  ·교통지장 없는 경우 4.5[m] 이상
  ·보도의 경우는 2.5[m] 이상 **【정답】④**

90. 변전소의 주요 변압기에서 계측하여야 하는 사항 중 계측장치가 꼭 필요하지 않는 것은? 단, 전기철도용 변전소의 주요 변압기는 제외한다.

① 전압   ② 전류
③ 전력   ④ 주파수

|정|답|및|해|설|

[계측장치의 시설 (KEC 351.6)] 발전소 계측 장치 시설
·발전기·연료전지 또는 태양전지 모듈의 전압 및 전류 또는 전력
·발전기의 베어링 및 고정자의 온도
·정격출력이 10,000[kW]를 초과하는 증기터빈에 접속하는 발전기의 진동의 진폭
·주요 변압기의 전압 및 전류 또는 전력
·특고압용 변압기의 온도 **【정답】④**

91. 옥내에 시설하는 고압용 이동전선으로 옳은 것은?

① 6[mm] 연동선

② 비닐외장케이블

③ 옥외용 비닐절연전선

④ 고압용의 캡타이어케이블

|정|답|및|해|설|..

[옥내 고압용 이동전선의 시설 (KEC 342.2)]
1. 전선은 고압용의 캡타이어케이블일 것.
2. 이동전선에 전기를 공급하는 전로에는 전용 개폐기 및 과전류 차단기를 각 극에 시설하고, 또한 전로에 지락이 생겼을 때에 자동적으로 전로를 차단하는 장치를 시설할 것.

【정답】④

92. 유도장해의 방지를 위한 규정으로 사용전압 60[kV] 이하인 가공 전선로의 유도전류는 전화선로의 길이 12[km]마다 몇 [μA]를 넘지 않도록 하여야 하는가?

① 1   ② 2   ③ 3   ④ 4

|정|답|및|해|설|..

[유도 장해의 방지 (KEC 333.2)]
·사용전압이 60[kV] 이하인 경우에는 전화선로의 길이 12[km] 마다 유도전류가 2[μA]를 넘지 아니하도록 할 것.
·사용전압이 60[kV]를 초과하는 경우에는 전화선로의 길이 40 [km] 마다 유도전류가 3[μA]을 넘지 아니하도록 할 것.

【정답】②

93. 전기철도의 전기방식에 관한 사항으로 잘못된 것은?

① 공칭전압(수전전압)은 교류 3상 22.9[kV], 154[kV], 345[kV]을 선정한다.

② 직류방식에서 비지속성 최고전압은 지속시간이 3분 이하로 예상되는 전압의 최고값으로 한다.

③ 수선선로의 계통구성에는 3상 단락전류, 3상 단락용량, 전압강하, 전압 불평형 및 전압왜형률, 플리커 등을 고려하여 시설하여야 한다.

④ 교류방식에서 비지속성 최저전압은 지속시간이 2분 이하로 예상되는 전압의 최저값으로 한다.

|정|답|및|해|설|..

[전차선로의 전압 (KEC 411.2)]
1. 직류방식: 사용전압과 각 전압별 최고, 최저전압은 표에 따라 선정하여야 한다. 다만, 비지속성 최고전압은 지속시간이 5분 이하로 예상되는 전압의 최고값으로 하되, 기존 운행중인 전기철도차량과의 인터페이스를 고려한다.

구분	지속성 최저전압 [V]	공칭전압 [V]	지속성 최고전압 [V]	비지속성 최고전압 [V]	장기 과전압 [V]
DC (평균값)	500	750	900	950(^{1})	1,269
	900	1,500	1,800	1,950	2,538

2. 교류방식: 사용전압과 각 전압별 최고, 최저전압은 표 411.2-2 에 따라 선정하여야 한다. 다만, 비지속성 최저전압은 지속시간이 2분 이하로 예상되는 전압의 최저값으로 하되, 기존 운행 중인 전기철도차량과의 인터페이스를 고려한다.

주파수 (실효값)	비지속성 최저전압 [V]	지속성 최저전압 [V]	공칭전압 [V](^{2})	지속성 최고전압 [V]	비지속성 최고전압 [V]	장기 과전압 [V]
60 Hz	17,500	19,000	25,000	27,500	29,000	38,746
	35,000	38,000	50,000	55,000	58,000	77,492

【정답】②

94. 방직공장의 구내 도로에 220[V] 조명등용 가공 전선로를 시설하고자 한다. 전선로의 지지물 간 거리(경간)는 몇 [m] 이하이어야 하는가?

① 20   ② 30

③ 40   ④ 50

|정|답|및|해|설|..

[구내에 시설하는 저압 가공전선로 (KEC 222.23)] 구내에 시설하는 저압 가공전선로는 지지물 간 거리(경간) 30[m] 이하로 하며, 전선은 인장강도 1.38[kN] 이상의 절연전선 또는 지름 2[mm] 이상의 경동선의 절연전선을 사용한다. 【정답】②

95. 고압 가공전선로의 지지물에 시설하는 통신선의 높이는 도로를 횡단하는 경우 교통에 지장을 줄 우려가 없다면 지표상 몇 [m]까지로 감할 수 있는가?

① 4
② 4.5
③ 5
④ 6

|정|답|및|해|설|

[전력보안통신선의 시설 높이와 간격(이격거리) (KEC 362.2)]

구분	지상고
도로횡단 시	지표상 6.0[m] 이상 (단, 저압이나 고압의 가공전선로의 지지물에 시설하는 통신선 또는 이에 직접 접속하는 가공통신선을 시설하는 경우에 교통에 지장을 줄 우려가 없을 때에는 지표상 5[m])
철도 궤도 횡단 시	레일면상 6.5[m] 이상
횡단보도교 위	노면상 5.0[m] 이상
기타	지표상 5[m] 이상

【정답】③

96. 이차전지를 이용한 전기저장장치에 관한 사항으로 잘못된 것은?

① 충전부분은 노출되도록 시설하여야 한다.
② 고장이나 외부 환경요인으로 인하여 비상상황 발생 또는 출력에 문제가 있을 경우 전기저장장치의 비상정지 스위치 등 안전하게 작동하기 위한 안전시스템이 있어야 한다.
③ 모든 부품은 충분한 내열성을 확보하여야 한다.
④ 침수의 우려가 없도록 시설하여야 한다.

|정|답|및|해|설|

[이차전지를 이용한 전기저장장치(전기저장장치) (KEC 511.1)]
1. 침수의 우려가 없도록 시설하여야 한다.
2. 전기저장장치 시설장소에는 외벽 등 확인하기 쉬운 위치에 "전기저장장치 시설장소" 표지를 하고, 일반인의 출입을 통제하기 위한 잠금장치 등을 설치하여야 한다.
3. 충전부분은 노출되지 않도록 시설하여야 한다.
4. 고장이나 외부 환경요인으로 인하여 비상상황 발생 또는 출력에 문제가 있을 경우 전기저장장치의 비상정지 스위치 등 안전하게 작동하기 위한 안전시스템이 있어야 한다.
5. 모든 부품은 충분한 내열성을 확보하여야 한다.

【정답】①

97. 연료전지의 사항 중 자동적으로 이를 전로에서 차단하고 연료전지에 연료가스 공급을 자동적으로 차단하며 연료전지 내의 연료가스를 자동적으로 배기하는 장치를 시설하여야 하는 사항으로 잘못된 것은?

① 연료전지에 과전류가 생긴 경우
② 발전요소의 발전전압에 이상이 생겼을 경우
③ 연료가스 출구에서의 산소농도 또는 공기 출구에서의 연료가스 농도가 현저히 적은 경우
④ 연료전지의 온도가 현저하게 상승한 경우

|정|답|및|해|설|

[연료전지설비의 보호장치 (KEC 542.2.1)]
1. 연료전지에 과전류가 생긴 경우
2. 발전요소의 발전전압에 이상이 생겼을 경우 또는 연료가스 출구에서의 산소농도 또는 공기 출구에서의 연료가스 농도가 현저히 상승한 경우
3. 연료전지의 온도가 현저하게 상승한 경우
4. 개질기를 사용하는 연료전지에서 개질기 버너에 이상이 발생한 경우
5. 연료전지의 화재나 폭발 방지를 위한 환기장치에 이상이 발생한 경우

【정답】③

98. 고압 가공전선이 가공약전류 전선과 접근하여 시설될 때 고압 가공전선과 가공약전류 전선 사이의 간격(이격거리)은 몇 [cm]] 이상이어야 하는가?

① 40
② 50
③ 60
④ 80

|정|답|및|해|설|

[고압 가공전선과 가공약전류전선 등의 접근 또는 교차 (KEC 332.13)]
1. 고압 가공전선이 가공약전류전선 등과 접근하는 경우는 고압 가공전선과 가공약전류전선 등 사이의 간격(이격거리)은 0.8[m] (전선이 케이블인 경우에는 0.4[m]) 이상일 것 다.
2. 가공전선과 약전류전선로 등의 지지물 사이의 간격(이격거리)은 저압은 0.3[m] 이상, 고압은 0.6[m] (전선이 케이블인 경우에는 0.3[m]) 이상일 것.

【정답】④

99. 사용전압이 35[kV] 이하인 특고압 가공전선과 가공약전류전선 등을 동일 지지물에 시설하는 경우, 특고압 가공전선로는 어떤 종류의 보안공사로 하여야 하는가?

① 제1종 특고압 보안공사

② 제2종 특고압 보안공사

③ 제3종 특고압 보안공사

④ 고압 보안공사

|정|답|및|해|설|

[특고압 가공전선과 가공약전류전선 등의 공용 설치 (KEC 333.19)]
특고압 가공전선과 가공약전류 전선과의 공기는 35[kV] 이하인 경우에 시설하여야 한다.
· 특고압 가공전선로는 제2종 특고압 보안공사에 의한 것
· 특고압은 케이블을 제외하고 인장강도 21.67[kN] 이상의 연선 또는 단면적이 50[mm^2] 이상인 경동연선일 것
· 가공약전류 전선은 특고압 가공전선이 케이블인 경우를 제외하고 차폐층을 가지는 통신용 케이블일 것

【정답】②

100. 66[kV] 전선로를 제1종 특고압 보안공사로 시설할 경우 전선으로 경동연선을 사용한다면 그 단면적은 몇 [mm^2] 이상의 것을 사용하여야 하는가?

① 38   ② 55

③ 80   ④ 100

|정|답|및|해|설|

[특고압 보안공사 (KEC 333.22)]
제1종 특고압 보안 공사의 전선 굵기

사용전압	전선
100[kV] 미만	인장강도 21.67[kN] 이상의 연선 또는 단면적 55[mm^2] 이상의 경동연선
100[kV] 이상 300[kV] 미만	인장강도 58.84[kN] 이상의 연선 또는 단면적 150[mm^2] 이상의 경동연선
300[kV] 이상	인장강도 77.47[kN] 이상의 연선 또는 단면적 200[mm^2] 이상의 경동연선

【정답】②

2회 2022년 전기산업기사필기 (전기자기학)

01. 10[mm]의 지름을 가진 동선에 50[A]의 전류가 흐를 때 단위 시간에 동선의 단면을 통과하는 전자의 수는 약 몇 개인가?

① 7.85×10^{16} ② 20.45×10^{15}

③ 31.25×10^{19} ④ 50×10^{19}

|정|답|및|해|설|

[전자의 수] $n = \dfrac{Q}{e}$[개] → (e : 전자의 전하량)

$I = \dfrac{Q}{t} = \dfrac{ne}{t}$ → ($Q = ne$)

$Q = It = 50 \times 1 = 50$[C]

동선의 단면을 단위 시간에 통과하는 전하는 50[C]

∴전자의 수 $n = \dfrac{Q}{e} = \dfrac{50}{1.6 \times 10^{-19}} = 31.25 \times 10^{19}$[개]

→ (전자 한 개의 전하량 $e = 1.602 \times 10^{-19}$)

【정답】③

02. 한 변의 길이가 2[m] 되는 정3각형의 3정점 A, B, C에 10^{-4}[C]의 점전하가 있다. 점 B에 작용하는 힘은 몇 [N]인가?

① 29 ② 39 ③ 45 ④ 49

|정|답|및|해|설|

[힘(평행사변형 대각선)] $F = \sqrt{F_1^2 + F_2^2 + 2F_1 F_2 \cos\theta}$

→ (정삼각형이므로 $\theta = 60$)

점 C에 있는 전하에 의한 작용력 F_2는 F_1과 크기는 같고 방향은 그림과 같다.

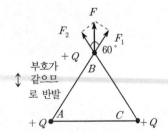

03. 도체계에서 임의의 도체를 일정 전위(영전위)의 도체로 완전 포위하면 내외 공간의 전계를 완전 차단할 수 있다. 이것을 무엇이라 하는가?

① 표피효과 ② 핀치효과

③ 전자차폐 ④ 정전차폐

|정|답|및|해|설|

[정전차폐] 임의의 도체를 접지된 도체로 완전 포위하면 외부에서 유도되는 전하를 차단할 수 있는데, 이를 정전 차폐라 한다.

【정답】④

|참|고|

① 표피효과 : 전류가 도체 표면에 집중하는 현상

② 핀치효과 : 반지름 a인 액체 상태의 원통 모양 도선 내부에 균일하게 전류가 흐를 때 도체 내부에 자장이 생겨 로렌츠의 힘으로 전류가 원통 중심 방향으로 수축하려는 효과

③ 전자차폐 : 전자 유도에 의한 방해 작용을 방지할 목적으로 대상이 되는 장치 또는 시설을 적당한 자기 차폐체에 의해 감싸서 외부 전자계의 영향으로부터 차단하는 것

04. 표면 전하밀도 σ[C/m²]로 대전된 도체 내부의 전속밀도는 몇 [C/m²]인가?

① σ ② $\epsilon_0 \sigma$

③ $\dfrac{\sigma}{\epsilon_0}$ ④ 0

|정|답|및|해|설|

[대전된 도체 내부의 전속밀도]

· 전속밀도 $D = \epsilon E$

· 도체 내부에서는 전계의 세기 $E = 0$

∴전속밀도 $D = \epsilon E = 0$이다. 【정답】④

우측 상단:

→ $F_1 = F_2 = \dfrac{1}{4\pi\epsilon_0} \dfrac{Q_1 Q_2}{r^2} = 9 \times 10^9 \times \dfrac{10^{-8}}{2^2} = 22.5$[N]

∴$F = \sqrt{F_1^2 + F_2^2 + 2F_1 F_2 \cos\theta} = \sqrt{3F_1^2}$ → ($\cos 60 = \dfrac{1}{2}$)

$= \sqrt{3 \times (22.5)^2} = 38.97$[N] 【정답】②

05. 점자극 $m[Wb]$에 의한 자계 중에서 $r[m]$ 거리에 있는 점의 자위[A]는?

① $\dfrac{1}{4\pi\mu_0} \times \dfrac{m}{r^2}$ ② $\dfrac{1}{4\pi\mu_0} \times \dfrac{m}{r}$

③ $\dfrac{1}{4\pi\mu_0} \times \dfrac{m^2}{r}$ ④ $\dfrac{1}{4\pi\mu_0} \times \dfrac{m^2}{r^2}$

|정|답|및|해|설|

[정전계와 정자계의 전위와 자위]

1. 정전계에서 점전하에 의한 전위 $V=\dfrac{Q}{4\pi\epsilon_0 r}[V]$ → $\left(V \propto \dfrac{1}{r}\right)$

2. 정자계에서 점자극에 의한 자위 $U=\dfrac{m}{4\pi\mu_0 r}[A]$ → $\left(U \propto \dfrac{1}{r}\right)$

【정답】②

06. 유전율 ϵ, 투자율 μ의 공간을 전파하는 전자파의 전파속도 $v[m/s]$는?

① $v=\sqrt{\epsilon\mu}$ ② $v=\sqrt{\dfrac{\epsilon}{\mu}}$

③ $v=\sqrt{\dfrac{\mu}{\epsilon}}$ ④ $v=\sqrt{\dfrac{1}{\epsilon\mu}}$

|정|답|및|해|설|

[전자파의 전파속도]

$v=\dfrac{\omega}{\beta}=\dfrac{1}{\sqrt{LC}}=\lambda f=\dfrac{1}{\sqrt{\epsilon\mu}}=\dfrac{3\times10^8}{\sqrt{\epsilon_s\mu_s}}[m/sec]$

여기서, β : 위상정수($=\omega\sqrt{LC}$), ω : ϵ : 유전율, μ : 투자율
λ : 파장, f : 주파수

$\therefore v=\dfrac{1}{\sqrt{\mu\epsilon}}=\dfrac{1}{\sqrt{\mu_0\mu_s\epsilon_0\epsilon_s}}=\dfrac{C_0}{\sqrt{\mu_s\epsilon_s}}=\dfrac{3\times10^8}{\sqrt{\mu_s\epsilon_s}}[m/s]$

→ $\left(C_0(\text{빛의 속도})=\dfrac{1}{\sqrt{\epsilon_0\mu_0}}=3\times10^8[m/s]\right)$

【정답】④

07. 권수 1회의 코일에 5[Wb]의 자속이 쇄교하고 있을 때 $t=10^{-1}[초]$ 사이에 이 자속이 0[Wb]로 변하였다면 코일에 유도되는 기전력은 몇 [V]가 되는가?

① 5 ② 25

③ 50 ④ 100

|정|답|및|해|설|

[유도기전력] $e=-N\dfrac{d\varnothing}{dt}[V]$

$\therefore e=-N\dfrac{d\varnothing}{dt}=-1\times\dfrac{0-5}{10^{-1}}=50[V]$

【정답】③

08. 면전하밀도가 $\sigma[C/m^2]$인 대전 도체가 진공 중에 놓여 있을 때 도체 표면에 작용하는 정전응력 $[N/m^2]$은?

① σ에 비례한다. ② σ^2에 비례한다.

③ σ에 반비례한다. ④ σ^2에 반비례한다.

|정|답|및|해|설|

[정전응력(진공)] $f=\dfrac{D^2}{2\epsilon_0}$ → $(D=\sigma,\ E=\dfrac{\sigma}{\epsilon_0},\ D=\epsilon_0 E)$

$=\dfrac{(\epsilon_0 E)^2}{2\epsilon_0}=\dfrac{1}{2}\epsilon_0 E^2=\dfrac{\epsilon_0 E\cdot D}{2\epsilon_0}$

$=\dfrac{1}{2}ED[N/m^2]$

여기서, $D[c/m^2]$: 전하밀도, E : 전계의 세기
$\sigma[C/m^2]$: 표면전하밀도, ϵ_0 : 진공중의 유전율

$\therefore f \propto E^2 \propto D^2 \propto \sigma^2$

【정답】②

09. 전류에 의한 자계의 방향을 결정하는 법칙은?

① 렌쯔의 법칙

② 플레밍의 오른손 법칙

③ 플레밍의 왼손 법칙

④ 암페어의 오른손 법칙

|정|답|및|해|설|

① 렌츠이 법칙 : 유기기전력의 방향을 결정(자속의 변화에 따른 전자유도법칙)

② 플레밍의 오른손 법칙 : 자계 중에서 도체가 운동할 때 유기 기전력의 방향 결정

③ 플레밍의 왼손 법칙 : 자계 중에 있는 도체에 전류를 흘릴 때 도체의 운동 방향 결정

④ 암페어의 오른나사(오른손) 법칙 : 전류에 의한 자계의 방향

【정답】④

10. 양도체의 전파정수는?

① $\sqrt{\pi f \sigma \mu} + j\sqrt{\pi f \sigma \mu}$

② $\sqrt{2\pi f \sigma \mu} + j\sqrt{2\pi f \sigma \mu}$

③ $\sqrt{2\pi f \sigma \mu} + j\sqrt{\pi f^2 \sigma \mu}$

④ $\sqrt{\pi f^2 \sigma \mu} + j\sqrt{2\pi f \sigma \mu}$

|정|답|및|해|설|

[양도체의 전파정수] $\sqrt{\pi f \sigma \mu} + j\sqrt{\pi f \sigma \mu}$

※ $\sigma > w\epsilon \rightarrow$ 양도체, $\sigma < w\epsilon \rightarrow$ 유전체　　　【정답】①

11. 평행판 콘덴서에 어떤 유전체를 채워 넣었을 때 전속 밀도를 $D[\mathrm{C/m^2}]$, 단위체적당 정전에너지를 $W_e[\mathrm{J/m^3}]$라 한다. 이 유전체의 비유전율은?

① $\dfrac{W_e}{D}$　　　　　② $\dfrac{D^2}{2\epsilon_0 W_e}$

③ $\dfrac{D}{2\epsilon_0}$　　　　　④ $\dfrac{W_e D}{\epsilon_0}$

|정|답|및|해|설|

[단위체적당 정전에너지] $W_e = \dfrac{1}{2}\epsilon E^2 = \dfrac{D^2}{2\epsilon_0 \epsilon_s} = \dfrac{1}{2}DE[\mathrm{J/m^3}]$

$\rightarrow (D = \epsilon E)$

$\therefore$ 비유전율 $\epsilon_s = \dfrac{D^2}{2\epsilon_0 W_e}$　　$\rightarrow$ (전속밀도 D가 주어졌으므로)

【정답】②

12. 지름 10[cm]인 원형코일 중심에서의 자계가 1000[A/m] 이다. 원형코일이 100회 감겨있을 때, 전류는 몇 [A]인가?

① 1[A]　　② 2[A]　　③ 3[A]　　④ 5[A]

|정|답|및|해|설|

[원형코일 중심의 자계의 세기] $H = \dfrac{NI}{2a}[AT/m]$

여기서, N : 권수, a : 반지름

$\therefore$ 전류 $I = \dfrac{2aH}{N} = \dfrac{2 \times 0.05 \times 1000}{100} = 1[A]$　　【정답】①

|참|고|

1. 원형 코일 중심($N=1$)

$$H = \dfrac{NI}{2a} = \dfrac{I}{2a}[\mathrm{AT/m}] \rightarrow (N : \text{감은 권수}(=1), \ a : \text{반지름})$$

2. 반원형($N=\dfrac{1}{2}$) 중심에서 자계의 세기 H

$$H = \dfrac{I}{2a} \times \dfrac{1}{2} = \dfrac{I}{4a}[\mathrm{AT/m}]$$

3. $\dfrac{3}{4}$ 원($N=\dfrac{3}{4}$) 중심에서 자계의 세기 H

$$H = \dfrac{I}{2a} \times \dfrac{3}{4} = \dfrac{3I}{8a}[\mathrm{AT/m}]$$

13. 히스테리시스 손실과 히스테리시스 곡선과의 관계는?

① 히스테리시스 곡선의 면적이 클수록 히스테리시스 손실이 적다.

② 히스테리시스 곡선의 면적이 작을수록 히스테리시스 손실이 적다

③ 히스테리시스 곡선의 잔류자기 값이 클수록 히스테리시스 손실이 적다.

④ 히스테리시스 곡선의 보자력이 값이 클수록 히스테리시스 손실이 적다.

|정|답|및|해|설|

[히스테리시스곡선] 히스테리시스곡선(자기이력곡선)은 자화를 여러 번 반복했을 경우 처음 자화를 했을 때와 다른 곡선 상태를 갖는다. 여러 번 자화를 했던 자성체는 적은 에너지로 쉽게 자화가 이루어진다. 따라서 면적이 작아진다. 면적이 작을수록 히스테리시스 손실이 적다. 히스테리시스손 $P_h = f v \eta B_m^{1.6}[W]$

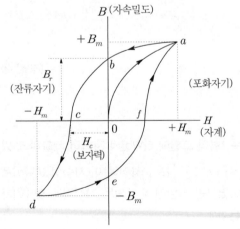

【정답】②

14. 점(−2, 1, 5)[m]와 점(1, 3, −1)[m]에 각각 위치해 있는 점전하 $1[\mu C]$과 $4[\mu C]$에 의해 발생된 전위 장 내에 저장된 정전에너지는 약 몇 [mJ]인가?

① 2.57   ② 5.14

③ 7.71   ④ 10.28

|정|답|및|해|설|

[정전에너지(W)] $W = \sum_{n=1}^{n} \frac{1}{2} Q_i V_i = \frac{1}{2}(Q_1 V_1 + Q_2 V_2)$

· 점(−2, 1, 5)와 점(1, 3, −1)의 거리 $r(3, 2, -6)$

$\vec{r} = (1-(-2))i + (3-1)j + (-1-5)k = 3i + 2j - 6k$

$\rightarrow |\vec{r}| = \sqrt{3^2 + 2^2 + 6^2} = \sqrt{49} = 7$

· $W = \frac{1}{2}(Q_1 V_1 + Q_2 V_2)$

$= \frac{1}{2}\left(Q_1 \cdot \frac{Q_2}{4\pi\epsilon_0 r} + Q_2 \cdot \frac{Q_1}{4\pi\epsilon_0 r}\right)$

$= \frac{Q_1 Q_2}{4\pi\epsilon_0 r} = 9 \times 10^9 \times \frac{1 \times 10^{-6} \times 4 \times 10^{-6}}{7}$

$= 0.00514[J] = 5.14[mJ]$ $\rightarrow \left(\frac{1}{4\pi\epsilon_0} = 9 \times 10^9\right)$

【정답】②

15. 접지 구도체와 점전하간의 작용력은?

① 항상 반발력이다.

② 항상 흡인력이다.

③ 조건적 반발력이다.

④ 조건적 흡인력이다.

|정|답|및|해|설|

[접지 도체구와 점전하]

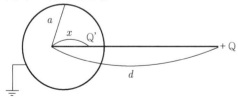

1. 영상전하 $Q' = -\frac{a}{d}Q[C]$

2. 영상전하 위치 $x = \frac{a^2}{d}[m]$

3. 접지구도체에는 항상 점전하와 <u>반대 극성</u>인 전하가 유도되므로 항상 <u>흡인력</u>이 작용한다.   【정답】②

16. 동일한 금속의 2점 사이에 온도차가 있는 경우, 전류가 통과할 때 열의 발생 또는 흡수가 일어나는 현상은?

① 제백효과   ② 펠티어효과

③ 볼타효과   ④ 톰슨효과

|정|답|및|해|설|

[톰슨효과] 동일한 금속 도선의 두 점간에 온도차를 주고, 고온 쪽에서 저온 쪽으로 전류를 흘리면 도선 속에서 열이 발생되거나 흡수가 일어나는 이러한 현상을 톰슨효과라 한다.   【정답】④

|참|고|

① 제백효과 : 서로 다른 두 종류의 금속선을 접합하여 폐회로를 만든 후 두 접합점의 온도를 달리하였을 때, 폐회로에 열기전력이 발생하여 열전류가 흐르게 된다. 이러한 현상을 제벡 효과라 하며 이때 연결한 금속 루프를 열전대라 한다.

② 펠티어 효과 : 두 종류 금속 접속면에 전류를 흘리면 접속점에서 열의 흡수, 발생이 일어나는 효과

③ 볼타효과 : 상이한 두 종류의 근속을 접속시킨 후 떼어 놓으면 각각 양(+), 음(−)으로 대전되는 현상

17. 자기회로와 전기회로의 대응 관계가 잘못된 것은?

① 자속 ↔ 전류

② 기자력 ↔ 기전력

③ 투자율 ↔ 유전율

④ 자계의 세기 ↔ 전계의 세기

|정|답|및|해|설|

[자기회로와 전기회로의 대응]

자기회로	전기회로
자속 $\phi[Wb]$	전류 $I[A]$
자계 $H[A/m]$	전계 $E[V/m]$
기자력 $F[AT]$	기전력 $U[V]$
자속밀도 $B[Wb/m^2]$	전류밀도 $i[A/m^2]$
<u>투자율 $\mu[H/m]$</u>	<u>도전율 $k[\mho/m]$</u>
자기저항 $R_m[AT/Wb]$	전기저항 $R[\Omega]$

【정답】③

18. 자기인덕턴스가 L_1, L_2이고 상호 인덕턴스가 M인 두 회로의 결합계수가 1일 때, 다음 중 성립되는 식은?

① $L_1 \cdot L_2 = M$ ② $L_1 \cdot L_2 < M^2$

③ $L_1 \cdot L_2 > M^2$ ④ $L_1 \cdot L_2 = M^2$

|정|답|및|해|설|

[결합계수] $k = \dfrac{M}{\sqrt{L_1 L_2}}$ → (상호인덕턴스 $M = k\sqrt{L_1 L_2}$)

$k = 1 \rightarrow \dfrac{M}{\sqrt{L_1 L_2}} = 1 \rightarrow L_1 L_2 = M^2$ 【정답】④

|참|고|
[결합계수($0 \leq k \leq 1$)]
1. $k=1$: 누설자속이 없다. 이상적 결합, 완전결합
2. $k=0$: 결합자속이 없다. 서로 간섭이 없다.

19. 공기 중에서 $E[V/m]$의 전계를 $i_d[A/m^2]$의 변위전류로 흐르게 하고자 한다. 이때 주파수 $f[Hz]$는?

① $f = \dfrac{i_d}{2\pi\epsilon E}[Hz]$ ② $f = \dfrac{i_d}{4\pi\epsilon E}[Hz]$

③ $f = \dfrac{\epsilon i_d}{2\pi^2 E}[Hz]$ ④ $f = \dfrac{i_d E}{4\pi^2 \epsilon}[Hz]$

|정|답|및|해|설|

[변위전류밀도] $i_d = \dfrac{\partial D}{\partial t} = \dfrac{\partial(\epsilon E)}{\partial t} = \epsilon\dfrac{\partial E}{\partial t} = jw\epsilon E[A/m^2]$

$w = 2\pi f = \dfrac{i_d}{\epsilon E} \rightarrow \therefore f = \dfrac{i_d}{2\pi\epsilon E}[Hz]$ 【정답】①

20. 10[mH]의 두 자기인덕턴스가 있다. 결합계수를 0.1부터 0.9까지 변화시킬 수 있다면 이것을 직렬 접속시켜 얻을 수 있는 합성인덕턴스의 최대값과 최소값의 비는 얼마인가?

① 9 : 1   ② 13 : 1

③ 16 : 1   ④ 19 : 1

|정|답|및|해|설|

[합성인덕턴스(직렬)] $L_0 = L_1 + L_2 \pm 2M = L_1 + L_2 \pm 2k\sqrt{L_1 L_2}$

→ (＋ : 가동결합, － : 차동결합)

$k = 0.9$, 코일의 인덕턴스 L

$L_0 = L_1 + L_2 \pm 2k\sqrt{L_1 L_2}$ 에서
1. 최대 : $L_0{}' = 10 + 10 + 2 \times 0.9\sqrt{10 \times 10} = 38$
2. 최소 : $L_0{}'' = 10 + 10 - 2 \times 0.9\sqrt{10 \times 10} = 2$
∴ 38 : 2 = 19 : 1   【정답】④

21. 단상 2선식 배전선로의 끝부분에 지상역률 $\cos\theta$인 부하 P[kW]가 접속되어 있고 선로 끝부분의 전압은 V[V]이다. 선로 한 가닥의 저항을 R[Ω]이라 할 때 송전단의 공급전력[kW]은?

① $P + \dfrac{P^2 R}{V\cos\theta} \times 10^3$ ② $P + \dfrac{2P^2 R}{V\cos\theta} \times 10^3$

③ $P + \dfrac{P^2 R}{V^2\cos^2\theta} \times 10^3$ ④ $P + \dfrac{2P^2 R}{V^2\cos^2\theta} \times 10^3$

|정|답|및|해|설|

[송전단의 공급전력] $P_s = P_r + P_l[kW]$ → (P_r : 수전단전력)

선로의 손실 $P_l = 2I^2 R = 2 \times \left(\dfrac{P}{V\cos\theta}\right)^2 R[W]$ → (단상2선식)

→ (3상3선식 $P_l = 3I^2 R = \left(\dfrac{P}{V\cos\theta}\right)^2 R[W]$)

∴ $P_s = P_r + P_l = P + 2 \times \dfrac{P^2 R}{V^2\cos^2\theta} \times 10^3[kW]$ 【정답】④

22. 비접지 계통의 지락사고 시 계전기에 영상전류를 공급하기 위하여 설치하는 기기는?

① CT   ② GPT

③ ZCT   ④ PT

|정|답|및|해|설|

[영상변류기(ZCT)]
· 지락사고시 지락전류(영상전류)를 검출
· 지락 과전류 계전기(OCGR)에는 영상 전류를 검출하도록 되어있고, 지락사고를 방지한다.

※GPT(접지형 계기용 변압기) : 비접지 계통에서 지락사고시의 영상 전압 검출   【정답】③

23. 전력원선도 작성에 필요 없는 것은?

① 전압   ② 선로정수

③ 상차각   ④ 역률

|정|답|및|해|설|

[전력원선도 작성 시 필요한 것]
1. 송전단전압 : E_s
2. 수전단전압 : E_r
3. 선로의 일반 회로정수 : A, B, C, D
4. 상차각   【정답】④

24. 송배전 선로에서 선택지락계전기의 용도를 옳게 설명한 것은?

① 다회선에서 접지고장 회선의 선택

② 단일 회선에서 접지전류의 대소 선택

③ 단일 회선에서 접지전류의 방향 선택

④ 단일 회선에서 접지 사고의 지속 시간 선택

|정|답|및|해|설|

[선택지락계전기(SGR)] 선택지락계전기는 병행 **2회선 이상** 송전 선로에서 한쪽의 **1회선에 지락 사고**가 일어났을 경우 **이것을 검출하여 고장 회선만을 선택 차단**할 수 있는 계전기
                                  【정답】①

25. 아킹혼(Arcing Horn)의 설치목적은?

① 코로나손의 방지

② 이상전압 제한

③ 지지물의 보호

④ 섬락사고 시 애자의 보호

|정|답|및|해|설|

[아킹혼(초호각)] 이상전압 시 **애자련 보호**, 전압 분담 평준화
                                  【정답】④

26. 총 단면적이 같은 경우 단도체와 비교해 볼 때 복도체의 이점으로 옳지 않은 것은?

① 정전용량이 증가한다.

② 안정도가 증가한다.

③ 송전전력이 증가한다.

④ 코로나 임계전압이 낮아진다.

|정|답|및|해|설|

[복도체의 장점] 코로나를 방지하기 위해 복도체를 사용한다.
· L감소 C증가
· 선로의 송전용량 증가
· 안정도 증가
· 코로나 임계전압이 높아진다.   【정답】④

27. 송전선로에서 송수전단 전압 사이의 상차각이 몇 [°]일 때, 최대 전력으로 송전할 수 있는가?

① 30   ② 45

③ 60   ④ 90

|정|답|및|해|설|

[송전전력(송전용량)] $P_s = \dfrac{V_s V_r}{X} \sin\delta \text{[MW]}$ → (δ : 상차각)

∴최대 송전전력 $P_{smax} = \dfrac{V_s V_r}{X} \text{[MW]}$ → (상차각 $\delta = 90\degree$)
                                  【정답】④

28. SF₆ 가스차단기에 대한 설명으로 옳지 않은 것은?

① SF₆ 가스 자체는 불활성기체이다.

② SF₆ 가스 자체는 공기에 비하여 소호능력이 약 100배 정도이다.

③ 절연거리를 적게 할 수 있어 차단기 전체를 소형, 경량화 할 수 있다.

④ SF₆ 가스를 이용한 것으로서 독성이 있으므로 취급에 유의하여야 한다.

|정|답|및|해|설|

[SF₆(육불화유황) 가스]
· **무색, 무취, 독성이 없다.**
· 난연성, 불활성 기체
· 소호누적이 공기의 100~200배
· 절연누적이 공기의 3~4배
· 압축공기를 사용하지만 밀폐식이므로 소음이 없다.
                                  【정답】④

29. 계전기의 반한시 특성이란?

① 동작전류가 클수록 동작시간이 길어진다.

② 동작전류가 흐르는 순간에 동작한다.

③ 동작전류에 관계없이 동작시간은 일정하다.

④ 동작전류가 크면 동작시간은 짧아진다.

|정|답|및|해|설|
[보호계전기의 특징]
1. 순한시 : 최초 동작 전류 이상의 전류가 흐르면 즉시 동작하는 특징
2. 반한시 : 동작 전류가 커질수록 동작 시간이 짧게 되는 특징
3. 정한시 : 동작 전류의 크기에 관계없이 일정한 시간에 동작하는 특징
4. 반한시 정한시 : 동작 전류가 적은 동안에는 동작 전류가 커질수록 동작 시간이 짧게 되고 어떤 전류 이상이면 동작 전류의 크기에 관계없이 일정한 시간에 동작하는 특성　【정답】④

30. 그림과 같은 3상 송전계통에서 송전단전압은 22[kV]이다. 지금 1점 P에서 3상 단락사고가 발생했다면 발전기에 흐르는 단락전류는 약 몇 [A]가 되는가?

① 725　② 1150　③ 1990　④ 3725

|정|답|및|해|설|
[단락전류] $I_s = \dfrac{E}{Z} = \dfrac{E}{\sqrt{R^2+X^2}}[A]$　→ (E : 상전압)
　　　→ (문제에서 아무런 언급이 없으면 무조건 선간전압)
전체임피던스 $Z = R+jx = 1+j(6+5) = 1+j11$　→ (직렬)
　　　→ (리액턴스는 허수 성분)

$\therefore I_s = \dfrac{E}{\sqrt{R^2+X^2}} = \dfrac{\frac{22000}{\sqrt{3}}}{\sqrt{1^2+11^2}} = 1149.5[A]$　→ ($V_p = \dfrac{V_l}{\sqrt{3}}$)

【정답】②

31. 선로의 단락보호용으로 사용되는 계전기는?

① 접지계전기　② 역상계전기

③ 재폐로계전기　④ 거리계전기

|정|답|및|해|설|
[거리계전기] 송전선에 사고가 발생했을 때 고장 구간의 전류를 차단하는 작용을 하는 계전기　【정답】④

|참|고|
① 접지계전기 : 선로의 접지 검출용
② 역상계전기 : 3상 전기회로에서 단선사고 시 전압 불평형에 의한 사고방지를 목적으로 설치
③ 재폐로계전기 : 보호 계전기가 작동하여 열린 회로를 다시 연결하는 기능을 가진 전압·전류·전력 계전

32. 서지파가 파동임피던스 Z_1의 선로 측에서 파동 임피던스 Z_2의 선로 측으로 진행할 때 반사계수 β는?

① $\beta = \dfrac{Z_2 - Z_1}{Z_1 + Z_2}$　② $\beta = \dfrac{2Z_2}{Z_1 + Z_2}$

③ $\beta = \dfrac{Z_1 - Z_2}{Z_1 + Z_2}$　④ $\beta = \dfrac{2Z_1}{Z_1 + Z_2}$

|정|답|및|해|설|

[반사계수] $\beta = \dfrac{Z_2 - Z_1}{Z_2 + Z_1}$

여기서, Z_1 : 선로 임피던스, Z_2 : 부하 임피던스

※투과계수　$\gamma = \dfrac{2Z_2}{Z_2 + Z_1}$　【정답】①

33. 송전선을 중성점 접지하는 이유가 아닌 것은?

① 코로나를 방지한다.

② 기기의 절연강도를 낮출 수 있다.

③ 이상전압을 방지한다.

④ 지락사고선을 선택 차단한다.

|정|답|및|해|설|
[중성점 접지의 목적]
1. 이상전압의 방지
2. 기기 보호
3. 과도안정도의 증진
4. 보호계전기 동작확보　【정답】①

34. 그림에서 단상2선식 저압 배전선의 A, C점에서 전압을 같게 하기 위한 공급점 D의 위치를 구하면? (단, 전선의 굵기는 AB간 5[mm], BC간 4[mm], 또 부하역률은 1이고 선로의 리액턴스는 무시한다.)

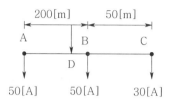

① B에서 A쪽으로 58.9[m]

② B에서 A쪽으로 57.4[m]

③ B에서 A쪽으로 56.9[m]

④ B에서 A쪽으로 55.9[m]

|정|답|및|해|설|

[단상2선식의 전압강하] $e = 2IR[V] = 2 \times I \times \rho \frac{l}{A} = 2 \times I \times \frac{4\rho l}{\pi d^2}$

→ (리액턴스 무시)

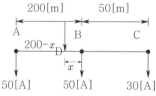

→ (B에서 D의 거리 x)

1. A와 D 사이의 전압강하

$e = 2 \times I \times \frac{4\rho l}{\pi d^2} = 2 \times 50 \times \frac{4\rho(200-x)}{\pi 5^2}$

2. D와 C 사이의 전압강하 (DB+BC)

$e = \left(2 \times 80 \times \frac{4\rho(x)}{\pi 5^2}\right) + \left(2 \times 30 \times \frac{4\rho \times 50}{\pi 4^2}\right)$

→ (전선의 지름이 다르기 때문에 구분한다.)

3. A점과 C점에서 전압강하가 같아야 하므로 (1식=2식)

$2 \times 50 \times \frac{4\rho(200-x)}{\pi 5^2} = \left(2 \times 80 \times \frac{4\rho(x)}{\pi 5^2}\right) + \left(2 \times 30 \times \frac{4\rho \times 50}{\pi 4^2}\right)$

→ $50 \times \frac{4(200-x)}{\pi 5^2} = 80 \times \frac{4x}{\pi 5^2} + 30 \times \frac{200}{\pi 4^2}$

→ $x = 58.9[m]$

∴ B에서 A쪽으로 58.9[m] **【정답】①**

35. 전력용 퓨즈는 주로 어떤 전류의 차단을 목적으로 사용하는가?

① 충전전류

② 부하전류

③ 단락전류

④ 지락전류

|정|답|및|해|설|

[전력용 퓨즈] 고압 및 특별고압기기의 단락보호용 퓨즈이고 소호 방식에 따라 한류형과 비한류형이 있다. 전력퓨즈는 주로 **단락전류의 차단**을 목적으로 사용된다. **【정답】③**

36. 변전소에 분로리액터를 설치하는 주된 목적은?

① 진상무효전력 보상

② 전압강하 방지

③ 전력손실 경감

④ 잔류전하 방지

|정|답|및|해|설|

[페란티 방지대책]
· 선로에 흐르는 전류가 지상이 되도록 한다.
· 수전단에 **분로리액터(지상)**를 설치한다.
  → (진상을 보상해서 지상을 넣겠다는 의미)
· 무효 전력 보상 장치(동기조상기)의 부족여자 운전

|참|고|

[페란티] 선로의 정전용량으로 인하여 무부하시나 경부하시 진상전류가 흘러 **수전단 전압**이 **송전단 전압보다 높아지는 현상**으로 발생 원인은 정전용량(C(진상)) **【정답】①**

37. 전력 계통의 안정도 향상 대책으로 옳지 않은 것은?

① 전압 변동을 크게 한다.

② 고속도 재폐로 방식을 채용한다.

③ 계통의 직렬 리액턴스를 낮게 한다.

④ 고속도 차단 방식을 채용한다.

|정|답|및|해|설|

[안정도 향상 대책]
1. 계통의 직렬 리액턴스 감소
2. **전압변동률을 적게** 한다(단락비를 크게 한다.).
3. 계통에 주는 충격을 적게 한다.
4. 고장 중의 발전기 돌입 출력의 불평형을 적게 한다.

【정답】①

38. 반동수차의 일종으로 주요 부분은 러너, 안내날 개, 스피드링 및 흡출관 등으로 되어 있으며 50~500[m] 정도의 중낙차 발전소에 사용되는 수차는?

① 카플란 수차　　② 프란시스 수차

③ 펠턴 수차　　　④ 튜블러 수차

|정|답|및|해|설|
[수차의 종류]
1. 고낙차용 (300[m] 이상) : 펠톤 수차
2. 중낙차용
　·**프란시스 수차** : 낙차 **50~500[m]**
　·프로펠러 수차 : 저낙차 40[m] 이하
3. 최저 낙차 (15[m] 이하) : 튜블러수차
　　　　　　　　　　　　　　　　【정답】②

39. 보일러 급수 중의 염류 등이 굳어서 내벽에 부착 되어 보일러 열전도와 물의 순환을 방해하며 내 면의 수관벽을 과열시켜 파열을 일으키게 하는 원인이 되는 것은?

① 스케일　　　　② 부식
③ 포밍　　　　　④ 캐리오버

|정|답|및|해|설|
[스케일 현상] 보일러의 급수에 포함되어 있는 알루미늄, 나트륨 등 의 염류가 굳어서 되는 것으로 관석이라고도 부르고 있다. 또한 스케 일은 내벽에 부착되어 보일러 열전도와 물의 순환을 방해하며 내면의 수관벽을 과열시켜 파손이 되도록 하는 원인이 되기도 한다.
※ 포밍 : 불순물에 의해 거품이 생기는 현상　　　【정답】①

40. 원자력발전소와 화력발전소의 특성을 비교한 것 중 틀린 것은?

① 원자력발전소는 화력발전소의 보일러 대신 원 자로와 열교환기를 사용한다.

② 원자력발전소의 건설비는 화력발전소에 비해 싸다.

③ 동일 출력일 경우 원자력발전소의 터빈이나 복수기가 화력발전소에 비하여 대형이다.

④ 원자력발전소는 방사능에 대한 차폐 시설물의

투자가 필요하다.

|정|답|및|해|설|
[원자력발전소] 화력발전과 비교하여 원자력발전은 출력밀도(단 위 체적당 출력)가 크므로 같은 출력이라면 소형화가 가능하나, 단위 출력당 건설비는 화력 발전소에 비하여 비싸다.
　　　　　　　　　　　　　　　　【정답】②

2회	2022년 전기산업기사필기 (전기기기)

41. 계전기 중 변압기의 보호에 사용되지 않는 계전기는?

① 비율 차동 계전기

② 차동 계전기

③ 부흐홀츠 계전기

④ 임피던스 계전기

|정|답|및|해|설|
[임피던스 계전기] 임피던스 계전기는 일종의 거리 계전기로 고장점 까지의 회로의 임피던스에 따라 동작한다. 변압기 자체의 보호가 아닌 계통의 단락, 직접접지계통의 주보호 및 후비보호로 광범위하 게 사용된다.　　　　　　　　　　【정답】④

42. 전력용 MOSPET와 전력용 BJT에 대한 설명 중 틀린 것은?

① 전력용 BJT는 전압제어소자로 온 상태를 유지하 는데 거의 무시할 만큼 전류가 필요로 한다.

② 전력용 MOSFET는 비교적 스위칭 시간이 짧아 높은 스위칭 주파수로 사용할 수 있다.

③ 전력용 BJT는 일반적으로 탄온 상태에서의 전압강하 가 전력용 MOSFER보다 작아 전력손실이 적다.

④ 전력용 MOSFET는 온오프 제어가 가능한 소자이다.

|정|답|및|해|설|
[전력용 MOSPET와 전력용 BJT] BJT는 베이스 전류로 컬렉터 전류 제어 스위치로, 온상태를 유지하기 위해 지속적이고 일정한 크기의 베이스 전류가 필요하다.　　　　【정답】①

43. 10[kW], 3상 200[V] 유도전동기의 전부하 전류
는 약 몇 [A]인가? (단, 효율 및 역률 85[%]이다.)

① 60 ② 80 ③ 40 ④ 20

|정|답|및|해|설|

[전부하전류] $I = \dfrac{P}{\sqrt{3}\,V\cos\theta\cdot\eta}$ [A]

$\rightarrow$ (출력 $P = \sqrt{3}\,VI\cos\theta\cdot\eta$[kW])

∴ 전부하전류 $I = \dfrac{P}{\sqrt{3}\,V\cos\theta\cdot\eta} = \dfrac{10\times10^3}{\sqrt{3}\times200\times0.85\times0.85} = 40$[A]

【정답】③

44. 동기발전기에서 제5고조파를 제거하기 위해서는
(β=코일피치/극피치)가 얼마 되는 단절권으로 해
야 하는가?

① 0.9 ② 0.8 ③ 0.7 ④ 0.6

|정|답|및|해|설|

[단절권계수]
제 n 고조파에 대한 단절권계수(n=5일 때)

$K_{pn} = \sin\dfrac{n\beta\pi}{2} = \sin\dfrac{5\beta\pi}{2}$ $\rightarrow$ ($\beta = \dfrac{\text{권선피치}}{\text{자극피치}}$)

제5고조파를 제거하기 위해 단절계수 $k_{p5} = 0$

$K_{p5} = \sin\dfrac{5\beta\pi}{2} = 0$

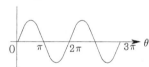

$\rightarrow \dfrac{5\beta\pi}{2} = n\pi$

$n = 0 \rightarrow \beta = 0$
$n = 1 \rightarrow \beta = 0.4$
$n = 2 \rightarrow \beta = 0.8$
$n = 3 \rightarrow \beta = 1.2$

β값은 단절권이므로 1보다 작으면서 1에 가장 가까운 $\beta = 0.8$이
적당하다.

【정답】②

45. 동기기기에서 전기자 권선법 중 집중권에 비해
분포권의 장점에 해당 되지 않는 것은?

① 파형이 좋아진다.
② 권선의 발생 열을 고루 발산시킨다.

③ 권선의 리액턴스가 감소한다,
④ 기전력을 높인다.

|정|답|및|해|설|

[분포권] 매극매상의 도체를 2개 이상의 슬롯에 각각 분포시켜서
권선하는 법 (1극, 1상, 슬롯 2개)

[장점]
·합성 유기기전력이 감소한다.
·기전력의 고조파가 감소하여 파형이 좋아진다.
·누설리액턴스는 감소된다.
·과열 방지의 이점이 있다.

[단점]
·집중권에 비해 합성 <u>유기기전력이 감소</u> 【정답】④

46. 다음중 변압기유가 갖추어야 할 조건으로 옳은 것은?

① 절연내력이 낮을 것
② 인화점이 높을 것
③ 비열이 적어 냉각효과가 클 것
④ 응고점이 높을 것

|정|답|및|해|설|

[변압기유의 구비조건]
·절연내력이 <u>클 것</u>
·절연 재료 및 금속에 화학 작용을 일으키지 않을 것
·인화점이 높고, <u>응고점이 낮을 것</u>
·점도가 낮고, <u>비열이 커서 냉각 효과가 클 것</u>
·고온에 있어 석출물이 생기거나 산화하지 않을 것
·증발량이 적을 것 【정답】②

47. 직류기에서 양호한 정류를 얻는 조건을 옳게 설명
한 것은?

① 정류 주기를 짧게 한다.
② 전기자 코일의 인덕턴스를 작게 한다.
③ 평균 리액턴스 전압을 브러시 접촉 저항에 의한
전압 강하보다 접촉저항을 작게 한다.
④ 브러시 접촉저항을 작게 한다.

|정|답|및|해|설|

[양호한 정류를 얻는 조건]
1. 평균 리액턴스전압을 작아야 한다.
2. 자기인덕턴스 값을 작게 한다.
3. 브러시는 접촉저항이 커야한다.
4. 정류주기가 길어야 한다. 【정답】②

48. 변압기 결선방법에서 1차에 3상 전원, 2차에 2상 전원을 얻기 위한 결선방법은?

① Y결선 ② △결선

③ V결선 ④ T(스코트)결선

|정|답|및|해|설|
[변압기의 상수변환]
1. 3상에서 2상을 얻는 방법 : 스코트(soctt) 결선, 메이어(meyer) 결선, 우드 브리지(wood bridge) 결선
2. 3상에서 6상을 얻는 방법 : Fork 결선, 환상 결선, 2중 3각 결선
【정답】④

49. 부스트(Boost)컨버터의 입력전압이 45[V]로 일정하고, 스위칭 주기가 20[kHz], 듀티비(Duty ratio)가 0.6, 부하저항이 10[Ω]일 때 출력전압은 몇 [V]인가? (단, 인덕터에는 일정한 전류가 흐르고 커패시터 출력전압의 리플성분은 무시한다.)

① 27 ② 67.5

③ 75 ④ 112.5

|정|답|및|해|설|
[부스트 컨버터의 출력전압] $V_o = \dfrac{1}{1-D} V_i$[V]

여기서, D : 듀티비(duty ratio)

$\therefore V_o = \dfrac{1}{D-1} V_i = \dfrac{1}{1-0.6} \times 45 = 112.5$[V]

※부스트 컨버터 : 직류(DC) → 직류(DC)로 승압하는 변환기
【정답】④

50. 직류 분권전동기의 계자저항을 운전 중에 증가시키면?

① 전기자 전류 감소 ② 속도 증가

③ 부하 증가 ④ 자속 증가

|정|답|및|해|설|
[직류 분권전동기]
1. 전기자전류 $I_a = I - I_f = I - \dfrac{V}{R_f}$

  계자저항을 증가시키면 전기자전류는 증가한다.

2. 직류 분권전동기 속도 $n = K\dfrac{V - I_a R_a}{\phi}$[rps]

  계자저항을 증가시키면 여자전류(계자 자속) 감소, 속도는 증가한다.
【정답】②

51. 전기자 권선의 저항 $R_a = 0.09[\Omega]$, 직권계자 권선 및 분권 계자회로의 저항이 각각 $R_s = 0.03[\Omega]$와 $R_f = 200[\Omega]$인 외분권 가동 복권발전기의 부하전류가 $I = 50[A]$일 때 그 단자전압이 $V = 400[V]$라면 유기기전력 E[V]와 전부하전류 I[A] 각각 얼마인가? (단, 전기자 반작용과 브러시 접촉저항은 무시한다.)

① 680[V], 82[A] ② 406[V], 52[A]

③ 536[V], 64[A] ④ 641[V], 73[A]

|정|답|및|해|설|
[복권발전기]
1. 유기기전력 $E = V + I_a(R_a + R_s) + e_a + e_b$
2. 전기자전류 $I_a = I + I_f = 50 + 2 = 52[A]$)

  → (계자전류 $I_f = \dfrac{V}{R_f} = \dfrac{400}{200} = 2[A]$)

$\therefore E = V + I_a(R_a + R_s) = 400 + 52(0.09 + 0.03) = 406[V]$
【정답】②

52. 단상 직권 정류자전동기의 기본형이 아닌 것은?

① 직권형

② 보상 직권형

③ 유도 보상 직권형

④ 톰슨형

|정|답|및|해|설|
[단상 정류자전동기]
1. 직권특성
  ㉠ 단상 직권 정류자전동기 : 직권형, 보상 직권형, 유도 보상 직권형
  ㉡ 단상 반발전동기 : 아트킨손형전동기, 톰슨전동기, 데리 전동기
2. 분권 특성 : 현재 실용화 되지 않고 있음
【정답】④

53. 어떤 공장에 뒤진 역률 0.8인 부하가 있다. 이 선로에 무효전력보상장치(동기조상기)를 병렬로 결선해서 선로의 역률을 0.95로 개선하였다. 개선 후 전력의 변화에 대한 설명으로 틀린 것은?

① 피상전력과 유효전력은 감소한다.
② 피상전력과 무효전력은 감소한다.
③ 피상전력은 감소하고 유효전력은 변화가 없다.
④ 무효전력은 감소하고 유효전력은 변화가 없다.

|정|답|및|해|설|

[역률개선] 역률 개선은 무효전력(P_r)을 줄이는 것

역률 $\cos\theta = \dfrac{P}{P_a} = \dfrac{P}{\sqrt{P^2 + P_r^2}}$

$\rightarrow$ (피상전력 $P_a = \sqrt{P^2 + P_r^2}$)

따라서 무효전력과 피상전력은 줄고, 유효전력은 변하지 않는다.

【정답】①

54. 동기발전기의 단락곡선과 관계가 있는 요소로 옳은 것은?

① 무부하 유기기전력과 전부하 단락전압
② 무부하 유기기전력과 단락전류
③ 계자전류와 단락전류
④ 계자전류와 전부하 단락전압

|정|답|및|해|설|

[단락곡선] 계자전류(I_f)를 증가시키면 단락전류(I_s)도 직선으로 증가한다.

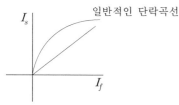

일반적인 단락곡선

※동기리액턴스에 의해 흐르는 전류는 90° 늦은 전류가 크게 흐르게 되며, 이 전류에 의한 전기자 반작용이 감자 작용이 되므로 3상 단락곡선은 직선이 된다.

【정답】③

55. 변압기의 병렬운전에서 1차 환산 누설임피던스가 $2 + j3[\Omega]$과 $3 + j2[\Omega]$일 때 변압기에 흐르는 부하 전류가 50[A]이면 순환전류[A]는? (단, 다른 정격은 모두 같다.)

① 10　　　　② 8
③ 5　　　　④ 3

|정|답|및|해|설|

[순환전류] $I_c = \dfrac{V_1 - V_2}{Z_1 + Z_2} = \dfrac{I_1 Z_1 - I_2 Z_2}{Z_1 + Z_2}$ [A]

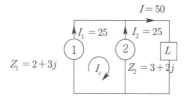

부하전류가 50[A]이고 임피던스의 크기가 같으므로, 각 변압기에는 25[A]씩 흐른다(병렬연결).

$\therefore I_c = \dfrac{I_1 Z_1 - I_2 Z_2}{Z_1 + Z_2}$

$= \dfrac{25(2 + j3 - 3 - j2)}{2 + j3 + 3 + j2} = 5j$　$\rightarrow$　크기이므로 5[A]

【정답】③

56. 직류 분권전동기가 단자전압 215[V], 전기자전류 150[A], 1500[rpm]으로 운전되고 있을 때 발생토크는 약 몇 [N·m]인가? (단, 전기자저항은 0.1[Ω]이다.)

① 191　　　　② 22.4
③ 19.5　　　　④ 220

|정|답|및|해|설|

[직류기의 토크]　$\tau = 0.975\dfrac{E \cdot I_a}{N}[kg \cdot m] = 0.975\dfrac{E \cdot I_a}{N} \times 9.8[N \cdot m]$

$= 0.975\dfrac{P}{N}[kg \cdot m] = 0.975\dfrac{P}{N} \times 9.8[N \cdot m]$

·([kg·m] × 9.8 → [N·m])

분권전동기의 역기전력 $E_c = V - I_a R_a - 215 - (150 \times 0.1) = 200[V]$

$\therefore$토크 $\tau = 0.975 \times \dfrac{E \cdot I_a}{N} \times 9.8$

$= 0.975 \times \dfrac{200 \times 150}{1500} \times 9.8 = 191.1[N \cdot m]$

【정답】①

57. 유도전동기 회전자에 2차주파수와 같은 주파수 전압을 공급하여 속도를 제어하는 방법은?

① 전전압제어   ② 2차저항제어

③ 주파수제어   ④ 2차여자제어

|정|답|및|해|설|

[2차여자제어] 권선형 유도전동기의 2차 회로에 2차 주파수 sf 와 같은 주파수의 전압을 발생시켜 슬립링을 통하여 회전자권선에 공급하여, s를 변환시키는 방법이 2차 여자법이다.

【정답】④

|참|고|

① 전 전압제어 : 공급전압 V를 변화시키는 방법
② 2차저항제어 : 토크의 비례추이를 응용한 것으로 2차 회로에 저항을 넣어 같은 토크에 대한 슬립을 변화시키는 방법
③ 주파수제어 : 전원의 주파수를 변경시키면 연속적으로 원활하게 속도 제어

58. 유도발전기의 특징이 아닌 것은?

① 동기발전기와 같이 동기화 할 필요가 있으며 난조 등 이상 현상이 생긴다.

② 출력은 회전자 속도와 회전자속의 상대속도에는 비례하기 때문에 출력을 증가하려면 속도를 증가 시킨다.

③ 유도발전기는 단독으로 발전을 할 수가 없으므로 반드시 동기발전기가 있는 전원에 연속해서 운전하여야 한다.

④ 발전기의 주파수는 전원의 주파수로 정하고 회전속도에 관계가 없다.

|정|답|및|해|설|

[유도발전기] ① 동기발전기와 같이 동기화 할 필요가 없고 난조 등 이상 현상이 생기지 않는다.   【정답】①

59. 변압기의 자속에 대한 설명으로 옳은 것은?

① 주파수와 권서에 비례한다.

② 전압에 비례, 주파수와 권수 반비례한다.

③ 주파수와 전압에 비례한다.

④ 권수와 전압에 비례 주파수에 반비례한다.

|정|답|및|해|설|

[이상변압기 유기기전력] $E = 4.44f N \varnothing_m = 4.44f B_m AN [V]$
$$\rightarrow (\varnothing_m = B_m A)$$

여기서, f : 주파수, $\varnothing_m$: 최대자속, N : 권수
         B_m : 최대자속밀도, A : 단면적

$\therefore \varnothing \propto B \propto \dfrac{V}{f \cdot N}$

→ 자속은 전압에 비례, 최대자속밀도에 비례, 주파수에 반비례, 권수에 반비례   【정답】②

60. 6극 60[Hz], 200[V], 7.5[kW]의 3상 유도전동기가 840[rpm]으로 회전하고 있을 때 회전자전류의 주파수[Hz]는?

① 18   ② 10   ③ 12   ④ 14

|정|답|및|해|설|

[회전자전류의 주파수] $f_{2s} = sf_2 [Hz]$

1. 슬립 $s = \dfrac{N_s - N}{N_s} = \dfrac{E_{2s}}{E_2} = \dfrac{f_{2s}}{f_2} = \dfrac{P_{2c}}{P_2}$

$s = \dfrac{N_s - N}{N_s} = \dfrac{1200 - 840}{1200} = 0.3$

2. 동기속도 $N_s = \dfrac{120f}{p} = \dfrac{120 \times 60}{6} = 1200 [rpm]$

$\therefore f_{2s} = sf_2 = 0.3 \times 60 = 18 [Hz]$ 【정답】①

61. 평형 3상 Y결선 회로의 선간전압 V_l, 상전압 V_p, 선전류 I_l, 상전류가 I_p일 때 다음의 관련식 중 틀린 것은? (단, P_y는 3상 부하전력을 의미한다.)

① $V_l = \sqrt{3} V_p$ ② $I_l = I_p$

③ $P_y = \sqrt{3} V_l I_l \cos\theta$ ④ $P_y = \sqrt{3} V_p I_p \cos\theta$

|정|답|및|해|설|

[Y결선, △결선과의 비교]

결선법	선간전압 V_l	선전류 I_l	출력[W]	
△결선	V_p	$\sqrt{3} I_p$	$\sqrt{3} V_l I_l \cos\theta$	$3 V_p I_p \cos\theta$
Y결선	$\sqrt{3} V_p$	I_p		

(V_l : 선간전압, I_l : 선로전류, V_p : 정격전압, I_p: 상전류)

【정답】④

62. 정상상태에서 시간 t=0초인 순간에 스위치 s를 열면 흐르는 전류 $i(t)$는?

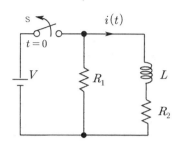

① $\dfrac{E}{R}e^{-\frac{R_1+R_2}{L}t}$

② $\dfrac{V}{R_1}e^{-\frac{L}{R_1+R_2}t}$

③ $\dfrac{V}{R_2}e^{-\frac{R_1+R_2}{L}t}$

④ $\dfrac{V}{R_2}e^{-\frac{L}{R_1+R_2}t}$

|정|답|및|해|설|

[과도영상의 전류 일반식] $i(t)=i(\infty)+[i(0)-i(\infty)]\cdot e^{-\frac{t}{\tau}}$
여기서, $i(0)$: 초기값, $i(\infty)$: 최종값, τ : 시정수)
1. 정상상태에서 L은 단락($0[\Omega]$)

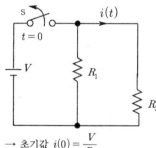

→ 초기값 $i(0)=\dfrac{V}{R_2}$

2. 최종값 $i(\infty)$: 스위치가 열린 상태
   → 최종값 $i(\infty)=0$
3. 시정수 : $\tau=\dfrac{L}{R}=\dfrac{L}{R_1+R_2}$

$\therefore i(t)=i(\infty)+[i(0)-i(\infty)]\cdot e^{-\frac{t}{\tau}}$

$=\dfrac{V}{R_2}\times e^{-\frac{R_1+R_2}{L}t}[A]$ 【정답】③

63. RLC회로가 기본파에서 R=10[Ω], $\omega L=5[\Omega]$, $\dfrac{1}{\omega C}=30[\Omega]$일 때, 기본파에 대한 합성임피던스($Z_1$)과 제3고조파에 대한 합성임피던스($Z_3$)는 각각 몇 [$\Omega$]인가?

① $Z_1=\sqrt{725}$, $Z_3=\sqrt{125}$

② $Z_1=\sqrt{461}$, $Z_3=\sqrt{461}$

③ $Z_1=\sqrt{461}$, $Z_3=\sqrt{125}$

④ $Z_1=\sqrt{125}$, $Z_3=\sqrt{461}$

|정|답|및|해|설|

[합성임피던스]
1. 기본파에 대한 합성임피던스
   $Z_1=R+j\left(wL-\dfrac{1}{wC}\right)=10+j(5-30)=10-j25$
   → $|Z_1|=\sqrt{10^2+25^2}=\sqrt{725}$
2. 3고조파에 대한 합성임피던스
   $Z_3=R+j\left(3wL-\dfrac{1}{3wC}\right)=10+j\left(3\times5-\dfrac{1}{3}\times30\right)=10+j5$
   → $|Z_3|=\sqrt{10^2+5^2}=\sqrt{125}$ 【정답】①

64. 그림과 같은 회로에서 a–b 단자에 100[V]의 전압을 인가할 때 2[Ω]에 흐르는 전류 I_1[A]과 3[Ω]에 걸리는 전압 V[V] 각각 얼마인가?

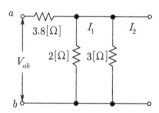

① $I_1=6[A]$, $V=3[V]$

② $I_1=8[A]$, $V=6[V]$

③ $I_1=10[A]$, $V=12[V]$

④ $I_1=12[A]$, $V=24[V]$

|정|답|및|해|설|

[전압]
1. 전체전류 $I=\dfrac{V}{R}=\dfrac{100}{5}=20[A]$

　　　　　・$(R=3.8+\dfrac{2\times3}{2+3}=5[\Omega])$

2. $I_1=\dfrac{3}{2+3}\times20=12[A]$

　　　→ (전류분배의 법칙 $I_1=\dfrac{R_2}{R_1+R_2}$)

3. 전체 전류 20[A]에서 $I_1=12[A]$이므로 $I_2=8[A]$
   → 전압 $V=IR=8\times3=24[V]$

【정답】④

65. 전류의 대칭분이 $I_0 = -2 + j4[A]$, $I_1 = 6 - j5[A]$, $I_2 = 8 + j10[A]$일 때 3상전류 중 a상 전류(I_a)의 크기 $|I_a|$는 몇 [A]인가? (단, I_0는 영상분이고, I_1은 정상분이고, I_2는 역상분이다.)

① 9   ② 12

③ 15   ④ 19

|정|답|및|해|설|

[a상의 전류] $I_a = I_0 + I_1 + I_2$

$I_a = I_0 + I_1 + I_2 = -2 + j4 + 6 - j5 + 8 + j10 = 12 + j9$

$\therefore |I_a| = \sqrt{12^2 + 9^2} = 15[A]$ 【정답】③

66. 대칭좌표법에 관한 설명 중 잘못된 것은?

① 불평형 3상 Y결선의 비접지식 회로에서는 영상분이 존재한다.

② 평형 3상 전압에서 영상분은 0이다.

③ 평형 3상 전압은 정상분만 존재한다.

④ 불평형 3상 Y 결선의 접지식 회로에서는 영상분이 존재한다.

|정|답|및|해|설|

[대칭좌표법] 대칭좌표법에서 접지식은 영상분이 있고 비접지식은 영상분이 없다.   【정답】①

67. $F(s) = \dfrac{1}{s+3}$ 의 라플라스 역변환은?

① $e^{-\frac{t}{3}}$ ② $3e^{-\frac{t}{3}}$

③ e^{-3t} ④ $\dfrac{1}{3}e^{-3t}$

|정|답|및|해|설|

[라플라스 역변환] $F(s)$함수로부터 $f(t)$를 구하는 것으로

$\mathcal{L}^{-1}[F(s)]$로 표시

$F(s) = \dfrac{1}{s+3} \rightarrow f(t) = e^{-3t}$ 【정답】③

|참|고|

[주요 라플라스 변환표]

$f(t)$	$F(s)$
$e^{\mp at}$	$\dfrac{1}{s \pm a}$
$te^{\mp at}$	$\dfrac{1}{(s \pm a)^2}$
$t^n e^{-at}$	$\dfrac{n!}{(s \pm a)^{n+1}}$

68. 회로에서 a, b 단자 사이의 전압 $V_{ab}[V]$은?

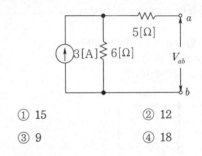

① 15   ② 12

③ 9   ④ 18

|정|답|및|해|설|

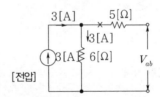

[전압]

5[Ω] 쪽으로는 전류가 흐르지 않으므로 3[A]가 6[Ω] 쪽으로 흐른다. 따라서 전압 $V = 3 \times 6 = 18[V]$

개방 단자의 전압은 병렬 접속된 저항의 전압강하와 같다.

$\therefore V_{ab} = 18[V]$ 【정답】④

69. 다음과 같은 2단자 회로망의 구동점 임피던스는?

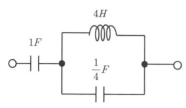

① $\dfrac{5s+1}{5s^2+1}$ ② $\dfrac{5s^2+1}{(s+1)(s+2)}$

③ $\dfrac{5s^2+1}{s(s^2+1)}$ ④ $\dfrac{s+2}{6s(s+1)}$

|정|답|및|해|설|

[2단자 회로망의 구동점 임피던스]

1. 구동점 임피던스(직렬) $Z_s(s)=R+L+C=R+Ls+\dfrac{1}{Cs}$

2. 구동점 임피던스(병렬) $Z_p(s)=\dfrac{1}{\dfrac{1}{R}+\dfrac{1}{L}+\dfrac{1}{C}}=\dfrac{1}{\dfrac{1}{R}+\dfrac{1}{Ls}+Cs}$

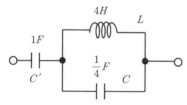

$\therefore Z(s)=\dfrac{1}{C's}+\dfrac{Ls\times\dfrac{1}{Cs}}{Ls+\dfrac{1}{Cs}}=\dfrac{1}{C's}+\dfrac{Ls}{LCs^2+1}$

$=\dfrac{1}{s}+\dfrac{4s}{s^2+1}=\dfrac{(s^2+1)+4s^2}{s(s^2+1)}=\dfrac{5s^2+1}{s(s^2+1)}$

【정답】③

70. 정전용량이 C[F]인 커패시터에

$E(s)=E_1\sin(\omega t+\theta_1)+E_3\sin(3\omega t+\theta_3)$의

전압을 인가했을 때 흐르는 전류의 실효값[A]은?

① $\dfrac{\omega C}{\sqrt{2}}\sqrt{E_1^2+3E_3^2}$ ② $\dfrac{\omega C}{\sqrt{2}}\sqrt{E_1^2+E_3^2}$

③ $\dfrac{\omega C}{\sqrt{2}}\sqrt{E_1^2+3E_3^2}$ ④ $\dfrac{\omega C}{\sqrt{2}}\sqrt{E_1^2+9F_3^2}$

|정|답|및|해|설|

[비정현파 교류의 실효값] $I=\sqrt{I_1^2+I_3^2+\dots}$ [A]

$V=\sqrt{V_1^2+V_3^2+\dots}$ [V]

여기서, I_1, V_1 : 기본파, I_3, V_3 : 3고조

1. $I_1=\dfrac{\dfrac{E_1}{\sqrt{2}}}{Z_1}=Y_1\times\dfrac{E_1}{\sqrt{2}}$

$\rightarrow\left(Y_1=\dfrac{1}{Z_1}=\dfrac{1}{\dfrac{1}{\omega C}}=j\omega C,\ Y_3=\dfrac{1}{Z_3}=\dfrac{1}{\dfrac{1}{3\omega C}}=j3\omega C\right)$

$I_1=Y_1\times\dfrac{E_1}{\sqrt{2}}=j\omega C\dfrac{E_1}{\sqrt{2}}$

2. $I_3=\dfrac{\dfrac{E_3}{\sqrt{2}}}{Z_3}=Y_3\times\dfrac{E_3}{\sqrt{2}}$

$I_3=Y_3\times\dfrac{E_3}{\sqrt{2}}=j3\omega C\dfrac{E_3}{\sqrt{2}}$

$\therefore I=\sqrt{I_1^2+I_3^2}=\sqrt{\left(\dfrac{\omega C}{\sqrt{2}}\times E_1\right)^2+\left(\dfrac{\omega C}{\sqrt{2}}\times 3E_3\right)^2}$

$=\dfrac{\omega C}{\sqrt{2}}\sqrt{E_1^2+9E_3^2}$

【정답】④

71. 회로에서 t=0에 스위치 S를 닫았을 때, 이 회로의 시정수는 몇 초(s)인가? (단, L=10[mH], R=20[Ω]이다.)

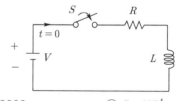

① 2000 ② 5×10^{-4}

③ 200 ④ 5×10^{-3}

|정|답|및|해|설|

[시정수] $\tau=\dfrac{L}{R}$ [sec]

$\therefore \tau=\dfrac{L}{R}=\dfrac{10\times10^{-3}}{20}=0.5\times10^{-3}=5\times10^{-4}$[s]

【정답】②

72. 역률 0.6인 부하의 유효전력이 120[kW]일 때 무효전력[kVar]은?

① 50   ② 160

③ 120   ④ 80

|정|답|및|해|설|

[무효전력] $P_r = \sqrt{P_a^2 - P^2}$

여기서, P : 유효전력, P_a : 피상전력

$$\therefore P_r = \sqrt{P_a^2 - P^2} = \sqrt{\left(\frac{P}{\cos\theta}\right)^2 - P^2} \quad \rightarrow (\text{역률 } \cos\theta = \frac{P}{P_a})$$

$$= \sqrt{\left(\frac{120}{0.6}\right)^2 - 120^2} = 160[\text{kVar}]$$

【정답】②

73. 전달함수에 대한 설명으로 틀린 것은?

① 어떤 계의 전달함수는 그 계에 대한 임펄스 응답의 라플라스 변환과 같다.

② 전달함수는 $\frac{\text{입력 라플라스 변환}}{\text{출력 라플라스 변환}}$ 으로 정의된다.

③ 전달함수가 $\frac{K}{s}$ 가 될 때 적분요소라 한다.

④ 어떤 계의 전달함수의 분모를 0으로 놓으면 이것이 곧 특성방정식이 된다.

|정|답|및|해|설|

[전달함수 정의]

① 어떤 계의 전달함수는 그 계에 대한 임펄스 응답의 라플라스 변환과 같다.

$$G(s) = \frac{C(s)}{R(s)} \rightarrow C(s) = G(s)R(s) \rightarrow C(s) = G(s)$$

$$\rightarrow (R(s) = 1)$$

② 전달함수는 $\frac{\text{출력 라플라스변환}}{\text{입력 라플라스변환}}$ 으로 정의된다.

【정답】②

74. 그림과 같은 평형3상 Y형 결선에서 각 상이 8[Ω]의 저항과 6[Ω]의 리액턴스가 직렬로 접속된 부하에 선간전압 $100\sqrt{3}$[V]가 공급되었다. 이 때 선전류는 몇 [A]인가?

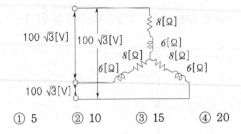

① 5   ② 10   ③ 15   ④ 20

|정|답|및|해|설|

[3상 Y결선에서의 선전류] $I_l = I_p [A]$

$$\therefore I_l = I_p = \frac{V_p}{Z} = \frac{\frac{100\sqrt{3}}{\sqrt{3}}}{8 + j6} = \frac{100}{\sqrt{8^2 + 6^2}} = \frac{100}{10} = 10[A]$$

【정답】②

75. 그림에서 4단자 회로 정수 A, B, C, D 중 출력 단자 3, 4가 개방되었을 때의 $\frac{V_1}{V_2}$ 인 A의 값은?

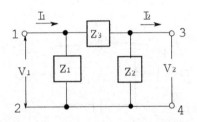

① $1 + \frac{Z_2}{Z_1}$ ② $\frac{Z_1 + Z_2 + Z_3}{Z_1 Z_3}$

③ $1 + \frac{Z_2}{Z_3}$ ④ $1 + \frac{Z_3}{Z_2}$

|정|답|및|해|설|

[4단자정수]

$\cdot A = \left.\frac{V_1}{V_2}\right|_{I_2=0}$ $\cdot B = \left.\frac{V_1}{I_2}\right|_{V_2=0}$

$\cdot C = \left.\frac{I_1}{V_2}\right|_{I_2=0}$ $\cdot D = \left.\frac{I_1}{I_2}\right|_{V_2=0}$

A값 자체가 무부하 개방 시의 전압비 값이다.

$$\begin{bmatrix} 1 & 0 \\ \frac{1}{Z_1} & 1 \end{bmatrix} \begin{bmatrix} 1 & Z_3 \\ 0 & 1 \end{bmatrix} \begin{bmatrix} 1 & 0 \\ \frac{1}{Z_2} & 1 \end{bmatrix} = \begin{bmatrix} 1 & \frac{Z_3}{Z_1} \\ \frac{1}{Z_1} & \frac{Z_3}{Z_1}+1 \end{bmatrix} \begin{bmatrix} 1 & 0 \\ \frac{1}{Z_2} & 1 \end{bmatrix}$$

$$= \begin{bmatrix} 1 + \frac{Z_3}{Z_2} & Z_3 \\ \frac{1}{Z_1} + \left(\frac{Z_3}{Z_1}+1\right)\frac{1}{Z_1} & \frac{Z_3}{Z_1}+1 \end{bmatrix}$$

$$\therefore A = 1 + \frac{Z_3}{Z_2}$$

【정답】④

76. $i = 10\sin\left(\omega t - \dfrac{\pi}{3}\right)$[A]로 표시되는 전류파형 보다 위상이 30° 앞서고, 최대치가 100[V]인 전압파형을 식으로 나타내면?

① $100\sin\left(\omega t - \dfrac{\pi}{2}\right)$

② $100\sqrt{2}\sin\left(\omega t - \dfrac{\pi}{6}\right)$

③ $100\sin\left(\omega t - \dfrac{\pi}{6}\right)$

④ $100\sqrt{2}\sin\left(\omega t - \dfrac{\pi}{6}\right)$

|정|답|및|해|설|

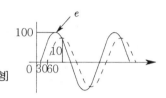

[전압파형]

$\therefore v = 100\sin(\omega t - 30°) = 100\sin\left(\omega t - \dfrac{\pi}{6}\right)$

【정답】③

77. 단상 전력계 2개로 평형 3상 부하의 전력을 측정하였더니 각각 200[W]와 400[W]를 나타내었다면 이때 부하역률은 약 얼마인가?

① 1　　　　　　② 0.866

③ 0.707　　　　④ 0.5

|정|답|및|해|설|

[2전력계법] $\cos\theta = \dfrac{P}{P_a} = \dfrac{P_1 + P_2}{2\sqrt{P_1^2 + P_2^2 - P_1 \cdot P_2}}$

$\therefore \cos\theta = \dfrac{P_1 + P_2}{2\sqrt{P_1^2 + P_2^2 - P_1 \cdot P_2}} = \dfrac{300}{346.4} = 0.866$

【정답】②

78. 그림과 같은 전류 파형의 실효값은 약 몇 [A]인가?

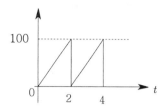

① 77.5　　　　② 67.7

③ 47.7　　　　④ 57.7

|정|답|및|해|설|

[톱니파의 실효값] $I = \dfrac{I_m}{\sqrt{3}}$[A]

명칭	파형	평균값	실효값	파형률	파고율
정현파 (전파)		$\dfrac{2I_m}{\pi}$	$\dfrac{I_m}{\sqrt{2}}$	1.11	$\sqrt{2}$
정현파 (반파)		$\dfrac{I_m}{\pi}$	$\dfrac{I_m}{2}$	$\dfrac{\pi}{2}$	2
사각파 (전파)		I_m	I_m	1	1
사각파 (반파)		$\dfrac{I_m}{2}$	$\dfrac{I_m}{\sqrt{2}}$	$\sqrt{2}$	$\sqrt{2}$
삼각파		$\dfrac{I_m}{2}$	$\dfrac{I_m}{\sqrt{3}}$	$\dfrac{2}{\sqrt{3}}$	$\sqrt{3}$

여기서, I_m : 최대값

$\therefore I = \dfrac{I_m}{\sqrt{3}} = \dfrac{100}{\sqrt{3}} = 57.7$

【정답】④

79. $i(t) = 42.4\sin\omega t + 14.1\sin3\omega t + 7.1(\sin5\omega t + 30°)$ 와 같이 표현되는 전류의 왜형률은 약 얼마인가?

① 0.37　　　　② 0.42

③ 0.12　　　　④ 0.23

|정|답|및|해|설|

[왜형률] $D = \dfrac{\text{전고조파의 실효값}}{\text{기본파의 실효값}} = \dfrac{\sqrt{I_2^2 + I_3^2 + I_4^2}}{I_1}$

$\rightarrow$ (실효값 $I = \dfrac{I_m}{\sqrt{2}}$)

$\therefore D = \dfrac{\sqrt{\left(\dfrac{14.1}{\sqrt{2}}\right)^2 + \left(\dfrac{7.1}{\sqrt{2}}\right)^2}}{\dfrac{42.4}{\sqrt{2}}} = 0.37$

【정답】①

80. 그림의 회로에서 전류 I는 약 몇 [A]인가? (단, 저항의 단위는 [Ω]이다.)

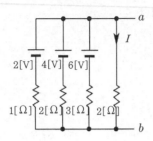

① 1.125
② 1.29
③ 6
④ 7

|정|답|및|해|설|..........
[동일 용량의 콘덴서 연결]

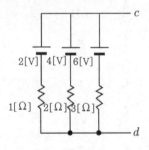

1. $V_{cd} = IZ = \dfrac{\sum\limits_{k=1}^{m} I_k}{\sum\limits_{k=1}^{n} Y_k} = \dfrac{\frac{2}{1}+\frac{4}{2}+\frac{6}{3}}{\frac{1}{1}+\frac{1}{2}+\frac{1}{3}} = \dfrac{36}{11}[V]$

→ (밀만의 정리)

2. $R_{cd} = \dfrac{1}{\frac{1}{1}+\frac{1}{2}+\frac{1}{3}} = \dfrac{6}{11}[\Omega]$

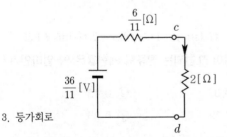

3. 등가회로

$\therefore I = \dfrac{\frac{36}{11}}{\frac{6}{11}+2} = 1.29[A]$　　　　　【정답】②

81. 지중 공가설비로 사용하는 광섬유 케이블 및 동축 케이블은 지름 몇 [mm] 이하이어야 하는가?

① 16
② 5
③ 4
④ 22

|정|답|및|해|설|..........
[지중통신선로설비 시설 (KEC 363.1)]

지중 공가설비로 사용하는 광섬유 케이블 및 동축케이블은 <u>지름 22[mm]</u> 이하일 것　　　　　【정답】④

82. 태양광 발전설비의 시설기준에 있어서 알맞지 않은 것은?

① 태양전지 모듈, 전선, 개폐기 및 기타 기구는 충전부분이 노출되지 않도록 시설하여야 한다.
② 모듈 및 기타 기구에 전선을 접속하는 경우는 나사로 조이고, 기타 이와 동등 이상의 효력이 있는 방법으로 기계적·전기적으로 안전하게 접속하고, 접속점에 장력이 가해지도록 할 것
③ 모듈은 자중, 적설, 풍압, 지진 및 기타의 진동과 충격에 대하여 탈락하지 아니하도록 지지물에 의하여 견고하게 설치할 것
④ 모듈의 출력배선은 극성별로 확인할 수 있도록 표시할 것

|정|답|및|해|설|..........
[태양광 발전설비의 전기배선 (kec 522.1.1)] 모듈 및 기타 기구에 전선을 접속하는 경우는 나사로 조이거나, 기타 이와 동등 이상의 효력이 있는 방법으로 기계적·전기적으로 안전하게 접속하고, 접속점에 <u>장력이 가해지지 않도록</u> 할 것　　　　　【정답】②

83. B종 철주 또는 B종 철근 콘크리트 주를 사용하는 특고압 가공전선로의 지지물 간 거리(경간)는 몇 [m] 이하이어야 하는가?

① 150   ② 250

③ 400   ④ 600

|정|답|및|해|설|

[특고압 가공전선로의 지지물 간 거리 제한 (KEC 333.21)]

지지물의 종류	지지물간 거리
목주 · A종 철주 · A종 철근 콘크리트주	150[m]
B종 철주 · B종 철근 콘크리트주	250[m]
철탑	600[m] (단주인 경우에는 400[m])

【정답】②

---

84. 관등회로의 사용전압이 400[V] 초과이고, 1[kV] 이하인 배선의 공사방법으로 알맞지 않은 것은? (단, 전개된 장소 중 건조한 곳에 한한다.)

① 합성수지몰드공사   ② 금속몰드공사

③ 애자사용공사   ④ 버스덕트공사

|정|답|및|해|설|

[관등회로의 배선 (KEC 234.11.4)]
옥내에 시설하는 사용전압이 400[V] 이상, 1,000[V] 이하인 관등회로의 배선은 다음 각 호에 의하여 시설하여야 한다.

시설장소의 구분		공사의 종류
전개된 장소	건조한 장소	애자사용공사, 합성수지몰드공사 또는 금속몰드공사
	기타의 장소	애자사용공사
점검할 수 있는 은폐된 장소	건조한 장소	애자사용공사, 합성수지몰드공사 또는 금속몰드공사
	기타의 장소	애자사용공사

【정답】④

---

85. 플로어덕트공사에 의한 저압 옥내 배선에서 연선을 사용하지 않아도 되는 전선의 단면적은 최대 몇 $[mm^2]$인가?

① 2.5$[mm^2]$ ② 4$[mm^2]$

③ 6$[mm^2]$ ④ 10$[mm^2]$

|정|답|및|해|설|

[플로어덕트공사 (KEC 232.32)]
1. 전선은 절연전선(옥외용 비닐 절연전선을 제외한다)일 것.
2. 전선은 연선일 것. 다만, 단면적 $10[mm^2]$(알루미늄선은 단면적 $16[mm^2]$) 이하인 것은 그러하지 아니하다.
3. 덕트 상호 간 및 덕트와 박스 및 인출구와는 견고하고 또한 전기적으로 완전하게 접속할 것
4. 덕트의 끝부분은 막을 것
5. 덕트는 kec140에 준하는 접지공사를 할 것

【정답】④

---

86. 특고압 가공전선이 건조물에 접근할 때 조영물의 상부 조영재와의 상방에 있어서의 간격(이격거리)은 몇 [m] 이상인가? (단, 전선은 케이블을 사용했다.)

① 0.4   ② 0.8

③ 1.2   ④ 2.0

|정|답|및|해|설|

[특고압 가공전선과 건조물의 접근 (KEC 333.23)] 사용전압이 35[kV] 이하인 특고압 가공전선과 건조물의 조영재 간격

건조물과 조영재의 구분	전선	접근 형태	간격(이격거리)
상부 조영재	특고압 절연전선	위쪽	2.5[m]
		옆쪽 아래쪽	1.5[m] (전선에 사람이 쉽게 접촉할 우려가 없도록 시설한 경우는 1[m])
	케이블	위쪽	1.2[m]
		옆쪽 아래쪽	0.5[m]
	기타전선		3[m]
기타 조영재	특고압 절연전선		1.5[m] (전선에 사람이 쉽게 접촉할 우려가 없도록 시설한 경우는 1[m])
	케이블		0.5[m]
	기타 전선		3[m]

【정답】③

87. 소세력회로의 전압이 15[V] 이하일 경우 2차 단락 전류 제한값은 8[A]이다. 이때 과전류 차단기의 정격전류는 몇 [A] 이하여야 하는가?

① 1.5   ② 3
③ 5   ④ 10

|정|답|및|해|설|
[소세력 회로 (KEC 241.14)]
절연변압기의 2차 단락전류 및 과전류차단기의 정격전류

소세력 회로의 최대 사용전압의 구분	2차 단락전류	과전류 차단기의 정격전류
15[V] 이하	8[A]	5[A]
15[V] 초과 30[V] 이하	5[A]	3[A]
30[V] 초과 60[V] 이하	3[A]	1.5[A]

【정답】③

88. 22.9[kV] 가공전선로를 시가지에 시설할 때 사용되는 경동연선의 굵기는 몇 [mm²] 이상이어야 하는가?

① 100   ② 55
③ 150   ④ 200

|정|답|및|해|설|
[170[kV] 이하 특고압 가공전선로 전선의 단면적 (KEC 333.1)]

사용전압	전선의 단면적
100[kV] 미만	인장 강도 21.67[kN] 이상의 연선 또는 단면적 55[mm²] 이상의 경동연선
100[kV] 이상	인장강도 58.84[kN] 이상의 연선 또는 단면적 150[mm²] 이상의 경동연선

【정답】②

89. 시가지에서 특고압 가공전선로의 지지물에 시설할 수 있는 통신선의 굵기는 몇 [mm] 이상이어야 하는가?

① 4   ② 5
③ 16   ④ 25

|정|답|및|해|설|
[특고압 가공전선로 첨가설치 통신선의 시가지 인입 제한(KEC 362.5)]
시가지에 시설하는 통신선은 특고압 가공전선로의 지지물에 시설하여서는 아니 된다. 다만, 다음의 경우 그러지 아니하다.
·통신선이 절연전선과 동등 이상의 절연효력이 있을 것
·인장강도 5.26[kN] 이상의 것
·지름 4[mm] 이상의 절연전선
·광섬유 케이블인 경우   【정답】①

90. 터널 등에 시설하는 사용전압이 220[V]인 전구선이 0.6/1[kV] EP 고무 절연 클로로프렌 캡타이어 케이블일 경우 단면적은 최소 몇 [mm²] 이상이어야 하는가?

① 0.5   ② 0.75
③ 1.25   ④ 1.4

|정|답|및|해|설|
[터널 등의 전구선 또는 이동전선 등의 시설 (KEC 242.7.4)]
옥내에 시설하는 사용전압이 400[V] 미만인 전구선 또는 이동전선은 다음에 따라 시설할 것
·공칭 단면적 0.75[mm²] 이상의 300/300[V] 편조 고무코드 또는 0.6/1[kV] EP 고무 절연 클로로프렌 캡타이어 케이블일 것
·이동전선은 300/300[V] 편조 고무코드, 비닐 코드 또는 캡타이어 케이블일 것   【정답】②

91. 고압 옥내배선의 시설 공사로 할 수 없는 것은?

① 케이블공사
② 애자사용공사(건조한 장소로서 전개된 장소)
③ 케이블트레이공사
④ 가요전선관공사

|정|답|및|해|설|
[고압 옥내배선 등의 시설 (KEC 342.1)]
고압 옥내배선은 다음 각 호에 따라 시설하여야 한다.
·애자사용공사(건조한 장소로서 전개된 장소에 한한다)
·케이블 공사
·케이블트레이공사   【정답】④

92. 피뢰등전위본딩의 상호 접속 중 본딩도체로 직접 접속할 수 없는 장소의 경우에는 무엇을 이용하는가?

① 서지보호장치   ② 과전류차단기

③ 개폐기   ④ 지락차단장치

|정|답|및|해|설|⋯⋯⋯⋯⋯⋯⋯⋯⋯⋯⋯⋯

[피뢰등전위본딩(KEC 153.2)]
등전위본딩의 상호 접속은 다음에 의한다.
1. 자연적 구성부재의 전기적 연속성이 확보되지 않은 경우에는 본딩도체로 연결한다.
2. 본딩도체로 직접 접속할 수 없는 장소의 경우에는 서지보호장치를 이용한다.
3. 본딩도체로 직접 접속이 허용되지 않는 장소의 경우에는 절연방전갭(ISG)을 이용한다.   【정답】①

93. 전기저장장치를 시설하는 곳의 계측사항으로 알맞지 않은 것은?

① 주요변압기의 전압

② 주요변압기의 전류

③ 축전지 출력 단자의 전압

④ 축전지 출력 단자의 주파수

|정|답|및|해|설|⋯⋯⋯⋯⋯⋯⋯⋯⋯⋯⋯⋯

[전기저장장치의 시설(계측장치) (KEC 512.2.3)] 전기저장장치를 시설하는 곳에는 다음의 사항을 계측하는 장치를 시설하여야 한다.
1. 축전지 출력 단자의 전압, 전류, 전력 및 충방전 상태
2. 주요변압기의 전압, 전류 및 전력   【정답】④

94. 다음 중에서 목주, A종 철주 또는 A종 철근 콘크리트주를 전선로의 지지물로 사용할 수 없는 보안 공사는?

① 고압 보안공사

② 제1종 특고압 보안공사

③ 제2종 특고압 보안공사

④ 제3종 특고압 보안공사

|정|답|및|해|설|⋯⋯⋯⋯⋯⋯⋯⋯⋯⋯⋯⋯

[특고압 보안공사 (KEC 333.22)] 제1종 특고압 보안 공사의 지지물에는 B종 철주, B종 철근 콘크리트주 또는 철탑을 사용할 것(목주, A종은 사용불가)   【정답】②

95. 직류 전기철도 시스템이 매설 배관 또는 케이블과 인접할 경우 누설전류를 피하기 위해 주행레일과 최소 몇 [m] 이상의 거리를 유지하여야 하는가?

① 1   ② 2   ③ 3   ④ 4

|정|답|및|해|설|⋯⋯⋯⋯⋯⋯⋯⋯⋯⋯⋯⋯

[전기철도 누설전류 간섭에 대한 방지 (KEC 461.5)] 직류 전기철도 시스템이 매설 배관 또는 케이블과 인접할 경우 누설전류를 피하기 위해 최대한 이격시켜야 하며, 주행레일과 최소 1[m] 이상의 거리를 유지하여야 한다.   【정답】①

96. 관등회로에 대한 설명으로 옳은 것은?

① 분기점으로부터 안정기까지의 전로를 말한다.

② 방전등용 안정기 또는 방전등용 변압기로부터 방전관까지의 전로를 말한다.

③ 스위치로부터 안정기까지의 전로를 말한다.

④ 스위치로부터 방전등까지의 전로를 말한다.

|정|답|및|해|설|⋯⋯⋯⋯⋯⋯⋯⋯⋯⋯⋯⋯

[관등회로 (용어)] 방전등용 안정기 또는 방전등용 변압기로부터 방전관까지의 전로   【정답】②

97. 저압 이웃연결(연접)인입선은 폭 몇 [m]를 초과하는 도로를 횡단하지 않아야 하는가?

① 5   ② 6   ③ 7   ④ 8

|정|답|및|해|설|⋯⋯⋯⋯⋯⋯⋯⋯⋯⋯⋯⋯

[저압 이웃연결(연접) 인입선 (kec 221.1.2)]
· 인입선에서 분기하는 점으로부터 100[m]를 넘는 지역에 미치지 않을 것
· 폭 5[m]를 넘는 도로를 횡단하지 않을 것
· 옥내를 통과하지 않을 것
· 전선은 지름 2.6[mm] 경동선 사용(단, 지지물 간 거리가 15[m] 이하인 경우 2.0[mm] 경동선을 사용한다.)   【정답】①

98. 금속관 공사에 대한 기준으로 틀린 것은?

① 저압 옥내배선에 사용하는 전선으로 옥외용 비닐절연전선을 사용하였다.
② 저압 옥내배선의 금속관 안에는 전선에 접속점이 없도록 하였다.
③ 콘크리트에 매설하는 금속관의 두께는 1.2[mm]를 사용하였다.
④ 단면적 10[mm^2] 이하의 연동선을 사용할 수 있다.

|정|답|및|해|설|
[금속관공사 (kec 232.12)]]
· 전선관과의 접속 부분의 나사는 5턱 이상 완전히 나사 결합이 될 수 있는 길이일 것
· 전선은 절연전선(옥외용 비닐절연전선을 제외)
· 전선관의 두께 : 콘크리트 매설시 1.2[mm] 이상
· 관에는 kec140에 준하여 접지공사
【정답】①

99. 저압 전로에서 사용전압이 500[V]초과인 경우 절연저항 값은 몇 [MΩ] 이상이어야 하는가?

① 0.1   ② 0.5
③ 1   ④ 1.5

|정|답|및|해|설|
[전로의 사용전압에 따른 절연저항값 (기술기준 제52조)]

전로의 사용전압의 구분	DC 시험전압	절연 저항값
SELV 및 PELV	250	0.5[MΩ]
FELV, 500[V] 이하	500	1[MΩ]
500[V] 초과	1000	1[MΩ]

【정답】③

100. 발전기의 용량에 관계없이 자동적으로 이를 전로로부터 차단하는 장치를 시설하여야 하는 경우는?

① 과전류 및 과전압 인입
② 베어링 과열
③ 발전기 내부 고장
④ 유압의 과팽창

|정|답|및|해|설|
[발전기 등의 보호장치 (KEC 351.3)]
발전기의 고장 시 자동차단
· 수차 압유 장치의 유압이 저하 : 500[kVA] 이상
· 수차 스러스트 베어링의 온도 상승 : 2000[kVA] 이상
· 발전기 내부 고장이 발생 : 10000[kVA] 이상
· 발전기에 과전류나 과전압이 생긴 경우   【정답】①

01. 시간적으로 변화하지 않는 보존적인 전계가 비회전성이라는 의미를 나타낸 식은?

① $\nabla \cdot E = 0$ 　② $\nabla \cdot E = \infty$

③ $\nabla \times E = 0$ 　④ $\nabla^2 E = 0$

|정|답|및|해|설|

[전계]

1. 비회전성 : $rot\, E = \nabla \times E = 0$

2. 보존적 : $\int E dl = 0$ 【정답】③

02. 서로 결합된 2개의 코일을 직렬로 연결하면 합성자기인덕턴스가 20[mH]이고, 한쪽 코일의 연결을 반대로 하면 8[mH]가 되었다. 두 코일의 상호인덕턴스는?

① 3[mH] 　② 6[mH]

③ 14[mH] 　④ 28[mH]

|정|답|및|해|설|

[인덕턴스 결합] $L = L_1 + L_2 \pm 2M$

1. 자속이 동일 방향 : $L_1 + L_2 + 2M = 20$ → (가동)

2. 자속이 반대 방향 : $L_1 + L_2 - 2M = 8$ → (차동)

1식에서 2식을 뺀다. → $4M = 12$ ∴ $M = 3$

【정답】①

03. 자기인덕턴스가 L_1, L_2이고 상호인덕턴스가 M인 두 회로의 결합계수가 1일 때, 다음 중 성립되는 식은?

① $L_1 \cdot L_2 = M$ 　② $L_1 \cdot L_2 < M^2$

③ $L_1 \cdot L_2 > M^2$ 　④ $L_1 \cdot L_2 = M^2$

|정|답|및|해|설|

[결합계수] $k = \dfrac{M}{\sqrt{L_1 L_2}}$ 　　　 → $(M = k\sqrt{L_1 \cdot L_2})$

$k = 1$이면 $1 = \dfrac{M}{\sqrt{L_1 L_2}}$ → ∴ $M^2 = L_1 L_2$ 【정답】④

|참|고|

[결합계수($0 \leq k \leq 1$)]

1. $k=1$: 누설자속이 없다. 이상적 결합, 완전결합

2. $k=0$: 결합자속이 없다. 서로 간섭이 없다.

04. 두 코일이 있다. 한 코일의 전류가 매초 40[A]의 비율로 변화할 때 다른 코일에는 20[V]의 기전력이 발생하였다면 두 코일의 상호인덕턴스는 몇 [H]인가?

① 0.2 　② 0.5

③ 0.8 　④ 1.0

|정|답|및|해|설|

[상호인덕턴스] $M = \dfrac{e}{\dfrac{di(t)}{dt}}$ [H] 　　 → $\left(e = M\dfrac{di(t)}{dt}\right)$

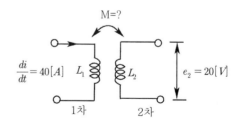

∴ $M = \dfrac{e_2}{\dfrac{di(t)}{dt}} = \dfrac{20}{40} = 0.5$ 　　【정답】②

05. 전기쌍극자로부터 임의의 점의 거리가 r이라 할 때, 전계의 세기는 r과 어떤 관계에 있는가?

① $\dfrac{1}{r}$에 비례   ② $\dfrac{1}{r^2}$에 비례

③ $\dfrac{1}{r^3}$에 비례   ④ $\dfrac{1}{r^4}$에 비례

|정|답|및|해|설|─────────

[전기쌍극자] $E=\dfrac{M}{4\pi\epsilon_0 r^3}\sqrt{1+3\cos^2\theta}\,[\mathrm{V/m}]$

→ (M : 전기 쌍극자 모멘트)

$\therefore E \propto \dfrac{1}{r^3}$ 【정답】③

06. 단면적이 같은 자기회로가 있다. 철심의 투자율을 μ라 하고 철심회로의 길이를 l이라 한다. 지금 그 일부에 미소공극 l_0를 만들었을 때 자기회로의 자기저항은 공극이 없을 때의 약 몇 배인가? (단, $l \gg l_0$ 이다)

① $1+\dfrac{\mu l}{\mu_0 l_0}$ ② $1+\dfrac{\mu l_0}{\mu_0 l}$

③ $1+\dfrac{\mu_0 l}{\mu l_0}$ ④ $1+\dfrac{\mu_0 l_0}{\mu l}$

|정|답|및|해|설|─────────

[미소공극이 있을 때의 자기저항과의 비] $\dfrac{R}{R_m}=1+\dfrac{\mu_s l_0}{l}\,[A]$

여기서, R_m : 자기저항(공극이 없을 때)

R : 공극이 있을 때의 자기저항, μ : 투자율($=\mu_0\mu_s$)

l : 철심의 길이, l_0 : 미소의 공극

$\therefore \dfrac{R}{R_m}=1+\dfrac{\mu_s l_0}{l}=1+\dfrac{\mu_s l_0 \times \mu_0}{l \times \mu_0}=1+\dfrac{\mu l_0}{l\mu_0}\,[A]$

【정답】②

07. 비유전율이 5인 등방 유전체의 한 점에서의 전계의 세기가 $10^5[\mathrm{V/m}]$일 때 이 점의 분극의 세기는 몇 [C/m2]인가?

① $\dfrac{10^{-4}}{9\pi}$ ② $\dfrac{10^{-5}}{9\pi\epsilon_0}$

③ $\dfrac{10^{-4}}{36\pi}$ ④ $\dfrac{10^{-5}}{36\pi\epsilon_0}$

|정|답|및|해|설|─────────

[분극의 세기] $P=\epsilon_0(\epsilon_s-1)E=D\left(1-\dfrac{1}{\epsilon_0}\right)=\lambda E\,[C/m^2]$

여기서, P : 분극의 세기, χ : 분극률($\epsilon-\epsilon_0$)

E : 유전체 내부의 전계, D : 전속밀도

ϵ_0 : 진공 시 유전율

→ ($\epsilon_0=8.855\times 10^{-12}=\dfrac{10^{-9}}{36\pi}[\mathrm{F/m}]$)

$\therefore P=\epsilon_0(\epsilon_s-1)E=\dfrac{10^{-9}}{36\pi}(5-1)\times 10^5=\dfrac{10^{-4}}{9\pi}[C/m^2]$

【정답】①

08. 무한 평면 도체로부터 a[m]의 거리에 점전하 Q[C]가 있을 때, 이 점전하와 평면 도체간의 작용력은 몇 [N]인가?

① $\dfrac{Q^2}{2\pi\varepsilon a^2}$ ② $-\dfrac{Q^2}{4\pi\varepsilon a^2}$

③ $\dfrac{Q^2}{8\pi\varepsilon a^2}$ ④ $-\dfrac{Q^2}{16\pi\varepsilon a^2}$

|정|답|및|해|설|─────────

[점전하와 평면 도체간의 작용력] $F=\dfrac{Q_1 \times Q_2}{4\pi\epsilon r^2}\,[N]$

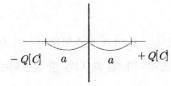

$-Q[C]$ a a $+Q[C]$

접점하와 영상전하 사이의 거리는 $2a[m]$이고, 유전율 $\epsilon[F/m]$이므로

$\therefore F=\dfrac{Q_1 \times Q_2}{4\pi\epsilon r^2}=\dfrac{Q\times(-Q)}{4\pi\epsilon(2a)^2}=-\dfrac{Q^2}{16\pi\epsilon a^2}[N]$

→ (− 부호는 흡인력을 나타낸다.)

【정답】④

09. 전계의 세기가 $5 \times 10^2 [V/m^2]$인 전계 중에 $8 \times 10^{-8} [C]$의 전하가 놓일 때 전하가 받는 힘은 몇 [N]인가?

① 4×10^{-2} ② 4×10^{-3}

③ 4×10^{-4} ④ 4×10^{-5}

|정|답|및|해|설|
[전하가 받는 힘] $F = Q \cdot E [N]$
$\therefore F = Q \cdot E = 8 \times 10^{-8} \times 5 \times 10^2 = 4 \times 10^{-5} [N]$ 【정답】④

10. $2[Wb/m^2]$인 평등자계 속에 자계와 직각 방향으로 놓인 길이 30[cm]인 도선을 자계와 30˚ 각도의 방향으로 30[m/sec]의 속도로 이동할 때, 도체 양단에 유기되는 기전력은?

① 3[V]   ② 9[V]

③ 30[V]   ④ 90[V]

|정|답|및|해|설|
[유기기전력] $e = Blv \sin\theta [V]$
$\therefore e = Blv \sin\theta = 2 \times 0.3 \times 30 \times \sin 30˚ = 9 [V]$
【정답】②

11. 한 금속에서 전류의 흐름으로 인한 온도 구배 부분의 주울열 이외의 발열 또는 흡열에 관한 현상은?

① 펠티에 효과   ② 볼타 법칙

③ 제어벡 효과   ④ 톰슨 효과

|정|답|및|해|설|
[톰슨 효과] 동일한 금속 도선의 두 점간에 온도차를 주고, 고온 쪽에서 저온 쪽으로 전류를 흘리면 도선 속에서 열이 발생되거나 흡수가 일어나는 현상   【정답】④

|참|고|
① 펠티에 효과 : 두 종류 금속 접속 면에 전류를 흘리면 접속점에서 열의 흡수, 발생이 일어나는 효과
③ 세어벡 효과 : 두 종류 금속 접속 면에 온도차가 있으면 기전력이 발생하는 효과
④ 볼타 법칙 : 상이한 두 종류의 근속을 접속시킨 후 떼어 놓으면 각각 양(+), 음(−)으로 대전되는 현상

12. 히스테리시스 곡선이 횡축과 만나는 점은 무엇을 나타내는가?

① 투자율   ② 잔류 자속밀도

③ 자력선   ④ 보자력

|정|답|및|해|설|
[히스테리시스 곡선]

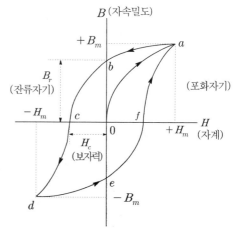

• 히스테리시스 곡선이 종축과 만나는 점은 잔류 자기(잔류 자속밀도(B_r))
• 히스테리시스 곡선이 횡축과 만나는 점은 보자력(H_c)를 표시한다.
• 전자석의 재료는 잔류자기가 크고 보자력이 작아야 한다. 즉, 보자력과 히스테리시스 곡선의 면적이 모두 작은 것이 좋다.
【정답】④

13. 전류의 세기가 $I[A]$, 반지름 $r[m]$인 원형 선전류 중심에 m[Wb]인 가상 정자극을 둘 때 원형 선전류가 받는 힘은 몇 [N]인가?

① $\dfrac{mI}{2r} [N]$ ② $\dfrac{mI}{2\pi r} [N]$

③ $\dfrac{mI^2}{2\pi r} [N]$ ④ $\dfrac{mI}{2r^2} [N]$

|정|답|및|해|설|
[선전류가 받는 힘] $F = mH [N]$

[반지름 r인 선전류 중심의 자계의 세기] $H = \dfrac{I}{2r} [AT/m]$

$\therefore F = mH = \dfrac{mI}{2r} [N]$ 【정답】①

14. 전계 $E = \sqrt{2}\,E_e \sin\omega\left(t - \dfrac{z}{v}\right)[V/m]$의 평면 전자파가 있다. 진공 중에서의 자계의 실효값은 약 몇 [AT/m]인가?

① $2.65 \times 10^{-4}E_e$ ② $2.65 \times 10^{-3}E_e$

③ $3.77 \times 10^{-2}E_e$ ④ $3.77 \times 10^{-1}E_e$

|정|답|및|해|설|

[진공 중에서의 자계의 실효값] $H = \dfrac{E}{Z_0}$

고유임피던스(진공) $Z_0 = \dfrac{E}{H}$

$$= \sqrt{\dfrac{\mu_0}{\epsilon_0}} \times \sqrt{\dfrac{\mu_s}{\epsilon_s}} = 377\sqrt{\dfrac{\mu_s}{\epsilon_s}} = 377[\Omega]$$

$\therefore H = \dfrac{E_e}{Z_0} = \dfrac{1}{377}E_e = 2.65 \times 10^{-3}E_e$ 【정답】②

15. 내외 반지름이 각각 a, b이고 길이가 l인 동축원통 도체 사이에 도전율 σ, 유전율 ϵ인 손실유전체를 넣고, 내원통과 외원통 간에 전압 V를 가했을 때 방사상으로 흐르는 전류 I는? (단, $RC = \epsilon\rho$이다.)

① $\dfrac{2\pi l\,V}{\sigma \ln\dfrac{b}{a}}$ ② $\dfrac{\pi\sigma l\,V}{\ln\dfrac{b}{a}}$

③ $\dfrac{2\pi\sigma l\,V}{\ln\dfrac{b}{a}}$ ④ $\dfrac{4\pi\sigma l\,V}{\ln\dfrac{b}{a}}$

|정|답|및|해|설|

[방사상으로 흐르는 전류] $I = \dfrac{V}{R}[A]$

$RC = \epsilon\rho$에서 $R = \dfrac{\rho\epsilon}{C}$

동축원통의 정전용량 $C = \dfrac{2\pi\epsilon}{\ln\dfrac{b}{a}}l[F]$

$R = \dfrac{\rho\epsilon}{C} = \dfrac{\rho\epsilon}{\dfrac{2\pi\epsilon l}{\ln\dfrac{b}{a}}} = \dfrac{\rho}{2\pi l}\ln\dfrac{b}{a}$

$\therefore I = \dfrac{V}{R} = \dfrac{V}{\dfrac{\rho}{2\pi l}\ln\dfrac{b}{a}} = \dfrac{2\pi l\,V}{\rho\ln\dfrac{b}{a}} = \dfrac{2\pi\sigma l\,V}{\ln\dfrac{b}{a}}$

$\rightarrow \left(\rho = \dfrac{1}{\sigma} \rightarrow \rho : \text{고유저항}, \ \sigma : \text{도전율}\right)$

【정답】③

16. 공심 환상철심에서 코일의 권회수 500회, 단면적 $6[m^2]$, 평균 반지름 15[cm], 코일에 흐르는 전류를 4[A]라 하면 철심 중심에서의 자계의 세기는 약 몇 [AT/m]인가?

① 1061   ② 1325

③ 1821   ④ 2122

|정|답|및|해|설|

[철심 중심에서의 자계의 세기] $H = \dfrac{NI}{l} = \dfrac{NI}{2\pi a}[AT/m]$

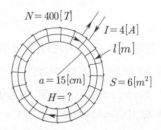

$N = 400[T]$

$I = 4[A]$

$l[m]$

$a = 15[cm]$ $S = 6[m^2]$

$H = ?$

$\therefore H = \dfrac{NI}{2\pi a} = \dfrac{500 \times 4}{2\pi \times 0.15} = 2122[AT/m]$ 【정답】④

17. 반지름 $a[m]$의 도체구와 내외 반지름이 각각 $b[m]$, $c[m]$인 도체구가 동심으로 되어 있다. 두 도체구 사이에 비유전율 ε_s인 유전체를 채웠을 경우의 정전용량[F]은?

① $\dfrac{1}{9 \times 10^9} \times \dfrac{abc}{a - b + c}$

② $9 \times 10^9 \times \dfrac{bc}{b - c}$

③ $\dfrac{\varepsilon_s}{9 \times 10^9} \times \dfrac{ac}{c - a}$

④ $\dfrac{\varepsilon_s}{9 \times 10^9} \times \dfrac{ab}{b - a}$

|정|답|및|해|설|

[정전용량] $C = \dfrac{Q}{V}$

두 도체구 사이의 전위차 $V_{12} = \dfrac{Q}{4\pi\epsilon_0\epsilon_s}\left(\dfrac{1}{a} - \dfrac{1}{b}\right)[V]$

$\therefore C = \dfrac{Q}{V_{12}} = \dfrac{4\pi\epsilon_0\epsilon_s}{\dfrac{1}{a} - \dfrac{1}{b}} = \dfrac{4\pi\epsilon_0\epsilon_s}{\dfrac{b-a}{ab}} = \dfrac{4\pi\epsilon_0\epsilon_s ab}{b-a}[F] = \dfrac{\epsilon_s}{9 \times 10^9} \cdot \dfrac{ab}{b-a}$

【정답】④

18. 다음 중 (㉠), (㉡) 안에 들어갈 내용으로 알맞은 것은?

> 맥스웰은 전극간의 유전체를 통하여 흐르는 전류를 (㉠)라 하고, 이것도 (㉡)를 발생한다고 가정하였다.

① ㉠ 와전류 ㉡ 자계
② ㉠ 변위전류 ㉡ 자계
③ ㉠ 전자전류 ㉡ 전계
④ ㉠ 파동전류 ㉡ 전계

|정|답|및|해|설|

[변위전류] 전극간의 유전체(공기)를 통하여 흐르는 전류 $J_d = \dfrac{dD}{dt}$, 변위전류도 자계를 발생시킨다.

※전도전류 : 도체에 전장(기전력)을 가할 때 흐르는 전류 $J_c = \sigma E$

【정답】②

19. 전기력선의 성질이 아닌 것은?

① 전기력선은 도체 내부에 존재한다.
② 전기력선은 등전위면인 도체표면과 수직으로 출입한다.
③ 전기력선은 그 자신만으로 폐곡선이 되는 일이 없다.
④ 1[C]의 단위 전하에는 $\dfrac{1}{\epsilon_o}$ 개의 전기력선이 출입한다.

|정|답|및|해|설|

[전기력선의 성질]
·전기력선의 밀도는 전계의 세기와 같다.
·Q[C]의 전하에서 전기력선의 수 N= $\dfrac{Q}{\epsilon_0}$ 개의 전기력선이 발생한다.
·정전하(+)에서 부전하(−) 방향으로 연결된다.
·전기력선은 전하가 없는 곳에서 연속
·도체 내부에는 전기력선이 없다.
·전기력선은 도체의 표면에서 수직으로 출입한다.
·전기력선은 스스로 폐곡선을 만들지 않는다.
·대전, 평형 상태 시 선하는 표면에만 분포
·2개의 전기력선은 서로 교차하지 않는다.
·전기력선은 등전위면과 직교한다.
·무한원점에 있는 전하까지 합하면 전하의 총량은 0이다.
【정답】①

20. 무한 평면도체에서 h[m]의 높이에 반지름 a[m] $(a \ll h)$의 도선을 도체에 평행하게 가설하였을 때 도체에 대한 도선의 정전용량은 몇 [F/m]인가?

① $\dfrac{\pi\varepsilon_0}{\ln \dfrac{h}{a}}$　　② $\dfrac{2\pi\varepsilon_0}{\ln \dfrac{2h}{a}}$

③ $\dfrac{\pi\varepsilon_0}{\ln \dfrac{2h}{a}}$　　④ $\dfrac{2\pi\varepsilon_0}{\ln \dfrac{h}{a}}$

|정|답|및|해|설|

[도선의 정전용량] $C = \dfrac{\pi\varepsilon_0}{\ln \dfrac{2h}{a}} [F/m]$

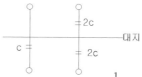

대지간 정전용량은 거리가 $\dfrac{1}{2}$ 이므로

$\therefore C_0 = 2C = \dfrac{2\pi\varepsilon_0}{\ln \dfrac{2h}{a}} [F/m]$

【정답】②

21. 차단기의 정격차단시간을 설명한 것으로 옳은 것은?

① 가동 접촉자의 동작 시간부터 소호까지의 시간
② 고장 발생부터 소호까지의 시간
③ 가동 접촉자의 개극부터 소호까지의 시간
④ 트립코일 여자부터 소호까지의 시간

|정|답|및|해|설|

[차단기의 정격차단시간] 트립코일 여자부터 차단기의 가동 전극이 고정 전극으로부터 이동을 개시하여 개극할 때까지의 개극시간과 접점이 충분히 떨어져 아크가 완전히 소호할 때까지의 아크 시간의 합으로 3~8[Hz] 이다. 　　【정답】④

22. 유효낙차 50[m], 이론수력 4900[kW]인 수력발전소가 있다. 이 발전소의 최대사용수량은 몇 $[m^3/sec]$이겠는가?

① 10　　② 25　　③ 50　　④ 75

|정|답|및|해|설|

[수력발전소의 최대사용수량] $Q = \dfrac{P_g}{9.8H\eta_g\eta_t}$ [m³/sec]

　　　　→ (발전기 이론 출력 $P_g = 9.8QH\eta_g\eta_t$[kW])

여기서, Q : 유량[m^3/s], H : 낙차[m], η_g : 발전기 효율
η_t : 수차의 효율

∴ $Q = \dfrac{P_g}{9.8H} = \dfrac{4900}{9.8 \times 50} = 10[m^3/sec]$　　**【정답】①**

23. 화력발전소의 재열기(reheater)의 목적은?

① 급수를 예열한다.　　② 석탄을 건조한다.
③ 공기를 예열한다.　　④ 증기를 가열한다.

|정|답|및|해|설|

[재열기] 재열기란 낮아진 증기를 다시 보일러에 보내어 증기 온도를 최초의 과열 온도 부근까지 가열시킨 다음 다시 증압 및 저압 터빈으로 보내 재가열하는 장치이다.　　**【정답】④**

24. 수지식 배전방식과 비교한 저압 뱅킹 방식에 대한 설명으로 틀린 것은?

① 전압 변동이 적다.
② 캐스케이딩 현상에 의해 고장확대가 축소된다.
③ 부하증가에 대해 탄력성이 향상된다.
④ 고장 보호 방식이 적당할 때 공급 신뢰도는 향상된다.

|정|답|및|해|설|

[저압 뱅킹 방식] 고압선(모선)에 접속된 2대 이상의 변압기의 저압 측을 병렬 접속하는 방식으로 부하가 밀집된 시가지에 적합
1. 장점
 ·변압기 용량을 저감할 수 있다.
 ·변압기 용량 및 저압선 동량이 절감
 ·부하 증가에 대한 탄력성이 향상
2. 단점
 ·캐스케이딩 현상 발생(저압선의 일부 고장으로 건전한 변압기의 일부 또는 전부가 차단되는 현상)　　**【정답】②**

25. 다음 중 전로의 중성점 접지의 목적으로 거리가 먼 것은?

① 대지전압의 저하
② 이상전압의 억제
③ 손실전력의 감소
④ 보호장치의 확실한 동작의 확보

|정|답|및|해|설|

[전로의 중성점의 접지] 전로의 보호장치의 확실한 동작의 확보, 이상전압의 억제 및 대지전압의 저하를 위하여 특히 필요한 경우에 전로의 중성점을 접지한다.　　**【정답】③**

26. 설비 용량의 합계가 3[kW]인 주택에서 최대 수요 전력이 2.1[kW]일 때의 수용률은?

① 51[%]　　② 58[%]
③ 63[%]　　④ 70[%]

|정|답|및|해|설|

[수용률] 수용률 $= \dfrac{\text{최대수용전력}}{\text{설비용량}} \times 100$[%]

∴ 수용률 $= \dfrac{\text{최대수용전력}}{\text{설비용량}} \times 100 = \dfrac{2.1}{3} \times 100 = 70$[%]

【정답】④

27. 전력선과 통신선과의 상호인덕턴스에 의하여 발생되는 유도장해는?

① 정전유도장해　　② 전자유도장해
③ 고조파유도장해　　④ 전력유도장해

|정|답|및|해|설|

[유도장해]
1. 정전유도장해 : 전력선과 통신선과의 정전용량에 기인, 영상전압, 선로 길이에 무관
2. 전자유도장해 : 전력선과 통신선과의 상호인덕턴스에 기인, 영상전류, 선로 길이에 비례　　**【정답】②**

28. 부하전력 W[kW], 전압 V[V], 선로의 왕복선 $2l$[m], 고유저항 ρ[$\Omega \cdot mm^2/m$], 역률 100[%] 인 단상 2선식 선로에서 선로손실을 P[W]라 하면 전선의 단면적은 몇 [mm^2]인가?

① $\dfrac{2PV^2W^2}{\rho\ell} \times 10^6$ ② $\dfrac{2\rho\ell W^2}{PV^2} \times 10^6$

③ $\dfrac{\rho\ell^2 W^2}{PV^2} \times 10^6$ ④ $\dfrac{\rho\ell W^2}{2PV^2} \times 10^6$

|정|답|및|해|설|⋯⋯⋯⋯⋯⋯⋯⋯⋯⋯⋯⋯

[단상2선식의 선로손실] $P_l = I^2 R = \left(\dfrac{P}{V\cos\theta}\right)^2 R$

$\rightarrow (P = VI\cos\theta)$

역률 100[%], 즉 $\cos\theta = 1$

$P_l = \dfrac{P^2 R}{V^2} = \dfrac{P^2}{V^2} \times \rho\dfrac{2l}{A}$ $\rightarrow$ (저항 $R = \rho\dfrac{l}{A}$, 왕복이므로 $2l$)

$\therefore$ 단면적 $A = \dfrac{2P^2}{V^2} \times \rho\dfrac{l}{P_l} = \dfrac{2\rho l P^2}{P_l V^2} = \dfrac{2\rho l W^2}{P V^2}$ [mm^2]

$\rightarrow$ (문제에서 $P = W$, $P_l = P$)

【정답】②

29. 전력계통의 전압조정 설비의 특징에 대한 설명 중 틀린 것은?

① 병렬콘덴서는 진상 능력만을 가지며 병렬리액 터는 진상능력이 없다.
② 무효전력보상장치(동기조상기)는 무효전력의 공급과 흡수가 모두 가능하여 진상 및 지상 용량을 갖는다.
③ 무효전력보상장치는 조정의 단계가 불연속적이나 직 렬 콘덴서 및 병렬리액터는 그것이 연속적이다.
④ 병렬리액터는 장거리 초고압 송전선 또는 지 중선 계통의 충전용량 보상용으로 주요 발·변 전소에서 설치된다.

|정|답|및|해|설|⋯⋯⋯⋯⋯⋯⋯⋯⋯⋯⋯⋯

[전력계통의 전압조정 설비]

설비 항목	무효전력보상장치 (동기조상기)	리액터	콘덴서
진상	가능	불가능	가능
지상	가능	가능	불가능
조정	연속적	단계적	단계적
시충전	가능	불가능	불가능

【정답】③

30. 전력원선도에서 구할 수 없는 것은?

① 조상용량
② 송전손실
③ 정태안정 극한전력
④ 과도안정 극한전력

|정|답|및|해|설|⋯⋯⋯⋯⋯⋯⋯⋯⋯⋯⋯⋯

[전력원선도]
1. 전력원선도에서 알 수 있는 사항
 ·조상용량
 ·수전단 역률
 ·선로손실과 효율
 ·정태안정 극한전력(최대전력)
 ·필요한 전력을 보내기위한 송수전단 전압 간의 상차각
2. 전력원선도에서 구할 수 없는 사항
 ·과도안정 극한전력
 ·코로나 손실

【정답】④

31. 우리나라의 특고압 배전방식으로 가장 많이 사용 되고 있는 것은?

① 단상 2선식 ② 단상 3선식
③ 3상 3선식 ④ 3상 4선식

|정|답|및|해|설|⋯⋯⋯⋯⋯⋯⋯⋯⋯⋯⋯⋯

[우리나라의 특고압 배전방식] 3상 4선식은 같은 회선에서 선간전 압과 상전압의 양전압을 이용할 수 있기 때문에 배전계통에서 가장 많이 채용되고 있다.

【정답】④

32. 다음 중 표준형 철탑이 아닌 것은?

① 내선 철탑 ② 직선 철탑
③ 각도 철탑 ④ 인류 철탑

|정|답|및|해|설|⋯⋯⋯⋯⋯⋯⋯⋯⋯⋯⋯⋯

[표준 철탑]
1. 직선형(A형) : 전선로의 직선 부분 (3˚ 이하의 수평 각도 이루는 곳 포함)에 사용
2. 각도형(B, C형) : 전선로 중 수평 각도 3˚ 를 넘는 곳에 사용
3. 인류형(D형) : 전 가섭선을 인류하는 곳에 사용
4. 내장형(E형) : 전선로 지지물 양측의 지지물 간 거리 차가 큰 곳에 사용하며, E철탑이라고도 한다.
5. 보강형 : 전선로 직선 부분을 보강하기 위하여 사용

【정답】①

33. 전선의 굵기가 균일하고 부하가 균등하게 분산 분포되어 있는 배전선로의 전력손실은 전체 부하가 송전단으로부터 전체 전선로 길이의 어느 지점에 집중되어 있을 경우의 손실과 같은가?

① $\dfrac{3}{4}$

② $\dfrac{2}{3}$

③ $\dfrac{1}{3}$

④ $\dfrac{1}{2}$

|정|답|및|해|설|

[집중부하와 분산부하]

	모양	전압강하	전력손실
균일 분산부하		$\dfrac{1}{2}IrL$	$\dfrac{1}{3}I^2rL$
말단 집중부하		IrL	I^2rL

I : 전선의 전류, r : 전선의 단위 길이당 저항, L : 전선의 길이

【정답】③

34. 변전소에서 수용가에 공급되는 전력을 끊고 소내 기기를 점검할 필요가 있을 경우와, 점검이 끝난 후 차단기와 단로기를 개폐시키는 동작을 설명한 것으로 옳은 것은?

① 점검 시에는 차단기로 부하회로를 끊고 단로기를 열어야 하며, 점검 후에는 차단기로 부하회로를 연결한 후 단로기를 넣어야 한다.

② 점검 시에는 단로기를 열고 난 후 차단기를 열어야 하며, 점검 후에는 단로기를 넣고 난 다음에 차단기로 부하회로를 연결하여야 한다.

③ 점검 시에는 단로기를 열고 난 후 차단기를 열어야 하며, 점검이 끝난 경우에는 차단기를 부하에 연결한 다음에 단로기를 넣어야 한다.

④ 점검 시에는 차단기로 부하회로를 끊고 난 다음에 단로기를 열어야 하며, 점검 후에는 단로기를 넣은 후 차단기를 넣어야 한다.

|정|답|및|해|설|

[단로기] 단로기(DS)는 부하전류를 개폐할 수 없으므로 정전 시에는 차단기로 부하전류를 차단한 후 단로기를 조작하고 급전 시에는 단로기를 조작한 후 차단기(CB)를 닫아야 한다.

【정답】④

35. 코로나 방지 대책으로 적당하지 않은 것은?

① 복도체를 사용한다.

② 가선금구를 개량한다.

③ 전선의 바깥지름을 크게 한다.

④ 선간거리를 감소시킨다.

|정|답|및|해|설|

[코로나 방지 대책]
·기본적으로 코로나 임계전압을 크게 한다.
·굵은 전선을 사용한다.
·전선 표면을 매끄럽게 유지 및 관리한다.
·복도체를 사용한다.
·가선 금구를 개량한다.   【정답】④

|참|고|

임계전압 $E_0 = 24.3m_0 m_1 \delta d \log \dfrac{D}{r}$

임계전압 식에서 선간거리(D)를 증가시켜도 코로나 임계전압이 상승하나, 선간거리를 증가시키려면 철탑을 보강해야 하므로 경제적 측면에서 부적당하다.

36. 그림과 같이 송전선이 4도체인 경우 소선 상호간의 기하학적 평균거리는?

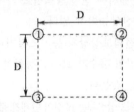

① $\sqrt[3]{2}\,D$

② $\sqrt[4]{2}\,D$

③ $\sqrt[6]{2}\,D$

④ $\sqrt[8]{2}\,D$

|정|답|및|해|설|

[4도체에서 소선 간 기하학적 평균거리]

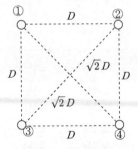

$\therefore D_e = \sqrt[3]{D \times D \times \sqrt{2}\,D} = \sqrt[6]{2}\,D$ 【정답】③

37. 제5고조파를 제거하기 위하여 전력용 콘덴서 용량의 몇 [%]에 해당하는 직렬리액터를 설치하는가?

① 2~3　　　　　② 5~6

③ 7~8　　　　　④ 9~10

|정|답|및|해|설|

[직렬리액터] 제5고조파로부터 전력용 콘덴서 보호 및 파형 개선의 목적으로 사용
1. 이론적으로는 콘덴서 용량의 4[%]
2. 실재로는 콘덴서 용량의 6[%] 설치　　　【정답】②

38. 영상변류기를 사용하는 계전기는?

① 지락계전기　　　② 차동계전기

③ 과전류계전기　　④ 과전압계전기

|정|답|및|해|설|

[영상변류기(ZCT)] 영상변류기(ZCT)는 영상전류를 검출한다. 따라서 지락과전류계전기에는 영상전류를 검출하도록 되어있고, 지락사고를 방지한다.　　　【정답】①

39. 송전선에 복도체를 사용할 때의 설명으로 틀린 것은?

① 코로나 손실이 경감된다.

② 안정도가 상승하고 송전용량이 증가한다.

③ 정전 반발력에 의한 전선의 진동이 감소된다.

④ 전선의 인덕턴스는 감소하고, 정전용량이 증가한다.

|정|답|및|해|설|

[복도체] 도체가 1가닥인 것을 2가닥으로 나누어 도체의 등가반지름을 키우겠다는 것
[장점]
1. 코로나 임계전압 상승
2. 선로의 인덕턴스 감소
3. 선로의 정전용량 증가
4. 허용 전류기 증가
5. 신로의 송전용량 20[%] 정도 증가
[단점]
1. 페란티 효과에 의한 수전단의 전압 상승
2. 강풍 또는 빙설기 부착에 의한 선선의 진동, 동요가 발생
3. 코로나 임계전압이 낮아져 코로나 발생 용이
　　　　　　　　　　　　　　　【정답】③

40. 가공지선에 대한 설명으로 틀린 것은?

① 직격뢰에 대해서는 특히 유효하며, 탑 상부에 시설하므로 뇌는 주로 가공지선에 내습한다.

② 가공지선은 아연도철선, ACSR 등이 사용된다.

③ 차폐효과를 높이기 위하여 도전성이 좋은 전선을 사용한다.

④ 가공지선은 전선의 자폐와 진행파의 파고값을 증폭시키기 위해서이다.

|정|답|및|해|설|

[가공지선] 가공지선의 역할은 뇌에 대한 전선의 차폐 및 진행파의 감쇄 (대지 정전용량 C_s은 조금 증가한다.)
[설치 목적]
·직격뢰에 대한 차폐
·유도뢰에 대한 정전차폐
·통신선에 대한 전자유도장해 경감을 목적으로 설비한다.
　　　　　　　　　　　　　　　【정답】④

3회 2022년 전기산업기사필기 (전기기기)

41. 변압기 결선방법 중 3상 전원을 이용하여 2상 전압을 얻고자 할 때 사용할 결선 방법은?

① Fork 결선　　　② Scott결선

③ 환상 결선　　　④ 2중 3각 결선

|정|답|및|해|설|

[변압기 상수의 변환]
1. 3상-2상 간의 상수 변환
　·스코트 결선(T결선)
　·메이어 결선
　·우드브리지 결선
2. 3상-6상 간의 상수 변환
　·환상 결선
　·2중 3각 결선
　·2중 성형 결선
　·대각 결선
·포크 결선　　　　　　　　　【성답】②

42. 3상 유도전동기에서 동기와트로 표시되는 것은?

① 각속도   ② 토크

③ 2차 출력   ④ 1차 입력

|정|답|및|해|설|

[동기와트] 전동기 속도가 동기속도일 때 토크 T와 출력 P_0는 정비례하므로 토크의 개념을 와트로도 환산할 수 있다. 이 와트를 동기와트라고 하며 곧 토크를 의미한다.

동기와트 $P_0 = 1.026 N_s T [W]$

여기서, P_0 : 출력, N_s : 동기속도   【정답】②

43. 3상 유도전동기의 특성에서 비례추이 하지 않는 것은?

① 2차 전류   ② 1차 전류

③ 역률   ④ 출력

|정|답|및|해|설|

[유도전동기의 비례추이]
1. 비례추이를 할 수 있는 것 : 1차 전류, 2차 전류, 역률, 동기 와트 등
2. 비례추이를 할 수 없는 것 : 출력, 2차 동손, 2차 효율 등
           【정답】④

44. 자동제어장치에 쓰이는 서보모터의 특성을 나타내는 것 중 틀린 것은?

① 빈번한 시동, 정지. 역전 등의 가혹한 상태에 견디도록 견고하고 큰 돌입 전류에 견딜 것

② 시동 토크는 크나, 회전부의 관성 모멘트가 작고 전기적 시정수가 짧을 것

③ 발생 토크는 입력신호에 비례하고 그 비가 클 것

④ 직류 서보 모터에 비하여 교류 서보 모터의 시동 토크가 매우 클 것

|정|답|및|해|설|

[서보모터의 특징]
·기동 토크가 크다.
·회전자 관성 모멘트가 적다.
·제어 권선 전압이 0에서는 기동해서는 안되고, 곧 정지해야 한다.
·직류 서보모터의 기동 토크가 교류 서보모터보다 크다.
·속응성이 좋다. 시정수가 짧다. 기계적 응답이 좋다.
·회전자 팬에 의한 냉각 효과를 기대할 수 없다.
           【정답】④

45. 다음에서 게이트에 의한 턴온(turn-on)을 이용하지 않는 소자는?

① DIAC   ② SCR

③ GTO   ④ TRAIC

|정|답|및|해|설|

[각 소자의 특성]
① DIAC : 쌍방향 2단자 사이리스터
② SCR : 단일방향 3단자 사이리스터
③ GTO : 단일방향 3단자 사이리스터
④ TRIAC : 쌍방향 3단자 사이리스터

※ 3단자는 게이트 단자가 있다. 게이트가 없는 것은 DIAC이다.
           【정답】①

46. 단상 변압기 3대를 이용하여 △ - △ 결선을 하는 경우의 설명으로 틀린 것은?

① 중성점을 접지할 수 없다.

② Y-Y결선에 비해 상전압이 선간전압의 $\frac{1}{\sqrt{3}}$ 배 이므로 절연이 용이하다.

③ 3대 중 1대에서 고장이 발생하여도 나머지 2대로 V결선하여 운전을 계속할 수 있다.

④ 결선 내에 순환전류가 흐르나 외부에는 나타나지 않으므로 통신 장애에 대한 염려가 없다.

|정|답|및|해|설|

[△-△ 결선의 장·단점]

장점	·기전력의 파형이 왜곡되지 않는다. ·한 대의 변압기가 고장이 생기면, 나머지 두 대로 V 결선 시켜 계속 송전시킬 수 있다. ·장래 수용 전력을 증가하고자 할 때 V 결선으로 운전하는 방법이 편리하다. ·대전류에 적당하다.
단점	·지락 사고의 검출이 어렵다. ·권수비가 다른 변압기를 결선하면 순환전류가 흐른다. ·중성점 접지를 할 수 없다.

※② △-△ 결선 시 상전압(V_p)과 선간전압(V_l)이 같다. $V_p = V_l$
           【정답】②

47. 6600/210[V], 10[kVA] 단상 변압기의 퍼센트 저항강하는 1.2[%], 리액턴스강하는 0.9[%]이다. 임피던스전압[V]은?

① 99   ② 81   ③ 65   ④ 37

|정|답|및|해|설|

[임피던스 전압] $V_s = \frac{\%z\, V_{1n}}{100}$ [V]

$\rightarrow$ ($\%z = \frac{\text{임피던스전압}}{\text{인가전압}} = \frac{V_s}{V_{1n}} \times 100\,[\%]$)

퍼센트저항강하 $p = 1.2[\%]$, 퍼센트리액턴스강하 $q = 0.9[\%]$

1. 퍼센트 임피던스 강하
$$\%z = \sqrt{p^2 + q^2} = \sqrt{1.2^2 + 0.9^2} = 1.5[\%]$$

2. 임피던스 전압 $V_s = \frac{\%z\, V_{1n}}{100} = \frac{1.5 \times 6600}{100} = 99[V]$

【정답】①

48. 직류기에서 전기자 반작용을 방지하기 위한 보상 권선의 전류 방향은?

① 전기자 전류의 방향과 같다.
② 전기자 전류의 방향과 반대이다.
③ 계자 전류의 방향과 같다.
④ 계자 전류의 방향과 반대이다.

|정|답|및|해|설|

[전기자 반작용 방지] 보상권선을 전기자 권선과 직렬로 접속하고 전기자 전류와 반대 방향으로 전류를 흐르게 하면 전기자 전류에 의한 전기자 반작용 자속은 보상 권선의 자속으로 상쇄되어 전기자 반작용은 상쇄된다. 【정답】②

49. 6극 직류발전기의 정류자 편수가 132, 단자전압이 220[V], 직렬 도체수가 132개이고 중권이다. 정류자 편간 전압은 몇 [V] 인가?

① 10   ② 20   ③ 30   ④ 40

|정|답|및|해|설|

[정류자 편간전압] $e_{sa} = \frac{pE}{k}$ [V]

여기서, e_{sa} : 정류자편간전압, E : 유기기전력, p : 극수
k : 정류자편수

$\therefore e_{sa} = \frac{pE}{k} = \frac{6 \times 220}{132} = 10[V]$ 【정답】①

|참|고|

[정류자] · 정류자편수 $k = \frac{Z}{2} = \frac{\mu}{2}s$

· 정류자편수의 위상차 $\theta = \frac{2\pi}{k} = \frac{2\pi}{k}$

50. IGBT(Insulatef Gate Transistor)에 대한 설명으로 틀린 것은?

① MOSFET와 같이 전압제어 소자이다.
② GTO 사이리스터와 같이 역방향 전압저지 특성을 갖는다.
③ 게이트와 에미터 사이의 입력 임피던스가 매우 낮아 BJT보다 구동하기 쉽다.
④ BJT처럼 on~drop이 전류에 관계없이 낮고 거의 일정하며, MOSFET보다 훨씬 큰 전류를 흘릴 수 있다.

|정|답|및|해|설|

[IGBT(Insulated Gate Bipolar Transistor) IGBT는 MOSFET와 트랜지스터의 장점을 취한 것으로서 다음의 특징이 있다.
·소스에 대한 게이트의 전압으로 도통과 차단을 제어한다.
·게이트 구동전력이 매우 낮다.
·스위칭 속도는 FET와 트랜지스터의 중간 정도로 빠른 편에 속한다.
·용량은 일반 트랜지스터와 동등한 수준이다.
·MOSFET와 같이 입력 임피던스가 매우 높아 BJT보다 구동하기 쉽다. 【정답】③

51. 발전기의 자기여자현상을 방지하기 위한 대책으로 적합하지 않은 것은?

① 단락비를 크게 한다.
② 포화율을 작게 한다.
③ 선로의 충전전압을 높게 한다.
④ 발전기 정격전압을 높게 한다.

|정|답|및|해|설|

[자기여자현상을 방지하기 위한 대책]
발전기가 송전선로를 충전하는 경우 자기여자 현상을 방지하기 위해서는 단락비를 크게 하면 된다. 따라서, 선로를 안전하게 충전할 수 있는 단락비의 값은 다음 식을 만족해야 한다.

단락비 $> \frac{Q'}{Q}\left(\frac{V}{V'}\right)(1+\sigma)$

여기서, Q' : 소요 충전전압 V'에서의 선로 충전용량[kVA]
Q : 발전기의 정격출력[kVA], V : 발전기의 정격전압[V]
σ : 발전기 정격전압에서의 포화율
따라서, 자기여자현상을 방지하기 위해서는 발전기 정격전압 V를 낮게 하여야 한다. 【정답】④

52. 직류발전기를 병렬 운전할 때 균압선이 필요한 직류발전기는?

① 분권발전기, 직권발전기

② 분권발전기, 복권발전기

③ 직권발전기, 복권발전기

④ 분권발전기, 단극발전기

|정|답|및|해|설|
[균압선의 목적]

· 병렬 운전을 안정하게 하기 위하여 설치하는 것

· 일반적으로 직권 및 복권 발전기에는 직권 계자 코일에 흐르는 전류에 의하여 병렬 운전이 불안정하게 되므로 균압선을 설치하여 직권 계자 코일에 흐르는 전류를 분류하게 된다.

【정답】③

53. 변압기 운전에 있어 효율이 최대가 되는 부하는 전부하의 75[%]였다고 하면, 전부하에서의 철손과 동손의 비는?

① 4 : 3

② 9 : 16

③ 10 : 15

④ 18 : 30

|정|답|및|해|설|
[변압기 최고 효율 조건] $\left(\dfrac{1}{m}\right)^2 P_c = P_i$

$\dfrac{P_i}{P_c} = \left(\dfrac{1}{m}\right)^2 = \left(\dfrac{3}{4}\right)^2 = \dfrac{9}{16}$ → (75[%]=3/4)

$\therefore P_i : P_c = 9 : 16$

【정답】②

54. 3상 권선형 유도전동기의 회전자에 슬립 주파수의 전압을 공급하여 속도를 변화시키는 방법은?

① 교류 여자 제어법

② 1차 저항법

③ 주파수 변환법

④ 2차 여자 제어법

|정|답|및|해|설|
[2차여자법(슬립 제어)] $I_2 = \dfrac{SE_2 \pm E_c}{r_2}$

I_2는 일정하므로 슬립(slip) 주파수의 전압 E_c의 크기에 따라 S가 변하게 되고 속도가 변하게 된다. 이와 같이 속도를 바꾸는 방법을 2차 여자법이라 한다.

【정답】④

55. 직류전동기의 속도제어 방법에서 광범위한 속도 제어가 가능하며, 운전효율이 가장 좋은 방법은?

① 계자제어

② 전압제어

③ 직렬 저항제어

④ 병렬 저항제어

|정|답|및|해|설|
[직류 전동기의 속도 제어법 비교]

구분	제어 특성	특징
계자제어법	계자 전류의 변화에 의한 자속의 변화로 속도 제어	속도 제어 범위가 좁다.
전압제어법	· 정토크 제어 　－워드 레오나드 방식 　－일그너 방식	· 제어 범위가 넓다. · 운전 효율 우수 · 손실이 적다. · 정역운전 가능 · 설비비 많이 듦
저항제어법	전기자 회로의 저항 변화에 의한 속도 제어법	효율이 나쁘다.

【정답】②

56. 어떤 변압기의 백분율 저항강하가 2[%], 백분율 리액턴스강하가 3[%]라 한다. 이 변압기로 역률이 80[%]인 부하에 전력을 공급하고 있다. 이 변압기의 전압변동률은 몇 [%]인가?

① 2.4

② 3.4

③ 3.8

④ 4

|정|답|및|해|설|
[변압기 전압변동률] $\epsilon = p\cos\theta \pm q\sin\theta\,[\%]$

　　　→ (+ : 지상, − : 진상, 언급이 없으면 지상)

(p : %저항강하, q : %리액턴스 강하, θ : 부하 Z의 위상각)

$\therefore \epsilon = p\cos\theta + q\sin\theta = 2 \times 0.8 + 3 \times 0.6 = 3.4\,[\%]$

　　　→ $(\sin\theta = \sqrt{1 - \cos^2\theta})$

※ 변압기 전압변동률 $\epsilon = \dfrac{V_{20} - V_{2n}}{V_{2n}} \times 100$

(V_{20} : 무부하 2차 단자전압, V_{2n} : 정격 2차 단자 전압)

【정답】②

57. 2대의 동기발전기가 병렬 운전하고 있을 때 동기화 전류가 흐르는 경우는?

① 기전력의 크기에 차가 있을 때

② 기전력의 위상에 차가 있을 때

③ 부하 분담에 차가 있을 때

④ 기전력의 파형에 차가 있을 때

|정|답|및|해|설|

[동기발전기가 병렬 운전]

병렬 운전 조건	같지 않은 경우
기전력의 크기가 같을 것	무효순환전류가 흘러서 저항손 증가, 전기자 권선 과열, 역률 변동 등이 일어난다.
기전력의 위상이 같을 것	동기화전류가 흐르고 동기화력 작용, 출력 변동이 일어난다.
기전력의 주파수가 같을 것	동기화전류가 주기적으로 흘러서 심해지면 병렬운전을 할 수 없다.
기전력의 파형이 같을 것	고조파 무효 순환 전류가 흐르고 전기자 저항손이 증가하여 과열의 원인이 된다.

【정답】②

58. 3상 동기기의 제동권선을 사용하는 주 목적은?

① 출력이 증가한다.　② 효율이 증가한다.

③ 역률을 개선한다.　④ 난조를 방지한다.

|정|답|및|해|설|

[제동권선의 역할]
· 난조 방지
· 기동토크 발생
· 불평형 부하시의 전류, 전압 파형 개선
· 송전선의 불평형 단락시의 이상 전압 방지　【정답】④

59. 단상 유도전동기의 기동방법 중 기동 토크가 가장 큰 것은?

① 반발 기동형　② 반발 유도형

③ 콘덴서 기동형　④ 분상 기동형

|정|답|및|해|설|

[단상 유도전동기에 대한 기동 토크의 크기]
반발 기동형 〉 반발 유도형 〉 콘덴서 기동형 〉 분상 기동형 〉 모노사이클릭 기동형 순이다.　【정답】①

60. 정격 1차 전압이 6600[V], 2차 전압이 220[V], 주파수가 60[Hz]인 단상 변압기가 있다. 이 변압기를 이용하여 정격 220[V], 10[A]인 부하에 전력을 공급할 때 변압기의 1차 측 입력을 몇 [kW]인가? (단, 부하의 역률은 1로 한다.)

① 2.2　　　　② 3.3

③ 4.5　　　　④ 6.5

|정|답|및|해|설|

[변압기의 1차 측 입력] $P_1 = V_1 I_1 \cos[W]$

1. 권수비 $a = \dfrac{E_1}{E_2} = \dfrac{N_1}{N_2} = \dfrac{I_2}{I_1} = \sqrt{\dfrac{L_1}{L_2}}$

$$a = \frac{V_1}{V_2} = \frac{6600}{220} = 30$$

2. 1차 전류 $\dfrac{I_1}{I_2} = \dfrac{1}{a}$ 이므로 $I_1 = \dfrac{I_2}{a} = \dfrac{10}{30} = 0.33[A]$

∴1차 입력 ($\cos\theta = 1$을 대입)

$$P_1 = V_1 I_1 \cos\theta = 6600 \times 0.33 \times 1 \times 10^{-3} = 2.17[kW]$$

【정답】①

3회 2022년 전기산업기사필기(회로이론)

61. 다음과 같은 브리지 회로가 평형이 되기 위한 Z_4의 값은?

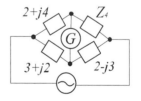

① 2 +j4　　　　② −2 +j4

③ 4 +j2　　　　④ 4 − j2

|정|답|및|해|설|

[브리지회로] 브리지 회로가 평형이면 대각선의 저항을 곱한 것이 같으므로 $Z_4(3+j2) = (2+j4)(2-j3)$

∴$Z_4 = \dfrac{(2+j4)(2-j3)}{3+j2} = \dfrac{(16+j2)(3-j2)}{(3+j2)(3-j2)} = 4-j2$

【정답】④

62. 함수 $f(t) = A \cdot e^{-\frac{1}{\tau}t}$ 에서 시정수는 A의 몇 [%]가 되기까지의 시간인가?

① 37   ② 63

③ 85   ④ 92

|정|답|및|해|설|

[시정수] $f(t) = A \cdot e^{-\frac{1}{\tau}t} \rightarrow \frac{1}{\tau}t = 1$ $\rightarrow (\tau = t)$

$\therefore f(t) = A \cdot e^{-1} = 0.368A$

※시정수 : 전류 $i(t)$가 정상값의 63.2[%]까지 도달하는데 걸리는 시간으로 단위는 [sec].　　　　　**【정답】①**

63. 다음 두 회로의 4단자 정수가 동일할 조건은?

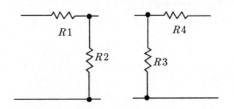

① R1=R2, R3=R4   ② R1=R3, R2=R4

③ R1=R4, R2=R3=0   ④ R2=R3, R1=R4=0

|정|답|및|해|설|

[4단자정수]
1. 첫 번째 그림

$A = 1 + \frac{R1}{R2}$, $B = R1$, $C = \frac{1}{R2}$, $D = 1$

2. 두 번째 그림

$A = 1$, $B = R4$, $C = \frac{1}{R3}$, $D = 1 + \frac{R4}{R3}$ **【정답】④**

64. 저항 3[Ω], 유도리액턴스 4[Ω]인 직렬회로에 $e = 141.4\sin\omega t + 42.4\sin 3\omega t$[V] 전압 인가 시 전류의 실효값은 몇 [A]인가?

① 20.15   ② 18.25

③ 16.15   ④ 14.25

|정|답|및|해|설|

[전류의 실효값] $|i(t)| = \sqrt{I_1^2 + I_3^2 + \cdots}$

1. $I_1 = \frac{V_1}{Z_1} = \frac{\frac{V_m}{\sqrt{2}}}{R + j\omega L} = \frac{\frac{141.4}{\sqrt{2}}}{3 + 4j} = \frac{\frac{141.4}{\sqrt{2}}}{\sqrt{3^2 + 4^2}} = \frac{100}{5} = 20$

2. $I_3 = \frac{V_3}{Z_3} = \frac{\frac{V_{m3}}{\sqrt{2}}}{R + j3\omega L} = \frac{\frac{42.4}{\sqrt{2}}}{3 + 12j} = \frac{\frac{42.4}{\sqrt{2}}}{\sqrt{3^2 + 12^2}} = \frac{30}{12} = 2.5$

$\therefore |I| = \sqrt{20^2 + 2.5^2} = 20.15[A]$ **【정답】①**

65. 정현파의 파형률은?

① $\frac{실효값}{최대값}$ ② $\frac{평균값}{실효값}$

③ $\frac{실효값}{평균값}$ ④ $\frac{최대값}{실효값}$

|정|답|및|해|설|

[파형률과 파고율]

1. 파형률 $= \frac{실효치}{평균치}$

2. 파고율 $= \frac{최대치}{실효치}$ **【정답】③**

66. 역률이 60[%]이고 1상의 임피던스가 60[Ω]인 유도부하를 △로 결선하고 여기에 병렬로 저항 20[Ω]을 Y결선으로 하여 3상 선간전압 200[V]를 가할 때의 소비전력[W]은?

① 3200   ② 3000

③ 2000   ④ 1000

|정|답|및|해|설|

[소비전력[W]] 전체소비전력 $P_T = P_\triangle + P_Y$

1. △결선 시의 소비전력($P_\triangle$)

$P_\triangle(3상) = 3 V_p I_p \cos\theta = 3 \times 200 \times \frac{200}{60} \times 0.6 = 1200[W]$

2. Y결선 시의 소비전력(P_Y)

$P_Y(3상) = 3\frac{V_p^2}{R} = 3 \cdot \frac{\left(\frac{200}{\sqrt{3}}\right)^2}{20} = 3 \times \frac{\frac{40000}{3}}{20} = 2000[W]$

$\therefore P_T = P_\triangle + P_Y = 1200 + 2000 = 3200[W]$

【정답】①

67. 각 상의 전류가

$$i_a = 60\sin\omega t[A], \ i_b = 60\sin(\omega t - 90°)[A]$$

$$i_c = 60\sin(\omega t + 90°)[A]$$일 때, 영상 대칭분의

전류[A]는?

① $20\sin\omega t[A]$

② $\dfrac{20}{3}\sin\dfrac{\omega t}{3}[A]$

③ $60\sin\omega t[A]$

④ $\dfrac{20}{\sqrt{3}}\sin(\omega t + 45°)[A]$

|정|답|및|해|설|

[영상분 전류] $I_0 = \dfrac{1}{3}(i_a + i_b + i_c)$

1. $i_a = 60\sin\omega t[A]$

2. i_b와 i_c는 크기는 같고 방향이 반대이므로 $i_b + i_c = 0$

$\therefore I_0 = \dfrac{1}{3}(i_a + i_b + i_c) = \dfrac{1}{3} \times 60\sin\omega t = 20\sin\omega t[A]$

【정답】①

|참|고|

1. 정상분 $I_1 = \dfrac{1}{3}(I_a + aI_b + a^2 I_c)$

$\rightarrow (a : 1\angle 120, \ a^2 : 1\angle 240)$

2. 역상분 $I_2 = \dfrac{1}{3}(I_a + a^2 I_b + aI_c)$

68. 그림과 같이 시간축에 대하여 대칭인 삼각파 교류

전압의 평균값[V]은?

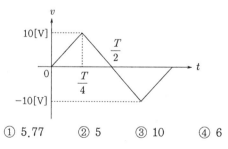

① 5.77   ② 5   ③ 10   ④ 6

|정|답|및|해|설|

[삼각파(톱니파)] 평균값$= \dfrac{I_m}{2}$[A]

$\therefore$ 평균값$= \dfrac{I_m}{2} = \dfrac{10}{2} = 5$[A]

【정답】②

|참|고|

[주요 파형의 값]

명칭	파형	평균값	실효값	파형률	파고율
정현파 (전파)		$\dfrac{2V_m}{\pi}$	$\dfrac{V_m}{\sqrt{2}}$	1.11	$\sqrt{2}$
정현파 (반파)		$\dfrac{V_m}{\pi}$	$\dfrac{V_m}{2}$	$\dfrac{\pi}{2}$	2
사각파 (전파)		V_m	V_m	1	1
사각파 (반파)		$\dfrac{V_m}{2}$	$\dfrac{V_m}{\sqrt{2}}$	$\sqrt{2}$	$\sqrt{2}$
삼각파		$\dfrac{V_m}{2}$	$\dfrac{V_m}{\sqrt{3}}$	$\dfrac{2}{\sqrt{3}}$	$\sqrt{3}$

69. $R = 6[\Omega]$, $X_L = 8[\Omega]$, 직렬인 임피던스 3개

로 △결선한 대칭 부하회로에 선간전압 100[V]

인 대칭 3상 전압을 가하면 선전류는 몇 [A]인가?

① 3   ② $3\sqrt{3}$

③ 10   ④ $10\sqrt{3}$

|정|답|및|해|설|

[△ 결선] 선전류 $I_l = \dfrac{\sqrt{3} V_l}{Z}$[A]

$\therefore I_l = \dfrac{\sqrt{3} V_l}{Z} = \dfrac{\sqrt{3} \times 100}{6 + j8} = \dfrac{\sqrt{3} \times 100}{\sqrt{6^2 + 8^2}} = \dfrac{\sqrt{3} \times 100}{10} = 10\sqrt{3}$

【정답】④

70. 어떤 제어계의 출력이 $C(s) = \dfrac{5}{s(s^2 + s + 2)}$ 로 주

어질 때 출력의 시간함수 $c(t)$의 최종값은?

① 5   ② 2

③ $\dfrac{2}{5}$ ④ $\dfrac{5}{2}$

|정|답|및|해|설|

[최종값 정리] $\lim\limits_{t\to\infty} C(t) = \lim\limits_{s\to 0} s C(s)$

$\therefore \lim\limits_{s\to 0} s C(s) = \lim\limits_{s\to 0} s \dfrac{5}{s(s^2 + s + 2)} = \dfrac{5}{2}$

【정답】④

71. 10[kVA]의 변압기 2대로 공급할 수 있는 최대 3상 전력은 약 몇 [kVA]인가? (단, 결선은 V 결선 시 이다.)

① 20[kVA] ② 17.3[kVA]
③ 10[kVA] ④ 8.7[kVA]

|정|답|및|해|설|

[V결선 시의 전력] $P = \sqrt{3}\,P_1\,[kVA]$

$\rightarrow$ (P_1 : 변압기 1대의 용량)

$\therefore P = \sqrt{3}\,P_1 = \sqrt{3} \times 10[kVA] = 17.3[kVA]$

【정답】②

72. 그림에서 전류 I_5의 크기는?

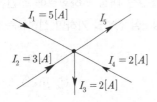

① 3[A] ② 5[A]
③ 8[A] ④ 12 A

|정|답|및|해|설|

[키르히호프의 제1법칙(전류법칙)] 제1법칙은 회로상의 한 교차점으로 들어오는 전류(전 전류 I)의 합은 나가는 전류(유출 전류)의 합과 같은 것으로, 이는 다음과 같이 나타낸다.

즉, $\sum i_i = \sum i_o$

$\therefore I_1 + I_2 + I_4 = I_3 + I_5 \rightarrow 5+3+2 = 2+I_5 \quad \therefore I_5 = 8$

【정답】③

73. 푸리에 급수에서 직류항은?

① 우함수이다
② 기함수이다.
③ 우함수+기함수이다.
④ 우함수×기함수이다.

|정|답|및|해|설|

[푸리에 급수] 직류항=a_0=상수항

1. 정현대칭 : 원점대칭, $\sin \omega t$, 기함수, $\sin$항(a_n)

2. 여현대칭 : Y축대칭, $\cos \omega t$, 우함수, 직류항(a_0), $\cos$항(b_n)

【정답】①

74. 2전력계법에서 지시 $P_1 = 100[W]$, $P_2 = 200[W]$일 때 역률[%]은?

① 50.2 ② 70.7
③ 86.6 ④ 90.4

|정|답|및|해|설|

[2전력계법] 역률 $\cos\theta = \dfrac{P}{P_a} = \dfrac{P_1 + P_2}{2\sqrt{P_1^2 + P_2^2 - P_1 P_2}}$

$\therefore \cos\theta = \dfrac{P_1 + P_2}{2\sqrt{P_1^2 + P_2^2 - P_1 P_2}}$

$= \dfrac{100 + 200}{2\sqrt{100^2 + 200^2 - 100 \times 200}} = 0.866 = 86.6[\%]$

【정답】③

75. 저항 4[Ω], 주파수 50[Hz]에 대하여 4[Ω]의 유도리액턴스와 1[Ω]의 용량리액턴스가 직렬연결 된 회로에 100[V]의 교류전압이 인가될 때 무효전력[Var]은?

① 1000 ② 1200
③ 1400 ④ 1600

|정|답|및|해|설|

[직렬연결 된 회로의 무효전력[Var]] $P_r = I^2 \cdot X_L$

$$R = 4[\Omega] \quad +jX_L = 4[\Omega] \quad -jX_C = 1[\Omega]$$
$$V = 100[V]$$

1. $+j4 - j1 = 3j(X_L)$ $\rightarrow$ ($Z = R + j(X_L - X_C) = 4+j3$)

2. $P_r = I^2 \cdot X_L = 20^2 \times 3 = 1200$ $\rightarrow$ ($I = \dfrac{V}{Z} = \dfrac{100}{\sqrt{4^2+3^2}} = 20$)

【정답】②

76. $f(t) = e^{-2t}\sin 4t$를 라플라스 변환하면?

① $\dfrac{1}{s+2}$ ② $\dfrac{2}{(s+4)^2 + 4}$

③ $\dfrac{4}{(s+2)^2 + 16}$ ④ $\dfrac{2}{(s+2)^2 + 4}$

|정|답|및|해|설|‥‥‥‥‥‥‥‥‥‥‥‥‥‥‥‥

[라플라스 변환] 시간함수를 s함수로 고치는 것

$\sin 4t$ 라플라스 변환 → $\dfrac{4}{s^2 + 4^2}\bigg|_{s=(s+2)} = \dfrac{4}{(s+2)^2 + 4^2}$

【정답】③

77. 회로의 4단자 정수로 틀린 것은?

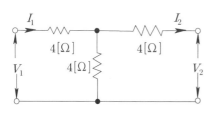

① $A = 2$ ② $B = 12$

③ $C = \dfrac{1}{4}$ ④ $D = 6$

|정|답|및|해|설|‥‥‥‥‥‥‥‥‥‥‥‥‥‥‥‥

[T형 4단자 정수]

$A = \left| \dfrac{V_1}{V_2} \right|_{I_2 = 0} = \dfrac{4+4}{4} = 2$

$B = \left| \dfrac{V_1}{I_2} \right|_{V_2 = 0} = \dfrac{I_1\left(4 + \dfrac{4}{2}\right)}{\dfrac{I_1}{2}} = 12$

$C = \left| \dfrac{I_1}{V_2} \right|_{I_2 = 0} = \dfrac{1}{4}$

$D = \left| \dfrac{I_1}{I_2} \right|_{V_2 = 0} = \dfrac{1}{\dfrac{1}{2}} = 2$

【정답】④

78. 커패시터 C를 100[V]로 충전하고 10[Ω]의 저항으로 1초 동안 방전하였더니 C의 단자전압이 90[V]로 감소하였다. 이때 C는 약 몇 [F]인가?

① 1.05   ② 0.95

③ 0.75   ④ 0.55

|정|답|및|해|설|‥‥‥‥‥‥‥‥‥‥‥‥‥‥‥‥

[콘덴서 전압]

1. 충전 : $E\left(1 - e^{-\frac{1}{RC}t}\right)$

2. 방전 : $E \cdot e^{-\frac{1}{RC}t}$

$\therefore E \cdot e^{-\frac{1}{RC}t} \rightarrow 100 \times e^{-\frac{1}{10 \times C} \times 1} = 90 \rightarrow C = 0.95$

【정답】②

79. 불평형 3상전류가

$I_a = 16 + j2[\text{A}], \ I_b = -20 - j9[\text{V}], \ I_c = -2 + j10[\text{A}]$

일 때 영상분 전류의 크기는 몇 [A]인가?

① $-2 + j[A]$ ② $-6 + j3[A]$

③ $-9 + j6[A]$ ④ $-18 + j9[A]$

|정|답|및|해|설|‥‥‥‥‥‥‥‥‥‥‥‥‥‥‥‥

[영상분 전류] $I_0 = \dfrac{1}{3}(I_a + I_b + I_c)$

$\therefore I_0 = \dfrac{1}{3}(I_a + I_b + I_c)$

$= \dfrac{1}{3}(16 + j2 - 20 - j9 - 2 + j10)$

$= \dfrac{1}{3}(-6 + j3) = -2 + j[A]$

【정답】①

|참|고|‥‥‥‥‥‥‥‥‥‥‥‥‥‥‥‥‥‥‥‥

[대칭분 전압]

1. 정상분 $I_1 = \dfrac{1}{3}(I_a + aI_b + a^2 I_c)$

$\rightarrow (a : 1 \angle 120, \ a^2 : 1 \angle 240)$

2. 역상분 $I_2 = \dfrac{1}{3}(I_a + a^2 I_b + aI_c)$

80. 그림 (a)와 같은 회로를 그림 [b]와 같이 간단한 회로로 등가변환 하고자 한다. V[V]와 R [Ω] 은 각각 얼마인가?

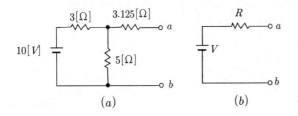

(a)   (b)

① V = 6.25[V], R = 5[Ω]
② V = 5.25[V], R = 3[Ω]
③ V = 7.25[V], R = 7[Ω]
④ V = 4.25[V], R = 1[Ω]

|정|답|및|해|설|

[테브난의 정리]

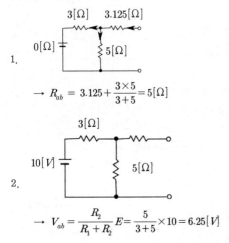

1.

$$\rightarrow R_{ab} = 3.125 + \frac{3 \times 5}{3 + 5} = 5[\Omega]$$

2.

$$\rightarrow V_{ab} = \frac{R_2}{R_1 + R_2} E = \frac{5}{3 + 5} \times 10 = 6.25[V]$$

【정답】①

3회 2022년 전기산업기사필기(전기설비기술기준)

81. 지중전선로를 직접 매설식에 의하여 차량 기타 중량물의 압력을 받을 우려가 있는 장소에 시설 하는 경우 그 깊이는 몇 [m] 이상이어야 하는가?

① 1   ② 1.2
③ 1.5   ④ 1.8

|정|답|및|해|설|

[지중 전선로의 시설 (KEC 334.1)] 전선은 케이블을 사용하고, 또 한 관로식, 암거식, 직접 매설식에 의하여 시공한다.
1. 직접 매설식 : 매설 깊이는 중량물의 압력이 있는 곳은 1.0[m] 이상, 없는 곳은 0.6[m] 이상으로 한다.
2. 관로식 : 매설 깊이를 1.0 [m]이상, 중량물의 압력을 받을 우려가 없는 곳은 60 [cm] 이상으로 한다.
3. 암거식 : 지하 구조물 내 케이블 지지대를 설치하고 그 위에 케이 블을 부설하는 방식   【정답】①

82. 타냉식의 특별고압용 변압기의 냉각장치에 고장 이 생긴 경우 보호하는 장치로 가장 알맞은 것은?

① 경보장치   ② 자동차단장치
③ 압축공기장치   ④ 속도조정장치

|정|답|및|해|설|

[특고압용 변압기의 보호장치 (KEC 351.4)]

뱅크 용량의 구분	동작 조건	장치의 종류
5,000[kVA] 이상 10,000[kVA] 미만	변압기 내부 고장	자동 차단 장치 또는 경보 장치
10,000[kVA] 이상	변압기 내부 고장	자동 차단 장치
타냉식 변압기 (강제순환식)	·냉각장치 고장 ·변압기 온도 상승	경보 장치

【정답】①

83. 전차선과 차량 간의 최소 절연 간격(이격거리)은 단상교류 25[kV]일 때 동적은 몇 [mm]인가?

① 100   ② 150
③ 170   ④ 270

|정|답|및|해|설|

[전차선로의 충전부와 차량 간의 절연 간격(이격거리) (KEC 431.3)]

시스템 종류	공칭전압(V)	동적(mm)	정적(mm)
직류	750	25	25
	1,500	100	150
단상교류	25,000	170	270

【정답】③

84. 전기욕기의 시설에서 욕기 내의 전극간의 거리는 몇 [m] 이상이어야 하는가?

① 1   ② 1.2

③ 1.3   ④ 1.5

|정|답|및|해|설|⋯⋯⋯⋯⋯⋯⋯⋯⋯⋯⋯⋯⋯
[전기욕기의 시설 (KEC 241.2)]
· 사용전압이 10[V] 이하
· 욕탕안의 전극간의 거리는 1[m] 이상일 것.

【정답】①

85. 금속덕트공사에 의한 저압 옥내배선 시설 방법에 해당되지 않는 것은?

① 전선은 절연전선(옥외용 비닐절연전선을 제외한다.)일 것

② 금속덕트 안에는 전선의 접속점이 없을 것

③ 덕트의 끝 부분은 막지 않을 것

④ 덕트는 물이 고이는 낮은 부분을 만들지 않도록 시설할 것

|정|답|및|해|설|⋯⋯⋯⋯⋯⋯⋯⋯⋯⋯⋯⋯⋯
[금속덕트공사 (KEC 232.31)]
1. 전선은 절연전선(옥외용 비닐절연전선을 제외)일 것
2. 금속덕트에 넣은 전선의 단면적(절연피복의 단면적을 포함한다)의 합계는 덕트의 내부 단면적의 20[%](전광표시 장치 기타 이와 유사한 장치 또는 제어회로 등의 배선만을 넣는 경우에는 50[%]) 이하일 것
3. 금속덕트 안에는 전선에 접속점이 없도록 할 것
4. 금속덕트는 폭이 40[mm]를 초과하고 또한 두께가 1.2[mm] 이상인 철판 또는 금속제로 제작
5. 지지점간 거리는 3[m] 이하(취급자 이외의 자가 출입할 수 없는 곳에서 수직으로 붙이는 경우 6[m] 이하)
6. <u>덕트의 끝부분은 막을 것</u>
7. 덕트는 물이 고이는 낮은 부분을 만들지 않도록 시설할 것

【정답】③

86. 전가섭선에 관하여 각 가섭선의 상정 최대 장력의 3[%]와 같은 불평형 장력의 수평 종분력에 의한 하중을 더 고려하여야 할 철탑의 유형은?

① 직선형   ② 각도형

③ 내장형   ④ 인류형

|정|답|및|해|설|⋯⋯⋯⋯⋯⋯⋯⋯⋯⋯⋯⋯⋯
[상시 상정하중 (KEC 333.13)] 철주·철근 콘크리트주 또는 철탑의 강도 계산에 사용하는 상시 상정하중은 풍압이 전선로에 직각 또는 전선로의 방향으로 가하여지는 경우의 하중(수직 하중, 수평 횡 하중, 수평 종 하중이 동시에 가하여 지는 것)을 계산하여 큰 응력이 생기는 쪽의 하중을 채택한다.
1. 인류형의 경우에는 전가섭선에 관하여 각 가섭선의 상정 최대장력과 같은 불평균 장력의 수평 종분력에 의한 하중
2. 내장형·보강형의 경우에는 전가섭선에 관하여 각 가섭선의 상정 최대장력의 33[%]와 같은 불평균 장력의 수평 종분력에 의한 하중
3. 직선형의 경우에는 전가섭선에 관하여 각 가섭선의 상정 <u>최대장력의 3[%]</u>와 같은 불평균 장력의 수평 종분력에 의한 하중. 단, 내장형은 제외한다.
4. 각도형의 경우에는 전가섭선에 관하여 각 가섭선의 상정 최대장력의 10[%]와 같은 불평균 장력의 수평 종분력에 의한 하중

【정답】①

87. 다음 중 옥내에 시설하는 저압전선으로 나전선을 사용하여서는 아니 되는 경우는?

① 애자사용공사에 의하여 전개된 곳에 시설하는 전기로용 전선

② 이동 기중기에 전기를 공급하기 위하여 사용하는 접촉 전선

③ 합성수지몰드공사에 의하여 시설하는 경우

④ 버스덕트공사에 의하여 시설하는 경우

|정|답|및|해|설|⋯⋯⋯⋯⋯⋯⋯⋯⋯⋯⋯⋯⋯
[나전선의 사용 제한 (KEC 231.4)]
옥내에 시설하는 저압전선에는 나전선을 사용하여서는 아니 된다. 다만, 다음중 어느 하나에 해당하는 경우에는 그러하지 아니하다.
1. 애자사용공사에 의하여 전개된 곳에 다음의 전선을 시설하는 경우
   ① 전기로용 전선
   ② 전선의 피복 절연물이 부식하는 장소에 시설하는 전선
   ③ 취급자 이외의 자가 출입할 수 없도록 설비한 장소에 시설하는 전선
2. 버스덕트배선에 의하여 시설하는 경우
3. 라이팅덕트배선에 의하여 시설하는 경우
4. 접촉 전선을 시설하는 경우

【정답】③

88. 저압 수상전선로에 사용되는 전선은?

① MI 케이블

② 알루미늄피 케이블

③ 클로로프렌시스 케이블

④ 클로로프렌 캡타이어 케이블

|정|답|및|해|설|

[수상전선로의 시설 (KEC 335.3)] 수상전선로는 그 사용전압이 저압 또는 고압의 것에 한하여 전선은 <u>저압의 경우 클로로프렌 캡타이어 케이블</u>, 고압인 경우 캡타이어 케이블을 사용하고 수상전선로의 전선을 가공전선로의 전선과 접속하는 경우의 접속점의 높이는 접속점이 육상에 있는 경우는 지표상 5[m] 이상, 수면상에 있는 경우 4[m] 이상, 고압 5[m] 이상이어야 한다.

【정답】④

89. 최대 사용전압이 23,000[V] 인 중성점 비접지식 전로의 절연내력 시험전압은 몇 [V]인가?

① 16,560　　② 21,160

③ 25,300　　④ 28,750

|정|답|및|해|설|

[전로의 절연저항 및 절연내력 (KEC 132)]

접지방식	최대 사용 전압	시험 전압(최대 사용 전압 배수)	최저 시험 전압
비접지	7[kV] 이하	1.5배	
	7[kV] 초과	1.25배	10,500[V]
중성점접지	60[kV] 초과	1.1배	75[kV]
중성점직접 접지	60[kV] 초과 170[kV] 이하	0.72배	
	170[kV] 초과	0.64배	
중성점 다중접지	25[kV] 이하	0.92배	

→ 전로에 케이블을 사용하는 경우에는 직류로 시험할 수 있으며, 시험 전압은 교류의 경우의 2배가 된다.

비접지 7[kV] 초과 이므로 $23000 \times 1.25 = 28,750[V]$

【정답】④

90. 저압 옥측 전선로에서 목조의 조영물에 시설할 수 있는 공사 방법은?

① 금속관 공사

② 버스덕트공사

③ 합성수지관공사

④ 연피 또는 알루미늄 케이블공사

|정|답|및|해|설|

[저압 옥측 전선로의 시설 (KEC 221.2)]

· 애자사용공사(전개된 장소에 한한다)

· 합성수지관공사

· 금속관공사(목조 이외의 조영물에 시설하는 경우에 한한다)

· 버스덕트공사[목조 이외의 조영물(점검할 수 없는 은폐된 장소를 제외한다)에 시설하는 경우에 한한다]

· 케이블공사(연피 케이블·알루미늄피 케이블 또는 미네럴인슈레이션게이블을 사용하는 경우에는 목조 이외의 조영물에 시설하는 경우에 한한다)

【정답】③

91. 직선형의 철탑을 사용한 특고압 가공전선로가 연속하여 10기 이상 사용하는 부분에는 10기 이하마다 내장 애자장치가 되어 있는 철탑 몇 기를 시설하여야 하는가?

① 1　　② 2

③ 3　　④ 4

|정|답|및|해|설|

[특고압 가공전선로의 내장형 등의 지지물 시설(KEC 333.16)]

특고압 가공전선로 중 지지물로서 직선형의 철탑을 연속하여 10기 이상 사용하는 부분에는 <u>10기 이하마다</u> 내장 애자장치가 되어 있는 철탑 또는 이와 동등이상의 강도를 가지는 <u>철탑 1기</u>를 시설하여야 한다.

【정답】①

92. 발열선을 도로, 주차장 또는 조영물의 조영재에 고정시켜 시설하는 경우, 발열선은 그 온도가 몇 도를 넘지 아니하도록 시설해야 하는가?

① 50[℃]　　② 60[℃]

③ 70[℃]　　④ 80[℃]

|정|답|및|해|설|

[도로 등의 전열장치의 시설 (KEC 241.12)]

·전로의 대지전압 : 300[V] 이하

·전선은 미네럴인슈레이션(MI) 케이블, 클로로크렌 외장케이블 등 발열선 접속용 케이블일 것

·발열선은 그 온도가 <u>80[℃]</u>를 넘지 아니하도록 시설할 것

【정답】④

93. 사용전압이 220[V]인 가공전선을 절연전선으로 사용하는 경우 그 최소 굵기는 지름 몇 [mm]인가?

① 2
② 2.6
③ 3.2
④ 4

|정|답|및|해|설|

[저압 가공전선의 굵기 및 종류 (KEC 222.5)]

400[V] 미만	절연전선	지름 2.6[mm] 이상 경동선	2.30[kN] 이상
	절연전선 외	지름 3.2[mm] 이상 경동선	3.43[kN] 이상

【정답】②

94. 발전소의 개폐기 또는 차단기에 사용하는 압축공기장치의 주 공기탱크에 시설하는 압력계의 최고 눈금의 범위로 옳은 것은?

① 사용압력의 1배 이상 2배 이하
② 사용압력의 1.15배 이상 2배 이하
③ 사용압력의 1.5배 이상 3배 이하
④ 사용압력의 2배 이상 3배 이하

|정|답|및|해|설|

[압축공기계통 (KEC 341.15)]
· 공기 압축기는 최고 사용압력의 1.5배의 수압을 연속하여 10분 간 가하여 시험하였을 때에 이에 견디고 또한 새지 아니하는 것일 것
· 주 공기탱크 또는 이에 근접한 곳에는 사용압력의 1.5배 이상 3배 이하의 최고 눈금이 있는 압력계를 시설할 것

【정답】③

95. 25[kV] 이하인 특고압 가공전선로(중성선 다중접지 방식의 것으로서 전로에 지락이 생겼을 때에 2초 이내에 자동적으로 이를 전로로부터 차단하는 장치가 되어 있는 것)의 접지도체는 공칭단면적 몇 [mm^2] 이상의 연동선 또는 이와 동등 이상의 세기 및 굵기의 쉽게 부식하지 않는 금속선으로서 고장 시에 흐르는 전류가 안전하게 통할 수 있는 것을 사용하는가?

① 2.5
② 6
③ 10
④ 16

|정|답|및|해|설|

[접지도체 (KEC 142.3.1)]
[적용 종류별 접지선의 최소 단면적]
1. 특고압·고압 전기설비용 접지도체는 단면적 6 [mm^2] 이상의 연동선 또는 동등 이상의 단면적 및 강도를 가져야 한다.
2. 중성점 접지용 접지도체는 공칭단면적 16[mm^2] 이상의 연동선 또는 동등 이상의 단면적 및 세기를 가져야 한다. 다만, 다음의 경우에는 공칭단면적 6[mm^2] 이상의 연동선 또는 동등 이상의 단면적 및 강도를 가져야 한다.
   가. 7[kV] 이하의 전로
   나. 사용전압이 25[kV] 이하인 특고압 가공전선로. 다만, 중성선 다중접지식의 것으로서 전로에 지락이 생겼을 때에 2초 이내에 자동적으로 이를 전로로부터 차단하는 장치가 되어 있는 것

【정답】②

96. 아래 그림은 전력보안통신설비의 보안장치이다. RP_1에 대한 설명으로 틀린 것은?

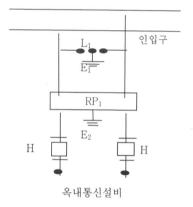

옥내통신설비

① 전류용량은 50[A]이다.
② 자복성(自復性)이 없는 릴레이 보안기이다.
③ 최소 감도전류 때의 응동시간이 1사이클 이하이다.
④ 교류 300[V]이하에서 동작하고, 최소 감도전류가 3[A] 이하이다.

|정|답|및|해|설|

[특고압 가공전선로 첨가설치 통신선의 시가지 인입 제한 (KEC 362.5)]

1. RP_1 : 교류 300[V] 이하에서 동작하고, 최소 감도 전류가 3[A] 이하로서 최소 감도전류 때의 응동시간이 1사이클 이하이고 또한 전류 용량이 50[A], 20초 이상인 <u>자복성이 있는 릴레이 보안기</u>
2. L_1 : 교류 1[kV] 이하에서 동작하는 피뢰기

【정답】②

97. 전선 접속 시 전선의 세기(인장하중)를 몇 [%] 이상 감소시켜서는 안 되는가?

① 10[%] 이상   ② 15[%] 이상

③ 20[%] 이상   ④ 25[%] 이상

|정|답|및|해|설|

[전선의 접속법 (KEC 123)]
· 전기저항을 증가시키지 않도록 할 것
· 전선의 세기를 20[%] 이상 감소시키지 아니 할 것
· 접속부분의 절연전선에 절연물과 동등 이상의 절연효력이 있는 것으로 충분히 피복할 것
· 접속부분에 전기적 부식이 생기지 않도록 할 것
· 코드 상호, 캡타이어 케이블 상호, 케이블 상호 또는 이를 상호 접속하는 경우에는 코드 접속기, 접속함 기타의 기구를 사용할 것
· 두 개 이상의 전선을 병렬로 사용하는 경우에는 각 전선의 굵기는 $50[mm^2]$ 이상의 또는 알루미늄 $70[mm^2]$ 이상으로 하고, 전선은 같은 도체, 같은 재료, 같은 길이 및 같은 굵기의 것을 사용할 것
【정답】③

98. 고압 옥측 전선로에 사용할 수 있는 전선은?

① 케이블   ② 나경동선

③ 절연전선   ④ 다심형 전선

|정|답|및|해|설|

[고압 옥측전선로의 시설 (KEC 331.13.1)]
1. 전선은 케이블일 것
2. 케이블의 지지점 간의 거리를 2[m] (수직으로 붙일 경우에는 6[m])이하로 하고 또한 피복을 손상하지 아니하도록 붙일 것
3. 대지와의 사이의 전기저항 값이 10[Ω] 이하인 부분을 제외하고 kec140에 준하는 접지공사를 할 것
【정답】①

99. 이차전지를 이용한 전기저장장치의 시설장소의 요구사항으로 알맞지 않은 것은?

① 전기저장장치의 이차전지, 제어반, 배전반의 시설은 기기 등을 조작 또는 보수·점검할 수 있는 충분한 공간을 확보하고 조명설비를 설치하여야 한다.

② 전기저장장치를 시설하는 장소는 폭발성 가스의 축적을 방지하기 위한 환기시설을 갖추고 제조사가 권장하는 온도·습도·수분·먼지 등 적정 운영환경을 상시 유지하여야 한다.

③ 침수의 우려가 없도록 시설하여야 한다.

④ 전기저장장치 시설장소에는 외벽 등 확인하기 쉬운 위치에 "전기저장장치 시설장소" 표지를 하고, 일반인의 출입을 통제하기 위한 잠금장치 등은 설치하지 않는다.

|정|답|및|해|설|

[이차전지를 이용한 전기저장장치(전기저장장치) (KEC 511.1)]
1. 침수의 우려가 없도록 시설하여야 한다.
2. 전기저장장치 시설장소에는 외벽 등 확인하기 쉬운 위치에 "전기저장장치 시설장소" 표지를 하고, 일반인의 출입을 통제하기 위한 잠금장치 등을 설치하여야 한다.
3. 충전부분은 노출되지 않도록 시설하여야 한다.
4. 고장이나 외부 환경요인으로 인하여 비상상황 발생 또는 출력에 문제가 있을 경우 전기저장장치의 비상정지 스위치 등 안전하게 작동하기 위한 안전시스템이 있어야 한다.
5. 모든 부품은 충분한 내열성을 확보하여야 한다.
【정답】④

100. 교류 전기철도 급전시스템에서 접촉전압을 감소시키는 방법에 해당되지 않는 것은?

① 등전위본딩

② 접지극 추가

③ 보행 표면의 절연

④ 레일본드의 양호한 시공

|정|답|및|해|설|

[레일 전위의 접촉전압 감소 방법 (kec 461.3)] 교류 전기철도 급전시스템은 다음 방법을 고려하여 접촉전압을 감소시켜야 한다.
1. 접지극 추가 사용
2. 등전위 본딩
3. 전자기적 커플링을 고려한 귀선로의 강화
4. 전압제한소자 적용
5. 보행 표면의 절연
6. 단락전류를 중단시키는데 필요한 트래핑 시간의 감소

※④ 레일본드의 양호한 시공 : 전식방지대책
【정답】④

1회 2021년 전기산업기사필기 (전기자기학)

01. 자유 공간 내에 밀도가 10^{-9}[C/m]인 균일한 선전하가 $x=4$, $y=3$인 무한장 선상에 있을 때 점 (8, 6, −3)에서 전계 E[V/m]는?

① $2.88a_x + 2.16a_y$[V/m]

② $2.16a_x + 2.88a_y$[V/m]

③ $2.88a_x - 2.16a_y$[V/m]

④ $2.16a_x - 2.88a_y$[V/m]

|정|답|및|해|설|

[무한장 직선장 ρ_L의 전계의 세기] $E = \dfrac{\rho_l}{2\pi\epsilon_0 r}\vec{n}\,[V/m]$

→ (방향벡터 $\vec{n} = \dfrac{\vec{r}}{|r|}$)

여기서, E : 전계의 세기[V/m], r : 양 전하간의 거리[m]
ϵ_0 : 진공중의 유전율, ρ_l : 선전하밀도[c/m]
1. 거리벡터 : 선전하가 x, y선상에 있으므로, 점 (8, 6 -3)에서
z값인 −3은 거리 r과 무관하므로
$\vec{r} = (x_2 - x_1)a_x + (y_2 - y_1)a_y$
$= (8-4)a_x + (6-3)a_y = 4a_x + 3a_y$
2. 거리벡터의 크기 $|\vec{r}| = \sqrt{4^2 + 3^2} = 5$[m]
3. 방향벡터 $\vec{n} = \dfrac{\vec{r}}{|r|} = \dfrac{4a_x + 3a_y}{5}$

$\therefore E = \dfrac{\rho_l}{2\pi\epsilon_0 r}\vec{n} = 18\times 10^9 \dfrac{\rho_l}{|r|}\vec{n}$

→ ($\dfrac{1}{4\pi\epsilon_0} = 9\times 10^9$)

$= 18\times 10^9 \times \dfrac{10^{-9}}{5} \times \dfrac{4a_x + 3a_y}{5}$

$= 0.72(4a_x + 3a_y) = 2.88a_x + 2.16a_y$ 【정답】①

02 단면적 $S[\mathrm{m}^2]$의 철심에 ϕ[Wb]의 자속을 통하게 하려면 H[AT/m]의 자계가 필요하다. 이 철심의 비투자율은 얼마인가?

① $\dfrac{\phi}{\mu_0 SH^2}$

② $\dfrac{\phi}{SH}$

③ $\dfrac{\phi}{SH^2}$

④ $\dfrac{\phi}{\mu_0 SH}$

|정|답|및|해|설|

[비투자율] $\mu_s = \dfrac{\phi}{\mu_0 SH}$

→ (자속밀도 $B = \dfrac{\phi}{S} = \mu H = \mu_0 \mu_s H$)

【정답】④

03. 자기인덕턴스를 계산하는 공식이 아닌 것은? (단, A는 벡터 퍼텐셜[Wb/m]이고, J는 전류밀도[A/m³]이다.)

① $L = \dfrac{N\phi}{I}$

② $L = \dfrac{1}{I^2}\int_v B\cdot H dv$

③ $L = \dfrac{1}{I^2}\oint_c A\cdot dl$

④ $L = \dfrac{1}{I^2}\int_v A\cdot J dv$

|정|답|및|해|설|
[자기인덕턴스 공식]
① $L = \dfrac{N\phi}{I}$

→ ($LI = N\phi$)

②, ④ 자계 에너지에 의한 자기유도계수 L

$L = \dfrac{2W}{I^2}$ → ($W = \dfrac{1}{2}LI^2$)

$W = \dfrac{1}{2}\int_v B\cdot H dv = \dfrac{1}{2}\int_v A\cdot J dv$

→ ($B = \nabla\times A$, $\nabla\times H = J$)

$\therefore L = \dfrac{1}{I^2}\int_v B\cdot H dv = \dfrac{1}{I^2}\int_v A\cdot J dv$ 【정답】③

04. 무한장 직선 도체에 선전하밀도 λ[C/m]의 전하가 분포되어 있는 경우 직선도체를 축으로 하는 반경 $r[m]$의 원통면상의 전계는 몇 [V/m]인가?

① $E = \dfrac{\lambda}{4\pi\epsilon_0 r^2}$

② $E = \dfrac{\lambda}{2\pi\epsilon_0 r}$

③ $E = \dfrac{\lambda}{2\pi\epsilon_0 r^2}$

④ $E = \dfrac{\lambda}{4\pi\epsilon_0}$

|정|답|및|해|설|

[무한 선전하에 의한 전계] $E = \dfrac{\lambda}{2\pi\epsilon_0 r}[V/m]$

→ ($E \propto \dfrac{1}{r}$)

【정답】②

|참|고|

·점전하(Q) $E = \dfrac{Q}{4\pi\epsilon_0 r^2}[V/m]$ ·면전하(ρ) $E = \dfrac{\rho}{2\epsilon_0}[V/m]$

05. 대전도체표면의 전하밀도를 $\sigma[C/m^2]$이라 할 때, 대전도체표면의 단위면적이 받는 정전응력은 전하밀도 σ와 어떤 관계에 있는가?

① $\sigma^{\frac{1}{2}}$에 비례

② $\sigma^{\frac{3}{2}}$에 비례

③ σ에 비례

④ σ^2에 비례

|정|답|및|해|설|

[정전응력] 정전응력 $F = -\dfrac{\partial W}{\partial d} = -\dfrac{\sigma^2}{2\epsilon_0}S[N]$

$\rightarrow$ (정전에너지 $W = \dfrac{Q^2}{2C} = \dfrac{Q^2}{2\left(\dfrac{\epsilon_0 S}{d}\right)} = \dfrac{Q^2 d}{2\epsilon_0 S} = \dfrac{\sigma^2 d}{2\epsilon_0}S[J]$)

정전응력 $F = -\dfrac{\sigma^2}{2\epsilon_0}S[N]$ $\rightarrow$ $\therefore F \propto \sigma^2$ 【정답】④

06. 진공 중의 도체계에서 임의의 도체를 일정 전위의 도체로 완전히 포위하면 내외 공간의 전계를 완전 차단시킬 수 있는데 이것을 무엇이라 하는가?

① 홀효과

② 정전차폐

③ 핀치효과

④ 전자차폐

|정|답|및|해|설|

[정전차폐] 임의의 도체를 일정 전위(영전위)의 도체로 완전 포위하여 내외 공간의 전계를 완전히 차단하는 현상

【정답】②

|참|고|

① 홀효과 : 도체나 반도체의 물질에 전류를 흘리고 이것과 직각 방향으로 자계를 가하면 플레밍의 오른손 법칙에 의하여 도체 내부의 전하가 횡방향으로 힘을 모아 도체 측면에 (+), (-)의 전하가 나타나는데 이러한 현상을 홀 효과라고 한다.

③ 핀치효과 : 반지름 a인 액체 상태의 원통 모양 도선 내부에 균일하게 전류가 흐를 때 도체 내부에 자장이 생겨 로렌츠의 힘으로 전류가 원통 중심 방향으로 수축하려는 효과

④ 전자차폐 : 전자 유도에 의한 방해 작용을 방지할 목적으로 대상이 되는 장치 또는 시설을 적당한 자기 차폐체에 의해 감싸서 외부 전자계의 영향으로부터 차단하는 것

07. 900[V]의 전위차는 C.G.S 정전단위로 몇 [esu]의 전위차에 해당되는가?

① 1

② 2

③ 3

④ 4

|정|답|및|해|설|

[M.K.S 단위 1[V]와 C.G.S 정전단위(esu)의 전위 관계]

$1[V] = \dfrac{1}{300}[esu\ V]$

900[V]를 [esu V]로 환산하면

$V[esu\ V] = \dfrac{1}{300} \times 900 = 3[esu V]$ 【정답】③

08. 반지름 $a[m]$ 되는 접지 도체구의 중심에서 $r[m]$ 되는 거리에 점전하 Q[C]을 놓았을 때, 도체구에 유도된 총전하는 몇 [C]인가?

① 0

② $-Q$

③ $-\dfrac{a}{r}Q$

④ $-\dfrac{r}{a}Q$

|정|답|및|해|설|

[총전하] 점 P에서 Q의 전하를 주고 도체를 접지($V=0$)하였을 때 유도되는 전하를 Q'라 하면

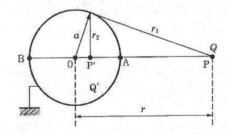

$V = \dfrac{1}{4\pi\epsilon}\left(\dfrac{Q}{r_1} + \dfrac{Q'}{r_2}\right)[V]$

$V = 0$이므로 $\dfrac{r_1}{r_2} = -\dfrac{Q}{Q'}$ $\rightarrow$ $\dfrac{r_1}{r_2} = \dfrac{PA}{P'A} = \dfrac{PB}{P'B}$

$OP \cdot OP' = a^2$

중심으로부터의 거리 $OP' = \dfrac{a^2}{r}[m]$

$\therefore$ 영상전하의 크기 $Q' = -\dfrac{a}{r}Q[C]$ 【정답】③

09. 공기 중에서 평등 전계 E_0[V/m]에 수직으로 비유전율이 ϵ_s인 유전체를 놓았더니 σ^r[C/m^2]의 분극 전하가 표면에 생겼다면 유전체 중의 전계 강도 E[V/m]는?

① $\dfrac{\sigma^r}{\epsilon_0 \epsilon_s}$

② $\dfrac{\sigma^r}{\epsilon_0(\epsilon_s-1)}$

③ $\epsilon_0 \epsilon_s \sigma^r$

④ $\epsilon_0(\epsilon_s-1)\sigma^r$

|정|답|및|해|설|

[전계 강도] $E = \dfrac{\sigma^r}{\epsilon_0(\epsilon_s-1)}$ [V/m]

· 분극의 세기는 분극전하밀도로 정의, 즉 $P = \sigma^r$

· 분극의 세기 $P = \sigma^r = D - \epsilon_0 E = \epsilon_0(\epsilon_s-1)E = \chi E$

$\qquad = (\epsilon - \epsilon_0)E = D\left(1 - \dfrac{1}{\epsilon_s}\right) = \epsilon E - \epsilon_0 E$ [C/m^2]

$\therefore E = \dfrac{\sigma^r}{\epsilon_0(\epsilon_s-1)}$ [V/m] 【정답】②

10. 그림과 같이 권수가 1이고 반지름 a[m]인 원형 I[A]가 만드는 자계의 세기[AT/m]는?

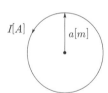

① $\dfrac{I}{a}$

② $\dfrac{I}{2a}$

③ $\dfrac{I}{3a}$

④ $\dfrac{I}{4a}$

|정|답|및|해|설|

[원형 코일 중심의 자계의 세기] $H = \dfrac{IN}{2a}$ [AT/m]

$x = 0$, $N = 1$ → $\therefore H_0 = \dfrac{I}{2a}$ [AT/m]

여기서, x : 원형 코일 중심에서 떨어진 거리

$\qquad N$: 권수, a : 반지름, I : 전류 【정답】②

|참|고|

1. 원형 코일 중심($N=1$)

$H = \dfrac{NI}{2a} = \dfrac{I}{2a}$ [AT/m] → (N : 감은 권수($=1$), a : 반지름)

2. 반원형($N = \dfrac{1}{2}$) 중심에서 자계의 세기 H

$H = \dfrac{I}{2a} \times \dfrac{1}{2} = \dfrac{I}{4a}$ [AT/m]

3. $\dfrac{3}{4}$ 원($N = \dfrac{3}{4}$) 중심에서 자계의 세기 H

$H = \dfrac{I}{2a} \times \dfrac{3}{4} = \dfrac{3I}{8a}$ [AT/m]

11. 다음 현상 가운데서 반드시 외부에서 자계를 가할 때만 일어나는 효과는?

① seebeck 효과

② Pinch 효과

③ Hall 효과

④ Peliter 효과

|정|답|및|해|설|

[홀효과] 도체나 반도체의 물질에 전류를 흘리고 이것과 직각 방향으로 자계를 가하면 플레밍의 오른손 법칙에 의하여 도체 내부의 전하가 횡방향으로 힘을 모아 도체 측면에 (+), (−)의 전하가 나타나는데 이러한 현상을 홀효과라고 한다. 【정답】③

|참|고|

① 제벡 효과 : 두 종류 금속 접속면에 온도차가 있으면 기전력이 발생하는 효과

② 핀치 효과 : 반지름 a인 액체 상태의 원통 모양 도선 내부에 균일하게 전류가 흐를 때 도체 내부에 자장이 생겨 로렌츠의 힘으로 전류가 원통 중심 방향으로 수축하려는 효과

④ 펠티에효과 : 두 종류 금속 접속면에 전류를 흘리면 접속점에서 열의 흡수, 발생이 일어나는 효과

12. N회의 권선에 최댓값 1[V], 주파수 f[Hz]인 기전력을 유기시키기 위한 쇄교 자속의 최댓값 [Wb]은?

① $\dfrac{f}{2\pi N}$

② $\dfrac{2N}{\pi f}$

③ $\dfrac{1}{2\pi f N}$

④ $\dfrac{N}{2\pi f}$

|정|답|및|해|설|

[쇄교 자속의 최댓값] $\phi_m = \dfrac{E_m}{2\pi f N}$

$\qquad\qquad$ → (유도기전력의 최댓값 $E_m = \omega N \phi_m = 2\pi f N \phi_m$ [V])

$\therefore \phi_m = \dfrac{E_m}{2\pi f N} = \dfrac{1}{2\pi f N}$ [Wb] 【정답】③

13. 대전된 도체의 표면 전하밀도는 도체 표면의 모양에 따라 어떻게 되는가?

① 곡률 반지름이 크면 커진다.

② 곡률 반지름이 크면 작아진다.

③ 표면 모양에 관계없다.

④ 평면일 때 가장 크다.

|정|답|및|해|설|

[도체의 성질과 전하분포] 전하밀도는 뾰족할수록 커지고 뾰족하다는 것은 곡률 반지름이 매우 작다는 것이다. **곡률과 곡률 반지름은 반비례**하므로 전하밀도는 곡률과 비례한다. 그리고 대전도체는 모든 전하가 표면에 위치하므로 내부에는 전하가 없다.

곡률 반지름	작을 때	클 때
곡률	크다	작다
도체표면의 모양	뾰족	평평
전하밀도	크다	작다

【정답】②

14. 공기 중에서 전계의 진행파 진폭이 10[mV/m]일 때 자계의 진행파 진폭은 몇 [mAT/m]인가?

① 26.5×10^{-1} ② 26.5×10^{-3}

③ 26.5×10^{-5} ④ 26.5×10^{-6}

|정|답|및|해|설|

[자계의 진행파 진폭(H)] $H = \sqrt{\dfrac{\epsilon_0}{\mu_0}} E = \dfrac{1}{377} E$

$\rightarrow$ (파동임피던스 $\eta = \dfrac{E}{H} = \sqrt{\dfrac{\mu_0}{\epsilon_0}} = \sqrt{\dfrac{4\pi \times 10^{-7}}{8.855 \times 10^{-12}}} = 377[\Omega]$)

$H = \dfrac{1}{377} E = 2.65 \times 10^{-3} E$에서

전계의 진행파 진폭 $E = 10[\text{mV/m}]$

$\therefore H = 2.65 \times 10^{-3} \times 10 = 26.5 \times 10^{-3}[\text{mAT/m}]$

【정답】②

15. 유전체 내의 전속밀도가 $D[\text{C/m}^2]$인 전계에 저축되는 단위 체적당 정전에너지가 $W_e[\text{J/m}^3]$일 때 유전체의 비유전율은?

① $\dfrac{D^2}{2\epsilon_0 W_e}$ ② $\dfrac{D^2}{\epsilon_0 W_e}$

③ $\dfrac{2\epsilon_0 D^2}{W_e}$ ④ $\dfrac{\epsilon_0 D^2}{W_e}$

|정|답|및|해|설|

[단위체적당 정전 에너지] $W_e = \dfrac{1}{2}\epsilon E^2 = \dfrac{D^2}{2\epsilon_0 \epsilon_s} = \dfrac{1}{2} DE[\text{J/m}^3]$

$\rightarrow (D = \epsilon E)$

$\therefore$ 비유전율 $\epsilon_s = \dfrac{D^2}{2\epsilon_0 W_e}$ $\rightarrow$ (전속밀도 D가 주어졌으므로)

【정답】①

16. 거리 $r[\text{m}]$를 두고 m_1, $m_2[\text{Wb}]$인 같은 부호의 자극이 놓여 있다. 두 자극을 잇는 선상의 어느 일점에서 자계의 세기가 0인 점은 $m_1[\text{Wb}]$에서 몇 [m] 떨어져 있는가?

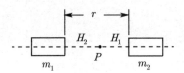

① $\dfrac{m_1 r}{m_1 + m_2}[\text{m}]$ ② $\dfrac{\sqrt{m_1 r}}{\sqrt{m_1} + m_2}[\text{m}]$

③ $\dfrac{\sqrt{m_1} \cdot r}{\sqrt{m_1} + \sqrt{m_2}}[\text{m}]$ ④ $\dfrac{m_1^2 r}{m_1^2 + m_2^2}[\text{m}]$

|정|답|및|해|설|

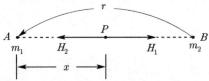

1. m_1과 m_2의 부호가 같을 경우 두 자하 사이에 자계의 세기가 0인 점이 존재, 이때 $H_1 = H_2$이며 방향은 반대

2. 자계가 0인 점 P, m_1에서 P점까지의 거리를 x

$H_1 = \dfrac{m_1}{4\pi\mu_0 x^2} = H_2 = \dfrac{m_2}{4\pi\mu_0 (r-x)^2}$

$\dfrac{m_1}{x^2} = \dfrac{m_2}{(r-x)^2} \rightarrow m_2 x^2 = m_1 (r-x)^2$

양변에 루트($\sqrt{\ }$)를 취하면 $\sqrt{m_2}\, x = \sqrt{m_1}\,(r-x)$

$\therefore x = \dfrac{\sqrt{m_1} \cdot r}{\sqrt{m_1} + \sqrt{m_2}}[\text{m}]$ 【정답】③

17. 도전성(導電性)이 없고 유전율과 투자율이 일정하며, 전하 분포가 없는 균질 완전 절연체 내에서 전계 및 자계가 만족하는 미분 방정식의 형태는?

(단, $\alpha = \sqrt{\epsilon\mu}$, $v = \dfrac{1}{\sqrt{\epsilon\mu}}$)

① $\nabla^2 E = D$

② $\nabla^2 E = \dfrac{1}{\alpha^2} \cdot \dfrac{\partial E}{\partial t}$

③ $\nabla^2 E = \dfrac{1}{v^2} \cdot \dfrac{\partial^2 E}{\partial t^2}$

④ $\nabla^2 E = \dfrac{1}{\alpha^2} \cdot \dfrac{\partial E}{\partial t} + \dfrac{1}{v^2} \cdot \dfrac{\partial^2 E}{\partial t^2}$

|정|답|및|해|설|

[파동방정식] 위치 z와 시간 t를 독립변수로 하고 전파속도 v가 포함된 함수

1. 일반식 : $f(t, z) = f\left(t - \dfrac{z}{v}\right)$,

$E(t, z) = E_m \cos(\omega t - \beta z) = E_m \cos\omega\left(t - \dfrac{z}{v}\right)$

2. 1차원의 파동방정식 :

$\dfrac{\partial^2 E}{\partial z^2} = \dfrac{1}{v^2} \cdot \dfrac{\partial^2 E}{\partial t^2}$ 또는 $\dfrac{\partial^2 E}{\partial z^2} - \dfrac{1}{v^2} \cdot \dfrac{\partial^2 E}{\partial t^2} = 0$

3. 3차원의 파동방정식 :

$\nabla^2 E = \dfrac{1}{v^2} \cdot \dfrac{\partial^2 E}{\partial t^2}$ 또는 $\nabla^2 E - \dfrac{1}{v^2} \cdot \dfrac{\partial^2 E}{\partial t^2} = 0$

【정답】③

18. 직선 전류에 의해서 그 주위에 생기는 환상의 자계 방향은?

① 전류의 방향

② 전류와 반대 방향

③ 오른 나사의 진행 방향

④ 오른 나사의 회전 방향

|정|답|및|해|설|

[암페어(Amper)의 오른손(오른나사) 법칙] 전류가 만드는 자계의 방향을 찾아내기 위한 법칙으로 전류가 흐르는 방향(+ → −)으로 오른손 엄지손가락을 향하면, 나머지 손가락은 자기장의 방향이 된다. 즉, 나사 진행 방향을 전류의 방향과 일치시킬 때 자계의 진행방향은 나사를 회전시키는 방향과 같다.

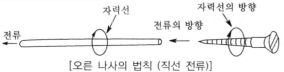

[오른 나사의 법칙 (직선 전류)]

1. ⊙ : 전류가 지면의 뒷면에서 표면으로 나오는 방향
2. ⊗ : 전류가 지면의 표면에서 뒷면으로 들어가는 방향

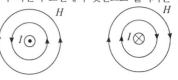

[전류에 의한 자장의 방향]

【정답】④

19. 전위 함수가 $V = 2x + 5yz + 3$일 때, 점 (2, 1, 0)에서의 전계의 세기는?

① $-2i - 5j - 3k$

② $i + 2j + 3k$

③ $-2i - 5k$

④ $4i + 3k$

|정|답|및|해|설|

[전계의 세기]

$E = -grad\ V = -\nabla \cdot V = -\left(\dfrac{\partial v}{\partial x}i + \dfrac{\partial v}{\partial y}j + \dfrac{\partial v}{\partial z}k\right)V$

$\qquad = -\left(\dfrac{\partial v}{\partial x}i + \dfrac{\partial v}{\partial y}j + \dfrac{\partial v}{\partial z}k\right)(2x + 5yz + 3)$

$\qquad = -2i - 5zj - 5yk$

점(2, 1, 0)에서의 전계의 세기

$\therefore E = -[2i + (5\times 0)j + (5\times 1)k][V/m] = -2i - 5k[V/m]$

【정답】③

20. 정전용량이 $1[\mu F]$, $2[\mu F]$인 콘덴서에 각각 $2 \times 10^{-4}[C]$ 및 $3 \times 10^{-4}[C]$의 전하를 주고 극성을 같게 하여 병렬로 접속할 때 콘덴서에 축적된 에너지는 약 몇 [J]인가?

① 0.042

② 0.063

③ 0.084

④ 0.126

|정|답|및|해|설|

[콘덴서에 축적된 에너지] $W = \dfrac{1}{2}CV^2 = \dfrac{1}{2}\dfrac{Q^2}{C}[J]$

$\qquad\qquad\qquad\qquad\qquad\qquad \rightarrow (Q = CV)$

1. 정전용량(병렬회로) $C = C_1 + C_2 = 1 + 2 = 3[\mu F]$

2. $Q - Q_1 + Q_2 = 2 \times 10^{-4} + 3 \times 10^{-4} = 5 \times 10^{-4}[C]$

$\therefore W = \dfrac{1}{2}\dfrac{Q^2}{C} = \dfrac{1}{2}\dfrac{(5\times 10^{-4})^2}{3\times 10^{-6}}[J] = 0.042[J]$

【정답】①

21. 전력계통의 안정도 향상대책으로 옳지 않은 것은?

① 계통의 직렬리액턴스를 낮게 한다.

② 고속도 재폐로 방식을 채용한다.

③ 지락전류를 크게 하기 위하여 직접 접지방식을 채용한다.

④ 고속도 차단방식을 채용한다.

|정|답|및|해|설|..........

[안정도 향상 대책]

1. 계통의 직렬리액턴스(X)를 작게
　·발전기나 변압기의 리액턴스를 작게 한다.
　·선로의 병행회선수를 늘리거나 복도체 또는 다도체 방식을 사용
　·직렬 콘덴서를 삽입하여 선로의 리액턴스를 보상한다.

2. 계통의 전압변동률을 작게(단락비를 크게)
　·속응 여자 방식 채용
　·계통의 연계
　·중간 조상 방식

3. 고장전류를 줄이고 고장 구간을 신속 차단
　·적당한 중성점 접지 방식
　·고속 차단 방식
　·재폐로 방식

4. 고장 시 발전기 입·출력의 불평형을 작게

※③ 직접 접지방식을 채용하면 단락전류가 최대, 유도장해 최대
【정답】③

22. 다음 중 가공송전선에 사용하는 애자련 중 전압 분담이 가장 큰 것은?

① 전선에 가장 가까운 것

② 중앙에 있는 것

③ 철탑에 가장 가까운 것

④ 철탑에서 $\frac{1}{3}$ 지점의 것

|정|답|및|해|설|..........

[전압부담]

1. 최대 전압 분담애자 : 전선에서 가장 가까운 애자

2. 최소 전압 분담애자 : 전선 으로부터 $\frac{2}{3}$(철탑에서 $\frac{1}{3}$) 되는 지점에 있는 것
【정답】①

23. 송전선의 특성 임피던스를 Z_0, 전파속도를 V라 할 때, 이 송전선의 단위길이에 대한 인덕턴스 L은?

① $L = \dfrac{V}{Z_0}$　　　② $L = \dfrac{Z_0}{V}$

③ $L = \dfrac{Z_0^2}{V}$　　　④ $L = \sqrt{Z_0}\, V$

|정|답|및|해|설|..........

[단위길이에 대한 인덕턴스] $L = \dfrac{Z_0}{V}$

1. 파동 임피던스 $Z_0 = \sqrt{\dfrac{L}{C}}$

2. 전파속도 $V = \sqrt{\dfrac{1}{LC}}$

$\therefore \dfrac{Z_0}{V} = \sqrt{\dfrac{\frac{L}{C}}{\frac{1}{LC}}} = L$

※ 직렬 임피던스 Z= 특정임피던스×전파정수　　【정답】②

24. 차단기에서 O–3분–CO–3분–CO인 것의 의미는? (단, O : 차단동작, C : 투입동작, CO : 투입동작에 뒤따라 곧 차단동작)

① 일반 차단기의 표준동작책무

② 자동 재폐로용

③ 정격차단용량 50[mA] 미만의 것

④ 무전압시간

|정|답|및|해|설|..........

[차단기의 표준 동작책무] 어느 시간 간격을 두고 행하여지는 일련의 동작을 규정한 것

1. 일반용 : O — 1분(또는 3분) — CO — 3분 — CO
　　　　→ (일반적으로 시, 분, 초가 들어간다.)

2. 고속도 재투입용 : O — 0.3초 — CO — 3분(또는 15초, 1분) — CO
　　　　→ (일반적으로 $\theta(t$초$)$가 들어간다.)
【정답】①

25. 부하측에 밸런스를 필요로 하는 배전 방식은?

① 3상 3선식　　② 3상 4선식

③ 단상 2선식　　④ 단상 3선식

|정|답|및|해|설|..........

[밸런스를 필요로 하는 배전 방식] 저압 밸런스는 단상 3선식에서 부하가 불평형이 생기면 양 외선간의 전압이 불평형이 되므로 이를 방지하기 위해 설치한다.　　【정답】④

26. 3상용 차단기의 정격차단용량은?

① $\frac{1}{\sqrt{3}}$(정격전압)×(정격차단전류)

② $\frac{1}{\sqrt{3}}$(정격전압)×(정격전류)

③ $\sqrt{3}$×(정격전압)×(정격전류)

④ $\sqrt{3}$×(정격전압)×(정격차단전류)

|정|답|및|해|설|

[정격차단용량] $(P_s)=\sqrt{3}$×정격전압(V)×정격차단 전류(I_s)

※단상 $P_s=VI_s$　　　　　　　　　　　【정답】④

27. 피뢰기의 정격전압이란?

① 상용 주파수의 방전 개시전압

② 속류를 차단할 수 있는 최고의 교류전압

③ 방전을 개시할 때 단자전압의 순시값

④ 출력 방전전류를 통하고 있을 때 단자전압

|정|답|및|해|설|

[피뢰기]
1. 피뢰기의 정격전압 : 속류가 차단되는 최고 교류전압

　피뢰기의 정격전압 $V=\alpha\beta\frac{V_m}{\sqrt{3}}$

　접지계수 α와 유도계수 β를 감안해서 정한다.
2. 피뢰기의 제한전압 : 방전중 단락전압의 파고치

　　　　　　　　　　　　　　　　　　　【정답】②

28. 어느 빌딩 부하의 총설비 전력이 400[kW], 수용률이 0.5라 하면 이 빌딩의 변전설비용량은 몇 [kVA]인가? (단, 부하역률은 80[%]라 한다.)

① 180[kVA]　　　　② 250[kVA]

③ 300[kVA]　　　　④ 360[kVA]

|정|답|및|해|설|

[변압기용량] 변압기 용량 $=\dfrac{\sum \text{설비 용량}\times\text{수용률}}{\text{부등률}\times\text{역률}}$

　　　　$=\dfrac{400\times0.5}{0.8}=\dfrac{200}{0.8}=250[kVA]$

　　　　　　　　　　　　　　　　　　　【정답】②

29. 그림에서와 같이 부하가 균일한 밀도로 도중에서 분기되어 선로전류가 송전단에 이를수록 직선적으로 증가할 경우 선로 끝부분의 전압강하는 이 송전단 전류와 같은 전류의 부하가 선로의 끝부분에만 집중되어 있을 경우의 전압강하 보다 대략 어떻게 되는가? (단, 부하역률은 모두 같다고 한다.)

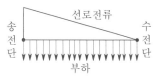

① $\frac{1}{3}$로 된다.　　② $\frac{1}{2}$로 된다.

③ 동일하다　　　　④ $\frac{1}{4}$로 된다.

|정|답|및|해|설|

[집중부하와 분산부하]

	모양	전압강하	전력손실
균일 분산부하		$\frac{1}{2}IrL$	$\frac{1}{3}I^2rL$
말단 집중부하		IrL	I^2rL

　　　　　　　　　　　　　　　　　　　【정답】②

30. 전극의 어느 일부분의 전위경도가 커져서 공기와의 절연이 파괴되어 생기는 현상은?

① 페란티 현상　　　② 코로나 현상

③ 카르노 현상　　　④ 보어 현상

|정|답|및|해|설|

[코로나] 전선 주위의 공기 절연이 국부적으로 파괴되어 낮은 소리나 엷은 빛을 내면서 방전하게 되는 현상을 코로나 방전이고 한다. 공기의 전위경도는 아래와 같다.
·직류(DC)인 경유 30[KV/cm]
·교류(AC)인 경우 21.1[kV/cm]　　　　【정답】②

|참|고|

① 페란티 현싱 : 선로의 정전용량으로 인하여 부부하시나 경부하시 진상전류가 흘러 수전단전압이 송전단전압보다 높아지는 현상을 말한다.

31. 연가를 하는 주된 목적으로 옳은 것은?

① 선로정수의 평형

② 유도뢰의 방지

③ 계전기의 확실한 동작의 확보

④ 전선의 절약

|정|답|및|해|설|

[연가] 연가란 선로정수를 평형하게 하기 위하여 각 상이 선로의 길이를 3배수 등분하여 각 위치를 한 번씩 자리바꿈을 하는 것으로 목적은 다음과 같다.

· 선로정수 평형

· 직렬공진 방지

· 유도장해 감소 【정답】①

32. 설비용량 900[kW], 부등률 1.2, 수용률 50[%]일 때 합성최대전력은 몇 [kW]인가?

① 300

② 375

③ 400

④ 415

|정|답|및|해|설|

[합성최대전력] 합성 최대 전력 $= \dfrac{설비용량 \times 수용률}{부등률}$[kW]

$\therefore$ 합성 최대 전력 $= \dfrac{900 \times 0.5}{1.2} = 375$[kW]   【정답】②

33. 저항 10[Ω], 리액턴스 15[Ω]인 3상 송전선로가 있다. 수전단 전압 60[kV], 부하역률 0.8[lag], 전류 100[A]라 할 때 송전단전압은?

① 약 33[kV]

② 약 42[kV]

③ 약 58[kV]

④ 약 63[kV]

|정|답|및|해|설|

[3상 송전단전압] $V_s = V_r + \sqrt{3}I(R\cos\theta + X\sin\theta)$

여기서, V_s : 송전단전압 I_s : 송전단전류

V_r : 수전단전압 I : 전류, $\cos\theta$: 역률

$V_s = V_r + \sqrt{3}I(R\cos\theta + X\sin\theta)$

$\rightarrow (\sin\theta = \sqrt{1-\cos^2\theta} = 0.6)$

$= 60 \times 10^3 + \sqrt{3} \times 100(10 \times 0.8 + 15 \times 0.6)$

$= 62944[V] = 63[kV]$ 【정답】④

34. 배전선의 전력손실 경감 대책이 아닌 것은?

① 피더(Feeder) 수를 늘린다.

② 역률을 개선한다.

③ 배전전압을 높인다.

④ 부하의 불평형을 방지한다.

|정|답|및|해|설|

[배전선로의 전력손실] $P_l = 3I^2 r = \dfrac{\rho W^2 L}{A V^2 \cos^2\theta}$

여기서, ρ : 고유저항, W : 부하전력, L : 배전거리

A : 전선의 단면적, V : 수전전압, $\cos\theta$: 부하역률)

역률 개선과 승압은 전력손실을 대폭 경감시킨다.

【정답】①

35. 3상 3선식 3각형 배치의 송전선로에 있어서 각선의 대지 정전용량이 0.5038[μF]이고, 선간정전용량이 0.1237[μF]일 때 1선의 작용정전용량은 몇 [μF]인가?

① 0.6275

② 0.8749

③ 0.9164

④ 0.9755

|정|답|및|해|설|

[작용 정전용량] $C_n = C_s + 3C_m [\mu F]$

C_n : 작용정전용량, C_s : 대지정전용량, C_m : 선간정전용량

$\therefore C_n = C_s + 3C_m = 0.5038 + 3 \times 0.1237 = 0.8749[\mu F]$

【정답】②

36. 역률 80[%]인 10,000[kVA]의 부하를 갖는 변전소에 2,000[kVA]의 콘덴서를 설치해서 역률을 개선하면 변압기에 걸리는 부하는 약 몇 [kW]인가?

① 8000

② 8540

③ 8940

④ 9440

|정|답|및|해|설|

[변압기에 걸리는 부하] $P_a = \sqrt{P^2 + P_r^2} = \sqrt{P^2 + (Q_1 - Q_c)^2}[VA]$

1. 유효전력 $P = P_a \cos\theta = 10000 \times 0.8 = 8000[kVar]$

2. 무효전력 $Q = P_a \sin\theta = 10000 \times 0.6 = 6000[kVar]$

$\rightarrow (\sin\theta = \sqrt{1 - \cos^2\theta})$

3. 전력용 콘덴서 $Q_c = 2000[kVA]$

그러므로 변압기에 걸리는 부하(피상전력) $P_a{}'$

$P_a{}' = \sqrt{P^2 + (Q_1 - Q_c)^2}$

$= \sqrt{8000^2 + (6000 - 2000)^2} = 8944.27[kVA]$

【정답】③

37. 그림과 같은 T형 4단자 회로의 4단자 정수 중 B의 값은?

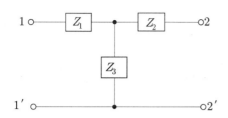

① $1 + \dfrac{Z_1}{Z_3}$

② $\dfrac{1}{Z_3}$

③ $\dfrac{Z_3 + Z_2}{Z_3}$

④ $\dfrac{Z_1 Z_3 + Z_2 Z_3 + Z_3 Z_1}{Z_3}$

|정|답|및|해|설|

[T형 4단자 정수]
$$\begin{bmatrix} A & B \\ C & D \end{bmatrix} = \begin{bmatrix} 1 & Z_1 \\ 0 & 1 \end{bmatrix} \begin{bmatrix} 1 & 0 \\ \dfrac{1}{Z_3} & 1 \end{bmatrix} \begin{bmatrix} 1 & Z_2 \\ 0 & 1 \end{bmatrix}$$

$$= \begin{bmatrix} 1 + \dfrac{Z_1}{Z_3} & Z_1 + Z_2 + \dfrac{Z_1 Z_2}{Z_3} \\ \dfrac{1}{Z_3} & 1 + \dfrac{Z_2}{Z_3} \end{bmatrix}$$

【정답】④

38. 부하전력 및 역률이 같을 때 전압을 n배 승압하면 전압강하율과 전력손실은 어떻게 되는가?

	전압 강하율	전력 손실		전압 강하율	전력 손실
①	$\dfrac{1}{n^2}$	$\dfrac{1}{n^2}$	②	$\dfrac{1}{n}$	$\dfrac{1}{n}$
③	$\dfrac{1}{n}$	$\dfrac{1}{n^2}$	④	$\dfrac{1}{n^2}$	$\dfrac{1}{n}$

|정|답|및|해|설|

[전압을 n배 승압 송전할 경우]

1. 전압강하 $e = \dfrac{P}{V}(R + X\tan\theta) \rightarrow e \propto \dfrac{1}{V}$

∴전압강하는 승압전의 $\dfrac{1}{n}$ 배

2. 전압강하율 $\delta = \dfrac{e}{V} = \dfrac{P}{V^2}(R + X\tan\theta) \rightarrow \delta \propto \dfrac{1}{V^2}$

∴전압강하율은 $\dfrac{1}{n^2}$ 배

3. 전력손실률 $P_l = 3I^2 R = \dfrac{P^2 R}{V^2 \cos^2\theta} \rightarrow P_l \propto \dfrac{1}{V^2}$

∴전력손실률은 승압전의 $\dfrac{1}{n^2}$ 배이다. 【정답】①

39. 차단기와 차단기의 소호 매질이 틀리게 연결된 것은?

① 공기차단기 – 압축공기

② 가스차단기 – SF_6 가스

③ 자기차단기 – 진공

④ 유입차단기 – 절연유

|정|답|및|해|설|

[차단기별 소호 매질]

종류	소호매질
유입차단기(OCB)	절연류
진공차단(VCB)	고진공
자기차단(MBB)	전자기력
공기차단(ABB)	압축공기
가스차단(GCB)	SF_6

【정답】③

40. 단상 2선식 교류 배전선로가 있다. 전선의 1가닥 저항이 0.15$[\Omega]$이고, 리액턴스는 0.25$[\Omega]$이다. 부하는 순저항부하이고 100[V], 3[kW]이다. 급전점의 전압[V]은 약 얼마인가?

① 105

② 110

③ 115

④ 124

|정|답|및|해|설|

[송전단전압(급전점의 전압)] $V_s = V_r + e$

$\rightarrow$ (전압강하 $e = 2I(R\cos\theta + X\sin\theta)$

순저항부하(무유도성) $\cos\theta = 1$, $\sin\theta = 0$이므로

$V_s = V_r + 2I(R\cos\theta + X\sin\theta) = 100 + 2 \times \dfrac{3,000}{100} \times 0.15 = 109[V]$

$\rightarrow (I = \dfrac{P}{V}[A])$

【정답】②

41. 8극, 50[kW], 3300[V], 60[Hz], 3상 유도전동기의 전부하 슬립이 4[%]라고 한다. 이 슬립링 사이에 0.16[Ω]의 저항 3개를 Y로 삽입하면 전부하 토크를 발생할 때의 회전수[rpm]는? (단, 2차 각상의 저항은 0.04[Ω]이고 Y접속이다.)

① 660   ② 720

③ 750   ④ 880

|정|답|및|해|설|

[회전자속도(외부저항 삽입 시)] $N = N_s(1-s) \rightarrow (s \propto r_2)$

2차저항 $r_2 = 0.04[\Omega]$

$r_2' = r_2 + R = 0.04 + 0.16 = 0.2$ → (외부 저항 삽입시의 2차저항)

$\dfrac{r_2'}{r_2} = \dfrac{0.2}{0.04} = 5$배   → $s' \propto r_2'$

∴외부저항 삽입시의 회전자속도

$N' = N_s(1-s') = \dfrac{120f}{p}(1-5s)$ → (동기속도 $N_s = \dfrac{120f}{p}$)

$= \dfrac{120 \times 60}{8}(1-5 \times 0.04) = 720$

【정답】②

42. 그림과 같은 6상 반파 정류회로에서 450[V]의 직류 전압을 얻는 데 필요한 변압기의 직류 권선 전압은 몇 [V]인가?

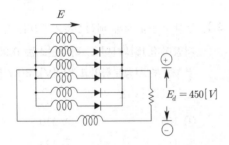

① 333   ② 348

③ 356   ④ 375

|정|답|및|해|설|

[6상(3상) 교류 전압] $E = \dfrac{E_d}{1.35}$ → $(E_d = 1.35E)$

∴$E = \dfrac{450}{1.35} = 333[V]$ 【정답】①

|참|고|

1. 단상 반파 $E_d = 0.45E$ 2. 단상 전파 $E_d = 0.9E$

3. 3상 반파 $E_d = 1.17E$,   4. 3상 전파 $E_d = 1.35E$

43. 200±200[V], 자기 용량 3[kVA]인 단상 유도전압 조정기가 있다. 최대 출력[kVA]은?

① 2   ② 4   ③ 6   ④ 8

|정|답|및|해|설|

유도전압조정기의 용량=부하용량$\times \dfrac{승압 전압}{고압측 전압}$

$V_2 = V_1 + E_2\cos\alpha = V_1 \pm E_2[V]$

$V_2 = V_1 - E_2 \sim V_1 + E_2$ 까지

단상 유도전압조정기의 1차 전압 $V_1 = 200[V]$

2차전압 $V_2 = 200 \pm 200[V]$ 이다.

유도전압조정기의 용량=부하용량$\times \dfrac{승압 전압}{고압측 전압}$ 이므로

$3 = 부하용량 \times \dfrac{200}{400} \rightarrow \therefore 부하용량 = \dfrac{3}{\frac{200}{400}} = 6[kVA]$

【정답】③

44. 직류 직권 전동기의 전원 극성을 반대로 하면?

① 회전 방향이 변하지 않는다.

② 회전 방향이 변한다.

③ 속도가 증가된다.

④ 발전기로 된다.

|정|답|및|해|설|

[직류 직권 전동기] 직류 직권 전동기는 계자 권선과 전기자 권선이 직렬로 연결되어 있으므로 전원 극성을 반대로 하면 전기자 전류와 여자 전류의 방향이 모두 반대로 되므로 회전 방향은 변하지 않는다.

【정답】①

45. 6극 직류발전기의 정류자 편수가 132, 단자전압이 220[V], 직렬 도체수가 132개이고 중권이다. 정류자 편간 전압은 몇 [V] 인가?

① 10   ② 20   ③ 30   ④ 40

|정|답|및|해|설|

[정류자 편간전압] $e_{sa} = \dfrac{pE}{k} = \dfrac{6 \times 220}{132} = 10[V]$

여기서, e_{sa} : 정류자편간전압, E : 유기기전력, p : 극수

     k : 정류자편수   【정답】①

|참|고|

정류자 : ·정류자편수 $k = \dfrac{Z}{2} = \dfrac{\mu}{2}s$

         ·정류자편수의 위상차 $\theta = \dfrac{2\pi}{k}$

46. 포화하고 있지 않은 직류발전기의 회전수가 1/2로 감소되었을 때 기전력을 속도 변화 전과 같은 값으로 하려면 여자를 어떻게 해야 하는가?

① 1/2로 감소시킨다.

② 1배로 증가시킨다.

③ 2배로 증가시킨다.

④ 4배로 증가시킨다.

|정|답|및|해|설|

[직류발전기의 유기기전력] $E = p\varnothing n \dfrac{Z}{a}$ [V]

유기기전력 E는 자속과 회전수의 곱에 비례한다.

n이 $\dfrac{1}{2}$로 감소하였을 때, E를 전과 같은 값으로 하려면 여자($\varnothing$)를 속도 변화 전에 비해 2배로 해주어야 한다.

【정답】③

47. 전기자저항이 0.3[Ω]이며, 단자전압이 210[V], 부하전류가 95[A], 계자전류가 5[A]인 직류 분권발전기의 유기기전력[V]은?

① 180

② 230

③ 240

④ 250

|정|답|및|해|설|

[분권발전기의 유기기전력] $E = V + I_a R_a$

(V : 단자전압, I_a : 전기자전류, R_a : 전기자저항)

부하전류(I) : 95[A], 계자전류(I_f) : 5[A], 전기자저항(R_a) : 0.3[Ω]

$\therefore E = V + I_a R_a \rightarrow (I_a = I + I_f)$
$= 210 + (95 + 5) \times 0.3 = 240[V]$

【정답】③

48. 6극 60[Hz] Y결선 3상 동기발전기의 극당 자속이 0.16[Wb], 회전수 1200[rpm], 1상의 권수 186, 권선 계수 0.96이면 단자전압은?

① 13183[V]

② 12254[V]

③ 26366[V]

④ 27456[V]

|정|답|및|해|설|

[단자전압(=선간전압)] $V = \sqrt{3} E[V]$ → (E : 상전압)

코일의 유기기전력 $E = 4.44 f W k_w \phi = 4.44 \times 60 \times 186 \times 0.96 \times 0.16$
$= 7610.94[V]$

$\therefore$ 단자전압(=선간전압) $V = \sqrt{3} E = \sqrt{3} \times 7610.94 = 13183[V]$

【정답】①

49. 그림과 같은 회로에서 Q_1에 역바이어스가 걸리는 시간을 나타낸 식은?

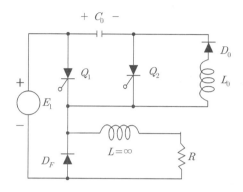

① $0.693 C_0 / R$ [sec]

② $0.693 R / C_0$ [sec]

③ $R C_0$ [sec]

④ $0.693 R C_0$ [sec]

|정|답|및|해|설|

[역바이어스 시간] $e_{c0} = E_1 \left(1 - 2e^{-\frac{1}{RC_0}t}\right) = 0$

위의 식을 만족하는 $t = t_c$

$\therefore t_c = C_0 R \log_e 2 = 0.693 R C_0$ [sec]

|참|고|

[답을 찾는 방법]

시간은 시정수와 같으므로 시정수 $\tau = RC$ 형식을 찾으면 된다.

(보통을 3, 6, 9가 들어감) → (시간이 없을 때 사용)

【정답】④

50. 실리콘 다이오드의 특성에서 잘못된 것은?

① 전압강하가 크다.

② 정류비가 크다.

③ 허용온도가 높다.

④ 역내전압이 크다.

|정|답|및|해|설|

[실리콘 정류기의 특성]

· 역내전압이 크다.

· 전류밀도가 크다.

　(게르마늄의 2~3배, 셀렌의 500~1000배)

· 온도에 의한 영향이 작다.

　(최고 허용 온도 140~200[℃])

· 효율은 가장 좋다(99[%]).

· 대용량 정류기에 적합하다.

【정답】①

51. 유기기전력 210[V], 단자전압 200[V]인 5[kW] 분권 발전기의 계자저항이 500[Ω]이면 그 전기 자 저항[Ω]은?

① 0.2
② 0.4
③ 0.6
④ 0.8

|정|답|및|해|설|

[전기자저항] $R_a = \dfrac{E-V}{I_a}[\Omega]$

$\qquad\qquad \to (E = V + I_a R_a \to E - V = I_a R_a)$

· $I_f = \dfrac{V}{R_f} = \dfrac{200}{500} = 0.4[A]$

· $I = \dfrac{P}{V} = \dfrac{5 \times 10^3}{200} = 25[A]$ $\qquad \to (P = VI)$

· 전기자 전류는 I_a는 $I_a = I + I_f \to I_a = 25 + 0.4 = 25.4[A]$

∴ $R_a = \dfrac{E-V}{I_a} = \dfrac{210-200}{25.4} = \dfrac{10}{25.4} = 0.4[\Omega]$ 【정답】②

52. 2회전 자계설로 단상 유도전동기를 설명하는 경 우 정방향 회전자계에 대한 회전자의 슬립이 s이 면 역방향 회전자계에 대한 회전자 슬립은?

① $1+s$
② s
③ $1-s$
④ $2-s$

|정|답|및|해|설|

[단상 유도전동기의 역방향 슬립] $s = \dfrac{N_s - (-N)}{N_s} = \dfrac{N_s + N}{N_s}$

$\qquad \to$ (유도전동기의 슬립(정방향) $s = \dfrac{N_s - N}{N_s}$)

역방향 슬립 $s = \dfrac{N_s + N}{N_s} = 1 + \dfrac{N}{N_s} = 1 + (1-s) = 2-s$

$\qquad\qquad \to (N = \dfrac{1-s}{N_s} \to \dfrac{N}{N_s} = 1-s)$
【정답】④

53. 변압기의 정격을 정의한 것 중 옳은 것은?

① 전부하의 경우 1차 단자전압을 정격 1차 전압이 라 한다.
② 정격 2차전압은 명판에 기재되어 있는 2차 권 선의 단자전압이다.
③ 정격 2차 전압을 2차 권선의 저항으로 나눈 것 이 정격 2차 전류이다.
④ 2차 단자 간에서 얻을 수 있는 유효전력을 [kW] 로 표시한 것이 정격출력이다.

|정|답|및|해|설|

[변압기의 정격] 정격 2차 전압은 명판에 기재되어 있는 2차권선 의 단자전압이다. 【정답】②

54. 3000[V], 1500[kVA], 동기임피던스 3[Ω]인 동 일 정격의 두 동기발전기를 병렬 운전하던 중 한 쪽 계자전류가 증가해서 각 상 유도기전력 사이에 300[V]의 전압차가 발생했다면 두 발전 기 사이에 흐르는 무효횡류는 몇 [A]인가?

① 20
② 30
③ 40
④ 50

|정|답|및|해|설|

[무효횡류(무효순환전류)] $I_c = \dfrac{E_c}{2Z_s} = \dfrac{300}{2 \times 3} = 50[A]$

$\qquad\qquad \to (E_c : 기전력의 차)$
【정답】④

55. 정격 부하에서 역률 0.8(뒤짐)로 운전될 때, 전압 변동률이 12[%]인 변압기가 있다. 이 변압기에 역률 100[%]의 정격 부하를 걸고 운전할 때의 전압 변동 률은 약 몇 [%]인가? 단, %저항강하는 %리액턴스강 하의 1/12라고 한다.

① 0.909
② 1.5
③ 6.85
④ 16.18

|정|답|및|해|설|

[전압변동률(ϵ)] $\epsilon = p\cos\theta_2 \pm q\sin\theta_2$

$\qquad \to$ (+ : 지상, - : 진상, 언급이 없으면 +(지상)))

여기서, p : %저항 강하, q : %리액턴스 강하,
$\qquad \theta$: 부하 Z의 위상각

역률($\cos\theta$) 0.8(뒤짐)로 운전될 때, 전압 변동률이 12[%]

%저항강하는 %리액턴스강하의 1/12

$p = \dfrac{1}{12}q$에서 $q = 12p$

$\epsilon = p\cos\theta_2 + q\sin\theta_2 \to p \times 0.8 + q \times 0.6 = 12[\%]$

$\qquad\qquad\qquad p \times 0.8 + 12p \times 0.6 = 12[\%]$

$8p = 12$이므로 %저항강하 $p = \dfrac{12}{8} = 1.5$

%리액턴스강하 $q = 12p$이므로 $q = 12 \times 1.5 = 18$

그러므로 전압변동률 $\epsilon = p\cos\theta_2 + q\sin\theta_2$에서

역률이 100[%]일 때 $\cos\varnothing = 1$, $\sin\varnothing = 0$이므로 $\epsilon = p = 1.5[\%]$
【정답】②

56. 농형 유도전동기의 속도제어법이 아닌 것은?

① 극수 변환   ② 1차 저항 변환

③ 전원전압 변환   ④ 전원주파수 변환

|정|답|및|해|설|

[유도전동기의 속도제어법]
1. 농형 유도전동기의 속도 제어법
· 주파수를 바꾸는 방법
· 극수를 바꾸는 방법
· 전원 전압을 바꾸는 방법
2. 권선형 유도전동기의 속도 제어법
· 2차 여자 제어법
· 2차 저항 제어법
· 종속 제어법   【정답】②

57. 직류 분권발전기의 무부하 포화 곡선이 $V=\dfrac{940 I_f}{33+I_f}$ 이고, I_f는 계자전류[A], V는 무부하 전압[V]으로 주어질 때 계자회로의 저항이 20[Ω] 이면 몇 [V]의 전압이 유기되는가?

① 140   ② 160   ③ 280   ④ 300

|정|답|및|해|설|

[직류 분권발전기의 단자전압] $V=I_f R_f [V]$

여기서, I_f : 계자전류, R_f : 계자저항

· $V=\dfrac{940 I_f}{30+I_f}$, 계자저항 $R_f=20[Ω]$이므로 $V=I_f R_f=20 I_f [V]$

· $I_f=\dfrac{V}{R_f}=\dfrac{V}{20}[A]$

∴ $V=\dfrac{940\frac{V}{20}}{30+\frac{V}{20}}=\dfrac{940V}{660+V}$ → $660V+V^2=940V$ → $V=280[V]$

【정답】③

58. %임피던스 강하가 5[%]인 변압기가 운전 중 단락 되었을 때 단락전류는 정격전류의 몇 배인가?

① 15배   ② 20배

③ 25배   ④ 30배

|정|답|및|해|설|

[%임피던스] $\%Z=\dfrac{I_n}{I_s}\times 100[\%]$ → (I_n : 정격전류)

∴단락전류 $I_s=\dfrac{100}{\%Z}I_n=\dfrac{100}{5}I_n=20I_n[A]$ 【정답】②

59. 3상 권선형 유도전동기에서 1차와 2차간의 상수비, 권수비가 β, α 이고 2차 전류가 I_2일 때 1차 1상으로 환산한 $I_2{}'$는?

① $\dfrac{\alpha}{I_2\beta}$ ② $\alpha\beta I_2$

③ $\dfrac{\beta I_2}{\alpha}$ ④ $\dfrac{I_2}{\beta\alpha}$

|정|답|및|해|설|

[전류] $I_2{}'=I_1=?$

·1차유도기전력 $E_1=4.44k_{w1}w_1 f\phi[V]$

·2차 유도기전력 $E_2=4.44k_{w2}w_2 f\phi[V]$

·권수비 $\alpha=\dfrac{E_2}{E_1}=\dfrac{k_{w1}w_1}{k_{w2}w_2}\cdot\dfrac{m_2}{m_1}=\dfrac{I_1}{I_2}$

·상수비 $\beta=\dfrac{m_1}{m_2}$ → (m : 상수)

∴ $I_2{}'=I_1=\dfrac{m_2 k_w w_2}{m_1 k_{w1} w_1}I_2=\dfrac{1}{\alpha\beta}I_2$ 【정답】④

60. 직류 발전기에서 양호한 정류를 얻기 위한 방법이 아닌 것은?

① 보상권선을 설치한다.

② 보극을 설치한다.

③ 브러시의 접촉저항을 크게 한다.

④ 리액턴스 전압을 크게 한다.

|정|답|및|해|설|

[불꽃 없는 정류를 하려면] 리액턴스 전압 $e_L=L\dfrac{2I_c}{T_c}[V]$

여기서, L : 인덕턴스, T_c : 정류주기)

리액턴스 전압 e가 크면 클수록 전압이 불량, 즉 불꽃이 발생한다.
1. 코일의 리액턴스(L)를 적게 하여 리액턴스 전압(e_L)이 낮아야 한다.
2. 정류주기(T_c)가 길어야 한다.   → (회전속도를 낮춘다.)
3. 브러시의 접촉저항이 커야한다 (탄소 브러시 사용)   → (저항정류)
4. 보극 설지   → (전압정류)
5. 보상권선을 설치한다.   → (전기자 반작용 억제)

【정답】④

61. $R-L$ 직렬회로에서 시정수의 값이 클수록 과도현상의 소멸되는 시간은 어떻게 되는가?

① 짧아진다.   ② 길어진다.

③ 과도기가 없어진다.   ④ 관계없다.

|정|답|및|해|설|

[RL 직렬회로의 시정수와 과도현상의 관계]

$$i(t) = \frac{E}{R}\left(1 - e^{-\frac{R}{L}t}\right) = \frac{E}{R}\left(1 - e^{-\frac{1}{\tau}t}\right)[A] \quad \rightarrow (시정수\ \tau = \frac{L}{R})$$

따라서 시정수가 크면 $e^{-\frac{1}{\tau}t}$ 값이 커지므로 과도 상태는 길어진다. 【정답】②

62. 아래와 같은 비정현파 전압을 RL 직렬회로에 인가할 때에 제 3고조파 전류의 실효값[A]은? (단, $R = 4[\Omega]$ $\omega L = 1[\Omega]$ 이다.)

$$e = 100\sqrt{2}\,\sin\omega t + 75\sqrt{2}\,\sin3\omega t + 20\sqrt{2}\,\sin5\omega t\,[V]$$

① 4   ② 15   ③ 20   ④ 75

|정|답|및|해|설|

[3고조파 전류의 실효값] $I_3 = \dfrac{V_3}{Z_3} = \dfrac{V_3}{\sqrt{R^2 + (3\omega L)^2}}$

·기본파 $Z_1 = \sqrt{R^2 + (\omega L)^2}$

·3고조파 $Z_3 = \sqrt{R^2 + (3\omega L)^2}$

$$\therefore I_3 = \frac{V_3}{\sqrt{R^2 + (3\omega L)^2}} = \frac{75}{\sqrt{4^2 + 3^2}} = 15[A]$$

$$\rightarrow (V = \frac{V_m}{\sqrt{2}} = \frac{75\sqrt{2}}{\sqrt{2}} = 75)$$

【정답】②

63. 대칭좌표법에 관한 설명 중 잘못된 것은?

① 불평형 3상 회로 비접지식 회로에서는 영상분이 존재한다.

② 대칭 3상 전압에서 영상분은 0이다.

③ 대칭 3상 전압은 정상분만 존재한다.

④ 불평형 3상 회로의 접지식 회로에서는 영상분이 존재한다.

|정|답|및|해|설|

[대칭좌표법] 대칭좌표법에서 접지식은 영상분이 있고 비접지식은 영상분이 없다. 【정답】①

64. 분포정수 전송회로에 대한 설명이 아닌 것은?

① $\dfrac{R}{L} = \dfrac{G}{C}$인 회로를 무왜형 회로라 한다.

② $R = G = 0$인 회로를 무손실 회로라 한다.

③ 무손실 회로와 무왜형 회로의 감쇠정수는 $\sqrt{RG}$이다.

④ 무손실 회로와 무왜형 회로에서의 위상속도는 $\dfrac{1}{\sqrt{LC}}$이다.

|정|답|및|해|설|

[무손실 선로 (손실이 없는 선로)]

·조건이 $R = 0$, $G = 0$인 선로

·$\alpha = 0$, $\underline{\beta = \omega\sqrt{LC}}$ $\rightarrow$ (α : 감쇠정수, β : 위상정수)

·전파속도 $v = \dfrac{\omega}{\beta} = \dfrac{\omega}{\omega\sqrt{LC}} = \dfrac{1}{\sqrt{LC}}$ [m/sec]

[무왜형 선로(파형의 일그러짐이 없는 회로)]

·조건 $\dfrac{R}{L} = \dfrac{G}{C} \rightarrow LG = RC$

·$a = \sqrt{RG}$, $\beta = \omega\sqrt{LC}$

·전파속도 $v = \dfrac{\omega}{\beta} = \dfrac{\omega}{w\sqrt{LC}} = \dfrac{1}{\sqrt{LC}}$ [m/sec]   【정답】③

65. 선압 $v = V(\sin\omega t - \sin3\omega t)$ 전류 $i = I\sin\omega t$인 교류의 평균 전력[W]은?

① $\displaystyle\int_0^{2\pi} vi\,dt$ ② $\dfrac{1}{2}VI$

③ $\dfrac{1}{2}VI\sin\omega t$ ④ $\dfrac{2}{\sqrt{3}}VI$

|정|답|및|해|설|

[평균전력] $P = P_1 + P_3 = V_1 I_1 \cos\theta_1 + V_3 I_3 \cos\theta_3$

$\rightarrow$ (1고조파와 3고조파만 존재하므로)

$$\therefore P = V_1 I_1 \cos\theta_1 + V_3 I_3 \cos\theta_3 = \frac{V}{\sqrt{2}}\frac{I}{\sqrt{2}} \times \cos0° + 0 = \frac{VI}{2}$$

$\rightarrow$ (V, I : 최대값, 전류와 전압의 위상차 0)

$\rightarrow$ (주파수가 다르면 전력이 발생하지 않으므로 주파수가 같은 성분만 계산)

【정답】②

66. 그림의 회로에서 단자 a, b에 3[Ω]의 저항을 연결할 때 저항에서의 소비전력은 몇 [W]인가?

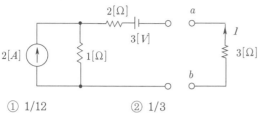

① 1/12 　　　　② 1/3

③ 1 　　　　④ 12

|정|답|및|해|설|

[소비전력] $P = I^2 R [A]$

그림에서 전류원 → 전압원으로 등가, 병렬 → 직렬

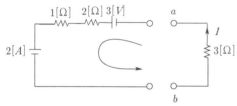

전류 $I = \dfrac{V}{R} = \dfrac{V_1 - V_2}{R_1 + R_2 + R_3} = \dfrac{3-2}{1+2+3} = \dfrac{1}{6}[A]$

∴전력 $P = I^2 R = \left(\dfrac{1}{6}\right)^2 \cdot 3 = \dfrac{3}{36} = \dfrac{1}{12}$ [W] 　　　【정답】①

67. 그림과 같은 회로에서 $i_1 = I_m \sin wt$일 때 개방된 2차 단자에 나타나는 유기기전력 e_2는 몇 $[V]$인가?

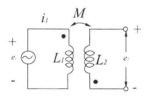

① $\omega M I_m \sin\omega t$

② $w M I_m \cos\omega t$

③ $w M I_m \sin(\omega t - 90°)$

④ $\omega M I_m \sin(\omega t + 90°)$

|정|답|및|해|설|

[1차 전류에 의한 2차 단자의 유기기전력] $e_2 = -M\dfrac{di_1(t)}{dt}[V]$

$i_1 = I_m \sin wt$

∴$e_2 = -M\dfrac{di_1(t)}{dt} = -w M I_m \cos wt$

$\quad = w M I_m \sin(wt - 90°)[V]$ 　　　【정답】③

68. 그림에서 $e(t) = E_m \cos\omega t$의 전원전압을 인가했을 때 인덕턴스 L에 축적되는 에너지[J]는?

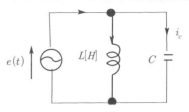

① $\dfrac{1}{2}\dfrac{E_m^2}{\omega^2 L^2}(1 + \cos\omega t)$

② $\dfrac{1}{4}\dfrac{E_m^2}{\omega^2 L}(1 - \cos\omega t)$

③ $\dfrac{1}{2}\dfrac{E_m^2}{\omega^2 L^2}(1 + \cos 2\omega t)$

④ $\dfrac{1}{4}\dfrac{E_m^2}{\omega^2 L}(1 - \cos 2\omega t)$

|정|답|및|해|설|

[L에 축적되는 에너지[J]] $W = \dfrac{1}{2}LI^2[J]$

$e = L\dfrac{di}{dt}$ 이므로 $I = \dfrac{1}{L}\int e\,dt$

$I = \dfrac{1}{L}\int E_m \cos\omega t\ dt = \dfrac{E_m}{\omega L}\sin\omega t$

∴$W_L = \dfrac{1}{2}LI^2 = \dfrac{1}{2}L \cdot \left(\dfrac{E_m}{\omega L}\sin\omega t\right)^2$

$\quad = \dfrac{1}{2}\dfrac{E_m^2}{\omega^2 L}\sin^2\omega t = \dfrac{E_m^2}{2\omega^2 L}\left(\dfrac{1 - \cos 2\omega t}{2}\right)$

$\quad\quad\quad\quad\quad → (\sin^2\omega t = \dfrac{1 - \cos 2\omega t}{2})$

$\quad = \dfrac{E_m^2}{4\omega^2 L}(1 - \cos 2\omega t)\,[J]$ 　　　【정답】④

69. 3상 △부하에서 각 선전류를 I_a, I_b, I_c라 하면 전류의 영상분은?

① ∞ 　　　　② -1

③ 1 　　　　④ 0

|정|답|및|해|설|

[△ 결선의 전류 영상분] $I_0 = \dfrac{1}{3}(I_a + I_b + I_c)$

비접지식(△결선)에서는 중성선이 없어 중성선에 전류가 흐를 수 없으므로, 3상 전류의 합 $I_a + I_b + I_c = 0$이다.

∴영상분 전류 $I_0 = \dfrac{1}{3}(I_a + I_b + I_c) = 0$, 즉 영상분이 존재하지 않는다.

【정답】④

70. 왜형률이란 무엇인가?

① $\dfrac{\text{전 고조파의 실효값}}{\text{기본파의 실효값}}$

② $\dfrac{\text{전 고조파의 평균값}}{\text{기본파의 평균값}}$

③ $\dfrac{\text{제3고조파의 실효값}}{\text{기본파의 실효값}}$

④ $\dfrac{\text{우수 고조파의 실효값}}{\text{기수 고조파의 실효값}}$

|정|답|및|해|설|

[왜형률] $D = \dfrac{\text{전 고조파의 실효값}}{\text{기본파의 실효값}}$

$= \sqrt{\dfrac{V_2^2 + V_3^2 + \cdots}{V_1^2}} = \dfrac{\sqrt{V_2^2 + V_3^2 + \cdots}}{V_1}$

※[왜형률(distortion factor)] 비정현파가 정현파를 기준으로 하였을 때 얼마나 일그러졌는가를 표시하는 척도

【정답】①

71. 전기회로에서 일어나는 과도현상은 그 회로의 시정수와 관계가 있다. 이 사이의 관계를 옳게 표현한 것은?

① 회로의 시정수가 클수록 과도현상은 오래 동안 지속된다.

② 시정수는 과도현상의 지속시간에는 상관되지 않는다.

③ 시정수의 역이 클수록 과도현상은 천천히 사라진다.

④ 시정수가 클수록 과도현상은 빨리 사라진다.

|정|답|및|해|설|

[과도현상과 시정수와 관계] 시정수(τ)는 과도현상의 길고 짧음을 나타낸 양으로 회로의 시정수가 클수록 정상값에 도달하는 시간은 길어지고, 과도현상은 오래 지속된다.

【정답】①

72. 6상 성형 상전압이 $200[V]$일 때 선간전압$[V]$은?

① 200   ② 150   ③ 100   ④ 50

|정|답|및|해|설|

[Y결선의 선간전압 (n상)] $V_l = 2V_p \sin\dfrac{\pi}{n}[V]$

$V_l = 2V_p \sin\dfrac{\pi}{n} = 2V_p \sin\dfrac{\pi}{6} = V_p$ → $(\sin 60° = \dfrac{1}{2})$

그러므로 6상에서는 상전압이 선간전압과 크기가 같아서 선간전압 $V_l = 200[V]$ 【정답】①

73. 다음과 같은 비정현파 전압 및 전류에 의한 전력을 구하면 몇 [W]인가?

$$v(t) = 100\sin\omega t - 50\sin(3\omega t + 30°) + 20\sin(5\omega t + 45°)[\text{V}]$$

$$i(t) = 20\sin\omega t + 10\sin(3\omega t - 30°) + 5\sin(5\omega t - 45°)[\text{A}]$$

① 1175   ② 925

③ 875   ④ 825

|정|답|및|해|설|

[전력] $P = P_1 + P_3 + P_5 = V_1 I_1 \cos\theta_1 + V_3 I_3 \cos\theta_3 + V_5 I_5 \cos\theta_5$
→ (1고조파, 3고조파, 5고조파 존재하므로)

$\therefore P = V_1 I_1 \cos\theta_1 + V_3 I_3 \cos\theta_3 + V_5 I_5 \cos\theta_5$

$= \dfrac{100}{\sqrt{2}} \cdot \dfrac{20}{\sqrt{2}} \cos 0 + \dfrac{-50}{\sqrt{2}} \cdot \dfrac{10}{\sqrt{2}} \cos(60) + \dfrac{20}{\sqrt{2}} \cdot \dfrac{5}{\sqrt{2}} \cos(90)$

$= 1000 \times 1 - 250 \times \dfrac{1}{2} + 0 = 875[W]$

→ (실효값 $V = \dfrac{V_m}{\sqrt{2}}$, 위상차 $\theta = $ 전류 - 전압)

【정답】③

74. 저항 10[Ω], 인덕턴스 10[mH]인 인덕턴스에 실효값 100[V]인 정현파 전압을 인가했을 때 흐르는 전류의 최댓값[A]은? (단, 정현파의 각주파수는 1000[rad/s]이다.)

① 5   ② $5\sqrt{2}$

③ 10   ④ $10\sqrt{2}$

|정|답|및|해|설|

[RL직렬 전류의 최댓값]

· 리액턴스 $X_L = \omega L = 1000 \times 10 \times 10^{-3} = 10[\Omega]$

· 임피던스 $Z = \sqrt{R^2 + X_L^2} = \sqrt{10^2 + 10^2} = 10\sqrt{2}[\Omega]$

· 최댓값은 실효값의 $\sqrt{2}$ 배이므로,

$\therefore I_m = \sqrt{2}I = \sqrt{2} \cdot \dfrac{V}{Z} = \dfrac{\sqrt{2} \times 100}{10\sqrt{2}} = 10[A]$ 【정답】③

75. $5\dfrac{d^2q}{dt^2}+\dfrac{dq}{dt}=10\sin t$에서 모든 초기 조건을 0으로 하고 라플라스 변환하면?

① $Q(s)=\dfrac{10}{(5s+1)(s^2+1)}$

② $Q(s)=\dfrac{10}{(5s^2+s)(s^2+1)}$

③ $Q(s)=\dfrac{10}{2(s^2+1)}$

④ $Q(s)=\dfrac{10}{(s^2+5)(s^2+1)}$

|정|답|및|해|설|

[라플라스 변환] $\mathcal{L}[f(t)]=F(s)$ → $\mathcal{L}[q(t)]=Q(s)$

초기 조건이 0일 때 → $5s^2Q(s)+sQ(s)=10\left(\dfrac{1}{s^2+1}\right)$

· 2번 미분 : $\mathcal{L}\left[\dfrac{d^2q}{dt^2}\right]=s^2Q(s)$

· 1번 미분 : $\mathcal{L}\left[\dfrac{dq}{dt}\right]=sQ(s)$

· $\mathcal{L}[\sin t]=\dfrac{1}{s^2+1^2}$ → $\left(\mathcal{L}[\sin\omega t]=\dfrac{\omega}{s^2+\omega^2}\right)$

· $(5s^2+s)Q(s)=\dfrac{10}{s^2+1}$ → $(5s^2+s)Q(s)=\dfrac{10}{s^2+1}$

∴ $Q(s)=\dfrac{10}{(5s^2+s)(s^2+1)}$ 【정답】②

76. a, b 단자의 전압 v는?

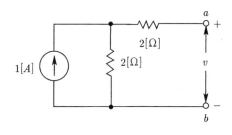

① 2 ② −2 ③ −8 ④ 8

|정|답|및|해|설|

[단자의 전압] $V=IR[V]$

v는 개방단의 전압

∴ $V=RI=2\times1=2[V]$ → (극성이 같으므로 +값)

【정답】①

77. 라플라스 변환함수 $\dfrac{1}{s(s+1)}$에 대한 역라플라스 변환은?

① $1+e^{-t}$ ② $1-e^{-t}$

③ $\dfrac{1}{1-e^{-t}}$ ④ $\dfrac{1}{1+e^{-t}}$

|정|답|및|해|설|

[역라플라스 변환] $\mathcal{L}^{-1}[F(s)]=f(t)$

1. $F(x)=\dfrac{1}{s(s+1)}=\dfrac{K_1}{s}+\dfrac{K_2}{s+1}$

→ (부분 분수로 고치고 분자에 미지의 수를 놓는다.)

· $K_1=\dfrac{1}{s+1}\bigg|_{s=0}=1$ · $K_2=\dfrac{1}{s}\bigg|_{s=-1}=-1$

2. $F(x)=\dfrac{1}{s(s+1)}=\dfrac{1}{s}-\dfrac{1}{s+1}$

∴ $f(t)=\mathcal{L}^{-1}[F(s)]=1-e^{-t}$ 【정답】②

78. 그림과 같은 파형의 라플라스 변환은?

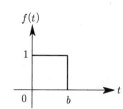

① $\dfrac{1}{b}\left(\dfrac{1-e^{-bs}}{s}\right)$ ② $\dfrac{1}{b}\left(\dfrac{1+e^{-bs}}{s}\right)$

③ $\dfrac{1}{s}(1-e^{-bs})$ ④ $\dfrac{1}{s}(1+e^{-bs})$

|정|답|및|해|설|

[라플라스 변환] 시간함수를 s함수로 고치는 것

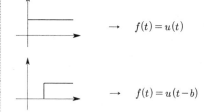

$f(t)=u(t)-u(t-b)$이므로 라플라스 변환하면

∴ $\mathcal{L}[f(t)]=\mathcal{L}[u(t)]-\mathcal{L}[u(t-b)]$

$=\dfrac{1}{s}-\dfrac{1}{s}e^{-bs}=\dfrac{1}{s}(1-e^{-bs})$ 【정답】③

79. 저항 $R = 6[\Omega]$과 유도리액턴스 $X_L = 8[\Omega]$이 직렬로 접속된 회로에서 $v = 200\sqrt{2}\sin\omega t[V]$인 전압을 인가하였다. 이 회로의 소비되는 무효전력[kVar]은?

① 1.2   ② 2.2

③ 2.4   ④ 3.2

|정|답|및|해|설|

[무효전력] $P_r = I^2 X = \left(\dfrac{V}{\sqrt{R^2 + X^2}}\right)^2 X = \dfrac{V^2 X}{R^2 + X^2}[W]$

→ $(I^2 X$: 전류가 주어진 경우, $\dfrac{V^2 X}{R^2 + X^2}$: 전압이 주어진 경우)

$v = 200\sqrt{2}\sin\omega t[V]$에서 $200\sqrt{2}$가 최대값이므로

실효값 $V = \dfrac{200\sqrt{2}}{\sqrt{2}} = 200[V]$

$\therefore P_r = \dfrac{V^2 X}{R^2 + X^2} = \dfrac{200^2 \times 8}{6^2 + 8^2} = 3200[W] = 3.2[kW]$

【정답】④

80. 3상 3선식에서 선간전압이 100[V] 송전선에 $5\angle 45°[\Omega]$의 부하를 △접속할 때의 선전류[A]는?

① 20   ② 28.2

③ 34.6   ④ 40

|정|답|및|해|설|

[△접속할 때의 선전류]

△결선에서 $V_l = V_p$, $I_l = \sqrt{3}\,I_p$

$\therefore I_l = \sqrt{3}\,I_p = \sqrt{3} \times \dfrac{V_p}{Z} = \sqrt{3} \times \dfrac{100}{5\angle 45°}$ → $(I_p = \dfrac{V_p}{Z})$

$= 20\sqrt{3}\angle -45° = 34.64 \angle -45°[A]$

【정답】③

|참|고|

[△, Y결선 회로의 선간전압(V_l), 상전압(V_p), 선전류(I_l), 상전류(I_p)]

결선법	선간전압 V_l	선전류 I_l	출력[W]	
△ 결선	V_p	$\sqrt{3}\,I_p$	$\sqrt{3}\,V_l I_l \cos\theta$	$3 V_p I_p \cos\theta$
Y 결선	$\sqrt{3}\,V_p$	I_p		

여기서, V_l : 선간전압, I_l : 선로전류, V_p : 정격전압
I_p : 상전류

81. 다음은 무엇에 관한 설명인가?

> 가공 전선이 다른 시설물과 접근하는 경우에 그 가공전선이 다른 시설물의 위쪽 또는 옆쪽에서 수평 거리로 3[m] 이만인 곳에 시설되는 상태

① 제1차 접근상태   ② 제2차 접근상태

③ 제3차 접근상태   ④ 제4차 접근상태

|정|답|및|해|설|

[주요 용어의 정의 (KEC 112)] 제2차 접근상태는 가공 전선이 다른 시설물과 상방 또는 측방으로 수평 거리로 3[m] 미만인 곳에 시설되는 상태를 말한다.   【정답】②

82. 다음 중 가공전선로의 지지물에 지지선을 시설할 때 옳은 방법은?

① 지지선의 안전율을 2.0으로 하였다.

② 소선은 최소 2가닥 이상의 연선을 사용하였다.

③ 지중의 부분 및 지표상 20[cm]까지의 부분은 아연도금 철봉 등 내부식성 재료를 사용하였다.

④ 도로를 횡단하는 곳의 지지선의 높이는 지표상 5[m]로 하였다.

|정|답|및|해|설|

[지지선의 시설 (KEC 331.11)]
·안전율:2.5 이상
·최저 인상 하중:4.31[kN]
·2.6[mm] 이상의 금속선을 3조 이상 꼬아서 사용
·지중 및 지표상 30[cm]까지의 부분은 아연도금 철봉 등을 사용
·지지선이 도로를 횡단하는 경우는 5[m] 이상으로 한다(보도의 경우는 2.5[m] 이상으로 할 수 있다).   【정답】④

83. 가공 전선로의 지지물 중 지지선을 사용하여 그 강도를 분담시켜서는 아니 되는 것은?

① 철탑   ② 목주

③ 철주   ④ 철근 콘크리트

|정|답|및|해|설|

[지지선의 시설 (KEC 331.11)] 가공 전선로의 지지물로서 사용하는 철탑은 지지선을 사용하여 그 강도를 분담시켜서는 아니 된다.
【정답】①

84. 지중전선로는 기설 지중 약전류 전선로에 대하여 다음의 어느 것에 의하여 통신상의 장해를 주지 아니하도록 기설 약전류 전선로로부터 충분히 이격시키는가?

① 충전전류 또는 표피작용

② 누설전류 또는 유도작용

③ 충전전류 또는 유도작용

④ 누설전류 또는 표피작용

|정|답|및|해|설|
[가공약전류전선로의 유도장해 방지 (KEC 332.1)] 지중전선로는 기설 지중 약전류 전선로에 대하여 <u>누설전류 또는 유도작용</u>에 의하여 통신상의 장해를 주지 아니하도록 기설 약전류 전선로로부터 충분히 이격시키거나 기타 적당한 방법으로 시설하여야 하다.
【정답】②

85. 다음 중 지중 전선로의 전선으로 가장 알맞은 것은?

① 절연전선   ② 동복강선

③ 케이블   ④ 나경동선

|정|답|및|해|설|
[지중 전선로의 시설 (KEC 334.1)] <u>지중 전선로는 전선에 케이블을 사용</u>하고 또한 관로식암거식 또는 직접 매설식에 의하여 시설하여야 한다.
1. 직접 매설식 : 매설 깊이는 중량물의 압력이 있는 곳은 1.0[m] 이상, 없는 곳은 0.6[m] 이상으로 한다.
2. 관로식 : 매설 깊이를 1.0 [m]이상, 중량물의 압력을 받을 우려가 없는 곳은 60 [cm] 이상으로 한다.
3. 암거식 : 지하 구조물 내 케이블 지지대를 설치하고 그 위에 케이블을 부설하는 방식
【정답】③

86. 가요전선관 공사에 있어서 저압 옥내배선 시설에 맞지 않는 것은?

① 전선은 절연전선일 것

② 가요전선관 안에는 전선에 접속점이 없을 것

③ 단면적 10[㎟] 이하인 것은 단선을 쓸 수 있다.

④ 일반적으로 가요전선관은 3종 금속제 가요전선관일 것

|정|답|및|해|설|
[금속제가요전선관공사 (KEC 232.13)]
· 전선은 절연 전선 이상일 것(옥외용 비닐 절연 전선은 제외)
· 전선은 연선일 것 다만, 단면적10[㎟] 이하인 것은 **단선을 쓸 수 있다.**
· 가요 전선관 안에는 전선에 접속점이 없도록 할 것
· <u>가요 전선관은 2종 금속제 가요 전선관일 것</u>
【정답】④

87. 발전소·변전소 또는 이에 준하는 곳의 특고압전로에 대한 접속 상태를 모의모선의 사용 또는 기타의 방법으로 표시하여야 하는데, 그 표시의 의무가 없는 것은?

① 전선로의 회선수가 3회선 이하로서 복모선

② 전선로의 회선수가 2회선 이하로서 복모선

③ 전선로의 회선수가 3회선 이하로서 단일모선

④ 전선로의 회선수가 2회선 이하로서 단일모선

|정|답|및|해|설|
[특고압 전로의 상 및 접속 상태의 표시 (KEC 351.2)]
모의모선이 필요없는 것은 <u>회선수가 2회선 이하이고, 단일 모선인 경우</u>이다.
【정답】④

88. 전기부식 방지 시설을 할 때 전기부식 방지용 전원장치로부터 양극 및 피방식체까지의 전로에 사용되는 전압은 직류 몇 [V] 이하이어야 하는가?

① 20[V]   ② 40[V]

③ 60[V]   ④ 80[V]

|정|답|및|해|설|
[전기부식 방지 시설 (KEC 241.16)]
· 사용전압은 <u>직류 60[V] 이하</u>일 것
· 지중에 매설하는 양극은 75[cm] 이상의 깊이일 것
· 수중에 시설하는 양극과 그 주위 1[m] 안의 임의의 점과의 전위차는 10[V] 이내, 지표 또는 수중에서 1[m] 간격을 갖는 임의의 2점간의 전위차는 5[V] 이내이어야 한다.
· 전선은 케이블인 경우를 제외하고 2[㎜] 경동선 이상이어야 한다.
【정답】③

89. 특별 고압 가공 전선로의 지지물에 시설하는 통신선, 또는 이에 직접 접속하는 통신선이 도로, 횡단보도교, 철도, 궤도, 또는 삭도와 교차하는 경우 통신선은 지름 몇 [mm]의 경동선이나 이와 동등 이상의 세기의 것이어야 하는가?

① 4   ② 4.5   ③ 5   ④ 5.5

|정|답|및|해|설|
[고압 가공인입선의 시설 (KEC 331.12 1)] 전선에는 인장강도 8.01[kN] 이상의 고압 절연전선, 특고압 절연전선 또는 지름 <u>5 [mm] 이상의 경동선</u>의 고압 절연전선, 특고압 절연전선 또는 케이블일 것
【정답】③

90. 소세력회로의 전압이 15[V] 이하일 경우 2차 단락 전류 제한값은 8[A]이다. 이때 과전류 차다기의 정격전류는 몇 [A] 이하여야 하는가?

① 1.5 ② 3 ③ 5 ④ 10

|정|답|및|해|설|
[소세력 회로 (KEC 241.14)]
절연변압기의 2차 단락전류 및 과전류차단기의 정격전류

소세력 회로의 최대 사용전압의 구분	2차 단락전류	과전류 차단기의 정격전류
15[V] 이하	8[A]	5[A]
15[V] 초과 30[V] 이하	5[A]	3[A]
30[V] 초과 60[V] 이하	3[A]	1.5[A]

【정답】③

91. 고압 가공전선로의 B종 철주의 지지물 간 거리(경간)는 얼마 이하로 해야 하는가?

① 150 ② 250 ③ 400 ④ 600

|정|답|및|해|설|
[고압 가공전선로의 지지물 간 거리(경간)의 제한 (KEC 332.9)]

지지물의 종류	표준 경간[m]	25[㎟] 이상의 경동선 사용[m]
목주·A종 철주 또는 A종 철근 콘크리트 주	150	300
B종 철주 또는 B종 철근 콘크리트 주	250	500
철탑	600	600

【정답】②

92. 지중 전선로의 매설방법이 아닌 것은?

① 관로식 ② 인입식
③ 암거식 ④ 직접 매설식

|정|답|및|해|설|
[지중 전선로의 시설 (KEC 334.1)] 전선은 케이블을 사용하고, 관로식, 암거식, 직접 매설식에 의하여 시공한다.
1. 직접 매설식 : 매설 깊이는 중량물의 압력이 있는 곳은 1.0[m] 이상, 없는 곳은 0.6[m] 이상으로 한다.
2. 관로식 : 매설 깊이를 1.0 [m]이상, 중량물의 압력을 받을 우려가 없는 곳은 60 [cm] 이상으로 한다.
3. 암거식 : 지하 구조물 내 케이블 지지대를 설치하고 그 위에 케이블을 부설하는 방식 【정답】②

93. 3상 4선식 22.9[kV] 중성선 다중접지식 가공전선로의 전로와 대지간의 절연내력 시험전압은 몇 배를 적용하는가?

① 1.1 ② 1.25
③ 0.92 ④ 0.72

|정|답|및|해|설|
[전로의 절연저항 및 절연내력 (KEC 132)]

권선의 종류		시험 전압	시험 최소 전압
7[kV] 이하		1.5배	500[V]
7[kV] 넘고 25[kV] 이하	다중접지식	0.92배	
7[kV] 넘고 60[kV] 이하	비접지방식	1.25배	10,500[V]
60[kV]초과	비접지	1.25배	
	접지식	1.1배	75000[V]
60[kV] 넘고 170[kV] 이하	중성점 직접지식	0.72배	
170[kV] 초과	중성점 직접지식	0.64배	

【정답】③

94. 옥내의 네온 방전등 공사의 방법으로 옳은 것은?

① 방전등용 변압기는 누설 변압기일 것
② 관등회로의 배선은 점검할 수 없는 은폐된 장소에 시설할 것
③ 관등회로의 배선은 애자사용공사에 의할 것
④ 전선의 지지점간의 거리는 2[m] 이하로 할 것

|정|답|및|해|설|
[옥내의 네온 방전등 공사 (KEC 234.12)]
1. 방전등용 변압기는 네온 변압기일 것
2. 관등 회로의 배선은 전개된 장소 또는 점검할 수 있는 은폐된 장소에 시설할 것
3. 관등 회로의 배선은 애자 사용 공사에 의하여 시설하고 또한 다음에 의할 것
 · 전선의 지지점 간의 거리는 1[m] 이하일 것
 · 전선 상호 간의 간격은 6[cm] 이상일
【정답】③

95. 그림은 전력선 반송통신용 결합장치의 보안장치를 나타낸 것이다. DR의 명칭으로 옳은 것은?

① 결합 필터
② 방전 캡
③ 접지용 개폐기
④ 배류 선륜

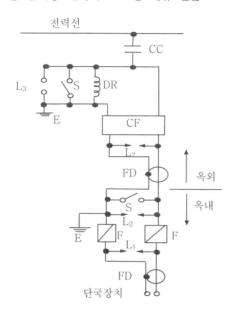

전력선

단극장치

|정|답|및|해|설|

[전력선 반송 통신용 결합장치의 보안장치 (KEC 362.10)]

FD : 동축케이블

F : 정격전류 10[A] 이하의 포장퓨즈

DR : 전류용량 2[A] 이상의 배류선륜

L₁ : 교류 300[V] 이하에서 동작하는 피뢰기

L₂ : 동작전압이 교류 1,300[V]를 초과하고 1,600[V] 이하로 조정된 방전갭

L₃ : 동작전압이 교류 2[kV]를 초과하고 3[kV] 이하로 조정된 구상 방전갭

S : 접지용 개폐기

CF : 결합필타

CC : 결합커패시터(결합안테나를 포함한다)

E : 접지

【정답】④

96. 지중에 매설되어 있는 금속제 수도관로를 각종 접지공사의 접지극으로 사용하려면 대지와의 전기저항 값이 몇 [Ω] 이하의 값을 유지하여야 하는가?

① 1
② 2
③ 3
④ 5

|정|답|및|해|설|

[접지극의 시설 및 접지저항 (KEC 142.2)]

대지 사이의 전기저항 값이 3[Ω] 이하인 값을 유지하고 있는 금속제 수도관로는 각종 접지공사의 접지극으로 사용할 수 있다. 이때 접지선과 금속제 수도관로의 접속은 안지름 75[mm] 이상인 금속제 수도관의 부분 또는 이로부터 분기한 안지름 75[mm] 미만인 금속제 수도관의 분기점으로부터 5[m] 이내의 부분에서 할 것

【정답】③

97. 다음 급전선로에 대한 설명으로 옳지 않은 것은?

① 급전선은 나전선을 적용하여 가공식으로 가설한다.

② 가공식은 전차선의 높이 이상으로 전차선로 지지물에 병행설치(병가)하며, 나전선의 접속은 직선접속을 사용할 수 없다.

③ 신설 터널 내 급전선을 가공으로 설계할 경우 지지물의 취부는 C찬넬 또는 매입전을 이용하여 고정하여야 한다.

④ 다리 하부 등에 설치할 때에는 최소 절연 간격 (이격거리) 이상을 확보하여야 한다.

|정|답|및|해|설|

[급전선로 (kec 431.4)] 가공식은 전차선의 높이 이상으로 전차선로 지지물에 병행설치(병가)하며, 나전선의 접속은 직선 접속을 원칙으로 한다. 【정답】②

98. 전기저장장치의 시설 중 제어 및 보호장치에 관한 사항으로 옳지 않은 것은?

① 상용전원이 정전되었을 때 비상용 부하에 전기를 안정적으로 공급할 수 있는 시설을 갖출 것
② 전기저장장치의 접속점에는 쉽게 개폐할 수 없는 곳에 개방상태를 육안으로 확인할 수 있는 전용의 개폐기를 시설하여야 한다.
③ 직류 전로에 관전류차단기를 설치하는 경우 직류 단락전류를 차단하는 능력을 가지는 것이어야 하고 "직류용" 표시를 하여야 한다.
④ 전기저장장치의 직류 전로에는 지락이 생겼을 때에 자동적으로 전로를 차단하는 장치를 시설하여야 한다.

|정|답|및|해|설|
[제어 및 보호장치 등 (kec 512.2)] 전기저장장치의 접속점에는 <u>쉽게 개폐할 수 있는 곳</u>에 개방상태를 육안으로 확인할 수 있는 전용의 개폐기를 시설하여야 한다.
【정답】②

99. 태양광 설비의 계측 장치로 알맞은 것은?

① 역률을 계측하는 장치
② 습도를 계측하는 장치
③ 주파수를 계측하는 장치
④ 전압과 전력을 계측하는 장치

|정|답|및|해|설|
[계측장치의 시설 (KEC 351.6)] 발전기·연료전지 또는 태양전지 모듈의 <u>전압 및 전류 또는 전력</u>
【정답】④

100. 사용전압이 35[kV] 이하인 특별고압 가공 전선이 상부 조영재의 위쪽에 시설되는 경우, 특고압 가공 전선과 건조물의 조영재 간격(이격거리)은 몇 [m] 이상이어야 하는가? (단, 전선의 종류는 특고압 절연전선이라고 한다.)

① 0.5   ② 1.2
③ 2.5   ④ 3.0

|정|답|및|해|설|
[특고압 가공전선과 건조물의 접근 (KEC 333.23)]
특고압 가공전선과 건조물의 간격(사용전압이 35[kV] 이하)

건조물과 조영재의 구분	전선 종류	접근 형태	간격(이격거리)
상부 조영재	특고압 절연전선	위쪽	2.5[m]
		옆쪽 또는 아래쪽	1.5[m] (전선에 사람이 쉽게 접촉할 우려가 없도록 시설한 경우는 1[m])
	케이블	위쪽	1.2[m]
		옆쪽 또는 아래쪽	0.5[m]
	기타전선		3[m]
기타 조영재	특고압 절연전선		1.5[m] (전선에 사람이 쉽게 접촉할 우려가 없도록 시설한 경우는 1[m])
	케이블		0.5[m]
	기타 전선		3[m]

【정답】③

2회 2021년 전기산업기사필기 (전기자기학)

01 전류 및 자계와 직접 관련이 없는 것은?

① 앙페르의 오른손법칙

② 플레밍의 왼손법칙

③ 비오사바르의 법칙

④ 렌츠의 법칙

|정|답|및|해|설|
① 앙페르의 오른손법칙 : 전류가 만드는 자계의 방향
② 플레밍왼손법칙 : 자계 내에서 전류가 흐르는 도선에 작용하는 힘
③ 비오사바르의 법칙 : 자계 내 전류 도선이 만드는 자계
④ 렌츠의 법칙 : 자속의 변화에 따른 전자유도법칙

【정답】④

02. 10^4[eV]의 전자속도는 10^2[eV]의 전자속도의 몇 배인가?

① 10

② 100

③ 1000

④ 10000

|정|답|및|해|설|
1. 전하량 q인 전자 입자가 전위차 V를 통과할 때 일
$W_e = qV$[eV]
2. 전자 입자의 질량 m, 전자속도 v일 때 운동에너지
$W_m = \frac{1}{2}mv^2$[eV]
3. 두 식에서

$W_e = W_m \rightarrow W_e = \frac{1}{2}mv^2 \rightarrow v = \sqrt{\frac{2W_e}{m}}$

$v \propto \sqrt{W_e}$ 하므로

$W_{e1} = 10^4$[eV]일 때 전자속도 v_1

$W_{e2} = 10^2$[eV]일 때 전자속도 v_2라면

$v_1 : v_2 = \sqrt{W_{e1}} : \sqrt{W_{e2}}$

$v_1 = \sqrt{\frac{W_{e1}}{W_{e2}}}\, v_2 = \sqrt{\frac{10^4}{10^2}}\, v_2 = \sqrt{100}\, v_2$

$\therefore v_1 = 10v_2$ (10배)

【정답】①

03. 전계의 세기가 $E = E_x i + E_y j$인 경우 x, y 평면 내의 전력선을 표시하는 미분 방정식은?

① $\frac{dy}{dx} = \frac{E_x}{E_y}$

② $\frac{dy}{dx} = \frac{E_y}{E_x}$

③ $E_x dx + E_y dy = 0$

④ $E_x dy + E_y dx = 0$

|정|답|및|해|설|
[전기력선 방정식] $\frac{dx}{E_x} = \frac{dy}{E_y} = \frac{dz}{E_z}$

· $\frac{dx}{E_x} = \frac{dy}{E_y} \rightarrow dx\, E_y = dy\, E_y$

· $\frac{dy}{dx} = \frac{E_y}{E_x} \rightarrow dx\, E_y = dy\, E_x$

【정답】②

04. 유전체 중의 전계의 세기를 E, 유전율을 ϵ이라 하면 전기변위는?

① $\frac{1}{2}\epsilon E^2$

② $\frac{E}{\epsilon}$

③ ϵE^2

④ ϵE

|정|답|및|해|설|
[전기변위] 전기변위는 전속밀도(D)와 같다.
변위전류 $i_a = \frac{\partial D}{\partial t} = \frac{\partial \epsilon E}{\partial t}$[A/m²]
∴전속밀도 $D = \epsilon E$[C/m²]이다.

【정답】④

05. 도체의 단면적이 5[m²]인 곳을 3초 동안에 30[C]의 전하가 통과하였다면 이때의 전류는?

① 5[A]

② 10[A]

③ 30[A]

④ 90[A]

|정|답|및|해|설|
[전류] $I = \frac{dQ}{dt}$[A]   → (Q : 전하량, t : 시간)

$\therefore I = \frac{dQ}{dt} = \frac{30}{3} = 10$[A]

【정답】②

06. 도체의 성질에 대한 설명으로 틀린 것은?

① 도체 내부의 전계는 0이다.

② 전하는 도체 표면에만 존재한다.

③ 도체의 표면 및 내부의 전위는 등전위이다.

④ 도체 표면의 전하밀도는 표면의 곡률이 큰 부분일수록 작다.

|정|답|및|해|설|

[도체의 성질]

· 도체 표면과 내부의 전위는 동일하고(등전위), 표면은 등전위면이다.

· 도체 내부의 전계의 세기는 0이다.

· 전하는 도체 내부에는 존재하지 않고, 도체 표면에만 분포한다.

· 도체 면에서의 전계의 세기는 도체 표면에 항상 수직이다.

· 도체 표면에서의 전하밀도는 곡률이 클수록 높다. 즉, 곡률반경이 작을수록 높다.

· 중공부에 전하가 없고 대전 도체라면, 전하는 도체 외부의 표면에만 분포한다.

· 중공부에 전하를 두면 도체 내부표면에 동량 이부호, 도체 외부표면에 동량 동부호의 전하가 분포한다.

【정답】④

07. 두 개의 코일이 있다. 각각의 자기인덕턴스가 $L_1 = 0.25$[H], $L_2 = 0.4$[H]일 때 상호인덕턴스는 몇 [H]인가? (단, 결합계수는 1이라 한다.)

① 0.125　　　　② 0.197

③ 0.258　　　　④ 0.316

|정|답|및|해|설|

[상호인덕턴스] $M = k\sqrt{L_1 L_2}$

여기서, k : 결합계수($0 \leq k \leq 1$)

$\therefore M = k\sqrt{L_1 L_2} = 1 \times \sqrt{0.25 \times 0.4} = 0.316$[H]　　**【정답】④**

|참|고|

[결합계수($0 \leq k \leq 1$)]

1. $k=1$: 누설자속이 없다. 이상적 결합, 완전결합

2. $k=0$: 결합자속이 없다. 서로 간섭이 없다.

08. 손실 유전체에서 전자파에 관한 전파정수 γ로서 옳은 것은?

① $j\omega\sqrt{\mu\epsilon}\sqrt{j\dfrac{\sigma}{\omega\epsilon}}$

② $j\omega\sqrt{\mu\epsilon}\sqrt{1 - j\dfrac{\sigma}{2\omega\epsilon}}$

③ $j\omega\sqrt{\mu\epsilon}\sqrt{1 - j\dfrac{\sigma}{\omega\epsilon}}$

④ $j\omega\sqrt{\mu\epsilon}\sqrt{1 - j\dfrac{\omega\epsilon}{\sigma}}$

|정|답|및|해|설|

[전파정수] $\gamma^2 = j\omega\mu(\sigma + j\omega\epsilon) \rightarrow \gamma = \pm\sqrt{j\omega\mu(\sigma + j\omega\epsilon)}$

$\therefore \gamma = \sqrt{j\omega\mu(\sigma + j\omega\epsilon)} = j\omega\sqrt{\epsilon\mu}\sqrt{1 - j\dfrac{\sigma}{\omega\epsilon}}$

【정답】③

09. Maxwell의 전자기파 방정식이 아닌 것은?

① $\oint_c H \cdot dl = nI$

② $\oint_c E \cdot dl = -\int_s \dfrac{\partial B}{\partial t} ds$

③ $\oint_s D \cdot ds = \int_v \rho dv$

④ $\oint_s B \cdot ds = 0$

|정|답|및|해|설|

[맥스웰의 전자 방정식]

미분형	적분형
$\nabla \times E = -\dfrac{\partial B}{\partial t}$	$\oint_c E \cdot dl = -\int_s \dfrac{\partial B}{\partial t} ds$
$\nabla \times H = i_c + \dfrac{\partial D}{\partial t}$	$\oint_c H \cdot dl = I + \int_s \dfrac{\partial D}{\partial t} ds$
$\nabla \cdot B = 0$	$\oint_s B \cdot ds = 0$
$\nabla \cdot D = \rho$	$\oint_s D \cdot ds = \int_s \rho dv = Q$

※ $\oint_c H \cdot dl = nI$ 식은 Ampere의 주회 적분의 식임

【정답】①

10. 비유전율 4, 비투자율 1인 공간에서 전자파의 전파 속도는 몇 [m/sec]인가?

① 0.5×10^8　　　　② 1.0×10^8

③ 1.5×10^8　　　　④ 2.0×10^8

|정|답|및|해|설|

[전자파의 전파속도] $v = \dfrac{1}{\sqrt{\epsilon\mu}} = \dfrac{C_0}{\sqrt{\epsilon_s\mu_s}} = \dfrac{3 \times 10^8}{\sqrt{\epsilon_s\mu_s}}[m/s]$

$\rightarrow (\dfrac{1}{\sqrt{\epsilon_0\mu_0}} = 3 \times 10^8 = C_0)$

$\rightarrow (\mu_0 = 4\pi \times 10^{-7},\ \epsilon_0 = 8.855 \times 10^{-12})$

$\therefore v = \dfrac{3 \times 10^8}{\sqrt{\epsilon_s\mu_s}} = \dfrac{3 \times 10^8}{\sqrt{4 \times 1}} = 1.5 \times 3 \times 10^8[m/s]$

【정답】③

11. 쌍극자 모멘트가 M[C·m]인 전기 쌍극자에 의한 임의의 점 P의 전계의 크기는 전기 쌍극자의 중심에서 축 방향과 점 P를 잇는 선분 사이의 각이 얼마일 때 최대가 되는가?

① 0 ② $\dfrac{\pi}{2}$ ③ $\dfrac{\pi}{3}$ ④ $\dfrac{\pi}{4}$

|정|답|및|해|설|

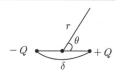

[전기 쌍극자(전계의 세기)]

$$E = \frac{M}{4\pi\epsilon_0 r^3}(\sqrt{1+3\cos^2\theta})$$

1. P점에서 최대의 전계의 세기 : $\cos 0 = 1$
2. P점에서 최소의 전계의 세기 : $\cos 90 = 0$

【정답】①

|참|고|

1. 전기쌍극자 전위 $V = \dfrac{M\cos\theta}{4\pi\epsilon_0 r^2}[V]$

2. 전기쌍극자 모멘트 $M = Q \cdot \delta[C\cdot m]$

12. 진공 중에서 어떤 대전체의 전속이 Q이었다. 이 대전체를 비유전율 2.2인 유전체 속에 넣었을 경우의 전속은?

① Q ② ϵQ

③ $2.2Q$ ④ 0

|정|답|및|해|설|

[진공 중 대전체]

· 전기력선 수는 $\dfrac{Q}{\epsilon}$로 유전율에 반비례

· 전속수는 유전체의 Gauss 법칙에서 $\oint D \cdot ndS = Q$로 매질(유전율)에 관계없이 항상 Q[C]이다. 【정답】①

13. 전위분포가 $V = 6x + 3$[V]로 주어졌을 때 점(10, 0)[m]에서의 전계의 크기[V/m] 및 방향은 어떻게 표현되는가?

① $-6a_x$ ② $-9a_x$

③ $3a_x$ ④ 0

|정|답|및|해|설|

[전계의 세기] $E = -grad\ V$

$$= -\nabla V = -\left(\frac{\partial V}{\partial x}a_x + \frac{\partial V}{\partial y}a_y + \frac{\partial V}{\partial z}a_z\right)$$

$$= -\frac{\partial}{\partial x}(6x+3)a_x - \frac{\partial}{\partial y}(6x+3)a_y - \frac{\partial}{\partial z}(6x+3)a_z$$

$$= -6a_x - 0 - 0 = -6a_x\ [V/m]$$ 【정답】①

14. 그림과 같은 반지름 a[m]인 원형 코일에 I[A]가 흐르고 있다. 이 도체 중심축상 x[m]인 점 P의 자위[AT]는?

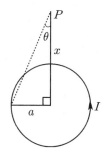

① $\dfrac{I}{2}\left(1 - \dfrac{x}{\sqrt{a^2+x^2}}\right)$ ② $\dfrac{I}{2}\left(1 - \dfrac{a}{\sqrt{a^2+x^2}}\right)$

③ $\dfrac{I}{2}\left(1 - \dfrac{x^2}{(a^2+x^2)^{3/2}}\right)$ ④ $\dfrac{I}{2}\left(1 - \dfrac{a^2}{(a^2+x^2)^{3/2}}\right)$

|정|답|및|해|설|

[판자석의 자위] $U = \dfrac{Mw}{4\pi\mu_0}[A]$

여기서, ω : 입체각$(\omega = 2\pi(1-\cos\theta) = 2\pi(1 - \dfrac{x}{\sqrt{a^2+x^2}})$[sr])

M : 판자석의 세기$(M = \sigma\delta = \mu_0 I$[Wb/m]

$$U = \frac{M}{4\pi\mu_o}\omega = \frac{M}{4\pi\mu_o} \times 2\pi(1-\cos\theta) = \frac{M}{2\mu_o}\left(1 - \frac{x}{\sqrt{a^2+x^2}}\right)$$

$$\therefore U = \frac{I}{2}\left(1 - \frac{x}{\sqrt{a^2+x^2}}\right)$$

【정답】①

15. 서로 다른 두 유전체 사이의 경계면에 전하 분포가 없다면 경계면 양쪽에서의 전계 및 전속밀도는?

① 전계 및 전속밀도의 접선성분은 서로 같다.

② 전계 및 전속밀도의 법선성분은 서로 같다.

③ 전계의 법선성분이 서로 같고, 전속밀도의 접선성분이 서로 같다.

④ 전계의 접선성분이 서로 같고, 전속밀도의 법선성분이 서로 같다.

|정|답|및|해|설|

[유전체 경계면의 조건]

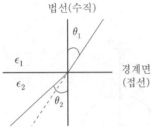

1. 전속밀도의 법선성분의 크기는 같다.
   $D_1\cos\theta_1 = D_2\cos\theta_2$ → 수직성분
2. 전계의 접선성분의 크기는 같다.
   $E_1\sin\theta_1 = E_2\sin\theta_2$ → 평행성분   【정답】④

|참|고|

[경계조건]

전계	자계
1. $E_1\sin\theta_1 = E_2\sin\theta_2$ (접선)	1. $H_1\sin\theta_1 = H_2\sin\theta_2$
2. $D_1\cos\theta_1 = D_2\cos\theta_2$ (법선)	2. $B_1\cos\theta_1 = B_2\cos\theta_2$
3. $\dfrac{\tan\theta_1}{\tan\theta_2} = \dfrac{\epsilon_1}{\epsilon_2}$ (굴절의 법칙)	3. $\dfrac{\tan\theta_1}{\tan\theta_2} = \dfrac{\mu_1}{\mu_2}$

16. $B[\mathrm{Wb/m^2}]$의 자계 내에서 −1[C]의 점전하가 v [m/s] 속도로 이동할 때 받는 힘 F는 몇 [N]인가?

① $B\cdot v$ ② $\dfrac{B\cdot v}{2}$

③ $B\times v$ ④ $2B\times v$

|정|답|및|해|설|

[로렌쯔의 힘] $F = qvB\sin\theta = q(v\times B)\sin\theta[N]$
   → (스칼라 곱 $A\cdot B=|A||B|\cos\theta$, 벡터곱 $A\times B=|A||B|\sin\theta$)
자계 내에서 전하가 받는 힘, 즉 전자력은 F 전하량 $q=-1$[C]을 대입하면

$F=-(v\times B)$이고, 벡터석 $A\times B=-(B\times A)$의 관계식에 의해
∴ $F=-(v\times B)=B\times v$ 【정답】③

17. 전하 q[C]가 진공 중의 자계 H[AT/m]에 수직방향으로 v[m/sec]의 속도로 움직일 때 받는 힘은 몇 [N]인가? (단, μ_0는 진공의 투자율이다.)

① $\dfrac{qH}{\mu_0 v}$ ② qvH

③ $\dfrac{1}{\mu_0}qVH$ ④ $\mu_0 qvH$

|정|답|및|해|설|

[전하가 수직 입사 시 전하가 받는 힘(로렌츠의 힘)]
$F = IBl\sin\theta = QvB\sin\theta[N]$ → ($Qv = Il$)
$F = qvB\sin\theta = qvB[N]$ →(직각이프로 $\theta=90$, $\sin 90 = 1$)
$\quad = qv\mu_0 H[N]$ →($B=\dfrac{\varnothing}{S}=\mu_0 H$)   【정답】④

18. 한 변의 길이가 2[m] 되는 정3각형의 3정점 A, B, C에 10^{-4}[C]의 점전하가 있다. 점 B에 작용하는 힘은 몇 [N]인가?

① 29   ② 39

③ 45   ④ 49

|정|답|및|해|설|

[힘(평행사변형 대각선)] $F=\sqrt{F_1^2+F_2^2+2F_1 F_2\cos\theta}$
   → (정삼각형이므로 $\theta=60$)
점 C에 있는 전하에 의한 작용력 F_2는 F_1과 크기는 같고 방향은 그림과 같다.

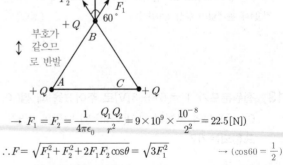

→ $F_1 = F_2 = \dfrac{1}{4\pi\epsilon_0}\dfrac{Q_1 Q_2}{r^2} = 9\times10^9\times\dfrac{10^{-8}}{2^2} = 22.5[N])$

∴ $F=\sqrt{F_1^2+F_2^2+2F_1 F_2\cos\theta}=\sqrt{3F_1^2}$ → ($\cos 60=\frac{1}{2}$)

$\quad = \sqrt{3\times(22.5)^2} = 38.97[N]$ 【정답】②

19. 전위계수의 단위는?

① [1/F]　　　　② [C]

③ [C/V]　　　　④ 없다.

|정|답|및|해|설|

[전위계수] 정전용량 C의 역수 $\dfrac{1}{F}$

전하량 $Q = CV \rightarrow V = \dfrac{1}{C}Q = PQ$

· 도체A의 전위 $V_1 = P_{11}Q_1 + P_{12}Q_2 [V]$

· 도체B의 전위 $V_2 = P_{21}Q_1 + P_{22}Q_2 [V]$

$P = \dfrac{V}{Q}$[V/C], [1/F], [daraf] 등이 쓰인다.

【정답】①

20. 대지면에 높이 h[m]로 평행 가설된 매우 긴 선전하 (선전하 밀도 λ[C/m])가 지면으로부터 받는 힘 [N/m]은?

① h에 비례한다.　　② h에 반비례한다.

③ h^2에 비례한다.　　④ h^2에 반비례한다.

|정|답|및|해|설|

[무한 평면과 선전하(직선 도체와 평면 도체 간의 힘)]

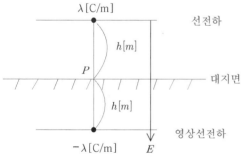

전계의 세기 $E = \dfrac{\lambda}{2\pi\epsilon_0 r} = \dfrac{\lambda}{2\pi\epsilon_0 2h} = \dfrac{\lambda}{4\pi\epsilon_0 h}[V/m]$

힘 $f = -\lambda E = -\lambda \cdot \dfrac{\lambda}{4\pi\epsilon_0 h} = \dfrac{-\lambda^2}{4\pi\epsilon_0 h}[N/m] \propto \dfrac{1}{h}$

여기서, h[m] : 지상의 높이, λ[C/m] : 선전하밀도

【정답】②

21. 다음 중 조상(調相)설비에 해당되지 않는 것은?

① 분로리액터　　　　② 무효전력보상장치

③ 상순(相順) 표시기　　④ 진상 콘덴서

|정|답|및|해|설|

[조상설비] 위상을 제거해서 역률을 개선함으로써 송전선을 일정한 전압으로 운전하기 위해 필요한 <u>무효전력</u>을 공급하는 장치로 조상기(동기 조상기, 비동기 조상기), 전력용 콘덴서, 분로 리액터 등이 있다.　　　　　　　　　　　　　　　【정답】③

|참|고|

[조상설비의 비교]

항목	동기조상기	전력용 콘덴서	분로리액터
전력손실	많다 (1.5~2.5[%])	적다 (0.3[%] 이하)	적다 (0.6[%] 이하)
무효전력	진·지상 양용	진상 전용	지상 전용
조정	연속적	계단적 (불연속)	계단적 (불연속)
시송전 (시충전)	가능	불가능	불가능
가격	비싸다	저렴	저렴
보수	손질필요	용이	용이

22. 송전계통에서 콘덴서와 리액터를 직렬로 연결하여 제거시키는 고조파는?

① 제2고조파　　　　② 제3고조파

③ 제4고조파　　　　④ 제5고조파

|정|답|및|해|설|

[직렬리액터]

· 제5고조파로부터 전력용 콘덴서 보호 및 파형 개선의 목적으로 사용

· 직렬리액터의 용량 $\omega L = \dfrac{1}{25\omega C} \rightarrow (\omega = 2\pi f)$

· 이론적으로는 콘덴서 용량의 4[%]

· 실재로는 콘덴서 용량의 5~6[%] 설치

※3고조파 제거 : 변압기의 델타결선 사용

【정답】④

23. 발전소 원동기로 이용되는 가스터빈의 특징을 증기 터빈과 내연기관에 비교하였을 때 옳은 것은?

① 평균효율이 증기터빈에 비하여 대단히 낮다.

③ 기동시간이 짧고 조작이 간단하므로 첨두부하 발전에 적당하다.

③ 냉각수가 비교적 많이 든다.

④ 설비가 복잡하며, 건설비 및 유지비가 많고 보수가 어렵다.

|정|답|및|해|설|
[증기터빈] 가스터빈 발전도 첨두 부하용으로 사용이 용이하다. 냉각수 적게 들고 기동시간이 짧다. 유지 보수가 간단하다.
1. 수력발전에서 첨두부하용 : 양수발전
2. 화력발전에서 첨두부하용 : 가스터빈 발전　　　【정답】②

24. 피뢰기의 구비조건이 아닌 것은?

① 속류의 차단 능력이 충분할 것

② 충격방전 개시전압이 높을 것

③ 상용 주파 방전 개시 전압이 높을 것

④ 방전 내량이 크고, 제한전압이 낮을 것

|정|답|및|해|설|
[피뢰기의 구비 조건]
·충격 방전 <u>개시 전압이 낮을 것</u>
·상용 주파 방전 개시 전압이 높을 것
·방전내량이 크면서 제한 전압이 낮을 것
·속류 차단 능력이 충분할 것　　　　　　【정답】②

25. 송전선에 복도체(또는 다도체)를 사용할 경우 같은 단면적의 단도체를 사용하였을 경우에 비하여 다음 표현 중 적합하지 않은 것은?

① 전선의 인덕턴스는 감소되고 정전용량은 증가된다.

② 고유 송전용량이 증대되고 정태 안정도가 증대된다.

③ 전선 표면의 전위 경도가 증가한다.

④ 전선의 코로나 개시전압이 높아진다.

|정|답|및|해|설|
[복도체 방식의 특징]
· 전선의 인덕턴스가 감소하고 정전 용량이 증가되어 선로의 송전 용량이 증가하고 계통의 안정도를 증진시킨다.
· 전선 표면의 전위경도가 저감되므로 코로나 임계전압을 높일 수 있고 코로나 손, 코로나 잡음 등의 장해가 저감된다.
· 복도체에서 단락시는 모든 소도체에는 동일 방향으로 전류가 흐르므로 흡인력이 생긴다.　　　　【정답】③

26. 3상 송전선로의 선간전압이 100[kV], 기준용량 이 10,000[kVA]일 때, 1선 당의 선로리액턴스 150[Ω]을 %임피던스로 환산하면 몇 [%]인가?

① 5　　　② 10　　　③ 15　　　④ 20

|정|답|및|해|설|

[%임피던스] $\%Z = \dfrac{PZ}{10V^2}[\%]$

　　　　　　→ (전류가 없을 때, V : 선간전압)

$\%Z = \dfrac{PZ}{10V^2} = \dfrac{10,000 \times 150}{10 \times 100^2} = 15[\%]$

(V : 정격전압[kV], P : 기준용량[KVA])

※전류가 있을 때 %임피던스 $\%Z = \dfrac{IZ}{E} \times 100[\%]$ → (E : 상전압)

【정답】③

27. 배전 계통에서 콘덴서를 설치하는 것은 여러 가지 목적이 있으나 그 중에서 가장 주된 목적은?

① 전압강하 보상　　　② 전력 손실 감소

③ 송전용량 증가　　　④ 기기의 보호

|정|답|및|해|설|
[전력용 콘덴서 설치(역률 개선)의 효과
·전력 손실 감소　　　·송전 용량 증대
·변압기, 개폐기 등의 소요 용량 감소
·전압 강하 감소
·전력용 콘덴서는 진상 무효전력을 공급하여 역률을 개선한다.
　　　　　　　　　　　　　　　　　　【정답】②

28. 수전 용량에 비해 첨두부하가 커지면 부하율은 그에 따라 어떻게 되는가?

① 높아진다.

② 낮아진다.

③ 변하지 않고 일정하다.

④ 부하의 종류에 따라 달라진다.

|정|답|및|해|설|
[첨두부하] 첨두부하란 피크치 전력을 말하는 것으로 어느 시간에 부하가 갑자기 증대되는 것이다. 그렇게 되면 평균전력이 낮아지므로 부하율은 낮아진다.

부하율 $= \dfrac{평균전력}{최대전력}$ 에서 첨두부하가 커지면 부하율은 낮아진다.

【정답】②

29. 보호계전기 동작이 가장 확실한 중성점 접지방식은?

① 비접지방식   ② 저항접지방식

③ 직접접지방식   ④ 소호리액터 접지방식

|정|답|및|해|설|⎯⎯⎯⎯⎯⎯⎯⎯⎯⎯⎯⎯⎯⎯⎯⎯

[직접 접지방식의 장·단점]

1. 장점
 · 1선 지락시에 건전상의 대지전압이 거의 상승하지 않는다.
 · 피뢰기의 효과를 증진시킬 수 있다.
 · 단절연이 가능하다.
 · 계전기의 동작이 확실해 진다.

2. 단점
 · 송전계통의 과도 안정도가 나빠진다.
 · 통신선에 유도장해가 크다.
 · 지락시 대전류가 흘러 기기에 손상을 준다.
 · 대용량 차단기가 필요하다.   【정답】③

30. 전등 설비 250[W], 전열 설비 800[W], 전동기 설비 200[W], 기타 150[W]인 수용가가 있다. 이 수용가의 최대 수용전력이 910[W]이면 수용률은?

① 65   ② 70   ③ 75   ④ 80

|정|답|및|해|설|⎯⎯⎯⎯⎯⎯⎯⎯⎯⎯⎯⎯⎯⎯⎯⎯

[수용률] $수용률 = \dfrac{최대수용전력}{설비용량(접속부하)} \times 100$

$\qquad = \dfrac{910}{250+800+200+150} \times 100$

$\qquad = \dfrac{910}{1400} \times 100 = 65[\%]$ 【정답】①

31. 단락전류를 제한하기 위하여 사용되는 것은?

① 현수애자   ② 사이리스터

③ 한류리액터   ④ 직렬콘덴서

|정|답|및|해|설|⎯⎯⎯⎯⎯⎯⎯⎯⎯⎯⎯⎯⎯⎯⎯⎯

[한류리액터] 한류 리액터는 선로에 직렬로 설치한 리액터로 단락전류를 경감시켜 차단기 용량을 저감시킨다.

|참|고|⎯⎯⎯⎯⎯⎯⎯⎯⎯⎯⎯⎯⎯⎯⎯⎯⎯⎯⎯⎯⎯⎯⎯

[리액터]
1. 소호리액터 : 지락 시 지락전류 제한
2. 병렬(분로)리액터 : 페란티 현상 방지, 충전전류 차단
3. 직렬리액터 : 제5고조파 방지
4. 병렬(분로)리액터 : 차단기 용량의 경감(단락전류 제한)
       【정답】③

32. 송전선로에서 역섬락이 생기기 가장 쉬운 경우는?

① 선로 손실이 큰 경우

② 코로나 현상이 발생한 경우

③ 선로정수가 균일하지 않을 경우

④ 철탑의 접지저항이 큰 경우

|정|답|및|해|설|⎯⎯⎯⎯⎯⎯⎯⎯⎯⎯⎯⎯⎯⎯⎯⎯

[매설지선] 탑각 접지저항이 충분히 낮지 않으면 가공지선이 포착한 직격뢰는 대지로 흐를 수 없고, 철탑 전위가 상승하기 때문에 역섬락 발생할 우려가 있다. 이를 방지하기 위해서는 매설지선을 설치한다. 【정답】④

33. 송전선로에 관한 설명 중 옳지 않은 것은?

① 송전선로의 유도장해를 억제하기 위해서 접지저항은 보호장치가 허용할 수 있는 범위에서 작게 하여야 한다.

② 송전선로에 발생하는 내부 이상 전압은 그 대부분이 사용 대지전압의 파고값의 약 4배 이하이다.

③ 송전계통의 안정도를 높이기 위해 복도체 방식을 택하거나 직렬콘덴서 등을 설치한다.

④ 결합 콘덴서는 반송 전화 장치를 송전선에 결합시키기 위해 사용하는 것으로 그 용량은 0.001~0.002[μF] 정도이다.

|정|답|및|해|설|⎯⎯⎯⎯⎯⎯⎯⎯⎯⎯⎯⎯⎯⎯⎯⎯

[송전선로] 보호장치가 허용할 수 있는 범위 내에서 접지저항값을 크게 하여야 한다. 접지저항이 작으면, 직접 접지와 비슷해지므로 유도장해가 증가된다. 【정답】①

34. 송전선의 중성점을 접지하는 이유가 아닌 것은?

① 코로나를 방지한다.

② 기기의 절연강도를 낮출 수 있다.

③ 이상전압을 방지한다.

④ 지락 사고선을 선택 차단한다.

|정|답|및|해|설|⎯⎯⎯⎯⎯⎯⎯⎯⎯⎯⎯⎯⎯⎯⎯⎯

[송전선로의 중성점 접지의 목적]
· 이상전압 방지
· 기기보호
· 보호계전기 동작확보

※코로나 방지는 해당 없다. 코로나 방지를 위해서는 복도체를 사용한다. 【정답】①

35. 철탑으로부터의 전선의 오프셋을 주는 이유로 가장 알맞은 것은?

① 불평형 전압의 유도방지

② 지락사고 방지

③ 전선의 진동방지

④ 상하 전선의 접촉방지

|정|답|및|해|설|
[오프셋] 상하 전선의 단락을 방지하기 위하여 철탑 지지물의 위치를 수직에서 벗어나게 하는 것이다.
1. 전선 도약에 의한 단락 방지 : 오프셋(off-set)
2. 전선의 진동 방지 : 댐퍼, 아머로드   【정답】④

36. 수력발전소의 댐 설계 및 저수지 용량 등을 결정하는데 가장 적합하게 사용되는 것은?

① 유량도   ② 유황곡선

③ 수위-유량곡선   ④ 적산유량곡선

|정|답|및|해|설|
[수력발전소]
① 유량도 : 365일 동안 매일의 유량을 역일순으로 기록한 것
② 유황곡선 : 발전계획수립
③ 수위유량곡선 : 횡축에 유량, 종축에는 수위를 취하여 수위와 유량과의 관계를 표시한 곡선
④ 적산유량곡선 : 댐, 저수지 용량설계   【정답】④

37. 다음 그림과 같이 200/5[CT] 1차측에 150[A]의 3상 평형 전류가 흐를 때 전류계 A_3에 흐르는 전류는 몇[A]인가?

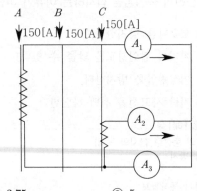

① 3.75   ② 5

③ $\sqrt{3} + 3.75$ ④ $\sqrt{3} \times 5$

|정|답|및|해|설|
[전류]
·평형이므로 모두 150[A]가 흐른다.
·CT비는 200/5=40, 즉 1차에 200[V]가 올 때 2차는 5[V]

1. 1차측에 150[A]일 때 → 2차측 $150 \times \dfrac{5}{200} = 3.75[A]$

→ 평행이므로 A_2에도 3.75[A]가 흐른다.

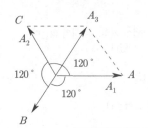

2.
$$A_3 = |A_1 + A_2| = \sqrt{A_1^2 + A_2^2 + 2A_1A_2\cos\theta}$$
$$= \sqrt{3.75^2 + 3.75^2 + 2 \times 3.75^2 \cos 120} = 3.75[A]$$

【정답】①

38. 중성점 저항 접지방식의 병행 2회선 송전선로의 지락사고 차단에 사용되는 계전기는?

① 선택접지계전기   ② 거리계전기

③ 과전류 계전기   ④ 역상계전기

|정|답|및|해|설|
[선택접지계전기] 지락 사고 시에 선택 접지 계전기(SGR)가 동작하여 지락회선을 선택 차단한다.   【정답】①

39. 다음 중 송전계통의 절연협조에 있어서 절연레벨이 가장 낮은 기기는?

① 피뢰기   ② 단로기

③ 변압기   ④ 차단기

|정|답|및|해|설|
[절연레벨(BIL)] 피뢰기의 제한 전압을 기준으로 변압기, 차단기, 선로애자 순으로 높아진다.
피뢰기(LA) 〈 변압기(TR) 〈 결합콘덴서 〈 선로애자
【정답】①

40. 전력선 반송전화 장치를 송전선에 연락하는 장치로 사용되는 것은?

① 분로 리액터
② 분배기
③ 중계선륜
④ 결합 콘덴서

|정|답|및|해|설|

[결합 콘덴서] 전력선 반송전파 장치와 송전선의 연결에 사용
【정답】④

2회 2021년 전기산업기사필기 (전기기기)

41. 가동 복권발전기의 내부 결선을 바꾸어 분권발전기로 하자면?

① 내분권 복권형으로 해야 한다.
② 외분권 복권형으로 해야 한다.
③ 분권계자를 단락시킨다.
④ 직권계자를 단락시킨다.

|정|답|및|해|설|

[복권 발전기] 직권발전기와 분권발저기의 합성, 내분권(권선이 안으로 연결)으로 외분권(권선이 외부로 연결)으로 구성되며, 복권발전기의 표준은 외분권 복권 발전기이다.

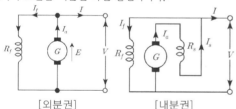

[외분권]   [내분권]

1. 직권발전기로 사용시 : 분권계자권선 개방
2. 분권발전기로 사용시 : 직권계자권선 단락

【정답】④

42. 유도전동기를 기동하기 위하여 △를 Y로 전환했을 때 토크는 몇 배가 되는가?

① $\frac{1}{3}$ 배
② $\frac{1}{\sqrt{3}}$ 배
③ $\sqrt{3}$ 배
④ 3배

|정|답|및|해|설|

[유도전동기의 토크] $T = \dfrac{E_2^2 \dfrac{r_2}{s}}{\left(\dfrac{r_2}{s}\right)^2 + x_2^2}$

1. 유도 전동기의 토크는 전압의 제곱에 비례 → $(T \propto E^2)$

2. △에서 Y로 전환 시 1상에 가해지는 전압은 $\dfrac{1}{\sqrt{3}}$ 배로 감소

따라서, 토크 $\tau \propto \left(\dfrac{1}{\sqrt{3}}\right)^2 = \dfrac{1}{3}$ 배
【정답】①

|참|고|

[△, Y결선 회로의 선간전압(V_l), 상전압(V_p), 선전류(I_l), 상전류(I_p)]

결선법	선간전압 V_l	선전류 I_l	출력[W]	
△ 결선	V_p	$\sqrt{3}\,I_p$	$\sqrt{3}\,V_l I_l \cos\theta$	$3\,V_p I_p \cos\theta$
Y결선	$\sqrt{3}\,V_p$	I_p		

43. 유도전동기의 보호 방식에 따른 종류가 아닌 것은?

① 방진형
② 방수형
③ 전개형
④ 폭발 방지형(방폭형)

|정|답|및|해|설|

[유도전동기] 유도전동기는 외피의 형태, 통풍방식, 보호방식 등에 따라 다음과 같이 분류한다.
1. 외피에 의한 분류 : 개방형, 반밀폐형
2. 통풍방식에 의한 분류 : 자기통풍형, 타력통풍형
3. 보호방식에 의한 분류 : 보호형, 차폐형, 방진형, 방말형, 방적형, 방침형, 방수형, 수중형, 방식형, 폭발 방지형(방폭형)

※회전기의 보호 방식에 전개형은 없다.
【정답】③

44. 2차 저항과 2차 리액턴스가 0.04[Ω], 0.06[Ω]인 3상 유도전동기의 슬립이 4[%]일 때 1차 부하전류가 10[A]이었다면 기계적 출력은 약 몇 [kW]인가? (단, 권선비 $\alpha = 2$, 상수비 $\beta = 1$이다.)

① 0.57
② 0.85
③ 1.15
④ 1.35

|정|답|및|해|설|

[기계적 출력] $P_0 = (1-s)P_2[W]$ → (1상 기준)
$r_2 = 0.04[Ω]$, $s = 0.04$

1. $I_2 = \beta \cdot \alpha \times I_1 = 1 \times 2 \times 10 = 20$ → $\left(I_1 = \dfrac{I_2}{\beta \cdot \alpha}\right)$

2. $P_2 = \dfrac{P_{2c}}{s} = \dfrac{I_2^2 R_2}{s} = \dfrac{20^2 \times 0.04}{0.04} = 400[W]$ → $\left(s = \dfrac{P_{2c}}{P_2}\right)$

$\therefore P_0 = 3(1-s)P_2$ → (3상이므로)
$= 3 \times (1-0.04) \times 400 \times 10^{-3} - 1.15[kW]$

【정답】③

45. T결선에 의하여 3300[V]의 3상으로부터 200[V], 40[KVA]의 전력을 얻는 경우 T좌 변압기의 권수비는 약 얼마인가?

① 16.5   ② 14.3   ③ 11.7   ④ 10.2

|정|답|및|해|설|

[T좌 변압기의 권수비] $a_T = a_M \times \dfrac{\sqrt{3}}{2}$

여기서, a_M : 주좌변압기의 권수비 , a_T : T좌변압기의 권수비

$\therefore a_T = a_M \times \dfrac{\sqrt{3}}{2} = \dfrac{3300}{200} \times \dfrac{\sqrt{3}}{2} = 16.5 \times 0.866 = 14.3$

【정답】②

|참|고|

[스코트 결선 (T결선)] 3상 전원에서 2상 전압을 얻는 결선 방식

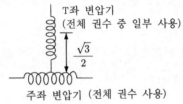

T좌 변압기
(전체 권수 중 일부 사용)

$\dfrac{\sqrt{3}}{2}$

주좌 변압기 (전체 권수 사용)

·T좌 변압기의 권선비 $a_T = \dfrac{\sqrt{3}}{2}a$

　－주좌 변압기 : 1차 V_1[V], 2차 V_2[V]

　－T좌 변압기 : 1차 $V_1 \times \dfrac{\sqrt{3}}{2}$[V], 2차 V_2[V]

46. 더빈발전기의 냉각을 수소 냉각방식으로 하는 이유가 아닌 것은?

① 풍손이 공기냉각식의 약 1/10로 줄어든다.

② 동일 기계일 때 공기냉각식 보다 정격출력이 약 25[%] 증가한다.

③ 수분, 먼지 등이 없어 코로나에 의한 손상이 없다.

④ 비열은 공기의 약 14배 이고 열전도율은 약 15배로 된다.

|정|답|및|해|설|

[수소냉각방식의 장·단점]
1. 수소 냉각 발전기의 장점
　·비중이 공기는 약 7[%]이고, 풍손은 공기의 약 1/10로 감소된다.
　·열전도율은 공기의 약 6.7배, 비열은 공기의 약 14배로 열전도성이 좋다. 공기냉각 발전기보다 약 25[%]의 출력이 증가한다.
　·가스 냉각기가 적어도 된다.
　·코로나 발생전압이 높고, 절연물의 수명은 길다.
　·공기에 비해 대류율이 1.3배, 따라서 소음이 적다.
2. 수소 냉각 발전기의 단점
　·공기와 혼합하면 폭발할 가능성이 있다.
　·폭발 예방 부속설비가 필요, 따라서 설비비 증가   【정답】④

47. 교류정류자기에서 갭의 자속 분포가 정현파로 $\phi_m = 0.14[Wb]$, $p = 2$, $a = 1$, $z = 200$, $N = 1,200[rpm]$인 경우 브러시 축이 자극 축과 $30°$라면 속도 기전력의 실효값 E_s는 약 몇 [V]인가?

① 160   ② 400   ③ 560   ④ 800

|정|답|및|해|설|

[기전력의 실효값] $E_s = \dfrac{1}{\sqrt{2}} \cdot \dfrac{p}{a} z \dfrac{N}{60} \phi_m \sin\theta[V]$

$\therefore E_s = \dfrac{1}{\sqrt{2}} \times \dfrac{2}{1} \times 200 \times 20 \times 0.14 \times \sin 30° = 396[V]$

【정답】②

48. 단락비가 큰 동기발전기에 대한 설명 중 틀린 것은?

① 효율이 나쁘다.

② 계자전류가 크다.

③ 전압변동률이 크다.

④ 안정도와 선로 충전용량이 크다.

|정|답|및|해|설|

[단락비가 큰 기계(철기계)]

·동기 임피던스가 적다. $(K_s \propto \dfrac{1}{Z_s})$

·전압변동률이 작다.
·전기자 반작용이 작다.
·출력이 크다.
·과부하 내량이 크고 안정도가 높다.
·자기 여자 현상이 작다.
·송전선로의 충전용량이 크다.
·철손, 기계손 등의 고정손이 커서 효율이 나쁘다.
·극수가 많은 저속기에 적합하다.   【정답】③

49. 전압변동률이 작은 동기발전기는?

① 동기 리액턴스가 크다.

② 전기자 반작용이 크다.

③ 단락비가 크다.

④ 자기여자작용이 크다.

|정|답|및|해|설|

[단락비가 큰 기계(철기계)]

·동기 임피던스가 적다. $(K_s \propto \dfrac{1}{K_s})$ ·전압 변동률이 작다.

·전기자 반작용이 작다.   ·출력이 크다.
·과부하 내량이 크고 안정도가 높다.   ·자기 여자 현상이 작다.
·극수가 많은 저속기에 적합하다.   【정답】③

50. 전기자 저항이 0.3[Ω]인 분권발전기가 단자전압 550[V]에서 부하전류가 100[A]일 때 발생하는 유도전력[V]은? 단, 계자전류는 무시한다.

① 260 ② 420
③ 580 ④ 750

|정|답|및|해|설|⋯⋯⋯⋯⋯⋯⋯⋯⋯⋯⋯⋯⋯⋯⋯⋯⋯
[직류 분권 발전기]
· 전기자전류 $I_a = I_f + I$
· 유기기전력 $E = V + I_a R_a + e_a + e_b$
여기서, I_a : 전기자전류, R_a : 전기자저항, E : 유기기전력
  V : 단자전압, I : 부하전류, I_f : 계자전류
  e_a : 전기자반작용에 의한 전압강하[V]
  e_b : 브러시의 접촉저항에 의한 전압강하[V]
$I_a = I + I_f = 100 + 0 = 100$
$E = V + I_a R_a = 550 + 100 \times 0.3 = 580[V]$ 【정답】③

51. 권선형 유도전동기의 속도제어 방법 중 저항제어법의 특징으로 옳은 것은?

① 효율이 높고 역률이 좋다.
② 부하에 대한 속도변동률이 작다.
③ 구조가 간단하고 제어조작이 편리하다.
④ 전부하로 장시간 운전하여도 온도에 영향이 적다.

|정|답|및|해|설|⋯⋯⋯⋯⋯⋯⋯⋯⋯⋯⋯⋯⋯⋯⋯⋯⋯
[권선형 유도전동기의 속도제어법(2차저항 제어법)]
· 비례추이에 의한 외부 저항 R로 속도 조정이 용이하다.
· 부하가 적을 때는 광범위한 속도 조정이 곤란 하지만, 일반적으로 부하에 대한 속도 조정도 크게 할 수가 있다.
· 운전 효율이 낮고, 제어용 저항기는 가격이 비싸다.
  【정답】③

52. 동기발전기에서 동기속도와 극수와의 관계를 표시한 것은?(단, N:동기속도, P:극수 이다.)

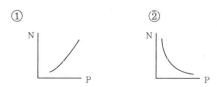

① ②

53. 8극 60[Hz], 3상 권선형 유도전동기의 전부하시의 2차 주파수가 3[Hz], 2차 동손이 500[W]라면 발생 토크는 약 몇 [kg·m]인가? (단, 기계손은 무시한다.)

① 0.4 ② 10.8
③ 11.1 ④ 12.5

|정|답|및|해|설|⋯⋯⋯⋯⋯⋯⋯⋯⋯⋯⋯⋯⋯⋯⋯⋯⋯
[유도전동기 토크] $T = 0.975 \dfrac{P}{N} = 0.975 \dfrac{(1-s)P_2}{(1-s)N_s} = 0.975 \dfrac{P_2}{N_s}$

· 동기속도 $N_s = \dfrac{120f}{p} = \dfrac{120 \times 60}{8} = 900[rpm]$ → (f : 정지시 주파수)

· 슬립 $s = \dfrac{f_2}{f_1} = \dfrac{3}{60} = 0.05$

· $P_{c2} = 500[W]$

· 2차입력 $P_2 = \dfrac{P_{c2}}{s} = \dfrac{500}{0.05} = 10,000[W]$ → ($s = \dfrac{P_{2c}}{P_2}$)

∴ $T = 0.975 \dfrac{P_2}{N_s} = 0.975 \times \dfrac{10,000}{900} = 10.83[kg \cdot m]$ 【정답】②

54. 소형 유도전동기의 슬롯을 사구(skew slot)로 하는 이유는?

① 토크 증가
② 게르게스 현상의 방지
③ 크로우링 현상의 방지
④ 제동 토크의 증가

|정|답|및|해|설|⋯⋯⋯⋯⋯⋯⋯⋯⋯⋯⋯⋯⋯⋯⋯⋯⋯
[크로우링 현상(차동기 운전)] 3상유도전동기에서 회전자의 슬롯수 및 권선법이 적당하지 않아 고조파가 발생되고, 이로 인해 전동기는 낮은 속도에서 안정상태가 되어 더 이상 가속하지 않는 현상
1. 원인 : 공극이 불균일할 때, 고조파가 전동기에 유입될 때
2. 방지책 : 스큐슬롯(사구)을 채용한다. 【정답】③

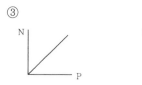

③ ④

|정|답|및|해|설|⋯⋯⋯⋯⋯⋯⋯⋯⋯⋯⋯⋯⋯⋯⋯⋯⋯
[동기속도] $N_s = \dfrac{120f}{p} \propto \dfrac{1}{p}$
여기서, f : 주파수, p : 극수
동기 속도는 극수 p에 반비례하므로 쌍곡선이 된다.
  【정답】②

55. 직류발전기의 부하포화곡선은 다음 어느 것의 관계인가?

① 단자전압과 부하전류
② 출력과 부하전력
③ 단자전압과 계자전류
④ 부하전류와 계자전류

|정|답|및|해|설|
[부하포화곡선] 정격속도에서 부하전류를 정격값으로 유지했을 때 계자전류(I_f)와 단자전압(V)과의 관계를 나타내는 곡선이다.
【정답】③

|참|고|
[특성곡선]

구분	횡축	종축	조건
무부하포화곡선	I_f	E	$n=$일정, $I=0$
외부특성곡선	I	V	$n=$일정, $R_f=$일정
내부특성곡선	I	E	$n=$일정, $R_f=$일정
부하특성곡선	I_f	V	$n=$일정, $I=$일정
계자조정곡선	I	I_f	$n=$일정, $V=$일정

56. 정격출력 6[kW], 전압 100[V]의 직류 분권전동기를 전기 동력계로 시험하였더니 전기 동력계의 저울이 10[kg]을 가리켰다. 이 전동기의 출력 P[kW]와 토크 τ는 몇 [kg·m]인가? (단, 동력계의 암의 길이는 0.4[m], 전동기의 회전수는 1600[rpm]이다.)

① $P=6$, $\tau=3.7$
② $P=6.56$, $\tau=4$
③ $P=4.2$, $\tau=3.7$
④ $P=7.4$, $\tau=4$

|정|답|및|해|설|
[직류 분권전동기의 출력(P)과 토크(τ)]
1. 전기 동력계에 의한 전동기의 토크(τ)
$$\tau = Fr = 10 \times 0.4 = 4[kg \cdot m]$$
2. 전동기의 출력 $P = \dfrac{N \cdot \tau}{0.975}$ $\rightarrow$ $(\tau = 0.975 \dfrac{P}{N}[kg \cdot m])$
$$= \frac{1600 \times 4}{0.975} \times 10^{-3} = 6.6[kW]$$
【정답】②

57. 슬립 5[%]인 유도전동기의 기계적 출력을 대표하는 부하저항은 2차저항의 몇 배인가?

① 19 ② 20 ③ 19 ④ 40

|정|답|및|해|설|
[기계적출력 정수(등가저항)] $R = r_2'\left(\dfrac{1}{s}-1\right)$
$\therefore R = r_2'\left(\dfrac{1}{s}-1\right) = r_2'\left(\dfrac{1}{0.05}-1\right) = 19r_2'$, 즉 19배
【정답】①

58. 일정 전압으로 운전하고 있는 직류발전기의 손실이 $\alpha + \beta I^2$으로 표시될 때 효율이 최대가 되는 전류는? (단, α, β는 정수이다.)

① $\dfrac{\alpha}{\beta}$
② $\dfrac{\beta}{\alpha}$
③ $\sqrt{\dfrac{\alpha}{\beta}}$
④ $\sqrt{\dfrac{\beta}{\alpha}}$

|정|답|및|해|설|
[효율이 최대가 되는 전류]
최대 효율 조건 : 철손(고정손)=동손(가변손)
1. 전체손실 $\alpha + \beta I^2$ → α : 철손, βI^2 : 동손(P_c)
2. 최대 효율 조건 : $\alpha = \beta I^2$
$\therefore$ 효율이 최대가 되는 전류 $I = \sqrt{\dfrac{\alpha}{\beta}}$
【정답】③

59. 직류 분권전동기의 정격전압 220[V], 정격전류 105[A], 전기자저항 및 계자회로의 저항이 각각 0.1[Ω] 및 40[Ω]이다. 기동전류를 정격전류의 150[%]로 할 때의 기동저항은 약 몇 [Ω]인가?

① 0.46 ② 0.92 ③ 1.21 ④ 1.35

|정|답|및|해|설|
[기동 시 전기자저항] 기동 시 전기자저항=전기자저항+기동저항
1. 계자전류 $I_f = \dfrac{V}{R_f} = \dfrac{220}{40} = 5.5[A]$
2. 기동전류는 정격의 150[%]
기동전류$= 105 \times 1.5 = 157.5[A]$
기동시 전기자전류 $I_a = I - I_f = 157.5 - 5.5 = 152[A]$
3. $R_a + R_s = \dfrac{V}{I_a} = \dfrac{220}{152} = 1.45[\Omega]$
$\therefore$기동저항 $R_s = 1.45 - R_a = 1.45 - 0.1 = 1.35[\Omega]$
【정답】④

60. 정격전압 6000[V], 용량 5000[kVA]의 3상 동기
발전기에 있어서 여자전류 200[A]에 상당하는 무
부하 단자전압은 6000[V]이고, 단락전류는
600[A]이다. 이 발전기의 단락비 및 동기리액턴스
(per unit, [p.u])는?

① 단락비 1.25, 동기리액턴스 0.80

② 단락비 1.25, 동기리액턴스 5.77

③ 단락비 0.80, 동기리액턴스 1.25

④ 단락비 0.17, 동기리액턴스 5.77

|정|답|및|해|설|

[발전기의 단락비 및 동기리액턴스]

1. $\%Z_s = \frac{1}{K_s} = \frac{PZ_s}{V^2} = \frac{\sqrt{3}\,I_n Z_s}{V} = \frac{I_n}{I_s}$

$$K_s = \frac{I_s}{I_n} = \frac{600}{\dfrac{5000 \times 10^3}{\sqrt{3} \times 6000}} = \frac{\sqrt{3} \times 600 \times 600}{5000 \times 10^3} = 1.25$$

$$\rightarrow (P = \sqrt{3}\,VI)$$

2. $\%Z_s = \frac{1}{K_s} = \frac{1}{1.25} = 0.8[p.u]$ 　　【정답】①

61. 그림과 같은 회로망에서 Z_1을 4단자 정수에 의해
표시하면 어떻게 되는가?

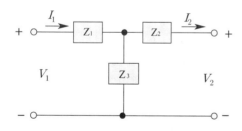

① $\dfrac{1}{C}$ 　　　　　 ② $\dfrac{D-1}{C}$

③ $\dfrac{B-1}{C}$ 　　　　 ④ $\dfrac{A-1}{C}$

|정|답|및|해|설|

[4단자 정수(A와 C)]

$$\begin{bmatrix} A & B \\ C & D \end{bmatrix} = \begin{bmatrix} 1 & Z_1 \\ 0 & 1 \end{bmatrix} \begin{bmatrix} 1 & 0 \\ \frac{1}{Z_3} & 1 \end{bmatrix} \begin{bmatrix} 1 & Z_2 \\ 0 & 1 \end{bmatrix}$$

$$= \begin{bmatrix} 1+\frac{Z_1}{Z_3} & Z_1 \\ \frac{1}{Z_3} & 1 \end{bmatrix} \begin{bmatrix} 1 & Z_2 \\ 0 & 1 \end{bmatrix}$$

$$= \begin{bmatrix} 1+\frac{Z_1}{Z_3} & Z_2\left(1+\frac{Z_1}{Z_2}\right)+Z_1 \\ \frac{1}{Z_3} & 1+\frac{Z_2}{Z_3} \end{bmatrix}$$

・$A = 1 + \dfrac{Z_1}{Z_3}$ 　　　 ・$C = \dfrac{1}{Z_3}$

$\therefore Z_1 = (A-1)Z_3 = \dfrac{(A-1)}{C}$ 　　【정답】④

62. 분포정수 선로에서 위상정수를 $\beta[rad/m]$라 할
때 파장은?

① $2\pi\beta$ 　　　　　 ② $\dfrac{2\pi}{\beta}$

③ $4\pi\beta$ 　　　　　 ④ $\dfrac{4\pi}{\beta}$

|정|답|및|해|설|

[전파속도] $v = \dfrac{\omega}{\beta} = \dfrac{1}{\sqrt{LC}} = \lambda \cdot f[m/sec]$

여기서, ω : 각속도(=$2\pi f$), f: 주파수, β : 위상정수, λ : 파장

$\lambda f = \dfrac{w}{\beta} = \dfrac{2\pi f}{\beta}$ 　　$\therefore \lambda = \dfrac{2\pi}{\beta}[m]$ 　　【정답】②

63. 회로 방정식의 특성근과 회로의 시정수에 대하여
바르게 서술된 것은?

① 특성근과 시정수는 같다.

② 특성근의 역(逆)과 회로의 시정수는 같다.

③ 특성근의 절대값의 역과 회로의 시정수는 같다.

④ 특성근과 회로의 시정수는 서로 상관되지 않
는다.

|정|답|및|해|설|

[특성근과 회로의 시정수] 시정수 $r = \dfrac{1}{|\alpha|}$

α는 특성근 또는 감쇠 정수라 한다. 　　【정답】③

64. 상순이 abc인 3상 회로에 있어서 대칭분 전압이
$V_0 = -8 + j3[V]$, $V_1 = 6 - j8[V]$
$V_2 = 8 + j12[V]$일 때 a상의 전압 $V_a[V]$는?

① 6+j7
② 8+j12
③ 6+j14
④ 16+j4

|정|답|및|해|설|_____
[대칭분에 의한 비대칭을 구할 때]
1. $V_a = V_0 + V_1 + V_2 = -8 + j3 + 6 - j8 + 8 + j12$
   $= 6 + j7[V]$
2. $V_b = V_0 + a^2 V_1 + a V_2$
3. $V_c = V_0 + a V_1 + a^2 V_2$ 　　　　【정답】①

|참|고|_____
[비대칭분에 의한 대칭을 구할 때]

1. 영상분 $V_0 = \dfrac{1}{3}(V_a + V_b + V_c)$

2. 정상분 $V_1 = \dfrac{1}{3}(V_a + a V_b + a^2 V_c)$ 　→ $(a : 1\angle 120, \ a^2 : 1\angle 240)$

3. 역상분 $V_2 = \dfrac{1}{3}(V_a + a^2 V_b + a V_c)$

65. $R-L-C$ 직렬회로에서 회로 저항값이 다음의 어느 값이어야 이 회로가 임계적으로 제동되는가?

① $\sqrt{\dfrac{L}{C}}$
② $2\sqrt{\dfrac{L}{C}}$
③ $\dfrac{1}{\sqrt{CL}}$
④ $2\sqrt{\dfrac{C}{L}}$

|정|답|및|해|설|_____
[임계조건] $\left(\dfrac{R}{2L}\right)^2 - \dfrac{1}{LC} = 0$

$R^2 = 4\dfrac{L}{C} \ \rightarrow \ R = 2\sqrt{\dfrac{L}{C}}$ 　　　【정답】②

|참|고|_____
[회로의 진동 관계 조건]

조건	특성
$R > 2\sqrt{\dfrac{L}{C}}$	과제동(비진동적)
$R = 2\sqrt{\dfrac{L}{C}}$	임계제동(진동)
$R < 2\sqrt{\dfrac{L}{C}}$	부족제동(진동적)

66. 정현파 교류의 실효값을 계산하는 식은?

① $I = \dfrac{1}{T}\displaystyle\int_0^T i^2 dt$
② $I^2 = \dfrac{2}{T}\displaystyle\int_0^T i\, dt$
③ $I^2 = \dfrac{1}{T}\displaystyle\int_0^T i^2 dt$
④ $I = \sqrt{\dfrac{2}{T}\displaystyle\int_0^T i^2 dt}$

|정|답|및|해|설|_____
[교류의 실효값]
1. 직류전류 $I[A]$가 흐를 때 소비전력 $P_{DC} = I^2 R[W]$
2. 교류전류 $i[A]$가 흐를 때 소비전력 $P_{AC} = \dfrac{1}{T}\displaystyle\int_0^T i^2 R dt[W]$
　　　　　　　　　　　　　　→ (T : 주기)
3. 실효값의 정의에 의해 $P_{DC} = P_{AC} \ \rightarrow \ I^2 R = \dfrac{R}{T}\displaystyle\int_0^T i^2 dt$

$\therefore I^2 = \dfrac{1}{T}\displaystyle\int_0^T i^2 dt$ 　　　　【정답】③

67. 어떤 회로에 흐르는 전류가 $i = 5 + 14.1 \sin \omega t$인 경우 실효값은 약 몇 [A]인가?

① 11.2[A]
② 12.5[A]
③ 14.4[A]
④ 16.1[A]

|정|답|및|해|설|_____
[비정현파의 실효값] $I = \sqrt{I_0^2 + I_1^2 + I_2^2 + \cdots + I_n^2}$
　　　　　　　　　　　　　→ $\left(I = \dfrac{I_m}{\sqrt{2}}\right)$

$I = \sqrt{I_0^2 + I_1^2} = \sqrt{5^2 + \left(\dfrac{14.1}{\sqrt{2}}\right)^2} = 11.2[A]$ 　【정답】①

68. $R = 100[\Omega]$, $L = 1/\pi[H]$, $C = 100/4\pi[pF]$이다. 직렬 공진회로의 Q는 얼마인가?

① 2×10^3
② 2×10^4
③ 3×10^3
④ 3×10^4

|정|답|및|해|설|_____
[직렬 공진회로] $Q = \dfrac{1}{R}\sqrt{\dfrac{L}{C}}$

$\therefore Q = \dfrac{1}{R}\sqrt{\dfrac{L}{C}} = \dfrac{1}{100}\sqrt{\dfrac{\dfrac{1}{\pi}}{\dfrac{100}{4\pi \times 10^{-12}}}} = \dfrac{1}{100} \times \dfrac{1}{5} \times 10^6 = 2 \times 10^3$

※병렬 공진회로에서 $Q = R\sqrt{\dfrac{C}{L}}$ 　　　　【정답】①

69. 비정현파 $y(x)$가 반파 및 정현 대칭일 때 옳은 식은?

① $y(-x) = -y(x)$, $y(2\pi - x) = y(x)$

② $y(-x) = y(x)$, $y(2\pi - x) = y(x)$

③ $y(-x) = -y(x)$, $y(\pi + x) = -y(x)$

④ $y(-x) = y(x)$, $y(\pi - x) = -y(-x)$

|정|답|및|해|설|_____

[반파 및 정현 대칭] 반파 및 정현 대칭 조건

· $y(-x) = -y(x)$

· $y(2\pi - x) = y(-x) = y(\pi + x)$

· $y(\pi + x) = y(-x) = -y(x)$

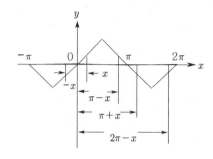

【정답】③

70. 키르히호프의 전류법칙(KCL) 적용에 대한 설명 중 틀린 것은?

① 이 법칙은 집중정수회로에 적용된다.

② 이 법칙은 선형소자로만 이루어진 회로에 적용된다.

③ 이 법칙은 회로의 선형, 비선형에 관계 받지 않고 적용된다.

④ 이 법칙은 회로의 시변, 시불변에는 관계 받지 않고 적용된다.

|정|답|및|해|설|_____

[키르히호프의 전류법칙(KCL)] $\sum i_i = \sum i_o$

· 유입전류=유출전류

· 단위 체적당 전류의 크기 변화는 없다.

· 전류의 연속성 $div\, i = 0$으로 표현된다.

· 집중 정수 회로에서 시변, 시불변, 선형, 비선형에 무관하게 항상 성립   → (중첩의 원리는 선형에서만 성립된다.)

【정답】②

71. 그림과 같은 $i = I_m \sin \omega t$인 정현파 교류의 반파 정류 파형의 실효값은?

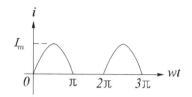

① $\dfrac{I_m}{\sqrt{2}}$

② $\dfrac{I_m}{\sqrt{3}}$

③ $\dfrac{I_m}{2\sqrt{2}}$

④ $\dfrac{I_m}{2}$

|정|답|및|해|설|_____

[각종 파형의 평균값, 실효값, 파형률, 파고율]

명칭	파형	평균값	실효값	파형률	파고율
정현파 (전파)		$\dfrac{2I_m}{\pi}$	$\dfrac{I_m}{\sqrt{2}}$	1.11	$\sqrt{2}$
정현파 (반파)		$\dfrac{I_m}{\pi}$	$\dfrac{I_m}{2}$	$\dfrac{\pi}{2}$	2
사각파 (전파)		I_m	I_m	1	1
사각파 (반파)		$\dfrac{I_m}{2}$	$\dfrac{I_m}{\sqrt{2}}$	$\sqrt{2}$	$\sqrt{2}$
삼각파		$\dfrac{I_m}{2}$	$\dfrac{I_m}{\sqrt{3}}$	$\dfrac{2}{\sqrt{3}}$	$\sqrt{3}$

【정답】④

72. 각 상의 전류가
$i_a = 30 \sin \omega t\,[A]$, $i_b = 30 \sin(\omega t - 90°)[A]$
$i_c = 30 \sin(\omega t + 90°)[A]$일 때 영상분 전류[A]의 순시치는?

① $10 \sin \omega t$

② $10 \sin \dfrac{\omega t}{3}$

③ $30 \sin \omega t$

④ $\dfrac{30}{\sqrt{3}} \sin(\omega t + 45°)$

|정|답|및|해|설|_____

[영상분전류] $I_0 = \dfrac{1}{3}(i_a + i_b + i_c)$

$\therefore I_0 = \dfrac{1}{3}\left(30 \sin \omega t + 30 \sin(\omega t - 90°) + 30 \sin(\omega t + 90°)\right)$

    → (i_b, i_c : 크기는 같고 방향이 반대이므로 상쇄된다.)

$= 10 \sin \omega t\,[A]$

【정답】①

73. 그림과 같은 직류 LC 직렬 회로에 대한 설명 중 옳은 것은?

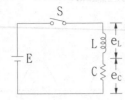

① e_L은 진동함수이나 e_c는 진동하지 않는다.

② e_L의 최대치가 2E까지 될 수 있다.

③ e_c의 최대치가 2E까지 될 수 있다.

④ C의 충전전하 q는 시간 t에 무관하다.

|정|답|및|해|설|

[직류 LC 직렬 회로]

$e_L = E\cos\dfrac{1}{\sqrt{LC}}t$, $e_c = E\left(1 - \cos\dfrac{1}{\sqrt{LC}}t\right)$ 이므로

· $e_{L\max} = E$, $e_{L\min} = -E$

· $e_{c\max} = E[1 - (-1)] = 2E$ 　　　【정답】③

74. 그림과 같은 회로의 전달함수는? (단, $\dfrac{L}{R} = T$(시정수이다.)

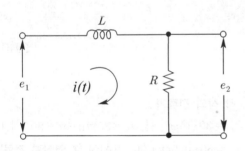

① $\dfrac{1}{Ts^2 + 1}$　　② $\dfrac{1}{Ts + 1}$

③ $Ts^2 + 1$　　④ $Ts + 1$

|정|답|및|해|설|

[직렬연결 시의 전달함수] $G(s) = \dfrac{출력(s)}{입력(s)} = \dfrac{E_2(s)}{E_1(s)}$

$\therefore G(s) = \dfrac{E_2(s)}{E_1(s)} = \dfrac{R}{Ls + R} = \dfrac{1}{\dfrac{L}{R}s + 1} = \dfrac{1}{Ts + 1}$

【정답】②

75. 비정현파 교류를 나타내는 식은?

① 기본파+고조파+직류분

② 기본파+직류분−고조파

③ 직류분+고조파−기본파

④ 교류분+기본파+고조파

|정|답|및|해|설|

[비정현파 교류]

비정현파=직류분(A_0)+기본파(A_1)+고조파(A_2, A_3……, A_n)
【정답】①

76. 어떤 회로의 전압 및 전류의 순시값이

$v = 200\sin 314t\,[V]$, $i = 10\sin\left(314t - \dfrac{\pi}{6}\right)\,[A]$일 때,

이 회로의 임피던스를 복소수[Ω]로 표시하면?

① $17.32 + j12$　　② $16.30 + j11$

③ $17.32 + j10$　　④ $18.30 + j9$

|정|답|및|해|설|

[회로의 임피던스를 복소수]

·전류 $I = \dfrac{V}{Z}$　　·임피던스 $Z = \dfrac{V}{I} = \dfrac{V_m}{I_m}$

전압과 전류의 순시값을 정지 벡터로 표시하면

$\dot{V}_m = 200\angle 0$, $\dot{I}_m = 10\angle -\dfrac{\pi}{6}$

$\therefore Z = \dfrac{\dot{V}_m}{\dot{I}_m} = \dfrac{200\angle 0}{10\angle -\dfrac{\pi}{6}} = 20\angle\dfrac{\pi}{6} = 20(\cos 30° + j\sin 30°)$

$= 10\sqrt{3} + j10 = 17.32 + j10\,[\Omega]$　　【정답】③

77. 어떤 회로에 전압을 115[V] 인가하였더니 유효전력이 230[W], 무효전력이 345[Var]를 지시한다면 회로에 흐르는 전류는 약 몇 [A]인가?

① 2.5　　② 5.6

③ 3.6　　④ 4.5

|정|답|및|해|설|

[회로에 흐르는 전류] $I = \dfrac{P_a}{V}\,[A]$

　　→ (피상전력 $P_a = VI = I^2|Z| = \sqrt{P^2 + P_r^2}\,[VA]$)

여기서, P_a : 피상전력, Z : 임피던스, P : 유효전력, P_r : 무효전력

전압 : 115[V], 유효전력 : 230[W], 무효전력 : 345[Var]

$P_a = \sqrt{P^2 + P_r^2} = \sqrt{230^2 + 345^2} = 414.6\,[VA]$

$\therefore 전력\ I = \dfrac{P_a}{V} = \dfrac{414.6}{115} = 3.6\,[A]$　　【정답】③

78. 정격전압에서 1[kW]의 전력을 소비하는 저항에 정격의 80[%]의 전압을 가할 때의 전력[W]은?

① 340 ② 540 ③ 640 ④ 740

|정|답|및|해|설|

[전력] $P = \dfrac{V^2}{R}$ 이므로 $P \propto V^2$

정격전압에서 1[kW] 전력을 소비하는 저항에 80[%] 전압을 가하면
$P = 0.8^2 \times \dfrac{V^2}{R} = 0.8^2 \times 1[kW] = 640[W]$ 전력을 소비하게 된다.

【정답】③

79. 그림과 같은 회로의 컨덕턴스 G_2에 흐르는 전류는 몇 [A] 인가?

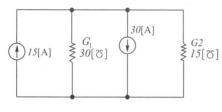

① 5 ② 3
③ 10 ④ 15

|정|답|및|해|설|

[전류] 전류원 두 개가 방향이 반대 이므로 컨덕턴스에는 15[A]전류가 흐르고 배분법칙에 따라 작은 컨덕턴스에 작은 전류가 흐른다.

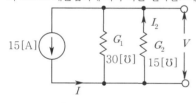

$I_2 = I \times \dfrac{G_2}{G_1 + G_2} = 15 \times \dfrac{15}{30 + 15} = 5[A]$.

【정답】①

80. 입력 신호가 v_i, 출력 신호가 v_o일 때
$a_1 v_o + a_2 \dfrac{dv_o}{dt} + a_3 \displaystyle\int v_o \, dt = v_i$ 의 전달함수는?

① $\dfrac{s}{a_2 s^2 + a_1 s + a_3}$ ② $\dfrac{1}{a_2 s^2 + a_1 s + a_3}$

③ $\dfrac{s}{a_3 s^2 + a_2 s + a_1}$ ④ $\dfrac{1}{a_3 s^2 + a_2 s + a_1}$

|정|답|및|해|설|

[전달함수] $G(s) = \dfrac{출력(s)}{입력(s)} = \dfrac{V_o(s)}{V_i(s)}$

초기값을 0으로 하고 라플라스 변환하면

$a_1 V_o(s) + a_2 s V_o(s) + \dfrac{1}{s} a_3 V_o(s) = V_i(s)$

$\left(a_1 + a_2 s + \dfrac{a_3}{s}\right) V_o(s) = V_i(s)$

$\therefore \ G(s) = \dfrac{V_o(s)}{V_i(s)} = \dfrac{1}{a_1 + a_2 s + \dfrac{a_3}{s}} = \dfrac{s}{a_2 s^2 + a_1 s + a_3}$

【정답】①

2회 2021년 전기산업기사필기(전기설비기술기준)

81. 철탑의 강도 계산에 사용하는 이상 시 상정하중의 종류가 아닌 것은?

① 좌굴하중 ② 수직하중
③ 수평 횡하중 ④ 수평 종하중

|정|답|및|해|설|

[이상 시 상정하중 (kec 333.14)] 철탑의 강도계산에 사용하는 이상 시 상정하중은 풍압이 전선로에 직각 또는 전선로의 방향으로 가하여지는 경우의 하중(수직하중, 수평 횡하중, 수평 종하중이 동시에 가하여 지는 것)을 계산하여 큰 응력이 생기는 쪽의 하중을 채택한다.
＊① 좌굴하중이란 부재에 휨모멘트가 걸린 경우

【정답】①

82. 고압가공인입선이 케이블 이외의 것으로서 그 아래에 위험표시를 하였다면 전선의 지표상 높이는 몇 [m]까지로 감할 수 있는가?

① 2.5 ② 3.5
③ 4.5 ④ 5.5

|정|답|및|해|설|

[고압 가공인입선의 높이 (KEC 331.12.1)]

도로횡단	6[m]
철도횡단	6.5[m]
횡단보도교위	3.5[m]
기타	5[m] (단, 위험표시를 하면 3.5[m])

【정답】②

83. 갑종 풍압하중을 계산할 때 강관에 의하여 구성된 철탑에서 구성재의 수직투영면적 1[m²]에 대한 풍압하중은 몇 [Pa]를 기초로 하여 계산한 것인가? (단, 단주는 제외한다.)

① 588[Pa]
② 1117[Pa]
③ 1255[Pa]
④ 2157[Pa]

|정|답|및|해|설|
[풍압하중의 종별과 적용 (KEC 331.6)]

풍압을 받는 구분			풍압[Pa]
지지물	목주		588
	철주	원형의 것	588
		삼각형 또는 농형	1412
		강관에 의하여 구성되는 4각형의 것	1117
		기타의 것으로 복재가 전후면에 겹치는 경우	1627
		기타의 것으로 겹치지 않은 경우	1784
	철근 콘크리트 주	원형의 것	588
		기타의 것	822
	철탑	단주 원형의 것	588[Pa]
		단주 기타의 것	1,117[Pa]
		강관으로 구성되는 것(단주는 제외함)	1,255[Pa]
		기다의 것	2,157[Pa]

【정답】③

84. 태양광설비에 시설하여야 하는 계측장치가 아닌 것은?

① 전압
② 전류
③ 역률
④ 전력

|정|답|및|해|설|
[태양광설비의 계측장치(KEC 522.2.3)] 태양광설비에는 전압, 전류 및 전력을 계측하는 장치를 시설하여야 한다.
【정답】③

85. 무효전력보상장치(조상기)의 보호장치로서 내부고장 시에 자동적으로 전로로부터 차단하는 장치를 하여야 하는 무효전력보상장치의 용량은 몇 [kVA] 이상인가?

① 5000
② 7500
③ 10000
④ 15000

|정|답|및|해|설|
[보상설비의 보호장치 (KEC 351.5)]

설비 종별	뱅크 용량의 구분	자동적으로 전로로부터 차단하는 장치
전력용 커패시터 및 분로리액터	500[kVA] 초과 15,000[kVA] 미만	· 내부에 고장이 생긴 경우 · 과전류가 생긴 경우
	15,000[kVA] 이상	· 내부에 고장이 생긴 경우 · 과전류가 생긴 경우 · 과전압이 생긴 경우
무효전력보상 장치(조상기)	15,000[kVA] 이상	· 내부에 고장이 생긴 경우

【정답】④

86. 전기철도차량이 전차선로와 접촉한 상태에서 견인력을 끄고 보조전력을 가동한 상태로 정지해 있는 경우, 가공 전차선로의 유효전력이 200[kW] 이상일 경우 총 역률은 얼마보다 작아서는 안 되는가?

① 0.6
② 0.7
③ 0.8
④ 0.9

|정|답|및|해|설|
[전기철도차량의 역률 (KEC 441.4)] 비지속성 최저전압에서 비지속성 최고전압까지의 전압범위에서 유도성 역률 및 전력소비에 대해서만 적용되며, 회생제동 중에는 전압을 제한 범위내로 유지시키기 위하여 유도성 역률을 낮출 수 있다. 다만, 전기철도차량이 전차선로와 접촉한 상태에서 견인력을 끄고 보조전력을 가동한 상태로 정지해 있는 경우, 가공 전차선로의 유효전력이 200[kW] 이상일 경우 총 역률은 0.8보다는 작아서는 안 된다.
【정답】③

87. 지중전선로를 직접 매설식에 의하여 시설하는 경우에 그 매설 깊이를 차량 기타 중량물의 압력을 받을 우려가 없는 장소에 몇 [cm] 이상으로하면 되는가?

① 40[cm]
② 60[cm]
③ 80[cm]
④ 120[cm]

|정|답|및|해|설|
[지중 선로의 시설 (KEC 334.1)]
· 지중 전선로는 전선에 케이블을 사용하고 또한 관로식, 암거식, 직접 매설식에 의하여 시설하여야 한다.
· 지중 전선로를 직접 매설식에 의하여 시설하는 경우에는 매설 깊이를 차량 기타 중량물의 압력을 받을 우려가 있는 장소에는 1.0[m] 이상, 기타 장소에는 60[cm] 이상으로 하고 또한 지중 전선을 견고한 트로프 기타 방호물에 넣어 시설하여야 한다.
【정답】②

88. 내부고장이 발생하는 경우를 대비하여 자동 차단장치 또는 경보장치를 시설하여야 하는 특고압용 변압기의 뱅크용량의 구분으로 알맞은 것은?

① 5000[kVA] 미만

② 5000[kVA] 이상 10000[kVA] 미만

③ 10000[kVA] 이상

④ 타냉식 변압기

|정|답|및|해|설|

[특고압용 변압기의 보호장치 (KEC 351.4)] 특고압용의 변압기에는 그 내부에 고장이 생겼을 경우에 보호하는 장치를 표와 같이 시설하여야 한다.

뱅크 용량의 구분	동작 조건	장치의 종류
5,000[kVA] 이상 10,000[kVA] 미만	변압기 내부 고장	자동 차단 장치 또는 경보 장치
10,000[kVA] 이상	변압기 내부 고장	자동 차단 장치
타냉식 변압기(변압기의 권선 및 철심을 직접 냉각시키기 위하여 봉입한 냉매를 강제 순환시키는 냉각 방식을 말한다.)	냉각 장치에 고장이 생긴 경우 또는 변압기의 온도가 현저히 상승한 경우	경보 장치

【정답】②

89. 발전소 또는 변전소로부터 다른 발전소 또는 변전소를 거치지 아니하고 전차선로에 이르는 전선을 무엇이라 하는가?

① 급전선

② 전기철도용 급전선

③ 급전선로

④ 전기철도용 급전선로

|정|답|및|해|설|

[용어의 정의 (KEC 112)]
① 급전선(feeder) : 배전 변전소 또는 발전소로부터 배전 간선에 이르기까지의 도중에 부하가 접속되어 있지 않은 선로
② 전기철도용 급전선 : 전기철도용 변전소로부터 다른 전기철도용 변전소 또는 전차선에 이르는 전선을 말한다.
④ 전기철도용 급전선로 : 전기철도용 급전선 및 이를 지지하거나 수용하는 시설물을 말한다.
【정답】②

90. 지중전선로의 매설방법이 아닌 것은?

① 관로식　　　　② 인입식

③ 암거식　　　　④ 직접 매설식

|정|답|및|해|설|

[지중 전선로의 시설 (KEC 334.1)] 지중 전선로는 전선에 케이블을 사용하고 또한 관로식, 암거식 또는 직접 매설식에 의하여 시설하여야 한다.

1. 직접 매설식 : 매설 깊이는 중량물의 압력이 있는 곳은 1.0[m] 이상, 없는 곳은 0.6[m] 이상으로 한다.
2. 관로식 : 매설 깊이를 1.0 [m]이상, 중량물의 압력을 받을 우려가 없는 곳은 60 [cm] 이상으로 한다.
3. 암거식 : 지하 구조물 내 케이블 지지대를 설치하고 그 위에 케이블을 부설하는 방식
【정답】②

91. 사용전압이 35[kV] 이하인 특고압가공전선이 상부 조영재의 위쪽에서 제1차 접근상태로 시설되는 경우 특고압가공전선과 건조물의 조영재 간격(이격거리)은 몇 [m] 이상이어야 하는가? (단, 전선의 종류는 케이블이라고 한다.)

① 0.5[m]　　　　② 1.2[m]

③ 2.5[m]　　　　④ 3.0[m]

|정|답|및|해|설|

[특고압 가공전선과 건조물의 접근 (KEC 333.23)]
특고압 가공전선이 건조물과 제1차 접근상태로 시설되는 경우에는 다음에 따라야 한다.

1. 특고압 가공전선로는 제3종 특고압 보안공사에 의할 것.
2. 사용전압이 35[kV] 이하인 특고압 가공전선과 건조물의 조영재 간격(이격거리)은 표에서 정한 값 이상일 것.

건조물과 조영재의 구분	전선 종류	접근형태	간격(이격거리)
상부 조영재	특고압 절연전선	위쪽	2.5[m]
		옆쪽 또는 아래쪽	1.5[m] (전선에 사람이 쉽게 접촉할 우려가 없도록 시설한 경우는 1[m])
	케이블	위쪽	1.2[m]
		옆쪽 또는 아래쪽	0.5[m]
	기타 전선		3[m]
기타 조영재	특고압 절연전선		1.5[m] (전선에 사람이 쉽게 접촉할 우려가 없도록 시설한 경우는 1[m])
	케이블		0.5[m]
	기타 전선		3[m]

· 35[kV]가 넘는 경우는 10[kV]마다 15[cm]를 더 가산 이격할 것
【정답】②

92. 피뢰기를 설치하지 않아도 되는 곳은?

① 발·변전소의 가공전선 인입구 및 인출구

② 가공전선로의 위쪽 끝(말구) 부분

③ 가공전선로에 접속한 1차측 전압이 35[kV] 이하인 배전용 변압기의 고압측 및 특고압측

④ 특고압 가공전선로로부터 공급을 받는 수용장소의 인입구

|정|답|및|해|설|
[피뢰기의 시설 (KEC 341.13)]
1. 발·변전소 또는 이에 준하는 장소의 가공 전선 인입구 및 인출구
2. 배전용 변압기의 고압측 및 특고압측
3. 고압 및 특고압 가공 전선로부터 공급을 받는 장소의 인입구
4. 가공 전선로와 지중 전선로가 접속되는 곳
【정답】②

93. 그림은 전력선 반송통신용 결합장치의 보안장치이다. 그림에서 DR은 무엇인가?

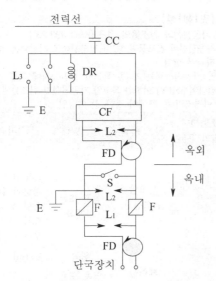

① 접지형 개폐기   ② 결합 필터

③ 방전갭   ④ 배류 선륜

|정|답|및|해|설|
[전력선 반송 통신용 결합장치의 보안장치 (KEC 362.10)]
·FD : 동축케이블
·F : 정격전류 10[A] 이하의 포장 퓨즈
·DR : 전류용량 2[A] 이상의 배류선륜
·S : 접지용 개폐기
·CF : 결합필터, CC : 결합콘덴서(결합 안테나를 포함한다.)
·E : 접지

·L₁ : 교류 300[V] 이하에서 동작하는 피뢰기
·L₂ : 동작전압이 교류 1300[V]를 초과하고 1600[V] 이하로 조정된 방전캡
·L₃ : 동작전압이 교류 2000[V]를 초과하고 3000[V] 이하로 조성된 구상 방전캡
【정답】④

94. 배전선로의 전압이 22900[V]이며 중성선에 다중접지하는 전선로의 절연내력 시험전압은 최대 사용전압의 몇 배인가?

① 0.72   ② 0.92

③ 1.1   ④ 1.25

|정|답|및|해|설|
[전로의 절연저항 및 절연내력 (KEC 132)]

접지방식	최대 사용전압	시험 전압(최대 사용전압 배수)	최저 시험 전압
비접지	7[kV] 이하	1.5배	500[V]
	7[kV] 초과	1.25배	10,500[V]
중성점접지	60[kV] 초과	1.1배	75[kV]
중성점직접지	60[kV] 초과 170[kV] 이하	0.72배	
	170[kV] 초과	0.64배	
중성점다중접지	25[kV] 이하	0.92배	

【정답】②

95. 3300[V]용 전동기의 절연내력시험은 몇 [V] 전압에서 권선과 대지 간에 연속하여 10분간 가하여 견디어야 하는가?

① 4,125   ② 4,950

③ 6,600   ④ 7,600

|정|답|및|해|설|
[회전기의 절연내력 (KEC 133)]

종류		시험 전압	시험 방법
회전기	·발전기 ·전동기	7[kV] 이하	1.5배 (최저 500[V])	권선과 대지간의 연속하여 10분간
	·무효전력보상장치 ·기타회전기	7[kV] 초과	1.25배 (최저 10,500[V])	
	회전 변류기		직류측의 최대사용전압의 1배의 교류전압 (최저 500[V])	

∴시험전압 = 3300 × 1.5 = 4950[V]   【정답】②

96. 1차 22900[V], 2차 3300[V]의 변압기를 옥외에 시설할 때 구내에 취급자 이외의 사람이 들어가지 아니하도록 울타리를 시설하려고 한다. 이때 울타리의 높이는 몇 [m] 이상으로 하여야 하는가?

① 2[m] ② 3[m]
③ 4[m] ④ 5[m]

|정|답|및|해|설|
[특별고압용 기계기구의 시설 (KEC 341.4)]
1. 기계 기구의 주위에 울타리·담 등을 시설하는 경우
   ① 울타리·담 등의 높이 : 2[m] 이상
   ② 지표면과 울타리·담 등의 하단 사이의 간격 : 15 [cm] 이하
2. 기계 기구를 지표상 5[m] 이상의 높이에 시설하고 또한 사람이 접촉할 우려가 없도록 시설하는 경우 다음과 같이 시설한다.

전압의 구분	울타리의 높이와 울타리로부터 충전부분까지의 거리의 합계 또는 지표상의 높이
35[kV] 이하	5[m]
35[kV] 넘고 160[kV] 이하	6[m]
160[kV] 초과	·6[m]에 160[kV]를 넘는 10[kV] 또는 그 단수마다 12[cm]를 더한 값 거리의 합계 = 6 + 단수 × 12[cm] ·단수 = $\dfrac{\text{사용전압}[kV] - 160}{10}$ → (단수 계산에서 소수점 이하는 절상)

【정답】①

97. 특고압 가공전선로의 지지물에 시설하는 통신선 또는 이에 직접 접속하는 통신선이 도로, 횡단 보도교, 철도, 궤도 또는 삭도와 교차하는 경우에는 통신선은 지름 몇 [mm]의 경동선이나 이와 동등 이상의 세기의 것이어야 하는가?

① 4 ② 4.5
③ 5 ④ 5.5

|정|답|및|해|설|
[전력보안통신케이블의 지상고와 배전설비와의 간격 (KEC 362.2)]
통신선이 도로, 횡단보도교, 철도의 레일 또는 삭도와 교차하는 경우에는 통신선은 단면적 16[mm²](지름 4[mm])의 절연전선과 동등 이상의 절연 효력이 있는 것, 인장강도 8.01[kN] 이상의 것 또는 단면적 25[mm²](지름 5[mm])의 경동선일 것
【정답】③

98. 사용전압이 380[V]인 옥내배선을 애자공사로 시설할 때 전선과 조영재 사이의 간격(이격거리)은 몇 [cm] 이상이어야 하는가?

① 2 ② 2.5
③ 4.5 ④ 6

|정|답|및|해|설|
[애자사용공사 (KEC 232.56)]
1. 옥외용 및 인입용 절연 전선을 제외한 절연 전선을 사용할 것
2. 전선 상호간의 간격 6[cm] 이상일 것
3. 전선과 조명재의 간격
   ·400[V] 미만은 2.5[cm] 이상
   · 400[V] 이상의 저압은 4.5[cm] 이상
   · 400[V] 이상인 경우에도 전개된 장소 또는 점검 할 수 있는 은폐 장소로서 건조한 곳은 2.5[cm] 이상으로 할 수 있다.
【정답】②

99. 다음 중 전선 접속 방법이 잘못된 것은?

① 알루미늄과 동을 사용하는 전선을 접속하는 경우에는 접속 부분에 전기적 부식이 생기지 않아야 한다.

② 공칭단면적 10[mm²] 미만인 캡타이어 케이블 상호 간을 접속하는 경우에는 접속함을 사용할 수 없다.

③ 절연전선 상호 간을 접속하는 경우에는 접속부분을 절연 효력이 있는 것으로 충분히 피복하여야 한다.

④ 나전선 상호 간의 접속인 경우에는 전선의 세기를 20[%] 이상 감소시키지 않아야 한다.

|정|답|및|해|설|
[전선의 접속법(KEC 123)]
·전기저항을 증가시키지 않도록 할 것
·전선의 세기를 20[%] 이상 감소시키지 아니 할 것
·접속부분의 절연전선에 절연물과 동등 이상의 절연효력이 있는 것으로 충분히 피복할 것
·접속부분에 전기적 부식이 생기지 않도록 할 것
·코드 상호, 캡타이어 케이블 상호, 케이블 상호 또는 이를 상호 접속히는 경우에는 코드 접속기, 접속함 기타의 기구를 사용할 것
【정답】②

100. 다음 (㉮), (㉯)에 들어갈 내용으로 옳은 것은?

> 지중전선로는 기설 지중 약전류 전선로에 대하여
> (㉮) 또는 (㉯)에 의하여 통신상의 장해를 주지
> 않도록 기설 약전류 전선로로부터 충분히 이격시
> 키거나 기타 적당한 방법으로 시설하여야 한다.

① ㉮ 정전용량 ㉯ 표피작용
② ㉮ 정전용량 ㉯ 유도작용
③ ㉮ 누설전류 ㉯ 표피작용
④ ㉮ 누설전류 ㉯ 유도작용

|정|답|및|해|설|
[지중 약전류 전선에의 유도 장해의 방지 (KEC 334.5)]
지중전선로는 기설 지중 약전류 전선로에 대하여 <u>누설전류 또는
유도작용</u>에 의하여 통신상의 장해를 주지 아니하도록 기설 약전류
전선로로부터 충분히 이격시키거나 기타 적당한 방법으로 시설하여
야 하다.   【정답】④

01. 환상철심에 감은 코일에 5[A]의 전류를 흘려 2000[AT]의 기자력을 생기게 하려면 코일의 권수 (회)는 얼마로 하여야 하는가?

① 10000   ② 5000

③ 400   ④ 250

|정|답|및|해|설|

[기자력] $F = NI[AT]$

여기서, F: 기자력, N: 권수, I: 전류

∴ 권수 $N = \dfrac{F}{I} = \dfrac{2000}{5} = 400[T]$ 【정답】③

02. 변위전류에 의하여 전자파가 발생되었을 때 전자파의 위상은?

① 변위전류보다 90[°] 늦다.

② 변위전류보다 90[°] 빠르다.

③ 변위전류보다 30[°] 빠르다.

④ 변위전류보다 30[°] 늦다.

|정|답|및|해|설|

[전자파의 위상]

$i_d = \dfrac{\partial D}{\partial t} = \dfrac{\partial(\epsilon E)}{\partial t} = \epsilon \dfrac{\partial}{\partial t}(E_m \sin wt)$

$= w\epsilon E_m \cos wt = w\epsilon E_m \sin(wt + 90°)$

따라서, 전파와 자파는 동상이므로 전자파의 위상은 변위전류 보다 90° 늦다.   【정답】①

03. 다음 중 맥스웰의 전자 방정식으로 옳지 않은 것은?

① $rot H = i + \dfrac{\partial D}{\partial t}$ ② $rot E = -\dfrac{\partial B}{\partial t}$

③ $div B = \varnothing$ ④ $div D = \rho$

|정|답|및|해|설|

[맥스웰 방정식] 공간 도체내의 한 점에 있어서 자계의 시간적 변화는 회전하는 전계를 발생한다.

① $rot H = i + \dfrac{\partial D}{\partial t}$ → (패러데이의 법칙)

② $rot E = \nabla \times E = -\dfrac{\partial B}{\partial t}$ → (암페어의 주회적 법칙)

③ $div B = 0$ → (가우스의 법칙)

④ $div D = \rho$ → (고립된 자하는 없다.)

【정답】③

04. 자속밀도는 벡터이며 B로 표시한다. 다음 가운데서 항상 성립되는 관계는?

① grad $B = 0$ ② rot $B = 0$

③ div $B = 0$ ④ $B = 0$

|정|답|및|해|설|

[자속의 연속성] 자속의 연속성이란 양적인 변화가 없는 상태이므로

$div B = \nabla \cdot B = 0$

자속이 발산되는 것이 아니므로 N극에서 나온 자속은 반드시 S극으로 전부 되돌아옴을 알 수가 있다. 따라서 N극이나 S극만의 고립된 자극은 만들어지지 않는다.   【정답】③

05. 공기 중에 고립된 지름 1[m]의 반구도체를 10^6[V]로 충전한 다음 이 에너지를 10^{-5}초 사이에 방전한 경우의 평균전력은?

① 700[kW]   ② 1389[kW]

③ 2780[kW]   ④ 5560[kW]

|정|답|및|해|설|

[평균전력] $P = \dfrac{W}{t} = \dfrac{\frac{1}{2} \times 2\pi\epsilon_0 a V^2}{t}[W]$

·도체구의 정전용량 $C_0 = 4\pi\epsilon_0 a[F]$

반구 도체의 정전용량 $C = \dfrac{C_0}{2} = \dfrac{4\pi\epsilon_0 a}{2} = 2\pi\epsilon_0 a[F]$

·반구 도체구의 정전에너지 $W = \dfrac{1}{2}CV^2 = Pt[J]$

∴ $P = \dfrac{\frac{1}{2} \times 2\pi\epsilon_0 a V^2}{t}$ → ($a = \dfrac{D}{2} = 0.5[m]$)

$= \dfrac{\pi \times 8.855 \times 10^{-12} \times 0.5 \times (10^6)^2}{10^{-5}} \times 10^{-3} = 1389[kW]$

【정답】②

06. m[Wb]의 점자극에 의한 자계 중에서 r[m] 거리에 있는 점의 자위는?

① r에 비례한다.　　② r^2에 비례한다.

③ r에 반비례한다.　④ r^2에 반비례한다.

|정|답|및|해|설|⎯⎯⎯⎯⎯⎯⎯⎯⎯⎯⎯

[정전계와 정자계의 전위와 자위]

·정전계에서 점전하에 의한 전위 $V = \dfrac{Q}{4\pi\epsilon_0 r}$ [V] → $\left(V \propto \dfrac{1}{r}\right)$

·정자계에서 점자극에 의한 자위 $U = \dfrac{m}{4\pi\mu_0 r}$ [A] → $\left(U \propto \dfrac{1}{r}\right)$

∴자위(U)와 거리(r)의 관계는 반비례가 성립한다.

【정답】③

07. 다음 정전계에 관한 식 중에서 틀린 것은? (단, D는 전속밀도, V는 전위, ρ는 공간(체적)전하밀도, ϵ는 유전율이다.)

① 가우스의 정리 : $div D = \rho$

② 포아송의 방정식 : $\nabla^2 V = \dfrac{\rho}{\epsilon}$

③ 라플라스의 방정식 : $\nabla^2 V = 0$

④ 발산의 정리 : $\oint_s A \cdot ds = \int_v div A dv$

|정|답|및|해|설|⎯⎯⎯⎯⎯⎯⎯⎯⎯⎯⎯

[포아송의 방정식] $\nabla^2 V = -\dfrac{\rho}{\epsilon_0}$

→ (공간에서의 전하밀도를 구하는 식)

여기서, V : 전위차, ϵ : 유전율, ρ : 전하밀도

【정답】②

08. 자기 인덕턴스가 각각 L_1, L_2인 두 코일을 서로 간섭이 없도록 병렬로 연결했을 때 그 합성 인덕턴스는?

① $L_1 + L_2$　　　　　② $L_1 \cdot L_2$

③ $\dfrac{L_1 + L_2}{L_1 \cdot L_2}$　　　　④ $\dfrac{L_1 \cdot L_2}{L_1 + L_2}$

|정|답|및|해|설|⎯⎯⎯⎯⎯⎯⎯⎯⎯⎯⎯

[합성 인덕턴스]

·병렬접속 가극성의 경우 $L = \dfrac{L_1 L_2 - M^2}{L_1 + L_2 - 2M}$

·병렬접속 감극성의 경우 $L = \dfrac{L_1 L_2 - M^2}{L_1 + L_2 + 2M}$

두 코일에 간섭이 없다는 것은 $M = 0$을 의미하므로

∴ $L = \dfrac{L_1 L_2}{L_1 + L_2}$ [H]

【정답】④

09. 전기기기의 철심(자심)재료로 규소강판을 사용하는 이유는?

① 동손을 줄이기 위해

② 와전류손을 줄이기 위해

③ 히스테리시스손을 줄이기 위해

④ 제작을 쉽게 하기 위하여

|정|답|및|해|설|⎯⎯⎯⎯⎯⎯⎯⎯⎯⎯⎯

[히스테리시스손] 히스테리시스 손실을 감소시키기 위해서 철심 재료는 규소가 섞인(3~5[%]) 재료를 사용한다.
1. 규소 강판 : 히스테리시스손 감소
2. 성층 철심 : 와류손 감소

【정답】③

10. 공간 도체 내의 한 점에 있어서 자속이 시간적으로 변화하는 경우에 성립하는 식은?

① Curl $E = \dfrac{\partial H}{\partial t}$　　② Curl $E = -\dfrac{\partial H}{\partial t}$

③ Curl $E = \dfrac{\partial B}{\partial t}$　　④ Curl $E = -\dfrac{\partial B}{\partial t}$

|정|답|및|해|설|⎯⎯⎯⎯⎯⎯⎯⎯⎯⎯⎯

[자속의 시간적 변화] $rot E = curl E = \nabla \times E = -\dfrac{\partial B}{\partial t}$

$\varnothing = B \cdot S = \mu H \cdot S$ [Wb] → ($\varnothing$: 자속, B : 자속밀도, H : 자계)

$rot E = curl E = \nabla \times E = -\dfrac{\partial B}{\partial t}$

→ (자속($\varnothing$), 자속밀도(B), 자계(H)의 시간적인 변화에 따라 전계에 회전이 생긴다.)

【정답】④

11. 모든 전기장치를 접지시키는 근본적 이유는?

① 영상전하를 이용하기 때문에

② 지구는 전류가 잘 통하기 때문에

③ 편의상 지면의 전위를 무한대로 보기 때문에

④ 지구의 용량이 커서 전위가 거의 일정하기 때문에

|정|답|및|해|설|⎯⎯⎯⎯⎯⎯⎯⎯⎯⎯⎯

[접지] 지구는 정전용량(C)이 크므로 많은 전하가 축적되어도 지구의 전위는 일정하다. 모든 전기 장치를 접지시킨다.

【정답】④

12. MKS 합리화 단위계에서 진공 중의 유전율 값으로 틀린 것은? (단, $c[m/sec]$는 진공 중 전자파 속도이다.)

① $\dfrac{1}{120\pi c}$

② $\dfrac{10^7}{4\pi c^2}$

③ $\dfrac{1}{36\pi \times 10^9}$

④ $\dfrac{10^7}{14\pi c}$

|정|답|및|해|설|

[진공 중 유전율(ϵ_0)]

· 전파속도 $v = \dfrac{1}{\sqrt{\mu\epsilon}}$ [m/s]

· 진공 중의 전파속도 $v_0 = \dfrac{1}{\sqrt{\epsilon\mu}} = \dfrac{1}{\sqrt{\epsilon_0\mu_0}} = 3\times10^8 = c$[m/s]

　　　　　　→ (진공 중에서 $\epsilon_r = \mu_r = 1$)

∴ 진공 중 유전율 $\epsilon_0 = \dfrac{1}{\mu_0 c^2} = \dfrac{10^7}{4\pi c^2} = \dfrac{1}{120\pi c} = \dfrac{1}{36\pi \times 10^9}$ [F/m]

　　　　　　→ ($\mu_0 = 4\pi \times 10^{-7}$)

【정답】④

13. 권수 1회의 코일에 5[Wb]의 자속이 쇄교하고 있을 때 $t = 10^{-1}$초 사이에 이 자속이 0으로 변했다면 이때 코일에 유도되는 기전력은 몇 [V]이겠는가?

① 5　　　② 25　　　③ 50　　　④ 100

|정|답|및|해|설|

[유도기전력] $e = -N\dfrac{d\varnothing}{dt}$ [V]

∴ $e = -N\dfrac{d\varnothing}{dt} = -1\times\dfrac{0-5}{10^{-1}} = 50$[$V$]　　　【정답】③

14. 두 종류의 금속으로 된 회로에 전류를 통하면 각 접속점에서 열의 흡수 또는 발생이 일어나는 현상은?

① 톰슨효과　　　② 제벡효과

③ 볼타효과　　　④ 펠티에효과

|정|답|및|해|설|

[펠티에 효과] 두 종류 금속 접속 면에 전류를 흘리면 접속점에서 열의 흡수(온도 강하), 발생(온도 상승)이 일어나는 효과이다. 제벡 효과와 반대 효과이며 전자 냉동 등에 응용되고 있다. 　【정답】④

|참|고|

② 제벡효과 : 두 종류 금속 접속 면에 온도차가 있으면 기전력이 발생하는 효과이다. 열전온도계에 적용

③ 볼타효과 : 서로 다른 두 종류의 금속을 접촉시킨 다음 얼마 후에 떼어서 각각을 검사해 보면 + 및 -로 대전하는 현상

④ 톰슨효과 : 동일한 금속 도선의 두 점간에 온도차를 주고, 고온 쪽에서 저온 쪽으로 전류를 흘리면 도선 속에서 열이 발생되거나 흡수가 일어나는 이러한 현상

15. 반지름 $a[m]$인 구대칭 전하에 의한 구내외의 전계의 세기에 해당되는 것은?

①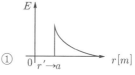

②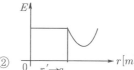

③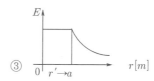

④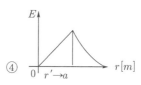

|정|답|및|해|설|

[구체의 전하 분포]

1. 내부에 전하가 균일 분포하는 경우

① 구체 외부($r > a$) : $E = \dfrac{Q}{4\pi\epsilon_0 r^2} \propto \dfrac{1}{r^2}$ [V/m]

② 구체 표면($r = a$) : $E_a = \dfrac{Q}{4\pi\epsilon_0 a^2}$ [V/m] (일정)

③ 구체 내부($r < a$) : $E_i = \dfrac{rQ}{4\pi\epsilon_0 a^3} \propto r$ [V/m]

④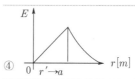

2. 표면에 전하가 존재하는 경우

① 구체 외부($r > a$) : $E = \dfrac{Q}{4\pi\epsilon_0 r^2} \propto \dfrac{1}{r^2}$ [V/m]

② 구체 표면($r = a$) : $E_a = \dfrac{Q}{4\pi\epsilon_0 a^2}$ [V/m] (일정)

③ 구체내부($r < a$) : $E_i = 0$

①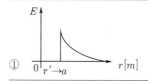

※일반적으로 도체인지 균등분포인지 분명한 지시가 있어야하나 구대칭 전하의 일반적인 문제는 균등분포로 해석한다. 도체라는 말이 있다면 정답은 ①　　　【정답】④

16. 자성체에 외부의 자계 H_o를 가하였을 때 자화의 세기 J와의 관계식은? (단, N은 감자율, μ는 투자율이다.)

① $J = \dfrac{H_o}{1+N(\mu_s-1)}$ ② $J = \dfrac{H_o(\mu_s-1)}{1+N}$

③ $J = \dfrac{H_o\mu_o(\mu_s-1)}{1+N(\mu_s-1)}$ ④ $J = \dfrac{H_o(\mu_s-1)}{1+N\mu_o(\mu_o-1)}$

|정|답|및|해|설|

[자화의 세기] $J = \mu_0(\mu_s-1)H$ [wb/m²]

감자력 $H' = \dfrac{NJ}{\mu_0}$ 이므로 자성체의 내부에서

$H = H_0 - H' = H_0 - \dfrac{NJ}{\mu_0}$

$J = \mu_0(\mu_s-1)H = \mu_0(\mu_s-1)\left(H_0 - \dfrac{NJ}{\mu_0}\right)$

$\quad = \mu_0(\mu_s-1)H_0 - (\mu_s-1)NJ$

$J + (\mu_s-1)NJ = \mu_0(\mu_s-1)H_0$

$\therefore J = \dfrac{H_0\mu_0(\mu_s-1)}{1+(\mu_s-1)N}$ [wb/m²] 【정답】③

17. 정전용량 C_1, C_2, C_x의 3개 커패시터를 그림과 같이 연결하고 단자 ab간에 100[V]의 전압을 가하였다. 지금 $C_1 = 0.02[\mu F]$, $C_2 = 0.1[\mu F]$이며 C_1에 90[V]의 전압이 걸렸을 때 C_x는 몇 [μF]인가?

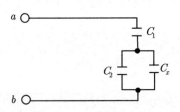

① 0.1 ② 0.04
③ 0.05 ④ 0.08

|정|답|및|해|설|

[직·병렬 합성정전용량]

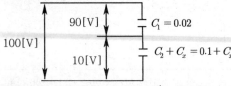

·아래 부분 C_2와 C_x를 등가용량 $C' = C_2 + C_x$
·C_1에 충전되는 전하 Q_1

C'에 충전되는 전하 Q'는 직렬연결이므로 서로 같다.
즉, $C_1 V_1 = C' V_2 \;\rightarrow\; 0.02 \times 90 = C' \times 10$
$C' = 0.18 \;\rightarrow\; 0.1 + C_x = 0.18 \quad \therefore C_x = 0.18 - 0.1 = 0.08[\mu F]$

【정답】④

18. 폐곡면을 통하는 전속과 폐곡면 내부의 전하와의 상관관계를 나타내는 법칙은?

① 가우스 법칙 ② 쿨롱 법칙
③ 푸아송 법칙 ④ 라플라스 법칙

|정|답|및|해|설|

[가우스 법칙] 어떤 폐곡면을 통과하는 전속은 그 면 내에 존재하는 전 전하량과 같다.

가우스 법칙(적분형) $Q = \oint_s D_s \cdot ds$ 【정답】①

|참|고|

② 쿨롱 법칙 : 전하들 간에 작용하는 힘, 두 전하의 곱에 비례하고, 두 전하의 거리의 제곱에 반비례한다. $F = \dfrac{1}{4\pi\epsilon} \cdot \dfrac{Q_1 Q_2}{r^2}$

③ 포아송 방정식 : 전하량이 있을 때, 그 전하량이 만들어내는 전위차의 관계

$\nabla^2 V = \dfrac{\partial^2 V}{\partial x^2} + \dfrac{\partial^2 V}{\partial y^2} + \dfrac{\partial^2 V}{\partial z^2} = -\dfrac{\rho}{\epsilon}$

여기서, V : 전위차, ϵ : 유전상수, ρ : 전하밀도

④ 라플라스 방정식 : 2차 편미분 방정식의 하나로, 고유값이 0인 라플라스 연산자의 고유함수가 만족시키는 방정식이다.

$\nabla^2 V = \dfrac{\partial^2 V}{\partial x^2} + \dfrac{\partial^2 V}{\partial y^2} + \dfrac{\partial^2 V}{\partial z^2} = 0$

19. 비투자율 μ_s는 역자성체에서 다음 중 어느 값을 갖는가?

① $\mu_s = 0$ ② $\mu_s < 1$
③ $\mu_s > 1$ ④ $\mu_s = 1$

|정|답|및|해|설|

[자성체의 분류] 자계 내에 놓았을 때 자석화 되는 물질

종류	비투자율	비자하율	원소
강자성체	$\mu_s \geq 1$	$\chi_m \gg 1$	철, 니켈, 코발트
상자성체	$\mu_s > 1$	$\chi_m > 0$	알루미늄, 망간, 백금, 주석, 산소, 질소
반(역)자성체	$\mu_s < 1$	$\chi_m < 0$	은, 비스무트, 탄소, 규소, 납, 아연, 황, 구리, 실리콘
반강자성체			

【정답】②

20. 1000회의 코일을 감은 환상 철심 솔레노이드의 단면적이 3[cm²], 평균 길이 4π[cm]이고, 철심의 비투자율이 500일 때, 자기인덕턴스[H]는?

① 1.5
② 15
③ $\frac{15}{4\pi} \times 10^6$
④ $\frac{15}{4\pi} \times 10^{-5}$

|정|답|및|해|설|

[자기인덕턴스[H]] $L = \frac{N}{I}\varnothing$ $\rightarrow (\varnothing = \frac{F}{R_m} = \frac{NI}{R_m})$

$\qquad = \frac{N^2}{R_m}$ $\rightarrow (R_m = \frac{l}{\mu S})$

$\qquad = \frac{N^2}{\frac{l}{\mu S}} = \frac{\mu_0 \mu_s S N^2}{l}$

$\therefore L = \frac{\mu_0 \mu_s S N^2}{l} = \frac{4\pi \times 10^{-7} \times 500 \times 3 \times 10^{-4} \times 1000^2}{4\pi \times 10^{-2}} = 1.5[H]$

【정답】①

3회 **2021년 전기산업기사필기 (전력공학)**

21. 6.6[kV] 고압 배전선로(비접지 선로)에서 지락보호를 위하여 특별히 필요치 않은 것은?

① 과전류계전기(OCR)
② 선택접지계전기(SGR)
③ 영상변류기(ZCT)
④ 접지변압기(GPT)

|정|답|및|해|설|

[비접지 계통의 지락 사고 검출] 선택접지계전기(SGR)+영상전류 검출(ZCT)+영상전압 검출(GPT)

지락보호를 위해서는 영상계통이 감지되어야 하므로 영상전류는 영상변류기로 영상전압은 접지변압기로 또한 선택접지 계전기로 보호되어야 한다.

※과전류계전기는 단락사고 보호용 계전기이다.　　【정답】①

22. 배전전압, 배전거리 및 전력손실이 같다는 조건에서 단상 2선식 전기방식의 전선 총 중량을 100[%]라 할 때 3상 3선식 전기방식은 몇 [%]인가?

① 33.3
② 37.5
③ 75.0
④ 100.0

|정|답|및|해|설|

[전선의 중량]

	단상 2선식	단상 3선식	3상 3선식	3상 4선식
소요 전선비 (중량)	100[%] 기준	37.5[%] (62.5[%] 절약)	75[%] (25[%] 절약)	33.3[%] (66[%] 절약)

【정답】③

23. 우리나라 22.9[kV] 배전선로에 적용하는 피뢰기의 공칭방전전류[A]는?

① 1500
② 2500
③ 5000
④ 10000

|정|답|및|해|설|

[설치장소별 피뢰기 공칭 방전전류]

공칭 방전 전류	설치 장소	적용조건
10,000[A]	변전소	1. 154[kV] 이상의 계통 2. 66[kV] 및 그 이하 계통에서 뱅크 용량이 3,000 [kVA]를 초과하거나 특히 중요한 곳
5,000[A]	변전소	66[kV] 및 그 이하 계통에서 뱅크용량이 3,000[kVA] 이하인 곳
2,500[A]	선로	배전선로

[주] 전압 22.9[kV-Y] 이하 (22[kV] 비접지 제외)의 배전선로에서 수전하는 설비의 피뢰기 공칭 방전전류는 일반적으로 2,500[A]의 것을 적용한다.

【정답】②

24. 피뢰기의 제한전압이란?

① 상용주파 전압에 대한 피뢰기의 충격방전 개시전압
② 충격파 전압 침입시 피뢰기의 충격방전 개시전압
③ 피뢰기가 충격파 방전 종류 후 언제나 속류를 확실히 차단할 수 있는 상용주파 최대 전압
④ 충격파 전류가 흐르고 있을 때의 피뢰기 단자전압

|정|답|및|해|설|

[제한전압] 피뢰기 동작 중의 단자전압의 파고값

【정답】④

25. 송전전력, 송전거리, 전선의 비중 및 전력 손실률이 일정하다고 할 때, 전선의 단면적 A$[mm^2]$와 송전 전압 V[kV]와 관계로 옳은 것은?

① $A \propto V$

② $A \propto V^2$

③ $A \propto \dfrac{1}{V^2}$

④ $A \propto \sqrt{V}$

|정|답|및|해|설|

[전압과의 관계]

전압강하	$e = \dfrac{P}{V_r}(R + X\tan\theta)$	$e \propto \dfrac{1}{V}$
전압강하율	$\delta = \dfrac{P}{V_r^2}(R + X\tan\theta)$	$\delta \propto \dfrac{1}{V^2}$
전력손실	$P_l = \dfrac{P^2 R}{V^2 \cos^2\theta}$	$P_l \propto \dfrac{1}{V^2}$
전선단면적	$A = \dfrac{P\rho l}{h V^2 \cos^2\theta}$	$A \propto \dfrac{1}{V^2}$

【정답】③

26. 공기차단기에 비해 SF_6 가스차단기의 특징으로 볼 수 없는 것은?

① 같은 입력에서 공기의 2~3배 정도의 절연내력 이 있다.

② 밀폐된 구조이므로 소음이 없다.

③ 소전류 차단시 이상전압이 높다.

④ 아크에 SF_6 가스는 분해되지 않고 무독성이다.

|정|답|및|해|설|

[SF_6 가스 차단기의 특징]

·밀폐구조로 소음이 없다.

·소전류 차단에도 안정된 차단이 가능하다.

·절연내력이 공기의 2~3배, 소호 능력은 공기의 100~200배 이다.

·근거리 고장 등 가혹한 재기전압에 대해서도 성능이 우수하다.

·무독, 무취, 무해성이다. 【정답】③

27. 화력 발전소에서 1[ton]의 석탄으로 발생시킬 수 있는 전력량은 약 몇[kWh]인가? (단, 석탄 1[kg]의 발열량 5000[kcal], 효율은 20[%]이다.)

① 960

② 1060

③ 1160

④ 1260

|정|답|및|해|설|

[화력발전소 전력량] $W = \dfrac{mH\eta}{860}[kWh]$

→ (화력발전소 열효율 $\eta = \dfrac{860\,W}{mH} \times 100\,[\%]$)

1[kWh]=860[kcal]

∴전력량 $W = \dfrac{mH\eta}{860} = \dfrac{1 \times 1000 \times 5000 \times 0.2}{860} = 1160[kWh]$

【정답】③

28. 수력 발전소에서 유효낙차 30[m], 유역면적 8000$[km^2]$, 연간강우량 1500[mm], 유출계수 70[%]일 때 연간 발생 전력량은 몇 [kWh]인가? (단, 수차발전기의 종합효율은 85[%]이다.)

① 5.83×10^5

② 5.83×10^8

③ 6.73×10^5

④ 6.73×10^8

|정|답|및|해|설|

[연간 발생 전력량] $P = 9.8QH\eta t$[kWh]

여기서, Q : 유량$[m^3/s]$, H : 낙차[m]

η : 효율(η_g : 발전기 효율, η_t : 수차의 효율)

평균유량 $Q = k \times \dfrac{A \times 10^6 \times \rho \times 10^{-3}}{365 \times 24 \times 60 \times 60}$

여기서, Q [m³/s] : 연평균 유량, A[km²] : 유역면적

ρ[mm] : 강수량, k : 유출계수(일반적으로 0.7)

$Q = \dfrac{8000 \times 10^6 \times \dfrac{1500}{1000} \times 0.7}{365 \times 24 \times 3600} = 266.36[m^3/sec]$

∴연간 발생 전력량 $P = 9.8QH\eta t$

$= 9.8 \times 266.36 \times 30 \times 0.85 \times 24 \times 365$

$= 5.83 \times 10^8 [kWh]$ 【정답】②

29. 154[kV]의 송전선로의 전압을 345[kV]로 승압하고 같은 손실률로 송전한다고 가정하면 송전 전력은 승압 전의 몇 배인가?

① 2

② 3

③ 4

④ 5

|정|답|및|해|설|

[송전전력] 송전전력은 전압의 제곱에 비례하므로

$P = kV^2 = k\left(\dfrac{345}{154}\right)^2 = 5k$, 즉 5배

여기서, k : 송전용량계수

60[kV] → 600

100[kV] → 800

140[kV] → 1200 【정답】④

30. 역상전류가 각상 전류로 바르게 표시된 것은 다음 중 어느 것인가?

① $\dot{I}_2 = \dot{I}_a + \dot{I}_b + \dot{I}_c$

② $\dot{I}_2 = 3(\dot{I}_a + a\dot{I}_b + a^2\dot{I}_c)$

③ $\dot{I}_2 = \dfrac{1}{3}(\dot{I}_a + a^2\dot{I}_b + a\dot{I}_c)$

④ $\dot{I}_2 = a\dot{I}_a + \dot{I}_b + a^2\dot{I}_c +$

|정|답|및|해|설|

[비대칭분에 의한 대칭을 구할 때 (대칭분 전류)]

1. 영상전류 $I_0 = \dfrac{1}{3}(I_a + I_b + I_c)$

2. 정상전류 $I_1 = \dfrac{1}{3}(I_a + aI_b + a^2I_c)$

3. 역상전류 $I_2 = \dfrac{1}{3}(I_a + a^2I_b + aI_c)$

[대칭분에 의한 비대칭을 구할 때 (각상 전류)]

1. $I_a = I_0 + I_1 + I_2$

2. $I_b = I_0 + a^2I_1 + aI_2$

3. $I_c = I_0 + aI_1 + a^2I_2$　　　　　　　　　　【정답】③

31. 어느 변전소에서 합성 임피던스 0.5[%] (8000 [kVA] 기준)인 곳에 시설할 차단기에 필요한 차단 용량은 최저 몇 [MVA]인가?

① 1600　　　　　　② 2000

③ 2400　　　　　　④ 2800

|정|답|및|해|설|

[차단용량] 두 가지 방법 (1. 단락전류, 2. %임피던스)

$P_s = \dfrac{100}{\%Z} \times P = \dfrac{100}{0.5} \times 8000 \times 10^{-3} = 1600[\text{MVA}]$

→ (%임피던스가 있을 때)

※차단용량 $P_s = \sqrt{3}\,V \cdot I_s\,[MVA]$　　→ (단락전류가 있을 때)
　　　　　　　　　　　　　　　　　　　　　　　　【정답】①

32. 유효낙차 150[m], 최대출력 250,000[kW]의 수력 발전소의 최대사용수량은 약 몇 [m^3/sec]인가? (단, 수차의 효율은 90[%], 발전기의 효율은 98[%] 이다.)

① 236　　　　　　② 193

③ 182　　　　　　④ 173

|정|답|및|해|설|

[수력발전소의 최대사용수량] $Q = \dfrac{P_g}{9.8H\eta_g\eta_t}[\text{m}^3/\text{sec}]$

→ (발전기 이론 출력 $P_g = 9.8QH\eta_g\eta_t[\text{kW}]$)

∴ $Q = \dfrac{P_g}{9.8H\eta_g\eta_t} = \dfrac{250000}{9.8 \times 150 \times 0.98 \times 0.90} = 193[\text{m}^3/\text{sec}]$

【정답】②

33. 발전기의 자기여자현상을 방지하기 위한 대책으로 적합하지 않은 것은?

① 단락비를 크게 한다.

② 포화율을 작게 한다.

③ 선로의 충전전압을 높게 한다.

④ 발전기 정격전압을 높게 한다.

|정|답|및|해|설|

[발전기의 자기여자현상] 발전기가 송전선로를 충전하는 경우 자기 여자 현상을 방지하기 위해서는 단락비를 크게 하면 된다. 따라서, 선 로를 안전하게 충전할 수 있는 단락비의 값은 다음 식을 만족해야 한다.

$단락비 > \dfrac{Q'}{Q}\left(\dfrac{V}{V'}\right)(1+\sigma)$

여기서, Q' : 소요 충전전압 V'에서의 선로 충전용량$[kVA]$

Q : 발전기의 정격출력$[kVA]$,

V : 발전기의 정격전압$[V]$

σ : 발전기 정격전압에서의 포화율

따라서, 자기여자현상을 방지하기 위해서는 발전기 정격전압 V를 낮게 하여야 한다.　　　　　　　　　　　　　　　【정답】④

34. 간격 S인 정4각형 배치의 4도체에서 소선 상호간의 기하학적 평균 거리는?

① $\sqrt{2}\,S$　　　　　　② $\sqrt{S}$

③ $\sqrt[3]{S}$　　　　　　④ $\sqrt[6]{2}\,S$

|정|답|및|해|설|

[4도체에서 소선간 기하학적 평균거리]

$S_e = \sqrt[3]{S \times S \times \sqrt{2}\,S} = \sqrt[6]{2}\,S$

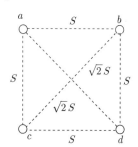

【정답】④

35. 조력 발전소에 대한 다음 설명 중 옳은 것은?

① 간만의 차가 적은 해안에 설치한다.

② 완만한 해안선을 이루고 있는 지점에 설치한다.

③ 만조로 되는 동안 바닷물을 받아들여 발전한다.

④ 지형적 조건에 따라 수로식과 양수식이 있다.

|정|답|및|해|설|

[조력 발전] 조수 간만의 수위 차를 이용하여 발전하는 것으로 다음과 같이 구분된다.
1. 단류식 : 밀물(만조) 시 발전을 하는 창조식과 썰물(간조) 시 발전을 하는 낙조식이 있다.
2. 복류식 : 밀물과 썰물 때 양쪽방향으로 발전을 하는 방식이다.

【정답】③

36. 배전 전압을 6,600V]에서 11,400[V]로 높이면 수송전력이 같을 때 전력손실은 처음의 약 몇 배로 줄일 수 있는가?

① 1/2
② 1/3
③ 2/3
④ 3/4

|정|답|및|해|설|

[전력손실] $P_l = 3I^2R = \dfrac{P^2R}{V^2\cos^2\theta}$ → $(P_l \propto \dfrac{1}{V^2})$

∴ $P_l' = \dfrac{6600^2}{11400^2}P_l = \dfrac{1}{3}P_l$

【정답】②

37. 전력선 a의 충전전압을 E, 통신선 b의 대지정전용량을 C_b, $a-b$ 사이의 상호 정전용량을 C_{ab}라고 하면 통신선 b의 정전유도전압 E_s는?

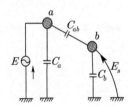

① $\dfrac{C_{ab}+C_b}{C_b} \times E$

② $\dfrac{C_{ab}+C_a}{C_{ab}} \times E$

③ $\dfrac{C_b}{C_{ab}+C_b} \times E$

④ $\dfrac{C_{ab}}{C_{ab}+C_b} \times E$

|정|답|및|해|설|

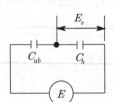

[정전유도 전압]

$E_s = \dfrac{C_{ab}}{C_{ab}+C_b}E[V]$

C_{ab} : 전력선과 통신선 간의 정전용량
C_b : 통신선의 대지 정전용량
E : 전력선의 전위

【정답】④

38. 장거리 송전선로의 특성은 무슨 회로로 다루는 것이 가장 좋은가?

① 특성 임피던스 회로
② 집중정수 회로
③ 분포정수 회로
④ 분산부하 회로

|정|답|및|해|설|

[송전선로의 특성]

구분	거리	선로정수	회로
단거리	수[km]	R, L	집중정수회로
중거리	수십[km]	R, L, C	T회로, π회로
장거리	수백[km]	R, L, C, G	분포정수 회로

단거리 송전선로나 중거리 송전선로는 집중정수회로로 해석하고 장거리 송전선로는 분포정수회로로 해석한다.

【정답】③

39. 다음 중 뇌해 방지와 관계가 없는 것은?

① 매설지선
② 가공지선
③ 소호각
④ 댐퍼

|정|답|및|해|설|

[뇌의 보호장치 및 기능]
① 매설지선 : 탑각 접지저항을 낮추어 역섬락을 방지
② 가공지선 : 뇌서지의 차폐
③ 소호각 : 섬락사고 시 애자련의 보호
※④ 댐퍼 : 전선의 진동을 억제하기 위해 지지점 가까운 곳에 설치한다.

【정답】④

40. 그림과 같은 3상 발전기가 있다. a상이 지락한 경우 지락전류는 어떻게 표현되는가? (단, Z_0 : 영상 임피던스, Z_1 : 정상 임피던스, Z_2 : 역상 임피던스이다.)

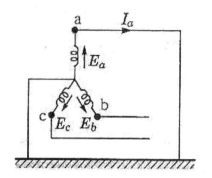

① $\dfrac{E_a}{Z_0 + Z_1 + Z_2}$

② $\dfrac{3E_a}{Z_0 + Z_1 + Z_2}$

③ $\dfrac{-Z_a E_a}{Z_0 + Z_1 + Z_2}$

④ $\dfrac{2Z_2 E_a}{Z_1 + Z_2}$

|정|답|및|해|설|

[고장계산(지락사고)]

$$I_0 = I_1 = I_2 = \frac{E_a}{Z_0 + Z_1 + Z_2}$$

지락전류 $I_g = I_0 + I_1 + I_2 = 3I_0 = \dfrac{3E_a}{Z_0 + Z_1 + Z_2}$

【정답】②

---

41. 스테핑 전동기의 스텝 각이 3°이고, 스테핑 주파수(pulse rate)가, 1,200[pps]이다. 이 스테핑 전동기의 회전속도[rps]는?

① 10

② 12

③ 14

④ 16

|정|답|및|해|설|

[스테핑 모터 속도] $n = \dfrac{\beta f_s}{360°}$

여기서, β : 스텝각, f_s : 스테핑주파수

1초당 입력펄스가 1200[pps]이므로 1초당 스텝각은
스텝각(β)×스테핑 주파수(f_s) = $3 \times 1,200 = 3,600$
동기 1회전 당 회전각도는 360°이므로

∴스테핑 전동기의 회전속도 $n = \dfrac{3,600°}{360°} = 10$[rps]

【정답】①

---

42. 출력이 20[kW]인 직류발전기의 효율이 80[%]이면 손실[kW]은 얼마인가?

① 1

② 2

③ 5

④ 8

|정|답|및|해|설|

[직류 발전기의 효율] $\eta = \dfrac{출력}{입력} = \dfrac{출력}{출력 + 손실} = \dfrac{P}{P + P_l}$

효율 $0.8 = \dfrac{20}{20 + P_l}$ 이므로

∴손실 $P_l = \dfrac{20}{0.8} - 20 = 25 - 20 = 5[kW]$

【정답】③

---

43. 단상 직권 정류자 전동기에서 주자속의 최대치를 ϕ_m, 자극수를 P, 전기자 병렬 회로수를 a, 전기자 전 도체수를 Z, 전기자의 속도를 N[rpm]이라 하면 속도 기전력의 실효값 $E_r[V]$은?(단, 주자속은 정현파이다.)

① $E_r = \sqrt{2}\,\dfrac{P}{a} Z \dfrac{N}{60} \phi_m$

② $E_r = \dfrac{1}{\sqrt{2}}\,\dfrac{P}{a} ZN \phi_m$

③ $E_r = \dfrac{P}{a} Z \dfrac{N}{60} \phi_m$

④ $E_r = \dfrac{1}{\sqrt{2}}\,\dfrac{P}{a} Z \dfrac{N}{60} \phi_m$

|정|답|및|해|설|

[기전력] $E_r = \dfrac{P\varnothing N}{60} \cdot \dfrac{Z}{a} = \dfrac{P\varnothing_m}{\sqrt{2}} \dfrac{N}{60} \cdot \dfrac{Z}{a}$ → $(\varnothing_m = \sqrt{2}\,\varnothing)$

【정답】④

---

44. 포화하고 있지 않은 직류발전기의 회전수가 $\dfrac{1}{2}$로 감소되었을 때 기전력을 전과 같은 값으로 하자면 여자를 속도 변화 전에 비해 얼마로 해야 하는가?

① $\dfrac{1}{2}$배

② 1배

③ 2배

④ 4배

|정|답|및|해|설|

[직류 발전기의 유기기전력] $E = \dfrac{pz}{a} \phi N[V]$

회전수 N이 $\dfrac{1}{2}$배 감소 → 자속 $\phi (\propto I_f$: 여자전류)는 2배로 증가
하여야 E가 일정하다. 【정답】③

45. IGBT(Insulatef Gate Transistor)에 대한 설명으로 틀린 것은?

① MOSFET와 같이 전압제어 소자이다.

② GTO 사이리스터와 같이 역방향 전압저지 특성을 갖는다.

③ 게이트와 에미터 사이의 입력 임피던스가 매우 낮아 BJT보다 구동하기 쉽다.

④ BJT처럼 on~drop이 전류에 관계없이 낮고 거의 일정하며, MOSFET보다 훨씬 큰 전류를 흘릴 수 있다.

|정|답|및|해|설|⋯⋯⋯⋯⋯⋯⋯⋯⋯⋯⋯⋯⋯⋯
[IGBT(Insulated Gate Bipolar Transistor) IGBT는 MOSFET와 트랜지스터의 장점을 취한 것으로서 다음의 특징이 있다.
· 소스에 대한 게이트의 전압으로 도통과 차단을 제어한다.
· 게이트 구동전력이 매우 낮다.
· 스위칭 속도는 FET와 트랜지스터의 중간 정도로 빠른 편에 속한다.
· 용량은 일반 트랜지스터와 동등한 수준이다.
· MOSFET와 같이 입력 임피던스가 매우 높아 BJT보다 구동하기 쉽다.　　　　　　　　　　　　　　　【정답】③

46. 권수비가 1 : 2인 변압기(이상 변압기로 한다)를 사용하여 교류 100[V]의 입력을 가했을 때 전파 정류하면 출력전압의 평균값은?

① $400\sqrt{2}/\pi$　　　　② $300\sqrt{2}/\pi$

③ $600\sqrt{2}/\pi$　　　　④ $200\sqrt{2}/\pi$

|정|답|및|해|설|⋯⋯⋯⋯⋯⋯⋯⋯⋯⋯⋯⋯⋯⋯

[출력전압의 평균값] $E_{dc} = \dfrac{2\sqrt{2}}{\pi}E = 0.9E[V]$

$\rightarrow (E_{dc} = \dfrac{2E_m}{\pi} = \dfrac{2\sqrt{2}}{\pi}E)$

$\therefore E_{dc} = \dfrac{2\sqrt{2}}{\pi}E \times 2 = \dfrac{2\sqrt{2}}{\pi} \times 200 = \dfrac{400\sqrt{2}}{\pi}$

$\rightarrow$ (권수비 1 : 2 = AC : DC $\rightarrow$ DC=2AC)
　　　　　　　　　　　　　　　【정답】①

47. 비돌극형 동기발전기의 단자전압(1상)을 V, 유도 기전력(1상)을 E, 동기리액턴스를 x_s, 부하각을 δ라고 하면 1상의 출력은 대략 얼마인가?

① $\dfrac{E^2 V}{x_s}\sin\delta$　　　　② $\dfrac{EV^2}{x_s}\sin\delta$

③ $\dfrac{EV}{x_s}\sin\delta$　　　　④ $\dfrac{EV}{x_s}\cos\delta$

|정|답|및|해|설|⋯⋯⋯⋯⋯⋯⋯⋯⋯⋯⋯⋯⋯⋯
[1상의 출력]

비돌극기의 출력 $P = \dfrac{EV}{Z_s}\sin(\alpha+\delta) - \dfrac{V^2}{Z_s}\sin\alpha$

전기자저항 r_a는 매우 작은 값이므로 무시하고
$Z_s \fallingdotseq x_s,\ \alpha \fallingdotseq 0$로 가정하면

$\therefore$ 1상의 출력 $P = \dfrac{EV}{x_s}\sin\delta[\text{W}]$　　　【정답】③

48. 변압기의 온도시험을 하는 데 가장 좋은 방법은?

① 실부하법　　　　② 반환부하법

③ 단락 시험법　　　④ 내전압법

|정|답|및|해|설|⋯⋯⋯⋯⋯⋯⋯⋯⋯⋯⋯⋯⋯⋯
[온도시험] 실부하법, 반환부하법(카프법, 홉킨스법, 브론멜법)
① 실부하법 : 전력 손실이 크기 때문에 소용량 이외에는 별로 적용되지 않는다.
② 반환부하법 : 반환부하법은 동일 정격의 변압기가 2대 이상 있을 경우에 채용되며, 전력 소비가 적고 철손과 동손을 따로 공급하는 것으로 현재 가장 많이 사용하고 있다.
　　　　　　　　　　　　　　　【정답】②

49. 권선형 유도 전동기에서 2차저항을 변화시켜서 속도 제어를 할 경우 최대 토크는?

① 항상 일정하다.

② 2차 저항에만 비례한다.

③ 최대 토크가 생기는 점의 슬립에 비례한다.

④ 최대 토크가 생기는 점의 슬립에 반비례한다.

|정|답|및|해|설|⋯⋯⋯⋯⋯⋯⋯⋯⋯⋯⋯⋯⋯⋯

[비례추이] $\dfrac{r_2}{s_m} = \dfrac{r_2 + R}{s_t}$

여기서, r_2 : 2차 권선의 저항, s_m : 최대 토크시 슬립
　　　　 s_t : 기동시 슬립(정지 상태에서 기동시 $s_t = 1$)
　　　　 R : 2차 외부 회로 저항
r_2를 크게 하면 s_m이 r_2에 비례추이 하므로 최대 토크는 변하지 않고, 기동 토크만 증가한다.　　　　　　　　　　【정답】①

50. 2대의 3상 동기발전기를 병렬 운전하여 역률 0.8, 1000[A]의 부하전류를 공급하고 있다. 각 발전기의 유효전류는 같고, A기의 전류가 667[A]일 때 B기의 전류는 몇 [A]인가?

① 약 385　　　② 약 405

③ 약 435　　　④ 약 455

|정|답|및|해|설|

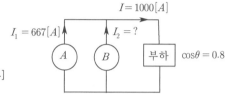

[전류]

1. 전체 전류 : 피상전력=유효전력+j무효전력→ 1000=800+j600

　　→ (유효전력=전류×역률, 피상 1000, 유효 800, ∴무효 600)

2. A기기에 흐르는 유효분의 전류 $I_{A유}=400[A]$

3. B기기에 흐르는 유효분의 전류 $I_{B유}=400[A]$

　　→ (유효전류 800을 A. B기가 같은 값을 갖는다.)

4. A기기에 흐르는 무효분의 전류

$$I_{A무}=\sqrt{피상분전류^2-유효분전류^2}=\sqrt{667^2-400^2}=534[A]$$

5. B기기에 흐르는 무효분의 전류 $I_{B무}=600-534=66[A]$

6. B기에 흐르는 전류

$$I_{B피}=\sqrt{유효^2+무효^2}=\sqrt{400^2+66^2}=405[A]$$

【정답】②

---

51. 변압기에서 2차를 1차로 환산한 등가회로의 부하 소비전력 P_2[W]는, 실제 부하의 소비전력 P_2[W]에 대하여 어떠한가? (단, a는 변압비이다.)

① a배　　　② a^2배

③ 1/a　　　④ 변함없다

|정|답|및|해|설|

[실제 부하의 소비전력] 등가회로의 부하전력이나 실제의 부하전력에는 변함이 없다.　　　　　　　　　　　　　　　　　【정답】④

---

52. 부하에 관계없이 변압기에 흐르는 전류로서 자속만을 만드는 것은?

① 1차전류　　　② 철손전류

③ 여자전류　　　④ 자회전류

|정|답|및|해|설|

[여자전류] $\dot{I}_0=j\dot{I}_\varnothing+\dot{I}_i=\sqrt{I_\varnothing^2+I_i^2}$

1. 자화전류($\dot{I}_\phi$) : 자속을 만드는 전류

2. 철손전류($\dot{I}_i$) : 철손을 공급하는 전류　　　　　【정답】④

---

53. 2000/100[V], 10[kVA] 변압기의 1차 환산 등가 임피던스가 $6.2+j7[\Omega]$이라면 % 임피던스 강하는 약 몇 [%]인가?

① 2.35　　　② 2.5

③ 7.25　　　④ 7.5

|정|답|및|해|설|

[%임피던스 강하] $\%Z=\dfrac{I_{1n}Z_1}{V_{1n}}\times100[\%]$

1차 정격전류 $I_{1n}=\dfrac{P_n}{V_1}=\dfrac{10\times10^3}{2000}=5[A]$　　　→ ($P=VI$)

$\therefore \%Z=\dfrac{I_{1n}Z_1}{V_{1n}}\times100=\dfrac{5\times\sqrt{6.2^2+7^2}}{2000}\times100=2.35[\%]$

【정답】①

---

54. 자동제어장치에 쓰이는 서보모터의 특성을 나타내는 것 중 틀린 것은?

① 빈번한 시동, 정지. 역전 등의 가혹한 상태에 견디도록 견고하고 큰 돌입 전류에 견딜 것

② 시동 토크는 크나, 회전부의 관성 모멘트가 작고 전기적 시정수가 짧을 것

③ 발생 토크는 입력신호에 비례하고 그 비가 클 것

④ 직류 서보 모터에 비하여 교류 서보 모터의 시동 토크가 매우 클 것

|정|답|및|해|설|

[서보모터의 특징]

·기동 토크가 크다.

·회전자 관성 모멘트가 적다.

·제어 권선 전압이 0에서는 기동해서는 안되고, 곧 정지해야 한다.

·직류 서보모터의 기동 토크가 교류 서보모터보다 크다.

·속응성이 좋다. 시정수가 짧다. 기계적 응답이 좋다.

·회전자 팬에 의한 냉각 효과를 기대할 수 없다.

【정답】④

55. 단상 반파 정류로 직류전압 150[V]를 얻으려고 한다. 최대 역전압(Peak Inverse Voltage)이 약 몇 [V] 이상의 다이오드를 사용하여야 하는가? (단, 정류회로 및 변압기의 전압강하는 무시한다.)

① 약 150[V] ② 약 166[V]

③ 약 333[V] ④ 약 470[V]

|정|답|및|해|설|

[최대역전압(Peak Inverse Voltage)]
단상반파정류회로의 $PIV = \sqrt{2}E = \pi E_d$
$PIV = \pi \times 150 = 470[V]$ 　　　　　　　　　【정답】④

56. 무효전력보상장치(동기조상기)를 부족여자로 사용하면?

① 리액터로 작용

② 저항손의 보상

③ 일반 부하의 뒤진 전류를 보상

④ 콘덴서로 작용

|정|답|및|해|설|

[무효전력보상장치(동기조상기)] 무효전력보상장치(동기 조상기)는 동기전동기를 무부하로 회전시켜 직류 계자전류 I_f의 크기를 조정하여 무효 전력을 지상 또는 진상으로 제어하는 기기이다. 동력을 전달하지 않는다.
1. 중부하 시 과여자 운전 : 콘덴서(C) 작용 → 역률개선
2. 경부하시 부족여자 운전 : 리액터(L) 작용 → 이상전압의 상승 억제
3. 연속적인 조정(진상·지상) 및 시송전(시충전)이 가능하다.
4. 증설이 어렵다. 손실 최대(회전기) 　　　　　【정답】①

57. 다음 중 옳은 것은?

① 전차용 전동기는 차동 복권전동기이다.

② 분권전동기의 운전 중 계자회로만이 단선되면 위험 속도가 된다.

③ 직권전동기에서는 부하가 줄면 속도가 감소한다.

④ 분권전동기는 부하에 따라 속도가 많이 변한다.

|정|답|및|해|설|

[분권전동기 속도] $N = K\dfrac{V - I_a R_a}{\varnothing}$

단선되는 순간 $\varnothing$가 0이 되기 때문에 위험속도가 된다.
※① 전차용 전동기는 **직권전동기**이다.

③ 직권전동기에서는 부하가 줄면 속도가 **증가**한다.

$\rightarrow N = k\dfrac{E}{\varnothing} \rightarrow (I_n = I = I_s = \varnothing)$

④ 분권전동기는 부하에 따라 속도가 변하지 않는다.

　　　　　　　　　　　　　　　　　　　　　【정답】②

58. 3상 유도 전동기의 원선도 작성에 필요한 시험이 아닌 것은?

① 저항측정 ② 슬립측정

③ 무부하시험 ④ 구속시험

|정|답|및|해|설|

[유도전동기의 원선도]
1. 원선도 작성에 필요한 시험
　·저항 측정　·무부하 시험　·구속 시험
2. 유도전동기의 원선도에서 구할 수 있는 항목 : 전부하 전류, 역률, 효율, 슬립, 최대출력/정격출력, 토크
　　　　　　　　　　　　　　　　　　　　　【정답】②

59. 220[V], 3상 유도전동기의 전부하 슬립이 4[%]이다. 공급전압이 10[%] 저하된 경우의 전부하 슬립[%]은?

① 4 ② 5 ③ 6 ④ 7

|정|답|및|해|설|

[전부하 슬립] 공급 전압이 10[%] 저하된 경우의 전부하 슬립을 s'라 하면

$$s' = s \times \left(\dfrac{V_1}{V_1'}\right)^2 = s \times \left(\dfrac{V_1}{V_1 \times 0.9}\right)^2$$

$$= 0.04 \times \left(\dfrac{220}{220 \times 0.9}\right)^2 = 0.05 = 5[\%]$$ 　　【정답】②

60. 2[kVA], 3000/100[V]의 단상 변압기의 철손이 200[W]이면, 1차에 환산한 여자컨덕턴스[℧]는?

① 66.6×10^{-3} ② 22.2×10^{-6}

③ 22×10^{-2} ④ 2×10^{-6}

|정|답|및|해|설|

[여자콘덕턴스] $G_0 = \dfrac{P_i}{V_1^2} = \dfrac{200}{(3000)^2} = 22.2 \times 10^{-6}[℧]$

　　　　　　　　　　　　　　　　　　　　　【정답】②

61. 그림과 같은 회로에서 2[Ω]의 단자전압[V]은?

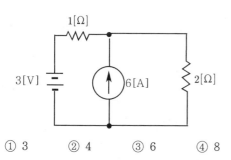

① 3 　　② 4 　　③ 6 　　④ 8

|정|답|및|해|설|⋯⋯⋯⋯⋯⋯⋯⋯⋯⋯

[중첩의 원리]

1. 전압원만 존재할 때 2[Ω]에 흐르는 전류

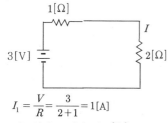

$$I_1 = \frac{V}{R} = \frac{3}{2+1} = 1[A]$$

2. 전류원만 존재할 때 2[Ω]에 흐르는 전류

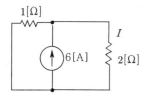

$$I_2 = \frac{R_1}{R_1 + R_2}I = \frac{1}{1+2} \times 6 = 2[A]$$

3. 2[Ω]을 흐르는 전 전류 $I = I_1 + I_2 = 1 + 2 = 3[A]$

∴ $V = IR = 3 \times 2 = 6[V]$ 　　　　　【정답】③

62. 4단자 회로망이 가역적이기 위한 조건으로 틀린 것은?

① $Z_{12} = Z_{21}$ 　　　　② $Y_{12} = Y_{21}$

③ $H_{12} = -H_{21}$ 　　　④ $AB - CD = 1$

|정|답|및|해|설|⋯⋯⋯⋯⋯⋯⋯⋯⋯⋯

[4단자 회로] 4단자 회로망이 가역적이기 위한 조건
$Z_{12} = Z_{21}$, $Y_{12} = Y_{21}$, $H_{12} = -H_{21}$, $AD - BC = 1$

※좌우 대칭인 경우

$Y_{11} = Y_{22}$, $H_{11}H_{22} - H_{12}H_{21} = 1$, $A = D$ 　　【정답】④

63. 그림과 같은 $R-L-C$ 직렬회로에서 발생하는 과도현상이 진동이 되지 않는 조건은 어느 것인가?

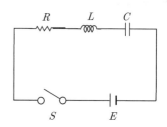

① $\left(\frac{R}{2L}\right)^2 - \frac{1}{LC} < 0$ 　　② $\left(\frac{R}{2L}\right)^2 - \frac{1}{LC} > 0$

③ $\left(\frac{R}{2L}\right)^2 = \frac{1}{LC}$ 　　　④ $\frac{R}{2L} = \frac{1}{LC}$

|정|답|및|해|설|⋯⋯⋯⋯⋯⋯⋯⋯⋯⋯

[과도현상] 회로 방정식을 $i(t) = \frac{dq(t)}{dt}$ 를 이용하여 표시하면

$$L\frac{di(t)}{dt} + Ri(t) + \frac{1}{C}\int i(t)dt = E$$

$$L\frac{d^2q(t)}{dt^2} + R\frac{dq(t)}{dt} + \frac{1}{C}q(t) = E$$

$q(t) = q_s + q_t$ 에서 $q_s = CE$ 이고

$$L\frac{d^2q_t}{dt^2} + R\frac{dq_t}{dt} + \frac{1}{C}q_t = 0$$

$$LK^2 + RK + \frac{1}{C} = 0$$

$$\therefore K = -\frac{R}{2L} \pm \sqrt{\left(\frac{R}{2L}\right)^2 - \frac{1}{LC}}$$

여기서, $\left(\frac{R}{2L}\right)^2 - \frac{1}{LC} > 0$ → 비진동적

$\left(\frac{R}{2L}\right)^2 - \frac{1}{LC} < 0$ → 진동적

$\left(\frac{R}{2L}\right)^2 - \frac{1}{LC} = 0$ → 임계적 　　【정답】②

64. 어느 회로에 전압과 전류의 실효값이 각각 50[V], 10[A] 이고 역률이 0.8 이다. 무효전력은 몇 [Var] 인가?

① 300 　　　　② 400

③ 500 　　　　④ 600

|정|답|및|해|설|⋯⋯⋯⋯⋯⋯⋯⋯⋯⋯

[무효전력] $P_r = VI\sin\theta[Var]$

$\therefore P_r = VI\sin\theta = 50 \times 10 \times \sqrt{1-0.8^2} = 300[Var]$

　　　　　　→ $(\sin\theta = \sqrt{1-\cos^2\theta})$

【정답】①

65. 3상 불평형 전압 V_a, V_b, V_c라고 할 때 역상전압 V_2는?

① $V_2 = \dfrac{1}{3}(V_a + V_b + V_c)$

② $V_2 = \dfrac{1}{3}(V_a + aV_b + a^2V_c)$

③ $V_2 = \dfrac{1}{3}(V_a + a^2V_b + V_c)$

④ $V_2 = \dfrac{1}{3}(V_a + a^2V_b + aVc)$

|정|답|및|해|설|

[비대칭분에 의한 대칭을 구할 때]

1. 영상전압 $V_0 = \dfrac{1}{3}(V_a + V_b + V_c)$

2. 정상전압 $V_1 = \dfrac{1}{3}(V_a + aV_b + a^2V_c)$

3. 역상전압 $V_2 = \dfrac{1}{3}(V_a + a^2V_b + aV_c)$

【정답】④

|참|고|

[대칭분에 의한 비대칭을 구할 때]

· $V_a = V_0 + V_1 + V_2$

· $V_b = V_0 + a^2V_1 + aV_2$

· $V_c = V_0 + aV_1 + a^2V_2$

---

66. 어떤 회로에 전압 v와 전류 i가 각각

$$v = 100\sqrt{2}\sin\left(377t + \frac{\pi}{3}\right)[\text{V}]$$

$$i = \sqrt{8}\sin\left(377t + \frac{\pi}{6}\right)[\text{A}]$$일 때 소비전력[W]은?

① 100

② $200\sqrt{3}$

③ 300

④ $100\sqrt{3}$

|정|답|및|해|설|

[소비전력[W]] $P = VI\cos\theta[\text{W}]$

$P = VI\cos\theta = \dfrac{100\sqrt{2}}{\sqrt{2}} \times \dfrac{\sqrt{8}}{\sqrt{2}}\cos\left(\dfrac{\pi}{3} - \dfrac{\pi}{6}\right) = 100\sqrt{3}[\text{W}]$

$\rightarrow$ ($V = \dfrac{V_m}{\sqrt{2}}$, 위상차=전류위상각−전압위상각)

【정답】④

---

67. 회로의 영상 임피던스 Z_{01}과 Z_{02}는 각각 몇 [Ω]인가?

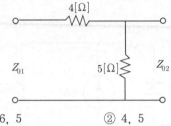

① 6, 5

② 4, 5

③ 6, 3.33

④ 4, 3.33

|정|답|및|해|설|

[영상임피던스(Z_{01}, Z_{02})] $Z_{01} = \sqrt{\dfrac{AB}{CD}}[\Omega]$, $Z_{02} = \sqrt{\dfrac{BD}{AC}}[\Omega]$

$A = 1 + \dfrac{4}{5} = \dfrac{9}{5}$, $D = 1 + \dfrac{0}{5} = 1$, $B = 4$, $C = \dfrac{1}{5}$ 이므로

· $Z_{01} = \sqrt{\dfrac{AB}{CD}} = \sqrt{\dfrac{\frac{9}{5} \times 4}{\frac{1}{5} \times 1}} = 6[\Omega]$

· $Z_{02} = \sqrt{\dfrac{BD}{AC}} = \sqrt{\dfrac{4 \times 1}{\frac{9}{5} \times \frac{1}{5}}} = \dfrac{10}{3} = 3.3[\Omega]$

※ $\begin{vmatrix} A & B \\ C & D \end{vmatrix} = \begin{vmatrix} 1+\frac{4}{5} & 4 \\ \frac{1}{5} & 1 \end{vmatrix} = \begin{vmatrix} \frac{9}{5} & 4 \\ \frac{1}{5} & 1 \end{vmatrix}$

【정답】③

---

68. $R = 1[\text{M}\Omega]$, $C = 1[\mu\text{F}]$의 직렬회로에 직류 100[V]를 가했다. 시정수 τ, 전류의 초기값 I를 구하면?

① 5[sec], 10^{-4}[A]

② 4[sec], 10^{-3}[A]

③ 1[sec], 10^{-4}[A]

④ 2[sec], 10^{-3}[A]

|정|답|및|해|설|

[$R-C$ 직렬회로 전류의 초기값]

· 시정수 $\tau = RC = 10^6 \times 10^{-6} = 1[\text{sec}]$

· 전류의 초기값 $I = \left.\dfrac{E}{R}\right|_{t=0} = \dfrac{100}{1 \times 10^6} = 10^{-4}[\text{A}]$

$\rightarrow i(t) = \dfrac{E}{R}e^{-\frac{1}{RC}t}$에서 $i(0) = \dfrac{E}{R}$

【정답】③

69. 그림과 같은 회로에 $t = 0$에서 S를 닫을 때의 방전 과도전류 $i(t)[A]$는?

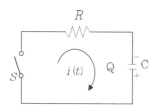

① $\dfrac{Q}{RC}e^{-\frac{t}{RC}}$ ② $-\dfrac{Q}{RC}e^{\frac{t}{RC}}$

③ $\dfrac{Q}{RC}(1+e^{\frac{t}{RC}})$ ④ $-\dfrac{1}{RC}(1-e^{-\frac{t}{RC}})$

|정|답|및|해|설|
[방전과도전류]

1. 스위치 on : $i(t) = \dfrac{E}{R}e^{-\frac{1}{RC}t}[A]$

2. 스위치 off : $i(t) = -\dfrac{E}{R}e^{-\frac{1}{RC}t} = \dfrac{1}{R}\cdot\dfrac{Q}{C}e^{-\frac{1}{RC}t}[A]$

→ (방전 시 전류의 방향과 문제의 전류 방향과 같으므로 +)

【정답】①

70. 그림에서 4단자망의 개방 순방향 전달 임피던스 $Z_{21}[\Omega]$과 단락 순방향 전달 어드미턴스 $Y_{21}[℧]$은?

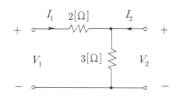

① $Z_{21} = 5$, $Y_{21} = -\dfrac{1}{2}$

② $Z_{21} = 3$, $Y_{21} = -\dfrac{1}{3}$

③ $Z_{21} = 3$, $Y_{21} = -\dfrac{1}{2}$

④ $Z_{21} = 3$, $Y_{21} = -\dfrac{5}{6}$

|정|답|및|해|설|
[4단자정수]

· $Z_{21} = \dfrac{V_2}{I_1}\bigg|_{I_2=0} = \dfrac{3I_1}{I_1} = 3$

· $Y_{21} = \dfrac{I_2}{V_1}\bigg|_{V_2=0} = \dfrac{-I_1}{2I_1} = -\dfrac{1}{2}$

【정답】③

|참|고|

1. 임피던스(Z) → T형으로 만든다.

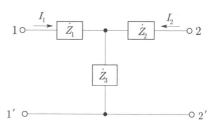

· $Z_{11} = Z_1 + Z_3[\Omega]$

· $Z_{12} = Z_{21} = Z_3[\Omega]$ → ($I_2 →$, 전류방향 같을 때)

· $Z_{12} = Z_{21} = -Z_3[\Omega]$ → ($I_2 ←$ 전류방향 다를 때)

· $Z_{22} = Z_2 + Z_3[\Omega]$

2. 어드미턴스(Y) → π형으로 만든다.

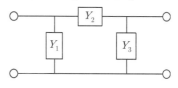

[π형 회로]

· $Y_{11} = Y_1 + Y_2[℧]$

· $Y_{12} = Y_{21} = Y_2[℧]$ → ($I_2 →$, 전류방향 같을 때)

· $Y_{12} = Y_{21} = -Y_2[℧]$ → ($I_2 ←$, 전류방향 다를 때)

· $Y_{22} = Y_2 + Y_3[℧]$

71. 그림과 같은 전기회로의 입력을 v_1, 출력을 v_2라고 할 때 전달함수는? (단, $T = \dfrac{L}{R}$이다.)

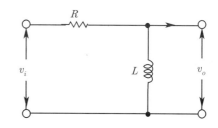

① $Ts + 1$ ② $Ts^2 + 1$

③ $\dfrac{1}{Ts + 1}$ ④ $\dfrac{Ts}{Ts + 1}$

|정|답|및|해|설|

[전달함수] $G(s) = \dfrac{출력(s)}{입력(s)} = \dfrac{V_o(s)}{V_i(s)}$

∴ $G(s) = \dfrac{V_o(s)}{V_i(s)} = \dfrac{Ls}{R + Ls} = \dfrac{\dfrac{L}{R}s}{1 + \dfrac{L}{R}s} = \dfrac{Ts}{1 + Ts}$

【정답】④

72. 극좌표 형식으로 표현된 전류의 페이저가 각각

$$I_1 = 10 \angle \tan^{-1}\frac{4}{3}[\text{A}], \quad I_2 = 10 \angle \tan^{-1}\frac{3}{4}[\text{A}],$$

$I = I_1 + I_2$일 때, I[A]는?

① $-2+j2$ ② $14+j14$

③ $14+j4$ ④ $14+j3$

|정|답|및|해|설|

[전류] $I = I_1 + I_2[\text{A}]$

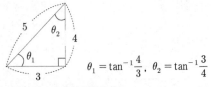

$$\theta_1 = \tan^{-1}\frac{4}{3}, \quad \theta_2 = \tan^{-1}\frac{3}{4}$$

I_1과 I_2를 복소수로 변환하면

· $I_1 = 10\angle\theta_1 = 10(\cos\theta_1 + j\sin\theta_1)$

$= 10\left(\dfrac{3}{5} + j\dfrac{4}{5}\right) = 6+j8$

· $I_2 = 10\angle\theta_2 = 10(\cos\theta_2 + j\sin\theta_2)$

$= 10\left(\dfrac{4}{5} + j\dfrac{3}{5}\right) = 8+j6$

∴ $I = I_1 + I_2 = 6+j8+8+j6 = 14+j14$

【정답】②

73. $f(t) = \sin t \cos t$를 라플라스 변환하면?

① $\dfrac{1}{s^2+2}$ ② $\dfrac{1}{s^2+4}$

③ $\dfrac{1}{(s+2)^2}$ ④ $\dfrac{1}{(s+4)^2}$

|정|답|및|해|설|

[라플라스 변환]

$\sin t \cos t = \dfrac{1}{2}\sin 2t$ → (삼각함수의 가법 정리)

$F(s) = \mathcal{L}[\sin t \cos t] = \mathcal{L}\left[\dfrac{1}{2}\sin 2t\right] = \dfrac{1}{2}\cdot\dfrac{2}{s^2+2^2} = \dfrac{1}{s^2+4}$

【정답】②

74. 저항 $R = 60[\Omega]$과 유도리액턴스 $\omega L = 80[\Omega]$인 코일이 직렬로 연결된 회로에 200[V]의 전압을 인가할 때 전압과 전류의 위상차는?

① $48.17°$ ② $50.23°$

③ $53.13°$ ④ $55.27°$

|정|답|및|해|설|

[전압과 전류의 위상차]

임피던스 $Z = R + j\omega L = 60 + j80$

$= \sqrt{60^2 + 80^2} \angle \tan^{-1}\dfrac{80}{60} = 100\angle 53.13°$

※전류 $I = \dfrac{E}{Z} = \dfrac{200\angle 0°}{100\angle 53.13°} = 2\angle -53.13°$ 【정답】③

75. 최대 눈금 $I = n[\text{mA}]$의 전류계 A(내부 저항 무시)에 직렬로 $R[\text{k}\Omega]$의 저항을 접속하여 전압계로 했을 때 몇 [V]까지 측정할 수 있는가?

① $\dfrac{R}{n-1}$ ② $\dfrac{R}{n}$

③ nR ④ $(n-1)R$

|정|답|및|해|설|

[전압] $V = R_0 I_0[\text{V}]$

$I = n[\text{mA}]$, $R[\text{k}\Omega]$

∴ $V = R\times 10^3 \times n \times 10^{-3} = nR[\text{V}]$ 【정답】③

76. 그림과 같은 4단자망의 영상 임피던스는 얼마인가?

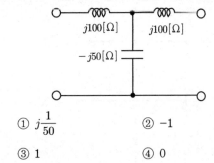

① $j\dfrac{1}{50}$ ② -1

③ 1 ④ 0

|정|답|및|해|설|

[영상 임피던스] $Z_{01} = \sqrt{\dfrac{AB}{CD}} = \sqrt{\dfrac{B}{C}}$

→ (대칭 T형 회로 $A = D$)

$\begin{bmatrix} A & B \\ C & D \end{bmatrix} = \begin{bmatrix} 1 & j100 \\ 0 & 1 \end{bmatrix}\begin{bmatrix} 1 & 0 \\ \dfrac{1}{-j50} & 1 \end{bmatrix}\begin{bmatrix} 1 & j100 \\ 0 & 1 \end{bmatrix} = \begin{bmatrix} -1 & 0 \\ j\dfrac{1}{50} & -1 \end{bmatrix}$

∴ $Z_{01} = \sqrt{\dfrac{B}{C}} = \sqrt{\dfrac{0}{j\dfrac{1}{50}}} = 0$ 【정답】④

77. 3상 3선식에서는 회로의 평형, 불평형 또는 부하의 △, Y에 불구하고, 세 선전류의 합은 0이므로 선전류의 (   )은 0이다. 다음에서 (   ) 안에 들어갈 말은?

① 영상분
② 정상분
③ 역상분
④ 상전압

|정|답|및|해|설|

중성점 비접지식에서는 평형, 불평형 또는 △결선, Y결선과 관계없이 $I_0 = \frac{1}{3}(I_a + I_b + I_c)$에서 $I_a + I_b + I_c = 0$이므로 I_0(영상분) = 0이다.

※영상분은 접지식에만 존재한다.　【정답】①

78. 한 상의 임피던스가 $3 + j4[\Omega]$인 평형 △부하에 대칭인 선간전압 200[V]를 가할 때 3상 전력은 몇 [kW]인가?

① 9.6
② 12.5
③14.4
④ 20.5

|정|답|및|해|설|

[3상 전력] $P = 3V_p I_p \cos\theta = \sqrt{3}\ V_l I_l \cos\theta = 3I_p^2 R[W]$

상전류 $I_p = \frac{V_p}{Z_p} = \frac{200}{\sqrt{3^2 + 4^2}} = 40[A]$

$\therefore P = 3I_p^2 R = 3 \times 40^2 \times 3 = 14400[W] = 14.4[kW]$

【정답】③

79. 2전력계법으로 평형 3상 전력을 측정하였더니 각각의 전력계가 500[W], 300[W]를 지시하였다면 전 전력[W]은?

① 200
② 300
③ 500
④ 800

|정|답|및|해|설|

[2전력계법의 전전력] $P = P_1 + P_2[W]$
유효전력 $P = P_1 + P_2 = 500 + 300 = 800[W]$　【정답】④

80. 주기적인 구형파 신호의 구성은?

① 직류성분만으로 구성 된다.
② 기본파성분 만으로 구성 된다.
③ 고조파성분 만으로 구성 된다.
④ 직류 성분, 기본파 성분, 무수히 많은 고조파 성분으로 구성된다.

|정|답|및|해|설|

[주기적인 구형파 신호의 구성(푸리에 급수)]

푸리에 급수 $f(t) = a_0 + \sum_{n=1}^{\infty} a_n \cos nwt + \sum_{n=1}^{\infty} b_n \sin nwt$

여기서, a_0 : 직류분, $n = 1$: 기본파, $n = 2 \sim \infty$ 고조파

주기적인 비정현파의 신호는 일반적으로 푸리에 급수에 의해 표시되므로 무수히 많은 홀수 고주파의 합성이다.　【정답】④

3회 　**2021년 전기산업기사필기(전기설비기술기준)**

81. 전기절도차량에 전력을 공급하는 전차선의 가선방식에 포함되지 않는 것은?

① 가공방식
② 강체방식
③ 제3레일방식
④ 지중조가선방식

|정|답|및|해|설|

[전차선 가선방식 (kec 431.1)]
전차선의 가선방식은 가공방식, 강체가선방식, 제3궤조 방식을 표준으로 한다.　【정답】④

82. 주택 등 저압 수용 장소에서 고정 전기설비에 TN-C-S 접지방식으로 접지공사 중성선 겸용 보호도체(PEN)를 알루미늄으로 사용 할 경우 단면적은 몇 [mm²] 이상이어야 하는가?

① 2.5
② 6
③ 10
④ 16

|정|답|및|해|설|

[전기수용가 접지 (KEC 142.4)] 주택 등 저압수용장소 접지
주택 등 저압 수용 장소에서 TN-C-S 접지방식으로 접지공사를 하는 경우에 보호도체는 중성신 겸용 보호도체(PEN)는 고정 전기설비에만 사용 할 수 있고, 그 도체의 단면적이 구리는 $10[mm^2]$ 이상, 알루미늄은 $16[mm^2]$ 이상이어야 하며, 그 계통의 최고전압에 대하여 절연시켜야 한다.　【정답】④

83. 케이블트레이공사에 사용하는 케이블트레이의 최소 안전율은?

① 1.5
② 1.8
③ 2.0
④ 3.0

|정|답|및|해|설|
[케이블트레이 공사 (KEC 232.40)]
· 종류는 채널형, 사다리형, 바닥밀폐형, 편칭형 등이 있다.
· 케이블 트레이의 안전율은 1.5 이상이어야 한다.
· 금속제 케이블 트레이는 kec140에 의한 접지공사를 하여야 한다.
【정답】①

|참|고|
[안전율]
1.33 : 이상시 상정하중 철탑의 기초
1.5 : 케이블트레이, 안테나
2.0 : 기초 안전율
2.2 : 경동선/내열동 합금선
2.5 : 지지선, ACSR, 기타 전선

84. 특고압가공전선로의 지지물로 사용하는 목주의 풍압하중에 대한 안전율은 얼마 이상이어야 하는가?

① 1.2
② 1.5
③ 2.0
④ 2.5

|정|답|및|해|설|
[특고압 가공전선로의 목주 시설 (KEC 333.10)] 특고압 가공전선로의 지지물로 사용하는 목주는 다음 각 호에 따르고 또한 경고하게 시설하여야 한다.
1. 풍압하중에 대한 안전율은 1.5 이상일 것.
2. 굵기는 위쪽 끝(말구) 지름 12[cm] 이상일 것.　【정답】②

85. 다음은 무엇에 관한 설명인가?

> 가공전선이 다른 시설물과 접근하는 경우에 그 가공전선이 다른 시설물의 위쪽 또는 옆쪽에 수평거리로 3[m] 미만인 곳에 시설되는 상태

① 제1차 접근상태
② 제2차 접근상태
③ 제3차 접근상태
④ 제4차 접근상태

|정|답|및|해|설|
[제2차접근상태] 가공전선이 다른 시설물의 위쪽 또는 옆쪽에서 수평 거리로 3[m] 미만인 곳에 시설
※제1차접근상태 : 가공전선이 다른 시설물의 위쪽 또는 옆쪽에서 수평 거리로 3[m] 이상인 곳에 시설

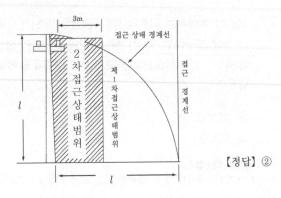

【정답】②

86. 전기저장장치에서의 제어 및 보호장치 시설기준에 대한 내용으로 틀린 것은?

① 전기저장장치의 접속점에는 쉽게 개폐할 수 없는 곳에 개방상태를 육안으로 확인할 수 있는 전용의 개폐기를 시설하여야 한다.

② 직류 전로에 과전류차단기를 설치하는 경우 직류 단락전류를 차단하는 능력을 가지는 것이어야 하고 '직류용' 표시를 하여야 한다.

③ 전기저장장치의 직류 전로에는 지락이 생겼을 때에 자동적으로 전로를 차단하는 장치를 시설하여야 한다.

④ 발전소 또는 변전소 혹은 이에 준하는 장소에 전기저장장치를 시설하는 경우 전로가 차단되었을 때에 경보하는 장치를 시설하여야 한다.

|정|답|및|해|설|
[전기배선 (kec 511.2.1)]
전선은 공칭단면적 2.5[mm²] 이상의 연동선 또는 이와 동등 이상의 세기 및 굵기의 것일 것
· 전기저장장치의 접속점에는 쉽게 개폐할 수 있는 곳에 개방상태를 육안으로 확인할 수 있는 전용의 개폐기를 시설하여야 한다.
· 직류 단락전류를 차단하는 능력을 가지는 것이어야 하고 "직류용" 표시를 하여야 한다.
· 직류전로에는 지락이 생겼을 때에 자동적으로 전로를 차단하는 장치를 시설하여야 한다.
· 발전소 또는 변전소 또는 이에 준하는 장소에 전기저장장치를 시설하는 경우 전로가 차단되었을 때에 경보하는 장치를 시설하여야 한다.
【정답】①

87. 석유류를 저장하는 장소의 전등 배선에서 사용할 수 없는 방법은?

① 애자공사　　　　② 케이블공사

③ 금속관공사　　　④ 합성수지관공사

|정|답|및|해|설|⋯⋯⋯⋯⋯⋯⋯⋯⋯⋯⋯⋯⋯⋯⋯

[위험물 등이 존재하는 장소 (KEC 242.4)] 셀룰로이드·성냥·석유, 기타 위험물이 있는 곳의 배선은 <u>금속관 공사, 케이블 공사, 합성 수지관 공사</u>에 의하여야 한다.　　　　　　　　　【정답】①

88. 지중전선로의 전선으로 적합한 것은?

① 케이블　　　　　② 동복강선

③ 절연전선　　　　④ 나경동선

|정|답|및|해|설|⋯⋯⋯⋯⋯⋯⋯⋯⋯⋯⋯⋯⋯⋯⋯

[지중 전선로의 시설 (KEC 334.1)] <u>전선은 케이블</u>을 사용하고, 또한 관로식, 암거식, 직접 매설식에 의하여 시공한다.
1. 직접 매설식 : 매설 깊이는 중량물의 압력이 있는 곳은 1.0[m] 이상, 없는 곳은 0.6[m] 이상으로 한다.
2. 관로식 : 매설 깊이를 1.0 [m]이상, 중량물의 압력을 받을 우려가 없는 곳은 60 [cm] 이상으로 한다.
3. 암거식 : 지하 구조물 내 케이블 지지대를 설치하고 그 위에 케이블을 부설하는 방식　　　　　　　　　　【정답】①

89. 고압가공전선로의 지지물이 B종 철주인 경우, 지지물 간 거리는 몇 [m] 이하이어야 하는가?

① 150　　　　　　② 200

③ 250　　　　　　④ 300

|정|답|및|해|설|⋯⋯⋯⋯⋯⋯⋯⋯⋯⋯⋯⋯⋯⋯⋯

[고압 가공전선로의 지지물 간 거리(경간)의 제한 (KEC 332.9)]

지지물의 종류	표준 경간	25[㎟] 이상의 경동선 사용
목주·A종 철주 또는 A종 철근 콘크리트 주	150[m] 이하	300[m] 이하
B종 철주 또는 B종 철근 콘크리트 주	250[m] 이하	500[m] 이하
철탑	600[m] 이하	600[m] 이하

【정답】③

90. 지지선을 사용하여 그 강도를 분담시켜서는 아니 되는 가공전선로 지지물은?

① 목주　　　　　　② 철주

③ 철탑　　　　　　④ 철근콘크리트주

|정|답|및|해|설|⋯⋯⋯⋯⋯⋯⋯⋯⋯⋯⋯⋯⋯⋯⋯

[지지선의 시설 (KEC 331.11)]
· 가공전선로의 지지물로 사용하는 <u>철탑은 지지선을 사용하여 강도를 분담시켜서는 아니 된다.</u>
· 가공전선로의 지지물로 사용하는 철주 또는 철근 콘크리트주는 그 철주 또는 철근 콘크리트주가 지지선을 사용하지 아니하는 상태에서 풍압하중의 1/2 이상의 풍압하중에 견디는 강도를 가지는 경우 이외에는 지지선을 사용하여 그 강도를 분담시켜서는 아니 된다.　　　　　　　　　　　　　　　【정답】③

91. 옥내의 네온 방전등 공사에 대한 설명으로 틀린 것은?

① 방전등용 변압기는 네온변압기일 것

② 관등회로의 배선은 점검할 수 없는 은폐장소에 시설할 것

③ 관등회로의 배선은 애자공사에 의하여 시설할 것

④ 방전등용 변압기의 외함에는 접지공사를 할 것

|정|답|및|해|설|⋯⋯⋯⋯⋯⋯⋯⋯⋯⋯⋯⋯⋯⋯⋯

[옥내의 네온 방전등 공사 (KEC 234.12)]
옥내에 시설하는 관등회로의 사용전압이 1[kV]를 넘는 관등회로의 배선은 애자사용공사에 의하여 시설하고 또한 다음에 의할 것
· 방전등용 변압기는 네온 변압기일 것
· 전선은 네온전선일 것
· 전선은 조영재의 옆면 또는 아랫 면에 붙일 것. 다만, 전선을 <u>전개된 장소에 시설하는 경우에 기술상 부득이한 때에는 그러하지 아니하다.</u>
· 전선의 지지점간의 거리는 1[m] 이하일 것
· 전선 상호간의 간격은 6[cm] 이상일 것　　　　【정답】②

92. 고압가공전선로의 가공지선을 나경동선을 사용하는 경우의 지름은 몇 [mm] 이상이어야 하는가?

① 3.2[mm]　　　　② 4.0[mm]

③ 5.5[mm]　　　　④ 6.0[mm]

|정|답|및|해|설|⋯⋯⋯⋯⋯⋯⋯⋯⋯⋯⋯⋯⋯⋯⋯

[고압 가공전선로의 가공지선 (KEC 332.6)]
· 고압 가공 진신로 : 인장상노 5.26[kN] 이상의 것 또는 <u>4[mm] 이상의 나경동선</u>
· 특고압 가공 전선로 : 인장강도 8.01[kN] 이상의 나선 또는 5[mm] 이상의 나경동선　　　　　　　　　　　【정답】②

93. 철도·궤도 또는 자동차도의 전용터널 안의 터널내 전선로의 시설방법으로 틀린 것은?

① 저입전선으로 지름 2.0[mm]의 경동선을 사용하였다.

② 고압전선은 케이블공사로 하였다.

③ 저압전선을 애자공사에 의하여 시설하고 이를 레일면 상 또는 노면상 2.5[m] 이상으로 하였다.

④ 저압전선을 금속제 가요전선관공사에 의하여 시설하였다.

|정|답|및|해|설|

[터널 안 전선로의 시설 (KEC 335.1)]

전압	전선의 굵기	시공 방법	애자사용 공사 시 높이
저압	2.6[mm] 이상	· 합성수지관공사 · 금속관공사 · 가요전선관공사 · 케이블공사 · 애자사용공사	노면상, 레일면상 2.5[m] 이상
고압	4[mm] 이상	· 케이블공사 · 애자사용공사	노면상, 레일면상 3[m] 이상

【정답】①

94. 애자공사에 의한 고압 옥내배선 등의 시설에서 사용되는 연동선의 공칭단면적은 몇 [mm²] 이상인가?

① 6.0　　　　　② 10
③ 16　　　　　④ 25

|정|답|및|해|설|

[고압 옥내배선 등의 시설 (KEC 342.1)] 고압 옥내 공사는 다음 중 하나에 의하여 시설할 것.
1. 애자사용공사 (건조한 장소로서 전개된 장소에 한한다)
 ·애자사용배선에 사용하는 애자는 절연성, 난연성 및 내수성의 것일 것
 ·전선은 공칭단면적 $6[mm^2]$ 이상의 연동선 또는 이와 동등 이상의 세기 및 굵기의 특·고압 절연전선
2. 케이블공사
3. 케이블트레이공사애자사용공사 (건조한 장소로서 전개된 장소에 한한다)
【정답】①

95. 흥행장의 저압 전기 설비 공사로 무대, 무대 마루 밑, 오케스트라 박스, 영사실, 기타 사람이나 무대 도구가 접촉할 우려가 있는 곳에 시설하는 저압 옥내 배선, 전구선 또는 이동 전선은 사용 전압이 몇 [V] 이하이어야 하는가?

① 100　　　　　② 200
③ 300　　　　　④ 400

|정|답|및|해|설|

[전시회, 쇼 및 공연장의 전기설비 (KEC 242.6)] 사람이나 무대 도구가 접촉할 우려가 있는 곳에 시설하는 저압옥내에선, 전구선 또는 이동전선은 사용전압이 400[V] 미만일 것
【정답】④

96. 가공 전선로의 지물에 시설하는 지지선은 소선이 최소 몇 가닥 이상의 연선이어야 하는가?

① 3　　② 5　　③ 7　　④ 9

|정|답|및|해|설|

[지지선의 시설 (KEC 331.11)]
· 안전율은 2.5 이상
· 최저 인장 하중은 4.31[kN]
· 2.6[mm] 이상의 금속선을 3조 이상 꼬아서 사용
· 지중 및 지표상 30[cm]까지의 부분은 아연도금 철봉 등을 사용
【정답】①

97. 금속제 가요전선관공사에 의한 저압 옥내배선으로 틀린 것은?

① 2종 금속제 가요전선관을 사용하였다.

② 전선은 연선을 사용하였다.

③ 전선으로 옥외용 비닐절연전선을 사용하였다.

④ 가요전선관은 접지공사를 하였다.

|정|답|및|해|설|

[금속제 가요 전선관 공사 (KEC 232.13)] 가요 전선관 공사에 의한 저압 옥내 배선의 시설
· 전선은 절연전선(옥외용 비닐 절연전선을 제외한다) 이상일 것
· 전선은 연선일 것. 다만, 단면적 10[㎟](알루미늄선은 단면적 16[㎟]) 이하인 것은 그러하지 아니한다.
· 가요전선관 안에는 전선에 접속점이 없도록 할 것
· 1종 금속제 가요 전선관은 두께 0.8[mm] 이상인 것일 것
· 가요전선관은 2종 금속제 가요 전선관일 것
· 가요전선관공사는 kec140에 준하여 접지공사를 할 것
【정답】③

98. 지중에 매설되어 있는 금속제 수도관로를 각종 접지공사의 접지극으로 사용하려면 대지와의 전기저항 값이 몇 $[\Omega]$ 이하의 값을 유지하여야 하는가?

① 1   ② 2

③ 3   ④ 5

|정|답|및|해|설|
[접지극의 시설 및 접지저항 (KEC 142.2)]

[수도관 등을 접지극으로 사용하는 경우]

· 지중에 매설되어 있고 대지와의 전기저항 값이 3$[\Omega]$ 이하의 값을 유지하고 있는 금속제 수도관로가 규정을 따르는 경우 접지극으로 사용이 가능하다.

· 대지와의 사이에 전기저항 값이 2$[\Omega]$ 이하인 값을 유지하는 건물의 철골, 기타의 금속제는 이를 비접지식 고압전로에 시설하는 기계기구의 철대 또는 금속제 외함에 실시하는 비접지식 고압전로와 저압전로를 결합하는 변압기의 저압전로에 시설하는 접지공사의 접지극으로 사용할 수 있다.

【정답】③

99. 접지공사에 사용하는 접지선을 사람이 접촉할 우려가 있는 곳에 시설하는 접지도체는 최소 어느 부분에 대하여 합성수지관 또는 이와 동등 이상의 절연효력 및 강도를 가지는 몰드로 덮게 되어 있는가?

① 지하 30[cm]로부터 지표상 1.5[m]까지의 부분

② 지하 50[cm]로부터 지표상 1.6[m]까지의 부분

③ 지하 75[cm]로부터 지표상 2[m]까지의 부분

④ 지하 90[cm]로부터 지표상 2.5[m]까지의 부분

|정|답|및|해|설|
[접지도체 (KEC 142.3.1)] 접지도체는 지하 75[cm] 부터 지표 상 2[m]까지 부분은 합성수지관(두께 2[mm] 미만의 합성수지제 전선관 및 가연성 콤바인덕트관은 제외) 또는 이와 동등 이상의 절연효과와 강도를 가지는 몰드로 덮어야 한다.

【정답】③

100. 전기부식방지 시설을 시설할 때 전기부식방지용 전원 장치로부터 양극 및 피방식체까지의 전로의 사용전압은 직류 몇 [V] 이하이어야 하는가?

① 20   ② 40

③ 60   ④ 80

|정|답|및|해|설|
[전기부식방지 시설 (KEC 241.16)] 지중 또는 수중에 시설되는 금속체의 부식을 방지하기 위하여 지중 또는 수중에 시설하는 양극과 금속체 간에 방식 전류를 통하는 시설로 다음과 같이 한다.

· 사용전압은 직류 60[V] 이하일 것

· 지중에 매설하는 양극은 75[cm] 이상의 깊이일 것

· 수중에 시설하는 양극과 그 주위 1[m] 안의 임의의 점과의 전위차는 10[V] 이내, 지표 또는 수중에서 1[m] 간격을 갖는 임의의 2점간의 전위차는 5[V] 이내이어야 한다.

· 전선은 케이블인 경우를 제외하고 2[mm] 경동선 이상이어야 한다.

【정답】③

1. 유전율이 각각 다른 두 유전체의 경계면에 전속이 입사 될 때 이 전속은 어떻게 되는가? (단, 경계면에 수직으로 입사하지 않은 경우이다.)

① 굴절   ② 반사

③ 회전   ④ 직진

|정|답|및|해|설|

[유전체의 경계 조건]

· 전속밀도의 법선성분(수직성분)의 크기는 같다.

$(D_1 \cos\theta_1 = D_2 \cos\theta_2) \rightarrow$ 수직성분

· 전계의 접선성분(수평성분)의 크기는 같다.

$(E_1 \sin\theta_1 = E_2 \sin\theta_2) \rightarrow$ 평행성분

경계면에서 수직인 경우 굴절하지 않으나 수직 입사가 아닌 경우 굴절하며 크기가 변한다.　　　　　【정답】①

2. 반지름 9[cm]인 도체구 A에 8[C]의 전하가 분포되어 있다. 이 도체구에 반지름 3[cm]인 도체구 B를 접촉시켰을 때 도체구 B로 이동한 전하는 몇 [C]인가?

① 1   ② 2   ③ 3   ④ 4

|정|답|및|해|설|

[전하의 병렬연결]

$Q_1 = \dfrac{C_1}{C_1 + C_2} Q = \dfrac{C_1}{C_1 + C_2}(Q_1 + Q_2)$

$Q_2 = \dfrac{C_2}{C_1 + C_2} Q = \dfrac{C_2}{C_1 + C_2}(Q_1 + Q_2)$

문제에서

· C_1=반지름이 9[cm]인 도체구

· C_2=반지름이 3[cm]인 도체구

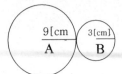

9[cm] A   3[cm] B

· $C_1 = 4\pi\epsilon_0 a$, $a = 9[cm]$, $Q_1 = 8[C]$

· $C_2 = 4\pi\epsilon_0 b$, $b = 3[cm]$, $Q_2 = 0$

　　　　→ (B에 전하가 존재한다는 말이 없으므로)

$\therefore Q_2' = \dfrac{C_2}{C_1 + C_2}(Q_1 + Q_2) = \dfrac{4\pi\epsilon_0 b}{4\pi\epsilon_0 a + 4\pi\epsilon_0 b}(Q_1 + Q_2)$

$= \dfrac{b}{a+b}(Q_1 + Q_2) = \dfrac{3 \times 10^{-2}}{9 \times 10^{-2} + 3 \times 10^{-2}}(8+0) = 2$

【정답】②

3. 내구의 반지름 $a[m]$, 외구의 반지름 $b[m]$인 동심구 도체 간에 도전율이 $\sigma[\mho/m]$인 저항 물질이 채워져 있을 때의 내외구 간의 합성저항은 몇 [Ω]인가?

① $\dfrac{1}{8\pi k}\left(\dfrac{1}{a} - \dfrac{1}{b}\right)$ ② $\dfrac{1}{4\pi k}\left(\dfrac{1}{a} - \dfrac{1}{b}\right)$

③ $\dfrac{1}{2\pi k}\left(\dfrac{1}{a} - \dfrac{1}{b}\right)$ ④ $\dfrac{1}{\pi k}\left(\dfrac{1}{a} - \dfrac{1}{b}\right)$

|정|답|및|해|설|

[정전용량과 저항과의 관계] $RC = \rho\epsilon$

$R = \dfrac{\rho\epsilon}{C} = \dfrac{\rho\epsilon}{\dfrac{4\pi\epsilon}{\dfrac{1}{a} - \dfrac{1}{b}}}$　　→ (동심구에서의 정전용량 $C = \dfrac{4\pi\epsilon}{\dfrac{1}{a} - \dfrac{1}{b}}$)

$= \dfrac{\rho}{4\pi}\left(\dfrac{1}{a} - \dfrac{1}{b}\right) = \dfrac{1}{4\pi\sigma}\left(\dfrac{1}{a} - \dfrac{1}{b}\right)$　　→ (고유저항 $\rho = \dfrac{1}{\sigma}$)

【정답】②

4. 대전된 도체 표면의 전하밀도를 $\sigma[C/m^2]$라고 할 때, 대전된 도체 표면의 단위 면적이 받는 정전용량 $[N/m^2]$은 전하밀도 σ와 어떤 관계에 있는가?

① $\sigma^{\frac{1}{2}}$에 비례   ② $\sigma^{\frac{3}{2}}$에 비례

③ σ에 비례   ④ σ^2에 비례

|정|답|및|해|설|

[단위 면적당 정전용량] $f = \dfrac{1}{2}\epsilon_0 E^2 = \dfrac{D^2}{2\epsilon_0} = \dfrac{1}{2}ED[N/m^2]$

$\sigma = \rho_s = D[C/m^2]$이므로

$f = \dfrac{\sigma^2}{2\epsilon_0}[N/m^2]$　　　　　【정답】④

5. 양극판의 면적이 $S[m^2]$, 극판 간의 간격이 $d[m]$, 정전용량이 $C_1[F]$인 평행판 콘덴서가 있다. 양극판 면적을 각각 $3S[m^2]$로 늘이고 극판 간격을 $\frac{1}{3}d[m]$로 줄었을 때의 정전용량 $C_2[F]$는?

① $C_2 = C_1$　　② $C_2 = 3C_1$

③ $C_2 = 6C_1$　　④ $C_2 = 9C_1$

|정|답|및|해|설|

[정전용량] $C_1 = \dfrac{\epsilon S}{d}$,　$C_2 = \dfrac{\epsilon 3S}{\frac{1}{3}d}$

$C_2 = \dfrac{\epsilon 3S}{\frac{1}{3}d} = 9\dfrac{\epsilon S}{d} = 9C_1$　　　　【정답】④

6. 투자율이 각각 μ_1, μ_2인 두 자성체의 경계면에서 자기력선의 굴절의 법칙을 나타낸 식은?

① $\dfrac{\mu_1}{\mu_2} = \dfrac{\sin\theta_1}{\sin\theta_2}$　　② $\dfrac{\mu_1}{\mu_2} = \dfrac{\sin\theta_2}{\sin\theta_1}$

③ $\dfrac{\mu_1}{\mu_2} = \dfrac{\tan\theta_1}{\tan\theta_2}$　　④ $\dfrac{\mu_1}{\mu_2} = \dfrac{\tan\theta_2}{\tan\theta_1}$

|정|답|및|해|설|

[굴절각의 경계 조건]

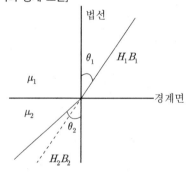

1. $H_1\sin\theta_1 = H_2\sin\theta_2$　　→ (자계가 오면 sin성분이 온다)
2. $B_1\cos\theta_1 = B_2\cos\theta_2$　　→ (자속밀도가 오면 cos성분이 온다)
3. $\dfrac{\tan\theta_1}{\tan\theta_2} = \dfrac{\epsilon_1}{\epsilon_2} = \dfrac{\mu_1}{\mu_2}$　　【정답】③

7. 진공 중에서 멀리 떨어져 있는 반지름이 각각 $a_1[cm]$, $a_2[cm]$인 두 도체구를 $V_1[V]$, $V_2[V]$인 전위를 갖도록 대전시킨 후 가는 도선으로 연결할 때 연결 후의 공통 전위는 몇 [V]인가?

① $\dfrac{V_1}{a_1} + \dfrac{V_2}{a_2}$　　② $\dfrac{V_1 + V_2}{a_1 a_2}$

③ $a_1 V_1 + a_2 V_2$　　④ $\dfrac{a_1 V_1 + a_2 V_2}{a_1 + a_2}$

|정|답|및|해|설|

[가는 전선을 접속했을 때의 공통 전위]
※콘덴서 병렬=선으로 연결=접촉

공통전위(=단자전압) $V = \dfrac{Q}{C} = \dfrac{Q_1 + Q_2}{C_1 + C_2} = \dfrac{C_1 V_1 + C_2 V_2}{C_1 + C_2}$

$C_1 = 4\pi\epsilon_0 a_1$,　$C_2 = 4\pi\epsilon_0 a_2$로 놓으면

$V = \dfrac{4\pi\epsilon_0 a_1 V_1 + 4\pi\epsilon_0 a_2 V_2}{4\pi\epsilon_0 a_1 + 4\pi\epsilon_0 a_2} = \dfrac{a_1 V_1 + a_2 V_2}{a_1 + a_2}$

　　　　【정답】④

8. 그림과 같이 도체1을 도체2로 포위하여 도체2를 일정 전위로 유지하고 도체1과 도체2의 외측에 도체3이 있을 때 용량계수 및 유도계수의 성질로 옳은 것은?

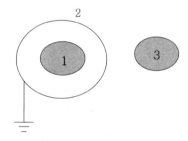

① $q_{23} = q_{11}$　　② $q_{13} = -q_{11}$

③ $q_{31} = q_{11}$　　④ $q_{21} = -q_{11}$

|정|답|및|해|설|

[정전차폐]
· 1도체와 2도체는 유도계수가 존재
· 2도체와 3도체도 유도계수가 존재
· 1도체와 3도체는 유도계수가 존재하지 않는다.

[용량계수 및 유도계수의 성질]
· q_{11}, q_{22}, q_{33} ······ > 0 : 용량계수(q_{rr}) > 0
· q_{12}, q_{21}, q_{31}, ······ ≤ 0 : 유도계수(q_{rs}) ≤ 0
· $q_{11} \geq -(q_{21} + q_{31} + q_{41} + ... + q_{n1})$
　또는 $q_{11} + q_{21} + q_{31} + q_{41} + ... + q_{n1} \geq 0$
· $q_{rr} \geq -q_{rs}$
· $q_{rr} = -q_{rs}$　　　→ (s 도체는 r 도체를 포함한다.)

그러므로 1도체가 2도체에 포함되어 있는 경우이다.

※용량계수는 항상 (+), 유도계수는 항상 (−)　　【정답】④

9. 전계 내에서 폐회로를 따라 단위 전하를 일주시킬 때 전계가 행하는 일은 몇 [J]인가?

① ∞ ② π

③ 1   ④ 0

|정|답|및|해|설|

[에너지 보존의 법칙] 폐회로를 따라 단위 정전하를 **일주**시킬 때 전계가 하는 일은 **항상 0**을 의미한다. 【정답】④

10. 와전류손에 대한 설명으로 틀린 것은?

① 주파수에 비례한다.

② 저항에 반비례한다.

③ 도전율이 클수록 크다.

④ 자속밀도의 제곱에 비례한다.

|정|답|및|해|설|

[와전류손] $P_e = f^2 B_m^2 t^2 = \sigma f^2 B_m^2 [W]$

$$\rightarrow (rot\, i = -\sigma \frac{\partial B}{\partial t} \rightarrow i = \frac{V}{R})$$

여기서, f : 주파수, B_m : 자속밀도의 최대값, σ : 도전율
【정답】①

11. 전계 E[V/m] 및 자계 H[AT/m]인 전자파가 자유 공간 중을 빛의 속도로 전파될 때 단위 시간에 단위 면적을 지나는 에너지는 몇 [W/m²] 인가? (단, C는 빛의 속도를 나타낸다.)

① EH ② $\frac{1}{2}EH$

③ EH^2 ④ $E^2 H$

|정|답|및|해|설|

[포인팅 벡터] 전계 E와 자계 H가 공존하는 경우이므로

$w = \frac{1}{2}(\epsilon E^2 + \mu H^2)[J/m^2]$의 에너지가 존재한다.

단위 면적당 단위 시간에 통과하는 에너지(E, H의 전자계가 평면파를 이루고 C[m/s]의 속도로 전파될 경우)

$$P = \frac{1}{2}(\epsilon E^2 + \mu H^2) \cdot C[W/m^2]$$

$$C = \frac{1}{\sqrt{\epsilon\mu}}, \quad E = \sqrt{\frac{\mu}{\epsilon}} \cdot H \text{ 와 관계가 있으므로}$$

$$P = \frac{1}{\sqrt{\epsilon\mu}}\left\{ \frac{1}{2}\epsilon E\left(\sqrt{\frac{\mu}{\epsilon}}\,H\right) + \frac{1}{2}\mu H\left(\sqrt{\frac{\epsilon}{\mu}}\,E\right)\right\}$$

$$= EH\,[W/m^2]$$

진행 방향에 수직되는 단위 면적을 단위 시간에 통과하는 에너지를 포인팅(Poynting)벡터 또는 방사벡터라 하며

$P = E \times H = EH\sin\theta[W/m^2]$로 표현된다.

E와 H가 수직이므로 $P = E \cdot H[w/m^2]$ 이다. 【정답】①

12. 환상 솔레노이드의 자기인덕턴스[H]와 반비례 하는 것은?

① 철심의 투자율   ② 철심의 길이

③ 철심의 단면적   ④ 코일의 권수

|정|답|및|해|설|

[환상 솔레노이드의 자기인덕턴스] $L = \frac{\mu S N^2}{l} = \frac{N^2}{R_m}[H]$

여기서, L : 자기인덕턴스, μ : 투자율[H/m], N : 권수
S : 단면적[m²], l : 길이[m] 【정답】②

13. 공기 중에 선간거리 10[cm]의 평행 왕복 도선이 있다. 두 도선 간에 작용하는 힘이 4×10^{-6}[N/m] 이었다면 전선에 흐르는 전류는 몇 [A]인가?

① 1[A]   ② $\sqrt{2}$ [A]

③ $\sqrt{3}$ [A]   ④ 2[A]

|정|답|및|해|설|

[평행 두 도선 사이에 작용하는 힘]

$$F = \frac{\mu_0 I_1 I_2}{2\pi r} = \frac{2 I_1 I_2}{r} \times 10^{-7}[N/m] \qquad \rightarrow (\mu_0 = 4\pi \times 10^{-7})$$

$$F = \frac{2I^2}{r} \times 10^{-7} \rightarrow I^2 = \frac{F \cdot r}{2 \times 10^{-7}}$$

$$I = \sqrt{\frac{F \cdot r}{2 \times 10^{-7}}} = \sqrt{\frac{4 \times 10^{-6} \times 10 \times 10^{-2}}{2 \times 10^{-7}}} = \sqrt{2}\,[A]$$

【정답】②

14. 자기인덕턴스가 L_1, L_2이고 상호인덕턴스가 M인 두 회로의 결합계수가 1일 때, 다음 중 성립되는 식은?

① $L_1 \cdot L_2 = M$

② $L_1 \cdot L_2 < M^2$

③ $L_1 \cdot L_2 > M^2$

④ $L_1 \cdot L_2 = M^2$

|정|답|및|해|설|

[결합계수] $k = \dfrac{M}{\sqrt{L_1 L_2}}$ $\quad \rightarrow (M = k\sqrt{L_1 L_2}\,[H])$

결합계수 $k=1$이면 이상적인 결합이고, 누설자속이 없다.

$k=1$이면 $1 = \dfrac{M}{\sqrt{L_1 L_2}}$ $\quad \therefore M^2 = L_1 L_2$ 【정답】④

|참|고|

[결합계수($0 \leq k \leq 1$)]

1. $k=1$: 누설자속이 없다. 이상적 결합, 완전결합

2. $k=0$: 결합자속이 없다. 서로 간섭이 없다.

15. 어떤 콘덴서의에 비유전율 ϵ_s인 유전체로 채워져 있을 때의 정전용량 C와 공기로 채워져 있을 때의 정전용량 C_0의 비 $\left(\dfrac{C}{C_0}\right)$는?

① ϵ_s

② $\dfrac{1}{\epsilon_s}$

③ $\sqrt{\epsilon_s}$

④ $\dfrac{1}{\sqrt{\epsilon_s}}$

|정|답|및|해|설|

[정전용량] 유전체 $C = \dfrac{\epsilon S}{d} = \dfrac{\epsilon_0 \epsilon_s}{d}S$, 공기중 $C_0 = \dfrac{\epsilon_0 S}{d}$

$\therefore \dfrac{C}{C_0} = \dfrac{\dfrac{\epsilon_0 \epsilon_s \cdot S}{d}}{\dfrac{\epsilon_0 \cdot S}{d}} = \epsilon_s$ 【정답】①

16. 유전체에서의 변위전류에 대한 설명으로 틀린 것은?

① 변위전류가 주변에 자계를 발생시킨다.

② 변위전류의 크기는 유전율에 반비례한다.

③ 변위전류의 시간적 변화가 변위전류를 발생시킨다.

④ 유전체 중의 변위전류는 진공 중의 전계 변화에 의한 변위전류와 구속전자의 변위에 의한 분극전류와의 합니다.

|정|답|및|해|설|

[변위전류밀도] $i_d = \dfrac{I_d}{S} = \dfrac{\partial D}{\partial t} = \epsilon \dfrac{\partial E}{\partial t} = \epsilon_0 \dfrac{\partial E}{\partial t} + \dfrac{\partial P}{\partial t}[A/m^2]$

변위 전류는 시간적으로 변화하는 전속밀도에 의한 전류로서 전도 전류와 마찬가지로 그 주위에 자계를 발생시킨다.

변위전류는 유전율에 비례한다. 【정답】②

17. 두 전하 사이 거리의 세제곱에 비례하는 것은?

① 두 구전하 사이에 작용하는 힘

② 전기쌍극자에 의한 전계

③ 직선 저하에 의한 전계

④ 전하에 의한 전위

|정|답|및|해|설|

① 쿨롱의 법칙 $F = \dfrac{Q_1 Q_2}{4\pi \epsilon r^2}$ $\rightarrow \propto \dfrac{1}{r^2}$

② 전계 $E = \dfrac{M\sqrt{1+3\cos^2\theta}}{4\pi \epsilon_0 r^3}[V/m]$ $\rightarrow \propto \dfrac{1}{r^3}$

③ 전위 $E = \dfrac{\rho l}{2\pi \epsilon r}[V]$ $\rightarrow \propto \dfrac{1}{r}$

④ 전위 $V = \dfrac{Q}{4\pi \epsilon r}$ $\rightarrow \propto \dfrac{1}{r}$

※ 만약 거리의 세제곱에 **반비례**하는 것이라면 ②번이 정답

【정답】전항정답

18. 그림과 같이 권수가 1이고 반지름 a[m]인 원형 $I[A]$가 만드는 자계의 세기[AT/m]는?

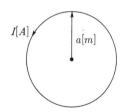

① $\dfrac{I}{a}$

② $\dfrac{I}{2a}$

③ $\dfrac{I}{3a}$

④ $\dfrac{I}{4a}$

|정|답|및|해|설|

[원형 코일 중심의 자계의 세기] $H = \dfrac{IN}{2a}[AT/m]$

$x=0$, $N=1$ $\rightarrow H_0 = \dfrac{I}{2a}[AT/m]$

여기서, x : 원형 코일 중심에서 떨어진 거리

N : 권수, a : 반지름, I : 전류 【정답】②

1. 반원형($N=\frac{1}{2}$) 중심에서 자계의 세기 $H=\frac{I}{2r}\times\frac{1}{2}=\frac{I}{4r}$[A T/m]

2. $\frac{3}{4}$원($N=\frac{3}{4}$) 중심에서 자계의 세기 $H=\frac{I}{2r}\times\frac{3}{4}=\frac{3I}{8r}$[A T/m]

19. 자성체에 대한 자화의 세기를 정의한 것으로 틀린 것은?

① 자성체의 단위 체적당 자기모멘트

② 자성체의 단위 면적당 자화된 자하량

③ 자성체의 단위 면적당 자화선의 밀도

④ 자성체의 단위 면적당 자기력선의 밀도

|정|답|및|해|설|

[자화의 세기] $J=\frac{M}{v}=\frac{m\cdot l}{S\cdot l}=\frac{m}{S}$[$Wb/m^2$]

여기서, S : 자성체의 단면적[m²], m : 자화된 자기량[Wb]

l : 자성체의 길이[m], v : 자성체의 체적[m³]

M : 자기모멘트($M=ml$[Wb • m])

면적당 자하(극)량 또는 면적당 자화선의 밀도로 표기

【정답】④

20. 정사각형 회로의 면적을 3배로, 흐르는 전류를 2배로 증가시키면 정사각형의 중심에서의 자계의 세기는 약 몇 [%]가 되는가?

① 47

② 115

③ 150

④ 225

|정|답|및|해|설|

[정사각형 중심 자계] $H=\frac{2\sqrt{2}I}{\pi l}$ → (l : 한 변의 길이)

한 변이 l인 정사각형의 면적 l^2, 즉 $S=l^2$

면적이 3배면 정사각형 $3S=(\sqrt{3}l)^2$이므로 길이 $l=\sqrt{3}$ 배이다.

$\therefore H=\frac{2\sqrt{2}I}{\pi l}=\frac{2\sqrt{2}\cdot I\cdot 2}{\pi l\cdot\sqrt{3}}$ → $\frac{2}{\sqrt{3}}=1.15\times100=115$[%]

|참|고|

[정 n각형 중심의 자계의 세기]

1. $n=3$: $H=\frac{9I}{2\pi l}$[AT/m]

2. $n=6$: $H=\frac{\sqrt{3}I}{\pi l}$[AT/m]

【정답】②

21. 전압이 일정값 이하로 되었을 때 동작하는 것으로서 단락시 고장 검출용으로 사용되는 계전기는?

① OVR

② OVGR

③ NSR

④ UVR

|정|답|및|해|설|

[보호계전기]

① 과전압 계전기(OVR) : 전압이 일정값 초과 시 동작

② 지락과전압계전기(OVGR) : 지락 발생 시 영상전압을 검출하기 위해사용

④ 부족전압 계전기(UVR) : 전압이 **일정값 이하 시 동작**

【정답】④

22. 반동수차의 일종으로 주요 부분은 러너, 안내날개, 스피드링 및 흡출관 등으로 되어 있으며 50~500[m] 정도의 중낙차 발전소에 사용되는 수차는?

① 카플란 수차

② 프란시스 수차

③ 펠턴 수차

④ 튜블러 수차

|정|답|및|해|설|

[수차의 종류]

1. 고낙차용 (300[m] 이상) : 펠톤 수차

2. 중낙차용

  ·프란시스 수차 : 낙차 30~300[m]

  ·프로펠러 수차 : 저낙차 40[m] 이하

3. 최저 낙차 (15[m] 이하) : 튜블러수차   【정답】②

23. 페란티현상이 발생하는 주된 원인은?

① 선로의 저항

② 선로의 인덕턴스

③ 선로의 정전용량

④ 선로의 누설콘덕턴스

|정|답|및|해|설|

[페란티 현상] 선로의 정전용량으로 인하여 무부하시나 경부하시 진상전류가 흘러 수전단전압이 송전단전압보다 높아지는 현상을 말한다. 페란티 현상은 지상무효전력을 공급하여 방지할 수가 있다.

【정답】③

24. 전력계통의 경부하시나 또는 다른 발전소의 발전 전력에 여유가 있을 때, 이 잉여전력을 이용하여 전동기로 펌프를 돌려서 물을 상부의 저수지에 저장하였다가 필요에 따라 이 물을 이용해서 발전하는 발전소는?

① 조력 발전소   ② 양수식 발전소

③ 유역변경식 발전소   ④ 수로식 발전소

|정|답|및|해|설|
[양수식 발전소] 양수식 발전소에는 다음의 두 종류가 있다.]
1. 혼합식 : 자연 유입량의 부족분만을 하부 저수지로부터 양수함
2. 순양수식 : 자연 유입량 없이 양수된 수량만으로 발전함
【정답】②

25. 열의 일당량에 해당되는 단위는?

① kcal/kg   ② kg/cm^2

③ kcal/m^3 ④ kg・m/kcal

|정|답|및|해|설|
[열의 일당량] 1[kcal] 당 몇 주울[J]의 일을 하는가이다.
즉, [J/kcal]=[kg・m/kcal]   →   [J]=[kg・m]
※일의 열당량 : [kcal/kg・m] 　　　　　　　　　【정답】④

26. 가공전선을 단도체식으로 하는 것보다 같은 단면적의 복도체식으로 하였을 경우 옳지 않은 것은?

① 전선의 인덕턴스가 감소된다.
② 전선의 정전용량이 감소된다.
③ 코로나 손실이 적어진다.
④ 송전용량이 증가한다.

|정|답|및|해|설|
[복도체 방식의 특징]
・전선의 인덕턴스가 감소하고 정전용량이 증가되어 선로의 송전 용량이 증가하고 계통의 안정도를 증진시킨다.
・전선 표면의 전위 경도가 저감되므로 코로나 임계 전압을 높일 수 있고 코로나 손, 코로나 잡음 등의 장해가 저감된다.
・복도체에서 난락시는 모든 소도체에는 동일 방향으로 전류가 흐르므로 흡인력이 생긴다. 　　　　　　　【정답】②

27. 연가의 효과로 볼 수 없는 것은?

① 선로정수의 평형

② 대지정전용량의 감소

③ 통신선의 유도장해의 감소

④ 직렬 공진의 방지

|정|답|및|해|설|
[연가의 효과]
・선로정수평형 (L, C 평형)
・대지정전용량 증가
・소호리액터 접지 시 직렬공진방지
・통신유도장해 감소 　　　　　　　　　　　　　　【정답】②

28. 발전기나 변압기의 내부고장 검출로 주로 이용되는 계전기는?

① 역상계전기   ② 과전압 계전기

③ 과전류 계전기   ④ 비율차 동계전기

|정|답|및|해|설|
[변압기 내부고장 검출용 보호 계전기]
・차동계전기(비율차동 계전기)
・압력계전기
・부흐홀츠 계전기
・가스 검출 계전기 　　　　　　　　　　　　　【정답】④

29. 송전선로에서 역섬락을 방지하는 가장 유효한 방법은?

① 피뢰기를 설치한다.

② 가공지선을 설치한다.

③ 소호각을 설치한다.

④ 탑각 접지저항을 작게 한다.

|정|답|및|해|설|
[역섬락] 역섬락은 철탑의 탑각 접지 저항이 커서 뇌서지를 대지로 방전하지 못하고 선로에 뇌격을 보내는 현상이다.
・역섬락을 방지하기 위해서는 탑각 접지저항을 작게 해야 한다.
・이를 위해 매설지선 설치한다. 　　　　　　　【정답】④

30. 교류 송전방식과 직류 송전방식을 비교했을 때 교류 송전방식의 장점에 해당되는 것은?

① 전압의 승압, 강압 변경이 용이하다.
② 절연계급을 낮출 수 있다.
③ 송전효율이 좋다.
④ 안정도가 좋다.

|정|답|및|해|설|--------------------------------

[교류송전의 특징]
· 승압, 강압이 용이하다.
· 회전자계를 얻기가 용이하다.
· 통신선 유도장해가 크다.
[직류송전의 특징]
· 차단 및 전압의 변성이 어렵다.
· 리액턴스 손실이 적다
· 리액턴스의 영향이 없으므로 안정도가 좋다(즉, 역률이 항상 1이다).
　　　→ (주파수가 0이므로 $X_L = 2\pi f L = 0$)
· 절연 레벨을 낮출 수 있다. 　　　【정답】①

31. 단상 2선식의 교류 배전선이 있다. 전선 한 줄의 저항은 0.15[Ω], 리액턴스는 0.25[Ω]이다. 부하는 순저항부하이고 100[V], 3[kW]일 때 급전점의 전압은 약 몇 [V]인가?

① 100　　② 110　　③ 120　　④ 130

|정|답|및|해|설|--------------------------------

[송전단전압(급전점의 전압)] $V_s = V_r + e$
　　　→ (전압강하 $e = 2I(R\cos\theta + X\sin\theta)$)
순저항부하(무유도성) $\cos\theta = 1$, $\sin\theta = 0$이므로
$V_s = V_r + 2I(R\cos\theta + X\sin\theta) = 100 + 2 \times \dfrac{3,000}{100} \times 0.15 = 109[V]$
　　　→ $(I = \dfrac{P}{V}[A])$
　　　【정답】②

32. 다음 중 송·배전선로의 진동의 방지대책에 사용되지 않는 기구는?

① 댐퍼　　　　　② 조임쇠
③ 클램프　　　　④ 아머로드

|정|답|및|해|설|--------------------------------

[전선의 진동 방지용 기구]
① 댐퍼 : 전선의 진동을 방지한다.
③ 클램프 : 전선과 애자를 연결하여 진동을 작게 한다.
④ 어머로드 : 진동에 의한 단선을 방지한다.
※② 조임쇠 : 전선의 텐션을 조절해 주는 기구　　【정답】②

33. 반한시성 과전류계전기의 전류–시간 특성에 대한 설명 중 옳은 것은?

① 계전기 동작시간은 전류값의 크기와 비례한다.
② 계전기 동작시간은 전류의 크기와 관계없이 일정하다.
③ 계전기 동작시간은 전류값의 크기와 반비례한다.
④ 계전기 동작시간은 전류값의 크기의 제곱에 비례한다.

|정|답|및|해|설|--------------------------------

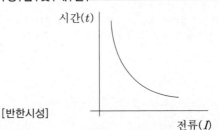

[반한시성]

반한시성은 고장전류가 클수록 빨리 동작하는(동작하는 시간이 짧은) 계전기이다.
※1. 정한시 : 일정 시간 이상이면 동작
　2. 순한시 : 고속 차단
　3. 정·반한시 : 정한시, 반한시 특성을 이용
　　　【정답】③

34. 지상부하를 가진 3상3선식 배전선로 또는 단거리 송전선로에서 선간 전압강하를 나타낸 식은? (단, I, R, X, θ는 각각 수전단 전류, 선로저항, 리액턴스 및 수전단 전류의 위상각이다.)

① $I(R\cos\theta + X\sin\theta)$

② $2I(R\cos\theta + X\sin\theta)$

③ $\sqrt{3}\,I(R\cos\theta + X\sin\theta)$

④ $3I(R\cos\theta + X\sin\theta)$

|정|답|및|해|설|--------------------------------

[3상3선 전압강하] $e_3 = \sqrt{3}\,I(R\cos\theta + X\sin\theta)$
· $I(R\cos\theta + X\sin\theta)$　　　→ 1∅2w(저항값을 왕복선)
· $2I(R\cos\theta + X\sin\theta)$　　　→ 1∅2w(저항값을 한가닥의 저항값)
　　　【정답】③

35. 단락전류를 제한하기 위하여 사용되는 것은?

① 현수애자 ② 사이리스터

③ 한류리액터 ④ 직렬콘덴서

|정|답|및|해|설|

[한류 리액터] 한류 리액터는 선로에 직렬로 설치한 리액터로 단락전류를 경감시켜 차단기 용량을 저감시킨다.

|참|고|

[리액터]
1. 소호리액터 : 지락 시 지락전류 제한
2. 병렬(분로)리액터 : 페란티 현상 방지, 충전전류 차단
3. 직렬리액터 : 제5고조파 방지
4. 병렬(분로)리액터 : 차단기 용량의 경감(단락전류 제한)

【정답】③

36. 어느 변전설비의 역률을 60[%]에서 80[%]로 개선하는데 2800[kVA]의 전력용 커패시터가 필요하였다. 이 변전설비의 용량은 몇 [kW]인가?

① 4800 ② 5000

③ 5400 ④ 5800

|정|답|및|해|설|

[역률 개선용 콘덴서 용량(Q)]

$$Q = P(\tan\theta_1 - \tan\theta_2) = P\left(\frac{\sin\theta_1}{\cos\theta_1} - \frac{\sin\theta_2}{\cos\theta_2}\right)$$

$$= P\left(\frac{\sqrt{1-\cos^2\theta_1}}{\cos\theta_1} - \frac{\sqrt{1-\cos^2\theta_2}}{\cos\theta_2}\right)$$

여기서, $\cos\theta_1$: 개선 전 역률, $\cos\theta_2$: 개선 후 역률

$$2800 = P\left(\frac{0.8}{0.6} - \frac{0.6}{0.8}\right) \rightarrow P = 4800[kW]$$ 【정답】①

37. 교류 단상 3선식 배전방식을 교류 단상 2선식에 비교하면?

① 전압강하가 크고, 효율이 낮다.

② 전압강하가 작고, 효율이 낮다.

③ 전압강하가 작고, 효율이 높다.

④ 전압강하가 크고, 효율이 높다.

|정|답|및|해|설|

[배전방식의 비교]

· 전압강하 $e = \frac{1}{V} = \frac{1}{2}$

· 전력손실 $P_l = \frac{1}{V^2} = \frac{1}{4}$

따라서 전압강하가 작고, 효율이 높다. 【정답】③

38. 배전선로의 전압을 $\sqrt{3}$ 배로 증가시키고 동일한 전력손실률로 송전할 경우 송전전력은 몇 배로 증가되는가?

① $\sqrt{3}$ ② $\frac{3}{2}$

③ 3 ④ $2\sqrt{3}$

|정|답|및|해|설|

[동일한 전력 손실률일 경우] $P \propto V^2$

전력은 전압의 제곱에 비례하므로

$$\frac{P'}{P} = \left(\frac{V'}{V}\right)^2 \rightarrow P' = \left(\frac{\sqrt{3}}{1}\right)^2 P = 3P$$ 【정답】③

39. 주상 변압기의 2차 측 접지는 어느 것에 대한 보호를 목적으로 하는가?

① 1차 측의 단락

② 2차 측의 단락

③ 2차 측의 전압강하

④ 1차 측과 2차 측의 혼촉

|정|답|및|해|설|

[변압기 2차 측 접지 목적] 주상변압기 1차와 2차 혼촉 시 2차 측의 전위 상승 억제 【정답】④

40. 100[MVA]의 3상 변압기 2뱅크를 가지고 있는 배전용 2차 측의 배전선에 시설할 차단기 용량 [MVA]은? (단, 변압기는 병렬로 운전되며, 각각 %Z는 20[%]이고, 전원의 임피던스는 무시한다.)

① 1000 ② 2000

③ 3000 ④ 4000

|정|답|및|해|설|

[차단기용량] $P_s = \frac{100}{\%Z}P$

$$P_s = \frac{100}{\%Z}P = \frac{100}{10} \times 100 = 1000[MVA]$$ 【정답】①

41. 단상 다이오드 반파 정류회로인 경우 정류 효율은 약 몇 [%]인가? (단, 저항부하인 경우이다.)

① 12.6 ② 40.6

③ 60.6 ④ 81.2

|정|답|및|해|설|

[정류효율(단상반파)] $\eta_r = \left(\dfrac{2}{\pi}\right)^2$

$\rightarrow \left(\eta_r = \dfrac{\text{부하에 공급된 직류전력}}{\text{교류 입력전력}} \times 100\right)$

$= \left(\dfrac{I_d}{I}\right)^2 = \left(\dfrac{\frac{I_m}{\pi}}{\frac{I_m}{2}}\right)^2 = \left(\dfrac{2}{\pi}\right)^2$

$\therefore \eta_r = \left(\dfrac{2}{\pi}\right)^2 = 0.406 \times 100 = 40.6[\%]$ 【정답】②

|참|고|

[각 정류 회로의 특성]

정류 종류	단상반파	단상전파	3상반파	3상전파
맥동률[%]	121	48	17.7	4.04
정류효율	40.6 $\left(\dfrac{4}{\pi^2} \times 100\right)$	81.1 $\left(\dfrac{8}{\pi^2} \times 100\right)$	96.7	99.8
맥동주파수	f	$2f$	$3f$	$6f$

42. 직류발전기를 병렬운전에서 균압모선을 필요로 하지 않는 것은?

① 분권발전기 ② 직권발전기

③ 평복권발전기 ④ 과복권발전기

|정|답|및|해|설|

[균압선의 목적]

·병렬운전을 안정하게 하기 위하여 설치하는 것

·일반적으로 직권 및 복권 발전기에는 직권 계자 코일에 흐르는 전류에 의하여 병렬 운전이 불안정하게 되므로 균압선을 설치하여 직권 계자 코일에 흐르는 전류를 분류하게 된다. 【정답】①

43. 직류 분권전동기의 정격전압 220[V], 정격전류 105[A], 전기자저항 및 계자회로의 저항이 각각 0.1[Ω] 및 40[Ω]이다. 기동전류를 정격전류의 150[%]로 할 때의 기동저항은 약 몇 [Ω]인가?

① 0.46 ② 0.92

③ 1.21 ④ 1.35

|정|답|및|해|설|

[기동시 전기자저항] 기동시 전기자저항=전기자저항+기동저항

계자전류 $I_f = \dfrac{V}{R_f} = \dfrac{220}{40} = 5.5[A]$

기동전류는 정격의 150[%]

기동전류 $= 105 \times 1.5 = 157.5[A]$

기동시 전기자전류 $I_a = I - I_f = 157.5 - 5.5 = 152[A]$

$R_a + R_s = \dfrac{V}{I_a} = \dfrac{220}{152} = 1.45[\Omega]$

기동저항 $R_s = 1.45 - R_a = 1.45 - 0.1 = 1.35[\Omega]$

【정답】④

44. 3상 유도전동기의 전원 측에서 임의의 2선을 바꾸어 접속하여 운전하면?

① 회전방향이 반대가 된다.

② 회전방향은 불변이나 속도가 약간 떨어진다.

③ 즉각 정지된다.

④ 바꾸지 않았을 때와 동일하다.

|정|답|및|해|설|

[역상제동] 3상 유도전동기의 경우 3선 중 임의의 2선의 접속을 반대로 하면 회전계자의 방향이 반대로 되어 운전한다. 주로 급제동시에 많이 사용한다. 【정답】①

45. 전기자저항과 계자저항이 각각 0.8[Ω]인 직류 직권전동기가 회전수 200[rpm], 전기자전류 30[A] 일 때 역기전력은 300[V]이다. 이 전동기의 단자전압을 500[V]로 사용한다면 전기자전류가 위와 같은 30[A]로 될 때의 속도[rpm]는? (단, 전기자반작용, 마찰손, 풍손 및 철손은 무시한다.)

① 200 ② 301 ③ 452 ④ 500

|정|답|및|해|설|

[직권전동기의 회전수] $N = \dfrac{k}{\varnothing} \cdot E_c$

$\rightarrow (E_c : \text{역기전력}, \ k = \dfrac{a}{pz})$

·단자전압 $V = E_c + I_a(R_a + R_s) = 300 + 30(0.8 + 0.8) = 348[V]$

$N = k\dfrac{E_c}{\varnothing} \rightarrow \dfrac{k}{\varnothing} = \dfrac{N}{E_c} = \dfrac{200}{300}$

·변경 후의 역기전력

$E_c' = V - I_a(R_a + R_s) = 500 - 30(0.8 + 0.8) = 452[V]$

$\therefore N = \dfrac{k}{\varnothing} \cdot E_c' = \dfrac{200}{300} \times 452 = 301[rpm]$ 【정답】②

46. 수은 정류기에 있어서 정류기의 밸브작용이 상실 되는 현상을 무엇이라고 하는가?

① 통호   ② 실호

③ 역호   ④ 점호

|정|답|및|해|설|

[역호] 음극에 대해 부전위로 있는 양극에 어떠한 원인에 의해 음극 점이 형성되어 정류기의 밸브 작용이 상실되어 버리는 현상
【정답】③

|참|고|

① 통호(Arc-through) : 수은 정류기가 지나치게 방전되는 현상(아크 유출)
② 실호(Misfiring) : 수은 정류기 양극의 점호가 실패하는 현상(점호 실패)

47. 3상 유도전동기의 전원주파수와 전압의 비가 일 정하고 정격속도 이하로 속도를 제어하는 경우 전동기의 출력 P와 주파수 f와의 관계는?

① $P \propto f$ ② $P \propto \dfrac{1}{f}$

③ $P \propto f^2$ ④ P는 f에 무관

|정|답|및|해|설|

[유도전동기 토크]

$$T = \frac{P_0}{2\pi\frac{N}{60}} = \frac{P_0}{\frac{2\pi}{60}(1-s)N_s} = \frac{P_0}{(1-s)\frac{2\pi}{60}\times\frac{120}{p}f}$$

$$\rightarrow (N = N_s(1-s), \ N_s : 동기속도)$$

$$= \frac{P_0}{(1-s)\frac{4\pi f}{p}}[N\cdot m]$$

출력 $P_0 = (1-s)\dfrac{4\pi f}{p}T \ \rightarrow \ \therefore P_0 \propto f$ 　【정답】①

48. SCR에 대한 설명으로 옳은 것은?

① 증폭기능을 갖는 단방향성 3단자 소자이다.

② 제어기능을 갖는 양방향성 3단자 소자이다.

③ 정류기능을 갖는 단방향성의 3단 소자이다.

④ 스위칭기능을 갖는 양방향성의 3단자 소자이다.

|정|답|및|해|설|

[SCR] SCR은 정류기능을 갖는 단일방향성 3단자 소자(PNPN4층 구조)로서 게이트에 (+)의 트리거 펄스가 인가되면 on상태로 되어 정류 작용이 되고, 일단 on되면 게이트 전류를 차단해도 주전류는 차단되지 않는다. 　【정답】③

49. 유도전동기의 주파수 60[Hz]이고 전부하에서 회전수 가 매분 1164회이면 극수는? (단, 슬립은 3[%]이다.)

① 4   ② 6   ③ 8   ④ 10

|정|답|및|해|설|

[유도전동기의 회전자속도] $N = (1-s)N_s = \dfrac{120f}{p}(1-s)$[rpm]

슬립 $s = \dfrac{N_s - N}{N_s} \times 100$

동기속도 $N_s = \dfrac{N}{1 - \dfrac{s}{100}} = \dfrac{1164}{1 - 0.03} = 1200[rpm]$

$N_s = \dfrac{120f}{p} \quad \therefore p = \dfrac{120f}{N_s} = \dfrac{120\times60}{1200} = 6[극]$

여기서, s : 슬립, p : 극수, f : 주파수 　【정답】②

50. 동기기의 과도 안정도를 증가시키는 방법이 아닌 것?

① 속응여자방식 채용

② 동기 탈조계전기를 사용

③ 동기화 리액턴스를 작게 한다.

④ 회전자의 플라이휠 효과를 작게 한다.

|정|답|및|해|설|

[동기기의 안정도 향상 대책]
· 계통의 직렬 리액턴스 감소
· 전압 변동률을 적게 한다(속응 여자 방식 채용, 계통의 연계, 중간 조상 방식).
· 계통에 주는 충격을 적게 한다(적당한 중성점 접지 방식, 고속 차단 방식, 재폐로 방식).
· 고장 중의 발전기 돌입 출력의 불평형을 적게 한다.
※④ 회전자의 플라이휠 효과를 크게 한다. 　【정답】④

51. 전압비 3300/110[V], 1차 누설임피던스 $Z_1 = 12 + j13[\Omega]$, 2차 누설임피던스 $Z_2 = 0.015 + j0.013[\Omega]$인 변압기가 있다. 1차로 환산된 등가임피던스[Ω]는?

① $25.5 + j24.7$ ② $25.5 + j22.7$

③ $24.7 + j25.5$ ④ $22.7 + j25.5$

|정|답|및|해|설|

[등가임피던스=전체임피던스] $Z_1{}' = Z_1 + a^2 Z_2$

· 권수비 $a = \dfrac{E_1}{E_2} = \dfrac{3300}{110} = 30$

· 1차로 환산한 등가임피던스 $Z_1{}'$

$Z_1{}' = Z_1 + a^2 Z_2 = 12 + j13 + 30^2 \times (0.015 + j0.013)$

$= 25.5 + j24.7[\Omega]$ 　【정답】①

52. 동기발전기의 단자 부근에서 단락이 일어났다고 할 때 단락전류에 대한 설명으로 옳은 것은?

① 서서히 증가한다.

② 발전기는 즉시 정지한다.

③ 일정한 큰 전류가 흐른다.

④ 처음은 큰 전류가 흐르나 점차로 감소한다.

|정|답|및|해|설|

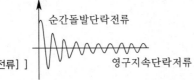

[단락전류]

평형 3상 전압을 유기하고 있는 발전기의 단자를 갑자기 단락하면 단락 초기에 전기자 반작용이 순간적으로 나타나지 않기 때문에 막대한 과도 전류가 흐르고, 수초 후에는 영구 단락 전류값에 이르게 된다. **【정답】④**

53. 변압기의 임피던스와트와 임피던스전압을 구하는 시험은?

① 충격전압시험 　② 부하시험

③ 무부하시험 　④ 단락시험

|정|답|및|해|설|

[단락시험] 변압기의 단락시험으로는 임피던스 전압과 전력을 측정하여 임피던스, 동손(임피던스 와트), 임피던스 전압, 권선의 저항을 구할 수가 있다.

※무부하 시험으로는 철손, 무부하전류(여자전류), 여자 어드미턴스 등을 구할 수가 있다. **【정답】④**

54. 어떤 공장에 뒤진 역률 0.8인 부하가 있다. 이 선로에 무효전력보상장치(동기조상기)를 병렬로 결선해서 선로의 역률을 0.95로 개선하였다. 개선 후 전력의 변화에 대한 설명으로 틀린 것은?

① 피상전력과 유효전력은 감소한다.

② 피상전력과 무효전력은 감소한다.

③ 피상전력은 감소하고 유효전력은 변화가 없다.

④ 무효전력은 감소하고 유효전력은 변화가 없다.

|정|답|및|해|설|

[역률개선] 역률 개선은 무효전력(P_r)을 줄이는 것

역률 $\cos\theta = \dfrac{P}{P_a} = \dfrac{P}{\sqrt{P^2+P_r^2}}$ → (피상전력 $P_a = \sqrt{P^2+P_r^2}$)

따라서 무효전력과 피상전력은 줄고, 유효전력은 변하지 않는다. **【정답】①**

55. 기동 시 정류자의 불꽃으로 라디오의 장해를 주며 단락장치의 고장이 일어나기 쉬운 전동기는?

① 직류 직권전동기

② 단상 직권전동기

③ 반발기동형 단상유도전동기

④ 세이딩코일형 단상유도전동기

|정|답|및|해|설|

[반발기동형 단상유도전동기] 반발기동형 단상유도전동기는 기동 시에 반발전동기(정류자전동기)로서 기동하므로, 직권전동기와 같은 큰 기동토크를 내지만, 기동시 정류자의 불꽃으로 단락장치의 고장이 일어나기 쉽다. **【정답】③**

56. 8극, 유도기전력 100[V], 전기자전류 200[A]인 직류 발전기의 전기자 권선을 중권에서 파권으로 변경했을 경우의 유도기전력과 전기자전류는?

① 100[V], 200[A] 　② 200[V], 100[A]

③ 400[V], 50[A] 　④ 800[V], 25[A]

|정|답|및|해|설|

[유도기전력] $E = \dfrac{pz\varnothing}{a} \cdot \dfrac{N}{60}$

· 중권 　→ 파권

· $a = p = 8$ 　→ 　$a = 2$

· $E = 100[V]$ 　→ 　$E' = ?$

· $I_a = 200[A]$ 　→ 　$I_a' = ?$

$a = \dfrac{2}{8} = \dfrac{1}{4}$ 배 감소

E'는 병렬 회로수 a와 반비례하므로 4배 증가해서 400[V]

$I = \dfrac{I_a}{a} = \dfrac{200}{8} = 25[A]$ → $I_a' = 2I = 2 \times 25 = 50[A]$

【정답】③

57. 8극, 50[kW], 3300[V], 60[Hz]인 3상 권선형 유도전동기의 전부하 슬립이 4[%]라고 한다. 이 전동기의 슬립링 사이에 0.16[Ω]의 저항 3개를 Y로 삽입하면 전부하 토크를 발생할 때의 회전수[rpm]는? (단, 2차 각상의 저항은 0.04[Ω]이고, Y접속이다.)

① 660　　　　　② 720

③ 750　　　　　④ 880

|정|답|및|해|설|

[회전자속도(외부저항 삽입 시)] $N = N_s(1-s)$ → $(s \propto r_2)$

2차저항 $r_2 = 0.04[\Omega]$

$r_2' = r_2 + R = 0.04 + 0.16 = 0.2$　→ (외부 저항 삽입시의 2차저항)

$\dfrac{r_2'}{r_2} = \dfrac{0.2}{0.04} = 5$배　→　$s' \propto r_2'$

∴외부저항 삽입시의 회전자속도

$N' = N_s(1-s') = \dfrac{120f}{p}(1-5s)$　→ (동기속도 $N_s = \dfrac{120f}{p}$)

$= \dfrac{120 \times 60}{8}(1-5 \times 0.04) = 720$

【정답】②

58. %임피던스 강하가 5[%]인 변압기가 운전 중 단락되었을 때 단락전류는 정격전류의 몇 배인가?

① 10　　　　　② 15

③ 20　　　　　④ 25

|정|답|및|해|설|

[%임피던스] $\%Z = \dfrac{I_n}{I_s} \times 100[\%]$　→ (I_n : 정격전류)

∴ $I_s = \dfrac{V}{Z} = \dfrac{100}{\%Z} I_n = \dfrac{100}{5} I_n = 20 I_n [A]$

|참|고|

[정격전류(I_n)가 주어지지 않을 경우]

1. 단상 : $I_n = \dfrac{P}{V}[A]$

2. 3상 : $I_n = \dfrac{P}{\sqrt{3}\,V}[A]$

【정답】③

59. 변압기에서 1차 측의 여자어드미턴스를 Y_0라고 한다. 2차 측으로 환산한 여자어드미턴스 Y_0'을 옳게 표현한 것은?

① $Y_0' = a^2 Y_0$　　　② $Y_0' = a Y_0$

③ $Y_0' = \dfrac{Y_0}{a^2}$　　　④ $Y_0' = \dfrac{Y_0}{a}$

|정|답|및|해|설|

[권수비] $a = \sqrt{\dfrac{Z_1}{Z_2}} = \sqrt{\dfrac{\dfrac{1}{Y_0}}{\dfrac{1}{Y_0'}}} = \sqrt{\dfrac{Y_0'}{Y_o}}$

$a^2 = \dfrac{Y_0'}{Y_0}$　→ $Y_0' = a^2 Y_0$

【정답】①

60. 3상 동기기의 제동권선을 사용하는 주 목적은?

① 출력이 증가한다.　② 효율이 증가한다.

③ 역률을 개선한다.　④ 난조를 방지한다.

|정|답|및|해|설|

[제동권선의 역할]

·난조 방지

·기동토크 발생

·불평형 부하시의 전류, 전압 파형 개선

·송전선의 불평형 단락시의 이상 전압 방지

【정답】④

61. $Z = 5\sqrt{3} + j5[\Omega]$인 3개의 임피던스를 Y결선하여 250[V]의 대칭 3상 전원에 연결하였다. 이때 소비되는 유효전력[W]은?

① 3125　　　　② 5413

③ 6250　　　　④ 7120

|정|답|및|해|설|

[유효전력] $P = 3 V_p I_p \cos\theta = \sqrt{3}\, V_l I_l \cos\theta = 3 I_l^2 R [W]$

임피던스의 크기 $|Z| = \sqrt{(5\sqrt{3})^2 + 5^2} = 10[\Omega]$

$I = \dfrac{V_p}{Z} = \dfrac{V_l}{\sqrt{3}\,Z} = \dfrac{250}{\sqrt{3} \times 10} = \dfrac{25}{\sqrt{3}}[W]$

$P = 3 I_p^2 R = 3 \times \left(\dfrac{25}{\sqrt{3}}\right)^2 \times 5\sqrt{3} = 5413[W]$

【정답】②

62. 그림과 같은 회로의 전달함수는? (단, 초기 조건은 0이다.)

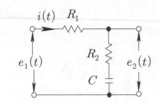

① $\dfrac{R_2 + Cs}{R_1 + R_2 + Cs}$ ② $\dfrac{R_1 + R_2 + Cs}{R_1 + Cs}$

③ $\dfrac{R_2 Cs + 1}{R_2 Cs + R_1 Cs + 1}$ ④ $\dfrac{R_1 Cs + R_2 Cs + 1}{R_2 Cs + 1}$

|정|답|및|해|설|

[직렬 전달함수] $G(s) = \dfrac{\text{출력 임피던스}}{\text{입력임피던스}}$

1. 전류 흐르는 길이 한 길이므로 직렬 → 임피던스
2. $R = Z$, C에 대한 임피던스 $\dfrac{1}{Cs}$

$\therefore G(s) = \dfrac{\text{출력 임피던스}}{\text{입력임피던스}}$

$= \dfrac{R_2 + \dfrac{1}{Cs}}{R_1 + R_2 + \dfrac{1}{Cs}} = \dfrac{R_2 Cs + 1}{(R_1 + R_2)Cs + 1}$

【정답】③

63. 그림과 같은 회로에서 스위치 S를 $t = 0$에서 닫았을 때 $(V_L)_{t=0} = 100[V]$, $\left(\dfrac{di}{dt}\right)_{t=0} = 400[A/s]$이다. $L[H]$의 값은?

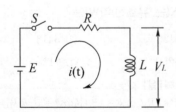

① 0.75 ② 0.5 ③ 0.25 ④ 0.1

|정|답|및|해|설|

[패러데이의 법칙] $V_L = L\dfrac{di}{dt}[V]$

$100 = L \times 400 \rightarrow \therefore L = \dfrac{100}{400} = 0.25[H]$

【정답】③

64. $r_1[\Omega]$인 저항에 $r[\Omega]$인 가변저항이 연결된 그림과 같은 회로에서 전류 I를 최소로 하기 위한 저항 $r_2[\Omega]$는? (단, $r[\Omega]$은 가변저항의 최대 크기이다.)

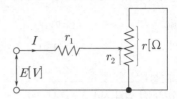

① $\dfrac{r_1}{2}$ ② $\dfrac{r}{2}$

③ r_1 ④ r

|정|답|및|해|설|

[전류] 전류 I가 최소가 되기 위해서는 합성저항 R_0가 최대가 되어야 하므로, 병렬에서 합성저항이 최대가 되려면 $\dfrac{r}{2}$ 이 되어야 한다.

【정답】②

65. 전류의 대칭분이 $I_0 = -2 + j4[A]$, $I_1 = 6 - j5[A]$, $I_2 = 8 + j10[A]$일 때 3상전류 중 a상 전류(I_a)의 크기 $|I_a|$는 몇 [A]인가? (단, I_0는 영상분이고, I_1은 정상분이고, I_2는 역상분이다.)

① 9 ② 12
③ 15 ④ 19

|정|답|및|해|설|

[a상의 전류] $I_a = I_0 + I_1 + I_2$

$I_a = I_0 + I_1 + I_2 = -2 + j4 + 6 - j5 + 8 + j10 = 12 + j9$

$\therefore$ 크기 $|I_a| = \sqrt{12^2 + 9^2} = 15[A]$ 【정답】③

66. 다음과 같은 회로에서 V_a, V_b, $V_c[V]$를 평형 3상 전압라고 할 때 전압 $V_o[V]$은?

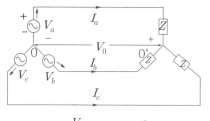

① 0   ② $\dfrac{V_1}{3}$ ③ $\dfrac{2}{3}V_1$ ④ V_1

|정|답|및|해|설|⋯⋯⋯⋯⋯⋯⋯⋯⋯

[중성점 전압] $V_0 = \dfrac{1}{3}(V_1 + V_2 + V_3)$

3상 평형인 경우 $V_1 + V_2 + V_3 = 0$이므로 중성선의 전압은 0이 된다.

【정답】①

67. $9[\Omega]$과 $3[\Omega]$이 저항 각 6개를 그림과 같이 연결하였을 때 a, b 사이의 합성저항을 몇 $[\Omega]$인가?

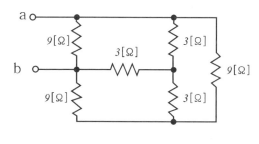

① 9   ② 4   ③ 3   ④ 2

|정|답|및|해|설|⋯⋯⋯⋯⋯⋯⋯⋯⋯

[합성저항]

1. $3[\Omega]$ Y결선을 등가인 △결선으로 변환시키면 $9[\Omega]$이 되고, 기존 $9[\Omega]$과 병렬연결하면 다음과 같다.

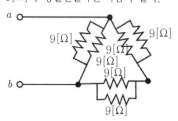

2. 위 그림의 각 변의 합성저항을 구하면, $\dfrac{9 \times 9}{9 + 9} = 4.5$

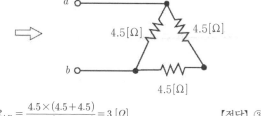

$\therefore R_{AB} = \dfrac{4.5 \times (4.5 + 4.5)}{4.5 + (4.5 + 4.5)} = 3[\Omega]$ 【정답】③

68. 그림과 같은 회로에서 5[Ω]에 흐르는 전류 I는 몇 [A]인가?

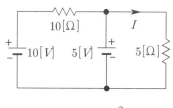

① $\dfrac{1}{2}$ ② $\dfrac{2}{3}$

③ 1   ④ $\dfrac{5}{3}$

|정|답|및|해|설|⋯⋯⋯⋯⋯⋯⋯⋯⋯

[중첩의 원리]

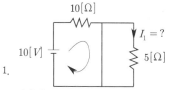

1. 전압원 10[V]를 기준으로 전압원 5[V]를 단락하면 $I_1 = 0[A]$

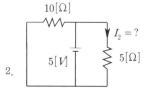

2. 전압원 5[V]를 기준으로 전압원 10[V]를 단락하면

$I_2 = \dfrac{V}{R} = \dfrac{5}{5} = 1[A]$

$\therefore$ 전체전류 $I = I_1 + I_2 = 1[A]$ 【정답】③

69. 용량이 50[kVA]인 단상 변압기 3대를 △결선하여 3상으로 운전하는 중 1대의 고장이 발생하였다. 나머지 2대의 변압기를 이용하여 3상 V결선으로 운전하는 경우 최대 출력은 몇 [kVA]인가?

① $30\sqrt{3}$ ② $50\sqrt{3}$

③ $100\sqrt{3}$ ④ $200\sqrt{3}$

|정|답|및|해|설|

[V결선의 출력] $P_V = \sqrt{3}\,P[kVA]$

$P_V = 50\sqrt{3}\,[kVA]$　　　　　　　　【정답】②

70. $V = 50\sqrt{3} - j50[V], I = 15\sqrt{3} + j15[A]$일 때 유효전력 P[W]와 무효전력 $P_r[Var]$은 각각 얼마인가?

① $P = 3000, P_r = 1500$

② $P = 1500, P_r = 1500\sqrt{3}$

③ $P = 750, P_r = 750\sqrt{3}$

④ $P = 2250, P_r = 1500\sqrt{3}$

|정|답|및|해|설|

[복소전력] $P_a = \overline{V}I = P + jP_r$

$P = \overline{V}I = (50\sqrt{3} + j50) \times (15\sqrt{3} + j15)$

　　　　　→ ($\overline{V}$: 허수 부분의 부호만 바꾼다)

$= 50\sqrt{3} \times 15\sqrt{3} + 50\sqrt{3} \times j15 + j50 \times 15\sqrt{3} + j50 \times j15$

$= 1500 + j1500\sqrt{3}[VA]$

　　　→ (유효전력 : 실수부, 무효전력 : 허수부)

　　　　　　　　　　　　　　　　【정답】②

71. 푸리에 급수로 표현된 왜형파 $f(t)$가 반파대칭 및 정현대칭일 때 $f(t)$에 대한 특징으로 옳은 것은?

$$f(t) = a_0 + \sum_{n=1}^{\infty} a_n \cos n\omega t + \sum_{n=1}^{\infty} b_n \sin n\omega t$$

① a_n의 우수항만 존재한다.

② a_n의 기수항만 존재한다.

③ b_n의 우수항만 존재한다.

④ b_n의 기수항만 존재한다.

|정|답|및|해|설|

[반파대칭] 반파대칭이면 직류분 $a_n = 0$, 고조파는 홀수(기수)항만 존재하고 정현대칭이므로 sin파만 존재한다.

　　　　　　　　　　　　　　　　【정답】④

72. 그림과 같은 회로에서 L_2에 흐르는 전류 $I_2[A]$가 단자전압 $V[V]$보다 위상 90[°] 뒤지기 위한 조건은? (단, ω는 회로의 각주파수[rad/s]이다.)

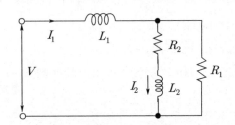

① $\dfrac{R_2}{R_1} = \dfrac{L_2}{L_1}$ ② $R_1 R_2 = L_1 L_2$

③ $R_1 R_2 = \omega L_1 L_2$ ④ $R_1 R_2 = \omega^2 L_1 L_2$

|정|답|및|해|설|

[L만의 회로] 허수부만 존재 (실수부가 0인 조건을 찾는다)

$I_2 = \dfrac{R_1}{(R_2 + j\omega L_2) + R_1} I_1$

$= \dfrac{R_1}{(R_2 + j\omega L_2) + R_1} \cdot \dfrac{V}{j\omega L_1 + \dfrac{(R_2 + j\omega L_2)R_1}{(R_2 + j\omega L_2) + R_1}}$

$= \dfrac{R_1}{(R_2 + j\omega L_2) + R_1} \cdot \dfrac{V}{\dfrac{j\omega L_1((R_2 + j\omega L_2) + R_1) + (R_2 + j\omega L_2)R_1}{(R_2 + j\omega L_2) + R_1}}$

$= \dfrac{R_1}{(R_2 + j\omega L_2) + R_1} \cdot \dfrac{((R_2 + j\omega L_2) + R_1)V}{j\omega L_1((R_2 + j\omega L_2) + R_1) + (R_2 + j\omega L_2)R_1}$

$= \dfrac{R_1 V}{j\omega L_1((R_2 + j\omega L_2) + R_1) + (R_2 + j\omega L_2)R_1}$

$= \dfrac{R_1 V}{j\omega L_1 R_2 - \omega^2 L_1 L_2 + j\omega L_1 R_1 + R_2 R_1 + j\omega L_2 R_1}$

I_2 위상이 90° 뒤지기 위해서는 실수가 0이 되어야 하므로 $R_2 R_1 - \omega^2 L_1 L_2 = 0$이 되어야 한다.

$\therefore R_2 R_1 = \omega^2 L_1 L_2$　　　　　　【정답】④

73. 어떤 회로에 흐르는 전류가 $i = 7 + 14.1\sin\omega t$ [A]인 경우 실효값은 약 몇 [A]인가?

① 11.2[A] ② 12.2[A]
③ 13.2[A] ④ 14.2[A]

|정|답|및|해|설|

[비정현파의 실효값] $I = \sqrt{I_0^2 + I_1^2 + I_2^2 + \cdots + I_n^2}$

$I = \sqrt{I_0^2 + I_1^2} = \sqrt{7^2 + \left(\dfrac{14.1}{\sqrt{2}}\right)^2} = 12.2[A]$ $\rightarrow (I = \dfrac{I_m}{\sqrt{2}})$

【정답】②

74. RC 직렬회로의 과도현상에 대하여 옳게 설명한 것은?

① $\dfrac{1}{RC}$ 의 값이 클수록 전류값은 천천히 사라진다.

② RC값이 클수록 과도전류값은 빨리 사라진다.

③ 과도 전류는 RC값에 관계가 없다.

④ RC값이 클수록 과도전류값은 천천히 사라진다.

|정|답|및|해|설|

[RC 직렬회로 시정수] $\tau = RC[\sec]$
RC 직렬회로에서 시정수는 $RC[s]$
시정수가 크면 응답이 늦다. (과도전류가 천천히 사라진다)

【정답】④

75. 각 상의 전류가 $i_a = 30\sin\omega t[A]$, $i_b = 30\sin$, $(\omega t - 90°)$, $i_c = 30\sin(\omega t + 90°)[A]$일 때, 영상분 전류[A]의 순시치는?

① $10\sin\omega t$
② $10\sin\dfrac{\omega t}{3}$
③ $30\sin\omega t$
④ $\dfrac{30}{\sqrt{3}}\sin(\omega t + 45°)$

|정|답|및|해|설|

[영상분전류] $I_0 = \dfrac{1}{3}(i_a + i_b + i_c)$

$I_0 = \dfrac{1}{3}(30\sin\omega t + 30\sin(\omega t - 90°) + 30\sin(\omega t + 90°))$

$= 10\sin\omega t[A]$

【정답】①

76 $f(t) = \sin t + 2\cos t$를 라플라스 변환하면?

① $\dfrac{2s}{s^2 + 1}$
② $\dfrac{2s + 1}{(s + 1)^2}$
③ $\dfrac{2s + 1}{s^2 + 1}$
④ $\dfrac{2s}{(s + 1)^2}$

|정|답|및|해|설|

[라플라스 변환]
$f(t) = \sin t + 2\cos t$

$F(s) = \mathcal{L}[f(t)] = \mathcal{L}[\sin t] + \mathcal{L}[2\cos t] = \dfrac{1}{s^2 + 1} + \dfrac{2s}{s^2 + 1} = \dfrac{2s + 1}{s^2 + 1}$

【정답】③

77. 어떤 전지에 연결된 외부 회로의 저항은 5[Ω]이 고 전류는 8[A]가 흐른다. 외부 회로에 5[Ω] 대신 15[Ω]의 저항을 접속하면 전류는 4[A]로 떨어진다. 이 전지의 내부 기전력은 몇 [V]인가?

① 15 ② 20 ③ 50 ④ 80

|정|답|및|해|설|

[내부기전력] $E = IR[V]$

$I_1 = \dfrac{E}{r + 5} = 8$, $I_2 = \dfrac{E}{r + 15} = 4$

저항은 전류와 반비례하므로 $2(r + 5) = r + 15$
이때 $r = 5[Ω]$이고
$E = 8(r + 5) = 80[V]$

【정답】④

78. 파형률과 파고율이 모두 1인 파형은?

① 고조파 ② 삼각파
③ 구형파 ④ 사인파

|정|답|및|해|설|

[파형률과 파고율] 파형률$= \dfrac{\text{실효치}}{\text{평균치}}$, 파고율$= \dfrac{\text{최대치}}{\text{실효치}}$

	구형파	삼각파	정현파	정류파(전파)	정류파(반파)
파형률	1.0	1.15	1.11	1.57	
파고율		$\sqrt{3} = 1.732$	$\sqrt{2} = 1.414$	2.0③	

【정답】③

79. 회로의 4단자정수로 틀린 것은?

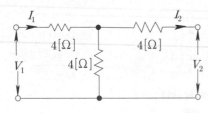

① $A = 2$

② $B = 12$

③ $C = \dfrac{1}{4}$

④ $D = 6$

|정|답|및|해|설|

[T형 4단자 정수]

1. 전압 $A = \left| \dfrac{V_1}{V_2} \right|_{I_2 = 0} = \dfrac{4+4}{4} = 2$

2. 임피던스 $B = \left| \dfrac{V_1}{I_2} \right|_{V_2 = 0} = \dfrac{I_1 \left(4 + \dfrac{4}{2} \right)}{\dfrac{I_1}{2}} = 12$

3. 어드미턴스 $C = \left| \dfrac{I_1}{V_2} \right|_{I_2 = 0} = \dfrac{1}{4}$

4. 전류 $D = \left| \dfrac{I_1}{I_2} \right|_{V_2 = 0} = \dfrac{1}{\dfrac{1}{2}} = 2$ 　　【정답】④

80. 그림과 같은 4단자 회로망에서 출력측을 개방하니 $V_1 = 12[V]$, $I_1 = 2[A]$, $V_2 = 4[V]$이고 출력측을 단락하니 $V_1 = 16[V]$, $I_1 = 4[A]$, $I_2 = 2[A]$이었다. 4단자 정수 A, B, C, D는 얼마인가?

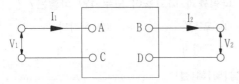

① A=2, B=3, C=8, D=0.5

② A=0.5, B=2, C=3, D=8

③ A=8, B=0.5, C=2, D=3

④ A=3, B=8, C=0.5, D=2

|정|답|및|해|설|

[4단자정수] $\begin{bmatrix} V_1 \\ I_1 \end{bmatrix} = \begin{bmatrix} A & B \\ C & D \end{bmatrix} \begin{bmatrix} V_2 \\ I_2 \end{bmatrix}$

$V_1 = A V_2 + B I_2$, $I_1 = C V_2 + D I_2$

$A = \dfrac{V_1}{V_2} \bigg|_{I_2 = 0} = \dfrac{12}{4} = 3$, 　 $B = \dfrac{V_1}{I_2} \bigg|_{V_2 = 0} = \dfrac{16}{2} = 8$

$C = \dfrac{I_1}{V_2} \bigg|_{I_2 = 0} = \dfrac{2}{4} = 0.5$, 　 $D = \dfrac{I_1}{I_2} \bigg|_{V_2 = 0} = \dfrac{4}{2} = 2$

【정답】④

1·2 2020년 전기산업기사필기(전기설비기술기준)

81. 버스덕트공사에 의한 저압의 옥측배선 또는 옥외배선의 사용전압이 400[V] 이상인 경우의 시설기준에 대한 설명으로 틀린 것은?

① 목조 외의 조영물(점검할 수 없는 은폐장소)에 시설할 것

② 버스덕트는 사람이 쉽게 접촉할 우려가 없도록 시설할 것

③ 버스턱트는 KS C IEC 60529(2006)에 의한 보호등급 IPX4에 적합할 것

④ 버스덕트는 옥외용 버스덕트를 사용하여 덕트 안에 물이 스며들어 고이지 아니하도록 한 것일 것

|정|답|및|해|설|

[버스덕트공사 (KEC 232.61)] 목조 외의 조영물(점검할 수 없는 은폐장소 이외의 장소)에 시설할 것 　　【정답】①

82. 가공 전선로의 지지물에 지지선을 시설하려고 한다. 이 지지선의 기준으로 옳은 것은?

① 소선 지름 : 2.0[mm], 안전율 : 2.5 허용하중 : 2.11[kN]

② 소선 지름 : 2.6[mm], 안전율 : 2.5 허용하중 : 4.31[kN]

③ 소선 지름 : 1.6[mm], 안전율 : 2.0 허용하중 : 4.31[kN]

④ 소선 지름 : 2.6[mm], 안전율 : 1.5 허용하중 : 3.21[kN]

|정|답|및|해|설|

[지지선의 시설 (KEC 331.11)]

·안전율 : 2.5 이상

·최저 인장 하중 : 4.31[kN]

·2.6[mm] 이상의 금속선을 3조 이상 꼬아서 사용

·지중 및 지표상 30[cm]까지의 부분은 아연도금 철봉 등을 사용

【정답】②

83. 변압기에 의하여 특별고압전로에 결합되는 고압전로에 몇 배 이하인 전압이 가하여진 경우에 방전하는 장치를 그 변압기의 단자에 가까운 1극에 설치하여야 하는가?

① 3   ② 4   ③ 5   ④ 6

|정|답|및|해|설|
[특별고압과 고압의 혼촉 등에 의한 위험 방지시설 (kec 322.3)]
사용전압이 3배 이하인 전압이 가하여진 경우에 방전하는 장치를 그 변압기의 단자에 가까운 1극에 설치하여야 한다. 다만, 사용전압이 3배 이하인 전압이 가하여진 경우에 방전하는 피뢰기를 고전압전로의 모선의 각상 시설할 때에는 그러하지 아니한다.
【정답】①

84. 수상 전선로의 시설 기준으로 옳은 것은?

① 사용전압이 고압인 경우에 클로로프렌 캡타이어 케이블을 사용한다.
② 수상 전로에 사용하는 부유식 구조물(부대)은 쇠사슬 등으로 견고하게 연결한다.
③ 수상 전선로의 전선은 부유식 구조물(부대)의 아래에 지지하여 시설하고 또한 그 절연피복을 손상하지 아니하도록 시설한다.
④ 고압 수상 전선로에 지락이 생길 때를 대비하여 전로를 수동으로 차단하는 장치를 시설한다.

|정|답|및|해|설|
[수상전선로의 시설(KEC 335.3)]
1. 사용 전선
 · 저압 : 클로로프렌 캡타이어 케이블
 · 고압 : 캡타이어 케이블
2. 수상전선로의 전선은 부유식 구조물(부대)의 위에 지지하여 시설하고 또한 그 절연피복을 손상하지 아니하도록 시설할 것
3. 수상전선로의 사용전압이 고압인 경우에는 전로에 지락이 생겼을 때에 자동적으로 전로를 차단하기 위한 장치를 시설하여야 한다.
【정답】②

85. 특고압 가공전선이 기공약전류 전선 등 저압 또는 고압의 가공전선이나 저압 또는 고압의 전차선과 제1차 접근상태로 시설되는 경우, 60[kV] 이하 가공전선과 저고압 가공전선 등 또는 이들의 지지물이나 지주 사이의 간격(이격거리)은 몇 [m]이상인가?

① 1.2[m]   ② 2[m]
③ 2.6[m]   ④ 3.2[m]

|정|답|및|해|설|
[특고압 가공전선과 저고압 가공전선 등의 접근 또는 교차 (KEC 333.26)]

사용전압의 구분	간격(이격거리)
60[kV] 이하	2[m]
60[kV] 초과	2[m]에 사용전압이 60[kV]를 초과하는 10[kV] 또는 그 수단마다 12[cm]을 더한 값

【정답】②

86. 저압 가공전선과 고압 가공전선을 동일 지지물에 시설하는 경우 저압 가공전선과 고압 가공전선 간격(이격거리)은 몇[cm] 이상이어야 하는가?

① 10   ② 20
③ 40   ④ 50

|정|답|및|해|설|
[고압 가공전선 등의 병행설치 (KEC 332.8)]
· 저압 가공전선을 고압 가공전선의 아래로 하고 별개의 완금류에 시설할 것
· 이격 거리 50[cm] 이상으로 저압선을 고압선의 아래로 별개의 완금류에 시설
【정답】④

87. 가공전선로의 지지물에 취급자가 오르고 내리는데 사용하는 발판 볼트 등은 지표상 몇 [m] 미만에 시설하여서는 아니 되는가?

① 1.2   ② 1.5
③ 1.8   ④ 2.0

|정|답|및|해|설|
[가공전선로 지지물의 철탑오름 및 전주오름 방지 (KEC 331.4)]
가공 전선로의 지지물에 취급자가 오르고 내리는데 사용하는 발판 볼트 등은 지표상 1.8[m] 미만에 시설하여서는 안 된다. 다만 다음의 경우에는 그러하지 아니하다.
· 발판 볼트를 내부에 넣을 수 있는 구조
· 지지물에 승탑 및 승주 방지 장치를 시설한 경우
· 취급자 이외의 자기 출입힐 수 없도록 울타리 남 등을 시설할 경우
· 산간 등에 있으며 사람이 쉽게 접근할 우려가 없는 곳
【정답】③

88. 특고압 가공전선과 가공약전류 전선 사이에 보호망을 시설하는 경우 보호망을 구성하는 금속선의 상호 간격은 가로 및 세로 각각 몇 [m] 이하로 시설하여야 하는가?

① 0.5 ② 1.0
③ 1.5 ④ 2.0

|정|답|및|해|설|
[특고압 가공 전선과 도로 등의 접근 또는 교차 (KEC 333.24)]
· 보호망은 접지공사를 한 금속제의 그물형 장치로 하고 견고하게 지지할 것
· 보호망을 구성하는 금속선은 그 바깥둘레(외주) 및 특고압 가공전선의 직하에 시설하는 금속선에는 인장강도 8.01[kN] 이상의 것 또는 지름 5[mm] 이상의 경동선을 사용하고 그 밖의 부분에 시설하는 금속선에는 인장강도 5.26[kN] 이상의 것 또는 지름 4[mm] 이상의 경동선을 사용할 것.
· 보호망을 구성하는 <u>금속선 상호의 간격은 가로, 세로 각 1.5[m] 이하</u>일 것. 【정답】③

89. 옥내에 시설하는 고압용 이동전선으로 옳지 않은 것은?

① 전선은 고압용의 캡타이어케이블을 사용하였다.
② 전로에 지락이 생겼을 때에 자동적으로 전로를 차단하는 장치를 시설하였다.
③ 이동전신과 전기시용기계기구와는 볼트 조임 기타의 방법에 의하여 견고하게 접속하였다.
④ 이동전선에 전기를 공급하는 전로의 중성극에 전용 개폐기 및 과전류차단기를 시설하였다.

|정|답|및|해|설|
[옥내 고압용 이동전선의 시설(KEC 342.2)]
· 전선은 고압용의 캡타이어케이블일 것.
· 이동전선에 전기를 공급하는 전로에는 전용 개폐기 및 과전류차단기를 각 극에 시설하고, 또한 전로에 지락이 생겼을 때에 자동적으로 전로를 차단하는 장치를 시설할 것.
※중성극에는 전용 개폐기 및 과전류차단기를 시설하면 안 된다. 【정답】④

90. 교통신호등의 시설기준으로 틀린 것은?

① 제어장치의 금속제 외함에는 접지공사를 한다.
② 교통신호등 회로의 사용전압은 300[V] 이하로 한다.

③ 교통신호등 회로의 인하선은 지표상 2[m] 이상으로 시설한다.
④ LED를 광원으로 사용하는 교통신호등의 설치는 KSC 7528 "LED 교통신호등"에 적합한 것을 사용한다.

|정|답|및|해|설|
[교통 신호등의 시설 (KEC 234.15)]
· 전선의 지표상의 높이는 2.5[m] 이상일 것
· 교통신호등의 제어장치의 금속제외함 및 신호등을 지지하는 철주에는 kec140에 준하여 접지공사를 하여야 한다.
【정답】③

91. 고압 가공전선이 교류 전차선과 교차하는 경우, 고압 가공전선으로 케이블을 사용하는 경우 이외에는 단면적 몇 [mm^2] 이상의 경동연선을 사용하여야 하는가?

① 14 ② 22
③ 30 ④ 38

|정|답|및|해|설|
[고압 가공전선과 교류전차선 등의 접근 또는 교차 (KEC 332.15)]
고압 가공전선은 케이블인 경우 이외에는 인장강도 14.51[kN] 이상의 것 또는 단면적 38[mm^2] 이상의 경동연선(교류 전차선 등과 교차하는 부분을 포함하는 지지물 간 거리에 접속점이 없는 것에 한한다)일 것.
【정답】④

92. 고압 또는 특고압 가공전선과 금속제 울타리·담 등이 교차하는 경우에 금속제의 울타리·담 등에는 교차점과 좌우로 몇 [m] 이내의 개소에 접지공사를 하여야 하는가? (단, 전선에 케이블을 사용하는 경우는 제외한다.)

① 25 ② 35
③ 45 ④ 55

|정|답|및|해|설|
[발전소 등의 울타리·담 등의 시설 (KEC 351.1)] 고압 또는 특고압 가공전선(전선에 케이블을 사용하는 경우는 제외함)과 금속제의 울타리·담 등이 교차하는 경우에 금속제의 울타리·담 등에는 <u>교차점과 좌, 우로 45[m] 이내의 개소에 kec140에 준하는 접지공사</u>를 하여야 한다. 【정답】③

93. 사람이 상시 통행하는 터널 안의 배선의 시설기준에 적합하지 않은 것은?

① 사용전압은 저압에 한한다.

② 공칭단면적 $2.5[mm^2]$의 연동선과 동등 이상의 세기 및 굵기의 절연전선을 사용한다.

③ 애자사용공사 시 전선의 높이는 노면상 2[m]로 시설하였다.

④ 전로에는 터널의 입구 가까운 곳에 전용 개폐기를 시설하였다.

|정|답|및|해|설|

[터널 안 전선로의 시설 (KEC 335.1)] 사람이 통행하는 터널 내의 전선의 경우

저압	① 전선 : 인장강도 2.30[kN] 이상의 절연전선 또는 지름 2.6[mm] 이상의 경동선의 절연전선 ② 설치 높이 : 애자사용공사시 레일면상 또는 노면상 2.5[m] 이상 ③ 합성수지관배선, 금속관배선, 가요전선관배선, 애자사용공사, 케이블 공사
고압	전선 : 케이블공사 (특고압전선은 시설하지 않는 것을 원칙으로 한다.)

【정답】③

94. 중성선 다중접지식의 것으로서 전로에 지락이 생겼을 때 2초 이내에 자동적으로 이를 전로로부터 차단하는 장치가 되어 있는 22.9[kV] 특고압 가공전선과 다른 특고압 가공전선과 접근하는 경우 간격(이격거리)은 몇 [m] 이상으로 하여야 하는가? (단, 양쪽이 나전선인 경우이다.)

① 0.5 ② 1.0 ③ 1.5 ④ 2.0

|정|답|및|해|설|

[15[kV] 초과 25[kV] 이하 특고압 가공전선로 간격 (KEC 333.27)]

전선의 종류	간격(이격거리)[m]
나전선	1.5
특고압 절연전선	1.0
케이블	0.5

【정답】③

95. 변압기 1차 측 3300[V], 2차 측 220[V]의 변압기 전로의 절연내력시험 전압은 각각 몇 [V]에서 10분간 견디어야 하는가?

① 1차측 4950[V], 2차측 500[V]

② 1차측 4500[V], 2차측 400[V]

③ 1차측 4125[V], 2차측 500[V]

④ 1차측 3300[V], 2차측 400[V]

|정|답|및|해|설|

[변압기 전로의 절연내력 (KEC 135)]

접지 방식	최대 사용전압	시험 전압(최대 사용전압 배수)	최저 시험 전압
비접지	7[kV] 이하	1.5배	500[V]
	7[kV] 초과	1.25배	10,500[V] (60[kV]이하)
중성점 접지	60[kV] 초과	1.1배	75[kV]
중성점 직접접지	60[kV]초과 170[kV] 이하	0.72배	
	170[kV] 초과	0.64배	
중성점 다중접지	25[kV] 이하	0.92배	500[V] (75[kV]이하)

1차 측과 2차 측 모두 7000[V] 이하이므로 1.5배하면
→ 1차 측 시험전압 : $3300 \times 1.5 = 4950[V]$
→ 2차 측 시험전압 : $220 \times 1.5 = 330[V]$
2차 측은 최저시험전압이 500[V] 이므로 500[V]

【정답】①

96. 전력보안 통신설비인 무선통신용 안테나를 지지하는 목주는 풍압하중에 대한 안전율이 얼마 이상이어야 하는가?

① 1.0 ② 1.2

③ 1.5 ④ 2.0

|정|답|및|해|설|

[무선용 안테나 등을 지지하는 철탑 등의 시설 (KEC 364)]
전력 보안통신 설비인 무선통신용 안테나 또는 반사판을 지지하는 목주·철근·철근콘크리트주 또는 철탑은 다음 각 호에 의하여 시설하여야 한다.
① 목주의 안전율 : 1.5 이상
② 철수·철근·절근콘클리트주 또는 철탑의 기초 안전율 : 1.5 이상

【정답】③

|참|고|

[안전율]
· 1.33 : 이상시 상정하중, 철탑기초
· 1.5 : 안테나, 케이블트레이   · 2.0 : 기초 안전율
· 2.2 : 경동선, 내열동합금선   · 2.5 : 지지선, ACSR

97. 의료 장소 중 그룹1 및 그룹2의 의료 IT계통에 시설되는 전기설비의 시설기준으로 틀린 것은?

① 의료용 절연변압기의 정격출력은 10[kVA] 이하로 한다.

② 의료용 절연변압기의 2차측 정격전압은 250[V] 이하로 한다.

③ 전원측에 강화절연을 한 의료용 절연변압기를 설치하고 그 2차측 전로는 접지한다.

④ 절연감시장치를 설치하여 절연저항이 50[kΩ]까지 감소하면 표시설비 및 음향설비로 경보를 발하도록 한다.

|정|답|및|해|설|

[의료장소의 안전을 위한 보호 설비 (KEC 242.10.3)] 그룹 1 및 그룹 2의 의료 IT 계통은 다음과 같이 시설할 것.
· 전원측에 이중 또는 강화절연을 한 비단락보증 절연변압기를 설치하고 그 2차측 전로는 접지하지 말 것.
· 비단락보증 절연변압기는 함 속에 설치하여 충전부가 노출되지 않도록 하고 의료장소의 내부 또는 가까운 외부에 설치할 것.
· 비단락보증 절연변압기의 2차측 정격전압은 교류 250[V] 이하로 하며 공급방식 및 정격출력은 단상 2선식, 10[kVA] 이하로 할 것.
· 의료 IT 계통의 절연저항을 계측, 지시하는 절연 감시장치를 설치하여 절연저항이 50[kΩ] 까지 감소하면 표시설비 및 음향설비로 경보를 발하도록 할 것.   【정답】③

※한국전기설비규정(KEC) 적용으로 인해 더 이상 출제되지 않는 문제는 삭제했습니다.

3회 2020년 전기산업기사필기 (전기자기학)

1. 맥스웰(Maxwell) 전자방정식의 물리적 의미중 틀린 것은?

① 자계의 시간적 변화에 따라 전계의 회전이 생긴다.

② 전도전류와 변위전류는 자계의 회전을 발생시킨다.

③ 고립된 자극이 존재한다.

④ 전하에서 전속선이 발산된다.

|정|답|및|해|설|

[맥스웰 전자계 기초 방정식]

· $\text{div} D = \rho$ (맥스웰의 제3방정식) : 단위 체적당 발산 전속수는 단위 체적당 공간전하 밀도와 같다.

· $\text{div} B = 0$ (맥스웰의 제4방정식) : 자계는 발산하지 않으며, 자극은 단독으로 존재하지 않는다.

· $\text{rot} E = -\dfrac{\partial B}{\partial t}$ (맥스웰의 제2방정식) : 전계의 회전은 자속밀도의 시간적 감소율과 같다.

· $\text{rot} H = \nabla \times E = i + \dfrac{\partial D}{\partial t}$ (맥스웰의 제1방정식) : 자계의 회전은 전류밀도와 같다. 【정답】③

2. 어떤 자성체 내에서의 자계의 세기가 800 [AT/m]이고 자속밀도가 0.05[Wb/m^2]일 때 이 자성체의 투자율은 몇 [H/m]인가?

① 3.25×10^{-5} ② 4.25×10^{-5}

③ 5.25×10^{-5} ④ 6.25×10^{-5}

|정|답|및|해|설|

[자속밀도] $B = \mu H [wb/m^2]$

$\mu = \dfrac{H}{B} = \dfrac{0.05}{800} = 6.25 \times 10^{-5} [H/m]$ 【정답】④

3. 무한 평면도체로부터 거리 d[m]의 곳에 점전하 Q[C]가 있을 때 도체 표면에 최대로 유도되는 전하밀도는 몇 [C/m^2]인가?

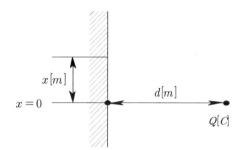

① $-\dfrac{Q}{2\pi d^2}$ ② $-\dfrac{Q}{2\pi\epsilon_0 d^2}$

③ $-\dfrac{Q}{4\pi d^2}$ ④ $-\dfrac{Q}{4\pi\epsilon_0 d^2}$

|정|답|및|해|설|

[무한 평면 도체의 최대전하밀도]

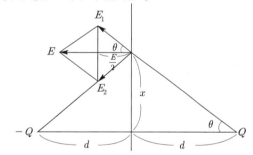

· 영상전하 $Q = -Q'$

· 전계 $E = \dfrac{-dQ}{2\pi\epsilon_0 (\lambda^2 + d^2)^{\frac{2}{3}}} [V/m]$

· 최대전계 $E_{max} = \dfrac{-Q}{2\pi\epsilon_0 d^2} [V/m]$

· 최대전하밀도 $D_{max} = E_{max} \cdot \epsilon_0 = -\dfrac{Q}{2\pi d^2} [C/m^2]$

【정답】①

4. 자기회로에 대한 설명으로 옳지 않은 것은? (단, S는 자기회로의 단면적이다.)

① 자기저항의 단위는 H(Henry)의 역수이다.
② 자기저항의 역수를 퍼미언스(Permeance)라고 한다.
③ "자기저항=(자기회로의 단면적을 통과하는 자속)/(자기회로의 총 기자력)"이다.
④ 자속밀도 B가 모든 단면적에 걸쳐 균일하다면 자기회로의 자속은 BS이다.

|정|답|및|해|설|⋯⋯⋯⋯⋯

[자기저항] $R_m = \dfrac{F}{\varnothing} = \dfrac{l}{\mu S} = \dfrac{l}{\mu_0 \mu_s S}[AT/Wb]$

여기서, $S[m^2]$: 자기회로의 단면적, $l[m]$: 길이, μ : 투자율

① $R_m = \dfrac{l}{\mu S} = \dfrac{m}{\dfrac{H}{m}m^2} = \dfrac{1}{H}[\Omega]$

② $\dfrac{1}{R}$=퍼미언스

③ $R_m = \dfrac{F}{\varnothing} = \dfrac{총기자력}{자속}[AT/Wb]$

④ $\varnothing = BS \rightarrow B = \dfrac{\varnothing}{S}$ 　　　【정답】③

5. 전계의 세기가 $5 \times 10^2 [V/m^2]$인 전계 중에 $8 \times 10^{-8}[C]$의 전하가 놓일 때 전하가 받는 힘은 몇 [N]인가?

① 4×10^{-2} 　　　② 4×10^{-3}
③ 4×10^{-4} 　　　④ 4×10^{-5}

|정|답|및|해|설|⋯⋯⋯⋯⋯

[전하가 받는 힘] $F = Q \cdot E[N]$
$\therefore F = Q \cdot E = 8 \times 10^{-8} \times 5 \times 10^2 = 4 \times 10^{-5}[N]$ 　【정답】④

6. 진공 중에 판간 거리가 $d[m]$인 무한 평판 도체 간의 전위차[V]는? (단, 각 평판 도체에는 면전하밀도 $+\sigma[C/m^2]$, $-\sigma[C/m^2]$가 각각 분포되어 있다.)

① σd 　　② $\dfrac{\sigma}{\epsilon_0}$ 　　③ $\dfrac{\epsilon_0 \sigma}{d}$ 　　④ $\dfrac{\sigma}{\epsilon_0} d$

|정|답|및|해|설|⋯⋯⋯⋯⋯

[평행판에서의 전위차] $V = Ed = \dfrac{\sigma}{\epsilon_0} \cdot d$ 　　→ (σ : 면전하)

전하밀도 $\sigma[C/m^2]$에서 나오는 전기력선 밀도

전계의 세기 $E = \dfrac{\sigma}{\epsilon_0}[개/m^2] = \dfrac{\sigma}{\epsilon_0}[V/m]$이므로

전위차 $V = Ed \rightarrow V = \dfrac{\sigma}{\epsilon_0} d[V]$ 　　　【정답】④

7. 비유전율이 2.8인 유전체에서의 전속밀도가 $D = 3.0 \times 10^{-7}[C/m^2]$일 때 분극의 세기 P는 약 몇 $[C/m^2]$인가?

① 1.93×10^{-7} 　　② 2.93×10^{-7}
③ 3.50×10^{-7} 　　④ 4.07×10^{-7}

|정|답|및|해|설|⋯⋯⋯⋯⋯

[분극의 세기] $P = \chi E = \epsilon_0 (\epsilon_s - 1) E = D \left(1 - \dfrac{1}{\epsilon_s} \right)[C/m^2]$

$\therefore P = D \left(1 - \dfrac{1}{\epsilon_s} \right) = 3.0 \times 10^{-7} \cdot \left(1 - \dfrac{1}{2.8} \right) \fallingdotseq 1.93 \times 10^{-7}[C/m^2]$
　　　【정답】①

8. 자기인덕턴스의 성질을 옳게 표현한 것은?

① 항상 정(正)이다.
② 항상 부(負)이다.
③ 항상 0 이다.
④ 유도되는 기전력에 따라 정(正)도 되고 부(負)도 된다.

|정|답|및|해|설|⋯⋯⋯⋯⋯

[자기인덕턴스]
·인덕턴스 자속 $\varnothing = LI$ 　　→ (권수(N)가 있다면 $N\varnothing = LI$)
·자신의 회로에 단위 전류가 흐를 때의 저속 쇄교수를 말한다.
·항상 정(+)의 값을 갖는다.

※ 그렇지만 상호인덕턴스 M은 가동 결합의 경우 (+) 차동결합의 경우 (−)값을 가진다. 　　　【정답】①

9. 반지름 a[m]인 도체구에 전하 Q[C]을 주었을 때, 구 중심에서 r[m] 떨어진 구 밖($r > a$)의 한 점의 전속밀도 D[C/m^2]는?

① $\dfrac{Q}{4\pi o^2}$ ② $\dfrac{Q}{4\pi r^2}$

③ $\dfrac{Q}{4\pi \epsilon a^2}$ ④ $\dfrac{Q}{4\pi \epsilon r^2}$

|정|답|및|해|설|

[전속밀도] $D = \dfrac{전기량}{면적} = \dfrac{Q}{S} = \dfrac{Q}{4\pi r^2} = E \cdot \epsilon_0 [C/m^2]$

$\rightarrow (E = \dfrac{Q}{4\pi \epsilon_0 r^2} [V/m])$

【정답】②

10. 1[Ah]의 전기량은 몇 [C]인가?

① $\dfrac{1}{3600}$ ② 1

③ 60   ④ 3600

|정|답|및|해|설|

[전기량] $Q = I \cdot t [A \cdot sec = C]$
1[Ah]=3600[A · sec=C]   【정답】④

11. 공기중에 있는 무한 직선 도체에 전류 I[A]가 흐르고 있을 때 도체에서 r[m] 떨어진 점에서의 자속밀도는 몇 [Wb/m^2]인가?

① $\dfrac{I}{2\pi r}$ ② $\dfrac{2\mu_0 I}{\pi r}$

③ $\dfrac{\mu_0 I}{r}$ ④ $\dfrac{\mu_0 I}{2\pi r}$

|정|답|및|해|설|

[자속밀도(공기중)] $B = \mu_0 H [Wb/m^2]$
무한장 직선 도체에 전류가 흐르면 자계

$H = \dfrac{I}{2\pi r} [N/Wb = AT/m]$ 이므로

$\therefore B = \mu_0 H = \mu_0 \dfrac{I}{2\pi r} [Wb/m^2]$ 【정답】④

12. 2[μF], 3[μF], 4[μF]의 커패시터를 직렬연결하고 양단에 직류 전압을 가하여 전압을 서서히 상승시킬 때의 현상으로 옳은 것은? (단, 유전체의 재질 및 두께는 같다고 한다.)

① 2[μF]의 커패시터가 제일 먼저 파괴된다.

② 3[μF]의 커패시터가 제일 먼저 파괴된다.

③ 4[μF]의 커패시터가 제일 먼저 파괴된다.

④ 3개의 커패시터가 동시에 파괴된다.

|정|답|및|해|설|

[직렬 연결된 콘덴서 최초로 파괴되는 콘덴서] 직렬 회로에서 각 콘덴서의 전하용량이 작을수록 빨리 파괴된다.
(전하량=정전용량×내압, 전하량 $Q = CV[C]$)
따라서 전하용량이 가장 작은 2[μF]가 가장 빨리 파괴된다.
(전하량이 가장 작은 것에 가장 큰 전압이 많이 걸린다.)
【정답】①

13. 2[Wb/m^2]인 평등자계 속에 자계와 직각 방향으로 놓인 길이 30[cm]인 도선을 자계와 30°각도의 방향으로 30[m/sec]의 속도로 이동할 때, 도체 양단에 유기되는 기전력은?

① 3[V]   ② 9[V]

③ 30[V]   ④ 90[V]

|정|답|및|해|설|

[유기기전력] $e = Blv\sin\theta [V]$
$e = Blv\sin\theta = 2 \times 0.3 \times 30 \times \sin 30° = 9[V]$

【정답】②

14. 무손실 유전체에서 평면 전자파의 전계 E와 자계 H 사이 관계식으로 옳은 것은?

① $H = \sqrt{\dfrac{\epsilon}{\mu}} E$ ② $H = \sqrt{\dfrac{\mu}{\epsilon}} E$

③ $H = \dfrac{\epsilon}{\mu} E$ ④ $H = \dfrac{\mu}{\epsilon} E$

|정|답|및|해|설|

[고유임피던스] $Z_\eta = \dfrac{E}{H} = \sqrt{\dfrac{\mu}{\epsilon}}$

$\therefore H = \dfrac{E}{\sqrt{\dfrac{\mu}{\epsilon}}} = E \cdot \sqrt{\dfrac{\epsilon}{\mu}}$ 【정답】①

15. 강자성체가 아닌 것은?

① 철(Fe)   ② 니켈(Ni)

③ 백금(Pt)   ④ 코발트(Co)

|정|답|및|해|설|

[자성체의 분류] 자계 내에 놓았을 때 자석화 되는 물질

종류	비투자율	비자하율	원소
강자성체	$\mu_r \geq 1$	$\chi_m \gg 1$	철, 니켈, 코발트
상자성체	$\mu_r > 1$	$\chi_m > 0$	알루미늄, 망간, **백금**, 주석, 산소, 질소
반(역)자성체	$\mu_r < 1$	$\chi_m < 0$	은, 비스무트, 탄소, 규소, 납, 아연, 황, 구리, 실리콘
반강자성체			

【정답】③

16. 패러데이관의 밀도와 전속밀도는 어떠한 관계인가?

① 동일하다.

② 패러데이관의 밀도가 항상 높다.

③ 전속밀도가 항상 높다.

④ 항상 틀리다.

|정|답|및|해|설|

[패러데이관의 성질]
· 패러데이관 중에 있는 전속선 수는 진전하가 없으면 일정하며 연속적이다.
· 패러데이관의 양단에는 정 또는 부의 진전하가 존재하고 있다.
· 패러데이관의 밀도는 전속 밀도와 같다.
· 단위 전위차당 패러데이관의 보유 에너지는 1/2[J]이다.

$$W = \frac{1}{2}QV = \frac{1}{2} \times 1 \times 1 = \frac{1}{2}[J]$$
【정답】①

17. 표의 ㉠, ㉡과 같은 단위로 옳게 나열한 것은?

㉠	$\Omega \cdot S$
㉡	S/Ω

① ㉠ H, ㉡ F   ② ㉠ H/m, ㉡ F/m

③ ㉠ F, ㉡ H   ④ ㉠ F/m, ㉡ H/m

|정|답|및|해|설|

[단위]

· $L\left[H = \dfrac{Wb}{A} = \dfrac{V}{A} \cdot \sec = \Omega \cdot \sec\right]$

· $C\left[F = C/V = \dfrac{A}{V} \cdot \sec = \dfrac{1}{\Omega} \cdot \sec\right]$

※ $LI = N\emptyset$, $V = \dfrac{di}{dt}$
【정답】①

18. 1[m]의 간격을 가진 선간전압 66000[V]인 2개의 평행 왕복 도선에 10[kA]의 전류가 흐를 때 도선 1[m] 마다 작용하는 힘의 크기는 몇 [N/m]인가?

① 1[N/m]   ② 10[N/m]

③ 20[N/m]   ④ 200[N/m]

|정|답|및|해|설|

[평행 도선 사이에 작용하는 힘] $F = \dfrac{\mu_0 I_1 I_2}{2\pi r}[N/m]$

$F = \dfrac{\mu_0 I_1 I_2}{2\pi r} = \dfrac{2I_1 I_2}{r} \times 10^{-7}$ $\rightarrow (\mu_0 = 4\pi \times 10^{-7})$

$= \dfrac{2 \times (10 \times 10^3)^2}{1} \times 10^{-7} = 20[N/m]$
【정답】③

19. 지름 2[mm]의 동선에 π[A]의 전류가 균일하게 흐를 때 전류밀도는 몇 $[A/m^2]$인가?

① 10^3 ② 10^4

③ 10^5 ④ 10^6

|정|답|및|해|설|

[전류밀도] $i = \dfrac{I}{S} = \dfrac{I}{\pi r^2}[N/m^2]$

$\therefore i = \dfrac{I}{\pi r^2} = \dfrac{\pi}{\pi (1 \times 10^{-3})^2} = 10^6[N/m^2]$
【정답】④

20. 대전 도체 표면의 전하밀도는 도체 표면의 모양에 따라 어떻게 되는가?

① 곡률이 작으면 작아진다.

② 곡률 반지름이 크면 커진다.

③ 평면일 때 가장 크다.

④ 곡률 반지름이 작으면 작다.

|정|답|및|해|설|

[곡률과 곡률반경 및 전하밀도와의 관계]

곡률	대(大)	소(小)
곡률반경	소(小)	대(大)
모양	뾰족	완만
전하밀도	대(大)	소(小)

【정답】①

21. 수전용 변전설비의 1차 측에 설치하는 차단기의 용량은 어느 것에 의하여 정하는가?

① 수전전력과 부하율

② 수전계약용량

③ 공급 측 전원의 단락용량

④ 부하설비용량

|정|답|및|해|설|

[수전용 변전설비 1차측 차단기 용량] $P_s = \dfrac{100}{\%Z} P_n$

여기서, P_s : 선로의 단락용량[MVA]

P_n : 선로의 기준 용량[MVA]

$\%Z$: 발전소로부터 1차 측까지 백분율 임피던스

【정답】③

22. 어떤 발전소의 유효 낙차가 100[m]이고, 최대 사용 수량이 $10[m^3/s]$일 경우 이 발전소의 이론적인 출력은 몇 [kW]인가?

① 4900 ② 9800

③ 10000 ④ 14700

|정|답|및|해|설|

[발전소 출력] $P = 9.8QH\eta[\text{kW}]$
이론적인 출력 $P = 9.8QH\eta = 9.8 \times 10 \times 100 \times 1 = 9800[\text{kW}]$
→ (이론적인 출력일 경우 효율 $\eta = 1$ 이다.)

【정답】②

23. 전력선에 의한 통신선로의 전자유도 장해의 발생 요인은 주로 무엇 때문인가?

① 전력선의 1선 지락사고 등에 의한 영상전류

② 통신선 전압보다 높은 전력선의 전압

③ 전력선의 불충분한 연가

④ 전력선과 통신선 사이의 상호 정전용량

|정|답|및|해|설|

[전자유도 장해] 지락사고 시 영상전류(I_0)가 흘러 상호자속이 끊긴 만큼 상호인덕턴스(M)로 인하여 통신선에 전압이 유도됨
전자유도전압 : $E_m = -j\omega M 3I_0$ → (I_0 : 영상전류)

【정답】①

24. 배전선로의 전압강하의 정도를 나타내는 식이 아닌 것은? (단, E_S는 송전단 전압, E_R은 수전단 전압이다.)

① $\dfrac{I}{E_R}(R\cos\theta + X\sin\theta) \times 100\%$

② $\dfrac{\sqrt{3}I}{E_R}(R\cos\theta + X\sin\theta) \times 100\%$

③ $\dfrac{E_S - E_R}{E_R} \times 100\%$

④ $\dfrac{E_S + E_R}{E_S} \times 100\%$

|정|답|및|해|설|

[전압강하율] $\epsilon = \dfrac{e}{E_r} \times 100[\%]$ → (전압강하 $e = E_s - E_r$)

$\epsilon = \dfrac{E_s - E_r}{E_r} \times 100 = \dfrac{\sqrt{3}I(R\cos\theta + X\sin\theta)}{E_r} \times 100[\%]$

→ (단상 : $\dfrac{I(R\cos\theta + X\sin\theta)}{E_r} \times 100[\%]$)

$= \dfrac{\sqrt{3}E_r I(R\cos\theta + X\sin\theta)}{E_r^2} \times 100[\%] = \dfrac{RP + QX}{V_r^2} \times 100[\%]$

【정답】④

25. 피뢰기의 제한전압에 대한 설명으로 옳은 것은?

① 방전을 개시할 때의 단자전압의 순시값

② 피뢰기 동작 중 단자전압의 파고값

③ 특성요소에 흐르는 전압의 순시값

④ 피뢰기에 걸린 회로전압

|정|답|및|해|설|

[피뢰기의 제한전압]
・충격파전류가 흐르고 있을 때의 피뢰기의 단자전압의 파고치
・뇌전류 방전 시 직렬갭에 나타나는 전압

【정답】②

26. 변류기를 개방할 때 2차 측을 단락하는 이유는?

① 1차 측 과전류 보호

② 1차 측 과전압 방지

③ 2차 측 과전류 보호

④ 2차 측 절연 보호

|정|답|및|해|설|

[계기용 변류기(CT)] 변류기 2차측을 개방하면 1차 전류가 모두 여자전류가 되어 2차 권선에 매우 높은 전압이 유기되어 절연이 파괴되고 소손될 우려가 있다.

【정답】④

27. 3상 1회선의 송전선로에 3상 전압을 가해 충전할 때 1선에 흐르는 충전전류는 30[A], 또 3선을 일괄하여 이것과 대지 사이에 상전압을 가하여 충전시켰을 때 전 충전전류는 60[A]가 되었다. 이 선로의 대지정전용량과 선간정전용량의 비는? (단, 대지정전용량 C_s, 선간정전용량 C_m이다.)

① $\dfrac{C_m}{C_s} = \dfrac{1}{6}$ ② $\dfrac{C_m}{C_s} = \dfrac{8}{15}$

③ $\dfrac{C_m}{C_s} = \dfrac{1}{3}$ ④ $\dfrac{C_m}{C_s} = \dfrac{1}{\sqrt{3}}$

|정|답|및|해|설|
1. 3상에서 1상에 흐르는 충전전류
$I_1 = \omega CE = \omega(C_s + 3C_m)E = 30[A]$
2. 3선 일괄로 하여 이것과 대지 사이에 걸리는 충전전류
$I_2 = 3\omega C_s E = 60$
3. 1식과 2식을 이용하면 → $\omega E = \dfrac{60}{3C_s} = \dfrac{20}{C_s}$

$\therefore I_1 = (C_s + 3C_m)\dfrac{20}{C_s} = 30$

→ $20 + \dfrac{60C_m}{C_s} = 30 \to \dfrac{60C_m}{C_s} = 10$

→ $\dfrac{C_m}{C_s} = \dfrac{1}{6}$ 【정답】①

28. 30000[kW]의 전력을 50[km] 떨어진 지점에 송전하려면 전압은 약 몇 [kV]로 하면 좋은가? (단, still식을 사용한다.)

① 22   ② 33
③ 66   ④ 100

|정|답|및|해|설|
[경제적인 송전전압(V_s) (스틸(still) 식)]

$V_s = 5.5\sqrt{0.6 \times 송전거리[km] + \dfrac{송전전력[kw]}{100}}$ [kW]

$V_s = 5.5\sqrt{0.6 \times l + \dfrac{P}{100}}$

$= 5.5\sqrt{0.6 \times 50 + \dfrac{30000}{100}} = 99.91[kV]$ 【정답】④

29. 송전선로에서 4단자정수 A, B, C, D 사이의 관계는?

① $BC - AD = 1$ ② $AC - BD = 1$
③ $AB - CD = 1$ ④ $AD - BC = 1$

|정|답|및|해|설|
[4단자 정수] A, B, C, D의 관계
1. $AD - BC = 1$
2. 대칭일 때 $A = D$ 【정답】④

30. 역률 0.8(지상)인 480[kW] 부하가 있다. 전력용 콘덴서를 설치하여 역률을 개선하고자 할 때 콘덴서 220[kVA]를 설치하면 역률은 몇 [%]로 개선할 수 있는가?

① 92   ② 94
③ 96   ④ 99

|정|답|및|해|설|
[역률 개선용 콘덴서 용량]

$Q_c = P(\tan\theta_1 - \tan\theta_2) = P\left(\dfrac{\sin\theta_1}{\cos\theta_1} - \dfrac{\sin\theta_2}{\cos\theta_2}\right)$

$= P\left(\dfrac{\sqrt{1-\cos^2\theta_1}}{\cos\theta_1} - \dfrac{\sqrt{1-\cos^2\theta_2}}{\cos\theta_2}\right)$

여기서, $\cos\theta_1$: 개선 전 역률, $\cos\theta_2$: 개선 후 역률
$P = 480[kW]$, $Q_c = 220[kVA]$

$220 = 480\left(\dfrac{0.6}{0.8} - \tan\theta_2\right) \to \tan\theta_2 = 0.292$

$\theta_2 = \tan^{-1}0.292 \to \theta_2 = 16.28$
그러므로 $\cos 16.28 = 0.9599$, 즉 96[%]   【정답】③

31. 송전선로의 중성점을 접지하는 목적으로 가장 옳은 것은?
① 전선 동량의 절약
② 전압강하의 감소
③ 송전용량의 증가
④ 이상전압의 경감 및 발생 방지

|정|답|및|해|설|
[송전선로의 중성점 접지의 목적]
·이상전압의 방지
·기기 보호
·과도안정도의 증진
·보호계전기 동작확보   【정답】④

32. 철탑의 접지저항이 커지면 가장 크게 우려되는 문제점은?

① 정전유도
② 역섬락 발생
③ 코로나 증가
④ 차폐각 증가

|정|답|및|해|설|
[철탑의 매설지선] 매설지선은 뇌해 방지 및 역섬락을 방지하기 위하여 탑각 저항을 감소시킬 목적으로 설치한다. 　【정답】②

33. 단상 교류회로에 3150/210[V]의 승압기를 80[kW], 역률 0.8인 부하에 접속하여 전압을 상승시키는 경우 약 몇 [kVA]의 승압기를 사용하여야 적당한가? (단, 전원전압은 2900[V]이다.)

① 3.6[kVA]
② 5.5[kVA]
③ 6.8[kVA]
④ 10[kVA]

|정|답|및|해|설|
[승압기를 이용한 2차 전압(고압측 전압) 및 용량]

2차 전압 $E_2 = E\left(1 + \dfrac{e_2}{e_1}\right)$[V], 자기용량 $P = e_2 I_2 \rightarrow (e_2 = 210)$

승압기 2차 전압 $E_2 = 2900\left(1 + \dfrac{210}{3150}\right) = 3093.33$[V]

$I_2 = \dfrac{80 \times 10^3}{3093.33 \times 0.8} = 32.33[A]$

승압기 용량은 $P = e_2 I_2 = 210 \times 32.22 = 6766 = 6.8$[kVA]

　【정답】③

34. 발전기의 정태 안정 극한전력이란?

① 부하가 서서히 증가할 때의 극한전력
② 부하가 갑자기 크게 변동할 때의 극한전력
③ 부하가 갑자기 사고가 났을 때의 극한전력
④ 부하가 변하지 않을 때의 극한전력

|정|답|및|해|설|
[정태 안정 극한 전력] 전력계통에서 극히 완만한 부하 변화가 발생하더라도 안정하게 계속적으로 송전할 수 있는 정도를 정태 안정도라고 하여 안정도를 유지할 수 있는 극한의 송전진력을 정태 안정 극한 선력(Steady State Stability Power Limit)이라 한다.
　【정답】①

35. 화력발전소에서 탈기기의 설치 목적으로 가장 타당한 것은?

① 급수 중의 용해산소의 분리
② 급수의 습증기 건조
③ 연료 중의 공기제거
④ 염류 및 부유물질 제거

|정|답|및|해|설|
[탈기기] 급수 중에 용해되어 있는 산소는 증기 계통, 급수 계통 등을 부식시킨다. 탈기기는 용해 산소 분리의 목적으로 쓰인다.
　【정답】①

36. 다음 빈 칸 ㉠~㉣에 알맞은 것은?

> "화력 발전소의 (㉠)은 발생 (㉡)을 열량으로 환산한 값과 이것을 발생하기 위하여 소비된 (㉢)의 보유 열량 (㉣)를 말한다."

① ㉠ 손실률 ㉡ 발열량 ㉢ 물 ㉣ 차
② ㉠ 열효율 ㉡ 전력량 ㉢ 연료 ㉣ 비
③ ㉠ 발전량 ㉡ 증기량 ㉢ 연료 ㉣ 결과
④ ㉠ 연료소비율 ㉡ 증기량 ㉢ 물 ㉣ 차

|정|답|및|해|설|
[열효율] 화력발전소의 열효율이란 발생 전력량을 투입된 열량으로 나눈 것을 말한다.

열효율 $\eta = \dfrac{860 \times W}{mH} \times 100$[%]

여기서, W : 전력량[kWh], H : 연료의 발열량[kcal/kg]
　m : 연료량[kg], 1[kWh] = 860[kcal]

　【정답】②

37. 수전단 전압이 송전단 전압보다 높아지는 현상을 무엇이라 하는가?

① 근접효과
② 표피효과
③ 페란티 현상
④ 도플러 효과

|정|답|및|해|설|
[페란티 효과] 무부하나 경부하시에 수전단 전압이 송전단 전압보다 높아지는 현상
1. 원인 : 정전용량
2. 대책 : 분로리액터
　【정답】③

38. 전력 사용의 변동 상태를 알아보기 위한 것으로 가장 적당한 것은?

① 수용률   ② 부등률

③ 부하율   ④ 역률

|정|답|및|해|설|

① 수용률 : 1보다 작다. 1보다 크면 과부하
② 부등률 : 최대 전력의 발생시각 또는 발생시기의 분산을 나타내는 지표로 일반적으로 부등률은 1보다 크다(부등률 ≥ 1)

$$\text{부등률} = \frac{\text{각 부하의 최대 수용 전력의 합계[kW]}}{\text{합성 최대 수용전력[kW]}}$$

③ 부하율 : 전력 변동 상태를 알아보는 것으로 1보다 작다.

$$\text{부하율} = \frac{\text{평균 전력}}{\text{최대 수용 전력}} \times 100[\%] \qquad \textbf{【정답】③}$$

39. 3상으로 표준전압 3[kV], 용량 600[kW]를 역률 0.85로 수전하는 공장의 수전회로에 시설할 계기용 변류기의 변류비로 적당한 것은? 단, 변류기의 2차 전류는 5[A]이며, 여유율은 1.5로 한다.

① 10   ② 20   ③ 30   ④ 40

|정|답|및|해|설|

[3상전력] $P = \sqrt{3}\, VI\cos\theta$

CT 1차전류 $I_1 = \dfrac{P}{\sqrt{3}\, V\cos\theta} \times \text{여유율}$

$$= \frac{600 \times 10^3}{\sqrt{3} \times 3,000 \times 0.85} \times 1.5 = 203.77[A]$$

1차전류는 200[A]로 정하면, CT비는 $\dfrac{200}{5} = 40$

$$\textbf{【정답】④}$$

40. 조상설비가 있는 발전소 측 변전소에서 주변압기로 주로 사용되는 변압기는?

① 강압용 변압기   ② 단권 변압기

③ 3권선 변압기   ④ 단상 변압기

|정|답|및|해|설|

[조상설비] 조상설비는 계통에 무효전력을 공급하는 설비이다. 조상설비에는 3권선 변압기를 사용한다.   **【정답】③**

41. 직류기의 구조가 아닌 것은?

① 계자 권선   ② 전기자 권선

③ 내철형 철심   ④ 전기자 철심

|정|답|및|해|설|

[직류기의 구조]
1. 정류자 : 전기자에 유도된 기전력 교류를 직류로 변화시켜주는 부분
2. 전기자 : 계자에서 발생된 주자속을 끊어서 기전력을 유도, 철심, 권선
3. 계자 : 자속을 만드는 부분, 계철, 자극철심, 계자권선으로 구성
4. 브러시(Brush) : 내부회로와 외부회로를 전기적으로 연결
※내철형 철심은 변압기의 구조이다.   **【정답】③**

42. 다음중 인버터(inverter)의 설명으로 바르게 나타낸 것은?

① 직류를 교류로 변환

② 교류를 교류로 변환

③ 직류를 직류로 변환

④ 교류를 직류로 변환

|정|답|및|해|설|

1. 인버터(Inverter) : 직류(DC) → 교류(AC)
2. 컨버터(converter) : 교류(AC) → 직류(DC)
3. 초퍼 : 직류(DC) → 직류(DC)
4. 사이클로 컨버터 : 교류(AC) → 교류(AC)

$$\textbf{【정답】①}$$

43. 표면을 절연 피막 처리한 규소강판을 성층하는 이유로 옳은 것은?

① 절연성을 높이기 위해

② 히스테리시스손을 작게 하기 위해

③ 자속을 보다 잘 통하게 하기 위해

④ 와전류에 의한 손실을 작게 하기 위해

|정|답|및|해|설|

[성층하는 이유] 와류손 $P_e = \sigma_e(tfk_fB_m)^2$에서 철심의 단위 두께($t$)를 적게하여 와류손을 감소시킨다.
저규소 강판(규소 함유율 1~1.4[%])을 성층한 철심을 사용한다.

$$\textbf{【정답】④}$$

44. 직류 전동기의 역기전력에 대한 설명 중 틀린 것은?

① 역기전력이 증가할수록 전기자 전류는 감소한다.

② 역기전력은 속도에 비례한다.

③ 역기전력은 회전방향에 따라 크기가 다르다.

④ 부하가 걸려 있을 때에는 역기전력은 공급전압
보다 크기가 작다.

|정|답|및|해|설|

[역기전력] $E_c = k \varnothing N = V - I_a R_a$
전기회로 내의 임피던스 양끝에서 흐르고 있는 전류와 반대 방향으로
생기는 기전력으로 <u>회전 방향에 따라 크기가 같다.</u>

【정답】③

45. 동기발전기 종류 중 회전계자형의 특징으로 옳은
것은?

① 고주파 발전기에 사용

② 극소용량, 특수용으로 사용

③ 소요전력이 크고 기구적으로 복잡

④ 기계적으로 튼튼하여 가장 많이 사용

|정|답|및|해|설|

[동기 발전기의 회전계자형의 특징] 전기자를 고정자로 하고, 계자
극을 회전자로 한 것
·전기자 권선은 전압이 높고 결선이 복잡(Y결선)
·계자회로는 직류의 저압회로이며 소요 전력도 적다.
·전기자보다 계자가 철의 분포가 많기 때문에 회전시 <u>기계적으로
더 튼튼</u>하며, 구조가 간단하여 회전에 유리하다.
·전기자는 권선을 많이 감아야 되므로 회전자 구조가 커지기 때문에
원동기 측에서 볼 때 출력이 더 증대하게 된다.
·절연이 용이하다.

【정답】④

46. 직류전동기 중 부하가 변하면 속도가 심하게 변하는
전동기는?

① 직류분권전동기   ② 직류직권전동기

③ 차동복권전동기   ④ 가동복권전동기

|정|답|및|해|설|

[직류 직권전동기] 직류 직권전동기는 직류 전동기 중 부하가 변하
면 속도기 현지하게 변하는 득성이 있다.
직권 〉 가동 〉 분권 〉 차동복권

【정답】②

47. 직류기에서 전류용량이 크고 저전압 대전류에
가장 적합한 브러시 재료는?

① 금속 흑연질   ② 전기 흑연질

③ 탄소질   ④ 금속질

|정|답|및|해|설|

[브러시의 종류 및 적용]
1. 탄소질 브러시 : 접촉저항이 크다(저항정류), 소형기, 저속기
2. 흑연질 브러시 : 대전류, 고속기
3. 전기 흑연질 브러시 : 일반 직류기
4. 금속 흑연질 브러시 : 저전압, 대전류

【정답】①

48. 변압기의 효율이 가장 좋을 때의 조건은?

① 철손=동손   ② 철손 $= \frac{1}{2}$동손

③ $\frac{1}{2}$철손 = 동손   ④ 철손 $= \frac{2}{3}$동손

|정|답|및|해|설|

[변압기의 효율] 변압기의 최대 효율은 고정손인 철손과 가변손인
동손이 같게 될 때 발생한다. 즉, 철손(P_i)=동손(P_c)이다.

【정답】①

49. 3상, 6극, 슬롯수 54의 동기 발전기가 있다. 어떤
전기자 코일의 두 변이 제1슬롯과 제8슬롯에 들어
있다면 기본파에 대한 단절권 계수는 약 얼마인가?

① 0.6983   ② 0.7848

③ 0.8749   ④ 0.9397

|정|답|및|해|설|

[단절권 계수] $K_p = \sin \frac{\beta \pi}{2}$ → $\left(\beta = \frac{코일피치}{극피치} \right)$

동기발전기에서 단절권은 기전력이 전절권보다는 낮지만 고조파제
거가 용이해서 사용되는 권선법이다. 그러므로 단절권 계수는 1보
다 작지만 많이 작아지지 않는다.
단절권계수가 1인 경우가 전절권과 같은 것이고 그보다 짧아서 단절
권이 되는 것이다.

극 간격은 $\frac{슬롯수}{극수} = \frac{54}{6} = 9$

코일 피치는 8-1=7이므로

극 간격으로 표시한 코일 피치 $\beta = \frac{코일피치}{극피치} = \frac{7}{9}$

단절권 계수 $K_p = \sin \frac{7\pi}{2 \times 9} = \sin \frac{21.95}{18} = \sin 70 = 0.9397$

【정답】④

50. 1차 전압 6900[V], 1차 권선 3000회, 권수비 20의 변압기가 60[Hz]에 사용할 때 철심의 최대 자속[Wb]은?

① 0.76×10^{-4} ② 8.63×10^{-3}

③ 80×10^{-3} ④ 90×10^{-3}

|정|답|및|해|설|

[1차전압] $E_1 = 4.44fN_1 \varnothing_m [V]$

최대자속 $\varnothing_m = \dfrac{E_1}{4.44 f N_1} = \dfrac{6900}{4.44 \times 60 \times 3000}$

$= 0.00863 = 8.63 \times 10^{-3} [Wb]$ 【정답】②

51. 30[kW]의 3상 유도전동기에 전력을 공급할 때 2대의 단상변압기를 사용하는 경우 변압기의 용량[kVA]은? (단, 전동기의 역률과 효율은 각각 84[%], 86[%]이고 전동기 손실은 무시한다.)

① 10 ② 20

③ 24 ④ 28

|정|답|및|해|설|

[V결선시 변압기 용량] $P_v = \sqrt{3} P_n$

$\rightarrow (P_n :$ 변압기 1대의 용량)

변압기 2대를 사용하면 V결선이다.

V결선의 용량 $P_v = \sqrt{3} P_n = \dfrac{P}{\cos\theta \cdot \eta}$ 이므로

$P_n = \dfrac{P}{\sqrt{3} \cos\theta \cdot \eta} = \dfrac{1}{\sqrt{3}} \cdot \dfrac{30}{0.84 \times 0.86} = 24[kVA]$

【정답】③

52. 12극과 8극 2개의 유도전동기를 종속법에 의한 직렬 종속법으로 속도 제어를 할 때, 전원주파수가 60[Hz]인 경우 무부하 속도[rps]는?

① 5 ② 6

③ 200 ④ 360

|정|답|및|해|설|

[동기속도=무부하속도] $N_s = \dfrac{2f}{p}[rps] = \dfrac{120f}{p}[rpm]$

직렬종속법 : $N_s = \dfrac{2f}{p_1 + p_2}[rps] = \dfrac{120f}{p_1 + p_2}[rpm]$

$p_1 = 12, \ p_2 = 8, \ f = 60[Hz]$

$N_s = \dfrac{120f}{p_1 + p_2} = \dfrac{120 \times 60}{12 + 8} = 360[rpm] = 6[rps]$

【정답】②

|참|고|

[종속접속법]

1. 직렬종속법 : $N = \dfrac{120}{p_1 + p_2} f$

2. 차동종속법 : $N = \dfrac{120}{p_1 - p_2} f$

3. 병렬종속법 : $N = 2 \times \dfrac{120}{p_1 + p_2} f$

53. 부흐홀쯔 계전기로 보호되는 기기는?

① 회전 변류기 ② 동기전동기

③ 발전기 ④ 변압기

|정|답|및|해|설|

[부흐홀쯔 계전기] 부흐홀쯔 계전기는 변압기의 내부고장으로 인한 열화현상을 방지하는데 사용된다. 【정답】④

54. 단상 유도전동기 중 기동토크가 가장 작은 것은?

① 반발 기동형 ② 분상 기동형

③ 셰이딩 코일형 ④ 커패시터 기동형

|정|답|및|해|설|

[단상 유도전동기] 단상 유도전동기에 대한 기동 토크의 크기는 반발 기동형 〉 반발 유도형 〉 콘덴서 기동형 〉 연구 콘덴서형〉 분상 기동형 〉 셰이딩 코일형〉 모노사이클릭 기동형 순이다. 【정답】③

55. 유도전동기의 실부하법에서 부하로 쓰이지 않는 것은?

① 전동발전기

② 전기동력계

③ 프로니 브레이크

④ 손실을 알고 있는 직류발전기

|정|답|및|해|설|

[실부하법(부하시험)]
· 전기동력계법
· 프로니 브레이크법
· 손실을 알고 있는 직류발전기를 사용하는 방법

【정답】①

56. 동기기의 전기자 권선법으로 적합하지 않는 것은?

① 중권   ② 2층권

③ 분표권   ④ 환상권

|정|답|및|해|설|

[동기기 전기자 권선법] 2층권, 단절권, 분포권 사용

※환상권 : 환상 철심에 권선을 안팎으로 감은 것으로 직류기나 동기기에 사용되지 않는다.   【정답】④

57. 어떤 정류기의 출력전압이 2000[V]이고 맥동률이 3[%]이면 교류분은 몇 [V] 포함되어 있는가?

① 20   ② 30

③ 60   ④ 70

|정|답|및|해|설|

[맥동률] 맥동률$= \dfrac{\triangle E}{E_d} \times 100$ [%]

여기서, $\triangle E$: 교류분, E_d : 직류분

$\triangle E = 0.03 \times 2000 = 60[V]$ 【정답】③

58. 돌극형 동기발전기에서 직축 리액턴스를 X_d, 횡축 리액턴스를 X_q라 할 때의 그 크기 사이에 어떤 관계가 있는가?

① $x_d > x_q$ ② $x_d < x_q$

③ $x_d = x_q$ ④ $2x_d = x_q$

|정|답|및|해|설|

[동기발전기 리액턴스] 돌극형(철극기)은 직축이 횡축에 비하여 공극이 작아 직축(동기) 리액턴스 x_d가 횡축(동기) 리액턴스 x_q보다 크다. ($x_d > x_q$)

반면, 비철극기에서는 공극이 일정해 $x_d = x_q = x_s$로 된다.   【성답】①

59. 단상 및 3상 유도전압 조정기에 관하여 옳게 설명한 것은?

① 단락 권선은 단상 및 3상 유도전압 조정기 모두 필요하다.

② 3상 유도전압 조정기에는 단락 권선이 필요 없다.

③ 3상 유도전압 조정기의 1차와 2차 전압은 동상이다.

④ 단상 유도전압 조정기의 기전력은 회전 자계에 의해서 유도 된다.

|정|답|및|해|설|

[유도전압 조정기] 3상 유도 전압 조정기의 직렬 권선에 의한 기전력은 회전 자계의 위치에 관계없이 1차 부하 전류에 의한 분로 권선의 기자력에 의하여 소멸되므로 **단락 권선이 필요 없다.**

단상 유도 전압 조정기는 교번자계, 3상 유도 전압 조정기는 회전 자계로 구동되며, 1, 2차 전압간에 위상차가 생긴다.   【정답】②

60. 전압비 a인 단상변압기 3대를 1차 △결선, 2차 Y결선 하고 1차에 선간전압 V[V]를 가했을 때 무부하 2차 선간전압[N]은?

① $\dfrac{V}{a}$ ② $\dfrac{a}{V}$

③ $\sqrt{3} \cdot \dfrac{V}{a}$ ④ $\sqrt{3} \cdot \dfrac{a}{V}$

|정|답|및|해|설|

[무부하시 2차 선간전압] $V_2 = \sqrt{3}\, E_2$

1차 △결선이므로 선간전압=상전압, 따라서 $V_{1p} = V$

권수비 $a = \dfrac{V_1}{V_2}$이므로 $V_{2p} = \dfrac{V_{1p}}{a} = \dfrac{V}{a}$

Y결선이므로 선간전압 $V_{2l} = \sqrt{3}\, V_{2p} = \sqrt{3} \cdot \dfrac{V}{a}$ 【정답】③

61. 2단자 회로망에 단상 100[V]의 전압을 가하면 30[A]의 전류가 흐르고 1.8[kW]의 전력이 소비된다. 이 회로망과 병렬로 커패시터를 접속하여 합성 역률을 100[%]로 하기 위한 용량성 리액턴스는 약 몇 [Ω]인가?

① 2.1　　　　② 4.2

③ 6.3　　　　④ 8.4

|정|답|및|해|설|

[용량성 리액턴스] $X_c = \dfrac{V^2}{\sqrt{P_a^2 - P^2}}[\Omega]$

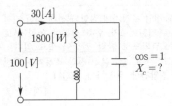

$P_a = 3000$, $P = 1800$, $P_r = \dfrac{V^2}{X_c} = \sqrt{P_a^2 - P^2}$

$\therefore X_c = \dfrac{V^2}{\sqrt{P_a^2 - P^2}} = \dfrac{100^2}{\sqrt{(100 \times 30)^2 - 1800^2}} = 4.2[\Omega]$

【정답】②

62. 그림과 같은 불평형 Y형 회로에 평형 3상 전압을 가할 경우 중성점의 전위 $V_{n'n}[V]$는? (단, Z_1, Z_2, Z_3는 각 상의 임피던스[Ω]이고, Y_1, Y_2, Y_3는 각 상의 임피던스에 대한 어드미턴스[℧]이다.)

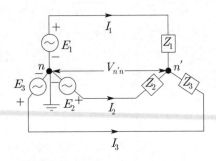

① $\dfrac{E_1 + E_2 + E_3}{Z_1 + Z_2 + Z_3}$　　② $\dfrac{Z_1 E_1 + Z_2 E_2 + Z_3 E_3}{Z_1 + Z_2 + Z_3}$

③ $\dfrac{E_1 + E_2 + E_3}{Y_1 + Y_2 + Y_3}$　　④ $\dfrac{Y_1 E_1 + Y_2 E_2 + Y_3 E_3}{Y_1 + Y_2 + Y_3}$

|정|답|및|해|설|

[밀만의 정리로 중성점의 전위] $V_{ab} = IZ = \dfrac{\sum\limits_{k=1}^{m} I_k}{\sum\limits_{k=1}^{n} Y_k} = \dfrac{\sum\limits_{k=1}^{m} \frac{E_k}{R_k}}{\sum\limits_{k=1}^{n} \frac{1}{R_k}}$

평형 3상에서 중성점에 흐르는 전류 $I_n = I_1 + I_2 + I_3 = 0$이므로

$I_1 + I_2 + I_3 = \dfrac{E_1 - V_n}{Z_1} + \dfrac{E_2 - V_n}{Z_2} + \dfrac{E_3 - V_n}{Z_3} = 0$

$\rightarrow \dfrac{E_1}{Z_1} + \dfrac{E_2}{Z_2} + \dfrac{E_3}{Z_3} = V_n \left(\dfrac{1}{Z_1} + \dfrac{1}{Z_2} + \dfrac{1}{Z_3} \right)$

$Z = \dfrac{1}{Y}$이므로

$\rightarrow Y_1 E_1 + Y_2 E_2 + Y_3 E_3 = V_n (Y_1 + Y_2 + Y_3)$
따라서 밀만의 정리로 중성점의 전위를 구하면

$V_{n'n} = V_n = IZ = \dfrac{I}{Y} = \dfrac{\frac{V}{Z}}{Y} = \dfrac{Y_1 E_1 + Y_2 E_2 + Y_3 E_3}{Y_1 + Y_2 + Y_3}[V]$

【정답】④

63. 1상의 임피던스가 $14 + j48[\Omega]$인 평형 △부하에 선간전압이 200[V]인 평형 3상 전압이 인가될 때 이 부하의 피상전력[VA]은?

① 1200　　　　② 1384

③ 2400　　　　④ 4157

|정|답|및|해|설|

[피상전력] $P_a = \dfrac{V_p^2}{Z}[VA]$

1상의 임피던스 $Z = \sqrt{14^2 + 48^2} = 50$ → (50[Ω] 3개의 임피던스)

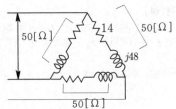

$P_a = 3 \times \dfrac{V_p^2}{Z} = 3 \times \dfrac{200^2}{50} = 2400[VA]$　　**【정답】③**

64. 다음 $R-L$ 병렬회로에서 $t=0$ 일 때 스위치 S를 닫을 경우 $R[\Omega]$에 흐르는 전류 $i_R(t)[A]$는?

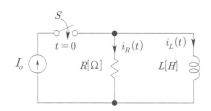

① $I_0\left(1-e^{-\frac{R}{L}t}\right)$　　② $I_0\left(1+e^{-\frac{R}{L}t}\right)$

③ I_0　　④ $I_0 e^{-\frac{R}{L}t}$

|정|답|및|해|설|

$[RL$병렬회로의 전류 $i_R(t)[A]]$

1. 전체전류 $I_0=i_R(t)+i_L(t)=\dfrac{e(t)}{R}+\dfrac{1}{L}\int e(t)dt$

$\rightarrow \dfrac{I_0}{s}=\dfrac{E(s)}{R}+\dfrac{1}{Ls}E(s)=E(s)\left(\dfrac{1}{R}+\dfrac{1}{Ls}\right)$

$\rightarrow E(s)=\dfrac{I_0}{s\left(\dfrac{1}{R}+\dfrac{1}{Ls}\right)}=\dfrac{I_0}{\dfrac{s}{R}+\dfrac{1}{L}}$

$=\dfrac{I_0\times R}{\left(\dfrac{s}{R}+\dfrac{1}{L}\right)\times R}=\dfrac{RI_0}{s+\dfrac{R}{L}}$

2. $\dfrac{RI_0}{s+\dfrac{R}{L}}$ 에서 RI_0를 상수 취급해 역라플라스변환

$\rightarrow e(s)=RI_0 e^{-\frac{R}{L}t}$

$\therefore i_R(t)=\dfrac{e(t)}{R}=I_0 e^{-\frac{R}{L}t}[A]$　　【정답】④

65. $i(t)=100+50\sqrt{2}\sin\omega t+20\sqrt{2}\sin\left(3\omega t+\dfrac{\pi}{6}\right)[A]$ 로 표현되는 비정현파 전류의 실효값은 약 몇 [A]인가?

① 20　　② 50

③ 114　　④ 150

|정|답|및|해|설|

[전류의 실효값] $|i(t)|=\sqrt{I_0^2+I_1^2+I_3^2+\cdots}$

$\rightarrow (I_0:$ 기본값, 실효값 $I=\dfrac{I_m}{\sqrt{2}})$

$|I|=\sqrt{100^2+50^2+20^2}=114[A]$　　【정답】③

66. 10$[\Omega]$의 저항 5개를 접속하여 얻을 수 있는 합성 저항 중 가장 작은 값은 몇 $[\Omega]$인가?

① 10　　② 5

③ 2　　④ 0.5

|정|답|및|해|설|

[합성저항] 직렬$=n\times R[\Omega]$, 병렬$=\dfrac{R}{n}[\Omega]$　　$\rightarrow (n:$ 저항수$)$

1. 전부 직렬연결 시의 합성저항 $R_0=10\times 5=50[\Omega]$

$\rightarrow$ (가장 크다)

2. 전부 병렬연결 시의병렬 합성저항 $R_0=\dfrac{10}{5}=2[\Omega]$

$\rightarrow$ (가장 적다)

【정답】③

67. 어느 회로에 $V=120+j90[V]$의 전압을 인가하면 $I=3+j4[A]$의 전류가 흐른다. 이 회로의 역률은?

① 0.92　　② 0.94

③ 0.96　　④ 0.98

|정|답|및|해|설|

[역률] $\cos\theta=\dfrac{R}{Z}$

$Z=\dfrac{V}{I}=\dfrac{120+j90}{3+j4}=28.8-j8.4$

$\cos\theta=\dfrac{R}{Z}=\dfrac{28.8}{\sqrt{28.8^2+(-8.4)^2}}=0.96$　　【정답】③

68. $i(t)=3\sqrt{2}\sin(377t-30°)[A]$의 평균값은 약 몇 [A]인가?

① 1.35[A]　　② 2.7[A]

③ 4.35[A]　　④ 5.4[A]

|정|답|및|해|설|

[평균값] 평균값$(I_{av})=\dfrac{2}{\pi}\times$최대값$(I_m)$

평균값 $I_{av}=\dfrac{2}{\pi}I_m=\dfrac{2}{\pi}\times 3\sqrt{2}=2.7[A]$　　【정답】②

69. 동일한 용량 2대의 단상 변압기를 V결선하여 3상으로 운전하고 있다. 단상 변압기 2대의 용량에 대한 3상 V결선 시 변압기 용량의 비인 변압기 이용률은 약 몇 [%]인가?

① 57.7   ② 70.7

③ 80.1   ④ 86.6

|정|답|및|해|설|

[V결선의 변압기 이용률] V결선에는 변압기 2대를 사용했을 경우 그 정격출력의 합은 $2V_2I_2$ 이므로 변압기 이용률

$$U = \frac{P_V}{2P} = \frac{\sqrt{3}\,VI}{2\,VI} = 0.866 = 86.6[\%]$$

【정답】④

70. 20[Ω]과 30[Ω]의 병렬회로에서 20[Ω]에 흐르는 전류가 6[A]라면 전체 전류 $I[A]$는?

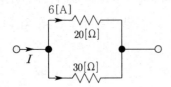

① 3   ② 4

③ 9   ④ 10

|정|답|및|해|설|

[전체 전류] $I = \dfrac{R_1 + R_2}{R_2} I_1 = \dfrac{20 + 30}{30} \times 6 = 10[A]$

【정답】④

71. 기본파의 30[%]인 제3고조파와 기본파의 20[%]인 제5고조파를 포함하는 전압파의 왜형률은?

① 0.21   ② 0.31

③ 0.36   ④ 0.42

|정|답|및|해|설|

[왜형률] 왜형률 $= \dfrac{\text{각고조파의 실효값의 합}}{\text{기본파의 실효값}}$

$= \dfrac{\sqrt{{V_3}^2 + {V_5}^2}}{V_1} = \sqrt{\left(\dfrac{V_3}{V_1}\right)^2 + \left(\dfrac{V_5}{V_1}\right)^2}$

$= \sqrt{0.3^2 + 0.2^2} = 0.36$

【정답】③

72. $e_i(t) = R_i(t) + L\dfrac{di}{dt}(t) + \dfrac{1}{C}\displaystyle\int i(t)dt$ 에서 모든 초기값을 0으로 하고 라플라스 변환 할 때 $I(s)$는? (단, $I(s)$, $E_i(s)$는 $i(t)$, $e_i(t)$의 라플라스 변환이다.)

① $\dfrac{Cs}{LCs^2 + RCs + 1} E_i(s)$

② $\dfrac{1}{R + Ls + \dfrac{s}{C}} E_i(s)$

③ $\dfrac{1}{R + Ls + Cs^2} E_i(s)$

④ $\left(R + Ls + \dfrac{1}{Cs}\right) E_i(s)$

|정|답|및|해|설|

[라플라스 변환]

$E_i(s) = RI(S) + LsI(s) + \dfrac{1}{Cs}I(s) = \left(R + Ls + \dfrac{1}{Cs}\right)I(s)$ 이므로,

$\therefore I(s) = \dfrac{1}{R + Ls + \dfrac{1}{Cs}} E_i(s) = \dfrac{Cs}{LCs^2 + RCs + 1} E_i(s)$

【정답】①

73. 그림과 같은 4단자 회로망에서 영상 임피던스 [Ω]는?

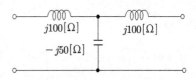

① $j\dfrac{1}{50}$ ② -1

③ 1 ④ 0

|정|답|및|해|설|

[4단자 회로의 영상 임피던스]

$Z_{01} = \sqrt{\dfrac{AB}{CD}}$, $Z_{02} = \sqrt{\dfrac{DB}{CA}}$

대칭이므로 $A = D$

$Z_{01} = \sqrt{\dfrac{B}{C}}$, $Z_{02} = \sqrt{\dfrac{B}{C}}$

$B = \dfrac{j100 \times j100 + j100 \times (-j50) + j100 \times (-j50)}{-j50} = 0$

$Z_{01} = Z_{02} = \sqrt{\dfrac{B}{C}} = 0$ 【정답】④

74. 그림에서 10[Ω]의 저항에 흐르는 전류는 몇 [A]인가?

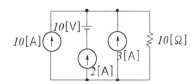

① 13   ② 14

③ 15   ④ 16

|정|답|및|해|설|
[중첩의 원리]
1. 전류원 기준(전압원 단락) $I_R = 10 + 2 + 3 = 15[A]$

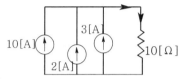

2. 전압원 기준(전류원 개방) $I'_R = 0[A]$

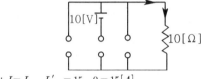

$\therefore I = I_R - I'_R = 15 - 0 = 15[A]$ 【정답】③

---

75. 상순이 abc인 3상 회로에 있어서 대칭분 전압이

$$V_0 = -8 + j3[V], \quad V_1 = 6 - j8[V]$$

$$V_2 = 8 + j12[V]$$일 때 a상의 전압 V_a[V]는?

① 6+j7   ② 8+j12

③ 6+j14   ④ 16+j4

|정|답|및|해|설|
[대칭분에 의한 비대칭을 구할 때]
1. $V_a = V_0 + V_1 + V_2 = -8 + j3 + 6 - j8 + 8 + j12$
   $= 6 + j7[V]$
2. $V_b = V_0 + a^2 V_1 + a V_2$
3. $V_c = V_0 + a V_1 + a^2 V_2$ 【정답】①

|참|고|
[비대칭분에 의한 내칭을 구할 때]
1. 영상전압 $V_0 = \dfrac{1}{3}(V_a + V_b + V_c)$
2. 정상전압 $V_1 = \dfrac{1}{3}(V_a + a V_b + a^2 V_c)$
             $\rightarrow (a : 1 \angle 120, \ a^2 : 1 \angle 240)$
3. 역상전압 $V_2 = \dfrac{1}{3}(V_a + a^2 V_b + a V_c)$

---

76. 저항만으로 구성된 그림의 회로에 평형 3상 전압을 가했을 때 각 선에 흐르는 선전류가 모두 같게 되기 위한 $R[\Omega]$의 값은?

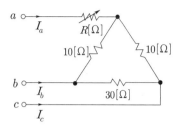

① 2   ② 4

③ 6   ④ 8

|정|답|및|해|설|
[△결선을 Y결선으로 변환]

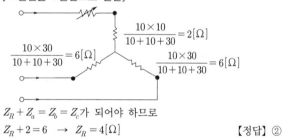

$Z_R + Z_a = Z_b = Z_c$가 되어야 하므로
$Z_R + 2 = 6 \ \rightarrow \ Z_R = 4[\Omega]$ 【정답】②

---

77. RC 직렬회로의 과도현상에 대하여 옳게 설명한 것은?

① $\dfrac{1}{RC}$의 값이 클수록 전류값은 천천히 사라진다.

② RC값이 클수록 과도 전류값은 빨리 사라진다.

③ 과도 전류는 RC값에 관계가 없다.

④ RC값이 클수록 과도 전류값은 천천히 사라진다.

|정|답|및|해|설|
[RC 직렬회로] RC 직렬회로에서 시정수는 RC[s]
시정수가 크면 응답이 늦다(과도전류가 천천히 사라진다).
    【정답】④

78. 라플라스 함수 $F(s) = \dfrac{A}{a+s}$ 이라 하면 이의 라플라스 역변환은?

① ae^{At} ② Ae^{at}

③ ae^{-At} ④ Ae^{-at}

|정|답|및|해|설|

[라플라스의 역변환] $\mathcal{L}^{-1}\left[\dfrac{A}{s+a}\right] = A\mathcal{L}^{-1}\left[\dfrac{1}{s+a}\right] = Ae^{-at}$

【정답】④

79. 22[kVA]의 부하가 0.8의 역률로 운전될 때 이 부하의 무효전력[kVA]은?

① 11.5   ② 12.3

③ 13.2   ④ 14.5

|정|답|및|해|설|

[무효전력] $P_r = P_a \sin\theta [kVA]$ $\rightarrow (\sin^2\theta + \cos^2\theta = 1)$

여기서, P_a : 피상전력

$\therefore P_r = P_a \sin\theta = 22 \times \sqrt{1-0.8^2} = 13.2[kVA]$ 【정답】③

80. 어드미턴스 $Y[\mho]$로 표현된 4단자 회로망에서 4단자정수 행렬 T는?

(단, $\begin{bmatrix} V_1 \\ I_1 \end{bmatrix} = T \begin{bmatrix} V_2 \\ I_2 \end{bmatrix}$, $T = \begin{bmatrix} A & B \\ C & D \end{bmatrix}$)

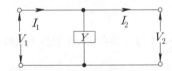

① $\begin{bmatrix} 1 & 0 \\ Y & 1 \end{bmatrix}$ ② $\begin{bmatrix} 1 & Y \\ 0 & 1 \end{bmatrix}$

③ $\begin{bmatrix} 1 & 0 \\ \frac{1}{Y} & 1 \end{bmatrix}$ ④ $\begin{bmatrix} Y & 1 \\ 1 & 0 \end{bmatrix}$

|정|답|및|해|설|

[4단자 회로망 (단일회로)] $\begin{bmatrix} A & B \\ C & D \end{bmatrix} = \begin{vmatrix} 1 & 0 \\ \frac{1}{z} & 1 \end{vmatrix} \rightarrow \begin{vmatrix} 1 & 0 \\ Y & 1 \end{vmatrix}$

$\rightarrow$ (어드미턴스만 존재)

【정답】①

---

81. 발열선을 도로, 주차장 또는 조영물의 조영재에 고정시켜 시설하는 경우, 발열선에 전기를 공급하는 전로의 대지전압은 몇 [V] 이하 이어야 하는가?

① 100[V]   ② 150[V]

③ 200[V]   ④ 300[V]

|정|답|및|해|설|

[도로 등의 전열장치의 시설 (KEC 241.12)]]
· 사용전압 : 400[V] 미만
· 전로의 대지전압 : 300[V] 이하
· 직류전압 : 60[V] 이하   【정답】④

|참|고|

[※대자전압]
 1. 90[%] 이상은 300[V]
 2. 예외인 경우
      ① 누설전압이 없는 경우 → 대지전압 150[V]
      ② 전기저장장치, 태양광설비 → 직류 600[V]

82. 발전기를 구동하는 풍차의 유압장치의 유압, 압축 공기장치의 공기압 또는 전동식 브레이드 제어장치의 전원전압이 현저히 저하한 경우 발전기를 자동적으로 차단하는 장치를 시설하여야 하는 발전기 용량은 몇 [kVA] 이상인가?

① 100   ② 300

③ 500   ④ 1000

|정|답|및|해|설|

[발전기 등의 보호장치 (KEC 351.3)]
발전기에는 다음의 경우에 자동적으로 이를 전로로부터 차단하는 장치를 시설하여야 한다.

용량	사고의 종류	보호장치
모든 발전기	과전류가 생긴 경우	
용량 500[kVA] 이상	수차압유장치의 유압이 현저히 저하	
용량 100[kVA] 이상	풍차압유장치의 유압이 현저히 저하	자동차단장치
용량 2000[kVA] 이상	수차의 스러스트베어링의 온도가 상승	
용량 10000[kVA] 이상	발전기 내부 고장	
정격출력 10000[kVA] 이상	증기터빈의 스러스트베어링이 현저하게 마모되거나 온도가 현저히 상승	

【정답】①

83. 시가지 또는 그 밖에 인가가 밀집한 지역에 154[kV] 가공 전선로의 전선을 케이블로 시설하고자 한다. 이때 가공전선을 지지하는 애자장치의 50[%] 충격 섬락전압 값이 그 전선의 근접한 다른 부분을 지지하는 애자장치 값의 몇 [%] 이상이어야 하는가?

① 75   ② 100

③ 105   ④ 110

|정|답|및|해|설|

[시가지 등에서 특고압 가공전선로의 시설 제한 (KEC 333.1)]
· 애자 장치는 50[%] 충격 섬락 전압의 값이 타부분 애자 장치값의 110[%](사용 전압이 130[kV]를 넘는 경우는 105[%]) 이상인 것
· 아크 혼을 취부하고 또는 2연 이상의 현수 애자, 긴 애자(장간 애자)를 사용한다. 【정답】③

84. 특고압 가공전선로의 지지물에 시설하는 통신선 또는 이에 직접 접속하는 통신선이 도로, 횡단보도교, 철도의 레일 등 또는 교류전차선 등과 교차하는 경우의 시설기준으로 옳은 것은?

① 인장강도 4.0[kN] 이상의 것 또는 지름 3.5[mm] 경동선일 것

② 통신선이 케이블 또는 광섬유 케이블일 때는 간격(이격거리)의 제한이 없다.

③ 통신선과 삭도 또는 다른 가공약전류전선 등 사이의 간격(이격거리)은 20[cm] 이상으로 할 것

④ 통신선이 도로, 횡단보도교, 철도의 레일과 교차하는 경우에는 통신선은 지름 4[mm]의 절연전선과 동등 이상의 절연 효력이 있을 것

|정|답|및|해|설|

[전력보안통신케이블의 지상고와 배전설비와의 간격 (KEC 362.2)] 통신선이 도로, 횡단보도교, 철도의 레일 또는 삭도와 교차하는 경우에는 통신선은 단면적 16[mm²](지름 4[mm])의 절연전선과 동등 이상의 절연 효력이 있는 것, 인장강도 8.01[kN] 이상의 것 또는 단면적 25[mm²](지름 5[mm])의 경동선일 것 【정답】④

85. 뱅크용량 15000[kVA] 이상인 분로리액터에서 자동적으로 전로로부터 차단하는 장치가 동작하는 경우가 아닌 것은?

① 내부 고장 시

② 과전류 발생 시

③ 과전압 발생시

④ 온도가 현저히 상승한 경우

|정|답|및|해|설|

[보상설비의 보호장치 (KEC 351.5)]
조상 설비에는 그 내부에 고장이 생긴 경우에 보호하는 장치를 표와 같이 시설하여야 한다.

설비 종별	뱅크 용량의 구분	자동적으로 전로로부터 차단하는 장치
전력용 커패시터 및 분로리액터	500[kVA] 초과 15,000[kVA] 미만	· 내부에 고장이 생긴 경우 · 과전류가 생긴 경우
	15,000[kVA] 이상	· 내부에 고장이 생긴 경우 · 과전류가 생긴 경우 · 과전압이 생긴 경우
무효전력 보상장치	15,000[kVA] 이상	· 내부에 고장이 생긴 경우

【정답】④

86. 고압 가공전선으로 ACSR선을 사용할 때의 안전율은 얼마 이상이 되는 처짐 정도(이도)로 시설하여야 하는가?

① 2.2   ② 2.5   ③ 3   ④ 3.5

|정|답|및|해|설|

[저·고압 가공전선의 안전율 (KEC 332.4)]
· 경동선 : 2.2 이상
· ACSR 등 : 2.5 이상 【정답】②

|참|고|

[안전율]
1.33 : 이상시 상정하중 철탑의 기초   1.5 : 케이블트레이, 안테나
2.0 : 기초 안전율   2.2 : 경동선/내열동 합금선
2.5 : 지지선, ACSR, 기타 전선

87. 저압 가공전선(다중접지된 중성선은 제외한다.)과 고압 가공전선을 동일 지지물에 시설하는 경우 저압 가공전선과 고압 가공전선 간격(이격거리)은 몇[cm] 이상이어야 하는가? (단, 각도주, 분기주 등에서 혼촉의 우려가 없도록 시설하는 경우가 아니다.)

① 50   ② 60   ③ 80   ④ 100

|정|답|및|해|설|

[고압 가공전선 등의 병행설치 (KEC 332.8)]
· 저압 가공전선을 고압 가공전선의 아래로 하고 별개의 완금류에 시설할 것
· 이격 거리 50[cm] 이상으로 저압선을 고압선의 아래로 별개의 완금류에 시설 【정답】①

88. 가공 전선로의 지지물에 시설하는 지지선의 시설 기준으로 옳은 것은?

① 지지선의 안전율은 1.2 이상일 것

② 소선은 최소 5가닥 이상의 연선일 것

③ 도로를 횡단하여 시설하는 지지선의 높이는 일반적으로 지표상 5[m] 이상으로 할 것

④ 지중부분 및 지표상 60[cm]까지의 부분은 아연도금을 한 철봉 등 부식하기 어려운 재료를 사용할 것

|정|답|및|해|설|
[지지선의 시설 (KEC 331.11)]
· 안전율 : 2.5 이상 일 것
· 최저 인상 하중 : 4.31[kN]
· 2.6[mm] 이상의 금속선을 3조 이상 꼬아서 사용
· 지중 및 지표상 30[cm]까지의 부분은 아연도금 철봉 등을 사용
· 도로를 횡단하여 시설하는 지지선의 높이는 일반적으로 <u>지표상 5[m] 이상으로 할 것</u>　　　　　　　　　【정답】③

89. 욕조나 샤워 시설이 있는 욕실 등 인체가 물에 젖어 있는 상태에서 전기를 사용하는 장소에 콘센트를 시설할 경우 인체감전보호용 누전차단기의 정격감도전류는 몇 [mA] 이하인가?

① 5　　　　　　　② 10

③ 15　　　　　　④ 20

|정|답|및|해|설|
[콘센트의 시설 (KEC 234.5)] 욕조나 샤워시설이 있는 욕실 또는 화장실 등 인체가 물에 젖어있는 상태에서 전기를 사용하는 장소에 콘센트를 시설하는 경우에는 다음 각 호에 따라 시설하여야한다.
· 「전기용품안전 관리법」의 적용을 받는 인체감전보호용 누전차단기(<u>정격감도전류 15[mA]</u> 이하, 동작시간 0.03초 이하의 전류동작형의 것에 한한다) 또는 절연변압기(정격용량 3[kVA] 이하인 것에 한한다)로 보호된 전로에 접속하거나, 인체감전보호용 누전차단기가 부착된 콘센트를 시설하여야 한다.
· 콘센트는 접지극이 있는 방적형 콘센트를 사용하여 접지하여야 한다.　　　　　　　　　　　　　【정답】③

90. 다음 중 폭연성 먼지(분진)가 많은 장소의 저압 옥내배선에 적합한 배선 공사방법은?

① 금속관공사　　　② 애자 사용공사

③ 합성수지관공사　④ 가요전선관공사

|정|답|및|해|설|
[먼지(분진) 위험 장소 (KEC 242.2)]
1. 폭연성 먼지(분진) : 설비를 금속관 공사 또는 케이블 공사(캡타이어 케이블 제외)

2. 가연성 먼지(분진) : 합성수지관 공사, 금속관 공사, 케이블 공사
　　　　　　　　　　　　　　　　　　　【정답】①

91. 건조한 곳에 시설하고 또한 진열장 내부를 건조한 상태로 사용하는 진열장 안의 사용전압이 400 [V] 미만인 저압 옥내배선으로 외부에서 보기 쉬운 곳에 한하여 코드 또는 캡타이어 케이블을 조영재에 접촉하여 시설할 수 있다. 이때 전선의 붙임점 간의 거리는 몇 [m] 이하로 시설하여야 하는가?

① 0.5　　② 1.0　　③ 1.5　　④ 2.0

|정|답|및|해|설|
[케이블공사 (KEC 232.51)] 전선을 조영재의 아랫면 또는 옆면에 따라 붙이는 경우에는 <u>전선의 지지점 간의 거리를 케이블은 2[m]</u> (사람이 접촉할 우려가 없는 곳에서 수직으로 붙이는 경우에는 6[m]) 이하 캡타이어 케이블은 1[m] 이하로 하고 또한 그 피복을 손상하지 아니하도록 붙일 것　　　　　　【정답】②

92. 다음 (　)의 ㉠, ㉡에 들어갈 내용으로 옳은 것은?

> "전기철도용 급전선"이란 저기철도용 (㉠)로부터 다른 전기철도용 (㉠) 또는 (㉡)에 이르는 전선을 말한다.

① ㉠ 급전선, ㉡ 개폐소

② ㉠ 궤전선, ㉡ 변전소

③ ㉠ 변전소, ㉡ 전차선

④ ㉠ 전차선, ㉡ 급전소

|정|답|및|해|설|
[용어의 정리]
1. 급전선(feeder) : 배전 변전소 또는 발전소로부터 배전 간선에 이르기까지의 도중에 부하가 접속되어 있지 않은 선로
2. 전기철도용 급전선 : 전기철도용 변전소로부터 다른 전기철도용 변전소 또는 전차선에 이르는 전선을 말한다.
3. 전기철도용 급전선로 : 전기철도용 급전선 및 이를 지지하거나 수용하는 시설물을 말한다.　　　　　　【정답】③

93. 기구 등의 전로의 절연내력시험에서 최대사용전압이 60[kV]를 초과하는 기구 등의 전로로서 중성점 비접지식 전로에 접속하는 것은 최대사용전압의 몇 배의 전압에 10분간 견디어야 하는가?

① 0.72
② 0.92
③ 1.25
④ 1.5

|정|답|및|해|설|

[전로의 절연저항 및 절연내력 (KEC 132)]

권선의 종류		시험 전압	시험 최소 전압
7[kV] 이하		1.5배	500[V]
7[kV] 넘고 25[kV] 이하	다중접지식	0.92배	
7[kV] 넘고 60[kV] 이하	비접지방식	1.25배	10,500[V]
60[kV]초과	비접지	1.25배	
	접지식	1.1배	75000[V]

【정답】③

---

94. 변압기에 의하여 154[kV]에 결합되는 3300[V] 전로에는 몇 배 이하의 전압이 가하여진 경우에 방전하는 장치를 그 변압기의 단자에 가까운 1극에 설치하여야 하는가?

① 2
② 3
③ 4
④ 5

|정|답|및|해|설|

[특별고압과 고압의 혼촉 등에 의한 위험 방지시설 (kec 322.3)]
사용전압이 <u>3배 이하</u>인 전압이 가하여진 경우에 방전하는 장치를 그 변압기의 단자에 가까운 1극에 설치하여야 한다. 다만, 사용전압이 3배 이하인 전압이 가하여진 경우에 방전하는 피뢰기를 고압전로의 모선의 각상 시설할 때에는 그러하지 아니한다.

【정답】②

---

95. 절연내력시험은 전로와 대지 사이에 연속하여 10분간 가하여 절연내력을 시험하였을 때에 이에 견디어야 한다. 최대 사용전압이 22.9[kV]인 중성선 대중접지식 가공전선로의 전로와 대지 사이의 절연내력 시험전압은 몇 [V]인가?

① 16488
② 21068
③ 22900
④ 28625

|정|답|및|해|설|

[전로의 절연저항 및 절연내력 (KEC 132)]

접지 방식	최대 사용전압	시험 전압(최대 사용전압 배수)	최저 시험 전압
비접지	7[kV] 이하	1.5배	500[V]
	7[kV] 초과	1.25배	10,500[V] (60[kV] 이하)
중성점접지	60[kV] 초과	1.1배	75[kV]
중성점직접접지	60[kV] 초과 170[kV] 이하	0.72배	
	170[kV] 초과	0.64배	
중성점다중접지	25[kV] 이하	0.92배	500[V] (75[kV] 이하)

중성점다중접지 0.92배
$\therefore 22900 \times 0.92 = 21068[V]$

【정답】②

---

96. 제1종 특고압 보안공사로 시설하는 전선로의 지지물로 사용할 수 없는 것은?

① 철탑
② B종 철주
③ B종 철근콘크리트주
④ 목주

|정|답|및|해|설|

[특고압 보안공사 (KEC 333.22)]
제1종 특고압 보안 공사의 지지물에는 B종 철주, B종 철근 콘크리트주 또는 철탑을 사용할 것(<u>목주, A종은 사용불가</u>)

【정답】④

97. 풀장용 수중조명등에 전기를 공급하기 위하여 사용되는 절연변압기에 대한 설명으로 옳지 않은 것은?

① 절연변압기 2차측 전로의 사용전압은 150[V] 이하이어야 한다.

② 절연변압기 2차측 전로의 사용전압이 30[V] 이하인 경우에는 1차권선과 2차권선 사이에 금속제의 혼촉방지판이 있어야 한다.

③ 절연변압기의 2차측 전로의 사용전압이 30[V]를 초과하는 경우 지락이 발생하면 자동적으로 전로를 차단하는 정격감도전류 20[mA] 이하의 누전차단기를 시설하여야 한다.

④ 절연변압기의 2차측 전로의 사용전압이 30[V]를 넘는 경우에는 그 전로에 지락이 생긴 경우 자동적으로 전로를 차단하는 차단장치가 있어야 한다.

|정|답|및|해|설|.............................
[수중 조명등 (KEC 234.14)]
· 풀용 수중조명등 기타 이에 준하는 조명등에 전기를 공급하는 변압기를 1차 400[V] 미만, 2차 150[V] 이하의 절연 변압기를 사용할 것
· 절연 변압기 2차측 전로의 사용전압이 30[V] 이하인 경우에는 1차 권선과 2차 권선 사이에 금속제의 혼촉 방지판을 설치하고 kec140에 준하는 접지공사를 할 것
· 수중조명등의 절연변압기의 2차측 전로의 사용전압이 30[V]를 초과하는 경우 지락이 발생하면 자동적으로 전로를 차단하는 정격감도전류 30[mA] 이하의 누전차단기를 시설하여야 한다.
【정답】③

98. 154[kV] 가공송전선과 식물과의 최소 간격(이격거리)은 몇 [m]인가?

① 2.8　　　　② 3.2

③ 3.8　　　　④ 4.2

|정|답|및|해|설|.............................
[특고압 가공전선과 식물의 간격(이격거리) (kec 333.30)]
· 60[kV] 이하는 2[m] 이상, 60[kV]를 넘는 것은 2[m]에 60kV를 넘는 1만[V] 또는 그 단수마다 12[㎝]를 가산한 값 이상으로 이격시킨다.

· 단수 $= \dfrac{154-60}{10} = 9.4 \rightarrow 10$단

∴간격(이격거리) $= 2 + 10 \times 0.12 = 3.2[m]$　　【정답】②

99. 저압 가공인입선 시설 시 도로를 횡단하여 시설하는 경우 노면상 높이는 몇 [m] 이상으로 하여야 하는가?

① 4　　　　② 4.5

③ 5　　　　④ 5.5

|정|답|및|해|설|.............................
[저압 인입선의 시설 (kec 221.1.1)] 전선의 높이
· 도로(차도와 보도의 구별이 있는 도로인 경우에는 차도)를 횡단하는 경우 : 노면상 5[m](기술상 부득이한 경우에 교통에 지장이 없을 때에는 3[m]) 이상
· 철도 또는 궤도를 횡단하는 경우 : 레일면상 6.5[m] 이상
· 횡단보도교 위에 시설하는 경우 : 노면상 3[m] 이상 전선이 케이블인 경우 이외에는 인장강도 2.30[kN] 이상의 것 또는 지름 2.6[mm] 이상의 인입용 비닐절연전선일 것. 다만, 지지물 간 거리가 15[m] 이하인 경우는 인장강도 1.25[kN] 이상의 것 또는 지름 2[mm] 이상의 인입용 비닐절연전선일 것
【정답】③

※한국전기설비규정(KEC) 적용으로 인해 더 이상 출제되지 않는 문제는 삭제했습니다.

2020년 4회 전기산업기사 필기 기출문제

4회 2020년 전기산업기사필기 (전기자기학)

1. 단위 구면을 통해 나오는 전기력선의 수는? (단, 구내부의 전하량은 $Q[C]$이다.)

① 1

② 4π

③ ϵ_0

④ $\dfrac{Q}{\epsilon_0}$

|정|답|및|해|설|

[전기력선의 성질]

· 전기력선의 밀도는 전계의 세기와 같다.

· Q[C]의 전하에서 전기력선의 수 N= $\dfrac{Q}{\epsilon_0}$ 개의 전기력선이 발생한다.

· 정전하(+)에서 부전하(−) 방향으로 연결된다.

· 전기력선은 전하가 없는 곳에서 연속

· 도체 내부에는 전기력선이 없다.

· 전기력선은 도체의 표면에서 수직으로 출입한다.

· 전기력선은 스스로 폐곡선을 만들지 않는다.

· 대전, 평형 상태 시 전하는 표면에만 분포

· 2개의 전기력선은 서로 교차하지 않는다.

· 전기력선은 등전위면과 직교한다.

· 무한원점에 있는 전하까지 합하면 전하의 총량은 0이다.

【정답】④

2. 콘덴서의 내압 및 정전용량이 각각 1000[V]−2[μF], 700[V]−3[μF], 600[V]−4[μF], 300[V]−8[μF] 이다. 이 콘덴서를 직렬로 연결할 때 양단에 인가되는 전압을 상승시키면 제일 먼저 절연이 파괴되는 콘덴서는?

① 1000[V]−2[μF]

② 700[V]−3[μF]

③ 600[V]−4[μF]

④ 300[V]−8[μF]

|정|답|및|해|설|

|내압이 다른 경우| 전하량이 가장 적은 것이 가장 먼저 파괴된다.

$Q_1 = C_1 V_1$, $Q_2 = C_2 V_2$, $Q_3 = C_3 V_3$

① $Q_1 = C_1 \times V_1 = 2\times 10^{-6}\times 1000 = 2\times 10^{-3}[C]$ → $(\mu = 10^{-6})$

② $Q_2 = C_2 \times V_2 = 3\times 10^{-6}\times 700 = 2.1\times 10^{-3}[C]$

③ $Q_3 = C_3 \times V_3 = 4\times 10^{-6}\times 600 = 2.4\times 10^{-3}[C]$

④ $Q_4 = C_4 \times V_4 = 8\times 10^{-6}\times 300 = 2.4\times 10^{-3}[C]$

전하 용량이 가장 적은 1000[V]−2[μF]가 제일 먼저 절연이 파괴된다.

【정답】①

3. 대지면에서 높이 h[m]로 가선된 대단히 긴 평행 도선의 선전하(선전하 밀도 $\lambda[C/m]$)가 지면으로부터 받는 힘[N/m]은?

① h에 비례

② h^2에 비례

③ h에 반비례

④ h^2에 반비례

|정|답|및|해|설|

[무한 평면과 선전하(직선 도체와 평면 도체 간의 힘)]

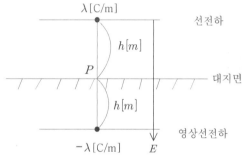

전계의 세기 $E = \dfrac{\lambda}{2\pi\epsilon_0 r} = \dfrac{\lambda}{2\pi\epsilon_0 2h} = \dfrac{\lambda}{4\pi\epsilon_0 h}[V/m]$

힘 $f = -\lambda E = -\lambda \cdot \dfrac{\lambda}{4\pi\epsilon_0 h} = \dfrac{-\lambda^2}{4\pi\epsilon_0 h}[N/m] \propto \dfrac{1}{h}$

여기서, $h[m]$: 지상의 높이, $\lambda[C/m]$: 선전하밀도

【정답】③

4. 자기인덕턴스와 상호인덕턴스와의 관계에서 결합계수 k에 영향을 주지 않는 것은?

① 코일의 형상

② 코일의 크기

③ 코일의 재질

④ 코일의 상대위치

|정|답|및|해|설|

[결합계수] 자기적 결합 정도를 결합계수라고 하며, 코일의 형상, 크기, 상대 위치 등으로 결정한다.

【정답】③

5. 여러 가지 도체의 전하 분포에 있어서 각 도체의 전하를 n배 할 경우 중첩의 원리가 성립하기 위해서는 그 전위는 어떻게 되는가?

① $\frac{1}{2}n$배가 된다.　　② n배가 된다.

③ $2n$배가 된다.　　④ n^2배가 된다.

|정|답|및|해|설|

[전위] $V_i = P_{i1}Q_1 + P_{i2}Q_2 + \cdots + P_{in}Q_n$
각 전하를 n배하면 전위 V_i도 n배 된다.　　【정답】②

6. 도체계에서 각 도체의 전위를 V_1, V_2, ·········으로 하기 위한 각 도체의 유도계수와 용량계수에 대한 설명으로 옳은 것은?

① q_{11}, q_{31}, q_{41} 등을 유도계수라 한다.

② q_{21}, q_{31}, q_{41} 등을 용량계수라 한다.

③ 일반적으로 유도계수는 0보다 작거나 같다.

④ 용량계수와 유도계수의 단위는 모두 [V/C]이다.

|정|답|및|해|설|

[용량계수 및 유도계수의 성질]

· $q_1 = q_r$, $q_2 = q_s$

· 용량 계수 $q_{rr} > 0$

· 유도 계수 $q_{rs} \leq 0$

　　$q_{11} \geq (q_{21} + q_{31} + \cdots + q_{n1})$　$q_{rs} = q_{sr}$

· $q_{11} > 0$, $q_{12} = q_{21} \leq 0$, $q_{11} \geq -q_{12}$, $q_{11} = -q_{12}$

· $q = C[F] = \dfrac{Q}{V}[C/V]$　　【정답】③

7. 두 유전체의 경계면에서 정전계가 만족하는 것은?

① 전계의 법선성분이 같다.

② 전계의 접선성분이 같다.

③ 전속밀도의 접선성분이 같다.

④ 분극 세기의 접선성분이 같다.

|정|답|및|해|설|

[두 유전체의 경계 조건 (굴절법칙)] $\dfrac{\tan\theta_1}{\tan\theta_2} = \dfrac{\epsilon_1}{\epsilon_2}$

1. 전계의 접선성분이 연속 : $E_1\sin\theta_1 = E_2\sin\theta_2$
2. 전속밀도의 법선성분이 연속 : $D_1\cos\theta_1 = D_2\cos\theta_2$
　　$\epsilon_1 E_1\cos\theta_1 = \epsilon_2 E_2\cos\theta_2$

여기서, θ_1 : 입사각, θ_2 : 굴절각, ϵ_1, ϵ_2 : 유전율, E : 전계
$\epsilon_1 < \epsilon_2$일 경우 유전율의 크기와 굴절각의 크기는 비례한다.

※전속밀도의 법선성분은 같고, 전계는 접선성분이 같다.

【정답】②

8. $div\,i = 0$에 대한 설명이 아닌 것은?

① 도체 내에 흐르는 전류는 연속적이다.

② 도체 내에 흐르는 전류는 일정하다.

③ 단위 시간당 전하의 변화는 없다.

④ 도체 내에 전류가 흐르지 않는다.

|정|답|및|해|설|

[전류의 종류] $div\,i = -\dfrac{\partial\rho}{\partial t}$에서 정상전류가 흐를 때 전하의 축적

또는 소멸이 없어 $\dfrac{\partial\rho}{\partial t} = 0$, 즉 $div\,i = 0$가 된다.

· 도체 내에 흐르는 전류는 연속적이다.
· 도체 내에 흐르는 전류는 일정하다.
· 단위 시간당 전하의 변화는 없다.　　【정답】④

9. 점전하 $Q[C]$에 의한 무한평면 도체의 영상전하는?

① $Q[C]$보다 작다.　　② $Q[C]$보다 크다.

③ $-Q[C]$와 같다.　　④ 0

|정|답|및|해|설|

[무한 평면과 점전하] 무한 평면도체에서 점전하 Q에 의한 영상전하는 $-Q[C]$이고, 점전하가 평면도체와 떨어진 거리와 같은 반대편 거리에 있다.

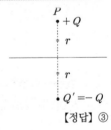

【정답】③

10. 전계의 세기가 $E = 300[V/m]$일 때 면전하 밀도는 몇 $[C/m]$인가?

① 1.65×10^{-9}　　② 1.65×10^{-12}

③ 2.65×10^{-9}　　④ 2.65×10^{-10}

|정|답|및|해|설|

[전속 및 전속밀도] $\rho_s = D = \epsilon_0 E[C/m^2]$

$\rho_s = \epsilon_0 E = 8.855 \times 10^{-12} \times 300 = -2.65 \times 10^{-9}[C/m^2]$

【정답】③

11. 전류와 자계 사이의 힘의 효과를 이용한 것으로 자유로이 구부릴 수 있는 도선에 대전류를 통하면 도선 상호간에 반발력에 의하여 도선이 원을 형성하는데 이와 같은 현상은?

① 스트레치 효과　　② 핀치 효과
③ 홀효과　　　　　　④ 스킨효과

|정|답|및|해|설|
[스트레치 효과] 자유로이 구부릴 수 있는 도선에 대전류를 통하면 도선 상호간에 반발력에 의하여 도선이 원을 형성하는데 이와 같은 현상을 스트레치 효과라고 한다.

※② 핀치효과 : 반지름 a인 액체 상태의 원통 모양 도선 내부에 균일하게 전류가 흐를 때 도체 내부에 자장이 생겨 로렌츠의 힘으로 전류가 원통 중심 방향으로 수축하려는 효과　　【정답】①

12. 무한장 직선에 전류 $I[A]$가 흐르고 있을 때 전류에 의한 자계의 세기[AT/m]는??

① 거리 r에 비례한다.
② 거리 r^2에 비례한다.
③ 거리 r에 반비례한다.
④ 거리 r^2에 반비례한다.

|정|답|및|해|설|
[무한장 직선(원통도체)의 자계의 세기] $H = \dfrac{I}{2\pi r}[AT/m]$

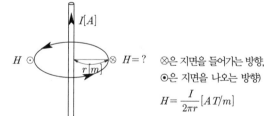

$\odot$은 지면을 나오는 방향)
$\otimes$은 지면을 들어가는 방향,

$H = \dfrac{I}{2\pi r}[AT/m]$

【정답】③

13. 반지름 $a[m]$인 원형 전류가 흐르고 있을 때 원형 전류의 중심 0에서 중심 축상 $x[m]$인 점의 자계 [AT/m]를 나타낸 식은?

① $\dfrac{I}{2a}\sin^3\varnothing$　　② $\dfrac{I}{2a}\sin^2\varnothing$
③ $\dfrac{I}{2a}\cos^3\varnothing$　　④ $\dfrac{I}{2a}\cos^2\varnothing$

|정|답|및|해|설|
[원형 전류 중심점의 자계] $H = \dfrac{a^2 I}{2(a^2+x^2)^{\frac{3}{2}}}$

$\rightarrow$ (축방향 $x[m]$에서 자계)

$\therefore H = \dfrac{a^2 I}{2(a^2+x^2)^{\frac{3}{2}}}$

$= \dfrac{I}{2a}\left(\dfrac{a}{\sqrt{a^2+x^2}}\right)^3 = \dfrac{I}{2a}\sin^3\varnothing [AT/m]$

【정답】①

14. 어떤 막대 철심이 있다. 단면적 0.5[m²]이고, 같이가 0.8[m], 비투자율이 20이다. 이 철심의 자기저항은 약 몇 [AT/Wb]인가?

① $6.37 \times 10^4 [AT/Wb]$
② $9.7 \times 10^5 [AT/Wb]$
③ $3.6 \times 10^4 [AT/Wb]$
④ $4.45 \times 10^4 [AT/Wb]$

|정|답|및|해|설|
[자기저항] $R_m = \dfrac{l}{\mu S}$
여기서, R_m : 자기저항, S : 철심의 단면적
　　　　l : 철심의 길이, μ : 투자율($\mu_0 \mu_s$)
$R_m = \dfrac{l}{\mu_0 \mu_s S} = \dfrac{0.8}{4\pi \times 10^{-7} \times 20 \times 0.5} = 6.37 \times 10^4 [AT/Wb]$

【정답】①

15. 환상 철심에 일정한 권선이 감겨진 권수 N회, 단면적 $S[m^2]$, 평균 자로의 길이 $l[m]$인 환상 솔레노이드에 전류 $i[A]$를 흘렸을 때 이 환상 솔레노이드의 자기인덕턴스를 옳게 표현한 식은?

① $\dfrac{\mu^2 SN}{l}$　　② $\dfrac{\mu S^2 N}{l}$
③ $\dfrac{\mu SN}{l}$　　④ $\dfrac{\mu SN^2}{l}$

|정|답|및|해|설|
[환상 솔레노이드의 자기인덕턴스] $L = \dfrac{\mu SN^2}{l}[H]$
여기서, L : 자기인덕턴스, μ : 투자율[H/m], N : 권수
　　　　S : 단면적[m²], l : 길이[m]　　【정답】④

16. 단면적 15[cm^2]의 자석 근처에 같은 단면적을 가진 철판을 놓았을 때 그 곳을 통하는 자속이 $3 \times 10^{-4}[Wb]$이면 철판에 작용하는 흡인력은 약 몇 [N]인가?

① 122   ② 23.9

③ 36.6   ④ 48.8

|정|답|및|해|설|

[자계내에 축적되는 단위 면적당 에너지 및 자석의 흡인력]

$$\triangle HW = \frac{1}{2\mu}B^2 \triangle xS - \frac{1}{2\mu_0}B^2 \triangle xS$$

$$F_x = \frac{\triangle W}{\triangle x} = \left(\frac{B^2}{2\mu_0} - \frac{B^2}{2\mu}\right)S[N] \quad\rightarrow\quad (\frac{B^2}{2\mu_0} \gg \frac{B^2}{2\mu})$$

$$\therefore F_x = \frac{B^2}{2\mu_0}S = \frac{\left(\frac{\varnothing}{S}\right)^2}{2\mu_0}S = \frac{\varnothing^2}{2\mu_0 S}$$

$$= \frac{(3\times10^{-4})^2}{2 \times 4\pi \times 10^{-7} \times 15 \times 10^{-4}} = 23.9[N]$$ 　【정답】②

17. 도체 1을 Q가 되도록 대전시키고, 여기에 도체 2를 접촉했을 때 도체 2가 얻은 전하를 전위계수로 표시하면? 단, P_{11}, P_{12}, P_{21}, P_{22}는 전위계수이다.

① $\dfrac{Q}{P_{11} - 2P_{12} + P_{22}}$

② $\dfrac{(P_{11} - P_{12})Q}{P_{11} - 2P_{12} + P_{22}}$

③ $\dfrac{(P_{11}P_{12} + P_{22})Q}{P_{11} - 2P_{12} + P_{22}}$

④ $\dfrac{(P_{11} - P_{12})Q}{P_{11} + 2P_{12} + P_{22}}$

|정|답|및|해|설|

[전위계수] $V_1 = V_2$, $P_{12} = P_{21}$, $Q_1 = Q - Q_2$

1도체의 전위 $V_1 = P_{11}Q_1 + P_{12}Q_2$

2도체의 전위 $V_2 = P_{21}Q_1 + P_{22}Q_2$

$Q_1 = Q - Q_2$이므로

$(P_{11} - P_{12})Q = (P_{11} + P_{22} - 2P_{12})Q_2 \quad\rightarrow (V_1 = V_2$이므로$)$

$$\therefore Q_2 = \frac{P_{11} - P_{12}}{P_{11} - 2P_{12} + P_{22}}Q$$ 　【정답】②

18. 솔레노이드의 자기인덕턴스는 권수 N과 어떤 관계를 갖는가?

① N에 비례   ② $\sqrt{N}$에 비례

③ N^2에 비례   ④ $\sqrt{N}$에 반비례

|정|답|및|해|설|

[자기인덕턴스] $L = \dfrac{Z\phi}{I} = \dfrac{N \cdot \frac{NI}{R_m}}{I} = \dfrac{N^2}{R_m} = \dfrac{\mu SN^2}{l}$

$\therefore L \propto N^2$, 즉, 자기인덕턴스는 권선수의 제곱에 비례한다.
　【정답】③

19. 비유전율 $\epsilon_s = 9$, 비투자율 $\mu_s = 1$인 전자파의 고유임피던스는 약 몇 [Ω]인가?

① 41.9[Ω]   ② 126[Ω]

③ 300[Ω]   ④ 13.9[Ω]

|정|답|및|해|설|

[고유 임피던스] $Z_0 = \dfrac{E}{H} = \sqrt{\dfrac{\mu}{\epsilon}} = \sqrt{\dfrac{\mu_0}{\epsilon_0}} \cdot \sqrt{\dfrac{\mu_s}{\epsilon_s}}$

$$Z_0 = \sqrt{\frac{\mu_0}{\epsilon_0}} \cdot \sqrt{\frac{\mu_s}{\epsilon_s}} = \sqrt{\frac{4\pi \times 10^{-7}}{8.855 \times 10^{-12}}} \cdot \sqrt{\frac{\mu_s}{\epsilon_s}}$$

$$= 120\pi \cdot \sqrt{\frac{\mu_s}{\epsilon_s}} = 377\sqrt{\frac{\mu_s}{\epsilon_s}} = 377\sqrt{\frac{1}{9}} = 126[\Omega]$$
　【정답】②

20. 변위전류 또는 변위전류밀도에 대한 설명 중 옳은 것은?

① 자유공간에서 변위전류가 만드는 것은 전계이다.

② 변위전류밀도는 전속밀도의 시간적 변화율이다.

③ 변위전류는 주파수와 관계가 없다.

④ 시간적으로 변화하지 않는 계에서도 변위전류는 흐른다.

|정|답|및|해|설|

[변위전류 및 변위전류 밀도]

· 변위전류 $I_D = \dfrac{dQ}{dI} = \dfrac{dS\sigma}{dt} = \dfrac{\partial D}{\partial t}S[A]$

· 변위전류밀도 $i_d = \dfrac{\partial D}{\partial t} = \epsilon\dfrac{\partial E}{\partial t} = \dfrac{\epsilon}{d}\dfrac{\partial V}{\partial t}[A/m^2]$

· 전계 $E = E_m \sin\omega t[V/m]$

여기서, σ : 도전율, E : 전계의 세기, I_c : 전도전류

I_d : 변위전류, S : 단면적, ϵ : 유전율($\epsilon_0\epsilon_r$)

f : 주파수, ω : 각속도($=2\pi f$) 　【정답】②

21. 저항 2[Ω], 유도리액턴스 8[Ω]의 단상 2선식 배전
선로의 전압강하를 보상하기 위하여 부하단에 용량
리액턴스 6[Ω]의 직렬 콘덴서를 삽입하였을 때 부하
단자전압은 몇 [V]인가? (단, 전원전압은 6900[V],
부하전류 200[A], 역률은 0.8(지상)이다.)

① 5340 ② 5000

③ 6340 ④ 6000

|정|답|및|해|설|

[수전단전압(부하단전압)]
전압강하를 보상하기 위해서 직렬콘덴서를 사용하는 경우
수전단전압(부하단전압)

$V_r = V_s - e[V]$ → (전압강하 $e = I(R\cos\theta + X\sin\theta)$)
$V_r = V_s - I(R\cos\theta + (X_L - X_C)\sin\theta)[V]$
$\cos\theta = 0.8, \ \sin\theta = \sqrt{1 - \cos^2\theta} = \sqrt{1 - 0.8^2} = 0.6$
$V_r = 6900 - 200(2 \times 0.8 + (8 - 6) \times 0.6) = 6340[V]$

【정답】③

22. 원자로에서 독작용을 올바르게 설명한 것은?

① 열중성자가 독성을 받는 것을 말한다.
② 방사성 물질이 생체에 유해작용을 하는 것을
말한다.
③ 열중성자 이용률이 저하되고 반응도가 감소되
는 작용을 말한다.
④ $_{54}Xe^{135}$와 $_{62}Sm^{149}$ 가 인체에 독성을 주는 작용
을 말한다.

|정|답|및|해|설|

[독작용] 원자로 운전 중 연료 내에 핵분열 생성 물질이 축적된다.
이 핵분열 생성물 중에서 열중성자의 흡수 단면적이 큰 것이 포함
되어 있다. 이것이 원자로의 반응도를 저하시키는 작용을 한다.
이것을 독작용(poisoning)이라 한다. 【정답】②

23. 비능수형 원자로의 특색에 대한 설명이 틀린 것은?

① 열교환기가 필요하다.
② 기포에 의한 자기 제어성이 있다.
③ 방사능 때문에 증기는 완전히 기수분리를
해야 한다.
④ 순환펌프로서는 급수펌프뿐이므로 펌프동
력이 작다.

|정|답|및|해|설|

[비등수형 원자로의 특징]
·증기 발생기가 필요 없고, 원자로 내부의 증기를 직접 이용하기
때문에 열교환기가 필요 없다.
·증기가 직접 터빈에 들어가기 때문에 누출을 철저히 방지해야
한다.
·급수 펌프만 있으면 되므로 펌프 동력이 작다.
·노내의 물의 압력이 높지 않다.
·노심 및 압력의 용기가 커진다.
·급수는 양질의 것이 필요하다. 【정답】①

24. 250[mm] 현수애자 10개를 직렬로 접속한 애자련
의 건조 섬락전압이 590[kV]이고 연효율(string
efficiency) 0.74이다. 현수애자 한 개의 건조 섬락
전압은 약 몇 [kV]인가?

① 80 ② 90

③ 100 ④ 120

|정|답|및|해|설|

[애자련의 연효율] $\eta_n = \dfrac{V_n}{n V_1} \times 100[\%]$

여기서, V_n : 애자련의 전체 섬락전압[kV]
     n : 1련의 사용 애자수
     V_1 : 현수 애자 1개의 섬락전압[kV]

$\eta = \dfrac{V_n}{n V_1}$ 에서 $V_1 = \dfrac{V_n}{n\eta} = \dfrac{590}{10 \times 0.74} = 80[kV]$

【정답】①

25. 전선 지지점에 고저차가 없는 지지물 간 거리 300[m] 인 송전선로가 있다. 처짐 정도(이도)를 8[m]로 유지할 경우 지지점 간의 전선 길이는 약 몇 [m]인가?

① 300.1[m] 　　　② 300.3[m]

③ 300.6[m] 　　　④ 300.9[m]

|정|답|및|해|설|

[전선의 실제 길이] $L = S + \dfrac{8D^2}{3S}[m]$

여기서, S : 지지물 간 거리(경간), D : 이도

$L = S + \dfrac{8D^2}{3S} = 300 + \dfrac{8 \times 8^2}{3 \times 300} = 300.57[m]$　【정답】③

26. 송전전력, 부하역률, 송전거리, 전력손실 및 선간 전압이 같을 경우 3상 3선식에서 전선 한 가닥에 흐르는 전류는 단상 2선식에서 전선 한 가닥에 흐르는 경우의 몇 배가 되는가?

① $\dfrac{1}{\sqrt{3}}$ 배 　　② $\dfrac{2}{3}$ 배

③ $\dfrac{3}{4}$ 배 　　④ $\dfrac{4}{9}$ 배

|정|답|및|해|설|

[3상3선식의 전력] $P = \sqrt{3}\,VI_3\cos\theta$

[단상2선식의 전력] $P = VI_1\cos\theta$

$P = \sqrt{3}\,VI_3\cos\theta == VI_1\cos\theta \;\rightarrow\; \sqrt{3}\,I_3 = I_1$　【정답】①

27. 압축 공기를 아크에 불어 넣어서 차단하는 차단기는?

① 공기차단기(ABB)　　② 가스차단기(GCB)

③ 자기차단기(MBB)　　④ 유입차단기(OCB)

|정|답|및|해|설|

[차단기의 종류 및 소호 작용]

1. 유입차단기(OCB) : 절연유 분해가스의 흡부력을 이용해서 차단
2. 자기차단기(MBB) : 자기력으로 소호
3. 공기차단기(ABB) : 압축된 공기를 아크에 불어넣어서 차단
4. 가스차단기(GCB) : SF_6 가스 이용
5. 기중차단기(ACB) : 대기중에서 아크를 길게 하여 소호실에서 냉각 차단
6. 진공차단기(VCB) : 진공 상태에서 아크 확산 작용을 이용하여 소호한다.　【정답】①

28. 전력계통에서 무효전력을 조정하는 조상설비 중 전력용 콘덴서를 무효전력보상장치(동기조상기)와 비교할 때 옳은 것은?

① 전력손실이 크다.

② 지상 무효전력분을 공급할 수 있다.

③ 전압조정을 계단적으로 밖에 못 한다.

④ 송전선로를 시송전할 때 선로를 충전할 수 있다.

|정|답|및|해|설|

[전력용 콘덴서를 무효전력보상장치(동기조상기)와 비교]

	진상	지상	시송전	전력손실	조정
콘덴서	O	×	×	적음	계단적
리액터	×	O	×	적음	계단적
무효전력 보상장치 (조상기)	O	O	O	많음	연속적

【정답】③

29. 출력 20000[KW]의 화력발전소가 부하율 80[%]로 운전할 때 1일의 석탄소비량은 약 몇 톤(ton)인가? (단, 보일러 효율 80[%], 터빈의 열 사이클 효율 35[%], 터빈효율 85[%], 발전기 효율 76[%], 석탄의 발열량은 5500[kcal/kg]이다.)

① 272 　　　　② 293

③ 312 　　　　④ 332

|정|답|및|해|설|

[열효율] $\eta = \dfrac{860\,W}{mH} \;\rightarrow\; (m : 소비량)$

$1[kWh] = 860[kcal]$이므로

부하율 $= \dfrac{평균전력}{최대전력} \times 100$

시간 $\times 860 \times$ 최대 전력 $\times$ 부하율 $=$ 발열량 $\times$ 석탄소비량 $\times \eta$(효율)

$24 \times 860 \times 20000 \times 0.8 = 5500 \times 1000 \times m \times 0.85 \times 0.8 \times 0.35 \times 0.76$

$\therefore$ 소비량 $m = \dfrac{860 \times 20000 \times 0.8 \times 24}{5500 \times 1000 \times 0.85 \times 0.8 \times 0.35 \times 0.76} = 332[t]$

【정답】④

30. 과전류계전기(OCR)의 탭(tap) 값을 옳게 설명한 것은?

① 계전기의 최소 동작전류

② 계전기의 최대 부하전류

③ 계전기의 동작시한

④ 변류기의 권수비

|정|답|및|해|설|

[과전류 계전기의 탭] 최소 동작 전류를 정정한다.

【정답】①

31. 3상용 차단기의 용량은 그 차단기의 정격전압과 정격차단전류와의 곱을 몇 배한 것인가?

① $\dfrac{1}{\sqrt{2}}$ ② $\dfrac{1}{\sqrt{3}}$

③ $\sqrt{2}$ ④ $\sqrt{3}$

|정|답|및|해|설|

[3상용 정격차단용량] $P_s = \sqrt{3} \times V \times I_s$[W]

여기서, V : 정격전압, I_s : 정격차단전류

※단상용 정격차단용량 $P_s = V \times I_s$[W]

【정답】④

32. 송전선에 복도체를 사용할 경우, 같은 단면적의 단도체를 사용하는 것에 비하여 우수한 점으로 알 맞은 것은?

① 전선의 인덕턴스와 정전용량은 감소다.

② 고유 송전용량이 증대되고 정태 안정도가 증대된다.

③ 전선 표면의 전위경도가 증가한다.

④ 전선의 코로나 개시 전압은 변화가 없다.

|정|답|및|해|설|

[복도체 방식의 장점]

·전선의 인덕턴스가 감소하고 정전용량이 증가되어 선로의 송전용량이 증가하고 계통의 안정도를 증진시킨다.

·전선 표면이 전위경도가 저감되므로 코로나 임계전압을 높일 수 있고 코로나손, 코로나 잡음 등의 장해가 저감된다.

·전선의 표면 전위경도가 감소한다.

【정답】②

33. 수전단에 관련된 다음 사항 중 틀린 것은?

① 경부하시 수전단에 설치된 무효전력보상장치 (동기조상기)는 부족여자로 운전

② 중부하시 수전단에 설치된 무효전력보상장치 (동기조상기)는 부족여자로 운전

③ 중부하시 수전단에 전력 콘덴서를 투입

④ 시충전 시 수전단 전압이 송전단보다 높게 됨

|정|답|및|해|설|

[무효전력보상장치(동기조상기)] 무부하 운전중인 동기전동기를 과여자 운전하면 콘덴서로 작용하며, 부족여자로 운전하면 리액터로 작용한다.

1. 중부하시 과여자 운전 : 콘덴서로 작용, 진상

2. 경부하시 부족여자 운전 : 리액터로 작용, 지상

3. 연속적인 조정(진상·지상) 및 시송전(시충전)이 가능하다.

4. 증설이 어렵다. 손실 최대(회전기)

【정답】②

34. 배전선로의 손실을 경감시키는 방법이 아닌 것은?

① 전압조정

② 역률 개선

③ 다중접지방식 채용

④ 부하의 불평형 방지

|정|답|및|해|설|

[배전선로의 전력손실] $P_L = 3I^2 r = \dfrac{\rho W^2 L}{A V^2 \cos^2 \theta}$

여기서, ρ : 고유저항, W : 부하 전력, L : 배전 거리

A : 전선의 단면적, V : 수전전압, $\cos\theta$: 부하역률

승압을 하면 전류가 감소하고 역률 개선을 해도 전류가 감소하며 부하의 불평형을 줄여도 손실이 감소한다. 반면, 다중접지방식을 채용하는 것은 배전선로의 손실과는 아무런 관련이 없다.

【정답】③

35. 송·배전선로에서 전선의 장력을 2배로 하고, 또 지지물 간 거리(경간)를 2배로 하면 전선의 처짐 정도(이도)는 처음의 몇 배가 되는가?

① $\dfrac{1}{4}$ ② $\dfrac{1}{2}$ ③ 2   ④ 4

|정|답|및|해|설|

[처짐 정도(이도)] $D = \dfrac{WS^2}{8T}$

여기서, W : 전선의 중량[kg/m], T : 전선의 수평 장력 [kg]

S : 지지점 간 거리(경간) [m]

$D = \dfrac{W \times (2S)^2}{8 \times (2T)} = \dfrac{W \times 4S^2}{8 \times 2T} = 2 \times \dfrac{WS^2}{8T} = 2D$

【정답】③

36. 역률 개선용 콘덴서를 부하와 병렬로 연결하고자 한다. △결선 방식과 Y결선 방식을 비교하면 콘덴서의 정전용량(단위 : μF)의 크기는 어떠한가?

① △결선 방식과 Y결선 방식은 동일하다.

② Y결선 방식이 △결선 방식의 $\dfrac{1}{2}$ 용량이다.

③ △결선 방식이 Y결선 방식의 $\dfrac{1}{3}$ 용량이다.

④ Y결선 방식이 △결선 방식의 $\dfrac{1}{\sqrt{3}}$ 용량이다.

|정|답|및|해|설|
[콘덴서의 정전용량]
$$Q_\triangle = 3 \times 2\pi f C V^2 = 6\pi f C V^2$$
Y결선으로 바꾼 경우에는 $Q_Y = 3 \times 2\pi f C \left(\dfrac{V}{\sqrt{3}}\right)^2 = 2\pi f C V^2$
$$\therefore Q_Y = \frac{1}{3} Q_\triangle \qquad \text{【정답】③}$$

37. 단일 부하의 선로에서 부하율 50[%], 선로 전류의 변화 곡선의 모양에 따라 달라지는 계수 $a = 0.2$ 인 배전선의 손실계수는 얼마인가?

① 0.05 ② 0.15
③ 0.25 ④ 0.3

|정|답|및|해|설|
[손실계수] $H = aF + (1-a)F^2$
$H = 0.2 \times 0.5 + (1-0.2) \times 0.5^2 = 0.3$
※손실계수의 범위 : $0 \leq F^2 \leq H \leq F \leq 1$ 　　【정답】④

38. 가공 송전선에 사용되는 애자 1연 중 전압부담이 최대인 애자는?

① 중앙에 있는 애자
② 철탑에 제일 가까운 애자
③ 전선에 제일 가까운 애자
④ 전선으로부터 1/4 지점에 있는 애자

|정|답|및|해|설|

[애자련의 전압부담]
· 전압 분담 최대 : 전선 쪽에서 가장 가까운 애자
· 전압 분담 최소 : 철탑에서 1/3 지점 애자
　　　　　　　　　　　　　　　　　　【정답】③

39. 3상 계통에서 수전단전압 60[kV], 전류 250[A], 선로의 저항 및 리액턴스가 각각 7.61$[\Omega]$, 11.85$[\Omega]$일 때 전압강하율은? 단, 부하역률은 0.8(늦음)이다.

① 약 5.50[%] ② 약 7.34[%]
③ 약 8.69[%] ④ 약 9.52[%]

|정|답|및|해|설|
[전압강하율] $\epsilon = \dfrac{V_s - V_r}{V_r} \times 100$

$$= \frac{\sqrt{3}\,I(R\cos\theta_r + X\sin\theta_r)}{V_r} \times 100[\%]$$

여기서, $\cos\theta$: 역률, $\sin\theta$: 무효율
$\quad\quad\ V_s$: 정격부하시의 송전단 전압
$\quad\quad\ V_r$: 정격부하시의 수전단 전압

$$\therefore \epsilon = \frac{\sqrt{3}\,I(R\cos\theta + X\sin\theta)}{V_r} \times 100$$
$$= \frac{\sqrt{3} \times 250(7.61 \times 0.8 + 11.85 \times 0.6)}{60,000} \times 100 = 9.52[\%]$$
　　　　　　　　　　　　　　　　　　【정답】④

40. 다음 중 부하전류의 차단 능력이 없는 것은?

① 부하개폐기(LBS)
② 유입차단기(OCB)
③ 진공차단기(VCB)
④ 단로기(DS)

|정|답|및|해|설|
[단로기] 단로기(DS)는 소호 장치가 없고 아크 소멸 능력이 없으므로 부하 전류나 사고 전류의 개폐는 할 수 없으며 기기를 전로에서 개방할 때 또는 모선의 접촉 변경시 사용한다.
　　　　　　　　　　　　　　　　　　【정답】④

41. 동기발전기의 단자 부근에서 단락이 일어났다고 할 때 단락전류에 대한 설명으로 옳은 것은?

① 서서히 증가한다.

② 발전기는 즉시 정지한다.

③ 일정한 큰 전류가 흐른다.

④ 처음은 큰 전류가 흐르나 점차로 감소한다.

|정|답|및|해|설|

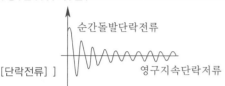

[단락전류]]

순간돌발단락전류

영구지속단락저류

평형 3상 전압을 유기하고 있는 발전기의 단자를 갑자기 단락하면 단락 초기에 전기자 반작용이 순간적으로 나타나지 않기 때문에 막대한 과도 전류가 흐르고, 수초 후에는 영구 단락 전류값에 이르게 된다. 【정답】④

42. 직류 전동기의 속도제어법이 아닌 것은?

① 계자제어법   ② 전압제어법

③ 저항제어법   ④ 2차여자법

|정|답|및|해|설|

[직류전동기 속도제어]

구분	제어 특성	특징
계자제어	계자전류의 변화에 의한 자속의 변화로 속도 제어	속도 제어 범위가 좁다. 정출력제어
전압제어	워드레오나드 방식	·제어범위가 넓다. ·가장 효율이 좋으며 ·정토크제어
	일그너 방식	·부하의 변동이 심할 때 광범위하고 안정되게 속도 제어 ·제어 범위가 넓고 손실이 거의 없다. ·설비비가 많이 든다는 단점이 있다 ·주 전동기의 속도와 회전 방향을 자유로이 변화시킬 수 있다.
저항제어	전기자회로의 저항 변화에 의한 속도제어법	효율이 나쁘다.

【정답】④

43. 동기발전기의 병렬운전 중 계자를 변환시키면 어떻게 되는가?

① 무효순환전류가 흐른다.

② 주파수 위상이 변한다.

③ 유효순환전류가 흐른다.

④ 속도 조정률이 변한다.

|정|답|및|해|설|

[병렬운전중의 계자 변환] 동기발전기는 리액턴스 성분이 크기 때문에 무효(지상)순환전류가 흐른다. 【정답】①

44. 유입자냉식으로 옳은 것은?

① ONAN   ② ONAF

③ AF   ④ AN

|정|답|및|해|설|

[변압기의 냉각 방식]
1. ANAN : 건식밀폐자냉식
2. ONAN : 유입자냉식
3. ONAF : 유입풍랭식
4. OFAF : 송유풍냉식 【정답】①

45. 3300[V], 60[Hz]용 변압기의 와류손이 360[W]이다. 이 변압기를 2750[V], 50[Hz]에서 사용할 때 이 변압기의 와류손은 몇 [W]인가?

① 250   ② 330

③ 418   ④ 518

|정|답|및|해|설|

[변압기의 와류손] $P_e = K\left(f \cdot \dfrac{V}{f}\right)^2 = KV^2$

여기서, K : 재료에 따라 정해지는 상수, V : 전압, f : 주파수
$P_e = kV^2[W]$에서 $P_e \propto V^2$
따라서 와류손은 주파수 f와는 무관하고
전압 V의 제곱에 비례한다.

$\therefore P_e{}' = P_e \times \left(\dfrac{V'}{V}\right)^2 = 360 \times \left(\dfrac{2750}{3300}\right)^2 = 250[W]$

【정답】①

r_2를 크게 하면 s_m이 r_2에 비례추이 하므로 최대 토크는 변하지 않고, 기동 토크만 증가한다. 【정답】①

46. 발전기 또는 주변압기의 내부고장 보호용으로 가장 널리 쓰이는 것은?

① 과전류계전기　　② 비율차동계전기

③ 방향단락계전기　　④ 거리계전기

|정|답|및|해|설|

[변압기 내부고장 검출용 보호 계전기]
· 차동계전기(비율차동 계전기)
· 압력계전기
· 부흐홀츠 계전기
· 가스 검출 계전기

|참|고|

① 과전류계전기 : 일정한 전류 이상이 흐르면 동작
③ 방향단락계전기 : 환상 선로의 단락 사고 보호에 사용
④ 거리계전기 : 선로의 단락보호 및 사고의 검출용으로 사용
　　　　　　　　　　　　　　　　　　　　【정답】②

47. 유도전동기의 토크(회전력)는?

① 단자전압과 무관

② 단자전압에 비례

③ 단자전압의 제곱에 비례

④ 단자전압의 3승에 비례

|정|답|및|해|설|

[3상 유도전동기의 토크(회전력)] 유도전동기의 회전력(T)은 슬립 s가 일정하면, 토크는 공급전압 V_1의 제곱에 비례하여 변화한다.
$T \propto k V_1^2$　　　　　　　　　　　　　　　【정답】③

48. 권선형 유도전동기에서 2차 저항을 변화시켜서 속도제어를 하는 경우 최대 토크는?

① 항상 일정하다.

② 2차 저항에만 비례한다.

③ 최대 토크가 생기는 점의 슬립에 비례한다.

④ 최대 토크가 생기는 점의 슬립에 반비례한다.

|정|답|및|해|설|

[유도 전동기의 슬립과 토크] $\dfrac{r_2}{s_m} = \dfrac{r_2 + R}{s_t}$

여기서, r_2 : 2차 권선의 저항, s_m : 최대 토크시 슬립
　　　　s_t : 기동시 슬립(정지 상태에서 기동시 $s_t = 1$)
　　　　R : 2차 외부 회로 저항

49. 유도전동기의 슬립을 측정하려고 한다. 다음 중 슬립의 측정법이 아닌 것은?

① 프로니브레이크법　　② 수화기법

③ 직류 밀리볼트계법　　④ 스트로보스코프법

|정|답|및|해|설|

[슬립 측정법] 슬립의 측정법에는 직류밀리볼트계법, 수화기법, 스트로보스코프법 등이 있다.

※프로니브레이크법 : 중·소형 직류전동기의 토크 측정 방법이다.
　　　　　　　　　　　　　　　　　　　　【정답】①

50. 교류를 교류로 변환하는 기기로서 주파수를 변환 하는 기기는?

① 인버터　　　　② 전동 직류발전기

③ 회전변류기　　④ 사이클로 컨버터

|정|답|및|해|설|

1. 인버터(Inverter) : 직류 → 교류
3. 컨버터(converter) : 교류 → 직류
4. 사이클로컨버터 : 교류 → 교류
5. 초퍼 : 직류(고정DC) → 직류(가변DC)　　【정답】④

51. 단상 직권정류자전동기에서 보상권선과 저항도 선의 작용을 설명한 것 중 옳지 않은 것은?

① 역률을 좋게 한다.

② 변압기의 기전력을 크게 한다.

③ 전기자 반작용을 제거해 준다.

④ 저항 도선은 변압기 기전력에 의한 단락전류를 작게 한다.

|정|답|및|해|설|

[저항도선] 저항도선은 변압기 기전력에 의한 단락전류를 작게 하여 정류를 좋게 한다.
[보상권선] 보상권선은 전기자 반응을 상쇄하여 역률을 좋게 할 수 있고 변압기 기전력을 작게 해서 정류작용을 개선한다.
　　　　　　　　　　　　　　　　　　　　【정답】②

52. 220[V] 3상 유도전동기의 전부하 슬립이 4[%]이다. 공급전압이 10[%] 저하된 경우의 전부하 슬립은?

① 4[%] ② 5[%]

③ 6[%] ④ 7[%]

|정|답|및|해|설|

[슬립과 공급전압] $\dfrac{s'}{s} = \left(\dfrac{V_1}{V_1'}\right)^2 \rightarrow (s \propto \dfrac{1}{V^2})$

$s' = s\left(\dfrac{V_1}{V_1'}\right)^2 = 0.04 \times \left(\dfrac{V_1}{V_1 \times 0.9}\right)^2$

$= 0.04 \times \left(\dfrac{220}{220 \times 0.9}\right)^2 = 0.05$ 【정답】②

53. 변압기 출력이 150[kW]일 때 전부하 동손은 4[kW], 철손은 1[W]이다. 이때 최대효율일 때의 부하는?

① 125[kVA] ② 75[kVA]

③ 50[kVA] ④ 100[kVA]

|정|답|및|해|설|

[변압기의 최대 효율시의 부하]

최대 효율 조건 $P_i = \left(\dfrac{1}{m}\right)^2 P_c \rightarrow (P_i : 철손, \ P_c : 동손)$

$\rightarrow (\dfrac{1}{m} 부하 시)$

$\dfrac{1}{m} = \sqrt{\dfrac{P_i}{P_c}} = \sqrt{\dfrac{1}{4}} = \dfrac{1}{2}$

따라서, 효율이 최대가 되는 부하는 전부하 용량이 $\dfrac{1}{2}$

$\therefore P_n = P_0 \times \dfrac{1}{m} = 150 \times \dfrac{1}{2} = 75[kVA]$

즉, 75[kVA]에서 최대 효율이 된다. 【정답】②

54. 가동복권 발전기의 내부 결선을 바꾸어 직권발전기로 사용하려면?

① 직권계자를 단락시킨다.

② 분권계자를 개방시킨다.

③ 직권계자를 개방시킨다.

④ 외분권 복권형으로 한다.

|정|답|및|해|설|

[복권 발전기를 직권 및 분권발전기로 사용하는 경우]
1. 직권발전기로 사용시 : 분권계자권선 개방

2. 분권발전기로 사용시 : 직권계자권선 단락 【정답】②

55. 변압기유 열화방지 대책으로 틀린 것은?

① 밀봉방식 ② 흡착제방식

③ 수소봉입방식 ④ 개방형 콘서베이터

|정|답|및|해|설|

[변압기 열화 방지 대책]
· 개방형 콘서베이터 설치
· 브리더(흡착제) 방식
· 질소봉입(밀봉) 【정답】③

56. 동기전동기의 자기동법에서 계자권선을 단락하는 이유는?

① 기동이 쉽다.

② 기동권선으로 이용한다.

③ 고전압의 유도를 방지한다.

④ 전기자 반작용을 방지한다.

|정|답|및|해|설|

[동기전동기의 자기동법] 기동시 전기자권선에서 발생하는 회전자계에 의해 계자권선에 고압이 유도되어 절연이 파괴될 우려가 있어 고전압을 방지하기 위해서 저항을 접속하고 계자권선을 단락 상태로 기동한다. 【정답】③

57. 정격전압 100[V], 전기자전류 10[A]일 때 1500[rpm]인 직류분권전동기의 무부하 속도는 약 몇 [rpm]인가? (단, 전기자저항은 0.3[Ω]이고 전기자 반작용은 무시한다.)

① 1646[rpm] ② 1600[rpm]

③ 1582[rpm] ④ 1546[rpm]

|정|답|및|해|설|

[직류 분권전동기의 속도]
· 전기자전류 $I_a = 10[A]$일 때의 역기전력
  $E = V - I_a R_a = 100 - (10 \times 0.3) = 97[V]$
· 무부하시 $I_a = 0$일 때의 역기전력 $E_0 = V = 100[V]$ $(\because I_a = 0)$
· 전기자 반작용을 무시하면 $E = k\phi N$에서 $\phi = $ 일정
  $E \propto N \rightarrow E_0 : E = N_0 : N \rightarrow 100:97 = N_0:1500$
  $\therefore N_0 = \dfrac{100}{97} \times 1500 = 1546[rpm]$ 【정답】④

58. 게이트와 소스 사이에 걸리는 전압으로 제어하는 반도체 소자로 트랜지스터에 비해 스위칭 속도가 매우 빠른 이점이 있으나 용량이 적어 비교적 작은 전력 범위 내에서 사용하는 것은?

① IGBT ② MOSFET
③ SCR ④ TRIAC

|정|답|및|해|설|
[MOSFET] MOSFET은 게이트와 소스 사이에 걸리는 전압으로 제어하며, 스위칭 속도가 매우 빠른 이점이 있으나 용량이 적어 비교적 작은 전력 범위 내에서 적용되는 한계가 있는 반도체 소자이다.
【정답】②

59. 부하전류가 50[A]일 때, 단자전압이 100[V]인 직류직권발전기의 부하전류가 70[A]로 되면 단자전압은 몇 [V]가 되겠는가? (단, 전기자저항 및 직권계자권선의 저항은 각각 0.1[Ω]이고, 전기자반작용과 브러시의 접촉저항 및 자기포화는 모두 무시한다.)

① 110[V] ② 114[V]
③ 140[V] ④ 154[V]

|정|답|및|해|설|
[단자전압] $V = E - I_a(R_a + R_s)[V]$
$\rightarrow$ (유기기전력 $E = V + I_a(R_a + R_s)$)
부하전류 $I = I_f = I_a$, 계자전류 $I_f = k\varnothing$
부하전류가 50[A]에서 70[A]로 1.4배 증가했다.
유기기전력은 자속과 비례관계이므로 유기기전력도 1.4배 증가하게 된다.
·부하전력 50[A] → $E = V + I_a R_s = 100 + 50(0.1 + 0.1) = 110[V]$
·부하전력 70[A] → $E = 110 \times 1.4 = 154[V]$
∴단자전압 $V = E - I_a(R_a + R_s) = 154 - 70(0.1 + 0.1) = 140[V]$
【정답】③

60. 터빈발전기와 수차발전기의 특징으로 옳지 않은 것은?

① 터빈발전기의 돌극형이다.
② 수차발전기는 저속기이다.
③ 수차발전기의 안정도는 터빈발전기보다 좋다.
④ 터빈발전기는 극수가 2~4개이다.

|정|답|및|해|설|

종류	용도	속도	극수	단락비	안정도	공극
돌극기 (철기계)	수차 발전기	저속	6극 이상	크다 0.9 ~1.2	크다	불균일
비돌극기 (동기계)	터빈 발전기	고속	2~4 극	작다 0.6 ~0.9	작다	균일

【정답】①

61. 푸리에 급수로 표현된 왜형파 $f(t)$가 반파대칭 및 정현대칭일 때 $f(t)$에 대한 특징으로 옳은 것은?

$$f(t) = a_0 + \sum_{n=1}^{\infty} a_n \cos n\omega t + \sum_{n=1}^{\infty} b_n \sin n\omega t$$

① a_n의 우수항만 존재한다.
② a_n의 기수항만 존재한다.
③ b_n의 우수항만 존재한다.
④ b_n의 기수항만 존재한다.

|정|답|및|해|설|
[왜형파] 우수는 짝수, 기수는 홀수이고 사인파, 즉 정현대칭이므로 기수파만 존재한다. 【정답】④

62. 푸리에 급수에서 직류항은?

① 우함수이다
② 기함수이다.
③ 우함수+기함수이다.
④ 우함수×기함수이다.

|정|답|및|해|설|
[푸리에 급수] 직류항은 주파수 0에서의 값으로서 우함수에서 y축에 걸리는 값이다. 기함수는 주파수가 0에서 원점에서 만나게 되므로 직류항은 항상 0이다. 【정답】①

63. 100[kVA] 단상 변압기 3대로 △결선하여 3상 전원을 공급하던 중 1대의 고장으로 V결선하였다면 출력은 약 몇[kVA]인가?

① 100 ② 173

③ 245 ④ 300

|정|답|및|해|설|

[V결선의 출력] $P_v = \sqrt{3}\,P_1[kVA]$ → (P_1 : 한 대의 출력)

100[kVA] 단상 변압기 2대로 V 운전시의 출력

$P_v = \sqrt{3}\,P_1 = \sqrt{3} \times 100 = 173[kVA]$

【정답】②

64. 그림과 같은 회로에서 저항 R에 흐르는 전류 I[A]는?

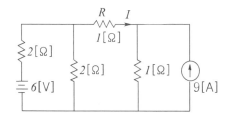

① 2[A] ② 1[A]

③ −2[A] ④ −1[A]

|정|답|및|해|설|

[중첩의 원리]

1. 전류원 개방

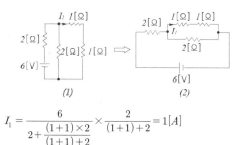

(1) *(2)*

$I_1 = \dfrac{6}{2 + \dfrac{(1+1) \times 2}{(1+1)+2}} \times \dfrac{2}{(1+1)+2} = 1[A]$

2. 전압원 단락

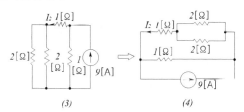

(3) *(4)*

$I_2 = 9 \times \dfrac{1}{\left(1 + \dfrac{2 \times 2}{2+2}\right)+1} = 3$

전류 I는 I_1과 I_2의 방향이 반대이므로

$I = I_1 - I_2 = 1 - 3 = -2[A]$

【정답】③

65. 그림과 같은 회로에서 5[Ω]에 흐르는 전류 I는 몇 [A]인가?

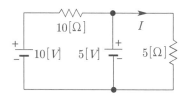

① $\dfrac{1}{2}$ ② $\dfrac{2}{3}$

③ 1 ④ $\dfrac{5}{3}$

|정|답|및|해|설|

[중첩의 원리]

1. 전압원 10[V]를 기준으로 전압원 5[V]를 단락하면 $I_1 = 0[A]$

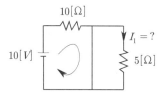

2. 전압원 5[V]를 기준으로 전압원 10[V]를 단락하면

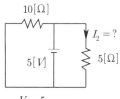

$I_2 = \dfrac{V}{R} = \dfrac{5}{5} = 1[A]$

∴전체전류 $I = I_1 + I_2 = 1[A]$

【정답】③

66. 상순이 a, b, c인 불평형 3상 전류 I_a, I_b, I_c의 대칭 분을 I_0, I_1, I_2라 하면 이때 역상분 전류 I_2는?

① $\dfrac{1}{3}(I_a + I_b + I_c)$

② $\dfrac{1}{3}(I_a + I_b \angle 120° + I_c \angle -120°)$

③ $\dfrac{1}{3}(I_a + I_b \angle -120° + I_c \angle 120°)$

④ $\dfrac{1}{3}(-I_a - I_b - I_c)$

|정|답|및|해|설|
[대칭분 전류(역상)]

역상분 전류 $I_2 = \dfrac{1}{3}(I_a + a^2 I_b + a I_c)$

$\qquad = \dfrac{1}{3}(I_a + I_b \angle -120° + I_c \angle 120°)$

$\qquad\qquad \to (a : 1\angle 120, \ a^2 : 1\angle 240)$

【정답】③

|참|고|
1. 정상분 $I_0 = \dfrac{1}{3}(I_a + I_b + I_c)$

2. 영상분 $I_1 = \dfrac{1}{3}(I_a + a I_b + a^2 I_c)$

$\qquad = \dfrac{1}{3}(I_a + I_b \angle 120° + I_c \angle -120°)$

67. 비접지 3상 Y부하의 각 선에 흐르는 비대칭 각 선전류를 I_a, I_b, I_c라 할 때 선전류의 영상분 I_0는?

① 1

② 0

③ -1

④ $\sqrt{3}$

|정|답|및|해|설|
[영상분 전류] 영상분은 접지선, 중성선에 존재한다. 따라서 비접지 3상 Y부하는 영상분이 존재하지 않는다. 【정답】②

68. $R-L-C$ 직렬 회로에서 저항값이 어느 값이어야 임계적으로 제동되는가?

① $\sqrt{\dfrac{L}{C}}$

② $2\sqrt{\dfrac{L}{C}}$

③ $\dfrac{1}{\sqrt{LC}}$

④ $2\sqrt{\dfrac{C}{L}}$

|정|답|및|해|설|
[$R-L-C$ 직렬 회로에서의 진동(제동) 조건]

임계조건 $\left(\dfrac{R}{2L}\right)^2 - \dfrac{1}{LC} = 0$에서

$$R^2 = 4\dfrac{L}{C} \ \to \ \therefore R = 2\sqrt{\dfrac{L}{C}}$$

※ $\left(\dfrac{R}{2L}\right)^2 - \dfrac{1}{LC} > 0$이면 비진동적

$\left(\dfrac{R}{2L}\right)^2 - \dfrac{1}{LC} < 0$이면 진동적 【정답】②

69. 그림과 같은 회로에서 스위치 S를 닫았을 때 시정수 [sec]의 값은? 단, $L = 10[mH]$, $R = 10[\Omega]$이다.

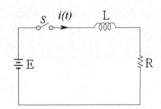

① $10^3[s]$

② $10^{-3}[s]$

③ $10^2[s]$

④ $10^{-2}[s]$

|정|답|및|해|설|
[$R-L$ 직렬 회로의 시정수] $\tau = \dfrac{L}{R} = \dfrac{L}{R_1 + R_2}$

$\tau = \dfrac{L}{R} = \dfrac{10 \times 10^{-3}}{10} = 10^{-3}[sec]$ 【정답】②

70. 어떤 제어계의 임펄스 응답이 $\sin t$일 때, 이 계의 전달함수를 구하면?

① $\dfrac{1}{s+1}$

② $\dfrac{1}{s^2+1}$

③ $\dfrac{s}{s+1}$

④ $\dfrac{s}{s^2+1}$

|정|답|및|해|설|
[임펄스 응답] 임펄스 응답은 입력이 $\delta(t)$인 경우 이므로

$\mathcal{L}(\delta t) = 1 \quad \dfrac{C(s)}{R(s)} = G(s)$에서 $R(s) = 1$이므로

임펄스 응답은 $G(s) = C(s)$이다. 즉, 출력의 라플라스 변환값이 전달함수이다.

$\sin t \ \to \ \dfrac{1}{s^2+1}$ 【정답】②

71. 그림과 같은 회로의 전달함수는? (단, $\dfrac{L}{R} = T$(시정수이다.)

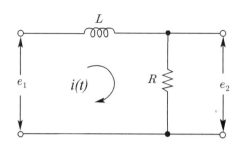

① $\dfrac{1}{Ts^2 + 1}$ ② $\dfrac{1}{Ts + 1}$

③ $Ts^2 + 1$ ④ $Ts + 1$

|정|답|및|해|설|
[직렬연결 시의 전달함수]
$$G(s) = \frac{E_2(s)}{E_1(s)} = \frac{R}{Ls + R} = \frac{1}{\dfrac{L}{R}s + 1} = \frac{1}{Ts + 1}$$

【정답】②

72. 그림과 같은 T형 회로에서 4단자정수 중 D값은?

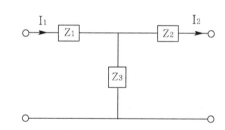

① $1 + \dfrac{Z_1}{Z_3}$ ② $\dfrac{Z_1 Z_2}{Z_3} + Z_2 + Z_1$

③ $\dfrac{1}{Z_3}$ ④ $1 + \dfrac{Z_2}{Z_3}$

|정|답|및|해|설|
[4단자 정수]
$$\begin{bmatrix} A & B \\ C & D \end{bmatrix} = \begin{bmatrix} 1 & Z_1 \\ 0 & 1 \end{bmatrix} \begin{bmatrix} 1 & 0 \\ \dfrac{1}{Z_3} & 1 \end{bmatrix} \begin{bmatrix} 1 & Z_2 \\ 0 & 1 \end{bmatrix}$$
$$= \begin{bmatrix} 1 + \dfrac{Z_1}{Z_3} & Z_1 + Z_2 + \dfrac{Z_1 Z_3}{Z_3} \\ \dfrac{1}{Z_3} & 1 + \dfrac{Z_2}{Z_3} \end{bmatrix}$$

【정답】④

73. 다음과 같은 브리지 회로가 평형이 되기 위한 Z_4의 값은?

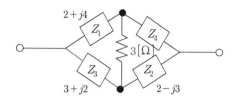

① 2+j4 ② −2+j4

③ 4+j2 ④ 4−j2

|정|답|및|해|설|
[브리즈 회로의 평형 조건] $Z_1 Z_2 = Z_3 Z_4$
브리지 회로가 평형이면 대각선의 저항을 곱한 것이 같으므로
$Z_4(3 + j2) = (2 + j4)(2 - j3)$
$$\therefore Z_4 = \frac{(2 + j4)(2 - j3)}{3 + j2} = \frac{(16 + j2)(3 - j2)}{(3 + j2)(3 - j2)} = 4 - j2$$

【정답】④

74. 그림은 평형 3상 회로에서 운전하고 있는 유도전동기의 결선도이다. 각 계기의 지시가 $W_1 = 2.36[\text{kW}]$, $W_2 = 5.95[\text{kW}]$, $V = 200[\text{V}]$, $I = 30[\text{A}]$일 때, 이 유도 전동기의 역률은 약 몇 [%]인가?

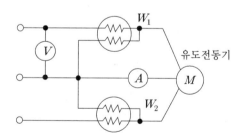

① 80 ② 76

③ 70 ④ 66

|정|답|및|해|설|
[전동기의 역률] $\cos\theta = \dfrac{P}{P_a} \times 100[\%]$
·유효전력 $P = W_1 + W_2 = 2360 + 5950 = 8310[\text{W}]$
·피상전력 $P_a = \sqrt{3}\,VI = \sqrt{3} \times 200 \times 30 = 10392.3[\text{VA}]$
$\therefore$ 역률 $\cos\theta = \dfrac{P}{P_a} \times 100 = \dfrac{8310}{10392.3} \times 100 ≒ 80[\%]$

【정답】①

75. 그림과 같은 4단자 회로의 어드미턴스 파라미터 중 $Y_{11}[\mho]$은?

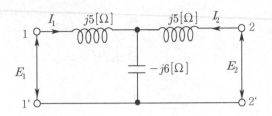

① $-j\dfrac{1}{35}$　　　　② $j\dfrac{2}{35}$

③ $-j\dfrac{1}{33}$　　　　④ $j\dfrac{2}{33}$

|정|답|및|해|설|

[4단자 회로의 어드미턴스]

$$Y_{11} = \frac{Z_2 + Z_3}{Z_1 Z_2 + Z_2 Z_3 + Z_3 Z_1}$$

$$= \frac{-j6 + j5}{j5 \times (-j6) + (-j6) \times j5 + j5 \times j5} = -j\frac{1}{35}$$

【정답】①

76. 최대값이 V_m인 정현파의 실효값은?

① $\dfrac{2V_m}{\pi}$　　　　② $\sqrt{2}\,V_m$

③ $\dfrac{V_m}{\sqrt{2}}$　　　　④ $\dfrac{V_m}{2}$

|정|답|및|해|설|

[정현파의 평균값, 실효값, 파형률, 파고율]

명칭	파형	평균값	실효값	파형률	파고율
정현파 (전파)		$\dfrac{2V_m}{\pi}$	$\dfrac{V_m}{\sqrt{2}}$	1.11	$\sqrt{2}$
정현파 (반파)		$\dfrac{V_m}{\pi}$	$\dfrac{V_m}{2}$	$\dfrac{\pi}{2}$	2

여기서, V_m, I_m : 최대값　　　　【정답】③

77. 인덕턴스 L인 유도기에 $i = \sqrt{2}\sin\omega t[A]$의 전류가 흐를 때 유도기에 축적되는 에너지[J]는?

① $\dfrac{1}{2}LI^2\sin^2\omega t$　　　② $\dfrac{1}{2}LI^2(1-\cos2\omega t)$

③ $\dfrac{1}{2}LI^2\cos2\omega t$　　　④ $\dfrac{1}{2}LI^2\sin2\omega t$

|정|답|및|해|설|

[인덕턴스(코일) L에 축적되는 에너지[J]] $W = \dfrac{1}{2}LI^2[J]$

$$W = \frac{1}{2}LI^2 = \frac{1}{2}L(\sqrt{2}\,I\sin\omega t)^2[J]$$

$$= LI^2\sin^2\omega t = LI^2\frac{1-\cos2\omega t}{2} = \frac{1}{2}LI^2(1-\cos2\omega t)[J]$$

【정답】②

78. 그림과 같은 회로에서 S를 열었을 때 전류계는 10[A]를 지시하였다. S를 닫을 때 전류계의 지시는 몇 [A] 인가?

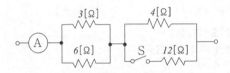

① 10　　　　② 12

③ 14　　　　④ 16

|정|답|및|해|설|

[전류계의 지시 전류]

1. S를 열었을 때 전전압 E는

$$E = IR = 10\left(\frac{3\times6}{3+6}+4\right) = 60[V]$$

2. S를 닫으면 전전류 I'는

$$I' = \frac{E'}{R'} = \frac{60}{\dfrac{3\times6}{3+6}+\dfrac{4\times12}{4+12}} = \frac{60}{2+3} = 12[A]$$　　　【정답】②

79. 600[kVA], 역률 0.6(지상)인 부하 A와 800[kVA], 역률0.8(진상)인 부하 B를 연결시 전체 피상전력[kVA]는?

① 640　　　　② 1000

③ 0　　　　④ 1400

|정|답|및|해|설|

[피상전력]

· 부하 A의 피상전력

$\quad P_{a1} = 600\times0.6 - j600\times0.8 = 360 - j480[kVA]$

· 부하 B의 피상전력

$\quad P_{a2} = 800\times0.8 + j800\times0.6 = 640 + j480[kVA]$

· 전체 피상전력 $P_a = P_{a1} + P_{a2}$

$\qquad = 360 - j480 + 640 + j480 = 1000[kVA]$

【정답】②

80. 그림과 같은 회로의 공진 시 조건으로 옳은 것은?

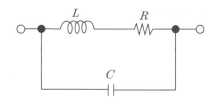

① $\omega = \sqrt{\dfrac{1}{L} - \dfrac{R^2}{L^2}}$　　② $\omega = \sqrt{\dfrac{1}{C} - \dfrac{R^2}{L^2}}$

③ $\omega = \sqrt{\dfrac{1}{LC} - \dfrac{R}{L}}$　　④ $\omega = \sqrt{\dfrac{1}{LC} - \dfrac{R^2}{L^2}}$

|정|답|및|해|설|
[합성 어드미턴스]

$$Y = \frac{1}{R + j\omega L} + j\omega C$$

$$= \frac{R}{R^2 + \omega^2 L^2} + j\left(\omega C - \frac{\omega L}{R^2 + \omega^2 L^2}\right)$$

공진 조건 $\omega C = \dfrac{\omega L}{R^2 + \omega^2 L^2}$ → $R^2 + \omega^2 L^2 = \dfrac{L}{C}$

공진 시 각주파수 $\omega = \sqrt{\dfrac{1}{LC} - \dfrac{R^2}{L^2}} [rad/sec]$　　【정답】④

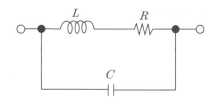

4회 2020년 전기산업기사필기(전기설비기술기준)

81. 저압 옥측 전선로에서 시설할 수 없는 공사방법은?

① 금속관공사를 목조의 조영물에 시설할 경우

② 버스덕트공사

③ 합성수지관공사(목조 이외의 조영물에 시설할 경우)

④ 애자사용공사(전개된 장소일 경우)

|정|답|및|해|설|
[저압 옥측 전선로의 시설 (KEC 221.2)]
· 애자사용공사(전개된 장소에 한한다)
· 합성수지관공사
· 금속관공사(목조 이외의 조영물에 시설히는 경우에 한한다)
· 버스덕트공사[목조 이외의 조영물(점검할 수 없는 은폐된 장소를 제외한다)에 시설하는 경우에 한한다]
· 케이블공사(연피 케이블·알루미늄피 케이블 또는 미네럴인슈레이션게이블을 사용하는 경우에는 목조 이외의 조영물에 시설하는 경우에 한한다)
　　　　　　　　　　　　　　　　　　【정답】①

---

82. 발전소의 개폐기 또는 차단기에 사용하는 압축공기장치의 주 공기탱크에 시설하는 압력계의 최고 눈금의 범위로 옳은 것은?

① 사용압력의 1배 이상 2배 이하

② 사용압력의 1.15배 이상 2배 이하

③ 사용압력의 1.5배 이상 3배 이하

④ 사용압력의 2배 이상 3배 이하

|정|답|및|해|설|
[압축공기계통 (KEC 341.15)]
· 공기 압축기는 최고 사용압력의 1.5배의 수압을 연속하여 10분간 가하여 시험하였을 때에 이에 견디고 또한 새지 아니하는 것일 것
· 주 공기탱크 또는 이에 근접한 곳에는 사용압력의 1.5배 이상 3배 이하의 최고 눈금이 있는 압력계를 시설할 것
　　　　　　　　　　　　　　　　　　【정답】③

---

83. 직선형의 철탑을 사용한 특고압 가공전선로가 연속하여 10기 이상 사용하는 부분에는 몇 기 이하마다 내장 애자장치가 되어 있는 철탑 1기를 시설하여야 하는가?

① 5　　　　　　② 10

③ 15　　　　　④ 20

|정|답|및|해|설|
[특고압 가공전선로의 내장형 등의 지지물 시설 (KEC 333.16)]
특고압 가공전선로 중 지지물로서 직선형의 철탑을 연속하여 10기 이상 사용하는 부분에는 10기 이하마다 내장 애자장치가 되어 있는 철탑 또는 이와 동등이상의 강도를 가지는 철탑 1기를 시설하여야 한다.
　　　　　　　　　　　　　　　　　　【정답】②

---

84. 저압 전로의 중성점을 접지할 때 접지선으로 연동선을 사용하는 경우의 최소공칭단면적은 몇 $[mm^2]$인가?

① $6.0[mm^2]$　　② $10[mm^2]$

③ $16[mm^2]$　　④ $25[mm^2]$

|정|답|및|해|설|
[접지도체 (KEC 142.3.1)]
· 접지도체는 공칭단면적 $16[mm^2]$ 이상의 연동선
· 저압 전로(7[kV] 이하)의 중성점에 시설하는 것은 공칭단면적 $6[mm^2]$ 이상의 연동선　　　　【정답】①

85. 전선의 접속법을 열거한 것 중 틀린 것은?

① 전선의 세기를 30[%] 이상 감소시키지 않는다.

② 접속 부분을 절연 전선의 절연율과 동등 이상의 절연 효력이 있도록 충분히 피복한다.

③ 접속 부분은 접속관, 기타의 기구를 사용한다.

④ 알루미늄 도체의 전선과 동 도체의 전선을 접속할 때에는 전기적 부식이 생기지 않도록 한다.

|정|답|및|해|설|

[전선의 접속법 (KEC 123)]

· 전기저항을 증가시키지 않도록 할 것

· 전선의 세기를 20[%] 이상 감소시키지 아니 할 것

· 접속부분의 절연전선에 절연물과 동등 이상의 절연효력이 있는 것으로 충분히 피복할 것 　　　【정답】①

86. 최대사용전압이 7200[V]인 중성점 비접지식 변압기의 절연내력 시험전압은?

① 4400　　　　　　② 10500

③ 2250　　　　　　④ 20500

|정|답|및|해|설|

[전로의 절연저항 및 절연내력 (KEC 132)]

(최대 사용전압의 배수)

권선의 종류		시험 전압	시험 최소 전압
7[kV] 이하		1.5배	500[V]
7[kV] 넘고 25[kV] 이하	다중접지식	0.92배	
7[kV] 넘고 60[kV] 이하	비접지방식	1.25배	10,500[V]
60[kV]초과	비접지	1.25배	
	접지식	1.1배	75000[V]

절연내력시험전압 $= 7200 \times 1.25 = 9000[V]$

최소시험전압 10500[V] 　　　　　　　　【정답】②

87. 전가섭선에 관하여 각 가섭선의 상정 최대 장력의 33[%]와 같은 불평형 장력의 수평 종분력에 의한 하중을 더 고려하여야 할 철탑의 유형은?

① 직선형　　　　　② 각도형

③ 내장형　　　　　④ 인류형

|정|답|및|해|설|

[상시 상정하중 (KEC 333.13)] 내장형·보강형의 경우에는 전가섭선에 관하여 각 가섭신의 상정 최대장력의 33[%]와 같은 불평균 장력의 수평 종분력에 의한 하중 　　【정답】③

88. 저압옥내배선에서 일반적으로 사용하는 연동선의 단면적은 몇 $[mm^2]$ 이상인가?

① 2　　　　　　　② 2.5

③ 3　　　　　　　④ 3.5

|정|답|및|해|설|

[저압 옥내배선의 사용전선 (KEC 231.3.1)] 단면적 $2.5[mm^2]$ 이상의 연동선 또는 이와 동등 이상의 강도 및 굵기의 것 　　　　　　　　　　　　　　【정답】②

89. 고압 옥측전선로에 사용할 수 있는 전선은?

① 케이블　　　　　② 나경동선

③ 절연전선　　　　④ 다심형 전선

|정|답|및|해|설|

[고압 옥측전선로의 시설 (KEC 331.13.1)]

· 전선은 케이블일 것

· 케이블의 지지점 간의 거리를 2[m] (수직으로 붙일 경우에는 6[m])이하로 하고 또한 피복을 손상하지 아니하도록 붙일 것

· 대지와의 사이의 전기저항 값이 10[Ω] 이하인 부분을 제외하고 kec140에 준하는 접지공사를 할 것 　　【정답】①

90. 사용전압이 400[V] 미만인 저압 가공전선으로 절연전선을 사용하는 경우, 지름 몇[mm] 이상의 경동선을 사용하여야 하는가?

① 2.0　　　　　　② 2.6

③ 3.2　　　　　　④ 3.8

|정|답|및|해|설|

[저압 가공전선의 굵기 및 종류 (KEC 222.5)]

400[V] 미만	절연전선	지름 2.6[mm] 이상 경동선	2.30[kN] 이상
	절연전선 외	지름 3.2[mm] 이상 경동선	3.43[kN] 이상

【정답】②

91. 금속덕트 공사에 적당하지 않은 것은?

① 전선은 절연전선을 사용한다.

② 덕트의 끝부분은 항시 개방시킨다.

③ 덕트 안에는 전선의 접속점이 없도록 한다.

④ 덕트의 안쪽 면 및 바깥 면에는 산화 방지를 위하여 아연도금을 한다.

|정|답|및|해|설|

[금속 덕트 공사 (KEC 232.31)]
금속 덕트는 다음 각 호에 따라 시설하여야 한다.
· 덕트 상호 간은 견고하고 또한 전기적으로 완전하게 접속할 것.
· 덕트를 조영재에 붙이는 경우에는 덕트의 지지점 간의 거리를 3[m](취급자 이외의 자가 출입할 수 없도록 설비한 곳에서 수직으로 붙이는 경우에는 6[m]) 이하로 하고 또한 견고하게 붙일 것.
· 덕트의 뚜껑은 쉽게 열리지 아니하도록 시설할 것.
· 덕트의 끝부분은 막을 것.
· 덕트 안에 먼지가 침입하지 아니하도록 할 것.
· 덕트는 물이 고이는 낮은 부분을 만들지 않도록 시설할 것.

【정답】②

92. 전기 욕기에 전기를 공급하는 전원장치는 전기욕기 용으로 내장되어 있는 2차측 전로의 사용전압을 몇 [V] 이하로 한정하고 있는가?

① 6　　　② 10　　　③ 12　　　④ 15

|정|답|및|해|설|

[전기욕기의 시설 (KEC 241.2)]
· 내장되어 있는 전원 변압기의 2차측 전로의 사용전압이 10[V] 이하인 것에 한한다.
· 욕탕안의 전극간의 거리는 1[m] 이상일 것
· 전원장치로부터 욕탕안의 전극까지의 배선은 공칭단면적 2.5[mm²] 이상의 연동선

【정답】②

93. 지중 전선로를 관로식에 의하여 시설하는 경우에는 매설 깊이를 몇 [m] 이상으로 하여야 하는가?

① 0.6　　　② 1.0

③ 1.2　　　④ 1.5

|정|답|및|해|설|

[지중 전선로의 시설 (KEC 334.1)] 지중 전선로는 전선에 케이블을 사용하고 또한 관로식, 암거식, 직접 매설식에 의하여 시설하여야 한다.
1. 직접 매설식 : 매설 깊이는 중량물의 압력이 있는 곳은 1.0[m] 이상, 없는 곳은 0.6[m] 이상으로 한다.

2. 관로식 : 매설 깊이를 1.0[m] 이상, 중량물의 압력을 받을 우려가 없는 곳은 60[cm] 이상으로 한다.

3. 암거식 : 지하 구조물 내 케이블 지지대를 설치하고 그 위에 케이블을 부설하는 방식

【정답】①

94. 특고압용 타냉식 변압기의 냉각장치에 고장이 생긴 경우를 대비하여 어떤 보호 장치를 하여야 하는가?

① 경보장치　　　② 속도조정장치

③ 온도시험장치　　　④ 냉매흐름장치

|정|답|및|해|설|

[특고압용 변압기의 보호장치 (KEC 351.4)]

뱅크 용량의 구분	동작 조건	장치의 종류
5,000[kVA] 이상 10,000[kVA] 미만	변압기 내부 고장	자동차단장치 또는 경보장치
10,000[kVA] 이상	변압기 내부 고장	자동차단장치
타냉식 변압기 (강제순환식)	· 냉각장치 고장 · 변압기 온도 상승	경보장치

【정답】①

95. 발열선을 도로, 주차장 또는 조영물의 조영재에 고정시켜 시설하는 경우, 발열선에 전기를 공급하는 전로의 대지전압은 몇 [V] 이하 이어야 하는가?

① 100[V]　　　② 150[V]

③ 200[V]　　　④ 300[V]

|정|답|및|해|설|

[도로 등의 전열장치의 시설 (KEC 241.12)]
· 발열선에 전기를 공급하는 전로의 대지전압은 300[V] 이하일 것
· 발열선은 사람이 접촉할 우려가 없고 또한 손상을 받을 우려가 없도록 콘크리트 기타 견고한 내열성이 있는 것 안에 시설할 것
· 발열선은 그 온도가 80[℃]를 넘지 아니하도록 시설할 것. 다만, 도로 또는 옥외주차장에 금속피복을 한 발열선을 시설할 경우에는 발열선의 온도를 120[℃] 이하로 할 수 있다.

|참|고|
[대자전압]
1. 90[%] 이상은 300[V]
2. 예외인 경우
① 누설전압이 없는 경우 → 대지전압 150[V]
② 전기저장장치, 태양광설비 → 직류 600[V]

【정답】④

96. 태양전지 모듈 시설에 대한 설명 중 옳은 것은?

① 충전 부분은 노출하여 시설할 것

② 출력배선은 극성별로 확인 가능토록 표시할 것

③ 전선은 공칭단면적 1.5[mm²] 이상의 연동선을 사용할 것

④ 전선을 옥내에 시설할 경우에는 애자사용 공사에 준하여 시설할 것

|정|답|및|해|설|
[태양전지 모듈의 시설 (kec 520/522.2)]
·충전부분은 노출되지 아니하도록 시설할 것
·전선은 공칭단면적 2.5[mm²] 이상의 연동선 또는 이와 동등 이상의 세기 및 굵기의 것일 것
·옥내에 시설할 경우에는 합성수지관공사, 금속관공사, 가요전선관공사 또는 케이블공사에 준하여 시설할 것

【정답】②

97. 수상 전선로를 시설하는 경우에 대한 설명으로 알맞은 것은?

① 사용전압이 고압인 경우에는 클로로프렌 캡타이어 케이블을 사용한다.

② 수상전로에 사용하는 부유식 구조물(부대)은 쇠사슬 등으로 견고하게 연결한다.

③ 수상선로의 전선은 부유식 구조물(부대)의 아래에 지지하여 시설하고 또한 그 절연피복을 손상하지 아니하도록 시설한다.

④ 고압 수상 전선로에 지락이 생길 때를 대비하여 전로를 수동으로 차단하는 장치를 시설한다.

|정|답|및|해|설|
[수상전선로의 시설 (KEC 335.3)]
1. 사용 전선
  ·저압 : 클로로프렌 캡타이어 케이블
  ·고압 : 캡타이어 케이블
2. 수상 전선로의 사용 전압이 고압인 경우에는 전로에 지락이 생겼을 때에 자동적으로 전로를 차단하기 위한 장치를 시설하여야 한다.
3. 수상전선로에 사용하는 부유식 구조물(부대(浮臺))은 쇠사슬 등으로 견고하게 연결한 것일 것.
4. 수상전선로의 전선은 부대의 위에 지지하여 시설하고 또한 그 절연피복을 손상하지 아니하도록 시설할 것

【정답】②

98. 다음 그림과 같은 통신선용 보안장치에 대한 설명으로 틀린 것은?

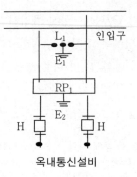

옥내통신설비

① 교류 1,000[V] 이하에서 동작하는 피뢰기를 사용한다.

② 릴레이 보안기는 교류 300[V] 이하에서 동작한다.

③ 릴레이 보안기는 자복성이 없다.

④ 릴레이 보안기의 최소 감조전류는 3[A] 이하이다.

|정|답|및|해|설|
[특고압 가공전선로 첨가 통신선의 시가지 인입 제한 (KEC 362.5)]

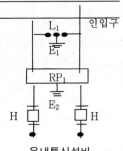

옥내통신설비

RP1 : 교류 300[V] 이하에서 동작하고, 최소 감도 전류가 3[A] 이하로서 최소 감도전류 때의 응동시간이 1사이클 이하이고 또한 전류 용량이 50[A], 20초 이상인 자복성이 있는 릴레이 보안기

L1 : 교류 1[kV] 이하에서 동작하는 피뢰기

E1 및 E2 : 접지

【정답】③

※한국전기설비규정(KEC) 적용으로 인해 더 이상 출제되지 않는 문제는 삭제했습니다.

전기산업기사 필기 기출문제

2019년 전기산업기사필기 (전기자기학)

1. 그림과 같은 동축케이블에 유전체가 채워졌을 때의 정전용량[F]은? (단, 유전체의 비유전율은 ϵ_s 이고 내반지름과 외반지름은 각각 a[m], b[m] 이며 케이블의 길이는 l[m]이다.)

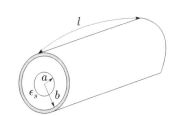

① $\dfrac{2\pi\epsilon_s l}{\ln\dfrac{b}{a}}$ 　② $\dfrac{2\pi\epsilon_0\epsilon_s l}{\ln\dfrac{b}{a}}$

③ $\dfrac{\pi\epsilon_s l}{\ln\dfrac{b}{a}}$ 　④ $\dfrac{\pi\epsilon_0\epsilon_s l}{\ln\dfrac{b}{a}}$

|정|답|및|해|설|

[동축 원통의 정전용량] $C=\dfrac{2\pi\epsilon l}{\ln\dfrac{b}{a}}=\dfrac{2\pi\epsilon_0\epsilon_s l}{\ln\dfrac{b}{a}}[F/m]\to(l:$ 길이$)$

※단위 길이 당 정전용량 $C=\dfrac{2\pi\epsilon}{\ln\dfrac{b}{a}}[F/m]$ 【정답】②

2. 두 벡터가 $A=2a_x+4a_y-3a_z$, $B=a_x-a_y$일 때 $A\times B$는?

① $6a_x-3a_y+3a_z$ 　② $-3a_x-3a_y-6a_z$

③ $6a_x+3a_y-3a_z$ 　④ $-3a_x+3a_y+6a_z$

|정|답|및|해|설|

[벡터의 외적] $A\times B=\begin{vmatrix} i & j & k \\ A_x & A_y & A_z \\ B_x & B_y & B_z \end{vmatrix}$

$A\times B=(2a_x+4a_y-3a_z)\times(a_x-a_y)=\begin{vmatrix} a_x & a_y & a_z \\ 2 & 4 & -3 \\ 1 & -1 & 0 \end{vmatrix}$

$=a_x\begin{vmatrix} 4 & -3 \\ -1 & 0 \end{vmatrix}+a_y\begin{vmatrix} -3 & 2 \\ 0 & 1 \end{vmatrix}+a_z\begin{vmatrix} 2 & 4 \\ 1 & -1 \end{vmatrix}$

$=[(4\times0)-(-3\times(-1))]a_x+[(-3\times(1)-(2\times0))]a_y+[(2\times(-1))-(4\times1)]a_z$

$=-3a_x-3a_y-6a_z$ 　【정답】②

3. 두 유전체가 접했을 때 $\dfrac{\tan\theta_1}{\tan\theta_2}=\dfrac{\epsilon_1}{\epsilon_2}$의 관계식에서 $\theta_1=0°$일 때의 표현으로 틀린 것은?

① 전속밀도는 불변이다.

② 전기력선은 굴절하지 않는다.

③ 전계는 불연속적으로 변한다.

④ 전기력선은 유전율이 큰 쪽에 모여진다.

|정|답|및|해|설|

[유전체 굴절의 법칙] 입사각과 굴절각은 유전율에 비례
두 유전체의 경계 조건

$\dfrac{\tan\theta_1}{\tan\theta_2}=\dfrac{\epsilon_1}{\epsilon_2}(\theta_1:$ 입사각, $\theta_2:$ 굴절각$)$

$\theta_1=0$이면 수직으로 입사하므로 법선이다.

$D_1\cos\theta_1=D_2\cos\theta_2\to D_1=D_2$

※④ 유전체에서 작동하는 힘의 방향은 유전율이 **큰 쪽에서 작은 쪽으로 향한다.** 　【정답】④

4. 공기중 임의의 점에서 자계의 세기(H)가 20[AT/m] 라면 자속밀도(B)는 약 몇 [Wb/m²]인가?

① 2.5×10^{-5} 　② 3.5×10^{-5}

③ 4.5×10^{-5} 　④ 5.5×10^{-5}

|정|답|및|해|설|

[자속밀도와 자계의 세기] $B=\mu_0H[\text{Wb/m}^2]$
여기서, μ_0 : 진공시의 투자율, H : 자계의 세기

$\to(\mu=\mu_s\mu_0,$ 공기중 $\mu_s=1,$ $\mu_0=4\pi\times10^{-7})$

$B=\mu_0H=4\pi\times10^{-7}\times20=2.5\times10^{-5}[\text{Wb/m}^2]$

【정답】①

5. 전자석의 흡인력은 공극의 자속밀도를 B라 할 때 다음의 어느 것에 비례하는가?

① $B^{1.6}$ ② B^2 ③ B^3 ④ B

|정|답|및|해|설|

[단위 면적 당 정전흡인력]

· 작용하는 힘(흡인력) $f = \frac{1}{2}\mu H^2 = \frac{B^2}{2\mu} = \frac{1}{2}HB[N/m^2]$ 이므로

$\quad\quad\quad\quad \rightarrow (B = \mu H[wb/m^2])$

· 정자계의 힘(작용력) $F = f \cdot S = \frac{B^2}{2\mu} \times S[N] \rightarrow (S : 단면적)$

【정답】②

6. 그림과 같이 평행한 두 개의 무한 직선 도선에 전류가 I, $2I$인 전류가 흐른다. 두 도선 사이의 점 P에서 자계의 세기가 0이다. 이때 $\frac{a}{b}$는?

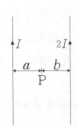

① 4   ② 2

③ $\frac{1}{2}$ ④ $\frac{1}{4}$

|정|답|및|해|설|

[자계의 세기] 전계의 세기가 0이면 $H_1 = H_2$이다.

· I 도선에 의한 자계 $H_I = \frac{I}{2\pi a}$ [AT/m]

· $2I$ 도선에 의한 자계 $H_{2I} = \frac{2I}{2\pi b}$ [AT/m]

· P점에서의 자계가 0, $H_I = H_{2I}$이므로 $\quad \frac{I}{2\pi a} = \frac{2I}{2\pi b}$

$\quad\quad\quad\quad \rightarrow$ (전계의 세기가 0이면 $H_1 = H_2$)

$\therefore \frac{a}{b} = \frac{2\pi I}{4\pi I} = \frac{1}{2}$

【정답】③

7. 질량 m[kg]인 작은 물체가 전하 Q[C]을 가지고 중력 방향과 직각인 무한 도체 평면 아래쪽 d[m]의 거리에 놓여있다. 정전력이 중력과 같게 되는 데 필요한 Q[C]의 크기는?

① $\frac{d}{2}\sqrt{\pi \epsilon_0 mg}$ ② $d\sqrt{\pi \epsilon_0 mg}$

③ $2d\sqrt{\pi \epsilon_0 mg}$ ④ $4d\sqrt{\pi \epsilon_0 mg}$

|정|답|및|해|설|

[영상법에 의한 정전응력]

중력(mg)=정전응력($F = \frac{Q^2}{4\pi\epsilon_0 r^2}) \rightarrow \frac{Q^2}{4\pi\epsilon_0(2d)^2} = mg$

$\frac{Q^2}{16\pi\epsilon_0 d^2} = mg \rightarrow Q^2 = 16\pi\epsilon_0 d^2 mg$

$\therefore Q = 4d\sqrt{\pi\epsilon_0 mg}$

【정답】④

8. 다음 중 감자율이 0인 자성체로 알맞은 것은?

① 가늘고 짧은 막대 자성체

② 굵고 짧은 막대 자성체

③ 가늘고 긴 막대 자성체

④ 환상 솔레노이드

|정|답|및|해|설|

[감자력] 감자력은 자석의 세기에 비례하며, 이때 비례상수를 감자율이라 한다.

· 감자율이 0이 되려면 잘려진 극이 존재하지 않으면 된다. 환상 솔레노이드가 무단 철심이므로 이에 해당된다. 즉, <u>환상 솔레노이드 철심의 감자율은 0이다.</u>

· 긴 막대자석이 자계와 평등일 때는 감자율이 0에 가깝고, 자계와 지가일 때에는 감자율이 1에 가까워진다.

【정답】④

9. 극판 면적 S=10[cm^2], 간격 d=1[mm]의 평행판 콘덴서에 비유전율이 ϵ_s=3인 유전체를 채웠을 때 전압 100[V]를 가하면 축적되는 에너지는 약 몇 [J]인가?

① 1.32×10^{-7} ② 1.32×10^{-9}

③ 2.54×10^{-7} ④ 2.54×10^{-9}

|정|답|및|해|설|

[평행판 콘덴서에 축적되는 에너지] $W = \frac{1}{2}CV^2[J]$

정전용량 $C = \frac{\epsilon_0\epsilon_s}{d} \cdot S = 8.855 \times 10^{-12} \times \frac{3 \times 10 \times 10^{-4}}{10^{-3}}$

$\quad\quad\quad\quad = 26.56 \times 10^{-12}$ [F]

$W = \frac{1}{2}CV^2 = \frac{1}{2} \times 26.56 \times 10^{-12} \times 100^2 = 1.32 \times 10^{-7}$[J]

【정답】①

10. 전계 및 자계의 세기가 각각 E, H일 때 포인팅벡터 P의 표시로 옳은 것은?

① $P = \dfrac{1}{2}E \times H$ ② $P = E\,rot\,H$

③ $P = E \times H$ ④ $P = H\,rot\,E$

|정|답|및|해|설|

[포인팅벡터] 전자파가 진행 방향에 수직되는 단위 면적을 단위 시간에 통과하는 에너지를 포인팅 벡터 또는 방사 벡터

$P = \dfrac{P[W]}{S[m^2]} = \vec{E} \times \vec{H} = EH\sin\theta = EH\,[W/m^2]$

→ (전자파 사이각 90°)

【정답】③

11. 자기인덕턴스 0.5[H]의 코일에 1/200초 동안에 전류가 25[A]로부터 20[A]로 줄었다. 이 코일에 유기된 기전력의 크기 및 방향은?

① 50[V], 전류와 같은 방향
② 50[V], 전류와 반대 방향
③ 500[V], 전류와 같은 방향
④ 500[V], 전류와 반대 방향

|정|답|및|해|설|

[렌츠의 전자유도 법칙] 전자유도에 의해 발생하는 기전력은 자속 변화를 방해하는 방향으로 전류가 발생한다.

$e = -L\dfrac{di}{dt}[V]$

$e = -L\dfrac{di}{dt} = -0.5\dfrac{(20-25)}{\dfrac{1}{200}} = 500[V]$

1. $e > 0$: 인가된 전류와 같은 방향
2. $e < 0$: 인가된 전류와 반대 방향

【정답】③

12. 어느 점전하에 의하여 전위를 처음 전위의 $\dfrac{1}{2}$ 이 되게 하려면 전하로부터의 거리를 몇 배로 하면 되는가?

① $\dfrac{1}{\sqrt{2}}$ ② $\dfrac{1}{2}$

③ $\sqrt{2}$ ④ 2

|정|답|및|해|설|

[전위] $V = \dfrac{Q}{4\pi\epsilon_0 r} = 9 \times 10^9 \dfrac{Q}{r}[V] \propto \dfrac{1}{r}$

즉, 전위는 거리에 반비례한다. 따라서 처음 전위의 $\dfrac{1}{2}$ 배로 하려면 거리를 2배로 해야 한다.

【정답】④

13. 자계의 세기를 표시하는 단위가 아닌 것은?

① [A/m] ② [Wb/m]

③ [N/Wb] ④ [AT/m]

|정|답|및|해|설|

[자계의 세기] 자계내의 임의의 점에 단위 정자하 +1[wb]를 놓았을 때 이에 작용하는 힘의 크기 및 방향을 그 점에 대한 자계의 세기

$H = \dfrac{m \cdot 1}{4\pi\mu\, r^2}[A/m] = \dfrac{m}{4\pi\mu_0\mu_s r^2}[AT/m]$

자계의 세기와 쿨롱의 법칙과의 관계 $H = \dfrac{F}{m}[N/Wb]$

【정답】②

14. 철심환의 일부에 공극(air gap)을 만들어 철심부의 길이 $l[m]$, 단면적 $A[m^2]$, 비투자율이 μ_r 이고 공극부의 길이 $\delta[m]$일 때 철심부에서 총권수 N회인 도선을 감아 전류 I[A]를 흘리면 자속이 누설되지 않는다고 하고 공극 내에 생기는 자계의 자속 $\varnothing_0[Wb]$는?

① $\dfrac{\mu_0 ANI}{\delta\mu_r + l}$ ② $\dfrac{\mu_0 ANI}{\delta + \mu_r l}$

③ $\dfrac{\mu_0\mu_r ANI}{\delta\mu_r + l}$ ④ $\dfrac{\mu_0\mu_r ANI}{\delta + \mu_r l}$

|정|답|및|해|설|

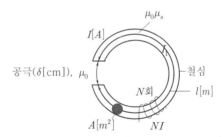

[자속] $\varnothing = \dfrac{F}{R}$ → (자기저항 $R = \dfrac{l}{\mu A}$)

・공극 발생시 $\varnothing = \dfrac{F}{R} = \dfrac{F}{(R_m + R_g)}$

→ ($R = (R_m + R_g)$: 공극의 자기저항을 포함)

여기서, R_m : 철심에서 만들어지는 자기저항

R_g : 공극에서 만들어지는 자기저항

・$R_m + R_g = \dfrac{l}{\mu \cdot A} + \dfrac{\delta}{\mu_0 \cdot A} = \dfrac{l + \mu_r\delta}{\mu \cdot A}$

∴ $\varnothing = \dfrac{F}{R} = \dfrac{F}{(R_m + R_g)} = \dfrac{NI}{\dfrac{l + \mu_r\delta}{\mu_0\mu_r \cdot A}} = \dfrac{\mu_0\mu_r ANI}{l + \mu_r\delta}$

【정답】③

15. 권선수가 N회인 코일에 전류 $I[A]$를 흘릴 경우, 코일에 $\varnothing\,[Wb]$의 자속이 지나 간다면 이 코일에 저장된 자계에너지는 어떻게 표현되는가?

① $\dfrac{1}{2}N\varnothing^2 I[J]$ ② $\dfrac{1}{2}N\varnothing I[J]$

③ $\dfrac{1}{2}N^2\varnothing I[J]$ ④ $\dfrac{1}{2}N\varnothing I^2[J]$

|정|답|및|해|설|

[자계에너지] $W=\dfrac{1}{2}\varnothing I=\dfrac{1}{2}LI^2=\dfrac{\varnothing^2}{2L}$ → ($N\varnothing=LI$)

→ (권선수(N)에 대한 언급이 없으면 $N=1$)

$W=\dfrac{1}{2}LI^2=\dfrac{1}{2}N\varnothing I[J]$ 【정답】②

16. 점전하 +Q의 무한 평면도체에 대한 영상전하는?

① +Q   ② −Q

③ +2Q   ④ −2Q

|정|답|및|해|설|

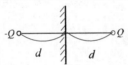

[무한평면도체에서 영상전하]

1. 영상전하 : $Q \leftrightarrow -Q[C]$

2. 힘 : $F=\dfrac{Q(-Q)}{4\pi\epsilon_0(2d)^2}=\dfrac{-Q^2}{16\pi\epsilon_0 d^2}$ [N], (−)는 흡인력

여기서, Q : 선하, ϵ_0 : 진공중의 유전율, d : 거리

※접지 구도체에서 영상전하 : $Q \leftrightarrow -\dfrac{a}{d}Q[C]$

【정답】②

17. 그림과 같이 면적 $S[m^2]$, 간격 $d[m]$인 극판간에 유전율 ϵ, 저항률이 ρ인 매질을 채웠을 때 극판간의 정전용량 C와 저항 R의 관계는? (단, 전극판의 저항률은 매우 작은 것으로 한다.)

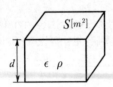

① $R=\dfrac{\epsilon\rho}{C}$ ② $R=\dfrac{C}{\epsilon\rho}$

③ $R=\epsilon\rho C$ ④ $R=\dfrac{1}{\epsilon\rho C}$

|정|답|및|해|설|

[정전용량과 저항과의 관계] $RC=\rho\dfrac{d}{S}\times\dfrac{\epsilon S}{d}=\epsilon\cdot\rho$에서

$R=\dfrac{\epsilon\cdot\rho}{C}$ 【정답】①

18. 내구의 반지름이 6[m], 외구의 반지름이 8[m]인 동심구형 콘덴서의 외구를 접지하고 내구에 전위 1800[V]를 가했을 경우 내구에 충전된 전기량은 몇 [C]인가?

① 2.8×10^{-8} ② 3.8×10^{-8}

③ 4.8×10^{-8} ④ 5.8×10^{-8}

|정|답|및|해|설|

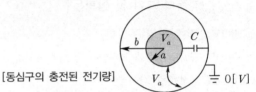

[동심구의 충전된 전기량]

$Q=CV=\dfrac{4\pi\epsilon_0 ab}{b-a}\times V[C]$ → $(b>a\,,\ C=\dfrac{4\pi\epsilon_0 ab}{b-a}$ [F])

$\therefore Q=\dfrac{4\pi\epsilon_0 ab}{b-a}\times V=\dfrac{4\pi\times8.855\times10^{-12}\times0.08\times0.06}{0.08-0.06}\times1800$

$=4.8\times10^{-8}[C]$ 【정답】③

19. 다음 중 (㉠), (㉡) 안에 들어갈 내용으로 알맞은 것은?

맥스웰은 전극간의 유전체를 통하여 흐르는 전류를 (㉠)라 하고, 이것도 (㉡)를 발생한다고 가정하였다.

① ㉠ 와전류 ㉡ 자계

② ㉠ 변위전류 ㉡ 자계

③ ㉠ 전자전류 ㉡ 전계

④ ㉠ 파동전류 ㉡ 전계

|정|답|및|해|설|

[변위전류] 전극간의 유전체(공기)를 통하여 흐르는 전류 $J_d=\dfrac{dD}{dt}$, 변위전류도 자계를 발생시킨다.

※전도전류 : 도체 전장(기전력)을 가할 때 흐르는 전류 $J_e=\sigma E$

【정답】②

20. 다음 중 인덕턴스의 공식이 옳은 것은? (단, N은 권수, I는 전류, l은 철심의 길이, R_m은 자기저항, μ는 투자율, S는 철심의 단면적이다.)

① $\dfrac{NI}{R_m}$ ② $\dfrac{N^2}{R_m}$

③ $\dfrac{\mu NS}{l}$ ④ $\dfrac{\mu_0 NIS}{l}$

|정|답|및|해|설|

[자기인덕턴스와 상호인덕턴스]

• 자기인덕턴스 $L_1 = \dfrac{\mu S N_1^2}{l} = \dfrac{N_1^2}{R_m}[H]$, $L_2 = \dfrac{N_2^2}{R_m}[H]$

• 상호인덕턴스 $M = \dfrac{N_1 N_2}{R_m} = \dfrac{N_2}{N_1} L_1[H]$

※자기저항(R_m)이 포함되어 있으면 항상 환상솔레노이드로 보면 된다.   【정답】②

1회   **2019년 전기산업기사필기 (전력공학)**

21. 직렬콘덴서를 선로에 삽입할 때의 현상으로 옳은 것은?

① 부하의 역률을 개선한다.

② 선로의 전압강하를 줄 일 수 없다.

③ 선로의 리액턴스가 증가된다.

④ 계통의 정태안정도를 증가한다.

|정|답|및|해|설|

[직렬콘덴서 연결]

• 선로의 유도 리액턴스를 상쇄

• 선로의 정태 안정도를 증가

• 선로의 전압강하를 줄일 수는 있다.

※수전단 역률 개선은 병렬콘덴서로 한다.   【정답】④

22. 송전선로의 중성점을 접지하는 목적으로 가장 옳은 것은?

① 전선 동량의 절약   ② 전압강하의 감소

③ 유도장해의 감소   ④ 이상전압의 방지

|정|답|및|해|설|

[송전선로의 중성점 접지의 목적]

• 이상전압의 방지

• 기기 보호

• 과도안정도의 증진

• 보호계전기 동작확보   【정답】④

---

23. 그림과 같은 3상 송전계통에서 송전단전압은 22[kV]이다. 지금 1점 P에서 3상 단락사고가 발생했다면 발전기에 흐르는 단락전류는 약 몇 [A]가 되는가?

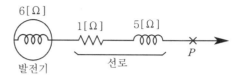

발전기   선로   P

① 725   ② 1150   ③ 1990   ④ 3725

|정|답|및|해|설|

[단락전류] $I_s = \dfrac{E}{Z} = \dfrac{E}{\sqrt{R^2 + X^2}}[A] \rightarrow (E : 상전압)$

         → (문제에서 아무런 언급이 없으면 무조건 선간전압)

전체임피던스 $Z = R + jx = 1 + j(6+5) = 1 + j11$

$\therefore I_s = \dfrac{E}{\sqrt{R^2 + X^2}} = \dfrac{\frac{22000}{\sqrt{3}}}{\sqrt{1^2 + 11^2}} = 1149.5[A]$ → $\left(V_p = \dfrac{V_l}{\sqrt{3}}\right)$

【정답】②

24. 전력계통에서 전력용 콘덴서와 직렬로 연결하는 리액터로 제거되는 고조파는?

① 제2고조파   ② 제3고조파

③ 제4고조파   ④ 제5고조파

|정|답|및|해|설|

[직렬리액터]

• 제5고조파로부터 전력용 콘덴서 보호 및 파형 개선의 목적으로 사용

• 직렬리액터의 용량 $\omega L = \dfrac{1}{25\omega C}$ → $(\omega = 2\pi f)$

• 이론적으로는 콘덴서 용량의 4[%]

• 실재로는 콘덴서 용량의 6[%] 설치

※3고조파 제거 : 변압기의 델타결선 사용   【정답】④

25. 다음 중 뇌해방지와 관계가 없는 것은?

① 댐퍼   ② 소호각

③ 가공지선   ④ 매설지선

|정|답|및|해|설|

[뇌해방지]

② 소호각 : 섬락사고 시 애자련의 보호

③ 가공지신 : 뇌서지의 차폐

④ 매설지선 : 탑각 접지저항을 낮추어 역섬락을 방지

※댐퍼 : 전선의 진동을 억제하기 위해 지지점 가까운 곳에 설치한다.   【정답】①

26. 배전선로에서 사용하는 전압 조정 방법이 아닌 것은?

① 승압기 사용　　② 저전압 계전기 사용

③ 병렬콘덴서 사용　　④ 주상변압기 탭 전환

|정|답|및|해|설|..........

[선로전압조정]

· 선로전압강하 보상기

· 고정 승압기 : 단상 승압기, 3상 V결선 승압기, 3상 △결선 승압기, 3상 △결선 승압기

· 직렬콘덴서(병렬콘덴서는 주로 역률 개선용으로 사용되지만 동시에 전압 조정 효과도 있다.)

· 주상변압기의 탭 조정

※저전압계전기 : 계통의 사고를 알려주는 계전기

【정답】②

27. (①), (②)에 들어갈 내용으로 알맞은 것은?

> 송전선로의 전압을 2배로 승압할 경우 동일조건에서 공급 전력을 동일하게 취하면 선로손실은 승압 전의 (①)로 되고, 선로손실률을 동일하게 취하면 공급전력은 승압전의 (②)로 된다.

① ① $\frac{1}{4}$, ② 4배　　② ① $\frac{1}{2}$, ② 4배

③ ① $\frac{1}{4}$, ② 2배　　④ ① $\frac{1}{2}$, ② 2배

|정|답|및|해|설|..........

[선로의 전력손실] $P_l = 3I^2R = 3\left(\frac{P}{\sqrt{3}\,V\cos\theta}\right)^2 R = \frac{P^2 R}{V^2\cos^2\theta}$ [W]

선로손실률 $K = \frac{P_l}{P}$ 이 동일하면　→ (P : 전력)

$K = \frac{P_l}{P} = \frac{P^2 R}{V^2\cos^2\theta}$ 이므로　$P \propto V^2$, $P_l \propto \frac{1}{V^2}$ 이다.

【정답】①

28. 일반 회로정수가 A, B, C, D이고 송전단 상전압이 E_s인 경우 무부하시 송전단의 충전전류(송전단 전류)는?

① CE_s　　　② ACE_s

③ $\frac{A}{C}E_s$　　　④ $\frac{C}{A}E_s$

|정|답|및|해|설|..........

[4단자정수(송전단의 전류, 전압)]

$I_s = CE_r + DI_r$, $E_s = AE_r + BI_r$

무부하이면 $I_r = 0 \rightarrow E_s = AE_r$, $E_r = \frac{E_s}{A}$

$\therefore I_s = CE_r = \frac{C}{A}E_s$　　【정답】④

29. 주상변압기의 고장이 배전선로에 파급되는 것을 방지하고 변압기의 과부하 소손을 예방하기 위하여 사용되는 개폐기는?

① 리클로저　　② 부하개폐기

③ 컷아웃스위치　　④ 섹셔널라이저

|정|답|및|해|설|..........

[컷아웃스위치(COS)] 주된 용도로는 주상변압기의 고장의 배전선로에 파급되는 것을 방지하고 변압기의 과부하 소손을 예방하고자 사용한다.　【정답】③

|참|고|..........

① 리클로저(recloser) : 선로에 고장이 발생 하였을 때 고장 전류를 검출하여 지정된 시간 내에 고속 차단하고 자동 재폐로 동작을 수행하여 고장 구간을 분리하거나 재송전하는 장치이다.

② 부하개폐기 : 고장 전류와 같은 대전류는 차단할 수 없지만 평상 운전시의 부하전류는 개폐할 수 있다.

④ 섹셔널라이저(sectionalizer) : 배전선로에 고장이 발생할 경우 리클로저의 동작으로 선로가 무전압 상태가 되면 섹셔널라이저는 이를 감지하여 무전압 상태의 횟수를 기억 하였다가 정해진 횟수에 도달하면 섹셔널라이저는 선로의 무전압 상태에서 선로를 개방하여 고장구간을 분리시킨다. 섹셔널라이저는 고장전류를 차단할 수 있는 능력이 없기 때문에 리클로저와 직렬로 조합하여 사용한다.

30. 중성점 저항접지 방식에서 1선 지락시의 영상전류를 I_0라고 할 때 저항을 통하는 전류는 어떻게 표현되는가?

① $\frac{1}{3}I_0$　　　② $\sqrt{3}\,I_0$

③ $3\,I_0$　　　④ $6\,I_0$

|정|답|및|해|설|..........

[지락전류] $I_g = 3 \times I_0$ [A]　　→ (I_0 : 영상전류)

$\therefore$지락전류는 영상전류의 3배이다.　【정답】③

31. 단거리 송전선로에서 정상상태 유효전력의 크기는?

① 선로리액턴스 및 전압위상차에 비례한다.

② 선로리액턴스 및 전압위상차에 반비례한다.

③ 선로리액턴스에 반비례하고 상각차에 비례한다.

④ 선로리액턴스에 비례하고 상각차에 반비례한다.

|정|답|및|해|설|

[송전전력] $P = \dfrac{V_s V_r}{X} \sin\delta$ [MW]

V_s, V_r : 송·수전단 전압[kV], δ : 송·수전단 전압의 위상차
X : 선로의 리액턴스[Ω]　　　　　　　　　　　　【정답】③

32. 변전소에서 수용가에 공급되는 전력을 끊고 소내 기기를 점검할 필요가 있을 경우와, 점검이 끝난 후 차단기와 단로기를 개폐시키는 동작을 설명한 것으로 옳은 것은?

① 점검 시에는 차단기로 부하회로를 끊고 단로기를 열어야 하며, 점검 후에는 차단기로 부하회로를 연결한 후 단로기를 넣어야 한다.

② 점검 시에는 단로기를 열고 난 후 차단기를 열어야 하며, 점검 후에는 단로기를 넣고 난 다음에 차단기로 부하회로를 연결하여야 한다.

③ 점검 시에는 단로기를 열고 난 후 차단기를 열어야 하며, 점검이 끝난 경우에는 차단기를 부하에 연결한 다음에 단로기를 넣어야 한다.

④ 점검 시에는 차단기로 부하회로를 끊고 난 다음에 단로기를 열어야 하며, 점검 후에는 단로기를 넣은 후 차단기를 넣어야 한다.

|정|답|및|해|설|

[단로기] 단로기(DS)는 부하전류를 개폐할 수 없으므로 정전 시에는 차단기로 부하전류를 차단한 후 단로기를 조작하고 급전 시에는 단로기를 조작한 후 차단기(CB)를 닫아야 한다.
　　　　　　　　　　　　　　　　　　　　　　　　【정답】④

33. 설비용량 600[kW], 부등률 1.2, 수용률 60[%]일 때의 합성최대수용전력은 몇 [kW]인가?

① 240　　　　　② 300

③ 432　　　　　④ 833

|정|답|및|해|설|

[합성최대수용전력] 합성최대수용전력 = $\dfrac{수용률 \times 설비용량}{부등률}$

1. 부등률 = $\dfrac{개별 \ 최대 \ 수용 \ 전력의 \ 합}{합성 \ 최대 \ 수용 \ 전력}$

2. 최대 수용전력은 = 설비용량 × 수용률
　　　　　　　 = $600 \times 0.6 = 360$[kW]

3. 합성최대수용전력 = $\dfrac{수용율 \times 설비용량}{부등률}$
　　　　　　　　 = $\dfrac{최대 \ 수용 \ 전력}{부등률} = \dfrac{360}{1.2} = 300$[kW]
　　　　　　　　　　　　　　　　　　　　　　　　【정답】②

34. 다음 보호계전기 회로에서 박스 (A) 부분의 명칭은?

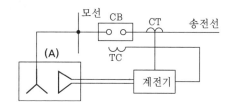

① 차단코일　　　② 영상변류기

③ 계기용변류기　④ 계기용변압기

|정|답|및|해|설|

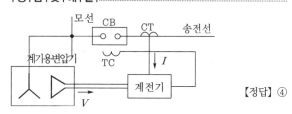

　　　　　　　　　　　　　　　　　　　　　　　　【정답】④

35. 차단기가 전류를 차단할 때, 재점호가 일어나기 쉬운 차단 전류는?

① 동상전류　　　② 지상전류

③ 진상전류　　　④ 단락전류

|정|답|및|해|설|

[차단기] 차단기의 재점호는 진상전류(충전전류)시에 잘 발생한다.
　　　　　　　　　　　　　　　　　　　　　　　　【정답】③

36. 전력 원선도의 실수축과 허수축은 각각 어느 것을 나타내는가?

① 실수축은 전압이고, 허수축은 전류이다.

② 실수축은 전압이고, 허수축은 역률이다.

③ 실수축은 전류이고, 허수축은 유효전력이다.

④ 실수축은 유효전력이고, 허수축은 무효전력이다.

|정|답|및|해|설|

[전력 원선도]

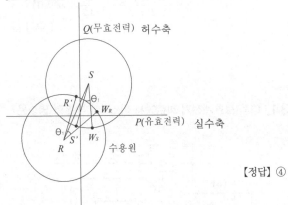

【정답】④

37. 전선로의 지지물 양측의 지지물 간 거리(경간)의 차가 큰 곳에 사용되며, E철탑이라고도 하는 표준 철탑의 일종은?

① 직선형 철탑   ② 내장형 철탑

③ 각도형 철탑   ④ 인류형 철탑

|정|답|및|해|설|

[철탑의 종류]

1. 직선형 : 전선로의 직선 부분 (3° 이하의 수평 각도 이루는 곳 포함)에 사용
2. 각도형 : 전선로 중 수평 각도 3° 를 넘는 곳에 사용
3. 인류형 : 전 가섭선을 인류하는 곳에 사용
4. 내장형 : 전선로 지지물 양측의 지지물 간 거리(경간) 차가 큰 곳에 사용하며, E철탑이라고도 한다.
5. 보강형 : 전선로 직선 부분을 보강하기 위하여 사용

【정답】②

38. 수차발전기가 난조를 일으키는 원인은?

① 발전기의 관성 모멘트가 크다.

② 발전기의 자극에 제동권선이 있다.

③ 수차의 속도변동률이 적다.

④ 수차의 조속기가 예민하다.

|정|답|및|해|설|

[조속기] 조속기는 부하의 변화에 따라 증기와 유입량을 조절하여 터빈의 회전속도를 일정하게, 즉 주파수를 일정하게 유지시켜주는 장치이다.

수차의 조속기가 예민하면 난조를 일으키기 쉽고 심하게 되면 탈조까지 일으킬 수 있다.　　　　【정답】④

39. 배전선에서 부하가 균등하게 분포되었을 때 배전선 끝부분에서의 전압강하는 전 부하가 집중적으로 배전선 끝부분에 연결되어 있을 때의 몇 [%]인가?

① 25　　　　　② 50

③ 75　　　　　④ 100

|정|답|및|해|설|

[집중부하와 분산부하]

	모양	전압강하	전력손실
균일 분산부하		$\frac{1}{2}IrL$	$\frac{1}{3}I^2rL$
말단 집중부하		IrL	I^2rL

(I : 전선의 전류, r : 전선 단위 길이당 저항, L : 전선의 길이)

【정답】②

40. 송전선의 특성임피던스를 Z_0, 전파속도를 V라 할 때. 이 송전선의 단위길이에 대한 인덕턴스 L은 얼마인가?

① $L = \frac{V}{Z_0}$　　　　② $L = \frac{Z_0}{V}$

③ $L = \frac{Z_0^2}{V}$　　　　④ $L = \sqrt{Z_0}\,V$

|정|답|및|해|설|

[특성임피던스] $Z_0 = \sqrt{\dfrac{L}{C}}\,[\Omega]$ 에서

$L = Z_0^2 \cdot C$

전파속도 $V = \dfrac{1}{\sqrt{LC}}$ 에서 $C = \dfrac{1}{L \cdot V^2}$

$L = Z_0^2 \cdot \dfrac{1}{L \cdot V^2}$　$\rightarrow L^2 = \dfrac{Z_0^2}{V^2} \rightarrow L = \dfrac{Z_0}{V}$　　　　【정답】②

41. 정격 150[kVA], 철손 1[kW], 전부하동손이 4[kW]인 단상 변압기의 최대 효율[%]과 최대 효율 시의 부하[kVA]를 구하면 얼마인가? (단, 부하 역률은 1이다.)

① 96.8[%], 125[kVA]

② 97.4[%], 75[kVA]

③ 97[%], 50[kVA]

④ 97.2[%], 100[kVA]

|정|답|및|해|설|⋯⋯⋯⋯⋯⋯⋯⋯⋯⋯⋯⋯⋯⋯

[변압기의 최대 효율] $\eta_{max} = \dfrac{\frac{1}{m}P\cos\theta}{\frac{1}{m}P\cos\theta + 2P_i} \times 100$

$$\to \left(\tfrac{1}{m}\text{부하 시}\right)$$

1. 최대 효율 조건 $P_i = \left(\dfrac{1}{m}\right)^2 P_c$

$\dfrac{1}{m} = \sqrt{\dfrac{P_i}{P_c}} = \sqrt{\dfrac{1}{4}} = \dfrac{1}{2}$ → (P_i : 철손, P_c : 동손)

따라서, 효율이 최대가 되는 부하는 전부하 용량의 $\dfrac{1}{2}$이므로

$P_n = P_0 \times \dfrac{1}{m} = 150 \times \dfrac{1}{2} = 75[\text{kVA}]$

∴75[kVA]에서 최대 효율이 된다.

2. 최대효율 $\eta_{max} = \dfrac{\frac{1}{m}P\cos\theta}{\frac{1}{m}P\cos\theta + 2P_i} \times 100$에서

$P = 150[kVA], \quad P_i = 1[kW], \quad \cos\theta = 1$

∴$\eta_{max} = \dfrac{\frac{1}{2} \times 150 \times 1}{\frac{1}{2} \times 150 \times 1 + 1 \times 2} \times 100 = 97.4[\%]$

【정답】②

42. 사이리스터에 의한 제어는 무엇을 제어하여 출력 전압을 변환시키는 것인가?

① 전류

② 주파수

③ 토크

④ 위상각

|정|답|및|해|설|⋯⋯⋯⋯⋯⋯⋯⋯⋯⋯⋯⋯⋯⋯

[사이리스터] SCR은 <u>위상각</u>을 제어하여 전압, 전류의 크기를 제어한다. 【정답】④

43. 다음 전동력 응용기기에서 GD^2의 값이 적은 것이 바람직한 장치는?

① 압연기

② 엘리베이터

③ 송풍기

④ 냉동기

|정|답|및|해|설|⋯⋯⋯⋯⋯⋯⋯⋯⋯⋯⋯⋯⋯⋯

[엘리베이터용 전동기]
· 일반적으로 성능이 높은 신뢰도를 지녀야 한다.
· 기동 토크가 큰 것이 요구된다.
· 사용빈도가 높으며, 마이너스 부하로부터 과부하까지 광범위하게 제어가 되어야 한다.
· 기동전류와 전동기의 GD^2이 작아야 한다.
· 소음 및 속도와 회전력의 맥동이 없어야 한다.
· 가속도의 변화율이 일정값이 되도록 해야 한다.

※ GD^2 : 플라이휠 효과 【정답】②

44. 온도 측정장치 중 변압기의 권선온도 측정에 가장 적당한 것은?

① 탐지코일

② dial온도계

③ 권선온도계

④ 봉상온도계

|정|답|및|해|설|⋯⋯⋯⋯⋯⋯⋯⋯⋯⋯⋯⋯⋯⋯

[권선온도계] 온도 측정장치 중 변압기의 권선온도 측정 【정답】③

45. 어떤 변압기의 백분율 저항강하가 2[%], 백분율 리액턴스강하가 3[%]라 한다. 이 변압기로 역률이 80[%]인 부하에 전력을 공급하고 있다. 이 변압기의 전압변동률은 몇 [%]인가?

① 2.4

② 3.4

③ 3.8

④ 4

|정|답|및|해|설|⋯⋯⋯⋯⋯⋯⋯⋯⋯⋯⋯⋯⋯⋯

[변압기 전압변동률] $\epsilon = p\cos\theta \pm q\sin\theta\,[\%]$
→ (+ : 지상, − : 진상, 언급이 없으면 지상 +)
(p : %저항강하, q : %리액턴스 강하, θ : 부하 Z의 위상각)
$\epsilon = 2 \times 0.8 + 3 \times 0.6 = 3.4[\%]$
→ ($\sin\theta = \sqrt{1 - \cos^2\theta}$)

※ 변압기 전압변동률 $\epsilon = \dfrac{V_{20} - V_{2n}}{V_{2n}} \times 100$

(V_{20} : 무부하 2차 단자전압, V_{2n} : 정격 2차 단자 전압)

【정답】②

46. 교류 및 직류 양용 전동기(Universal Motor), 또는 만능 전동기라고 하는 전동기는?

① 단상 반발 전동기
② 3상 직권 전동기
③ 단상 직권 정류자 전동기
④ 3상 분권 정류자 전동기

|정|답|및|해|설|
[단상 직권 정류자 전동기] 단상 직권 정류자 전동기(단상 직권 전동기)는 교류 및 직류 양용으로 사용할 수 있으며 만능 전동기라고도 불린다.
1. 종류 : 직권형, 보상형, 유도보상형
2. 특징 : 성층 철심, 역률 및 정류 개선을 위해 약계자, 강전기자형으로 함, 역률 개선을 위해 보상권선 설치, 회전속도를 증가시킬수록 역률이 개선됨
3. 사용 : 75[W] 이하의 소형공구, 치과 의료용

【정답】③

47. 동기전동기에서 90° 앞선 전류가 흐를 때 전기자 반작용은?

① 교차자화 작용을 한다. ② 편자 작용을 한다.
③ 감자 작용을 한다. ④ 증자 작용을 한다.

|정|답|및|해|설|
[동기전동기의 전기자 반작용]

역률	동기전동기	작용
역률 1	전기자 전류와 공급 전압이 동위상일 경우	교차 자화 작용 (횡축 반작용)
앞선 역률 0	전기자 전류가 공급 전압보다 90[°] 앞선 경우 (진상)	감자 작용 (직축 반작용)
뒤선 역률 0	전기자 전류가 공급 전압보다 90[°] 뒤진 경우 (지상)	증자 작용(자화작용) (직축 반작용)

※[전기자반작용] 동기전동기의 전기자반작용은 동기발전기와 반대

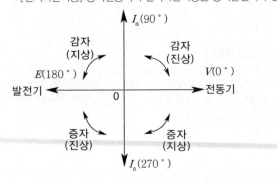

→ (위상 : 반시계방향)
【정답】③

48. 어떤 IGBT의 열용량은 0.02[J/℃], 열저항은 0.625[℃/W]이다. 이 소자에 직류 25[A]가 흐를 때 전압강하는 3[V]이다. 몇 [℃]의 온도 상승이 발생하는가?

① 1.5 ② 1.7 ③ 47 ④ 52

|정|답|및|해|설|
[온도상승] $\theta = $ 열저항×소비전력
1. 전압강하 $e = IR \rightarrow 3[V] = 25 \times R$
2. 저항 $R = \dfrac{e}{I} = \dfrac{3}{25}[\Omega]$
3. 소비전력 $P = I^2 R = 25^2 \times \dfrac{3}{25} = 75[W]$

∴온도상승 $\theta = $ 열저항×소비전력 $= 0.625 \times 75 = 46.9[℃]$

【정답】③

49. 직류전동기의 속도제어법 중 정지 워드 레오나드 방식에 관한 설명으로 틀린 것은?

① 광범위한 속도제어가 가능하다.
② 정토크 가변속도의 용도에 적합하다.
③ 제철용 압연기, 엘리베이터 등에 사용된다.
④ 직권전동기의 저항제어와 조합하여 사용한다.

|정|답|및|해|설|
[직류 전동기 속도제어]

구분		제어 특성	특징
계자 제어		계자 전류의 변화에 의한 자속의 변화로 속도 제어	속도 제어 범위가 좁다. 정출력제어
전압 제어	워드 레오나드 방식		·보조 발전기가 직류 전동기 ·광범위한 속도제어가 가능 ·정토크 제어 방식 ·가장 효율이 좋다. ·제철용 압연기, 권상기, 엘리베이터 등에 사용
	일그너 방식		·부하의 변동이 심할 때 광범위하고 안정되게 속도를 제어 ·보조 전동기가 교류 전동기 ·제어 범위가 넓고 손실이 거의 없다. ·설비비가 많이 든다는 단점 ·주 전동기의 속도와 회전 방향을 자유로이 변화
저항 제어		전기자 회로의 저항 변화에 의한 속도 제어법	효율이 나쁘다.

【정답】④

50. 권수비 30인 단상 변압기의 1차에 6600[V]를 공급하고, 2차에 40[kW], 뒤진 역률 80[%]의 부하를 걸 때 2차전류 I_2 및 1차전류 I_1은 약 몇 [A] 인가? (단, 변압기의 손실은 무시한다.)

① $I_2 = 145.5$, $I_1 = 4.85$

② $I_2 = 181.8$, $I_1 = 6.06$

③ $I_2 = 227.3$, $I_1 = 7.58$

④ $I_2 = 321.3$, $I_1 = 10.28$

|정|답|및|해|설|
[단상 변압기]

1. 2차전류 $I_2 = \dfrac{P_2}{V_2 \cos\theta} = \dfrac{40 \times 10^3}{220 \times 0.8} = 227.3$

　　　→(권수비 $a = \dfrac{V_1}{V_2} \to V_2 = \dfrac{V_1}{a} = \dfrac{6600}{30} = 220$)

2. 1차전류 $I_1 = \dfrac{I_2}{a} = \dfrac{227.3}{30} = 7.58$　　　→ (권수비 $a = \dfrac{I_2}{I_1}$)

【정답】③

51. 전기자 총 도체수 500, 6극, 중권의 직류전동기가 있다. 전기자 전 전류가 100[A]일 때의 발생 토크 [kg·m]는 약 얼마인가? (단, 1극당 자속수는 0.01[Wb]이다.)

① 8.12　　　　② 9.54

③ 10.25　　　　④ 11.58

|정|답|및|해|설|
[직류 전동기의 토크] $T = \dfrac{pZ}{2\pi a} \varnothing I_a [N \cdot m]$

　　　　　$= \dfrac{1}{9.8} \dfrac{pZ}{2\pi a} \varnothing I_a [kg \cdot m]$

$T = \dfrac{pZ}{2\pi a} \varnothing I_a = \dfrac{6 \times 500}{2 \times \pi \times 6} \times 0.01 \times 100 = 79.58 [N \cdot m]$

　　　　　　　　→ (중권의 병렬회로수 $a = 2$)

$1[kg] = 9.8[N]$이므로 　 $\therefore \dfrac{79.58}{9.8} = 8.12 [kg \cdot m]$　【정답】①

52. T결선에 의하여 3300[V]의 3상으로부터 200[V], 40[kVA]의 전력을 얻는 경우 T좌 변압기의 권수비는 약 얼마인가?

① 16.5　　　　② 14.3

③ 11.7　　　　④ 10.2

|정|답|및|해|설|

[T좌 변압기의 권수비] $a_T = a \times \dfrac{\sqrt{3}}{2}$

(a : 일반 권수비, 　a_T : T좌 변압기 권수비)

권수비 $a = \dfrac{V_1}{V_2} = \dfrac{3300}{200}$ 이므로

$\therefore a_T = a \times \dfrac{\sqrt{3}}{2} = \dfrac{3300}{200} \times 0.866 = 14.3$　　　【정답】②

53. 일정 전압으로 운전하는 직류전동기의 손실이 $x + yI^2$으로 될 때 어떤 전류에서 효율이 최대가 되는가? (단, x, y는 정수이다.)

① $I = \sqrt{\dfrac{x}{y}}$　　　　② $I = \sqrt{\dfrac{y}{x}}$

③ $I = \dfrac{x}{y}$　　　　④ $I = \dfrac{y}{x}$

|정|답|및|해|설|
[최대 효율 조건] $x = yI^2$　　　→ (부하손 = 무부하손)
여기서, x : 부하전류에 관계없는 고정손(무부하손)
　　　　yI^2 : 전류의 제곱에 비례하는 부하손
$\therefore I = \sqrt{\dfrac{x}{y}}$　　　　　　　　　　　　【정답】①

54. 3상 유도전동기의 토크와 출력을 설명하는 말 중 옳은 것은?

① 속도에 관계없다.

② 동일 속도에서 발생한다.

③ 최대 출력은 최대 토크보다 고속도에서 발생한다.

④ 최대 토크가 최대 출력보다 고속도에서 발생한다.

|정|답|및|해|설|
[3상 유도전동기의 토크와 출력]
·최대 토크는 전부하 토크에 175~250[%]이다.
·최대 슬립은 전부하 슬립에 20~30[%]이다.

　　　　　→ (토크 $\tau = 0.975 \times \dfrac{P_0}{N} [kg \cdot m]$)

　　　　　→ (출력 $P_0 = 1.026 NT$)

따라서 최대 출력은 최대 토크보다 고속도에서 발생한다.

【정답】③

55. 단자전압 220[V], 부하전류 48[A], 계자전류 2[A], 전기자 저항 0.2[Ω]인 직류분권발전기의 유기기전력[V]은? (단, 전기자 반작용은 무시한다.)

① 210 ② 225
③ 230 ④ 250

|정|답|및|해|설|

[분권발전기의 유기기전력] $E = V + I_a R_a$
(V : 단자전압, I_a : 전기자전류, R_a : 전기자저항)
부하전류(I) : 48[A], 계자전류(I_f) : 2[A], 전기자저항(R_a) : 0.2[Ω]
$E = V + I_a R_a \rightarrow (I_a = I + I_f)$
$= 220 + (48 + 2) \times 0.2 = 230[V]$ 【정답】③

56. 유도전동기 슬립 s의 범위는?

① s < −1 ② −1 < s < 0
③ 0 < s < 1 ④ 1 < s

|정|답|및|해|설|

[유도전동기의 슬립의 범위] 슬립 $s = \dfrac{N_s - N}{N_s}$

1. 유도전동기의 동작 범위 $1 > s > 0$
2. 유도제동기의 동작 범위 $s > 1$
3. 유도발전기의 동작 범위 $s < 0$ 【정답】③

57. 3상 동기발전기 각 상의 유기기전력 중 제3고조파를 제거하려면 코일간격/극간격을 어떻게 하면 되는가?

① 0.11 ② 0.33
③ 0.67 ④ 0.34

|정|답|및|해|설|

[단절권] 파형개선, 고조파제거
n차 고조파 단절계수 $K_p = \sin\dfrac{n\beta\pi}{2} < 1$

여기서, β : 상수비로 → $\beta = \dfrac{권선 \ 피치}{자극 \ 피치}$

$K_3 = \sin\dfrac{3\beta\pi}{2} \rightarrow \sin\dfrac{3\beta\pi}{2} = 0$ → (고조파가 제거이므로 0)

$\sin\dfrac{3\beta\pi}{2} = 0$에서 → ($\sin\theta = 0$인 경우 $\theta = 0, \pi, 2\pi \ldots$)

$\dfrac{3\beta\pi}{2} = \pi \rightarrow \beta = \dfrac{2}{3} = 0.666$ 【정답】③

58. 200[kW], 200[V]의 직류 분권발전기가 있다. 전기자권선의 저항이 0.025[Ω]일 때 전압변동률은 몇 [%]인가?

① 6.0 ② 12.5 ③ 20.5 ④ 25.0

|정|답|및|해|설|

[전압변동률] $\epsilon = \dfrac{V_0 - V_n}{V_n} \times 100$
(V_0 : 무부하 단자전압 V_n : 단자전압)
$V_0 = V_n + R_a I_a \rightarrow (V_0 = E(기전력))$
$I_a = I + I_f = \dfrac{P}{V} + \dfrac{V}{R_f}$에서 계자저항이 주어지지않았으므로

$I_a = \dfrac{P}{V} = \dfrac{200 \times 10^3}{200} = 1000$

$V_0 = V_n + R_a I_a = 200 + 0.025 \times 1000 = 225$

∴전압변동률 $\epsilon = \dfrac{V_0 - V_n}{V_n} \times 100 = \dfrac{225 - 200}{200} \times 100 = 12.5[\%]$
【정답】②

59. 동기발전기에서 전기자전류를 I, 역률을 $\cos\theta$라 하면 횡축반작용을 하는 성분은?

① $I\tan\theta$ ② $I\cot\theta$
③ $I\sin\theta$ ④ $I\cos\theta$

|정|답|및|해|설|

[동기발전기의 전기자반작용]
· $I\cos\theta$(유효전류)는 기전력과 같은 위상의 전류 성분으로서 횡축 반작용을 한다.
· $I\sin\theta$(무효전류)는 $\pi/2$[rad]만큼 뒤지거나 앞서기 때문에 직축 반작용을 한다. 【정답】④

60. 단상유도전동기와 3상유도전동기를 비교했을 때 단상 유도전동기에 해당되는 것은?

① 역률, 효율이 좋다.
② 중량이 작아진다.
③ 기동장치가 필요하다.
④ 대용량이다.

|정|답|및|해|설|

[단상 유도전동기의 특징]
· 단상 유도전동기는 회전자계가 없어서 정류자와 브러시 같은 보조적인 수단에 의해 기동되어야 한다.
· 슬립이 0이 되기 전에 토크는 미리 0이 된다.
· 2차저항이 증가되면 최대토크는 감소한다.
· 2차저항 값이 어느 일정 값 이상이 되면 토크는 부(−)가 된다.
【정답】③

61. 비정현파의 성분을 가장 적합하게 나타낸 것은?

① 직류분 + 고조파

② 교류분 + 고조파

③ 직류분 + 기본파 + 고조파

④ 교류분 + 기본파 + 고조파

|정|답|및|해|설|

[비정현파] 비정현파란 정현파로부터 일그러진 파형을 총칭

· 비정현파 교류=직류분+기본파+고조파

· 푸리에 급수 표현식

$$f(t) = a_0 + \sum_{n=1}^{\infty} a_m \cos nwt + \sum_{n=1}^{\infty} b_m \sin nwt$$

a_0 : 직류분(평균값)

$n = 1 \rightarrow \cos \omega t,\ \sin \omega t$: 기본파

$n = 2,\ n = 3,\ n = 4,\ \dots$: n고조파　　　【정답】③

62. $\dfrac{E_o(s)}{E_i(s)} = \dfrac{1}{s^2 + 3s + 1}$ 의 전달함수를 미분방정

식으로 표시하면?

(단, $\mathcal{L}^{-1}[E_o(s)] = e_o(t)$, $\mathcal{L}^{-1}[E_i(s)] = e_i(t)$ 이다.)

① $\dfrac{d^2}{dt^2} e_0(t) + 3 \dfrac{d}{dt} e_o(t) + e_o(t) = e_i(t)$

② $\dfrac{d^2}{dt^2} e_i(t) + 3 \dfrac{d}{dt} e_i(t) + e_i(t) = e_o(t)$

③ $\dfrac{d^2}{dt^2} e_i(t) + 3 \dfrac{d}{dt} e_i(t) + \displaystyle\int e_i(t) dt = e_o(t)$

④ $\dfrac{d^2}{dt^2} e_o(t) + 3 \dfrac{d}{dt} e_o(t) + \displaystyle\int e_o(t) dt = e_i(t)$

|정|답|및|해|설|

[전달함수의 미분방정식]

$\dfrac{E_o(s)}{E_i(s)} = \dfrac{1}{s^2 + 3s + 1} \rightarrow (s^2 + 3s + 1) E_o(s) = E_i(s)$

$\therefore \dfrac{d^2}{dt^2} e_o(t) + 3 \dfrac{d}{dt} e_o(t) + e_o(t) = c_i(t)$　　　【정답】①

63. 그림에서 4단자 회로 정수 A, B, C, D 중 출력

단자 3, 4가 개방되었을 때의 $\dfrac{V_1}{V_2}$인 A의 값은?

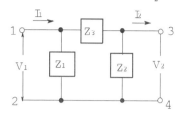

① $1 + \dfrac{Z_2}{Z_1}$

② $\dfrac{Z_1 + Z_2 + Z_3}{Z_1 Z_3}$

③ $1 + \dfrac{Z_2}{Z_3}$

④ $1 + \dfrac{Z_3}{Z_2}$

|정|답|및|해|설|

[4단자정수]

· $A = \dfrac{V_1}{V_2} \bigg|_{I_2 = 0}$　　　· $B = \dfrac{V_1}{I_2} \bigg|_{V_2 = 0}$

· $C = \dfrac{I_1}{V_2} \bigg|_{I_2 = 0}$　　　· $D = \dfrac{I_1}{I_2} \bigg|_{V_2 = 0}$

A값 자체가 무부하 개방 시의 전압비 값이다.

$$\begin{bmatrix} 1 & 0 \\ \frac{1}{Z_1} & 1 \end{bmatrix} \begin{bmatrix} 1 & Z_3 \\ 0 & 1 \end{bmatrix} \begin{bmatrix} 1 & 0 \\ \frac{1}{Z_2} & 1 \end{bmatrix} = \begin{bmatrix} 1 & Z_3 \\ \frac{1}{Z_1} & \frac{Z_3}{Z_1} + 1 \end{bmatrix} \begin{bmatrix} 1 & 0 \\ \frac{1}{Z_2} & 1 \end{bmatrix}$$

$$= \begin{bmatrix} 1 + \frac{Z_3}{Z_2} & Z_3 \\ \frac{1}{Z_1} + \left(\frac{Z_3}{Z_1} + 1\right)\frac{1}{Z_1} & \frac{Z_3}{Z_1} + 1 \end{bmatrix}$$

$\therefore A = 1 + \dfrac{Z_3}{Z_2}$　　　【정답】④

64. 대칭 n상 환상결선에서 선전류와 환상전류 사이

의 위상차는 어떻게 되는가?

① $\dfrac{\pi}{2}\left(1 - \dfrac{2}{n}\right)$

② $2\left(1 - \dfrac{2}{n}\right)$

③ $\dfrac{n}{2}\left(1 - \dfrac{\pi}{2}\right)$

④ $\dfrac{\pi}{2}\left(1 - \dfrac{n}{2}\right)$

|정|답|및|해|설|

[환상결선(델타결선)] 대칭 n상에서 선전류는 상전류보다

$\theta_n = \dfrac{\pi}{2}\left(1 - \dfrac{2}{n}\right)[rad]$ 만큼 위상이 뒤진다.

※ $V_l = V_p$　　　【정답】①

65. V_a, V_b, V_c를 3상 불평형 전압이라고 하면 정상전압[V]은? (단, $a = -\frac{1}{2} + j\frac{\sqrt{3}}{2}$ 이다.)

① $3(V_a + V_b + V_c)$ ② $\frac{1}{3}(V_a + V_b + V_c)$

③ $\frac{1}{3}(V_a + a^2 V_b + a V_c)$ ④ $\frac{1}{3}(V_a + a V_b + a^2 V_c)$

|정|답|및|해|설|

[대칭분 전압(정상)]

정상분 $V_1 = \frac{1}{3}(V_a + a V_b + a^2 V_c)$ → $(1 \to a \to a^2$ 순)

【정답】④

|참|고|

1. 비대칭분에 의한 대칭을 구할 때]

· 영상전압 $V_0 = \frac{1}{3}(V_a + V_b + V_c)$

· 정상전압 $V_1 = \frac{1}{3}(V_a + a V_b + a^2 V_c)$

→ $(a : 1 \angle 120, \ a^2 : 1 \angle 240)$

· 역상전압 $V_2 = \frac{1}{3}(V_a + a^2 V_b + a V_c)$

2. 대칭분에 의한 비대칭을 구할 때]

· $V_a = V_0 + V_1 + V_2$

· $V_b = V_0 + a^2 V_1 + a V_2$

· $V_c = V_0 + a V_1 + a^2 V_2$

66. 다음과 같은 전류의 초기값 $I(0^+)$은?

$$I(s) = \frac{12(s+8)}{4s(s+6)}$$

① 1 ② 2 ③ 3 ④ 4

|정|답|및|해|설|

[초기값의 정리] $f(0_+) = \lim_{t \to 0} i(t) = \lim_{s \to \infty} s I(s)$

초기값정리를 이용하면 s가 ∞ 이므로

$\lim_{t \to 0} i(t) = \lim_{s \to \infty} s I(s) = \lim_{s \to \infty} s \frac{12(s+8)}{4s(s+6)}$

$= \lim_{s \to \infty} \frac{12\left(1 + \frac{8}{s}\right)}{4\left(1 + \frac{6}{s}\right)} = 3$ → $(\frac{8}{s}$ 과 $\frac{6}{s}$ 는 $s \to \infty$이므로 0)

【정답】③

67. $R = 1[\text{k}\Omega]$, $C = 1[\mu\text{F}]$가 직렬 접속된 회로에 스텝(구형파) 전압 10[V]를 인가하는 순간에 커패시티 C에 걸리는 최대 전압[V]은?

① 0 ② 3.72

③ 6.32 ④ 10

|정|답|및|해|설|

[커패시터에 걸리는 전압] $E_c = E\left(1 - e^{-\frac{1}{RC}t}\right)$에서

[전압 10[V]를 인가하는 순간] → $t = 0$이므로

$E_c = E\left(1 - e^{-\frac{1}{RC}t}\right) = 0$

【정답】①

68. 저항 $R = 6[\Omega]$과 유도리액턴스 $X_L = 8[\Omega]$이 직렬로 접속된 회로에서 $v = 200\sqrt{2}\sin\omega t[V]$인 전압을 인가하였다. 이 회로의 소비되는 전력[kW]은?

① 1.2 ② 2.2

③ 2.4 ④ 3.2

|정|답|및|해|설|

[소비전력(유효전력) $P = I^2 R = \left(\frac{V}{\sqrt{R^2 + X^2}}\right)^2 R = \frac{V^2 R}{R^2 + X^2}$ [W]

→ $(I^2 R$: 전류가 주어진 경우, $\frac{V^2 R}{R^2 + X^2}$: 전압이 주어진 경우)

$v = 200\sqrt{2}\sin\omega t[V]$에서 $200\sqrt{2}$ 가 최대값이므로

실효값 $V = \frac{V_m}{\sqrt{2}} = \frac{200\sqrt{2}}{\sqrt{2}} = 200$

$\therefore P = \frac{V^2 R}{R^2 + X^2} = \frac{200^2 \times 6}{6^2 + 8^2} = 2400[W] = 2.4[\text{kW}]$

【정답】③

69. 어느 소자에 전압 $e = 125\sin 377t[V]$를 가했을 때 전류 $i = 50\cos 377t[A]$가 흘렀다. 이 회로의 소자는 어떤 종류인가?

① 순저항 ② 용량리액턴스

③ 유도리액턴스 ④ 저항과 유도리액턴스

|정|답|및|해|설|

[용량성 리액턴스] 전류위상이 전압위상보다 90도 앞섬(진상)

· $e = 125\sin 377t[V]$ → (위상 0)

· $i = 50\cos 377t[A] = 50\sin(377t + 90)$ → (90도 앞선 전류(진상))

※cos파는 기본적으로 sin파보다 90도 빠르다.

【정답】②

70. 대칭 3상 Y결선에서 선간전압이 $200\sqrt{3}$[V]이고 각 상의 임피던스 $Z = 30 + j40$[Ω]의 평형부하일 때 선전류는 몇 [A]인가?

① 2　　　　　　　② $2\sqrt{3}$

② 4　　　　　　　④ $4\sqrt{3}$

|정|답|및|해|설|⎯⎯⎯⎯⎯⎯⎯⎯⎯⎯⎯

[3상 Y결선시의 선전류] $I_l = \dfrac{V_p}{Z}$[A]

$\quad\rightarrow$ (임피던스는 상에 대한 임피던스 이므로 상전압(V_p)이 온다.)

$\therefore I_l = \dfrac{V_p}{Z} = \dfrac{200\sqrt{3}/\sqrt{3}}{\sqrt{30^2+40^2}} = 4$[A]

$\quad\rightarrow$ (Y결선 시 $V_l = \sqrt{3}\,V_p,\quad I_l = I_p$)

【정답】③

71. 기전력 3[V], 내부저항 0.5[Ω]의 전지 9개가 있다. 이것을 3개씩 직렬로 하여 3조 병렬 접속한 것에 부하저항 1.5[Ω]을 접속하면 부하전류[A]는?

① 2.5　　　　　　② 3.5

③ 4.5　　　　　　④ 5.5

|정|답|및|해|설|⎯⎯⎯⎯⎯⎯⎯⎯⎯⎯⎯

[부하전류]

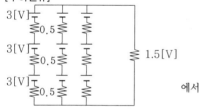

에서

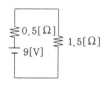

1. 전지 3개를 직렬
   - $V = nE = 3 \times 3 = 9$
   - 내부저항 $r = nR = 3 \times 0.5 = 1.5$[Ω]
2. 3조씩 병렬
   - $V = nE = 3 \times 3 = 9$
   - 내부저항 $r = \dfrac{nR}{m} = \dfrac{3 \times 0.5}{3} = 0.5$[Ω]

이를 정리하면 전류 $I = \dfrac{V}{r+R} = \dfrac{9}{0.5+1.5} = 4.5$[A]

【정답】③

72. 정격전압에서 1[kW]의 전력을 소비하는 저항에 정격의 80[%]의 전압을 가할 때의 전력은?

① 320[W]　　　　② 540[W]

③ 640[W]　　　　④ 860[W]

|정|답|및|해|설|⎯⎯⎯⎯⎯⎯⎯⎯⎯⎯⎯

[소비전력] $P = \dfrac{V^2}{R}$ 이므로 $P \propto V^2$

따라서 정격전압(100[%])에서 1[kW] 전력을 소비하는 저항에 80% 전압을 가하면

$P' = \dfrac{(0.8\,V)^2}{R} = 0.8^2 \times \dfrac{V^2}{R} = 0.8^2 \times 1[kW] = 0.64 \times 1000 = 640[W]$

의 전력을 소비하게 된다.　　　　　　　　【정답】③

73. $e = 200\sqrt{2}\sin wt + 150\sqrt{2}\sin 3wt + 100\sqrt{2}\sin 5wt$[V]인 전압을 RL 직렬회로에 가할 때 제3고조파 전류의 실효치는 몇 [A]인가? (단, R=8[Ω], wL=2[Ω]이다.)

① 5[A]　　　　　　② 8[A]

③ 10[A]　　　　　④ 15[A]

|정|답|및|해|설|⎯⎯⎯⎯⎯⎯⎯⎯⎯⎯⎯

[3고조파 전류의 실효값] $I_3 = \dfrac{V_3}{Z_3} = \dfrac{V_3}{R + j3\omega L}$[A]

$I_3 = \dfrac{V_3}{\sqrt{R^2 + (3\omega L)^2}} = \dfrac{150}{\sqrt{8^2 + (3\times 2)^2}} = 15$[A]

$\quad\rightarrow$ ($V = \dfrac{V_m}{\sqrt{2}}$이므로 3고조파 $150\sqrt{2}$ 에서 실효값은 150)

【정답】④

74. 3상 회로에 △ 결선된 평형 순저항 부하를 사용하는 경우 선간전압 220[V], 상전류가 7.33[A]라면 1상의 부하저항은 약 몇 [Ω]인가?

① 80[Ω]　　　　　② 60[Ω]

③ 45[Ω]　　　　　④ 30[Ω]

|정|답|및|해|설|⎯⎯⎯⎯⎯⎯⎯⎯⎯⎯⎯

[△결선의 특징] 선간전압과 상전압이 동일하다. $V_l = V_p$

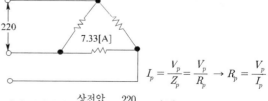

$I_p = \dfrac{V_p}{Z_p} = \dfrac{V_p}{R_p} \rightarrow R_p = \dfrac{V_p}{I_p}$

1상의 부하저항 = $\dfrac{\text{상전압}}{\text{상전류}} = \dfrac{220}{7.33} = 30$[Ω]　　　【정답】④

75. $t = 0$에서 스위치 S를 닫았을 때 정상 전류값[A]은?

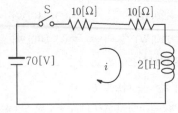

① 1
② 2.5
③ 3.5
④ 7

|정|답|및|해|설|

[R-L 과도현상]

·직류 기전력 인가 시 (S/W on 시)

$$i(t) = \frac{E}{R}\left(1 - e^{-\frac{R}{L}t}\right)[A]$$

·직류 기전력 제거 시 (S/W off 시)

$$i(t) = \frac{E}{R}e^{-\frac{R}{L}t}[A]$$

따라서 $i_s = \frac{E}{R}\left(1 - e^{-\frac{R}{L}t}\right)$에서 $t = \infty$ → (정상전류 $I = \frac{E}{R}$)

∴ 정상전류 $I = \frac{E}{R} = \frac{70}{10+10} = 3.5[A]$　【정답】③

76. 다음과 같은 회로에서 a, b 양단의 전압은 몇 [V]인가?

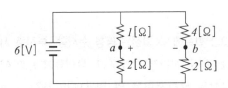

① 1[V]
② 2[V]
③ 2.5[V]
④ 3.5[V]

|정|답|및|해|설|

[a, b사이의 전위차]　$V_{ab} = V_b - V_a[V]$

· 전체저항 $R_0 = \frac{(R_1 + R_2) \times (R_3 + R_4)}{(R_1 + R_2) + (R_3 + R_4)} = \frac{3 \times 6}{3+6} = 2[\Omega]$

· 전류 $I = \frac{E}{R_0} = \frac{6}{2} = 3[A]$　→ ($I_1 = 2[A]$, $I_2 = 1[A]$)

· a점의 전위 $V_a = I_1 \times R_1 = 2 \times 1 = 2[V]$

· b점의 전위 $V_b = I_2 \times R_3 = 1 \times 4 = 4[V]$

∴ $V_{ab} = V_b - V_a = 4 - 2 = 2[V]$　【정답】②

77. 두 대의 전력계를 사용하여 3상 평형 부하의 역률을 측정하려고 한다. 전력계의 지시가 각각 $P_1[W]$, $P_2[W]$라고 할 때 이 회로의 역률은?

① $\dfrac{\sqrt{P_1 + P_2}}{P_1 + P_2}$

② $\dfrac{P_1 + P_2}{P_1^2 + P_2^2 - 2P_1P_2}$

③ $\dfrac{2(P_1 + P_2)}{\sqrt{P_1^2 + P_2^2 - P_1P_2}}$

④ $\dfrac{P_1 + P_2}{2\sqrt{P_1^2 + P_2^2 - P_1P_2}}$

|정|답|및|해|설|

[2전력계법의 역률] $\cos\theta = \dfrac{P}{P_a} = \dfrac{P_1 + P_2}{2\sqrt{P_1^2 + P_2^2 - P_1P_2}}$

(P : 유효전력, P_a : 피상전력)

※ · 유효전력 $P = P_1 + P_2$
　· 무효전력 $P_r = \sqrt{3}(P_1 - P_2)$
　· 피상전력 $P_a = 2\sqrt{P_1^2 + P_2^2 - P_1P_2}$　【정답】④

78. L형 4단자 회로망에서 4단자 정수가 $B = \dfrac{5}{3}$, $C = 1$ 이고 영상 임피던스 $Z_{01} = \dfrac{20}{3}[\Omega]$일 때 영상 임피던스 $Z_{02}[\Omega]$의 값은?

① $\dfrac{1}{4}$

② $\dfrac{100}{9}$

③ 9

④ $\dfrac{9}{100}$

|정|답|및|해|설|

[영상임피던스 Z_{01}, Z_{02}]

· $Z_{01} = \sqrt{\dfrac{AB}{CD}}[\Omega]$

· $Z_{02} = \sqrt{\dfrac{BD}{AC}}[\Omega]$

$Z_{01} = \dfrac{20}{3} = \sqrt{\dfrac{AB}{CD}} = \sqrt{\dfrac{A \times \frac{5}{3}}{1 \times D}} = \sqrt{\dfrac{5}{3} \times \dfrac{A}{D}}$

$= \left(\dfrac{20}{3}\right)^2 = \dfrac{5}{3} \times \dfrac{A}{D} \rightarrow \dfrac{A}{D} = \dfrac{\left(\frac{20}{3}\right)^2}{\frac{5}{3}} = \dfrac{400}{15}$

$\dfrac{Z_{01}}{Z_{02}} = \dfrac{A}{D} = \dfrac{400}{15}$

$Z_{02} = \dfrac{15}{400} \times Z_{01} = \dfrac{15}{400} \times \dfrac{20}{3} = \dfrac{300}{1200} = \dfrac{1}{4}[\Omega]$

【정답】①

79. 저항 $R_1[\Omega]$, $R_2[\Omega]$ 및 인덕턴스 $L[H]$이 직렬로 연결되어 있는 회로의 시정수[S]는?

① $-\dfrac{R_1+R_2}{L}$ ② $\dfrac{R_1+R_2}{L}$

③ $-\dfrac{L}{R_1+R_2}$ ④ $\dfrac{L}{R_1+R_2}$

|정|답|및|해|설|

[RL 직렬회로의 시정수] $\tau = \dfrac{L}{R}[s]$

여기서, L : 인덕턴스, R : 저항

$\therefore \tau = \dfrac{L}{R} = \dfrac{L}{R_1+R_2}[s]$

※시정수는 절대값이므로 (−)값 나올 수 없다.

【정답】④

80. $F(s) = \dfrac{s}{s^2+\pi^2} \cdot e^{-2s}$ 함수를 시간추이정리에 의해서 역변환하면?

① $\sin \pi(t-2) \cdot u(t-2)$

② $\sin \pi(t+a) \cdot u(t+a)$

③ $\cos \pi(t-2) \cdot u(t-2)$

④ $\cos \pi(t+a) \cdot u(t+a)$

|정|답|및|해|설|

[시간추이의 정리에 의해서 역변환] $f(t)$를 시간 t의 양의 방향으로 a만큼 이동한 함수 $f(t-a)$에 대한 라플라스 변환
$\mathcal{L}[f(t-a)] = F(s)e^{-as}$ 에서
1. 첫 번째는 $F(s)$가 $f(t)$로 변환이 되어야 한다.
→ 주어진 함수를 역변환 하면 $\mathcal{L}^{-1}\left[\dfrac{s}{s^2+\pi^2}\right] = \cos\pi t$
2. 다음 시간추이 요소, 즉 e^{-as}를 $(t-a)$에 포함시켜 준다.
→ $\mathcal{L}^{-1}[e^{-as}F(s)] = f(t-a) \cdot u(t-a)$
$\therefore \mathcal{L}^{-1}\left[\dfrac{s}{s^2+\pi^2} \cdot e^{-2s}\right] = \cos\pi(t-2) \cdot u(t-2)$

【정답】③

81. 건조한 장소로서 전개된 장소에 고압 옥내 배선을 시설할 수 있는 공사방법은?

① 덕트공사   ② 금속관공사

③ 애자사용공사   ④ 합성수지관공사

|정|답|및|해|설|

[고압 옥내배선 등의 시설 (KEC 342.1)]
고압 옥내배선은 다음 중 1에 의하여 시설할 것.
·애자사용 공사(건조한 장소로서 전개된 장소에 한한다)
·케이블 공사
·케이블 트레이 공사   【정답】③

82. 154/22.9[kV]용 변전소의 변압기에 반드시 시설하지 않아도 되는 계측장치는?

① 전압계   ② 전류계

③ 역률계   ④ 온도계

|정|답|및|해|설|

[계측장치의 시설 (KEC 351.6)] 발전소 계측 장치 시설
·발전기·연료전지 또는 태양전지 모듈의 전압 및 전류 또는 전력
·발전기의 베어링 및 고정자의 온도
·정격출력이 10,000[kW]를 초과하는 증기터빈에 접속하는 발전기의 진동의 진폭
·주요 변압기의 <u>전압 및 전류 또는 전력</u>
·특고압용 변압기의 <u>온도</u>   【정답】③

83. 전기부식방지 시설은 지표 또는 수중에서 1[m] 간격의 임의의 2점간의 전위차가 몇 [V]를 넘으면 안 되는가?

① 5   ② 10   ③ 25   ④ 30

|정|답|및|해|설|

[전기부식방지 시설 (KEC 241.16)] 지중 또는 수중에 시설되는 금속체의 부식을 방지하기 위하여 지중 또는 수중에 시설하는 양극과 금속체 간에 방식 전류를 통하는 시설로 다음과 같이 한다.
·사용전압은 직류 60[V] 이하일 것
·지중에 매설하는 양극은 75[cm] 이상의 깊이일 것
·수중에 시설하는 양극과 그 주위 1[m] 안의 임의의 점과의 전위차는 10[V] 이내, 지표 뜨는 수중에서 1[m] 간격을 갖는 임의의 <u>2점간의 전위차는 5[V] 이내</u>이어야 한다.
·전선은 케이블인 경우를 제외하고 2[mm] 경동선 이상이어야 한다.

【정답】①

84. 중성선 다중접지식의 것으로서 전로에 자기가 생긴 경우에 2초 안에 자동적으로 차단하는 장치를 가지는 22.9[kV] 가공전선로를 상부 조영재의 위쪽에서 접근상태로 시설하는 경우, 가공전선과 긴조물과의 간격(이격거리)은 몇 [m] 이상이어야 하는가?

① 1.2   ② 1.5

③ 2.5   ④ 3.0

|정|답|및|해|설|..
[25[kV] 이하인 특고압 가공 전선로의 시설 (KEC 333.32)]
특고압 가공전선(다중접지를 한 중성선을 제외한다)이 건조물과 접근하는 경우에 특고압 가공전선과 건조물의 조영재 사이의 간격

건조물의 조영재	접근 형태	전선의 종류	간격 (이격거리)
상부 조영재	위쪽	**나전선**	**3[m]**
		특고압 절연전선	2.5[m]
		케이블	1.2[m]
	옆쪽 아래쪽	나전선	1.5[m]
		특고압 절연전선	1.0[m]
		케이블	0.5[m]

【정답】④

85. 가공전선로의 지지물에 시설하는 지지선의 시설 기준에 대한 설명 중 알맞은 것은?

① 소선의 지름 : 1.6[mm], 안전율 : 2.0, 허용인장하중 : 4.31[kN]

② 소선의 지름 : 2.0[mm], 안전율 : 2.5, 허용인장하중 : 2.11[kN]

③ 소선의 지름 : 2.6[mm], 안전율 : 1.5, 허용인장하중 : 3.21[kN]

④ 소선의 지름 : 2.6[mm], 안전율 : 2.5, 허용인장하중 : 4.31[kN]

|정|답|및|해|설|..
[지지선의 시설 (KEC 331.11)]
지지선 지지물의 강도 보강
· 안전율 : 2.5 이상
· 최저 인장 하중 : 4.31[kN]
· 소선 2.6[mm] 이상의 금속선을 3조 이상 꼬아서 사용
· 지중 및 지표상 30[cm]까지의 부분은 아연도금 철봉 등을 사용 도로를 횡단하여 시설하는 지지선의 높이는 지표상 5[m] 이상,

교통에 지장을 초래할 우려가 없는 경우에는 지표상 4.2[m] 이상, 보도의 경우에는 2.5[m] 이상으로 할 수 있다.

【정답】④

86. 고압 가공전선이 가공약전류 전선 등과 접근하는 경우는 고압 가공전선과 가공약전류전선 등 사이의 간격(이격거리)은 몇 [cm] 이상이어야 하는가? (단 전선이 케이블인 경우이다.)

① 15[cm]   ② 30[cm]

③ 40[cm]   ④ 80[cm]

|정|답|및|해|설|..
[저고압 가공전선과 가공약전류전선 등의 접근 또는 교차 (KEC 332.13)]

가공전선 약전류전선	저압 가공전선		고압 가공전선	
	저압 절연전선	고압 절연전선 또는 케이블	절연전선	케이블
일반	0.6[m]	0.3[m]	0.3[m]	0.4[m]
절연전선, 통신용 케이블인 경우	0.3[m]	0.15[m]		

【정답】③

87. 시가지 등에서 특고압 가공전선로를 시설하는 경우 특고압 가공전선로용 지지물로 사용 될 수 없는 것은? (단, 사용전압이 170[kV] 이하인 경우이다.)

① 철탑   ② 철근콘크리트주

③ 철주   ④ 목주

|정|답|및|해|설|..
[시가지 등에서 특고압 가공전선로의 시설 (KEC 333.1)]
시가지에 시설하는 특고압 가공전선로용 지지물로는 A·B종 철주, A·B종 철근콘크리트주, 또는 철탑을 사용한다.

지지물의 종류	지지물 간 거리(경간)
A종 철주 또는 A종 철근 콘크리트주	75[m]
B종 철주 또는 B종 철근 콘크리트주	150[m]
철탑	400[m] (단주인 경우에는 300[m]) 다만, 전선이 수평으로 2 이상 있는 경우에 전선 상호간의 간격이 4[m] 미만인 때에는 250[m]

【정답】④

88. 중성선 다중접지식의 것으로 전로에 지락이 생겼을 때에 2초 이내에 자동적으로 이를 전로로부터 차단하는 장치가 되어 있는 22.9[kV] 가공전선로 상부 조영재의 위쪽에서 접근상태로 시설하는 경우, 가공전선과 건조물과의 간격(이격거리)은 몇 [m] 이상이어야 하는가? (단, 전선으로 나전선을 사용한다고 한다.)

① 1.2
② 1.5
③ 2.5
④ 3.0

|정|답|및|해|설|
[25[kV] 이하인 특고압 가공전선로의 시설 (KEC 333.32)]

건조물의 조영재	접근 형태	전선의 종류	간격(이격거리) [m]
상부 조영재	위쪽	나전선	3
		특고압 절연전선	2.5
		케이블	1.2
	옆쪽 또는 아래쪽	나전선	1.5
		특고압 절연전선	1
		케이블	0.5
기타의 조영재		나전선	1.5
		특고압 절연전선	1
		케이블	0.5

【정답】④

89. 시가지에 시설하는 고압 가공전선으로 경동선을 사용하려면 그 지름은 최소 몇 [mm]이어야 하는가?

① 2.6
② 3.2
③ 4.0
④ 5.0

|정|답|및|해|설|
[저압 가공전선의 굵기 및 종류 (KEC222.5)]
사용전압이 400[V] 이상인 저압 가공전선 또는 고압 가공전선은 케이블인 경우 이외에는 시가지에 시설하는 것은 인장강도 8.01[kN] 이상의 것 또는 지름 5[mm] 이상의 경동선, 시가기 외에 시설하는 것은 인장강노 5.26[kN] 이상의 것 또는 지름 4[mm] 이상의 경동선이어야 한다. 【정답】④

90. 케이블을 지지하기 위하여 사용하는 금속제 케이블 트레이의 종류가 아닌 것은?

① 통풍 밀폐형
② 통풍 채널형
③ 바닥 밀폐형
④ 사다리형

|정|답|및|해|설|
[케이블트레이 공사 (KEC 232.40)]
·종류는 채널형, 사다리형, 바닥밀폐형, 펀칭형 등이 있다.
·케이블 트레이의 안전율은 1.5 이상이어야 한다.
·금속제 케이블 트레이는 kec140에 의한 접지공사를 하여야 한다.
【정답】①

91. 과전류차단기로 시설하는 퓨즈 중 고압전로에 사용하는 비포장 퓨즈는 정격전류의 몇 배의 전류에 견디어야 하는가?

① 1.1
② 1.25
③ 1.5
④ 2

|정|답|및|해|설|
[고압 및 특고압 전로 중의 과전류차단기의 시설 (KEC 341.10)]
·포장 퓨즈 : 정격전류의 1.3배의 전류에 견디고 또한 2배의 전류로 120분 안에 용단되는 것 또는 다음에 적합한 고압전류제한 퓨즈이어야 한다.
·비포장 퓨즈 : 정격전류의 1.25배의 전류에 견디고 또한 2배의 전류로 2분 안에 용단되는 것이어야 한다. 【정답】②

92. 발전소, 변전소 또는 이에 준하는 곳의 특고압 전로에는 그의 보기 쉬운 곳에 어떤 표시를 반드시 하여야 하는가?

① 모선 표시
② 상별 표시
③ 차단 위험표시
④ 수전 위험표시

|정|답|및|해|설|
[특고압전로의 상 및 접속 상태의 표시 (KEC 351.2)]
1. 발전소·변전소 또는 이에 준하는 곳의 특고압전로에는 그의 보기 쉬운 곳에 상별(相別) 표시를 하여야 한다.
2. 발전소·변전소 또는 이에 준하는 곳의 특고압전로에 대하여는 그 접속 상태를 모의모선(模擬母線)의 사용 기타의 방법에 의하여 표시하여야 한다. 【정답】②

93. 전력 보안 통신용 전화 설비를 시설하여야 하는 곳은?

① 원격감시 제어가 되는 변전소와 이를 운용하는 급전소간

② 동일 수계에 속하고 보안상 긴급 연락의 필요가 없는 수력발전소 상호간

③ 원격 감시 제어가 되는 발전소와 이를 운용하는 급전소간

④ 2 이상의 급전소 상호간과 이들을 총합 운용하는 급전소간

|정|답|및|해|설|

[전력보안통신설비의 시설 요구사항 (KEC 362.1)
전력 보안 통신용 전화 설비는
·원격 감시 제어가 되지 아니하는 발·변전소
·2 이상의 급전소(분소) 상호간
·수력 설비 중 중요한 곳
·발·변전소, 발·변전제어소 및 개폐소 상호간

【정답】④

94. 6.6[kV] 지중전선로의 케이블을 직류 전원으로 절연내력 시험을 하자면 시험전압은 직류 몇 [V]인가?

① 9900　　　　② 14420

③ 16500　　　　④ 19800

|정|답|및|해|설|

[전로의 절연저항 및 절연내력 (KEC 132)]

접지방식	최대 사용전압	시험 전압(최대 사용전압 배수)	최저 시험 전압
비접지	7[kV] 이하	1.5배	
	7[kV] 초과	1.25배	10,500[V]
중성점접지	60[kV] 초과	1.1배	75[kV]
중성점직접접지	60[kV] 초과 170[kV] 이하	0.72배	
	170[kV] 초과	0.64배	
중성점다중접지	25[kV] 이하	0.92배	

※ 전로에 케이블을 사용하는 경우에는 직류로 시험할 수 있으며, 시험 전압은 교류의 경우의 2배가 된다.
·6600×1.5=9900[V] → (7000[V] 이하이므로 1.5배)
·시험 전압이 직류일 경우 교류 전압의 2배이므로
9900×2 = 19800[V]

【정답】④

95. 전기부식방지 시설을 시설할 때 전기부식방지용 전원장치로부터 양극 및 피방식체까지의 전로의 사용전압은 직류 몇 [V] 이하로 하여야 하는가?

① 20[V]　　　　② 40[V]

③ 60[V]　　　　④ 80[V]

|정|답|및|해|설|

[전기부식방지 시설 (KEC 241.16)]]
·사용전압은 직류 60[V] 이하일 것
·지중에 매설하는 양극은 75[cm] 이상의 깊이일 것
·수중에 시설하는 양극과 그 주위 1[m] 안의 임의의 점과의 전위차는 10[V] 이내, 지표 또는 수중에서 1[m] 간격을 갖는 임의의 2점간의 전위차는 5[V] 이내이어야 한다.
·전선은 케이블인 경우를 제외하고 2[mm] 경동선 이상이어야 한다.

【정답】③

96. 고압 가공전선 상호간 접근 또는 교차하여 시설되는 경우, 고압 가공전선 상호간의 간격(이격거리)은 몇 [cm] 이상이어야 하는가? (단, 고압 가공전선은 모두 케이블이 아니라고 한다.)

① 50　　　　② 60

③ 70　　　　④ 80

|정|답|및|해|설|

[가공전선 상호간 접근 또는 교차 (kec 332.17)]]

구분	저압 가공전선		고압 가공전선	
	일반	고압 절연전선 또는 케이블	일반	케이블
저압가공전선	0.6[m]	0.3[m]	0.8[m]	0.4[m]
저압가공전선로의 지지물	0.3[m]	–	0.6[m]	0.3[m]
고압전차선	–	–	1.2[m]	–
고압가공전선	–	–	0.8[m]	0.4[m]
고압가공전선로의 지지물	–	–	0.6[m]	0.3[m]

【정답】④

※한국전기설비규정(KEC) 적용으로 인해 더 이상 출제되지 않는 문제는 삭제했습니다.

1. 전자파의 에너지 전달방향은?

① 전계 E의 방향과 같다.

② 자계 H의 방향과 같다.

③ $E \times H$의 방향과 같다.

④ $\nabla \times E$의 방향과 같다.

|정|답|및|해|설|

[전자파의 특징]
· 전계와 자계는 공존하면서 상호 직각 방향으로 진동을 한다.
· 진공 또는 완전 유전체에서 전계와 파동의 위상차는 없다.
· 전자파 전달 방향은 $E \times H$방향이다.
· 전자파 전달 방향의 E, H성분은 없다.
· 전계 E와 자계 H의 비는 $\dfrac{E_x}{H_y} = \sqrt{\dfrac{\mu}{e}}$

【정답】③

2. 자기회로의 자기저항에 대한 설명으로 옳지 않은 것은?

① 자기회로의 단면적에 반비례 한다.

② 자기회로의 길이에 반비례 한다.

③ 자성체의 비투자율에 반비례한다.

④ 단위는 [AT/Wb]이다.

|정|답|및|해|설|

[자기저항] $R_m = \dfrac{l}{\mu S} = \dfrac{l}{\mu_0 \mu_s S}$ [AT/Wb]

$R \propto l$이다. 즉, 자기저항(R_m)은 길이(l)에 비례하고, 단면적(S)와 투자율(μ)에 반비례한다.

【정답】②

3. 자위의 단위에 해당되는 것은?

① A　　　　　　② J/C

③ N/Wb　　　　④ Gauss

|정|답|및|해|설|

[자위] $U_m = \dfrac{M}{4\pi\mu_0 r} = 6.33 \times 10^4 \times \dfrac{M}{r}$ [$A = AT$]

　　　　　　　　　　　→ ($\mu_0 = 4\pi \times 10^{-7}$)

자위의 단위는 [A] 또는 [AT]이다.　　【정답】①

4. 자기유도계수가 20[mH]인 코일에 전류를 흘릴 때 코일과 쇄교 자속수가 0.2[Wb]였다면 코일에 축적된 자계에너지는 몇 [J]인가?

① 1　　　② 2　　　③ 3　　　④ 4

|정|답|및|해|설|

[코일에 축적된 자계에너지] $W = \dfrac{1}{2}LI^2 = \dfrac{\varnothing^2}{2L} = \dfrac{1}{2}\varnothing I$[$J$]

　　　　　　　　　→ (자기유도계수 = 자기인덕턴스)

$\therefore W = \dfrac{\varnothing^2}{2L} = \dfrac{0.2^2}{2 \times 20 \times 10^{-3}} = 1$[$J$]　　【정답】①

5. 비자화율 $\lambda_m = 2$, 자속밀도 $B = 20ya_x$[Wb/m^2]인 균일 물체가 있다. 자계의 세기 H는 약 몇 [AT/m]인가?

① $0.53 \times 10^7 ya_x$　　② $0.13 \times 10^7 ya_x$

③ $0.53 \times 10^7 xa_y$　　④ $0.13 \times 10^7 xa_y$

|정|답|및|해|설|

[자계의 세기] $H = \dfrac{B}{\mu_0 \mu_s}$ [Wb/m^2]

　　　　→ (자속밀도 $B = \dfrac{\varnothing_m}{A} = \mu H = \mu_0 \mu_s H$[$Wb/m^2$])

비자화율 $\lambda_m = \dfrac{\lambda}{\mu_0} = \mu_s - 1$에서 $\mu_s = \lambda_m + 1 = 2 + 1 = 3$

　　　　　→ (※자화율 : $\lambda = \mu - \mu_0 = \mu_0(\mu_s - 1) = \mu_0 \lambda_m$)

$\therefore H = \dfrac{B}{\mu_0 \mu_s} = \dfrac{20ya_x}{4\pi \times 10^{-7} \times 3} = 0.53 \times 10^7 ya_x$ [Wb/m^2]

【정답】①

6. 자기인덕턴스 0.05[H]의 회로에 흐르는 전류가 매초 530[A]의 비율로 증가할 때 자기유도기전력[V]은?

① -13.3[V]　　② -26.5[V]

③ -39.8[V]　　④ -53.0[V]

|정|답|및|해|설|

[자기유도기전력] $e = -\dfrac{d\phi}{dt} = -L\dfrac{di}{dt}$ [V]

$\therefore e = -L\dfrac{di}{dt} = -0.05 \times \dfrac{530}{1} = -26.5$[$V$]　　【정답】②

7. 맥스웰의 전자방정식에 대한 설명으로 틀린 것은?

① 폐곡면을 통해 나오는 전속은 폐곡면 내의 전하량과 같다.

② 폐곡면을 통해 나오는 자속은 폐곡면 내의 자극의 세기와 같다.

③ 폐곡면에 따른 전계의 선적분은 폐곡선 내를 통하는 자속의 시간 변화율과 같다.

④ 폐곡면에 따른 자계의 선적분은 폐곡선 내를 통하는 전류의 전속의 시간적 변화율을 더한 것과 같다.

|정|답|및|해|설|
[맥스웰 전자계 기초 방정식]
1. $\text{div}D = \rho$ (맥스웰의 제3방정식) : 단위 체적당 발산 전속수는 단위 체적당 공간전하 밀도와 같다.
2. $\text{div}B = 0$ (맥스웰의 제4방정식) : 자계는 외부로 발산하지 않으며, 자극은 단독으로 존재하지 않는다.
3. $\text{rot}E = -\dfrac{\partial B}{\partial t}$ (맥스웰의 제2방정식) : 전계의 회전은 자속밀도의 시간적 감소율과 같다.
4. $\text{rot}H = \nabla \times E = i + \dfrac{\partial D}{\partial t}$ (맥스웰의 제1방정식) : 자계의 회전은 전류밀도와 같다. 【정답】②

8. 진공 중 반지름이 $a[m]$인 원형 도체판 2매를 사용하여 극판거리 d[m]인 콘덴서를 만들었다. 만약 이 콘덴서의 극판 거리를 2배로 하고 정전용량은 일정하게 하려면 이 도체판의 반지름 a는 얼마로 하면 되는가?

① $2a$

② $\dfrac{1}{2}a$

③ $\sqrt{2}\,a$

④ $\dfrac{1}{\sqrt{2}}a$

|정|답|및|해|설|

[평행판 콘덴서의 정전용량] $C = \dfrac{\epsilon_0 S}{d} = \dfrac{\epsilon_0 \pi a^2}{d}[F]$
극판거리를 2배로 하고 정전용량이 일정하므로
$\dfrac{\epsilon_0 \pi a_1^2}{d} = \dfrac{\epsilon_0 \pi a_2^2}{2d} \rightarrow a_1^2 = \dfrac{a_2^2}{2} \rightarrow \sqrt{2}\,a_1 = a_2$
$\therefore a_2 = \sqrt{2}\,a_1$ 【정답】③

9. 비유전율 $\epsilon_s = 5$인 유전체내의 한 점에서의 전계의 세기(E)가 $10^4[V/m]$이다. 이 점의 분극의 세기는 약 몇 $[C/m^2]$인가?

① 3.5×10^{-7}

② 4.3×10^{-7}

③ 3.5×10^{-11}

④ 4.3×10^{-11}

|정|답|및|해|설|
[분극의 세기] $P = \chi E = \epsilon_0(\epsilon_s - 1)E[C/m^2]$
$P = \epsilon_0(\epsilon_s - 1)E = 8.855 \times 10^{-12}(5-1) \times 10^4 = 3.5 \times 10^{-7}[C/m^2]$
$\rightarrow (\epsilon_0 = 8.855 \times 10^{-12})$
【정답】①

10. 진공 중에 서로 떨어져 있는 두 도체 A, B가 있다. A에만 1[C]의 전하를 줄 때 도체 A, B의 전위가 각각 3[V], 2[V]였다고 하면, A에 2[C], B에 1[C]의 전하를 주면 도체 A의 전위는 몇 [V]인가?

① 6[V]

② 7[V]

③ 8[V]

④ 9[V]

|정|답|및|해|설|
[전위계수]
· 도체A의 전위 $V_1 = P_{11}Q_1 + P_{12}Q_2[V]$
· 도체B의 전위 $V_2 = P_{21}Q_1 + P_{22}Q_2[V]$
1. A도체에만 전하 1[C]를 주므로
$V_1 = P_{11} \times 1 + P_{12} \times 0 = 3[V] \rightarrow P_{11} = 3$
$V_2 = P_{21} \times 1 + P_{22} \times 0 = 2[V] \rightarrow P_{21} = 2,\ P_{12} = 2$
$\rightarrow (P_{ij} = P_{ji} \geq 0 \rightarrow P_{12} = P_{21})$
2. A도체에 전하 2[C], B도체에 전하 1[C]를 주므로
A도체의 전위 $V_1 = P_{11}Q_1 + P_{12}Q_2[V]$에서
$V_1 = P_{11} \times 2 + P_{12} \times 1 = 3 \times 2 + 2 \times 1 = 8[V]$
【정답】③

11. MKS의 단위계에서 진공 유전율의 값은?

① $4\pi \times 10^{-7}[H/m]$

② $\dfrac{1}{9 \times 10^9}[F/m]$

③ $\dfrac{1}{4\pi \times 9 \times 10^9}[F/m]$

④ $6.33 \times 10^{-4}[H/m]$

|정|답|및|해|설|
[진공중의 유전율] $\epsilon_0 = 8.855 \times 10^{-12}[F/m]$
$\dfrac{1}{4\pi\epsilon_0} = 9 \times 10^9 \rightarrow \epsilon_0 = \dfrac{1}{4\pi \times 9 \times 10^9}[F/m]$ 【정답】③

12. 원점 주위의 전류밀도가 $J = \dfrac{2}{r}a_r[A/m^2]$의 분포를 가질 때 반지름 5[cm]의 구면을 지나는 전전류는 몇 [A]인가?

① $0.1\pi[A]$ ② $0.2\pi[A]$

③ $0.3\pi[A]$ ④ $0.4\pi[A]$

|정|답|및|해|설|
[전전류] $I = $ 전류밀도$(J) \times$ 면적$(S)[A]$

$I = \dfrac{2}{r}a_r \times 4\pi r^2 = 8\pi \times 0.05 = 0.4\pi[A]$ → (단위벡터 $a_r = 1$)

【정답】④

13. 권선수가 400[회], 면적이 $9\pi[cm^2]$인 장방형 코일에 1[A]의 직류가 흐르고 있다. 코일의 장방형 면과 평행한 방향으로 자속밀도가 $0.8[Wb/m^2]$인 균일한 자계가 가해져 있다. 코일의 평행한 두 변의 중심을 연결하는 선을 축으로 할 때 이 코일에 작용하는 회전력은 약 몇 $[H \cdot m]$인가?

① 0.3   ② 0.5   ③ 0.7   ④ 0.9

|정|답|및|해|설|
[장방형(사각) 코일의 회전력] $T = NBSI\cos\theta[N \cdot m]$
N : 코일의 권수, B : 자속밀도, S : 면적, I : 전류
θ : 자계와 S(면적)이 이루는 각
$T = NBSI\cos\theta$

$\quad = 400 \times 0.8 \times 9\pi \times 10^{-4} \times 1 \times \cos 0^\circ = 0.904[F \cdot m]$

→ (축이므로 $\theta = 0^\circ$)

【정답】④

14. 유전체의 초전효과(pyroelectric effect)에 대한 설명이 아닌 것은?

① 온도변화에 관계없이 일어난다.
② 자발 분극을 가진 유전체에서 생긴다.
③ 초전효과가 있는 유전체를 공기 중에 놓으면 중화된다.
④ 열에너지를 전기에너지로 변환시키는 데 이용된다.

|정|답|및|해|설|
[파이로전기 효과(초전효과)] 압전 현상이 나타나는 <u>결정을 가열하면</u> 한 면에 정(+)의 전기가, 다른 면에 부(−)의 전기가 나타나 분극이 일어나며, 반대로 생각하면 역(逆)분극이 생긴다. 이 전기를 파이로 전기라고 한다.

【정답】①

15. 점전하 +Q의 무한 평면도체에 대한 영상전하는?

① +Q   ② −Q   ③ +2Q   ④ −2Q

|정|답|및|해|설|

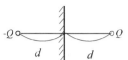

[무한평면체에서 영상전하]
· 영상전하 : $Q \leftrightarrow -Q[C]$

· 힘 : $F = \dfrac{Q(-Q)}{4\pi\epsilon_0(2d)^2} = \dfrac{-Q^2}{16\pi\epsilon_0 d^2}[N]$, (−)는 흡인력

여기서, Q : 전하, ϵ_0 : 진공중의 유전율, d : 거리

※접지 구도체에서 영상전하 : $Q \leftrightarrow -\dfrac{a}{d}Q[C]$

【정답】②

16. 두 개의 코일에서 각각의 자기인덕턴스가 $L_1 = 0.35$ [H], $L_2 = 0.5[H]$이고, 상호인덕턴스는 $M = 0.1[H]$이라고 하면 이때 결합계수는 약 얼마인가?

① 0.175   ② 0.239

③ 0.392   ④ 0.586

|정|답|및|해|설|
[코일의 상호인덕턴스] $M = k\sqrt{L_1 L_2}$ → (k : 결합계수)

∴결합계수 $k = \dfrac{M}{\sqrt{L_1 L_2}} = \dfrac{0.1}{\sqrt{0.35 \times 0.5}} = 0.239$ 【정답】②

|참|고|
[결합계수$(0 \le k \le 1)$]
1. $k = 1$: 누설자속이 없다. 이상적 결합, 완전결합
2. $k = 0$: 결합자속이 없다. 서로 간섭이 없다.

17. 등전위면을 따라 전하 Q[C]을 운반하는데 필요한 일은?

① 전하의 크기에 따라 변한다.
② 전위의 크기에 따라 변한다.
③ 등전위면과 전기력선에 의하여 결정된다.
④ 항상 0이다.

|정|답|및|해|설|
[일 (등전위면 또는 폐곡면)] $W = QV = 0[J]$
즉, $W = Q(V_1 - V_2) = 0[J]$ → (전위차가 없으므로 $V_1 - V_2 = 0$)
등전위면은 전위가 일정하기 때문에 에너지의 변동이 없다 에너지의 증감이 있는 경우에만 일을 하는 것이다. 【정답】④

18. 직교하는 도체 평면과 점전하 사이에는 몇 개의 영상전하가 존재하는가?

① 2 ② 3 ③ 4 ④ 5

|정|답|및|해|설|
[무한 평면에서의 영상전하 수] $n = \dfrac{360}{\theta} - 1 = \dfrac{360}{90} - 1 = 3$개
(직교하므로 $\theta = 90^\circ$) 【정답】②

19. 다음 조건 중 틀린 것은? (단, χ_m : 비자화율, μ_r : 비투자율이다.)

① 물질은 χ_m 또는 μ_r의 값에 따라 역자성체, 상자성체, 강자성체 등으로 구분한다.

② $\chi_m > 0$, $\mu_r > 1$이면 상자성체

③ $\chi_m < 0$, $\mu_r < 1$이면 역자성체

④ $\mu_r < 1$이면 강자성체

|정|답|및|해|설|
[자성체의 분류] 자계 내에 놓았을 때 자석화 되는 물질

종류	비투자율	비자하율	원소
강자성체	$\mu_r \geq 1$	$\chi_m \gg 1$	철, 니켈, 코발트
상자성체	$\mu_r > 1$	$\chi_m > 0$	알루미늄, 망간, **백금**, 주석, 산소, 질소
반(역)자성체	$\mu_r < 1$	$\chi_m < 0$	은, 비스무트, 탄소, 규소, 납, 아연, 황, 구리, 실리콘
반강자성체			

【정답】④

20. 두 종류의 유전체 경계면에서 전속과 전기력선이 경계면에 수직으로 도달할 때 다음 중 옳지 않은 것은?

① 전속과 전기력선은 굴절하지 않는다.

② 전속밀도는 변하지 않는다.

③ 전계의 세기는 불연속적으로 변한다.

④ 전속선은 유전율이 작은 유전체 중으로 모이려는 성질이 있다.

|정|답|및|해|설|
[두 유전체의 경계 조건] 두 종류의 유전체 경계면에서 전속과 전기력선이 경계면에 수직으로 도달할 때

1. 전속과 전기력선은 굴절하지 않는다.
   $E_1 \sin\theta_1 = E_2 \sin\theta_2$에서 입사각 $\theta_1 = 0^\circ$이므로 $0 = E_2 \sin\theta_2$
   $E_2 \neq 0$가 아닌 경우 $\sin\theta_2 = 0$이 되어야 하므로 $\theta_2 = 0$, 즉 굴절하지 않는다.
2. 전속밀도는 변하지 않는다.
   $\theta_1 = \theta_2 = 0^\circ$ 이므로 $D_1 \cos\theta_2$에서 $\cos 0^\circ = 1$
   $D_1 = D_2$, 즉 전속밀도는 불변(연속)이다.
3. 전계의 세기는 불연속적으로 변한다.
   $D_1 = \epsilon_1 E_1$, $D_2 = \epsilon_2 E_2$
   $D_1 = D_2$인 경우 $\epsilon_1 E_1 = \epsilon_2 E_2$가 성립
   $\epsilon_1 \neq \epsilon_2$이면 $E_1 \neq E_2$
   즉, 전계의 세기는 크기가 같지 않다(불연속이다.)
4. 전속은 유전율이 큰 유전체로 모이려는 성질이 있다.
   【정답】④

2회 2019년 전기산업기사필기 (전력공학)

21. 화력발전소의 기본 사이클의 순서가 옳은 것은?

① 급수펌프→보일러→과열기→터빈→복수기→다시 급수펌프로

② 과열기→보일러→복수기→터빈→급수펌프→측열기→다시 과열기로

③ 급수펌프→보일러→터빈→과열기→복수기→다시 급수펌프로

④ 보일러→급수펌프 →과열기→복수기→급수펌프→다시 보일러로

|정|답|및|해|설|
[화력발전소의 기본 사이클] 보일러 → 과열기 → 터빈 → 복수기 → 급수펌프 → 다시 보일러로
1. 보일러 : 물 → 증기
2. 복수기 : 증기 → 물 【정답】①

22. 증기의 엔탈피란?

① 증기 1[kg]의 잠열

② 증기 1[kg]의 기화열

③ 증기 1[kg]의 보유열량

④ 증기 1[kg]의 증발열을 그 온도로 나눈 것

|정|답|및|해|설|
[엔탈피] 증기 1[kg]의 보유열량[kcal/kg]
1. 포화증기 엔탈피 = 액체열 + 증발열
2. 과열증기 엔탈피 = 액체열 + 증발열 + (평균비열×과열도)
   【정답】③

23. 그림의 X 부분에 흐르는 전류는 어떤 전류인가?

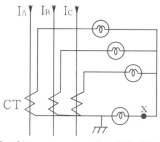

① b상 전류
② 정상전류
③ 역상전류
④ 영상전류

|정|답|및|해|설|
[영상전류] 접지선으로 나가는 전류는 영상전류이다.
영상전류 $I_0 = \frac{1}{3}(I_a + I_b + I_c)$ 【정답】④

24. 3상 송전선로에서 지름 5[mm]의 경동선을 간격 1[m]로 정삼각형 배치를 한 가공전선의 1선 1[km] 당의 작용 인덕턴스는 약 몇 [mH/km]인가?

① 1.0[mH/km]
② 1.25[mH/km]
③ 1.5[mH/km]
④ 2.0[mH/km]

|정|답|및|해|설|
[인덕턴스] $L = 0.05 + 0.4605 \log\frac{D}{r} [mH/km]$
전선의 반지름 $r = 2.5[mm]$
전선의 등가 선간거리 $D = \sqrt[3]{1 \times 1 \times 1} = 1[m] = 1 \times 10^3 [mm]$
$\rightarrow (D_r \xrightarrow{\text{등가선간거리}} \sqrt[3]{\text{각 거리간의 곱}} = \sqrt[3]{D_{ab} \cdot D_{bc} \cdot D_{ca}})$
$\therefore L = 0.05 + 0.4605 \log\frac{1 \times 10^3}{2.5} = 1.248[mH/km]$
【정답】②

25. 교류송전방식과 비교하여 직류송전방식의 장점은?

① 역률이 항상 1이다.
② 회전자계를 얻을 수 있다.
③ 전력 변환장치가 필요하다.
④ 전압의 승압, 강압이 용이하다.

|정|답|및|해|설|
[직류송전의 특징]
・차단 및 전압의 변성이 어렵다.
・리액턴스 손실이 적다
・리액턴스의 영향이 없으므로 안정도가 좋다(즉, 역률이 항상 1이다). → (주파수가 0이므로 $X_L = 2\pi f L = 0$)

・절연 레벨을 낮출 수 있다.
[교류송전의 특징]
・승압, 강압이 용이하다.
・회전자계를 얻기가 용이하다.
・통신선 유도장해가 크다. 【정답】①

26. 저압뱅킹 배전방식에서 저전압 측의 고장에 의하여 건전한 변압기의 일부 또는 전부가 차단되는 현상은?

① 아킹(Arcing)
② 플리커(Flicker)
③ 밸런서(Balancer)
④ 캐스케이딩(Cascading)

|정|답|및|해|설|
[캐스케이딩 현상] 캐스케이딩 현상이란 배전 방식으로 운전 중 건전한 변압기 일부가 고장이 발생하면 부하가 다른 건전한 변압기에 걸려서 고장이 확대되는 현상을 말한다. 방지대책으로는 구분 퓨즈를 설치한다. 【정답】④

|참|고|
① 아킹(Arcing) : 낙뢰 등으로 인한 역섬락 시 애자련 보호
② 플리커(Flicker) : 전압 변동이 빈번하게 반복되어서 사람 눈에 깜박거림을 느끼는 현상
③ 밸런서(Balancer) : 단상 3선식에서 부하가 불평형이 생기면 양 외선간의 전압이 불평형이 되므로 이를 방지하기 위해 저압 밸런서를 설치한다.

27. 송전선로의 후비보호 계전 방식의 설명으로 틀린 것은?

① 주보호 계전기가 보호할 수 없을 경우 동작하며, 주보호 계전기와 정정값은 동일하다.
② 주보호 계전기가 그 어떤 이유로 정지해 있는 구간의 사고를 보호한다.
③ 주보호 계전기에 결함이 있어 정상 동작할 수 없는 상태에 있는 구간사고를 보호한다.
④ 송전선로에서 거리 계전기의 후비보호 계전기로 고장 선택 계전기를 많이 사용한다.

|정|답|및|해|설|
[전력 계통에 발생한 사고를 제거하기 위한 방법]
1. 주보호 계전 방식 : 신속하게 고장 구간을 최소 범위로 한정해서 제거하는 방식이다.
2. 후비보호 계전 방식 : 주보호가 실패했을 경우 또는 보호할 수 없을 경우에 일정한 시간을 두고 동작하는 백업 계전 방식
※① 주보호 계전기가 보호할 수 없을 경우 동작하며, 주보호 계전기와 **정정값(설정값)은 다르다.**
【정답】①

28. 최대수용전력의 합계와 합성최대수용전력의 비를 나타내는 계수는?

① 부하율   ② 수용률

③ 부등률   ④ 보상률

|정|답|및|해|설|

[부등률] 부등률 = $\dfrac{\text{개별 최대수용전력의 합}}{\text{합성최대수용전력}}$ → (부등률 〉1)

1. 합성최대수용전력 = $\dfrac{\text{수용률} \times \text{설비용량}}{\text{부등률}}$

2. 최대수용전력 = 설비용량 × 수용률   【정답】③

29. 지상 역률 80[%], 10,000[kVA]의 부하를 가진 변전소에 6,000[kVA]의 콘덴서를 설치하여 역률을 개선하면 변압기에 걸리는 부하[kVA]는 콘덴서 설치 전의 몇 [%]로 되는가?

① 60   ② 75

③ 80   ④ 85

|정|답|및|해|설|

유효전력 $P = P_a \times \cos\theta [W]$

무효전력 $P_r = P_a \sin\theta [\text{Var}]$

피상전력 $P_a = \sqrt{P^2 + P_r^2}\,[VA]$

$P = VI\cos\theta = 100000 \times 0.8 = 8000[kW]$

$P_r = VI\sin\theta = 10000 \times 0.6 = 6000[kVar]$ → (부하 지상)

→ ($\sin\theta = \sqrt{1-\cos^2\theta}$)

$P_r = 6000 - 6000 = 0[kVar]$ 이므로

→ (부하의 지상과 변전소의 진상을 빼준다)

$P_a{}' = \sqrt{P^2 + P_r^2} = \sqrt{8000^2 + 0} = 8000[kVA]$

∴ 원래의 전압이 10000[kVA]이므로 $\dfrac{8000}{10000} \times 100 = 80[\%]$

【정답】③

30. 주파수 60[Hz], 정전용량 $\dfrac{1}{6\pi}[\mu F]$의 콘덴서를 △ 결선해서 3상 전압 20000[V]를 가했을 경우의 총 정전용량은 몇 [kVA]인가?

① 12   ② 24   ③ 48   ④ 50

|정|답|및|해|설|

[전선로의 충전용량(Q_c)]

$Q_\triangle = 3\omega CV^2 = 3 \times 2\pi f CV^2 \times 10^{-3}[kVA]$

$Q_Y = \omega CV^2 = 2\pi f CV^2 \times 10^{-3}[kVA]$

(C : 전선 1선당 정전용량[F], V : 선간전압[V], f : 주파수[Hz])

∴ $Q_\triangle = 3 \times 2\pi f CV^2 \times 10^{-3}$

$= 3 \times 2\pi \times 60 \times \dfrac{1}{6\pi} \times 10^{-6} \times 20000^2 \times 10^{-3} = 24[kVA]$

【정답】②

31. 화력발전소에서 보일러 절탄기의 용도는?

① 보일러에 공급되는 급수를 예열한다.

② 포화증기를 가열한다.

③ 연소용 공기를 예열한다.

④ 석탄을 건조한다.

|정|답|및|해|설|

[절탄기] 보일러 급수를 예열하여 연료를 절감할 수가 있다.

【정답】①

32. 3상 3선식 3각형 배치의 송전선로에 있어서 각 선의 대지정전용량이 0.5038[μF]이고, 선간정전용량이 0.1237[μF]일 때 1선의 작용정전용량은 몇 [μF]인가?

① 0.6275   ② 0.8749

③ 0.9164   ④ 0.9755

|정|답|및|해|설|

[1선의 작용정전용량 C_n] $C_n = C_s + 3C_m[F]$ → (3상3선식)

(C_n : 작용정전용량, C_s : 대지정전용량, C_m : 선간정전용량)

$C_n = 0.5038 + 3 \times 0.1237 = 0.8749[\text{uF}]$

※단상2선식 $C = C_s + 2C_m$ 【정답】②

33. 송전선로에 가공지선을 설치하는 목적은?

① 코로나 방지

② 뇌에 대한 차폐

③ 선로정수의 평형

④ 철탑 지지

|정|답|및|해|설|

[가공지선의 설치 목적]

· 직격뇌에 대한 차폐 효과

· 유도체에 대한 정전차폐 효과

· 통신법에 대한 전자유도장해 경감 효과   【정답】②

34. 송전계통의 안정도를 증진시키는 방법은?

① 중간 조상설비를 설치한다.

② 조속기의 동작을 느리게 한다.

③ 발전기나 변압기의 리액턴스를 크게 한다.

④ 계통의 연계는 하지 않도록 한다.

|정|답|및|해|설|

[안정도 향상 대책]
· 계통의 직렬 리액턴스 감소
· 계통의 전압 변동률을 적게 한다(속응 여자 방식 채용, <u>계통의 연계</u>, 중간 조상 방식).
· 계통에 주는 충격을 적게 한다(적당한 중성점 접지 방식, 고속 차단 방식, 재폐로 방식).
· 고장 중의 발전기 돌입 출력의 불평형을 적게 한다.
· 조속기의 동작을 <u>적당하게</u> 한다.　　　　　　【정답】①

35. 전선에서 전류의 밀도가 도선의 중심으로 들어갈수록 작아지는 현상은?

① 페란티 효과　　　② 표피효과

③ 근접효과　　　　④ 접지효과

|정|답|및|해|설|

[표피효과] 표피효과란 전류가 도체 표면에 집중하는 현상

침투깊이 $\delta = \sqrt{\dfrac{2}{wk\mu a}}\,[m] = \sqrt{\dfrac{1}{\pi fk\mu a}}\,[m]$

표피효과 ↑ 침투깊이 δ↓ → 침투깊이 $\delta = \sqrt{\dfrac{1}{\pi f \sigma \mu a}}$ 이므로

주파수 f와 단면적 a에 비례하므로 전선의 굵을수록, 수파수가 높을수록 침투깊이는 작아지고 표피효과는 커진다.　　　【정답】②

36. 송전선로에서 연가를 하는 주된 목적은?

① 유도뢰의 방지　　② 직격뢰의 방지

③ 페란티효과의 방지　④ 선로정수의 평형

|정|답|및|해|설|

[연가의 정의 및 목적] 연가란 선로정수를 평형하게 하기 위하여 각 상이 선로의 길이를 3의 정수배 구간으로 등분하여 각 위치를 한 번씩 돌게 하는 것이다. 목적은 다음과 같다.
· 선로정수(L, C)가 선로 전체적으로 평형
· 수전단전압 파형의 일그러짐을 방지
· 인입 통신선에서 유도장해를 방지
· 직렬공진의 방지
· 임피던스 및 대지정전용량 평형　　　　　　【정답】④

|참|고|

① 유도뢰의 방지 : 가공지선
② 직격뢰의 방지 : 가공지선
③ 페란티효과의 방지 : 분로리액터

37. 345[kV] 송전계통의 절연협조에서 충격절연내력의 크기순으로 적합한 것은?

① 선로애자 〉 차단기 〉 변압기 〉 피뢰기

② 선로애자 〉 변압기 〉 차단기 〉 피뢰기

③ 변압기 〉 차단기 〉 선로애자 〉 피뢰기

④ 변압기 〉 선로애자 〉 차단기 〉 피뢰기

|정|답|및|해|설|

[절연레벨(BIL)] 피뢰기의 제한 전압을 기준으로 변압기, 차단기, 선로애자 순으로 높아진다.　　　　　　【정답】①

38. 차단기의 정격차단시간을 설명한 것으로 옳은 것은?

① 가동 접촉자의 동작 시간부터 소호까지의 시간

② 고장 발생부터 소호까지의 시간

③ 가동 접촉자의 개극부터 소호까지의 시간

④ 트립코일 여자부터 소호까지의 시간

|정|답|및|해|설|

[차단기의 정격차단시간] 트립코일 여자부터 차단기의 가동 전극이 고정 전극으로부터 이동을 개시하여 개극할 때까지의 개극시간과 접점이 충분히 떨어져 아크가 완전히 소호할 때까지의 아크 시간의 합으로 3~8[Hz] 이다.　　　　　　【정답】④

39. 변압기의 보호방식에서 차동계전기는 무엇에 의하여 동작하는가?

① 정상전류와 역상전류의 차로 동작한다.

② 정상전류와 영상전류의 차로 동작한다.

③ 진입과 전류의 배수의 차로 동작한다.

④ 1, 2차 전류의 차로 동작한다.

|정|납|및|해|설|

[차동계전기] 차동계전기는 피보호 구간에 유입하는 전류와 유출하는 전류의 벡터차를 검출해서 동작하는 계전기이다.　　【정답】④

40. 다음 중 보호계전기가 구비하여야 할 조건으로 거리가 먼 것은?

① 동작이 정확하고 감도가 예민할 것

② 열적, 기계적 강도가 클 것

③ 조정 범위가 좁고 조정이 쉬울 것

④ 고장 상태를 신속하게 선택할 것

|정|답|및|해|설|

[보호계전 방식의 구비조건]
· 동작이 예민하고 오동작이 없을 것
· 고장 개소와 고장 정도를 정확히 식별할 것
· 후비 보호 능력이 있을 것
· 고장 파급 범위를 최소화하고 보호 맹점이 없을 것
· 조정 범위가 넓어야 하고 조정이 쉬울 것

【정답】③

2회 2019년 전기산업기사필기 (전기기기)

41. 자극수 4, 전기자도체수 50, 전기자저항 0.1[Ω]의 중권 타여자 전동기가 있다. 정격전압 105[V], 정격전류 50[A]로 운전하던 것을 전압 106[V] 및 계자회로를 일정히 하고 무부하로 운전했을 때 전기자전류가 10[A]라면 속도변동률은 몇 [%]인가? (단, 매극의 자속은 0.05[Wb]라 한다.)

① 3   ② 5
③ 6   ④ 8

|정|답|및|해|설|

[속도변동률] $\epsilon = \dfrac{N_0 - N_n}{N_n} \times 100$

(N_0 : 무부하 속도, N_n : 정격속도)

역기전력 $E = K\varnothing N \propto N$ 이므로 $\epsilon = \dfrac{E_0 - E}{E} \times 100[\%]$

정격전압(V): 105[V], 정격전류(I): 50[A], 전기자저항(R_a): 0.1[Ω]

$E = V - IR_a = 105 - 50 \times 0.1 = 100[V]$

$E_0 = V' - I_a R_a = 106 - 10 \times 0.1 = 105[V]$

$\therefore \epsilon = \dfrac{E_0 - E}{E} \times 100 = \dfrac{105 - 100}{100} \times 100 = 5[\%]$ 【정답】②

---

42. 동기발전기의 권선을 분포권으로 하면?

① 집중권에 비하여 합성 유도기전력이 높아진다.

② 권선의 리액턴스가 커진다.

③ 파형이 좋아진다.

④ 난조를 방지한다.

|정|답|및|해|설|

[분포권을 사용하는 이유]
· 분포권은 집중권에 비하여 합성 유기기전력이 감소한다.
· 기전력의 고조파가 감소하여 파형이 좋아진다.
· 권선의 누설 임피던스가 감소한다.
· 전기자 권선에 의한 열을 고르게 분포시켜 과열을 방지하고 코일 배치가 균일하게 되어 통풍 효과를 높인다.   【정답】③

---

43. 직류 분권발전기가 운전 중 단락이 발생하면 나타나는 현상으로 옳은 것은?

① 과전압이 발생한다.

② 계자저항이 확립된다.

③ 큰 단락전류로 소손된다.

④ 작은 단락전류가 흐른다.

|정|답|및|해|설|

[직류 분권발전기] 분권발전기의 운전 중 단락이 발생하면
$I_f \downarrow \rightarrow \varnothing \downarrow \rightarrow E \downarrow \rightarrow V \downarrow \rightarrow I_s \downarrow$ 【정답】④

---

44. 단락비가 큰 동기발전기에 관한 설명 중 옳지 않은 것은?

① 전압변동률이 크다.

② 전기자반작용이 작다.

③ 과부하 용량이 크다.

④ 동기임피던스가 작다.

|정|답|및|해|설|

[단락비가 큰 기계의 특징]
· 철기계
· 동기임피던스가 적다.
· 반작용 리액턴스 x_a가 적다.
· 계자기자력이 크다.
· 기계의 중량이 크다.
· 과부하 내량이 증대되고, 안정도가 높은 반면에 기계의 가격이 고가이다.
· 전압변동률이 낮고 안정도가 높다.   【정답】①

45. 어떤 변압기의 부하역률이 60[%]일 때 전압변동률이 최대라고 한다. 지금 이 변압기의 부하역률이 100[%]일 때 전압변동률을 측정했더니 3[%]였다. 이 변압기의 부하역률이 80[%]일 때 전압변동률은 몇 [%]인가?

① 2.4　　② 3.6　　③ 4.8　　④ 5.0

|정|답|및|해|설|

[전압변동률]　$\epsilon = p\cos\theta \pm q\sin\theta$[%]

→ (+ : 지상(뒤짐)부하시, - : 진상(앞섬)부하시), 언급이 없으면 +)
- ϵ_{max} 발생시 → $\cos\theta = 0.6$
- $\cos\theta' = 1$ → $\epsilon = 3$[%]
- $\cos\theta'' = 0.8$ → $\sin\theta = 0.6$일 때 전압변동률이므로

1. $\epsilon = p\cos\theta' + q\sin\theta'$ → $3 = p\times1 + q\times0$
   $\therefore p = 3$
2. 최대 전압변동률을 발생하는 역률

   $\cos\varnothing_{max} = \dfrac{p}{\sqrt{p^2+q^2}}$ → $0.6 = \dfrac{3}{\sqrt{3^2+q^2}}$ → $\therefore q = 4$
3. $\epsilon = p\cos\theta'' + q\sin\theta'' = 3\times0.8 + 4\times0.6 = 4.8$[%]

【정답】③

46. 직류발전기에서 기하학적 중성축과 θ만큼 브러시의 위치가 이동되었을 감자기자력(AT/극)은?

(단, $K = \dfrac{I_a z}{2pa}$)

① $K\dfrac{\theta}{\pi}$　　　　② $K\dfrac{2\theta}{\pi}$

③ $K\dfrac{3\theta}{\pi}$　　　　④ $K\dfrac{4\theta}{\pi}$

|정|답|및|해|설|

[매극당 감자기자력] $AT_d = \dfrac{z}{2p}\dfrac{I_a}{a}\dfrac{2\theta}{\pi}$[AT/pole]

$K = \dfrac{I_a z}{2pa}$ 이므로 $AT_d = \dfrac{z}{2p}\dfrac{I_a}{a}\dfrac{2\theta}{\pi} = K\dfrac{2\theta}{\pi}$[AT/pole]]

【정답】②

47. 동기 주파수 변환기의 주파수 f_1 및 f_2 계통에 접속되는 양 극을 P_1, P_2라 하면 다음 어떤 관계가 성립되는가?

① $\dfrac{f_1}{f_2} = \dfrac{P_1}{P_2}$　　② $\dfrac{f_1}{f_2} = P_2$

③ $\dfrac{f_1}{f_2} = \dfrac{P_2}{P_1}$　　④ $\dfrac{f_2}{f_1} = P_1 \cdot P_2$

|정|답|및|해|설|

[동기주파수] 동기 주파수 변환기는 다음의 관계가 있다.

$N_s = \dfrac{120f_1}{P_1} = \dfrac{120f_2}{P_2}$ 이므로 $\dfrac{f_1}{P_1} = \dfrac{f_2}{P_2}$

$\therefore \dfrac{f_1}{f_2} = \dfrac{P_1}{P_2}$

【정답】①

48. 다음은 직류발전기의 정류곡선이다. 이 중에서 정류 말기에 전류의 상태가 좋지 않은 것은?

① 1
② 2
③ 3
④ 4

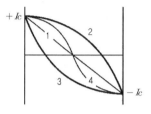

|정|답|및|해|설|

[정류곡선]
1. 직선정류 : 1번 곡선으로 가장 이상적인 정류곡선
2. 부족정류 : 2번 곡선, 큰 전압이 발생하고 정류 종료, 즉 브러시의 뒤쪽에서 불꽃이 발생
3. 과정류 : 3번 곡선, 정류 초기에 높은 전압이 발생, 브러시 앞부분에 불꽃이 발생
4. 정현정류 : 4번 곡선, 전류가 완만하므로 브러시 전단과 후단의 불꽃발생은 방지할 수 있다. 【정답】②

49. 다음 정류방식 중 맥동률이 가장 작은 방식은?
(단, 저항부하를 사용한 경우이다.)

① 단상반파정류　　② 단상전파정류
③ 3상반파정류　　④ 3상전파정류

|정|답|및|해|설|

[맥동률] $\gamma = \dfrac{\triangle E}{E_d}\times100$ [%]

($\triangle E$: 교류분, E_d : 직류분)

|참|고|

[각 정류 회로의 특성]

정류 종류	단상 반파	단상 전파	3상 반파	3상 전파
맥동률[%]	121	48	17.7	4.04
정류효율	40.6	81.1	96.7	99.8
맥동주파수	f	$2f$	$3f$	$6f$

【정답】④

50. 권선형 유도전동기 저항 제어법의 장점은?

   ① 역률이 좋고, 운전 효율이 양호하다.

   ② 부하에 대한 속도 변동이 작다.

   ③ 구조가 간단하며 제어조작이 용이하다.

   ④ 전부하로 장시간 운전해도 온도 상승이 적다.

|정|답|및|해|설|‧‧‧‧‧‧‧‧‧‧‧‧‧‧‧‧‧‧‧‧‧‧

[권선형 유도전동기의 저항제어법]
· 비례추이에 의한 외부 저항 R로 속도 조정이 용이하다.
· 부하가 적을 때는 광범위한 속도 조정이 곤란 하지만, 일반적으로 부하에 대한 속도 조정도 크게 할 수가 있다.
· 운전 효율이 낮고, 제어용 저항기는 가격이 비싸다.

【정답】③

51. 그림은 복권발전기의 외부특성곡선이다. 이 중 과복권을 나타내는 곡선은?

   ① A

   ② B

   ③ C

   ④ D

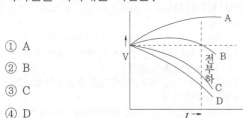

|정|답|및|해|설|‧‧‧‧‧‧‧‧‧‧‧‧‧‧‧‧‧‧‧‧‧‧

[복권발전기의 외부특성곡선]

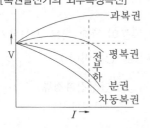

【정답】①

52. 권선형 유도전동기에서 비례추이를 할 수 없는 것은?

   ① 회전력   ② 1차 전류

   ③ 2차 전력   ④ 출력

|정|답|및|해|설|‧‧‧‧‧‧‧‧‧‧‧‧‧‧‧‧‧‧‧‧‧‧

[권선형 유도전동기의 비례추이]
1. 비례추이를 할 수 있는 것 : 1차 전류, 2차 전류, 역률, 동기 와트 등
2. 비례추이를 할 수 없는 것 : 출력, 2차 동손, 2차 효율 등

【정답】④

53. 단상 변압기 3대를 이용하여 △ – △ 결선을 하는 경우의 설명으로 틀린 것은?

   ① 중성점을 접지할 수 없다.

   ② Y–Y결선에 비해 상전압이 선간전압의 $\frac{1}{\sqrt{3}}$ 배이므로 절연이 용이하다.

   ③ 3대 중 1대에서 고장이 발생하여도 나머지 2대로 V결선하여 운전을 계속할 수 있다.

   ④ 결선 내에 순환전류가 흐르나 외부에는 나타나지 않으므로 통신 장애에 대한 염려가 없다.

|정|답|및|해|설|‧‧‧‧‧‧‧‧‧‧‧‧‧‧‧‧‧‧‧‧‧‧

[△-△ 결선의 장·단점]

장점	·기전력의 파형이 왜곡되지 않는다. ·한 대의 변압기가 고장이 생기면, 나머지 두 대로 V 결선 시켜 계속 송전시킬 수 있다. ·장래 수용 전력을 증가하고자 할 때 V 결선으로 운전하는 방법이 편리하다. ·대전류에 적당하다.
단점	·지락 사고의 검출이 어렵다. ·권수비가 다른 변압기를 결선하면 순환전류가 흐른다. ·중성점 접지를 할 수 없다.

② △결선 시 상전압과 선간전압이 같다.

【정답】②

54. 직류 직권전동기의 속도제어에 사용되는 기기는?

   ① 초퍼   ② 인버터

   ③ 듀얼 컨버터   ④ 사이클로 컨버터

|정|답|및|해|설|‧‧‧‧‧‧‧‧‧‧‧‧‧‧‧‧‧‧‧‧‧‧

[전력변환장치]
1. 컨버터(AC–DC) : 직류 전동기의 속도 제어
2. 인버터(DC–AC) : 교류 전동기의 속도 제어
3. 초퍼(고정DC–가변DC) : 직류 전동기의 속도 제어
4. 사이클로 컨버터(고정AC–가변AC) : 가변 주파수, 가변 출력 전압 발생

【정답】①

55. 6극 유도전동기의 고정자 슬롯 홈 수가 36이라면 인접한 슬롯 사이의 전기각은?

   ① 30[°]   ② 60[°]

   ③ 90[°]   ④ 120[°]

|정|답|및|해|설|‧‧‧‧‧‧‧‧‧‧‧‧‧‧‧‧‧‧‧‧‧‧

[전기각] $\alpha = \dfrac{\pi}{\frac{\text{슬롯수}}{\text{극수}}}[rad] = \dfrac{\pi}{\frac{36}{6}} = \dfrac{\pi}{6}[rad] = 30°$

【정답】①

56. 누설변압기에 필요한 특성은 무엇인가?

① 정전압 특성 ② 고저항 특성

③ 고임피던스 특성 ④ 수하 특성

|정|답|및|해|설|

[누설변압기] 누설변압기는 정전류 특성이 필요하며, 전류를 일정하게 유지하는 <u>수하특성</u>이 있는 정전류 변압기이다.
- 전압변동률이 크다.
- 효율이 나쁘다.
- 누설인덕턴스가 크다. 【정답】④

57. 200[V]의 배전선 전압을 220[V]로 승압하는 30[kVA]의 부하에 전력을 공급하는 단권변압기가 있다. 이 변압기의 자기용량은 약 몇 [kVA]인가?

① 2.73 ② 3.55

③ 4.26 ④ 5.25

|정|답|및|해|설|

[변압기의 자기용량] $\dfrac{\text{부하용량}}{\text{자기용양}} = \dfrac{V_h}{V_h - V_l}$

(V_h : 높은 전압, V_l : 낮은 전압)

자기용량 $= \dfrac{V_h - V_l}{V_h} \times \text{부하용량} = \dfrac{220-200}{220} \times 30 = 2.73[\text{kVA}]$

【정답】①

58. 직류전동기의 속도 제어 방법 중 광범위한 속도 제어가 가능하며, 운전 효율이 가장 좋은 방법은?

① 계자제어 ② 전압제어

③ 직렬저항제어 ④ 병렬저항제어

|정|답|및|해|설|

[직류 전동기의 속도 제어법 비교]

구분	제어 특성	특징
계자제어법	계자 전류의 변화에 의한 자속의 변화로 속도 제어	속도 제어 범위가 좁다.
전압제어법	·정토크 제어 －워드 레오나드 방식 －일그너 방식	·제어 범위가 넓다. ·<u>운전 효율 우수</u> ·손실이 적다. ·정역운전 가능 ·설비비 많이 듦
저항제어법	전기자 회로의 저항 변화에 의한 <u>속</u>도 제어법	효율이 나쁘다.

【정답】②

59. 동기발전기의 무부하시험, 단락시험에서 구할 수 없는 것은?

① 철손 ② 단락비

③ 동기리액턴스 ④ 전기자 반작용

|정|답|및|해|설|

[동기발전기의 시험]

측정 항목	시험의 종류
철손	무부하 시험
기계손	무부하 시험
동기임피던스	단락 시험
동기리액턴스	단락 시험
단락비	무부하(포화) 시험, 단락 시험

【정답】④

60. 유도전동기에서 공간적으로 본 고정자에 의한 회전자계와 회전자에 의한 회전자계는?

① 항상 동상으로 회전한다.

② 슬립만큼의 위상각을 가지고 회전한다.

③ 역률각 만큼의 위상각을 가지고 회전한다.

④ 항상 180[°] 만큼의 위상각을 가지고 회전한다.

|정|답|및|해|설|

[유도전동기] 유도전동기에서 공간적으로 본 고정자에 의한 회전자계와 회전자에 의한 회전자계는 항상 동상으로 회전한다.

【정답】①

2회 2019년 전기산업기사필기(회로이론)

61. 구형파의 파형률(㉠)과 파고율(㉡)은?

① ㉠ 1, ㉡ 0 ② ㉠ 1.11, ㉡ 1.414

③ ㉠ 1, ㉡ 1 ④ ㉠ 1.57, ㉡ 2

|정|답|및|해|설|

[파형률 및 파고율]

	구형파	삼각파	정현파	정류파 (전파)	정류피 (반파)
파형률	1.0	1.15	1.11	1.57
파고율		$\sqrt{3} = 1.732$	$\sqrt{2} = 1.414$	2.0

【정답】③

62. 그림의 회로에서 전류 I는 약 몇 [A]인가? (단, 저항의 단위는 [Ω]이다.)

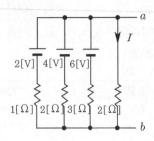

① 1.125
② 1.29
③ 6
④ 7

|정|답|및|해|설|

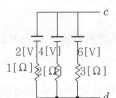

[동일 용량의 콘덴서 연결]

1. $V_{cd} = IZ = \dfrac{\sum\limits_{k=1}^{m} I_k}{\sum\limits_{k=1}^{n} Y_k} = \dfrac{\frac{2}{1} + \frac{4}{2} + \frac{6}{3}}{\frac{1}{1} + \frac{1}{2} + \frac{1}{3}} = \dfrac{36}{11}[V]$

→ (밀만의 정리)

2. $R_{cd} = \dfrac{1}{\frac{1}{1} + \frac{1}{2} + \frac{1}{3}} = \dfrac{6}{11}[\Omega]$

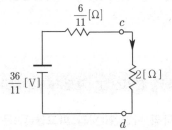

3. 등가회로

$I = \dfrac{\frac{36}{11}}{\frac{6}{11} + 2} = 1.29[A]$

【정답】②

63. $f(t) = e^{-t} + 3t^2 + 3\cos 2t + 5$의 라플라스 변환식은?

① $\dfrac{1}{s+1} + \dfrac{6}{s^2} + \dfrac{3s}{s^2+5} + \dfrac{5}{s}$

② $\dfrac{1}{s+1} + \dfrac{6}{s^2} + \dfrac{3s}{s^2+4} + \dfrac{5}{s}$

③ $\dfrac{1}{s+1} + \dfrac{5}{s^2} + \dfrac{3s}{s^2+5} + \dfrac{4}{s}$

④ $\dfrac{1}{s+1} + \dfrac{5}{s^2} + \dfrac{2s}{s^2+4} + \dfrac{4}{s}$

|정|답|및|해|설|

[기본 함수의 라플라스 변환] $f(t) = e^{-t} + 3t^2 + 3\cos 2t + 5$

· 지수함수 $e^{-t} \rightarrow \dfrac{1}{s+1}$

· n차함수 $3t^2 \rightarrow 3 \times \dfrac{2!}{s^{2+1}} = \dfrac{2}{s^3}$

· 삼각함수 $3\cos 2t \rightarrow 3 \times \dfrac{s}{s^2 + 2^2} = \dfrac{3s}{s^2 + 4}$

· 계단함수 $5 \times 1 \rightarrow 5 \times \dfrac{1}{s}$

∴ 변환식 → $\dfrac{1}{s+1} + \dfrac{6}{s^2} + \dfrac{3s}{s^2+4} + \dfrac{5}{s}$　　【정답】②

64. 임피던스가 $Z(s) = \dfrac{2s+3}{s}$로 표시되는 2단자 회로는? (단, $s = jw$이다.)

① ⊸——2[Ω]——$\frac{1}{3}[F]$——⊸

② ⊸——2[H]——3[Ω]——⊸

③ ⊸——2[Ω]——3[H]——⊸

④ ⊸——3[F]——2[Ω]——⊸

|정|답|및|해|설|

[R–L–C직렬회로] $Z(s) = R + Ls + \dfrac{1}{Cs}$

$Z(s) = \dfrac{2s+3}{s} = 2 + \dfrac{3}{s} = 2 + \dfrac{1}{\frac{1}{3}s}[\Omega]$

R : 2[Ω], C : $\dfrac{1}{3}$[F] , 직렬회로

※[R–L–C병렬회로] $Z(s) = \dfrac{1}{\frac{1}{R} + \frac{1}{Ls} + Cs}$　　【정답】①

65. 그림에서 a, b단자의 전압이 $50\angle 0^\circ[V]$, a-b단자에서 본 능동 회로망 N의 임피던스가 $Z=6+j8[\Omega]$일 때, a-b 단자에 임피던스 $Z'=2-j2[\Omega]$을 접속하면 이 임피던스에 흐르는 전류는 몇 [A]인가?

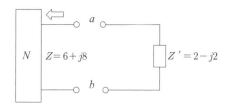

① $3-j4$ ② $3+j4$

③ $4-j3$ ④ $4+j3$

|정|답|및|해|설|

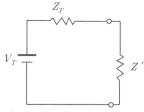

[테브난의 등가회로]

[테브난의 정리] $I=\dfrac{V_T}{Z_T+Z'}$

$I=\dfrac{50\angle 0^\circ}{6+j8+2-j2}=\dfrac{50}{8+j6}=\dfrac{50(8-j6)}{(8+j6)(8-j6)}=4-j3[A]$

【정답】③

66. 3상 평형회로에서 선간전압 200[V], 각 상의 부하 임피던스 $24+j7[\Omega]$인 Y결선 3상 유효전력은 약 몇 [W]인가?

① 192[W]   ② 512[W]

③ 1536[W]   ④ 4608[W]

|정|답|및|해|설|

[Y결선상의 3상 유효전력]

$P=3V_pI_p\cos\theta=\sqrt{3}\,VI\cos\theta=3I_p^2R$

$\cdot\ P_Y=3I_p^2R=3\cdot\dfrac{V_p^2\cdot R}{R^2+X^2}=3\cdot\dfrac{\left(\dfrac{200}{\sqrt{3}}\right)^2\times 24}{24^2+7^2}=1536[W]$

【정답】③

67. $F(s)=\dfrac{2}{(s+1)(s+3)}$ 의 역라플라스 변환은?

① $e^{-t}-e^{-3t}$ ② $e^{t}-e^{3t}$

③ $e^{-t}-e^{3t}$ ④ $e^{t}-e^{-3t}$

|정|답|및|해|설|

[역라플라스 변환] $\mathcal{L}^{-1}[F(s)]=f(t)$

$F(s)=\dfrac{2}{(s+1)(s+3)}=\dfrac{A}{s+1}+\dfrac{B}{s+3}$

$\rightarrow Ae^{-t}+Be^{-3t}$ 이므로

$A=\dfrac{2}{s+3}\bigg|_{s=-1}=\dfrac{2}{2}=1,\ B=\dfrac{2}{s+1}\bigg|_{s=-3}=\dfrac{2}{-2}=-1$

$\therefore f(t)=e^{-t}-e^{-3t}$

【정답】①

68. $e_1=6\sqrt{2}\sin\omega[V]$, $e_2=4\sqrt{2}\sin(\omega t-60^\circ)[V]$일 때 e_1-e_2의 실효값[V]은?

① $2\sqrt{2}$ ② 4

③ $2\sqrt{7}$ ④ $2\sqrt{13}$

|정|답|및|해|설|

[실효값]

$e_1=\dfrac{6\sqrt{2}}{\sqrt{2}}=6\angle 0^\circ,\ e_2=\dfrac{4\sqrt{2}}{\sqrt{2}}=4\angle -60^\circ$

$\therefore e_1-e_2=6-4(\cos 60^\circ-j\sin 60^\circ)$

$=6-4\times\left(\dfrac{1}{2}-j\dfrac{\sqrt{3}}{2}\right)$

$=4+j2\sqrt{3}=\sqrt{4^2+(2\sqrt{3})^2}=2\sqrt{7}[V]$

【정답】③

69. 기본파의 60[%]인 제3고조파와 기본파의 80[%]인 제5고조파를 포함하는 전압파의 왜형률은 약 얼마인가?

① 0.3   ② 1   ③ 5   ④ 10

|정|답|및|해|설|

[왜형률] $=\dfrac{\text{전고조파의 실효값}}{\text{기본파의 실효값}}$

$=\dfrac{\sqrt{V_3^2+V_5^2}}{V_1}=\sqrt{\left(\dfrac{V_3}{V_1}\right)^2+\left(\dfrac{V_5}{V_1}\right)^2}$

$=\sqrt{0.6^2+0.8^2}=\sqrt{\left(\dfrac{6}{10}\right)^2+\left(\dfrac{8}{10}\right)^2}=\sqrt{\dfrac{100}{100}}=1$

【정답】②

70. 그림과 같은 회로의 영상임피던스 Z_{01}, $Z_{02}[\Omega]$는 각각 얼마인가?

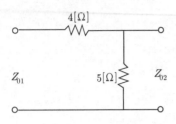

① 9, 5

② 6, $\dfrac{10}{3}$

③ 4, 5

④ 4, $\dfrac{20}{9}$

|정|답|및|해|설|

[영상임피던스(Z_{01}, Z_{02})] $Z_{01} = \sqrt{\dfrac{AB}{CD}}\,[\Omega]$, $Z_{02} = \sqrt{\dfrac{BD}{AC}}\,[\Omega]$

$A = 1 + \dfrac{4}{5} = \dfrac{9}{5}$, $D = 1 + \dfrac{0}{5} = 1$, $B = 4$, $C = \dfrac{1}{5}$ 이므로

$Z_{01} = \sqrt{\dfrac{AB}{CD}} = \sqrt{\dfrac{\frac{9}{5} \times 4}{\frac{1}{5} \times 1}} = 6[\Omega]$

$Z_{02} = \sqrt{\dfrac{BD}{AC}} = \sqrt{\dfrac{4 \times 1}{\frac{9}{5} \times \frac{1}{5}}} = \dfrac{10}{3}[\Omega]$

※ $\begin{vmatrix} A & B \\ C & D \end{vmatrix} = \begin{vmatrix} 1 + \frac{4}{5} & 4 \\ \frac{1}{5} & 1 \end{vmatrix} = \begin{vmatrix} \frac{9}{5} & 4 \\ \frac{1}{5} & 1 \end{vmatrix}$

【정답】②

71. 두 코일 A, B의 자기 인덕턴스가 각각 5[H], 3[H]인 두 코일을 모두 dot 방향으로 전류가 흐르게 직렬로 연결하고 인덕턴스를 측정 하였더니 15[H]이었다. 두 코일간의 상호인덕턴스[H]는 얼마인가?

① 3.5　　② 4.5　　③ 7　　④ 9

|정|답|및|해|설|

[코일의 합성인덕턴스] $L = L_2 + L_2 \pm 2M$

모두 도트 방향이므로 가동접속

$L = L_1 + L_2 + 2M \rightarrow 15 = 3 + 5 + 2M$

$\therefore M = 3.5[H]$

【정답】①

72. 한 상의 직렬임피던스가 R=6[Ω], X_L=8[Ω]인 △결선 평형부하가 있다. 여기에 선간전압 100[V]인 대칭 3상 교류전압을 가하면 선전류는 몇 [A] 인가?

① $\dfrac{10\sqrt{3}}{3}$

② $3\sqrt{3}$

③ 10

④ $10\sqrt{3}$

|정|답|및|해|설|

[△결선에서 선전류] $I_l = \sqrt{3}\,I_p$

$I_p = \dfrac{V_P}{Z} = \dfrac{100}{6 + j8} = \dfrac{100}{\sqrt{6^2 + 8^2}} = 10[A]$

$\therefore I_l = \sqrt{3}\,I_p = 10\sqrt{3}\,[A]$

【정답】④

73. RL 직렬회로에서 시정수의 값이 클수록 과도현상의 소멸되는 시간에 대한 설명으로 옳은 것은?

① 짧아진다.　　② 과도기가 없어진다.

③ 길어진다.　　④ 변화가 없다.

|정|답|및|해|설|

[RL직렬 회로의 시정수] $\tau = \dfrac{L}{R}[sec]$

시정수가 길면 길수록 정상값의 63.2[%]까지 도달하는데 걸리는 시간이 오래 걸리므로 <u>과도현상은 오래 지속된다.</u>

따라서 시정수가 크면 t가 커지게 된다.　　【정답】③

74. 대칭 6상 전원이 있다. 환상결선으로 권선에 120[A]의 전류를 흘린다고 하면 선전류는?

① 60[A]

② 90[A]

③ 120[A]

④ 150[A]

|정|답|및|해|설|

[대칭 n상에서의 선전류] $I_l = 2I_p \sin\dfrac{\pi}{n}[A]$

$I_l = 2I_p \sin\dfrac{\pi}{n} = 2 \times 120 \times \sin\dfrac{\pi}{6} = 120[A]$　　【정답】③

75. RLC 직렬 회로에서 $R=100[\Omega]$, $L=5[mH]$, $C=2[\mu F]$일 때 이 회로는?

① 과제동이다.   ② 무제동이다.

③ 임계제동한다.   ④ 부족제동이다.

|정|답|및|해|설|

[회로의 진동관계 조건]

임계조건 : $\left(\dfrac{R}{2L}\right)^2 = \dfrac{1}{LC} \rightarrow R = 2\sqrt{\dfrac{L}{C}}$

$$\left(\dfrac{R}{2L}\right)^2 - \dfrac{1}{LC} = R^2 - 4\dfrac{L}{C}$$
$$= 10^4 - 4 \times \dfrac{5 \times 10^{-3}}{2 \times 10^{-6}} = 10^4 - 10 \times 10^3 = 0$$

$R^2 = 4\dfrac{L}{C}$, 임계제동이다.

【정답】③

76. $i = 20\sqrt{2}\sin\left(377t - \dfrac{\pi}{6}\right)$의 주파수는 약 몇 [Hz]인가?

① 50   ② 60

③ 70   ④ 80

|정|답|및|해|설|

[각주파수] $\omega = 2\pi f$

$\omega = 2\pi f = 377 \rightarrow f = \dfrac{377}{2\pi} = 60[Hz]$

【정답】②

77. 그림과 같은 회로망의 전압 전달함수 G(s)는?

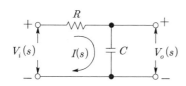

① $\dfrac{1}{1+s}$ ② $\dfrac{CR}{s+CR}$

③ $\dfrac{CR}{RCs+1}$ ④ $\dfrac{1}{RCs+1}$

|정|답|및|해|설|

[전압 전달함수] $G(s) = \dfrac{V_0(s)}{V_i(s)}$

라플라스 변환 $V_i(s) = \left(R + \dfrac{1}{Cs}\right)I(s)$

$$V_0(s) = \dfrac{1}{Cs}I(s)$$

$\therefore G(s) = \dfrac{V_0(s)}{V_i(s)} = \dfrac{\dfrac{1}{Cs}}{R + \dfrac{1}{Cs}} = \dfrac{1}{RCs+1}$ 【정답】④

78. $f(t) = e^{at}$의 라플라스 변환은?

① $\dfrac{1}{s-a}$ ② $\dfrac{1}{s+a}$

③ $\dfrac{1}{s^2-a^2}$ ④ $\dfrac{1}{s^2+a^2}$

|정|답|및|해|설|

[라플라스 변환]

$F(s) = \mathcal{L}\left[e^{at}\right] = \dfrac{1}{s-a}$

$f(t)$	$F(s)$
$e^{\mp at}$	$\dfrac{1}{s \pm a}$
$te^{\mp at}$	$\dfrac{1}{(s \pm a)^2}$
$t^n e^{-at}$	$\dfrac{n!}{(s \pm a)^{n+1}}$

【정답】①

79. 평형 3상 부하에 전력을 공급할 때 선전류 값이 20[A]이고 부하의 소비전력이 4[kW]이다. 이 부하의 등가 Y회로에 대한 저항은 약 몇 [Ω] 인가?

① 3.3[Ω]   ② 5.7[Ω]

③ 7.2[Ω]   ④ 10[Ω]

|정|답|및|해|설|

[3상 회로에서의 전력] $P = 3I_p^2 R[W]$

Y결선에서 상전류와 선전류가 동일, 즉 $I_l = I_p$

$P = 3I_p^2 R \rightarrow R = \dfrac{P}{3I_p^2} = \dfrac{4000}{3 \times 20^2} = \dfrac{10}{3} = 3.3[\Omega]$

【정답】①

80. 그림과 같은 평형3상 Y형 결선에서 각 상이 8[Ω] 의 저항과 6[Ω]의 리액턴스가 직렬로 접속된 부하에 선간전압 $100\sqrt{3}$[V]가 공급되었다. 이 때 선전류는 몇 [A]인가?

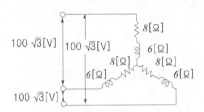

① 5   ② 10   ③ 15   ④ 20

|정|답|및|해|설|

[3상 Y결선에서의 선전류] $I_l = I_p[A]$

$$I_l = I_p = \frac{V_p}{Z} = \frac{\frac{100\sqrt{3}}{\sqrt{3}}}{8+j6} = \frac{100}{\sqrt{8^2+6^2}} = \frac{100}{10} = 10[A]$$

【정답】②

---

81. 저압 옥내배선과 옥내 저압용의 전구선의 시설방법으로 틀린 것은?

① 쇼케이스 내의 배선에 0.75[mm²]의 캡타이어케이블을 사용하였다.

② 출퇴표시등용 전선으로 1.0[mm²]의 연동선을 사용하여 금속관에 넣어 시설하였다.

③ 전광표시장치의 배선으로 1.5[mm²]의 연동선을 사용하고 합성수지관에 넣어 시설하였다.

④ 조형물에 고정시키지 아니하고 백열전등에 이르는 전구선으로 0.55[mm²]의 케이블을 사용하였다.

|정|답|및|해|설|

[전구선 및 이동전선 (KEC 234.3)]

· 전구선 또는 이동전선은 단면적 0.75[mm²] 이상의 코드 또는 캡타이어케이블

· 사람이 쉽게 접촉되지 않도록 시설할 경우에는 단면적이 0.75[mm²] 이상인 450/750[V] 내열성 에틸렌 아세테이트 고무절연전선을 사용할 수 있다.

[저압 옥내배선의 사용전선 (KEC 231.3.1)]

옥내배선의 사용 전압이 400[V] 미만인 경우 전광표시 장치· 기타 이와 유사한 장치 또는 제어 회로 등에 사용하는 배선에 단면적 1.5[mm²] 이상의 연동선을 사용하고, 합성수지관, 금속관, 금속몰드, 금속덕트, 셀롤라덕트 공사, 플로어덕트할 것

【정답】②, ④

---

82. 사용전압이 20[kV]인 변전소에 울타리, 담 등을 시설하고자 할 때 울타리, 담 등의 높이는 몇 [m] 이상이어야 하는가?

① 1   ② 2

③ 5   ④ 6

|정|답|및|해|설|

[발전소 등의 울타리 · 담 등의 시설 (KEC 351.1)]

· 울타리 · 담 등의 높이는 2[m] 이상으로 할 것

· 지표면과 울타리 · 담 등의 하단 사이의 간격은 15[cm] 이하로 할 것

【정답】②

---

83. 최대 사용전압이 440[V]인 전동기의 절연내력 시험전압은 몇 [V]인가?

① 330   ② 440

③ 500   ④ 660

|정|답|및|해|설|

[회전기 및 정류기의 절연내력 (KEC 133)]

종류		시험 전압	시험 방법
회전기	발전기 전동기 무효전력보상장치 (조상기) 기타회전기	7[kV] 이하	1.5배 (최저 500[V])	권선과 대지간에 연속하여 10분간
		7[kV] 초과	1.25배 (최저 10,500[V])	
	회전 변류기		직류측의 최대사용전압의 1배의 교류전압 (최저 500[V])	
정류기	60[kV] 이하		직류측의 최대사용전압의 1배의 교류전압 (최저 500[V])	충전부분과 외함 간에 연속하여 10분간
	60[kV] 초과		교류측의 최대사용전압의 1.1배의 교류전압 또는 직류측의 최대사용전압의 1.1배의 직류전압	교류측 및 직류전압측 단자와 대지간에 연속하여 10분간

∴시험 전압 = $440 \times 1.5 = 660[V]$ 【정답】④

---

84. 특별 고압 가공전선로의 지지물에 시설하는 통신선, 또는 이에 직접 접속하는 통신선일 경우에 설치하여야 할 보안장치로서 모두 옳은 것은?

① 특고압용 제2종 보안장치, 고압용 제2종 보안장치

② 특고압용 제1종 보안장치, 특고압용 제3종 보안장치

③ 특고압용 제2종 보안장치, 특고압용 제3종 보안장치

④ 특고압용 제1종 보안장치, 특고압용 제2종 보안장치

|정|답|및|해|설|

[특고압 가공전선로 첨가 통신선의 시가지 인입 제한 (KEC 362.5)]

1. 고압 가공전선로의 지지물에 시설하는 통신선 또는 이것에 직접 접속하는 통신선의 경우
  ① 고압용 제1종 보안 장치
  ② 고압용 제2종 보안 장치

2. 특고압 가공전선로의 지지물에 시설하는 통신선 또는 이것에 직접 접속하는 통신선인 경우
  ① 특고압용 제1종 보안장치
  ② 특고압용 제2종 보안장치

※보안장치에 제3종은 존재하지 않는다.

【정답】④

85. 동일 지지물에 저압 가공전선(다중접지된 중선선은 제외)과 고압 가공전선을 시설하는 경우 저압 가공전선은?

① 고압 가공전선의 위로 하고 동일 완금류에 시설

② 고압 가공전선과 나란하게 하고 도일 완금류에 시설

③ 고압 가공전선의 아래로 하고 별개의 완금류에 시설

④ 고압 가공전선과 나란하게 하고 별개의 완금류에 시설

|정|답|및|해|설|

[고압 가공전선 등의 병행설치 (KEC 332.8)]

·저압 가공전선을 고압 가공전선의 아래로 하고 별개의 완금류에 시설할 것

·이격 거리 50[cm] 이상으로 저압선을 고압선의 아래로 별개외 완금류에 시설

※공가, 병행설치(병가)는 2종특고압 보안공사로 시공 55[mm²]이상

【정답】③

86. 특고압 가공전선로에서 발생하는 극저주파 전계는 지표상 1[m]에서 전계가 몇 [kV/m] 이하가 되도록 시설하여야 하는가?

① 3.5   ② 2.5   ③ 1.5   ④ 0.5

|정|답|및|해|설|

[유도장해 방지 (기술기준 제17조)] 특고압 가공전선로에서 발생하는 극저주파 전자계는 지표상 1[m]에서 전계가 3.5[kv/m] 이하, 자계가 83.3[μT] 이하가 되도록 시설하는 등 상시 정전유도 및 전자유도 작용에 의하여 사람에게 위험을 줄 우려가 없도록 시설하여야 한다.

【정답】①

87. 23[kV] 특고압 가공전선로의 전로와 저압 전로를 결합한 주상변압기의 2차측 접지선의 굵기는 공칭단면적이 몇 [mm²] 이상의 연동선인가? (단, 특고압 가공전선로는 중성선 다중접지식의 것을 제외)

① 2.5   ② 6

③ 10   ④ 16

|정|답|및|해|설|

[접지도체 KEC 142.3.1] 중성점 접지용 접지도체는 공칭단면적 16[mm^2] 이상의 연동선 또는 동등 이상의 단면적 및 세기를 가져야 한다. 다만, 다음의 경우에는 공칭단면적 6[mm^2] 이상의 연동선 또는 동등 이상의 단면적 및 강도를 가져야 한다.

·7[kV] 이하의 전로

·사용전압이 25[kV] 이하인 특고압 가공전선로

【정답】④

88. 고압 옥내배선을 애자사용공사로 하는 경우, 전선의 지지점간의 거리는 전선을 조영재의 면을 따라 몇 [m] 이하여야 하는가?

① 1   ② 2

③ 3   ④ 5

|정|답|및|해|설|

[애자 사용 공사 (KEC 232.56)]

1. 전선 상호간의 간격 : 6[cm] 이상

2. 전선과 조영재와의 간격(이격거리)
  ·400[V] 미만 : 2.5[cm] 이상
  ·400[V] 이상 : 4.5[cm] 이상(건조한 곳은 2.5[cm] 이상)

3. 지지점간의 거리
  ·조영재 윗면, 옆면 : 2[m] 이하
  ·400[V] 이상 조영재의 아래면 : 6[m] 이하

【정답】②

89. 사용전압 60000[V]인 특별고압 가공전선과 그 지지물·지주·완금류 또는 지지선 사이의 간격(이격거리)은 일반적으로 몇 [cm] 이상이어야 하는가?

① 35[cm]   ② 40[cm]

③ 45[cm]   ④ 65[cm]

|정|답|및|해|설|

[특고압 가공전선과 지지물 등의 간격 (KEC 333.5)]

사용 전압의 구분		간격(이격 거리)
15[kV] 미만		15[cm]
15[kV] 이상	25[kV] 미만	20[cm]
25[kV] 이상	35[kV] 미만	25[cm]
35[kV] 이상	50[kV] 미만	30[cm]
50[kV] 이상	60[kV] 미만	35[cm]
60[kV] 이상	70[kV] 미만	40[cm]
70[kV] 이상	80[kV] 미만	45[cm]
80[kV] 이상	130[kV] 미만	65[cm]
130[kV] 이상	160[kV] 미만	90[cm]
160[kV] 이상	200[kV] 미만	110[cm]
200[kV] 이상	230[kV] 미만	130[cm]
230[kV] 이상		160[cm]

【정답】②

90. 특고압 가공전선로의 지지물 중 전선로의 지지물 양쪽의 지지물 간 거리(경간)의 차가 큰 곳에 사용하는 철탑은?

① 내장형 철탑   ② 인류형 철탑

③ 보강형 철탑   ④ 각도형 철탑

|정|답|및|해|설|

[특고압 가공전선로의 철주·철근 콘크리트주 또는 철탑의 종류 (KEC 333.11)] 특고 가공 전선로의 지지물로 사용하는 B종 철주, 철근 콘크리트주, 철탑의 종류는 다음과 같다.
1. 직선형 : 전선로의 직선 부분(3° 이하의 수평 각도 이루는 곳 포함)에 사용되는 것
2. 각도형 : 전선로 중 수형 각도 3°를 넘는 곳에 사용되는 것
3. 인류형 : 전 가섭선을 인류하는 곳에 사용하는 것
4. 내장형 : 전선로 지지물 양측의 지지물 간 거리(경간) 차가 큰 곳에 사용하는 것
5. 보강형 : 전선로 직선 부분을 보강하기 위하여 사용하는 것

【정답】①

91. 철탑의 강도 계산에 사용하는 이상 시 상정하중의 종류가 아닌 것은?

① 수직하중   ② 좌굴하중

③ 수평 횡하중   ④ 수평 종하중

|정|답|및|해|설|

[이상 시 상정하중 (kec 333.14)] 철탑의 강도계산에 사용하는 이상 시 상정하중은 풍압이 전선로에 직각 또는 전선로의 방향으로 가하여지는 경우의 하중(수직하중, 수평 횡하중, 수평 종하중이 동시에 가하여 지는 것)을 계산하여 큰 응력이 생기는 쪽의 하중을 채택한다.

※좌굴하중이란 부재에 휨모멘트가 걸린 경우

【정답】②

92. 다음 중 "지중 관로"에 포함되지 않는 것은?

① 지중 광섬유케이블 전선로

② 지중 약전류 전선로

③ 지중 전선로

④ 지중 레일 선로

|정|답|및|해|설|

[용어정의] 지중관로란 지중 전선로·지중 약전류 전선로·지중 광섬유 케이블 선로·지중에 시설하는 수관 및 가스관과 이와 유사한 것 및 이들에 부속하는 지중함 등을 말한다.

【정답】④

93. 사용전압이 15[kV] 이하인 가공 전선로의 중성선을 다중접지 하는 경우에 1[km] 마다의 중성선과 대지사이의 합성 전기저항 값은 몇 [Ω] 이하가 되어야 하는가?

① 10[Ω]   ② 15[Ω]

③ 20[Ω]   ④ 30[Ω]

|정|답|및|해|설|

[25[kV] 이하인 특고압 가공 전선로의 시설 (KEC 333.32)]

사용전압	각 접지점의 대지 전기 저항치	1[km] 마다의 합성전기저항치
15[kV] 이하	300[Ω]	30[Ω]
15[kV] 초과 25[kV] 이하	150[Ω]	15[Ω]

【정답】④

94. 수소냉각식의 발전기, 무효전력보상장치(조상기)에 부속하는 수소 냉각 장치에서 필요 없는 장치는?

① 수소의 순도 저하를 경보하는 장치

② 수소의 압력을 계측하는 장치

③ 수소의 온도를 계측하는 장치

④ 수소의 유량을 계측하는 장치

|정|답|및|해|설|
[수소냉각식 발전기 등의 시설 (kec 351.10)]
수소냉각식의 발전기·무효전력보상장치(조상기) 또는 이에 부속하는 수소 냉각 장치는 다음 각 호에 따라 시설하여야 한다.
1. 발전기 내부 또는 무효전력보상장치 내부의 수소의 순도가 85[%] 이하로 저하한 경우에 이를 경보하는 장치를 시설할 것.
2. 발전기 내부 또는 무효전력보상장치 내부의 수소의 압력을 계측하는 장치 및 그 압력이 현저히 변동한 경우에 이를 경보하는 장치를 시설할 것.
3. 발전기 내부 또는 무효전력보상장치 내부의 수소의 온도를 계측하는 장치를 시설할 것.
4. 수소를 통하는 관은 동관 또는 이음매 없는 강판이어야 하며 또한 수소가 대기압에서 폭발하는 경우에 생기는 압력에 견디는 강도의 것일 것.　　　　　　　　　　　【정답】④

95. 고압 가공전선으로 경동선 또는 내열 동합금선을 사용할 때 그 안전율의 최소값은?

① 2.0　　　　　　② 2.2

③ 2.5　　　　　　④ 3.3

|정|답|및|해|설|
[저·고압 가공전선의 안전율 (KEC 331.14.2)]
고압 가공전선은 케이블인 경우 이외에는 다음 각 호에 규정하는 경우에 그 안전율이 경동선 또는 내열 동합금선은 2.2 이상, 그 밖의 전선은 2.5 이상이 되는 처짐 정도(이도)로 시설하여야 한다.

|참|고|
[안전율]
1. 1.33 : 이상시 상정하중에 대한 철탑의 기초
2. 1.5 : 안테나, 케이블트레이
3. 2.0 : 기초안전율
4. 2.2 : 경동선, 내열동합금선
5. 2.5 : ACSR, 시시선, 기타 전선　　　　　　【정답】②

96. 전체의 길이가 16[m]이고 설계하중이 6.8[kN] 초과 9.8[kN] 이하인 철근 콘크리트 주를 논, 기타 지반이 연약한 곳 이외의 곳에 시설할 때, 묻히는 깊이를 2.5[m]보다 몇 [cm] 가산하여 시설하는 경우에는 기초의 안전율에 대한 고려 없이 시설하여도 되는가?

① 10　　② 20　　③ 30　　④ 40

|정|답|및|해|설|
[가공전선로 지지물의 기초의 안전율 (KEC 331.7)]
전체의 길이가 15[m]을 초과하는 경우는 땅에 묻히는 깊이를 2.5[m] 이상으로 하되, 철근 콘크리트주로서 전체의 길이가 14[m] 이상 20[m] 이하이고, 설계하중이 6.8[kN] 초과 9.8[kN] 이하의 것을 논이나 그 밖의 지반이 연약한 곳 이외에 시설하는 경우 그 묻히는 깊이는 기준보다 30[cm]를 가산하여 시설한다.　　　　　　【정답】③

97. 저압 및 고압 가공전선의 높이에 대한 기준으로 틀린 것은?

① 철도를 횡단하는 경우는 레일면상 6.5[m] 이상이다.

② 횡단보도교 위에 시설하는 경우는 저압의 경우는 그 노면 상에서 3[m] 이상이다.

③ 횡단보도교 위에 시설하는 경우는 고압의 경우는 그 노면 상에서 3.5[m] 이상이다.

④ 다리의 하부 기타 이와 유사한 장소에 시설하는 저압의 전기철도용 급전선은 지표상 3.5[m]까지로 감할 수 있다.

|정|답|및|해|설|
[저고압 가공 전선의 높이 (KEC 222.7, 332.5)]
1. 도로 횡단 : 6[m] 이상
2. 철도 횡단 : 레일면 상 6.5[m] 이상
3. 횡단 보도교 위 : 3.5[m](고압 4[m])
4. 기타 : 5[m] 이상　　　　　　　　　　　【정답】②

※한국전기설비규정(KEC) 적용으로 인해 더 이상 출제되지 않는 문제는 삭제했습니다.

전기산업기사 필기 기출문제

3회 2019년 전기산업기사필기 (전기자기학)

1. 간격 d[m]인 2개의 평행판 전극 사이에 유전율 ϵ의 유전체가 있다. 전극 사이에 전압 $e = E_m \sin wt$[V]를 가했을 때 변위전류밀도는 몇 [A/m²]인가?

① $\frac{\epsilon \omega}{d} E_m \cos wt$ ② $\frac{\epsilon}{d} E_m \cos wt$

③ $\frac{\epsilon}{d} w E_m \sin wt$ ④ $\frac{\epsilon}{d} E_m \sin wt$

|정|답|및|해|설|

[변위전류밀도] $i_d = \frac{\partial D}{\partial t} = \epsilon \frac{dE}{dt} = \frac{\epsilon}{d} \cdot \frac{\partial V}{\partial t}[A/m^2]$

$i_d = \frac{\epsilon}{d} \cdot \frac{\partial E}{\partial t} = \frac{\epsilon}{d} \cdot \frac{\partial E_m \sin \omega t}{\partial t} = \frac{\epsilon}{d} \omega E_m \cos \omega t\,[A/m^2]$

$\rightarrow (\frac{\partial \sin \omega t}{\partial t} = \omega \cos \omega t)$

【정답】①

2. $E = i + 2j + 3k$[V/cm]로 표시되는 전계가 있다. 0.02[μC]의 전하를 원점으로부터 $r = 3i$[m]로 움직이는데 필요한 일은 몇 [J]인가?

① 3×10^{-6} ② 6×10^{-6}

③ 3×10^{-8} ④ 6×10^{-8}

|정|답|및|해|설|

[일(에너지)] $W = QV = EQ \cdot r = F \cdot r[N \cdot m = J]$

$W = EQ \cdot r = 0.02 \times 10^{-6}(i + 2j + 3k) \cdot 3i \times 10^2$

$\rightarrow ([\frac{V}{cm}] = [10^2 \frac{V}{m}])$

$= 0.02 \times 10^{-6} \times 300 = 6 \times 10^{-6}[J]$

$\rightarrow (i \cdot i = j \cdot j = k \cdot k = 1,\ i \cdot j = i \cdot k = j \cdot k = 0)$

【정답】②

3. 플레밍의 왼손법칙에서 왼손의 엄지, 검지, 중지의 방향에 해당 되지 않는 것은?

① 전압   ② 전류
③ 자속밀도   ④ 힘

|정|답|및|해|설|

[플레밍의 왼손법칙]
1. 엄지 : 힘의 방향
2. 검지 : 자속밀도의 방향
3. 중지 : 전류의 방향

※플레밍의 오른손법칙 : 엄지(속도, 운동방향, $v[m/s]$), 검지(자속밀도의 방향, $B[Wb/m^2]$), 중지(유도기전력의 방향, $e[V]$)

【정답】①

4. 여러 가지 도체의 전하 분포에 있어서 각 도체의 전하를 n배 할 경우 중첩의 원리가 성립하기 위해서는 그 전위는 어떻게 되는가?

① $\frac{1}{2} n$배가 된다.   ② n배가 된다.

③ $2n$배가 된다.   ④ n^2배가 된다.

|정|답|및|해|설|

[전위] $V_i = P_{i1}Q_1 + P_{i2}Q_2 + \cdots + P_{in}Q_n$ $\rightarrow (V \propto Q)$

각 전하를 n배하면 전위 V_i도 n배 된다.   【정답】②

5. 전류 $2\pi[A]$가 흐르고 있는 무한 직선 도체로부터 2[m]만큼 떨어진 자유공간 내 P 점의 자속밀도의 세기[Wb/m^2]는?

① $\frac{\mu_0}{8}$ ② $\frac{\mu_0}{4}$

③ $\frac{\mu_0}{2}$ ④ μ_0

|정|답|및|해|설|

[자속밀도] $B = \frac{\varnothing}{S} = \mu H = H = \frac{\mu I}{2\pi d}[Wb/m^2]$ $\rightarrow (\mu = \mu_0 \mu_s)$

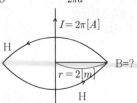

$\therefore B = \frac{\mu_0 I}{2\pi d} = \frac{\mu_0 \times 2\pi}{2\pi \times 2} = \frac{\mu_0}{2}[Wb/m^2]$ 【정답】③

6. 반지름 1[m]의 원형 코일에 1[A]의 전류가 흐를 때 중심점의 자계의 세기는 몇 [AT/m]인가?

① 1/4 ② 1/2 ③ 1 ④ 2

|정|답|및|해|설|

[원형 전류 자계의 세기] $H = \dfrac{a^2 NI}{2(a^2 + x^2)^{\frac{3}{2}}}$ [AT/m]

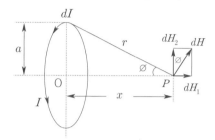

· 원형 코일 중심 ($x = 0$, $N = 1$)

$$H = \dfrac{NI}{2a} = \dfrac{I}{2a} \text{[AT/m]} \rightarrow (N : \text{감은 권수}(=1))$$

$\rightarrow$ (권수에 대한 언급이 없으면 N=1)

$$\therefore H_s = \dfrac{I}{2a} = \dfrac{1}{2 \times 1} = \dfrac{1}{2} [AT/m]$$ 【정답】②

|참|고|

1. 원형 코일 중심($N=1$)

$$H = \dfrac{NI}{2a} = \dfrac{I}{2a} \text{[AT/m]} \rightarrow (N : \text{감은 권수}(=1),\ a : \text{반지름})$$

2. 반원형($N = \dfrac{1}{2}$) 중심에서 자계의 세기 H

$$H = \dfrac{I}{2a} \times \dfrac{1}{2} = \dfrac{I}{4a} \text{[AT/m]}$$

3. $\dfrac{3}{4}$ 원($N = \dfrac{3}{4}$) 중심에서 자계의 세기 H

$$H = \dfrac{I}{2a} \times \dfrac{3}{4} = \dfrac{3I}{8a} \text{[AT/m]}$$

7. 전류가 흐르는 도선을 자계 안에 놓으면 이 도선에 힘이 작용한다. 평등 자계의 진공 중에 놓여 있는 직선 전류 도선이 받는 힘에 대하여 옳은 것은?

① 전류에 세기에 반비례한다.
② 도선의 길이에 비례한다.
③ 자계의 세기에 반비례한다.
④ 전류와 자계의 방향이 이루는 각의 탄젠트 각에 비례한다.

|정|답|및|해|설|

[전자력] $F = IBl \sin\theta = I\mu_0 Hl \sin\theta [N]$

$\therefore F \propto l \propto I \propto B \propto \sin\theta$ 【정답】②

8. 10^6[cal]의 열량은 몇 [kWh] 정도의 전력량에 상당한가?

① 0.06 ② 1.16
③ 2.27 ④ 4.17

|정|답|및|해|설|

[열량] $H = 860 Pt = 860 W [kcal]$

$$\therefore W = \dfrac{H}{860} = \dfrac{10^3}{860} = 1.1627 \text{[kWh]} \qquad \rightarrow (10^6 [cal] = 10^3 [kcal])$$

【정답】②

9. 어떤 물체에 $F_1 = -3i + 4j - 5k$와 $F_2 = 6i + 3j - 2k$의 힘이 작용하고 있다. 이 물체에 F_3을 가하였을 때 세 힘이 평형이 되기 위한 F_3은?

① $F_3 = -3i - 7j + 7k$ ② $F_3 = 3i + 7j - 7k$
③ $F_3 = 3i - j - 7k$ ④ $F_3 = 3i - j + 3k$

|정|답|및|해|설|

[힘의 평형 조건] $F_1 + F_2 + F_3 = 0$

$F_1 + F_2 + F_3 = 0$에서 $F_3 = -(F_1 + F_2)$

$$= -[(-3i + 4j - 5k) + (6i + 3j - 2k)]$$

$$= -[(3i + 7j - 7k)] = -3i - 7j + 7k$$

【정답】①

10. 인덕턴스의 단위에서 1[H]와 같은 것은?

① 1[A]의 전류에 대한 자속이 1[Wb]인 경우이다.
② 1[A]의 전류에 대한 유전율이 1[F/m]이다.
③ 1[A]의 전류가 1초간에 변화하는 양이다.
④ 1[A]의 전류에 대한 자계가 1[AT/m]인 경우이다.

|정|답|및|해|설|

[인덕턴스]

1. $L = \dfrac{N\varnothing}{I} [Wb/A]$

2. $v = L\dfrac{di}{dt}$ 관계식에서 $L = \dfrac{dt}{di} v$

$$L = \left[\dfrac{\sec \cdot V}{A} \right] = \left[\sec \cdot \dfrac{V}{A} \right] = [\sec \cdot \Omega]$$

3. $W = \dfrac{1}{2} L I^2$에서 $L = \dfrac{2W}{I^2} [J/A^2]$ 【정답】①

11. 직류 500[V] 절연저항계로 절연저항을 측정하니 2[$M\Omega$]이 되었다면 누설전류[μA]는?

① 25[μA]　　　　② 250[μA]

③ 1000[μA]　　　④ 1250[μA]

|정|답|및|해|설|

[누설전류] $I_g = \dfrac{V}{R_g}[A]$ → (R_g : 절연저항)

∴ $I_g = \dfrac{500}{2 \times 10^6} = 250 \times 10^{-6}[A] = 250[\mu A]$　　　【정답】②

12. 인덕턴스가 20[mH]인 코일에 흐르는 전류가 0.2[sec] 동안에 6[A]가 변화했다면 코일에 유기되는 기전력은 몇 [V]인가?

① 0.6　　　　② 1

③ 6　　　　　④ 30

|정|답|및|해|설|

[유기기전력] $e = -L\dfrac{di}{dt}[V]$

$e = -L\dfrac{di}{dt} = -20 \times 10^{-3} \times \dfrac{6}{0.2} = -0.6[V]$

즉, 기전력의 값이 -값이므로 공급된 전류와 <u>반대 방향</u>으로 기전력 0.6[V]가 유기된다.

※만약, 기전력의 값이 +값이면 공급된 전류와 같은 방향으로 기전력이 유기된다.　　　【정답】①

13. 접지 구도체와 점전하 사이에 작용하는 힘은?

① 항상 반발력이다.

② 항상 흡인력이다.

③ 조건적 반발력이다.

④ 조건적 흡인력이다.

|정|답|및|해|설|

[접지 도체구와 점전하]

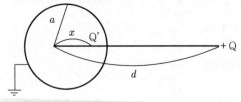

· 영상전하 $Q' = -\dfrac{a}{d}Q[C]$

· 영상전하 위치 $x = \dfrac{a^2}{d}[m]$

· 접지구도체에는 항상 점전하와 <u>반대 극성</u>인 전하가 유도되므로 항상 <u>흡인력</u>이 작용한다.　　　【정답】②

14. 동심구에서 내부 도체의 반지름이 a, 절연체의 반지름이 b, 외부 도체의 반지름이 c이다. 내부 도체에만 전하 Q를 주었을 때 내부 도체의 전위는? (단, 절연체의 유전율은 ϵ_0이다.)

① $\dfrac{Q}{4\pi\epsilon_0 a}\left(\dfrac{1}{a}+\dfrac{1}{b}\right)$　　② $\dfrac{Q}{4\pi\epsilon_0}\left(\dfrac{1}{a}-\dfrac{1}{b}\right)$

③ $\dfrac{Q}{4\pi\epsilon_0}\left(\dfrac{1}{a}-\dfrac{1}{b}-\dfrac{1}{c}\right)$　　④ $\dfrac{Q}{4\pi\epsilon_0}\left(\dfrac{1}{a}-\dfrac{1}{b}+\dfrac{1}{c}\right)$

|정|답|및|해|설|

[동심도구체의 전위]

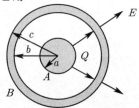

1. 도체A Q[C], 도체B -Q[C] : $V_a = \dfrac{Q}{4\pi\epsilon_0}\left(\dfrac{1}{a}-\dfrac{1}{b}\right)[V]$

　　　　　→ (접지가 있을 경우)

2. 도체A Q[C], 도체B Q=0 : $V_a = \dfrac{Q}{4\pi\epsilon_0}\left(\dfrac{1}{a}-\dfrac{1}{b}+\dfrac{1}{c}\right)[V]$

　→ (전하 $Q=0$의 의미는 +와 -가 공존, $b=-1$, $c=+1$)

3. 도체A Q=0, 도체B Q[C] : $V_a = \dfrac{Q}{4\pi\epsilon_0 c}[V]$

　　　　　　　　　　　　　　　　【정답】④

15. 서로 같은 방향으로 전류가 흐르고 있는 평행한 두 도선 사이에는 어떤 힘이 작용하는가? (단, 두 도선간의 거리는 r[m]라 한다.)

① r에 반비례한다.　　② r에 비례한다.

③ r^2에 비례한다.　　④ r^2에 반비례한다.

|정|답|및|해|설|

[평행도선 단위 길이 당 작용하는 힘]

$F = \dfrac{\mu_0 I_1 I_2}{2\pi r}$ → ($\mu_0 = 4\pi \times 10^{-7}$)

$= \dfrac{4\pi \times 10^{-7}}{2\pi r}I_1 I_2 = \dfrac{2I_1 I_2}{r} \times 10^{-7}[N/m]$

· 플레밍 왼손법칙에 의해 전류의 방향이 같으면 흡인력

· 전류의 방향이 다르면 반발력　　　【정답】①

16. MKS 단위로 나타낸 진공에 대한 유전율은?

① $8.855 \times 10^{-12} [\text{N/m}]$ ② $8.855 \times 10^{-10} [\text{N/m}]$

③ $8.855 \times 10^{-12} [\text{F/m}]$ ④ $8.855 \times 10^{-10} [\text{F/m}]$

|정|답|및|해|설|

[유전율] $\epsilon = \epsilon_0 \epsilon_s$

· 진공중의 유전율 $\epsilon_0 = 8.855 \times 10^{-12} = \dfrac{1}{4\pi \times 9 \times 10^9} [\text{F/m}]$

· 공기중이나 진공중의 비유전율 $\epsilon_s = 1 [\text{F/m}]$

【정답】③

17. 자유공간의 변위전류가 만드는 것은?

① 전계 ② 전속

③ 자계 ④ 자속

|정|답|및|해|설|

[변위전류 밀도] $i_d = \dfrac{\partial D}{\partial t} = \epsilon \dfrac{\partial E}{\partial t}$ → $(D = \epsilon E)$

$rot\, H = \nabla \times H = i + \dfrac{\partial D}{\partial t} = i + i_d$ → $(i_d = \dfrac{\partial D}{\partial t})$

따라서 변위전류는 회전자계를 발생한다. 【정답】③

18. 무한장 직선도체에 선전하밀도 $\lambda[\text{C/m}]$의 전하가 분포되어 있는 경우 직선 도체를 축으로 하는 반지름 $r[m]$의 원통면상의 전계는 몇 [V/m]인가?

① $E = \dfrac{1}{4\pi\epsilon_0} \times \dfrac{\lambda}{r}$ ② $E = \dfrac{1}{2\pi\epsilon_0} \times \dfrac{\lambda}{r^2}$

③ $E = \dfrac{1}{4\pi\epsilon_0} \times \dfrac{\lambda}{r^2}$ ④ $E = \dfrac{1}{2\pi\epsilon_0} \times \dfrac{\lambda}{r}$

|정|답|및|해|설|

[무한 선전하에 의한 전계] $E = \dfrac{\lambda}{2\pi\epsilon_0 r} [V/m]$ → $(E \propto \dfrac{1}{r})$

【정답】④

|참|고|

1. 점전하(Q) $E = \dfrac{Q}{4\pi\epsilon_0 r^2} [V/m]$

2. 면전하(ρ) $E = \dfrac{\rho}{2\epsilon_0} [V/m]$

19. 전기기계기구의 자심(철심)재료로 규소강판을 사용하는 이유는?

① 동손을 줄이기 위해

② 와전류손을 줄이기 위해

③ 히스테리시스손을 줄이기 위해

④ 제작을 쉽게 하기 위하여

|정|답|및|해|설|

[히스테리시스손] 히스테리시스 손실을 감소시키기 위해서 철심 재료는 규소가 섞인(3~5[%]) 재료를 사용한다.

※와류(eddy current)에 의한 손실을 감소시키기 위해 철심을 얇게 (0.35~0.5 [mm]) 하여 성층시켜서 사용한다.

【정답】③

20. 동일 용량 $C(\mu F)$의 콘덴서 n개를 병렬로 연결하였다면 합성정전용량은 얼마인가?

① $n^2 C$ ② nC

③ $\dfrac{C}{n}$ ④ C

|정|답|및|해|설|

[동일 용량의 콘덴서 연결 시 합성정전용량]

1. 직렬연결 $C_s = \dfrac{C_1 C_2}{C_1 + C_2} = \dfrac{C}{n}$

2. 병렬연결 $C_p = C_1 + C_2 = nC$ 【정답】②

21. 송전선로에 낙뢰를 방지하기 위하여 설치하는 것은?

① 댐퍼 ② 초호환

③ 가공지선 ④ 애자

|정|답|및|해|설|

[가공지선의 설치목적]

· 직격 뇌에 대한 차폐효과

· 유도 뇌에 대한 정전 차폐효과

· 통신선에 대한 전자유도장해 경감 효과

※① 댐퍼 : 전선의 진동방지

② 초호환 : 낙뢰 등으로 인한 역섬락 시 애자련을 보호하기 위한 것

【정답】③

22. 3상 3선식 송전선로에서 정격전압 66[kV]인 3상3 선식 송전선로에서 1선의 리액턴스가 17[Ω]일 때 이를 100[MVA]기준으로 환산한 %리액턴스는?

① 35[%]

② 39[%]

③ 45[%]

④ 49[%]

|정|답|및|해|설|

[%리액턴스] $\%X = \dfrac{IX}{E} \times 100 = \dfrac{PX}{10 V^2}$

(P : 기준용량[kVA], V : 전압[kV], X : 리액턴스[Ω])

$\therefore \%X = \dfrac{PX}{10 V^2} = \dfrac{100 \times 10^3 \times 17}{10 \times 66^2} = 39[\%]$

$\rightarrow ([MVA] = 10^3 [kVA])$ 【정답】②

23. 가공 왕복선 배치에서 지름이 d[m]이고 선간거리가 D[m]인 선로 한 가닥의 작용인덕턴스는 몇 [mH/km]인가? (단, 선로의 투자율은 1이라 한다.)

① $0.5 + 0.4605 \log_{10} \dfrac{D}{d}$

② $0.05 + 0.4605 \log_{10} \dfrac{D}{d}$

③ $0.5 + 0.4605 \log_{10} \dfrac{2D}{d}$

④ $0.05 + 0.4605 \log_{10} \dfrac{2D}{d}$

|정|답|및|해|설|

[3상3선식 작용인덕턴스]

$L = 0.05 + 0.4605 \log_{10} \dfrac{D}{r}$ $\rightarrow (r : 반지름)$

$L = 0.05 + 0.4605 \log_{10} \dfrac{D}{r} = 0.05 + 0.4605 \log_{10} \dfrac{D}{\dfrac{d}{2}}$ $\rightarrow (d : 지름)$

$= 0.05 + 0.4605 \log_{10} \dfrac{2D}{d} [\text{mH/km}]$ 【정답】④

24. 송전선로에서 연가를 하는 주된 목적은?

① 유도뢰의 방지

② 직격뢰의 방지

③ 페란티 효과의 방지

④ 선로정수의 평형

|정|답|및|해|설|

[연가의 정의 및 목적] 연가란 선로정수를 평형하게 하기 위하여 각 상이 선로의 길이를 3의 정수배 구간으로 등분하여 각 위치를 한 번씩 돌게 하는 것이다. 목적은 다음과 같다.

·선로정수(L, C)가 선로 전체적으로 평형

·수전단전압 파형의 일그러짐을 방지

·인입 통신선에서 유도장해를 방지

·직렬공진의 방지 【정답】④

|참|고|

① 유도뢰의 방지 : 가공지선

② 직격뢰의 방지 : 가공지선

③ 페란티효과의 방지 : 분로리액터

25. 역률(늦음) 80[%], 10[kVA]의 부하를 가지는 주 상변압기의 2차 측에 2[kVA]의 전력용 콘덴서를 접속하면 주상변압기에 걸리는 부하는 약 몇 [kVA]가 되겠는가?

① 8[kVA]

② 8.5[kVA]

③ 9[kVA]

④ 9.5[kVA]

|정|답|및|해|설|

[콘덴서 설치 후 피상전력] $P_a = \sqrt{P^2 + (Q_1 - Q_c)^2} [VA]$

1. 유효전력 $P = P_a \cos\theta = 10 \times 0.8 = 8[kVar]$

2. 무효전력 $Q = P_a \sin\theta = 10 \times 0.6 = 6[kVar]$

$\rightarrow (\sin\theta = \sqrt{1 - \cos^2\theta})$

3. 전력용 콘덴서 $Q_c = 2[\text{kVar}]$

$\therefore$콘덴서 설치 후 피상전력

$P_a' = \sqrt{P^2 + (Q_1 - Q_c)^2} = \sqrt{8^2 + (6-2)^2} = 8.94[kVA]$ 【정답】③

26. 부하전류 및 단락전류를 모두 개폐할 수 있는 스위 치는?

① 단로기

② 차단기

③ 선로개폐기

④ 전력퓨즈

|정|답|및|해|설|

[퓨즈와 각종 개폐기 및 차단기와의 기능비교]

능력 기능	회로 분리		사고 차단	
	무부하	부하	과부하	단락
퓨즈	O			O
차단기	O	O	O	O
개폐기	O	O	O	
단로기	O			
전자 접촉기	O	O	O	

【정답】②

27. 송전단전압 161[kV], 수전단전압154[kV], 상차각 40[°], 리액턴스 45[Ω]일 때 선로손실을 무시하면 송전전력은 약 몇 [MW]인가?

① 323[MW] ② 443[MW]

③ 354[MW] ④ 623[MW]

|정|답|및|해|설|

[송전전력] $P = \dfrac{V_s V_r}{X} \sin\theta [W]$

(V_s, V_r : 송·수전단전압[kV], X : 선로의 리액턴스[Ω])

$\therefore P = \dfrac{V_s V_r}{X} \sin\theta = \dfrac{161 \times 154}{45} \sin 40° ≒ 354[MW]$

【정답】③

28. 송전선로에 근접한 통신선에 유도장해가 발생하였다. 전자유도의 원인은?

① 역상전압 ② 정상전압

③ 정상전류 ④ 영상전류

|정|답|및|해|설|

[전자유도] 영상전류에 의해 발생(사고 시)

【정답】④

|참|고|

1. 정전유도 : 송전선로의 영상전압과 통신선과의 정전용량의 불평형에 의해서 통신선에 정전적으로 유도되는 전압이다(정상시).
2. 전자유도전압($E_m = 2\pi f Ml \cdot 3I_0$)은 통신선의 길이에 비례하나 정전유도전압은 주파수 및 평행길이와는 관계가 없고, 대지전압에만 비례한다.

29. 다음 중 전력선 반송보호계전방식의 장점이 아닌 것은?

① 저주파 반송전류를 중첩시켜 사용하므로 계통의 신뢰도가 높아진다.
② 고장 구간의 선택이 확실하다.
③ 동작이 예민하다.
④ 고장점이나 계통의 여하에 불구하고 선택차단 개소를 동시에 고속도 차단할 수 있다.

|정|답|및|해|설|

[전력선 반송보호계전방식] 전력선 반송보호계전방식은 가공송전선을 이용하여 반송파를 전송하는 계전방식으로서 송전계통 보호에 널리 사용되고 있으며 사용되는 반송파의 주파수 범위는 30~300

[kHz]의 높은 주파수를 사용한다.

※① **고주파** 반송전류를 중첩시켜 사용하므로 계통의 신뢰도가 높아진다.
【정답】①

30. 양수발전의 주된 목적으로 옳은 것은?

① 연간 발전량을 증가시키기 위하여
② 연간 평균 손실전력을 줄이기 위하여
③ 연간 발전비용을 감소시키기 위하여
④ 연간 수력 발전량을 증가시키기 위하여

|정|답|및|해|설|

[양수발전소] 양수발전소는 발전 단가가 낮은 심야의 잉여전력을 이용하여 낮은 곳의 물을 높은 곳으로 양수하였다가 첨두부하 시에 양수된 물로 발전하는 방식으로 발전비용을 감소시킨다.
【정답】③

31. 어떤 수력발전소의 수압관에서 분출되는 물의 속도와 직접적인 관련이 없는 것은?

① 수면에서의 연직거리 ② 관의 경사
③ 관의 길이 ④ 유량

|정|답|및|해|설|

[물의 분출속도] $v = C_v \sqrt{2gh} [m/s]$

[유량] $Q = A \cdot v \rightarrow v = \dfrac{Q}{A} = \dfrac{Q}{\dfrac{\pi d^2}{4}}$

여기서, C_v : 유속계수, g : 중력 가속도$[m/s^2]$, h : 유효낙차$[m]$
【정답】③

32. 차단기의 정격차단 시간의 표준이 아닌 것은?

① 3[Hz] ③ 5[Hz]

③ 8[Hz] ④ 10[Hz]

|정|답|및|해|설|

[차단기의 정격차단시간] 트립코일 여자부터 차단기의 가동 전극이 고정 전극으로부터 이동을 개시하여 개극될 때까지의 개극시간과 접점이 충분히 떨어져 아크가 완전히 소호할 때까지의 아크 시간의 합으로 3~8[C/S]이다. → (C/S는 cycle/sec=Hz)
【정답】④

33. 동일한 부하 전력에 대하여 전압을 2배로 승압하면 전압강하, 전압강하율, 전력손실률은 각각 어떻게 되는지 순서대로 나열한 것은?

① $\dfrac{1}{2}$, $\dfrac{1}{2}$, $\dfrac{1}{2}$ ② $\dfrac{1}{2}$, $\dfrac{1}{2}$, $\dfrac{1}{4}$

③ $\dfrac{1}{2}$, $\dfrac{1}{4}$, $\dfrac{1}{4}$ ④ $\dfrac{1}{4}$, $\dfrac{1}{4}$, $\dfrac{1}{4}$

|정|답|및|해|설|⋯⋯⋯⋯⋯⋯⋯⋯

[전압을 n배 승압 송전할 경우]

1. 전압강하 $e = \dfrac{P}{V}(R + X\tan\theta) \rightarrow e \propto \dfrac{1}{V}$

∴전압강하는 승압 전의 $\dfrac{1}{n}$ 배이므로 $\dfrac{1}{2}$ 배

2. 전압강하율 $\delta = \dfrac{e}{V} = \dfrac{P}{V^2}(R + X\tan\theta) \rightarrow \delta \propto \dfrac{1}{V^2}$

∴전압강하율은 $\dfrac{1}{n^2}$ 배이므로 $\dfrac{1}{4}$

3. 전력손실률 $P_l = 3I^2R = \dfrac{P^2R}{V^2\cos^2\theta} \rightarrow P_l \propto \dfrac{1}{V^2}$

∴전력손실률은 승압전의 $\dfrac{1}{n^2}$ 배이므로 $\dfrac{1}{4}$ 【정답】③

34. 변류기 개방 시 2차 측을 단락하는 이유는?

① 2차 측 절연 보호
② 2차 측 과전류 보호
③ 측정 오차 방지
④ 1차 측 과전류 방지

|정|답|및|해|설|⋯⋯⋯⋯⋯⋯⋯⋯

[변류기] 변류기의 2차 측을 개방하면 2차 전류는 흐르지 않으나 1차 전류가 모두 여자 전류가 되어 2차 권선에 매우 높은 전압이 유기되어 절연이 파괴되고 소손될 염려가 있다.
2차는 선로의 접지 측에 접속하고 1단을 접지하여야 한다.
   【정답】①

35. 단권 변압기 66[kV], 60[Hz] 3상 3선식 선로에서 중성점을 소호리액터 접지하여 완전 공진상태로 되었을 때 중성점에 흐르는 전류는 몇 [A]인가? (단, 소호리액터를 포함한 영상회로의 등가저항은 200[Ω], 중성점 잔류전압을 4400[V]라고 한다.)

① 11   ② 22
③ 33   ④ 44

|정|답|및|해|설|⋯⋯⋯⋯⋯⋯⋯⋯

[전류] $I = \dfrac{V}{R}[A]$

∴$I = \dfrac{V}{R} = \dfrac{4400}{200} = 22[A]$ 【정답】②

36. 배전선로의 역률개선에 따른 효과로 적합하지 않은 것은?

① 전원 측 설비의 이용률 향상
② 선로절연에 요하는 비용 절감
③ 전압강하 감소
④ 선로의 전력손실 경감

|정|답|및|해|설|⋯⋯⋯⋯⋯⋯⋯⋯

[역률 개선의 효과]
1. 전력 손실 경감
2. 전압강하 감소
3. 설비용량의 여유 증가
4. 전력요금 절약   【정답】②

37. 일반 회로정수가 A, B, C, D이고 송·수전단의 상전압이 각각 E_S, E_R일 때 수전단 전력원선도의 반지름은?

① $\dfrac{E_S E_R}{A}$ ② $\dfrac{E_S E_R}{B}$

③ $\dfrac{E_S E_R}{C}$ ④ $\dfrac{E_S E_R}{D}$

|정|답|및|해|설|⋯⋯⋯⋯⋯⋯⋯⋯

[전력 원선도의 반지름] $\rho = \dfrac{E_S E_R}{B}$

→ (B는 4단자회로의 직렬 임피던스를 나타낸다.)
   【정답】②

38. 발전소의 발전기 정격전압[kV]으로 사용되는 것은?

① 6.6   ② 33
③ 66   ④ 154

|정|답|및|해|설|⋯⋯⋯⋯⋯⋯⋯⋯

[발전기의 정격전압] 6.6[kV], 11[kV]   【정답】①

39. 송전선로의 중성점을 접지하는 목적과 거리가 먼 것은?

① 이상전압 발생의 억제

② 과도 안정도의 증진

③ 송전용량의 증가

④ 보호계전기의 신속, 확실한 동작

|정|답|및|해|설|

[중성점 접지방식 목적]
·대지 전위 상승을 억제하여 절연레벨 경감
·뇌, 아크 지락 등에 의한 <u>이상전압의 경감</u> 및 발생을 방지
·지락고장 시 <u>접지계전기의 동작</u>을 확실하게
·소호리액터 접지방식에서는 1선 지락시의 아크 지락을 빨리 소멸시켜 그대로 송전을 계속할 수 있게 한다.
·<u>과도 안정도의 증진</u>   【정답】③

40. 정격용량 150[kVA]인 단상 변압기 2대로 V결선을 했을 경우 최대 출력은 약 몇 [kVA]인가?

① 170[kVA]   ② 173[kVA]

③ 260[kVA]   ④ 280[kVA]

|정|답|및|해|설|

[V결선 시 출력] $P_V = \sqrt{3}\,P_1[VA]$ → (P_1 : 단상변압기 1대)
$\therefore P = \sqrt{3} \times 150 = 259.8[kVA]$ 【정답】③

3회 **2019년 전기산업기사필기 (전기기기)**

41. 3상유도전동기의 원선도를 작성하는데 필요치 않은 것은?

① 무부하 시험

② 구속 시험

③ 권선 저항 측정

④ 전부하시의 회전수 측정

|정|답|및|해|설|

[원선도 작성에 필요한 시험]
① 무부하 시험 : 무부하이 크기와 이상각 및 철손
② 구속 시험(단락 시험) : 단락전류의 크기와 위상각
③ 저항 측정 시험이 있다.   【정답】④

42. 동기발전기에 회전계자형을 사용하는 이유로 틀린 것은?

① 기전력의 파형을 개선한다.

② 계자가 회전자이지만 저전압 소용량의 직류이므로 구조가 간단하다.

③ 전기자가 고정자이므로 고전압 대전류용에 좋고 절연이 쉽다.

④ 전기자보다 계자극을 회전자로 하는 것이 기계적으로 튼튼하다.

|정|답|및|해|설|

[동기 발전기의 회전계자형의 특징] 전기자를 고정자로 하고, 계자극을 회전자로 한 것으로 다음의 특징을 가진다.
·전기자 권선은 전압이 높고 결선이 복잡(Y결선)
·계자회로는 직류의 저압회로이며 소요 전력도 적다.
·전기자보다 계자가 철의 분포가 많기 때문에 회전 시 <u>기계적으로 더 튼튼</u>하며, <u>구조가 간단</u>하여 회전에 유리하다.
·전기자는 권선을 많이 감아야 되므로 회전자 구조가 커지기 때문에 원동기 측에서 볼 때 출력이 더 증대하게 된다.
·<u>절연이 용이</u>하다.   【정답】①

43. 단상 전파정류회로를 구성한 것으로 옳은 것은?

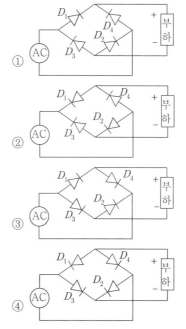

|정|답|및|해|설|

[단상 전파정류회로]
①번 그림의 AC에서
· ├반피 : D_1 → 통진, D_3 → 개방
· ─반파 : D_2 → 통전, D_4 → 개방
부하에 전력을 공급하므로 단상 전파정류회로이다.
【정답】①

44. PN 접합 구조로 되어 있고 제어는 불가능하나 교류를 직류로 변환하는 반도체 정류 소자는?

① IGBT
② 다이오드
③ MOSFET
④ 사이리스터

|정|답|및|해|설|......................................

[다이오드]

A ──▷|── K
양극(애노드)   음극(캐소드)

PN 접합 구조로 되어 있고 **제어는 불가능**하나 **AC를 DC로 변환**(정류 다이오드)하는 반도체 소자로 애노드에 (+), 캐소드에 (−)만 존재하므로 제어가 불가능하다.　　　　　　　　　　【정답】②

45. 동기전동기의 전기자반작용에서 전기자전류가 앞서는 경우 어떤 작용이 일어나는가?

① 증자작용
② 감자작용
③ 횡축반작용
④ 교차자화작용

|및|해|설|......................................

[동기전동기의 전기자반작용]

역률	동기전동기	작용
역률 1	전기자 전류와 공급 전압이 동위상일 경우	교차 자화 작용 (횡축 반작용)
앞선 역률 0	전기자 전류가 공급 전압보다 90[°] 앞선 경우 (진상)	감자 작용 (직축 반작용)
뒤선 역률 0	전기자 전류가 공급 전압보다 90[°] 뒤진 경우 (지상)	증자 작용(자화작용) (직축 반작용)

【정답】②

46. 60[Hz] 12극 회전자 바깥지름 2[m]의 동기발전기에 있어서 자극면의 주변속도[m/s]는?

① 32.5
② 43.8
③ 54.5
④ 62.8

|정|답|및|해|설|......................................

[주변속도] $v = \pi D n = \pi D \dfrac{N_s}{60}$ [m/s]

(D[m] : 전기자 직경, n[rps] : 전기자의 회전속도)

동기속도 $N_s = \dfrac{120f}{p} = \dfrac{120 \times 60}{12} = 600[rpm]$

$\therefore v = \pi D \cdot \dfrac{N_s}{60} = \pi \times 2 \times \dfrac{600}{60} = 62.8[m/s]$　　【정답】④

47. 유도전동기 원선도에서 원의 지름은? (단, E는 1차전압, r은 1차로 환산한 저항, x를 1차로 환산한 누설리액턴스라 한다.)

① rE에 비례
② rxE에 비례
③ $\dfrac{E}{r}$에 비례
④ $\dfrac{E}{x}$에 비례

|정|답|및|해|설|......................................

[원선도의 반지름] 지름 $\propto \dfrac{E}{x} = \dfrac{V_1}{x}$

유도전동기는 일정값의 리액턴스와 부하에 의하여 변하는 저항 (r_2'/s)의 직렬 회로라고 생각되므로 부하에 의하여 변화하는 전류 벡터의 궤적, 즉 **원선도의 지름은 전압에 비례하고 리액턴스에 반비례**한다. 즉, 지름 $\propto \dfrac{E}{x}$　　　　　　　　　【정답】④

48. 단상 직권정류자전동기에 관한 설명 중 틀린 것은? (단, A : 전기자, C : 보상권선, F : 계자권선이라 한다.)

① 직권형은 A와 F가 직렬로 되어 있다.
② 보상직권형은 A, C 및 F가 직렬로 되어 있다.
③ 단상 직권정류자전동기에서는 보극권선을 사용하지 않는다.
④ 유도보상직권형은 A와 F가 직렬로 되어 있고 C는 A에서 분리한 후 단락되어 있다.

|정|답|및|해|설|......................................

[단상 직권정류자전동기]
① 직권형은 A와 F가 직렬로 되어 있다.
② 보상직권형은 A, C 및 F가 직렬로 되어 있다.
④ 유도보상 직권형은 A와 F가 직렬로 되어 있고 C는 A에서 분리한 후 단락되어 있다.

※직권전동기는 전기자반작용이 문제이므로 이를 방지하기 위해서 보상권선이나 보극권선을 사용한다.　　　　　　【정답】③

49. 3상 분권정류자전동기의 설명으로 틀린 것은?

① 변압기를 사용하여 전원전압을 낮춘다.

② 정류자권선은 저전압 대전류에 적합하다.

③ 부하가 가해지면 슬립의 발생 소요 토크는 직류전동기와 같다.

④ 특성이 가장 뛰어나고 널리 사용되고 있는 전동기는 시라게 전동기이다.

|정|답|및|해|설|
[3상 분권 정류자 전동기]
③ 3상 분권정류자전동기는 유도전동기와 동일하다.

|참|고|
[시라게 전동기] 3상 분권정류자전동기로서 직류 분권전동기와 비슷한 정속도 특성을 가지며, 브러시 이동으로 간단하게 속도 제어를 할 수 있다.　　　　　　　　　　　　　　　　　【정답】③

50. 유도전동기의 회전자에 슬립 주파수의 전압을 가하는 속도 제어는?

① 2차 저항법　　　　② 자극수 변환법

③ 인버터 주파수 변환법　　④ 2차 여자법

|정|답|및|해|설|
[유도전동기 속도제어법]
1. 농형 유도전동기
　① 주파수 변환법 : 역률이 양호하며 연속적인 속조어가 되지만, 전용 전원이 필요, 인견·방직 공장의 포트모터, 선박의 전기추진기 등에 이용
　② 극수 변환법
　③ 전압 제어법 : 전원 전압의 크기를 조절하여 속도제어
2. 권선형 유도전동기
　① 2차저항법 : 토크의 비례추이를 이용한 것으로 2차 회로에 저항을 삽입 토크에 대한 슬립 s를 바꾸어 속도 제어
　② 2차여자법 : 회전자 기전력과 같은 주파수 전압을 인가하여 속도제어, 고효율로 광범위한 속도제어
　③ 종속접속법
　　・직렬종속법 : $N = \dfrac{120}{P_1 + P_2}f$
　　・차동종속법 : $N = \dfrac{120}{P_1 - P_2}f$
　　・병렬종속법 : $N = 2 \times \dfrac{120}{P_1 + P_2}f$　　【정답】④

51. 권선형 유도전동기의 속도-토크 곡선에서 비례추이는 그 곡선이 무엇이 비례하여 이동하는가?

① 슬립　　　　② 회전수

③ 공급전압　　④ 2차저항

|정|답|및|해|설|

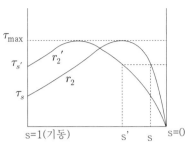

[비례추이]
비례추이란 2차회로저항(외부저항)의 크기를 조정함으로써 슬립을 바꾸어 속도와 토크를 조정하는 것이다. 최대 토크는 불변

$$\frac{r_2}{s_m} = \frac{r_2 + R}{s_t}$$
　　　　　　　　　　　　　　　　　　　【정답】④

52. 정격전압 200[V], 전기자전류 100[A]일 때 1000[rpm]으로 회전하는 직류 분권전동기가 있다. 이 전동기의 무부하 속도는 약 몇 [rpm]인가? (단, 전기자저항은 0.15[Ω]이고 전기자반작용은 무시한다.)

① 981　　　　② 1081

③ 1100　　　　④ 1180

|정|답|및|해|설|
[직류 분권전동기의 무부하 속도]
1. 전기자전류 $I_a = 100$[A]일 때의 역기전력
　$E = V - I_a R_a = 200 - (100 \times 0.15) = 185$[V]
2. 무부하시 $I_a = 0$일 때의 역기전력 $E_0 = V = 200$[V]
　　　　　　　　　　　　　　　　$\rightarrow (\because I_a = 0)$
3. 전기자 반작용을 무시하면 $E = k\phi N$에서 ϕ=일정하므로 $E \propto N$
$\therefore E_0 : E = N_0 : N \rightarrow 200 : 185 = N_0 : 1000$

$\rightarrow N_0 = \dfrac{200}{185} \times 1000 = 1081$[rpm]　　【정답】②

53. 어떤 단상 변압기의 2차 무부하전압이 240[V]이고, 정격부하 시의 2차 단자전압이 230[V]이다. 전압변동률은 약 얼마인가?

① 4.35[%]　　　② 5.15[%]

③ 6.65[%]　　　④ 7.35[%]

|정|답|및|해|설|

[전압변동률] $\epsilon = \dfrac{V_{20} - V_{2n}}{V_{2n}} \times 100$[%]

(V_{20} : 2차 무부하전압,　V_{2n} : 2차 전부하전압)

$\therefore \epsilon = \dfrac{V_{20} - V_{2n}}{V_{2n}} \times 100 = \dfrac{240 - 230}{230} \times 100 = 4.35$[%]

　　　　　　　　　　　　　　　　　　　【정답】①

54. 이상적인 변압기에서 2차를 개방한 벡터도 중 서로 반대 위상인 것은

① 자속, 여자전류

② 입력전압, 1차 유도기전력

③ 여자전류, 2차 유도기전력

④ 1차 유도기전력, 2차 유도기전력

|정|답|및|해|설|

[변압기] 이상적인 변압기가 무부하 시(2차 개방 시) $t_2 = 0$일 때

V_1(입력전압=1차전압)$= -E_1 = -N_1 \dfrac{d\varnothing}{dt} [V]$가

렌츠의 법칙으로 벡터도는 $V_1 = -E_1$이다.

즉, 입력전압 V_1과 1차유기기전력 E_1은 서로 반대인 위상이다.

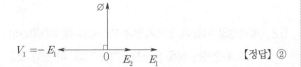

【정답】②

55. 동일 정격의 3상 동기발전기 2대를 무부하로 병렬 운전하고 있을 때 두 발전기의 기전력 사이에 30° 의 위상차가 있으면 한 발전기에서 다른 발전기에 공급되는 유효전력은 몇 [kW]인가? (단, 각 발전기 의(1상의) 기전력은 1000[V], 동기리액턴스는 4 [Ω]이고, 전기자저항은 무시한다.)

① 62.5

② $62.5 \times \sqrt{3}$

③ 125.5

④ $125.5 \times \sqrt{3}$

|정|답|및|해|설|

[3상 동기발전기의 수수전력] $P_s = \dfrac{E^2}{2x_s} \sin\delta$

여기서, E : 기전력, x_s : 동기리액턴스

$\therefore P_s = \dfrac{1000^2}{2 \times 4} \sin 30[°] = 62500[W] = 62.5[kW]$

|참|고|

[수수전력] 동기화전류 때문에 서로 위상이 같게 되려고 수수 하게 될 때 발생되는 전력 　　　　　【정답】①

56. 정격전압 6000[V], 용량 5000[kVA]의 Y결선 3상 동기발전기가 있다. 여자전류 200[A]에서의 무부 하 단자전압 6000[V], 단락전류 600[A]일 때, 이 발전기의 단락비는 약 얼마인가?

① 0.25

② 1

③ 1.25

④ 1.5

|정|답|및|해|설|

[단락비] $K_s = \dfrac{I_s}{I_n}$ 　　 → (I_n : 정격전류, I_s : 단자전류)

발전기의 용량 $P_a = \sqrt{3}\, V_n I_n [kVA]$에서

정격전류 $I_n = \dfrac{P_a}{\sqrt{3}\, V_n} = \dfrac{5000 \times 10^3}{\sqrt{3} \times 6000} = 481.13[A]$

$\therefore$단락비 $K_s = \dfrac{I_s}{I_n} = \dfrac{600}{481} = 1.25$ 　　　　【정답】③

57. 그림은 직류발전기의 정류곡선이다. 이 중에서 정류 초기에 정류의 상태가 좋지 않은 것은?

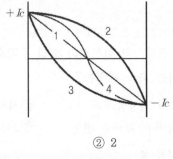

① 1

② 2

③ 3

④ 4

|정|답|및|해|설|

[정류곡선]

1. 직선정류 : 1번 곡선으로 가장 이상적인 정류곡선

2. 부족정류 : 2번 곡선, 큰 전압이 발생하고 정류 종료, 즉 브러시 의 뒤쪽에서 불꽃이 발생

3. 과정류 : 3번 곡선, 정류 초기에 높은 전압이 발생, 브러시 앞부 분에 불꽃이 발생

4. 정현정류 : 4번 곡선, 전류가 완만하므로 브러시 전단과 후단의 불꽃발생은 방지할 수 있다. 　　　　　【정답】③

58. 2대의 변압기로 V결선하여 3상 변압하는 경우 변압기 이용률 약 몇 [%]인가?

① 57.8

② 66.6

③ 86.6

④ 100

|정|답|및|해|설|

[V결선 변압기 이용률] V결선에는 변압기 2대를 사용했을 경우 그 정격출력의 합은 $2V_2 I_2$이므로 변압기이용률

$U = \dfrac{\sqrt{3}\, V_2 I_2}{2 V_2 I_2} \times 100 = \dfrac{\sqrt{3}}{2} \times 100 = 0.866(86.6[\%])$ 　【정답】③

59. 직류기의 전기자에 일반적으로 사용되는 전기자 권선법은?

① 단층권   ② 2층권

③ 환상권   ④ 개로권

|정|답|및|해|설|

[직류기의 권선법] 직류기의 전기자 권선법으로 2층권, 고상권, 폐로권을 채택한다. 2층권은 코일의 제작 및 권선 작업이 용이하므로 직류기에서 거의 2층권만이 사용된다. 【정답】②

60. 3300/200[V], 50[kVA]인 단상 변압기의 %저항, %리액턴스를 각각 2.4[%], 1.6[%]라 하면 이때의 임피던스 전압은 약 몇 [V]인가?

① 95   ② 100

③ 105   ④ 110

|정|답|및|해|설|

[임피던스 전압] $V_{1s} = \dfrac{\%Z \times V_{1n}}{100}[V]$

$\rightarrow (\%Z = \dfrac{I_{1n}Z_1}{V_{1n}} \times 100 = \dfrac{V_{1s}}{V_{1n}} \times 100 = \sqrt{p^2+q^2} = \dfrac{I_{1n}}{I_s} \times 100)$

$\%$임피던스$(\%Z) = \sqrt{(\%r)^2 + (\%x)^2}$ $\rightarrow (Z = \sqrt{r^2+x^2})$

$= \sqrt{2.4^2 + 1.6^2} = 2.88[\%]$

$\therefore V_{1s} = \dfrac{\%Z \times V_{1n}}{100} = \dfrac{2.88 \times 3300}{100} = 95[V]$

【정답】①

3회 2019년 전기산업기사필기(회로이론)

61. 전달함수 $C(s) = G(s)R(s)$에서 입력함수 $R(s)$를 단위 임펄스, 즉 $\delta(t)$로 가할 때 이 계의 출력은?

① $C(s) = G(s)\delta(s)$ ② $C(s) = \dfrac{G(s)}{\delta(s)}$

③ $C(s) = \dfrac{G(s)}{s}$ ④ $C(s) = G(s)$

|정|답|및|해|설|

[단위임펄스함수] 단위 임펄스인 경우 $G(s)$가 된다.

$r(t) = \delta(t)$를 라플라스 변환하면

$R(s) = L(r(t)) = L(\delta(t)) = 1$이다.

그러므로 계의 용량 $C(s)$

$C(s) = G(S) \cdot R(s) = G(S) \cdot 1 = G(s)$ 【정답】④

62. 단자 a와 b사이에 전압 30[V]를 가했을 때 전류 I가 3[A] 흘렀다고 한다. 저항 $r[\Omega]$은 얼마인가?

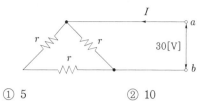

① 5   ② 10

③ 15   ④ 20

|정|답|및|해|설|

[직·병렬 합성저항]

문제의 회로를 등가변환하면

$R = \dfrac{2r \times r}{2r + r} = \dfrac{2r}{3} \rightarrow (R = \dfrac{V}{I})$

$R = \dfrac{V}{I} \rightarrow \dfrac{2r}{3} = \dfrac{V}{I} \rightarrow \dfrac{2r}{3} = \dfrac{30}{3} \rightarrow \therefore r = 15[\Omega]$

【정답】③

63. 3상 불평형 전압에서 불평형률은?

① $\dfrac{영상전압}{정상전압} \times 100[\%]$

② $\dfrac{역상전압}{정상전압} \times 100[\%]$

③ $\dfrac{정상전압}{역상전압} \times 100[\%]$

④ $\dfrac{정상전압}{영상전압} \times 100[\%]$

|정|답|및|해|설|

[불평형률] 불평형률 $= \dfrac{역상분}{정상분} \times 100[\%]$ 【정답】②

64. 어떤 정현파 교류전압의 실효값이 314[V]일 때 평균값[V]은 약 얼마인가?

① 142[V]   ② 283[V]

③ 365[V]   ④ 382[V]

|정|답|및|해|설|

[정현파의 평균값] $V_{av} = \dfrac{2\sqrt{2}}{\pi} \cdot V = \dfrac{2\sqrt{2}}{\pi} \times 314 = 283[V]$

【정답】②

65. 전압과 전류가 각각 $e = 141.4\sin\left(377t + \dfrac{\pi}{3}\right)[V]$,

$i = \sqrt{8}\sin\left(377t + \dfrac{\pi}{6}\right)[A]$인 회로의 소비(유효)전

력은 몇 [W]인가?

① 100　　② 173　　③ 200　　④ 344

|정|답|및|해|설|

[유효전력] $P = VI\cos\theta\,[W]$

(V, I : 실효값($V = \dfrac{V_m}{\sqrt{2}}$, $I = \dfrac{I_m}{\sqrt{2}}$), θ : 전압과 전류의 위상차)

$e = 141.4\sin\left(377t + \dfrac{\pi}{3}\right)[V]$　　$\rightarrow$ (141.4 : 최대값 V_m)）

$i = \sqrt{8}\sin\left(377t + \dfrac{\pi}{6}\right)[A]$　　$\rightarrow$ ($\sqrt{8}$: 최대값(I_m))

$\therefore P = \dfrac{141.4}{\sqrt{2}} \times \dfrac{\sqrt{8}}{\sqrt{2}}\cos\left(\dfrac{\pi}{3} - \dfrac{\pi}{6}\right)[W]$

$= 100 \times 2\cos(60 - 30) = 200\cos 30 = 200 \times \dfrac{\sqrt{3}}{2} = 173[W]$

【정답】②

66. 다음과 같은 4단자 회로에서 영상임피던스[Ω]는?

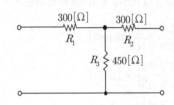

① 200　　　　　　② 300

③ 450　　　　　　④ 600

|정|답|및|해|설|

[4단자 정수의 영상임피던스]

$\begin{vmatrix} A & B \\ C & D \end{vmatrix} = \begin{vmatrix} 1 & 300 \\ 0 & 1 \end{vmatrix}\begin{vmatrix} 1 & 0 \\ \frac{1}{450} & 1 \end{vmatrix}\begin{vmatrix} 1 & 300 \\ 0 & 1 \end{vmatrix} = \begin{vmatrix} \frac{5}{3} & 800 \\ \frac{1}{450} & \frac{5}{3} \end{vmatrix}$

· $Z_{01} = \sqrt{\dfrac{AB}{CD}}\,[\Omega]$ · $Z_{02} = \sqrt{\dfrac{BD}{AC}}\,[\Omega]$에서 $A = D$이므로

· $Z_{01} = Z_{02} \rightarrow \sqrt{\dfrac{B}{C}} = \sqrt{\dfrac{B}{C}}$

· $A = D = 1 + \dfrac{300}{450} = \dfrac{5}{3}$

· $B = \dfrac{300\times 300 + 300\times 450 + 300\times 450}{450} = 800$

· $C = \dfrac{1}{450}$

$\therefore Z_{01} = Z_{02} \rightarrow \sqrt{\dfrac{800}{\frac{1}{450}}} = 600[\Omega]$

【정답】④

67. 저항 1[Ω]과 인덕턴스 1[H]를 직렬로 연결한 후 60[Hz], 100[V]의 전압을 인가할 때 흐르는 전류의 위상은 전압의 위상보다 어떻게 되는가?

① 뒤지지만 90[°] 이하이다.

② 90[°] 늦다.

③ 앞서지만 90[°] 이하이다.

④ 90[°] 빠르다.

|정|답|및|해|설|

[직렬회로의 전류] $I = \dfrac{V}{Z}[A]$

· 직렬 임피던스 $Z = R + jwL = R + j2\pi fL$
　　　　　$= 1 + j2 \times 3.14 \times 60 \times 1$
　　　　　$= 1 + j377\,[\Omega]$

· 직렬회로의 전류

$I = \dfrac{V}{Z} = \dfrac{100}{1 + j377} = \dfrac{100}{\sqrt{1^2 + 377^2}\,\angle\,\tan^{-1}\frac{377}{1}}$

$= \dfrac{100}{\sqrt{142130}}\,\angle -\tan^{-1}377$

$= \dfrac{100}{119}\,\angle -89.85[°] ≒ 0.84\,\angle -89.85 ≒ -90[°]$

이는 전압(V)기준 전류(I)의 위상은 뒤지지만 90[°] 이하이다.

【정답】①

68. 그림과 같은 RC 직렬회로에 $t = 0$에서 스위치 S를 닫아 직류 전압 100[V]를 회로의 양단에 인가하면 시간 t에서 충전전하는 얼마인가?
(단, $R = 10[\Omega]$, $C = 0.1[F]$이다.)

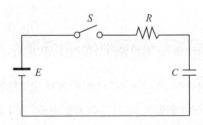

① $10(1 - e^{-t})$　　　　② $-10(1 - e^{t})$

③ $10e^{-t}$　　　　　　④ $-10e^{t}$

|정|답|및|해|설|

[RC 직렬회로 충전전하] $Q_c = CV = CE_c = CE\left(1 - e^{-\frac{1}{CR}t}\right)[C]$

$\therefore Q_c = 0.1 \times 100\left(1 - e^{-\frac{1}{0.1\times 10}t}\right) = 10(1 - e^{-t})[C]$

【정답】①

69. 평형 3상 저항 부하가 3상 4선식 회로에 접속하여 있을 때 단상 전력계를 그림과 같이 접속하였더니 그 지시값이 W[W]이었다. 이 부하의 3상 전력[W]은?

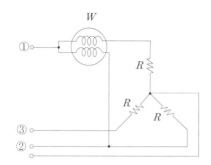

① $\sqrt{2}\,W$　　　　② $2\,W$

③ $\sqrt{3}\,W$　　　　④ $3\,W$

|정|답|및|해|설|

[2전력계법] 유효전력 $P = |W_1| + |W_2| = 2\,W$

· 부하의 3상 전력 $P = VI\cos\theta\,[W]$

· 평형 3상 저항 부하이므로 $\theta = 0$

· ①, ②단자 연결 시 전력계 지시

$$W = VI\cos\theta(30+\theta) = VI\cos30 = \frac{\sqrt{3}}{2}\,V_l I_l\,[W]\cdots\cdots①$$

· ①, ③단자 연결 시 전력계 지시

$$W = VI\cos\theta(30-\theta) = VI\cos30\,[W]\cdots\cdots\cdots②$$

∴ ①과 ②식에서 부하의 3상 전력

$P = W_1 + W_2 = 2\,W$

$\quad = 2VI\cos30 = 2VI\times\dfrac{\sqrt{3}}{2} = \sqrt{3}\,VI\,[W] = 2\,W$

【정답】②

70. $F(s) = \dfrac{5s+8}{5s^2+4s}$ 일 때 $f(t)$의 최종값 $f(\infty)$은?

① 1　　　　② 2

③ 3　　　　④ 4

|정|답|및|해|설|

[최종값 정리] $\lim\limits_{t\to\infty} f(t) = \lim\limits_{s\to0} sF(s)$

$$\lim_{s\to0} sF(s) = \lim_{s\to0} s\cdot\frac{5s+8}{s(5s^2+4)} = \frac{8}{4} = 2$$

【정답】②

71. 다음 두 회로의 4단자 정수 A, B, C, D가 동일한 조건은?

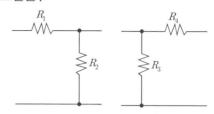

① $R_1 = R_2, \quad R_3 = R_4$

② $R_1 = R_3, \quad R_2 = R_4$

③ $R_1 = R_4, \quad R_2 = R_3 = 0$

④ $R_2 = R_3, \quad R_1 = R_4 = 0$

|정|답|및|해|설|

[4단자 정수]

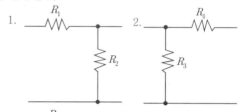

(1) $A = 1 + \dfrac{R_1}{R_2}$, $B = R_1$, $C = \dfrac{1}{R_2}$, $D = 1$

(2) $A = 1$, $B = R_4$, $C = \dfrac{1}{R_3}$, $D = \dfrac{R_4}{R_3}$

· A : $1 + \dfrac{R_1}{R_2} = 1 \rightarrow R_1 = 0$

· B : $R_1 = R_4 \rightarrow R_1 = 0 = R_4$

· C : $\dfrac{1}{R_2} = \dfrac{1}{R_3} \rightarrow R_2 = R_3$

· D : $1 = 1 + \dfrac{R_4}{R_3} \rightarrow R_4 = 0$

∴ $R_1 = R_4 = 0, \quad R_2 = R_3$

【정답】④

72. Y결선된 대칭 3상 회로에서 전원 한 상의 전압이 $V_a = 220\sqrt{2}\sin\omega t\,[V]$일 때 선간전압의 실효값은 약 몇 [V]인가?

① 220　　　　② 310

③ 380　　　　④ 540

|정|답|및|해|설|

[Y결선에서 선간전압의 실효값] $V_l = \sqrt{3}\,V_p\,[V]$, $I_l = I_p$

Y결선된 대칭 3상 회로에서 전원 1상의 상전압 실효값은

$V_p = \dfrac{V_m}{\sqrt{2}} = \dfrac{220\sqrt{2}}{\sqrt{2}} = 220\,[V]$ 이다.

선간전압의 실효값 $V_l = \sqrt{3}\,V_p = \sqrt{3}\times220 = 380\,[V]$

【정답】③

73. 평형 3상 Y결선 회로의 선간전압이 V_l, 상전압이 V_p, 선전류가 I_l, 상전류가 I_p일 때 다음의 수식 중 틀린 것은? (단, P는 3상 부하전력을 의미한다.)

① $V_l = \sqrt{3}\, V_p$ ② $I_l = I_p$

③ $P = \sqrt{3}\, V_l I_l \cos\theta$ ④ $P = \sqrt{3}\, V_p I_p \cos\theta$

|정|답|및|해|설|

[평형 Y결선 회로에서 부하전력] $P = \sqrt{3}\, V_l I_l \cos\theta\,[W]$

· 선간전압 $V_l = \sqrt{3}\, V_p\,[V]$ · 선전류 $I_l = I_p\,[A]$

【정답】④

74. $a + a^2$의 값은? (단, $a = e^{\frac{j2\pi}{3}} = 1 \angle 120[°]$이다)

① 0   ② -1

③ 1   ④ a^3

|정|답|및|해|설|

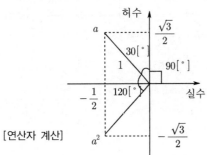

[연산자 계산]

1. $a = 1 \angle 120[°]$ → $a^2 = 1 \angle 240[°] = 1 \angle -120[°]$

2. $a = -\dfrac{1}{2} + \dfrac{\sqrt{3}}{2}j$

3. $a^2 = -\dfrac{1}{2} - \dfrac{\sqrt{3}}{2}j$

$\therefore a + a^2 = -\dfrac{1}{2} + \dfrac{\sqrt{3}}{2}j - \dfrac{1}{2} - \dfrac{\sqrt{3}}{2}j = -1$

【정답】②

75. 전압 $v = 10\sin 10t + 20\sin 20t\,[V]$이고, 전류가 $i = 20\sin 10t + 10\sin 20t\,[A]$이면 소비(유효)전력 [W]은?

① 400   ② 283

③ 200   ④ 141

|정|답|및|해|설|

[소비전력] $P = V_1 I_1 \cos\theta_1 + V_2 I_2 \cos\theta_2$

$P = \dfrac{10}{\sqrt{2}} \times \dfrac{20}{\sqrt{2}} + \dfrac{20}{\sqrt{2}} \times \dfrac{10}{\sqrt{2}}$ → $\left(V = \dfrac{V_m}{\sqrt{2}},\ I = \dfrac{I_m}{\sqrt{2}}\right)$

→ (위상이 없으므로 위상을 고려하지 않는다.)

$= \dfrac{200}{2} + \dfrac{200}{2} = \dfrac{400}{2} = 200[W]$

【정답】③

76. 코일의 권수 N=100회이고, 코일의 저항 $R = 10[\Omega]$이다. 전류 $I = 10[A]$를 흘릴 때 코일의 권수 1회에 대한 자속이 $\varnothing = 3 \times 10^{-2}[Wb]$라면 이 회로의 시정수(s)는?

① 0.3   ② 0.4

③ 3.0   ④ 4.0

|정|답|및|해|설|

[RL 직렬회로의 시정수] $\tau = \dfrac{L}{R}$

렌츠의 법칙 $LI = N\varnothing$에서

인덕턴스 $L = \dfrac{N\varnothing}{I} = \dfrac{1000 \times 3 \times 10^{-2}}{10} = 3[H]$

$\therefore$ 시정수 $\tau = \dfrac{L}{R} = \dfrac{3}{10} = 0.3[s]$

【정답】①

77. 평형 3상 회로의 결선을 Y결선에서 △결선으로 하면 소비전력은 몇 배가 되는가?

① 1.5   ② 1.73

③ 3   ④ 3.46

|정|답|및|해|설|

[소비전력]

$P_\triangle = 3I^2 R = 3\left(\dfrac{V}{R}\right)^2 R = 3 \cdot \dfrac{V^2}{R}$

$P_Y = 3 \cdot \dfrac{\left(\dfrac{V}{\sqrt{3}}\right)^2}{R} = \dfrac{V^2}{R}$ $\therefore P_Y = \dfrac{1}{3}P_\triangle$

즉, △결선이 Y결선의 3배가 된다.

【정답】③

78. $V_1(s)$을 입력, $V_2(s)$를 출력이라 할 때, 다음 회로의 전달함수는? (단, $C_1 = 1[F]$, $L_1 = 1[H]$)

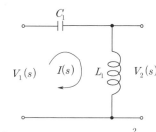

① $\dfrac{s}{s+1}$ ② $\dfrac{s^2}{s^2+1}$

③ $\dfrac{1}{s+1}$ ④ $1+\dfrac{1}{s}$

|정|답|및|해|설|

[전달함수] $G(s) = \dfrac{출력}{입력} = \dfrac{V_2(s)}{V_1(s)}$

· $V_1(s) = \left(\dfrac{1}{sC_1} + sL_1\right)I(s)$

· $V_2(s) = sL_1 I(s)$

$\therefore G(s) = \dfrac{sL_1}{\dfrac{1}{sC_1} + sL_1} = \dfrac{sL_1}{\dfrac{s^2 L_1 C_1 + 1}{sC_1}}$

$= \dfrac{s^2 L_1 C_1}{s^2 L_1 C_1 + 1} = \dfrac{s^2}{s^2 + 1} \rightarrow (L_1 = 1, \ C_1 = 1)$

【정답】②

79. 정현파 교류 $i = 10\sqrt{2}\sin\left(\omega t + \dfrac{\pi}{3}\right)[A]$를 복소수의 극좌표 형식으로 표시하면?

① $10\sqrt{2} \angle \dfrac{\pi}{3}$ ② $10 \angle 0$

③ $10 \angle \dfrac{\pi}{3}$ ④ $10 \angle -\dfrac{\pi}{3}$

|정|답|및|해|설|

[정현파의 실효값] $I = \dfrac{I_m}{\sqrt{2}}[A]$

실효값(전류) $I = \dfrac{I_m}{\sqrt{2}} = \dfrac{10\sqrt{2}}{\sqrt{2}} = 10$

※교류의 표현 : 순시값(최대값 포함), 두 값의 언급이 없으면 실효값
【정답】③

80. $\dfrac{dx(t)}{dt} + 3x(t) = 5$의 라플라스 변환은?

(단, $x(0) = 0$, $X(s) = \mathcal{L}[x(t)]$)

① $X(s) = \dfrac{5}{s+3}$ ② $X(s) = \dfrac{3}{s(s+5)}$

③ $X(s) = \dfrac{3}{s+5}$ ④ $X(s) = \dfrac{5}{s(s+3)}$

|정|답|및|해|설|

[라플라스 변환] $\dfrac{d}{dt} = j\omega = s$이다.

주어진 방정식 양변을 라플라스 변환하면

$sX(s) + 3X(s) = \dfrac{5}{s} \rightarrow X(s)(s+3) = \dfrac{5}{s} \quad \therefore X(s) = \dfrac{5}{s(s+3)}$

【정답】④

3회 **2019년 전기산업기사필기(전기설비기술기준)**

81. 접지공사에 사용되는 접지선을 사람이 접촉할 우려가 있는 곳에 철주 기타의 금속체를 따라서 시설하는 경우에는 접지극을 몇 [cm]를 이격시켜야 하는가? (단, 접지극을 철주의 밑면으로부터 30[cm] 이상의 깊이에 매설하는 경우는 제외한다.)

① 50 ② 75

③ 100 ④ 125

|정|답|및|해|설|

[접지극의 시설 및 접지저항 (KEC 142.2)] 접지선을 철주 기타의 금속체를 따라 시설하는 경우에는 접지극을 철주의 밑면으로부터 30[cm] 이상 깊이에 매설하는 경우 이외에는 접지극을 지중에서 금속체로부터 1[m] 이상 이격할 것 【정답】③

82. 건조한 장소로서 전개된 장소에 한하여 고압 옥내배선을 할 수 있는 것은?

① 애자사용공사 ② 합성수지관공사

③ 금속관공사 ④ 가요선선관공사

|정|답|및|해|설|

[고압 옥내배선 등이 시설 (KEC 342.1)] 고압 옥내 배선은 애자 사용 공사(건조한 장소로서 전개된 장소에 한함) 및 케이블 공사, 케이블 트레이 공사에 의하여야 한다. 【정답】①

83. 내부에 고장이 생긴 경우에 자동적으로 이를 전로로부터 차단하는 장치가 반드시 필요한 것은

① 뱅크용량 1,000[kVA]인 변압기

② 뱅크용량 10,000[kVA]인 무효전력보상장치(조상기)

③ 뱅크용량 300[kVA]인 분로리액터

④ 뱅크용량 10,000[kVA]인 전력용 커패시터

|정|답|및|해|설|
[보상설비의 보호장치 (KEC 351.5)]

설비 종별	뱅크 용량의 구분	자동적으로 전로로부터 차단하는 장치
전력용 커패시터 및 분로리액터	500[kVA] 초과 15,000[kVA] 미만	· 내부에 고장이 생긴 경우 · 과전류가 생긴 경우
	15,000[kVA] 이상	· 내부에 고장이 생긴 경우 · 과전류가 생긴 경우 · 과전압이 생긴 경우
무효전력보상장치(조상기)	15,000[kVA] 이상	· 내부에 고장이 생긴 경우

【정답】④

84. 사용전압 154[kV]의 가공전선을 시가지에 시설하는 경우 전선의 지표상의 높이는 최소 몇 [m] 이상이어야 하는가? (단, 발전소, 변전소 또는 이에 준하는 곳의 구내와 구외를 연결하는 1경간 가공전선은 제외한다.)

① 7.44　　　　② 9.44

③ 11.44　　　　④ 13.44

|정|답|및|해|설|
[시가지 등에서 특고압 가공전선로의 시설 (KEC 333.1)]
시가지에 특고가 시설되는 경우 전선의 지표상 높이는
· 35[kV] 이하 10[m](특고 절연 전선인 경우 8[m]) 이상
· 35[kV]를 넘는 경우 10[m]에 35[kV]를 넘는 10[kV] 또는 그 단수마다 12[cm]를 더한 값으로 한다.
· 단수 $= \frac{154-35}{10} = 11.9 \rightarrow 12$단
∴ 지표상의 높이 $= 10 + 12 \times 0.12 = 11.44[m]$　　　[정답] ③

85. 과전류 차단기를 설치하지 않아야 할 곳은?

① 수용가의 인입선 부분

② 고압 배전선로의 인출장소

③ 직접 접지계통에 설치한 변압기의 접지선

④ 역률 조정용 고압 병렬콘덴서 뱅크의 분기선

|정|답|및|해|설|
[과전류 차단기의 시설 제한 (KEC 341.11)]
· 각종 접지공사의 접지선
· 다선식 전로의 중성선
· 전로의 일부에 접지공사를 한 저압 가공선로의 접지 측 전선
【정답】③

86. 가공전선로의 지지물에 시설하는 지지선의 안전율과 허용인장하중의 최저값은?

① 안전율은 2.0 이상, 허용인장하중 최저값은 4[kN]

② 안전율은 2.5 이상, 허용인장하중 최저값은 4[kN]

③ 안전율은 2.0 이상, 허용인장하중 최저값은 4.4[kN]

④ 안전율은 2.5 이상, 허용인장하중 최저값은 4.31[kN]

|정|답|및|해|설|
[지지선의 시설 (KEC 331.11)] 가공전선로의 지지물에 시설하는 지지선은 다음 각 호에 따라야 한다.
· 안전율 : 2.5 이상
· 최저 인장하중 : 4.31[kN]
· 소선의 지름 2.6[mm] 이상의 금속선을 3조 이상 꼬아서 사용
· 지중 및 지표상 30[cm]까지의 부분은 아연도금 철봉 등을 사용
· 도로횡단높이 : 5[m]　　　【정답】④

87. 전용 개폐기 또는 과전류차단기에서 화약류 저장소의 인입구까지의 배선은 어떻게 시설하는가?

① 애자사용공사에 의하여 시설한다.

② 케이블을 사용하여 지중으로 시설한다.

③ 케이블을 사용하여 가공으로 시설한다.

④ 합성수지관공사에 의하여 가공으로 시설한다.

|정|답|및|해|설|
[화약류 저장소 등의 위험장소 (KEC 242.5)]
· 전로의 대지전압은 300[V] 이하일 것
· 전기 기계기구는 전폐형일 것
· 금속관 공사, 케이블 공사에 의할 것
· 개폐기 및 과전류 차단기에서 화약류 저장소까지는 케이블을 사용하여 지중에 시설한다.　　　【정답】②

88. 특별 고압 가공전선로에 사용하는 가공지선에는 지름 몇 [mm]의 나경동선, 또는 이와 동등 이상의 세기 및 굵기의 나선을 사용하여야 하는가?

① 2.6 ② 3.5
③ 4   ④ 5

|정|답|및|해|설|
[특고압·고압 가공전선로의 가공지선 (KEC 332.6)]
1. 고압 가공전선로의 가공지선 : 인장강도 5.26[kN] 이상의 것 또는 지름 4[mm] 이상의 나경동선
2. 특고압 가공전선로의 가공지선 : 인장강도 8.01[kN] 이상의 나선 또는 5[mm] 이상의 나경동선   【정답】④

89. 백열전등 또는 방전등에 전기를 공급하는 옥내 전로의 대지전압은 몇 [V] 이하를 원칙으로 하는가?

① 300[V] ② 380[V]
③ 440[V] ④ 600[V]

|정|답|및|해|설|
[1[kV] 이하 방전등 (kec 234.11)] 백열전등 또는 방전등에 전기를 공급하는 옥내의 전로의 대지전압은 300[V] 이하이어야 하며, 다음 각 호에 의하여 시설하여야 한다. 다만, 대지전압 150[V] 이하의 전로인 경우에는 다음 각 호에 의하지 아니할 수 있다.
·방전등 및 이에 부속하는 전선은 사람이 접촉할 우려가 없도록 시설할 것
·방전등용 안정기는 옥내배선과 직접 접속하여 시설할 것

|참|고|
[대자전압]
1. 90[%] 이상은 300[V]
2. 예외인 경우
  ① 누설전압이 없는 경우 → 대지전압 150[V]
  ② 전기저장장치, 태양광설비 → 직류 600[V]
                【정답】①

90. 특고압 가공전선로의 지지물에 시설하는 가공통신 인입선은 조영물의 붙임점에서 지표상의 높이를 몇 [m] 이상으로 하여야 하는가? (단, 교통에 지장이 없고 또한 위험의 우려가 없을 때에 한한다.)

① 2.5 ② 3
③ 3.5 ④ 4

|정|답|및|해|설|
[가공통신 인입선 시설 (KEC 362.12)]

1. 가공통신선의 지지물에서의 지지점 및 분기점 이외의 가공통신 인입선 부분의 높이는 교통에 지장을 줄 우려가 없을 경우 차량이 통행하는 노면상의 높이는 4.5[m] 이상, 조영물의 붙임점에서의 지표상의 높이는 2.5[m] 이상으로 하여야 한다.
2. 특고압 가공전선로의 지지물에 시설하는 통신선 또는 이에 직접 접속하는 가공 통신선의 지지물에서의 지지점 및 분기점 이외의 가공 통신 인입선 부분의 높이 및 다른 가공약전류 전선 등 사이의 간격은 교통에 지장이 없고 또한 위험의 우려가 없을 경우에 노면상의 높이는 5[m] 이상, 조영물의 붙임점에서의 지표상의 높이는 3.5[m] 이상, 다른 가공약전류 전선 등 사이의 간격은 60[cm] 이상으로 하여야 한다.
                【정답】③

91. 지중전선이 지중약전류 전선 등과 접근하거나 교차하는 경우에 상호 간의 간격(이격거리)이 저압 또는 고압의 지중전선이 몇 [cm] 이하인 때에는 지중전산과 지중약전류전선 등 사이에 견고한 내화성의 격벽을 설치하여야 하는가?

① 10[cm] ② 20[cm]
③ 30[cm] ④ 60[cm]

|정|답|및|해|설|
[지중선전과 지중 약전류전선 등 또는 관과의 접근 또는 교차 (KEC 334.6)] 고압 지중 전선이 지중 약전류 전선과 접근 교차하는 경우 상호의 간격이 30[cm] 이하인 경우에는 지중 전선과 관과의 사이에 견고한 내화성의 격벽을 시설하여야 한다.
                【정답】③

92. 특고압 가공전선로의 철탑(단주 제외)의 지지물 간 거리(경간)는 몇 [m] 이하이어야 하는가?

① 400 ② 500
③ 600 ④ 700

|정|답|및|해|설|
[특고압 가공전선로의 지지물 간 거리(경간) 제한 (KEC 333.21)]

지지물의 종류	지지물 간 거리(경간)
A종 철주 또는 A종 철근 콘크리트주	150[m]
B종 철주 또는 B종 철근 콘크리트주	250[m]
철탑	600[m] (단주인 경우에는 400[m])

                【정답】③

93. 피뢰기를 반드시 시설하지 않아도 되는 곳은?

① 발전소·변전소의 가공전선의 인출구
② 가공전선로와 지중전선로가 접속되는 곳
③ 고압 가공전선로로부터 수전하는 차단기 2차측
④ 특고압 가공전선로로부터 공급을 받는 수용장소의 인입구

|정|답|및|해|설|.........

[피뢰기의 시설 (KEC 341.13)]
1. 발·변전소 또는 이에 준하는 장소의 가공 전선 인입구 및 인출구
2. 배전용 변압기의 고압측 및 특고압측
3. 고압 및 특고압 가공 전선로부터 공급을 받는 장소의 인입구
4. 가공 전선로와 지중 전선로가 접속되는 곳

【정답】③

94. 발전기의 보호장치에 있어서 과전류, 압유장치의 유압저하 및 베어링의 온도가 현저히 상승한 경우 자동적으로 이를 전로로부터 차단하는 장치를 시설하여야 한다. 해당되지 않는 것은?

① 발전기에 과전류나 과전압이 생긴 경우
② 용량 10000[kVA] 이상인 발전기의 내부에 고장이 생긴 경우
③ 용량 100[kVA] 이싱의 발전기를 구동하는 풍차의 압유장치의 유압, 압축공기장치의 공기압이 현저히 저하한 경우
④ 원자력발전소에 시설하는 비상용 예비발전기에 있어서 비상용 노심냉각장치가 작동한 경우

|정|답|및|해|설|.........

[발전기 등의 보호장치 (KEC 351.3)]
발전기에는 다음 각 호의 경우에 자동적으로 이를 전로로부터 차단하는 장치를 시설하여야 한다.
1. 발전기에 과전류나 과전압이 생긴 경우
2. 용량이 500[kVA] 이상의 발전기를 구동하는 수차의 압유 장치의 유압 또는 전동식 가이드밴 제어장치, 전동식 니이들 제어장치 또는 전동식 디플렉터 제어장치의 전원전압이 현저히 저하한 경우
3. 용량 100[kVA] 이상의 발전기를 구동하는 풍차(風車)의 압유장치의 유압, 압축 공기장치의 공기압 또는 전동식 브레이드 제어장치의 전원전압이 현저히 저하한 경우
4. 용량이 2,000[kVA] 이상인 수차 발전기의 스러스트 베어링의 온도가 현저히 상승한 경우
5. 용량이 10,000[kVA] 이상인 발전기의 내부에 고장이 생긴 경우
6. 정격출력이 10,000[kW]를 초과하는 증기터빈은 그 스러스트 베어링이 현저하게 마모되거나 그의 온도가 현저히 상승한 경우

【정답】④

95. 지중전선로를 직접 매설식에 의하여 차량 기타 중량물의 압력을 받을 우려가 있는 장소의 매설 깊이는 최소 몇 [m] 이상이면 되는가?

① 1.0　　　　② 1.2
③ 1.5　　　　④ 1.8

|정|답|및|해|설|.........

[지중 선로의 시설 (KEC 334.1)]
· 지중 전선로는 전선에 케이블을 사용하고 또한 관로식, 암거식, 직접 매설식에 의하여 시설하여야 한다.
· 지중 전선로를 직접 매설식에 의하여 시설하는 경우에는 매설 깊이를 차량 기타 중량물의 압력을 받을 우려가 있는 장소에는 1.0[m] 이상, 기타 장소에는 60[cm] 이상으로 하고 또한 지중 전선을 견고한 트로프 기타 방호물에 넣어 시설하여야 한다.

【정답】①

96. 특고압 전선로에 사용되는 애자장치에 대한 갑종 풍압하중은 그 구성재의 수직 투명면적 1[m²]에 대한 풍압하중을 몇 [Pa]를 기초로 계산하여야 하는가?

① 592　　　　② 668
③ 946　　　　④ 1039

|정|답|및|해|설|.........
[풍압 하중의 종별과 적용 (KEC 331.6)]

풍압을 받는 구분			풍압[Pa]
목 주			588
지지물	철주	원형의 것	588
		삼각형 또는 농형	1412
		강관에 의하여 구성되는 4각형의 것	1117
		기타의 것으로 복재가 전후면에 겹치는 경우	1627
		기타의 것으로 겹치지 않은 경우	1784
	철근 콘크리트 주	원형의 것	588
		기타의 것	822
애자장치 (특별고압전선용의 것에 한한다)			1,039[Pa]
목주·철주(원형의 것에 한한다) 및 철근 콘크리트주의 완금류(특별고압 전선로용의 것에 한한다)		단일재로서 사용하는 경우에는 1,196[Pa], 기타의 경우에는 1,627[Pa]	

【정답】④

97. 지중 또는 수중에 시설되는 금속제의 부식 방지를 위한 전기부식방지 회로의 사용전압은 직류 몇 [V] 이하로 하여야 하는가? (단, 전기부식방지 회로 전기부식방지용 전원 장치로부터 양극 및 피방식체까지의 전로를 말한다.)

① 24[V]　　　　② 48[V]

③ 60[V]　　　　④ 100[V]

|정|답|및|해|설|...

[전기부식방지 시설 (KEC 241.16)]]

지중 또는 수중에 시설되는 금속체의 부식을 방지하기 위하여 지중 또는 수중에 시설하는 양극과 금속체 간에 방식 전류를 통하는 시설로 다음과 같이 한다.

1. 사용전압은 직류 60[V] 이하일 것
2. 지중에 매설하는 양극은 75[cm] 이상의 깊이일 것
3. 수중에 시설하는 양극과 그 주위 1[m] 안의 임의의 점과의 전위차는 10[V] 이내, 지표 또는 수중에서 1[m] 간격을 갖는 임의의 2점간의 전위차는 5[V] 이내이어야 한다.
4. 전선은 케이블인 경우를 제외하고 2[mm] 경동선 이상이어야 한다.　　　　　　　　　　　　　　　　　　【정답】③

※한국전기설비규정(KEC) 적용으로 인해 더 이상 출제되지 않는 문제는 삭제했습니다.

1. 무한장 원주형 도체에 전류 I가 표면에만 흐른다면 원주 내부의 자계의 세기는 몇 [AT/m] 인가? (단. r[m]는 원주의 반지름이고, N은 권선수이다.)

① $\dfrac{I}{2\pi r}$ ② $\dfrac{NI}{2\pi r}$

③ $\dfrac{I}{2r}$ ④ 0

|정|답|및|해|설|
[동축 원통(무한장 원주형)] 도체의 전류가 표면에만 흐르므로 도체 내부에는 폐곡선 C 중을 통하는 전류가 없다. 따라서 내부 자계의 세기는 0이다.
즉, 직선도체에 전류가 흐를 때 중심에서 r만큼 떨어진 지점
· 내부 $(r < a)$ → $H = 0$
· 표면 $(r > a)$ → $H = \dfrac{I}{2\pi r}$ 【정답】④

2. 다음이 설명하고 있는 것은?

> 수정, 로셀염 등에 열을 가하면, 분극을 일으켜 한쪽 끝에 양(+)전기, 다른 쪽 끝에 음(−)전기가 나타나며, 냉각할 때에는 역분극이 생긴다.

① 강유전성
② 압전기 현상
③ 파이로(Pyro) 전기
④ 톰슨(Thomson) 효과

|정|답|및|해|설|
[압전기 현상]
1. 직접효과 : 수정, 전기석, 로셀염, 티탄산바륨의 결정에 기계적 응력을 가하면 전기분극이 나타나는 현상
2. 역효과 : 역으로 결정에 전기를 가하면 기계적 왜형이 나타나는 현상
3. 종효과 : 결정에 가한 기계적 응력과 전기 분극이 동일 방향으로 발생하는 경우
4. 횡효과 : 수직 방향으로 발생하는 경우   【정답】③

3. 비유전율이 9인 유전체 중에 1[cm]의 거리를 두고 1[μC]과 2[μC]의 두 점전하가 있을 때 서로 작용하는 힘은 약 몇 [N]인가?

① 18   ② 20
③ 180   ④ 200

|정|답|및|해|설|
[쿨롱의 법칙(힘)] $F = \dfrac{Q_1 Q_2}{4\pi \epsilon_0 \epsilon_s r^2} [N]$

$\therefore F = \dfrac{Q_1 Q_2}{4\pi \epsilon_0 \epsilon_s r^2} = 9 \times 10^9 \times \dfrac{1 \times 10^{-6} \times 2 \times 10^{-6}}{9 \times (1 \times 10^{-2})^2} = 20[N]$

$\rightarrow (\dfrac{1}{4\pi \epsilon_0} = 9 \times 10^9, \ \mu = 10^{-6})$
【정답】②

4. 비투자율 [μ_s], 자속밀도 B[Wb/m²]인 자계 중에 있는 m[Wb]의 자극이 받는 힘[N]은?

① $\dfrac{Bm}{\mu_0 \mu_s}$ ② $\dfrac{Bm}{\mu_0}$

③ $\dfrac{\mu_0 \mu_s}{Bm}$ ④ $\dfrac{Bm}{\mu_s}$

|정|답|및|해|설|
[자계 중의 자극이 받는 힘] $F = mH[N]$
자속밀도 $B = \mu H$이므로 $H = \dfrac{B}{\mu} = \dfrac{B}{\mu_o \mu_s}$

$\therefore F = m\dfrac{B}{\mu_0 \mu_s} [N]$ 【정답】①

5. 반지름이 1[m]인 도체구에 최고로 줄 수 있는 전위는 몇 [kV]인가? 단, 주위 공기의 절연내력은 3×10^6[V/m]이다.

① 30   ② 300
③ 3,000   ④ 30,000

|정|답|및|해|설|
[구도체의 표면 전위] $V = Er$
여기서, E : 전계의 세기, r : 반지름
$E = G(절연내력) = 3 \times 10^6 [V/m]$
$\therefore V = Er = Gr = 3 \times 10^6 \times 1 = 3 \times 10^6 [V] = 3,000[kV]$
【정답】③

6. 그림과 같은 정전용량이 C_0[F]가 되는 평행판 공기 콘덴서가 있다. 이 콘덴서의 판면적의 $\frac{3}{2}$ 되는 공간에 비유전율 ϵ_s인 유전체를 채우면 공기콘덴서의 정전용량은 몇 [F]인가?

① $\dfrac{2\epsilon_s}{3}C_0$

② $\dfrac{3}{1+2\epsilon_s}C_0$

③ $\dfrac{1+\epsilon_s}{3}C_0$

④ $\dfrac{1+2\epsilon_s}{3}C_0$

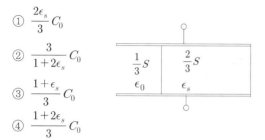

|정|답|및|해|설|
[콘덴서 정전용량] 콘덴서가 병렬이므로
$$C = C_1 + C_2 = \frac{1}{3}C_0 + \frac{2}{3}C_0\epsilon_s = \frac{1}{3}C_0(1+2\epsilon_s)[F]$$ 【정답】④

|참|고|

[유전체의 삽입 위치에 따른 콘덴서의 직·병렬 구별]

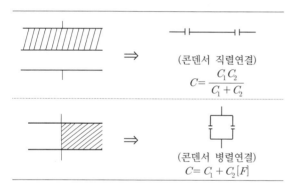

(콘덴서 직렬연결)
$$C = \frac{C_1 C_2}{C_1 + C_2}$$

(콘덴서 병렬연결)
$$C = C_1 + C_2 [F]$$

7. 단면적 S[m²], 자로의 길이 l[m], 투자율 μ[H/m] 의 환상 철심에 1[m]당 N회 코일을 균등하게 감았을 때 자기인덕턴스[H]는?

① μNlS

② $\mu N^2 lS$

③ $\dfrac{\mu N^2 l}{S}$

④ $\dfrac{\mu N^2 S}{l}$

|정|답|및|해|설|
[환상 솔레노이드의 자기인덕턴스] $L = \dfrac{\mu S(Nl)^2}{l} = \mu SN^2 l [H]$
→ (1[m]당 N회 감고 μ, S, l일 때)
여기서, L : 자기인덕턴스, μ : 투자율[H/m], N : 권수
S : 단면적[m²], l : 길이[m]   【정답】②

8. 공기 중에서 무한 평면 도체로부터 수직으로 10^{-10}[m] 떨어진 점에 한 개의 전자가 있다. 이 전자에 작용하는 힘은 약 몇 [N]인가? 단, 전자의 전하량은 -1.602×10^{-19}[C]이다.

① 5.77×10^{-9}

② 1.602×10^{-9}

③ 5.77×10^{-19}

④ 1.602×10^{-19}

|정|답|및|해|설|
[전기 영상법] 평면의 반대쪽에 크기는 같고 부호가 반대인 전하가 있다고 가정하고 해석한다.

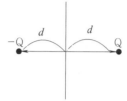

흡인력

영상력 $F = \dfrac{Q \times (-Q)}{4\pi\epsilon_0 (2d)^2} = -\dfrac{Q^2}{16\pi\epsilon_0 a^2}[N]$

$= 9 \times 10^9 \times \dfrac{(1.602 \times 10^{-19})}{4 \times (10^{-10})^2} = 5.77 \times 10^{-9}[N]$

→ $\left(\dfrac{1}{4\pi\epsilon_0} = \dfrac{1}{4 \times 3.14 \times 8.855 \times 10^{-12}} = 8.99 \times 10^9 = 9 \times 10^9\right)$

【정답】①

9. 접지구 도체와 점전하 간의 작용력은?

① 항상 반발력이다.

② 항상 흡인력이다.

③ 조건적 반발력이다.

④ 조건적 흡인력이다.

|정|답|및|해|설|
[접지 도체구와 점전하]

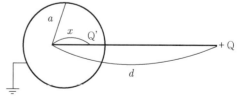

·영상전하 $Q' = -\dfrac{a}{d}Q[C]$

·영상전하 위치 $x = \dfrac{a^2}{d}[m]$

·접지구도체에는 항상 점전하와 <u>반대 극성</u>인 전하가 유도되므로 항상 <u>흡인력</u>이 작용한다.   【정답】②

10. 반지름 $a[m]$인 접지 구도체의 중심에서 $r[m]$되는 거리에 점전하 Q가 있을 때 도체구에 유도된 총 전하는 몇 [C]인가?

① 0
② $-Q$
③ $-\dfrac{a}{r}Q$
④ $-\dfrac{r}{a}Q$

|정|답|및|해|설|

[접지 도체구에 유기되는 전하]

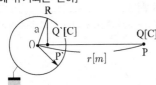

$+Q[C]$에 의해 내부 $x[m]$ 위치에 영상전하 $Q'[C]$가 생성된다.
이때 $Q'=-\dfrac{a}{r}Q[C]$이고 $OP \cdot OP' = a^2$, $OP' = \dfrac{a^2}{r}[m]$
∴ 전하의 크기 $Q'=-\dfrac{a}{r}Q[C]$　　　　　　【정답】③

11. 그림과 같이 권수가 1이고 반지름 a[m]인 원형 $I[A]$가 만드는 자계의 세기[AT/m]는?

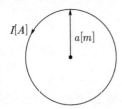

① $\dfrac{I}{a}$
② $\dfrac{I}{2a}$
③ $\dfrac{I}{3a}$
④ $\dfrac{I}{4a}$

|정|답|및|해|설|

[원형 코일 중심의 자계의 세기 ($x=0$, $N=1$)]

$H_0 = \dfrac{NI}{2a} = \dfrac{1 \times I}{2a}[AT/m]$

여기서, x : 원형 코일 중심에서 떨어진 거리
　　　　N : 권수, a : 반지름, I : 전류　　【정답】②

|참|고|

1. 원형 코일 중심($N=1$)

$H = \dfrac{NI}{2a} = \dfrac{I}{2a}[AT/m] \rightarrow (N$: 감은 권수(=1), a : 반지름)

2. 반원형($N=\dfrac{1}{2}$) 중심에서 자계의 세기 H

$H = \dfrac{I}{2a} \times \dfrac{1}{2} = \dfrac{I}{4a}[AT/m]$

3. $\dfrac{3}{4}$원($N=\dfrac{3}{4}$) 중심에서 자계의 세기 H

$H = \dfrac{I}{2a} \times \dfrac{3}{4} = \dfrac{3I}{8a}[AT/m]$

12. 각각 $\pm Q[C]$로 대전된 두 개의 도체 간의 전위차를 전위계수로 표시하면? 단, $P_{12}=P_{21}$이다.

① $(P_{11}+P_{12}+P_{22})Q$
② $(P_{11}+P_{12}-P_{22})Q$
③ $(P_{11}-P_{12}+P_{22})Q$
④ $(P_{11}-2P_{12}+P_{22})Q$

|정|답|및|해|설|

[도체의 전위차] $V = V_1 - V_2[V]$
1. 1도체의 전위 $V_1 = P_{11}Q_1 + P_{12}Q_2[V]$
2. 2도체의 전위 $V_2 = P_{21}Q_1 + P_{22}Q_2[V]$
　→ $Q_1 = Q$, $Q_2 = -Q$를 대입
∴ 전위차 $V = V_1 - V_2 = P_{11}Q - P_{12}Q - P_{12}Q + P_{22}Q$
　　　　$= (P_{11}-2P_{12}+P_{22})Q$　　　　【정답】④

13. 자속밀도 B[Wb/m²]가 도체 중에서 f[Hz]로 변화할 때 도체 중에 유기되는 기전력 e는 무엇에 비례하는가?

① $e \propto Bf$
② $e \propto \dfrac{B}{f}$
③ $e \propto \dfrac{B^2}{f}$
④ $e \propto \dfrac{f}{B}$

|정|답|및|해|설|

[유기기전력] $e = -N\dfrac{d\phi}{dt} = -N\dfrac{d}{dt}(\phi_m \sin 2\pi ft)$
　　　　　$= -2\pi fN\phi_m \cos 2\pi ft = -2\pi fNB_m S \cos 2\pi ft[V]$
∴ $e \propto Bf$　　　　　　　　　　　　　　【정답】①

14. 유전체 중의 전계의 세기를 E, 유전율을 ϵ이라 하면 전기변위는?

① ϵE
② ϵE^2
③ $\dfrac{\epsilon}{E}$
④ $\dfrac{E}{\epsilon}$

|정|답|및|해|설|

[전기변위] 전기변위는 전속밀도(D)와 같다.
변위전류 $i_a = \dfrac{\partial D}{\partial t} = \dfrac{\partial \epsilon E}{\partial t}[A/m^2]$
∴ 전속밀도 $D = \epsilon E[C/m^2]$이다.　　　　【정답】①

15. 맥스웰의 전자방정식으로 틀린 것은?

① div B = ϕ ② div D = ρ

③ rot $E = -\dfrac{\partial B}{\partial t}$ ④ rot $H = i + \dfrac{\partial D}{\partial t}$

|정|답|및|해|설|_____

[맥스웰 전자계 기초 방정식]

① $\underline{\text{div}\,B=0}$ (고립된 자하는 없다) : 자계는 발산하지 않으며, 자극은 단독으로 존재하지 않는다.

② div $D = \rho$ (가우스의 법칙) : 단위 체적당 발산 전속수는 단위 체적당 공간전하 밀도와 같다.

③ rot $E = -\dfrac{\partial B}{\partial t}$ (패러데이의 전자유도법칙(미분형)) : 전계의 회전은 자속밀도의 시간적 감소율과 같다.

④ rot $H = \nabla \times E = i + \dfrac{\partial D}{\partial t}$ (암페어 주회법칙의 미분형) : 자계의 회전은 전류밀도와 같다.   【정답】①

16. 유전율 ϵ, 투자율 μ인 매질 내에서 전자파의 전파 속도는 몇 [m/sc]인가?

① $\sqrt{\epsilon\mu}$ ② $\sqrt{\dfrac{\epsilon}{\mu}}$

③ $\dfrac{1}{\sqrt{\epsilon\mu}}$ ④ $\sqrt{\dfrac{\mu}{\epsilon}}$

|정|답|및|해|설|_____

[전자파의 속도] $v = \dfrac{\omega}{\beta} = \dfrac{1}{\sqrt{LC}} = \lambda f = \dfrac{1}{\sqrt{\epsilon\mu}} = \dfrac{3\times10^8}{\sqrt{\epsilon_s\mu_s}}$ [m/sec]

여기서, ϵ : 유전율, μ : 투자율

$\therefore v = \dfrac{1}{\sqrt{\mu\epsilon}} = \dfrac{1}{\sqrt{\mu_0\mu_s\epsilon_0\epsilon_s}} = \dfrac{C_0}{\sqrt{\mu_s\epsilon_s}} = \dfrac{3\times10^8}{\sqrt{\mu_s\epsilon_s}}$ [m/s]

$\rightarrow (C_0(\text{빛의 속도}) = \dfrac{1}{\sqrt{\epsilon_0\mu_0}} = 3\times10^8 [m/s])$

【정답】③

17. 전류밀도 J, 전계 E, 입자의 이동도 μ, 도전율을 σ라 할 때 전류밀도 [A/m^2]를 옳게 표현한 것은?

① $J = 0$ ② $J = E$

③ $J - \sigma E$ ④ $J = \mu E$

|정|답|및|해|설|_____

1. 전도전류 : 도체에 흐르는 전류(자유전자 이동)

   $i = \sigma E$ → (여기서, σ=도전율)

2. 변위전류 : 유전체에서 전속밀도의 시간적 변화에 의한 전류

   $i_d = \dfrac{dD}{dt}$ 【정답】③

18. 평행판 콘덴서에서 전극 간 V[V]의 전위차를 가할 때 전계의 세기가 공기의 절연내력 T[V/m]를 넘지 않도록 하기 위한 콘덴서의 단위 면적당 최대 용량은 몇 [F/m^2]인가?

① $\dfrac{\epsilon_0 V}{E}$ ② $\dfrac{\epsilon_0 E}{V}$

③ $\dfrac{\epsilon_0 V^2}{E}$ ④ $\dfrac{\epsilon_0 E^2}{V}$

|정|답|및|해|설|_____

[평행판 콘덴서의 정전용량] $C = \dfrac{\epsilon_0 S}{d}$ [F]

전계 $E = \dfrac{V}{d}$ → $d = \dfrac{V}{E}$

$\therefore$ 콘덴서의 단위 면적당(S=1) 최대 용량 $C = \dfrac{\epsilon_o}{d} = \dfrac{\epsilon_o}{\dfrac{V}{E}} = \dfrac{\epsilon_o E}{V}$

【정답】②

19. 두 점전하 $q, \dfrac{1}{2}q$가 a만큼 떨어져 놓여 있다. 이 두 점전하를 연결하는 선상에서 전계의 세기가 영(0)이 되는 점은 q가 놓여 있는 점으로부터 얼마나 떨어진 곳인가?

① $\sqrt{2}a$ ② $(2-\sqrt{2})a$

③ $\dfrac{\sqrt{3}}{2}a$ ④ $\dfrac{(1+\sqrt{2})a}{2}$

|정|답|및|해|설|_____

[전계의 세기가 0이 되는 점]

1. 두 전하가 극성이 같으면 : 두 전하 사이에 존재

2. 두 전하의 극성이 다르면 : 크기가 작은 측의 외측에 존재

두 전하의 부호가 다르므로 전계의 세기가 0이 되는 점은 전하의 절대값이 적은 측의 외측에 존재

$E_1 = E_2$

$\dfrac{Q}{4\pi\epsilon_0 x^2} = \dfrac{\dfrac{1}{2}Q}{4\pi\epsilon_0 (a-x)^2}$ → $\dfrac{1}{2}x^2 = (a-x)^2$

$\dfrac{1}{\sqrt{2}}x = a-x$ → $x = \sqrt{2}(a-x)$

$(1+\sqrt{2})x = \sqrt{2}a$

$x = \dfrac{\sqrt{2}}{\sqrt{2}+1}a = \dfrac{\sqrt{2}(\sqrt{2}-1)}{(\sqrt{2}+1)(\sqrt{2}-1)}a = (2-\sqrt{2})a$

【정답】②

20. 균일한 자장 내에서 자장에 수직으로 놓여 있는 직선 도선이 받는 힘에 대한 설명 중 옳은 것은?

① 힘은 자장의 세기에 비례한다.

② 힘은 전류의 세기에 반비례한다.

③ 힘은 도선 길이의 $\frac{1}{2}$승에 비례한다.

④ 자장의 방향에 상관없이 일정한 방향으로 힘을 받는다.

|정|답|및|해|설|

[플레밍의 왼손법칙] 평등 자장 내에 전류가 흐르고 있는 도체가 받는 힘(전동기의 원리)

$F = IBl\sin\theta = (\vec{I} \times \vec{B})l = I\mu_0 Hl\cos\theta[N]$ [N]　　　**【정답】①**

---

21. 수차의 특유속도 N_s를 나타내는 계산식으로 옳은 것은? 단, 유효낙차 : H[m], 수차의 출력 : P[kW], 수차의 정격 회전수 : N[rpm]이라 한다.

① $N_s = \dfrac{NP^{\frac{1}{2}}}{H^{\frac{5}{4}}}$　　② $N_s = \dfrac{H^{\frac{5}{4}}}{NP}$

③ $N_s = \dfrac{HP^{\frac{1}{4}}}{N^{\frac{5}{4}}}$　　④ $N_s = \dfrac{NP^2}{H^{\frac{5}{4}}}$

|정|답|및|해|설|

[수차의 특유속도] $N_s = N\dfrac{\sqrt{P}}{H^{5/4}}$ [rpm]

여기서, N : 수차의 회전속도[rpm], P : 수차 출력[kW]
　　　　H : 유효낙차[m]　　　　　**【정답】①**

22. 화력 발전소에서 가장 큰 손실은?

① 소내용 동력

② 복수기의 방열손

③ 연돌 배출가스 손실

④ 터빈 및 발전기의 손실

|정|답|및|해|설|

[복수기]

· 터빈 중의 열 강하를 크게 함으로써 증기의 보유 열량을 가능한 많이 이용하려고 하는 장치

· 열손실이 가장 크다(약 50[%]).

· 부속 설비로 냉각수 순환 펌프, 복수펌프 및 추기 펌프 등이 있다.
　　　　　　　　　　　【정답】②

23. 전력계통에서의 단락용량 증대가 문제가 되고 있다. 이러한 단락용량을 경감하는 대책이 아닌 것은?

① 사고 시 모선을 통합한다.

② 상위 전압 계통을 구성한다.

③ 모선 간에 한류 리액터를 삽입한다.

④ 발전기와 변압기의 임피던스를 크게 한다.

|정|답|및|해|설|

[단락용량 억제대책] $P_s = \dfrac{100}{\%Z}P_n$

· 임피던스를 크게

· 한류리액터 설치

· 계통 분리　　　　　　　　**【정답】①**

24. 3상 계통에서 수전단전압 60[kV], 전류 250[A], 선로의 저항 및 리액턴스가 각각 7.61[Ω], 11.85[Ω]일 때 전압강하율은? 단, 부하역률은 0.8(늦음)이다.

① 약 5.50[%]　　② 약 7.34[%]

③ 약 8.69[%]　　④ 약 9.52[%]

|정|답|및|해|설|

[전압강하율] $\epsilon = \dfrac{V_s - V_r}{V_r} \times 100$

$\qquad\qquad = \dfrac{\sqrt{3}\,I(R\cos\theta_r + X\sin\theta_r)}{V_r} \times 100[\%]$

여기서, $\cos\theta$: 역률, $\sin\theta$: 무효율
　　　　V_s : 정격부하시의 송전단 전압
　　　　V_r : 정격부하시의 수전단 전압

$\therefore \epsilon = \dfrac{\sqrt{3}\,I(R\cos\theta + X\sin\theta)}{V_r} \times 100$

$\quad = \dfrac{\sqrt{3} \times 250(7.61 \times 0.8 + 11.85 \times 0.6)}{60,000} \times 100 = 9.52[\%]$
　　　　　　　　　　　【정답】④

25. 피뢰기의 구비조건이 아닌 것은?

① 속류의 차단 능력이 충분할 것

② 충격방전 개시전압이 높을 것

③ 상용 주파 방전 개시 전압이 높을 것

④ 방전 내량이 크고, 제한전압이 낮을 것

|정|답|및|해|설|_____

[피뢰기의 구비 조건]

·충격 방전 개시 전압이 낮을 것
·상용 주파 방전 개시 전압이 높을 것
·방전내량이 크면서 제한 전압이 낮을 것
·속류 차단 능력이 충분할 것　　　　　　　【정답】②

---

26. 150[kVA] 전력용 콘덴서에 제5고조파를 억제시키기 위해 필요한 직렬 리액터의 최소 용량은 몇 [kVA]인가?

① 1.5　　　　　　　② 3

③ 4.5　　　　　　　④ 6

|정|답|및|해|설|_____

[직렬 리액터] 직렬 리액터(SR)의 설치 목적은 제5고조파 제거이다.

·직렬 리액터 용량 $5\omega L = \dfrac{1}{5\omega C} \rightarrow 2\pi \cdot 5f_0 L = \dfrac{1}{2\pi 5 f_0 C}$

·이론적 : 4[%], 실제 : 5~6[%]

$\therefore \omega L = \dfrac{1}{25\omega C} = 0.04 \dfrac{1}{\omega C} = 0.04 \times 150 = 6[\text{kVA}]$

【정답】④

---

27. 영상변류기와 관계가 가장 깊은 계전기는?

① 차동계전기　　　　② 과전류계전기

③ 과전압계전기　　　④ 선택접지계전기

|정|답|및|해|설|_____

[영상변류기(ZCT)]
·지락사고 시 지락전류(영상전류)를 검출
·지락(접지)계전기와 연결　　　　　　　　【정답】④

---

28. 배전선로의 용어 중 틀린 것은?

① 궤전점 : 간선과 분기선의 접속점

② 분기선 : 간선으로 분기되는 변압기에 이르는 선로

③ 간선 : 급전선에 접속되어 부하로 전력을 공급하거나 분기선을 통하여 배전하는 선로

④ 급전선 : 배전용 변전소에서 인출되는 배전선로에서 최초의 분기점까지의 전선으로 도중에 부하가 접속되어 있지 않은 선로

|정|답|및|해|설|_____

[궤전선] 전차선 등에 대해 전력을 공급하기 위하여 궤전 분기선을 접속　　　　　　　　　　　　　　　　　　　　【정답】①

---

29. 선간전압, 부하역률, 선로손실, 전선주량 및 배전거리가 같다고 할 경우 단상 2선식과 3상 3선식의 공급전력의 비(단상/3상)는?

① $\dfrac{3}{2}$　　　　　　　② $\dfrac{1}{\sqrt{3}}$

③ $\sqrt{3}$　　　　　　　④ $\dfrac{\sqrt{3}}{2}$

|정|답|및|해|설|_____

1. 중량비가 동일

$\dfrac{3상3선식}{단상2선식} = 가닥수 \times \dfrac{1}{저항비}$

$= \dfrac{3}{2} \times \dfrac{R_1}{R_3} = 1 \rightarrow \dfrac{R_1}{R_3} = \dfrac{2}{3}$

2. 선로손실이 동일

$2I_1^2 R_1 = 3I_3^2 R_3 \rightarrow \left(\dfrac{I_1}{I_3}\right)^2 = \dfrac{3}{2} \times \left(\dfrac{R_3}{R_1}\right) = \dfrac{3}{2} \times \dfrac{3}{2} = \left(\dfrac{3}{2}\right)^2$

$\left(\dfrac{I_1}{I_3}\right) = \dfrac{3}{2}$

3. 공급전력비(전압, 역률이 동일)

$\dfrac{단상2선식}{3상3선식} = \dfrac{V_1 I_1 \cos\theta_1}{\sqrt{3}\, V_3 I_3 \cos\theta_3} = \dfrac{1}{\sqrt{3}} \times \dfrac{I_1}{I_3} = \dfrac{1}{\sqrt{3}} \times \dfrac{3}{2} = \dfrac{\sqrt{3}}{2}$

【정답】④

30. 송전계통에서 발생한 고장 때문에 일부 계통의 위상각이 커져서 동기를 벗어나려고 할 경우 이것을 검출하고 계통을 분리하기 위해서 차단하지 않으면 안 될 경우에는 사용되는 계전기는?

① 한시계전기　　　② 선택단락계전기

③ 탈조보호계전기　　④ 방향거리계전기

|정|답|및|해|설|

[탈조보호계전기] 송전계통에서 발생한 고장 때문에 일부 계통의 위상각이 커져서 동기를 벗어나려고 할 경우 이것을 검출하고 계통을 분리하기 위해서 차단하지 않으면 안 될 경우에 사용되는 계전기
【정답】③

31. 선간거리를 D, 전선의 반지름을 r이라 할 때 송전선의 정전용량은?

① $\log_{10}\dfrac{D}{r}$에 비례한다.

② $\log_{10}\dfrac{r}{D}$에 비례한다.

③ $\log_{10}\dfrac{D}{r}$에 반비례한다.

④ $\log_{10}\dfrac{r}{D}$에 반비례한다.

|정|답|및|해|설|

[삭용성전용량(1ϕ2ω)] $C_w - C_s + 2C_m = \dfrac{0.02413}{\log_{10}\dfrac{D}{r}}[\mu F/km]$

여기서, C_s : 대지간 정전용량[F], C_m : 선간 정전용량[F]
【정답】③

32. 전주 간 거리가 80[m]인 가공전선로에서 전선 1[m]당의 하중이 0.37[kg], 전선의 처짐 정도(이도)가 0.8[m]일 때 수평장력은 몇 [kg]인가?

① 330　　　　② 350

③ 370　　　　④ 390

|정|답|및|해|설|

[처짐 정도(이도)] $D = \dfrac{WS^2}{8T}[m]$

W : 전선의 중량[kg/m], T : 전선의 수평 장력 [kg]
S : 지지점 간 거리(경간)[m]

∴수평장력 $T = \dfrac{WS^2}{8D} = \dfrac{0.37 \times 80^2}{8 \times 0.8} = \dfrac{0.37 \times 6,400}{6.4} = 370[kg]$
【정답】③

33. 차단기의 정격 투입전류란 투입되는 전류의 최초 주파수의 어느 값을 말하는가?

① 평균값　　　　② 최대값

③ 실효값　　　　④ 직류값

|정|답|및|해|설|

[차단기의 정격 투입전류]
·성능에 지장 없이 투입할 수 있는 전류의 한도
·투입전류의 최초 주파수에서의 최대값으로 표기
·차단기의 정격 투입전류는 정격 차단전류(실효값)의 2.5배를 표준
【정답】②

34. 보일러 급수 중에 포함되어 있는 산소 등에 의한 보일러배관의 부식을 방지할 목적으로 사용되는 장치는?

① 탈기기　　　　② 공기 예열기

③ 급수 가열기　　④ 수위 경보기

|정|답|및|해|설|

[탈기기] 급수 중의 용존 산소 및 이산화탄소 분리
【정답】①

35. 가공 송전선에 사용되는 애자 1연 중 전압부담이 최대인 애자는?

① 중앙에 있는 애자

② 철탑에 제일 가까운 애자

③ 전선에 제일 가까운 애자

④ 전선으로부터 1/4 지점에 있는 애자

|정|답|및|해|설|

[애자련의 전압부담]

· 전압 분담 최대 : 전선 쪽에서 가장 가까운 애자
· 전압 분담 최소 : 철탑에서 1/3 지점 애자
【정답】③

36. 송전선에 복도체를 사용하는 주된 목적은?

① 역률 개선

② 정전용량의 감소

③ 인덕턴스의 증가

④ 코로나 발생의 방지

|정|답|및|해|설|

[복도체] 3상 송전선의 한 상당 전선을 2가닥 이상으로 한 것을 다도체라 하고, 2가닥으로 한 것을 보통 복도체라 한다.

[복도체의 특징]
· 코로나 임계전압이 15~20[%] 상승하여 <u>코로나 발생을 억제</u>
· 인덕턴스 20~30[%] 감소
· 정전용량 20[%] 증가
· 안정도가 증대된다.　　　　　　　　　　　【정답】④

37. 송전선로의 중성점 접지의 주된 목적은?

① 단락전류 제한

② 송전용량의 극대화

③ 전압강하의 극소화

④ 이상전압의 발생 방지

|정|답|및|해|설|

[송전선의 중성점 접지 목적]
·1선 지락 시 전위 상승 억제, 계통의 기계기구의 절연 보호
·지락 사고 시 보호 계전기 동작의 확실
·과도안정도 증진
·<u>이상 전압 발생 방지</u>　　　　　　　　　　　【정답】④

38. 송전계통의 안정도 증진 방법에 대한 설명이 아닌 것은?

① 전압변동을 작게 한다.

② 직렬 리액턴스를 크게 한다.

③ 고장 시 발전기 입·출력의 불평형을 작게 한다.

④ 고장전류를 줄이고 고장 구간을 신속하게 차단한다.

|정|답|및|해|설|

[동기기의 안정도 향상 대책]

· 과도 <u>리액턴스는 작게</u>, 단락비는 크게 한다.
· 정상 임피던스는 작게, 영상, 역상 임피던스는 크게 한다.

· 회전자의 플라이휠 효과를 크게 한다.
· 속응여자방식을 채용한다.
· 발전기의 조속기 동작을 신속하게 할 것
· 동기 탈조 계전기를 사용한다.
· 전압 변동을 작게 한다.
· 고장 시 발전기 입·출력의 불평형을 작게 한다.
　　　　　　　　　　　　　　　　　【정답】②

39. 다음 중 그 값이 1 이상인 것은?

① 부등률　　　　　　② 부하율

③ 수용률　　　　　　④ 전압강하율

|정|답|및|해|설|

[부등률] 최대 전력의 발생시각 또는 발생시기의 분산을 나타내는 지표로 일반적으로 부등률은 1보다 크다(부등률≥1)

$$부등률 = \frac{각 부하의 최대 수용 전력의 합계[kW]}{합성 최대 수용전력[kW]}$$　　【정답】①

|참|고|

② 부하율 : 1보다 작다. 높을수록 설비가 효율적으로 사용
③ 수용률 : 1보다 작다. 1보다 크면 과부하
④ 전압강하율 : 수전전압에 대한 전압강하의 비를 백분율

40. 고장점에서 전원 측을 본 계통 임피던스를 $Z[\Omega]$, 고장점의 상전압을 $E[V]$라 하면 3상 단락전류[A]는?

① $\dfrac{E}{Z}$　　　　　② $\dfrac{ZE}{\sqrt{3}}$

③ $\dfrac{\sqrt{3}\,E}{Z}$　　　　　④ $\dfrac{3E}{Z}$

|정|답|및|해|설|

[3상 단락전류] $I_s = \dfrac{E}{Z} = \dfrac{\frac{V}{\sqrt{3}}}{Z} = \dfrac{V}{\sqrt{3}\,Z}$

여기서, E : 상전압, V : 선간전압　　　　　【정답】①

41. 전압이나 전류의 제어가 불가능한 소자는?

① SCR   ② GTO

③ IGBT   ④ Diode

|정|답|및|해|설|⋯⋯⋯⋯⋯⋯⋯⋯⋯⋯⋯⋯⋯⋯⋯

[다이오드(Diode)] 다이오드는 입력단의 전압이 높을 때만 turn on 이 된다. 스위칭만 하는 것이므로 전압이나 전류 제어가 안 된다. 다른 사이리스터는 위상각 등으로 크기를 제어할 수가 있다.

【정답】④

42. 2대의 동기발전기가 병렬운전하고 있을 때 동기화 전류가 흐르는 경우는?

① 부하분담에 차가 있을 때

② 기전력의 크기에 차가 있을 때

③ 기전력의 위상에 차가 있을 때

④ 기전력의 파형에 차가 있을 때

|정|답|및|해|설|⋯⋯⋯⋯⋯⋯⋯⋯⋯⋯⋯⋯⋯⋯⋯

[동기 발전기의 병렬 운전]

1. 기전력의 크기에 차가 있을 때 : 무효 순환 전류(무효 횡류)

2. 기전력의 위상에 차가 있을 때 : 동기화 전류(유효횡류)

3. 기전력의 파형에 차가 있음 때 : 고조파 무효순환 전류

【정답】③

43. 전기자저항이 각각 $R_A=0.1[\Omega]$과 $R_B=0.2[\Omega]$ 인 100[V], 10[kW]의 두 분권발전기의 유기기전력을 같게 해서 병렬운전 하여 정격전압으로 135[A]의 부하전류를 공급할 때 각 기기의 분담전류는 몇 [A]인가?

① $I_A=80, I_B=55$ ② $I_A=90, I_B=45$

③ $I_A=100, I_B=35$ ④ $I_A=110, I_B=25$

|정|답|및|해|설|⋯⋯⋯⋯⋯⋯⋯⋯⋯⋯⋯⋯⋯⋯⋯

[직류 발전기 병렬 운전 시 부하의 분담] 부하 분담은 두 발전기의 단자전압이 같아야 하므로 유기전압(E)와 전기자 회로의 저항 R_a에 의해 결정된다.

・저항의 같으면 유기전압이 큰 측이 부하를 많이 분담

・유기전압이 같으면 전기자 회로 저항에 반비례해서 분담

・ $E_1-R_{a1}(I_1+I_{f1})=E_2-R_{a2}(I_2+I_{f2})=V$

   $E_1, \ E_2$: 각 기의 유기 전압[V]

   $R_{a1}, \ R_{a2}$: 각 기의 전기자 저항[Ω]

   $I_1, \ I_2$: 각 기의 부하 분담 전류[A]

   $I_{f1}, \ I_{f2}$: 각 기의 계자전류[A], V : 단자전압

※유기기전력은 같으며 전기자 저항이 1 : 2이므로 부하분담은 전기자 저항에 반비례하여 2 : 1이 되어 90 : 45가 된다.

【정답】②

44. 직류 분권전동기에서 단자전압 210[V], 전기자전류 20[A], 1500[rpm]으로 운전할 때 발생토크는 약 몇 [N·m]인가? 단, 전기자 저항은 0.15[Ω]이다.

① 13.2   ② 26.4

③ 33.9   ④ 66.9

|정|답|및|해|설|⋯⋯⋯⋯⋯⋯⋯⋯⋯⋯⋯⋯⋯⋯⋯

[직류 분권전동기 토크] $T=\dfrac{E_c I_a}{2\pi n}=\dfrac{E_c I_a}{2\pi\dfrac{N}{60}}$[N.m]

역기전력 $E_c=V-R_a I_a=210-20\times 0.15=207[V]$

∴토크 $T=\dfrac{E_c I_a}{2\pi\dfrac{N}{60}}=\dfrac{207\times 20}{2\pi\times\dfrac{1,500}{60}}=26.4[N\cdot m]$

※단위를 [kg·m]로 문의 시에는 9.8로 나누어 주어야 한다.

【정답】②

45. 병렬운전하고 있는 2대의 3상 동기발전기 사이에 무효순환전류가 흐르는 경우는?

① 부하의 증가   ② 부하의 감소

③ 여자전류의 변화   ④ 원동기의 출력 변화

|정|답|및|해|설|⋯⋯⋯⋯⋯⋯⋯⋯⋯⋯⋯⋯⋯⋯⋯

[동기발전기의 병렬 운전 조건 및 불만족시 현상]

1. 기전력의 크기가 같을 것 → 무효순환전류(무효횡류)

2. 기전력의 위상이 같을 것 → 동기화 전류(유효횡류)

3. 기전력의 주파수가 같을 것 → 난조 발생

4. 기전력의 파형이 같을 것 → 고조파 무효순환전류

5. 기전력의 상회전 방향이 일치할 것   【정답】③

46. 직류 타여자발전기의 부하전류와 전기자전류의 크기는?

① 전기자전류와 부하전류가 같다.

② 부하전류가 전기자전류보다 크다.

③ 전기자전류가 부하전류보다 크다.

④ 전기자전류와 부하전류는 항상 0이다.

|정|답|및|해|설|

[직류 타여자발전기] 타여자발전기는 다른 직류 전원(축전지 또는 다른 직류 발전기)으로부터 계자전류를 공급받아서 계자자속을 만들기 때문에 계자철심에 전류 자기가 없어도 발전할 수 있다.

전기자전류 $I_a = I$ 【정답】①

47. 220[V], 60[Hz], 8극, 15[kW]의 3상 유도전동기에서 전부하 회전수가 864[rpm]이면 이 전동기의 2차동손은 몇 [w]인가?

① 435   ② 537   ③ 625   ④ 723

|정|답|및|해|설|

[2차동손] $P_{c2} = sP_2 = \dfrac{s}{1-s}P_0$

동기속도 $N_s = \dfrac{120f}{p} = \dfrac{120 \times 60}{8} = 900[rpm]$

슬립 $s = \dfrac{N_s - N}{N_s} = \dfrac{900 - 864}{900} = 0.04$

$P_0 = (1-s)P_2 \rightarrow P_2 = \dfrac{P_0}{1-s}$

∴2차동손 $P_{c2} = \dfrac{s}{1-s}P_0 = \dfrac{0.04}{1-0.04} \times 15000 = 625[W]$

【정답】③

48. 60[Hz], 12극, 회전자의 바깥지름 2[m]인 동기발전기에 있어서 회전자의 주변속도는 약 몇 [m/s]인가?

① 43   ② 62.8

③ 120   ④ 132

|정|답|및|해|설|

[전기자 주변속도] $v = \pi D \dfrac{N_s}{60}[m/s]$

동기속도 $N_s = \dfrac{120f}{p}[rpm]$

여기서, πD : 회전자 둘레, N_s : 동기속도, p : 극수, f : 주파수

$N_s = \dfrac{120f}{p} = \dfrac{120 \times 60}{12} = 600[rpm]$

∴$v = \pi D \dfrac{N_s}{60} = \pi \times 2 \times \dfrac{600}{60} = 62.8[m/s]$ 【정답】②

49. 유도전동기의 특성에서 토크와 2차 입력 및 동기속도의 관계는?

① 토크는 2차 입력과 동기속도의 곱에 비례한다.

② 토크는 2차 입력에 반비례하고, 동기속도에 비례한다.

③ 토크는 2차 입력에 비례하고, 동기속도에 반비례한다.

④ 토크는 2차 입력의 자승에 비례하고, 동기속도의 자승에 반비례한다.

|정|답|및|해|설|

[유도전동기의 토크 $T = 0.975\dfrac{P_2}{N_s}[kg \cdot m]$

여기서, P_2 : 2차입력, N_s : 동기속도

∴토크는 2차 입력 P_2에 비례하고 동기속도 N_s에 반비례한다.

【정답】③

50. 직류발전기를 병렬운전할 때 균압선이 필요한 직류발전기는?

① 분권발전기, 직권발전기

② 분권발전기, 복권발전기

③ 직권발전기, 복권발전기

④ 분권발전기, 단극발전기

|정|답|및|해|설|

[균압선의 목적]

·병렬운전을 안정하게 하기 위하여 설치하는 것

·일반적으로 직권 및 복권 발전기에는 직권 계자 코일에 흐르는 전류에 의하여 병렬 운전이 불안정하게 되므로 균압선을 설치하여 직권 계자 코일에 흐르는 전류를 분류하게 된다.

【정답】③

51. △결선 변압기의 한 대가 고장으로 제거되어 V결선으로 공급할 때 공급할 수 있는 전력은 고장 전 전력에 대하여 몇 [%]인가?

① 57.7   ② 66.7

③ 75.0   ④ 86.3

|정|답|및|해|설|

[V결선] △결선 변압기의 한 대가 고장인 경우의 3상 공급 방식

출력비 $= \dfrac{V결선의 출력}{\triangle 결선외 출력} = \dfrac{\sqrt{3}K}{3K}$

$= \dfrac{\sqrt{3}}{3} \times 100 = 0.577 \times 100 = 57.7[\%]$

※이용률 86.6[%]   【정답】①

52. 220[V], 50[kW]인 직류 전동기를 운전하는 데 전기자 저항(브러시의 접촉저항 포함)이 0.05[Ω] 이고 기계적 손실이 1.7[kW], 표유손이 출력의 1[%]이다. 부하전류가 100[A]일 때의 출력은 약 몇 [kW]인가?

① 14.5   ② 167.7

③ 18.2   ④ 19.6

|정|답|및|해|설|

[직류 직권 전동기의 역기전력] $E_c = V - I_a R_a [V]$
여기서, V : 단자전압[V], E_c : 역기전력[V]
I_a : 전기자전류[A], R_a : 전기자권선저항[Ω]
$E_c = V - I_a R_a = 220 - 0.05 \times 100 = 215 [V]$
기계적 출력 $P = E_c I = 215 \times 100 \times 10^{-3} = 21.5 [kW]$
∴실제 출력 $P' = 21.5 - 1.7 - (21.5 \times 0.01) = 19.6 [kW]$

【정답】④

53. 유도전동기의 출력과 같은 것은?

① 출력=입력전압-철손

② 출력=기계출력-기계손

③ 출력=2차입력-2차저항손

④ 출력=입력전압-1차저항손

|정|답|및|해|설|

[유도전동기 출력] 출력=2차입력-2차저항손

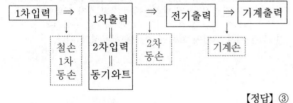

【정답】③

54. 변압기의 2차를 단락한 경우 1차 단락전류 I_{s1}은? 단, V_1 : 1차 단자전압, Z_1 : 1차 권선의 임피던스, Z_2 : 2차 권선의 임피던스, a : 권수비, Z : 부하의 임피던스

① $I_{s1} = \dfrac{V_1}{Z_1 + a^2 Z_2}$ ② $I_{s1} = \dfrac{V_1}{Z_1 + a Z_2}$

③ $I_{s1} = \dfrac{V_1}{Z_1 - a Z_2}$ ④ $I_{s1} = \dfrac{V_1}{Z_1 + Z_2 + Z}$

|정|답|및|해|설|

[1차 단락전류] $I_{s1} = \dfrac{V_1}{Z_{21}} = \dfrac{V_1}{Z_1 + a^2 Z_2}$ → $(Z_{21} = Z_1 + a^2 Z_2)$

【정답】①

55. 농형 유도전동기의 속도제어법이 아닌 것은?

① 극수 변환

② 1차 저항 변환

③ 전원전압 변환

④ 전원주파수 변환

|정|답|및|해|설|

[농형 유도전동기의 속도 제어법]
· 주파수를 바꾸는 방법
· 극수를 바꾸는 방법
· 전원 전압을 바꾸는 방법
[권선형 유도전동기의 속도 제어법]
· 2차 여자 제어법
· 2차 저항 제어법
· 종속 제어법

【정답】②

56. 선박추진용 및 전기자동차용 구동전동기의 속도 제어로 가장 적합한 것은?

① 저항에 의한 제어

② 전압에 의한 제어

③ 극수 변환에 의한 제어

④ 전원주파수에 의한 제어

|정|답|및|해|설|

[농형 유도전동기의 속도 제어법]
1. 주파수 변환법 : 인견, 방직 공장의 포트 전동기(Pot Motor)나 선박의 전기 추진용으로 사용
2. 극수 변환법 : 비교적 효율이 좋다. 연속적인 속도 제어가 아니라 단계적인 속도제어 방법
3. 전압 제어법 : 전원전압의 크기를 조절하여 속도제어

【정답】④

57. 변압기의 등가회로를 작성하기 위하여 필요한 시험은?

① 권선저항측정, 무부하시험, 단락시험

② 상회전시험, 절연내력시험, 권선저항측정

③ 온도상승시험, 절연내력시험, 무부하시험

④ 온도상승시험, 절연내력시험, 권선저항측정

|정|답|및|해|설|

[변압기 등가회로를 그리기 위한 시험] 등가회로 작성에는 권선의 저항을 알아야 하고, 철손을 측정하는 무부하 시험, 동손을 측정하는 단락 시험이 필요하다. 반환부하법은 변압기의 온도 상승 시험을 하는데 필요한 시험법이다. 【정답】①

58. 75[W] 이하의 소출력으로 소형공구, 영사기, 치과 의료용 등에 널리 이용되는 전동기는?

① 단상 반발전동기

② 영구자석 스텝전동기

③ 3상 직권 정류자전동기

④ 단상 직권 정류자전동기

|정|답|및|해|설|

[단상 정류자 전동기] 단상 직권정류자전동기(단상 직권전동기)는 교류, 직류 양용으로 사용할 수 있으며 만능 전동기라고도 불린다.
1. 직권 특성
 · 단상 직권정류자전동기 : 직권형, 보상직권형, 유도보상직권형이 있으며, 75[W] 정도 이하의 소형 공구, 영사기, 치과 의료용으로 사용
 · 단상 반발전동기 : 아트킨손형 전동기, 톰슨 전동기, 데리 전동기 등이 있다.
2. 분권 특성 : 현제 실용화 되지 않고 있음
【정답】④

59. 변압기에서 권수가 2배가 되면 유기기전력은 몇 배가 되는가?

① 1　　　② 2　　　③ 4　　　④ 8

|정|답|및|해|설|

[변압기 유기기전력]
1. 1차 유기기전력 $E_1 = 4.44fN_1\varnothing_m$
2. 2차 유기기전력 $E_2 = 4.44fN_2\varnothing_m$
여기서, f : 1, 2차 주파수, N_1, N_2 : 1, 2차 권수
　　　　$\varnothing_m$: 최대 자속
∴ $E \propto N$ → 2배　　　　　　　　　　　　【정답】②

60. 다이오드를 사용한 정류회로에서 여러 개를 병렬로 연결하여 사용할 경우 얻는 효과는?

① 인가전압 증가

② 다이오드의 효율 증가

③ 부하 출력의 맥동률 감소

④ 다이오드의 허용 전류 증가

|정|답|및|해|설|

[다이오드의 접속]
1. 다이오드 직렬연결 : 과전압 방지
2. 다이오드 병렬연결 : 과전류 방지　　　　　【정답】④

61. $R = 50[\Omega]$, $L = 200[mH]$의 직렬회로에서 주파수 $f = 50[Hz]$의 교류에 대한 역률[%]은?

① 82.3　　　　　② 72.3

③ 62.3　　　　　④ 52.3

|정|답|및|해|설|

[$R-L$ 직렬회로의 역률] $\cos\theta = \dfrac{R}{Z} = \dfrac{R}{\sqrt{R^2+X^2}} \times 100$

임피던스 $Z = R+jwL = R+jX$ 이므로

$\therefore \cos\theta = \dfrac{R}{\sqrt{R^2+X^2}} = \dfrac{1}{\sqrt{R^2+(\omega L)^2}}$

$= \dfrac{50}{\sqrt{50^2+(2\times\pi\times50\times200\times10^{-3})^2}} \times 100 = 62.3[\%]$

【정답】③

62. RLC 직렬 회로에서 공진 시의 전류는 공급 전압에 대하여 어떤 위상차를 갖는가?

① 0°　　　　　② 90°

③ 180°　　　　④ 270°

|정|답|및|해|설|

[직렬 공진시] $Z = R+jwL-j\dfrac{1}{wC}jX = R+j(\omega L-\dfrac{1}{\omega C}) = R$

$Z = R$ 공진 조건
직렬공진 시 전압(V)와 전류(I)는 동상이 되어 위상차는 0이다.
【정답】①

63. 그림과 같은 회로에서 스위치 S를 닫았을 때 시정수 [sec]의 값은? 단, $L = 10[mH]$, $R = 20[\Omega]$이다.

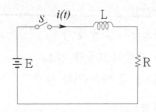

① 200
② 2000
③ 5×10^{-3}
④ 5×10^{-4}

|정|답|및|해|설|

[$R-L$ 직렬 회로의 시정수] $\tau = \dfrac{L}{R} = \dfrac{L}{R_1 + R_2}$

$\therefore \tau = \dfrac{L}{R} = \dfrac{10 \times 10^{-3}}{20} = 5 \times 10^{-4}[sec]$ 　【정답】④

64. 다음과 같은 회로에서 $t = 0$인 순간에 스위치 S를 닫았다. 이 순간에 인덕턴스 L에 걸리는 전압[V]은? 단, L의 초기 전류는 0이다.

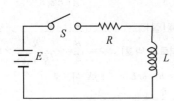

① 0
② $\dfrac{LE}{R}$
③ E
④ $\dfrac{E}{R}$

|정|답|및|해|설|

[스위치를 닫는 순간 과도전류] $i(t) = \dfrac{E}{R}\left(1 - e^{-\frac{R}{L}t}\right)[A]$

L에 걸리는 전압 E_L

$\therefore E_L = Ee^{-\frac{R}{L}t} = Ee^{-\frac{R}{L} \times 0} = E \rightarrow (e^0 = 1)$

　【정답】③

65. 측정하고자 하는 전압이 전압계의 최대 눈금보다 클 때에 전압계에 직렬로 저항을 접속하여 측정 범위를 넓히는 것은?

① 분류기
② 분광기
③ 배율기
④ 감쇠기

|정|답|및|해|설|

[배율기]
1. 전압계의 측정범위를 넓히기 위한 목적
2. 전압계에 직렬로 접속하는 저항기
3. $V_0 = V\left(\dfrac{R_m}{r} + 1\right)[V]$

　여기서, V_0 : 측정할 전압[V], V : 전압계의 눈금[V]
　　　　R_m : 배율기의 저항[Ω], r : 전압계의 내부저항[Ω]

4. 배율 $m = \dfrac{V_0}{V} = \left(\dfrac{R_m}{r} + 1\right)$

|참|고|

[분류기]
1. 전류계의 측정범위를 넓히기 위한 목적
2. 전류계에 병렬로 접속하는 저항기
3. $I_2 = I_1\left(\dfrac{r}{R_m} + 1\right)[A]$

　(R_m : 분류기의 저항[Ω], r : 전류계의 내부저항[Ω]
　I_1 : 작은전류, I_2 : 큰전류)

4. 배율 $m = \dfrac{I_2}{I_1} = \left(\dfrac{r}{R_m} + 1\right)$ 　【정답】③

66. 회로의 전압비 전달함수 $G(s) = \dfrac{V_2(s)}{V_1(s)}$는?

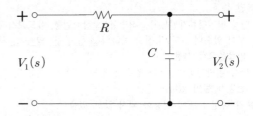

① RC
② $\dfrac{1}{RC}$
③ $RCs + 1$
④ $\dfrac{1}{RCs + 1}$

|정|답|및|해|설|

[전달함수] $G(s) = \dfrac{V_2(s)}{V_1(s)}$

전압비 전달함수는 임피던스 비이므로

$V_1(s) = \left(R + \dfrac{1}{Cs}\right)I(s)$, $V_2(s) = \dfrac{1}{Cs}I(s)$

$\therefore G(s) = \dfrac{V_2(s)}{V_1(s)} = \dfrac{\dfrac{1}{Cs}}{R + \dfrac{1}{Cs}} = \dfrac{1}{RCs + 1}$

　【정답】④

67. 대칭 3상 교류 전원에서 각 상의 전압이 v_a, v_b, v_c일 때 3상 전압[V]의 합은?

① 0 ② $0.3v_a$

③ $0.5v_a$ ④ $3v_a$

|정|답|및|해|설|
[대칭 3상 교류의 상전압]
a상을 기준으로 하면
$v_a + v_b + v_c = v_a + a^2 v_a + a v_a = v(1 + a^2 + a) = 0$
여기서, $1 + a^2 + a = 0$ 【정답】①

68. 1[mV]의 입력을 가했을 때 100[mV]의 출력이 나오는 4단자 회로의 이득[dB]은?

① 40 ② 30 ③ 20 ④ 10

|정|답|및|해|설|
[이득] $G = 20\log\dfrac{V_2}{V_1} = 20\log\dfrac{100}{1} = 20\log 10^2 = 40[dB]$

【정답】①

69. $F(s) = \dfrac{2(s+1)}{s^2 + 2s + 5}$ 의 시간함수 $f(t)$는 어느 것인가?

① $2e^t\cos 2t$ ② $2e^t\sin 2t$

③ $2e^{-t}\cos 2t$ ④ $2e^{-t}\sin 2t$

|정|답|및|해|설|
[역라플라스 변환] 변환된 함수가 유리수인 경우
1. 분모가 인수분해 되는 경우 : 부분 분수 전개
2. 분모가 인수분해 되는 않는 경우 : 완전 제곱형
그러므로 완전제곱형으로 역라플라스 변환하면
$F(s) = \dfrac{2(s+1)}{s^2 + 2s + 5} = 2\dfrac{s+1}{(s+1)^2 + 4} = 2\dfrac{s+1}{(s+1)^2 + 2^2}$
$\therefore f(t) = \mathcal{L}^{-1}[F(s)] = 2e^{-t}\cos 2t$ 【정답】③

70. 어느 회로망의 응답 $h(t) = (e^{-t} + 2e^{-2t})u(t)$의 라플라스 변환은?

① $\dfrac{3s+4}{(s+1)(s+2)}$ ② $\dfrac{3s}{(s-1)(s-2)}$

③ $\dfrac{3s+2}{(s+1)(s+2)}$ ④ $\dfrac{-s-4}{(s-1)(s-2)}$

|정|답|및|해|설|
[라플라스 변환] $\cdot e^{-t} \rightarrow \dfrac{1}{s+1}$ $\cdot 2e^{-2t} \rightarrow \dfrac{1}{s+2}$

$\therefore H(s) = \mathcal{L}[h(t)] = \dfrac{1}{s+1} + \dfrac{2}{s+2}$

$= \dfrac{s+2+2s+2}{(s+1)(s+2)} = \dfrac{3s+4}{(s+1)(s+2)}$

【정답】①

71. 그림과 같은 $e = E_m\sin\omega t$인 정현파 교류의 반파 정류파형의 실효값은?

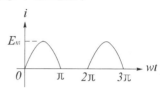

① E_m ② $\dfrac{E_m}{\sqrt{2}}$

③ $\dfrac{E_m}{2}$ ④ $\dfrac{E_m}{\sqrt{3}}$

|정|답|및|해|설|
[교류의 반파 정류파형의 실효값] $E = \dfrac{E_m}{2}$

실효값 $E = \sqrt{\dfrac{1}{T}\displaystyle\int_0^T e^2 dt} = \sqrt{\dfrac{1}{2\pi}\displaystyle\int_0^{2\pi} e^2 d(\omega t)}$

반파 정류파는 $\pi \sim 2\pi$일 때 $e = 0$이므로

$E = \sqrt{\dfrac{1}{2\pi}\displaystyle\int_0^{\pi} e^2 d(\omega t)} = \sqrt{\dfrac{1}{2\pi}\displaystyle\int_0^{\pi} E_m^2 \sin^2\omega t\, d(\omega t)}$

$= \sqrt{\dfrac{E_m^2}{2\pi}\displaystyle\int_0^{\pi} \dfrac{1 - \cos 2\omega t}{2} d(\omega t)} = \dfrac{E_m}{2}$

|참|고|
[각종 파형의 평균값, 실효값, 파형률, 파고율]

명칭	파형	평균값	실효값	파형률	파고율
정현파 (전파)		$\dfrac{2I_m}{\pi}$	$\dfrac{I_m}{\sqrt{2}}$	1.11	$\sqrt{2}$
정현파 (반파)		$\dfrac{I_m}{\pi}$	$\dfrac{I_m}{2}$	$\dfrac{\pi}{2}$	2
사각파 (전파)		I_m	I_m	1	1
사각파 (반파)		$\dfrac{I_m}{2}$	$\dfrac{I_m}{\sqrt{2}}$	$\sqrt{2}$	$\sqrt{2}$
삼각파		$\dfrac{I_m}{2}$	$\dfrac{I_m}{\sqrt{3}}$	$\dfrac{2}{\sqrt{3}}$	$\sqrt{3}$

【정답】③

72. 전압 $e = 100\sin10t + 20\sin20t\,[V]$이고, $i = 20\sin(10t - 60°) + 10\sin20t\,[A]$일 때 소비전력은 몇 [W]인가?

① 500　　　　　　② 550

③ 600　　　　　　④ 650

|정|답|및|해|설|

[소비전력] 유효전력(평균전력)은 주파수가 같을 때만 발생되므로

$P = V_1 I_1 \cos\theta_1 + V_2 I_2 \cos\theta_2$ 　　　→ (실효값 = $\dfrac{최대값}{\sqrt{2}}$)

$\therefore P = \dfrac{100}{\sqrt{2}} \times \dfrac{20}{\sqrt{2}} \cos60° + \dfrac{20}{\sqrt{2}} \times \dfrac{10}{\sqrt{2}} \cos0° = 600\,[W]$

【정답】③

73. 다음 중 정전용량의 단위 F(패럿)과 같은 것은? 단, [C]는 쿨롱, [N]은 뉴턴, [V]는 볼트, [m]은 미터이다.

① $\dfrac{V}{C}$　　　　　　② $\dfrac{N}{C}$

③ $\dfrac{C}{m}$　　　　　　④ $\dfrac{C}{V}$

|정|답|및|해|설|

[정전용량] $C = \dfrac{Q}{V}[C/V] = [F]$ 　　　→ ($Q[C]$, $V[V]$)

【정답】④

74. $r[\Omega]$인 6개의 저항을 그림과 같이 접속하고 평형 3상 전압 E를 가했을 때 전류 I는 몇 [A]인가? 단, $R = 3[\Omega]$, $E = 60[V]$이다.

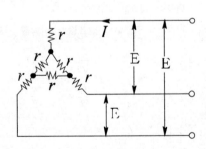

① 8.66　　　　　　② 9.56

③ 10.8　　　　　　④ 12.6

|정|답|및|해|설|

[선전류] $I_l = \dfrac{V}{\sqrt{3}\,r}[A]$

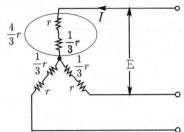

△ 결선된 r 3개를 Y로 변환시키면 저항은 $\dfrac{1}{3}$이 되므로 $\dfrac{r}{3}$

전체 1상의 저항은 $R = r + \dfrac{r}{3} = \dfrac{4}{3}r$

$I_p = \dfrac{V_p}{Z} = \dfrac{\dfrac{E}{\sqrt{3}}}{\dfrac{4}{3}r} = \dfrac{3E}{4\sqrt{3}\,r} = \dfrac{\sqrt{3}\,E}{4r}$

$\therefore$ 선전류 $I_l = \dfrac{E}{\sqrt{3} \times \dfrac{4}{3}r} = \dfrac{\sqrt{3}\,E}{4r} = \dfrac{60 \times \sqrt{3}}{4 \times 3} = 8.66[A]$

【정답】①

75. 그림과 같이 주기가 3s인 전압파형의 실효값은 약 몇 [V]인가?

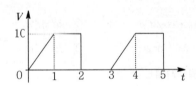

① 5.67　　　　　　② 6.67

③ 7.57　　　　　　④ 8.5

|정|답|및|해|설|

[실효값] $V = \sqrt{\dfrac{1}{T}\int v^2 dt} = \sqrt{v^2\text{의 1주기 간의 평균값}}$

·$t = 0\sim1$, $v = 10t$　·$t = 1\sim2$, $v = 10t$　·$t = 2\sim3$, $v = 0$

$\therefore V = \sqrt{\dfrac{1}{3}\left\{\int_0^1 (10t)^2 dt + \int_1^2 (10)^2 dt\right\}}$

$= \sqrt{\dfrac{1}{3}\left\{\left[\dfrac{100t^2}{3}\right]_0^1 + [100]_1^2\right\}} = 6.67[V]$

【정답】②

76. 다음과 같은 Y결선 회로와 등가인 △결선 회로의 A, B, C 값은 몇 [Ω]인가?

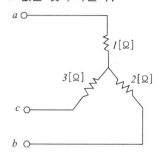

=>

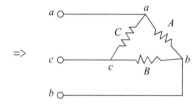

① $A=\dfrac{7}{3}$, $B=7$, $C=\dfrac{7}{2}$

② $A=7$, $B=\dfrac{7}{2}$, $C=\dfrac{7}{3}$

③ $A=11$, $B=\dfrac{11}{2}$, $C=\dfrac{11}{3}$

④ $A=\dfrac{11}{3}$, $B=11$, $C=\dfrac{11}{2}$

|정|답|및|해|설|

[$Y-\triangle$ 로 등가변환] $R_{ab}=\dfrac{R_aR_b+R_bR_c+R_cR_a}{R_c}$

$R_{bc}=\dfrac{R_aR_b+R_bR_c+R_cR_a}{R_a}$, $R_{ca}=\dfrac{R_aR_b+R_bR_c+R_cR_a}{R_b}$

$\therefore A=\dfrac{1\times2+2\times3+3\times1}{3}=\dfrac{11}{3}$, $B=\dfrac{1\times2+2\times3+3\times1}{1}=11$

$C=\dfrac{1\times2+2\times3+3\times1}{2}=\dfrac{11}{2}$

【정답】④

77. $f(t)=3u(t)+2e^{-t}$ 인 시간함수를 라플라스 변환한 것은?

① $\dfrac{3s}{s^2+1}$

② $\dfrac{s+3}{s(s+1)}$

③ $\dfrac{5s+3}{s(s+1)}$

④ $\dfrac{5s+1}{(s+1)s^2}$

|정|답|및|해|설|

[라플라스 변환의 선형 정리]

$F(s)=\mathcal{L}[f(t)]=\mathcal{L}[3u(t)+2e^{-t}]=\dfrac{3}{s}+\dfrac{2}{s+1}=\dfrac{5s+3}{s(s+1)}$

【정답】③

78. 회로에서 단자 1-1'에서 본 구동점 임피던스 Z_{11}은 몇 [Ω]인가?

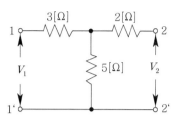

① 5

② 8

③ 10

④ 15

|정|답|및|해|설|

[임피던스 파라미터(T형 회로망)]

$\begin{bmatrix} V_1 \\ V_2 \end{bmatrix} = \begin{vmatrix} Z_{11} & Z_{12} \\ Z_{21} & Z_{22} \end{vmatrix} \begin{bmatrix} I_1 \\ I_2 \end{bmatrix}$

$V_1=Z_{11}I_1+Z_{12}I_2$ $\qquad\qquad \rightarrow (Z_{12}I_2=0)$

$Z_{11}=\dfrac{V_1}{I_1}\Big|_{I_2=0}=Z_1+Z_3$ $\quad \therefore Z_{11}=3+5=8[\Omega]$

【정답】②

|참|고|

1. 임피던스(Z) → T형으로 만든다.

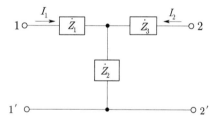

· $Z_{11}=Z_1+Z_2[\Omega]$ $\quad \rightarrow (I_1$ 전류방향의 합)

· $Z_{12}=Z_{21}=Z_2[\Omega]$ $\quad \rightarrow (I_1$과 I_2의 공통, 전류방향 같을 때)

· $Z_{12}=Z_{21}=-Z_2[\Omega]$ $\quad \rightarrow (I_1$과 I_2의 공통, 전류방향 다를 때)

· $Z_{22}=Z_2+Z_3[\Omega]$ $\quad \rightarrow (I_2$ 전류방향의 합)

2. 어드미턴스(Z) → π형으로 만든다.

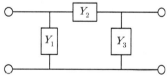

· $Y_{11}=Y_1+Y_2[\mho]$

· $Y_{12}=Y_{21}=Y_2[\mho]$ $\qquad\qquad \rightarrow (I_2\rightarrow,$ 전류방향 같을 때)

· $Y_{12}=Y_{21}=-Y_2[\mho]$ $\qquad\qquad \rightarrow (I_2\leftarrow,$ 전류방향 다를 때)

· $Y_{22}=Y_2+Y_3[\mho]$

79. 대칭 10상 회로의 선간전압이 100[V]일 때 상전압은 약 몇 [V]인가? 단, $\sin 18° = 0.309$이다.

① 161.8   ② 172

③ 183.1   ④ 193

|정|답|및|해|설|

[대칭 n상 Y결선 전압 전류] $V_l = 2\sin\dfrac{\pi}{n} V_p \angle \dfrac{\pi}{2}\left(1 - \dfrac{2}{n}\right)$

$$I_l = I_p$$

10상인 경우

$V_l = 2\sin\dfrac{\pi}{n} V_p = 2\sin\dfrac{\pi}{10} V_p \rightarrow 2 \times 0.309 V_p = 100$

∴ 상전압 $V_p = \dfrac{100}{2 \times 0.309} = 161.8[V]$

【정답】①

80. 비정현파 $f(x)$가 반파 대칭 및 정현 대칭일 때 옳은 식은? 단, 주기는 2π이다.

① $f(-x) = f(x), f(x+\pi) = f(x)$

② $f(-x) = f(x), f(x+2\pi) = f(x)$

③ $f(-x) = -f(x), -f(x+\pi) = f(x)$

④ $f(-x) = -f(x), -f(x+2\pi) = f(x)$

|정|답|및|해|설|

[비정현파]

1. 정현대칭(기함수파)

① 조건 : $f(t) = -f(-t) \rightarrow \sin$항만 존재

② 함수식 : $f(t) = \displaystyle\sum_{n=1}^{\infty} b_n \sin nwt$

2. 여현대칭(우함수파)

① 조건 : $f(t) = f(-t) \rightarrow \cos$항만 존재

② 함수식 : $f(t) = a_0 + \displaystyle\sum_{n=1}^{\infty} a_n \cos nwt$

3. 반파대칭

① 조건 : $f(t) = -f\left(t + \dfrac{T}{2}\right)$, 홀수파만 남는다.

② 함수식 : $f(t) = \displaystyle\sum_{n=1}^{\infty} a_n \cos nwt + \sum_{n=1}^{\infty} b_n \sin nwt$

여기서, n : 홀수

【정답】③

81. 케이블 트레이공사에 사용되는 케이블 트레이가 수용된 모든 전선을 지지할 수 있는 적합한 강도의 것일 경우 케이블 트레이의 안전율은 얼마 이상으로 하여야 하는가?

① 1.1   ② 1.2

③ 1.3   ④ 1.5

|정|답|및|해|설|

[케이블 트레이 공사 (KEC 232.40)]

1. 전선은 연피 케이블, 알루미늄피 케이블 등 난연성 케이블, 기타 케이블 또는 금속관 혹은 합성수지관 등에 넣은 절연전선을 사용하여야 한다.

2. 수용된 모든 전선을 지지할 수 있는 적합한 강도의 것이어야 한다. 이 경우 케이블 트레이의 안전율은 1.5 이상으로 하여야 한다.

|참|고|

[안전율]

1.33 : 이상시 상정하중 철탑의 기초

1.5 : 케이블트레이, 안테나

2.0 : 기초 안전율

2.2 : 경동선/내열동 합금선

2.5 : 지지선, ACSR, 기타 전선   【정답】④

82. 전력보안 통신용 전화설비를 시설하지 않아도 되는 것은?

① 원격감시제어가 되지 아니하는 발전소

② 원격감시제어가 되지 아니하는 변전소

③ 2 이상의 급전소 상호간과 이들을 총합 운용하는 급전소 간

④ 발전소로서 전기공급에 지장을 미치지 않고, 휴대용 전력보안통신 전화설비에 의하여 연락이 확보된 경우

|정|답|및|해|설|

[전력보안 통신용 전화설비의 시설 (KEC 362.1)]

다음 중의 어느 항목에 적합한 것은 전력 보안통신용 전화 설비를 시설하지 않아도 된다.

1. 원격감시 제어가 되지 않는 발전소로 전기의 공급에 지장을 주지 않고 또한 급전소와의 사이에 보안상 긴급 연락의 필요가 없는 곳.

2. 사용전압이 35[kV] 이하의 원격감시제어가 되지 아니하는 변전소에 준하는 곳으로서, 기기를 그 조작 등에 의하여 전기의 공급에 지장을 주지 아니하도록 시설한 경우에 전력보안 통신용 전화설비에 갈음하는 전화설비를 가지고 있는 것.   【정답】④

83. 전가섭선에 관하여 각 가섭선의 상정 최대 장력의 33[%]와 같은 불평형 장력의 수평 종분력에 의한 하중을 더 고려하여야 할 철탑의 유형은?

① 직선형　　　　② 각도형

③ 내장형　　　　④ 인류형

|정|답|및|해|설|

[상시 상정하중 (KEC 333.13)] 내장형·보강형의 경우에는 전가섭선에 관하여 각 가섭선의 상정 최대장력의 33[%]와 같은 불평균 장력의 수평 종분력에 의한 하중　　　【정답】③

---

84. 태양전지 발전소에서 태양전지 모듈 등을 시설할 경우 사용전선(연동선)의 공칭 단면적은 몇 $[mm^2]$ 이상인가?

① 1.6　　　　② 2.5

③ 5　　　　④ 10

|정|답|및|해|설|

[태양전지의 모듈 등의 시설 (512.1.1(전기배선), kec 520)]

· 전선은 공칭단면적 $2.5[mm^2]$ 이상의 연동선 또는 이와 동등 이상의 세기 및 굵기의 것일 것

· 옥내에 시설하는 경우에는 합성수지관 공사, 금속관 공사, 가요전선관 공사 또는 케이블 공사로 시설할 것　　　【정답】②

---

85. 금속관공사에 의한 저압 옥내배선 시설에 대한 설명으로 틀린 것은?

① 인입용 비닐절연전선을 사용했다.

② 옥외용 비닐절연전선을 사용했다.

③ 짧고 가는 금속관에 연선을 사용했다.

④ 단면적 $10[mm^2]$ 이하의 전선을 사용했다.

|정|답|및|해|설|

[금속관 공사 (KEC 232.12)]

· 전선관과의 접속 부분의 나사는 5틱 이상 완전히 나사 결합이 될 수 있는 길이일 것

· 전선은 절연전선(옥외용 비닐절연전선은 제외)

· 전선관의 두께 : 콘크리트 매설시 1.2[mm] 이상

· 관에는 kec140에 준하여 접지공사　　　【정답】②

---

86. 특고압 가공전선은 케이블인 경우 이외에는 단면적 이 몇 $[mm^2]$ 이상의 경동선이어야 하는가?

① 8　　　　② 14

③ 22　　　　④ 30

|정|답|및|해|설|

[특고압 가공전선의 굵기 및 종류 (KEC 333.4)]

특고압 가공전선은 케이블인 경우 이외에는 인장강도 8.71 [kN] 이상의 연선 또는 단면적 22[mm²] 이상의 경동연선이어야 한다.　　　【정답】③

---

87. 케이블 공사에 의한 저압 옥내배선의 시설방법에 대한 설명으로 틀린 것은?

① 전선은 케이블 및 캡타이어 케이블로 한다.

② 콘크리트 안에는 전선에 접속점을 만들지 아니한다.

③ 전선을 넣는 방호장치의 금속제 부분에는 접지 공사를 한다.

④ 전선을 조영재의 옆면에 따라 붙이는 경우 전선의 지지점 간의 거리를 케이블은 3[m] 이하로 한다.

|정|답|및|해|설|

[케이블 공사 (KEC 232.51)]

· 전선을 조영재의 아랫면 또는 옆면에 따라 붙이는 경우에는 전선의 지지점 간의 거리를 케이블은 2[m](사람이 접촉할 우려가 없는 곳에서 수직으로 붙이는 경우에는 6[m]) 이하 캡타이어 케이블은 1[m] 이하로 하고 또한 그 피복을 손상하지 아니하도록 붙일 것

· 관 기타의 전선을 넣는 방호 장치의 금속제 부분, 금속제의 전선 접속함 및 전선의 피복에 사용하는 금속체에는 kec140에 준하여 접지공사를 할 것　　　【정답】④

---

88. 고압 가공전선로에 사용하는 가공지선은 인장강도 5.26[kN] 이상의 것 또는 지름이 몇 [mm] 이상의 나경동선을 사용하여야 하는가?

① 2.6　　　　② 3.2

③ 4.0　　　④　　5.0

|정|답|및|해|설|

[고압 가공전선로의 가공지선 (KEC 332.6)]

1. 고압 가공 전선로 : 인장강도 5.26[kN] 이상이 것 또는 4[mm] 이상의 나경동선

2. 특고압 가공 전선로 : 인장강도 8.01[kN] 이상의 나선 또는 5[mm] 이상의 나경동선　　　【정답】③

89. 고압 가공전선로에 케이블을 조가선에 행거로 시설할 경우 그 행거의 간격은 몇 [cm] 이하로 하여야 하는가?

① 50 ② 60 ③ 70 ④ 80

|정|답|및|해|설|

[가공케이블의 시설 (KEC 332.2)] 가공전선에 케이블을 사용한 경우에는 다음과 같이 시설한다.

· 케이블 조가선에 <u>행거로 시설</u>하며 고압 및 특고압인 경우 행거의 간격을 <u>50[cm]</u> 이하로 한다.
· 조가선은 인장강도 5.93[kN](특고압인 경우 13.93[kN]) 이상의 것 또는 단면적 22[mm²] 이상인 아연도철연선일 것을 사용한

【정답】①

90. 지중 전선로의 시설방식이 아닌 것은?

① 관로식 ② 눌러붙임(압착)식
③ 암거식 ④ 직접매설식

|정|답|및|해|설|

[지중 전선로의 시설 (KEC 334.1)] 전선은 케이블을 사용하고, <u>관로식 또는 암거식, 직접 매설식</u>에 의하여 시공한다.
1. 직접 매설식 : 매설 깊이는 중량물의 압력이 있는 곳은 1.0[m] 이상, 없는 곳은 0.6[m] 이상으로 한다.
2. 관로식 : 매설 깊이를 1.0 [m]이상, 중량물의 압력을 받을 우려가 없는 곳은 60 [cm] 이상으로 한다.
3. 암거식 : 지하 구조물 내 케이블 지지대를 설치하고 그 위에 케이블을 부설하는 방식

【정답】②

91. 최대 사용전압이 23,000[V]인 중성점 비접지식 전로의 절연내력 시험전압은 몇 [V]인가?

① 16,560 ② 21,160
③ 25,300 ④ 28,750

|정|답|및|해|설|

[전로의 절연저항 및 절연내력 (KEC 132)]

접지방식	최대 사용 전압	시험 전압(최대 사용 전압 배수)	최저 시험 전압
비접지	7[kV] 이하	1.5배	500[V]
	7[kV] 초과	1.25배	10,500[V]
중성점접지	60[kV] 초과	1.1배	75[kV]
중성점직접 접지	60[kV] 초과 170[kV] 이하	0.72배	
	170[kV] 초과	0.64배	
중성점다중 접지	25[kV] 이하	0.92배	500[V]

∴시험전압 $= 23,000 \times 1.25 = 28,750[V]$

【정답】④

92. 전광표시 장치에 사용하는 저압 옥내배선을 금속관 공사로 시설할 경우 연동선의 단면적은 몇 [mm²] 이상 사용하여야 하는가?

① 0.75 ② 1.25
③ 1.5 ④ 2.5

|정|답|및|해|설|

[저압 옥내배선의 사용전선 (KEC 231.3.1)]
1. 단면적 2.5[mm²] 이상의 연동선
2. 옥내배선의 사용 전압이 400 V 미만인 경우
· 전광표시 장치·출퇴 표시등 기타 이와 유사한 장치 또는 제어 회로 등에 사용하는 <u>배선에 단면적 1.5[mm²] 이상</u>의 연동선을 사용
· 전광표시 장치 기타 이와 유사한 장치 또는 제어회로 등의 배선에 단면적 0.75[mm²] 이상인 다심케이블 또는 다심 캡타이어 케이블을 사용

【정답】③

93. 철근콘크리트주로서 전장이 15[m]이고, 설계하중이 8.2[kN]이다. 이 지지물의 논이나 기타 지반이 연약한 곳 이외에 기초 안전율의 고려 없이 시설하는 경우 그 묻히는 깊이는 기준보다 몇 [cm]를 가산하여 시설하여야 하는가?

① 10 ② 30 ③ 50 ④ 70

|정|답|및|해|설|

[가공전선로 지지물의 기초 안전율 (KEC 331.7)]
철근 콘크리트주로서 전체의 길이가 <u>14[m] 이상 20[m] 이하</u>이고, 설계하중이 <u>6.8[kN] 초과 9.8[kN] 이하</u>의 것을 논이나 그 밖의 지반이 연약한 곳. 이외에 시설하는 경우 그 묻히는 깊이는 <u>기준보다 30[cm]를 가산</u>하여 시설

【정답】②

94. 지중 전선로에 사용하는 지중함의 시설기준으로 틀린 것은?

① 조명 및 세척이 가능한 장치를 하도록 할 것
② 그 안의 고인 물을 제거할 수 있는 구조일 것
③ 견고하고 차량 기타 중량물의 압력에 견딜 수 있을 것
④ 뚜껑은 시설자 이외의 자가 쉽게 열 수 없도록 할 것

|정|답|및|해|설|

[지중함의 시설 (KEC 334.2)]
· 지중함은 견고하고 차량 기타 중량물의 압력에 견디는 구조 일 것
· 지중함은 그 안의 고인물을 제거할 수 있는 구조로 되어 있을 것
· 폭발성 또는 연소성의 가스가 침입할 우려가 있는 곳에 시설하는 지중함으로 그 크기가 1[m³] 이상인 것은 통풍장치 기타 가스를 방산시키기 위한 장치를 하여야 한다.
· 지중함의 뚜껑은 시설자 이외의 자가 쉽게 열 수 없도록 시설할 것

【정답】①

95. 변압기의 고압측 1선 지락전류가 30[A]인 경우에 중성점 접지공사의 최대 접지저항 값은 몇 [Ω]인가? 단, 고압 측 전로가 저압 측 전로와 혼촉하는 경우 1초 이내에 자동적으로 차단하는 장치가 설치되어 있다.

① 5   ② 10

③ 15   ④ 20

|정|답|및|해|설|

[변압기 중성점 접지의 접지저항 (KEC 142.5)]
변압기 중성점 접지의 접지저항값

1. $R = \dfrac{150}{I}[\Omega]$: 특별한 보호 장치가 없는 경우

2. $R = \dfrac{300}{I}[\Omega]$: 보호 장치의 동작이 1~2초 이내

3. $R = \dfrac{600}{I}[\Omega]$: 보호 장치의 동작이 1초 이내

(여기서, I : 1선지락전류)

1초 이내에 자동적으로 차단하는 장치를 설치하므로

$\therefore R = \dfrac{600}{I} = \dfrac{600}{30} = 20[\Omega]$ 【정답】④

96. 특고압 가공전선과 저압 가공전선을 동일 지지물에 병행설치(병가)하여 시설하는 경우 간격(이격거리)은 몇 [m] 이상이어야 하는가?

① 1   ② 2   ③ 3   ④ 4

|정|답|및|해|설|

[특고압 가공전선과 저고압 가공전선 등의 병행설치 (KEC 333.17)]
1. 사용전압이 35[kV] 이하인 특고압 가공전선과 저압 또는 고압의 가공전선을 동일 지지물에 시설하는 경우에는 다음 각 호에 따라야 한다.
  ① 특고압 가공전선과 저압 또는 고압 가공전선 사이의 간격(이격거리)은 1.2[m] 이상일 것. 다만, 특고압 가공전선이 케이블로서 저압 가공전선이 절연전선이거나 케이블인 때 또는 고압 가공전선이 고압 절연전선, 특고압 절연전선 또는 케이블인 때는 50[cm]까지로 감할 수 있다.
2. 사용전압이 35[kV]를 초과하고 100[kV] 미만인 특고압 가공전선과 저압 또는 고압 가공전선을 동일 지지물에 시설하는 경우에는 다음 각 호에 따라 시설하여야 한다.
  ① 특고압 가공전선로는 제2종 특고압 보안공사에 의할 것.
  ② 특고압 가공전선과 저압 또는 고압 가공전선 사이의 간격(이격거리)은 2[m] 이상일 것. 다만, 특고압 가공전선이 케이블인 경우에 저압 가공전선이 절연전선 혹은 케이블인 때 또는 고압 가공전선이 절연전선 혹은 케이블인 때에는 1[m] 까지 감할 수 있다.
【정답】전항 정답

97. 345[kV] 변전소의 충전부분에서 6[m]의 거리에 울타리를 설치하려고 한다. 울타리의 최소 높이는 약 몇 [m]인가?

① 2   ② 2.28

③ 2.57   ④ 3

|정|답|및|해|설|

[발전소 등의 울타리·담 등의 시설 (KEC 351.1)]

사용 전압의 구분	울타리·담 등의 높이와 울타리·담 등으로부터 충전 부분까지의 거리의 합계
35[kV] 이하	5[m]
35[kV] 초과 160[kV] 이하	6[m]
160[kV] 초과	·거리의 합계 = 6 + 단수 × 0.12[m] ·단수 = $\dfrac{\text{사용전압}[kV] - 160}{10}$ (단수 계산 에서 소수점 이하는 절상)

· 단수 34.5-16=18.5 → 19단
· 울타리·담 등의 높이와 울타리·담 등으로부터 충전부분까지의 거리의 합계 6+(19×0.12)=8.28[m]
여기서, 울타리에서 충전부분까지 거리는 6[m]이므로
울타리의 최소 높이=8.28-6=2.28[m]

【정답】②

※한국전기설비규정(KEC) 적용으로 인해 더 이상 출제되지 않는 문제는 삭제했습니다.

2회 **2018년 전기산업기사필기 (전기자기학)**

1. 유전체에 가한 전계 E[V/m]와 분극의 세기 $P[C/m^2]$와의 관계로 옳은 식은?

① $P = \epsilon_o(\epsilon_s - 1)E$ ② $P = \epsilon_o(\epsilon_s + 1)E$

③ $D = \epsilon_o E - P$ ④ $D = \epsilon_o \epsilon_s E + P$

|정|답|및|해|설|

[분극의 세기] $P = \epsilon_0(\epsilon_s - 1)E[C/m^2]$

$P = \epsilon_0(\epsilon_s - 1)E[C/m^2]$ → 문제에서 비유전율이 주어질 경우

$= D(1 - \dfrac{1}{\epsilon_s})[C/m^2]$ → 전속밀도와 비유전율이 주어질 경우

$= \lambda E[C/m^2]$ → 문제에서 분극률이 주어질 경우

$= \dfrac{M}{v}[C/m^2]$ → 전기쌍극자모멘트와 체적이 주어질 경우

여기서, λ : 분극률, M : 쌍극자모멘트, v : 체적

【정답】①

2. 자유공간(진공)에서의 고유임피던스[Ω]는?

① 144 ② 277

③ 377 ④ 544

|정|답|및|해|설|

[고유(파동)임피던스] $Z_0 = \dfrac{E}{H} = \sqrt{\dfrac{\mu}{\epsilon}} = \sqrt{\dfrac{\mu_0}{\epsilon_0}} = 377[\Omega]$

→ ($\epsilon_0 : 8.855 \times 10^{-12}$, $\mu_0 : 4\pi \times 10^{-7}$)

【정답】③

3. 크기가 1[C]인 두 개의 같은 점전하가 진공 중에서 일정한 거리가 떨어져 $9 \times 10^9[N]$의 힘으로 작용할 때 이들 사이의 거리는 몇 [m]인가?

① 1 ② 2 ③ 4 ④ 10

|정|답|및|해|설|

[쿨롱의 법칙(힘)] $F = 9 \times 10^9 \times \dfrac{Q_1 Q_2}{r^2}[N]$

$\therefore F = 9 \times 10^9 \times \dfrac{Q_1 Q_2}{r^2} = 9 \times 10^9 \rightarrow r = \sqrt{\dfrac{9 \times 10^9 \times 1^2}{9 \times 10^9}} = 1[m]$

【정답】①

4. 공극을 가진 환상 솔레노이드에서 총 권수 N, 철심의 비투자율 μ_r, 단면적 A, 길이 l이고 공극이 δ일 때, 공극부에 자속밀도 B를 얻기 위해서는 얼마의 전류를 몇 [A] 흘려야 하는가?

① $\dfrac{10^7 B}{2\pi N}\left(\dfrac{l}{\mu_r} + \delta\right)$ ② $\dfrac{10^7 B}{2\pi N}\left(\dfrac{\delta}{\mu_r} + l\right)$

③ $\dfrac{10^7 B}{4\pi N}\left(\dfrac{l}{\mu_r} + \delta\right)$ ④ $\dfrac{10^7 B}{4\pi N}\left(\dfrac{\delta}{\mu_r} + l\right)$

|정|답|및|해|설|

[자기회로의 옴의 법칙 이용]

1. 자기저항 = 철심 자기저항 + 공극 자기저항

$R_m = R_i + R_g = \dfrac{l}{\mu_0 \mu_r A} + \dfrac{\delta}{\mu_r A}$

$R_m = \dfrac{1}{\mu_0 A}\left(\dfrac{l}{\mu_r} + \delta\right)$

2. 자기회로의 옴의 법칙 $F = R\varnothing = NI = BA\left(\dfrac{l}{\mu A} + \dfrac{\delta}{\mu_0 A}\right)$

→ ($\varnothing = \dfrac{NI}{R}$)

$\therefore I = \dfrac{R\varnothing}{N} = \dfrac{RBA}{N} = \dfrac{BA}{N} \cdot \dfrac{1}{\mu_0 A}\left(\dfrac{l}{\mu_r} + \delta\right)$

$= \dfrac{B}{\mu_0 N}\left(\dfrac{l}{\mu_r} + \delta\right) = \dfrac{B}{4\pi \times 10^{-7} \times N}\left(\dfrac{l}{\mu_r} + \delta\right) = \dfrac{10^7 B}{4\pi N}\left(\dfrac{l}{\mu_r} + \delta\right)$

【정답】③

5. 평면 전자파의 전계 E와 자계 H와의 관계식은?

① $E = \sqrt{\dfrac{\epsilon}{\mu}} H$ ② $E = \sqrt{\mu\epsilon} H$

③ $E = \sqrt{\dfrac{\mu}{\epsilon}} H$ ④ $E = \dfrac{1}{\sqrt{\mu\epsilon}} H$

|정|답|및|해|설|

[자유공간에서의 특성임피던스(파동임피던스)]

$Z_0 = \dfrac{E}{H} = \sqrt{\dfrac{\mu}{\epsilon}} \rightarrow E = Z_0 H = \sqrt{\dfrac{\mu}{\epsilon}} H$

【정답】③

6. 자계의 세기가 H인 자계 중에 직각으로 속도 v로 발사된 전하 Q가 그리는 원의 반지름 r은?

① $\dfrac{mv}{QH}$ 　　② $\dfrac{mv^2}{QH}$

③ $\dfrac{mv}{\mu QH}$ 　　④ $\dfrac{mv^2}{\mu QH}$

|정|답|및|해|설|

[로렌츠의 힘] $F = BQv\sin\theta$

전자가 자계 내로 진입하면 원심력 $\dfrac{mv^2}{r}$ 과 구심력 BQv가 같아지며 전자는 원운동 하게 된다.　　→ ($\sin 90 = 1$)

즉, $\dfrac{mv^2}{r} = QvB$에서 $r = \dfrac{mv}{QB} = \dfrac{mv}{Q\mu H}$　→ ($B = \mu H$)

【정답】③

7. 면전하밀도 $\sigma[C/m^2]$, 판간거리 d[m]인 무한 평행판 대전체 간의 전위차[V]는?

① σd 　　② $\dfrac{\sigma}{\epsilon}$

③ $\dfrac{\epsilon_o \sigma}{d}$ 　　④ $\dfrac{\sigma d}{\epsilon_o}$

|정|답|및|해|설|

[평행판 콘덴서의 전계의 세기] $E = \dfrac{\sigma}{\epsilon}$

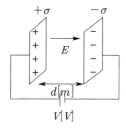

$$\therefore 전위 \ V = E \cdot d = \dfrac{\sigma}{\epsilon_o} \cdot d$$

【정답】④

8. 진공 중의 도체계에서 임의의 도체를 일정 전위의 도체로 완전히 포위하면 내외 공간의 전계를 완전 차단시킬 수 있는데 이것을 무엇이라 하는가?

① 홀효과 　　② 정전차폐

③ 핀치효과 　　④ 전자차폐

|정|답|및|해|설|

[정전차폐] 임의의 도체를 일정 전위(영전위)의 도체로 완전 포위하여 내외 공간의 전계를 완전히 차단하는 현상

※① 홀효과 : 도체나 반도체의 물질에 전류를 흘리고 이것과 직각 방향으로 자계를 가하면 플레밍의 오른손 법칙에 의하여 도체 내부의 전하가 횡방향으로 힘을 모아 도체 측면에 (+), (−)의 전하가 나타나는데 이러한 현상을 홀 효과라고 한다.
③ 핀치 효과 : 반지름 a인 액체 상태의 원통 모양 도선 내부에 균일하게 전류가 흐를 때 도체 내부에 자장이 생겨 로렌츠의 힘으로 전류가 원통 중심 방향으로 수축하려는 효과
④ 전자 차폐 : 전자 유도에 의한 방해 작용을 방지할 목적으로 대상이 되는 장치 또는 시설을 적당한 자기 차폐체에 의해 감싸서 외부 전자계의 영향으로부터 차단하는 것

【정답】②

9. 전류에 의한 자계의 방향을 결정하는 법칙은?

① 렌츠의 법칙

② 플레밍의 오른손 법칙

③ 플레밍의 왼손 법칙

④ 암페어의 오른손 법칙

|정|답|및|해|설|

[암페어의 오른나사(오른손) 법칙] 전류에 의한 자계의 방향
※① 렌츠의 법칙 : 유기기전력의 방향을 결정(자속의 변화에 따른 전자유도법칙)
② 플레밍의 오른손 법칙 : 자계 중에서 도체가 운동할 때 유기 기전력의 방향 결정
③ 플레밍의 왼손 법칙 : 자계 중에 있는 도체에 전류를 흘릴 때 도체의 운동 방향 결정　　　　　　　　　【정답】④

10. 금속 도체의 전기저항은 일반적으로 온도와 어떤 관계인가?

① 전기저항은 온도의 변화에 무관하다.

② 전기저항은 온도의 변화에 대해 정특성을 갖는다.

③ 전기저항은 온도의 변화에 대해 부특성을 갖는다.

④ 금속 도체의 종류에 따라 전기저항의 온도 특성은 일관성이 없다.

|정|답|및|해|설|

[온도계수와 저항과의 관계] $R_2 = R_1 [1 + a_1 (T_2 - T_1)] [\Omega]$

여기서, T_1, T_2 : 온도, R_1, R_2 : 각각의 저항
　　　　a_1 : 온도 T_1에서의 온도계수 a_1

온도가 올라가면 저항은 증가한다(정특성).　　　【정답】②

11. 그림과 같은 반지름 a[m]인 원형 코일에 I[A]이 전류가 흐르고 있다. 이 도체 중심 축상 x[m]인 점 P의 자위는 몇 [A]인가?

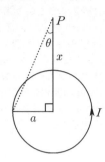

① $\dfrac{I}{2}\left(1-\dfrac{x}{\sqrt{a^2+x^2}}\right)$

② $\dfrac{I}{2}\left(1-\dfrac{a}{\sqrt{a^2+x^2}}\right)$

③ $\dfrac{I}{2}\left(1-\dfrac{x^2}{(a^2+x^2)^{\frac{3}{2}}}\right)$

④ $\dfrac{I}{2}\left(1-\dfrac{a^2}{(a^2+x^2)^{\frac{3}{2}}}\right)$

|정|답|및|해|설|

[판자석의 자위] $U=\dfrac{Mw}{4\pi\mu_0}$[A]

여기서, ω : 입체각($\omega=2\pi(1-\cos\theta)=2\pi\left(1-\dfrac{x}{\sqrt{a^2+x^2}}\right)$[sr])

$\quad\quad M$: 판자석의 세기($M=\sigma\delta=\mu_o I$[Wb/m]

$U=\dfrac{M}{4\pi\mu_o}\omega=\dfrac{M}{4\pi\mu_o}\times2\pi(1-\cos\theta)=\dfrac{M}{2\mu_o}\left(1-\dfrac{x}{\sqrt{a^2+x^2}}\right)$

$\therefore U=\dfrac{I}{2}\left(1-\dfrac{x}{\sqrt{a^2+x^2}}\right)$ 【정답】①

12. 자기인덕턴스가 각각 L_1, L_2인 두 코일을 서로 간섭이 없도록 병렬로 연결했을 때 그 합성인덕턴스는?

① $L_1\cdot L_2$

② $\dfrac{L_1+L_2}{L_1 L_2}$

③ L_1+L_2

④ $\dfrac{L_1\cdot L_2}{L_1+L_2}$

|정|답|및|해|설|

[병렬접속 시 합성인덕턴스] $L=\dfrac{L_1 L_2-M^2}{L_1+L_2\mp 2M}$

1. 가극성의 경우 $L=\dfrac{L_1 L_2-M^2}{L_1+L_2-2M}$

2. 감극성의 경우 $L=\dfrac{L_1 L_2-M^2}{L_1+L_2+2M}$

두 코일에 간섭이 없다는 것은 $M=0$을 의미하므로

$\therefore$합성인덕턴스 $L=\dfrac{L_1\cdot L_2}{L_1+L_2}$[H]

※직렬 시 $L=L_1+L_2\pm2M$ → (+ : 가동, - : 차동)

【정답】④

13. 도체의 성질에 대한 설명으로 틀린 것은?

① 도체 내부의 전계는 0이다.

② 전하는 도체 표면에만 존재한다.

③ 도체의 표면 및 내부의 전위는 등전위이다.

④ 도체 표면의 전하밀도는 표면의 곡률이 큰 부분일수록 작다.

|정|답|및|해|설|

[도체의 성질]

· 도체 표면과 내부의 전위는 동일하고(등전위), 표면은 등전위면이다.

· 도체 내부의 전계의 세기는 0이다.

· 전하는 도체 내부에는 존재하지 않고, 도체 표면에만 분포한다.

· 도체 면에서의 전계의 세기는 도체 표면에 항상 수직이다.

· 도체 표면에서의 전하밀도는 곡률이 클수록 높다. 즉, 곡률반경이 작을수록 높다.

· 중공부에 전하가 없고 대전 도체라면, 전하는 도체 외부의 표면에만 분포한다.

· 중공부에 전하를 두면 도체 내부표면에 동량 이부호, 도체 외부표면에 동량 동부호의 전하가 분포한다. 【정답】④

14. 두 개의 코일이 있다. 각각의 자기인덕턴스가 0.4[H], 0.9[H] 상호인덕턴스가 0.36[H]일 때 결합계수는?

① 0.5

② 0.6

③ 0.7

④ 0.8

|정|답|및|해|설|

[상호인덕턴스] $M=k\sqrt{L_1 L_2}$ → ($k : 0\leqq k\leqq 1$)

여기서, k : 결합계수

$\therefore$결합계수 $k=\dfrac{M}{\sqrt{L_1 L_2}}=\dfrac{0.36}{\sqrt{0.4\times0.9}}=0.6$ 【정답】②

15. 반지름 a[m]인 두 개의 무한장 도선이 d[m]의 간격으로 평행하게 놓여 있을 때 $a \ll d$인 경우, 단위 길이 당 정전용량[F/m]은?

① $\dfrac{2\pi\epsilon_0}{\ln\dfrac{d}{a}}$ ② $\dfrac{\pi\epsilon}{\ln\dfrac{d}{a}}$

③ $\dfrac{4\pi\epsilon}{\dfrac{1}{a}-\dfrac{1}{d}}$ ④ $\dfrac{2\pi\epsilon}{\dfrac{1}{a}-\dfrac{1}{d}}$

|정|답|및|해|설|_____

[두 평형 도선 간의 정전용량] $C=\dfrac{\lambda}{V}=\dfrac{\pi\epsilon_0}{\ln\dfrac{d}{a}}$ [F/m]

여기서, λ : 선전하밀도[C/m], V : 전위차
a : 도체의 반지름, d : 거리, $\epsilon(=\epsilon_0\epsilon_s)$: 유전율

【정답】②

16. 그림과 같이 유전체 경계면에서 $\epsilon_1 < \epsilon_2$이었을 때 E_1과 E_2의 관계식 중 옳은 것은?

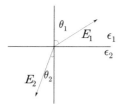

① $E_1 > E_2$
② $E_1 < E_2$
③ $E_1 = E_2$
④ $E_1\cos\theta_1 = E_2\cos\theta_2$

|정|답|및|해|설|_____

[두 유전체의 경계 조건 (굴절법칙)] $\dfrac{\tan\theta_1}{\tan\theta_2}=\dfrac{\epsilon_1}{\epsilon_2}$

1. 전계의 접선성분이 연속 : $E_1\sin\theta_1 = E_2\sin\theta_2$
2. 전속밀도의 법선성분이 연속 : $D_1\cos\theta_1 = D_2\cos\theta_2$

$\epsilon_1 E_1\cos\theta_1 = \epsilon_2 E_2\cos\theta_2$

여기서, θ_1 : 입사각, θ_2 : 굴절각, ϵ_1, ϵ_2 : 유전율, E : 전계
$\epsilon_1 < \epsilon_2$일 경우 유전율의 크기와 굴절각의 크기는 비례한다.
$\therefore \theta_1 < \theta_2, \ E_1 > E_2, \ D_1 < D_2$ 【정답】①

17. 비유전율이 2.4인 유전체 내의 전계의 세기가 100[mV/m]이다. 유전체에 축적되는 단위 체적 당 정전에너지는 몇 [J/m³]인가?

① 1.06×10^{-13} ② 1.77×10^{-13}
③ 2.32×10^{-13} ④ 2.32×10^{-11}

|정|답|및|해|설|_____
[단위 체적당 축적되는 정전에너지]
$$W=\frac{1}{2}DE=\frac{1}{2}\epsilon E^2=\frac{1}{2}\frac{D^2}{\epsilon}[J/m^3]$$
여기서, D : 전속밀도, E : 전계, ϵ : 유전율($=\epsilon_0\epsilon_s$)
$\therefore W=\dfrac{1}{2}\epsilon_0\epsilon_s E^2 = \dfrac{1}{2}\times8.855\times10^{-12}\times2.4\times(100\times10^{-3})^2$
$\quad = 1.06\times10^{-13}[J/m^3]$ 【정답】①

18. 동심구 사이의 공극에 절연내력이 50[kV/mm]이며 비유전율이 3인 절연유를 넣으면, 공기인 경우 몇 배의 전하를 축적할 수 있는가? 단, 절연내력은 3[kV/mm]라 한다.

① 3 ② $\dfrac{50}{3}$
③ 50 ④ 150

|정|답|및|해|설|_____
[축적되는 전하량] $Q=CV=CEr$
·공기중 $C_0, \ E_0=3[kV/mm]$
·유전체 : $C=\epsilon_0\epsilon_s, \ E=50[kV/mm], \ (\epsilon_s=3)$
축적되는 전하량 $Q=C_0 E_0 r = 3C_0\times50r$
공기중 축적되는 전하량 $Q_0 = C_0 E_0 r = C_0\times3r$
$\therefore \dfrac{Q}{Q_0}=\dfrac{3C_0\times50r}{C_0\times3r}=50$이므로 축적되는 전하는 50배

【정답】③

19. 자계의 벡터 포텐셜을 A라 할 때, A와 자계의 변화에 의해 생기는 전계 E 사이에 성립하는 관계식은?

① $A = \dfrac{\partial E}{\partial t}$ 　　② $E = \dfrac{\partial A}{\partial t}$

③ $A = -\dfrac{\partial E}{\partial t}$ 　　④ $E = -\dfrac{\partial A}{\partial t}$

|정|답|및|해|설|
[전계]
자속밀도 $B = rot A$로 정의

$rot E = -\dfrac{\partial B}{\partial t}$ 에서

$rot E = -\dfrac{\partial B}{\partial t} = -\dfrac{\partial}{\partial t} rot A = rot\left(-\dfrac{\partial A}{\partial t}\right)$ → $\therefore E = -\dfrac{\partial A}{\partial t}$

【정답】④

20. 균등하게 자화된 구(球) 자성체가 자화될 때의 감자율은?

① $\dfrac{1}{2}$ 　　② $\dfrac{1}{3}$

③ $\dfrac{2}{3}$ 　　④ $\dfrac{3}{4}$

|정|답|및|해|설|
[감자력] $H = \dfrac{N}{\mu_0} J$

여기서, H : 감자력, J : 자화의 세기, N : 감자율($0 \leq N \leq 1$)

1. 구자성체의 감자율은 $\dfrac{1}{3}$
2. 환상 솔레노이드의 감자율은 0이다. 　　【정답】②

2회 2018년 전기산업기사필기 (전력공학)

21. 송전선로의 뇌해 방지와 관계없는 것은?

① 댐퍼 　　② 피뢰기
③ 매설지선 　　④ 가공지선

|정|답|및|해|설|
[댐퍼] 전선의 진동 방지

※② 피뢰기 : 이상전압을 대지로 방류함으로서 그 파고치를 저감시켜 설비를 보호하는 장치
　③ 매설지선 : 역섬락 방지
　④ 가공지선 : 직격뇌, 유도뇌 차폐 　　【정답】①

22. 제5고조파를 제거하기 위하여 전력용 콘덴서 용량의 몇 [%]에 해당하는 직렬 리액터를 설치하는가?

① 2~3 　　② 5~6
③ 7~8 　　④ 9~10

|정|답|및|해|설|
[직렬 리액터] 제5고조파로부터 전력용 콘덴서 보호 및 파형 개선의 목적으로 사용
· 이론적으로는 콘덴서 용량의 4[%]
· 실재로는 콘덴서 용량의 6[%] 설치 　　【정답】②

23. 분기회로용으로 개폐기 및 자동차단기의 2가지 역할을 수행하는 것은?

① 기중차단기 　　② 진공차단기
③ 전력용 퓨즈 　　④ 배선용차단기

|정|답|및|해|설|
[배선용 차단기(MCCB, NFB)]
·분기회로 개폐
·자동차단 　　【정답】④

24. 전력용 퓨즈는 주로 어떤 전류의 차단을 목적으로 사용하는가?

① 지락전류 　　② 단락전류
③ 과도전류 　　④ 과부하전류

|정|답|및|해|설|
[전력용 퓨즈] 고압 및 특별고압기기의 단락보호용 퓨즈이고 소호방식에 따라 한류형과 비한류형이 있다. 전력퓨즈는 주로 단락전류의 차단을 목적으로 사용된다. 　　【정답】②

25. 변류기 개방 시 2차 측을 단락하는 이유는?

① 측정 오차 방지
② 2차 측 절연보호
③ 1차 측 과전류 방지
④ 2차 측 과전류 보호

|정|답|및|해|설|
[계기용변류기(CT)] 변류기 2차측을 개방하면 1차 전류가 모두 여자전류가 되어 2차 권선에 매우 높은 전압이 유기되어 절연이 파괴되고 소손될 우려가 있다.

※계기용변압기(PT) : 2차 측 개방 　　【정답】②

26. 단상 승압기 1대를 사용하여 승압할 경우 승압기의 전압을 E_1이라 하면, 승압 후의 전압 E_2는 어떻게 되는가? 단, 승압기의 변압비는 $\dfrac{\text{전원측전압}}{\text{부하측전압}} = \dfrac{e_1}{e_2}$ 이다.

① $E_2 = E_1 + e_1$ 　　② $E_2 = E_1 + e_2$

③ $E_2 = E_1 + \dfrac{e_2}{e_1} E_1$ 　　④ $E_2 = E_1 + \dfrac{e_1}{e_2} E_1$

|정|답|및|해|설|

[단권변압기] $\dfrac{V_h}{V_l} = \dfrac{n_1 + n_2}{n_1} = \left(1 + \dfrac{n_2}{n_1}\right)$

$\dfrac{E_2}{E_1} = \dfrac{n_1 + n_2}{n_1} = \left(\dfrac{e_1 + e_2}{e_1}\right) = \left(1 + \dfrac{e_2}{e_1}\right)$

$\therefore E_2 = E_1\left(1 + \dfrac{e_2}{e_1}\right)$

【정답】③

27. 보호계전기 동작이 가장 확실한 중성점 접지방식은?

① 비접지방식　　② 저항접지방식

③ 직접접지방식　　④ 소호리액터 접지방식

|정|답|및|해|설|

[직접 접지방식의 장·단점]
1. 장점
· 1선 지락시에 건전상의 대지전압이 거의 상승하지 않는다.
· 피뢰기의 효과를 증진시킬 수 있다.
· 단절연이 가능하다.
· <u>계전기의 동작이 확실해 진다.</u>
2. 단점
· 송전계통의 과도 안정도가 나빠진다.
· 통신선에 유도장해가 크다.
· 지락시 대전류가 흘러 기기에 손상을 준다.
· 대용량 차단기가 필요하다.　　【정답】③

28. 단상 2선식의 교류 배전선이 있다. 전선 한 줄의 저항은 0.15[Ω], 리액턴스는 0.25[Ω]이다. 부하는 무유도성으로 100[V], 3[kW]일 때 급전점의 전압은 약 몇 [V]인가?

① 100　　　　② 110

③ 120　　　　④ 130

|정|답|및|해|설|

[송전단전압(급전점의 전압)] $V_s = V_r + e$

　　　　→ (전압강하 $e = 2I(R\cos\theta + X\sin\theta)$

무유도성($\cos\theta = 1,\ \sin\theta = 0$)이므로

$V_s = V_r + 2I(R\cos\theta + X\sin\theta) = 100 + 2 \times \dfrac{3,000}{100} \times 0.15 = 109[V]$

　　　　→ $\left(I = \dfrac{P}{V}[A]\right)$

【정답】②

29. 3상 차단기의 정격차단용량을 나타낸 것은?

① $\sqrt{3} \times$ 정격전압 $\times$ 정격전류

② $\dfrac{1}{\sqrt{3}} \times$ 정격전압 $\times$ 정격전류

③ $\sqrt{3} \times$ 정격전압 $\times$ 정격차단전류

④ $\dfrac{1}{\sqrt{3}} \times$ 정격전압 $\times$ 정격차단전류

|정|답|및|해|설|

[3상용 차단기의 정격용량] $P_s = \sqrt{3}\,VI_s[MVA]$
여기서, V : 정격차단전압[V], I_s : 정격차단전류[MVA]

【정답】③

30. 3상 3선식 배전선로에 역률이 0.8(지상)인 3상 평형 부하 40[kW]를 연결했을 때 전압강하는 약 몇 [V]인가? 단, 부하의 전압은 200[V], 전선 1조의 저항은 0.02[Ω]이고, 리액턴스는 무시한다.

① 2　　　　② 3

③ 4　　　　④ 5

|정|답|및|해|설|

[3상 전압강하] $e = V_s - V_r = \sqrt{3}I(R\cos\theta + X\sin\theta)$

수전전력 $P = \sqrt{3}\,V_r I_r \cos\theta$이므로

$e = \sqrt{3}\dfrac{P}{\sqrt{3}\,V_r\cos\theta}(R\cos\theta + X\sin\theta) = \dfrac{P}{V_r}(R + X\tan\theta)$이며

선로의 리액턴스를 무시하면

$e = \dfrac{P}{V_r}R = \dfrac{40 \times 10^3 \times 0.02}{200} = 4[V]$

【정답】③

31. 변전소에서 사용되는 조상설비 중 지상용으로만 사용되는 조상설비는?

① 분로리액터
② 무효전력보상장치(동기조상기)
③ 전력용 콘덴서
④ 정지형 무효전력 보상장치

|정|답|및|해|설|

항목	무효전력보상장치(동기조상기)	전력용 콘덴서	분로리액터
전력손실	많음 (1.5~2.5[%])	적음 (0.3[%] 이하)	적음 (0.6[%] 이하)
가격	비싸다(전력용 콘덴서, 분로리액터의 1.5~2.5배)	저렴	저렴
무효전력	진상, 지상 양용	진상전용	**자상 전용**
조정	연속적	계단적	계단적
사고시 전압유지	큼	작음	적음
사송 전	가능	불가능	불가능
보수	손질필요	용이	용이

조상설비는 전력용콘덴서, 분로리액터, 무효전력보상장치(동기조상기)가 있는데 <u>지상용으로 사용되는 것은 분로리액터이다.</u>
【정답】①

32. 우리나라에서 현재 사용되고 있는 송전전압에 해당되는 것은?

① 150[kV]
② 220[kV]
③ 345[kV]
④ 700[kV]

|정|답|및|해|설|
[현재 사용되는 송전전압] 154[kV], 345[kV], 765[kV]
【정답】③

33. 정정된 값 이상의 전류가 흘렀을 때 동작전류의 크기와 상관없이 항상 정해진 시간이 경과한 후에 동작하는 보호계전기는?

① 순시계전기
② 정한시계전기
③ 반한시계전기
④ 반한시성정한시계전기

|정|답|및|해|설|
[계전기의 시한특성]
1. 순한시 특성 : 최소 동작전류 이상의 전류가 흐르면 즉시 동작, 고속도계전기
2. 정한시 특성 : 일정한 시간에 동작
3. 반한시 특성 : 고장 전류의 크기
4. 반한시성 정한시 특성 : 동작전류가 적은 구간에서는 반한시 특성, 동작전류가 큰 구간에서는 정한시 특성
【정답】②

34. 3상 1회선 전선로에서 대지정전용량은 C_s이고 선간정전용량을 C_m이라 할 때, 작용정전용량 C_n은?

① $C_s + C_m$
② $C_s + 2C_m$
③ $C_s + 3C_m$
④ $2C_s + C_m$

|정|답|및|해|설|
[3상 1회선 작용정전용량]
C_w = 대지정전용량+3선간정전용량[μF/km]
$\quad = C_s + 3C_m [\mu$F/km]
※단상 1회선 작용정전용량
$\quad C_w$ = 대지정전용량+2선간정전용량[μF/km]
$\qquad = C_s + 2C_m [\mu$F/km]
【정답】③

35. 장거리 송전선로의 4단자정수(A, B, C, D) 중 일반식을 잘못 표기한 것은?

① $A = \cosh\sqrt{ZY}$
② $B = \sqrt{\dfrac{Z}{Y}} \sinh\sqrt{ZY}$
③ $C = \sqrt{\dfrac{Z}{Y}} \sinh\sqrt{ZY}$
④ $D = \cosh\sqrt{ZY}$

|정|답|및|해|설|
[분포정수 회로 4단자정수]
· $A = \cosh\gamma l = \cosh\sqrt{ZY}$
· $B = Z_0\sinh\gamma l = \sqrt{\dfrac{Z}{Y}} \sinh\sqrt{ZY}$
· $C = \dfrac{1}{Z_0} \sinh\gamma l = \sqrt{\dfrac{Y}{Z}} \sinh\sqrt{ZY}$
· $D = \cosh\gamma l = \cosh\sqrt{ZY}$
【정답】③

36. 저압 뱅킹(Banking) 배전방식이 적당한 곳은?

① 농촌   ② 어촌

③ 화학공장   ④ 부하 밀집지역

|정|답|및|해|설|

[저압 뱅킹 방식] 고압선(모선)에 접속된 2대 이상의 변압기의 저압 측을 병렬 접속하는 방식으로 부하가 밀집된 시가지에 적합
1. 장점
  ·변압기 용량을 저감할 수 있다.
  ·변압기 용량 및 저압선 동량이 절감
  ·부하 증가에 대한 탄력성이 향상
2. 단점
  ·캐스케이딩 현상 발생(저압선의 일부 고장으로 건전한 변압기의 일부 또는 전부가 차단되는 현상)   **【정답】④**

37. 보일러에서 흡수 열량이 가장 큰 것은?

① 수냉벽   ② 과열기

③ 절탄기   ④ 공기예열기

|정|답|및|해|설|

[수냉벽] 수냉벽의 흡수 열량(40~50[%])이 가장 크다. 효과적인 냉각을 하기 위함   **【정답】①**

38. 소호리액터 접지에 대한 설명으로 틀린 것은?

① 지락전류가 작다.

② 과도안정도가 높다.

③ 전자유도장애가 경감된다.

④ 선택지락계전기의 작동이 쉽다.

|정|답|및|해|설|

[소호리액터 접지 방식 특징]
·다른 접지방식에 비해서 지락전류가 최소
·건전상 이상전압이 제일 크다.
·보호계전기의 동작이 매우 모호하다.
·통신선 유도장해가 최소이다.
·1선과 대지간의 정전용량 3배
·과도 안정도가 가장 좋다.
·지락계전기의 사고 감지가 어렵다.   **【정답】④**

39. 교류 저압 배전방식에서 밸런서를 필요로 하는 방식은?

① 단상2선식   ② 단상3선식

③ 3상3선식   ④ 3상4선식

|정|답|및|해|설|

[단상3선식의 특징]
·중성선에 퓨즈를 설치하지 않음
·상시 부하에 불평형 문제 발생
·불평형 문제를 줄이기 위하여 저압선의 끝부분에 밸런서를 설치
    【정답】②

40. 유효낙차가 40[%] 저하되면 수차의 효율이 20[%] 저하된다고 할 경우 이때의 출력은 원래의 약 몇 [%]인가? 단, 안내 날개의 열림은 불변인 것으로 한다.

① 37.2   ② 48.0

③ 52.7   ④ 63.7

|정|답|및|해|설|

[낙차와 출력과의 관계] $\left(\dfrac{P_2}{P_1}\right) = \left(\dfrac{H_2}{H_1}\right)^{\frac{3}{2}}$

$\therefore P_2 = P_1 \times \left(\dfrac{0.6H_1}{H_1}\right)^{\frac{3}{2}} \times 0.8 = P_1 \times 0.372$ **【정답】①**

41. 직류 직권전동기의 운전상 위험 속도를 방지하는 방법 중 가장 적합한 것은?

① 무부하 운전한다.

② 경부하 운전한다.

③ 무여자 운전한다.

④ 부하와 기어를 연결한다.

|정|답|및|해|설|

[직류 직권전동기] 직류 직권 전동기는 자속이 발생되지 않아서 ($I = I_a = I_f = 0$, $\varnothing = 0$) 회전속도가 무구속 속도에 이르게 되어 위험한 상태가 된다. 따라서 무부하 운전을 할 수 없다.
그러므로, 직권전동기는 부하와 벨트구동을 하지 않는다.
    【정답】④

42. 단상변압기를 병렬 운전하는 경우 부하전류의 분담에 관한 설명 중 옳은 것은?

① 누설리액턴스에 비례한다.

② 누설임피던스에 비례한다.

③ 누설임피던스에 반비례한다.

④ 누설리액턴스의 제곱에 반비례한다.

|정|답|및|해|설|

[변압기의 전류분담] $\dfrac{I_a}{I_b} = \dfrac{P_A}{P_B} \cdot \dfrac{\%Z_B}{\%Z_A}$

여기서, I_a, I_b : 각 변압기의 분담 전류
P_A, P_B : A, B 변압기의 용량
$\%Z_A$, $\%Z_B$: A, B 변압기의 %임피던스

【정답】③

43. 동기기의 단락전류를 제한하는 요소는?

① 단락비
② 정격전류
③ 동기임피던스
④ 자기여자 작용

|정|답|및|해|설|

[동기기의 단락 전류 제한] 3상 돌발 단락이 발생하였을 때 <u>단락전류를 제한하는 것은 제동 권선이 없는 발전기에서는 전기자 누설리액턴스와 계자권선의 누설리액턴스의 합인 직축 과도 리액턴스</u>이고, 제동 권선이 있는 것에서는 전기자 누설리액턴스와 제동권선의 누설리액턴스의 합인 직축 초기 과도 리액턴스이다.

※동기 리액턴스(동기 임피던스)=누설 리액턴스+반작용 리액턴스

【정답】③

44. 정격전압에서 전 부하로 운전하는 직류 직권전동기의 부하전류가 50[A]이다. 부하 토크가 반으로 감소하면 부하전류는 약 몇 [A]인가? 단, 자기포화는 무시한다.

① 25
② 35
③ 45
④ 50

|정|답|및|해|설|

[직류 직권전동기 토크와 속도와의 관계]

$T \propto \varnothing I_a = I_a^2 \propto \dfrac{1}{N^2}$ 이므로

$T : \dfrac{1}{2}T = 50^2 : I^2 \;\rightarrow\; I = \sqrt{\dfrac{\frac{1}{2}T}{T}} \times 50 = \dfrac{50}{\sqrt{2}} = 35.36[A]$

【정답】②

45. 직류전동기의 속도제어법 중 광범위한 속도제어가 가능하며 운전효율이 좋은 방법은?

① 병렬제어법
② 전압제어법
③ 계자제어법
④ 저항제어법

|정|답|및|해|설|

[직류전동기 속도 제어] $n = K \dfrac{V - I_a R_a}{\phi}$

구분	제어 특성	특징
계자제어	계자 전류의 변화에 의한 자속의 변화로 속도 제어	속도 제어 범위가 좁다. 정출력제어
전압제어	워드 레오나드 방식 일그너 방식	·제어 범위가 넓다. ·손실이 적다. ·정역운전 가능 정토크제어
저항제어	전기자 회로의 저항 변화에 의한 속도 제어법	효율이 나쁘다.

【정답】②

46. 3상 동기발전기가 그림과 같이 1선 지락이 발생하였을 경우 지락전류 I_0를 구하는 식은? 단, E_a는 무부하 유기기전력의 상전압, Z_0, Z_1, Z_2는 영상, 정상, 역상 임피던스이다.

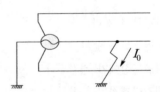

① $\dot{I_0} = \dfrac{3\dot{E_a}}{\dot{Z_0} \times \dot{Z_1} \times \dot{Z_2}}$

② $\dot{I_0} = \dfrac{\dot{E_a}}{\dot{Z_0} + \dot{Z_1} + \dot{Z_2}}$

③ $\dot{I_0} = \dfrac{3\dot{E_a}}{\dot{Z_0} + \dot{Z_1} + \dot{Z_2}}$

④ $\dot{I_a} = \dfrac{3\dot{E_a}}{\dot{Z_0} + \dot{Z_2}^2 + \dot{Z_3}^3}$

|정|답|및|해|설|

[지락전류]
1선 지락 시 $I_o = I_1 = I_2$

지락전류 $I_g = 3I_o = \dfrac{3E_a}{Z_o + Z_1 + Z_2}$

【정답】③

47. 전기자 저항이 0.3[Ω]인 분권발전기가 단자전압 550[V]에서 부하전류가 100[A]일 때 발생하는 유도전력[V]은? 단, 계자전류는 무시한다.

① 260 ② 420

③ 580 ④ 750

|정|답|및|해|설|⋯⋯⋯⋯⋯⋯⋯⋯⋯⋯⋯⋯⋯⋯⋯

[직류 분권발전기]
· 전기자전류 $I_a = I_f + I$
· 유기기전력 $E = V + I_a R_a + e_a + e_b$
여기서, I_a : 전기자전류, R_a : 전기자저항, E : 유기기전력
V : 단자전압, I : 부하전류, I_f : 계자전류
e_a : 전기자반작용에 의한 전압강하[V]
e_b : 브러시의 접촉저항에 의한 전압강하[V]
$I_a = I + I_f = 100 + 0 = 100$
$\therefore E = V + I_a R_a = 550 + 100 \times 0.3 = 580[V]$ 【정답】③

48. 유도전동기의 동기와트에 대한 설명으로 옳은 것은?

① 동기속도에서 1차 입력

② 동기속도에서 2차 입력

③ 동기속도에서 2차 출력

④ 동기속도에서 2차 동손

|정|답|및|해|설|⋯⋯⋯⋯⋯⋯⋯⋯⋯⋯⋯⋯⋯⋯⋯

[동기와트(P_2)] 전동기 속도가 동기속도이므로 토크와 2차 입력 P_2는 정비례하게 되어 2차 입력을 토크로 표시한 것을 동기와트라고 한다. 【정답】②

49. 4극, 60[Hz]의 정류자 주파수 변환기가 회전자계 방향과 반대방향으로 1,440[rpm]으로 회전할 때의 주파수는 몇 [Hz]인가?

① 8 ② 10 ③ 12 ④ 15

|정|답|및|해|설|⋯⋯⋯⋯⋯⋯⋯⋯⋯⋯⋯⋯⋯⋯⋯

[전동기가 슬립 s로 회전하고 있는 경우 2차 주파수]
$f_2 = sf_1$[Hz]
여기서, f_1 : 1차 주파수, s : 슬립
동기속도 $N_s = \frac{120f}{P} = \frac{120 \times 60}{4} = 1800[rpm]$
슬립 $s = \frac{N_s - N}{N_s} = \frac{1800 - 1440}{1800} = 0.2$ → (N : 회전자속도)
$\therefore$2차 주파수 $f_2 = sf_1 = 0.2 \times 60 = 12[Hz]$ 【정답】③

50. 유도전동기의 속도제어 방식으로 틀린 것은?

① 크레머 방식

② 일그너 방식

③ 2차저항 제어 방식

④ 1차주파수 제어 방식

|정|답|및|해|설|⋯⋯⋯⋯⋯⋯⋯⋯⋯⋯⋯⋯⋯⋯⋯

[유도전동기의 속도 제어]
[농형 유도전동기]
1. 주파수 변환법 : 역률이 양호하며 연속적인 속조에어가 되지만, 전용 전원이 필요, 인견·방직 공장의 포트모터, 선박의 전기추진기에 적용
2. 극수 변환법
3. 전압 제어법 : 전원 전압의 크기를 조절하여 속도제어

[권선형 유도전동기]
1. 2차저항법 : 토크의 비례추이를 이용한 것으로 2차 회로에 저항을 삽입 토크에 대한 슬립 s를 바꾸어 속도 제어
2. 2차여자법 : 회전자 기전력과 같은 주파수 전압을 인가하여 속도 제어, 고효율로 광범위한 속도제어
3. 종속접속법
· 직렬종속법 : $N = \frac{120}{P_1 + P_2} f$
· 차동종속법 : $N = \frac{120}{P_1 - P_2} f$
· 병렬종속법 : $N = 2 \times \frac{120}{P_1 + P_2} f$

※일그너 방식은 직류전동기의 속도제어 중 전압제어에 해당한다.
  【정답】②

51. 병렬운전 중인 A, B 두 동기발전기 중 A발전기의 여자를 B발전기보다 증가시키면 A발전기는?

① 동기화 전류가 흐른다.

② 부하전류가 증가한다.

③ 90° 진상전류가 흐른다.

④ 90° 지상전류가 흐른다.

|정|답|및|해|설|⋯⋯⋯⋯⋯⋯⋯⋯⋯⋯⋯⋯⋯⋯⋯

[동기발전기의 병렬 운전]
1. A발전기 여자전류 증가 : A발전기에는 지상전류가 흘러 A발전기의 역률이 지하되며 B발전기에는 진상전류가 흘러 B발선기의 역률은 좋아지게 된다.
2. B발전기 여자전류 증가 : B발전기에는 지상전류가 흘러 B발전기의 역률이 저하되며 A발전기에는 진상전류가 흘러 A발전기의 역률은 좋아지게 된다. 【정답】④

52. 3상 동기기에 제동권선의 주 목적은?

① 출력 개선   ② 효율 개선

③ 역률 개선   ④ 난조 방지

|정|답|및|해|설|
[제동권선의 역할]
· 난조의 방지 (발전기 안정도 증진)
· 기동 토크의 발생
· 불평형 부하시의 전류, 전압 파형 개선
· 송전선의 불평형 단락시의 이상 전압 방지   【정답】④

53. 유도전동기의 슬립 s의 범위는?

① $1 < s < 0$ ② $0 < s < 1$

③ $-1 < s < 1$ ④ $-1 < s < 0$

|정|답|및|해|설|
[유도전동기의 슬립(s)] $s = \dfrac{N_s - N}{N_s} \times 100 [\%]$

여기서, N_s : 동기 속도[rpm], N : 회전 속도[rpm]
[슬립의 범위]
· $0 < s < 1$
· $s = 1$이면 N=0이어서 전동기가 정지 상태
· $s = 0$이면 $N = N_s$, 전동기가 동기 속도로 회전(무부하 상태)   【정답】②

|참|고|
[슬립의 범위]
1. 0 <발전기
2. 0 <전동기 < 1
3. 1 <제동기 < 2

54. 단상 반파정류회로에서 평균 직류전압 200[V]를 얻는 데 필요한 변압기 2차 전압은 약 몇 [V]인가? 단, 부하는 순저항이고 직류기의 전압강하는 15[V]로 한다.

① 400   ② 478

③ 512   ④ 642

|정|답|및|해|설|
[단상 반파 정류 직류 평균전압] $E_d = \left(\dfrac{\sqrt{2}}{\pi} - e \right) E = 0.45E - e$

$\therefore E = \dfrac{E_d + e}{0.45} = \dfrac{200 + 15}{0.45} ≒ 478[V]$ 【정답】②

55. 3상 전원에서 2상 전원을 얻기 위한 변압기의 결선방법은?

① △   ② T

③ Y   ④ V

|정|답|및|해|설|
[변압기 상수 변환법]
1. 3상을 2상으로 : 스코트 결선(T결선), 메이어 결선, 우드 브리지 결선
2. 3상을 6상 : Fork 결선, 2중 성형결선, 환상 결선, 대각결선, 2중 △ 결선, 2중 3각 결선   【정답】②

56. 교류 단상 직권전동기의 구조를 설명한 것 중 옳은 것은?

① 역률 및 정류 개선을 위해 약계자 강전기자형으로 한다.

② 전기자 반작용을 줄이기 위해 약계자 강전기자형으로 한다.

③ 정류 개선을 위해 강계자 약전기자형으로 한다.

④ 역률 개선을 위해 고정자와 회전자의 자로를 성층철심으로 한다.

|정|답|및|해|설|
[단상 직권전동기] 만능 전동기, 직류, 교류 양용
1. 종류 : 직권형, 보상형, 유도보상형
2. 특징
· 성층 철심, **역률 및 정류 개선을 위해 약계자, 강전기자형**으로 함
· 역률 개선을 위해 보상권선 설치, 변압기 기전력 적게 함
· 회전속도를 증가시킬수록 역률이 개선   【정답】①

57. 임피던스 전압강하 4[%]의 변압기가 운전 중 단락되었을 때 단락전류는 정격전류의 몇 배가 흐르는가?

① 15   ② 20

③ 25   ④ 30

|정|답|및|해|설|
[단락전류] $I_s = \dfrac{100}{\%Z} I_n = \dfrac{100}{4} \times I_n = 25 I_n$ 【정답】③

58. 단상 유도전압조정기의 원리는 다음 중 어느 것을 응용한 것인가?

① 3권선 변압기

② V결선 변압기

③ 단상 단권변압기

④ 스콧트결선(T결선) 변압기

|정|답|및|해|설|

[단상 유도전압조정기]

·단상 단권변압기 원리

·교번 자계 이용

·입력전압과 출력전압의 위상이 같다.

·단락코일이 설치되어 있다.

※3상 유도전압조정기 : 3상 유도전동기의 원리(회전자계)

【정답】③

59. 권선형 유도전동기의 설명으로 틀린 것은?

① 회전자의 3개의 단자는 슬립링과 연결되어 있다.

② 기동할 때에 회전자는 슬립링을 통하여 외부에 가감저항기를 접속한다.

③ 기동할 때에 회전자에 적당한 저항을 갖게 하여 필요한 기동토크를 갖게 한다.

④ 전동기 속도가 상승함에 따라 외부저항을 점점 감소시키고 최후에는 슬립링을 개방한다.

|정|답|및|해|설|

[권선형 유도전동기(비례추이)]

2차 저항을 감소하면 슬립이 적어져 속도가 상승한다.

2차 저항을 증가하면 슬립이 커져서 속도가 감소한다.

【정답】④

60. 변압기 단락시험과 관계없는 것은?

① 전압 변동률   ② 임피던스 와트

③ 임피던스 전압   ④ 여자 어드미턴스

|정|답|및|해|설|

[변압기 시험] 변압기의 시험으로 중요한 것이 단락시험, 무부하 시험이다.

1. 단락시험 : 임피던스 전압, 임피던스 와트, 동손, 전압변동률

2. 무부하시험 : 여자전류, 철손, 여자어드미턴스

【정답】④

61. 그림과 같은 회로에서 저항 0.2[Ω]에 흐르는 전류는 몇 [A]인가?

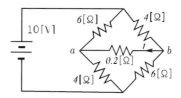

① 0.1   ② 0.2

③ 0.3   ④ 0.4

|정|답|및|해|설|

[테브난의 정리]

1. 테브난의 정리 이용 0.2[Ω] 개방시 양단에 전압 V_{ab}

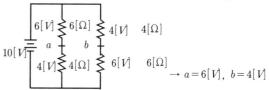

$\therefore V_{ab} = V_a - V_b = 6 - 4 = 2[V]$

2. 전압원 제거(단락)하고, a, b에서 본 저항 R_t는

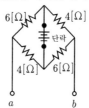

$R_{ab} = \frac{4 \times 6}{4+6} + \frac{4 \times 6}{4+6} = 4.8[\Omega]$

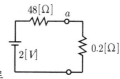

3. 테브난의 등가회로

$I = \frac{V_{ab}}{R_{ab}+R} = \frac{2}{4.8+0.2} = 0.4[A]$

【정답】④

62. 부하에 $100\angle 30°\,[V]$의 전압을 가하였을 때 $10\angle 60°\,[A]$의 전류가 흘렀다면 부하에서 소비되는 유효전력은 약 몇 [W]인가?

① 400 ② 500 ③ 682 ④ 866

|정|답|및|해|설|

[유효전력] $P = VI\cos\theta = 100 \times 10 \times \cos(60-30)$
$\qquad = 100 \times 10 \times \cos 30 = 866\,[W]$

【정답】④

63. 그림과 같은 회로에서 $G_2[\mho]$ 양단의 전압강하 $E_2\,[V]$는?

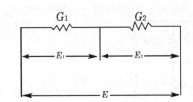

① $\dfrac{G_2}{G_1+G_2}E$ ② $\dfrac{G_1}{G_1+G_2}E$

③ $\dfrac{G_1 G_2}{G_1+G_2}E$ ④ $\dfrac{G_1+G_2}{G_1+G_2}E$

|정|답|및|해|설|

[콘덕턴스 직렬접속] $G = \dfrac{G_1 G_2}{G_1+G_2}$

$I = GE = G_1 E_1 = G_2 E_2$

$G_2 E_2 = GE = \dfrac{G_1 G_2}{G_1+G_2}E \quad \rightarrow \quad \therefore E_2 = \dfrac{G_1}{G_1+G_2}E$

【정답】②

64. $\mathcal{L}\,[u(t-a)]$는 어느 것인가?

① $\dfrac{e^{as}}{s^2}$ ② $\dfrac{e^{-as}}{s^2}$

③ $\dfrac{e^{as}}{s}$ ④ $\dfrac{e^{-as}}{s}$

|정|답|및|해|설|

[단위 계단 함수가 시간 이동하는 경우]

$\mathcal{L}\,[u(t-a)] = \dfrac{1}{s}e^{-as} = \dfrac{e^{-as}}{s}$

【정답】④

65. 정현파의 파고율은?

① 1.111 ② 1.414

③ 1.732 ④ 2.356

|정|답|및|해|설|

[각종 파형의 평균값, 실효값, 파형률, 파고율]

명칭	파형	평균값	실효값	파형률	파고율
정현파 (전파)		$\dfrac{2I_m}{\pi}$	$\dfrac{I_m}{\sqrt{2}}$	1.11	$\sqrt{2}$
정현파 (반파)		$\dfrac{I_m}{\pi}$	$\dfrac{I_m}{2}$	$\dfrac{\pi}{2}$	2
사각파 (전파)		I_m	I_m	1	1
사각파 (반파)		$\dfrac{I_m}{2}$	$\dfrac{I_m}{\sqrt{2}}$	$\sqrt{2}$	$\sqrt{2}$
삼각파		$\dfrac{I_m}{2}$	$\dfrac{I_m}{\sqrt{3}}$	$\dfrac{2}{\sqrt{3}}$	$\sqrt{3}$

[정현파 교류에 대한 파고율]

$\text{파고율} = \dfrac{\text{최대값}}{\text{실효값}} = \dfrac{V_m}{V} = \dfrac{V_m}{\frac{V_m}{\sqrt{2}}} = \sqrt{2} = 1.414$

【정답】②

66. 3상 불평형 전압에서 역상전압이 50[V], 정상전압이 200[V], 영상전압이 10[V]라고 할 때 전압의 불평형률[%]은?

① 1 ② 5 ③ 25 ④ 50

|정|답|및|해|설|

[불평형률] 전압불평형률 $= \dfrac{\text{역상분}}{\text{정상분}} \times 100 = \dfrac{V_2}{V_1} \times 100\,[\%]$

$\therefore$ 전압의 불평형률 $= \dfrac{50}{200} \times 100 = 25\,[\%]$

【정답】③

67. 대칭 3상 Y결선 부하에서 각 상의 임피던스가 $Z = 16 + j12\,[\Omega]$이고 부하전류가 5[A]일 때, 이 부하의 선간전압[V]은?

① $100\sqrt{2}$ ② $100\sqrt{3}$

③ $200\sqrt{2}$ ④ $200\sqrt{3}$

|정|답|및|해|설|

[Y결선에서의 선간전압] $V_l = \sqrt{3}\,V_p$

상전압(V_p) = 부하 전류$(I_p) \times$1상 임피던스(Z)
$\qquad = 5 \times \sqrt{16^2 + 12^2} = 100\,[V] \quad \rightarrow (Z = \sqrt{R^2 + X^2})$

$\therefore V_l = \sqrt{3}\,V_p = 100\sqrt{3}\,[V]$

【정답】②

68. 부동작 시간(dead time) 요소의 전달함수는?

① Ks ② $\dfrac{K}{s}$

③ $K \cdot e^{-Ls}$ ④ $\dfrac{K}{s+1}$

|정|답|및|해|설|

[제어 요소의 전달함수]

비례요소	$G(s) = \dfrac{Y(s)}{X(s)} = K$ (K : 이득상수)
적분요소	$G(s) = \dfrac{Y(s)}{X(s)} = \dfrac{K}{s}$
미분요소	$G(s) = \dfrac{Y(s)}{X(s)} = Ks$
부동작 시간 요소	$G(s) = \dfrac{Y(s)}{X(s)} = K \cdot e^{-Ls}$ 여기서, L : 부동작 시간

【정답】③

69. $R-L-C$ 직렬 회로에서 시정수의 값이 작을수록 과도현상이 소멸되는 시간은 어떻게 되는가?

① 짧아진다. ② 관계없다.
③ 길어진다. ④ 일정하다.

|정|답|및|해|설|

[시정수] 전류 $i(t)$가 정상값의 63.2[%]까지 도달하는데 걸리는 시간으로 단위는 [sec], 시정수 $\tau = \dfrac{L}{R}$[sec]

시정수가 길면 길수록 정상값의 63.2[%]까지 도달하는데 걸리는 시간이 오래 걸리므로 과도현상은 오래 지속되고, 시정수가 작으면 과도현상이 짧아진다. 【정답】①

70. 그림과 같은 T형 회로의 영상 전달정수 [θ]는?

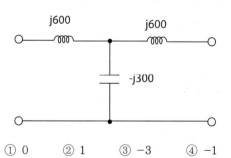

① 0 ② 1 ③ -3 ④ -1

|정|답|및|해|설|

[영상 전달정수] $\theta = \log_e(\sqrt{AD} + \sqrt{BC})$

· $A = 1 + \dfrac{j600}{-j300} = -1$ · $B = j600 + j600 + \dfrac{j600 \times j600}{-j300} = 0$

· $C = \dfrac{1}{-j300}$ · $D = -1$

$\therefore \theta = \ln(1) = 0$ 【정답】②

71. $i(t) = I_o e^{st}$[A]로 주어지는 전류가 콘덴서 C[F]에 흐르는 경우의 임피던스[Ω]는?

① C ② sC

③ $\dfrac{C}{s}$ ④ $\dfrac{1}{sC}$

|정|답|및|해|설|

[콘덴서에 흐르는 임피던스] $Z = \dfrac{v(t)}{i(t)}$

콘덴서에서의 전압 $v(t) = \dfrac{1}{C}\displaystyle\int i(t)dt$

$v(t) = \dfrac{1}{C}\displaystyle\int I_0 e^{st}dt = \dfrac{I_0}{sC}e^{st}$

$\therefore Z = \dfrac{v(t)}{i(t)} = \dfrac{\dfrac{I_0 e^{st}}{sC}}{I_0 e^{st}} = \dfrac{1}{sC}$ 【정답】④

72. 저항 $\dfrac{1}{3}$[Ω], 유도리액턴스 $\dfrac{1}{4}$[Ω]인 $R-L$ 병렬회로의 합성 어드미턴스[℧]는?

① $3 + j4$ ② $3 - j4$

③ $\dfrac{1}{3} + j\dfrac{1}{4}$ ④ $\dfrac{1}{3} - j\dfrac{1}{4}$

|정|답|및|해|설|

[합성 어드미턴스]

어드미턴스 $Y = \dfrac{1}{R} + j\dfrac{1}{X}$

저항 $R = \dfrac{1}{3} \rightarrow \dfrac{1}{R} = 3$

유도리액턴스 $X_L = \dfrac{1}{4}$이므로 $\dfrac{1}{X_L} = \dfrac{1}{jX_L} = -j\dfrac{1}{X_L} = -j4$

$\therefore Y = 3 - j4$[℧] 【정답】②

73. 전기회로의 입력을 V_1, 출력을 V_2라고 할 때 전달함수는? 단, $s = j\omega$이다.

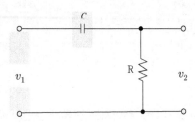

① $\dfrac{1}{R + \dfrac{1}{j\omega C}}$　　② $\dfrac{1}{j\omega + \dfrac{1}{RC}}$

③ $\dfrac{j\omega}{j\omega + \dfrac{1}{RC}}$　　④ $\dfrac{j\omega}{R + \dfrac{1}{j\omega C}}$

|정|답|및|해|설|

[전달함수] $G(s) = \dfrac{E_o(s)}{E_i(s)}$

<u>입력과 출력이 모두 전압함수로 주어졌을 경우에는 입력측에서 바라본 임피던스값하고 출력단자에 결합된 임피던스의 비로 계산한다.</u>

·입력측 $E_i(s) = R + \dfrac{1}{sC}$　　·출력측 $E_o(s) = R$

∴전달함수 $G(s) = \dfrac{R}{R + \dfrac{1}{sC}} = \dfrac{RsC}{RsC + 1}$

$$= \dfrac{s}{s + \dfrac{1}{RC}} = \dfrac{jw}{jw + \dfrac{1}{RC}}$$

【정답】③

74. 대칭좌표법에서 사용되는 용어 중 3상에 공통된 성분을 표시하는 것은?

① 공통분　　② 정상분

③ 역상분　　④ 영상분

|정|답|및|해|설|

[대칭좌표법] 각 상에 공통 성분은 영상분(V_0)이다.

$V_a = V_0 + V_1 + V_2$, 　$V_b = V_0 + a^2 V_1 + a V_2$

$V_c = V_0 + a V_1 + a^2 V_2$　　　　　【정답】④

75. 비정현파 전압

$$v = 100\sqrt{2}\sin\omega t + 50\sqrt{2}\sin2\omega t + 30\sqrt{2}\sin3\omega t\,[V]$$

의 왜형률은 약 얼마인가?

① 0.36　　② 0.58

③ 0.87　　④ 1.41

|정|답|및|해|설|

[왜형률] 왜형률$(D) = \dfrac{\text{각 고조파의 실효값의 합}}{\text{기본파의 실효값}}$

$$= \dfrac{\sqrt{V_3^2 + V_5^2}}{V_1} = \sqrt{\left(\dfrac{V_3}{V_1}\right)^2 + \left(\dfrac{V_5}{V_1}\right)^2}$$

$$D = \dfrac{\sqrt{V_3^2 + V_5^2}}{V_1} = \dfrac{\sqrt{(50)^2 + (30)^2}}{100} = 0.58$$

【정답】②

76. 어떤 회로의 단자전압이 $V = 100\sin\omega t + 40\sin2\omega t + 30\sin(3\omega t + 60°)[V]$이고 전압강하의 방향으로 흐르는 전류가 $I = 10\sin(\omega t - 60°) + 2\sin(3\omega t + 105°)$ [A]일 때 회로에 공급되는 평균전력은 [W]은?

① 271.2　　② 371.2

③ 530.2　　④ 630.2

|징|답|및|해|설|

[평균전력] 같은 주파수의 전압과 전류에서만 전력이 발생되므로

$P = V_1 I_1 \cos\theta_1 + V_3 I_3 \cos\theta_3$

$= \dfrac{100}{\sqrt{2}} \times \dfrac{10}{\sqrt{2}} \cos60° + \dfrac{30}{\sqrt{2}} \times \dfrac{2}{\sqrt{2}} \cos45° = 271.21\,[W]$

【정답】①

77. 2단자 임피던스 함수 $Z(s) = \dfrac{(s+2)(s+3)}{(s+4)(s+5)}$ 일 때 극점(pole)은?

① 2, -3　　② -3, -4

③ -2, -4　　④ -4, -5

|정|답|및|해|설|

[극점과 영점]

1. 영점(단락상태) : $Z(s) = 0$　　→ ($Z(s)$의 분자가 0인 경우)

2. 극점(개방상태) : $Z(s) = \infty$　　→ ($Z(s)$의 분모가 0인 경우)

∴$(s+4)(s+5) = 0$, 　∴$s = -4, \ -5$　　【정답】④

78. $\dfrac{1}{s^2+2s+5}$ 의 라플라스 역변환 값은?

① $e^{-2t}\cos 2t$ ② $\dfrac{1}{2}e^{-t}\sin t$

③ $\dfrac{1}{2}e^{-t}\sin 2t$ ④ $\dfrac{1}{2}e^{-t}\cos 2t$

|정|답|및|해|설|
[라플라스 변환] 변환된 함수가 유리수인 경우
1. 분모가 인수분해 되는 경우 : 부분 분수 전개
2. 분모가 인수분해 되는 않는 경우 : 완전 제곱형
그러므로 완전 제곱형

$$F(s)=\frac{1}{s^2+2s+5}=\frac{1}{(s+1)^2+4}=\frac{1}{2}\cdot\frac{2}{(s+1)^2+2^2}$$

$$\rightarrow (\frac{\omega}{s^2+\omega^2}\leftarrow\sin\omega t)$$

역라플라스 변환하면

$i(t)=\mathcal{L}^{-1}[I(s)]=\dfrac{1}{2}e^{-t}\sin 2t$ 【정답】③

79. 3상 대칭분 전류를 I_0, I_1, I_2라 하고 선전류를 I_a, I_b, I_c라고 할 때 I_b는 어떻게 되는가?

① $I_0+I_1+I_2$ ② $I_0+a^2I_1+aI_2$

③ $I_0+aI_1+a^2I_2$ ④ $\dfrac{1}{3}(I_0+I_1+I_2)$

|정|답|및|해|설|
1. a상 전류 : $I_a=I_0+I_1+I_2$
2. b상 전류 : $I_b=I_0+a^2I_1+aI_2$
3. c상 전류 : $I_c=I_0+aI_1+a^2I_2$ 【정답】②

80. 다음과 같은 회로의 a–b간 합성인덕턴스는 몇 [H] 인가? 단, $L_1=4[H]$, $L_2=4[H]$, $L_3=2[H]$, $L_4=2[H]$이다.

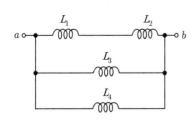

① $\dfrac{8}{9}$ ② 6

③ 9 ④ 12

|정|답|및|해|설|
[직·병렬 합성인덕턴스] $L_0=\dfrac{1}{\dfrac{1}{L_1+L_2}+\dfrac{1}{L_3}+\dfrac{1}{L_4}}$

$\therefore L_0=\dfrac{1}{\dfrac{1}{4+4}+\dfrac{1}{2}+\dfrac{1}{2}}=\dfrac{8}{9}$ 【정답】①

81. "조상설비"에 대한 용어의 정의로 옳은 것은?

① 전압을 조정하는 설비를 말한다.

② 전류를 조정하는 설비를 말한다.

③ 유효전력을 조정하는 전기기계기구를 말한다.

④ 무효전력을 조정하는 전기기계기구를 말한다.

|정|답|및|해|설|
[조상설비] 위상을 제거해서 역률을 개선함으로써 송전선을 일정한 전압으로 운전하기 위해 필요한 무효전력을 공급하는 장치를 조상설비라고 말하며, 무효전력보상장치(동기조상기), 리액터, 콘덴서 등 3종류가 있다.
1. 무효전력보상장치(동기조상기) : 진상, 지상 양용
2. 전력용(병렬) 콘덴서 : 진상전류
3. 분로(병렬) 리액터 : 지상전류 【정답】④

82. 목주, A종 철주 및 A종 철근 콘크리트주를 사용할 수 없는 보안공사는?

① 고압 보안공사

② 제1종 특고압 보안공사

③ 제2종 특고압 보안공사

④ 제3종 특고압 보안공사

|정|답|및|해|설|
[특고압 보안공사 (KEC 333.22)]
제1종 특고압 보안 공사의 지지물에는 B종 철주, B종 철근 콘크리트주 또는 철탑을 사용할 것

※1종 특고압 보안공사에서는 A종지지물을 사용하지 않는다.
【정답】②

83. 345[kV] 가공 송전선로를 평야에 시설할 때, 전선의 지표상의 높이는 몇 [m] 이상으로 하여야 하는가?

① 6.12　② 7.36　③ 8.28　④ 9.48

|정|답|및|해|설|

[특고압 가공전선의 높이 (KEC 333.7)]

사용전압의구분	지표상의 높이	
35[kV] 이하	일반	5[m]
	철도 또는 궤도를 횡단	6.5[m]
	도로 횡단	6[m]
	횡단보도교의 위 (전선이 특고압 절연전선 또는 케이블)	4[m]
35[kV] 초과 160[kV] 이하	일반	6[m]
	철도 또는 궤도를 횡단	6.5[m]
	산지	5[m]
	횡단보도교의 케이블	5[m]
160[kV] 초과	일반	6[m]
	철도 또는 궤도를 횡단	6.5[m]
	산지	5[m]
	160[kV]를 초과하는 10[kV] 또는 그 단수마다 12[cm]를 더한 값	

단수 $= \dfrac{(전압[kV]-160)}{10} = \dfrac{345-160}{10} = 18.5 \rightarrow 19$

∴ 전선의 지표상 높이 $= 6 + 19 \times 0.12 = 8.28[m]$　【정답】③

84. 최대 사용전압이 23[kV]인 권선으로서 중성선 다중접지방식의 전로에 접속되는 변압기 권선의 절연내력 시험전압은 약 몇 [kV]인가?

① 21.16　② 25.3
③ 28.75　④ 34.5

|정|답|및|해|설|

[전로의 절연저항 및 절연내력 (KEC 132)]

접지방식	최대 사용 전압	시험 전압(최대 사용 전압 배수)	최저 시험 전압
비접지	7[kV] 이하	1.5배	
	7[kV] 초과	1.25배	10,500[V]
중성점접지	60[kV] 초과	1.1배	75[kV]
중성점직접 접지	60[kV] 초과 170[kV] 이하	0.72배	
	170[kV] 초과	0.64배	
중성점 다중접지	25[kV] 이하	0.92배	

∴ $23000 \times 0.92 = 21,160[V]$　【정답】①

85. 전력보안 통신설비인 무선통신용 안테나를 지지하는 목주는 풍압하중에 대한 안전율이 얼마 이상이어야 하는가?

① 1.0　② 1.2　③ 1.5　④ 2.0

|정|답|및|해|설|

[무선용 안테나 등을 지지하는 철탑 등의 시설 (KEC 364)]
·목주의 안전율 : 1.5 이상
·철주·철근콘크리트주 또는 철탑의 기초 안전율 : 1.5 이상

|참|고|

[안전율]

·1.33 : 이상시 상정하중, 철탑기초

·1.5 : 안테나, 케이블트레이　·2.0 : 기초 안전율

·2.2 : 경동선, 내열동합금선　·2.5 : 지지선, ACSR

【정답】③

86. 사용전압이 380[V]인 옥내 배선을 애자사용공사로 시설할 때 전선과 조영재 사이의 간격(이격거리)은 몇 [cm] 이상이어야 하는가?

① 2　② 2.5　③ 4.5　④ 6

|정|답|및|해|설|

[애자사용공사 (KEC 232.56)]
1. 옥외용 및 인입용 절연 전선을 제외한 절연 전선을 사용할 것
2. 전선 상호간의 간격6[cm] 이상일 것
3. 전선과 조명재의 간격
·400[V] 미만은 2.5[cm] 이상
·400[V] 이상의 저압은 4.5[cm] 이상　【정답】②

87. 저압 옥내 배선의 사용전선으로 틀린 것은?

① 단면적 2.5[mm²] 이상의 연동선

② 단면적 2[mm²] 이상의 미네럴인슈레이션 케이블

③ 사용전압 400[V] 미만의 전광표시장치 배선 시 단면적 1.5[mm²] 이상의 연동선

④ 사용전압 400[V] 미만의 제어회로 등의 배선에 단면적 0.75[mm²] 이상인 다심케이블 또는 다심 캡타이어 케이블을 사용

|정|답|및|해|설|

[저압 옥내배선의 사용전선 (KEC 231.3)]
1. 단면적 2.5[mm²] 이상의 연동선
2. 옥내배선의 사용 전압이 400[V] 미만인 경우
 ·전광표시 장치·출퇴 표시등 기타 이와 유사한 장치 또는 제어 회로 등에 사용하는 배선에 단면적 1.5[mm²] 이상의 연동선을 사용
 ·전광표시 장치 기타 이와 유사한 장치 또는 제어회로 등의 배선에 단면적 0.75[mm²] 이상인 다심케이블 또는 다심 캡타이어 케이블을 사용　【정답】②

88. 고압 가공전선로 간 거리는 B종 철근 콘크리트주로 시설하는 경우 몇 [m] 이하로 하여야 하는가?

① 100   ② 150   ③ 200   ④ 250

|정|답|및|해|설|
[고압 가공전선로 간 거리의 제한 (KEC 332.9)]

지지물의 종류	표준 경간	25[㎟] 이상의 경동선 사용
목주·A종 철주 또는 A종 철근 콘크리트 주	150[m] 이하	300[m] 이하
B종 철주 또는 B종 철근 콘크리트 주	250[m] 이하	500[m] 이하
철탑	600[m] 이하	600[m] 이하

※ 지지선은 지지물을 보강하는 시설이다.   【정답】④

89. 저압 가공전선이 가공약전류 전선과 접근하여 시설될 때 저압 가공전선과 가공약전류 전선 사이의 간격(이격거리)은 몇 [cm] 이상이어야 하는가?

① 40   ② 50   ③ 60   ④ 80

|정|답|및|해|설|
[저·고압 가공전선과 가공약전류 전선 등의 접근 또는 교차 (KEC 332.13)]

가공전선 약전류전선	저압가공전선		고압가공전선	
	저압절연전선	고압절연전선 또는 케이블	절연전선	케이블
일반	0.6[m]	0.3[m]	0.8[m]	0.4[m]
절연전선 또는 통신용 케이블인 경우	0.3[m]	0.15[m]		

【정답】③

90. 가요전선관 공사에 의한 저압 옥내배선 시설에 대한 설명으로 틀린 것은?

① 옥외용 비닐전선을 사용한다.
② 제1종 금속제 가요전선관의 두께는 0.8[mm] 이상으로 한다.
③ 중량물의 압력 또는 기계적 충격을 받을 우려가 없도록 시설한다.
④ 가요전선관공사는 접지공사를 한다.

|정|답|및|해|설|
[금속제 가요 전선관 공사 (KEC 232.13)] 가요 전선관 공사에 의한 저압 옥내 배선의 시설
· 전선은 절연전선(옥외용 비닐 절연전선을 제외한다) 이상일 것
· 전선은 연선일 것. 다만, 단면적 10[㎟](알루미늄선은 단면적 16[㎟]) 이하인 것은 그러하지 아니한다.
· 가요전선관 안에는 전선에 접속점이 없도록 할 것
· 1종 금속제 가요 전선관은 두께 0.8[㎜] 이상인 것일 것
· 가요전선관은 2종 금속제 가요 전선관일 것
· 가요전선관공사는 kec140에 준하여 접지공사를 할 것
【정답】①

91. 고압 가공전선과 교차하는 가공 교류 전차 선로간의 거리는 몇 [m] 이하로 하여야 하는가?

① 30   ② 40
③ 50   ④ 60

|정|답|및|해|설|
[고압 가공전선과 교류전차선 등의 접근 또는 교차 (kec 332.15)]
교류 전차선 등의 지지물에 철근 콘크리트주 또는 철주를 사용하고 또한 지지물간의 거리는 60[m] 이하일 것   【정답】④

92. 특고압 가공전선로 간의 거리(경간)는 지지물이 철탑인 경우 몇 [m] 이하이어야 하는가? 단, 단주가 아닌 경우이다.

① 400   ② 500
③ 600   ④ 700

|정|답|및|해|설|
[고압 가공전선로의 지지물 간 거리(경간)의 제한 (KEC 332.9)]

지지물의 종류	표준 경간	고압 22[mm²] 이상의 경동선 사용 특고압 55[mm²] 이상의 경동선 사용
목주·A종 철주 또는 A종 철근 콘크리트 주	150[m]	300[m]
B종 철주 또는 B종 철근 콘크리트 주	250[m]	500[m]
철탑	600[m]	600[m] (단수인 경우에는 400[m])

【정답】③

93. 가공전선로의 지지물 중 지지선을 사용하여 그 강도를 분담시켜서는 안 되는 것은?

① 철탑 ② 목주

③ 철주 ④ 철근 콘크리트주

|정|답|및|해|설|
[지지선의 시설 (KEC 331.11)] 가공전선로의 지지물로 사용하는 철탑은 지지선을 사용하여 그 강도를 분담시켜서는 아니 된다.
【정답】①

94. 특고압 가공전선로에 사용하는 철탑 중에서 전선로의 지지물 양쪽 간의 거리(경간)의 차가 큰 곳에 사용하는 철탑의 종류는?

① 각도형 ② 인류형

③ 보강형 ④ 내장형

|정|답|및|해|설|
[특고압 가공전선로의 철주·철근 콘크리트주 또는 철탑의 종류 (KEC 333.11)] 특고 가공 전선로의 지지물로 사용하는 B종 철주, 철근 콘크리트주, 철탑의 종류는 다음과 같다.
1. 직선형 : 전선로의 직선 부분(3° 이하의 수평 각도 이루는 곳 포함)에 사용되는 것
2. 각도형 : 전선로 중 수형 각도 3°를 넘는 곳에 사용되는 것
3. 인류형 : 전 가섭선을 인류하는 곳에 사용하는 것
4. 내장형 : 전선로 지지물 양측의 경간차가 큰 곳에 사용하는 것
5. 보강형 : 전선로 직선 부분을 보강하기 위하여 사용하는 것
【정답】④

95. 백열전등 또는 방전등에 전기를 공급하는 옥내전로의 대지전압은 몇 [V] 이하이어야 하는가?

① 150 ② 220

③ 300 ④ 600

|정|답|및|해|설|
[1[kV] 이하 방전등 (kec 234.11)] 백열전등 또는 방전등에 전기를 공급하는 옥내의 전로의 대지전압은 300[V] 이하이어야 하며, 다음 각 호에 의하여 시설하여야 한다. 다만, 대지전압 150[V] 이하의 전로인 경우에는 다음 각 호에 의하지 아니할 수 있다.
·방전등 및 이에 부속하는 전선은 사람이 접촉할 우려가 없도록 시설할 것
·방전등용 안정기는 옥내배선과 직접 접속하여 시설할 것

|참|고|
[대자전압]
1. 90[%] 이상은 300[V]
2. 예외인 경우
  ① 누설전압이 없는 경우 → 대지전압 150[V]
  ② 전기저장장치, 태양광설비 → 직류 600[V]
【정답】③

※한국전기설비규정(KEC) 적용으로 인해 더 이상 출제되지 않는 문제는 삭제했습니다.

1. 자하율을 χ, 자속밀도를 B, 자계의 세기를 H, 자화의 세기를 J라고 할 때, 다음 중 성립될 수 없는 식은?

① $B = \mu H$ ② $J = \chi B$

③ $\mu = \mu_0 + \chi$ ④ $\mu_s = 1 + \dfrac{\chi}{\mu_0}$

|정|답|및|해|설|
[자계의 법칙]
· 자속밀도 $B = \mu H$
· 자화의 세기 $J = \chi H [\text{Wb/m}^2]$
· 자화율 $\chi = \mu_0(\mu_s - 1) = \mu - \mu_0$에서 $\mu = \mu_0 + \chi$

$$\mu_s = \frac{\mu}{\mu_0} = \frac{\mu_0 + \chi}{\mu_0} = 1 + \frac{\chi}{\mu_0}$$

【정답】②

2. 두 유전체의 경계면에서 정전계가 만족하는 것은?

① 전계의 법선성분이 같다.
② 전계의 접선성분이 같다.
③ 전속밀도의 접선성분이 같다.
④ 분극 세기의 접선성분이 같다.

|정|답|및|해|설|

[두 유전체의 경계 조건 (굴절법칙)] $\dfrac{\tan\theta_1}{\tan\theta_2} = \dfrac{\epsilon_1}{\epsilon_2}$

·전계의 접선(수평)성분이 연속 : $E_1\sin\theta_1 = E_2\sin\theta_2$
·전속밀도의 법선(수직)성분이 연속 : $D_1\cos\theta_1 = D_2\cos\theta_2$
  $\epsilon_1 E_1\cos\theta_1 = \epsilon_2 E_2\cos\theta_2$
여기서, θ_1 : 입사각, θ_2 : 굴절각, ϵ_1, ϵ_2 : 유전율, E : 전계
$\epsilon_1 < \epsilon_2$일 경우 유선율의 크기와 굴절각의 크기는 비례한다.

※전속밀도의 법선성분은 같고, 전계는 접선성분이 같다.

【정답】②

3. 자기 쌍극자의 중심축으로부터 $r[\text{m}]$인 점의 자계의 세기에 관한 설명으로 옳은 것은?

① r에 비례한다.   ② r^2에 비례한다.

③ r^2에 반비례한다.   ④ r^3에 반비례한다.

|정|답|및|해|설|
[자기 쌍극자에서 거리 r만큼 떨어진 한 점에서의 자위]
$$U = \frac{M}{4\pi\mu_0 r^2}\cos\theta[\text{AT}]$$

[자계의 세기] $H = \dfrac{M}{4\pi\mu_0 r^3}\sqrt{1 + 3\cos^2\theta}\,[\text{AT/m}]$

여기서, M : 자기모멘트$(M = ml)$
  θ : 거리 r과 쌍극자 모멘트 M이 이루는 각

【정답】④

4. 진공 중의 전계강도 $E = ix + jy + kz$로 표시될 때 반지름 10[m]의 구면을 통해 나오는 전체 전속은 약 몇 [C]인가?

① 1.1×10^{-7} ② 2.1×10^{-7}

③ 3.2×10^{-7} ④ 5.1×10^{-7}

|정|답|및|해|설|
[전속수] $\varnothing = \displaystyle\int D\ ds = Q \rightarrow \varnothing = Q[\text{C}]$

·가우스의 미분형 : $\text{div} E = \nabla \cdot E = \dfrac{\rho}{\epsilon_0}$에서

여기서, ρ : 체적전하밀도$[\text{C/m}^2]$
$\text{div} E = \left(\dfrac{\partial}{\partial x}i + \dfrac{\partial}{\partial y}j + \dfrac{\partial}{\partial z}k\right)\cdot(ix + yj + zk) = 1 + 1 + 1 = 3$
$\rho = \epsilon_0 \times \text{div} E = 3\epsilon_0 [\text{C/m}^3]$
∴전속 $Q = \rho v = 3\epsilon_0 \times \dfrac{4}{3}\pi r^3 [\text{C}]$

$= 3 \times \dfrac{10^{-9}}{36\pi} \times \dfrac{4}{3}\pi \times 10^3 = 1.1 \times 10^{-7}$

【정답】①

5. 물의 유전율을 ϵ, 투자율을 μ라 할 때 물속에서의 전파속도는 몇 [m/s]인가?

① $\dfrac{1}{\sqrt{\epsilon\mu}}$ ② $\sqrt{\epsilon\mu}$

③ $\sqrt{\dfrac{\mu}{\epsilon}}$ ④ $\sqrt{\dfrac{\epsilon}{\mu}}$

|정|답|및|해|설|

[전파속도]

$$v = f\lambda = \sqrt{\dfrac{1}{\epsilon\mu}} = \sqrt{\dfrac{1}{\epsilon_0\mu_0}\dfrac{1}{\epsilon_s\mu_s}} = \dfrac{c}{\sqrt{\epsilon_s\mu_s}} = \dfrac{3\times10^8}{\sqrt{\epsilon_s\mu_s}}\,[\text{m/s}]$$

$$\rightarrow \left(\sqrt{\dfrac{1}{\epsilon_0\mu_0}} = C_0 (= 3\times10^8)\right)$$

여기서, v : 전파속도, λ : 전파의 파장[m], f : 주파수[Hz]

【정답】①

6. 반지름 a[m]인 원주 도체의 단위 길이당 내부 인덕턴스[H/m]는?

① $\dfrac{\mu}{4\pi}$ ② $\dfrac{\mu}{8\pi}$

③ $4\pi\mu$ ④ $8\pi\mu$

|정|답|및|해|설|

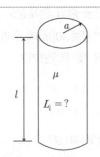

[단위 길이당 내부 인덕턴스]

원형 도체 내부의 인덕턴스에 진공의 투자율을 대입해서 구한다.

$$L_i = \dfrac{2W}{I^2} = \dfrac{2}{I^2}\times\dfrac{\mu I^2}{16\pi} = \dfrac{\mu}{8\pi}\,[\text{H/m}]$$

여기서, μ : 투자율($\mu_0\mu_s$), l : 길이

【정답】②

7. [$\Omega\cdot$sec]와 같은 단위는?

① F   ② H

③ F/m   ④ H/m

|정|답|및|해|설|

[유기기전력] $e = -N\dfrac{d\phi}{dt} = -N\dfrac{d\phi}{dt}\cdot\dfrac{di}{dt} = -L\dfrac{di}{dt}$

$[\text{V}] = [\text{H}]\cdot\left[\dfrac{A}{\text{sec}}\right] \rightarrow \left[\dfrac{V}{A}\cdot\text{sec}\right] = [\text{H}]$ $\rightarrow [\Omega\cdot\text{sec}] = [\text{H}]$

【정답】②

8. 그림과 같이 일정한 권선이 감겨진 권회수 N회, 단면적 $S[\text{m}^2]$, 평균자로의 길이 l[m]인 환상솔레노이드에 전류 I[A]를 흘렸을 때 이 환상솔레노이드의 자기인덕턴스[H]는? 단, 환상철심의 투자율은 μ이다.

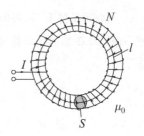

① $\dfrac{\mu^2 N}{l}$ ② $\dfrac{\mu SN}{l}$

③ $\dfrac{\mu^2 SN}{l}$ ④ $\dfrac{\mu SN^2}{l}$

|정|답|및|해|설|

[환상솔레노이드의 자기인덕턴스] $L = \dfrac{\mu SN^2}{l} = \dfrac{\mu SN^2}{2\pi a} = \dfrac{N^2}{R_m}\,[\text{H}]$

여기서, μ : 투자율, S : 단면적, N : 권수, l : 길이, a : 반지름

$\mu_0 = 4\pi\times10^{-7}$ 대입하면 $L = \dfrac{4\pi N^2 S}{l}\times10^{-7}\,[\text{H}]$

【정답】④

9. 콘덴서의 성질에 관한 설명으로 틀린 것은?

① 정전용량이란 도체의 전위를 1[V]로 하는 데 필요한 전하량을 말한다.

② 용량이 같은 콘덴서를 n개 직렬 연결하면 내압은 n배, 용량은 1/n로 된다.

③ 용량이 같은 콘덴서를 n개 병렬 연결하면 내압은 같고, 용량은 n배로 된다.

④ 콘덴서를 직렬 연결할 때 각 콘덴서에 분포되는 전하량은 콘덴서 크기에 비례한다.

|정|답|및|해|설|

[용량이 동일한 콘덴서 연결]

1. 직렬 : 내압 nV, 정전용량 $\dfrac{C}{n}$

2. 병렬 : 내압 V, 정전용량 nC

직렬 연결할 때 각 콘덴서에 전하량은 콘덴서 용량에 관계없이 일정

【정답】④

10. 두 도체 사이에 100[V]의 전위를 가하는 순간 700[μC]의 전하가 축적되었을 때 이 두 도체 사이의 정전용량은 몇 [μF]인가?

① 4   ② 5   ③ 6   ④ 7

|정|답|및|해|설|

[콘덴서의 정전용량] $C = \dfrac{Q}{V}$[F]   → ($Q = CV[C]$)

$\therefore C = \dfrac{Q}{V} = \dfrac{700 \times 10^{-6}}{100} = 7 \times 10^{-6} = 7$ 【정답】④

11. 무한 평면도체로부터 거리 a[m]의 곳에 점전하 2π[C]가 있을 때 도체 표면에 유도되는 최대 전하밀도는 몇 [C/m²]인가?

① $-\dfrac{1}{a^2}$ ② $-\dfrac{1}{2a^2}$

③ $-\dfrac{1}{2\pi a}$ ④ $-\dfrac{1}{4\pi a}$

|정|답|및|해|설|

[무한 평면 도체의 최대전하밀도]

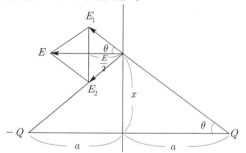

무한 평면 도체상의 기준 원점으로부터 x[m]인 곳의 전하밀도

$\sigma = -\epsilon_0 \cdot E = -\dfrac{Q \cdot a}{2\pi(a^2 + x^2)^{\frac{2}{3}}}[C/m^2]$

    → ($E = \dfrac{Q \cdot a}{2\pi\epsilon_0(a^2 + x^2)^{\frac{3}{2}}}[V/m]$)

면밀도가 최대인점은 $x = 0$인곳이므로 대입하면

$\therefore \sigma = -\dfrac{Q}{2\pi a^2} = -\dfrac{2\pi}{2\pi a^2} = -\dfrac{1}{a^2}[C/m^2]$ 【정답】①

12. 강자성체가 아닌 것은?

① 철(Fe)   ② 니켈(Ni)

③ 백금(Pt)   ④ 코발트(Co)

|정|답|및|해|설|

[자성체의 분류] 자계 내에 놓았을 때 자석화 되는 물질

종류	비투자율	비자하율	원소
강자성체	$\mu_r \geq 1$	$\chi_m \gg 1$	철, 니켈, 코발트
상자성체	$\mu_r > 1$	$\chi_m > 0$	알루미늄, 망간, **백금**, 주석, 산소, 질소
반(역)자성체	$\mu_r < 1$	$\chi_m < 0$	은, 비스무트, 탄소, 규소, 납, 아연, 황, 구리, 실리콘
반강자성체			

【정답】③

13. 온도 0[℃]에서 저항이 R_1[Ω], R_2[Ω], 저항 온도계수가 α_1, α_2[1/℃]인 두 개의 저항선을 직렬로 접속하는 경우, 그 합성저항 온도계수는 몇 [1/℃]인가?

① $\dfrac{\alpha_1 R_2}{R_1 + R_2}$ ② $\dfrac{\alpha_1 R_1 + \alpha_2 R_2}{R_1 + R_2}$

③ $\dfrac{\alpha_1 R_1 - \alpha_2 R_2}{R_1 + R_2}$ ④ $\dfrac{\alpha_1 R_2 + \alpha_2 R_1}{R_1 + R_2}$

|정|답|및|해|설|

[직렬 합성저항 온도계수] $\alpha = \dfrac{\alpha_1 R_1 + \alpha_2 R_2}{R_1 + R_2}$

【정답】②

14. 전자유도작용에서 벡터퍼텐셜을 A[Wb/m]라 할 때 유도되는 전계 E[V/m]는?

① $\dfrac{\partial A}{\partial t}$ ② $\displaystyle\int A\, dt$

③ $-\dfrac{\partial A}{\partial t}$ ④ $-\displaystyle\int A\, dt$

|정|답|및|해|설|

[벡터퍼텐셜] $B = rot\, A = \nabla \times A$

[맥스웰의 방정식] $rot\, E = \nabla \times E = -\dfrac{\partial B}{\partial t}$

$\nabla \times E = -\dfrac{\partial B}{\partial t} = -\dfrac{\partial(\nabla \times A)}{\partial t}$ 이다.

$\therefore E = -\dfrac{\partial A}{\partial t}$ 【정답】③

15. 모든 전기 장치를 접지시키는 근본적 이유는?

① 영상전하를 이용하기 때문에

② 지구는 전류가 잘 통하기 때문에

③ 편의상 지면의 전위를 무한대로 보기 때문에

④ 지구의 용량이 커서 전위가 거의 일정하기 때문에

|정|답|및|해|설|
[접지] 지구는 정전용량이 크므로 많은 전하가 축적되어도 지구의 전위는 일정하다. 모든 전기 장치를 접지시킨다.

【정답】④

16. 그림과 같이 반지름 a[m], 중심 간격 d[m], A에 $+\lambda$[C/m], B에 $-\lambda$[C/m]의 평행 원통도체가 있다. $d \gg a$라 할 때의 단위 길이당 정전용량은 약 몇 [F/m]인가?

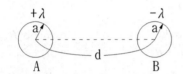

① $\dfrac{2\pi\epsilon_o}{\ln\dfrac{a}{d}}$ ② $\dfrac{\pi\epsilon_o}{\ln\dfrac{a}{d}}$

③ $\dfrac{2\pi\epsilon_o}{\ln\dfrac{d}{a}}$ ④ $\dfrac{\pi\epsilon_o}{\ln\dfrac{d}{a}}$

|정|답|및|해|설|

[평행왕복도선의 정전용량] $C = \dfrac{\pi\epsilon_o}{\ln\dfrac{d}{a}}$ [F/m] 【정답】④

17. 벡터 $A = 5r\sin\phi a_z$가 원기둥 좌표계로 주어졌다. 점$(2, \pi, 0)$에서의 $\nabla \times A$를 구한 값은?

① $5a_r$ ② $-5a_r$

③ $5a_{\varnothing}$ ④ $-5a_\phi$

|정|답|및|해|설|
[원통좌표계(r, ϕ, z)의 회전(rotation)]

$(rot A)_r = \dfrac{1}{r}\dfrac{\partial A_z}{\partial \phi} - \dfrac{\partial A_\phi}{\partial z}$

$(rot A)_\phi = \dfrac{\partial A_r}{\partial z} - \dfrac{\partial A_z}{\partial r}$

$(rot A)_z = \dfrac{1}{r}\left(\dfrac{\partial}{\partial r}(rA_\phi) - \dfrac{\partial A_r}{\partial \phi}\right)$이므로

$(rot A)_r = \dfrac{1}{r}\dfrac{\partial A_z}{\partial \phi} - \dfrac{\partial A_\phi}{\partial z} = \dfrac{1}{r}(5r\cos\phi) = 5\cos\phi$

$(rot A)_\phi = \dfrac{\partial A_r}{\partial z} - \dfrac{\partial A_z}{\partial r} = 5\sin\phi$

$\nabla \times A = 5\cos\phi a_r + 5\sin\phi a_\phi$에서 점 $(r=2, \varnothing=\pi, z=0)$을 대입하면 $\nabla \times A = 5\cos\phi a_r + 5\sin\phi a_\phi = 5\cos\pi a_r + 5\sin\pi a_\phi = -5a_r$

$\rightarrow (\cos\pi = -1, \ \sin\pi = 0)$

【정답】②

18. 두 종류의 금속으로 된 폐회로에 전류를 흘리면 양 접속점에서 한쪽은 온도가 올라가고 다른 쪽은 온도가 내려가는 현상을 무엇이라 하는가?

① 볼타(Volta) 효과

② 지벡(Seebeck) 효과

③ 펠티에(peltier) 효과

④ 톰슨(Thomson) 효과

|정|답|및|해|설|
[펠티에 효과] 두 종류 금속 접속 면에 전류를 흘리면 접속점에서 열의 흡수(온도 강하), 발생(온도 상승)이 일어나는 효과이다. 제벡 효과와 반대 효과이며 전자 냉동 등에 응용되고 있다.

① 볼타 효과 : 서로 다른 두 종류의 금속을 접촉시킨 다음 얼마 후에 떼어서 각각을 검사해 보면 + 및 -로 대전하는 현상

② 제백 효과 : 두 종류 금속 접속 면에 온도차가 있으면 기전력이 발생하는 효과이다. 열전온도계에 적용

④ 톰슨 효과 : 동일한 금속 도선의 두 점간에 온도차를 주고, 고온 쪽에서 저온 쪽으로 전류를 흘리면 도선 속에서 열이 발생되거나 흡수가 일어나는 이러한 현상

【정답】③

19. 비투자율 μ_s, 자속밀도 B[Wb/m²]인 자계 중에 있는 m[Wb]의 점자극이 받는 힘[N]은?

① $\dfrac{mB}{\mu_o}$ ② $\dfrac{mB}{\mu_o\mu_s}$

③ $\dfrac{mB}{\mu_s}$ ④ $\dfrac{\mu_o\mu_s}{mB}$

|정|답|및|해|설|
[자계 중의 자극이 받는 힘] $F = mH$[N]

자속밀도 $B = \mu_0\mu_s H$에서 $H = \dfrac{B}{\mu_o\mu_s}$ [A/m]

$\therefore F = \dfrac{Bm}{\mu_o\mu_s}$ [N] 【정답】②

20. 평행판 콘덴서에서 전극 간에 V[V]의 전위차를 가할 때, 전계의 강도가 공기의 절연내력 E[V/m]를 넘지 않도록 하기 위한 콘덴서의 단위 면적당 최대 용량은 몇 [F/m²]인가?

① $\epsilon_o EV$

② $\dfrac{\epsilon_o E}{V}$

③ $\dfrac{\epsilon_o V}{E}$

④ $\dfrac{EV}{\epsilon_o}$

|정|답|및|해|설|
[평행판 도체(콘덴서)]

1. 전계의 세기 $E=\dfrac{V}{d}$ 에서 $d=\dfrac{V}{E}$ 이며

2. 정전용량 $C=\dfrac{\epsilon_0 S}{d}=\dfrac{\epsilon_o S}{\dfrac{V}{E}}=\dfrac{\epsilon_o E S}{V}$ [F]

그러므로 단위면적당 정전용량 $C=\dfrac{\epsilon_o E}{V}$ [F/m²]

【정답】②

2018년 전기산업기사필기 (전력공학)

21. 단상 2선식에 비하여 단상 3선식의 특징으로 옳은 것은?

① 소요 전선량이 많아야 한다.

② 중성선에는 반드시 퓨즈를 끼워야 한다.

③ 110[V] 부하 외에 220[V] 부하의 사용이 가능하다.

④ 전압 불평형을 줄이기 위하여 저압선의 끝부분에 전력용 콘덴서를 설치한다.

|정|답|및|해|설|
[단상 3선식의 특징]
1. 전선 소모량이 <u>2선식에 비해 37.5%(경제적)</u>
2. 110/220의 두 종의 전원
3. 중성선 단선 시 전압의 불평형 → 저압 <u>밸런서의 설치</u>
 ·여자 임피던스가 크고 누설 임피던스가 작다.
 ·권수비가 1:1인 단권 변압기
4. 단상 2선식에 비해 효율이 높고 전압 강하가 적다.
5. 조건 및 특성
 ·변압기 2차측 1단자 제2종 접지 공사
 ·개폐기는 동시 동작형
 ·<u>중성선에 퓨즈 설치하지 말 것</u>

【정답】③

22. 정삼각형 배치의 선간거리가 5[m]이고, 전선의 지름이 1[cm]인 3상 가공 송전선의 1선의 정전용량은 약 몇 [μF/km]인가?

① 0.008

② 0.016

③ 0.024

④ 0.032

|정|답|및|해|설|

[단상 1회선 작용정전용량] $C_w = C_s + 2C_m = \dfrac{0.02413}{\log_{10}\dfrac{D}{r}}$

여기서, r : 반지름, D : 선간거리

$\therefore C_w = \dfrac{0.02413}{\log_{10}\dfrac{D}{r}} = \dfrac{0.02413}{\log_{10}\dfrac{5}{0.5 \times 10^{-2}}} = 0.008[\mu F/km]$

【정답】①

23. 수력발전소의 취수 방법에 따른 분류로 틀린 것은?

① 댐식

② 수로식

③ 역조정지식

④ 유역변경식

|정|답|및|해|설|
[취수 방식에 따른 분류]
1. 수로식 : 하천 하류의 구배를 이용할 수 있도록 수로를 설치하여 낙차를 얻는 발전방식
2. 댐식 : 댐을 설치하여 낙차를 얻는 발전 방식
3. 댐수로식 : 수로식+댐
4. 유역변경식 : 유량이 풍부한 하천과 낙차가 큰 하천을 연결하여 발전하는 방식
※역조정지식은 유량을 취하는 방법

【정답】③

24. 선로의 특성임피던스에 관한 내용으로 옳은 것은?

① 선로의 길이에 관계없이 일정하다.

② 선로의 길이가 길어질수록 값이 커진다.

③ 선로의 길이가 길어질수록 값이 작아진다.

④ 선로의 길이보다는 부하전력에 따라 값이 변한다.

|정|답|및|해|설|

[특성임피던스] $Z_o = \sqrt{\dfrac{Z}{Y}} = \sqrt{\dfrac{L}{C}}$

$\therefore$특성임피던스는 길이에 무관

【정답】①

25. 송전선에 복도체를 사용할 때의 설명으로 틀린 것은?

① 코로나 손실이 경감된다.

② 안정도가 상승하고 송선용량이 증가한다.

③ 정전 반발력에 의한 전선의 진동이 감소된다.

④ 전선의 인덕턴스는 감소하고, 정전용량이 증가한다.

|정|답|및|해|설|

[복도체] 도체가 1가닥인 것은 2가닥으로 나누어 도체의 등가반지름을 키우겠다는 것

[장점]

·코로나 임계전압 상승

·선로의 인덕턴스 감소

·선로의 정전용량 증가

·허용 전류가 증가

·선로의 송전용량 20[%] 정도 증가

[단점]

·페란티 효과에 의한 수전단의 전압 상승

·강풍 또는 빙설기 부착에 의한 **전선의 진동, 동요가 발생**

·코로나 임계전압이 낮아져 코로나 발생 용이

【정답】③

26. 화력발전소에서 증기 및 급수가 흐르는 순서는?

① 보일러→과열기→절탄기→터빈→복수기

② 보일러→절탄기→과열기→터빈→복수기

③ 절탄기→보일러→과열기→터빈→복수기

④ 절탄기→과열기→보일러→터빈→복수기

|정|답|및|해|설|

[화력발전소의 사이클] 실제 기력 발전소에 쓰이는 기본 사이클은 다음과 같다.

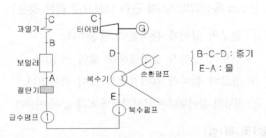

보일러와 터빈 사이에는 과열기가 있어서 포화증기를 고온건조함과 열증기로 해주어야 한다. 그리고 절탄기는 보일러에 열효율을 높이기 위한 것으로 보일러 앞에 설치한다.

[랭킨사이클] 급수 펌프(단열압축) → 절탄기 → 보일러(등압가열) → 터빈(단열팽창) → 복수기(등압냉각)　　　　　【정답】③

27. 선간전압이 $V[kV]$이고, 1상의 대지정전용량이 $C[\mu F]$, 주파수가 $f[Hz]$인 3상 3선식 1회선 송전선의 소호리액터 접지방식에서 소호리액터의 용량은 몇 [kVA]인가?

① $6\pi f CV^2 \times 10^{-3}$ 　② $3\pi f CV^2 \times 10^{-3}$

③ $2\pi f CV^2 \times 10^{-3}$ 　④ $\sqrt{3}\,\pi f CV^2 \times 10^{-3}$

|정|답|및|해|설|

[소호리액터의 용량(3상 1회선)]

$P = 3EI = 3E \times 2\pi f CE = 3 \times 2\pi f CE^2 \times 10^{-3}[kVA]$

$= 3 \times 2\pi f C \times 10^{-6} \times \left(\dfrac{V}{\sqrt{3}} \times 10^3\right)^2 \times 10^{-3}$

$= 2\pi f CV^2 \times 10^{-3}[kVA]$

【정답】③

28. 수전단전압이 3,300[V]이고, 전압강하율이 4[%]인 송전선의 송전단전압은 몇 [V]인가?

① 3395 　　② 3432

③ 3495 　　④ 5678

|정|답|및|해|설|

[전압강하율] $\epsilon = \dfrac{V_s - V_r}{V_r} \times 100[\%]$

∴송전단 전압 $V_s = (1+\epsilon)\,V_r = (1+0.04) \times 3300 = 3432[V]$

【정답】②

29. 현수애자 4개를 1련으로 한 66[kV] 송전선로가 있다. 현수애자 1개의 절연저항은 1,500[MΩ], 이 선로의 경간이 200[m]라면 선로 1[km] 당의 누설컨덕턴스는 몇 [℧]인가?

① 0.83×10^{-9} 　② 0.83×10^{-6}

③ 0.83×10^{-3} 　④ 0.83×10^{-2}

|정|답|및|해|설|

[누설콘덕턴스] $G = \dfrac{1}{R}[℧]$

1. 현수애자 1련의 저항 1500[[MΩ]] 4개 직렬 접속

　→ $r = 1500[M\Omega] \times 4 = 6 \times 10^9\,[\Omega]$

2. 표준경간 200[m], 1[km] 당 현수애자 5련 설치(병렬 접속)

　→ $R = \dfrac{r}{n} = \dfrac{6}{5} \times 10^9[\Omega]$

∴누설콘덕턴스 $G = \dfrac{1}{R} = \dfrac{5}{6} \times 10^{-9} = 0.83 \times 10^{-9}[℧]$

【정답】①

30. 중성점 비접지방식을 이용하는 것이 적당한 것은?

① 고전압, 장거리　　② 고전압, 단거리

③ 저전압, 장거리　　④ 저전압, 단거리

|정|답|및|해|설|
[중성점 비접지 방식]
· 33[kV] 이하 계통에 적용
· 저전압, 단거리(33[kV] 이하) 중성점을 접지하지 않는 방식
· 선로의 길이가 짧거나 전압이 낮은 계통에서 사용
· 중성점이 없는 △ - △ 결선 방식이 가장 많이 사용된다.
· 전압 상승은 $\sqrt{3}$ 배　　　　　　　　　　【정답】④

31. 변압기의 손실 중 철손의 감소 대책이 아닌 것은?

① 자속밀도의 감소

② 권선의 단면적 증가

③ 아몰퍼스 변압기의 채용

④ 고배향성 규소 강판 사용

|정|답|및|해|설|
[철손] 철손=히스테리시스손+와류손
철손을 감소하려면 히스테리시스손과 와류손이 감소되어야 하며
· 권선의 단면적 감소
· 자속밀도의 감소
· 규소강판 성충철심 사용
· 아몰퍼스 변압기 채용(아몰퍼스 강을 소재로 하여 철손이 1/10로
　감소)　　　　　　　　　　　　　　　　　　【정답】②

32. 변압기 내부 고장에 대한 보호용으로 현재 가장
많이 쓰이고 있는 계전기는?

① 주파수계전기　　② 전압차동계전기

③ 비율차동계전기　　④ 방향거리계전기

|정|답|및|해|설|
[비율차동계전기] 비율 차동 계전기는 발전기나 변압기 등이 고장에
의해 생긴 불평형의 전류 차가 평형 전류의 몇 [%] 이상 되었을
때 동작하는 계전기로 기기의 내부 고장 보호에 쓰인다.
1. 선로보호 : 거리계전기(임피던스계전기, mho 계전기)
2. 기기보호
　① 차동계전기(DfR) : 양쪽 전류의 차로 동작
　② 비율차동계전기(RDfR) : 발·변압기 충간, 단락 보호(내부 고
　　장 보호)　　　　　　　　　　　　　　　　【정답】③

33. 그림과 같은 전선로의 단락용량은 약 몇 [MVA]인
가? 단, 그림의 수치는 10,000[kVA]를 기준으로
한 %리액턴스를 나타낸다.

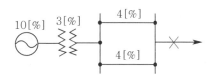

① 33.7　　　　　　② 66.7

③ 99.7　　　　　　④ 132.7

|정|답|및|해|설|
[단락용량] $P_s = \dfrac{100}{\%Z} P_n [VA]$　　　→ (P_n : 정격용량)

직·병렬 합성 %임피던스 $\%Z = 10 + 3 + \dfrac{4 \times 4}{4 + 4} = 15[\%]$

∴단락용량 $P_s = \dfrac{100}{\%Z} P_n = \dfrac{100}{15} \times 10{,}000 \times 10^{-3} = 66.7[MVA]$
　　　　　　　　　　　　　　　　　　　　　【정답】②

34. 영상변류기를 사용하는 계전기는?

① 지락계전기　　② 차동계전기

③ 과전류계전기　　④ 과전압계전기

|정|답|및|해|설|
[영상변류기(ZCT)] 영상 변류기(ZCT)는 영상 전류를 검출한다. 따
라서 지락과전류계전기에는 영상 전류를 검출하도록 되어있고, 지
락 사고를 방지한다.　　　　　　　　　　　　　【정답】①

35. 전선의 지지점 높이가 31[m]이고, 전선의 처짐 정도
(이도)가 9[m]라면 전선의 평균 높이는 몇 [m]인가?

① 25.0　　　　　　② 26.5

③ 28.5　　　　　　④ 30.0

|정|답|및|해|설|
[전선의 평균 높이] $h = h' - \dfrac{2}{3} D [m]$

(h : 평균 높이, h' : 지지점의 높이, D : 처짐 정도(이도))

∴$h = h' - \dfrac{2}{3} D = 31 - \dfrac{2}{3} \times 9 = 25[m]$　　　【정답】①

36. 초고압용 차단기에서 개폐저항을 사용하는 이유는?

① 차단전류 감소 ② 이상전압 감쇄

③ 차단속도 증진 ④ 차단전류의 역률 개선

|정|답|및|해|설|

[내부 이상전압] 직격뢰, 유도뢰를 제외한 나머지
· 개폐서지 : 무부하 충전전류 열린회로 시 가장 크다.
  개폐저항기(SOV)
· 1선 지락 사고 시 건전상의 대지전위 상승
· 잔류전압에 의한 전위 상승
· 경부하(무부하)시 페란티 현상에 의한 전위 상승

【정답】②

37. 전력계통 안정도는 외란의 종류에 따라 구분되는데, 송전선로에서의 고장, 발전기 탈락과 같은 큰 외란에 대한 전력계통의 동기운전 가능 여부로 판정되는 안정도는?

① 과도안정도 ② 정태안정도

③ 전압안정도 ④ 미소신호안정도

|정|답|및|해|설|

[과도안정도] 부하의 급변, 선로의 개폐, 접지, 단락 등의 고장 또는 기타의 원인에 의해서 운전상태가 급변하여도 계통이 안정을 유지하는 정도

【정답】①

|참|고|

1. 정태안정도 : 정상 운전 시 여자를 일정하게 유지하고 부하를 서서히 증가시켜 동기 이탈하지 않고 어느 정도 안정할 수 있는 정도
2. 동태안정도 : 고성능의 AVR, 조속기 등이 갖는 제어효과까지도 고려한 안정도를 말한다.

38. 역률 개선에 의한 배전계통의 효과가 아닌 것은?

① 전력손실 감소

② 전압강하 감소

③ 변압기용량 감소

④ 전선의 표피효과 감소

|정|답|및|해|설|

[역률 개선] 유도성 무효전력을 상쇄시킴으로써 전체 무효전력을 감소시켜 역률을 향상시키는 것

[역률 개선의 효과]
· 변압기와 배전선의 전력 손실 경감
· 전압 강하의 감소
· 설비 용량의 여유 증가
· 전기 요금의 감소

【정답】④

39. 원자력 발전의 특징이 아닌 것은?

① 건설비와 연료비가 높다.

② 설비는 국내 관련 사업을 발전시킨다.

③ 수송 및 저장이 용이하여 비용이 절감된다.

④ 방사선 측정기, 폐기물 처리 장치 등이 필요하다.

|정|답|및|해|설|

[원자력 발전의 특징]
· 처음에는 과잉량의 핵연료를 넣고 그 후에는 조금씩 보급하면 되므로 연료의 수송기지와 저장 시설이 크게 필요하지 않다.
· 대기 수질 토양 오염이 없는 깨끗한 에너지이다.
· 연료의 수송과 저장이 용이하다.
· 핵연료의 허용온도와 열전달특성 등에 의해서 증발 조건이 결정되므로 비교적 저온, 저압의 증기로 운전 된다.
· 핵분열 생성물에 의한 방사선 장해와 방사선 폐기물이 발생하므로 방사선측정기, 폐기물처리장치 등이 필요하다.

【정답】①

40. 최대 전력의 발생시각 또는 발생시기의 분산을 나타내는 지표는?

① 부등률 ② 부하율

③ 수용률 ④ 전일효율

|정|답|및|해|설|

[부등률] 최대 전력의 발생시각 또는 발생시기의 분산을 나타내는 지표, 일반적으로 부등률은 1보다 크다(부등률 ≥1).

$$부등률 = \frac{각각의\ 최대\ 수용\ 전력\ 합계}{합성\ 최대\ 수용\ 전력}$$

【정답】①

41. 3상 Y결선, 30[kW], 460[V], 60[Hz] 정격인 유도전동기의 시험결과가 다음과 같다. 이 전동기의 무부하 시 1상당 동손은 약 몇 [W]인가? 단, 소수점 이하는 무시한다.

> 무부하 시험 : 인가전압 460[V], 전류 32[A]
> 소비전력 : 4,600[W]
> 직류시험 : 인가전압 12[V], 전류 60[A]

① 102　　② 104　　③ 106　　④ 108

|정|답|및|해|설|

[한 상의 동손] $P_c = I^2 R$[W]

저항 $R = \dfrac{V}{I} = \dfrac{12}{60} = 0.2[\Omega]$

한 상의 저항 $R' = \dfrac{0.2}{2} = 0.1[\Omega]$

∴한 상의 동손 $P_c = I^2 R = 32^2 \times 0.1 = 102.4$[W]

【정답】①

42. 임피던스 강하가 4[%]인 변압기가 운전 중 단락되었을 때 그 단락전류는 정격전류의 몇 배인가?

① 15　　② 20　　③ 25　　④ 30

|정|답|및|해|설|

[단락전류] $I_s = \dfrac{100}{\%Z}I_n = \dfrac{100}{4} \times I_n = 25I_n$　　【정답】③

43. 3상 유도전동기의 특성에 관한 설명으로 옳은 것은?

① 최대 토크는 슬립과 반비례한다.
② 기동토크는 전압의 2승에 비례한다.
③ 최대 토크는 2차 저항과 반비례한다.
④ 기동토크는 전압의 2승에 반비례한다.

|정|답|및|해|설|

[3상 유도전동기의 토크] $T = P_2 = \dfrac{E_2^2 \dfrac{r_2}{s}}{\left(\dfrac{r_2}{s}\right)^2 + x_2^2}$ [W]

따라서 토크는 공급전압의 2승에 비례, 즉, $T \propto E^2$

【정답】②

44. 3상 유도전동기의 속도제어법이 아닌 것은?

① 극수변환법　　② 1차여자제어
③ 2차저항제어　　④ 1차주파수제어

|정|답|및|해|설|

[유도 전동기의 속도 제어]
1. 농형 유도전동기
　① 주파수 변환법 : 역률이 양호하며 연속적인 속조에어가 되지만, 전용 전원이 필요, 인견·방직 공장의 포트모터, 선박의 전기추진기 등에 이용
　② 극수 변환법
　③ 전압제어법 : 전원전압의 크기를 조절하여 속도제어
2. 권선형 유도전동기
　① 2차 저항법 : 토크의 비례추이를 이용한 것으로 2차 회로에 저항을 삽입 토크에 대한 슬립 s를 바꾸어 속도 제어
　② 2차여자법 : 회전자 기전력과 같은 주파수 전압을 인가하여 속도제어, 고효율로 광범위한 속도제어
　③ 종속접속법
　　㉠ 직렬종속법 : $N = \dfrac{120}{P_1 + P_2}f$

　　㉡ 차동종속법 : $N = \dfrac{120}{P_1 - P_2}f$

　　㉢ 병렬종속법 : $N = 2 \times \dfrac{120}{P_1 + P_2}f$　　【정답】②

45. 3상 유도전동기의 출력이 10[kW], 전부하 때의 슬립이 5[%]라 하면 2차동손은 약 몇 [kW]인가?

① 0.426　　② 0.526
③ 0.626　　④ 0.726

|정|답|및|해|설|

[2차동손] $P_{2c} = sP_2$
2차출력 $P_0 = P_2 - sP_2 = (1-s)P_2$ [W]

∴$P_{2c} = \dfrac{s}{1-s}P_0 = \dfrac{0.05}{1-0.05} \times 10 = 0.526$

|참|고|

[유도전동기 입력, 출력 관계]

여기서, P_2 : 2차입력, P : 전기적인 출력
　　　　P_0 : 2차출력(기계적인출력)　　【정답】②

46. 직류발전기의 전기자 권선법 중 단중 파권과 단중 중권을 비교했을 때 단중 파권에 해당하는 것은?

① 고전압 대전류   ② 저전압 소전류

③ 고전압 소전류   ④ 저전압 대전류

|정|답|및|해|설|..
[중권과 파권의 차이점]

항목	단중 중권	단중 파권
a(병렬 회로수)	$a = p(\mathrm{mp})$	$a = 2(2\mathrm{m})$
b(브러시수)	$b = p$	$b = 2$혹은 p
균압접속	4극 이상이면 균압접속	불필요
용도	대전류 저전압	소전류 고전압

여기서, m : 다중도, p : 극수   **【정답】③**

47. 일반적으로 전철이나 화학용과 같이 비교적 용량이 큰 수은 정류기용 변압기의 2차 측 결선 방식으로 쓰이는 것은?

① 3상 반파   ② 3상 전파

③ 3상 크로즈파   ④ 6상 2중 성형

|정|답|및|해|설|..
[변압기 상수 변환법]
1. 3상을 2상으로 : 스코트 결선(T결선), 메이어 결선, 우드 브리지 결선
2. 3상을 6상 : Fork 결선, 2중 성형결선, 환상 결선, 대각결선, 2중 △ 결선, 2중 3각 결선

※부하가 수은 정류기일 때는 포크 결선을 사용한다.

【정답】④

48. 자기용량 3[kVA], 3000/100[V]의 단권변압기를 승압기로 연결하고 1차 측에 3000[V]를 가했을 때 그 부하용량[kVA]은?

① 76   ② 85   ③ 93   ④ 94

|정|답|및|해|설|..

[부하용량] 부하용량 $= \dfrac{V_h}{e_2} \times$ 자기용량

$$\rightarrow \left(\frac{\text{자기용량}}{\text{부하용량}} = \frac{e_2 I_2}{V_h I_2} = \frac{e_2}{V_h} = \frac{V_h V_l}{V_h} \right)$$

$V_h = V_1 + V_2 = 3000 + 100 = 3100[\mathrm{V}]$

$\therefore$ 부하용량 $= \dfrac{V_h}{e_2} \times$ 자기용량 $= \dfrac{3100}{100} \times 3 = 93[\mathrm{kVA}]$

【정답】③

49. SCR에 관한 설명으로 틀린 것은?

① 3단자 소자이다.

② 전류는 애노드에서 캐소드로 흐른다.

③ 소형의 전력을 다루고 고주파 스위칭을 요구하는 응용분야에 주로 사용된다.

④ 도통 상태에서 순반향 애노드전류가 유지 전류 이하로 되면 SCR은 차단상태로 된다.

|정|답|및|해|설|..
[SCR(실리콘 제어 정류기)의 기능]
· 실리콘 정류 소자 역저지 3단자, <u>대전력 제어</u>
· 부성저항 특성이 없다.
· 동작 최고 온도가 가장 높다($200[℃]$).
· 정류기능의 단일 방향성 3단자 소자
· 게이트의 작용 : 통과 전류 제어 작용
· 위상 제어, 인버터, 초퍼 등에 사용
· 역방향 내전압 : 약 500~1,000[V](역방향 내전압이 가장 크다.)

【정답】③

50. 동기발전기의 단락비나 동기임피던스를 산출하는 데 필요한 특성곡선은?

① 부하 포화곡선과 3상 단락곡선

② 단상 단락곡선과 3상 단락곡선

③ 무부하 포화곡선과 3상 단락곡선

④ 무부하 포화곡선과 외부특성곡선

|정|답|및|해|설|..
[단락비 (K_s)] 동기 발전기에 있어서 정격속도에서 무부하 정격전압을 발생시키는 여자전류와 단락 시에 정격전류를 흘려 얻는 여자전류와의 비

· $K_s = \dfrac{I_{f1}}{I_{f2}} = \dfrac{I_s}{I_n} = \dfrac{1}{\%Z_s} \times 100$

여기서, I_{f1} : 무부하시 정격전압을 유지하는데 필요한 여자전류

I_{f2} : 3상단락시 정격전류와 같은 단락전류를 흐르게 하는 데 필요한 여자전류, I_n : 한 상의 정격전류

I_s : 단락 전류

· 단락비 계산 : 무부하 포화 시험, 3상 단락시험

【정답】③

51. 직류 분권전동기의 기동 시에는 계자저항기의 저항값은 어떻게 설정하는가?

① 끊어둔다.

② 최대로 해 둔다.

③ 0(영)으로 해 둔다.

④ 중위(中位)로 해 둔다.

|정|답|및|해|설|

[직류 전동기 기동 시]
1. 기동저항기 : 최대
2. 계자저항기 : 최소(기동토크를 크게 하기 위하여 저항값을 0으로 해둔다.)

【정답】③

52. 공급전압이 일정하고 역률 1로 운전하고 있는 동기전동기의 여자전류를 증가시키면 어떻게 되는가?

① 역률은 뒤지고 전기자 전류는 감소한다.

② 역률은 뒤지고 전기자 전류는 증가한다.

③ 역률은 앞서고 전기자 전류는 감소한다.

④ 역률은 앞서고 전기자 전류는 증가한다.

|정|답|및|해|설|

[위상특성곡선(V곡선)] 공급전압 V와 부하를 일정하게 유지하고 계자전류 I_f 변화에 대한 전기자전류 I_a의 변화관계를 그린 곡선이다. 역률 1인 상태에서 계자전류를 증가시키면 부하전류의 위상이 앞서고, 계자전류를 감소하면 전기자전류의 위상은 뒤진다.

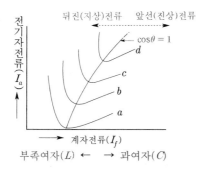

1. 여자전류를 감소시키면 역률은 뒤지고 전기자전류는 증가한다 (부족여자 L).
2. 여자전류를 증가시키면 역률은 앞서고 전기자전류는 증가한다 (과여자 C).
3. V곡선에서 $\cos\theta$=1(역률 1)일 때 전기자전류가 최소다.
4. a번 곡선으로 운전 중 출력이 증가하면 곡선은 상향이 되어 부하가 가장 클 때가 d번 곡선이다.

【정답】④

53. 직류전동기의 공급전압을 V[V], 자속을 ϕ[Wb], 전기자전류를 I_a[A], 전기자저항을 R_a[Ω], 속도를 N[rpm]이라 할 때 속도의 관계식은 어떻게 되는가?

① $N = k\dfrac{V + I_a R_a}{\phi}$ ② $N = k\dfrac{V - I_a R_a}{\phi}$

③ $N = k\dfrac{\phi}{V + I_a R_a}$ ④ $N = k\dfrac{\phi}{V - I_a R_a}$

|정|답|및|해|설|

[직류전동기 회전속도] $N = k\dfrac{E}{\varnothing} = k\dfrac{V - I_a R_a}{\varnothing}$[rpm]

$\rightarrow (E = k\varnothing N = V - I_a R_a)$

여기서, V : 단자전압[V], E : 기전력[V], $\varnothing$: 자속
I_a : 전기자전류[A], R_a : 전기자권선저항[Ω]
K : 기계상수($k = \dfrac{a}{pz}$)

【정답】②

54. 변압기 내부 고장에 대한 보호용으로 사용되는 계전기는 어느 것이 적당한가?

① 방향계전기   ② 온도계전기

③ 접지계전기   ④ 비율차동계전기

|정|답|및|해|설|

[변압기 내부고장 검출용 보호 계전기]
·차동계전기(비율차동 계전기)
·압력계전기
·부흐홀츠 계전기
·가스 검출 계전기

|참|고|

① 방향단락계전기 : 환상 선로의 단락 사고 보호에 사용
② 온도계전기 : 기계적인 보호
③ 접지계전기 : 다회선에서 접지 고장 회선의 선택

【정답】④

55. 직류 분권전동기 운전 중 계자권선의 저항이 증가 할 때 회전속도는?

① 일정하다.　　② 감소한다.

③ 증가한다.　　④ 관계없다.

|정|답|및|해|설|

[직류 분권전동기의 속도] $n = K \dfrac{V - I_a R_a}{\phi}$

$I_f = \dfrac{V}{R_f}$ 에서 계자저항 R_f를 증가하면 계자전류 I_f가 감소하며 따라서, 자속 ϕ가 감소하므로 속도는 증가한다.

※ $R_f \uparrow \Rightarrow I_f \downarrow \Rightarrow \emptyset \downarrow \Rightarrow N \uparrow$　　【정답】③

56. 동기기의 과도안정도를 증가시키는 방법이 아닌 것은?

① 단락비를 크게 한다.

② 속응 여자방식을 채용한다.

③ 회전부의 관성을 작게 한다.

④ 역상 및 영상 임피던스를 크게 한다.

|정|답|및|해|설|

[동기기 안정도 증진방법]

· 동기임피던스를 작게 한다.

· 속응여자방식을 채택한다.

· 회전자에 플라이 휘일을 설치하여 관성모멘트를 크게 한다.

· 정상 임피던스는 작고, 영상, 역상 임피던스를 크게 한다.

· 단락비를 크게 한다.　　【정답】③

57. 단상 반발유도전동기에 대한 설명으로 옳은 것은?

① 역률은 반발기동형보다 나쁘다.

② 기동토크는 반발기동형보다 크다.

③ 전부하 효율은 반발기동형보다 좋다.

④ 속도의 변화는 반발기동형보다 크다.

|정|답|및|해|설|

[단상 반발 유도형전동기]

· 기동토크는 반발기동형보다 작다.

· 최대 토크는 반발기동형보다 크다.

· 부하에 의한 속도 변화는 반발기동형보다 크다.

· 효율은 좋지 않지만 역률은 좋다.

· 유도 전동기에서 회전 방향을 바꿀 수 없다.

· 구조가 극히 단순하다.

· 기동 토크가 작아서 운전 중에도 코일에 전류가 계속 흐르므로 소형 선풍기 등 출력이 매우 작은 0.05마력 이하의 소형 전동기에 사용된다.　　【정답】④

58. 2중 농형유도전동기가 보통 농형유도전동기에 비해서 다른 점은 무엇인가?

① 기동전류가 크고, 기동토크도 크다.

② 기동전류가 적고, 기동토크도 적다.

③ 기동전류가 적고, 기동토크는 크다.

④ 기동전류가 크고, 기동토크는 적다.

|정|답|및|해|설|

[2중 농형유도전동기]

· 기동전류가 작다.

· 기동토크가 크다.

· 열이 많이 발생하여 효율은 낮다.　　【정답】③

59. 유입식 변압기에 콘서베이터(conseravtor)를 설치하는 목적으로 옳은 것은?

① 충격 방지　　② 열화 방지

③ 통풍 장치　　④ 코로나 방지

|정|답|및|해|설|

[콘서베이터의 용도] 콘서베이터는 변압기의 상부에 설치된 원통형의 유조(기름통)로서, 그 속에는 1/2 정도의 기름이 들어 있고 주변압기 외함 내의 기름과는 가는 파이프로 연결되어 있다. 변압기 부하의 변화에 따르는 호흡 작용에 의한 변압기 기름의 팽창, 수축이 콘서베이터의 상부에서 행하여지게 되므로 높은 온도의 기름이 직접 공기와 접촉하는 것을 방지하여 기름의 열화를 방지하는 것이다.　　【정답】②

60. 3상 반파 정류회로에서 직류 전압의 파형은 전원 전압 주파수의 몇 배의 교류분을 포함하는가?

① 1　　② 2　　③ 3　　④ 6

|정|답|및|해|설|

[정류 회로의 비교]

정류 종류	단상 반파	단상 전파	3상 반파	3상 전파
직류전압	$E_d = 0.45E$	$E_d = 0.9E$	$E_d = 1.17E$	$E_d = 1.35E$
맥동률[%]	121	48	17.7	4.04
정류 효율	40.6	81.1	96.7	99.8
맥동 주파수	f	$2f$	$\underline{3f}$	$6f$

【정답】③

$\therefore$ 전달함수 $G(s) = \dfrac{Y(s)}{X(s)} = \dfrac{1}{s+2}$ 【정답】①

61. $e^{j\frac{2}{3}\pi}$ 와 같은 것은?

① $\dfrac{1}{2} - j\dfrac{\sqrt{3}}{2}$ ② $-\dfrac{1}{2} - j\dfrac{\sqrt{3}}{2}$

③ $-\dfrac{1}{2} + j\dfrac{\sqrt{3}}{2}$ ④ $\cos\dfrac{2}{3}\pi + \sin\dfrac{2}{3}\pi$

|정|답|및|해|설|

[지수함수 형식(오일러의 공식)] $e^{j\theta} = \cos\theta + j\sin\theta$

$e^{j\frac{2}{3}\pi} = \cos\dfrac{2}{3}\pi + j\sin\dfrac{2}{3}\pi = -\dfrac{1}{2} + j\dfrac{\sqrt{3}}{2}$ 【정답】③

62. 100[V], 800[W], 역률 80[%]인 교류회로의 리액턴스는 몇 $[\Omega]$인가?

① 6 ② 8 ③ 10 ④ 12

|정|답|및|해|설|

[리액턴스] $X = \dfrac{P_r}{I^2}$

무효전력 $P_r = VI\sin\theta = I^2 X [\mathrm{Var}]$

피상전력 $P_a = VI = \dfrac{P}{\cos\theta} = \dfrac{800}{0.8} = 1000[VA]$

전류 $I = \dfrac{P_a}{V} = \dfrac{1000}{100} = 10[A]$

무효전력 $P_r = VI\sin\theta[\mathrm{Var}] = VI\sqrt{1-\cos\theta^2}$
$= 1000 \times \sqrt{1-0.64} = 600[\mathrm{Var}]$

$\therefore X = \dfrac{P_r}{I^2} = \dfrac{600}{10^2} = 6[\Omega]$ 【정답】①

63. 어떤 계에 임펄스함수(δ함수)가 입력으로 가해졌을 때 시간함수 e^{-2t}가 출력으로 나타났다. 이계의 전달함수는?

① $\dfrac{1}{s+2}$ ② $\dfrac{1}{s-2}$

③ $\dfrac{2}{s+2}$ ④ $\dfrac{2}{s-2}$

|정|답|및|해|설|

[전달함수] $G(s) = \dfrac{C(s)}{R(s)} = C(s)$

·입력신호와 출력신호의 관계를 수직적으로 표현한 것
·모든 초기값을 0으로 한 상태에서 입력신호의 라플라스변환에 대한 출력신호의 라플라스 변환과의 비

문제에서 임펄스 응답이 e^{-2t}이므로

$\mathcal{L}[e^{-2t1}] = \dfrac{1}{s+2}$

64. 어떤 제어계의 출력이 $C(s) = \dfrac{5}{s(s^2+s+2)}$ 로 주어질 때 출력의 시간함수 $c(t)$의 최종값은?

① 5 ② 2 ③ $\dfrac{2}{5}$ ④ $\dfrac{5}{2}$

|정|답|및|해|설|

[최종값(정상값) 정리] $\displaystyle\lim_{t\to\infty} C(t) = \lim_{s\to 0} sC(s)$

$\therefore \displaystyle\lim_{t\to\infty} C(t) = \lim_{s\to 0} sC(s) = \lim_{s\to 0} s\dfrac{5}{s(s^2+s+2)} = \dfrac{5}{2}$

【정답】④

65. 같은 저항 $r[\Omega]$ 6개를 사용하여 그림과 같이 결선하고 대칭 3상 전압 $V[V]$를 가했을 때 흐르는 전류 I는 몇 [A]인가?

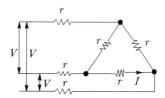

① $\dfrac{V}{2r}$ ② $\dfrac{V}{3r}$

③ $\dfrac{V}{4r}$ ④ $\dfrac{V}{5r}$

|정|답|및|해|설|

[$\triangle$결선의 상전류] $I_{\triangle p} = \dfrac{I_l}{\sqrt{3}}[A]$

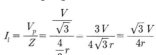

회로를 $\triangle \to Y$결선으로 변환하면 저항은 $\dfrac{1}{3}$이 되므로 $\dfrac{1}{3}r$

전체 1상의 저항을 구하면

$R = r + \dfrac{r}{3} = \dfrac{4}{3}r$

$I_l = \dfrac{V_p}{Z} = \dfrac{\dfrac{V}{\sqrt{3}}}{\dfrac{4}{3}r} = \dfrac{3V}{4\sqrt{3}r} = \dfrac{\sqrt{3}V}{4r}$

$\therefore \triangle$결선의 상전류 $I_{\triangle p} = \dfrac{I_l}{\sqrt{3}} = \dfrac{\dfrac{\sqrt{3}V}{4r}}{\sqrt{3}} = \dfrac{V}{4r}$

【정답】③

66. 그림과 같은 π형 4단자 회로의 어드미턴스 상수 중 Y_{22}는 몇 [℧]인가?

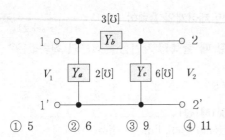

① 5   ② 6   ③ 9   ④ 11

|정|답|및|해|설|

[4단자 회로의 어드미턴스]

$$\begin{vmatrix} Y_{11} & Y_{12} \\ Y_{21} & Y_{22} \end{vmatrix} = \begin{vmatrix} Y_a + Y_b & Y_b \\ Y_b & Y_b + Y_c \end{vmatrix}$$

· $Y_{11} = Y_a + Y_b$,   · $Y_{12} = -Y_b$

· $Y_{21} = -Y_b$,   · $Y_{22} = Y_b + Y_c$

∴ $Y_{22} = Y_b + Y_c = 3 + 6 = 9[℧]$ 【정답】③

|참|고|

1. 임피던스(Z) → T형으로 만든다.

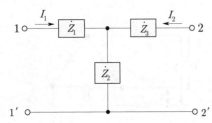

· $Z_{11} = Z_1 + Z_2[\Omega]$ → (I_1 전류방향의 합)

· $Z_{12} = Z_{21} = Z_2[\Omega]$ → (I_1과 I_2의 공통, 전류방향 같을 때)

· $Z_{12} = Z_{21} = -Z_2[\Omega]$ → (I_1과 I_2의 공통, 전류방향 다를 때)

· $Z_{22} = Z_2 + Z_3[\Omega]$ → (I_2 전류방향의 합)

2. 어드미턴스(Z) → π형으로 만든다.

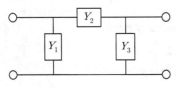

· $Y_{11} = Y_1 + Y_2[℧]$

· $Y_{12} = Y_{21} = Y_2[℧]$ → ($I_2→$, 전류방향 같을 때)

· $Y_{12} = Y_{21} = -Y_2[℧]$ → ($I_2←$, 전류방향 다를 때)

· $Y_{22} = Y_2 + Y_3[℧]$

67. 불평형 3상 전류 $I_a = 15 + j2$[A], $I_b = -20 - j14$[A], $I_c = -3 + j10$[A]일 때 영상전류 I_0는 약 몇 [A]인가?

① $2.67 + j0.36$ ② $15.7 - j3.25$

③ $-1.91 + j6.24$ ④ $-2.67 - j0.67$

|정|답|및|해|설|

[영상전류] $I_0 = \frac{1}{3}(I_a + I_b + I_c)$

∴ $I_0 = \frac{1}{3}(15 + j2 - 20 - j14 - 3 + j10)$

$= \frac{1}{3}(-8 - j2) = -2.67 - j0.67[A]$ 【정답】④

68. 0.2[H]의 인덕터와 150[Ω]의 저항을 직렬로 접속하고 220[V] 상용교류를 인가하였다. 1시간 동안 소비된 전력량은 약 몇 [Wh]인가?

① 209.6   ② 226.4

③ 257.6   ④ 286.9

|정|답|및|해|설|

[전력량] $W = Pt = I^2Rt = \frac{V^2R}{R^2 + X^2}$[Wh]

유도성 리액턴스 $X_L = \omega L = 2\pi f L = 2\pi \times 60 \times 0.2 = 75.4[\Omega]$

임피던스 $Z = R + jX_L$

$= 150 + j75.4 = \sqrt{150^2 + 75.4^2} = 167.88[\Omega]$

전류 $I = \frac{V}{Z} = \frac{220}{167.88} = 1.31[A]$

∴ $W = I^2Rt = 1.31^2 \times 150 \times 1 = 257.6$[Wh]   【정답】③

69. 어떤 교류전동기의 명판에 역률=0.6, 소비전력 =120[kW]로 표기되어 있다. 이 전동기의 무효전력은 몇 [kVar]인가?

① 80   ② 100

③ 140   ④ 160

|정|답|및|해|설|

[무효전력] $P_r = \sqrt{P_a^2 - P^2}$

여기서, P_a : 피상전력, P : 유효전력

피상전력 $P_a = VI = \frac{P}{\cos\theta} = \frac{120}{0.6} = 200[VA]$

∴무효전력 $P_r = \sqrt{P_a^2 - P^2}$ → ($P_a = VI = \sqrt{P^2 + P_r^2}$)

$= \sqrt{200^2 - 120^2} = 160[kVar]$

【정답】④

70. $e = E_m \cos\left(100\pi t - \dfrac{\pi}{3}\right)$[V]와

$i = I_m \sin\left(100\pi t + \dfrac{\pi}{4}\right)$[A]의 위상차를 시간으로 나타내면 약 몇 초인가?

① 3.33×10^{-4} ② 4.33×10^{-4}

③ 6.33×10^{-4} ④ 8.33×10^{-4}

|정|답|및|해|설|

[위상차를 시간으로 표현]

$e = E_m \cos\left(100\pi t - \dfrac{\pi}{3}\right) = E_m \sin\left(100\pi t - \dfrac{\pi}{3} + \dfrac{\pi}{2}\right)$

$\quad = E_m \sin\left(100\pi t + \dfrac{\pi}{6}\right)$

e과 i의 위상차 $\theta = \dfrac{\pi}{4} - \dfrac{\pi}{6} = \dfrac{\pi}{12}$

$\theta = \omega t$에서 $t = \dfrac{\theta}{\omega}$

$\therefore t = \dfrac{\theta}{\omega} = \dfrac{\pi}{12} \times \dfrac{1}{100\pi} = 8.33 \times 10^{-4}$[sec] 【정답】④

71. 대칭 3상 전압이 있을 때 한 상의 Y전압 순시값

$e_p = 1000\sqrt{2}\sin\omega t + 500\sqrt{2}\sin(3\omega t + 20°) +$
$100\sqrt{2}\sin(5\omega t + 30°)$[V]이면 선간전압 E_l에 대한

상전압 E_p의 실효값 비율 $\left(\dfrac{E_p}{E_l}\right)$은 약 몇 [%]인가?

① 55   ② 64   ③ 85   ④ 95

|정|답|및|해|설|

[실효값 비율]

상전압은 기본파와 제3고조파 전압이 존재한다.

· 실효값 $V_p = \sqrt{V_1^2 + V_3^2 + V_5^2} = \sqrt{1000^2 + 500^2 + 100^2} = 1122.5$

· 선간전압 $V_l = \sqrt{3} \cdot \sqrt{V_1^2 + V_5^2} = \sqrt{3} \cdot \sqrt{1000^2 + 100^2} = 1740.7$

$\therefore \dfrac{V_p}{V_l} = \dfrac{1122.5}{1740.7} = 0.64 = 64$[%]

※Y결선 시 선간전압(V_l)에는 제3고조파분이 나타나지 않는다.

【정답】②

72. 대칭 좌표법에서 사용되는 용어 중 각 상에 공통인 성분을 표시하는 것은?

① 영상분   ② 정상분

③ 역상분   ④ 공통분

|정|답|및|해|설|

[대칭좌표법] 각 상에 공통성분은 영상분이다.

$V_a = V_0 + V_1 + V_2, \quad V_b = V_0 + a^2 V_1 + a V_2$

$V_c = V_0 + a V_1 + a^2 V_2$ 【정답】①

73. 어느 저항에 $v_1 = 220\sqrt{2}\sin(2\pi \cdot 60t - 30°)$[V]와

$v_2 = 100\sqrt{2}\sin(3 \cdot 2\pi \cdot 60t - 30°)$[V]의 전압이 각각 걸릴 때의 설명으로 옳은 것은?

① v_1이 v_2보다 위상이 $15°$ 앞선다.

② v_1이 v_2보다 위상이 $15°$ 뒤진다.

③ v_1이 v_2보다 위상이 $75°$ 앞선다.

④ v_1과 v_2의 위상관계는 의미가 없다.

|정|답|및|해|설|

[고조파 관계]

v_1은 기본파, v_2는 3고조파 성분으로 서로 다른 파형이므로 위상관계를 비교할 수 없다. 【정답】④

74. RLC 병렬 공진회로에 관한 설명 중 틀린 것은?

① R의 비중이 작을수록 Q가 높다.

② 공진 시 입력 어드미턴스는 매우 작아진다.

③ 공진 주파수 이하에서의 입력전류는 전압보다 위상이 뒤진다.

④ 공진 시 L 또는 C에 흐르는 전류는 입력전류 크기의 Q배가 된다.

|정|답|및|해|설|

[RLC 병렬 공진회로] RLC 병렬 공진회로의 선택도 Q

$Q = \dfrac{I_c}{I_r} = \dfrac{wCV}{\dfrac{V}{R}} = RwC, \quad Q' = \dfrac{I_L}{I_r} = \dfrac{\dfrac{V}{wL}}{\dfrac{V}{R}} = \dfrac{R}{wL}$

따라서 R이 클수록 Q도 커진다. 【정답】①

75. 대칭 5상 회로의 선간전압과 상전압의 위상차는?

① $27°$ ② $36°$ ③ $54°$ ④ $72°$

|정|답|및|해|설|

[n상 교류] 전압차 $V_l - 2\sin\dfrac{\pi}{n} V_p$, 위상차 $\theta - \dfrac{\pi}{2}\left(1 - \dfrac{2}{n}\right)$

여기서, n : 상수 → 5상이므로 $n = 5$

$\therefore$위상차는 $\theta = \dfrac{\pi}{2}\left(1 - \dfrac{2}{5}\right) = 54°$ 【정답】③

76. $\dfrac{s\sin\theta+\omega\cos\theta}{s^2+\omega^2}$ 의 역라플라스 변환을 구하면 어떻게 되는가?

① $\sin(\omega t-\theta)$ ② $\sin(\omega t+\theta)$

③ $\cos(\omega t-\theta)$ ④ $\cos(\omega t+\theta)$

|정|답|및|해|설|

[역라플라스 변환]

$\mathcal{L}^{-1}\left[\dfrac{w}{s^2+w^2}\right]=\sin wt,\qquad \mathcal{L}^{-1}\left[\dfrac{s}{s^2+w^2}\right]=\cos wt$ 이므로

$F(s)=\dfrac{s\sin\theta+w\cos\theta}{s^2+w^2}=\dfrac{w}{s^2+w^2}\cos\theta+\dfrac{s}{s^2+w^2}\sin\theta$

$\therefore f(t)=\mathcal{L}^{-1}[F(s)]=\sin wt\cdot\cos\theta+\cos wt\cdot\sin\theta=\sin(wt+\theta)$
$\rightarrow (\sin(A+B)=\sin A\cos B+\cos A\sin B)$

【정답】②

---

77. 그림에서 a, b 단자의 전압이 100[V], a, b에서 본 능동 회로망 N의 임피던스가 15[Ω]일 때 a, b 단자에 10[Ω]의 저항을 접속하면 a, b 사이에 흐르는 전류는 몇 [A]인가?

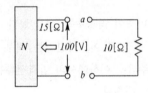

① 2 ② 4

③ 6 ④ 8

|정|답|및|해|설|

[테브난의 정리] $I=\dfrac{V_{ab}}{Z_{ab}+Z}$

Z_{ab} : 단자 a,b에서 전원을 모두 제거한(전압원은 단락, 전류원 개방) 상태에서 단자 a,b에서 본 합성 임피던스

V_{ab} : 단자 a,b를 개방했을 때 단자 a,b에 나타나는 단자전압

1. 개방 단 전압 : 테브난 전압 $V=100[V]$
2. 개방 단 저항 : 테브난 저항 $R=15[\Omega]$

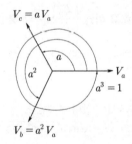

$\therefore$ 테브난의 정리에 의해 $I=\dfrac{100}{15+10}=4[A]$

【정답】②

---

78. 대칭 3상 전압이 a상 V_a[V], b상 $V_b=a^2V_a$[V], c상 $V_c=aV_a$[V]일 때 a상을 기준으로 한 대칭분전압 중 정상분 V_1[V]은 어떻게 표시되는가? 단, $a=-\dfrac{1}{2}+j\dfrac{\sqrt{3}}{2}$ 이다.

① 0 ② V_a

③ aV_a ④ a^2V_a

|정|답|및|해|설|

[정상분(V_1)]

$V_1=\dfrac{1}{3}(V_a+aV_b+a^2V_c)=\dfrac{1}{3}(V_a+a^3V_a+a^3V_a)$

$=\dfrac{V_a}{3}(1+a^3+a^3)=V_a$ $\rightarrow(a^3=1)$

【정답】②

|참|고|

1. 영상분 $V_0=\dfrac{1}{3}(V_a+V_b+V_c)=\dfrac{1}{3}(V_a+a^2V_a+aV_a)$

$=\dfrac{V_a}{3}(1+a^2+a)=0$ $\rightarrow(a^2=-\dfrac{1}{2}-j\dfrac{\sqrt{3}}{2})$

2. 역상분 $V_2=\dfrac{1}{3}(V_a+a^2V_b+aV_c)=\dfrac{1}{3}(V_a+a^4V_a+a^2V_a)$

$=\dfrac{V_a}{3}(1+a^4+a^2)=\dfrac{V_a}{3}(1+a+a^2)=0$

※a상을 기준으로 한 대칭분 전압은 항상 일정하므로 계산하지 않아도 일정한 값을 가지므로 외워놓는다.

즉, $V_0=0$, $V_1=V_a$, $V_2=0$

79. 전원이 Y결선, 부하가 △결선된 3상 대칭회로가 있다. 전원의 상전압이 220[V]이고 전원의 상전류가 10[A]일 경우, 부하 한 상의 임피던스[Ω]는?

① $22\sqrt{3}$

② 22

③ $\dfrac{22}{\sqrt{3}}$

④ 66

|정|답|및|해|설|

[부하 한 상의 임피던스]

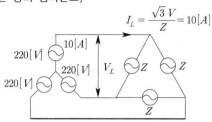

$$I_L = \frac{\sqrt{3}\,V}{Z} = 10[A]$$

Y−△ 이므로 전원의 상전압 220[V]는 부하의 선간전압

$V_p = V_l = 220\sqrt{3}$ [V] → 부하는 △결선이므로

전원의 상전류 10[A]는 부하의 선전류이므로 $I_l = \sqrt{3}\,I_p$

부하의 상전류는 $\dfrac{10}{\sqrt{3}}$ [A]

$$\therefore Z = \frac{V_p}{I_p} = \frac{220\sqrt{3}}{\dfrac{10}{\sqrt{3}}} = 66[\Omega]$$

【정답】④

80. $\dfrac{dx(t)}{dt} + 3x(t) = 5$ 의 라플라스 변환 $X(s)$는? 단, $x(0^+) = 0$이다.

① $\dfrac{5}{s+3}$

② $\dfrac{3s}{s+5}$

③ $\dfrac{3}{s(s+5)}$

④ $\dfrac{5}{s(s+3)}$

|정|답|및|해|설|

[라플라스 변환] 양변을 라플라스 변환하면

$$sX(s) + 3X(s) = \frac{5}{s} \quad\rightarrow\quad X(s)(s+3) = \frac{5}{s}$$

$$X(s) = \frac{5}{s(s+3)}$$

【정답】④

---

81. 폭연성 먼지(분진) 또는 화약류의 가루(분말)가 전기설비가 발화원이 되어 폭발할 우려가 있는 곳에 시설하는 저압 옥내배선의 공사방법으로 옳은 것은?

① 금속관 공사

② 애자사용 공사

③ 합성수지관 공사

④ 캡타이어 케이블 공사

|정|답|및|해|설|

[먼지(분진) 위험장소 (KEC 242.2)]

1. 폭연성 먼지(분진) : 설비를 금속관 공사 또는 케이블 공사(캡타이어 케이블 제외)

2. 가연성 먼지(분진) : 합성수지관 공사, 금속관 공사, 케이블 공사

【정답】①

82. 사용전압이 22.9[kV]인 가공전선과 지지물 사이의 간격(이격거리)은 몇 [cm] 이상이어야 하는가?

① 5

② 10

③ 15

④ 20

|정|답|및|해|설|

[특고압 가공전선과 지지물 등의 간격(이격거리) (KEC 333.5)]

사용전압	간격(이격거리)
15[kV] 미만	15
15[kV] 이상 25[kV] 미만	20
25[kV] 이상 35[kV] 미만	25
35[kV] 이상 50[kV] 미만	30
50[kV] 이상 60[kV] 미만	35
60[kV] 이상 70[kV] 미만	40
70[kV] 이상 80[kV] 미만	45
80[kV] 이상 130[kV] 미만	65
130[kV] 이상 160[kV] 미만	90
160[kV] 이상 200[kV] 미만	110
200[kV] 이상 230[kV] 미만	130
230[kV] 이상	160

【정답】④

83. 농사용 저압 가공전선로의 시설에 대한 설명으로 틀린 것은?

① 전선로의 지지점간 거리(경간)는 30[m] 이하일 것

② 목주의 굵기는 위쪽 끝 지름이 9[cm] 이상일 것

③ 저압 가공전선의 지표상 높이는 5[m] 이상일 것

④ 저압 가공전선은 지름 2[mm] 이상의 경동선일 것

|정|답|및|해|설|

[농사용 저압 가공전선의 시설 (kec 222.22)]

· 사용전압은 저압일 것

· 저압 가공전선은 인장강도 1.38[kN] 이상의 것 또는 지름 2[mm] 이상의 경동선일 것.

· 저압 가공전선의 지표상의 높이는 3.5[m] 이상일 것. 다만, 저압 가공전선을 사람이 쉽게 출입하지 아니하는 곳에 시설하는 경우에는 3[m] 까지로 감할 수 있다.

· 목주의 굵기는 위쪽 끝(말구) 지름이 9[cm] 이상일 것.

· 전선로의 지지점 간 거리는 30[m] 이하일 것.

【정답】③

84. 소수 냉각식 발전기·무효전력보상장치(조상기) 또는 이에 부속하는 수소 냉각 장치의 시설방법으로 틀린 것은?

① 발전기 안 또는 무효전력보상장치(조상기) 안의 수소의 순도가 70[%] 이하로 저하한 경우에 경보장치를 시설할 것

② 발전기 또는 무효전력보상장치는 기밀구조의 것이고 또한 수소가 대기압에서 폭발하는 경우 생기는 압력에 견디는 강도를 가지는 것일 것

③ 발전기 안 또는 무효전력보상장치 안의 수소의 압력을 계측하는 장치 및 그 압력이 현저히 변동할 경우에 이를 경보하는 장치를 시설할 것

④ 발전기축의 밀봉부에는 질소 가스를 봉입할 수 있는 장치와 누설할 수소가스를 안전하게 외부에 방출할 수 있는 장치를 설치할 것

|정|답|및|해|설|

[수소냉각식 발전기 등의 시설 (kec 351.10)]

수소냉각식의 발전기·무효전력보상장치 또는 이에 부속하는 수소 냉각 장치는 다음 각 호에 따라 시설하여야 한다.

1. 발전기 내부 또는 무효전력보상장치 내부의 수소의 순도가 85[%] 이하로 저하한 경우에 이를 경보하는 장치를 시설할 것.

2. 발전기 내부 또는 무효전력보상장치 내부의 수소의 압력을 계측하는 장치 및 그 압력이 현저히 변동한 경우에 이를 경보하는 장치를 시설할 것

3. 발전기 내부 또는 무효전력보상장치 내부의 수소의 온도를 계측하는 장치를 시설할 것.

4. 수소를 통하는 관은 동관 또는 이음매 없는 강판이어야 하며 또한 수소가 대기압에서 폭발하는 경우에 생기는 압력에 견디는 강도의 것일 것. 【정답】①

85. 전선을 접속하는 경우 전선의 세기(인장하중)는 몇 [%] 이상 감소되지 않아야 하는가?

① 10   ② 15

③ 20   ④ 25

|정|답|및|해|설|

[전선의 접속법 (kec 123)]

· 전선 접속 시 전선의 전기저항을 증가시키지 않도록 할 것

· 인장하중으로 표시한 전선의 세기를 20[%] 이상 감소시키지 아니할 것

· 절연전선 상호·절연전선과 코드, 캡타이어케이블 또는 케이블과를 접속하는 경우에는 접속부분의 절연전선에 절연물과 동등 이상의 절연효력이 있는 것으로 충분히 피복할 것

· 전기 화학적 성질이 다른 도체를 접속하는 경우에는 접속부분에 전기적 부식이 생기지 아니하도록 할 것

· 코드 상호, 캡타이어 케이블 상호, 케이블 상호 또는 이를 상호 접속하는 경우에는 코드 접속기, 접속함 기타의 기구를 사용할 것

【정답】③

86. 금속몰드 배선공사에 대한 설명으로 틀린 것은?

몰드에는 kec140의 규정에 준하여 접지공사를 할 것

② 접속점을 쉽게 점검할 수 있도록 시설할 것

③ 황동제 또는 동제의 몰드는 폭이 5[cm] 이하, 두께 0.8[mm] 이상인 것일 것

④ 몰드 안의 전선을 외부로 인출하는 부분은 몰드의 관통 부분에서 전선이 손상될 우려가 없도록 시설할 것

|정|답|및|해|설|

[금속몰드 공사 (KEC 232.22)]

· 전선은 절연전선(옥외용 비닐절연 전선 제외)일 것

· 몰드 안에는 전선에 접속점이 없도록 시설하고 규격에 적합한 2종 금속제 몰드를 사용할 것

· 금속몰드 황동제 또는 동제의 몰드는 폭이 5[cm] 이하, 두께 0.5[mm] 이상인 것을 사용할 것

· 몰드에는 kec140의 규정에 준하여 접지공사를 할 것

【정답】③

87. 전력계통의 운용에 관한 지시 및 급전조작을 하는 곳은?

① 급전소   ② 개폐소

③ 변전소   ④ 발전소

|정|답|및|해|설| ....

[급전소] 전력 계통의 운영에 관한 지시 및 급전조작을 하는 곳을 말한다. 【정답】①

88. 가공전선로의 지지물에 취급자가 오르고 내리는데 사용하는 발판 볼트 등은 지표상 몇 [m] 미만에 시설하여서는 아니 되는가?

① 1.2   ② 1.5

③ 1.8   ④ 2.0

|정|답|및|해|설| ....

[가공전선로 지지물의 철탑오름 및 전주오름 방지 (KEC 331.4)] 가공전선로의 지지물에 취급자가 오르고 내리는데 사용하는 발판 볼트 등을 지표상 1.8[m] 미만에 시설하여서는 아니 된다. 【정답】③

89. 154[kV] 가공전선로를 제1종 특고압 보안공사에 의하여 시설하는 경우 사용전선의 단면적은 [mm^2] 이상의 경동연선이어야 하는가?

① 35   ② 50

③ 95   ④ 150

|정|답|및|해|설| ....

[특고압 보안공사 (KEC 333.22)]
제1종 특고압 보안공사의 전선 굵기

사용전압	전선
100[kV] 미만	인장강도 21.67[kN] 이상의 연선 또는 단면적 55[mm^2] 이상의 경동연선
100[kV] 이상 300[kV] 미만	인장강도 58.84[kN] 이상의 연선 또는 **단면적 150[mm^2] 이상의 경동연선**
300[kV] 이상	인장강도 77.47[kN] 이상의 연선 또는 단면적 200[mm^2] 이상의 경동연선

【정답】④

90. 그룹 2의 의료장소에 상용전원 공급이 중단될 경우 15초 이내에 최소 몇 [%]의 조명에 비상전원을 공급하여야 하는가?

① 30   ② 40   ③ 50   ④ 60

|정|답|및|해|설| ....

[의료장소내의 비상전원 (KEC 242.10.5)]

절환시간 0.5초 이내	그룹 1 또는 그룹 2의 의료장소의 수술등, 내시경, 수술실 테이블, 기타 필수 조명
절환시간 15초 이내	그룹2의 의료장소에 최소 50[%]의 조명, 그룹 1의 의료장소에 최소 1개의 조명
절환시간 15초를 초과	병원기능을 유지하기 위한 기본 작업에 필요한 조명

【정답】③

91. 154[kV] 가공전선을 사람이 쉽게 들어갈 수 없는 산지에 시설하는 경우 전선의 지표상 높이는 몇 [m] 이상으로 하여야 하는가?

① 5.0   ② 5.5

③ 6.0   ④ 6.5

|정|답|및|해|설| ....

[특고압 가공전선의 높이 (KEC 333.7)]

사용전압의 구분	지표상의 높이	
35[kV] 이하	일반	5[m]
	철도 또는 궤도를 횡단	6.5[m]
	도로 횡단	6[m]
	횡단보도교의 위 (전선이 특고압 절연전선 또는 케이블)	4[m]
35[kV] 초과 160[kV] 이하	일반	6[m]
	철도 또는 궤도를 횡단	6.5[m]
	산지	**5[m]**
	횡단보도교의 케이블	5[m]
160[kV] 초과	일반	6[m]
	철도 또는 궤도를 횡단	6.5[m]
	산지	5[m]
	160[kV]를 초과하는 10[kV] 또는 그 단수마다 12[cm]를 더한 값	

【정답】①

92. 고압 보안공사 시에 지지물로 A종 철근 콘크리트주를 사용할 경우 지지물 간 거리(경간)는 몇 [m] 이하이어야 하는가?

① 50 ② 100

③ 150 ④ 400

|정|답|및|해|설|
[고압 보안공사 (KEC 332.10)]

지지물의 종류	지지물 간 거리(경간)
목주 · A종 철주 또는 A종 철근 콘크리트주	100[m]
B종 철주 또는 B종 철근 콘크리트주	150[m]
철탑	400[m]

【정답】②

93. 무효전력보상장치(조상기)의 보호장치로서 내부 고장 시에 자동적으로 전로로부터 차단되는 장치를 설치하여야 하는 무효전력보상장치 용량은 몇 [kVA] 이상인가?

① 5,000 ② 7,500

③ 10,000 ④ 15,000

|정|답|및|해|설|
[조상설비의 보호장치 (KEC 351.5)]

설비종별	뱅크 용량의 구분	자동적으로 전로로부터 차단하는 장치
전력용 커패시터 및 분로리액터	500[kVA] 초과 15000[kVA] 미만	·내부고장 ·과전류
	15000[kVA] 이상	·내부고장 ·과전류 ·과전압
무효전력보상장치 (조상기)	15000[kVA] 이상	내부고장

【정답】④

94. 인가가 많이 이웃연결(연접)되어 있는 장소에 시설하는 가공전선로의 구성재에 병종 풍압하중을 적용할 수 없는 경우는?

① 저압 또는 고압 가공전선로의 지지물

② 저압 또는 고압 가공전선로의 가섭선

③ 사용전압이 35[kV] 이상의 전선에 특고압 가공전선로에 사용하는 케이블 및 지지물

④ 사용전압이 35[kV] 이하의 전선에 특고압 절연전선을 사용하는 특고압 가공전선로의 지지물

|정|답|및|해|설|
[병종 풍압하중의 적용 (KEC 331.6)] 인가가 많이 이웃연결(연접)되어 있는 장소에 시설하는 가공전선로의 구성재 중 다음 각 호의 풍압하중에 대하여는 갑종 풍압하중 또는 을종 풍압하중 대신에 병종 풍압하중을 적용할 수 있다.
1. 저압 또는 고압 가공전선로의 지지물 또는 가섭선
2. 사용전압이 35[kV] 이하의 전선에 특고압 절연전선 또는 케이블을 사용하는 특고압 가공전선로의 지지물, 가섭선 및 특고압 가공전선을 지지하는 애자장치 및 완금류

【정답】③

95. 지지선 시설에 관한 설명으로 틀린 것은?

① 지지선의 안전율은 2.5 이상이어야 한다.

② 철탑은 지지선을 사용하여 그 강도를 분담시켜야 한다.

③ 지선에 연선을 사용할 경우 소선 3가닥 이상의 연선이어야 한다.

④ 지선 버팀대는 지선의 인장하중에 충분히 견디도록 시설하여야 한다.

|정|답|및|해|설|
[지선의 시설 (KEC 331.11)]
가공 전선로의 지지물로서 사용하는 철탑은 지선을 사용하여 그 강도를 분담시켜서는 아니 된다.
[지선 지지물의 강도 보강]
·안전율 : 2.5 이상
·최저 인상 하중 : 4.31[kN]
·2.6[mm] 이상의 금속선을 3조 이상 꼬아서 사용
·지중 및 지표상 30[cm]까지의 부분은 아연도금 철봉 등을 사용

【정답】②

96. 횡단보도교 위에 시설하는 경우 그 노면상 전력보안 가공통신선의 높이는 몇 [m] 이상인가?

① 3 ② 4 ③ 5 ④ 6

|정|답|및|해|설|..............................
[전력보안통신케이블의 지상고와 배전설비와의 간격 (KEC 362.2)]

시설 장소		가공 통신선	첨가 통신선	
			고·저압	특고압
도로횡단	일반적인 경우	5[m]	6[m]	6[m]
	교통에 지장이 없는 경우	4.5[m]	5[m]	
철도횡단(레일면상)		6.5[m]	6.5[m]	6.5[m]
횡단보도교위 (노면상)	일반적인 경우	3[m]	3.5[m]	5[m]
	절연전선과 동등 이상의 절연효력이 있는 것(고·저압)이나 광섬유케이블을 사용하는 것(특고압)	3[m]	3[m]	4[m]
기타의 장소		3.5[m]	4[m]	5[m]

【정답】①

97. 전격살충기의 시설방법으로 틀린 것은?

① 전기용품안전 관리법의 적용을 받은 것을 설치한다.

② 전용 개폐기를 가까운 곳에 쉽게 개폐할 수 있게 시설한다.

③ 전격격자가 지표상 3.5[m] 이상의 높이가 되도록 시설한다.

④ 전격격자와 다른 시설물 사이의 간격(이격거리)은 50[cm] 이상으로 한다.

|정|답|및|해|설|..............................
[전격살충기 시설 (KEC 241.7)]
· 전격살충기는 전격격자가 지표상 또는 <u>마루위 3.5[m]</u> 이상의 높이가 되도록 시설할 것
· 2차측 개방 전압이 7[kV] 이하인 절연변압기를 사용하고 또한 보호격자의 내부에 사람이 손을 넣거나 보호격자에 사람이 접촉할 때에 절연변압기의 1차측 전로를 자동적으로 차단하는 보호장치를 설치한 것은 지표상 또는 마루위 1.8[m] 높이까지로 감할 수 있다.
· 전격살충기의 전격격자와 다른 시설물(가공전선을 제외) 또는 <u>식물 사이의 간격(이격거리)은 30[cm]</u> 이상일 것

【정답】④

※한국전기설비규정(KEC) 적용으로 인해 더 이상 출제되지 않는 문제는 삭제했습니다.

1. 자화의 세기 $J_m[Wb/m^2]$을 자속밀도 $B[Wb/m^2]$과 비투자율 μ_r로 나타내면?

① $J_m = (1 - \mu_r)B$ ② $J_m = (\mu_r - 1)B$

③ $J_m = \left(1 - \dfrac{1}{\mu_r}\right)B$ ④ $J_m = \left(\dfrac{1}{\mu_r} - 1\right)B$

|정|답|및|해|설|

[자화의 세기] $J = \mu_0(\mu_s - 1)H = \left(1 - \dfrac{1}{\mu_r}\right)B = \lambda H[Wb/m^2]$

자속밀도와 자계의 세기 $H = \dfrac{B}{\mu} = \dfrac{B}{\mu_0 \mu_r}$

자속밀도 $B = \mu_0 H + J \rightarrow (J : 자계의 세기)$

$J = B - \mu_0 H = \left(1 - \dfrac{1}{\mu_r}\right)B[Wb/m^2]$ 【정답】③

2. 평행판 콘덴서의 양극판 면적을 3배로 하고 간격을 $\dfrac{1}{3}$배로 줄이면 정전용량은 처음의 몇 배가 되는가?

① 1   ② 3   ③ 6   ④ 9

|정|답|및|해|설|

[평행판 콘덴서의 정전용량] $C = \dfrac{\epsilon S}{d}[F]$

여기서, S : 면적, d: 간격

$S' = 3S, \quad d' = \dfrac{1}{3}d$

$C' = \dfrac{\epsilon S'}{d'} = \dfrac{\epsilon \times 3S}{\dfrac{1}{3}d} = 9\dfrac{\epsilon S}{d} = 9C[F]$ 【정답】④

3. 임의의 절연체에 대한 유전율의 단위로 옳은 것은?

① [F/m]   ② [V/m]

③ [N/m]   ④ [C/m²]

|정|답|및|해|설|

① ϵ : 유전율[F/m]

② E : 전계[V/m]

③ F : 힘[N/m]

④ D : 전속밀도[C/m²] 【정답】①

4. -1.2[C]의 점전하가 $5a_x + 2a_y - 3a_z[m/s]$인 속도로 운동한다. 이 전하가 $B = -4a_x + 4a_y + 3a_z$ $[Wb/m^2]$인 자계에서 운동하고 있을 때 이 전하에 작용하는 힘은 약 몇 [N]인가? 단, a_x, a_y, a_z 단위벡터이다.

① 10   ② 20   ③ 30   ④ 40

|정|답|및|해|설|

[전하에 작용하는 힘(로렌츠의 힘)] $F = q(v \times B)$

전자가 자계 내로 진입하면 원심력 $\dfrac{mv^2}{r}$ 과 구심력 $e(v \times B)$과 같아지며 전자는 원운동

힘 $F = q(v \times B)$

$v \times B = \begin{bmatrix} i & j & k \\ 5 & 2 & -3 \\ -4 & 4 & 3 \end{bmatrix} = \begin{bmatrix} 2 & -3 \\ 4 & 3 \end{bmatrix}i \mid \begin{bmatrix} 5 & -3 \\ -4 & 3 \end{bmatrix}j + \begin{bmatrix} 5 & 2 \\ -4 & 4 \end{bmatrix}k$

$= (6 - (-12))i - (15 - 12)j + (20 - (-8))k$

$= 18i - 3j + 28k$

$F = q(v \times B) = -1.2(18i - 3j + 28k) = -21.6i + 3.6j - 33.6k$

$= \sqrt{(21.6)^2 + 3.6^2 + (-33.6)^2} = 40.11[N]$ 【정답】④

5 비유전율이 4이고, 전계의 세기가 20[kV/m]인 유전체 내의 전속밀도는 약 몇 $[\mu C/m^2]$인가?

① 0.71   ② 1.42

③ 2.83   ④ 5.28

|정|답|및|해|설|

[전속밀도] $D = \epsilon E = \epsilon_0 \epsilon_s E$

여기서, ϵ_0 : 진공중의 유전율($= 8.855 \times 10^{-12}$), ϵ_s : 비유전율

$D = \epsilon_0 \epsilon_s E = 8.855 \times 10^{-12} \times 4 \times 20 \times 10^3 = 0.71 \times 10^{-6}[C/m^2]$

$= 0.71[\mu C/m^2] \rightarrow (\mu = 10^{-6})$

【정답】①

6. 저항 $24[\Omega]$의 코일을 지나는 자속이 $0.6\cos 800t[\text{Wb}]$일 때 코일에 흐르는 전류의 최대값 몇 [A]인가?

① 10 ② 20 ③ 30 ④ 40

|정|답|및|해|설|

[전류의 최대값] $I_m = \dfrac{E_m}{R}[A]$

자속 $\varnothing = \varnothing_m \cos wt$

유도기전력 $e = -\dfrac{d\varnothing}{dt} = \dfrac{d}{dt}(\varnothing_m \sin wt) = w\varnothing_m \cos wt[V]$

$\qquad = w\varnothing_m \sin\left(wt - \dfrac{\pi}{2}\right) = E_m \sin\left(wt - \dfrac{\pi}{2}\right)$

$\varnothing_m = 0.6$, $w = 800$

$E_m = w\varnothing_m = 800 \times 0.6 = 480[V]$

$\therefore I_m = \dfrac{E_m}{R} = \dfrac{480}{24} = 20[A]$ 【정답】②

7. 유도기전력의 크기는 폐회로에 쇄교하는 자속의 시간적 변화율에 비례한다는 법칙은?

① 쿨롱의 법칙
② 패러데이의 법칙
③ 플레밍의 오른손 법칙
④ 암페어의 주회적분 법칙

|정|답|및|해|설|

[패러데이의 법칙] 전자유도 법칙에 의한 기전력, 유도기전력의 크기를 결정, $e = -N\dfrac{\partial\phi}{\partial t}$

|참|고|
① 쿨롱의 법칙 : 전하들 간에 작용하는 힘, 두 전하의 곱에 비례하고, 두 전하의 거리의 제곱에 반비례한다.

$\qquad F = \dfrac{1}{4\pi\epsilon} \cdot \dfrac{Q_1 Q_2}{r^2}$

③ 플레밍의 오른손 법칙 : 도체에 기전력 발생, 유기 기전력의 방향을 결정, $e = (v \times B)l$
④ 암페어 주회 적분 법칙 : 자계와 전류의 관계

$\qquad \oint H \cdot dl = I$ 【정답】②

8. $0.2[\text{Wb}/m^2]$의 평등 자계 속에 자계와 직각 방향으로 놓인 길이 30[cm]의 도선을 자계와 30° 방향으로 30[m/s]의 속도로 이동시킬 때, 도체 양단에 유기되는 기전력은?

① 0.45[V] ② 0.9[V] ③ 1.8[V] ④ 90[V]

|정|답|및|해|설|

[유기기전력(플레밍의 오른손 법칙)] $e = Blv\sin\theta[\text{V}]$
$B = 0.2[Wb/m^2]$, $l = 30[cm] = 0.3[m]$, $\theta = 30[°]$, $v = 30[m/s]$
$\therefore e = Blv\sin\theta = 0.2 \times 0.3 \times 30 \times \sin 30° = 0.9[V]$

$\qquad\qquad\qquad\qquad \to (\sin 30 = 0.5)$
【정답】②

9. 평행판 공기콘덴서 극판 간에 비유전율 6인 유리판을 일부만 삽입한 경우 내부로 끌리는 힘은 약 몇 $[\text{N}/m^2]$인가? (단, 극판간의 전위경도는 30[kV/cm]이고, 유리판의 두께는 판간 두께와 같다.)

① 199 ② 223
③ 247 ④ 269

|정|답|및|해|설|

[경계면에 작용하는 단위 면적당 힘] $f = \dfrac{1}{2}(\epsilon_1 - \epsilon_2)E^2[\text{N}/m^2]$

여기서, ϵ : 유전율$(= \epsilon_0 \epsilon_s)$

$f = \dfrac{1}{2}(\epsilon_0 \epsilon_{1s} - \epsilon_0 \epsilon_{2s})E^2 = \dfrac{1}{2}(6\epsilon_0 - \epsilon_0)E^2 = \dfrac{5}{2}\epsilon_0 E^2$

$\therefore f = \dfrac{5}{2}\epsilon_0 E^2 = \dfrac{5}{2} \times 8.85 \times 10^{-12} \times (3 \times 10^6)^2 = 199[N/m^2]$

여기서, ϵ_0 : 진공중의 유전율$(= 8.855 \times 10^{-12})$
【정답】①

10. 극판면적 $10[cm^2]$, 간격 1[mm]인 평행판 콘덴서에 비유전율이 3인 유전체를 채웠을 때 전압 100[V]를 가하면 축적되는 에너지는 약 몇 [J]인가?

① 1.32×10^{-7} ② 1.32×10^{-9}
③ 2.64×10^{-7} ④ 2.64×10^{-9}

|정|답|및|해|설|

[콘덴서에 축적되는 에너지] $W = \dfrac{1}{2}CV^2 = \dfrac{1}{2} \times \dfrac{\epsilon S}{d}V^2[J]$

평행판 콘덴서의 정전용량

$C = \dfrac{\epsilon_0 \epsilon_s S}{d} = \dfrac{8.855 \times 10^{-12} \times 3 \times 10 \times 10^{-4}}{1 \times 10^{-3}} = 26.56 \times 10^{-12}[F]$

$\therefore$콘덴서에 축적되는 에너지

$\quad W = \dfrac{1}{2}CV^2 = \dfrac{1}{2} \times 26.56 \times 10^{-12} \times 100^2 = 1.32 \times 10^{-7}[J]$

【정답】①

11. 전기 쌍극자에서 전계의 세기(E)와 거리(r)과의 관계는?

① E는 r^2에 반비례
② E는 r^3에 반비례
③ E는 $r^{\frac{3}{2}}$에 반비례
④ E는 $r^{\frac{5}{2}}$에 반비례

|정|답|및|해|설|

1. 전기 쌍극자에 의한 전위 : $V=\dfrac{M\cos\theta}{4\pi\epsilon_0 r^2}[V]$, $V\propto\dfrac{1}{r^2}$

2. 전기 쌍극자 의한 전계 : $E=\dfrac{M\sqrt{1+3\cos^2\theta}}{4\pi\epsilon_0 r^3}[V/m]$, $E\propto\dfrac{1}{r^3}$

【정답】②

12. 대전도체 표면의 전하밀도를 $\sigma[C/m^2]$이라 할 때, 대전도체 표면의 단위면적이 받는 정전응력은 전하밀도 σ와 어떤 관계에 있는가?

① $\sigma^{\frac{1}{2}}$에 비례
② $\sigma^{\frac{3}{2}}$에 비례
③ σ에 비례
④ σ^2에 비례

|정|답|및|해|설|

[정전응력] 정전응력 $F=-\dfrac{\partial W}{\partial d}=-\dfrac{\sigma^2}{2\epsilon_0}S[N]$

→ (정전에너지 $W=\dfrac{Q^2}{2C}=\dfrac{Q^2}{2\left(\dfrac{\epsilon_0 S}{d}\right)}=\dfrac{Q^2 d}{2\epsilon_0 S}=\dfrac{\sigma^2 d}{2\epsilon_0}S[J]$)

정전응력 $F=-\dfrac{\sigma^2}{2\epsilon_0}S[N]$ → $\therefore F\propto\sigma^2$

【정답】④

13. 단면적이 같은 자기회로가 있다. 철심의 투자율을 μ라 하고 철심회로의 길이를 l이라 한다. 지금 그 일부에 미소공극 l_0을 만들었을 때 자기회로의 자기저항은 공극이 없을 때의 약 몇 배인가? (단, $l\gg l_0$이다.)

① $1+\dfrac{\mu l}{\mu_0 l_0}$
② $1+\dfrac{\mu l_0}{\mu_0 l}$
③ $1+\dfrac{\mu_0 l}{\mu l_0}$
④ $1+\dfrac{\mu_0 l_0}{\mu l}$

|정|답|및|해|설|

[미소공극이 있을 때의 자기저항과의 비] $\dfrac{R}{R_m}=1+\dfrac{\mu_s l_0}{l}[A]$

여기서, R_m : 자기저항(공극이 없을 때)

R : 공극이 있을 때의 자기저항, μ : 투자율($=\mu_0\mu_s$)

l : 철심의 길이, l_0 : 미소의 공극

$\therefore \dfrac{R}{R_m}=1+\dfrac{\mu_s l_0}{l}=1+\dfrac{\mu_s l_0\times\mu_0}{l\times\mu_0}=1+\dfrac{\mu l_0}{l\mu_0}[A]$

【정답】②

14. 그림과 같이 도체구 내부 공동의 중심에 점전하 Q[C]가 있을 때 이 도체구의 외부로 발산되어 나오는 전기력선의 수는 몇 개인가? (단, 도체 내외의 공간은 진공이라 한다.)

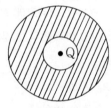

① 4π
② $\dfrac{Q}{\epsilon_0}$
③ Q
④ $\epsilon_0 Q$

|정|답|및|해|설|

[전기력선의 수] $N=\dfrac{Q}{\epsilon}\left(=\dfrac{Q}{\epsilon_0\epsilon_s}\right)$　　→ (진공중의 $\epsilon_s=1$)

진공중이나 공기중에서는 유전율이 ϵ_0이므로 $\dfrac{Q}{\epsilon_0}$

【정답】②

15. 자위(magnetic potential)의 단위로 옳은 것은?

① $[C/m]$
② $[N\cdot m]$
③ $[AT]$
④ $[J]$

|정|답|및|해|설|

[자위] 자위란 1[Wb]의 정자극을 무한 원점에서 점 P까지 가져 오는 데 필요한 일을 점 P의 자위라고 하고, <u>단위는 [AT]를 사용</u>한다.

【정답】③

16. 매 초마다 S면을 통과하는 전자에너지를 $W = \int_S P \cdot n dS [W]$로 표시하는데 이 중 틀린 설명은?

① 벡터 P를 포인팅 벡터라 한다.

② n이 내향일 때는 S면 내에 공급되는 총 전력이다.

③ n이 외향일 때에는 S면에서 나오는 총 전력이 된다.

④ P의 방향은 전자계의 에너지 흐름의 진행 방향과 다르다.

|정|답|및|해|설|
[포인팅벡터] 전자파의 진행 방향은 $E \times H$
전자계에서 에너지의 흐름을 나타내는 포인팅벡터
$P = \dfrac{P[W]}{S[m^2]} = \vec{E} \times \vec{H} = EH\sin\theta = EH[W/m^2]$ 이므로
$\rightarrow$ (전자파 사이각 $90°$)
전자계의 에너지 흐름의 진행 방향과 같다.
【정답】④

17. $E = x i - y j [V/m]$일 때 점 (3, 4)[m]를 통과하는 전기력선의 방정식은?

① $y = 12x$

② $y = \dfrac{x}{12}$

③ $y = \dfrac{12}{x}$

④ $y = \dfrac{3}{4}x$

|정|답|및|해|설|
[전기력선의 방정식] $\dfrac{dx}{E_x} = \dfrac{dy}{E_y}$

$E_x = x$, $E_y = -y$

$\dfrac{dx}{x} = \dfrac{dy}{-y}$

$\int \dfrac{dx}{x} = -\int \dfrac{dy}{y} + C \Rightarrow \ln x = -\ln y + C$

$\ln x + \ln y = C \rightarrow \ln xy + C$

$xy = e^c$

점(3, 4)이므로 x=3, y=4, $e^c = 12$

$\therefore xy = 12 \rightarrow y = \dfrac{12}{x}$
【정답】③

18. 전자파 파동임피던스 관계식으로 옳은 것은?

① $\sqrt{\epsilon}H = \sqrt{\mu}E$

② $\sqrt{\epsilon\mu} = EH$

③ $\sqrt{\mu}H = \sqrt{\epsilon}E$

④ $\epsilon\mu = EH$

|정|답|및|해|설|
[특성임피던스(파동임피던스)]
$Z_0 = \dfrac{E}{H} = \sqrt{\dfrac{\mu}{\epsilon}} = \sqrt{\dfrac{\mu_0}{\epsilon_0}}\sqrt{\dfrac{\mu_r}{\epsilon_r}} = 377\sqrt{\dfrac{\mu_r}{\epsilon_r}}$

$\rightarrow (\sqrt{\dfrac{\mu_0}{\epsilon_0}} = \sqrt{\dfrac{4\pi \times 10^{-7}}{8.855 \times 10^{-12}}} = 377[\Omega])$

$\therefore \sqrt{\mu}H = \sqrt{\epsilon}E$
【정답】③

19. 1000[AT/m]의 자계 중에 어떤 자극을 놓았을 때 3×10^2[N]의 힘을 받았다고 한다. 자극의 세기는 몇 [Wb]인가?

① 0.03[Wb]

② 0.3[Wb]

③ 3[Wb]

④ 30[Wb]

|정|답|및|해|설|
[자극에 작용하는 힘] $F = mH$
여기서, m : 자극, H : 자계의 세기
$\therefore m = \dfrac{F}{H} = \dfrac{3 \times 10^2}{1000} = \dfrac{300}{1000} = 0.3[Wb]$
【정답】②

20. 자기인덕턴스 $L[H]$의 코일에 $I[A]$의 전류가 흐를 때 저장되는 자기에너지는 몇 [J]인가?

① LI

② $\dfrac{1}{2}LI$

③ LI^2

④ $\dfrac{1}{2}LI^2$

|정|답|및|해|설|
[코일에 저장되는 자기에너지] $W = \dfrac{1}{2}\varnothing I = \dfrac{1}{2}LI^2 = \dfrac{\varnothing^2}{2L}[J]$
$\rightarrow (N\varnothing = LI[Wb]$, 권선(N=1) $\varnothing = LI)$
【정답】④

21. 19/1.8[mm] 경동연선의 바깥지름은 몇 [mm]인가?

  ① 5   ② 7   ③ 9   ④ 11

|정|답|및|해|설|_____

[경동연선의 바깥지름] $D = (2n+1)d[mm]$

여기서, n : 연선의 층수, d : 단선의 지름

· 소선의 총수 $N = 3n(n+1)+1$ → (n : 전선의 층수)

$$19 = 3n(n+1) \rightarrow n = 2$$

· 연선 [19/1.8]는 1.8[mm] 19가닥의 연선

∴ 바깥지름 $D = (2n+1)d = (2 \times 2+1) \times 1.8 = 9[mm]$

【정답】③

22. 일반적으로 전선 1가닥의 단위 길이당의 작용 정전용량 다음과 같이 표시되는 경우 D가 의미하는 것은?

$$C_n = \frac{0.02413\epsilon_s}{\log_{10}\dfrac{D}{r}}[\mu F/km]$$

  ① 선간거리[m]   ② 전선 지름[m]

  ③ 전선 반지름[m]   ④ 선간거리 $\times \dfrac{1}{2}$ [m]

|정|답|및|해|설|_____

[작용정전용량] $C_n = \dfrac{0.02413\epsilon_s}{\log_{10}\dfrac{D}{r}}[\mu F/km]$

여기서 r : 전선의 반지름, D : 등가선간거리

【정답】①

23. 3상 3선식 1선 1[km]의 임피던스가 $Z[\Omega]$이고, 어드미턴스가 $Y[\mho]$일 때 특성임피던스는?

  ① $\sqrt{\dfrac{Z}{Y}}$ ② $\sqrt{\dfrac{Y}{Z}}$

  ③ $\sqrt{ZY}$ ④ $\sqrt{Z+Y}$

|정|답|및|해|설|_____

[특성(파동)임피던스] $Z_0 = \sqrt{\dfrac{Z}{Y}} = \sqrt{\dfrac{r+j\omega L}{g+j\omega C}} \fallingdotseq \sqrt{\dfrac{L}{C}}$

※특성임피던스(Z_0)는 전선의 길이(l)와는 무관하다.

【정답】①

24. 다음 중 VCB의 소호 원리로 맞는 것은?

  ① 압축된 공기를 아크에 불어넣어서 차단

  ② 절연유 분해가스의 흡부력을 이용해서 차단

  ③ 고진공에서 전자의 고속도 확산에 의해 차단

  ④ 고성능 절연특성을 가진 가스를 이용하여 차단

|정|답|및|해|설|_____

[차단기의 종류 및 소호 작용]

1. 유입차단기(OCB) : 절연유 분해가스의 흡부력을 이용해서 차단
2. 자기차단기(MBB) : 자기력으로 소호
3. 공기차단기(ABB) : 압축된 공기를 아크에 불어넣어서 차단
4. 가스차단기(GCB) : SF_6 가스 이용
5. 기중차단기(ACB) : 대기중에서 아크를 길게 하여 소호실에서 냉각 차단
6. 진공차단기(VCB) : 진공 상태에서 아크 확산 작용을 이용하여 소호한다.

【정답】③

25. 역률 개선을 통해 얻을 수 있는 효과와 거리가 먼 것은?

  ① 고조파 제거

  ② 전력 손실의 경감

  ③ 전압 강하의 경감

  ④ 설비 용량의 여유분 증가

|정|답|및|해|설|_____

[역률 개선의 효과]

· 전력 손실 경감   · 전압강하 경감
· 설비용량의 여유분 증가   · 전력요금의 절약

※ 고조파는 변압기의 △결선(제3고조파)이나 콘덴서의 직렬 리액터(제5고조파)로 제거한다.)

【정답】①

26. 송전단전압이 154[kV], 수전단전압이 150[kV]인 송전선로에서 부하를 차단하였을 때 수전단 전압이 152[kV]가 되었다면 전압변동률은 약 몇 [%]인가?

  ① 1.11   ② 1.33   ③ 1.63   ④ 2.25

|정|답|및|해|설|_____

[전압 변동률] $\delta = \dfrac{V_0 - V_m}{V_m} \times 100[\%]$

여기서, V_0 : 무부하 상태에서의 수전단 전압
V_m : 정격부하 상태에서의 수전단 전압

∴ $\delta = \dfrac{V_0 - V_m}{V_m} \times 100 = \dfrac{152-150}{60000} \times 100 = 1.33[\%]$

【정답】②

27. 선간단락 고장을 대칭좌표법으로 해석할 경우 필요한 것 모두를 나열한 것은?

① 정상 임피던스

② 역상 임피던스

③ 정상 임피던스, 역상 임피던스

④ 정상 임피던스, 영상 임피던스

|정|답|및|해|설|

[선간단락(2선지락)] 3상 송전선로에서 선간단락(2선 단락)이 일어났을 경우 정상분과 역상분만 존재한다. 【정답】③

|참|고|

[각 사고별 대칭좌표법 해석]

1선지락	정상분	역상분	영상분
선간단락	정상분	역상분	×
3상단락	정상분	×	×

28. 피뢰기의 제한전압에 대한 설명으로 옳은 것은?

① 방전을 개시할 때의 단자전압의 순시값

② 피뢰기 동작 중 단자전압의 파고값

③ 특성요소에 흐르는 전압의 순시값

④ 피뢰기에 걸린 회로전압

|정|답|및|해|설|

[피뢰기의 제한전압] 충격파전류가 흐르고 있을 때의 피뢰기의 단자전압의 파고치

※1. 피뢰기의 정격전압 : 속류가 차단되는 최고 교류전압

2. 피뢰기의 제한전압 : 피뢰기의 단자전압의 파고치

【정답】②

29. 전력계통에서 안정도의 종류에 속하지 않는 것은?

① 상태안정도　　② 정태안정도

③ 과도안정도　　④ 동태안정도

|정|답|및|해|설|

[안정도 종류]

② 정태안정도 : 정상 운전 시 여사를 일정하게 유지하고 부하를 서서히 증가시켜 동기 이탈하지 않고 어느 정도 안정할 수 있는 정도

③ 과도안정도 : 과도상태가 경과 후에도 안정하게 운전할 수 있는 정도

④ 동태안정도 : 고성능의 AVR, 조속기 등이 갖는 제어효과까지도 고려한 안정도를 말한다. 【정답】①

30. 3,300[V], 60[Hz], 뒤진 역률 60[%], 300[kW]의 단상 부하가 있다. 그 역률을 100[%]로 하기 위한 전력용 콘덴서의 용량은 몇[kVA]인가?

① 150　　② 250

③ 400　　④ 500

|정|답|및|해|설|

[역률 개선용 콘덴서의 용량]

$$Q = P(\tan\theta_1 - \tan\theta_2) = P\left(\frac{\sin\theta_1}{\cos\theta_1} - \frac{\sin\theta_2}{\cos\theta_2}\right)$$

$$= P\left(\frac{\sqrt{1-\cos^2\theta_1}}{\cos\theta_1} - \frac{\sqrt{1-\cos^2\theta_2}}{\cos\theta_2}\right)$$

여기서, $\cos\theta_1$: 개선 전 역률, $\cos\theta_2$: 개선 후 역률

$$\therefore Q = 300\left(\frac{0.8}{0.6} - \frac{0}{1}\right) = 400[kVA]$$ 【정답】③

31. 저수지에서 취수구에 제수문을 설치하는 목적은?

① 낙차를 높인다.　　② 어족을 보호한다.

③ 수차를 조절한다.　　④ 유량을 조절한다.

|정|답|및|해|설|

[취수구의 제수문] 취수구에 제수문을 설치하는 주된 목적은 최수량을 조절하고, 수압관 수리 시 물의 유입을 단절하기 위함이다.

【정답】④

32. 거리 계전기의 종류가 아닌 것은?

① 모우(Mho)형

② 임피던스(Impedance)형

③ 리액턴스(Reactance)형

④ 정전용량(Capacitance)형

|정|답|및|해|설|

[거리 계전기]

·거리계전기는 전압과 전류를 입력량으로 하여 전압과 전류의 비가 일정값 이하로 될 경우 동작하는 계전기이다.

·종류로는 임피던스형 계전기, 리액턴스형 계전기, Mho(모우)형 계전기, 오음형 계전기, off-set MHO형 계전기, 4변형 리액턴스 계전기 등이 있다. 【정답】④

33. 전력용 퓨즈의 설명으로 옳지 않은 것은?

① 소형으로 큰 차단용량을 갖는다.

② 가격이 싸고 유지 보수가 간단하다.

③ 밀폐형 퓨즈는 차단 시에 소음이 없다.

④ 과도 전류에 의해 쉽게 용단되지 않는다.

|정|답|및|해|설|‑‑‑‑‑‑‑‑‑‑‑‑‑‑‑‑‑

[전력용 퓨즈의 장점]

·소형, 경량이다.

·<u>과도전류를 고속도 차단할 수 있다.</u>

·소형으로 큰 차단용량을 가진다.

·정전용량이 작다.

·가격이 싸고, 유지보수가 간단하다.

[단점]

1. 결상의 우려가 있다.

2. 재투입할 수 없다.

3. 과도전류에 용단되기 쉽다.　　　　　【정답】④

34. 갈수량이란 어떤 유량을 말하는가?

① 1년 365일 중 95일간은 이보다 낮아지지 않는 유량

② 1년 365일 중 185일간은 이보다 낮아지지 않는 유량

③ 1년 365일 중 275일간은 이보다 낮아지지 않는 유량

④ 1년 365일 중 355일간은 이보다 낮아지지 않는 유량

|정|답|및|해|설|‑‑‑‑‑‑‑‑‑‑‑‑‑‑‑‑‑

1. 갈수량 : 1년을 통하여 355일은 이보다 내려가지 않는 유량

2. 홍수량 : 3~5년에 한 번씩 발생하는 홍수의 유량

3. 풍수량 : 1년을 통하여 95일은 이보다 내려가지 않는 유량

4. 고수량 : 매년 한두 번 발생하는 출수의 유량

5. 평수량 : 1년을 통하여 185일은 이보다 내려가지 않는 유량

6. 저수량 : 1년을 통하여 275일은 이보다 내려가지 않는 유량

　　　　　　　　　　　　　　　　　【정답】④

35. 가공 선로에서 처짐 정도(이도)를 D[m]라 하면 전선의 실제 길이는 지지점 간 거리(경간) S[m]보다 얼마나 차이가 나는가?

① $\dfrac{5D}{8S}$

② $\dfrac{3D^2}{8S}$

③ $\dfrac{9D}{8S^2}$

④ $\dfrac{8D^2}{3S}$

|정|답|및|해|설|‑‑‑‑‑‑‑‑‑‑‑‑‑‑‑‑‑

[전선의 실제 길이] $L = S + \dfrac{8D^2}{3S} \, [m]$

여기서, S : 지지점 간 거리(경간)[m], D : 처짐 정도(이도)[m]

지지점 간 거리 S보다 $\dfrac{8D^2}{3S} \, [m]$만큼 더 길다.　　【정답】④

36. 유도뢰에 대한 차폐에서 가공지선이 있을 경우 전선 상에 유기되는 전하를 q_1, 가공지선이 없을 때 유기되는 전하를 q_0라 할 때 가공지선의 보호율을 구하면?

① $\dfrac{q_0}{q_1}$

② $\dfrac{q_1}{q_0}$

③ $q_1 \times q_0$

④ $q_1 - \mu_s q_0$

|정|답|및|해|설|‑‑‑‑‑‑‑‑‑‑‑‑‑‑‑‑‑

[가공지선의 보호율] $m = \dfrac{q_1}{q_0}$

여기서, q_1 : 가공지선이 있을 경우 전선 상에 유기되는 전하

　　　 q_0 : 가공지선이 없을 때 유기되는 전하

1. m의 대략값(3상 1회선)

　① 가공지선이 1가닥인 경우 : 0.5

　② 가공지선이 2가닥인 겨우 : 0.3~0.4

2. m의 대략값(3상 2회선)

　① 가공지선이 1가닥인 경우 : 0.45~0.6

　② 가공지선이 2가닥인 겨우 : 0.35~0.5

　　　　　　　　　　　　　　　　　【정답】②

37. 어떤 건물에서 총 설비 부하용량이 700[kW], 수용률이 70[%]라면, 변압기 용량은 최소 몇 [kVA]로 하여야 하는가? 단, 여기서 설비 부하의 종합 역률은 0.8이다.

① 425.9

② 513.8

③ 612.5

④ 739.2

|정|답|및|해|설|‑‑‑‑‑‑‑‑‑‑‑‑‑‑‑‑‑

[변압기 용량]

변압기 용량 $= \dfrac{\text{설비용량} \times \text{수용률}}{\text{부등률} \times \text{역률}} = \dfrac{700 \times 0.7}{0.8} = 612.5 [kVA]$

　　　　　　　　　　　　　　　　　【정답】③

38. 동작전류가 커질수록 동작시간이 짧게 되는 특성을 가지 계전기는?

① 반한시 계전기   ② 정한시 계전기

③ 순한시 계전기   ④ 부한시 계전기

|정|답|및|해|설|

[보호 계전기의 특징]

1. 순환시 계전기 : 최소 동작 전류 이상의 전류가 흐르면 즉시 동작하는 특성
2. 반한시 계전기 : <u>동작 전류가 커질수록 동작 시간이 짧게 되는</u> 특성
3. 정한시 계전기 : 동작 전류의 크기에 관계없이 일정한 시간에 동작하는 특성
4. 반한시 정한시 특성 : 동작전류가 적은 구간에서는 반한시 특성, 동작전류가 큰 구간에서는 정한시 특성

【정답】①

39. 직접접지방식에 대한 설명이 아닌 것은?

① 과도안정도가 좋다.

② 변압기의 단절연이 가능하다.

③ 보호계전기의 동작이 용이하다.

④ 계통의 절연수준이 낮아지므로 경제적이다.

|정|답|및|해|설|

[직접접지방식의 장점]
·1선 지락시에 건전성의 대지전압이 거의 상승하지 않는다.
·피뢰기의 효과를 증진시킬 수 있다.
·단절연이 가능하다.
·계전기의 동작이 확실해 진다.
[직접접지방식의 단점]
·송전계통의 <u>과도안정도가 나빠진다</u>.
·통신선에 유도장해가 크다.
·지락시 대전류가 흘러 기기에 손실을 준다.
·대용량 차단기가 필요하다.   【정답】①

|참|고|

[접지방식의 비교]

	직접접지	소호리액터
전위상승	최저	최대
지락전류	최대	최소
절연레벨	최소 단절연, 저감절연	최대
통신선유도장해	최대	최소

40. 전력원선도의 가로축(㉠)과 세로축(㉡)이 나타내는 것은?

① ㉠ 최대전력, ㉡ 피상전력

② ㉠ 유효전력, ㉡ 무효전력

③ ㉠ 조상용량, ㉡ 송전손실

④ ㉠ 송전효율, ㉡ 코로나손실

|정|답|및|해|설|

[전력 원선도]
1. 가로축 : 유효전력
2. 세로축 : 무효전력

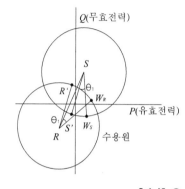

【정답】②

41. 450[kVA], 역률 0.85, 효율 0.9인 동기발전기의 운전용 원동기의 입력은 500[kW]이다. 이 원동기의 효율은?

① 0.75   ② 0.80

③ 0.85   ④ 0.90

|정|답|및|해|설|

[원동기의 효율] $\eta = \dfrac{출력}{입력}$

·동기발전기의 입력 $P_G = \dfrac{출력 \times 역률}{효율} = \dfrac{450 \times 0.85}{0.9} = 425[kW]$

·원동기의 출력은 발전기의 입력과 같다.
·원동기의 입력 500[kW]이므로

∴원동기의 효율 $\eta = \dfrac{출력}{입력} = \dfrac{425}{500} = 0.85$ 【정답】③

42. 변압기의 철심이 갖추어야 할 조건으로 틀린 것은?

① 투사율이 클 것

② 전기 저항이 작을 것

③ 성층 철심으로 할 것

④ 히스테리시스손 계수가 작을 것

|정|답|및|해|설|⋯⋯⋯⋯⋯⋯⋯⋯⋯⋯⋯⋯⋯

[변압기 철심의 구비조건]

· 투자율과 저항률이 클 것

· 히스테리시스손이 작은 규소 강판을 성층하여 사용

【정답】②

43. 일반적인 농형 유도전동기에 관한 설명 중 틀린 것은?

① 2차 측을 개방할 수 없다.

② 2차 측의 전압을 측정할 수 있다.

③ 2차 저항 제어법으로 속도를 제어할 수 없다.

④ 1차 3선 중 2선을 바꾸면 회전방향을 바꿀 수 있다.

|정|답|및|해|설|⋯⋯⋯⋯⋯⋯⋯⋯⋯⋯⋯⋯⋯

[농형 유도전동기] 농형 유도전동기의 회전자(2차측)는 회전자 권선의 단락환으로 단락된 구조이므로 2차 측 전압 측정 불가

【정답】②

44. sE_2는 권선형 유도전동기의 2차 유기전압이고 E_c는 외부에서 2차 회로에 가하는 2차 주파수와 같은 주파수의 전압이다. E_c가 sE_2와 반대 위상일 경우 E_c를 크게 하면 속도는 어떻게 되는가? 단, $sE_2 - E_c$는 일정하다.

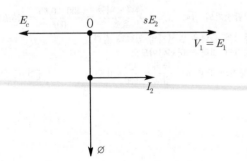

① 속도가 증가한다.　② 속도가 감소한다.

③ 속도에 관계없다.　④ 난조현상이 발생한다.

|정|답|및|해|설|⋯⋯⋯⋯⋯⋯⋯⋯⋯⋯⋯⋯⋯

[2차여자법(슬립 제어)]

$$I_2 = \frac{sE_2 \pm E_c}{r_2}$$

I_2는 일정하므로 슬립(slip) 주파수의 전압 E_c의 크기에 따라 s가 변하게 되고 속도가 변하게 된다. 이와 같이 속도를 바꾸는 방법을 2차 여자법이라 한다.

1. E_c를 sE_2와 같은 방향으로 인가 : 속도 증가

2. E_c를 sE_2와 반대 방향으로 인가 : 속도 감소

【정답】②

45. 3상 유도전동기의 전원주파수와 전압의 비가 일정하고 정격속도 이하로 속도를 제어하는 경우 전동기의 출력 P와 주파수 f와의 관계는?

① $P \propto f$　　② $P \propto \dfrac{1}{f}$

③ $P \propto f^2$　　④ P는 f에 무관

|정|답|및|해|설|⋯⋯⋯⋯⋯⋯⋯⋯⋯⋯⋯⋯⋯

[출력 P와 주파수 f와의 관계]

유도전동기 토크

$$T = \frac{P_0}{2\pi \dfrac{N}{60}} = \frac{P_0}{\dfrac{2\pi}{60}(1-s)N_s} = \frac{P_0}{(1-s)\dfrac{2\pi}{60} \times \dfrac{120}{p}f}$$

$$= \frac{P_0}{(1-s)\dfrac{4\pi f}{p}} [N \cdot m]$$

출력 $P_0 = (1-s)\dfrac{4\pi f}{p}T$　→　$\therefore P_0 \propto f$　【정답】①

46. 단상 반파 정류회로에서 평균 출력전압은 전원전압의 약 몇 [%]인가?

① 45.0　　② 66.7

③ 81.0　　④ 86.7

|정|답|및|해|설|⋯⋯⋯⋯⋯⋯⋯⋯⋯⋯⋯⋯⋯

[다이오드 정류 회로]

1. 단상 전파 정류회로 : $E_{d0} = \dfrac{2}{\pi}E_m = \dfrac{2}{\pi} \cdot \sqrt{2}E = 0.9E$

2. 단상 반파 정류회로 : $E_{d0} = \dfrac{E_m}{\pi} = \dfrac{\sqrt{2}}{\pi} \cdot E = 0.45E$

여기서, E_{d0} : 직류전압, E : 교류전압(실효값), E_m : 최대값

【정답】①

47. 다음 중 일반적인 동기전동기 난조 방지에 가장 유효한 방법은?

① 자극수를 적게 한다.

② 회전자의 관성을 크게 한다.

③ 자극면에 제동권선을 설치한다.

④ 동기리액턴스 x_s를 작게 하고 동기화력을 크게 한다.

|정|답|및|해|설|

[난조] 난조현상은 부하가 급변할 때 조속기의 감도가 예민하면 발생되를 현상

1. 난조 발생 원인
   ·원동기의 조속기 감도가 예민한 경우
   ·원동기의 토크에 고조파 토크가 포함된 경우
   ·전기자회로의 저항이 상당히 큰 경우
   ·부하의 변화(맥동)가 심하여 각속도가 일정하지 않는 경우
2. 난조 방지대책
   ·제동권선 설치
   ·전기자 저항에 비해 리액턴스를 크게 할 것
   ·허용되는 범위 내에서 자극수를 적게 하고 기하학 각도와 전기각의 차를 적게 한다.
   ·고조파 제거 : 단절권, 분포권 설치

【정답】③

48. 3상 유도전동기가 경부하로 운전 중 1선의 퓨즈가 끊어지면 어떻게 되는가?

① 전류가 증가하고 회전은 계속한다.

② 슬립은 감소하고 회전수는 증가한다.

③ 슬립은 증가하고 회전수는 증가한다.

④ 계속 운전하여도 열손실이 발생하지 않는다.

|정|답|및|해|설|

1. 3상 유도전동기의 경우 1선의 퓨즈가 용단되면 단상 전동기가 되며
   ·최대 토크는 50[%] 전후로 된다.
   ·최대 토크를 발생하는 슬립 s는 0쪽으로 가까워진다.
   ·최대 토크 부근에서는 1차 전류가 증가한다.
2. 경부하에서 회전을 계속한다면
   ·슬립이 2배 정도로 되고 회전수는 떨어진다.
   ·1차 전류가 2배 가까이 되어서 열손실이 증가하고, 계속 운전하면 과열로 소손된다.

【정답】①

49. 그림과 같이 전기자 권선에 전류를 보낼 때 회전 방향을 알기 위한 법칙 및 회전 방향은?

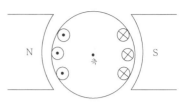

① 플레밍의 왼손법칙, 시계방향

② 플레밍의 오른손법칙, 시계방향

③ 플레밍의 왼손법칙, 반시계방향

④ 플레밍의 오른손법칙, 반시계방향

|정|답|및|해|설|

[플레밍의 왼손 법칙] 전동기의 원리는 플레밍의 왼손법칙에 의한다.

1. 중지 : 전류(I)
2. 검지 : 자력선 밀도 B
3. 엄지 : 힘의 방향

자속밀도 $B[\text{Wb/m}^2]$, 도체의 길이 l, 전류 $I[\text{A}]$를 흘릴 경우 자계 내에서 도체가 받는 힘의 크기

$$F = BIl\sin\theta[\text{N}] \rightarrow F \propto l$$

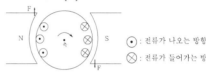

⊙ : 전류가 나오는 방향
⊗ : 전류가 들어가는 방향

【정답】①

50. 1차 측 권수가 1,500인 변압기의 2차 측에 접속한 저항 $16[\Omega]$을 1차 측으로 확산했을 때 $8[k\Omega]$으로 되어 있다면 2차 측 권수는 약 얼마인가?

① 75

② 70

③ 67

④ 64

|정|답|및|해|설|

[권수비] $a = \dfrac{N_1}{N_2} = \dfrac{V_1}{V_2} = \dfrac{I_2}{I_1} = \sqrt{\dfrac{R_1}{R_2}}$

$a = \sqrt{\dfrac{R_1}{R_2}} = \sqrt{\dfrac{8,000}{16}} = 10\sqrt{5} = 22.36$

$\therefore$ 2차측 권수 $N_2 = \dfrac{N_1}{a} = \dfrac{1,500}{22.36} = 67$회

【정답】③

51. 다음 전자석의 그림 중에서 전류의 방향이 화살표와 같을 때 위쪽 부분이 N극인 것은?

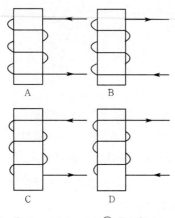

① A, B

② B, C

③ A, D

④ B, D

|정|답|및|해|설|
[앙페르의 오른나사법칙]
·전류의 방향과 자장의 방향의 관계를 나타내는 법칙
·오른나사의 진행방향으로 전류가 흐를 때 오른나사의 회전방향이 자장의 방향이 된다.

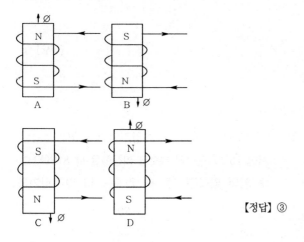

【정답】③

52. 출력과 속도가 일정하게 유지되는 동기전동기에서 여자를 증가시키면 어떻게 되는가?

① 토크가 증가한다.

② 난조가 발생하기 쉽다.

③ 유기기전력이 감소한다.

④ 전기자 전류의 위상이 앞선다.

|정|답|및|해|설|
[위상특성곡선] 위상특성곡선(V곡선)에 나타난 바와 같이 공급 전압 V 및 출력 P_2를 일정한 상태로 두고 여자만을 변화시켰을 경우 전기자 전류의 크기와 역률이 달라진다.
역률 $\cos\theta=1$일 때 전기자전류 최소

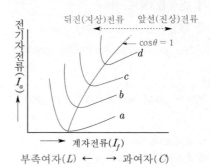

1. 과여자(I_f : 증가)→앞선(진상) 전류 → (콘덴서(C)로 작용)
2. 부족여자(I_f : 감소)→뒤진(지상) 전류 → (리액터(L)로 작용)
【정답】④

53. 동기발전기의 전기자 권선법 중 집중권에 비해 분포권이 갖는 장점은?

① 난조를 방지할 수 있다.

② 기전력의 파형이 좋아진다.

③ 권선의 리액턴스가 커진다.

④ 합성 유도기전력이 높아진다.

|정|답|및|해|설|
[분포권] 매극매상의 도체를 2개 이상의 슬롯에 각각 분포시켜서 권선하는 법 (1극, 1상, 슬롯 2개)
[장점]
·합성 유기기전력이 감소한다.
·기전력의 고조파가 감소하여 파형이 좋아진다.
·누설리액턴스는 감소된다.
·과열 방지의 이점이 있다.
[단점]
·집중권에 비해 합성 유기 기전력이 감소
※난조 방지는 제동권선의 역할이다. 【정답】②

54. 2대의 동기발전기를 병렬 운전할 때, 무효횡류 (무효순환전류)가 흐르는 경우는?

① 부하분담의 차가 있을 때

② 기전력의 위상차가 있을 때

③ 기전력의 파형에 차가 있을 때

④ 기전력의 크기에 차가 있을 때

|정|답|및|해|설|

[동기 발전기 병렬운전 조건이 다른 경우]

병렬 운전 조건	조건이 맞지 않는 경우
·기전력의 크기가 같을 것 ·기전력의 위상이 같을 것 ·기전력의 주파수가 같을 것 ·기전력의 파형이 같을 것	·무효순환전류(무효횡류) ·동기화전류(유효횡류) ·동기화전류 ·고주파 무효순환전류

【정답】④

55. 와류손이 50[W]인 3,300/110[V], 60[Hz]용 단상변압기를 50[Hz], 3,000[V]의 전원에 사용하면 이 변압기의 와류손은 약 몇 [W]로 되는가?

① 25　　② 31　　③ 36　　④ 41

|정|답|및|해|설|

[와류손] $P_e = \sigma_e (t f B_m)^2 \propto f^2 B^2 = e^2$ → 전압의 제곱에 비례

$P_e' = P_e \times \left(\dfrac{e'}{e}\right)^2 = 50 \times \left(\dfrac{3000}{3300}\right)^2 = 41.3[W]$ 　【정답】④

56. 포화하고 있지 않은 직류발전기의 회전수가 1/2로 감소되었을 때 기전력을 속도 변화 전과 같은 값으로 하려면 여자를 어떻게 해야 하는가?

① 1/2배로 감소시킨다.

② 1배로 증가시킨다.

③ 2배로 증가시킨다.

④ 4배로 증가시킨다.

|정|답|및|해|설|

[직류 발전기의 유기기전력] $E = p \varnothing n \dfrac{Z}{a}$ [V]

유기기전력 E는 자속과 회전수의 곱에 비례한다.

n이 $\dfrac{1}{2}$로 감소하였을 때, E를 전과 같은 값으로 하려면 여자($\varnothing$)를 속도 변화 전에 비해 2배로 해주어야 한다.

【정답】③

57. 교류전동기에서 브러시 이동으로 속도 변화가 용이한 전동기는?

① 동기전동기

② 시라게 전동기

③ 3상 농형 유도전동기

④ 2중 농형 유도전동기

|정|답|및|해|설|

[시라게 전동기] 3상 분권 정류자 전동기로서 직류 분권 전동기와 비슷한 정속도 특성을 가지며, 브러시 이동으로 간단하게 속도 제어를 할 수 있다.　【정답】②

58. 단상 유도전압 조정기의 1차 전압 100[V], 2차 전압 $100 \pm 30[V]$, 2차 전류는 50[A]이다. 이 전압 조정기의 정격용량은 약 몇 [kVA]인가?

① 1.5　　② 2.6　　③ 5　　④ 6.5

|정|답|및|해|설|

[단상 유도전압조정기의 용량]

$P = E_2 \times I_2 \times 10^{-3} = 30 \times 50 \times 10^{-3} = 1.5[kVA]$

【정답】①

59. 4극 단중 파권 직류발전기의 전전류가 $I[A]$일 때, 전기자 권선의 각 병렬회로에 흐르는 전류는 몇 [A]가 되는가?

① $4I$　　　　　② $2I$

③ $I/2$　　　　　④ $I/4$

|정|답|및|해|설|

[전기자 권선의 중권과 파권의 비교]

비교 항목	단중 중권	단중 파권
전기자의 병렬 회로수	·극수와 같다. $(a = p)$	·극수에 관계없이 항상 2이다. $(a = 2)$
브러시 수	·극수와 같다. $(b = p = a)$	·2개로 되나, 극수 만큼의 브러시를 둘 수 있다. $(b = 2 = p)$
균압 접속	·4극 이상이면 균압 접속을 해야 한다.	·균압 접속은 필요 없다.
전기자 도체의 굵기, 권수, 극수가 모두 같을 때	·저전압, 대전류를 얻을 수 있다.	·고전압을 얻을 수 있다.

파권의 전기자 병렬회로 수는 극수에 관계없이 항상 $a = 2$

각 병렬회로에 흐르는 전류 $I' = \dfrac{I}{2}$　　【정답】③

60. 변압기의 병렬운전 조건에 해당하지 않는 것은?

① 각 변압기의 극성이 같을 것

② 각 변압기의 정격출력이 같을 것

③ 각 변압기의 백분율 임피던스 강하가 같을 것

④ 각 변압기의 권수비가 같고 1차 및 2차의 정격 전압이 같을 것

|정|답|및|해|설|

[변압기 병렬운전 조건]

· 각 변압기의 극성이 같을 것

· 각 변압기의 %임피던스 강하가 같을 것

· 각 변압기의 권수비가 같고, 1차와 2차의 정격전압이 같을 것

· 상회전 방향이 같을 것

· 위상 변위가 같아야 한다. 　　　　　【정답】②

61. 테브난의 정리를 이용하여 (a)회로를 (b)와 같은 등가 회로로 바꾸려고 한다. $V[V]$와 $R[\Omega]$의 값은?

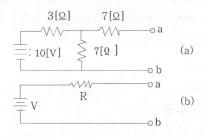

① 7[V], 9.1[Ω]　　　② 10[V], 9.1[Ω]

③ 7[V], 6.5[Ω]　　　④ 10[V], 6.5[Ω]

|정|답|및|해|설|

[테브난의 정리]

1. 단자 a, b 사이의 전압

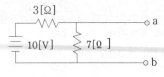

$$V = \frac{7}{3+7} \times 10 = 7[V]$$

2. 20[V] 전압원을 단락시키고 단자 a, b에서 본 저항

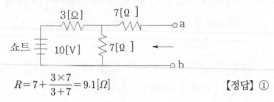

$$R = 7 + \frac{3 \times 7}{3+7} = 9.1[\Omega]$$ 　　　　【정답】①

62. 임피던스 함수 $Z(s) = \dfrac{s+50}{s^2+3s+2}[\Omega]$으로 주어지는 2단자 회로망에 100[V]의 직류 전압을 가했다면 회로의 전류는 몇 [A]인가?

① 4　　　② 6　　　③ 8　　　④ 10

|정|답|및|해|설|

[회로의 전류] $I = \dfrac{V}{Z}[A]$

직류전압을 인가하므로 $f=0$, $\omega = 0$

따라서 $s = j\omega = 0$이다.

임피던스 $Z(0) = \dfrac{s+50}{s^2+3s+2} = \dfrac{50}{2} = 25[\Omega]$

∴전압 $I = \dfrac{V}{Z(0)} = \dfrac{100}{25} = 4[A]$ 　　　【정답】①

63. 그림과 같은 회로에서 스위치 S를 $t=0$에서 닫았을 때 $(V_L)_{t=0} = 100[V]$, $\left(\dfrac{di}{dt}\right)_{t=0} = 400[A/s]$이다. $L[H]$의 값은?

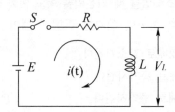

① 0.75　　　　　② 0.5

③ 0.25　　　　　④ 0.1

|정|답|및|해|설|

[패러데이의 법칙] $V_L = L\dfrac{di}{dt}[V]$

$100 = L \times 400$ 　→　 $\therefore L = \dfrac{100}{400} = 0.25[H]$

　　　　　　　　　　　　　　　　　【정답】③

64. 그림과 같이 π형 회로에서 Z_3를 4단자 정수로 표시한 것은?

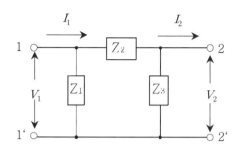

① $\dfrac{A}{1-B}$

② $\dfrac{B}{1-A}$

③ $\dfrac{A}{B-1}$

④ $\dfrac{B}{A-1}$

|정|답|및|해|설|

[4단자 정수] π형 4단자 정수 중 A와 B는

$A = \dfrac{V_1}{V_2}\bigg|_{I_2=0} = 1 + \dfrac{Z_2}{Z_3}, \qquad B = Z_2$

$A - 1 = \dfrac{B}{Z_3} \quad \rightarrow \quad \therefore Z_3 = \dfrac{B}{A-1}$ 【정답】④

65. 인덕턴스 $L = 20[mH]$인 코일에 실효값 $V = 50[V]$, 주파수 $f = 60[Hz]$인 정현파 전압을 인가했을 때 코일에 축적되는 평균 자기에너지 W_L은 약 몇 [J]인가?

① 0.22

② 0.33

③ 0.44

④ 0.55

|정|답|및|해|설|

[코일에 축적되는 평균 자기에너지] $W = \dfrac{1}{2}LI^2[J]$

$I = \dfrac{V}{Z} = \dfrac{V}{wL} = \dfrac{V}{2\pi f L}$ $\rightarrow (L = \dfrac{V}{XL} = \dfrac{V}{\omega L})$

$= \dfrac{50}{2\pi \times 60 \times 20 \times 10^{-3}} = 6.63[A]$

$\therefore W = \dfrac{1}{2}LI^2 = \dfrac{1}{2} \times 20 \times 10^{-3} \times 6.63^2 \fallingdotseq 0.44[J]$

【정답】③

66. 다음과 같은 회로에서 E_1, E_2, $E_3[V]$를 대칭 3상 전압이라 할 때 전압 $E_0[V]$은?

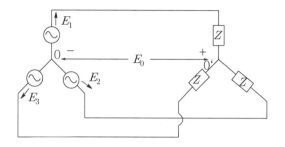

① 0

② $\dfrac{E_1}{3}$

③ $\dfrac{2}{3}E_1$

④ E_1

|정|답|및|해|설|

[중성점 전압] $E_0 = \dfrac{1}{3}(E_1 + E_2 + E_3)$

3상 평형인 경우 $E_1 + E_2 + E_3 = 0$이므로 중성선의 전압은 0이 된다. 【정답】①

67. 그림과 같은 회로에서 $t = 0$에서 스위치를 닫으면 전류 $i(t)[A]$는? 단, 콘덴서의 초기 전압은 0[V]이다.

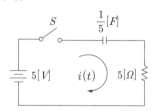

① $5(1 - e^{-t})$

② $1 - e^{-t}$

③ $5e^{-t}$

④ e^{-t}

|정|답|및|해|설|

[$R - C$직렬회로]

$R-C$ 직렬회로	직류 기전력 인가 시 (S/W on)
전하 $q(t)$	$q(t) = CE(1 - e^{-\frac{1}{RC}t})$
전류 $i(t)$	$i = \dfrac{E}{R}e^{-\frac{1}{RC}t}[A]$
특성근	$P = -\dfrac{1}{RC}$
시정수	$\tau = RC[\sec]$

$\therefore$ 전류 $i = \dfrac{E}{R}e^{-\frac{1}{RC}t} = \dfrac{5}{5}e^{-\frac{1}{5 \times \frac{1}{5}}t} = e^{-t}[A]$ 【정답】④

68. 그림과 같은 회로가 있다. $I = 10[A]$, $G = 4[℧]$ $G_L = 6[℧]$일 때 G_L의 소비전력[W]은?

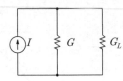

① 100   ② 10

③ 6   ④ 4

|정|답|및|해|설|

[소비전력] $P_L = I_L^2 R = I_L^2 \frac{1}{G_L}[W]$

G_L에 흐르는 전류 $I_L = \frac{G_L}{G + G_L}I = \frac{6}{4+6} \times 10 = 6[A]$

인덕턴스는 저항의 역수

∴ 소비저력 $P_L = I_L^2 R = I_L^2 \frac{1}{G_L} = 6^2 \times \frac{1}{6} = 6[W]$ 【정답】③

69. $F(s) = \dfrac{s+1}{s^2 + 2s}$ 의 역라플라스 변환은?

① $\dfrac{1}{2}(1 - e^{-t})$ ② $\dfrac{1}{2}(1 - e^{-2t})$

③ $\dfrac{1}{2}(1 + e^{t})$ ④ $\dfrac{1}{2}(1 + e^{-2t})$

|정|답|및|해|설|

[역라플라스 변환] 분모가 인수분해가 가능하므로

$F(s) = \dfrac{s+1}{s(s+2)} = \dfrac{K_1}{s} + \dfrac{K_2}{s+2}$

$K_1 \equiv \left[\dfrac{s+1}{s+2}\right]_{s=0} = \dfrac{1}{2}$

$K_2 = \left[\dfrac{s+1}{s}\right]_{s=-2} = \dfrac{-2+1}{-2} = \dfrac{1}{2}$

$F(s) = \dfrac{1}{2}\dfrac{1}{s} + \dfrac{1}{2}\dfrac{1}{s+2} = \dfrac{1}{2}\left(\dfrac{1}{s} + \dfrac{1}{s+2}\right)$

∴ $f(t) = \mathcal{L}^{-1}[F(s)] = \dfrac{1}{2}(1 + e^{-2t})$ 【정답】④

70. $\mathcal{L}^{-1}\left[\dfrac{\omega}{s(s^2 + \omega^2)}\right]$은?

① $\dfrac{1}{\omega}(1 - \sin\omega t)$ ② $\dfrac{1}{\omega}(1 - \cos\omega t)$

③ $\dfrac{1}{s}(1 - \sin\omega t)$ ④ $\dfrac{1}{s}(1 - \cos\omega t)$

|정|답|및|해|설|

[역라플라스변환] $F(s) = \dfrac{\omega}{s(s^2 + \omega^2)} = \dfrac{k_1}{s} + \dfrac{k_2}{s^2 + \omega^2}$

$k_1 = \lim_{s \to 0} s F(s) = \left|\dfrac{\omega}{s^2 + \omega^2}\right|_{s=0} = \dfrac{1}{\omega}$

$k_2 = \lim_{s \to j\omega}(s^2 + \omega^2)F(s) = \left|\dfrac{\omega}{s}\right|_{s=j\omega} = -j$

$F(s) = \dfrac{\frac{1}{\omega}}{s} + \dfrac{-j}{s^2 + \omega^2}$

$s = j\omega$이므로 $-j = -\dfrac{s}{\omega}$

$F(s) = \dfrac{1}{\omega}\left(\dfrac{1}{s} - \dfrac{s}{s^2 + \omega^2}\right)$

∴ $\mathcal{L}^{-1}\left[\dfrac{1}{\omega}\left(\dfrac{1}{s} - \dfrac{s}{s^2 + \omega^2}\right)\right] = \dfrac{1}{\omega}(1 - \cos\omega t)$ 【정답】②

71. 불평형 3상 전류가 다음과 같을 때 역상 전류 I_2는 약 몇 [A]인가?

> $I_a = 15 + j2[A]$, $I_b = -20 - j14[A]$
>
> $I_c = -3 + j10[A]$

① $1.91 + j6.24$ ② $2.17 + j5.34$

③ $3.38 - j4.26$ ④ $4.27 - j3.68$

|정|답|및|해|설|

[역상분 전류] $I_2 = \dfrac{1}{3}(I_a + a^2 I_b + a I_c)$

∴ $I_2 = \dfrac{1}{3}(I_a + a^2 I_b + a I_c)$

$= \dfrac{1}{3}\Big(15 + j2 + \left(-\dfrac{1}{2} - j\dfrac{\sqrt{3}}{2}\right)(-20 - j14)$

$+ \left(-\dfrac{1}{2} + j\dfrac{\sqrt{3}}{2}\right)(-3 + j10)\Big)$

$= 1.91 + j6.24$ 【정답】①

|참|고|

1. 영상분 $I_0 = \dfrac{1}{3}(I_a + I_b + I_c)$

2. 정상분 $I_1 = \dfrac{1}{3}(I_a + a I_b + a^2 I_c)$

72. 전류 $I = 30\sin\omega t + 40\sin(3\omega t + 45°)[A]$의 실효값은 약 몇 [A]인가?

① 25   ② 35.4

③ 50   ④ 70.7

|정|답|및|해|설|

[실효값] $I = \sqrt{I_1^2 + I_2^2 + \cdots + I_n^2} = \sqrt{I_1^2 + I_3^2}$

$= \sqrt{\left(\dfrac{30}{\sqrt{2}}\right)^2 + \left(\dfrac{40}{\sqrt{2}}\right)^2} = \dfrac{1}{\sqrt{2}}\sqrt{30^2 + 40^2} = 35.4[A]$

【정답】②

73. 100[kVA] 단상 변압기 3대로 △결선하여 3상 전원을 공급하던 중 1대의 고장으로 V결선하였다면 출력은 약 몇[kVA]인가?

① 100   ② 173

③ 245   ④ 300

|정|답|및|해|설|

[변압기 출력] 100[kVA] 단상 변압기 2대로 V 운전시의 출력
$P_v = \sqrt{3}\,V_1 = \sqrt{3}\times100 = 173[kVA]$ 【정답】②

74. 그림과 같은 회로에서 r_1저항에 흐르는 전류를 최소로 하기 위한 저항 $r_2[\Omega]$는?

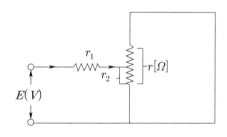

① $\dfrac{r_1}{2}$ ② $\dfrac{r}{2}$ ③ r_1 ④ r

|정|답|및|해|설|

[저항값] 전류를 최소로 하기 위해서는 저항이 최대이어야 하며 r_1은 일정하므로 $r-r_2$와 r_2가 같아야 한다.
즉, $r-r_2 = r_2$에서 $r = 2r_2$

$\therefore r_2 = \dfrac{r}{2}[\Omega]$ 【정답】②

75. 옴의 법칙은 저항에 흐르는 전류와 전압의 관계를 나타낸 것이다. 회로의 저항이 일정할 때 전류는?

① 전압에 비례한다.

② 전압에 반비례한다.

③ 전압의 제곱에 비례한다.

④ 전압의 제곱에 반비례한다.

|정|답|및|해|설|

[옴의 법칙] 오옴의 법칙에서 전류 $I = \dfrac{V}{R}$

저항이 일정할 때 전류는 전압에 비례 $(I \propto V)$
【정답】①

76. 단위 임펄스 $\delta(t)$의 라플라스 변환은?

① e^{-s} ② $\dfrac{1}{s}$ ③ $\dfrac{1}{s^2}$ ④ 1

|정|답|및|해|설|

[단위 함수의 라플라스 변환]
1. 단위임펄스함수 $F(s) = \mathcal{L}[\delta(t)] = 1$

2. 단위계단함수 $F(s) = \mathcal{L}[u(t)] = \dfrac{1}{s}$

3. 단위램프함수 $F(s) = \mathcal{L}[f(t)] = \dfrac{1}{s^2}$ 【정답】④

77. 저항 $R[\Omega]$과 리액턴스 $X[\Omega]$이 직렬로 연결된 회로에서 $\dfrac{X}{R} = \dfrac{1}{\sqrt{2}}$일 때, 이 회로의 역률은?

① $\dfrac{1}{\sqrt{2}}$ ② $\dfrac{1}{\sqrt{3}}$

③ $\sqrt{\dfrac{2}{3}}$ ④ $\dfrac{\sqrt{3}}{2}$

|정|답|및|해|설|

[회로의 역률] $\cos\theta = \dfrac{R}{Z} = \dfrac{R}{\sqrt{R^2 + X^2}}$

$R = \sqrt{2}\,X$이므로

역률 $\cos\theta = \dfrac{R}{Z} = \dfrac{R}{\sqrt{R^2 + X^2}} = \dfrac{\sqrt{2}\,X}{\sqrt{(\sqrt{2}\,X)^2 + X^2}} = \dfrac{\sqrt{2}\,X}{\sqrt{3}\,X}$

$= \dfrac{\sqrt{2}}{\sqrt{3}} = \sqrt{\dfrac{2}{3}}$ 【정답】③

78. 다음의 4단자 회로에서 단자 ab에서 본 구동점 임피던스 Z_{11}는 몇 [Ω]인가?

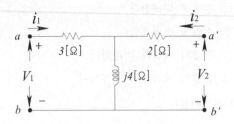

① $2 + j4 [\Omega]$　　② $2 - j4 [\Omega]$

③ $3 + j4 [\Omega]$　　④ $3 - j4 [\Omega]$

|정|답|및|해|설|
[구동점 임피던스]
$$\begin{vmatrix} Z_{11} & Z_{12} \\ Z_{21} & Z_{22} \end{vmatrix} = \begin{vmatrix} 3+j4 & j4 \\ j4 & 2+j4 \end{vmatrix}$$

$$Z_{11} = \frac{V_1}{I_1}\bigg|_{I_2=0} = \frac{V_1}{\frac{V_1}{3+j4}} = 3+j4 [\Omega]$$　　【정답】③

79. 어떤 회로의 단자 전압과 전류가 다음과 같을 때, 회로에 공급되는 평균 전력은 약 몇 [W]인가?

$$v(t) = 100\sin\omega t + 70\sin 2\omega t + 50\sin(3\omega t - 30°)[V]$$
$$i(t) = 20\sin(\omega t - 60°) + 10\sin(3\omega t + 45°)[A]$$

① 565　　② 525

③ 495　　④ 465

|정|답|및|해|설|
[평균 전력] $P = VI\cos\theta$[W]
같은 주파수의 전압과 전류에서만 전력이 발생되므로
$P = V_1 I_1 \cos\theta_1 + V_3 I_3 \cos\theta_3$

$$= \frac{100}{\sqrt{2}} \times \frac{20}{\sqrt{2}}\cos 60° + \frac{50}{\sqrt{2}} \times \frac{10}{\sqrt{2}}\cos 75° = 564.7[W]$$
【정답】①

80. 정현파 교류전압의 파고율은?

① 0.91　　② 1.11

③ 1.41　　④ 1.73

|정|답|및|해|설|
[정현파 교류전압]
$$파고율 = \frac{최대값}{실효값} = \frac{V_m}{\frac{V_m}{\sqrt{2}}} = \sqrt{2} = 1.414$$

	구형파	3각파	정현파	정류파 (전파)	정류파 (반파)
파형률	1.0	1.15	1.11	1.11	1.57
파고율	1.0	1.732	1.414	1.414	2.0

【정답】③

1회 **2017년 전기산업기사필기(전기설비기술기준)**

81. 변전소의 주요 변압기에서 계측하여야 하는 사항 중 계측장치가 꼭 필요하지 않은 것은? 단, 전기 철도용 변전소의 주요 변압기는 제외한다.

① 전압　　② 전류

③ 전력　　④ 주파수

|정|답|및|해|설|
[계측장치의 시설 (KEC 351.6)] 발전소 계측 장치 시설
· 발전기·연료전지 또는 태양전지 모듈의 전압 및 전류 또는 전력
· 발전기의 베어링 및 고정자의 온도
· 정격출력이 10,000[kW]를 초과하는 증기터빈에 접속하는 발전기의 진동의 진폭
· 주요 변압기의 전압 및 전류 또는 전력
· 특고압용 변압기의 온도
【정답】④

82. B종 철주 또는 B종 철근 콘크리트 주를 사용하는 특고압 가공전선로의 지지점 간 거리(경간)는 몇 [m] 이하이어야 하는가?

① 150　　② 250

③ 400　　④ 600

|정|답|및|해|설|
[특고압 가공전선로의 지지물 간 거리(경간) 제한 (KEC 333.21)]

지지물의 종류	지지물 간 거리(경간)
A종 철주 또는 A종 철근 콘크리트주	150[m]
B종 철주 또는 B종 철근 콘크리트주	250[m]
철탑	600[m] (단주인 경우에는 400[m])

【정답】②

83. 22.9[kV] 전선로를 제1종 특고압 보안 공사로 시설할 경우 전선으로 경동연선을 사용한다면 그 단면적은 몇 $[mm^2]$ 이상의 것을 사용하여야 하는가?

① 38　　② 55　　③ 80　　④ 100

|정|답|및|해|설|
[특고압 보안공사 (KEC 333.22)]
제1종 특고압 보안 공사의 전선 굵기

사용전압	전선
100[kV] 미만	인장강도 21.67[kN] 이상의 연선 또는 단면적 55[㎟] 이상의 경동연선
100[kV] 이상 300[kV] 미만	인장강도 58.84[kN] 이상의 연선 또는 단면적 150[㎟] 이상의 경동연선
300[kV] 이상	인장강도 77.47[kN] 이상의 연선 또는 단면적 200[㎟] 이상의 경동연선

【정답】②

84. 혼촉 사고 시에 1초를 초과하고 2초 이내에 자동 차단되는 6.6[kV] 전로에 결합된 변압기 저압측의 전압이 200[V]인 경우 중성점 접지저항값[Ω]은? 단, 고압측 1선 지락전류는 30[A]라 한다.

① 5　　② 10　　③ 20　　④ 30

|정|답|및|해|설|
[변압기 중성점 접지의 접지저항]

1. $R = \frac{150}{I}[\Omega]$: 특별한 보호 장치가 없는 경우

2. $R = \frac{300}{I}[\Omega]$: 보호 장치의 동작이 1~2초 이내

3. $R = \frac{600}{I}[\Omega]$: 보호 장치의 동작이 1초 이내

　여기서, I : 1선지락전류

$\therefore R_2 = \frac{300}{1선 지락 전류} = \frac{300}{30} = 10[\Omega]$　【정답】②

85. 옥내의 네온 방전등 공사의 방법으로 옳은 것은?

① 전선 상호 간의 간격은 5[cm] 이상일 것
② 관등회로의 배선은 애자사용공사에 의할 것
③ 전선의 지지점간의 거리는 2[m] 이하로 할 것
④ 관등회로의 배선은 점검할 수 없는 은폐된 장소에 시설할 것

|정|답|및|해|설|
[옥내의 네온 방전등 공사 (KEC 234.12)]
옥내에 시설하는 관등회로의 사용전압이 1[kV]를 넘는 관등회로의 배선은 애자사용공사에 의하여 시설하고 또한 다음에 의할 것
· 전선은 네온전선일 것
· 전선은 조영재의 옆면 또는 아랫 면에 붙일 것. 다만, 전선을 전개된 장소에 시설하는 경우에 기술상 부득이한 때에는 그러하지 아니하다.
· 전선의 지지점간의 거리는 1[m] 이하일 것
· 전선 상호간의 간격은 6[cm] 이상일 것　　【정답】②

86. 고압 가공전선로의 가공지선으로 나경동선을 사용할 경우 지름 몇 [mm] 이상으로 시설하여야 하는가?

① 2.5　　　　② 3
③ 3.5　　　　④ 4

|정|답|및|해|설|
[고압 가공전선로의 가공지선 (KEC 332.6)]
· 고압 가공 전선로 : 인장강도 5.26[kN] 이상의 것 또는 4[mm] 이상의 나경동선
· 특고압 가공 전선로 : 인장강도 8.01[kN] 이상의 나선 또는 5[mm] 이상의 나경동선　　　　【정답】④

87. 다음 (㉮), (㉯)에 들어갈 내용으로 옳은 것은?

> "지중전선로는 기설 지중 약전류 전선로에 대하여 (㉮) 또는 (㉯)에 의하여 통신상의 장해를 주지 않도록 기설 약전류 전선로로부터 충분히 이격시키거나 기타 적당한 방법으로 시설하여야 한다."

① ㉮ 정전용량, ㉯ 표피작용
② ㉮ 정전용량, ㉯ 유도작용
③ ㉮ 누설전류, ㉯ 표피작용
④ ㉮ 누설전류, ㉯ 유도작용

|정|답|및|해|설|
[지중 약전류 전선에의 유도 장해의 방지 (KEC 334.5)]
지중전선로는 기설 지중 약전류 전선로에 대하여 누설전류 또는 유도작용에 의하여 통신상의 장해를 주지 아니하도록 기설 약전류 전선로로부터 충분히 이격시키거나 기타 적당한 방법으로 시설하여야 하다.　　　　【정답】④

88. 타냉식 특고압용 변압기의 냉각장치에 고장이 생긴 경우 시설해야 하는 보호장치는?

① 경보장치　　　　② 온도측정장치

③ 자동차단장치　　④ 과전류 측정장치

|정|답|및|해|설|
[특고압용 변압기의 보호장치 (KEC 351.4)]
특고압용의 변압기에는 그 내부에 고장이 생겼을 경우에 보호하는 장치를 표와 같이 시설하여야 한다.

뱅크 용량의 구분	동작 조건	장치의 종류
5,000[kVA] 이상 10,000[kVA] 미만	변압기 내부 고장	자동 차단 장치 또는 경보 장치
10,000[kVA] 이상	변압기 내부 고장	자동 차단 장치
타냉식 변압기 (강제순환식)	·냉각장치 고장 ·변압기 온도 상승	경보 장치

【정답】①

89. 특고압으로 시설할 수 없는 전선로는?

① 지중전선로　　　② 옥상전선로

③ 가공전선로　　　④ 수중전선로

|정|답|및|해|설|
[특고압 옥상전선로의 시설 (KEC 331.14.2)]
특고압 옥상 전선로(특고압의 인입선의 옥상 부분을 제외한다.)온 시설하여서는 아니한다.　　　【정답】②

90. 금속관 공사에 의한 저압 옥내배선의 방법으로 틀린 것은?

① 전선으로 연선을 사용하였다.

② 옥외용 비닐절연전선을 사용하였다.

③ 콘크리트에 매설하는 관은 두께 1.2[mm] 이상을 사용하였다.

④ 관에는 접지공사를 할 것

|정|답|및|해|설|
[금속관 공사 (KEC 232.12)]
1. 전선은 절연전선(옥외용 비닐절연전선을 제외한다)일 것
2. 전선은 연선일 것. 다만, 다음의 것은 적용하지 않는다.
　· 짧고 가는 금속관에 넣은 것
　· 단면적 10[㎟](알루미늄선은 단면적 16[㎟]) 이하의 것
3. 전선은 금속관 안에서 접속점이 없도록 할 것
4. 관에는 kec140에 준하여 접지공사를 할 것
【정답】②

91. 변압기 1차측 3,300[V], 2차측 220[V]의 변압기 전로의 절연내력 시험전압은 각각 몇 [V]에서 10분간 견디어야 하는가?

① 1차측 4,950[V], 2차측 500[V]

② 1차측 4,500[V], 2차측 400[V]

③ 1차측 4,125[V], 2차측 500[V]

④ 1차측 3,300[V], 2차측 400[V]

|정|답|및|해|설|
[전로의 절연저항 및 절연내력 (KEC 132)]

접지방식	최대 사용 전압	시험 전압(최대 사용 전압 배수)	최저 시험 전압
비접지	7[kV] 이하	1.5배	
	7[kV] 초과	1.25배	10,500[V]
중성점접지	60[kV] 초과	1.1배	75[kV]
중성점직접 접지	60[kV] 초과 170[kV] 이하	0.72배	
	170[kV] 초과	0.64배	
중성점 다중접지	25[kV] 이하	0.92배	

전로에 케이블을 사용하는 경우에는 직류로 시험할 수 있으며, 시험 전압은 교류의 경우의 2배가 된다.
1차측 시험전압=3300×1.5=4950[V]
2차측 시험전압=220×1.5=330[V]에서 500[V] 미만이므로 500[V]를 시험전압으로 한다.　　　【정답】①

92. 가공전선로의 지지물에 취급자가 오르고 내리는 데 사용하는 발판 볼트 등은 지표상 몇 [m]에서 시설하여서는 아니 되는가?

① 1.2　　　　　② 1.5

③ 1.8　　　　　④ 2

|정|답|및|해|설|
[가공전선로 지지물의 철탑오름 및 전주오름 방지 (KEC 331.4)]
발판 볼트 등은 1.8[m] 미만에 시설하여서는 안 된다. 다만 다음의 경우에는 그러하지 아니하다.
·발판 볼트를 내부에 넣을 수 있는 구조
·지지물에 승탑 및 승주 방지 장치를 시설한 경우
·취급자 이외의 자가 출입할 수 없도록 울타리 담 등을 시설할 경우
·산간 등에 있으며 사람이 쉽게 접근할 우려가 없는 곳
【정답】③

93. 저압 가공전선로와 기설 가공약전류전선로가 병행하는 경우에는 유도작용에 의하여 통신상의 장해가 생기지 아니하도록 전선과 기설 약전류전선 간의 간격은 몇 [m] 이상이어야 하는가?

① 1　　　　　　　　② 2
③ 2.5　　　　　　　④ 4.5

|정|답|및|해|설|
[가공 약전류전선로의 유도장해 방지 (KEC 332.1)] 저고압 가공전선류와 가공 약전류 전선로가 병행하는 경우에는 유도 작용에 의하여 통신상의 장해가 생기지 아니하도록 전선과 약전류 전선과의 간격(이격거리)은 2[m] 이상　　　　　　【정답】②

94. 무대, 무대마루 밑, 오케스트라박스, 영사실 기타 사람이나 무대 도구가 접촉할 우려가 있는 곳에 시설하는 저압 옥내배선 전구선 또는 이동전선은 사용전압이 몇 [V] 미만이어야 하는가?

① 100　　　　　　　② 200
③ 300　　　　　　　④ 400

|정|답|및|해|설|
[전시회, 쇼 및 공연장의 전기설비 (KEC 242.6)] 상설 극장·영화관 기타 이들과 유사한 것에 시설하는 저압 전기설비는 다음 각 호에 따라 시설하여야 한다.
1. 무대·무대마루 밑·오케스트라박스·영사실 기타 사람이나 무대 도구가 접촉할 우려가 있는 곳에 시설하는 저압 옥내배선·전구선 또는 이동전선은 사용전압이 400[V] 미만일 것
2. 저압 옥내배선에는 전선의 피복을 손상하지 아니하도록 적당한 장치를 할 것　　　　　　【정답】④

95. 저압 옥내배선을 금속 덕트 공사로 할 경우 금속 덕트에 넣는 전선의 단면적(절연피복의 단면적 포함)의 합계는 덕트의 내부 단면적의 몇 [%]까지 할 수 있는가?

① 20　　　　　　　　② 30
③ 40　　　　　　　　④ 50

|정|답|및|해|설|
[금속 덕트 공사 (KFC 232.31)] 금속 덕트에 넣는 전선의 단면적의 합계는 덕트 내부 단면적의 20[%](전광 표시 장치, 출퇴근 표시 등, 제어 회로 등의 배전선만을 넣는 경우는 50[%]) 이하일 것　　　　　　【정답】①

96. 저압 가공전선 또는 고압 가공전선이 도로를 횡단할 때 지표상의 높이는 몇 [m] 이상으로 하여야 하는가? (단 농로 기타 교통이 번잡하지 않는 도로 및 횡단보도교는 제외한다.)

① 4　　　　　　　　② 5
③ 6　　　　　　　　④ 7

|정|답|및|해|설|
[저고압 가공 전선의 높이 (KEC 333.7)]
저고압 가공전선의 높이는 다음과 같다.
1. 도로 횡단 : 6[m] 이상
2. 철도 횡단 : 레일면상 6.5[m] 이상
3. 횡단 보도교 위 : 3.5[m] 이상
4. 기타 : 5[m] 이상　　　　　　【정답】③

97. 전력보안 통신선 시설에서 가공전선로의 지지물에 시설하는 가공 통신선에 직접 접속하는 통신선의 종류로 틀린 것은?

① 조가선(조가용선)
② 절연전선
③ 광섬유 케이블
④ 일반 통신용 케이블 이외의 케이블

|정|답|및|해|설|
[전력보안 통신시설의 시설 요구사항 (KEC 362.1)]
가공지선을 이용한 광섬유 케이블 사용을 제외한 가공 통신선은 다음과 같이 시설하여야 한다.
· 조가선으로 조가할 것. 단, 인장강도 2.30[kN]의 것 또는 지름 2.6[mm]의 경동선 등의 사용시에는 조가하지 않아도 된다.
· 조가선은 금속으로 된 연선일 것
· 조가선은 고저압 가공전선의 안전율을 적용하여 시설할 것
· 가공 전선로의 지지물에 시설하는 가공 통신선에 직접 접속하는 통신선은 절연 전선, 통신용 케이블 이외의 케이블, 광섬유 케이블이어야 한다.　　　　　　【정답】①

98. 22.9[kV] 특고압 가공전선로의 시설에 있어서 중성선을 다중 접지하는 경우에 각각 접지한 곳 상호간의 거리는 전선로에 따라 몇 [m] 이하이어야 하는가?

① 150   ② 300

③ 400   ④ 500

|정|답|및|해|설|

[25[kV] 이하인 특고압 가공 전선로의 시설 (KEC 333.32)]

사용전압이 15[kV]를 초과하고 25[kV] 이하인 특고압 가공전선로 (중성선 다중접지식의 것으로서 전로에 지락이 생겼을 때에 2초 이내에 자동적으로 이를 전로로부터 차단하는 장치가 되어 있는 것에 한한다. 특고압 가공전선로의 중성선의 다중접지 및 중성선의 시설은 다음에 의할 것.

1. 접지선은 공칭단면적 6[mm^2] 이상의 연동선 또는 이와 동등 이상의 세기 및 굵기의 쉽게 부식하지 않는 금속선으로서 고장 시에 흐르는 전류를 안전하게 통할 수 있는 것일 것

2. 접지공사는 각각 접지한 곳 상호 간의 거리는 전선로에 따라 <u>150[m] 이하일 것</u>

3. 각 접지선을 중성선으로부터 분리하였을 경우의 각 접지점의 대지 전기저항 값과 1[km] 마다의 중성선과 대지사이의 합성 전기저항 값은 표에서 정한 값 이하일 것

사용 전압	각 접지점의 대지 전기저항 치	1[km]마다의 합성전기 저항치
15[kV] 이하	300[Ω]	30[Ω]
15[kV] 초과 25[kV] 이하	300[Ω]	15[Ω]

【정답】①

※한국전기설비규정(KEC) 적용으로 인해 더 이상 출제되지 않는 문제는 삭제했습니다.

1. 전기력선의 기본 성질에 관한 설명으로 틀린 것은?

① 전기력선의 방향은 그 점의 전계의 방향과 일치한다.

② 전기력선은 전위가 높은 점에서 낮은 점으로 향한다.

③ 전기력선은 그 자신만으로도 폐곡선을 만든다.

④ 전계가 0이 아닌 곳에서는 전기력선은 도체 표면에 수직으로 만난다.

|정|답|및|해|설|..

[전기력선의 성질]

· 전기력선은 정(+)전하에서 시작하여 부(−)전하에서 그친다.

· 전하가 없는 곳에서는 전기력선의 발생, 소멸이 없고 연속적이다.

· 전위가 높은 점에서 낮은 점으로 향한다.

· 전기력선은 그 자신만으로 폐곡선(루프)이 되는 일은 없다.

· 전계가 0이 아닌 곳에서는 2개의 전기력선은 교차하지 않는다.

· 도체 내부에는 전기력선이 없다.

· 수직 단면의 전기력선 밀도는 전계의 세기이고(1[개]/m^2)=1[N/C], 전기력선의 접선 방향은 전계의 방향이다.

· 도체 표면(등전위면)에서 전기력선은 수직으로 출입한다.

· 단위 전하 ±1[C]에서는 $1/\epsilon_0$ 개의 전기력선이 출입한다.

【정답】③

2. 반지름 $r = 1[m]$인 도체구의 표면 전하밀도가 $\dfrac{10^{-8}}{9\pi}[C/m^2]$이 되도록 하는 도체구의 전위는 몇 [V]인가?

① 10　　　　　　② 20

③ 40　　　　　　④ 80

|정|답|및|해|설|..

[도체구의 전위] $V = Er = \dfrac{\sigma}{\epsilon_0} \times r\,[V]$

노체구의 표면전계 $E = \dfrac{\sigma}{\epsilon_o}[V/m]$

도체구의 전위 $V = Er = \dfrac{\sigma}{\epsilon_0} \times r$

$$V = \frac{\sigma}{\epsilon_0} \times r = \frac{\frac{10^{-8}}{9\pi}}{8.855 \times 10^{-12}} \times 1 = \frac{10^4}{9\pi \times 8.855} = 40\,[V]$$

【정답】③

3. 여러 가지 도체의 전하 분포에 있어서 각 도체의 전하를 n배할 경우 중첩의 원리가 성립하기 위해서는 그 전위는 어떻게 되는가?

① $\dfrac{1}{2}n$배가 된다.　　② n배가 된다.

③ $2n$배가 된다.　　④ n^2배가 된다.

|정|답|및|해|설|..

[전하와 전위 관계] $Q \propto V$

$V_i = P_{i1}Q_1 + P_{i2}Q_2 + \cdots + P_{in}Q_n$ 에서

각 전하를 n배하면 V_i도 n배 된다.

【정답】②

4. 동일 용량 $C(\mu F)$의 콘덴서 n개를 병렬로 연결하였다면 합성용량은 얼마인가?

① $n^2 C$　　　　　　② nC

③ $\dfrac{C}{n}$　　　　　　④ C

|정|답|및|해|설|..

[동일 용량의 콘덴서 n개 연결]

· 직렬연결 $C_s = \dfrac{C}{n}$

· 병렬연결 $C_p = nC$

【정답】②

5. 도전율의 단위로 옳은 것은?

① m/Ω　　　　　　② Ω/m^2

③ $1/\Omega \cdot m$　　　　④ Ω/m

|정|답|및|해|설|..

[도진율의 단위]

1. 저항률(ρ) : $[\Omega \cdot m]$　　　　　　$\rightarrow (\rho = \dfrac{1}{\sigma})$

2. 도전율(σ) : $[\mho/m] = [S/m]$

【정답】③

6. $A = i + 4j + 3k,\ B = 4i + 2j - 4k$의 두 벡터는 서로 어떤 관계에 있는가?

① 평행

② 면적

③ 접근

④ 수직

|정|답|및|해|설|

[벡터의 이해(벡터의 내적)]

$A \cdot B = |A||B|\cos\theta$에서 $\cos\theta = \dfrac{A \cdot B}{|A||B|}$

· $|A|$: 계수만 제곱해 더한 후 루트

  $|A| = \sqrt{1^2 + 4^2 + 3^2} = \sqrt{26}$

· $|B| = \sqrt{4^2 + 2^2 + (-4)^2} = 6$

· $A \cdot B$: 같은 성분끼리 곱해서 더한다.

  $A \cdot B = (i + 4j + 3k) \cdot (4i + 2j - 4k)$
  $= (1 \times 4) + (4 \times 2) + (3 \times (-4)) = 0$

따라서 $\cos\theta = 0$이므로 $\theta = 90°$, A와 B는 수직 관계이다

【정답】④

7. 전류가 흐르는 도선을 자계 내에 놓으면 이 도선에 힘이 작용한다. 평등자계의 진공 중에 놓여 있는 직선전류 도선이 받는 힘에 대한 설명으로 옳은 것은?

① 도선의 길이에 비례한다.

② 전류의 세기에 반비례한다.

③ 자계의 세기에 반비례한다.

④ 전류와 자계 사이의 각에 대한 정현(sine)에 반비례한다.

|정|답|및|해|설|

[도체가 받는 힘] $F = IBl\sin\theta = I\mu_0 Hl\sin\theta\,[N]$

즉, 힘은 도선의 길이에 비례한다. 【정답】①

8. 영역 1의 유전체 $\epsilon_{r1} = 4$, $\mu_{r1} = 1$, $\sigma_1 = 0$과 영역 2의 유전체 $\epsilon_{r2} = 9$, $\mu_{r2} = 1$, $\sigma_2 = 0$일 때 영역 1에서 영역 2로 입사된 전자파에 대한 반사계수는?

① -0.2

② -5.0

③ 0.2

④ 0.8

|정|답|및|해|설|

[전자파에 대한 반사계수] $\rho = \dfrac{Z_2 - Z_1}{Z_2 + Z_1}$

특성임피던스 $Z_o = \dfrac{E}{H} = \sqrt{\dfrac{\mu}{\epsilon}}$

$Z_1 = \sqrt{\dfrac{\mu_1}{\epsilon_1}} = \sqrt{\dfrac{1}{4}} = 0.5$, $Z_2 = \sqrt{\dfrac{\mu_2}{\epsilon_2}} = \sqrt{\dfrac{1}{9}} = 0.33$

따라서 반사계수 $\rho = \dfrac{Z_2 - Z_1}{Z_2 + Z_1} = \dfrac{0.33 - 0.5}{0.33 + 0.5} = -0.2$

【정답】①

9. 정전용량이 $0.5[\mu F]$, $1[\mu F]$인 콘덴서에 각각 $2 \times 10^{-4}[C]$ 및 $3 \times 10^{-4}[C]$의 전하를 주고 극성을 같게 하여 병렬로 접속할 때 콘덴서에 축적된 에너지는 약 몇 [J]인가?

① 0.042

② 0.063

③ 0.083

④ 0.126

|정|답|및|해|설|

[콘덴서에 축적된 에너지] $W = \dfrac{(Q_1 + Q_1)^2}{C_1 + C_2}$

병렬회로에서

$C = C_1 + C_2 = (0.5 + 1) \times 10^{-6} = 1.5 \times 10^{-6}[F]$

$Q = Q_1 + Q_2 = (2 + 3) \times 10^{-4} = 5 \times 10^{-4}[C]$

$\therefore W = \dfrac{1}{2}\dfrac{Q^2}{C} = \dfrac{1}{2} \times \dfrac{(5 \times 10^{-4})^2}{1.5 \times 10^{-6}} = 0.083[J]$ 【정답】③

10. 정전용량 및 내압이 $3[\mu F]/1,000[V]$, $5[\mu F]/500[V]$ $12[\mu F]/250[V]$인 3개의 콘덴서를 직렬로 연결하고 양단에 가한 전압을 서서히 증가시킬 경우 가장 먼저 파괴되는 콘덴서는?

① $3[\mu F]$

② $5[\mu F]$

③ $12[\mu F]$

④ 3개 동시에 파괴

|정|답|및|해|설|

[직렬 연결된 콘덴서 최초로 파괴되는 콘덴서]

전하량이 가장 적은 것이 가장 먼저 파괴된다.

(전하량=정전용량×내압, 전하량 $Q = CV[C]$)

· $Q_1 = C_1 \times V_1 = 3 \times 1,000 = 3,000[C]$

· $Q_2 = C_2 \times V_2 = 5 \times 500 = 2,500[C]$

· $Q_3 = C_3 \times V_3 = 12 \times 250 = 3,000[C]$

따라서, 전하량이 $Q_1 = Q_3 > Q_2$이므로

전하용량이 가장 적은 $5[\mu F]/500[V]$의 콘덴서가 가장 먼저 파괴된다.

【정답】②

11. 전계의 세기가 1,500[V/m]인 전장에 $5[\mu C]$의 전하를 놓았을 때 이 전하에 작용하는 힘은 몇 [N]인가?

① 4.5×10^{-3} ② 5.5×10^{-3}

③ 6.5×10^{-3} ④ 7.5×10^{-3}

|정|답|및|해|설|
[전하에 작용하는 힘]
$F = QE = 5 \times 10^{-6} \times 1,500 = 7.5 \times 10^{-3}[N]$ 【정답】④

12. 정전용량 $10[\mu F]$인 콘덴서의 양단에 100[V]의 일정 전압을 인가하고 있다. 이 콘덴서의 극판간의 거리를 $\frac{1}{10}$로 변화시키면 콘덴서에 충전되는 전하량은 거리를 변화시키기 이전의 전하량에 비해 어떻게 되는가?

① $\frac{1}{10}$로 감소   ② $\frac{1}{100}$로 감소

③ 10배로 증가   ④ 100배로 증가

|정|답|및|해|설|
[전하량] $Q = CV = \frac{\epsilon S}{d} V$

정전용량 $C = \frac{\epsilon S}{d}$

$Q = CV = \frac{\epsilon S}{d} V$

전압이 일정한 경우 전하량은 극판간의 거리에 반비례
따라서 극판간 거리 d가 $\frac{1}{10}$이면 $Q = CV$에서 C가 10배이므로 전하량도 10배가 된다. 【정답】③

13. 500[AT/m]의 자계 중에 어떤 자극을 놓았을 때 $4 \times 10^{3}[N]$의 힘은 작용했다면 이때 자극의 세기는 몇 [Wb]인가?

① 2   ② 4

③ 6   ④ 8

|정|답|및|해|설|
[자극에 작용하는 힘] $F = mH[N]$
여기서, m : 자극, H : 자계의 세기
$\therefore m = \frac{F}{H} = \frac{4 \times 10^{3}}{500} = \frac{4000}{500} = 8[Wb]$ 【정답】④

14. 접지 구도체와 점전하간의 작용력은?

① 항상 반발력이다.

② 항상 흡인력이다.

③ 조건적 반발력이다.

④ 조건적 흡인력이다.

|정|답|및|해|설|
[접지 도체구와 점전하]

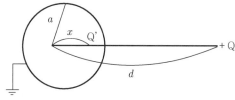

·영상전하 $Q' = -\frac{a}{d} Q[C]$

·영상전하 위치 $x = \frac{a^2}{d}[m]$

·접지구도체에는 항상 점전하와 반대 극성인 전하가 유도되므로 항상 흡인력이 작용한다. 【정답】②

15. 도전성을 가진 매질 내의 평면파에서 전송계수 γ를 표현한 것으로 알맞은 것은? 단, a는 감쇠정수, β는 위상정수이다.

① $\gamma = a + j\beta$ ② $\gamma = a - j\beta$

③ $\gamma = ja + \beta$ ④ $\gamma = ja - \beta$

|정|답|및|해|설|
[전파정수] $\lambda = \sqrt{ZY} = \sqrt{(r + jwL)(g + jwC)} = \alpha + j\beta$
여기서, α : 감쇄계수, β : 위상정수 → (공식으로 외울 것)
【정답】①

16. 자극의 세기가 $8 \times 10^{-6}[Wb]$이고, 길이가 30[cm]인 막대자석을 120[AT/m] 평등 자계 내에 자력선과 $30[°]$의 각도로 놓았다면 자석이 받는 회전력은 몇 $[N \cdot m]$인가?

① 1.44×10^{-4} ② 1.44×10^{-5}

③ 2.88×10^{-4} ④ 2.88×10^{-5}

|정|답|및|해|설|
[막대자석의 회전력] $T = MH\sin\theta = mlH\sin\theta[N \cdot m]$
여기서, M : 자기모멘트, H : 평등자계, m : 자극
l : 자극 사이의 길이, θ ; 자석과 자계가 이루는 각
$T = ml H \sin\theta = 8 \times 10^{-6} \times 30 \times 10^{-2} \times 120 \times \sin 30°$
$= 1.44 \times 10^{-4}[N \cdot m]$ 【정답】①

17. 자기회로의 퍼미언스(permeance)에는 대응하는 전기회로의 요소는?

① 서셉턴스(susceptance)

② 컨덕턴스(conductance)

③ 엘라스턴스(elastance)

④ 정전용량(electrostatic capacity)

|정|답|및|해|설|
1. 퍼미언스(permeance) : 자기저항의 역수
2. 컨덕턴스(conductance) : 전기저항의 역수
3. 엘라스턴스(elastance) : 정전용량의 역수

【정답】②

18. 전류가 흐르고 있는 도체에 자계를 가하면 도체 측면에 정·부(+, −)의 전하가 나타나 두 면 간에 전위차가 발생하는 현상은?

① 홀효과

② 핀치효과

③ 톰슨효과

④ 지백효과

|정|답|및|해|설|
[홀효과] 류가 흐르고 있는 도체에 자계를 가하면 도체 측면에 정·부의 전하가 나타나 두 면 간에 전위차가 발생하는 현상

※② 핀치 효과 : 반지름 a인 액체 상태의 원통 모양 도선 내부에 균일하게 전류가 흐를 때 도체 내부에 자장이 생겨 로렌츠의 힘으로 전류가 원통 중심 방향으로 수축하려는 효과
③ 톰슨효과 : 동일한 금속 도선의 두 점간에 온도차를 주고, 고온 쪽에서 저온 쪽으로 전류를 흘리면 도선 속에서 열이 발생되거나 흡수가 일어나는 이러한 현상을 톰슨효과라 한다.
④ 지벡 효과 : 두 종류 금속 접속면에 온도차가 있으면 기전력이 발생하는 효과

【정답】①

19. 그림과 같이 직렬로 접속된 두 개의 코일이 있을 때 $L_1 = 20[mH]$, $L_2 = 80[mH]$, 결합계수 $k = 0.8$이다. 여기서 0.5[A]의 전류를 흘릴 때 이 합성코일에 저축되는 에너지는 약 몇 [J]인가?

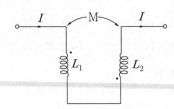

① 1.13×10^{-3}

② 2.05×10^{-2}

③ 6.63×10^{-2}

④ 8.25×10^{-2}

|정|답|및|해|설|
[합성코일에 저축되는 에너지] $W = \frac{1}{2}LI^2[J]$

직렬 가동접속이므로
$L = L_1 + L_2 + 2M$
$= L_1 + L_2 + 2k\sqrt{L_1 L_2} = 20 + 80 + 2 \times 0.8 \times \sqrt{20 \times 80} = 164[mH]$

$\therefore W = \frac{1}{2}LI^2 = \frac{1}{2} \times 164 \times 10^{-3} \times 0.5^2 = 2.05 \times 10^{-2}[J]$

【정답】②

20. 도체 1을 Q가 되도록 대전시키고, 여기에 도체 2를 접촉했을 때 도체 2가 얻은 전하를 전위계수로 표시하면? 단, P_{11}, P_{12}, P_{21}, P_{22}는 전위계수이다.

① $\dfrac{Q}{P_{11} - 2P_{12} + P_{22}}$

② $\dfrac{(P_{11} - P_{12})Q}{P_{11} - 2P_{12} + P_{22}}$

③ $\dfrac{(P_{11}P_{12} + P_{22})Q}{P_{11} - 2P_{12} + P_{22}}$

④ $\dfrac{(P_{11} - P_{12})Q}{P_{11} + 2P_{12} + P_{22}}$

|정|답|및|해|설|
[전위계수] $V_1 = V_2$, $P_{12} = P_{21}$, $Q_1 = Q - Q_2$

1도체의 전위 $V_1 = P_{11}Q_1 + P_{12}Q_2$

2도체의 전위 $V_2 = P_{21}Q_1 + P_{22}Q_2$

$Q_1 = Q - Q_2$이므로

$(P_{11} - P_{12})Q = (P_{11} + P_{22} - 2P_{12})Q_2$ → ($V_1 = V_2$이므로)

$\therefore Q_2 = \dfrac{P_{11} - P_{12}}{P_{11} - 2P_{12} + P_{22}}Q$ 【정답】②

2회 2017년 전기산업기사필기 (전력공학)

21. 다음 중 표준형 철탑이 아닌 것은?

① 내선 철탑

② 직선 철탑

③ 각도 철탑

④ 인류 철탑

|정|답|및|해|설|
[표준 철탑]
1. 직선형(A형) : 전선로의 직선 부분 (3° 이하의 수평 각도 이루는 곳 포함)에 사용
2. 각도형(B, C형) : 전선로 중 수평 각도 3°를 넘는 곳에 사용
3. 인류형(D형) : 전 가섭선을 인류하는 곳에 사용
4. 내장형(E형) : 전선로 지지물 양측의 거리 차가 큰 곳에 사용하며, E철탑이라고도 한다.
5. 보강형 : 전선로 직선 부분을 보강하기 위하여 사용

【정답】①

22. 개폐서지를 흡수할 목적으로 설치하는 것의 약어는?

① CT　　　　　② SA

③ GIS　　　　④ ATS

|정|답|및|해|설|

[서지흡수기(SA)] 변압기, 발전기 등을 서지로부터 보호 (내부 이상 전압에 대한 보호대책)　　　　　　【정답】②

|참|고|

① CT(계기용 변류기) : 대전류를 소전류로 변성하여 계기나계전기에 공급하기 위한 목적으로 사용되며 2차측 정격전류는 5[A]이다.

③ GIS(가스 절연 개폐기) : SF_6 가스를 이용하여 정상상태 및 사고, 단락 등의 고장상태에서 선로를 안전하게 개폐하여 보호

④ ATS(자동절환 개폐기) : 주 전원이 정전되거나 전압이 기준치 이하로 떨어질 경우 예비전원으로 자동 절환 하는 개폐기

※피뢰기 : 외부 이상 전압에 대한 보호대책

23. 전력계통의 전압 안정도를 나타내는 P-V 곡선에 대한 설명 중 적합하지 않은 것은?

① 가로축은 수전단 전압을 세로축은 무효전력을 나타낸다.

② 전상무효전력이 부족하면 전압은 안정되고 진상 무효전력이 과잉되면 전압은 불안정하게 된다.

③ 전압 불안정 현상이 일어나지 않도록 전압을 일정하게 유지하려면 무효전력을 적절하게 공급하여야 한다.

④ P-V 곡선에서 주어진 역률에서 전압을 증가시키더라도 송전할 수 있는 최대 전력이 존재하는 임계점이 있다.

|정|답|및|해|설|

[P-V 곡선]

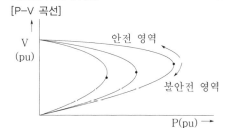

P-V곡선의 <u>가로축은 유효전압을</u> 세로축은 수전단 <u>전압</u>을 나타낸다.

【정답】①

24. 발전기나 변압기의 내부고장 검출에 주로 사용되는 계전기는?

① 역상 계전기　　　② 과전압 계전기

③ 과전류 계전기　　④ 비율차동 계전기

|정|답|및|해|설|

[비율 차동 계전기] 비율 차동 계전기는 발전기나 변압기 등이 고장에 의해 생긴 불평형의 전류 차가 평형 전류의 몇 [%] 이상 되었을 때 동작하는 계전기로 기기의 내부 고장 보호에 쓰인다.

① 역상 계전기 : 3상 전기회로에서 단선사고 시 전압 불평형에 의한 사고방지를 목적으로 설치

② 과전압 계전기 : 일정 값 이상의 전압이 걸렸을 때 동작

③ 과전류 계전기 : 일정한 전류 이상이 흐르면 동작

【정답】④

25. 3상으로 표준전압 3[kV], 800[kW]를 역률 0.9로 수전하는 공장의 수전회로에 시설할 계기용 변류기의 변류비로 적당한 것은? 단, 변류기의 2차 전류는 5[A]이며, 여유율은 1.2로 한다.

① 10　　② 20　　③ 30　　④ 40

|정|답|및|해|설|

[변류비]

$P = \sqrt{3}\, VI\cos\theta$ 에서

CT 1차 전류 $I_1 = \dfrac{P}{\sqrt{3}\,V\cos\theta} \times$ 여유율

$= \dfrac{800 \times 10^3}{\sqrt{3} \times 3,000 \times 0.9} \times 1.2 = 205.28[A]$

1차 전류는 200[A]로 정하면, CT비는 $\dfrac{200}{5} = 40$

【정답】④

26. 외뢰(外雷)에 대한 주 보호장치로서 송전계통의 절연협조의 기본이 되는 것은?

① 애자　　　　　② 변압기

③ 차단기　　　　④ 피뢰기

|정|답|및|해|설|

[절연 협조]

· 절연협조의 기본은 피뢰기(외부 이상 전압에 대한 보호대책)의 제한전압이다

· 각 기기의 절연 강도를 그 이상으로 유지함과 동시에 기기 상호간의 관계는 가장 경제적이고 합리적으로 결정한다.

【정답】④

27. 3000[KW], 역률 80[%](뒤짐)의 부하에 전력을 공급하고 있는 변전소에 전력용 콘덴서를 설치하여 변전소에서의 역률을 90[%]로 향상시키는데 필요한 전력용 콘덴서의 용량은 약 몇 [kVA]인가?

① 600 　　　　② 700
③ 800 　　　　④ 900

|정|답|및|해|설|

[역률 개선용 콘덴서 용량]

$$Q_c = P(\tan\theta_1 - \tan\theta_2) = P\left(\frac{\sin\theta_1}{\cos\theta_1} - \frac{\sin\theta_2}{\cos\theta_2}\right)$$

$$= P\left(\frac{\sqrt{1-\cos^2\theta_1}}{\cos\theta_1} - \frac{\sqrt{1-\cos^2\theta_2}}{\cos\theta_2}\right)$$

여기서, $\cos\theta_1$: 개선 전 역률, $\cos\theta_2$: 개선 후 역률
유효전력 $P = 3000[kW]$ 이므로

콘덴서 용량 $Q = 3000\left(\frac{\sqrt{1-0.8^2}}{0.8} - \frac{\sqrt{1-0.9^2}}{0.9}\right) = 797[kVA]$

【정답】③

28. 역률 0.8인 부하 480[kW]를 공급하는 변전소에 전력용 콘덴서 220[kVA]를 설치하면 역률은 몇 [%]로 개선할 수 있는가?

① 92 　　　　② 94
③ 96 　　　　④ 99

|정|답|및|해|설|

[역률 개선용 콘덴서 용량]

$$Q_c = P(\tan\theta_1 - \tan\theta_2) = P\left(\frac{\sin\theta_1}{\cos\theta_1} - \frac{\sin\theta_2}{\cos\theta_2}\right)$$

$$= P\left(\frac{\sqrt{1-\cos^2\theta_1}}{\cos\theta_1} - \frac{\sqrt{1-\cos^2\theta_2}}{\cos\theta_2}\right)$$

여기서, $\cos\theta_1$: 개선 전 역률, $\cos\theta_2$: 개선 후 역률
$P = 480[kW]$, $Q_c = 220[kVA]$

$220 = 480\left(\frac{0.6}{0.8} - \tan\theta_2\right) \rightarrow \tan\theta_2 = 0.292$

$\theta_2 = \tan^{-1}0.292 \rightarrow \theta_2 = 16.28$

그러므로 $\cos 16.28 = 0.9599$, 즉 96[%]

【정답】③

29. 수전단을 단락한 경우 송전단에서 본 임피던스 300 $[\Omega]$이고, 수전단을 개방한 경우에는 1200$[\Omega]$일 때, 이 선로의 특성 임피던스는 몇 $[\Omega]$인가?

① 300 　　　　② 500
③ 600 　　　　④ 800

|정|답|및|해|설|

[특성임피던스] $Z_0 = \sqrt{\frac{Z}{Y}}[\Omega]$

여기서, Z : 임피던스, Y : 어드미턴스
수전단을 단락한 상태 $Z = 300[\Omega]$
수전단을 개방한 상태 $Y = \frac{1}{1200}[\mho]$

$\therefore Z_0 = \sqrt{\frac{Z}{Y}} = \sqrt{\frac{3000}{1/1200}} = 600[\Omega]$

【정답】③

30. 배전전압, 배전거리 및 전력손실이 같다는 조건에서 단상 2선식 전기방식의 전선 총 중량을 100[%]라 할 때 3상 3선식 전기방식은 몇 [%]인가?

① 33.3 　　　　② 37.5
③ 75.0 　　　　④ 100.0

|정|답|및|해|설|

[전선의 중량]

	단상 2선식	단상 3선식	3상 3선식	3상 4선식
소요 전선비 (중량)	100[%] 기준	37.5[%] (62.5[%] 절약)	75[%] (25[%] 절약)	33.3[%] (66[%] 절약)

【정답】③

31. 배전선로의 전기적 특성 중 그 값이 1 이상인 것은?

① 전압강하율 　　　　② 부등률
③ 부하율 　　　　④ 수용률

|정|답|및|해|설|

[부등률] 부등률 $= \frac{\text{수용 설비 개개의 최대 수용 전력의 합계}}{\text{합성 최대 수용 전력}} \geq 1$

③ 부하율 : 1보다 작다. 높을수록 설비가 효율적으로 사용
④ 수용률 : 1보다 작다. 1보다 크면 과부하

【정답】②

32. 1,000[kVA]의 단상변압기 3대를 △ − △ 결선의 1뱅크로 하여 사용하는 변전소가 부하 증가로 다시 1대의 단상변압기를 증설하여 2 뱅크로 사용하면 최대 약 몇 [kVA]의 3상 부하에 적용할 수 있는가?

① 1,730
② 2,000
③ 3,460
④ 4,000

|정|답|및|해|설|

[V결선 시의 출력] $P_V = \sqrt{3}\,P_1\,[VA]$

△ − △ 결선의 1뱅크에 단상변압기 1대를 증설하면
V−V결선 2뱅크로 사용가능하다.

∴V결선 2뱅크 $P_V = \sqrt{3}\,P_1 \times 2 = \sqrt{3} \times 1{,}000 \times 2 = 3{,}460\,[kVA]$

【정답】 ③

33. 3,300[V] 배전선로의 전압을 6,600[V]로 승압하고 같은 손실률로 송전하는 경우 송전전력은 승압 전의 몇 배인가?

① $\sqrt{3}$
② 2
③ 3
④ 4

|정|답|및|해|설|

[송전전력] 송전전력은 전압의 제곱에 비례하므로

$P = kV^2 = k\left(\dfrac{6.6}{3.3}\right)^2 = 4K$, 즉 4배

여기서, k : 송전 용량 계수
$\qquad$ 60[kV] → 600
$\qquad$ 100[kV] → 800
$\qquad$ 140[kV] → 1200

【정답】 ④

34. 송전선로에 근접한 통신선에 유도장해가 발생하였다. 전자유도의 주된 원인은?

① 영상전류
② 정상전류
③ 정상전압
④ 역상전압

|정|답|및|해|설|

[유도장해]
1. 정전유도 : 영상전압에 의해 발생(정상시)
2. 전자유도 : 영상전류에 의해 발생(사고시)
3. 전자유도 전압은 통신선의 길이에 비례하나 정전유도 전압은 주파수 및 통신선 병행 길이와는 관계가 없다.

【정답】 ①

35. 기력발전소의 열사이클 과정 중 단열 팽창 과정에서 물 또는 증기의 상태 변화로 옳은 것은?

① 습증기 → 포화액
② 포화액 → 압축액
③ 과열증기 → 습증기
④ 압축액 → 포화액 → 포화증기

|정|답|및|해|설|

[기력발전소의 열사이클]
1. 보일러 : 등압가열
2. 복수기 : 등압냉각
3. 터빈 : 단열 팽창(과열증기 → 습증기)
4. 급수펌프 : 단열 압축

【정답】 ③

36. 3상 배전선로의 전압강하율[%]을 나타내는 식이 아닌 것은? 단, V_s : 송전단 전압, V_r : 수전단 전압, I : 전부하전류, P : 부하전력, Q : 무효전력

① $\dfrac{PR+QX}{V^2} \times 100$

② $\dfrac{V_s - V_r}{V_r} \times 100$

③ $\dfrac{V_s(PR+QX)}{V_r} \times 100$

④ $\dfrac{\sqrt{3}\,I}{V_r}(R\cos\theta + X\sin\theta) \times 100$

|정|답|및|해|설|

[전압강하율]

$\epsilon = \dfrac{V_s - V_r}{V_r} \times 100 = \dfrac{\sqrt{3}\,I(R\cos\theta + X\sin\theta)}{V_r} \times 100\,[\%]$

$= \dfrac{\sqrt{3}\,V_r I(R\cos\theta + X\sin\theta)}{V_r^2} \times 100 = \dfrac{RP + QX}{V_r^2} \times 100\,[\%]$

【정답】 ③

37. 송전선로의 보호방식으로 지락에 대한 보호는 영상전류를 이용하여 어떤 계전기를 동작시키는가?

① 선택지락 계전기
② 전류차동 계전기
③ 과전압 계전기
④ 거리 계전기

|정|답|및|해|설|

[계전기 동작]
1. 지락계전기(GR) : 1회전 송전선로의 지락 보호
2. 선택지락계전기(SGR) : 2회선 이상의 송전선로의 지락 시 선택 차단

【정답】 ①

38. 경수감속 냉각형 원자로에 속하는 것은?

① 고속증식로

② 열중성자로

③ 비등수형 원자로

④ 흑연감속 가스 냉각로

|정|답|및|해|설|

[원자로] 경수로는 경수냉각 경수 감속하는 원자로이다.
가압수형 원자로(PWR)과 비등수형 원자로(BWR)이 있다.

【정답】③

39. 장거리 송전선로의 특성을 표현한 회로로 옳은 것은?

① 분산부하회로

② 분포정수회로

③ 집중정수회로

④ 특성임피던스

|정|답|및|해|설|

[송전선로의 특성]

구분	선로정수	회로
단거리	R, L	집중정수회로
중거리	R, L, C	T회로, π회로
장거리	R, L, C, G	분포정수 회로

단거리 송전선로나 중거리 송전선로는 집중정수회로로 해석하고
장거리 송전선로는 분포정수회로로 해석한다.

【정답】②

40. 배전선로에 3상 3선식 비접지방식을 채용할 경우
장점이 아닌 것은?

① 과도 안정도가 크다.

② 1선 지락고장 시 고장전류가 작다.

③ 1선 지락고장 시 인접 통신선의 유도장해가 작다.

④ 1선 지락고장 시 건전상의 대지전위 상승이 작다.

|정|답|및|해|설|

[비접지의 특징(직접 접지와 비교)]
· 지락 전류가 비교적 적다.(유도 장해 감소)
· 보호 계전기 동작이 불확실하다.
· △결선 가능
· V−V결선 가능
· 1선 지락고장 시 건전상의 대지전위는 $\sqrt{3}$ 배까지 상승한다.

※직접접지 방식 : 대지 전압 상승이 거의 없다.

【정답】④

41. 직류기에서 전기자 반작용의 영향을 설명한 것으
로 틀린 것은?

① 주자극의 자속이 감소한다.

② 정류자편 사이의 전압이 불균일하게 된다.

③ 국부적으로 전압이 높아져 섬락을 일으킨다.

④ 전기적 중성점이 전동기인 경우 회전방향으로
이동한다.

|정|답|및|해|설|

[전기자 반작용] 전기자 반작용은 전기가 자속에 의해서 계자자속
이 일그러지는 현상을 말한다.

[전기자 반작용의 영향]

1. 전기적 중성축 이동
   · 발전기 : 회전 방향으로 이동
   · 전동기 : 회전 방향과 반대 방향으로 이동

2. 주자속 감소

3. 정류자 편간의 불꽃 섬락 발생

【정답】④

42. 6,300/210[V], 20[kVA] 단상변압기 1차 저항과
리액턴스가 각각 15.2[Ω]과 21.6[Ω], 2차 저항
과 리액턴스가 각각 0.019[Ω]과 0.028[Ω]이
다. 백분율 임피던스는 약 몇 [%]인가?

① 1.86　　　　② 2.86

③ 3.86　　　　④ 4.86

|정|답|및|해|설|

[백분율 임피던스] $\%Z = \dfrac{z_{21}I_{1n}}{V_{1n}} \times 100 = \dfrac{PZ}{10V^2}$[%]

권수비 $a = \dfrac{V_1}{V_2} = \dfrac{6300}{210} = 30$

$r_{21} = r_1 + a^2 r_2 = 15.2 + 30^2 \times 0.019 = 32.3[\Omega]$

$x_{21} = x_1 + a^2 x_2 = 21.6 + 30^2 \times 0.028 = 46.8[\Omega]$

$\therefore \%Z = \dfrac{z_{21}I_{1n}}{V_{1n}} \times 100 = \dfrac{PZ}{10V^2} = \dfrac{20 \times \sqrt{32.3^2 + 46.8^2}}{10 \times 6.3^2} = 2.86[\%]$

【정답】②

43. 단상 50[Hz], 전파 정류 회로에서 변압기의 2차 상전압 100[V], 수은 정류기의 전압 강하 20[V]에서 회로 중의 인덕턴스는 무시한다. 외부 부하로서 기전력 50[V], 내부저항 0.3[Ω]의 축전지를 연결할 때 평균 출력은 약 몇 [W]인가?

① 4,556
② 4,667
③ 4,778
④ 4,889

|정|답|및|해|설|

[평균 출력] $P_0 = E_d I_d [W]$

직류 평균전압 $E_d = \dfrac{2\sqrt{2}}{\pi}E - e$
$= 0.9E - e = 0.9 \times 100 - 20 = 70[V]$

평균 부하전류 $I_d = \dfrac{E_d - V}{R} = \dfrac{70 - 50}{0.3} = 66.67[A]$

∴평균출력 $P_0 = E_d I_d = 70 \times 66.67 = 4,666.9[W]$

【정답】②

44. 권선형 유도전동기의 속도제어 방법 중 저항제어법의 특징으로 옳은 것은?

① 효율이 높고 역률이 좋다.
② 부하에 대한 속도 변동률이 작다.
③ 구조가 간단하고 제어조작이 편리하다.
④ 전부하로 장시간 운전하여도 온도에 영향이 적다.

|정|답|및|해|설|

[권선형 유도전동기의 속도제어법(저항제어법)]
·비례추이에 의한 외부 저항 R로 속도 조정이 용이하다.
·부하가 적을 때는 광범위한 속도 조정이 곤란 하지만, 일반적으로 부하에 대한 속도 조정도 크게 할 수가 있다.
·운전 효율이 낮고, 제어용 저항기는 가격이 비싸다.

【정답】③

45. 직류 분권전동기의 공급전압의 극성을 반대로 하면 회전 방향은 어떻게 되는가?

① 반대로 된다.
② 변하지 않는다.
③ 발전기로 된다.
④ 회전하지 않는다.

|정|답|및|해|설|

[직류 분권전동기] 직류 분권전동기의 공급 전압의 극성이 반대로 되면, 계자전류와 전기자 전류의 방향이 동시에 반대로 되기 때문에 회전 방향은 변하지 않는다.
【정답】②

46. 3상 동기발전기의 여자전류 5[A]에 대한 1상의 유기기전력이 600[V]이고 그 3상 단락 전류는 30[A]이다. 이 발전기의 동기임피던스[Ω]는?

① 10
② 20
③ 30
④ 40

|정|답|및|해|설|

[발전기 동기임피던스] $Z_s = \dfrac{E_n}{I_s} = \dfrac{600}{30} = 20[\Omega]$

여기서, I_s : 발전기내의 단락전류
E_n : 발전기 내의 전압
【정답】②

47. 동기발전의 전기자 권선을 단절권으로 하는 가장 큰 이유는?

① 과열을 방지
② 기전력 증가
③ 기본파를 제거
④ 고조파를 제거해서 기전력 파형 개선

|정|답|및|해|설|

[단절권의 특징]
·고조파를 제거하여 기전력의 파형을 좋게 한다.
·자기 인덕턴스 감소
·동량 절약
·유기기전력이 감소된다.
【정답】④

48. 권선형 유도전동기가 기동하면서 동기속도 이하까지 회전속도가 증가하면 회전자의 전압은?

① 증가한다.
② 감소한다.
③ 변함없다.
④ 0이 된다.

|정|답|및|해|설|

[회전자의 전압] $E_{2s} = sE_2$

슬립 $s = \dfrac{N_s - N}{N_s}$

회전속노(N)가 증가하면 슬립이 감소한다.
$E_{2s} = sE_2$에서 회전자의 속도가 증가함에 따라 2차 전압의 크기와 주파수는 감소하고 2차 전류도 감소한다.
【정답】②

49. 3상 직권 정류자 전동기의 중간 변압기의 사용 목적은?

① 역회전의 방지

② 역회전을 위하여

③ 전동기의 특성을 조정

④ 직권 특성을 얻기 위하여

|정|답|및|해|설|

[중간 변압기를 사용하는 주요한 이유]

1. 직권 특성이기 때문에 경부하에서는 속도가 매우 상승하나 중간변압기를 사용, 그 철심을 포화하도록 해서 그 속도 상승을 제한할 수 있다.

2. 전원전압의 크기에 관계없이 정류에 알맞게 회전자 전압을 선택할 수 있다.

3. 중간 변압기의 권수비를 바꾸어 전동기의 특성을 조정할 수 있다.

【정답】③

50. 전기자 지름 0.2[m]의 직류발전기가 1.5[kW]의 출력에서 1,800[rpm]으로 회전하고 있을 때 전기자 주변 속도는 약 몇 [m/s]인가?

① 18.84

② 21.96

③ 32.74

④ 42.85

|정|답|및|해|설|

[회전자 주변속도] $v = \pi D \cdot \dfrac{N_s}{60}[m/s]$

여기서, D: 회전자 둘레, N_s : 동기속도$[rpm]$

$\therefore v = \pi D \dfrac{N_s}{60} = \pi \times 0.2 \times \dfrac{1800}{60} = 18.84[m/s]$

【정답】①

51. 다음 중 2방향성 3단자 사이리스터는?

① SCR

② SSS

③ SCS

④ TRIAC

|정|답|및|해|설|

[사이리스터의 비교]

1. 방향성

· 양방향성(쌍방향) 소자 : DIAC, TRIAC, SSS

· 역저지(단방향성) 소자 : SCR, LASCR, GTO, SCS

2. 단자수

· 2단자 소자 : DIAC, SSS, Diode

· 3단자 소자 : SCR, LASCR, GTO, TRIAC

· 4단자 소자 : SCS

【정답】④

52. 어떤 주상 변압기가 $\dfrac{4}{5}$ 부하일 때, 최대 효율이 된다고 한다. 전부하에 있어서의 철손과 동손의 비 $\dfrac{P_c}{P_i}$는 약 얼마인가?

① 0.64

② 1.56

③ 1.64

④ 2.56

|정|답|및|해|설|

[철손과 동손의 비] $m = \dfrac{4}{5}$, 부하시의 동손 P_c, 전부하 철손 P_i

철손과 동손이 같을 때 최대 효율 발생, $P_i = m^2 P_c$

$\dfrac{P_c}{P_i} = \dfrac{1}{m^2} \rightarrow \dfrac{1}{\left(\dfrac{4}{5}\right)^2} = \dfrac{25}{16} = 1.5625$

【정답】②

53. 정격 주파수 50[Hz]의 변압기를 일정 전압 60[Hz]의 전원에 접속하여 사용했을 때 여자전류, 철손 및 리액턴스 강하는?

① 여자전류와 철손은 $\dfrac{5}{6}$ 감소, 리액턴스 강하 $\dfrac{6}{5}$ 증가

② 여자전류와 철손은 $\dfrac{5}{6}$ 감소, 리액턴스 강하 $\dfrac{6}{5}$ 감소

③ 여자전류와 철손은 $\dfrac{6}{5}$ 증가, 리액턴스 강하 $\dfrac{6}{5}$ 증가

④ 여자전류와 철손은 $\dfrac{6}{5}$ 증가, 리액턴스 강하 $\dfrac{5}{6}$ 감소

|정|답|및|해|설|

1. 전압이 일정하므로

여자전류 $I_\phi = \dfrac{E}{\omega L} = \dfrac{E}{2\pi f L} \propto \dfrac{1}{f}$

$I_\phi' = \dfrac{f}{f'} I_\phi = \dfrac{50}{60} \times I_\phi = \dfrac{5}{6} I_\phi$

그러므로 여자전류 $\dfrac{5}{6}$ 감소

2. 철손 $P_i \propto \dfrac{E^2}{f}$, $P_i' = \dfrac{50}{60} P_i = \dfrac{5}{6} P_i$

그러므로 철손 $\dfrac{5}{6}$ 감소

3. 리액턴스강하 $q = \dfrac{I_{n1} X_{21}}{V_{1n}} \times 100[\%]$ 이므로

리액턴스강하는 리액턴스에 비례하므로

$X = \omega L = 2\pi f L \propto f$ 이므로 $\dfrac{6}{5}$ 으로 증가

【정답】①

54. 동기전동기의 특징으로 틀린 것은?

① 속도가 일정하다.

② 역률을 조정할 수 없다.

③ 직류전원을 필요로 한다.

④ 난조를 일으킬 염려가 있다.

|정|답|및|해|설|

[동기 전동기의 특징]

·속도가 일정하다.

·기동 토크가 작다.

·언제나 역률 1로 운전할 수 있다.

·역률을 조정할 수 있다.

·유도 전동기에 비해 효율이 좋다.

·공극이 크고 기계적으로 튼튼하다.　　　【정답】②

---

55. 직류기의 손실 중 기계손에 속하는 것은?

① 풍손　　　　　　② 와전류손

③ 히스테리시스손　④ 브러시의 전기손

|정|답|및|해|설|

[총손실]

1. 무부하손

　·철손 : 히스테리시스손, 와류손

　·기계손 : 풍손, 베어링 마찰손

2. 부하손

　·전기자 저항손

　·브러시손

　·표류부하손　　　　　　　　　　【정답】①

---

56. 직류기에서 양호한 정류를 얻는 조건으로 틀린 것은?

① 정류 주기를 크게 한다.

② 브러시의 접촉 저항을 크게 한다.

③ 전기자 권선의 인덕턴스를 작게 한다.

④ 평균 리액턴스 전압을 브러시 접촉면 전압 강하 보다 크게 한다.

|정|답|및|해|설|

[불꽃 없는 정류를 하려면] 리액턴스 전압 $e_L = L \dfrac{2I_c}{T_c}[V]$

여기서, L : 인덕턴스, T_c : 정류주기

리액턴스 전압 e가 크면 클수록 전압이 불량, 즉 불꽃이 발생한다.

---

1. 코일의 리액턴스(L)를 적게 하여 리액턴스 전압(e_L)이 낮아야 한다.
2. 정류주기(T_c)가 길어야 한다.　　→ (회전속도를 낮춘다.)
3. 브러시의 접촉저항이 커야한다 (탄소 브러시 사용)　→ (저항정류)
4. 보극 설치　　　　　　　　　　→ (전압정류)
5. 보상권선을 설치한다.　　　　　→ (전기자 반작용 억제)
　　　　　　　　　　　　　　　　【정답】④

---

57. 동기전동기의 제동권선은 다음 어떤 것과 같은가?

① 직류기의 전기자

② 유도기의 농형 회전자

③ 동기기의 원통형 회전자

④ 동기기의 유도자형 회전자

|정|답|및|해|설|

[제동권선] 제동권선은 회전 자극 표면에 설치한 유도 전동기의 농형 권선과 같은 권선으로서 진동 에너지를 열로 소비하여 진동(난조)을 방지한다.

[제동권선의 역할]

·난조방지

·기동토크 발생

·불평형 부하시의 전류, 전압 파형 개선

·송전선의 불평형 단락시의 이상 전압 방지

　　　　　　　　　　　　　　　　【정답】②

---

58. 권선형 3상 유도전동기의 2차회로는 Y로 접속되고 2차 각 상의 저항은 $0.3[\Omega]$이며 1차, 2차 리액턴스의 합은 $1.5[\Omega]$이다. 기동 시에 최대 토크를 발생하기 위해서 삽입하여야 할 저항$[\Omega]$은? 단, 1차 각 상의 저항은 무시한다.

① 1.2　　　　　　② 1.5

③ 2　　　　　　　④ 2.2

|정|답|및|해|설|

[외부 삽입 저항] $R_s = \sqrt{r_1^2 + (x_1 + x_2')^2} - r_2'[\Omega]$

1차저항 $r_1 - 0$이므로

$R_s' = \sqrt{r_1^2 + (x_1 + x_2')^2} - r_2' = \sqrt{(x_1 + x_2')^2} - r_2'$

$x_1 + x_2' = 1.5[\Omega]$, $r_2' = 0.3[\Omega]$이므로

$R_s = \sqrt{(x_1 + x_2')^2} - r_2' = \sqrt{(1.5)^2} - 0.3 = 1.2[\Omega]$

　　　　　　　　　　　　　　　　【정답】①

59. 3상 유도전압조정기의 특징이 아닌 것은?

① 분로권선에 회전자계가 발생한다.

② 입력전압과 출력전압의 위상이 같다.

③ 두 권선은 2극 또는 4극으로 감는다.

④ 1차 권선은 회전자에 감고 2차 권선은 고정자에 감는다.

|정|답|및|해|설|
[3상 유도전압조정기]
· 3상 유도전압조정기의 입력측 전압 E_1과 출력측 전압 E 사이에는 <u>위상차 α가 생긴다.</u>
· 단상 유도 전압 조정기는 위상차가 부하각($a \leq 30°$)보다 발생하지 않는다. 【정답】②

60. 변압기의 부하가 증가할 때의 현상으로서 틀린 것은?

① 동손이 증가한다. ② 온도가 상승한다.

③ 철손이 증가한다. ④ 여자전류는 변함없다.

|정|답|및|해|설|
[변압기의 손실]
· 부하손 : 동손
· 무부하손 : 철손(히스테리시스손+와류손)
그러므로 2차 부하가 증가하면 <u>철손은 일정하나 동손은 증가하게</u> 된다. 【정답】③

---

61. 어떤 회로망의 4단자 정수가 $A = 8$, $B = j2$ $D = 3 + j2$이면 이 회로망의 C는 얼마인가?

① $2 + j3$ ② $3 + j3$

③ $24 + j14$ ④ $8 - j11.5$

|정|답|및|해|설|
[4단자정수] $AD - BC = 1$
$$C = \frac{AD-1}{B} = \frac{8(3+j2)-1}{j2} = \frac{23-j6}{j2} = \frac{16-j23}{j2\times(-j)} = 8 - j11.5$$
【정답】④

62. 다음과 같은 회로에서 $i_1 = I_m \sin\omega t [A]$일 때, 개방된 2차 단자에서 나타나는 유기기전력 e_2는 몇 [V]인가?

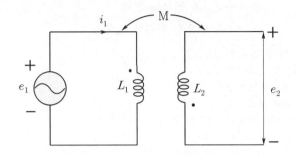

① $\omega M I_m \sin(\omega t - 90°)$

② $\omega M I_m \cos(\omega t - 90°)$

③ $-\omega M \sin\omega t$

④ $\omega M \cos\omega t$

|정|답|및|해|설|
[2차 유기기전력] $e_2 = -L_2\dfrac{dt_2}{dt} = -M\dfrac{dt_1}{dt}$ → (차동결합)

$e_2 = -M\dfrac{di_1}{dt} = -\omega M I_m \cos\omega t = -\omega t M I_m \sin(\omega t + 90°)$
$\qquad = \omega M I_m \sin(\omega t - 90°) [V]$
【정답】①

63. 다음 회로에서 부하 R에 최대 전력이 공급될 때의 전력값이 5[W]라고 할 때 $R_L + R_i$의 값은 몇 [Ω]인가? (단, R_i는 전원의 내부저항이다.)

① 5

② 10

③ 15

④ 20

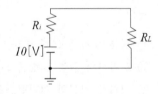

|정|답|및|해|설|
[최대 전력 전송 조건] $P_m = I^2 R_L = \left(\dfrac{V}{R_i + R_L}\right)^2 R_L$
$$= \left(\dfrac{V}{2R_L}\right)^2 \times R_L = \dfrac{V^2}{4R_L}[W]$$
→ (최대전력 전송 조건 ($R_i = R_L = R$))

$5 = \dfrac{10^2}{4R_L}$ → $R_L = \dfrac{10^2}{4\times5} = 5[\Omega]$

$\therefore R_L + R_i = 5 + 5 = 10[\Omega]$
【정답】②

64. 부동작 시간(dead time) 요소의 전달함수는?

① K ② $\dfrac{K}{s}$ ③ Ke^{-Ls} ④ Ks

|정|답|및|해|설|

[전달함수]
방정식 : $y(t)=Kx(t-L)$ → (L : 부동작시간)
라플라스 변환 : $Y(s)=Ke^{-Ls} \cdot X(s)$

$\therefore G(s)=\dfrac{Y(s)}{X(s)}=Ke^{-Ls}$ 【정답】③

※① K : 비례요소, ② $\dfrac{K}{s}$: 적분요소, ④ Ks : 미분요소

65. 회로의 양 단자에서 테브난의 정리에 의한 등가 회로로 변환할 경우 V_{ab} 전압과 테브난 등가저항은?

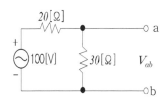

① 60[V], 12[Ω]   ② 60[V], 15[Ω]
③ 50[V], 15[Ω]   ④ 50[V], 50[Ω]

|정|답|및|해|설|

[전압과 테브난 등가저항]

1. 30[Ω]에 인가되는 등가전압 : $V_{ab}=100 \times \dfrac{30}{20+30}=60[V]$

2. 등가저항 : 양 단자 측에서 본 전체 저항(전압원 단락시킨다)은 20[Ω] 30[Ω]이 병렬연결이므로

$R_{ab}=\dfrac{20 \times 30}{20+30}=12[Ω]$ 【정답】①

66. 저항 $R[\Omega]$, 리액턴스 $X[\Omega]$와의 직렬회로에 교류 전압 $V[V]$를 가했을 때 소비되는 전력[W]은?

① $\dfrac{V^2 R}{\sqrt{R^2+X^2}}$ ② $\dfrac{V}{\sqrt{R^2+X^2}}$

③ $\dfrac{V^2 R}{R^2+X^2}$ ④ $\dfrac{X}{R^2+X^2}$

|정|답|및|해|설|

[$R-X$ 직렬 회로의 유효전력]

$P=I^2 R=\left(\dfrac{V}{\sqrt{R^2+X^2}}\right)^2 R=\dfrac{V^2}{R^2+X^2}R$ 【정답】③

67. 그림과 같은 회로에서 $V_1(s)$를 입력, $V_2(s)$를 출력으로 한 전달함수는?

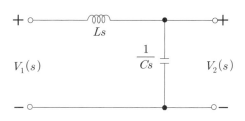

① $\dfrac{1}{\dfrac{1}{Ls}+Cs}$ ② $\dfrac{1}{1+s^2 LC}$

③ $\dfrac{1}{LC+Cs}$ ④ $\dfrac{Cs}{s^2(s+LC)}$

|정|답|및|해|설|

[전달함수] $G(s)=\dfrac{V_2(s)}{V_1(s)}$

입력과 출력이 모두 전압함수로 주어졌을 경우에는 입력측에서 바라본 임피던스값하고 출력단자에 결합된 임피던스의 비로 계산한다.

1. 입력측 $V_1(s)=\left(Ls+\dfrac{1}{Cs}\right)I(s)$

2. 출력측 $V_2(s)=\dfrac{1}{Cs}I(s)$

$\therefore$전달함수 $G(s)=\dfrac{V_2(s)}{V_1(s)}=\dfrac{\dfrac{1}{Cs}}{Ls+\dfrac{1}{Cs}}=\dfrac{1}{s^2 LC+1}$

【정답】②

68. 대칭 6상 기전력의 선간전압과 상기전력의 위상차는?

① 120°   ② 60°
③ 30°   ④ 15°

|정|답|및|해|설|

[대칭 n상인 경우 기전력의 위상차] $\theta_n=\dfrac{\pi}{2}-\dfrac{\pi}{n}=\dfrac{\pi}{2}\left(1-\dfrac{2}{n}\right)$

$\therefore \theta_6=\dfrac{180}{2}\left(1-\dfrac{2}{6}\right)=90 \times \dfrac{2}{3}=60°$ 【정답】②

69. RLC 직렬회로에서 각주파수 ω를 변화시켰을 때 어드미턴스의 궤적은?

① 원점을 지나는 원

② 원점을 지나는 반원

③ 원점을 지나지 않는 원

④ 원점을 지나지 않는 직선

|정|답|및|해|설|

[RLC직렬회로의 궤적] ω가 변한다는 것은 R값이 일정, 즉 리액턴스 성분이 변한다.

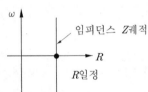

1. 임피던스 궤적

즉, 허수측과 평행한 직선궤적이다.

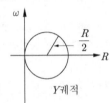

2. 어드미턴스 궤적

즉, 원점을 지나는 원궤적이다. **【정답】①**

70. RL 병렬회로의 양단에 $e = E_m \sin(\omega t + \theta)[V]$의 전압이 가해졌을 때 소비되는 유효전력[W]은?

① $\dfrac{E_m^2}{2R}$

② $\dfrac{E_m^2}{\sqrt{2}\,R}$

③ $\dfrac{E_m}{2R}$

④ $\dfrac{E_m}{\sqrt{2}\,R}$

|정|답|및|해|설|

[유효전력] $P = I^2 R = \dfrac{E^2}{R}[W]$

R과 L이 병렬회로이므로 전압은 일정하다.

유효전력 $P = \dfrac{E^2}{R} = \dfrac{\left(\dfrac{E_m}{\sqrt{2}}\right)^2}{R} = \dfrac{E_m^2}{2R}[W]$ → (실효값 $E = \dfrac{E_m}{\sqrt{2}}$)

※소비전력을 구할 때는 항상 전압과 전류의 실효값을 대입한다. **【정답】①**

71. RC회로에 비정현파 전압을 가하여 흐른 전류가 다음과 같을 때 이 회로의 역률은 약 몇 [%]인가?

$$v = 20 + 220\sqrt{2}\sin 120\pi t + 40\sqrt{2}\sin 360\pi t\,[V]$$

$$i = 2.2\sqrt{2}\sin(120\pi t + 36.87°)$$

$$+ 0.49\sqrt{2}\sin(360\pi t + 14.04°)[A]$$

① 75.8 ② 80.4

③ 86.3 ④ 89.7

|정|답|및|해|설|

[회로의 역률] $\cos\theta = \dfrac{P}{P_a} \times 100[\%]$

1. 유효전력 $P = V_1 I_1 \cos\theta_1 + V_3 I_3 \cos\theta_3$

$\qquad = 220 \times 2.2 \times \cos 36.87° + 40 \times 0.49 \times \cos 14.04°$

$\qquad = 406.21[W]$

2. 피상전력 $P_a = V \cdot I$

　－전압의 실효값 $V = \sqrt{V_0^2 + V_1^2 + V_3^2}$

$\qquad\qquad = \sqrt{20^2 + 220^2 + 40^2} = 224.5[V]$

　－전류의 실효값 $I = \sqrt{I_1^2 + I_3^2} = \sqrt{2.2^2 + 0.49^2} = 2.25[A]$

∴역률 $\cos\theta = \dfrac{P}{P_a} \times 100 = \dfrac{P}{V \cdot I} \times 100 = \dfrac{406.21}{505.13} \times 100 = 80.42[\%]$

【정답】②

72. 2단자 회로 소자 중에서 인가한 전류파형과 동위 상의 전압파형을 얻을 수 있는 것은?

① 저항 ② 콘덴서

③ 인덕턴스 ④ 저항+콘덴서

|정|답|및|해|설|

[정저항회로(R만의 회로)] 저항 R에 정현파 전류($i = I_m \sin\omega t$)가 흐를 때 전압강하 $V_R = Ri = RI_m \sin\omega t = V_m \sin\omega t$

→ (전압과 전류가 동위상)

|참|고|

1. 인덕턴스 L에 정현파 전류가 흐를 때 (L만의 회로)

전압강하 $V_L = L\dfrac{di}{dt} = V_m \sin(\omega t + 90°)$

→ (전압이 전류보다 위상이 90° 앞선다(지상, 유도성))

2. 페시턴스 C에 정현파 전류가 흐를 때 (C만의 회로)

전압강하 $V_C = V_m \sin(\omega t - 90°)$

→ (전압은 전류보다 위상이 90° 느리다(진상, 용량성))

【정답】①

73. 다음과 같은 교류 브리지 회로에서 Z_0에 흐르는 전류가 0이 되기 위한 각 임피던스의 조건은?

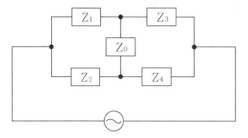

① $Z_1 Z_2 = Z_3 Z_4$

② $Z_1 Z_2 = Z_3 Z_0$

③ $Z_2 Z_3 = Z_1 Z_0$

④ $Z_2 Z_3 = Z_1 Z_4$

|정|답|및|해|설|

[브리지 회로의 평형조건(휘스톤브리지)] 서로 마주보는 대각으로의 곱이 같으면 회로가 평형이다. 즉, $Z_2 Z_3 = Z_1 Z_4$

【정답】④

74. 불평형 3상 전류가 $I_a = 15 + j2[A]$ $I_b = -20 - j14[A]$, $I_c = -3 + j10[A]$, 일 때의 영상전류 I_0는?

① $1.57 - j3.25$

② $2.85 + j0.36$

③ $-2.67 - j0.67$

④ $12.67 + j2$

|정|답|및|해|설|

[영상전류] $I_0 = \frac{1}{3}(I_a + I_b + I_c)$

$\therefore I_0 = \frac{1}{3}(15 + j2 - 20 - j14 - 3 + j10)$

$= \frac{1}{3}(-8 - j2) = -2.67 - j0.67[A]$ 　　【정답】③

75. $F(s) = \frac{5s+3}{s(s+1)}$ 일 때 $f(t)$의 최종값은?

① 3

② -3

③ 5

④ -5

|정|답|및|해|설|

[라플라스 변환의 최종값 정리]

$f(\infty) = \lim_{t \to \infty} f(t) = \lim_{s \to 0} F(s)$ 로부터

$\lim_{t \to \infty} f(t) = \lim_{s \to 0} s \cdot F(s) = \lim_{s \to 0} s \cdot \frac{5s+3}{s(s+1)}$

$= \lim_{s \to 0} \frac{5s+3}{s+1} = \frac{3}{1} = 3$ 　　【정답】①

76. 회로에서 $L = 50[mH]$, $R = 20[k\Omega]$인 경우 회로의 시정수는 몇 $[\mu s]$인가?

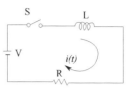

① $4.0[\mu s]$

② $3.5[\mu s]$

③ $3.0[\mu s]$

④ $2.5[\mu s]$

|정|답|및|해|설|

[RL회로의 시정수] $\tau = \frac{L}{R}$

$\tau = \frac{L}{R} = \frac{50 \times 10^{-3}}{20 \times 10^3} = 2.5 \times 10^{-6}[sec] = 2.5[\mu s]$ 　　【정답】④

77. 주기적인 구형파 신호의 구성은?

① 직류성분만으로 구성된다.

② 기본파 성분만으로 구성된다.

③ 고조파 성분만으로 구성된다.

④ 직류 성분, 기본파 성분, 무수히 많은 고조파 성분으로 구성된다.

|정|답|및|해|설|

[주기적인 구형파 신호의 구성(푸리에 급수)]

푸리에 급수 $f(t) = a_0 + \sum_{n=1}^{\infty} a_n \cos nwt + \sum_{n=1}^{\infty} b_n \sin nwt$

여기서, a_0 : 직류분, $n=1$: 기본파, $n = 2 \sim \infty$ 고조파

주기적인 비정현파의 신호는 일반적으로 푸리에 급수에 의해 표시되므로 무수히 많은 홀수 고주파의 합성이다. 　　【정답】④

78. 3상 Y결선 전원에서 각 상전압이 100[V]일 때 선간전압[V]은?

① 150　　② 170　　③ 173　　④ 179

|정|답|및|해|설|

[Y결선] $V_p = \frac{V_l}{\sqrt{3}}$, $I_l = I_p$

여기서, V_i : 선간전압, V_p : 상전압, I_l : 선전류

I_p : 상전류

$\therefore$ 선간전압 $V_l = \sqrt{3} V_p = \sqrt{3} \times 100 = 173[V]$ 　　【정답】③

79. 다음 미분 방정식으로 표시되는 계에 대한 전달함수는? 단, $x(t)$는 입력, $y(t)$는 출력을 나타낸다.

$$\frac{d^2y(t)}{dt^2} + 3\frac{dy(t)}{dt} + 2y(t) = x(t) + \frac{dx(t)}{dt}$$

① $\dfrac{s+1}{s^2+3s+2}$ ② $\dfrac{s-1}{s^2+3s+2}$

③ $\dfrac{s+1}{s^2-3s+2}$ ④ $\dfrac{s-1}{s^2-3s+2}$

|정|답|및|해|설|

[전달함수] $G(s) = \dfrac{Y(s)}{X(s)}$

$[s^2Y(s) - sy(0) - y'(0)] + 3[sY(s) - y(0)] + 2Y(s)$

$= X(s) + [sX(s) - x(0)]$

모든 초기값을 0으로 보고 정리하면

$(s^2 + 3s + 2)Y(s) = (s+1)X(s)$

$\therefore \dfrac{Y(s)}{X(s)} = \dfrac{s+1}{s^2+3s+2}$ 【정답】①

80. 대칭좌표법에 관한 설명이 아닌 것은?

① 대칭좌표법은 일반적인 비대칭 3상 교류회로의 계산에도 이용된다.

② 대칭 3상 전압의 영상분과 역상분은 0이고, 정상분만 남는다.

③ 비대칭 3상 교류회로는 영상분, 역상분 및 정상분의 3성분으로 해석한다.

④ 비대칭 3상 회로의 접지식 회로에는 영상분이 존재하지 않는다.

|정|답|및|해|설|

[대칭좌표법] ④ 비대칭 3상 회로의 접지식 회로에서는 영상분이 존재한다.   【정답】④

81. 변전소의 주요 변압기에 시설하지 않아도 되는 계측 장치는?

① 전압계 ② 역률계

③ 전류계 ④ 전력계

|정|답|및|해|설|

[계측장치의 시설 (KEC 351.6)] 발전소에 시설하여야 하는 계측장치

1. 발전기·연료 전지 또는 태양 전지 모듈의 전압 및 전류 또는 전력
2. 발전기의 베어링 및 고정자의 온도
3. 정격출력이 10,000[kW]를 초과하는 증기 터빈에 접속하는 발전기의 진동의 진폭
4. 주요 변압기의 전압 및 전류 또는 전력
5. 특고압용 변압기의 온도   【정답】②

82. 애자사용공사에 의한 고압 옥내배선을 시설하고자 할 경우 전선과 조영재 사이의 간격(이격거리)은 몇 [cm] 이상인가?

① 3 ② 4 ③ 5 ④ 6

|정|답|및|해|설|

[고압 옥내배선 등의 시설 (KEC 342.1)]

·전선의 지지점 간의 거리는 6[m] 이하일 것. 다만, 전선을 조영재의 면을 따라 붙이는 경우에는 2[m] 이하이어야 한다.

·전선 상호 간의 간격은 8[cm] 이상, 전선과 조영재 사이의 간격(이격거리)은 5[cm] 이상일 것   【정답】③

83. 특고압 전선로에 접속하는 배전용 변압기의 1차 및 2차 전압은?

① 1차 : 35[kV] 이하, 2차 : 저압 또는 고압

② 1차 : 50[kV] 이하, 2차 : 저압 또는 고압

③ 1차 : 35[kV] 이하, 2차 : 특고압 또는 고압

④ 1차 : 50[kV] 이하, 2차 : 특고압 또는 고압

|정|답|및|해|설|

[특고압 배전용 변압기의 시설 (KEC 341.2)]

·특고압 전선에 특고압 절연 전선 또는 케이블을 사용한다.

·1차 전압은 35[kV] 이하, 2차측은 저압 또는 고압일 것

·특고압측에는 개폐기 및 과전류 차단기를 시설할 것

·변압기의 2차 측이 고압 경우에는 개폐기를 시설하고 쉽게 개폐할 수 있도록 할 것   【정답】①

84. 폭연성 먼지(분진) 또는 화약류의 가루(분말) 전기설비가 발화원이 되어 폭발한 우려가 있는 곳에 시설하는 저압 옥내 전기설비를 케이블 공사로 할 경우 관이나 방호장치에 넣지 않고 노출로 설치할 수 있는 케이블은?

① 미네럴인슈레이션 케이블
② 고무절연 비닐 시스케이블
③ 폴리에틸렌절연 비닐 시스케이블
④ 폴리에틸렌절연 폴리에틸렌 시스케이블

|정|답|및|해|설|
[먼지(분진) 위험장소 (KEC 242.2)] 폭연성 먼지(분진)나 화약류의 가루(분말)가 존재하는 곳의 배선은 금속관공사나 케이블공사(캡타이어케이블 제외)에 의할 것

※케이블 공사에 의하는 때에는 케이블 또는 미네럴인슈레이션케이블을 사용하는 경우 이외에는 관 기타의 방호 장치에 넣어 사용할 것

【정답】①

85. 지지선을 사용하여 그 강도를 분담시켜서 아니 되는 가공전선로 지지물은?

① 목주　　　　② 철주
③ 철탑　　　　④ 철근 콘크리트주

|정|답|및|해|설|
[지지선의 시설 (KEC 331.11)] 가공 전선로의 지지물로서 사용하는 철탑은 지지선을 사용하여 그 강도를 분담시켜서는 아니 된다.

【정답】③

86. 특고압 가공전선로의 지지물 중 전선로의 지지물 양쪽의 지지물 간 거리의 차가 큰 곳에 사용하는 철탑은?

① 내장형 철탑　　　② 인류형 철탑
③ 보강형 철탑　　　④ 각도형 철탑

|정|답|및|해|설|
[특고압 가공전선로의 철주·철근 콘크리트주 또는 철탑의 종류 (KEC 333.11)] 특고 가공 전선로의 지지물로 사용하는 B종 철주, 철근 콘크리트주, 철탑의 종류는 다음과 같다.
1. 직선형 : 전선로의 직선 부분(3° 이하의 수평 가도 이루는 곳 포함)에 사용되는 것
2. 각도형 : 전선로 중 수형 각도 3°를 넘는 곳에 사용되는 것
3. 인류형 : 전 가섭선을 인류하는 곳에 사용하는 것
4. 내장형 : 전선로 지지물 양측의 지지물 간 거리 차가 큰 곳에 사용하는 것
5. 보강형 : 전선로 직선 부분을 보강하기 위하여 사용하는 것

【정답】①

87. 수소냉각식 발전기 및 이에 부속하는 수소냉각장치에 시설에 대한 설명으로 틀린 것은?

① 발전기 안의 수소의 온도를 계측하는 장치를 시설할 것
② 발전기 안의 수소의 순도가 70[%] 이하로 저하한 경우에 이를 경보하는 장치를 시설할 것
③ 발전기 안의 수소의 압력을 계측하는 장치 및 그 압력이 현저히 변동할 경우 이를 경보하는 장치를 시설할 것
④ 발전기는 기밀구조의 것이고 또한 수소가 대기압에서 폭발하는 경우에 생기는 압력에 견디는 강도를 가지는 것일 것

|정|답|및|해|설|
[수소냉각식 발전기 등의 시설 (kec 351.10)]
발전기 또는 무효전력보상장치 안의 수소의 순도가 85[%] 이하로 저하한 경우에는 이를 경보하는 장치를 시설해야 한다.

【정답】②

88. 옥내에 시설하는 전동기에 과부하 보호장치의 시설을 생략할 수 없는 경우는?

① 정격출력이 0.75[kW]인 전동기
② 전동기의 구조나 부하의 성질로 보아 전동기가 소손할 수 있는 과전류가 생길 우려가 없는 경우
③ 전동기가 단상의 것으로 전원측 전로에 시설하는 배선용 차단기의 정격전류가 20[A] 이하인 경우
④ 전동기가 단상의 것으로 전원측 전로에 시설하는 과전류 차단기의 정격전류가 16[A] 이하인 경우

|정|답|및|해|설|
[저압전로 중의 전동기 보호용 과전류보호장치의 시설 (kec 212.6.3)] 옥내 시설하는 전동기의 과부하장치 생략 조건
· 정격 출력이 0.2[kW] 이하인 경우
· 전동기를 운전 중 상시 취급자가 감시할 수 있는 위치에 시설하는 경우
· 전동기의 구조나 부하의 성질로 보아 전동기가 손상될 수 있는 과전류가 생길 우려가 없는 경우
· 단상전동기를 그 전원측 전로에 시설하는 과전류 차단기의 정격전류가 16[A](배선용 차단기는 20[A]) 이하인 경우

【정답】①

89. 가공전선로의 지지물에 시설하는 통신선 또는 이에 직접 접속하는 가공 통신선의 높이에 대한 설명 중 틀린 것은?

① 도로를 횡단하는 경우에는 지표상 6[m] 이상으로 한다.

② 철도 또는 궤도를 횡단하는 경우에는 레일면상 6[m] 이상으로 한다.

③ 횡단보도교의 위에 시설하는 경우에는 그 노면상 5[m] 이상으로 한다.

④ 도로를 횡단하는 경우, 저압이나 고압의 가공전선로의 지지물에 시설하는 통신선이 교통에 지장을 줄 우려가 없는 경우에는 지표상 5[m] 까지로 감할 수 있다.

|정|답|및|해|설|

[전력보안통신케이블의 지상고와 배전설비와의 간격 (KEC 362.2)]

시설 장소		가공 통신선	첨가 통신선	
			고·저압	특고압
도로 횡단	일반적인 경우	5[m]	6[m]	6[m]
	교통에 지장이 없는 경우	4.5[m]	5[m]	
철도 횡단(레일면상)		6.5[m]	6.5[m]	6.5[m]
횡단 보도교 위(노면상)	일반적인 경우	3[m]	3.5[m]	5[m]
	절연전선과 동등 이상의 절연 효력이 있는 것 (고·저압) 이나 광섬유 케이블을 사용하는 것 (특고압)		3[m]	4[m]
기타의 장소		3.5[m]	4[m]	5[m]

【정답】②

90. 아크가 발생하는 고압용 차단기는 목재의 벽 또는 천장 기타의 가연성 물체로부터 몇 [m] 이상 이격하여야 하는가?

① 0.5   ② 1   ③ 1.5   ④ 2

|정|답|및|해|설|

[아크를 발생하는 기구의 시설 (KEC 341.7)] 고압용 또는 특고압용의 개폐기·차단기·피뢰기 기타 이와 유사한 기구로서 동작시에 아크가 생기는 것은 목재의 벽 또는 천장 기타의 가연성 물체로부터 <u>고압용의 것은 1[m] 이상</u>, 특고압용은 2[m] 이상 이격하여야 한다.   【정답】②

91. 가공 전선로의 지지물이 원형 철근 콘크리트주인 경우 갑종 풍압하중은 몇 [Pa]를 기초로 하여 계산하는가?

① 294   ② 588

③ 627   ④ 1,078

|정|답|및|해|설|

[풍압하중의 종별과 적용 (KEC 331.6)]

풍압을 받는 구분		풍압[Pa]
목 주		588
철주	원형의 것	588
	삼각형 또는 농형	1412
	강관에 의하여 구성되는 4 각형의 것	1117
	기타의 것으로 복재가 전후 면에 겹치는 경우	1627
	기타의 것으로 겹치지 않은 경우	1784
철근 콘크리트 주	원형의 것	588
	기타의 것	822

【정답】②

92. 100[kV] 미만인 특고압 가공전선로를 인가가 밀집한 지역에 시설할 경우 전선로에 사용되는 전선의 단면적이 몇 $[mm^2]$ 이상의 경동연선이어야 하는가?

① 38   ② 55   ③ 100   ④ 150

|정|답|및|해|설|

[특고압 보안공사 (KEC 333.22)]

제1종 특고압 보안 공사의 전선 굵기

사용전압	전선
100[kV] 미만	인장강도 21.67[kN] 이상의 연선 또는 단면적 55[mm²] 이상의 경동연선
100[kV] 이상 300[kV] 미만	인장강도 58.84[kN] 이상의 연선 또는 단면적 150[mm²] 이상의 경동연선
300[kV] 이상	인장강도 77.47[kN] 이상의 연선 또는 단면적 200[mm²] 이상의 경동연선

【정답】②

93. 지중 전선로를 관로식에 의하여 시설하는 경우에는 매설 깊이를 몇 [m] 이상으로 하여야 하는가?

① 0.6 　　　　② 1.0

③ 1.2 　　　　④ 1.5

|정|답|및|해|설|
[지중 전선로의 시설 (KEC 334.1)] 전선은 케이블을 사용하고, 또한 관로식, 암거식, 직접 매설식에 의하여 시공한다.
1. 직접 매설식 : 매설 깊이는 중량물의 압력이 있는 곳은 1.0[m] 이상, 없는 곳은 0.6[m] 이상으로 한다.
2. 관로식 : 매설 깊이를 1.0 [m] 이상, 중량물의 압력을 받을 우려가 없는 곳은 60 [cm] 이상으로 한다.
3. 암거식 : 지하 구조물 내 케이블 지지대를 설치하고 그 위에 케이블을 부설하는 방식 　　　　【정답】②

94. 터널 내에 교류 220[V]의 애자사용 공사로 전선을 시설할 경우 노면으로부터 몇 [m] 이상의 높이로 유지해야 하는가?

① 2 　　　　② 2.5

③ 3 　　　　④ 4

|정|답|및|해|설|
[터널 안 전선로의 시설 (KEC 335.1)]

전압	전선의 굵기	시공 방법	애자사용 공사 시 높이
저압	2.6[mm] 이상	·합성수지관공사 ·금속관공사 ·가요전선관공사 ·케이블공사 ·애자사용공사	노면상, 레일면상 2.5[m] 이상
고압	4[mm] 이상	·케이블공사 ·애자사용공사	노면상, 레일면상 3[m] 이상

【정답】②

※한국전기설비규정(KEC) 적용으로 인해 더 이상 출제되지 않는 문제는 삭제했습니다.

1. 100[kV]로 충전된 $8 \times 10^3 [pF]$의 콘덴서가 축적할 수 있는 에너지는 몇 [W] 전구가 2초 동안 한일에 해당되는가?

① 10   ② 20

③ 30   ④ 40

|정|답|및|해|설|

[전력] $P = \dfrac{W}{t}[W]$ $\rightarrow$ ($W = \dfrac{1}{2}CV^2 = P \cdot t[J]$)

전구가 한 일 $W = P \cdot t[J]$

콘덴서에 축적되는 에너지 W

$W = \dfrac{1}{2}CV^2[J] = \dfrac{1}{2} \times (8 \times 10^3 \times 10^{-12}) \times (100 \times 10^3)^2 = 40[J]$

$\therefore P = \dfrac{W}{t} = \dfrac{40}{2} = 20[W]$ 【정답】②

2. 제벡(Seebeck) 효과를 이용한 것은?

① 광전지   ② 열전대

③ 전자냉동   ④ 수정 발진기

|정|답|및|해|설|

[제벡 효과] 서로 다른 두 종류의 금속선을 접합하여 폐회로를 만든 후 두 접합점의 온도를 달리하였을 때, 폐회로에 열기전력이 발생하여 열전류가 흐르게 된다. 이러한 현상을 제벡 효과라 하며 이때 연결한 금속 루프를 열전대라 한다.

【정답】②

3. 마찰전기는 두 물체의 마찰열에 의해 무엇이 이동하는 것인가?

① 양자   ② 자하

③ 중성자   ④ 자유전자

|정|답|및|해|설|

[마찰전기] 두 종류의 물체를 마찰하면 마찰전기가 발생하며 물체가 전기를 띠는 현상을 대전이라 하며 이때 마찰에 의한 열에 의하여 표면에 가까운 <u>자유전자가 이동</u>하기 때문에 발생하게 된다.

【정답】④

4. 두 벡터 $A = -7i - j$, $B = -3i - 4j$가 이루는 각은 몇 도인가?

① 30   ② 45   ③ 60   ④ 90

|정|답|및|해|설|

[두 벡터가 이루는 각]

$A \cdot B = |A| \cdot |B| \cos\theta$

$A \cdot B = A_x B_x + A_y B_y = (-7)(-3) + (-1)(-4) = 25$

$|A||B| = \sqrt{7^2 + 1^2} \cdot \sqrt{3^2 + 4^2} = 25\sqrt{2}$

$\cos\theta = \dfrac{A \cdot B}{|A||B|} = \dfrac{25}{25\sqrt{2}} = \dfrac{1}{\sqrt{2}}$

$\therefore \theta = \cos^{-1}\dfrac{1}{\sqrt{2}} = 45°$ 【정답】②

5. 그림과 같이 반지름 $a[m]$, 중심 간격 $d[m]$인 평행 원통도체가 공기 중에 있다. 원통도체의 선전하밀도가 각각 $\pm\rho_L[C/m]$일 때 두 원통도체 사이의 단위 길이당 정전용량은 약 몇 [F/m]인가? 단, $d \gg a$이다.

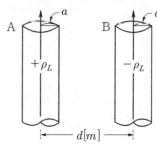

① $\dfrac{\pi\epsilon_o}{\ln\dfrac{d}{a}}$ ② $\dfrac{\pi\epsilon_0}{\ln\dfrac{a}{d}}$

③ $\dfrac{4\pi\epsilon_o}{\ln\dfrac{d}{a}}$ ④ $\dfrac{4\pi\epsilon_o}{\ln\dfrac{a}{d}}$

|정|답|및|해|설|

[두 도선 사이의 정전용량] $C = \dfrac{\pi\epsilon_0}{\ln\dfrac{d-a}{a}}[F/m]$

$d \gg a$일 때 $\ln\dfrac{d-a}{a} = \ln\dfrac{d}{a}$이므로

평행 왕복도선의 정전용량 : $C = \dfrac{\pi\epsilon_0}{\ln\dfrac{d}{a}}[F/m]$ 【정답】①

6. 무한히 긴 두 평행도선이 2[cm]의 간격으로 가설되어 100[A]의 전류가 흐르고 있다. 두 도선의 단위 길이당 작용력은 몇 [N/m]인가?

① 0.1　　② 0.5　　③ 1　　④ 1.5

|정|답|및|해|설|

[평행도선 단위 길이당 작용하는 힘]

$$F = \frac{\mu_0 I_1 I_2}{2\pi\tau} = \frac{2I_1 I_2}{r} \times 10^{-7} [\text{N/m}] \qquad \rightarrow (\mu_0 = 4\pi \times 10^{-7})$$

$$= \frac{2 \times 100 \times 100}{2 \times 10^{-2}} \times 10^{-7} = 0.1[\text{N/m}] \qquad \text{【정답】①}$$

7. 횡전자파(TEM)의 특성은?

① 진행 방향의 E, H 성분이 모두 존재한다.

② 진행 방향의 E. H 성분이 모두 존재하지 않는다.

③ 진행 방향의 E 성분만 모두 존재하고, H 성분은 존재하지 않는다.

④ 진행 방향의 H 성분만 모두 존재하고, E 성분은 존재하지 않는다.

|정|답|및|해|설|

[전자파의 성질]
· 전자파는 전계와 자계가 동시에 전재
· TEM파(횡전자파)는 전계(E)와 자계(H)가 전파의 <u>진행 방향과 수직으로 존재</u>하며, <u>진행 방향의 성분은 존재하지 않는다</u>.
· 수평 전파는 대지에 대해 전계가 수평면에 있는 전자파
· 수직 전파는 대지에 대해 전계가 수직면에 있는 전자파
· 포인팅 벡터는 $P = E \times H$이므로 포인팅 벡터의 방향은 전자파의 진행 방향과 같다.　　【정답】②

8. 반자성체가 아닌 것은?

① 은(Ag)　　② 구리(Cu)

③ 니켈(Ni)　　④ 비스무스(Bi)

|정|답|및|해|설|

[자성체]
1. 상자성체 : 인접 영구자기 쌍극자의 방향이 규칙성이 없는 재질 (알루미늄(Al), 백금(Pt), 주석(Sn), 산소(O), 질소(N))
2. 반자성체(역자성체) : 영구자기 쌍극자가 없는 재질 (구리(Cu), 은(Ag), 납(Ph), 비스무스(Bi))
3. 강자성체 : 인접 영구자기 쌍극자의 방향이 동일 방향으로 배열하는 재질 (철(Fe), 니켈(Ni), 코발트(Co))
　　【정답】③

9. 맥스웰 자전계의 기초 방정식으로 틀린 것은?

① $rot\, H = i_e + \dfrac{\partial D}{\partial t}$　　② $rot\, E = -\dfrac{\partial B}{\partial t}$

③ $div\, D = \rho$　　④ $div\, B = -\dfrac{\partial D}{\partial t}$

|정|답|및|해|설|

[맥스웰 방정식의 미분형]

① $rot\, H = i + \dfrac{\partial D}{\partial t}$: 암페어의 주회적분 법칙

② $rot\, E = -\dfrac{\partial B}{\partial t}$: Faraday 법칙

③ $div\, D = \rho$: 가우스의 법칙

④ $div\, B = 0$: 고립된 자화는 없다.　　【정답】④

10. 전계 $E = \sqrt{2}\, E_e \sin\omega\left(t - \dfrac{z}{v}\right)[V/m]$의 평면 전자파가 있다. 진공 중에서의 자계의 실효값은 약 몇 [AT/m]인가?

① $2.65 \times 10^{-4} E_e$　　② $2.65 \times 10^{-3} E_e$

③ $3.77 \times 10^{-2} E_e$　　④ $3.77 \times 10^{-1} E_e$

|정|답|및|해|설|

[진공 중에서의 자계의 실효값] $H = \dfrac{E}{Z_0}$

고유임피던스(진공) $Z_0 = \dfrac{E}{H} = \sqrt{\dfrac{\mu_0}{\epsilon_0}} \times \sqrt{\dfrac{\mu_s}{\epsilon_s}} = 120\pi = 377[\Omega]$

$\therefore H = \dfrac{E_e}{Z_0} = \dfrac{1}{377} E_e = 2.65 \times 10^{-3} E_e$　　【정답】②

11. -1.2[C]의 점전하가 $5a_x + 2a_y - 3a_z[m/s]$인 속도로 운동한다. 이 전하가 $E = -18a_x + 5a_y - 10a_z$ [V/m] 전계에서 운동하고 있을 때 이 전하에 작용하는 힘은 약 몇 [N]인가?

① 21.1　　② 23.5　　③ 25.4　　④ 27.3

|정|답|및|해|설|

[선기상에서 전하(전자)에 작용하는 힘] $F = QE[\text{N}]$

$F = QE[\text{N}] = -1.2(-18a_x + 5a_y - 10a_z) = 21.6a_x - 6a_y + 12a_z$

$= \sqrt{21.6^2 + (-6)^2 + 12^2} = 25.4[\text{N}]$　　【정답】③

12. 전자석의 재료로 가장 적당한 것은?

① 잔류자기와 보자력이 모두 커야 한다.

② 잔류자기는 작고, 보자력이 커야 한다.

③ 잔류자기와 보자력이 모두 작아야 한다.

④ 잔류자기는 크고, 보자력은 작아야 한다.

|정|답|및|해|설|

[영구자석과 전자석의 비교]

종류	영구자석	전자석
잔류자기(B_r)	크다	크다
보자력(H_c)	크다	작다
히스테리시스 손 (히스테리시스 곡선 면적)	크다	작다

전자석의 재료는 잔류 자기가 크고 보자력이 작아야 한다. 즉, 보자력과 히스테리시스 곡선의 면적이 모두 작다.

【정답】④

13. 유전체 내의 전계의 세기가 E, 분극의 세기가 P, 유전율이 $\epsilon = \epsilon_s \epsilon_o$ 인 유전체 내의 변위전류 밀도는?

① $\epsilon \dfrac{\partial E}{\partial t} + \dfrac{\partial P}{\partial t}$

② $\epsilon_o \dfrac{\partial E}{\partial t} + \dfrac{\partial P}{\partial t}$

③ $\epsilon_o \left(\dfrac{\partial E}{\partial t} + \dfrac{\partial P}{\partial t} \right)$

④ $\epsilon \left(\dfrac{\partial E}{\partial t} + \dfrac{\partial P}{\partial t} \right)$

|정|답|및|해|설|

[변위전류밀도] $i_d = \dfrac{\partial D}{\partial t} [\text{A/m}^2]$

유전체 중에서의 변위전류밀도 $D = \epsilon E = \epsilon_o E + P$

$\therefore i_d = \dfrac{\partial D}{\partial t} = \dfrac{\partial}{\partial t}(\epsilon_o E + P) = \dfrac{\partial \epsilon_o E}{\partial t} + \dfrac{\partial P}{\partial t} [\text{A/m}^2]$

【정답】②

14. 점전하 $+Q[\text{C}]$의 무한 평면 도체에 대한 영상전하는?

① $Q[\text{C}]$과 같다.

② $-Q[\text{C}]$과 같다.

③ $Q[\text{C}]$보다 작다.

④ $Q[\text{C}]$보다 크다.

|정|답|및|해|설|

[무한 평면 도체에 대한 영상전하]

1. 무한 평면도체에서 영상전하 : $Q \leftrightarrow -Q[\text{C}]$

2. 접지 구도체에서 영상전하 : $Q \leftrightarrow -\dfrac{a}{d}Q[\text{C}]$

【정답】②

15. 고립 도체구의 정전용량이 50[pF]일 때 이 도체구의 반지름은 약 몇 [cm]인가?

① 5　　　　　　② 25

③ 45　　　　　　④ 85

|정|답|및|해|설|

[진공 중 고립된 도체의 정전용량] $C = 4\pi \epsilon_0 a [\text{F}]$

$50 \times 10^{-12} = 4\pi \epsilon_0 a$이므로

$\therefore$반지름 $a = \dfrac{50 \times 10^{-12}}{4\pi \epsilon_0} = 0.44[\text{m}] = 45[\text{cm}]$

【정답】③

|참|고|

[각 도형의 정전용량]

1. 구 : $C = 4\pi \epsilon a [F]$

2. 동심구 : $C = \dfrac{4\pi \epsilon}{\dfrac{1}{a} - \dfrac{1}{b}} [F]$

3. 원주 : $C = \dfrac{2\pi \epsilon l}{\ln \dfrac{b}{a}} [F]$

4. 평행도선 : $C = \dfrac{\pi \epsilon l}{\ln \dfrac{d}{b}} [F]$

5. 평판 : $C = \dfrac{Q}{V_0} = \dfrac{\epsilon S}{d} = \dfrac{\epsilon_0 \epsilon_s S}{d}$

16. N회 감긴 환상 솔레노이드의 단면적이 S[m²]이고 평균 일기가 $l[\text{m}]$이다. 이 코일의 권수를 반으로 줄이고 인덕턴스를 일정하게 하려면?

① 길이를 1/2로 줄인다.

② 길이를 1/4로 줄인다.

③ 길이를 1/8로 줄인다.

④ 길이를 1/16로 줄인다.

|정|답|및|해|설|

[환상코일의 자기 인덕턴스] $L = \dfrac{\mu S N^2}{l} [H]$

권수(N)를 $\dfrac{1}{2}$로 하면 L은 $\left(\dfrac{1}{2}\right)^2 = \dfrac{1}{4}$ 배로 되므로 S를 4배 또는 l을 $\dfrac{1}{4}$ 배로 하면 L은 일정하게 된다.

【정답】②

17. 두 코일 A, B의 자기 인덕턴스가 각각 3[mH], 5[mH]라 한다. 두 코일을 직렬 연결 시, 자속이 서로 상쇄되도록 했을 때의 합성인덕턴스는 서로 증가하도록 연결했을 때의 60[%]이었다. 두 코일의 상호인덕턴스는 몇 [mH]인가?

① 0.5   ② 1   ③ 5   ④ 10

|정|답|및|해|설|

[합성 인덕턴스] $L = L_2 + L_2 \pm 2M$

증가되도록 연결(가동접속) $L = 3 + 5 + 2M$ ....①

상쇄되도록 연결(차동접속) $0.6L = 3 + 5 - 2M$ ....②

두 식을 더하면 $L + 0.6L = 16$

$1.6L = 16 \rightarrow L = \dfrac{16}{1.6} = 10$

①식에 대입하면 $10 = 3 + 5 + 2M$

상호인덕턴스 $M = \dfrac{10 - 8}{2} = 1[\text{mH}]$ 【정답】②

18. 고유저항이 $\rho[\Omega \cdot m]$, 한 변의 길이가 $r[m]$인 정육면체의 저항$[\Omega]$은?

① $\dfrac{\rho}{\pi r}$ ② $\dfrac{r}{\rho}$ ③ $\dfrac{\pi r}{\rho}$ ④ $\dfrac{\rho}{r}$

|정|답|및|해|설|

[저항] $R = \rho \dfrac{l}{A}[\Omega]$

정육면체의 길이 $l = r$

정육면체의 면적 $A = r \times r = r^2$

$\therefore R = \rho \dfrac{l}{A} = \rho \dfrac{r}{r^2} = \dfrac{\rho}{r}[\Omega]$ 【정답】④

19. 내외 반지름이 각각 a, b이고 길이가 l인 동축원통 도체 사이에 도전율 σ, 유전율 ϵ인 손실유전체를 넣고, 내원통과 외원통 간에 전압 V를 가했을 때 방사상으로 흐르는 전류 I는? 단, $RC = \epsilon\rho$이다.

① $\dfrac{2\pi l\, V}{\sigma \ln\dfrac{b}{a}}$ ② $\dfrac{\pi \sigma l\, V}{\ln\dfrac{b}{a}}$

③ $\dfrac{2\pi \sigma l\, V}{\ln\dfrac{b}{a}}$ ④ $\dfrac{4\pi \sigma l\, V}{\ln\dfrac{b}{a}}$

|정|답|및|해|설|

[방사상으로 흐르는 전류] $I = \dfrac{V}{R}[A]$

$RC = \epsilon\rho$에서 $R = \dfrac{\rho\epsilon}{C}$

동축원통의 정전용량 $C = \dfrac{2\pi\epsilon}{\ln\dfrac{b}{a}} l[\text{F}]$

$R = \dfrac{\rho\epsilon}{C} = \dfrac{\rho\epsilon}{\dfrac{2\pi\epsilon l}{\ln\dfrac{b}{a}}} = \dfrac{\rho}{2\pi l} \ln\dfrac{b}{a}$

$\therefore I = \dfrac{V}{R} = \dfrac{V}{\dfrac{\rho}{2\pi l} \ln\dfrac{b}{a}} = \dfrac{2\pi l\, V}{\rho \ln\dfrac{b}{a}} = \dfrac{2\pi\sigma l\, V}{\ln\dfrac{b}{a}}$

$\rightarrow (\rho = \dfrac{1}{\sigma} \rightarrow \rho : 고유저항, \ \sigma : 도전율)$

【정답】③

20. 콘덴서를 그림과 같이 접속했을 때 C_x의 정전용량은 몇 $[\mu\text{F}]$인가? 단, $C_1 = C_2 = C_3 = 3[\mu\text{F}]$이고, $a - b$ 사이의 합성 정전용량은 $5[\mu\text{F}]$이다.

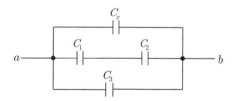

① 0.5   ② 1

③ 2   ④ 4

|정|답|및|해|설|

[합성 정전용량] $C = C_x + \dfrac{C_1 C_2}{C_1 + C_2} + C_3$

$5 = C_x + \dfrac{3 \times 3}{3 + 3} + 3 \rightarrow C_x = 5 - 4.5 = 0.5[\mu\text{F}]$

【정답】①

21. 전력계통에 과도안정도 향상 대책과 관련 없는 것은?

① 빠른 고장 제거

② 속응 여자시스템 사용

③ 큰 임피던스의 변압기 사용

④ 병렬 송전선로의 추가 건설

|정|답|및|해|설|..

[안정도 향상 대책]
1. 계통의 직렬 리액턴스 감소
2. 전압변동률을 적게 한다.
 ·속응 여자 방식의 채용
 ·계통의 연계
 ·중간 조상 방식
3. 계통에 주는 충격의 경감
 ·적당한 중성점 접지 방식
 ·고속 차단 방식
 ·재폐로 방식
4. 고장 중의 발전기 입·출력의 불평형을 적게 한다.

【정답】③

22. 뒤진 역률 80[%], 1000[kW]의 3상 부하가 있다. 이것에 콘덴서를 설치하여 역률을 95[%]로 개선 하려면 콘덴서의 용량은 약 몇 [kVA] 인가?

① 240[kVA]　　② 420[kVA]

③ 630[kVA]　　④ 950[kVA]

|정|답|및|해|설|..

[역률 개선용 콘덴서 용량]

$$Q_c = P(\tan\theta_1 - \tan\theta_2) = P\left(\frac{\sin\theta_1}{\cos\theta_1} - \frac{\sin\theta_2}{\cos\theta_2}\right)$$

$$= P\left(\frac{\sqrt{1-\cos^2\theta_1}}{\cos\theta_1} - \frac{\sqrt{1-\cos^2\theta_2}}{\cos\theta_2}\right) \rightarrow (\sin\theta = \sqrt{1-\cos^2\theta})$$

여기서, $\cos\theta_1$: 개선 전 역률, $\cos\theta_2$: 개선 후 역률

$$\therefore Q = P\left(\frac{\sqrt{1-\cos^2\theta_1}}{\cos\theta_1} - \frac{\sqrt{1-\cos^2\theta_2}}{\cos\theta_2}\right)$$

$$= 1000\left(\frac{0.6}{0.8} - \frac{\sqrt{1-0.95^2}}{0.95}\right) = 421.32[kVA]$$

【정답】②

23. 다음 중 페란티 현상의 방지대책으로 적합하지 않은 것은?

① 선로 전류를 지상이 되도록 한다.

② 수전단에 분로리액터를 설치한다.

③ 무효전력보상장치(동기조상기)를 부족여자로 운전한다.

④ 부하를 차단하여 무부하가 되도록 한다.

|정|답|및|해|설|..

[페란티 현상] 선로의 정전용량으로 인하여 무부하시나 경부하시 진상전류가 흘러 수전단전압이 송전단전압보다 높아지는 현상을 말한다.
[방지책]
·선로에 흐르는 전류가 지상이 되도록 한다.
·수전단에 분로리액터를 설치한다.
·무효전력보상장치(동기조상기)의 부족여자 운전　【정답】④

24. 보호계전기의 구비 조건으로 틀린 것은?

① 고장 상태를 신속하게 선택할 것

② 조정 범위가 넓고 조정이 쉬울 것

③ 보호동작이 정확하고 감도가 예민할 것

④ 접점의 소모가 크고, 열적 기계적 강도가 클 것

|정|답|및|해|설|..

[보호계전기의 구비조건]
·고장 상태를 식별하여 정도를 파악할 수 있을 것
·고장 개소와 고장 정도를 정확히 선택할 수 있을 것
·동작이 예민하고 오동작이 없을 것
·적절한 후비 보호 능력이 있을 것
·소비전력이 적고 경제적일 것　　　　　　　【정답】④

25. 어느 일정한 방향으로 일정한 크기 이상의 단락전 류가 흘렀을 때 동작하는 보호계전기의 약어는?

① ZR　　　　　② UFR

③ OVR　　　　④ DOCR

|정|답|및|해|설|..

① ZR(거리계전기) : 계전기가 설치된 위치로부터 고장점까지의 전기적 거리에 비례하여 한시 동작하는 것
② UFR(저주파수 계전기) : 주파수가 일정값 보다 낮을 경우 동작
③ OVR(과전압 계전기) : 일정값 이상의 전압이 걸렸을 때 동작
④ DOCR(방향 과전류계전기) : 방향성을 가지는 과전류 계전기로 서 단락사고에 동작　　　　　　　　　　【정답】④

26. 우리나라의 화력발전소에서 가장 많이 사용되고 있는 복수기는?

① 분사 복수기 　　② 방사 복수기

③ 표면 복수기 　　④ 증발 복수기

|정|답|및|해|설|

[복수기] 기력발전소의 증기터빈에서 배출되는 증기를 물로 냉각하여 증기터빈의 열효율을 높이기 위한 설비로 표면 복수기, 증발 복수기, 분사 복수기, 에젝터 복수기 등 이 있으며, 우리나라에서 가장 많이 사용하는 것은 표면 복수기이다. 　　【정답】③

27. 154[kV] 송전선로에 10개의 현수애자가 연결되어 있다. 다음 중 전압부담이 가장 적은 것은? 단, 애자는 같은 간격으로 설치되어 있다.

① 철탑에 가장 가까운 것

② 철탑에서 3번째에 있는 것

③ 전선에서 가장 가까운 것

④ 전선에서 3번째에 있는 것

|정|답|및|해|설|

[애자의 전압부담]

· 지지물로부터 세 번째 애자가 전압분담이 가장 적다.

· 전선에 가까운 것이 전압분담이 가장 크다. 　　【정답】②

28. 다음 중 배전선로의 부하율이 F일 때 손실계수 H와의 관계로 옳은 것은?

① $H = F$ 　　② $H = \dfrac{1}{F}$

③ $H = F^3$ 　　④ $0 \leq F^2 \leq H \leq F \leq 1$

|정|답|및|해|설|

[부하율 F와 손실계수 H와의 관계] 배전 선로의 부하율이 F일 때 손실계수는 F와 F^2의 중간 값이다.

즉, $0 \leq F^2 \leq H \leq F \leq 1$

$H = aF + (1-a)F^2$, a : 상수$(0.1 \sim 0.4)$ 　　【정답】④

29. 교류송전에서는 송전거리가 멀어질수록 동일 전압에서의 송전 가능 전력이 적어진다. 그 이유로 가장 알맞은 것은?

① 표피효과가 커지기 때문이다.

② 코로나 손실이 증가하기 때문이다.

③ 선로의 어드미턴스가 커지기 때문이다.

④ 선로의 유도성 리액턴스가 커지기 때문이다.

|정|답|및|해|설|

[송전 가능 전력] $P = \dfrac{E_s E_r}{X} \sin\delta$

교류 송전선로에서 송전거리가 멀어지면 동일 저압에서의 송전 가능 전력이 작아진다. 이는 선로의 유도성 리액턴스가 커지기 때문이다.

$P = \dfrac{E_s E_r}{X} \sin\delta$

즉, 선로의 유도성 리액턴스(X)가 커지므로 송전 가능 전력은 적어진다. 　　【정답】④

30. 보호계전기 동작속도에 관한 사항으로 한시특성 중 반한시형을 바르게 설명한 것은?

① 입력 크기에 관계없이 정해진 한시에 동작하는 것

② 입력이 커질수록 짧은 한시에 동작하는 것

③ 일정 입력(200%)에서 0.2초 이내로 동작하는 것

④ 일정 입력(200%)에서 0.04초 이내로 동작하는 것

|정|답|및|해|설|

[보호 계전기의 특징]

1. 순한시 특징 : 최초 동작 전류 이상의 전류가 흐르면 즉시 동작하는 특징
2. 반한시 특징 : 동작 전류가 커질수록 동작 시간이 짧게 되는 특징
3. 정한시 특징 : 동작 전류의 크기에 관계없이 일정한 시간에 동작하는 특징
4. 반한시 정한시 특징 : 동작 전류가 적은 동안에는 동작 전류가 커질수록 동작 시간이 짧게 되고 어떤 전류 이상이면 동작 전류의 크기에 관계없이 일정한 시간에 동작하는 특성 　　【정답】②

31. 우리나라에서 현재 가장 많이 사용되고 있는 배전 방식은?

① 3상 3선식 　　② 3상 4선식

③ 단상 2선식 　　④ 단상 3선식

|정|답|및|해|실|

[우리나라 공급방식]

1. 송전 : 3상 3선식
2. 배전 : 3상 4선식 　　【정답】②

32. 충전된 콘덴서의 에너지에 의해 트립되는 방식으로 정류기, 콘덴서 등으로 구성되어 있는 차단기의 트립방식은?

① 과전류 트립방식　② 콘덴서 트립방식

③ 직류전압 트립방식　④ 부족전압 트립방식

|정|답|및|해|설|

[차단기 트립 방식]

1. 전압 트립방식 : 직류전원의 전압을 트립 코일에 인가하여 트립되는 방식
2. 콘덴서 트립방식 : 충전된 콘덴서의 에너지에 의해 트립되는 방식
3. CT 트립방식 : CT의 2차 전류가 정해진 값보다 초과되었을 때 트립되는 방식
4. 부족전압 트립 방식　　　　　　　　　　【정답】②

33. 전선의 자체 중량과 빙설의 종합하중을 W_1, 풍압하중을 W_2라 할 때 합성하중은?

① $W_1 + W_2$　　　　② $W_2 - W_1$

③ $\sqrt{W_1 - W_2}$　　　④ $\sqrt{W_1^2 + W_2^2}$

|정|답|및|해|설|

[합성하중]

1. 빙설이 많은 지역 : $W = \sqrt{(W_i + W_c)^2 + W_w^2}$ [kg/m]
2. 빙설이 적은 지역 : $W = \sqrt{W_c^2 + W_w^2}$

　여기서, W_i : 빙설하중, W_c : 전선중량, W_w : 풍압하중

　　　　　　　　　　　　　　　　　　　【정답】④

34. 송전선에 낙뢰가 가해져서 애자에 섬락이 생기면 아크가 생겨 애자가 손상되는데 이것을 방지하기 위하여 사용하는 것은?

① 댐퍼(Damper)

② 아킹혼(Arcing horn)

③ 아머로드(Armour rod)

④ 가공지선(Overhead ground wire)

|정|답|및|해|설|

[아킹혼] 애자련 보호, 전압분담 평준화

① 댐퍼 : 전선의 진동 방지

③ 아머로드: 전선이 소선으로 절단되는 것을 방지하기 위하여 감아 붙이는 전선과 같은 종류의 재료로 된 보강선.

④ 가공지선 : 직격뢰, 유도뢰 등 차폐

　　　　　　　　　　　　　　　　　　　【정답】②

35. 154[kV] 3상 1회선 송전선로의 1선의 리액턴스가 10[Ω], 전류가 200[A]일 때 %리액턴스는?

① 1.84　② 2.25　③ 3.17　④ 4.19

|정|답|및|해|설|

[퍼센트 리액턴스(%Z)법] $\%X = \dfrac{I_n X}{E_p} \times 100 = \dfrac{I_n \cdot X}{\dfrac{E_l}{\sqrt{3}}}$ [Ω]

$$\rightarrow (상전압\ E_p = \dfrac{E_l}{\sqrt{3}})$$

$$\%X = \dfrac{I_n \cdot X}{\dfrac{V}{\sqrt{3}}} [\Omega] = \dfrac{200 \times 10}{\dfrac{154 \times 10^3}{\sqrt{3}}} \times 100 = 2.25[\%]$$

　　　　　　　　　　　　　　　　　　　【정답】②

36. 조상설비가 아닌 것은?

① 단권변압기

② 분로리액터

③ 무효전력보상장치(동기조상기)

④ 전력용 콘덴서

|정|답|및|해|설|

[조상설비] 위상을 제거해서 역률을 개선함으로써 송전선을 일정한 전압으로 운전하기 위해 필요한 무효전력을 공급하는 장치로 조상기(동기조상기, 비동기 조상기), 전력용 콘덴서, 분로 리액터 등이 있다.

|참|고|

[조상설비의 비교]

항목	무효전력보상장치 (동기조상기)	전력용 콘덴서	분로리액터
전력손실	많다 (1.5~2.5[%])	적다 (0.3[%] 이하)	적다 (0.6[%] 이하)
무효전력	진·지상 양용	진상 전용	지상 전용
조정	연속적	계단적 (불연속)	계단적 (불연속)
시송전 (시충전)	가능	불가능	불가능
가격	비싸다	저렴	저렴
보수	손질필요	용이	용이

　　　　　　　　　　　　　　　　　　　【정답】①

37. 전원측과 송전선로의 합성 $\%Z_s$가 10[MVA] 기준 용량으로 1[%]의 지점에 변전설비를 시설하고자 한다. 이 변전소에 정격용량 6[MVA]의 변압기를 설치할 때 변압기 2차측의 단락용량은 몇 [MVA] 인가? 단, 변압기의 $\%Z_t$는 6.9[%]이다.

① 80　　　　　　　② 100

③ 120　　　　　　　④ 140

|정|답|및|해|설|_____

[단락용량] $P_s = \dfrac{100}{\%Z} \times P_n [MVA]$ → (P_n : 정격용량(기준용량))

전원 및 선로임피던스 $Z_s = 1[\%]$

변압기임피던스 $Z_t = 6.9[\%]$

기준용량이 10[MVA]이므로 변압기 $\%Z_t' = 6.9 \times \dfrac{10}{6} = 11.5[\%]$

전체 합성 %임피던스 $\%Z = Z_s + Z_t' = 1 + 11.5 = 12.5[\%]$

$\therefore P_s = \dfrac{100}{\%Z} \times P_n = \dfrac{100}{12.5} \times 12 = 80[MVA]$

【정답】①

38. 그림과 같은 단상 2선식 배선에서 인입구, A점의 전압이 220[V]라면 C점의 전압[V]은? 단, 저항값은 1선의 값이며 AB 간은 0.05[Ω], BC 간은 0.1[Ω]이다.

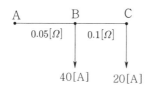

① 214　　　　　　　② 210

③ 196　　　　　　　④ 192

|정|답|및|해|설|_____

[C점의 전압] $V_C = V_B - e[V]$

단상 2선식이므로 전압강하 $e = 2IR$

여기서, R : 1선당 저항

B점의 전압 $V_B = V_A - 2IR = 220 - 2 \times (40+20) \times 0.05 = 214[V]$

따라서 C점의 전압 $V_C = V_B - 2IR = 214 - 2 \times 20 \times 0.1 = 210[V]$

【정답】②

39. 단거리 송전선의 4단자 정수, A, B, C, D 중 그 값이 0인 정수는?

① A　　　　　　　② B

③ C　　　　　　　④ D

|정|답|및|해|설|_____

[단거리송전선로]

· R, L : 단거리 송전선로에서 필요

· R, L, C : 중거리 송전선로에서 필요

· R, L, C, g : 장거리 송전선로에서 필요

집중정수회로 취급, 따라서 임피던스만 존재하므로 <u>어드미턴스는 없으므로</u> C는 존재하지 않는다.

※A : 전류비, B : 임피던스 , D : 전류비　　　　【정답】③

40. 파동임피던스가 300[Ω]인 가공송전선 1[km]당의 인덕턴스는 몇 [mH/km]인가? 단, 저항과 누설콘덕턴스는 무시한다.

① 0.5　　　　　　　② 1

③ 1.5　　　　　　　④ 2

|정|답|및|해|설|_____

[파동 임피던스] $Z = \sqrt{\dfrac{L}{C}} = 138\log_{10}\dfrac{D}{r} = 300[\Omega]$

$\log_{10}\dfrac{D}{r} = \dfrac{300}{138}$

$\therefore L = 0.05 + 0.4605\log_{10}\dfrac{D}{r} = 0.05 + 0.4605 \times \dfrac{300}{138} = 1.0[mH/km]$

【정답】②

3회　2017년 전기산업기사필기 (전기기기)

41. 기동장치를 갖는 단상 유도전동기가 아닌 것은?

① 2중농형　　　　　② 분상기동형

③ 반발기동형　　　　④ 세이딩고일형

|정|답|및|해|설|_____

[단상 유도전동기] 반발 기동형, 반발 유도형, 콘덴서 기동형, 연구 곤덴서형, 분상 기동형, 세이딩 코일형, 모노사이클릭 기동형 등이 있다.

※2중 농형 유도전동기는 3상 유도전동기이다.

【정답】①

42. 직류 전동기의 속도 제어 방법 중 광범위한 속도 제어가 가능하며, 운전 효율이 가장 좋은 방법은?

① 계자제어   ② 전압제어

③ 직렬저항제어   ④ 병렬저항제어

|정|답|및|해|설|..

[직류 전동기의 속도 제어법 비교]

구분	제어 특성	특징
계자 제어법	계자 전류의 변화에 의한 자속의 변화로 속도 제어	속도 제어 범위가 좁다.
전압 제어법	·정토크 제어 -워드 레오나드 방식 -일그너 방식	·제어 범위가 넓다. ·운전 효율 우수 ·손실이 적다. ·정역운전 가능 ·설비비 많이 듦
저항 제어법	전기자 회로의 저항 변화에 의한 속도 제어법	효율이 나쁘다.

【정답】②

43. 3상 전원의 수전단에서 전압 3,300[V], 전류 1,000[A], 뒤진 역률 0.8의 전력을 받고 있을 때 무효전력보상장치(동기조상기)로 역률을 개선하여 1로 하고자 한다. 필요한 무효전력보상장치(동기조상기)의 용량은 약 몇 [kVA]인가?

① 1,525   ② 1,950

③ 3,150   ④ 3,429

|정|답|및|해|설|..

[동기조상기 용량] $Q = P(\tan\theta_1 - \tan\theta_2)$

$$= P\left(\frac{\sqrt{1-\cos^2\theta_1}}{\cos\theta_1} - \frac{\sqrt{1-\cos^2\theta_2}}{\cos\theta_2}\right)[kVA]$$

유효전력 $P = \sqrt{3}\,VI\cos\theta$

$$= \sqrt{3} \times 3300 \times 1000 \times 0.8 \times 10^{-3} = 4572.61[kW]$$

$$\therefore Q = P\left(\frac{\sqrt{1-\cos^2\theta_1}}{\cos\theta_1} - \frac{\sqrt{1-\cos^2\theta_2}}{\cos\theta_2}\right)$$

$$= 4572.61 \times \left(\frac{0.6}{0.8} - \frac{0}{1}\right) = 3,429.46[kVA]$$ 【정답】④

44. 직류기의 전기자 반작용의 영향이 아닌 것은?

① 주자속이 증가한다.

② 전기적 중성축이 이동한다.

③ 정류 작용에 악영향을 준다.

④ 정류자 편간전압이 상승한다.

|정|답|및|해|설|..

[전기자 반작용의 영향]

·전기적 중성축 이동

·주자속 감소(감자작용)

·전압 감소

·정류자 편간의 불꽃 섬락 발생   【정답】①

45. 일반적인 직류전동기의 정격표시 용어로 틀린 것은?

① 연속정격   ② 순시정격

③ 반복정격   ④ 단시간정격

|정|답|및|해|설|..

[전동기 정격의 종류]

1. 연속 정격 : 확립된 표준의 한도 내에서 주어진 시험 조건하에서 정해진 온도 상승 한도를 넘는 일 없이 연속하여 줄 수 있는 최대의 일정 부하

2. 단시간 정격 : 기기를 냉각된 상태에서 사용하기 시작하여 지정된 일정한 단시간 지정 조건 하에서 사용할 때, 그 기기에 대한 표준 규격으로 정하여지는 온도상승 등의 제한을 넘지 않는 정격

3. 반복 정격 : 지정된 조건 아래에서 일정한 부하로 운전과 정지를 주기적으로 반복 사용할 때에 규정된 온도 상승 등 기타의 제반조건을 초과하지 않는 정격

4. 공칭정격 : 규정의 시험 조건하에서 규정 온도를 넘는 일 없이 운전할 수 있는 최대의 부하   【정답】②

46. 트라이액(triac)에 대한 설명으로 틀린 것은?

① 쌍방향성 3단자 사이리스터이다.

② 턴오프 시간이 SCR보다 짧으며 급격한 전압변동에 강하다.

③ SCR 2개를 서로 반대 방향으로 병렬 연결하여 양방향 전류 제어가 가능하다.

④ 게이트에 전류를 흘리면 어느 방향이든 전압이 높은 쪽에서 낮은 쪽으로 도통한다.

|정|답|및|해|설|..

[TRIAC의 특징]

·양방향성 3단자 사이리스터

·기능상으로 SCR 2개를 역병렬 접속한 것과 같다.

·게이트에 전류를 흘리면 그 상황에서 어느 방향이건 전압이 높은 쪽에서 낮은 쪽으로 도통한다.

·정격전류 이하로 전류를 제어해주면 과전압에 의해서는 파괴되지 않는다.   【정답】②

47. 탭전환 변압기 1차측에 몇 개의 탭이 있는 이유는?

① 예비용 단자

② 부하 전류를 조정하기 위하여

③ 수전점의 전압을 조정하기 위하여

④ 변압기의 여자전류를 조정하기 위하여

|정|답|및|해|설|

[탭(tap) 전환 변압기] 전원 전압의 변동이나 부하의 변동에 따라 변압기 2차 측의 전압 변동을 보상하고 일정 전압으로 유지시키기 위하여, 고압측 1차 권선의 중앙 위치에 몇 개의 탭 단자를 두어 변압기의 권수비를 바꿀 수 있도록 설계한 변압기
· 변압기 1차 탭 상승 : 변압기 2차측 전압 강하
· 변압기 1차 탭 강하 : 변압기 2차측 전압 상승

【정답】③

48. 스테핑 전동기의 스텝 각이 $3°$ 이고, 스테핑 주파수(pulse rate)가, 1,200[pps]이다. 이 스테핑 전동기의 회전속도[rps]는?

① 10　　　② 12　　　③ 14　　　④ 16

|정|답|및|해|설|

[스테핑 모터 속도 계산]
1초당 입력펄스가 1200[pps]이므로
1초당 스텝각은 스텝각×스테핑 주파수 $= 3 \times 1,200 = 3,600$
동기 1회전 당 회전각도는 $360°$ 이므로
스테핑 전동기의 회전속도 $n = \dfrac{3,600°}{360°} = 10[rps]$

【정답】①

49. 유도전동기 역상제동의 상태를 크레인이나 권상기의 강하 시에 이용하고 속도 제한의 목적에 사용되는 경우의 제동 방법은?

① 발전제동　　　　② 유도제동

③ 회생제동　　　　④ 단상제동

|정|답|및|해|설|

1. 희생제동 : 발생전력을 전원으로 반환하면서 제동하는 방식을 회생제동이라고 한다.
2. 발전제동 : 발생전력을 내부에서 열로 소비하는 제동방식을 발전제동이라고 한다.
3. 역전제동 : 역전제동은 3상중 2상의 결선을 바꾸어 역회전시킴으로 제동시키는 방식이다.
4. 단상제동 : 권선형 유도전동기의 1차측을 단상 교류로 여자하고 2차측에 적당한 크기의 저항을 넣으면 전동기의 회전과는 역방향의 토크가 발생되므로 제동된다.

5. 유도제동 : 유도전동기 역상제동의 상태를 크레인이나 권상기의 강하 시에 이용하고 속도제한의 목적에 사용되는 경우의 제동방법이다. 유도제동기의 동작 범위 슬립$(s) > 1$

【정답】②

50. 단락비가 큰 동기기의 특징 중 옳은 것은?

① 전압 변동률이 크다.

② 과부하 내량이 크다.

③ 전기자 반작용이 크다.

④ 송전선로의 충전용량이 작다.

|정|답|및|해|설|

[단락비가 큰 기계(철기계)]
· 부피가 커지며 값이 비싸다.
· 철손, 기계손 등의 고정손이 커서 효율은 나쁘다.
· 전압 변동률이 작다.
· 안정도 및 과부하 내량이 크다.
· 전기자 반작용이 작다.
· 선로 충전 용량이 크다.
· 극수가 많은 저속기에 적합하다.
(단락비가 작은 기계를 동기계라고 한다.)

【정답】②

51. 전류가 불연속인 경우 전원전압 220[V]인 단상 전파정류회로에서 점호각 $\alpha = 90°$ 일 때의 직류 평균전압은 약 몇 [V]인가?

① 45　　　② 84　　　③ 90　　　④ 99

|정|답|및|해|설|

[단상전파 정류회로의 평균전압] $E_d = 0.9E = \dfrac{\sqrt{2}\,E}{\pi}(1 + \cos\alpha)[V]$

$E_d = \dfrac{\sqrt{2}\,E}{\pi}(1 + \cos\alpha) = \dfrac{\sqrt{2} \times 220}{\pi}(1 + \cos 90°) = 99[V]$

【정답】④

52. 변압기의 냉각 방식 중 유입 자냉식의 표시 기호는?

① ANAN　　　　② ONAN

③ ONAF　　　　④ OFAF

|정|답|및|해|설|

[변압기의 냉각 방식]
① ANAN : 건식 밀폐 자냉식　　② ONAN : 유입 자냉식
③ ONAF : 유입 풍냉식　　④ OFAF : 유입 송유식

【정답】②

53. 타여자 직류전동기의 속도제어에 사용되는 워드 레오나드(Ward Leonard) 방식은 다음 중 어느 제어법을 이용한 것인가?

① 저항제어법　　② 전압제어법

③ 주파수제어법　④ 직병렬제어법

|정|답|및|해|설|

[직류전동기의 속도 제어법 비교]

구분	제어 특성	특징
계자제어법	계자 전류의 변화에 의한 자속의 변화로 속도 제어	속도 제어 범위가 좁다.
전압제어법	·정토크 제어 　-워드 레오나드 방식 　-일그너 방식	·제어 범위가 넓다. ·손실이 적다. ·정역운전 가능 ·설비비 많이 듦
저항제어법	전기자 회로의 저항 변화에 의한 속도 제어법	효율이 나쁘다.

【정답】②

54. 직류발전기의 무부하 특성곡선은 다음 중 어느 관계를 표시한 것인가?

① 계자전류-부하전류　② 단자전압-계자전류

③ 단자전압-회전속도　④ 부하전류-단자전압

|정|답|및|해|설|

[무부하 특성 곡선] 정격속도에서 무부하 상태의 **계자전류(I_f)와 유도기전력(E)**과의 관계를 나타내는 곡선을 무부하 특성 곡선 또는 무부하 포화 곡선이라고 한다.　**【정답】②**

|참|고|

	횡축	종축
무부하특성곡선	I_f	$V(E)$
내부특성곡선	I	E
부하특성곡선	I_f	V
외부특성곡선	I	V

55. 용량이 50[kVA] 변압기의 철손이 1[kW]이고 진부하동손이 2[kW]이다. 이 변압기를 최대 효율에서 사용하려면 부하를 약 몇 [kVA] 인가하여야 하는가?

① 25　　② 35　　③ 50　　④ 71

|정|답|및|해|설|

[변압기의 출력] $P \times \dfrac{1}{m}$

$\left(\dfrac{1}{m}\right)^2 P_c = P_i$일 때 최대 효율

여기서, $\dfrac{1}{m}$: 부하, P_c : 동손, P_i : 철손

$\dfrac{1}{m^2} \times 2 = 1 \;\rightarrow\; \dfrac{1}{m} = \sqrt{\dfrac{1}{2}} = 0.707$

출력 $P = 50 \times 0.707 = 35.4[\text{kVA}]$에서 최대 효율　**【정답】②**

56. 단상변압기 2대를 사용하여 3,150[V]의 평형 3상에서 210[V]의 평형 2상으로 변환하는 경우에 각 변압기의 1차 전압과 2차 전압은 얼마인가?

① 주좌 변압기 : 1차 3,150[V], 2차 210[V]
　　T좌 변압기 : 1차 3,150[V], 2차 210[V]

② 주좌 변압기 : 1차 3,150[V], 2차 210[V]
　　T좌 변압기 : 1차 $3,150 \times \dfrac{\sqrt{3}}{2}$[V], 2차 210[V]

③ 주좌 변압기 : 1차 $3,150 \times \dfrac{\sqrt{3}}{2}$[V], 2차 210[V]
　　T좌 변압기 : 1차 $3,150 \times \dfrac{\sqrt{3}}{2}$[V], 2차 210[V]

④ 주좌 변압기 : 1차 $3,150 \times \dfrac{\sqrt{3}}{2}$[V], 2차 210[V]
　　T좌 변압기: 1차 3,150[V], 2차 210[V]

|정|답|및|해|설|

[스코트 결선 (T결선)] 3상 전원에서 2상 전압을 얻는 결선 방식

·T좌 변압기의 권선비 $a_T = \dfrac{\sqrt{3}}{2}a$

　-주좌 변압기 : 1차 V_1[V], 2차 V_2[V]

　-T좌 변압기 : 1차 $V_1 \times \dfrac{\sqrt{3}}{2}$[V], 2차 V_2[V]

【정답】②

57. 3상 유도전동기의 속도제어법 중 2차 저항제어와 관계가 없는 것은?

① 농형 유도전동기에 이용된다.

② 토크 속도 특성이 비례추이를 응용한 것이다.

③ 2차 저항이 커져 효율이 낮아지는 단점이 있다.

④ 조작이 간단하고 속도 제어를 광범위하게 행할 수 있다.

|정|답|및|해|설|
[3상 유도전동기의 속도제어법]
1. 농형 유도전동기
 ① 주파수 변환법 : 역률이 양호하며 연속적인 속조에어가 되지만, 전용 전원이 필요, 인견·방직 공장의 포트모터, 선박의 전기추진 등에 이용
 ② 극수 변환법
 ③ 전압 제어법 : 전원 전압의 크기를 조절하여 속도제어
2. 권선형 유도전동기
 ① 2차저항법 : 토크의 비례추이를 이용한 것으로 2차 회로에 저항을 삽입 토크에 대한 슬립 s를 바꾸어 속도 제어
 ② 2차여자법 : 회전자 기전력과 같은 주파수 전압을 인가하여 속도제어, 고효율로 광범위한 속도제어
 ③ 종속접속법

 ·직렬종속법 : $N = \dfrac{120}{P_1 + P_2} f$

 ·차동종속법 : $N = \dfrac{120}{P_1 - P_2} f$

 ·병렬종속법 : $N = 2 \times \dfrac{120}{P_1 + P_2} f$ 　　　【정답】①

58. 농형유도전동기 기동법에 대한 설명 중 틀린 것은?

① 전전압 기동법은 일반적으로 소용량에 적용된다.

② $Y - \triangle$ 기동법은 기동전압(V)이 $\dfrac{1}{\sqrt{3}}$[V]로 감소한다.

③ 리액터 기동법은 기동 후 스위치로 리액터를 단락한다.

④ 기동보상기법은 최종 속도 도달 후에도 기동보상기가 계속 필요하다.

|정|답|및|해|설|
[3상 농형유도전동기의 기동법]
1. 전전압 기동법 : 5[hP] 이하의 소형(3.7[kW])

2. $Y - \triangle$ 기동법 : 5~15[kW] 정도

3. 기동 보상기법 : 정상 속도에 다다르면 보상기는 회로에서 끊기게 된다.
 · 리액터 기동법 : 기동 후 스위치로 리액터를 단락한다. 기동 전류를 제한하고자 할 때, 15[kW] 이상
 · 콘돌파 기동법 　　　　　　　　　　【정답】④

59. 3상 반작용 전동기(reaction motor)의 특성으로 가장 옳은 것은?

① 역률이 좋은 전동기

② 토크가 비교적 큰 전동기

③ 기동용 전동기가 필요한 전동기

④ 여자권선 없이 동기속도로 회전하는 전동기

|정|답|및|해|설|
[3상 반작용 전동기] 반작용 전동기는 직류 여자를 필요로 하지 않고 돌극성이므로 토크를 발생하여 동기 속도로 회전하는 동기전동기이다. 반작용 전동기는 출력은 작고 역률이 낮지만 직류 전원을 필요로 하지 않으므로 구조가 간단하여 전기시계 및 각종 측정 장치용으로 사용된다. 　　　　　　　　　　【정답】④

60. 2대의 3상 동기발전기를 동일한 부하로 병렬운전하고 있을 때 대응하는 기전력 사이에 60°의 위상차가 있다면 한쪽 발전기에서 다른 쪽 발전기에 공급되는 1상당 전력은 약 몇 [kW]인가? 단, 각 발전기의 기전력(선간)은 3,300[V], 동기 리액턴스는 5[Ω]이고 전기자 저항은 무시한다.

① 181　　　　　　② 314

③ 363　　　　　　④ 720

|정|답|및|해|설|
[수수전력] $P_s = \dfrac{E^2}{2X_s} \sin\delta \, [W]$

동기화력(P_s)이란 부하각(δ)의 미소변동에 대한 출력의 변화율이다.

$P_s = \dfrac{E^2}{2X_s} \sin\delta = \dfrac{\left(\dfrac{3300}{\sqrt{3}}\right)^2}{2 \times 5} \sin 60° \times 10^{-3} = 314.37 [kW]$

※ 수수전력 : 동기화 전류 때문에 서로 위상이 같게 되려고 수수하게 될 때 발생되는 전력 　　　　　　【정답】②

61. 코일에 단상 100[V]의 전압을 가하면 30[A]의 전류가 흐르고 1.8[kW]의 전력을 소비한다고 한다. 이 코일과 병렬로 콘덴서를 접속하여 회로의 역률을 100[%]로 하기 위한 용량 리액턴스는 약 몇 [Ω]인가?

① 4.2   ② 6.2   ③ 8.2   ④ 10.2

|정|답|및|해|설|

[용량 리액턴스(병렬)] $X_c = \frac{V^2}{Q}[\Omega]$ $\to (Q = WCV^2 = \frac{V^2}{X_c})$

전압 : 100[V], 전류 : 30[A], 전력 : 1.8[kW]이면

$P_a = VI = 100 \times 30 = 3000[VA] = 3[kVA]$

$P = 1.8[kW]$, 역률 $\cos\theta = \frac{1.8}{3} = 0.6 \to (P = VI\cos\theta)$

무효전력 $P_r = 3 \times 0.8 = 2.4[kVar]$

따라서 역률을 100%로 하려면 무효전력을 2.4[kVar] 공급해야 한다.

$\therefore X_c = \frac{V^2}{Q} = \frac{100^2}{2.4 \times 10^3} = 4.2[\Omega]$ 【정답】①

62. 그림과 같은 회로에서 저항 r_1, r_2에 흐르는 전류의 크기가 1 : 2의 비율이라면 r_1, r_2는 각각 몇 [Ω]인가?

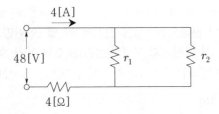

① $r_1 = 6$, $r_2 = 3$ ② $r_1 = 8$, $r_2 = 4$

③ $r_1 = 16$, $r_2 = 8$ ④ $r_1 = 24$, $r_2 = 12$

|정|답|및|해|설|

[회로의 저항]

$I = \frac{V}{R_t} = \frac{48}{R_t} = 4[A] \to R_t = \frac{V}{I} = \frac{48}{4} = 12[\Omega]$

합성저항 $R_t = 4 + \frac{r_1 r_2}{r_1 + r_2} = 12[\Omega]$

r_1, r_2에 흐르는 전류비가 1 : 2이므로
저항비 $r_1 : r_2 = 2 : 1$에서 $r_1 = 2r_2$

$R_t = 4 + \frac{r_1 r_2}{r_1 + r_2} = 12[\Omega] \to \frac{2r_2}{3} = 8$

$r_2 = 12[\Omega]$, $r_1 = 24[\Omega]$ 【정답】④

63. 3대의 단상변압기를 △ 결선으로 하여 운전하던 중 변압기 1대가 고장으로 제거하여 V결선으로 한 경우 공급할 수 있는 전력은 고장 전 전력의 몇 [%]인가?

① 57.7   ② 50.0

③ 63.3   ④ 67.7

|정|답|및|해|설|

[출력비 및 이용률]

P : 변압기 1개의 출력 $\to (P_V = \sqrt{3} P)$

· 출력비 $= \frac{P_V}{P_\triangle} = \frac{\sqrt{3} P}{3P} = \frac{\sqrt{3}}{3} = 0.577 = 57.7[\%]$

· 이용률 $= \frac{P_V}{변압기용량} = \frac{\sqrt{3} \cdot TR1}{2 \cdot TR1} = \frac{\sqrt{3}}{2} = 0.866 = 86.6[\%]$

【정답】①

64. 3상 회로의 영상분, 정상분, 역상분을 각각 I_0, I_1, I_2라 하고 선전류를 I_a, I_b, I_c라 할 때 I_b는?

(단, $a = -\frac{1}{2} + j\frac{\sqrt{3}}{2}$ 이다.)

① $I_0 + I_1 + I_2$ ② $I_0 + a^2 I_1 + a I_2$

③ $\frac{1}{3}(I_0 + I_1 + I_2)$ ④ $\frac{1}{3}(I_0 + a I_1 + a^2 I_2)$

|정|답|및|해|설|

[불평형 3상전류]

· $I_a = I_0 + I_1 + I_2$

· $I_b = I_0 + a^2 I_1 + a I_2$

· $I_c = I_0 + a I_1 + a^2 I_2$ 【정답】②

65. 회로에서 스위치를 닫을 때 콘덴서의 초기 전하를 무시하면 회로에 흐르는 전류 $i(t)$는 어떻게 되는가?

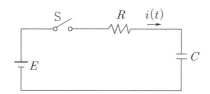

① $\dfrac{E}{R}e^{\frac{C}{R}t}$

② $\dfrac{E}{R}e^{\frac{R}{C}t}$

③ $\dfrac{E}{R}e^{-\frac{1}{CR}t}$

④ $\dfrac{E}{R}e^{\frac{1}{CR}t}$

|정|답|및|해|설|

[RC 과도현상(과도전류)] $i(t)=\dfrac{E}{R}e^{-\frac{1}{RC}t}$

스위치를 닫았을 때의 평형 방정식은

$$Ri(t)+\frac{1}{C}\int i(t)dt = E$$

$i(t)=\dfrac{dq(t)}{dt}$ 이므로

$$R\frac{dq(t)}{dt}+\frac{1}{C}q(t)=E$$

초기 전하를 0이라 하면

$q(t)=CE\left(1-e^{-\frac{1}{RC}t}\right)$이므로

$i(t)=\dfrac{dq(t)}{dt}$ 에 대입하면

$$\therefore i(t)=\frac{dq(t)}{dt}=\frac{d}{dt}CE\left(1-e^{-\frac{1}{RC}t}\right)=\frac{E}{R}e^{-\frac{1}{RC}t}$$

【정답】③

66. 전압의 순시값이 $3+10\sqrt{2}\sin\omega t[V]$일 때 실효값은?

① 10.4[V]

② 11.6[V]

③ 12.5[V]

④ 16.2[V]

|정|답|및|해|설|

[실효값] $E=\sqrt{V_0^2+V_1^2+V_2^2+\cdots+V_n^2}=\sqrt{3^2+10^2}=10.4[V]$

$\rightarrow (V=\dfrac{V_m}{\sqrt{2}})$

【정답】①

67. 4단자 회로망이 가역적이기 위한 조건으로 틀린 것은?

① $Z_{12}=Z_{21}$

② $Y_{12}=Y_{21}$

③ $H_{12}=-H_{21}$

④ $AB-CD=1$

|정|답|및|해|설|

[4단자 회로] 4단자 회로망이 가역적이기 위한 조건
$Z_{12}=Z_{21}$, $Y_{12}=Y_{21}$, $H_{12}=-H_{21}$, $AD-BC=1$

【정답】④

68. 다음 그림과 같은 전기회로의 입력을 e_i, 출력을 e_0 라고 할 때 전달함수는?

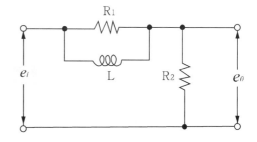

① $\dfrac{R_2(1+R_1Ls)}{R_1+R_2+R_1R_2Ls}$

② $\dfrac{1+R_2Ls}{1+(R_1+R_2)Ls}$

③ $\dfrac{R_2(R_1+Ls)}{R_1R_2+R_1Ls+R_2Ls}$

④ $\dfrac{R_2+\dfrac{1}{Ls}}{R_1R_2+\dfrac{1}{Ls}}$

|정|답|및|해|설|

[전달함수] $G(s)=\dfrac{E_o(s)}{E_i(s)}$

입력과 출력이 모두 전압함수로 주어졌을 경우에는 입력측에서 바라본 임피던스값하고 출력단자에 결합된 임피던스의 비로 계산한다.

·입력측 $E_i(s)-\dfrac{R_1\cdot Ls}{R_1+Ls}+R_2$

·출력측 $E_o(s)=R_2$

∴전달함수

$$G(s)=\frac{E_0(s)}{E_i(s)}=\frac{R_2}{R_2+\dfrac{R_1Ls}{R_1+Ls}}=\frac{R_2(R_1+Ls)}{R_1R_2+R_1Ls+R_2Ls}$$

【정답】③

69. 시간지연 요인을 포함한 어떤 특정계가 다음 미분 방정식 $\dfrac{dy(t)}{dt} + y(t) = x(t-T)$로 표현된다. $x(t)$를 입력, $y(t)$를 출력이라 할 때 이 계의 전달함수는?

① $\dfrac{e^{-sT}}{s+1}$ ② $\dfrac{s+1}{e^{-sT}}$

③ $\dfrac{e^{sT}}{s-1}$ ④ $\dfrac{e^{-2sT}}{s+1}$

|정|답|및|해|설|

[전달함수] $G(s) = \dfrac{Y(s)}{X(s)}$

미분 방정식을 라플라스 변환하면

$\mathcal{L}\left[\dfrac{dy(t)}{dt} + y(t) = x(t-T)\right]$

$sY(s) + Y(s) = X(s)e^{-Ts} \rightarrow (s+1)Y(s) = e^{-Ts}X(s)$

$\therefore G(s) = \dfrac{Y(s)}{X(s)} = \dfrac{e^{-Ts}}{s+1}$ 【정답】①

70. 다음과 같은 회로에서 단자 a, b 사이의 합성 저항[Ω]은?

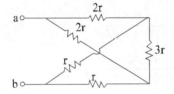

① r ② $\dfrac{1}{2}r$

③ $\dfrac{3}{2}r$ ④ $3r$

|정|답|및|해|설|

[브리지 회로]

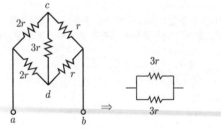

브리지 회로의 평형상태이므로 3r에는 전류가 흐르지 않는다.

$\therefore R_{ab} = \dfrac{1}{\dfrac{1}{3r} + \dfrac{1}{3r}} = \dfrac{3}{2}r[\Omega]$ 【정답】③

71. 그림과 같은 회로에서 유도성 리액턴스 X_L의 값[Ω]은?

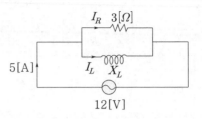

① 8 ② 6

③ 4 ④ 1

|정|답|및|해|설|

[유도성 리액턴스] $X_L = \dfrac{V}{I_L}[\Omega]$

· $I_R = \dfrac{V}{R} = \dfrac{12}{3} = 4[A]$ · $I_L = \sqrt{I^2 - I_R^2} = \sqrt{5^2 - 4^2} = 3[A]$

병렬회로이므로 $V = X_L \cdot I_L = 12[V]$

$\therefore X_L = \dfrac{V}{I_L} = \dfrac{12}{3} = 4[\Omega]$ 【정답】③

72. 그림과 같은 단일 임피던스 회로의 4단자 정수는?

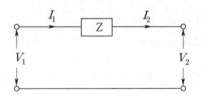

① $A = Z$, $B = 0$, $C = 1$, $D = 0$

② $A = 0$, $B = 1$, $C = Z$, $D = 1$

③ $A = 1$, $B = Z$, $C = 0$, $D = 1$

④ $A = 1$, $B = 0$, $C = 1$, $D = Z$

|정|답|및|해|설|

[단일 임피던스 회로의 4단자정수]
기본적인 4단자 회로를 기준

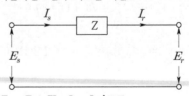

$E_s = E_r + ZI_r$, $I_s = I_r$ 이므로

$E_s = AE_r + BI_r$, $I_s = CE_r + DI_r$

$\therefore A = 1$, $B = Z$, $C = 0$, $D = 1$ 【정답】③

73. 저항 3개를 Y로 접속하고 이것을 선간전압 200[V]의 평형 3상 교류 전원에 연결할 때 선전류가 20[A] 흘렸다. 이 3개의 저항을 △로 접속하고 동일 전원에 연결하였을 때의 선전류는 약 몇 [A]인가?

① 30   ② 40

③ 50   ④ 60

|정|답|및|해|설|....................

[△결선의 선전류] $I_{\triangle l} = 3 I_{Yl}$

· Y결선 상전류 $I_Y = \dfrac{200}{\sqrt{3}\,R}$

· Y결선 선전류 $I_{Yl} = \dfrac{\dfrac{V}{\sqrt{3}}}{R} = \dfrac{V}{\sqrt{3}\,R} = \dfrac{200}{\sqrt{3}\,R}$

$$R = \dfrac{V}{\sqrt{3}\,I_{Yl}} = \dfrac{200}{\sqrt{3}\times 20} = \dfrac{10}{\sqrt{3}}$$

· △결선 상전류 $I_{\triangle} = \dfrac{200}{R}$

· △결선 선전류 $I_{\triangle} = \sqrt{3}\,I_{\triangle} = \sqrt{3}\times\dfrac{V}{R} = \dfrac{200\sqrt{3}}{R}$

$$\dfrac{I_{\triangle l}}{I_{Yl}} = \dfrac{\dfrac{200\sqrt{3}}{R}}{\dfrac{200}{\sqrt{3}\,R}} = \dfrac{\dfrac{200\sqrt{3}}{\dfrac{10}{\sqrt{3}}}}{\dfrac{200}{\sqrt{3}\dfrac{10}{\sqrt{3}}}} = \dfrac{3\times 20}{20} = 3$$

$$\therefore I_{\triangle l} = 3 I_{Yl} = 3\times 20 = 60[A]$$

【정답】④

74. $R = 4,000[\Omega]$, $L = 5[H]$의 직렬회로에 직류 전압 200[V]를 가할 때 급히 단자 사이의 스위치를 단락시킬 경우 이로부터 1/800초 후 회로의 전류는 몇 [mA]인가?

① 18.4   ② 1.84

③ 28.4   ④ 2.84

|정|답|및|해|설|....................

[$R-L$ 직렬회로(과도현상)]

$i(t) = \dfrac{V}{R}\left(e^{-\frac{R}{L}t}\right)$에서

$t = \dfrac{1}{800}$

$i(t) = \dfrac{200}{4000}\left(e^{-\frac{4000}{5}\frac{1}{800}}\right) = 0.05\,e^{-1} = 0.0184[mA]$

【정답】②

75. $i_1 = I_m \sin\omega t[A]$와 $i_2 = I_m \cos\omega t[A]$인 두 교류 전류의 위상차는 몇 도인가?

① 0° ② 30°

③ 60° ④ 90°

|정|답|및|해|설|....................

[전류의 위상차]

$i_1 = I_m \sin\omega t$

$i_2 = I_m \cos\omega t = I_m \sin(\omega t + 90^\circ)$

그러므로 i_2와 i_1과의 위상차는 90°가 된다.

【정답】④

76. 다음과 같은 파형을 푸리에 급수로 전개하면?

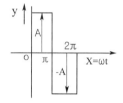

① $y = \dfrac{4A}{\pi}(\sin a \sin x + \dfrac{1}{9}\sin 3a \sin 3x + \cdots)$

② $y = \dfrac{4A}{\pi}(\sin x + \dfrac{1}{3}\sin 3x + \dfrac{1}{5}\sin 5x + \cdots)$

③ $y = \dfrac{A}{\pi}(\dfrac{\cos 2x}{1.3} + \dfrac{\cos 4x}{3.5} + \dfrac{\cos 6x}{5.7} + \cdots)$

④ $y = \dfrac{A}{\pi} + \dfrac{\sin 2x}{2} + \dfrac{\sin 4x}{4} + \cdots)$

|정|답|및|해|설|....................

[구형파] 정현대칭(원점대칭)이므로 **홀수항 사인파**를 찾는다.

※1. 반파대칭 : 짝수파는 상쇄되므로 홀수파만 남는다.
  2. 원점대칭 : sin항만 존재   【정답】②

77. 대칭 n상 Y결선에서 선간전압의 크기는 상전압의 몇 배인가?

① $\sin\dfrac{\pi}{n}$ ② $\cos\dfrac{\pi}{n}$

③ $2\sin\dfrac{\pi}{n}$ ④ $2\cos\dfrac{\pi}{n}$

|정|답|및|해|설|....................

[n상 Y결선에서 선간전압의 크기] $V_l = 2 V_p \sin\dfrac{\pi}{n} V_p$

$$\therefore \dfrac{V_l}{V_p} = 2\sin\dfrac{\pi}{n}$$

【정답】③

78. $R-L$ 직렬회로에서

$$v = 10 + 100\sqrt{2}\,\sin\omega t$$
$$+ 50\sqrt{2}\,\sin(3\omega t + 60°)$$
$$+ 60\sqrt{2}\,\sin(5\omega t + 30°)\,[V]$$

인 전압을 가할 때 제3고조파 전류의 실효값은 약 몇 [A]인가? (단, $R = 8[\Omega]$, $wL = 2[\Omega]$이다.)

① 1[A]　　　　　② 3[A]

③ 5[A]　　　　　④ 7[A]

|정|답|및|해|설|

[제3고조파 전류의 실효값] $I_3 = \dfrac{V_3}{|Z_3|} = \dfrac{V_3}{\sqrt{R^2 + (3\omega L)^2}}\,[A]$

1. 기본파 $|Z_1| = \sqrt{R^2 + \omega L^2}$
2. 3고조파 $|Z_3| = \sqrt{R^2 + (3\omega L)^2}$

$\therefore I_3 = \dfrac{V_3}{\sqrt{R^2 + (3\omega L)^2}} = \dfrac{50}{\sqrt{8^2 + 6^2}} = 5[A]$　→ $(Z_3 = 8 + j3 \times 2)$

【정답】③

79. 그림과 같은 회로가 공진이 되기 위한 조건을 만족하는 어드미턴스는?

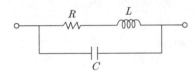

① $\dfrac{CL}{R}$　　　　　② $\dfrac{CR}{L}$

③ $\dfrac{L}{CR}$　　　　　④ $\dfrac{LR}{C}$

|정|답|및|해|설|

[합성어드미턴스] $Y = Y_1 + Y_2 = \dfrac{1}{R + j\omega L} + j\omega C$

$= \dfrac{R}{R^2 + (\omega L)^2} + j\left(\omega C - \dfrac{\omega L}{R^2 + (\omega L)^2}\right)$

병렬공진 시 합성 어드미턴스의 허수부는 0이 되어야 하므로

$\omega C - \dfrac{\omega L}{R^2 + (\omega L)^2} = 0 \rightarrow \omega C = \dfrac{\omega L}{R^2 + (\omega L)^2}$

그러므로 $R^2 + (\omega L)^2 = \dfrac{L}{C}$

공진 시 어드미턴스 $Y = \dfrac{R}{R^2 + (\omega L)^2} = \dfrac{R}{\dfrac{L}{C}} = \dfrac{RC}{L}$

【정답】②

80. 다음 함수 F(S)=$\dfrac{5S+3}{S(S+1)}$ 의 역라플라스 변환은?

① $2 + 3e^{-t}$　　　　② $3 + 2e^{-t}$

③ $3 - 2e^{-t}$　　　　④ $2 - 3e^{-t}$

|정|답|및|해|설|

[역라플라스 변환] $\pounds^{-1}[F(s)] = f(t)$

$F(s) = \dfrac{5s+3}{s(s+1)} = \dfrac{A}{s} + \dfrac{B}{s+1} \rightarrow A + Be^{-t}$이므로

$A = \dfrac{5s+3}{s+1}\bigg|_{s=0} = \dfrac{3}{1} = 3$

$B = \dfrac{5s+3}{s}\bigg|_{s=-1} = \dfrac{-2}{-1} = 2$

$\therefore f(t) = 3 + 2e^{-t}$　　　　　　【정답】②

3회 **2017년 전기산업기사필기(전기설비기술기준)**

81. 저압 절연전선을 사용한 220[V] 저압 가공전선이 안테나와 접근 상태로 시설되는 경우 가공전선과 안테나 사이의 간격(이격거리)은 몇 [cm] 이상이어야 하는가? 단, 전선이 고압 절연전선, 특고압 절연전선 또는 케이블인 경우는 제외한다.

① 30　　　　　② 60

③ 100　　　　④ 120

|정|답|및|해|설|

[저고압 가공전선과 안테나의 접근 또는 교차 (KEC 332.14)] 가공 전선과 안테나 사이의 이격 거리는 저압은 60[cm](전선이 고압 절연 전선, 특고 절연 전선 또는 케이블인 경우에는 30[cm]) 이상, 고압은 80[cm](전선이 케이블인 경우에는 40[cm])이상 일 것

【정답】②

82. 금속덕트에 넣은 전선의 단면적의 합계는 덕트의 내부 단면적의 몇 [%] 이하이어야 하는가?

① 10　　　　　② 20

③ 32　　　　　④ 48

|정|답|및|해|설|

[금속 덕트 공사 (KEC 232.31)] 금속 덕트에 넣는 전선의 단면적의 합계는 덕트 내부 단면적의 20[%](전광 표시 장치, 출퇴근 표시등, 제어 회로 등의 배전선만을 넣는 경우는 50[%]) 이하일 것

【정답】②

83. 저압 가공인입선 시설 시 도로를 횡단하여 시설하는 경우 노면상 높이는 몇 [m] 이상으로 하여야 하는가?

① 4
② 4.5
③ 5
④ 5.5

|정|답|및|해|설|

[저압 인입선의 시설(전선의 높이) (kec 221.1.1)]

· 도로(차도와 보도의 구별이 있는 <u>도로인 경우에는 차도</u>)를 횡단하는 경우 : <u>노면상 5[m]</u>(기술상 부득이한 경우에 교통에 지장이 없을 때에는 3[m]) 이상
· 철도 또는 궤도를 횡단하는 경우 : 레일면상 6.5[m] 이상
· 횡단보도교 위에 시설하는 경우 : 노면상 3[m] 이상 전선이 케이블인 경우 이외에는 인장강도 2.30[kN] 이상의 것 또는 지름 2.6[mm] 이상의 인입용 비닐절연전선일 것

【정답】③

84. 지지선을 사용하여 그 강도를 분담시키면 안 되는 가공전선로의 지지물은?

① 목주
② 철주
③ 철탑
④ 철근 콘크리트주

|정|답|및|해|설|

[지지선의 시설 (KEC 331.11)] 가공 전선로의 지지물로 사용하는 <u>철탑은 지지선을 사용하여 그 강도를 분담시켜서는 아니 된다.</u>

【정답】③

85. 60[kV] 이하의 특고압 가공전선과 식물과의 간격(이격거리)은 몇 [m] 이상이어야 하는가?

① 2
② 2.12
③ 2.24
④ 2.36

|정|답|및|해|설|

[특별고압 가공전선과 식물의 간격(이격거리) (KEC 333.30)]

· <u>60,000[V] 이하는 2[m] 이상</u>, 60,000[V]를 넘는 것은 2[m]에 60,000[V]를 넘는 1만[V] 또는 그 단수마다 12[cm]를 가산한 값 이상으로 이격시킨다.

【정답】①

86. 전기부식방지 시설에서 전원장치를 사용하는 경우로 옳은 것은?

① 전기부식방지 회로의 사용전압은 교류 60[V] 이하일 것
② 지중에 매설하는 양극(+)의 매설 깊이는 50[cm] 이상일 것
③ 지표 또는 수중에서 1[m] 간격의 임의의 2점 간의 전위차는 7[V]를 넘지 말 것
④ 수중에 시설하는 양극(+)과 그 주위 1[m] 이내의 거리에 있는 임의 점과의 사이의 전위차는 10[V]를 넘지 말 것

|정|답|및|해|설|

[전기부식방지 시설 (KEC 241.16)]

· 사용전압은 직류 60[V] 이하일 것
· 지중에 매설하는 양극은 75[cm] 이상의 깊이일 것
· 수중에 시설하는 양극과 그 주위 1[m] 안의 임의의 점과의 전위차는 10[V] 이내, 지표 또는 수중에서 1[m] 간격을 갖는 <u>임의의 2점간의 전위차는 5[V]</u> 이내이어야 한다.
· 전선은 케이블인 경우를 제외하고 2[mm] 경동선 이상이어야 한다.

【정답】④

87. 345[kV] 변전소의 충전 부분에서 5.98[m] 거리에 울타리를 설치할 경우 울타리 최소 높이는 몇 [m]인가?

① 2.1
② 2.3
③ 2.5
④ 2.7

|정|답|및|해|설|

[발전소 등의 울타리, 담 등의 시설 (KEC 351.1)]

사용 전압의 구분	울타리·담 등의 높이와 울타리·담 등으로부터 충전 부분까지의 거리의 합계
35[kV] 이하	5[m]
35[kV] 초과 160[kV] 이하	6[m]
160[kV] 초과	거리의 합계 $= 6 +$ 단수$\times 0.12$[m] 단수 $= \dfrac{\text{사용전압[kV]} - 160}{10}$ 단수 계산에서 소수점 이하는 절상

단수 $= \dfrac{345-160}{10} = 18.5 \quad \rightarrow 19$단

이격거리 + 울타리높이 $= 6 + 19 \times 0.12 = 8.28[m]$

울타리에서 충전 부분까지의 거리는 5.98[m]

그러므로 울타리의 최소 높이$= 8.28 - 5.98 = 2.3[m]$

【정답】②

88. 동기발전기를 사용하는 전력계통에 시설하여야 하는 장치는?

① 비상 조속기 ② 분로리액터
③ 동기검정장치 ④ 절연유 율출방지설비

|정|답|및|해|설|
[계측장치 (KEC 351.6)] 무효 전력 보상 장치(동기 조상기)의 용량이 전력 계통의 용량과 비슷한 무효 전력 보상 장치이므로 <u>동기검정장치</u>는 반드시 시설하여야 한다. 【정답】③

89. 특고압 가공전선로의 지지물에 시설하는 통신선 또는 이에 직접 접속하는 통신선 중 옥내에 시설하는 부분은 몇 [V] 이상의 저압 옥내배선의 규정에 준하여 시설하도록 하고 있는가?

① 150 ② 300
③ 380 ④ 400

|정|답|및|해|설|
[특고압 가공전선로 첨가설치 통신선에 직접 접속하는 옥내 통신선의 시설 (kec 362.6)] 특고압 전선로의 지지물에 시설하는 통신선 또는 이에 직접 접속하는 통신선 중 옥내에 시설하는 부분은 <u>400[V] 이상</u>의 저압 옥내배선의 규정에 준하여 시설하여야 한다. 【정답】④

90. 제2종 특고압 보안공사 시 B종 철주를 지지물로 사용하는 경우 지지물 간 거리(경간)는 몇 [m] 이하인가?

① 100 ② 200
③ 400 ④ 500

|정|답|및|해|설|
[특고압 보안공사 (KEC 333.22)] 제2종 특고압 보안공사

지지물 종류	지지물 간 거리 (경간)[m]
목주, A종 철주 A종 철근콘크리트주	100
B종 철주 B종 철근콘크리트주	200
철탑	400 (단주인 경우 300)

【정답】②

91. 전체의 길이가 18[m]이고, 설계하중이 6.8[kN]인 철근 콘크리트주를 지반이 튼튼한 곳에 시설하려고 한다. 기초 안전율을 고려하지 않기 위해서는 묻히는 깊이를 몇 [m] 이상으로 시설하여야 하는가?

① 2.5 ② 2.8
③ 3 ④ 3.2

|정|답|및|해|설|
[가공전선로 지지물의 기초 안전율 (KEC 331.7)] 가공전선로의 지지물에 하중이 가하여지는 경우에 그 하중을 받는 지지물의 기초의 안전율은 2 이상(단, 이상시 상정하중에 대한 철탑의 기초에 대하여는 1.33)이어야 한다. 다만, 땅에 묻히는 깊이를 다음의 표에서 정한 값 이상의 깊이로 시설하는 경우에는 그러하지 아니하다.

전장 \ 설계하중	6.8[kN] 이하	6.8[kN] 초과 ~ 9.8[kN] 이하	9.8[kN] 초과 ~ 14.72[kN] 이하
15[m] 이하	전장 × 1/6[m] 이상	전장 × 1/6+0.3[m] 이상	–
15[m] 초과	2.5[m] 이상	2.8[m] 이상	–
16[m] 초과~20[m] 이하	2.8[m] 이상	–	–
15[m] 초과~18[m] 이하	–	–	3[m] 이상
18[m] 초과	–	–	3.2[m] 이상

【정답】②

92. 케이블 트레이 공사에 대한 설명으로 틀린 것은?

① 금속재의 것은 내식성 재료의 것이어야 한다.
② 케이블 트레이의 안전율은 1.25 이상이어야 한다.
③ 비금속제 케이블 트레이는 난연성 재료의 것이어야 한다.
④ 전선의 피복 등을 손상시킬 돌기 등이 없이 매끈하여야 한다.

|정|답|및|해|설|
[케이블 트레이 공사 (KEC 232.40)] 케이블 트레이는 다음에 적합하게 시설하여야 한다.
· 케이블 트레이의 안전율은 <u>1.5 이상</u>이어야 한다.
· 전선의 피복 등을 손상시킬 돌기 등이 없이 매끈해야 한다.
· 비금속제 케이블 트레이는 난연성 재료의 것이어야 한다.
【정답】②

93. 변전소를 관리하는 기술원이 상주하는 장소에 경보장치를 시설하지 아니하여도 되는 것은?

① 무효 전력 보상 장치 내부에 고장이 생긴 경우

② 주요 변압기의 전원측 전로가 무전압으로 된 경우

③ 특고압용 타냉식변압기의 냉각장치가 고장 난 경우

④ 출력 2,000[kVA] 특고압용 변압기의 온도가 현저히 상승한 경우

|정|답|및|해|설|

[상주 감시를 하지 아니하는 변전소의 시설 (KEC 351.9)]
다음의 경우에는 변전제어소 또는 기술원이 상주하는 장소에 경보장치를 시설할 것

· 운전조작에 필요한 차단기가 자동적으로 차단한 경우(차단기가 재폐로한 경우를 제외한다)
· 주요 변압기의 전원측 전로가 무전압으로 된 경우
· 제어 회로의 전압이 현저히 저하한 경우
· 옥내변전소에 화재가 발생한 경우
· <u>출력 3,000[kVA]를 초과하는 특고압용변압기는 그 온도가 현저히 상승한 경우</u>
· 특고압용 타냉식변압기는 그 냉각장치가 고장 난 경우
· 무효 전력 보상 장치는 내부에 고장이 생긴 경우
· 수소냉각식 무효 전력 보상 장치(조상기)는 그 무효 전력 보상 장치 안의 수소의 순도가 90[%] 이하로 저하한 경우, 수소의 압력이 현저히 변동한 경우 또는 수소의 온도가 현저히 상승한 경우

【정답】④

94. 전등 또는 방전등에 저압으로 전기를 공급하는 옥내의 전로의 대지전압은 몇 [V] 이하이어야 하는가?

① 100   ② 200   ③ 300   ④ 400

|정|답|및|해|설|

[1[kV] 이하 방전등 (kec 234.11)] 방전등에 전기를 공급하는 전로의 대지전압은 300[V] 이하로 하여야 하며, 다음에 의하여 시설하여야 한다. 다만, 대지전압이 150[V] 이하의 것은 적용하지 않는다.

· 백열전등 또는 방전등 및 이에 부속하는 전선은 사람이 접촉할 우려가 없도록 시설할 것
· 백열전등, 또는 방전등용 안정기는 저압의 옥내 배선과 직접 접속하여 시설할 것

【정답】③

|참|고|

[대자전압]
1. 90[%] 이상은 300[V]
2. 예외인 경우
   ① 누설전압이 없는 경우 → 대지전압 150[V]
   ② 전기저장장치, 태양광설비 → 직류 600[V]

95. 의료 장소의 수술실에서 전기설비의 시설에 대한 설명으로 틀린 것은?

① 의료용 절연변압기의 정격격출력은 10[kVA] 이하로 한다.

② 의료용 절연변압기의 2차측 정격전압은 교류 250[V] 이하로 한다.

③ 절연감시장치를 설치하는 경우 누설전류가 5[mA]에 도달하면 경보를 발하도록 한다.

④ 전원측에 강화절연을 한 의료용 절연변압기를 설치하고 그 2차측 전로는 접지한다.

|정|답|및|해|설|

[의료장소의 안전을 위한 보호 설비 (kec 242.10.3)] 그룹 1 및 그룹 2의 의료 IT 계통은 다음과 같이 시설할 것.

· 전원측에 이중 또는 강화절연을 한 비단락보증 절연변압기를 설치하고 그 <u>2차측 전로는 접지하지 말 것</u>
· 의료용 절연변압기는 함 속에 설치하여 충전부가 노출되지 않도록 하고 의료장소의 내부 또는 가까운 외부에 설치할 것
· 의료용 절연변압기의 2차측 정격전압은 교류 250[V] 이하로 하며 공급방식 및 정격출력은 단상 2선식, 10[kVA] 이하로 할 것
· 3상 부하에 대한 전력공급이 요구되는 경우 의료용 3상 절연변압기를 사용할 것
· 의료용 절연변압기의 과부하 및 온도를 지속적으로 감시하는 장치를 적절한 장소에 설치할 것

【정답】④

96. 저압 가공인입선 시설 시 사용할 수 없는 전선은?

① 절연전선, 다심형 전선, 케이블

② 지름 2.6[mm] 이상의 인입용 비닐절연전선

③ 인장강도 1.2[kN] 이상의 인입용 비닐절연전선

④ 사람의 접촉 우려가 없도록 시설하는 경우 옥외용 비닐절영전선

|정|답|및|해|설|

[저압 인입선의 시설 (kec 221.1.1)] 저압 가공인입선은 다음 각 호에 따라 시설하여야 한다.

· 전선이 케이블인 경우 이외에는 인장강도 <u>2.30[kN] 이상의 것 또는 지름 2.6[mm] 이상의 인입용 비닐절연전선일 것</u>, 다만, 지지물 간 거리기 15[m] 이하인 경우는 인장강도 1.25[kN] 이상의 것 또는 지름 2[mm] 이상의 인입용 비닐절연전선일 것
· 전선은 절연전선, 다심형 전선 또는 케이블일 것

【정답】③

97. 고압 가공전선로의 가공지선으로 나경동선을 사용
하는 경우의 지름은 몇 [mm] 이상이어야 하는가?

① 3.2   ② 4

③ 5.5   ④ 6

|정|답|및|해|설|..

[고압 가공전선로의 가공지선 (KEC 332.6)]
1. 고압 가공 전선로 : 인장강도 5.26[kN] 이상의 것 또는 4[mm]
   이상의 나경동선
2. 특고압 가공 전선로 : 인장강도 8.01[kN] 이상의 나선 또는
   5[mm] 이상의 나경동선

【정답】②

※한국전기설비규정(KEC) 적용으로 인해 더 이상 출제되지 않
는 문제는 삭제했습니다.

1. $\epsilon_1 > \epsilon_2$의 유전체 경계면에 전계가 수직으로 입사할 때 경계면에 작용하는 힘과 방향에 대한 설명으로 옳은 것은?

① $f = \dfrac{1}{2}\left(\dfrac{1}{\epsilon_2} - \dfrac{1}{\epsilon_1}\right)D^2$의 힘이 ϵ_1에서 ϵ_2로 작용

② $f = \dfrac{1}{2}\left(\dfrac{1}{\epsilon_1} - \dfrac{1}{\epsilon_2}\right)E^2$의 힘이 ϵ_2에서 ϵ_1으로 작용

③ $f = \dfrac{1}{2}(\epsilon_2 - \epsilon_1)E^2$의 힘이 ϵ_1에서 ϵ_2로 작용

④ $f = \dfrac{1}{2}(\epsilon_1 - \epsilon_2)D^2$의 힘이 ϵ_2에서 ϵ_1으로 작용

|정|답|및|해|설|

[경계면에 작용하는 힘과 방향]

전계가 경계면에 수직이면 $f = \dfrac{1}{2}\dfrac{D^2}{\epsilon}[N/m^2]$, $\epsilon_1 > \epsilon_2$

· 힘 $f_n = \dfrac{1}{2}\left(\dfrac{1}{\epsilon_2} - \dfrac{1}{\epsilon_1}\right)D^2[N/m^2]$

· 힘의 방향 : 유전율이 큰 쪽에서 작은 쪽으로 작용한다.

【정답】①

2. 자속밀도 $0.5[Wb/m^2]$인 균일한 자장 내에 반지름 10[cm], 권수 1000[회]인 원형코일이 매분 1800 회전할 때 이 코일의 저항이 $100[\Omega]$일 경우 이 코일에 흐르는 전류의 최대값[A]은 약 몇 [A]인가?

① 14.4 ② 23.5

③ 29.6 ④ 43.2

|정|답|및|해|설|

[전류의 최대값] $I_m = \dfrac{E_m}{R}[A]$

최대전압 $E_m = N\omega BS = N(2\pi n)B \cdot \pi r^2$ → ($\omega = 2\pi n$)

$E_m = N(2\pi n)B \cdot \pi r^2$ → (N : 권선수, $n = \dfrac{분당 회전수}{60}$)

$= 1000 \times 2\pi \times \dfrac{1800}{60} \times 0.5 \times \pi \times 0.1^2 = 2961[V]$

∴전류의 최대값 $I_m = \dfrac{E_m}{R} = \dfrac{2961}{100} = 29.6[A]$ **【정답】③**

3. 우주선 중에 $10^{20}[eV]$의 정전에너지를 가진 하전입자가 있다고 할 때, 이 에너지는 약 몇 [J]인가?

① 2 ② 9

③ 16 ④ 91

|정|답|및|해|설|

1[eV]는 1[V]의 전압 하에 전자 1개가 음극에서 양극으로 이동하는 운동에너지로 $1.6 \times 10^{-19}[J]$

∴$10^{20}[eV] = 10^{20} \times 1.6 \times 10^{-19} = 16[J]$

【정답】③

4. 전위함수가 $V = x^2 + y^2[V]$인 자유공간 내의 전하밀도는 몇 $[C/m^3]$인가?

① -12.5×10^{-12} ② -22.4×10^{-12}

③ -35.4×10^{-12} ④ -70.8×10^{-12}

|정|답|및|해|설|

[푸아송 방정식 (자유공간 내의 전하밀도)]

$\nabla^2 V = \dfrac{\partial^2 V}{\partial x^2} + \dfrac{\partial^2 V}{\partial y^2} + \dfrac{\partial^2 V}{\partial z^2}$

$= \dfrac{\partial^2}{\partial x^2}(x^2 + y^2) + \dfrac{\partial^2}{\partial y^2}(x^2 + y^2) = 2 + 2 = -\dfrac{\rho}{\epsilon_0}$

∴$\rho = -4\epsilon_0 = -4 \times 8.855 \times 10^{-12} = -35.4 \times 10^{-12}[C/m^3]$

→ ($\epsilon_0 = 8.855 \times 10^{-12}$)

【정답】③

5. 자유공간에 있어서의 포인팅 벡터를 $P[W/m^2]$이라 할 때, 전계의 세기 $E_e[V/m]$를 구하면?

① $377P$ ② $\dfrac{P}{377}$

③ $\sqrt{377P}$ ④ $\sqrt{\dfrac{P}{377}}$

|정|답|및|해|설|

[포인팅 벡터] $P = E_e H_e = E_e\left(\dfrac{E_e}{\sqrt{\dfrac{\mu_o}{\epsilon_o}}}\right) = \dfrac{1}{377}E_e^2$

→ ($\because \sqrt{\dfrac{\mu_o}{\epsilon_o}} = \sqrt{\dfrac{4\pi \times 10^{-7}}{8.85 \times 10^{-12}}} = 120\pi = 377$)

∴$E_e = \sqrt{377P}$ **【정답】③**

6. 그림과 같이 전류 $I[A]$가 흐르는 반지름 $a[m]$인 원형 코일의 중심으로부터 $x[m]$인 점 P의 자계의 세기는 몇 [AT/m]인가? (단, θ는 각 APO라 한다.)

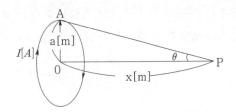

① $\dfrac{I}{2a}\cos^2\theta$ 　　② $\dfrac{I}{2a}\sin^3\theta$

③ $\dfrac{I}{2a}\cos^3\theta$ 　　④ $\dfrac{I}{2a}\sin^2\theta$

|정|답|및|해|설|

[원형 전류 중심점의 자계] $H = \dfrac{Ia^2}{2(a^2+x^2)^{\frac{3}{2}}}$ [A/m]

축방향 $x[m]$에서 자계(H)는

$H = \dfrac{a^2 I}{2(a^2+x^2)^{\frac{3}{2}}} = \dfrac{I}{2a}\left(\dfrac{a}{\sqrt{a^2+x^2}}\right)^3 = \dfrac{I}{2a}\sin^3\theta[\text{AT/m}]$

$\rightarrow \left(\sin\theta = \dfrac{a}{\sqrt{a^2+x^2}} = \dfrac{a}{(a^2+x^2)^{\frac{1}{2}}} \rightarrow \sin^3\theta = \dfrac{a^3}{(a^2+x^2)^{\frac{3}{2}}}\right)$

【정답】②

7. 코일의 면적을 2배로 하고 자속밀도의 주파수를 2배로 높이면 유기기전력의 최대값은 어떻게 되는가?

① $\dfrac{1}{4}$로 된다. 　　② $\dfrac{1}{2}$로 된다.

③ 2배로 된다. 　　④ 4배로 된다.

|정|답|및|해|설|

[최대 유기기전력] $E_m = \omega NBS = 2\pi fNBS \rightarrow E_m \propto f \cdot S$
따라서 면적과 주파수를 2배로 높이면 유기기전력의 최대값은 4배가 된다. 　　　　【정답】④

8. 점전하 $+Q$의 무한 평면도체에 대한 영상전하는?

① $+Q$ 　　② $-Q$

③ $+2Q$ 　　④ $-2Q$

|정|답|및|해|설|

[무한 평면도체에 대한 영상전하]

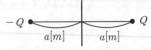

·무한 평면도체에서 영상전하는 $Q \leftrightarrow -Q$[C]

·접지 구도체에서 영상전하는 $Q \leftrightarrow -\dfrac{a}{d}Q$[C]

【정답】②

9. 정전계에 대한 설명으로 옳은 것은?

① 전계 에너지가 최소로 되는 전하분포의 전계이다.

② 전계 에너지가 최대로 되는 전하분포의 전계이다.

③ 전계 에너지가 항상 0인 전기장을 말한다.

④ 전계 에너지가 항상 ∞인 전기장을 말한다.

|정|답|및|해|설|

[정전계] 정전계는 전계에너지가 최소로 되는 전하분포의 전계로서 에너지가 최소라는 것은 안정적 상태를 말한다.

【정답】①

10. 전자 $e[C]$이 공기 중의 자계 $H[AT/m]$ 내를 H에 수직방향으로 $v[m/s]$의 속도로 돌입하였을 때 받는 힘은 몇 [N]인가?

① $\mu_o evH$ 　　② evH

③ $\dfrac{eH}{\epsilon_o\mu_o}$ 　　④ $\dfrac{\epsilon_o H}{\mu_o v}$

|정|답|및|해|설|

[자계 내에 놓여진 전하가 받는 힘]
$F = e(v \times B)$
　$= evB\sin\theta = ev\mu_0 H\sin\theta[N]$
$\theta = 90°$ 이므로 $F = ev\mu_0 H[N]$
이때 전하 e는 원운동을 하게 된다.

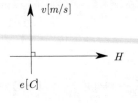

【정답】①

11. 그림과 같이 $+q[C/m]$로 대전된 두 도선이 $d[m]$ 의 간격으로 평행하게 가설되었을 때, 이 두 도선 간에서 전계가 최소가 되는 점은?

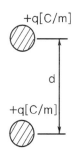

① $\dfrac{d}{4}$ 지점   ② $\dfrac{3}{4}d$ 지점

③ $\dfrac{d}{3}$ 지점   ④ $\dfrac{d}{2}$ 지점

|정|답|및|해|설|.................

[전계가 최소가 되는 점 (=전계가 0인 점)]

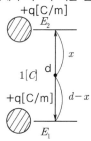

· 두 전하량의 크기가 같으면 내부에 존재
· 전하의 부호가 반대이면 전하량 큰 쪽의 반대쪽에 존재

$E_1 = E_2 \;\rightarrow\; E_1 = \dfrac{q}{2\pi\epsilon_0 x}$

$\qquad\qquad E_2 = \dfrac{q}{2\pi\epsilon_0 (d-x)}$

$\dfrac{q}{2\pi\epsilon_0 x} = \dfrac{q}{2\pi\epsilon_0 (d-x)} \;\rightarrow\; \dfrac{1}{x} = \dfrac{1}{d-x} \;\rightarrow\; 2x = d$

$\therefore x = \dfrac{d}{2}$

【정답】④

12. 비투자율이 μ_r인 철제 무단 솔레노이드가 있다. 평균 자로의 길이를 $l[m]$라 할 때 솔레노이드에 공극(air gap) $l_0[m]$를 만들어 자기저항을 원래의 2배로 하려면 얼마만한 공극을 만들면 되는가? (단, $\mu_r \gg 1$이고, 자기력은 일정하다고 한다.)

① $l_0 = \dfrac{l}{2}$ ② $l_0 = \dfrac{l}{\mu_r}$

③ $l_0 = \dfrac{l}{2\mu_r}$ ④ $l_0 = 1 + \dfrac{l}{\mu_r}$

|정|답|및|해|설|.................

[자기저항] 공극이 없는 전부 철심인 경우, 단면적을 A라 하면 자기저항 $R_m = \dfrac{l}{\mu A}$

공극 l_0가 존재하는 경우 자기 저항은 철심부 자기저항과 공극부 자기저항의 직렬접속이므로

$R'_m = \dfrac{l - l_0}{\mu A} + \dfrac{l_0}{\mu_0 A}$

$l \gg l_0$인 경우

$R'_m = \dfrac{l}{\mu A} + \dfrac{l_0}{\mu_0 A} = \dfrac{l}{\mu A}\left(1 + \dfrac{\mu l_0}{\mu_0 l}\right)$

$\dfrac{R'_m}{R_m} = 1 + \dfrac{\mu l_0}{\mu_0 l} = 1 + \dfrac{l_0}{l}\mu_r = 2배 \;\rightarrow\; \therefore l_0 = \dfrac{l}{\mu_r}$

【정답】②

13. 반지름 $a[m]$의 구도체에 전하 $Q[C]$이 주어질 때, 구도체 표면에 작용하는 정전응력$[N/m^2]$은?

① $\dfrac{Q^2}{64\pi^2\epsilon_0 a^4}$ ② $\dfrac{Q^2}{32\pi^2\epsilon_0 a^4}$

③ $\dfrac{Q^2}{16\pi^2\epsilon_0 a^4}$ ④ $\dfrac{Q^2}{8\pi^2\epsilon_0 a^4}$

|정|답|및|해|설|.................

[정전응력] $f = \dfrac{\sigma^2}{2\epsilon_0} = \dfrac{1}{2}\epsilon_0 E^2 [N/m^2]$

표면의 전계의 세기 $E = \dfrac{Q}{4\pi\epsilon_0 a^2}$ [V/m]

$\therefore$ 정전응력 $f = \dfrac{1}{2}\epsilon_0 E^2 = \dfrac{1}{2}\epsilon_0 \left(\dfrac{Q}{4\pi\epsilon_0 a^2}\right)^2 = \dfrac{Q^2}{32\pi^2\epsilon_0 a^4} [N/m^2]$

【정답】②

14. 두께 $d[m]$인 판상 유전체의 양면 사이에 150[V]의 전압을 가하였을 때 내부에서의 전계가 $3 \times 10^4 [V/m]$이었다. 이 판상 유전체의 두께는 몇 [mm]인가?

① 2 ② 5

③ 10 ④ 20

|정|답|및|해|설|

[유전체의 두께]

$V = Ed[V]$에서

유전체의 두께 $d = \dfrac{V}{E} = \dfrac{150}{3 \times 10^4} = 0.005[m] = 5[mm]$

【정답】②

15. 반지름이 각각 $a = 0.2[m]$, $b = 0.5[m]$ 되는 동심구 간에 고유저항 $\rho = 2 \times 10^{12} [\Omega \cdot m]$, 비유전율 $\epsilon_s = 100$인 유전체를 채우고 내외 동심구 간에 150[V]의 전위차를 가할 때 전체를 통하여 흐르는 누설전류는 몇 [A]인가?

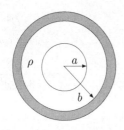

① 2.15×10^{-10} ② 3.14×10^{-10}

③ 5.31×10^{-10} ④ 6.13×10^{-10}

|정|답|및|해|설|

[전체를 통하여 흐르는 누설전류] $I = \dfrac{V}{R}$

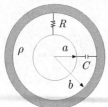

$RC = \epsilon \rho \rightarrow R = \dfrac{\epsilon \rho}{C_{ab}}$

$C_{ab} = \dfrac{4\pi\epsilon}{\dfrac{1}{a} - \dfrac{1}{b}}$ 이므로, $R = \dfrac{\rho}{4\pi}\left(\dfrac{1}{a} - \dfrac{1}{b}\right)$

$\therefore I = \dfrac{V}{R} = \dfrac{4\pi V}{\rho\left(\dfrac{1}{a} - \dfrac{1}{b}\right)}$

$= \dfrac{4\pi \times 150}{2 \times 10^{12} \times \left(\dfrac{1}{0.2} - \dfrac{1}{0.5}\right)} = 3.14 \times 10^{-10}[A]$

【정답】②

16. 판자석의 세기가 $P[Wb/m]$되는 판자석을 보는 입체각 ω인 점의 자위는 몇 [A]인가?

① $\dfrac{P}{2\pi\mu_o\omega}$ ② $\dfrac{P\omega}{2\pi\mu_o}$

③ $\dfrac{P}{4\pi\mu_o\omega}$ ④ $\dfrac{P\omega}{4\pi\mu_o}$

|정|답|및|해|설|

[판자석의 자위] $U = \dfrac{Pw}{4\pi\mu_0}[A]$

· 판자석의 자하밀도 $+\sigma$, $-\sigma$인 두 판자석을 두께 t로 배치
· 자축과 $r[m]$인 임의의 점 사이의 각을 θ라 하면 ds면 내부의 자하에 의하여 점 P의 자위는

$du = \dfrac{1}{4\pi\mu_0} \cdot \dfrac{PdS\cos\theta}{r^2} = \dfrac{P}{4\pi\mu_0} \cdot \dfrac{dS\cos\theta}{r^2}[A]$

따라서 판 전체의 자위는

$U = \int du = \dfrac{P}{4\pi\mu_0} \int_s \dfrac{dS\cos\theta}{r^2} = \dfrac{Pw}{4\pi\mu_0}[A]$ 【정답】④

17. 진공 중 1[C]의 전하에 대한 정의로 옳은 것은? (단, Q_1, Q_2는 전하이며, F는 작용력이다.)

① $Q_1 = Q_2$, 거리 1[m], 작용력 $F = 9 \times 10^9 [N]$일 때이다.

② $Q_1 < Q_2$, 거리 1[m], 작용력 $F = 6 \times 10^4 [N]$일 때이다.

③ $Q_1 = Q_2$, 거리 1[m], 작용력 $F = 1[N]$일 때이다.

④ $Q_1 > Q_2$, 거리 1[m], 작용력 $F = 1[N]$일 때이다.

|정|답|및|해|설|

[쿨롱의 법칙(힘)] $F = 9 \times 10^9 \dfrac{Q_1 Q_2}{r^2}[N]$

1[C]의 점전하가 1[m] 떨어져 있다면,

작용력 $F = 9 \times 10^9 \dfrac{Q_1 Q_2}{r^2} = 9 \times 10^9 \times \dfrac{1 \times 1}{1^2} = 9 \times 10^9 [N]$

【정답】①

18. 유전체 내의 전속밀도에 관한 설명 중 옳은 것은?

① 진전하만이다.

② 분극 전하만이다.

③ 겉보기 전하만이다.

④ 진전하와 분극 전하이다.

|정|답|및|해|설|

[유전체 내의 전속밀도]

전하밀도=진전하밀도($D=\sigma$)

분극의 세기(분극도)=분극 전하밀도($P=\sigma_p$)

따라서 전속밀도 D는 진전하밀도 σ에 의해 결정된다.

【정답】①

19. 전계와 자계의 위상 관계는?

① 위상이 서로 같다.

② 전계가 자계보다 90° 늦다.

③ 전계가 자계보다 90° 빠르다.

④ 전계가 자계보다 45° 빠르다.

|정|답|및|해|설|

[전계와 자계의 위상 관계]

고유임피던스 $\eta = \dfrac{E}{H} = \sqrt{\dfrac{\mu}{\epsilon}}$

포인팅벡터 $P = E \times H \ [W/m^2]$ 가 횡파이고

E와 H는 동위상으로 Z축으로 진행하는 진행파이다

【정답】①

20. 진공 중에 놓인 $3[\mu C]$의 점전하에서 3[m] 되는 점의 전계는 몇 [V/m]인가?

① 100

② 1000

③ 300

④ 3000

|정|답|및|해|설|

[점의 전계] $E = \dfrac{Q}{4\pi\epsilon_0 r^2} [V/m]$

$E = 9 \times 10^9 \times \dfrac{Q}{r^2} = 9 \times 10^9 \times \dfrac{3 \times 10^{-6}}{3^2} = 3000[V/m]$

$\rightarrow (\dfrac{1}{4\pi\epsilon_0} = 9 \times 10^9)$

【정답】④

---

21. 송전선로에서 연가를 하는 주된 목적은?

① 미관상 필요

② 직격뢰의 방지

③ 선로정수의 평형

④ 지지물의 높이를 낮추기 위하여

|정|답|및|해|설|

[연가의 정의 및 목적] 연가란 선로정수를 평형하게 하기 위하여 각 상이 선로의 길이를 3의 정수배 구간으로 등분하여 각 위치를 한 번씩 돌게 하는 것이다. 목적은 다음과 같다.

·선로정수(L, C)가 선로 전체적으로 평형

·수전단전압 파형의 일그러짐을 방지

·인입 통신선에서 유도장해를 방지

·직렬공진의 방지

【정답】③

22. 어떤 발전소의 유효낙차가 100[m]이고, 최대 사용 수량이 $10[m^3/s]$일 경우 이 발전소의 이론적인 출력은 몇 [kW]인가?

① 4900

② 9800

③ 10000

④ 14700

|정|답|및|해|설|

[이론적 출력] $P = 9.8QH = 9.8 \times 10 \times 100 = 9800[kW]$

$\rightarrow (Q[m^3/s], \text{단위에 조심할 것})$

【정답】②

23. 우리나라 22.9[kW] 배전선로에서 가장 많이 사용하는 배전 방식과 중성점 접지방식은?

① 3상 3선식 비접지

② 3상 4선식 비접지

③ 3상 3선식 다중접지

④ 3상 4선식 다중접지

|정|답|및|해|설|

3상 4선식은 배전효율이 높아서 우리나라는 배전계통을 3상4선식으로 모두 채택하였다

[전압별 중성점 접지방식]

1. 22.9[kV] : 중성점 다중접지

2. 154, 345[kV] : 직접 접지

3. 22[kV] : 비접지

4. 66[kV] : 소호 리액터 접지

【정답】④

24. 다음 송전선의 전압변동률 식에서 V_{R1}은 무엇을 의미하는가?

$$\epsilon = \frac{V_{R1} - V_{R2}}{V_{R2}} \times 100[\%]$$

① 부하시 송전단 전압

② 무부하시 송전단 전압

③ 전부하시 수전단 전압

④ 무부하시 수전단 전압

|정|답|및|해|설|
[전압변동률(ϵ)] 전압변동률은 수전단전압으로 계산
$$\epsilon = \frac{\text{무부하시 수전단 전압}(V_{R1}) - \text{수전단 정격 전압}(V_{R2})}{\text{수전단 정격 전압}(V_{R2})} \times 100[\%]$$

※분자의 앞에는 큰 값이 들어가야 하므로 **무부하시 수전단전압**
【정답】④

25. 100[kVA] 단상변압기 3대를 △-△결선으로 사용하다가 1대의 고장으로 V-V결선으로 사용하면 약 몇 [kVA] 부하까지 사용할 수 있는가?

① 150

② 173

③ 225

④ 300

|정|답|및|해|설|
[V결선 시 출력] $P_V = \sqrt{3} P_1 [VA]$
여기서, P_1 : 변압기 1대의 출력
$\therefore P_V = \sqrt{3} P_1 = \sqrt{3} \times 100 = 173.2[kVA]$
【정답】②

26. 전원으로부터의 합성 임피던스가 0.5[%] (15000 [kVA] 기준)인 곳에 설치하는 차단기용량은 몇 [MVA] 이상이어야 하는가?

① 2000

② 2500

③ 3000

④ 3500

|정|답|및|해|설|
[차단기용량] $P_s = \dfrac{100}{\%Z} P_n = \dfrac{100}{0.5} \times 15 = 3000[MVA]$
【정답】③

27. 우리나라 22.9[kV] 배전선로에 적용하는 피뢰기의 공칭방전전류[A]는?

① 1500

② 2500

③ 5000

④ 10000

|정|답|및|해|설|
[설치장소별 피뢰기 공칭 방전전류]

공칭 방전 전류	설치 장소	적용조건
10,000[A]	변전소	1. 154[kV] 이상의 계통 2. 66[kV] 및 그 이하 계통에서 뱅크 용량이 3,000 [kVA]를 초과하거나 특히 중요한 곳
5,000[A]	변전소	66[kV] 및 그 이하 계통에서 뱅크용량이 3,000[kVA] 이하인 곳
2,500[A]	선로	배전선로

[주] 전압 22.9[kV-Y] 이하 (22[kV] 비접지 제외)의 배전선로에서 수전하는 설비의 피뢰기 공칭 방전전류는 일반적으로 2,500[A]의 것을 적용한다. 【정답】②

28. 1선 지락 시에 전위상승이 가장 적은 접지방식은?

① 직접접지

② 저항접지

③ 리액터접지

④ 소호리액터접지

|정|답|및|해|설|
[접지방식] 직접접지방식은 타 접지방식에 비해 지락사고 시 건전상의 전위상승이 가장 낮으므로 유효접지라고하고 송전계통의 절연레벨을 저감시킬 수 있다. 【정답】①

29. 직렬콘덴서를 선로에 삽입할 때의 장점이 아닌 것은?

① 역률을 개선한다.

② 정태안정도를 증가한다.

③ 선로의 인덕턴스를 보상한다.

④ 수전단의 전압변동률을 줄인다.

|정|답|및|해|설|
[직렬 콘덴서] 선로의 유도 리액턴스를 상쇄시키는 것이므로 선로의 정태 안정도를 증가시키고 선로의 전압 강하를 줄일 수는 있지만 계통의 역률을 개선시킬 정도의 큰 용량은 되지 못한다. 전압강하를 줄일 때 사용한다. 수전단 역률 개선은 병렬 콘덴서로 한다.
※병렬 콘덴서 : 부하의 역률을 개선한다.
【정답】①

30. 부하에 따라 전압 변동이 심한 급전선을 가진 배전 변전소의 전압 조정 장치로서 적당한 것은?

① 단권 변압기   ② 주변압기 탭

③ 전력용 콘덴서   ④ 유도전압조정기

|정|답|및|해|설|

[전압조정장치] 보기의 4가지가 모두 전압조정방법이다
부하 변동이 심한 경우 유도전압조정기가 많이 사용된다.

【정답】④

31. 부하전류 및 단락전류를 모두 개폐할 수 있는 스위치는?

① 단로기   ② 차단기

③ 선로개폐기   ④ 전력퓨즈

|정|답|및|해|설|

[퓨즈와 각종 개폐기 및 차단기와의 기능비교]

능력\기능	회로 분리		사고 차단	
	무부하	부하	과부하	단락
퓨즈	O			O
차단기	O	O	O	O
개폐기	O	O	O	
단로기	O			
전자 접촉기	O	O	O	

【정답】②

32. 선로의 커패시턴스와 무관한 것은?

① 전자유도   ② 개폐서지

③ 중성점 잔류전압   ④ 발전기 자기여자현상

|정|답|및|해|설|

[선로의 커패시턴스] 선로의 커패시턴스(LC)는 정전유도 현상과 관계가 있으며, 전자유도 현상에는 상호인덕턴스 (M)와 관계가 있다. 발전기 자기 여자 현상은 무부하 또는 경부하시에 정전용량 때문에 수전단 전압이 송전단 전압보다 높아져서 생기는 페란티 효과의 영향이며, 개폐서지도 전선간의 정전용량에 의해 걸리는 전압의 영향이다.   【정답】①

33. 화력발전소에서 석탄 1[kg]으로 발생할 수 있는 전력량은 약 몇 [kWh]인가? (단, 석탄의 발열량은 5000[kcal/kg], 발전소의 효율은 40[%]이다.)

① 2.0   ② 2.3   ③ 4.7   ④ 5.8

|정|답|및|해|설|

[화력발전소 열효율] $\eta = \frac{860\,W}{mH} \times 100\,[\%]$

1[kWh]=860[kcal]

$\eta = \frac{860\,W}{mH} \times 100$ 에서

$\therefore W = \frac{mH\eta}{860} = \frac{1 \times 5000 \times 0.4}{860} = 2.3\,[\text{kWh}]$ 【정답】②

34. 배전선에서 균등하게 분포된 부하일 경우 배전선 끝부분의 전압강하는 모든 부하가 배전선의 어느 지점에 집중되어 있을 때의 전압강하와 같은가?

① $\frac{1}{2}$ ② $\frac{1}{3}$ ③ $\frac{2}{3}$ ④ $\frac{1}{5}$

|정|답|및|해|설|

[집중 부하와 분산 부하]

	모양	전압강하	전력손실
균일 분산부하		$\frac{1}{2}IrL$	$\frac{1}{3}I^2rL$
끝부분 집중부하		IrL	I^2rL

여기서, I : 전선의 전류, r : 전선의 단위 길이당 저항
L : 전선의 길이   【정답】①

35. 송전거리, 전력, 손실률 및 역률이 일정하다면 전선의 굵기는?

① 전류에 비례한다.

② 전류에 반비례한다.

③ 전압의 제곱에 비례한다.

④ 전압의 제곱에 반비례한다.

|정|답|및|해|설|

관계	관계식	항목
전압의 자승에 비례	$\propto V^2$	송전전력(P)
전압에 반비례	$\propto \frac{1}{V}$	전압강하(e)
전압의 자승에 반비례	$\propto \frac{1}{V^2}$	·전선의 단면적(A) ·전선의 총 중량(B) ·전력손실(P_l) ·전압강하률(ϵ)

선로 손실 $P_i = 3I^2R = \frac{P^2\rho l}{V^2\cos\theta A} \;\rightarrow\; A = \frac{P^2\rho l}{P_i V^2 \cos^2\theta}$

$\therefore A \propto \frac{1}{V^2}$ 【정답】④

36. 154[kV] 송전계통에서 3상 단락고장이 발생하였을 경우 고장점에서 본 등가 정상 임피던스가 100[MVA] 기준으로 25[%]라고 하면 단락용량은 몇 [MVA]인가?

① 250
② 300
③ 400
④ 500

|정|답|및|해|설|
[단락용량] $P_s = \dfrac{100}{\%Z} P_n = \dfrac{100}{25} \times 100 = 400[MVA]$

【정답】③

37. 3상 1회선 송전선로의 소호리액터의 용량[kVA]은?

① 선로 충전 용량과 같다.
② 선간 충전 용량의 1/2이다.
③ 3선 일괄의 대지 충전 용량과 같다.
④ 1선과 중성점 사이의 충전 용량과 같다.

|정|답|및|해|설|
[3상 1회선 소호리액터 용량]

$P = 3\omega C E^2 = 3\omega C \left(\dfrac{V}{\sqrt{3}} \right)^2 = \omega C V^2 [kVA]$

여기서, C : 1선당의 대지 정전 용량, E : 대지전압, V : 선간전압
【정답】③

38. 감전방지 대책으로 적합하지 않은 것은?

① 외함 접지
② 아크혼 설치
③ 2중 절연기기
④ 누전 차단기 설치

|정|답|및|해|설|
[감전 방지 대책]
·인체 보호용 누전차단기 설치
·기기의 이중 절연
·기계 기구류의 외함 접지
·절연변압기의 사용

[아크혼의 역할]
·선로의 섬락으로부터 <u>애자련의 보호</u>
·애자련의 전압분포 개선
【정답】②

39. 총부하설비가 160[kW], 수용률이 60[%], 부하역률이 80[%]인 수용가에 공급하기 위한 변압기 용량[kVA]은?

① 40
② 80
③ 120
④ 160

|정|답|및|해|설|
[변압기용량]
변압기용량 ≥ 합성최대수용전력

$TR = \dfrac{\text{개별 최대 수용 전력의 합}}{\text{부동률} \times \text{역률}} = \dfrac{\text{설비 용량} \times \text{수용률}}{\text{부동률} \times \text{역률}}$

$= \dfrac{160 \times 0.6}{1 \times 0.8} = 120[kVA]$
【정답】③

40. 18~23개를 한 줄로 이어 단 표준현수애자를 사용하는 전압[kV]은?

① 23[kV]
② 154[kV]
③ 345[kV]
④ 765[kV]

|정|답|및|해|설|
[전압별 현수애자의 개수]

22.9[kV]	66[kV]	154[kV]	345[kV]	765[kV]
2~3	4	10~11	18~20	40

【정답】③

1회 2016년 전기산업기사필기 (전기기기)

41. 교류 정류자 전동기의 설명 중 틀린 것은?

① 정류 작용은 직류기와 같이 간단히 해결된다.
② 구조가 일반적으로 복잡하여 고장이 생기기 쉽다.
③ 기동토크가 크고 기동 장치가 필요 없는 경우가 많다.
④ 역률이 높은 편이며 연속적인 속도 제어가 가능하다.

|정|답|및|해|설|
[교류 정류자 전동기] 교류 정류자 전동기는 <u>정류 작용 문제가 직류기보다 더욱 곤란</u>하기 때문에 출력에 제한을 받는다.
【정답】①

42. 직류 분권전동기의 계자저항을 운전 중에 증가시키면?

① 전류는 일정   ② 속도는 감소

③ 속도는 일정   ④ 속도는 증가

|정|답|및|해|설|

[직류 분권전동기 속도] $n = K\dfrac{V - I_a R_a}{\phi}$ [rps]

계자저항을 증가시키면 여자전류(계자자속) 감소, 속도는 증가한다.
【정답】④

43. 역률 80[%](뒤짐)로 전부하 운전 중인 3상 100[kVA], 3000/200[V] 변압기의 저압측 선전류의 무효분은 몇 [A]인가?

① 100   ② $80\sqrt{3}$

③ $100\sqrt{3}$ ④ $500\sqrt{3}$

|정|답|및|해|설|

[무효전류] $I_c = I_2 \sin\theta [A]$ $\rightarrow$ $\left(I_2 = \dfrac{P}{\sqrt{3} \, V_2}[A]\right)$

·출력 $P = \sqrt{3} \, V_2 I_2$

·저압측 선전류 $I_2 = \dfrac{P}{\sqrt{3} \, V_2} = \dfrac{100 \times 10^3}{\sqrt{3} \times 200} = \dfrac{1000}{2\sqrt{3}}[A]$

∴무효전류 $I_c = I_2 \sin\theta = \dfrac{1000}{2\sqrt{3}} \times \sqrt{1 - 0.8^2} = 100\sqrt{3}[A]$

【정답】③

44. 권선형 유도전동기에서 2차 저항을 변화시켜서 속도제어를 하는 경우 최대토크는?

① 항상 일정하다.
② 2차 저항에만 비례한다.
③ 최대 토크가 생기는 점의 슬립에 비례한다.
④ 최대 토크가 생기는 점의 슬립에 반비례한다.

|정|답|및|해|설|

[권선형 유도전동기의 최대토크]

$\dfrac{r_2}{s_m} = \dfrac{r_2 + R}{s_t}$

여기서, r_2 : 2차 권선의 저항, s_m : 최대 토크시 슬립
s_t : 기동시 슬립(정지 상태에서 기동시 $s_t = 1$)
R : 2차 외부 회로 저항

r_2를 크게 하면 s_m이 r_2에 비례추이 하므로 최대 토크는 변하지 않고, 기동 토크만 증가한다.
【정답】①

45. 3상 유도 전동기로서 작용하기 위한 슬립 s의 범위는?

① $s \geq 1$ ② $0 < s < 1$

③ $-1 \leq s \leq 0$ ④ $s = 0$ 또는 $s = 1$

|정|답|및|해|설|

[슬립의 범위]
1. 유도전동기 : $0 < s < 1$, $s = 1$정지 $s = 0$ 동기속도
2. 유도발전기 : $s < 0$
3. 제동기 : $1 < s < 2$
【정답】②

46. 변압기유 열화방지 방법 중 틀린 것은?

① 밀봉방식   ② 흡착제방식

③ 수소봉입방식   ④ 개방형 콘서베이터

|정|답|및|해|설|

[변압기유 열화방지 방법] 변압기유 열화방지 방법으로는 질소 봉입 방식을 적용해서 공기와 절연유가 접촉하지 않도록 한다.
【정답】③

47. 스텝 모터(step motor)의 장점이 아닌 것은?

① 가속, 감속이 용이하며 정·역전 및 변속이 쉽다.
② 위치제어를 할 때 각도 오차가 있고 누적된다.
③ 피드백 루프가 필요 없이 오픈 루프로 손쉽게 속도 및 위치 제어를 할 수 있다.
④ 디지털 신호를 직접 제어 할 수 있으므로 컴퓨터 등 다른 디지털 기기와 인터페이스가 쉽다.

|정|답|및|해|설|

[스텝모터의 장점]
·위치 및 속도를 검출하기 위한 장치가 필요 없다.
·컴퓨터 등 다른 디지털 기기와의 인터페이스가 용이하다.
·가속, 감속이 용이하며 정·역전 및 변속이 쉽다.
·속도제어 범위가 광범위하며, 초저속에서 큰 토크를 얻을 수 있다.
·위치제어를 할 때 각도 오차가 적고 누적되지 않는다.
·정지하고 있을 때 그 위치를 유지해 주는 토크가 크다.
·유지 보수가 쉽다.
[스텝모터의 단점]
·분해 조립, 또는 정지위치가 한정된다.
·서보모터에 비해 효율이 나쁘나.
·마찰 부하의 경우 위치 오차가 크다.
·오버슈트 및 진동의 문제가 있다.
·대용량의 대형기는 만들기 어렵다.
【정답】②

48. 3상 유도전동기의 동기속도는 주파수와 어떤 관계가 있는가?

① 비례한다.　　　② 반비례한다.

③ 자승에 비례한다.　④ 자승에 반비례한다.

|정|답|및|해|설|
[3상 유도전동기 동기속도와 주파수와의 관계]

3상 유도전동기의 동기속도 $N_s = \dfrac{120}{p}f[\mathrm{rpm}]$

동기속도(N_s)는 주파수(f)에 비례　　　【정답】①

49. 직류기에서 전기자 반작용이란 전기자 권선에 흐르는 전류로 인하여 생긴 자속이 무엇에 영향을 주는 현상인가?

① 감자 작용만을 하는 현상

② 편자 작용만을 하는 현상

③ 계자극에 영향을 주는 현상

④ 모든 부분에 영향을 주는 현상

|정|답|및|해|설|
[전기자 반작용] 전기자 반작용이란 전기자 권선에 흐르는 전류에 의해서 발생한 자속이 계자에서 만든 주자속에 영향을 미치는 현상이다.
·전기적 중성축 이동
·주자속 감소
·정류자 편간외 불꽃이 발생하여 정류 불량 발생
　　　　　　　　　　　　　　【정답】③

50. 동기기의 과도 안정도를 증가시키는 방법이 아닌 것은?

① 속응여자방식을 채용한다.

② 동기화 리액턴스를 크게 한다.

③ 동기 탈조 계전기를 사용 한다.

④ 발전기의 조속기 동작을 신속히 한다.

|정|답|및|해|설|
[동기기의 안정도 향상 대책]
·과도 리액턴스는 작게, 단락비는 크게 한다.
·정상 임피던스는 작게, 영상, 역상 임피던스는 크게 한다.
·회전자의 플라이휠 효과를 크게 한다.
·속응여자 방식을 채용한다.
·발전기의 조속기 동작을 신속하게 할 것
·동기 탈조계전기를 사용한다.　　　【정답】②

51. 3단자 사이리스터가 아닌 것은?

① SCR　　　　　② GTO

③ SCS　　　　　④ TRIAC

|정|답|및|해|설|
[각종 반도체 소자의 비교]
1. 방향성
　·양방향성(쌍방향) 소자 : DIAC, TRIAC, SSS
　·역저지(단방향성) 소자 : SCR, LASCR, GTO, SCS
2. 극(단자)수
　·2극(단자) 소자 : DIAC, SSS, Diode
　·3극(단자) 소자 : SCR, LASCR, GTO, TRIAC
　·4극(단자) 소자 : SCS

※ SCS는 1방향성 4단자 사이리스터이다.　　　【정답】③

52. 60[Hz], 4극 유도전동기의 슬립이 4[%]인 때의 회전수[rpm]는?

① 1728　　　　　② 1738

③ 1748　　　　　④ 1758

|정|답|및|해|설|
[유도전동기의 회전수] $N = (1-s)N_s = (1-s)\dfrac{120f}{p}[rpm]$

$N = (1-s)\dfrac{120f}{p} = (1-0.04) \times \dfrac{120 \times 60}{4} = 1728[rpm]$
　　　　　　　　　　　　　　【정답】①

53. 비례추이와 관계가 있는 전동기는?

① 동기 전동기

② 정류자 전동기

③ 3상 농형 유도전동기

④ 3상 권선형 유도전동기

|정|답|및|해|설|
[비례추이] 비례추이는 농형유도전동기에서는 응용할 수 없으며, 3상권선형 유도전동기의 기동토크 가감과 속도제어에 이용하고 있다.　　　　　　　　【정답】④

54. 200[kVA]의 단상변압기가 있다. 철손이 1.6 [kW]이고 전부하 동손이 2.5[kW]이다. 이 변압기의 역률이 0.8일 때 전부하시의 효율은 약 몇 [%]인가?

① 96.5   ② 97.0
③ 97.5   ④ 98.0

|정|답|및|해|설|

[변압기의 전부하효율] $\eta = \dfrac{출력}{출력 + 동손 + 철손} = \dfrac{P_a\cos\theta}{P_a\cos\theta + P_i + P_c}$ ·

$\eta = \dfrac{P_a\cos\theta}{P_a\cos\theta + P_i + P_c} = \dfrac{200 \times 0.8}{200 \times 0.8 + 1.6 + 2.5} \times 100 = 97.5[\%]$

【정답】③

55. 변압기의 전부하 동손이 270[W], 철손이 120[W]일 때 최고 효율로 운전하는 출력은 정격출력의 약 몇 [%]인가?

① 66.7   ② 44.4
③ 33.8   ④ 22.5

|정|답|및|해|설|

[변압기의 최고효율]
변압기의 효율은 $\left(\dfrac{1}{m}\right)^2 P_c = P_i$일 때 최고 효율

$\dfrac{1}{m} = \sqrt{\dfrac{P_i}{P_c}} = \sqrt{\dfrac{120}{270}} = 0.667 = 66.7[\%]$

정격출력의 66.7[%]에서 최대 효율. 【정답】①

56. 단상 반파정류로 직류전압 150[V]를 얻으려고 한다. 최대역전압(Peak Inverse Voltage)이 약 몇 [V] 이상의 다이오드를 사용하여야 하는가? (단, 정류회로 및 변압기의 전압강하는 무시한다.)

① 약 150[V]   ② 약 166[V]
③ 약 333[V]   ④ 약 470[V]

|정|답|및|해|설|

[최대역전압(Peak Inverse Voltage)]
단상반파정류회로의 $PIV = \sqrt{2}\,E = \pi E_d$
$PIV = \pi \times 150 ≒ 470[V]$ 【정답】④

57. 동기 전동기의 자기동법에서 계자권선을 단락하는 이유는?

① 기동이 쉽다.
② 기동권선으로 이용한다.
③ 고전압의 유도를 방지한다.
④ 전기자 반작용을 방지한다.

|정|답|및|해|설|

[동기 전동기의 자기동법] 기동시의 고전압을 방지하기 위해서 저항을 접속하고 단락 상태로 기동한다. 【정답】③

58. 직류직권 전동기에서 토크 T와 회전수 N과의 관계는?

① $T \propto N$ ② $T \propto N^2$
③ $T \propto \dfrac{1}{N}$ ④ $T \propto \dfrac{1}{N^2}$

|정|답|및|해|설|

[직류직권 전동기 토크 T와 회전수 N과의 관계]
· 직류 직권 전동기 속도 $N = k\dfrac{E_c}{\phi}[rpm]$

속도 N은 $N \propto \dfrac{1}{\phi} \propto \dfrac{1}{I_a}$ $(\because I_a = I = I_f \propto \phi)$

· 토크 $T = \dfrac{PZ}{2\pi}\varnothing\dfrac{I_a}{a} = \dfrac{PZ}{2\pi a}\varnothing I_a = k_2 \varnothing I_a$ ϕ는 I_a에 비례

$\therefore T \propto I_a^2 \propto \dfrac{I}{N^2}$ (분권은 $T \propto \dfrac{1}{N}$) 【정답】④

59. 직류발전기 중 무부하일 때보다 부하가 증가한 경우에 단자전압이 상승하는 발전기는?

① 직권발전기   ② 분권발전기
③ 과복권발전기   ④ 차동복권발전기

|정|답|및|해|설|

[과복권 발전기] 부하가 증가하는 경우 계자의 지속이 증가하여 단자전압이 상승한다. 【정답】③

60. 3상 교류 발전기의 기전력에 대하여 $\frac{\pi}{2}[rad]$ 뒤진 전기자 전류가 흐르면 전기자 반작용은?

① 증자작용을 한다.

② 감자작용을 한다.

③ 횡축 반작용을 한다.

④ 교차 자화작용을 한다.

|정|답|및|해|설|_____

[동기발전기 전기자 반작용] 전기자 반작용이란 전기자전류에 의한 자속 중 주자극에 들어가 계자자속에 영향을 미치는 것이다.

1. 교차자화작용(횡축반작용)
   - 전기자전류와 유기기전력이 동상인 경우
   - 편자작용(교차자화작용)이 일어난다.
   - 부하 역률이 1($\cos\theta = 1$)인 경우의 전기자 반작용

2. **감자작용(직축반작용)** : 전기자전류가 유기기전력보다 **90^0 뒤질 때(지상) 감자작용**이 일어난다.

3. 증자작용 (자화작용) : 전기자전류가 유기기전력보다 90^0 앞설 때(진상) 증자작용(자화작용)이 일어난다.

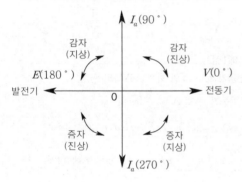

→ (위상 : 반시계방향)

※동기전동기의 전기자반작용은 동기발전기와 반대

【정답】②

1회 2016년 전기산업기사필기(회로이론)

61. 아래와 같은 비정현파 전압을 RL 직렬회로에 인가 할 때에 제 3고조파 전류의 실효값[A]은? (단, $R = 4[\Omega]$ $\omega L = 1[\Omega]$ 이다.)

$$e = 100\sqrt{2}\sin\omega t + 75\sqrt{2}\sin3\omega t + 20\sqrt{2}\sin5\omega t[V]$$

① 4 　② 15 　③ 20 　④ 75

|정|답|및|해|설|_____

[3고조파 전류의 실효값] $I_3 = \dfrac{V_3}{Z_3} = \dfrac{V_3}{\sqrt{R^2 + (3\omega L)^2}}$

· 기본파 $Z_1 = \sqrt{R^2 + (\omega L)^2}$,

· 3고조파 $Z_3 = \sqrt{R^2 + (3\omega L)^2}$

$\therefore I_3 = \dfrac{V_3}{\sqrt{R^2 + (3\omega L)^2}} = \dfrac{75}{\sqrt{4^2 + 3^2}} = 15[A]$

$\rightarrow \left(V = \dfrac{V_m}{\sqrt{2}} = \dfrac{75\sqrt{2}}{\sqrt{2}} = 75 \right)$

【정답】②

---

62. 선간전압 220[V], 역률 60[%]인 평형 3상 부하에 서 소비전력 $P = 10[kW]$일 때 선전류는 약 몇 [A]인가?

① 25.8 　　② 32.8

③ 43.7 　　④ 53.6

|정|답|및|해|설|_____

[소비전력(3상)] $P = \sqrt{3}\,VI\cos\theta$

$\therefore I = \dfrac{P_0}{\sqrt{3}\,V\cos\theta} = \dfrac{10 \times 10^3}{\sqrt{3} \times 220 \times 0.8} = 43.7[A]$ 　【정답】③

---

63. $\dfrac{E_o(s)}{E_i(s)} = \dfrac{1}{s^2 + 3s + 1}$ 의 전달함수를 미분방정 식으로 표시하면?

(단, $\mathcal{L}^{-1}[E_o(s)] = e_o(t)$, $\mathcal{L}^{-1}[E_i(s)] = e_i(t)$ 이다.)

① $\dfrac{d^2}{dt^2}e_0(t) + 3\dfrac{d}{dt}e_o(t) + e_o(t) = e_i(t)$

② $\dfrac{d^2}{dt^2}e_i(t) + 3\dfrac{d}{dt}e_i(t) + e_i(t) = e_o(t)$

③ $\dfrac{d^2}{dt^2}e_i(t) + 3\dfrac{d}{dt}e_i(t) + \displaystyle\int e_i(t)dt = e_o(t)$

④ $\dfrac{d^2}{dt^2}e_o(t) + 3\dfrac{d}{dt}e_o(t) + \displaystyle\int e_o(t)dt = e_i(t)$

|정|답|및|해|설|_____

[전달함수를 미분방정식으로 표시]

$\dfrac{E_o(s)}{E_i(s)} = \dfrac{1}{s^2 + 3s + 1}$ → $(s^2 + 3s + 1)E_o(s) = E_i(s)$

위의 식을 역라플라스 변환하게 되면 시간함수로 표현된다.

$\mathcal{L}^{-1} = \dfrac{d^2}{dt^2}e_o(t) + 3\dfrac{d}{dt}e_o(t) + e_o(t) = e_i(t)$ 　【정답】①

64. $F(s) = \dfrac{3s+10}{s^3+2s^2+5s}$ 일 때 $f(t)$의 최종값은?

① 0   ② 1   ③ 2   ④ 3

|정|답|및|해|설|

[최종값 정리] $\lim_{t\to\infty} f(t) = \lim_{s\to 0} s F(s)$

$\lim_{t\to\infty} f(t) = \lim_{s\to 0} s F(s) = \lim_{s\to 0} s \cdot \dfrac{3s+10}{s(s^2+2s+5)} = \dfrac{10}{5} = 2$

【정답】③

65. 그림과 같은 회로에서 전류 $I[A]$는?

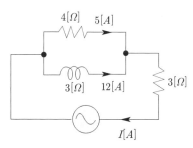

① 7   ② 10
③ 13   ④ 17

|정|답|및|해|설|

[전류] $I = \sqrt{I_R^2 + I_L^2}\,[A]$ → (R과 L은 위상차가 존재하므로)

$\therefore I = \sqrt{I_R^2 + I_L^2} = \sqrt{5^2 + 12^2} = 13[A]$ 【정답】③

66. $i(t) = \dfrac{4I_m}{\pi}\left(\sin\omega t + \dfrac{1}{3}\sin 3\omega t + \dfrac{1}{5}\sin 5\omega t + \cdots\right)$를 표시하는 파형은?

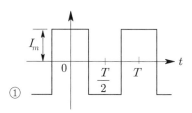

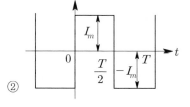

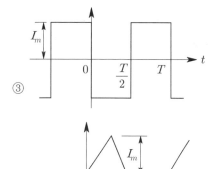

|정|답|및|해|설|

[파형]
1. 여현대칭 : 직류분, cos항 존재
2. 정현대칭 : sin항만 존재
3. 반파대칭 ; 홀수(기수)차 항만 존재
4. 반파 및 정현 대칭 : sin항의 홀수(기수)항만 존재

※그림은 정현대칭이다.   【정답】②

67. 20[kVA] 변압기 2대로 공급할 수 있는 최대 3상 전력은 약 몇 [kVA]인가?

① 17   ② 25   ③ 35   ④ 40

|정|답|및|해|설|

[V결선의 출력] '변압기 2대로 공급할 수 있는 최대 3상 전력'으로 V결선임을 알 수 있다.

V결선의 출력 $P_v = \sqrt{3}\,P_1 = \sqrt{3}\times 20 ≒ 35[kVA]$ 【정답】③

68. RLC직렬회로에서 제 n고조파의 공진주파수 $f_n[Hz]$는?

① $\dfrac{1}{2\pi\sqrt{LC}}$ ② $\dfrac{1}{2\pi\sqrt{nLC}}$

③ $\dfrac{1}{2\pi n\sqrt{LC}}$ ④ $\dfrac{1}{2\pi n^2\sqrt{LC}}$

|정|답|및|해|설|

[고조파의 공진주파수]

·제 n차 고조파 공진 조건 : $n\omega L = \dfrac{1}{n\omega C}$

·제 n차 고조파 공진주파수 $f_n = \dfrac{1}{2\pi n\sqrt{LC}}$ 【정답】③

69. 한 상의 임피던스 $Z = 6 + j8[\Omega]$인 평형 Y부하에 평형 3상 전압 200[V]를 인가할 때 무효전력은 약 몇 [Var]인가?

① 1330   ② 1848

③ 2381   ④ 3200

|정|답|및|해|설|

[3상 Y결선의 무효전력]

$$Q_Y = 3I^2 X = 3\left(\frac{V_p}{\sqrt{R^2 + X^2}}\right)^2 X = 3\frac{V_p^2 X}{R^2 + X^2}$$

$\rightarrow (Z = 6 + j8[\Omega]$에서 $R = 6$, $X = 8)$

$$= \frac{3 \times \left(\frac{200}{\sqrt{3}}\right)^2 \times 8}{6^2 + 8^2} = 3200[\text{Var}] \quad \rightarrow (\text{Y결선 } V_p = \frac{V_l}{\sqrt{3}})$$

【정답】④

70. $\dfrac{1}{s+3}$ 을 역라플라스 변환하면?

① e^{3t} ② e^{-3t}

③ $e^{\frac{t}{3}}$ ④ $e^{-\frac{t}{3}}$

|정|답|및|해|설|

[역라플라스 변환] $\mathcal{L}^{-1}[F(s)] = f(t)$

지수함수

$e^{-at} \leftrightarrow \dfrac{1}{s+a}$, $a = 3$, 따라서 $f(t) = e^{-3t}$ 【정답】②

71. T형 4단자 회로의 임피던스 파라미터 중 Z_{22}는?

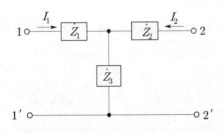

① $Z_1 + Z_2$ ② $Z_2 + Z_3$

③ $Z_1 + Z_3$ ④ $-Z_2$

|정|답|및|해|설|

[임피던스 파라미터] $\begin{vmatrix} Z_{11} & Z_{12} \\ Z_{21} & Z_{22} \end{vmatrix} = \begin{vmatrix} Z_1 + Z_3 & Z_3 \\ Z_3 & Z_2 + Z_3 \end{vmatrix}$

$$Z_{11} = \left.\frac{V_1}{I_1}\right|_{I_2 = 0} = Z_1 + Z_3, \quad Z_{12} = \left.\frac{V_1}{I_2}\right|_{I_1 = 0} = Z_3$$

$$Z_{21} = \left.\frac{V_2}{I_1}\right|_{I_2 = 0} = Z_3, \qquad Z_{22} = \left.\frac{V_2}{I_2}\right|_{I_1 = 0} = Z_2 + Z_3$$

【정답】②

|참|고|

1. 임피던스(Z) → T형으로 만든다.

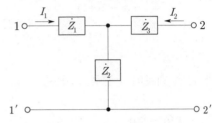

· $Z_{11} = Z_1 + Z_2[\Omega]$ → (I_1 전류방향의 합)

· $Z_{12} = Z_{21} = Z_2[\Omega]$ → (I_1과 I_2의 공통, 전류방향 같을 때)

· $Z_{12} = Z_{21} = -Z_2[\Omega]$ → (I_1과 I_2의 공통, 전류방향 다를 때)

· $Z_{22} = Z_2 + Z_3[\Omega]$ → (I_2 전류방향의 합)

2. 어드미턴스(Z) → π형으로 만든다.

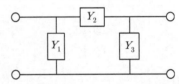

· $Y_{11} = Y_1 + Y_2[\mho]$

· $Y_{12} = Y_{21} = Y_2[\mho]$ → ($I_2 \rightarrow$, 전류방향 같을 때)

· $Y_{12} = Y_{21} = -Y_2[\mho]$ → ($I_2 \leftarrow$, 전류방향 다를 때)

· $Y_{22} = Y_2 + Y_3[\mho]$

72. 정전용량 C만의 회로에서 100[V], 60[Hz]의 교류를 가했을 때 60[mA]의 전류가 흐른다면 C는 약 몇 $[\mu F]$인가?

① 5.26   ② 4.32

③ 3.59   ④ 1.59

|정|답|및|해|설|

[C만의 회로(정전용량만의 회로)] 전류 $I_c = \omega C V[A]$

$$I_c = \omega C V[A] \rightarrow C = \frac{I_c}{\omega V}$$

$$\therefore C = \frac{I_c}{\omega V} = \frac{I_c}{2\pi f V} = \frac{60 \times 10^{-3}}{2\pi \times 60 \times 100} = 1.59 \times 10^{-6}[F] = 1.59[\mu F]$$

【정답】④

73. △결선된 저항부하를 Y결선으로 바꾸면 소비전력은 어떻게 되겠는가? (단, 선간 전압은 일정하다.)

① 1/3로 된다.　　② 3배로 된다.

③ 1/9로 된다.　　④ 9배로 된다.

|정|답|및|해|설|

[△, Y결선의 소비전력의 비]

· △결선시 소비전력 $P_\triangle = 3I^2 R = 3\left(\dfrac{V}{R}\right)^2 R = 3 \cdot \dfrac{V^2}{R}$

· Y결선시 상전압은 선간전압의 $\dfrac{1}{\sqrt{3}}$ 이므로 → ($V_p = \dfrac{V_l}{\sqrt{3}}$)

Y결선시 소비전력 $P_Y = 3 \cdot \dfrac{\left(\dfrac{V}{\sqrt{3}}\right)^2}{R} = \dfrac{V^2}{R}$

∴ $\dfrac{P_Y}{P_\triangle} = \dfrac{\dfrac{V^2}{R}}{\dfrac{3V^2}{R}} = \dfrac{1}{3}$ → $P_Y = \dfrac{1}{3} P_\triangle$　　【정답】①

74. 314[mH]의 자기 인덕턴스에 120[V], 60[Hz]의 교류전압을 가하였을 때 흐르는 전류[A]는?

① 10　　② 8　　③ 1　　④ 0.5

|정|답|및|해|설|

[코일에 흐르는 전류] $I = \dfrac{V}{X_L} = \dfrac{V}{\omega L} = \dfrac{V}{2\pi f L}$ [A]

∴ $I = \dfrac{V}{2\pi f L} = \dfrac{120}{2\pi \times 60 \times 314 \times 10^{-2}} = 1$ [A]　　【정답】③

75. 그림과 같은 $R-L-C$ 회로망에서 입력 전압을 $e_i(t)$, 출력량을 전류 $i(t)$로 할 때, 이 요소의 전달 함수는?

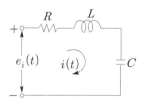

① $\dfrac{Rs}{LCs^2 + RCs + 1}$　　② $\dfrac{RLs}{LCs^2 + RCs + 1}$

③ $\dfrac{Ls}{LCs^2 + RCs + 1}$　　④ $\dfrac{Cs}{LCs^2 + RCs + 1}$

|정|답|및|해|설|

[전달함수] $G(s) = \dfrac{I(s)}{E(s)}$

$e_i(t) = Ri(t) + L\dfrac{d}{dt}i(t) + \dfrac{1}{C}\int i(t)dt$

라플라스 변환하면 $E_i(s) = RI(s) + LsI(s) + \dfrac{1}{Cs}I(s)$

∴ $\dfrac{I(s)}{E(s)} = \dfrac{Cs}{LCs^2 + RCs + 1}$　　【정답】④

76. 대칭 3상 전압이 a상 V_a[V], b상 $V_b = a^2 V_a$[V], c상 $V_c = a V_a$[V]일 때 a상을 기준으로 한 대칭분 전압 중 정상분 V_1은 어떻게 표시되는가?

(단, $a = -\dfrac{1}{2} + j\dfrac{\sqrt{3}}{2}$ 이다.)

① 0　　② V_a　　③ $a V_a$　　④ $a^2 V_a$

|정|답|및|해|설|

[정상분(V_1)]

$V_1 = \dfrac{1}{3}(V_a + aV_b + a^2 V_c) = \dfrac{1}{3}(V_a + a^3 V_a + a^3 V_a)$

$= \dfrac{V_a}{3}(1 + a^3 + a^3) = V_a$　　→ ($a^3 = 1$)

【정답】②

|참|고|

1. 영상분 $V_0 = \dfrac{1}{3}(V_a + V_b + V_c) = \dfrac{1}{3}(V_a + a^2 V_a + a V_a)$

$= \dfrac{V_a}{3}(1 + a^2 + a) = 0$　　→ ($a^2 = -\dfrac{1}{2} - j\dfrac{\sqrt{3}}{2}$)

2. 역상분 $V_2 = \dfrac{1}{3}(V_a + a^2 V_b + a V_c) = \dfrac{1}{3}(V_a + a^4 V_a + a^2 V_a)$

$= \dfrac{V_a}{3}(1 + a^4 + a^2) = \dfrac{V_a}{3}(1 + a + a^2) = 0$

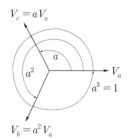

※ a상을 기준으로 한 대칭분 전압은 항상 일정하므로 계산하지 않아도 일정한 값을 가지므로 외워놓는다.

즉, $V_0 = 0$, $V_1 = V_a$, $V_2 = 0$

77. $e = E_m \cos\left(100\pi t - \dfrac{\pi}{3}\right)[V]$와

$i = I_m \sin\left(100\pi t + \dfrac{\pi}{4}\right)$의 위상차를 시간으로 나타

내면 약 몇 초인가?

① 3.33×10^{-4} ② 4.33×10^{-4}

③ 6.33×10^{-4} ④ 8.33×10^{-4}

|정|답|및|해|설|
[위상차를 시간으로 표현]
1. cos을 sin으로 변화

$e = E_m \cos\left(100\pi t - \dfrac{\pi}{3}\right) = E_m \sin\left(100\pi t - \dfrac{\pi}{3} + \dfrac{\pi}{2}\right)$

$\quad = E_m \sin\left(100\pi t + \dfrac{\pi}{6}\right)$

→ e과 i의 위상차 $\theta = \dfrac{\pi}{4} - \dfrac{\pi}{6} = \dfrac{\pi}{12}$

2. $\theta = \omega t$에서 $t = \dfrac{\theta}{\omega}$

$\therefore t = \dfrac{\theta}{\omega} = \dfrac{\pi}{12} \times \dfrac{1}{100\pi} = 8.33 \times 10^{-4}\,[sec]$ 【정답】④

78. 그림과 같은 회로를 $t = 0$에서 스위치 S를 닫았

을 때 $R[\Omega]$에 흐르는 전류 $i_R(t)[A]$는?

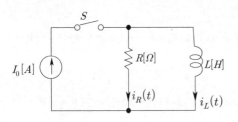

① $I_0\left(1 - e^{-\frac{R}{L}t}\right)$ ② $I_0\left(1 + e^{-\frac{R}{L}t}\right)$

③ I_0 ④ $I_0\, e^{-\frac{R}{L}t}$

|정|답|및|해|설|
[과도현상]

인덕턴스에 흐르는 전류 $i_L(t) = I_0\left(1 - e^{-\frac{R}{L}t}\right)$

키르히호프의 전류법칙에 의해 $I_0 = i_R(t) + i_L(t)$

$\therefore i_R(t) = I_0 - i_L(t) = I_0 - I_0\left(1 - e^{-\frac{R}{L}t}\right) = I_0 e^{-\frac{R}{L}t}$

인덕턴스가 단락으로 가고 있어서 저항의 전류는 감소한다.
   【정답】④

79. 회로의 $3[\Omega]$ 저항 양단에 걸리는 전압[V]은?

① 2

② -2

③ 3

④ -3

|정|답|및|해|설|
[중첩의 원리]
1. 전압원 2[V]에 의해서는 전류원이 개방 상태이므로 $V' = +2[V]$

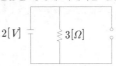

2. 전류원 1[A]에 의해서는 전압원이 단락 상태이므로 $V'' = 0[V]$

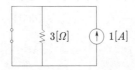

그러므로 $3[\Omega]$의 저항에는

전압원의 $V = V' + V'' = 2 + 0 = 2[V]$가 걸린다.
   【정답】①

80. 다음과 같은 회로의 구동점 임피던스?

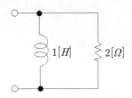

① $2 + j\omega$ ② $\dfrac{2\omega^2 + j4\omega}{3}$

③ $\dfrac{\omega^2 + j8\omega}{4 + \omega^2}$ ④ $\dfrac{2\omega^2 + j4\omega}{4 + \omega^2}$

|정|답|및|해|설|
[구동점 임피던스] 구동점 임피던스 $Z(jw)$를 $Z(s)$로 표시하고,

L과 C의 임피던스를 sL, $\dfrac{1}{sC}$로 표시한다. 즉, $L = sL$, $C = \dfrac{1}{sC}$

병렬회로의 구동점 임피던스 $Z(s) = \dfrac{1}{\dfrac{1}{R} + \dfrac{1}{L} + \dfrac{1}{C}}$ 이므로

$Z(j\omega) = \dfrac{1}{\dfrac{1}{j\omega L} + \dfrac{1}{R}} = \dfrac{1}{\dfrac{1}{j\omega} + \dfrac{1}{2}} = \dfrac{2j\omega}{2 + j\omega} = \dfrac{2\omega^2 + j4\omega}{4 + \omega^2}$

   【정답】④

81. 지중전선로의 전선으로 적합한 것은?

① 케이블   ② 동복강선

③ 절연전선   ④ 나경동선

|정|답|및|해|설|⋯⋯⋯⋯⋯⋯⋯⋯⋯⋯⋯⋯

[지중 전선로의 시설 (KEC 334.1)] 지중 전선로는 전선에 케이블을 사용하고 또한 관로식, 암거식 또는 직접 매설식에 의하여 시설하여야 한다.
1. 직접 매설식 : 매설 깊이는 중량물의 압력이 있는 곳은 1.0[m] 이상, 없는 곳은 0.6[m] 이상으로 한다.
2. 관로식 : 매설 깊이를 1.0 [m]이상, 중량물의 압력을 받을 우려가 없는 곳은 60 [cm] 이상으로 한다.
3. 암거식 : 지하 구조물 내 케이블 지지대를 설치하고 그 위에 케이블을 부설하는 방식   【정답】①

82. 저압 옥내배선에 사용되는 연동선의 굵기는 일반적인 경우 몇 $[mm^2]$ 이상이어야 하는가?

① 2   ② 2.5   ③ 4   ④ 6

|정|답|및|해|설|⋯⋯⋯⋯⋯⋯⋯⋯⋯⋯⋯⋯

[저압 옥내배선의 사용전선 (KEC 231.3)] 저압 옥내 배선의 사용전선은 2.5$[mm^2]$ 연동선   【정답】②

83. 과전류 차단기를 설치하지 않아야 할 곳은?

① 수용가의 인입선 부분

② 고압 배전선로의 인출장소

③ 직접 접지계통에 설치한 변압기의 접지선

④ 역률 조정용 고압 병렬콘덴서 뱅크의 분기선

|정|답|및|해|설|⋯⋯⋯⋯⋯⋯⋯⋯⋯⋯⋯⋯

[과전류 차단기의 시설 제한 (KEC 341.11)]
· 각종 접지공사의 접지선
· 다선식 전로의 중성선
· 전로의 일부에 접지공사를 한 저압 가공선로의 접지측 전선   【정답】③

84. 금속관 공사에 대한 기준으로 틀린 것은?

① 저압 옥내배선에 사용하는 전선으로 옥외용 비닐질연전선을 사용하였다.

② 저압 옥내배선의 금속관 안에는 전선에 접속점이 없도록 하였다.

③ 콘크리트에 매설하는 금속관의 두께는 1.2[mm]를 사용하였다.

④ 관에는 kec 140에 준하는 접지공사를 하였다.

|정|답|및|해|설|⋯⋯⋯⋯⋯⋯⋯⋯⋯⋯⋯⋯

[금속관 공사 (KEC 232.12)]
· 전선관과의 접속 부분의 나사는 5턱 이상 완전히 나사 결합이 될 수 있는 길이일 것
· 전선은 금속관 안에서 접속점이 없도록 할 것
· 전선은 절연전선(옥외용 비닐절연전선을 제외)
· 전선관의 두께 : 콘크리트 매설시 1.2[mm] 이상
· 관에는 kec140에 준하여 접지공사   【정답】①

85. 버스덕트 공사에 대한 설명 중 옳은 것은?

① 버스덕트 끝부분을 개방 할 것

② 덕트를 수직으로 붙이는 경우 지지점간 거리는 12[m] 이하로 할 것

③ 덕트를 조영재에 붙이는 경우 덕트의 지지점간 거리는 6[m] 이하로 할 것

④ 덕트는 kec140에 준하는 접지공사를 할 것.

|정|답|및|해|설|⋯⋯⋯⋯⋯⋯⋯⋯⋯⋯⋯⋯

[버스덕트공사 (KEC 232.61)]
1. 덕트를 조영재에 붙이는 경우에는 덕트의 지지점 간의 거리를 3[m] (취급자 이외의 자가 출입할 수 없도록 설비한 곳에서 수직으로 붙이는 경우에는 6[m]) 이하로 하고 또한 견고하게 붙일 것.
2. 덕트(환기형의 것을 제외한다)의 끝부분은 막을 것
3. 덕트는 kec140에 준하는 접지공사를 할 것.   【정답】④

86. 전력보안 통신설비인 무선용 안테나 등을 지지하는 철주의 기초의 안전율이 얼마 이상이어야 하는가?

① 1.3   ② 1.5

③ 1.8   ④ 2.0

|정|답|및|해|설|⋯⋯⋯⋯⋯⋯⋯⋯⋯⋯⋯⋯

[무선용 안테나 등을 지지하는 철탑 등의 시설 (KEC 364)]
전력 보안통신 설비인 무선통신용 안테나 또는 반사판을 지지하는 목주··철근·철근 콘크리트주 또는 철탑은 다음 각 호에 의하여 시설하여야 한다.
① 목주의 안전율 : 1.5 이상
② 철주·철근 콘크리트주 또는 철탑의 기초 안전율 : 1.5 이상   【정답】②

87. 옥내배선에서 나전선을 사용할 수 없는 것은?

① 전선의 피복 전열물이 부식하는 장소의 전선

② 취급자 이외의 자가 출입할 수 없도록 설비한 장소의 전선

③ 전용의 개폐기 및 과전류 차단기가 시설된 전기 기계기구의 저압전선

④ 애자사용공사에 의하여 전개된 장소에 시설하는 경우로 전기로용 전선

|정|답|및|해|설|
[나전선의 사용 제한 (KEC 231.4)] 옥내에 시설하는 저압 전선에는 나전선을 사용하여서는 아니 된다. 다만, 다음 중 어느 하나에 해당하는 경우에는 그러하지 아니하다.
1. 애자사용배선에 의하여 전개된 곳에 다음의 전선을 시설하는 경우
 ·전기로용 전선
 ·전선의 피복 절연물이 부식하는 장소에 시설하는 전선
 ·취급자 이외의 자가 출입할 수 없도록 설비한 장소에 시설하는 전선
2. 버스덕트배선에 의하여 시설하는 경우
3. 라이팅덕트배선에 의하여 시설하는 경우
4. 접촉 전선을 시설하는 경우　　　　　　　【정답】③

88. 154[kV]용 변성기를 사람이 접촉할 우려가 없도록 시설하는 경우에 충전부분의 지표상의 높이는 최소 몇 [m] 이상이어야 하는가?

① 4　　　　　　② 5
③ 6　　　　　　④ 8

|정|답|및|해|설|
[특고압용 기계 기구의 시설 (KEC 341.4)] 기계 기구를 지표상 5[m] 이상의 높이에 시설하고 또한 사람이 접촉할 우려가 없도록 시설하는 경우 다음과 같이 시설한다.

사용전압의 구분	울타리·담 등의 높이와 울타리·담 등으로부터 충전 부분까지의 거리의 합계
35[kV] 이하	5[m]
35[kV] 초과 160[kV] 이하	6[m]
160[kV] 초과	·거리=6+단수×0.12[m] ·단수= $\dfrac{\text{사용전압}[kV]-160}{10}$ → (단수 계산에서 소수점 이하는 절상)

【정답】③

89. 시가지 등에서 특고압 가공전선로의 시설에 대한 내용 중 틀린 것은?

① A종 철주를 지지물로 사용하는 경우의 지지물 간 거리는 75[m] 이하이다.

② 사용전압이 170[kV] 이하인 전선로를 지지하는 애자장치는 2련 이상의 현수애자 또는 긴 애자(장간애자)를 사용한다.

③ 사용전압이 100[kV]를 초과하는 특고압 가공전선에 지락 또는 단락이 생겼을 때에는 1초 이내에 자동적으로 이를 전로로부터 차단하는 장치를 시설한다.

④ 사용전압이 170[kV] 이하인 전선로를 지지하는 애자장치는 50[%] 충격섬락전압 값이 그 전선의 근접한 다른 부분을 지지하는 애자장치 값의 100[%] 이상인 것을 사용한다.

|정|답|및|해|설|
[시가지 등에서 특고압 가공전선로의 시설 (KEC 333.1)] 사용전압이 170[kV] 이하인 전선로를 지지하는 애자 장치는 50[%] 충격 섬락 전압의 값이 <u>타부분 애자 장치값의 110[%]</u>(사용 전압이 130[kV]를 넘는 경우는 105[%]) 이상인 것을 사용하거나 아크 혼을 취부하고 또는 2련 이상의 현수 애자, 긴 애자(장간 애자)를 사용한다.
【정답】④

90. 345[kV] 가공전선로를 제1종 특고압 보안공사에 의하여 시설할 때 사용되는 경동연선의 굵기는 몇 $[mm^2]$ 이상이어야 하는가?

① 100　　　　　　② 125
③ 150　　　　　　④ 200

|정|답|및|해|설|
[특고압 보안공사 (KEC 333.22)]

사용전압	전선
100[kV] 미만	인장강도 21.67[kN] 이상의 연선 또는 단면적 55[㎟] 이상의 경동연선
100[kV] 이상 300[kV] 미만	인장강도 58.84[kN] 이상의 연선 또는 단면적 150[㎟] 이상의 경동연선
300[kV] 이상	인장강도 77.47[kN] 이상의 연선 또는 단면적 <u>200[㎟] 이상의 경동연선</u>

【정답】④

91. 차단기에 사용하는 압축공기장치에 대한 설명 중 틀린 것은?

① 공기압축기를 통하는 관은 용접에 의한 잔류응력이 생기지 않도록 할 것

② 주 공기탱크에는 사용압력 1.5배 이상 3배 이하의 최고 눈금이 있는 압력계를 시설 할 것

③ 공기압축기는 최고사용압력의 1.5배 수압을 연속하여 10분간 가하여 시험하였을 때 이에 견디고 새지 아니할 것

④ 공기탱크는 사용압력에서 공기의 보급이 없는 상태로 차단기의 투입 및 차단을 연속하여 3회 이상 할 수 있는 용량을 가질 것

|정|답|및|해|설|
[압축공기계통 (kec 341.15)] 발변전소, 개폐기 또는 이에 준하는 곳에서 개폐기 또는 차단기에 사용하는 압축 공기 장치는 최고 사용 압력의 1.5배의 수입을 계속하여 10분간 가하여 시험을 한 경우에 이에 견디고 또한 새지 아니할 것
사용압력에서 공기의 보급이 없는 상태로 개폐기 또는 차단기의 투입 및 차단을 연속하여 <u>1회</u> 이상 할 수 있는 용량을 가지는 것일 것
【정답】④

92. 사용전압이 22900[V]인 가공전선이 건조물과 제2차 접근 상태로 시설되는 경우에 이 특고압 가공전선로의 보안공사는 어떤 종류의 보안공사로 하여야 하는가?

① 고압 보안공사

② 제1종 특고압 보안공사

③ 제2종 특고압 보안공사

④ 제3종 특고압 보안공사

|정|답|및|해|설|
[특고압 가공전선과 도로 등의 접근 또는 교차 (KEC 333.24)]
1. 제1차 접근 상태 : 제3종 특고 보안 공사
2. 제2차 접근 상태 :
  ·<u>35[kV] 이하 : 제2종 특고 보안 공사</u>
  ·35[kV] 초과 170[kV] 미만 : 제1종 특고 보안 공사
【정답】③

93. 단락전류에 의하여 생기는 기계적 충격에 견디는 것을 요구하지 않는 것은?

① 애자

② 변압기

③ 무효 전력 보상 장치(조상기)

④ 접지선

|정|답|및|해|설|
[발전기 등의 기계적 강도 (기술기준 제 23조)]
발전기, 변압기, 무효 전력 보상 장치(조상기), 모선 또는 이를 지지하는 애자는 단락 전류에 의하여 생긴 기계적 충격에 견디는 것이어야 한다.
【정답】④

94. 비접지식 고압 전로와 접속되는 변압기의 외함에 실시하는 제1종 접지 공사의 접지극으로 사용할 수 있는 건물 철골의 대지 전기 저항의 최대값[Ω]은 얼마인가?

① 2   ② 3
③ 5   ④ 10

|정|답|및|해|설|
[접지극의 시설 및 접지저항 (KEC 142.2)] 대접지공사의 접지극으로 사용할 수 있는 조건
·수도관 등을 접지극으로 사용하는 경우 : 대지와의 전기저항값이 3[Ω] 이하
·건물의 철골, 기타의 금속제 : 대지와의 사이에 전기저항 값이 2[Ω] 이하
【정답】①

95. 저압 수상전선로에 사용되는 전선은?

① MI 케이블

② 알루미늄피 케이블

③ 클로로프렌시스 케이블

④ 클로로프렌 캡타이어 케이블

|정|답|및|해|설|
[수상선로의 시설 (KEC 335.3)] 수상전선로는 ㄱ 사용전압이 저압 또는 고압의 것에 한하여 전선은 <u>저압의 경우 클로로프렌 캡타이어 케이블</u>, 고압인 경우 캡타이어 케이블을 사용하고 수상전선로의 전선을 가공전선로의 전선과 접속하는 경우의 접속점의 높이는 접속점이 육상에 있는 경우는 지표상 5[m] 이상, 수면상에 있는 경우 4[m] 이상, 고압 5[m] 이상이어야 한다.
【정답】④

96. 22.9[kV] 특고압으로 가공전선과 조영물이 아닌 다른 시설물이 교차하는 경우, 상호간의 간격(이격거리)은 몇 [cm]까지 감할 수 있는가? (단, 전선은 케이블이다.)

① 50   ② 60   ③ 100   ④ 120

|정|답|및|해|설|..
특고압 가공전선과 다른 시설물의 접근 또는 교차 (kec 333.28)

다른 시설물의 구분	접근형태	간격(이격거리)
조영물의 상부 조영재	위쪽	2[m] (전선이 케이블인 경우에는 1.2[m])
	옆쪽 또는 아래쪽	1[m] (전선이 케이블인 경우에는 50[cm])
조영물의 상부 조영재 이외의 부분 또는 조영물 이외의 시설물		1[m] (전선이 케이블인 경우에는 50[cm])

【정답】①

97. 가공전선로의 지지물에 시설하는 지지선의 안전율과 허용인장하중의 최저값은?

① 안전율은 2.0 이상, 허용인장하중 최저값은 4[kN]

② 안전율은 2.5 이상, 허용인장하중 최저값은 4[kN]

③ 안전율은 2.0 이상, 허용인장하중 최저값은 4.4[kN]

④ 안전율은 2.5 이상, 허용인장하중 최저값은 4.31[kN]

|정|답|및|해|설|..
[지지선의 시설 (KEC 331.11)]
지지선 지지물의 강도 보강
·안전율 : 2.5 이상
·최저 인장하중 : 4.31[kN]
·2.6[mm] 이상의 금속선을 3조 이상 꼬아서 사용
·지중 및 지표상 30[cm]까지의 부분은 아연도금 철봉 등을 사용
【정답】④

98. 사용전압이 380[V]인 저압 전로의 전선 상호간의 절연저항은 몇 $[M\Omega]$ 이상이어야 하는가?

① 0.5   ② 1.0

③ 1.5   ④ 2.0

|정|답|및|해|설|..
[전로의 사용전압에 따른 절연저항값 (기술기준 제52조)]

전로의 사용전압의 구분	DC 시험전압	절연 저항값
SELV 및 PELV	250	0.5[MΩ]
FELV, 500[V] 이하	500	1[MΩ]
500[V] 초과	1000	1[MΩ]

【정답】②

※한국전기설비규정(KEC) 적용으로 인해 더 이상 출제되지 않는 문제는 삭제했습니다.

1. $10^{-5}[Wb]$와 $1.2\times10^{-5}[Wb]$의 점자극을 공기 중에서 2[cm] 거리에 놓았을 때 극간에 작용하는 힘은 약 몇 [N]인가?

① 1.9×10^{-2} ② 1.9×10^{-3}

③ 3.8×10^{-2} ④ 3.8×10^{-3}

|정|답|및|해|설|

[두 자극 사이의 자기력] $F=\dfrac{m_1 m_2}{4\pi\mu_0 r^2}=6.33\times10^4\times\dfrac{m_1 m_2}{r^2}[N]$

$\rightarrow(\mu_0=4\pi\times10^{-7})$

$F=6.33\times10^4\times\dfrac{10^{-5}\times1.2\times10^{-5}}{0.02^2}\fallingdotseq1.9\times10^{-2}[N]$

$\rightarrow$ ([cm]를 [m]로 변환)

【정답】①

2. 간격 $d[m]$로 평행한 무한히 넓은 2개의 도체판에 각각 단위면적마다 $+\sigma[C/m^2]$, $-\sigma[C/m^2]$의 전하가 대전되어 있을 때 두 도체간의 전위차는 몇 [V]인가?

① 0 ② ∞

③ $\dfrac{\sigma}{\epsilon_0}d$ ④ $\dfrac{\sigma}{2\epsilon_0}d$

|정|답|및|해|설|

[평행판에서의 전위차] $V=Ed=\dfrac{\sigma}{\epsilon_0}\cdot d$ $\rightarrow$ (σ : 면전하)

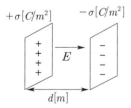

전하밀도 $\sigma[C/m^2]$에서 나오는 전기력선 밀도

평행판 사이의 전계의 세기 $E=\dfrac{\sigma}{\epsilon_0}[개/m^2]=\dfrac{\sigma}{\epsilon_0}[V/m]$

∴ 전위차 $V=Ed$에서 $V=\dfrac{\sigma}{\epsilon_0}d[V]$ 【정답】③

3. 비유전율 ϵ_s에 대한 설명으로 옳은 것은?

① ϵ_s의 단위는 [C/m]이다.

② ϵ_s는 항상 1보다 작은 값이다.

③ ϵ_s는 유전체의 종류에 따라 다르다.

④ 진공의 비유전율은 0이고, 공기의 비유전율은 1이다.

|정|답|및|해|설|

[비유전율]
·비유전율은 진공의 유전율과 다른 절연물의 유전율과의 비이다.
·유전체의 ϵ_s는 물질의 종류에 따라 다르고, 항상 1보다 크다.
·비유전율의 단위는 [F/m]이다.
·유전율 ϵ과 비유전율 ϵ_s의 관계식 $\epsilon=\epsilon_0\epsilon_s$ 이다.
·진공의 비유전율 $\epsilon_s=1$, 공기의 비유전율 $\epsilon_s\fallingdotseq1$

【정답】③

4. 전자장에 대한 설명으로 틀린 것은?

① 대전된 입자에서 전기력선이 발산 또는 흡수한다.
② 전류(전하이동)는 순환형의 자기장을 이루고 있다.
③ 자석은 독립적으로 존재하지 않는다.
④ 운동하는 전자는 자기장으로부터 힘을 받지 않는다.

|정|답|및|해|설|

[전자장] 운동 전하 q에 전계와 자계가 동시에 작용하고 있으면 $F=q(E+v\times B)[N]$의 전자력을 받는다.
자계 내에서 운동하는 전하가 받는 힘을 로렌쯔의 힘이라고 한다.

【정답】④

5. 100[mH]의 자기인덕턴스를 갖는 코일에 10[A]의 전류를 통할 때 축적되는 에너지는 몇 [J]인가?

① 1 ② 5 ③ 50 ④ 1000

|정|답|및|해|설|

[축적되는 자기에너지] $W=\dfrac{1}{2}LI^2=\dfrac{1}{2}\times100\times10^{-3}\times10^2=5[J]$

【정답】②

6. 영구자석의 재료로 사용되는 철에 요구되는 사항으로 옳은 것은?

① 잔류자속밀도는 작고 보자력이 커야 한다.

② 잔류자속밀도와 보자력이 모두 커야 한다.

③ 잔류자속밀도는 크고 보자력이 작아야 한다.

④ 잔류자속밀도는 커야 하나, 보자력이 0이어야 한다.

|정|답|및|해|설|

[영구자석의 재료로 사용되는 철에 요구되는 사항] 교류기 철심 재료는 잔류 자속밀도 및 보자력이 작아서 히스테리시스손이 작아야 좋지만, 영구자석 재료는 외부 자계에 대하여 잔류 자속이 쉽게 없어지면 안 되므로 <u>잔류 자기와 보자력 모두 커야 한다</u>. 【정답】②

7. 온도가 20[℃]일 때 저항률의 온도계수가 가장 작은 금속은?

① 금   ② 철

③ 알루미늄   ④ 백금

|정|답|및|해|설|

[고유저항과 저항온도계수(20[℃])]

금속	$\rho \times 10^{-8}[\Omega \cdot m]$	저항온도계수(α_{20})
금	2.44	0.0034
알루미늄	2.83	0.0042
철	10	0.0050
백금	10.5	0.0030

【정답】④

8. 대전도체의 성질로 가장 알맞은 것은?

① 도체 내부에 정전에너지가 저축된다.

② 도체 표면의 정전력은 $\frac{\sigma^2}{2\epsilon_0}[N/m^2]$이다.

③ 도체 표면의 전계의 세기는 $\frac{\sigma^2}{\epsilon_0}[V/m]$이다.

④ 도체의 내부전위와 도체 표면의 전위는 다르다.

|정|답|및|해|설|

[대전도체의 성질]

· 도체 내부의 전계는 0이고, 도체 표면에만 분포한다.

· 도체 표면의 전하밀도를 $\sigma[C/m^2]$이라 하면 표면상의 전계는 $E = \frac{\sigma}{\epsilon_0}[V/m]$이다.

· 도체 표면의 전위는 등전위이고, 그의 표면은 등전위면이다. 【정답】②

9. 각종 전기기기에 접지하는 이유로 가장 옳은 것은?

① 편의상 대지는 전위가 영상 전위이기 때문이다.

② 대지는 습기가 있기 때문에 전류가 잘 흐르기 때문이다.

③ 영상전하로 생각하여 땅속은 음(-) 전하이기 때문이다.

④ 지구의 정전용량이 커서 전위가 거의 일정하기 때문이다.

|정|답|및|해|설|

[전기기기에 접지하는 이유] 지구는 정전 용량이 크므로 많은 전하가 축적되어도 지구의 전위는 일정하다. 따라서 대지를 실용상 영전위로 한다. 【정답】④

10. 그림과 같이 영역 $y \le 0$은 완전 도체로 위치해 있고, 영역 $y \ge 0$은 완전 유전체로 위치해 있을 때, 만일 경계 무한 평면의 도체면상에 면전하밀도 $\rho_s = 2[nC/m^2]$가 분포되어 있다면 P점 (-4, 1, -5)[m]의 전계의 세기[V/m]는?

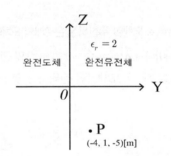

① $18\pi a_y$ ② $36\pi a_y$

③ $-54\pi a_y$ ④ $72\pi a_y$

|정|답|및|해|설|

[면의 전계의 세기] $E = \frac{\rho_s}{\epsilon} = \frac{\rho_s}{\epsilon_0 \epsilon_r}[V/m]$

$E = \frac{\rho_s}{\epsilon_0 \epsilon_r} = 36\pi \times 10^9 \times \frac{2 \times 10^{-9}}{2} = 36\pi[V/m]$

$\rightarrow (\epsilon_0 = \frac{10^{-9}}{36\pi} = 8.855 \times 10^{-12})$

그러므로 전계의 세기 $E = Ea_y = 36\pi a_y[V/m]$

$\rightarrow$ (Y축에 대한 성분이므로 단위벡터 a_y를 붙인다.) 【정답】②

11. 그림과 같이 도선에 전류 $I[A]$를 흘릴 때 도선의 바로 밑에 자침이 이 도선과 나란히 놓여 있다고 하면 자침의 N극의 회전력의 방향은?

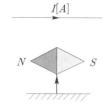

① 지면을 뚫고 나오는 방향이다.

② 지면을 뚫고 들어가는 방향이다.

③ 좌측에서 우측으로 향하는 방향이다.

④ 우측에서 좌측으로 향하는 방향이다.

|정|답|및|해|설|

[암페어 오른나사 법칙]

· 도선 아래의 자기장 방향 : $\otimes$ (지면 위 → 아래)
(암페어 오른나사 법칙)

· 자침의 N극의 방향은 자기장 방향과 일치하므로 지면 위에서 아래의 방향으로 회전력 작용　　　　　【정답】②

12. 표피효과에 관한 설명으로 옳은 것은?

① 주파수가 낮을수록 침투깊이는 작아진다.

② 전도도가 작을수록 침투깊이는 작아진다.

③ 표피효과는 전계 혹은 전류가 도체내부로 들어 갈수록 지수함수적으로 적어지는 현상이다.

④ 도체내부의 전계의 세기가 도체표면의 전계세 기의 1/2까지 감쇠되는 도체표면에서 거리를 표피두께라 한다.

|정|답|및|해|설|

[표피효과] 표피효과란 전류가 도체 표면에 집중하는 현상

침투깊이 $\delta = \sqrt{\dfrac{2}{w k \mu a}}[m] = \sqrt{\dfrac{1}{\pi f k \mu a}}[m]$

표피효과 ↑ 침투깊이 $\delta \downarrow$ → 침투깊이 $\delta = \sqrt{\dfrac{1}{\pi f \sigma \mu a}}$ 이므로

주파수 f와 단면적 a에 비례하므로 전선의 굵을수록, <u>수파수가 높을수록 침투깊이는 작아지고</u> <u>표피효과는 커진다.</u>　　　【정답】③

13. 점전하 $Q[C]$에 의한 무한평면 도체의 영상전하 는?

① $Q[C]$보다 작다.　　② $Q[C]$보다 크다.

③ $-Q[C]$와 같다.　　④ 0

|정|답|및|해|설|

[무한평면 도체의 영상전하]

무한 평면도체에서 점전하 Q에 의한 영상전하는 $-Q[C]$이고, 점전하 가 평면도체와 떨어진 거리와 같은 반대편 거리에 있다.

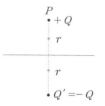

【정답】③

14. 공간 도체 내에서 자속이 시간적으로 변할 때 성립되는 식은?

① $rot E = \dfrac{\partial H}{\partial t}$　　　② $rot E = -\dfrac{\partial B}{\partial t}$

③ $div E = -\dfrac{\partial B}{\partial t}$　　　④ $div E = -\dfrac{\partial H}{\partial t}$

|정|답|및|해|설|

[맥스웰의 제2 기본 방정식]

· 자계와 전계의 관계를 정량적으로 나타내는 식은 맥스웰의 제2 기본방정식을 이용한다.

· 맥스웰의 제2 기본 방정식 $rot E = \nabla \times E = -\dfrac{\partial B}{\partial t}$

【정답】②

15. 두 자성체 경계면에서 정자계가 만족하는 것은?

① 자계의 법선성분이 같다.

② 자속밀도의 접선성분이 같다.

③ 자속은 투자율이 작은 자성체에 모인다.

④ 양측 경계면상의 두 점간의 자위차가 같다.

|정|답|및|해|설|

[두 자성체 경계면에서 정자계]

· 자계의 <u>접선성분이</u> 같다.

· 자속밀도의 <u>법선성분이</u> 같다.

· 경계면상의 두 점간의 자위치는 같다.

· 자속은 <u>투자율이 높은 쪽으로 모이려는</u> 성질이 있다.

【정답】④

16. 환상 솔레노이드 코일에 흐르는 전류가 2[A]일 때, 자로의 자속이 $1 \times 10^{-2}[Wb]$라고 한다. 코일의 권수를 500회라 할 때 이 코일의 자기 인덕턴스는 몇 [H]인가?

① 2.5   ② 3.5

③ 4.5   ④ 5.5

|정|답|및|해|설|

[자기인덕턴스] $L = \dfrac{N\varnothing}{I}[H]$ $\rightarrow (N\varnothing = LI)$

$L = \dfrac{N\varnothing}{I} = \dfrac{500 \times 1 \times 10^{-2}}{2} = 2.5[H]$ 【정답】①

17. 자속밀도가 B인 곳에 전하 Q, 질량 m인 물체가 자속밀도 방향과 수직으로 입사한다. 속도를 2배로 증가시키면, 원운동의 주기는 몇 배가 되는가?

① 1/2   ② 1   ③ 2   ④ 4

|정|답|및|해|설|

[원운동 방정식] $F = BQv = \dfrac{mv^2}{r}$ 에서 $v = r\omega$ 이므로

$BQ = \dfrac{mv}{r} = \dfrac{mr\omega}{r} = m\omega = m \cdot 2\pi f$

$T = \dfrac{1}{f} = \dfrac{2\pi m}{BQ}[s]$

그러므로 주기는 속도 v와는 아무런 관계가 없다.

【정답】②

18. 대지 중의 두 전극 사이에 있는 어떤 점의 전계의 세기가 6[V/cm], 지면의 도전율이 $10^{-4}[\mho/cm]$일 때 이 점의 전류 밀도는 몇 $[A/cm^2]$인가?

① 6×10^{-4} ② 6×10^{-3}

③ 6×10^{-2} ④ 6×10^{-1}

|정|답|및|해|설|

[전류밀도] $i = \dfrac{I}{S} = kE = \dfrac{E}{\sigma}[A/cm^2]$

$i = kE = 10^{-4} \times 6 = 6 \times 10^{-4}[A/cm^2]$ 【정답】①

19. 진공 중에서 $1[\mu F]$의 정전용량을 갖는 구의 반지름은 몇 [km]인가?

① 0.9   ② 9

③ 90   ④ 900

|정|답|및|해|설|

[구도체의 정전용량] $C = 4\pi\epsilon_0 a = \dfrac{1}{9 \times 10^9} \times a$

$\rightarrow (4\pi\epsilon_0 = 4 \times 3.14 \times 8.855 \times 10^{-12} = \dfrac{1}{9 \times 10^9})$

$\therefore a = 9 \times 10^9 C = 9 \times 10^9 \times 1 \times 10^{-6} = 9 \times 10^3[m] = 9[km]$

【정답】②

20. 그림과 같은 환상철심에 A, B의 코일이 감겨있다. 전류 I가 120[A/s]로 변화할 때, 코일 A에 90[V], 코일 B에 40[V]의 기전력이 유도된 경우, 코일 A의 자기인덕턴스 $L_1[H]$과 상호인덕턴스 $M[H]$의 값은 얼마인가?

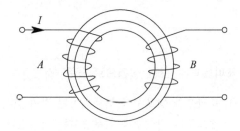

① $L_1 = 0.75$, $M = 0.33$

② $L_1 = 1.25$, $M = 0.7$

③ $L_1 = 1.75$, $M = 0.9$

④ $L_1 = 1.95$, $M = 1.1$

|정|답|및|해|설|

[코일의 자기인덕턴스와 상호인덕턴스]

$\dfrac{dI_1}{dt} = 120[A/s]$, $e_1 = 90[V]$, $e_2 = 40[V]$이므로

·자기인덕턴스 $e_1 = L_1 \dfrac{dI_1}{dt} \rightarrow L_1 = \dfrac{e_1}{\dfrac{dI_1}{dt}} = \dfrac{90}{120} = 0.75[H]$

·상호인덕턴스 $e_2 = M \dfrac{dI_1}{dt} \rightarrow M = \dfrac{e_2}{\dfrac{dI_1}{dt}} = \dfrac{40}{120} = 0.33[H]$

【정답】①

21. 인입되는 전압이 정정값 이하로 되었을 때 동작하는 것으로서 단락 고장검출 등에 사용되는 계전기는?

① 접지 계전기

② 부족 전압 계전기

③ 역전력 계전기

④ 과전압 계전기

|정|답|및|해|설|

[부족전압 계전기(UVR : undervoltage Relay)] 전압이 정정치 이하로 동작하는 계전기로 단락고장 검출 등에 사용된다.

【정답】②

22. 접촉자가 외기(外氣)로부터 격리되어 있어 아크에 의한 화재의 염려가 없으며 소형, 경량으로 구조가 간단하고 보수가 용이하며 진공 중의 아크 소호 능력을 이용하는 차단기는?

① 유입차단기　　② 진공차단기

③ 공기차단기　　④ 가스차단기

|정|답|및|해|설|

[차단기의 종류 및 소호 작용]

1. 유입차단기 : 절연유 이용 소호
2. 자기차단기 : 자기력으로 소호
3. 공기차단기 : 압축 공기를 이용해 소호
4. 가스차단기 : SF_6 가스 이용

※진공차단기 : 진공 상태에서 아크 확산 작용을 이용하여 소호한다.

【정답】②

23. 배전선로용 퓨즈(Power Fuse)는 주로 어떤 전류의 차단을 목적으로 사용하는가?

① 충전전류　　② 단락전류

③ 부하전류　　④ 과도전류

|정|답|및|해|설|

[전력퓨즈] 차단기나 전력용 퓨즈는 <u>단락전류</u>와 같은 대전류를 차단하는 장치이다.　　**【정답】②**

|참|고|

[전력용 한류 퓨즈 장·단점]

장점	·현저한 한류 작용 특성을 가진다. ·고속도 차단할 수 있다. ·소형으로 큰 차단용량을 가진다. ·차단시 무소음, 무방출이다. ·소형, 경량이다.
단점	·재투입이 불가능하다. ·차단시 과전압을 발생한다. ·과전류에 의해 용단되기 쉽고 결상을 일으킬 우려가 있다. ·용단되어도 차단되지 않는 전류 범위가 있다. ·동작시간 - 전류 특성을 계전기처럼 자유롭게 조정할 수 없다.

24. 유효낙차 75[m], 최대사용수량 200[m^3/s], 수차 및 발전기의 합성효율은 70[%]인 수력발전소의 최대출력은 약 몇 [MW] 인가?

① 102.9　　① 157.3

③ 167.5　　④ 177.8

|정|답|및|해|설|

[발전출력] $P = 9.8 HQ\eta_t\,\eta_g [kW]$

여기서, Q : 유량[m^3/s], H : 낙차[m]

η_g : 발전기 효율, η_t : 수차의 효율

$\therefore P = 9.8 HQ\eta_t\,\eta_g = 9.8 \times 200 \times 75 \times 0.7 \times 10^{-3} = 102.9 [MW]$

【정답】①

25. 어떤 가공선의 인덕턴스가 1.6[mH/km]이고, 정전용량이 $0.008[\mu F/km]$일 때 특성임피던스는 약 몇 [Ω]인가?

① 128　　② 224

③ 345　　④ 447

|정|답|및|해|설|

[무손실 선로에서 특성 임피던스]

$Z_0 = \sqrt{\dfrac{Z}{Y}} = \sqrt{\dfrac{R+j\omega L}{G+j\omega C}} = \sqrt{\dfrac{L}{C}}\,[\Omega]$

$\rightarrow$ (무손실에서 $R=0,\ G=0$)

$\therefore Z_0 = \sqrt{\dfrac{L}{C}} = \sqrt{\dfrac{1.6\times10^{-3}}{0.008\times10^{-6}}} \fallingdotseq 447[\Omega]$　　**【정답】④**

26. 서울과 같이 부하밀도가 큰 지역에서는 일반적으로 변전소의 수와 배전거리를 어떻게 결정하는 것이 좋은가?

① 변전소의 수를 감소하고 배전거리를 증가한다.

② 변전소의 수를 증가하고 배전거리를 감소한다.

③ 변전소의 수를 감소하고 배전거리도 감소한다.

④ 변전소의 수를 증가하고 배전거리도 증가한다.

|정|답|및|해|설|

[부하밀도가 큰 지역에서 변전소의 수와 배전거리] 부하밀도가 큰 지역에서는 변전소의 수를 증가해서 <u>부담용량을 줄이고 배전거리를 작게</u> 해야 전력손실도 줄어든다.

【정답】②

27. 송전방식에서 선간전압, 선로전류, 역률이 일정할 때(3상 3선식/단상 2선식)의 전선 1선당의 전력비는 약 몇 [%]인가?

① 87.5 　　② 94.7

③ 115.5 　　④ 141.4

|정|답|및|해|설|

[전력비] 전력비 $= \dfrac{3상3선식}{단상2선식} \times 100 = \dfrac{\sqrt{3}\,VI\cos\theta/3}{VI\cos\theta/2} \times 100$

·단상2선식 1선당 전력 $P_2 = VI\cos\theta/2$

·3상3선식 1선당 전력 $P_3 = \sqrt{3}\,VI\cos\theta/3$

$\therefore$ 전력비 $= \dfrac{\dfrac{\sqrt{3}\,VI\cos\theta}{3}}{\dfrac{VI\cos\theta}{2}} \times 100 = \dfrac{2\sqrt{3}}{3} \times 100 = 115.5$

【정답】③

|참|고|

[배전방식의 전기적 특성]

	단상 2선식	단상 3선식	3상 3선식	3상 4선식
공급전력 (P)	EI_1 100[%]	$2EI_2$ 133[%]	$\sqrt{3}\,EI_3$ 115[%]	$3EI_4$
1선당전력 (P_1)	$\frac{1}{2}EI_1$	$\frac{2}{3}EI_2$	$\frac{1}{\sqrt{3}}EI_3$	$\frac{3}{4}EI_4$
선전류	I_1 100[%]	$I_2 = \frac{1}{2}I_1$ 50[%]	$I_3 = \frac{1}{\sqrt{3}}I_1$ 57.7[%]	$I_4 = \frac{1}{3}I_1$ 33.3[%]
소요 전선비	W_1 100[%]	$\frac{W_2}{W_1} = \frac{3}{8}$ 37.5[%] (62.5[%] 절약)	$\frac{W_3}{W_1} = \frac{3}{4}$ 75[%] (25[%] 절약)	$\frac{W_4}{W_1} = \frac{1}{3}$ 33.3[%] (66[%] 절약)

28. 중성점 접지방식에서 직접 접지방식을 다른 접지방식과 비교하였을 때 그 설명으로 틀린 것은?

① 변압기의 저감 절연이 가능하다.

② 지락고장시의 이상전압이 낮다.

③ 다중접지사고로의 확대 가능성이 대단히 크다.

④ 보호계전기의 동작이 확실하여 신뢰도가 높다.

|정|답|및|해|설|

[직접 접지 방식의 장점]

·1선 지락시에 건전성의 대지 전압이 거의 상승하지 않는다.

·피뢰기의 효과를 증진시킬 수 있다.

·단절연이 가능하다.

·계전기의 동작이 확실해 진다.

[직접 접지 방식의 단점]

·송전계통의 과도 안정도가 나빠진다.

·통신선에 유도 장해가 크다.

·기기에 큰 영향을 주어 손상을 준다.

·대용량 차단기가 필요하다.

【정답】③

29. 단선식 전력선과 단선식 통신선이 그림과 같이 근접되었을 때, 통신선의 정전유도전압 E_0는?

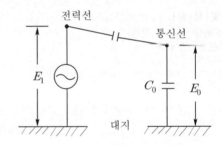

① $\dfrac{C_m}{C_0 + C_m}E_1$ 　　② $\dfrac{C_0 + C_m}{C_m}E_1$

③ $\dfrac{C_0}{C_0 + C_m}E_1$ 　　④ $\dfrac{C_0 + C_m}{C_0}E_1$

|정|답|및|해|설|

[정전유도전압] $E_0 = \dfrac{C_m}{C_m + C_0}E_1$ [V]

여기서, C_m : 전력선과 통신선 간의 정전용량

C_0 : 통신선의 대지 정전용량

E_1 : 전력선의 전위

【정답】①

30. 3상 3선식 복도체 방식의 송전선로를 3상 3선식 단도체 방식 송전선로와 비교한 것으로 알맞은 것은?(단, 단도체의 단면적은 복도체 방식 소선의 단면적 합과 같은 것으로 한다.)

① 전선의 인덕턴스와 정전용량은 모두 감소한다.

② 전선의 인덕턴스와 정전용량은 모두 증가한다.

③ 전선의 인덕턴스는 증가하고, 정전용량은 감소한다.

④ 전선의 인덕턴스는 감소하고, 정전용량은 증가한다.

|정|답|및|해|설|..........................

[복도체 방식의 장점]
· 전선의 인덕턴스가 감소하고 정전용량이 증가되어 선로의 송전용량이 증가하고 계통의 안정도를 증진시킨다.
· 전선표면의 전위경도가 저감되므로 코로나 임계전압을 높일 수 있고 코로나손, 코로나 잡음 등의 장해가 저감된다.

【정답】④

31. 송배전 선로에서 내부 이상전압에 속하지 않는 것은?

① 개폐 이상전압

② 유도뢰에 의한 이상전압

③ 사고시의 과도 이상전압

④ 계통 조작과 고장시의 지속 이상전압

|정|답|및|해|설|..........................

[송배전 선로의 이상전압]
1. 내부 이상 전압의 종류 : 개폐서지, 1선지락사고
   (방어대책 : 서지흡수기(SA))
2. 외부 이상 전압 : 직격뢰, 유도뢰, 수목과의 접촉
   (방어대책 : 피뢰기(LA))

【정답】②

32. 터빈 발전기의 냉각방식에 있어서 수소냉각방식을 채택하는 이유가 아닌 것은?

① 코로나에 의한 손실이 적다.

② 수소 압력의 변화로 출력을 변화시킬 수 있다.

③ 수소의 열전도율이 커서 발전기 내 온도상승이 저하한다.

④ 수소 부족시 공기와 혼합사용이 가능하므로 경제적이다.

|정|답|및|해|설|..........................

[수소냉각방식의 장·단점]
1. 수소 냉각 발전기의 장점

· 비중이 공기는 약 7[%]이고, 풍손은 공기의 약 1/10로 감소된다.
· 비열은 공기의 약 14배로 열전도성이 좋다. 공기냉각 발전기보다 약 25[%]의 출력이 증가한다.
· 가스 냉각기가 적어도 된다.
· 코로나 발생전압이 높고, 절연물의 수명은 길다.
· 공기에 비해 대류율이 1.3배, 따라서 소음이 적다.
2. 수소 냉각 발전기의 단점
· 공기와 혼합하면 폭발할 가능성이 있다.
· 폭발 예방 부속설비가 필요, 따라서 설비비 증가

【정답】④

33. 그림과 같은 열사이클은?

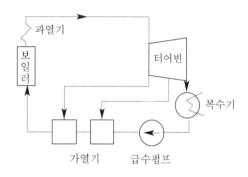

① 재생 사이클   ② 재열 사이클

③ 카르노사이클   ④ 재생재열사이클

|정|답|및|해|설|..........................

[열사이클]
· 재생사이클 : 급수 가열
· 재열사이클 : 증기 가열

【정답】①

34. 고압 배전선로의 선간전압을 3300[V]에서 5700[V]로 승압하는 경우, 같은 전선으로 전력손실을 같게 한다면 약 몇 배의 전력을 공급할 수 있는가?

① 1   ② 2

③ 3   ④ 4

|정|답|및|해|설|..........................

[전력올 공급의 비] $\dfrac{P_2}{P_1} = \left(\dfrac{V_2}{V_1}\right)^2$ → $P \propto V^2$

$P_2 = \left(\dfrac{V_2}{V_1}\right)^2 P_1 = \left(\dfrac{5700}{3300}\right)^2 P_1 = 3P_1$

【정답】③

35. 그림과 같이 지지점 A, B, C에는 고저차가 없으며, 지지물 간 거리 AB와 BC 사이에 전선이 가설되어, 그 처짐 정도(이도)가 12[cm]이었다. 지금 경간 AC의 중점인 지지점 B에서 전선이 떨어져서 전선의 이도가 D로 되었다면 D는 몇 [cm]인가?

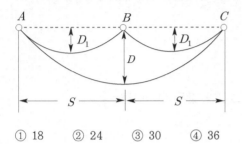

① 18   ② 24   ③ 30   ④ 36

|정|답|및|해|설|

[전선의 실제 길이] $L = S + \dfrac{8D^2}{3S}$[m]

여기서, S : 지지점 간 거리(경간), D : 처짐 정도(이도)
AB, BC구간 전선의 실제 길이를 L_1
AC구간 전선의 실제 길이를 L

$2L_1 = L$

$2\left(S + \dfrac{8D_1^2}{3S}\right) = 2S + \dfrac{8D^2}{3 \times 2S}$

$\dfrac{8D^2}{3 \times 2S} = 2\left(S + \dfrac{8D_1^2}{3S}\right) - 2S = \dfrac{2 \times 8D_1^2}{3S}$

$\dfrac{8D^2}{3 \times 2S} = \dfrac{2 \times 8D_1^2}{3S} \rightarrow D^2 = 4D_1^2$

$\therefore D = \sqrt{4D_1^2} = 2D_1 = 2 \times 12 = 24$[cm]

|참|고|

[다른 방법]
양쪽의 처짐 정도(이도)가 같을 경우 한쪽의 처짐 정도(이도)에 2배를 한다. 즉, $d = 12 \times 2 = 24[cm]$ 【정답】②

---

36. 설비용량 800[kW], 부등률 1.2, 수용률 60[%]일 때, 변전시설 용량은 최저 몇 [kVA] 이상 이어야 하는가? (단, 역률은 90[%] 이상 유지되어야 한다고 한다.)

① 450   ② 500
③ 550   ④ 600

|정|답|및|해|설|

[변전설비용량] $TR = \dfrac{설비용량 \times 수용률}{부등률 \times 역률}[kVA]$

$= \dfrac{800 \times 0.6}{1.2 \times 0.9} ≒ 444[kVA]$ 【정답】①

---

37. 200[kVA] 단상 변압기 3대를 △결선에 의하여 급전하고 있는 경우 1대의 변압기가 소손되어 V결선으로 사용하였다. 이때의 부하가 516[kVA]라고 하면 변압기는 약 몇 [%]의 과부하가 되는가?

① 119   ② 129   ③ 139   ④ 149

|정|답|및|해|설|

[과부하율] 과부하율 $= \dfrac{P}{P_v} \times 100[\%]$

200[kVA] 단상 변압기 2대로 V 운전시의 출력
$P_v = \sqrt{3} P_1 = \sqrt{3} \times 200[kVA]$

과부하율 $= \dfrac{P}{P_v} \times 100 = \dfrac{516}{\sqrt{3} \times 200} \times 100 = 149[\%]$

【정답】④

---

38. 소호리액터 접지방식에 대하여 틀린 것은?

① 지락전류가 적다.
② 전자유도장해를 경감할 수 있다.
③ 지락 중에도 계속 송전이 가능하다.
④ 선택지락계전기의 동작이 용이하다.

|정|답|및|해|설|

[소호리액디 접지] 소호리액터 접지 방식은 지락전류가 작아서 전자유도 장해가 작고 지락 중에도 송전할 수 있는 장점이 있으나 지락전류가 작아서 지락 계전기의 동작이 용이하지 않다.
【정답】④

|참|고|

[중성점 접지 방식의 비교]

구분 \ 종류	비접지	직접접지	고저항접지	소호리액터접지
지락전류	소	최대	100~150[A]	최소
보호계전기 동작	적용곤란	확실	소세력지락계전기	불확실
유도장해	적음	최대	적음	최소
과정안정도	큼	최소	중정도	최대
주요 특징	저전압 단거리에 적용	중성점 영전위 단절연 가능		병렬공진 고장전류 최소

39. 전력 원선도에서 알 수 없는 것은?

① 조상용량　　　　② 선로손실

③ 송전단의 역률　　④ 정태안정 극한전력

|정|답|및|해|설|

[전력 원선도에서 알 수 있는 사항]
· 정태 안정 극한 전력(최대 전력)
· 송수전단 전압간의 상차각
· 조상 용량
· 수전단 역률
· 선로 손실과 효율　　　　　　　　　【정답】③

40. 피뢰기의 제한전압이란?

① 피뢰기의 정격전압

② 상용주파수의 방전개시전압

③ 피뢰기 동작 중 단자전압의 파고치

④ 속류의 차단이 되는 최고의 교류전압

|정|답|및|해|설|

1. 제한전압 : 피뢰기 동작 중의 단자전압의 파고값
2. 피뢰기의 정격전압 : 속류의 차단이 되는 최고의 교류전압
3. 상용주파 방전 개시전압 : 상용주파수의 방전개시 전압
4. 충격 방전 개시전압 : 피뢰기 단자간에 충격전압을 인가하였을 때 방전을 개시하는 전압　　　　　　　　【정답】③

41. 6600/210[V], 10[kVA] 단상 변압기의 퍼센트 저항 강하는 1.2[%], 리액턴스 강하는 0.9[%]이다. 임피던스 전압[V]은?

① 99　　② 81　　③ 65　　④ 37

|정|답|및|해|설|

[임피던스 전압] $V_s = \dfrac{z\,V_{1n}}{100}$ [V]

퍼센트저항강하 $p = 1.2[\%]$,
퍼센트리액턴스강하 $q = 0.9[\%]$
퍼센트 임피던스 강하
$\%z = \sqrt{p^2 + q^2} = \sqrt{1.2^2 + 0.9^2} = 1.5[\%]$

$\%z = \dfrac{\text{임피던스전압}}{\text{인가전압}} = \dfrac{V_s}{V_{1n}} \times 100[\%]$

$\therefore V_s = \dfrac{z\,V_{1n}}{100} = \dfrac{1.5 \times 6600}{100} = 99[V]$　【정답】①

42. 변압기 1차측 공급전압이 일정할 때, 1차 코일 권수를 4배로 하면 누설리액턴스와 여자 전류 및 최대 자속은? (단, 자로는 포화상태가 되지 않는다.)

① 누설 리액턴스=16, 여자 전류=$\dfrac{1}{4}$

　최대 자속=$\dfrac{1}{16}$

② 누설 리액턴스=16, 여자 전류=$\dfrac{1}{16}$

　최대 자속=$\dfrac{1}{4}$

③ 누설 리액턴스=$\dfrac{1}{16}$, 여자 전류=4, 최대 자속=16

④ 누설 리액턴스=16, 여자 전류=$\dfrac{1}{16}$, 최대 자속=4

|정|답|및|해|설|

1. 누설리액턴스

　인덕턴스 $L = \dfrac{\mu A N^2}{l} \propto N^2 = 4^2 = 16$배

　따라서 누설 리액턴스(ωL)도 16배
2. 여자전류

　자로에 자기 포화가 없으므로 최대 자속은 여자 전류와 권수의 곱, 즉 기자력에 비례한다.

　$\varnothing_m \propto I_0 N_1$

　권수가 $4N_1$일 때의 여자전류를 $I_0{}'$라고 하면

　$\dfrac{I_0{}' \times 4N_1}{I_0 \times N_1} = \dfrac{\varnothing_m{}'}{\varnothing_m} = \dfrac{1}{4}$　$\therefore I_0{}' = \left(\dfrac{1}{4}\right)^2 I_0 = \dfrac{1}{16} I_0$

3. 최대자속

　$V_1 \fallingdotseq E_1 = 4.44 f N_1 \varnothing_m \rightarrow \varnothing_m = \dfrac{V_1}{4.44 f N_1}$

　V_1와 f는 일정하고, 권수만을 4배로 하여 $4N_1$로 했을 때의 최대 자속을 $\varnothing_m{}'$라고 하면　$\varnothing_m{}' = \dfrac{V_1}{4.44 f \times 4N_1} = \dfrac{1}{4}\varnothing_m$

즉, 누설리액턴스는 16배, 최대자속은 $\dfrac{1}{4}$배, 여자전류는 $\dfrac{1}{16}$배로 감소된다.　　　　　　　　　　　　　【정답】②

43. 직류전동기의 발전제동 시 사용하는 저항의 주된 용도는?

① 전압강하　　　　② 전류의 감소

③ 전력의 소비　　　④ 전류의 방향전환

|정|답|및|해|설|

[직류전동기의 발전제동] 발생전력을 저항에서 열로 소비하는 제동방식을 발전제동이라고 한다.　　　　　　　【정답】③

44. 2대의 같은 정격의 타여자 직류발전기가 있다. 그 정격은 출력 10[kW], 전압 100[V], 회전속도 1500[rpm]이다. 이 2대를 카프법에 의해서 반환부하시험을 하니 전원에서 흐르는 전류는 22[A]이었다. 이 결과에서 발전기의 효율은 약 몇 [%]인가? (단, 각 기의 계저저항손은 각각 200[W]라고 한다.)

① 88.5　　② 87　　③ 80.6　　④ 76

|정|답|및|해|설|

[발전기 규약효율] $\eta_g = \dfrac{VI}{VI + \dfrac{1}{2}VI_0 + R_f I_f^2} \times 100$

· 발전기 2대의 손실 $= VI_0 = 100 \times 22 = 2200[W] = 2.2[kW]$

· 발전기 1대의 계자저항손 $= R_f I_f^2 = 200[W] = 0.2[kW]$

$\therefore$ 발전기의 효율 $\eta_g = \dfrac{VI}{VI + \dfrac{1}{2}VI_0 + R_f I_f^2} \times 100$

$= \dfrac{10}{10 + \dfrac{1}{2} \times 2.2 + 0.2} \times 100 = 88.5[\%]$

【정답】①

45. 직류전동기의 속도제어 방법에서 광범위한 속도 제어가 가능하며, 운전효율이 가장 좋은 방법은?

① 계자제어　　　　② 전압제어
③ 직렬 저항제어　　④ 병렬 저항제어

|정|답|및|해|설|

[직류전동기의 속도제어 방법]

구분	제어 특성	특징
계자제어	계자 전류의 변화에 의한 자속의 변화로 속도 제어	속도 제어 범위가 좁다. 정출력제어
전압제어	워드 레오나드 방식 일그너 방식	·제어범위가 넓다. ·손실이 적다. ·정역운전 가능 정토크제어
저항제어	전기자 회로의 저항 변화에 의한 속도 제어법	효율이 나쁘다.

【정답】②

46. 동기발전기의 병렬운전에서 일치하지 않아도 되는 것은?

① 기전력의 크기　　② 기전력의 위상
③ 기전력의 극성　　④ 기전력의 주파수

|정|답|및|해|설|

[동기발전기의 병렬운전 조건]
·기전력의 크기가 같을 것
·기전력의 위상이 같을 것
·기전력의 주파수가 같을 것
·기전력의 파형이 같을 것
·상회전 방향이 같을 것　　　　　　　　【정답】③

47. 100[kVA], 6000/200[V], 60[Hz]이고 %임피던스 강하 3[%]인 3상 변압기의 저압측에 3상 단락이 생겼을 경우의 단락전류는 약 몇 [A]인가?

① 5650　　　　　　② 9623
③ 17000　　　　　　④ 75000

|정|답|및|해|설|

[단락전류] $I_s = \dfrac{100}{\%Z}I_n = \dfrac{100}{\%Z} \times \dfrac{P_n}{\sqrt{3} \times V_n}[A]$

여기서, P_n : 정격용량 $\rightarrow (P_n = \sqrt{3}\,VI_n$에서 $I_n = \dfrac{P_n}{\sqrt{3}\,V_n})$

$\therefore I_s = \dfrac{100}{\%Z} \times \dfrac{P_n}{\sqrt{3} \times V_n} = \dfrac{100}{3} \times \dfrac{100 \times 10^3}{\sqrt{3} \times 200} = 9623[A]$

【정답】②

48. 코일피치와 자극피치의 비를 β라 하면 기본파 기전력에 대한 단절계수는?

① $\sin \beta\pi$　　　　　　② $\cos \beta\pi$
③ $\sin \dfrac{\beta\pi}{2}$　　　　　④ $\cos \dfrac{\beta\pi}{2}$

|정|답|및|해|설|

[단절계수]

1. $K_p = \sin\dfrac{\beta\pi}{2}$　　　　$\rightarrow$ (기본파)

2. $K_{pn} = \sin\dfrac{n\beta\pi}{2}$　　　$\rightarrow$ (n차 고조파)　　【정답】③

49. 구조가 회전계자형으로 된 발전기는?

① 동기 발전기   ② 직류 발전기

③ 유도 발전기   ④ 분권 발전기

|정|답|및|해|설|

[회전계자형으로 된 발전기] 회전계자방식은 동기발전기의 회전자에 의한 분류로 전기자를 고정자로 하고 계자극을 회전자로 한 방식이다.   【정답】①

50. 8극 60[Hz]의 유도 전동기가 부하를 연결하고 864[rpm]으로 회전할 때 54.134[kg·m]의 토크를 발생 시 동기와트는 약 몇 [kW]인가?

① 48   ② 50

③ 52   ④ 54

|정|답|및|해|설|

[동기와트] $P_2 = 1.026 N_s T [W]$

·동기속도 $N_s = \dfrac{120f}{p} = \dfrac{120 \times 60}{8} = 900 [rpm]$

·토크 $T = 0.975 \dfrac{P}{N} = 0.975 \dfrac{P_2}{N_s} [kg \cdot m]$

$\therefore P_2 = 1.026 N_s T = 1.026 \times 900 \times 54.134 \times 10^{-3} = 50 [kW]$

【정답】②

51. 정격전압 200[V], 전기자 전류 100[A]일 때 1000[rpm]으로 회전하는 직류 분권전동기가 있다. 이 전동기의 무부하 속도는 약 몇 [rpm]인가? (단, 전기자 저항은 0.15[Ω]이고 전기자 반작용은 무시한다.)

① 981   ② 1081

③ 1100   ④ 1180

|정|답|및|해|설|

[전동기의 무부하 속도]

·전기자전류 $I_a = 100[A]$일 때의 역기전력

   $E = V - I_a R_a = 200 - (100 \times 0.15) = 185 [V]$

·무부하시 $I_a = 0$일 때의 역기전력 $E_0 = V = 200[V]$ → ($\because I_a = 0$)

·전기자 반작용을 무시하면 $E = k\phi N$에서 ϕ =일정

   → $E \propto N$

   $E_0 : E = N_0 : N$ → $200 : 185 = N_0 : 1000$

   $\therefore N_0 = \dfrac{200}{185} \times 1000 = 1081 [rpm]$ 【정답】②

52. 화학공장에서 선로의 역률은 앞선 역률 0.7이었다. 이 선로에 무효 전력 보상 장치를 병렬로 결선해서 과여자로 하면 선로의 역률은 어떻게 되는가?

① 뒤진 역률이며 역률은 더욱 나빠진다.

② 뒤진 역률이며 역률은 더욱 좋아진다.

③ 앞선 역률이며 역률은 더욱 좋아진다.

④ 앞선 역률이며 역률은 더욱 나빠진다.

|정|답|및|해|설|

[무효 전력 보상 장치(동기조상기)의 운전]

1. 중부하 시 과여자 : 선로에 앞선 전류가 흘러 일종의 콘덴서로 작용, 따라서 앞선 역률인 경우 과여자로 하면 선로의 역률은 더욱 진상이 되어 역률은 더 나빠진다.

2. 경부하 시 부족 여자 : 뒤진 전류가 흘러서 일종의 리액터로 작용   【정답】④

53. 전기설비 운전 중 계기용 변류기(CT)의 고장발생으로 변류기를 개방할 때 2차 측을 단락해야 하는 이유는?

① 2차 측의 절연보호

② 1차 측의 과전류 방지

③ 2차 측의 과전류 보호

④ 계기의 측정 오차 방지

|정|답|및|해|설|

[변류기를 개방할 때 2차 측을 단락해야 하는 이유] 변류기의 2차 측을 개방하면 1차 전류가 모두 여자 전류가 되어 2차 권선에 매우 높은 전압이 유기되어 절연이 파괴되고 소손될 우려가 있으므로, 변류기 2차측 기기를 교체하고자 하는 경우에는 반드시 변류기 2차측을 단락시켜야 한다.   【정답】①

54. 유도 전동기에서 인가전압이 일정하고 주파수가 정격값에서 수 [%] 감소할 때 나타나는 현상 중 틀린 것은?

① 철손이 증가한다.

② 효율이 나빠진다.

③ 동기 속도기 감소한다.

④ 누설 리액턴스가 증가한다.

|정|답|및|해|설|

[유도전동기에서 주파수 관계] 누설 리액턴스는 주파수에 비례하므로($X = 2\pi f L$) 주파수가 감소하면 누설리액턴스는 감소한다.   【정답】④

55. 유도전동기에서 여자전류는 극수가 많아지면 정격전류에 대한 비율이 어떻게 변하는가?

① 커진다.　　　　② 불변이다.

③ 적어진다.　　　④ 반으로 줄어든다.

|정|답|및|해|설|
[유도전동기에서 여자전류] 극수가 많아질수록 자속이 많아지므로 정격전류에 대한 여자전류의 비율이 커진다.
【정답】①

56. 브러시를 이동하여 회전속도를 제어하는 전동기는?

① 반발 전동기

② 단상 직권전동기

③ 직류 직권전동기

④ 반발기동형 단상유도전동기

|정|답|및|해|설|
[단상 반발 전동기] 단상 반발 전동기는 브러시 이동으로 속도 제어 및 역전이 가능하다.
【정답】①

57. 단상유도전동기를 기동 토크가 큰 것부터 낮은 순서로 배열한 것은?

① 모노사이클릭형→반발 유도형→반발 기동형
→콘덴서 기동형→분상 기동형

② 반발 기동형→반발 유도형→모노사이클릭형
→콘덴서 기동형→분상 기동형

③ 반발 기동형→반발 유도형→콘덴서 기동형→
분상 기동형→모노사이클릭형

④ 반발 기동형→분상 기동형→콘덴서 기동형→
반발 유도형→모노사이클릭형

|정|답|및|해|설|
[단상유도전동기 기동토크가 큰 순서]
기동 토크가 큰 것부터 배열하면 다음과 같다.
반발 기동형 → 반발 유도형 → 콘덴서 기동형 → 분상 기동형
→ 세이딩 코일형(또는 모노 사이클릭 기동형)
【정답】③

58. 일정한 부하에서 역률 1로 동기전동기를 운진하는 중 여자를 약하게 하면 전기지 전류는?

① 진상전류가 되고 증가한다.

② 진상전류가 되고 감소한다.

③ 지상전류가 되고 증가한다.

④ 지상전류가 되고 감소한다.

|정|답|및|해|설|
[위상특성곡선(V곡선)]

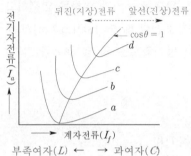

위상특성곡선(V곡선)에 나타난 바와 같이 공급 전압 V 및 출력 P_2를 일정한 상태로 두고 여자만을 변화시켰을 경우 **전기자 전류의 크기와 역률**이 달라진다.
1. 과여자(I_f : 증가)→앞선 전류(진상, 콘덴서(C) 작용)
2. 부족 여자(I_f : 감소)→뒤진 전류(지상, 리액터(L) 작용)
【정답】③

59. 4극 7.5[kW], 200[V], 60[Hz]인 3상 유도전동기가 있다. 전부하에서의 2차 입력이 7950[W]이다. 이 경우의 2차 효율은 약 몇 [%]인가? (단, 기계손은 130[W]이다.)

① 92　　　　② 94

③ 96　　　　④ 98

|정|답|및|해|설|

[3상 유도전동기의 2차 효율] $\eta_2 = \dfrac{P+P_m}{P_2} = \dfrac{N}{N_s} = \dfrac{\omega}{\omega_s} = 1-s$

・2차입력 $P_2 = P_a + P_{c2} + P_m$
출력 $P_a = 7500[W]$, 기계손 $P_m = 130[W]$,
2차 입력 $P_2 = 7950[W]$

$P_{c2} = P_2 - (P_a + P_m) = 7950 - (7500+130) = 320[W]$

・$P_{c2} = sP_2 \rightarrow s = \dfrac{P_{c2}}{P_2} = \dfrac{320}{7950} = 0.04$

∴ $\eta_2 = 1-s = 1-0.04 = 0.96 = 96[\%]$
【정답】③

60. 직류기의 전기자권선 중 중권 권선에서 뒤피치가 앞피치보다 큰 경우를 무엇이라 하는가?

① 진권 ② 쇄권
③ 여권 ④ 장절권

|정|답|및|해|설|
[직류기의 전기자권선]
1. 진권 : 권선의 진행 방향은 시계 방향의 방사형이며, 후절(뒤피치)이 전절(앞피치)보다 크다.
2. 누권(역진권) : 권선 방향은 반시계 방향으로 감겨지게 되고 후절(뒤피치)이 전절(앞피치)보다 적다. 【정답】①

61. 비대칭 다상 교류가 만드는 회전자계는?

① 교번자기장
② 타원형 회전자기장
③ 원형 회전자기장
④ 포물선 회전자기장

|정|답|및|해|설|
[회전자계]
1. 대칭전류 : 원형 회전자계 형성
2. 비대칭전류 : 타원 회전자계 형성 【정답】②

62. 그림과 같이 높이가 1인 펄스의 라플라스 변환은?

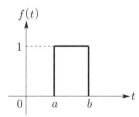

① $\frac{1}{s}(e^{-as}+e^{-bs})$ ② $\frac{1}{a-b}\left(\frac{e^{-as}+e^{-bs}}{1}\right)$

③ $\frac{1}{s}(e^{-as}-e^{-bs})$ ④ $\frac{1}{a-b}\left(\frac{e^{-as}-e^{-bs}}{s}\right)$

|정|답|및|해|설|
[단위계단함수]
문제에서 해당 부분의 함수 $f(t)=u(t-a)-u(t-b)$
위의 함수를 라플라스변환 하면
$\mathcal{L}[f(t)]=\mathcal{L}[u(t-a)]-\mathcal{L}[u(t-b)]$
$=\frac{e^{-as}}{s}-\frac{e^{-bs}}{s}=\frac{1}{s}(e^{-as}-e^{-bs})$ 【정답】③

63. 다음 방정식에서 $\frac{X_3(s)}{X_1(s)}$ 를 구하면?

$$x_2(t)=\frac{d}{dt}x_1(t)$$
$$x_3(t)=x_2(t)+3\int x_3(t)dt+2\frac{d}{dt}x_2(t)-2x_1(t)$$

① $\frac{s(2s^2+s-2)}{s-3}$ ② $\frac{s(2s^2-s-2)}{s-3}$

③ $\frac{2(s^2+s+2)}{s-3}$ ④ $\frac{(2s^2+s+2)}{s-3}$

|정|답|및|해|설|
[라플라스 변환] $\frac{X_3(s)}{X_1(s)}$
$X_2(s)=sX_1(s)$
$X_3(s)=X_2(s)+\frac{3}{s}X_3(s)+2sX_2(s)-2X_1(s)$
두 식에서 $X_2(s)$를 소거
$X_3(s)=sX_1(s)+\frac{3}{s}X_3(s)+2s^2X_1(s)-2X_1(s)$
$\left(1-\frac{3}{s}\right)X_3(s)=(2s^2+s-2)X_1(s)$
$\therefore \frac{X_3(s)}{X_1(s)}=\frac{2s^2+s-2}{1-\frac{3}{s}}=\frac{s(2s^2+s-2)}{s-3}$ 【정답】①

64. 그림과 같은 반파 정현파의 실효값은?

① $\frac{1}{\sqrt{2}}I_m$
② $\frac{2}{\pi}I_m$
③ $\frac{1}{\pi}I_m$
④ $\frac{1}{2}I_m$

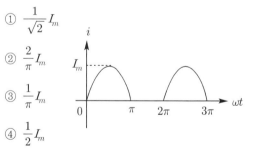

|정|답|및|해|설|
[실효값] $I=\sqrt{\frac{1}{T}\int_0^T i^2 dt}=\sqrt{\frac{1}{2\pi}\int_0^{2\pi} i^2 d(\omega t)}$
반파 정류파는 $\pi \sim 2\pi$ 일 때 $i=0$
$\therefore I=\sqrt{\frac{1}{2\pi}\int_0^\pi i^2 d(\omega t)}=\sqrt{\frac{1}{2\pi}\int_0^\pi I_m^2 \sin^2\omega t\, d(\omega t)}$
$=\sqrt{\frac{I_m^2}{2\pi}\int_0^\pi \frac{1-\cos 2\omega t}{2}d(\omega t)}=\frac{I_m}{2}$ 【정답】④

|참|고|
[정현파의 평균값, 실효값, 파형률, 파고율]

명칭	파형	평균값	실효값	파형률	파고율
정현파 (전파)	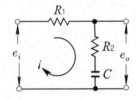	$\dfrac{2V_m}{\pi}$	$\dfrac{V_m}{\sqrt{2}}$	1.11	$\sqrt{2}$
정현파 (반파)		$\dfrac{V_m}{\pi}$	$\dfrac{V_m}{2}$	$\dfrac{\pi}{2}$	2
사각파 (전파)		V_m	V_m	1	1
사각파 (반파)		$\dfrac{V_m}{2}$	$\dfrac{V_m}{\sqrt{2}}$	$\sqrt{2}$	$\sqrt{2}$
삼각파		$\dfrac{V_m}{2}$	$\dfrac{V_m}{\sqrt{3}}$	$\dfrac{2}{\sqrt{3}}$	$\sqrt{3}$

65. 그림과 같은 회로의 전달함수는? (단, 초기 조건은 0이다.)

① $\dfrac{R_2 + Cs}{R_1 + R_2 + Cs}$

② $\dfrac{R_1 + R_2 + Cs}{R_1 + Cs}$

③ $\dfrac{R_2 Cs + 1}{R_2 Cs + R_1 Cs + 1}$

④ $\dfrac{R_1 Cs + R_2 Cs + 1}{R_2 Cs + 1}$

|정|답|및|해|설|

[전달함수] $G(s) = \dfrac{e_o(s)}{e_i(s)}$

$$G(s) = \dfrac{e_o(s)}{e_i(s)} = \dfrac{R_2 + \dfrac{1}{Cs}}{R_1 + R_2 + \dfrac{1}{Cs}} = \dfrac{R_2 Cs + 1}{(R_1 + R_2)Cs + 1}$$

【정답】③

66. 그림과 같은 회로의 전달함수 $\dfrac{E_o(s)}{I(s)}$ 는?

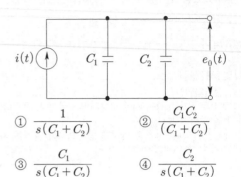

① $\dfrac{1}{s(C_1 + C_2)}$

② $\dfrac{C_1 C_2}{(C_1 + C_2)}$

③ $\dfrac{C_1}{s(C_1 + C_2)}$

④ $\dfrac{C_2}{s(C_1 + C_2)}$

|정|답|및|해|설|

[전달함수] $\dfrac{E_o(s)}{I(s)}$

$$i(t) = C_1 \dfrac{d}{dt} e_0(t) + C_2 \dfrac{d}{dt} e_0(t)$$

초기값을 0으로 하고 라플라스 변환하면
$$I(s) = C_1 s E_0(s) + C_2 s E_0(s) = (C_1 s + C_2 s)E_0(s)$$

$$\therefore G(s) = \dfrac{E_0(s)}{I(s)} = \dfrac{1}{C_1 s + C_2 s} = \dfrac{1}{s(C_1 + C_2)}$$

【정답】①

67. 그림과 같은 L형 회로의 4단자 A, B, C, D 정수 중 A는?

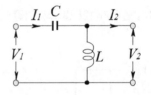

① $1 + \dfrac{1}{\omega LC}$

② $1 - \dfrac{1}{\omega^2 LC}$

③ $1 + \dfrac{1}{j\omega L}$

④ $\dfrac{1}{2\sqrt{LC}}$

|정|답|및|해|설|

[4단자정수]

$$\begin{bmatrix} A & B \\ C & D \end{bmatrix} = \begin{bmatrix} 1 & \dfrac{1}{jwC} \\ 0 & 1 \end{bmatrix} \begin{bmatrix} 1 & 0 \\ \dfrac{1}{jwL} & 1 \end{bmatrix} = \begin{bmatrix} 1 - \dfrac{1}{w^2 LC} & \dfrac{1}{jwC} \\ \dfrac{1}{jwL} & 1 \end{bmatrix}$$

$$\rightarrow (A = 1 + \dfrac{\dfrac{1}{jwC}}{jwL} = 1 + \dfrac{1}{j^2 w^2 LC} = 1 - \dfrac{1}{w^2 LC})$$

【정답】②

68. 인덕턴스 L[H]및 커패시턴스 C[F]를 직렬로 연결한 임피던스가 있다. 정저항 회로를 만들기 위하여 그림과 같이 L 및 C의 각각에 서로 같은 저항 R[Ω]을 병렬로 연결할 때, R[Ω]은 얼마인가? (단, $L = 4$[mH], $C = 0.1$[μF]이다.)

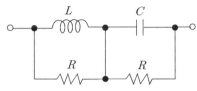

① 100
② 200
③ 2×10^{-5}
④ 0.5×10^{-2}

|정|답|및|해|설|

[정저항의 조건] $R^2 = \dfrac{L}{C} \rightarrow R = \sqrt{\dfrac{L}{C}}$

$\therefore R = \sqrt{\dfrac{L}{C}} = \sqrt{\dfrac{4 \times 10^{-3}}{0.1 \times 10^{-6}}} = 200$[Ω]　　【정답】②

69. 3상 회로의 선간전압이 각각 80[V], 50[V], 50[V] 일 때의 전압의 불평형률[%]은?

① 39.6
② 57.3
③ 73.6
④ 86.7

|정|답|및|해|설|

[전압의 불평형률] 불평형률 $= \dfrac{\text{역상분}}{\text{정상분}} = \dfrac{|E_2|}{|E_1|} \times 100$[%]

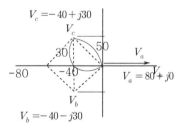

$V_a = 80 + j0$

$V_b = -40 - j30$

$E_a = 80$[V], $E_b = -40 - j30$[V], $E_c = -40 + j30$[V]

1. $E_1 = \dfrac{1}{3}(E_a + aE_b + a^2E_c)$: 정상전압

$= \dfrac{1}{3}\left\{80 + \left(-\dfrac{1}{2} + j\dfrac{\sqrt{3}}{2}\right)(-40 - j30) + \left(-\dfrac{1}{2} - j\dfrac{\sqrt{3}}{2}\right)(-40 + j30)\right\}$

$= \dfrac{1}{3}(80 + 40 + 30\sqrt{3}) = 57.32$[V]

2. $E_2 = \dfrac{1}{3}(E_a + a^2E_b + aE_c)$: 역상전압

$= \dfrac{1}{3}\left\{80 + \left(-\dfrac{1}{2} - j\dfrac{\sqrt{3}}{2}\right)(-40 - j30) + \left(-\dfrac{1}{2} + j\dfrac{\sqrt{3}}{2}\right)(-40 + j30)\right\}$

$= \dfrac{1}{3}(80 + 40 - 30\sqrt{3}) = 22.68$[V]

$\therefore$ 불평형률 $= \dfrac{|E_2|}{|E_1|} \times 100 = \dfrac{22.68}{57.32} \times 100 ≒ 39.6$[%]　　【정답】①

※문제에서 선간전압과 불평형률이 나오면 3이 들어간 답 중 **가장 적은** 것을 선택한다.　　→ (시간이 없어 찍을 때 사용)

70. 다음 회로에서 I를 구하면 몇 [A] 인가?

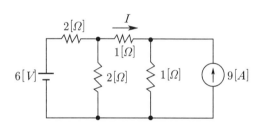

① 2
② −2
③ −4
④ 4

|정|답|및|해|설|

[테브난 등가회로]

1. 그림 (a)에서
전류원 개방시 I' 는

$I' = \dfrac{R_2}{R_1 + R_2} \cdot I$

$= \dfrac{R_2}{R_1 + R_2} \cdot \dfrac{V}{R}$

$= \dfrac{2}{(1+1) + 2} \cdot \dfrac{6}{2 + \dfrac{(1+1) \times 2}{(1+1) + 2}}$

$= 1$[A]

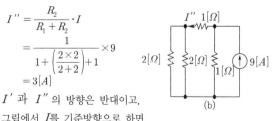

2. 그림 (b)에서 전류원 개방시 I' 는

$I'' = \dfrac{R_2}{R_1 + R_2} \cdot I$

$= \dfrac{1}{1 + \left(\dfrac{2 \times 2}{2 + 2}\right) + 1} \times 9$

$= 3$[A]

I' 과 I'' 의 방향은 반대이고,
그림에서 I를 기준방향으로 하면
$I = I' - I'' = 1 - 3 = -2$[A]　　【정답】②

71. Y결선된 대칭 3상 회로에서 전원 한 상의 전압이 $V_a = 220\sqrt{2}\sin\omega t\,[\mathrm{V}]$일 때 선간전압의 실효 값은 약 몇 [V]인가?

① 220   ② 310

③ 380   ④ 540

|정|답|및|해|설|

[Y결선시의 선간전압의 실효값]

$V_l = \sqrt{3}\,V_p = \sqrt{3}\times 220 = 380\,[\mathrm{V}]$ 【정답】③

---

72. 두 개의 회로망 N_1과 N_2가 있다. $a-b$단자, $a'-b'$ 단자의 각각의 전압은 50[V], 30[V]이다. 또, 양 단자에서 N_1, N_2를 본 임피던스가 15[Ω]과 25[Ω]이다. $a-a'$, $b-b'$를 연결하면 이때 흐르는 전류는 몇 [A]인가?

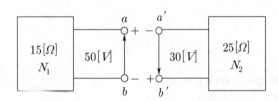

① 0.5   ② 1

③ 2   ④ 4

|정|답|및|해|설|

[두 회로에 흐르는 전류] $I = \dfrac{V_1 + V_2}{Z_1 + Z_2}\,[\mathrm{A}]$

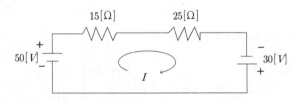

N_1과 N_2의 전압 방향이 반대

$\therefore I = \dfrac{V_1 + V_2}{Z_1 + Z_2} = \dfrac{50 + 30}{15 + 25} = 2\,[\mathrm{A}]$ 【정답】③

---

73. $C[\mathrm{F}]$인 콘덴서에 $q[\mathrm{C}]$의 전하를 충전하였더니 C의 양단 전압이 $e\,[\mathrm{V}]$이었다. C에 저장된 에너지는 몇 [J]인가?

① qe ② Ce

③ $\dfrac{1}{2}Cq^2$ ④ $\dfrac{1}{2}Ce^2$

|정|답|및|해|설|

[콘덴서에 저장된 정전에너지] $W = \dfrac{1}{2}Ce^2 = \dfrac{1}{2}Qe = \dfrac{Q^2}{2C}\,[\mathrm{J}]$

전자에너지 $W = \dfrac{1}{2}LI^2\,[\mathrm{J}]$ 【정답】④

---

74. 다음과 같은 파형 $v(t)$을 단위계단함수로 표시하면 어떻게 되는가?

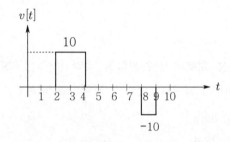

① $10u(t-2) + 10u(t-4) + 10u(t-8) + 10u(t-9)$

② $10u(t-2) - 10u(t-4) - 10u(t-8) - 10u(t-9)$

③ $10u(t-2) - 10u(t-4) + 10u(t-8) - 10u(t-9)$

④ $10u(t-2) - 10u(t-4) - 10u(t-8) + 10u(t-9)$

|정|답|및|해|설|

[단위계단함수가 시간(a만큼) 이동하는 경우] $u(t-a)$

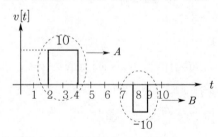

[A부분과 B부분을 계산한 후 더한다.]

· A부분 : $10u(t-2) - 10u(t-4)$

· B부분 : $-[10u(t-8) - 10u(t-9)]$

$\therefore f(t) = 10u(t-2) - 10u(t-4) - 10u(t-8) + 10u(t-9)$

【정답】④

75. 저항 R인 검류계 G에 그림과 같이 r_1인 저항을 병렬로, 또 r_2인 저항을 직렬로 접속하였을 때 A, B단자 사이의 저항을 R과 같게 하고 또한 G에 흐르는 전류를 전전류의 $1/n$로 하기 위한 $r_1[\Omega]$의 값은?

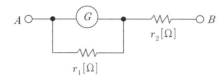

① $\dfrac{n-1}{R}$

② $R\left(1-\dfrac{1}{n}\right)$

③ $\dfrac{R}{n-1}$

④ $R\left(1+\dfrac{1}{n}\right)$

|정|답|및|해|설|
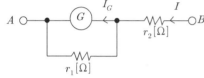

[저항]

전 전류를 I, 검류계에 흐르는 전류를 I_G라고 하면,

$$I_G = \frac{1}{n}I = \frac{r_1}{R+r_1}\times I$$

$$\therefore r_1 = \frac{R}{n-1}$$

【정답】③

76. 저항 $R=5000[\Omega]$, 정전용량 $C=20[\mu F]$가 직렬로 접속된 회로에 일정전압 $E=100[V]$를 가하고 $t=0$에서 스위치를 넣을 때 콘덴서 단자전압 $V[V]$을 구하면? (단, $t=0$에서의 콘덴서 전압은 $0[V]$이다.)

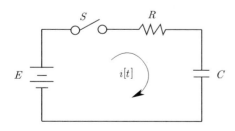

① $100(1-e^{10t})$

② $100e^{10t}$

③ $100(1-e^{-10t})$

④ $100e^{-10t}$

|정|답|및|해|설|
[RC과도현상 (콘덴서 단자전압)]

· 직류 전압 인가 시 전류 $i(t) = \dfrac{E}{R}e^{-\frac{1}{RC}t}[A]$

· 직류 전압 인가 시 전압 $v_c(t) = E\left(1-e^{-\frac{1}{RC}t}\right)[V]$

$$\therefore v_c(t) = 100\left(1-e^{-\frac{1}{5000\times 20\times 10^{-6}}t}\right) = 100(1-e^{-10t})[V]$$

【정답】③

77. 휘스톤 브리지에서 R_L에 흐르는 전류(I)는 약 몇 [mA]인가?

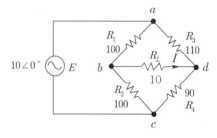

① 2.28　② 4.57　③ 7.84　④ 22.8

|정|답|및|해|설|
[테브난 등가회로]
1. R_L을 개방하면 (테브난 정리 이용)

· b점 전압 $V_b = 5[V]$

· d점 전압

$$V_d = 10\times\frac{90}{110+90} = 4.5[V]$$

$b-d$의 전위차 $V_{bd} = V_b - V_d = 5-4.5 = 0.5[V]$

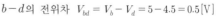

2. 전압원 제거, 합성저항을 구한다.

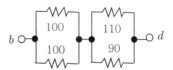

$$R_t = \frac{100\times100}{100+100} + \frac{110\times90}{110+90} = 99.5[\Omega]$$

3. R_L을 다시 접속하여 전류를 구한다.

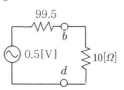

$$I = \frac{0.5}{99.5+10} = 4.57\times10^{-3}[A] = 4.57[mA]$$

【정답】②

78. 그림과 같이 T형 4단자 회로망의 A, B, C, D 파라 미터 중 B 값은?

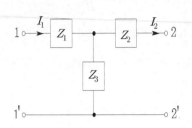

① $\dfrac{1}{Z_3}$

② $1 + \dfrac{Z_1}{Z_3}$

③ $\dfrac{Z_3 + Z_2}{Z_3}$

④ $\dfrac{Z_1 Z_2 + Z_2 Z_3 + Z_3 Z_1}{Z_3}$

|정|답|및|해|설|
[T형 4단자 회로망]

$$\begin{bmatrix} A & B \\ C & D \end{bmatrix} = \begin{bmatrix} 1 & Z_1 \\ 0 & 1 \end{bmatrix} \begin{bmatrix} 1 & 0 \\ \dfrac{1}{Z_3} & 1 \end{bmatrix} \begin{bmatrix} 1 & Z_2 \\ 0 & 1 \end{bmatrix}$$

$$= \begin{bmatrix} \dfrac{Z_1 + Z_3}{Z_3} & \dfrac{Z_1 Z_2 + Z_2 Z_3 + Z_3 Z_1}{Z_3} \\ \dfrac{1}{Z_3} & \dfrac{Z_2 + Z_3}{Z_3} \end{bmatrix}$$

【정답】④

79. 비정현파에서 정현 대칭의 조건은 어느 것인가?

① $f(t) = f(-t)$

② $f(t) = -f(t)$

③ $f(t) = -f(t+\pi)$

④ $f(t) = -f(-t)$

|정|답|및|해|설|
[정현 대칭 조건]
(f축 대칭 후 다시 t축에 대칭)
$f(t) = -f(-t)$, $f(t) = f(T+t)$

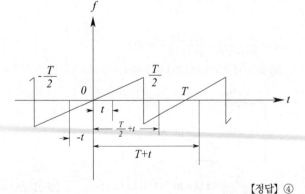

【정답】④

80. 그림은 상순이 a–b–c인 3상 대칭회로이다. 선간 전압이 220[V]이고 부하 한 상의 임피던스가 $100 \angle 60°\,[\Omega]$일 때 전력계 W_a의 지시값[W]은?

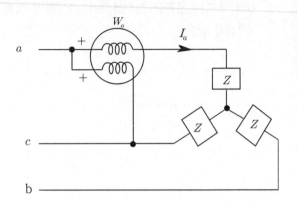

① 242

② 386

③ 419

④ 484

|정|답|및|해|설|
[전력계 지시값] $W_a = \dfrac{\sqrt{3}}{2} VI$

$$I = \dfrac{\dfrac{V}{\sqrt{3}}}{Z}$$

$$\therefore W_a = \dfrac{\sqrt{3}}{2} \times 220 \times \dfrac{\dfrac{220}{\sqrt{3}}}{100} ≒ 242[\text{W}]$$

【정답】①

81. 합성수지관 공사 시 관 상호 간 및 박스와의 접속 은 관에 삽입하는 깊이를 관 바깥지름의 몇 배 이상으로 하여야 하는가? (단, 접착제를 사용하 지 않는 경우이다.)

① 0.5

② 0.8

③ 1.2

④ 1.5

|정|답|및|해|설|
[합성수지관 공사 (KEC 232.11)]
·접착제를 사용할 때는 0.8배
·접착제를 사용하지 않을 경우 1.2배

【정답】③

82. 고압 가공전선 상호간이 접근 또는 교차하여 시설
되는 경우, 고압 가공전선 상호간의 간격(이격거
리)은 몇 [cm] 이상이어야 하는가? (단, 고압
가공전선은 모두 케이블이 아니라고 한다.)

① 50   ② 60   ③ 70   ④ 80

|정|답|및|해|설|
[저고압 가공전선 상호 간의 접근 또는 교차 (kec 222.16(저),
kec 332.17(고))]

구분	저압 가공전선		고압 가공전선	
	일반	고압 절연전선 또는 케이블	일반	케이블
저압가공전선	0.6[m]	0.3[m]	0.8[m]	0.4[m]
저압가공전선로의 지지물	0.3[m]	–	0.6[m]	0.3[m]
고압전차선	–	–	1.2[m]	–
고압가공전선	–	–	0.8[m]	0.4[m]
고압가공전선로의 지지물	–	–	0.6[m]	0.3[m]

【정답】④

83. 특고압 가공 전선로의 지지물 양쪽의 지지물 간
거리(경간)의 차가 큰 곳에 사용되는 철탑은?

① 내장형철탑   ② 직선형철탑
③ 인류형철탑   ④ 보강형철탑

|정|답|및|해|설|
[특고압 가공전선로의 철주·철근 콘크리트주 또는 철탑의 종류
(KEC 333.11)] 특고압 가공 전선로의 지지물로 사용하는 B종 철주,
철근 콘크리트주, 철탑의 종류는 다음과 같다.
1. 직선형 : 전선로의 직선 부분 (3° 이하의 수평 각도 이루는 곳
   포함)에 사용되는 것.
2. 각도형 : 전선로 중 수평 각도 3°를 넘는 곳에 사용되는 것.
3. 인류형 : 전 가섭선을 인류하는 곳에 사용하는 것
4. 내장형 : 전선로 지지물 양측의 지지물 간의 거리(경간) 차가 큰 곳에
   사용하는 것
5. 보강형 : 전선로 직선 부분을 보강하기 위하여 사용하는 것
【정답】①

84. 특고압 가공 전선이 건조물과 1차 접근 상태로
시설되는 경우를 설명한 것 중 틀린 것은?

① 상부 조영재와 위쪽으로 접근 시 케이블을 사용
하면 1.2[m] 이상 간격을 두어야 한다.
② 상부 조영재와 옆쪽으로 접근 시 특고압 절연전선을
사용하면 1.5[m] 이상 간격을 두어야 한다.
③ 상부 조영재와 아래쪽으로 접근 시 특고압 절연전
선을 사용하면 1.5[m] 이상 간격을 두어야 한다.
④ 상부 조영재와 위쪽으로 접근 시 특고압 절연전선
을 사용하면 2.0[m] 이상 간격을 두어야 한다.

|정|답|및|해|설|
[특고압 가공전선과 건조물의 접근 (KEC 333.23)]

건조물과 조영재의 구분	전선 종류	접근형태	간격(이격거리)
상부 조영재	특고압 절연전선	위쪽	2.5[m]
		옆쪽 또는 아래쪽	1.5[m] (전선에 사람이 쉽게 접촉할 우려가 없도록 시설한 경우는 1[m]
	케이블	위쪽	1.2[m]
		옆쪽 또는 아래쪽	0.5[m]
	기타 전선		3[m]
기타 조영재	특고압 절연전선		1.5[m] (전선에 사람이 쉽게 접촉할 우려가 없도록 시설한 경우는 1[m]
	케이블		0.5[m]
	기타 전선		3[m]

· 35[kV]가 넘는 경우는 10[kV]마다 15[cm]를 더 가산 이격할 것
【정답】④

85. 저압 옥내배선에 사용하는 연동선의 최소 굵기는
몇 [mm²]이상인가?

① 1.5   ② 2.5
③ 4.0   ④ 6.0

|정|답|및|해|설|
[저압 옥내배선의 사용전선 (KEC 231.3.1)] 저압 옥내 배선의 사
용 전선은 2.5[mm²] 이상의 연동선 또는 이와 동등 이상의 강도
및 굵기의 것
【정답】②

86. 가공 전선로의 지지물에 취급자가 오르고 내리는 데 사용하는 발판 볼트 등은 지표상 몇 [m] 미만에 사설하여서는 아니 되는가?

① 1.2
② 1.8
③ 2.2
④ 2.5

|정|답|및|해|설|

[가공전선로 지지물의 철탑오름 및 전주오름 방지 (KEC 331.4)]
발판 볼트 등은 1.8[m] 미만에 시설하여서는 안 된다. 다만 다음의 경우에는 그러하지 아니하다.
·발판 볼트를 내부에 넣을 수 있는 구조
·지지물에 승탑 및 승주 방지 장치를 시설한 경우
·취급자 이외의 자가 출입할 수 없도록 울타리 담 등을 시설할 경우
·산간 등에 있으며 사람이 쉽게 접근할 우려가 없는 곳

【정답】②

87. 계통연계하는 분산형 전원을 설치하는 경우에 이상 또는 고장 발생 시 자동적으로 분산형 전원을 전력계통으로부터 분리하기 위한 장치를 시설해야 하는 경우가 아닌 것은?

① 역률 저하 상태
② 단독운전 상태
③ 분산형 전원의 이상 또는 고장
④ 연계한 전력계통의 이상 또는 고장

|정|답|및|해|설|

[계통 연계용 보호장치의 시설 (kec 503.2.4)] 계통연계하는 분산형 전원을 설치하는 경우 다음에 해당하는 이상 또는 고장 발생 시 자동적으로 분산형 전원을 전력계통으로부터 분리하기 위한 장치 시설 및 계통과의 보호협조를 실시하여야 한다.
·분산형 전원의 이상 또는 고장
·연계한 전력계통의 이상 또는 고장
·단독운전 상태

【정답】①

88. 저압 옥내배선의 사용전압이 220[V]인 전광표시 장치를 금속관공사에 의하여 시공하였다. 여기에 사용되는 배선은 단면적이 몇 [mm²] 이상의 연동선을 사용하여도 되는가?

① 1.5
② 2.0
③ 2.5
④ 3.0

|정|답|및|해|설|

[저압 옥내배선의 사용전선 (KEC 231.3.1)]
옥내배선의 사용 전압이 400[V] 미만인 경우 전광표시 장치 기타 이와 유사한 장치 또는 제어 회로 등에 사용하는 배선에 단면적 1.5[mm²] 이상의 연동선을 사용할 것
【정답】①

89. 고저압 혼촉에 의한 위험방지시설로 가공공동지선을 설치하여 시설하는 경우에 각 접지선을 가공공동지선으로부터 분리하였을 경우의 각 접지선과 대지간의 전기저항 값은 몇 [Ω] 이하로 하여야 하는가?

① 75
② 150
③ 300
④ 600

|정|답|및|해|설|

[고압 또는 특고압과 저압의 혼촉에 의한 위험방지 시설 (KEC 322.1)] 가공공동지선과 대지 사이의 합성 전기저항 값은 1[km]를 지름으로 하여 분리하였을 경우의 각 접지도체와 대지 사이의 전기저항 값은 300[Ω] 이하로 할 것
【정답】③

90. 금속제 외함을 가진 저압의 기계기구로서 사람이 쉽게 접촉할 우려가 있는 곳에 시설하는 것에 전기를 공급하는 전로에 지락이 생겼을 때에 자동적으로 차단하는 장치를 설치하여야 한다. 사용 전압이 몇 [V]를 초과하는 기계기구의 경우인가?

① 25
② 30
③ 50
④ 60

|정|답|및|해|설|

[누전차단기의 시설 (KEC 211.2.4)]
금속제 외함을 가진 사용전압이 50[V]를 넘는 저압의 기계기구로서 사람이 쉽게 접촉할 우려가 있는 곳에 시설하는 것은 전기를 공급하는 전로에 접지가 생긴 경우에 전로를 차단하는 장치를 하여야 한다.
【정답】③

91. 전기설비기술기준의 안전원칙에 관계없는 것은?

① 에너지 절약 등에 지장을 주지 아니하도록 할 것

② 사람이나 다른 물체에 위해 손상을 주지 않도록 할 것

③ 기기의 오동작에 의한 전기 공급에 지장을 주지 않도록 할 것

④ 다른 전기설비의 기능에 전기적 또는 자기적인 장해를 주지 아니하도록 할 것

|정|답|및|해|설|
[안전원칙 (기술기준 제2조)]
· 전기설비는 감전, 화재 그 밖에 사람에게 위해를 주거나 물건에 손상을 줄 우려가 없도록 시설하여야 한다.
· 전기설비는 사용목적에 적절하고 안전하게 작동하여야 하며, 그 손상으로 인하여 전기 공급에 지장을 주지 않도록 시설하여야 한다.
· 전기설비는 다른 전기설비, 그 밖의 물건의 기능에 전기적 또는 자기적인 장해를 주지 않도록 시설하여야 한다. 【정답】①

92. 전력보안통신설비로 무선용 안테나 등의 시설에 관한 설명으로 옳은 것은?

① 항상 가공전선로의 지지물에 시설한다.

② 피뢰침설비가 불가능한 개소에 시설한다.

③ 접지와 공용으로 사용할 수 있도록 시설한다.

④ 전선로의 주위상태를 감시할 목적으로 시설한다.

|정|답|및|해|설|
[무선용 안테나 등의 시설 제한 (KEC 364)] 무선용 안테나 및 화상감시용 설비 등은 전선로의 주위를 감시할 목적으로 시설하는 것 이외에는 가공전선로의 지지물에 시설하여서는 아니 된다.
【정답】④

93. 호텔 또는 여관 각 객실의 입구등을 설치할 경우 몇 분 이내에 소등되는 타임스위치를 시설해야 하는가?

① 1 　　　　② 2

③ 3 　　　　④ 10

|정|답|및|해|설|
[점멸기의 시설 (KEC 234.6)] 호텔, 여관 각 객실 입구등은 1분, 일반 주택 및 아파트 현관등은 3분 이내에 소등되어야 한다.
【정답】①

94. 고압 가공전선이 철도를 횡단하는 경우 레일면상에서 몇 [m] 이상으로 유지 되어야 하는가?

① 5.5 　　　　② 6

③ 6.5 　　　　④ 7.0

|정|답|및|해|설|
[고압 가공전선의 높이 (KEC 332.5)]
1. 도로 횡단 : 6[m] 이상
2. 철도 횡단 : 레일면 상 6.5[m] 이상
3. 횡단 보도교 위 : 3.5[m]
4. 기타 : 5[m] 이상 　　　　　　　　　【정답】③

95. 타냉식 특고압용 변압기에는 냉각장치에 고장이 생긴 경우를 대비하여 어떤 장치를 하여야 하는가?

① 경보장치 　　　　② 속도조정장치

③ 온도시험장치 　　④ 냉매흐름장치

|정|답|및|해|설|
[특고압용 변압기의 보호장치 (KEC 351.4)] 특고압용의 변압기에는 그 내부에 고장이 생겼을 경우에 보호하는 장치를 표와 같이 시설하여야 한다.

뱅크 용량의 구분	동작 조건	장치의 종류
5,000[kVA] 이상 10,000[kVA] 미만	변압기 내부 고장	자동 차단 장치 또는 경보 장치
10,000[kVA] 이상	변압기 내부 고장	자동 차단 장치
타냉식 변압기(변압기의 권선 및 철심을 직접 냉각시키기 위하여 봉입한 냉매를 강제 순환시키는 냉각 방식을 말한다.)	냉각 장치에 고장이 생긴 경우 또는 변압기의 온도가 현저히 상승한 경우	경보 장치

【정답】①

96. 철탑의 강도 계산에 사용하는 이상 시 상정하중의 종류가 아닌 것은?

① 수직하중 　　　　② 좌굴하중

③ 수평 횡하중 　　　④ 수평 종하중

|정|답|및|해|설|
[이상 시 상정하중 (kec 333.14)] 철탑의 강도 계산에 사용하는 이상 시 상성하중은 풍압이 전선로에 직각 또는 전선로의 방향으로 가하여지는 경우의 하중(수직 하중, 수평 횡하중, 수평 종하중이 동시에 가하여 지는 것)을 계산하여 큰 응력이 생기는 쪽의 하중을 채택한다. 　　　　　　　　　【정답】②

97. 특고압 가공전선이 삭도와 제2차 접근상태로 시설할 경우 특고압 가공전선로에 적용하는 보안공사는?

① 고압 보안공사

② 제1종 특고압 보안공사

③ 제2종 특고압 보안공사

④ 제3종 특고압 보안공사

|정|답|및|해|설|
[특고압 가공전선과 저고압 가공전선 등의 접근 또는 교차 (KEC 333.26)]
1. 저압 또는 고압의 가공전선이나 전차선과 제1차 접근상태의 경우 : 제3종 특고압 보안공사를 하여야 함
2. 저압 또는 고압의 가공전선이나 전차선과 제2차 접근상태의 경우 : 제2종 특고압 보안공사를 하여야 함

【정답】③

98. 과전류차단기를 시설할 수 있는 곳은?

① 접지공사의 접지선

② 다선식 전로의 중성선

③ 단상 3선식 전로의 저압측 전선

④ 접지공사를 한 저압 가공전선로의 접지측 전선

|정|답|및|해|설|
[과전류 차단기의 시설 제한 (KEC 341.11)]
·각종 접지공사의 접지선
·다선식 전로의 중성선
·전로의 일부에 접지공사를 한 저압 가공선로의 접지측 전선

【정답】③

99. 가반형의 용접전극을 사용하는 아크 용접장치의 용접변압기의 1차측 전로의 대지전압은 몇 [V] 이하이어야 하는가?

① 220   ② 300

③ 380   ④ 440

|정|답|및|해|설|
[아크 용접기 (KEC 241.10)] 가반형의 용접 전극을 사용하는 아크 용접장치는 다음 각 호에 의하여 시설하여야 한다.
·용접 변압기는 절연 변압기일 것
·용접 변압기의 1차측 전로의 대지전압은 300[V] 이하일 것
·용접 변압기의 1차측 전로에는 용접 변압기에 가까운 곳에 쉽게 개폐할 수 있는 개폐기를 시설할 것
·피용접재 또는 이와 전기적으로 접속되는 받침대·쟁반 등의 금속재에는 접지공사를 할 것

|참|고|
[대지전압]
1. 90[%] 이상은 300[V]
2. 예외인 경우
  ① 누설전압이 없는 경우 → 대지전압 150[V]
  ② 전기저장장치, 태양광설비 → 직류 600[V]

【정답】②

※한국전기설비규정(KEC) 적용으로 인해 더 이상 출제되지 않는 문제는 삭제했습니다.

전기산업기사 필기 기출문제

3회 2016년 전기산업기사필기 (전기자기학)

1. 환상 철심에 감은 코일에 5[A]의 전류를 흘리면 2000[AT]의 기자력이 생긴다면 코일의 권수는 얼마로 하여야 하는가?

① 100회
② 200회
③ 300회
④ 400회

|정|답|및|해|설|

[기자력] $F = NI[AT]$
여기서, F : 기자력, N : 권수, I : 전류
$N = \dfrac{F}{I} = \dfrac{2000}{5} = 400[T]$
　　　　　　　　　　　　　　　　【정답】④

2. 임의의 점의 전계가 $E = iE_x + jE_y + kE_z$로 표시되었을 때, $\dfrac{\partial E_x}{\partial x} + \dfrac{\partial E_y}{\partial y} + \dfrac{\partial E_z}{\partial z}$ 와 같은 의미를 갖는 것은?

① $\nabla \times E$
② $\nabla^2 E$
③ $\nabla \cdot E$
④ $\mathrm{grad} |E|$

|정|답|및|해|설|

[벡터의 발산]
$\nabla \cdot E = \left(i\dfrac{\partial}{\partial x} + j\dfrac{\partial}{\partial y} + k\dfrac{\partial}{\partial z} \right) \cdot (iE_x + jE_y + kE_z)$
$\qquad = \dfrac{\partial E_x}{\partial x} + \dfrac{\partial E_y}{\partial y} + \dfrac{\partial E_z}{\partial z} = \mathrm{div}\,\mathrm{E}$
　　　　　　　　　　　　　　　　【정답】③

3. 도체의 저항에 대한 설명으로 옳은 것은?

① 도체의 단면적에 비례한다.
② 도체의 길이에 반비례한다.
③ 저항률이 클수록 저항은 적어진다.
④ 온도가 올라가면 저항값이 증가한다.

|정|답|및|해|설|

[도체의 저항]
· $R = \rho \dfrac{l}{A} [\Omega] \quad \to \quad R \propto \dfrac{1}{A}$

　도체의 저항은 길이에 비례, 단면적에 반비례한다.
· 금속 도체의 전기 저항은 온도 상승에 따라 증가한다.
　　　　　　　　　　　　　　　　【정답】④

4. x축 상에서 $x = 1[\mathrm{m}]$, $2[\mathrm{m}]$, $3[\mathrm{m}]$, $4[\mathrm{m}]$인 각 점에 2[nC], 4[nC], 6[nC], 8[nC]의 점전하가 존재할 때 이들에 의하여 전계 내에 저장되는 정전에너지는 몇 [nJ]인가?

① 483
② 644
③ 725
④ 966

|정|답|및|해|설|

[정전에너지(축적에너지)] $W = \sum \dfrac{1}{2} Q_i V_i$

전압을 순서대로 V_1, V_2, V_3, V_4라 하고, 중첩의 정리 적용
$V_1 = \sum_i \dfrac{Q_i}{4\pi\epsilon_0 r_i} = \dfrac{1}{4\pi\epsilon_0} \left(\dfrac{4}{1} + \dfrac{6}{2} + \dfrac{8}{3} \right) \times 10^{-6}$
$\qquad = 9 \times 10^9 \times \left(\dfrac{4}{1} + \dfrac{6}{2} + \dfrac{8}{3} \right) \times 10^{-9} = 87 [\mathrm{V}]$
$V_2 = 9 \times 10^9 \times \left(\dfrac{2}{1} + \dfrac{6}{1} + \dfrac{8}{2} \right) \times 10^{-9} = 108 [\mathrm{V}]$
$V_3 = 9 \times 10^9 \times \left(\dfrac{2}{2} + \dfrac{4}{1} + \dfrac{8}{1} \right) \times 10^{-9} = 117 [\mathrm{V}]$
$V_4 = 9 \times 10^9 \times \left(\dfrac{2}{3} + \dfrac{4}{2} + \dfrac{6}{1} \right) \times 10^{-9} = 78 [\mathrm{V}]$

∴전체 축적 에너지
$W = \dfrac{1}{2} (Q_1 V_1 + Q_2 V_2 + Q_3 V_3 + Q_4 V_4)$
$\quad = \dfrac{1}{2} (2 \times 87 + 4 \times 108 + 6 \times 117 + 8 \times 78) \times 10^{-9} = 966 [\mathrm{nJ}]$
　　　　　　　　　　　　　　　　【정답】④

5. 진공 중에 10^{-10}[C]의 점전하가 있을 때 전하에서 2[m] 떨어진 점의 전계는 몇 [V/m]인가?

① 2.25×10^{-1} ② 4.50×10^{-1}

③ 2.25×10^{-2} ④ 4.50×10^{-2}

|정|답|및|해|설|

[점전하에 의한 전계의 세기] $E = \dfrac{1 \cdot Q}{4\pi\epsilon_0 r^2} = 9 \times 10^9 \dfrac{Q}{r^2}$[V/m]

$$\rightarrow \left(\dfrac{1}{4\pi\epsilon_0} = 9 \times 10^9\right)$$

$\therefore E = 9 \times 10^9 \dfrac{Q}{r^2} = 9 \times 10^9 \times \dfrac{10^{-10}}{2^2} = 2.25 \times 10^{-1}$[V/m]

【정답】①

---

6. 유전체 내의 전계 E와 분극의 세기 P의 관계식은?

① $P = \epsilon_o(\epsilon_s - 1)E$ ② $P = \epsilon_s(\epsilon_o - 1)E$

③ $P = \epsilon_o(\epsilon_s + 1)E$ ④ $P = \epsilon_s(\epsilon_o + 1)E$

|정|답|및|해|설|

[분극의 세기] $P = \dfrac{M}{v} = \epsilon_0(\epsilon_s - 1)E = D\left(1 - \dfrac{1}{\epsilon_0}\right) = \lambda E[C/m^2]$

여기서, P : 분극의 세기, E : 유전체 내부의 전계

$\quad\quad \epsilon_0$: 진공시의 유전율($= 8.855 \times 10^{-12}$[F/m])

$\quad\quad M$: 전기쌍극자모멘트[Cm], v : 체적[m^3]

$\quad\quad D$: 전속밀도($= \epsilon E$)

【정답】①

---

7. 일반적으로 도체를 관통하는 자속이 변화하든가 또는 자속과 도체가 상대적으로 운동하여 도체 내의 자속이 시간적으로 변화를 일으키면, 이 변화를 막기 위하여 도체 내에 국부적으로 형성되는 임의의 폐회로를 따라 전류가 유기되는데 이 전류를 무엇이라 하는가?

① 변위전류   ② 대칭전류

③ 와전류   ④ 도전전류

|정|답|및|해|설|

[와전류] 와전류는 자속의 변화를 방해하기 위해서 국부적으로 만들어지는 맴돌이 전류로서 자속이 통과하는 면을 따라 폐곡선을 그리면서 흐르는 전류이다.

① 변위전류 : 변위전류는 진공 및 유전체 내에서 전속밀도의 시간적 변화에 의하여 발생하는 전류이다.

② 회전자계(대칭전류) : 원형회전자계 형성

   (비대칭전류) : 타원회전자계 형성

④ 도전전류 : 외부 에너지의 기여에 의해 만들어진 전도 전자의 흐름에 의한 물체 내 전하의 연속적인 운동 【정답】③

---

8. 철심이 들어있는 환상코일이 있다. 1차 코일의 권수 $N_1 = 100$회일 때 자기인덕턴스는 0.01[H]였다. 이 철심에 2차 코일 $N_2 = 200$회를 감았을 때 1, 2차 코일의 상호인덕턴스는 몇 [H]인가? (단, 이 경우 결합계수 $k = 1$로 한다.)

① 0.01   ② 0.02

③ 0.03   ④ 0.04

|정|답|및|해|설|

[코일의 상호인덕턴스] $M = k\sqrt{L_1 L_2} = L_1 \dfrac{N_2}{N_1}$[H] $\rightarrow (k : 결합계수)$

$$\rightarrow \left(권수비 \ a = \dfrac{V_1}{V_2} = \dfrac{N_1}{N_2} = \dfrac{L_1}{M} = \dfrac{M}{L_2}\right)$$

$N_1 = 100$회, $N_2 = 200$회, $L_A = 0.01$[H]를 대입

$\therefore M = L_1 \dfrac{N_2}{N_1} = 0.01 \times \dfrac{200}{100} = 0.02$[H] 【정답】②

---

9. 내압과 용량이 각각 200[V] 5 [μF], 300[V] 4 [μF], 400[V] 3[μF], 500[V] 3[μF]인 4개의 콘덴서를 직렬 연결하고 양단에 직류 전압을 가하여 전압을 서서히 상승시키면 최초로 파괴되는 콘덴서는? (단, 콘덴서의 재질이나 형태는 동일하다.)

① 200[V] 5[μF]   ② 300[V] 4[μF]

③ 400[V] 3[μF]   ④ 500[V] 3[μF]

|정|답|및|해|설|

[직렬연결된 콘덴서 최초로 파괴되는 콘덴서]

$\rightarrow$ (직렬이므로 축적되는 전하량이 일정)

전하량 $Q_1 = C_1 V_1$, $Q_2 = C_2 V_2$, $Q_3 = C_3 V_3$, $Q_4 = C_4 V_4[C]$

전하량이 가장 적은 것이 가장 먼저 파괴된다.

$Q_1 = C_1 \times V_1 = 5 \times 10^{-6} \times 200 = 1 \times 10^{-3}$

$Q_2 = C_2 \times V_2 = 4 \times 10^{-6} \times 300 = 1.2 \times 10^{-3}$

$Q_3 = C_3 \times V_3 = 3 \times 10^{-6} \times 400 = 1.2 \times 10^{-3}$

$Q_4 = C_4 \times V_4 = 3 \times 10^{-6} \times 500 = 1.5 \times 10^{-3}$

따라서 전하용량이 가장 작은 200[V] 5[μF]가 가장 먼저 파괴된다.

【정답】①

10. 정전용량 5[μF]인 콘덴서를 200[V]로 충전하여 자기인덕턴스 20[mH], 저항 0[Ω]인 코일을 통해 방전할 때 생기는 진동 주파수는 약 몇 [Hz]이며, 코일에 축적되는 에너지는 몇 [J]인가?

① 50[Hz], 1[J]　　② 500[Hz], 0.1[J]

③ 500[Hz], 1[J]　　④ 5000[Hz], 0.1[J]

|정|답|및|해|설|

[진동 주파수 f]

$$f = \frac{1}{2\pi\sqrt{LC}} = \frac{1}{2\times 3.14\sqrt{20\times 10^{-3}\times 5\times 10^{-6}}}$$

$$= \frac{1}{19.8}\times 10^4 = 503 = 500[Hz]$$

[콘덴서에서 충전된 에너지]

$$W_L = W_C = \frac{1}{2}CV^2 = \frac{1}{2}\times 5\times 10^{-6}\times 200^2 = 0.1[J]$$

【정답】②

11. 무한히 넓은 2개의 평행 도체판의 간격이 d[m]이며 그 전위차는 V[V]이다. 도체판의 단위면적에 작용하는 힘은 몇 [N/m²]인가? (단, 유전율은 ϵ_0이다.)

① $\epsilon_0\left(\dfrac{V}{d}\right)^2$　　② $\dfrac{1}{2}\epsilon_0\left(\dfrac{V}{d}\right)^2$

③ $\dfrac{1}{2}\epsilon_0\left(\dfrac{V}{d}\right)$　　④ $\epsilon_0\left(\dfrac{V}{d}\right)$

|정|답|및|해|설|

[단위면적에 작용하는 힘]

$$F = \frac{\rho_s^2}{2\epsilon_0} = \frac{D^2}{2\epsilon_0} = \frac{1}{2}\epsilon_0 E^2 = \frac{1}{2}ED = \frac{1}{2}\epsilon_0\left(\frac{V}{d}\right)^2 [\text{N/m}^2]$$

$$\rightarrow (V = Ed \rightarrow E = \frac{V}{d}[V/m])$$

【정답】②

12. 직류 500[V] 절연저항계로 절연저항을 측정하니 2[$M\Omega$]이 되었다면 누설전류[μA]는?

① 25　　② 250

③ 1000　　④ 1250

|정|답|및|해|설|

[누설전류] $I_g = \dfrac{V}{R_g} = \dfrac{500}{2\times 10^6} = 250\times 10^{-6}[A] = 250[\mu A]$

【정답】②

13. 안지름 a[m], 바깥지름 b[m]인 동심구 콘덴서의 내구를 접지했을 때의 정전용량은 몇 [F]인가?

① $C = 4\pi\epsilon_0\dfrac{b^2}{b-a}$　　② $C = 4\pi\epsilon_{-0}\dfrac{a^2}{b-a}$

③ $C = 4\pi\epsilon_0\dfrac{ab}{b-a}$　　④ $C = 4\pi\epsilon_0\dfrac{b-a}{ab}$

|정|답|및|해|설|

[내구 접지된 동심구 콘덴서의 정전용량] $C = 4\pi\epsilon_0\dfrac{b^2}{b-a}$[F]

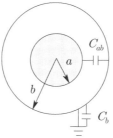

· $C_{ab} = \dfrac{4\pi\epsilon_0}{\dfrac{1}{a}-\dfrac{1}{b}} = 4\pi\epsilon_0\dfrac{ab}{b-a}$[F]

· $C_b = 4\pi\epsilon_0 b$[F]

$\therefore C = C_{ab} + C_b = 4\pi\epsilon_0\dfrac{ab}{a-b} + 4\pi\epsilon_0 b = 4\pi\epsilon_0\left(b + \dfrac{ab}{b-a}\right)$

$\quad = 4\pi\epsilon_0\dfrac{b^2}{b-a}$

※내구는 절연, 외구는 접지된 동심구 콘덴서의 정전용량

$\quad C = 4\pi\epsilon\dfrac{ab}{a-b}$[F]　　【정답】①

14. 전류가 흐르고 있는 무한 직선도체로부터 2[m]만큼 떨어진 자유공간 내 P점의 자계의 세기가 $\dfrac{4}{\pi}$[AT/m]일 때, 이 도체에 흐르는 전류는 몇 [A]인가?

① 2　　② 4

③ 8　　④ 16

|정|답|및|해|설|

[도체에 흐르는 전류] $I = 2\pi r H$[A]

$$\rightarrow (\text{자계의 세기 } H = \frac{I}{2\pi r}[\text{A/m}])$$

$\therefore I = 2\pi r H = 2\pi\times 2\times\dfrac{4}{\pi} = 16[A]$　　【정답】④

15. 평등 자계 내에 놓여 있는 전류가 흐르는 직선 도선이 받는 힘에 대한 설명으로 틀린 것은?

① 힘은 전류에 비례한다.

② 힘은 자장의 세기에 비례한다.

③ 힘은 도선의 길이에 반비례한다.

④ 힘은 전류의 방향과 자장의 방향과의 사이각의 정현에 관계된다.

|정|답|및|해|설|

[플레밍의 왼손 법칙]

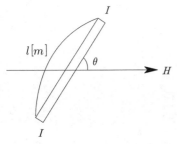

자속밀도 $B[\text{Wb/m}^2]$, 도체의 길이 l, 전류 $I[\text{A}]$를 흘릴 경우 자계 내에서 도체가 받는 힘의 크기

$F = BIl\sin\theta = I\mu Hl\sin\theta = (\vec{I} \times \vec{B})l[\text{N}] \quad \rightarrow \quad F \propto l$

【정답】③

16. 그림과 같이 진공 중에 자극면적이 $2\,[\text{cm}^2]$, 간격이 $0.1[\text{cm}]$인 자성체 내에서 포화 자속밀도가 $2[\text{Wb/m}^2]$일 때 두 자극면 사이에 작용하는 힘의 크기는 약 몇 [N]인가?

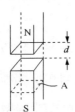

① 53
② 106
③ 159
④ 318

|정|답|및|해|설|

[두 자극면 사이에 작용하는 힘]

$f = \dfrac{F}{S} = \dfrac{B^2}{2\mu_0} = \dfrac{1}{2}\mu_0 H = \dfrac{1}{2}BH[\text{N/m}^2]$

따라서 작용력 F는 면적을 곱해서 구한다.

$f = \dfrac{F}{S} = \dfrac{B^2}{2\mu_0}[\text{N/m}^2]$

$\therefore F = \dfrac{B^2 S}{2\mu_0} = \dfrac{2^2 \times 2 \times 10^{-4}}{2 \times 4\pi \times 10^{-7}} = 318.47[\text{N}]$

【정답】④

17. 지름 2[m]인 구도체의 표면전계가 5[kV/mm]일 때 이 구도체의 표면에서의 전위는 몇 [kV]인가?

① 1×10^3
② 2×10^3
③ 5×10^3
④ 1×10^4

|정|답|및|해|설|

[구도체 표면의 전위] $V = E \cdot r[\text{V}]$

$V = E \cdot r = 5 \times 10^3 \times 10^3 [\text{V/m}] \times \dfrac{2}{2}[\text{m}]$

$= 5 \times 10^6 [V] = 5 \times 10^3 [kV]$

【정답】③

18. 다음 내용은 어떤 법칙을 설명한 것인가?

> 유도 기전력의 크기는 코일 속을 쇄교하는 자속의 시간적 변화율에 비례한다.

① 콜롱의 법칙
② 가우스의 법칙
③ 맥스웰의 법칙
④ 패러데이의 법칙

|정|답|및|해|설|

[패러데이의 법칙] "유도기전력의 크기는 폐회로에 쇄교하는 자속의 시간적 변화에 비례한다" 라는 법칙으로 기전력의 크기를 결정한다.

유도기전력 $e = -\dfrac{d\varnothing}{dt} = -N\dfrac{d\varnothing}{dt}[V]$

【정답】④

19. 공기콘덴서의 극판 사이에 비유전율 ϵ_s의 유전체를 채운 경우, 동일 전위차에 대한 극판간의 전하량은?

① $\dfrac{1}{\epsilon_s}$로 감소
② ϵ_s배로 증가
③ $\pi\epsilon_s$ 배로 증가
④ 불변

|정|답|및|해|설|

[극판간의 전하량] $Q = CV$에서 동일 전위차인 경우 전하량 Q는 C에 비례하는데 용량 C가 유전율에 비례

$C = \dfrac{\epsilon_0 \epsilon_s S}{d} = \epsilon_s C_0$ \qquad $\rightarrow (C_0 = \dfrac{\epsilon_0 S}{d})$

$\therefore \epsilon_s$ 배로 증가한다.

【정답】②

20. 유전체 중을 흐르는 전도전류 i_σ와 변위전류 i_d를 같게 하는 주파수를 임계주파수 f_c, 임의의 주파수를 f라 할 때 유전손실 $\tan\delta$는?

① $\dfrac{f_c}{2f}$
② $\dfrac{f}{2f_c}$

③ $\dfrac{f_c}{f}$
④ $\dfrac{f}{f_c}$

|정|답|및|해|설|

[유전손실각] $\tan\delta = \dfrac{i_\sigma}{i_d}$

전도전류 $i_\sigma = \sigma E$, 변위전류 $i_d = \omega\epsilon E$

$i_\sigma = i_d$하면 $\sigma E = \omega\epsilon E \rightarrow \sigma = 2\pi f_c \epsilon \qquad \rightarrow (\because \omega = 2\pi f)$

임계주파수 $f_c = \dfrac{\sigma}{2\pi\epsilon}$

유전손실각 $\tan\delta = \dfrac{i_\sigma}{i_d} = \dfrac{\sigma E}{\omega\epsilon E} = \dfrac{\sigma}{2\pi f\epsilon} = \dfrac{f_c}{f}$　　　【정답】③

3회 **2016년 전기산업기사필기 (전력공학)**

21. 송전선로에 충전전류가 흐르면 수전단 전압이 송전단 전압보다 높아지는 현상과 이 현상의 발생 원인으로 가장 옳은 것은?

① 페란티효과, 선로의 인덕턴스 때문
② 페란티효과, 선로의 정전용량 때문
③ 근접효과, 선로의 인덕턴스 때문
④ 근접효과, 선로의 정전용량 때문

|정|답|및|해|설|

[페란티현상] 선로의 정전용량으로 인하여 무부하시나 경부하시 진상전류가 흘러 수전단 전압이 송전단 전압보다 높아지는 현상이다. 그의 대책으로는 분로 리액터(병렬 리액터)나 무효 전력 보상 장치(동기조상기)의 지상 운전으로 방지할 수 있다.　　　【정답】②

---

22. 전력선에 의한 통신선로의 전자 유도 장해의 발생 요인은 주로 무엇 때문인가?

① 영상전류가 흘러서
② 부하전류가 크므로
③ 전력선의 교차가 불충분하여
④ 상호 정전 용량이 크므로

|정|답|및|해|설|

[전자유도장해] 영상전류(지락전류), 선로 길이에 비례 (상호인덕턴스로 발생)　　→ (지락전류 $I_g = 3I_0$)

전자 유도전압 $E_m = -j\omega Ml\,3I_0$　　　　→ (I_0 : 영상전류)

※정전유도장해 : 영상전압, 선로 길이에 무관 (상호정전용량으로 발생)　　　【정답】①

---

23. 취수구에 제수문을 설치하는 목적은?

① 유량을 조절한다.
② 모래를 배체한다.
③ 낙차를 높인다.
④ 홍수위를 낮춘다.

|정|답|및|해|설|

[제수문] 취수구에 제수문을 설치하는 주된 목적은 취수량을 조절하고, 수압관 수리시 물의 유입을 단절하기 위함이다.　　　【정답】①

---

24. 양수량 $Q[\mathrm{m^3/s}]$, 총양정 $H[\mathrm{m}]$, 펌프효율 η인 경우 양수펌프용 전동기의 출력 $P[\mathrm{kW}]$는? (단, k는 상수이다.)

① $k\dfrac{Q^2H^2}{\eta}$
② $k\dfrac{Q^2H}{\eta}$

③ $k\dfrac{QH^2}{\eta}$
④ $k\dfrac{QH}{\eta}$

|정|답|및|해|설|

[양수펌프용 전동기의 출력] $P = \dfrac{9.8QH}{\eta} = k\dfrac{QH}{\eta}\,[\mathrm{kW}]$　　　【정답】④

---

25. 공통중성선 다중접지 3상 4선식 배전선로에서 고압측(1차측) 중성선과 저압측(2차측) 중성선을 전기적으로 연결하는 목적은?

① 저압측의 단락사고를 검출하기 위함
② 저압측의 접지사고를 검출하기 위함
③ 주상변압기의 중성선측 부싱(bushing)을 생략하기 위함
④ 고저압 혼촉 시 수용가에 침입하는 상승전압을 억제하기 위함

|정|답|및|해|설|

[중성선] 중성선끼리 연결되지 않으면 고·저압 혼촉시 고압측의 큰 전압이 저압측을 통해서 수용가에 침입할 우려가 있다.　　　【정답】④

26. 고압 수전설비를 구성하는 기기로 볼 수 없는 것은?

① 변압기　　　　② 변류기

③ 복수기　　　　④ 과전류 계전기

|정|답|및|해|설|
[복수기] 기력발전소의 증기터빈에서 배출되는 증기를 물로 냉각하여 증기터빈의 열효율을 높이기 위한 설비　　【정답】③

27. 차단기의 정격 차단시간에 대한 정의로써 옳은 것은?

① 고장 발생부터 소호까지의 시간

② 트립 코일 여자부터 소호까지의 시간

③ 가동접촉자 개극부터 소호까지의 시간

④ 가동접촉자 시동부터 소호까지의 시간

|정|답|및|해|설|
[차단기의 차단시간] 트립코일 여자부터 차단기의 가동 전극이 고정 전극으로부터 이동을 개시하여 개극할 때까지의 개극시간과 접점이 충분히 떨어져 아크가 완전히 소호할 때까지의 아크시간의 합으로 3~8[Hz] 이다.　　【정답】②

28. 154/22.9[kV], 40[MVA], 3상 변압기의 %리액턴스가 14[%]라면 고압측으로 환산한 리액턴스는 약 몇 [Ω]인가?

① 95　　② 83　　③ 75　　④ 61

|정|답|및|해|설|
[퍼센트 리액턴스] $\%Z = \dfrac{ZP}{10V^2}$

여기서, V : 선간전압[kV], P : 기준용량[kVA])

$Z = \dfrac{\%Z \times 10 \times V^2}{P} = \dfrac{14 \times 10 \times 154^2}{40000} = 83[\Omega]$　　【정답】②

29. 보호계전기의 기본 기능이 아닌 것은?

① 확실성　　　　② 선택성

③ 유동성　　　　④ 신속성

|정|답|및|해|설|
[보호 계전기의 기본 기능] 확실성, 선택성, 신속성, 경제성, 취급의 용이성　　【정답】③

30. 6[kV]급의 소내 전력공급용 차단기로서 현재 가장 많이 채택하는 것은?

① OCB　　　　② GCB

③ VCB　　　　④ ABB

|정|답|및|해|설|
[VCB(진공차단기)]
·진공 상태에서 아크 확산 작용을 이용하여 소호한다.
·공칭 전압 30[kV] 이하의 소내 공급용 차단기로서 현재 가장 많이 사용된다.　　【정답】③

31. 수용가군 총합의 부하율은 각 수용가의 수용률 및 수용가 사이의 부등률이 변화할 때 옳은 것은?

① 부등률과 수용률에 비례한다.

② 부등률에 비례하고 수용률에 반비례한다.

③ 수용률에 비례하고 부등률에 반비례한다.

④ 부등률과 수용률에 반비례한다.

|정|답|및|해|설|
[부하율] 부하율$= \dfrac{부등률}{수용률} \times \dfrac{평균전력}{설비용량}$

$\therefore$ 부하율 $\propto$ 부등률 $\propto \dfrac{1}{수용률}$　　【정답】②

32. 3상 3선식 3각형 배치의 송전선로가 있다. 선로가 연가되어 각 선간의 정전용량은 $0.007[\mu F/km]$, 각 선의 대지정전용량은 $0.002[\mu F/km]$라고 하면 1선의 작용정전용량은 몇 $[\mu F/km]$인가?

① 0.03　　　　② 0.023

③ 0.012　　　　④ 0.006

|정|답|및|해|설|
[작용정전용량] $C_a = C_s + 3C_m$ [F/km]

여기서, C_a : 작용정전용량, C_s : 대지정전용량
　　　　C_m : 선간정전용량

$\therefore C_a = C_s + 3C_m = 0.002 + 3 \times 0.007 = 0.023[\mu F/km]$

【정답】②

33. 전선로에 댐퍼(damper)를 사용하는 목적은?

① 전선의 진동방지

② 전력손실 격감

③ 낙뢰의 내습방지

④ 많은 전력을 보내기 위하여

|정|답|및|해|설|

[댐퍼(damper)]

· 전선의 진동을 억제하기 위해 설치한다.

· 지지점 가까운 곳에 설치한다.

※[스페이서] 복도체에서 두 전선 간의 간격 유지

【정답】①

34. 3상 Y결선된 발전기가 무부하 상태로 운전 중 b상 및 c상에서 동시에 직접접지 고장이 발생하였을 때 나타나는 현상으로 틀린 것은?

① a상의 전류는 항상 0이다.

② 건전상의 a상 전압은 영상분 전압의 3배와 같다.

③ a상의 정상분 전압과 역상분 전압은 항상 같다.

④ 영상분 전류와 역상분 전류는 대칭성분 임피던스에 관계없이 항상 같다.

|정|답|및|해|설|

[2선 지락 고장 (a, b, c상 지락 시)]

조건 : $V_b = V_c = 0$, $I_a = 0$

1. 대칭분 전류

$$I_0 = \frac{-Z_2 E_a}{Z_0 Z_1 + Z_1 Z_2 + Z_2 Z_0}$$

$$I_1 = \frac{(Z_0 + Z_2) E_a}{Z_0 Z_1 + Z_1 Z_2 + Z_2 Z_0}$$

$$I_2 = \frac{-Z_0 E_a}{Z_0 Z_1 + Z_1 Z_2 + Z_2 Z_0}$$

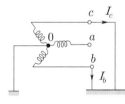

2. 대칭분 전압

$$V_0 = V_1 = V_2 = \frac{Z_1 Z_2}{Z_1 Z_2 + Z_0(Z_1 + Z_2)} E_a$$

3. 건전상 전압

$$V_a = V_0 + V_1 + V_2 = 3V_0 = \frac{3Z_0 Z_2}{Z_1 Z_2 + Z_0(Z_1 + Z_2)} E_a$$

4. b, c상 전류

$$I_b = I_0 + a^2 I_1 + a I_2 = \frac{(a^2 - a)Z_0 + (a^2 - 1)Z_2}{Z_0 Z_1 + Z_1 Z_2 + Z_2 Z_0} E_a$$

$$I_c = I_0 + a I_1 + a^2 I_2 = \frac{(a - a^2)Z_0 + (a - 1)Z_2}{Z_0 Z_1 + Z_1 Z_2 + Z_2 Z_0} E_a$$

【정답】④

35. 배전선로의 손실을 경감시키는 방법이 아닌 것은?

① 전압조정

② 역률 개선

③ 다중접지방식 채용

④ 부하의 불평형 방지

|정|답|및|해|설|

[배전선로의 전력손실] $P_L = 3I^2 r = \dfrac{\rho W^2 L}{A V^2 \cos^2 \theta}$

여기서, ρ : 고유저항, W: 부하 전력, L : 배전 거리
　　　　A : 전선의 단면적, V : 수전 전압, $\cos \theta$: 부하 역률

승압을 하면 전력손실이 감소하고 역률 개선을 해도 전력손실이 감소하며 부하의 불평형을 줄여도 손실이 감소한다.

※ 다중 접지 방식을 채용하는 것은 배전선로의 손실과는 아무런 관련이 없다.
【정답】③

36. 전압과 역률이 일정할 때 전력을 몇 [%] 증가시키면 전력 손실이 2배로 되는가?

① 31　　　② 41　　　③ 51　　　④ 61

|정|답|및|해|설|

[전력손실] $P_l = \dfrac{R \cdot P^2}{V^2 \cos^2 \theta}$

$P_l \propto P^2 \rightarrow P \propto \sqrt{P_l}$

전력 손실을 2배로 한 경우의 전력을 P'

$\dfrac{P'}{P} = \dfrac{\sqrt{2 P_l}}{\sqrt{P_l}} = \sqrt{2}$, $P' = \sqrt{2} P$

∴전력 증가율 $= \dfrac{P' - P}{P} \times 100 = \dfrac{\sqrt{2} P - P}{P} \times 100$

$= \dfrac{\sqrt{2} - 1}{1} \times 100 = 41 [\%]$
【정답】②

37. 최대 출력 350[MW], 평균부하율 80[%]로 운전되고 있는 화력 발전소의 10일간 중유 소비량이 1.6×10^7 [L] 라고 하면 발전단에서의 열효율은 몇 [%]인가? (단, 중유의 열량은 10000[kcal/L]이다.)

① 35.3　　② 36.1　　③ 37.8　　④ 39.2

|정|답|및|해|설|

[열효율] $\eta = \dfrac{860 W}{mH}$

$$= \frac{860 \times 350 \times 10^6 \times 0.8 \times 24}{\dfrac{1.6 \times 10^7}{10} \times 10000 \times 10^3} \times 100 = 36.1 [\%]$$

【정답】②

38. 어느 발전소에서 합성 임피던스가 0.4[%] (10[MVA] 기준)인 장소에 설치하는 차단기의 차단용량은 몇 [MVA]인가?

① 10 　　② 250

③ 1000 　④ 2500

|정|답|및|해|설|

[단락용량] $P_s = \dfrac{100}{\%Z} P_n = \dfrac{100}{0.4} \times 10 = 2500\,[\text{MVA}]$

※ 차단기의 차단용량 〉 차단기의 단락용량

【정답】④

39. 주상변압기의 1차측 전압이 일정할 경우, 2차측 부하가 변하면, 주상변압기의 동손과 철손은 어떻게 되는가?

① 동손과 철손이 모두 변한다.

② 동손은 일정하고 철손이 변한다.

③ 동손은 변하고 철손은 일정하다.

④ 동손과 철손은 모두 변하지 않는다.

|정|답|및|해|설|

[주상변압기의 동손과 철손] $P_c = m^2 P_c$, 즉 부하가 변하면 동손은 변한다. 반면, 철손은 항상 일정하다.　　【정답】③

40. 3상 3선식 변압기 결선 방식이 아닌 것은?

① △ 결선 　② V 결선

③ T 결선 　④ Y 결선

|정|답|및|해|설|

[스코트 결선 (T결선)] 3상 전원에서 2상 전압을 얻는 결선 방식
　　　　　　　　　　　　　　　　　【정답】③

41. 3상 동기 발전기를 병렬운전 하는 경우 필요한 조건이 아닌 것은?

① 회전수가 같다. 　② 상회전이 같다.

③ 발생전압이 같다. ④ 전압 파형이 같다.

|정|답|및|해|설|

[동기발전기의 병렬운전 조건]
· 기전력(=발생전압)의 크기가 같을 것
· 기전력의 위상이 같을 것
· 기전력의 주파수가 같을 것
· 기전력의 파형이 같을 것
· 상회전 방향이 같을 것　　　　　【정답】①

42. 변압기의 절연유로서 갖추어야 할 조건이 아닌 것은?

① 비열이 커서 냉각 효과가 클 것

② 절연저항 및 절연내력이 적을 것

③ 인화점이 높고 응고점이 낮을 것

④ 고온에서도 석출물이 생기거나 산화하지 않을 것

|정|답|및|해|설|

[변압기 절연유의 구비 조건]
· 절연저항 및 절연내력이 클 것
· 절연 재료 및 금속에 화학 작용을 일으키지 않을 것
· 인화점이 높고(130도 이상) 응고점이 낮을(−30도) 것
· 점도가 낮고(유동성이 풍부) 비열이 커서 냉각 효과가 클 것
· 고온에 있어 석출물이 생기거나 산화하지 않을 것
· 열팽창 계수가 적고 증발로 인한 감소량이 적을 것
　　　　　　　　　　　　　　　　　【정답】②

43. 단상유도전압조정기의 1차 권선과 2차 권선의 축 사이의 각도를 α라 하고 양 권선의 축이 일치할 때 2차 권선의 유기전압을 E_2, 전원전압을 V_1, 부하 측의 전압을 V_2라고 하면 임의의 각 α일 때의 V_2는?

① $V_2 = V_1 + E_2 \cos\alpha$ 　② $V_2 = V_1 - E_2 \cos\alpha$

③ $V_2 = V_1 + E_2 \sin\alpha$ 　④ $V_2 = V_1 - E_2 \sin\alpha$

|정|답|및|해|설|

[유도전압조정기]
$V_2 = V_1 + E_2 \cos\alpha = V_1 \pm E_2\,[V]$
$V_2 = V_1 - E_2 \sim V_1 + E_2$ 까지　　　【정답】①

44. 6극 60[Hz]의 3상 권선형 유도전동기가 1140[rpm]의 정격속도로 회전할 때 1차측 단자를 전환해서 상회전 방향을 반대로 바꾸어 역전제동을 하는 경우 제동토크를 전부하 토크와 같게 하기 위한 2차 삽입저항 $R[\Omega]$은? (단, 회전자 1상의 저항은 $0.005[\Omega]$, Y결선이다.)

① 0.19 　　　　　② 0.27

③ 0.38 　　　　　④ 0.5

|정|답|및|해|설|

[2차 삽입저항] $\dfrac{r_2}{s} = \dfrac{r_2+R}{s'}$

여기서, r_2 : 1상전압, R : 2차삽입저항, s : 1차슬립, s' : 2차슬립

· 회전자계의 속도 $N_s = \dfrac{120j}{p} = \dfrac{120 \times 60}{6} = 1200[\mathrm{rpm}]$

· 정회전 시 슬립 $s = \dfrac{N_s - N}{N_s} = \dfrac{1200 - 1140}{1200} = 0.05$

· 역전 제동 시 슬립

$s' = \dfrac{N_s - (-N)}{N_s} = \dfrac{1200 - (-1140)}{1200} = 1.95$

$s' = 1.95$에서 전부하 토크를 발생시키는데 필요한 2차 삽입 저항 R은

$\dfrac{r_2}{s} = \dfrac{r_2+R}{s'} \;\rightarrow\; \dfrac{0.005}{0.05} = \dfrac{0.005+R}{1.95}$

$\therefore R = \dfrac{0.005}{0.05} \times 1.95 - 0.005 = 0.19[\Omega]$ 　　【정답】①

45. 유도발전기에 대한 설명으로 틀린 것은?

① 공극이 크고 역률이 동기기에 비해 좋다.
② 병렬로 접속된 동기기에서 여자전류를 공급받아야 한다.
③ 농형 회전자를 사용할 수 있으므로 구조가 간단하고 가격이 싸다.
④ 선로에 단락이 생기면 여자가 없어지므로 동기기에 비해 단락전류가 작다.

|정|답|및|해|설|

[유도발전기] 유도 발전기는 여자기로서 단독으로 발전할 수 없으므로 반드시 동기발전기기 필요하며 유도 발전기의 주파수는 전원의 주파수를 정하여지고 회전 속도에는 관계가 없다.
[장점]
·동기 발전기에 비해 가격이 싸다.
·기동과 취급이 간단하며 고장이 적다.
·동기 발전기와 같이 동기화 할 필요가 없으며 난조 등의 이상 현상도 생기지 않는다.

·선로에 단락이 생긴 경우에는 여자가 상실되므로 단락 전류는 동기기에 비해 적으며 지속 시간도 짧다.
[단점]
·병렬로 운전되는 동기기에서 여자 전류를 취해야 한다.
·공극의 치수가 작기 때문에 운전 시 주의해야 한다.
·효율과 역률이 낮다. 　　【정답】①

46. 브러시리스 모터(BLDC)의 회전자 위치 검출을 위해 사용하는 것은?

① 홀(Hall) 소자 　　② 리니어 스케일
③ 회전형 엔코더 　　④ 회전형 디코더

|정|답|및|해|설|

[브러시리스(BLDC)] 모터의 회전자 위치 검출용 센서 :
　　　　Resolver, Hall sensor, Encoder
　　　　　　　　　　　　　【정답】①, ③

47. 전기자저항이 $0.04[\Omega]$인 직류분권발전기가 있다. 단자전압이 100[V], 회전속도 1000[rpm]일 때 전기자 전류는 50[A]라 한다. 이 발전기를 전동기로 사용할 때 전동기의 회전속도는 약 몇 [rpm]인가? (단, 전기자 반작용은 무시한다.)

① 759 　　　　　② 883

③ 894 　　　　　④ 961

|정|답|및|해|설|

[전동기의 회전속도] $N = \dfrac{V - I_a V_a}{K\varnothing}$

· 발전기로 사용할 때
유기기전력 $E = V + I_a R_a = K\varnothing N$

$K\varnothing = \dfrac{V + I_a V_a}{N} = \dfrac{100 + (50 \times 0.04)}{1000} = 0.102$

· 전동기로 사용할 때
역기전력 $E' = V - I_a R_a = K\varnothing N'$

전동기의 회전속도 $N' = \dfrac{V - I_a V_a}{K\varnothing}$

$= \dfrac{100 - (50 \times 0.04)}{0.102} = 961[\mathrm{rpm}]$

　　　　　　　　　　　　　【정답】④

48. 직류기의 전기자에 사용되지 않는 권선법은?

① 2층권 ② 고상권

③ 폐로권 ④ 단층권

|정|답|및|해|설|

[직류기의 권선법] 직류기의 전기자 권선법으로 2층권, 고상권, 폐로권을 채택한다. 【정답】④

49. 직류 분권전동기의 정격 전압 200[V], 정격 전류 105[A], 전기자 저항 및 계자 회로의 저항이 각각 0.1[Ω] 및 40[Ω]이다. 기동 전류를 정격 전류의 150[%]로 할 때의 기동 저항은 약 몇 [Ω]인가?

① 0.46 ② 0.92

③ 1.08 ④ 1.21

|정|답|및|해|설|

[기동저항] $R_s = 1.31 - R_a[\Omega] \rightarrow (R_a : 전기자저항)$

· 계자전류 $I_f = \dfrac{V}{R_f} = \dfrac{200}{40} = 5[A]$

· 기동전류는 정격의 150[%]

   기동전류 = $105 \times 1.5 = 157.5[A]$

· 전기자전류 $I_a = I - I_f = 157.5 - 5 = 152.5[A]$

$$R_a + R_s = \frac{V}{I_a} = \frac{200}{152.5} = 1.31[\Omega]$$

∴기동저항 $R_s = 1.31 - R_a = 1.31 - 0.1 = 1.21[\Omega]$

【정답】④

50. 동기발전기의 단락비를 계산하는데 필요한 시험의 종류는?

① 동기화 시험, 3상 단락 시험

② 부하 포화 시험, 동기화 시험

③ 무부하 포화 시험, 3상 단락시험

④ 전기자 반작용 시험, 3상 단락 시험

|정|답|및|해|설|

[단락비(K_s)] 동기발전기에 있어서 정격속도에서 무부하 정격 전압을 발생시키는 여자전류와 단락 시에 정격전류를 흘려 얻는 여자 전류와의 비

단락비 $K_s = \dfrac{I_{f1}}{I_{f2}} = \dfrac{I_s}{I_n} = \dfrac{1}{\%Z_s} \times 100$

여기서, I_{f1} : **무부하**시 정격전압을 유지하는데 필요한 여자전류

I_{f2} : **3상단락**시 정격전류와 같은 단락 전류를 흐르게 하는 데 필요한 여자전류

I_n : 한 상의 정격전류, I_s : 단락전류

|참|고|

[동기 발전기 시험]

시험의 종류	산출 되는 항목
무부하시험	철손, 기계손, 단락비, 여자전류
단락시험	동기임피던스, 동기리액턴스, 단락비, 임피던스 와트, 임피던스 전압

【정답】③

51. 변압기에서 부하에 관계없이 자속만을 만드는 전류는?

① 철손전류 ② 자화전류

③ 여자전류 ④ 교차전류

|정|답|및|해|설|

[여자전류] $\dot{I_0} = j I_\phi + \dot{I_i} = \sqrt{I_\phi^2 + I_i^2}$

1. 자화전류($\dot{I_\phi}$) : 자속을 만드는 전류

2. 철손전류($\dot{I_i}$) : 철손을 공급하는 전류 【정답】②

52. 변압기의 정격을 정의한 것 중 옳은 것은?

① 전부하의 경우 1차 단자전압을 정격 1차 전압이라 한다.

② 정격 2차 전압은 명판에 기재되어 있는 2차 권선의 단자전압이다.

③ 정격 2차 전압을 2차 권선의 저항으로 나눈 것이 정격 2차 전류이다.

④ 2차 단자 간에서 얻을 수 있는 유효전력을 [kW]로 표시한 것이 정격출력이다.

|정|답|및|해|설|

[변압기의 정격] 정격 2차 전압은 명판에 기재되어 있는 2차 권선의 단자전압이다. 【정답】②

53. 발전기의 종류 중 회전계자형으로 하는 것은?

① 동기 발전기

② 유도 발전기

③ 직류 복권발전기

④ 직류 타여자발전기

|정|답|및|해|설|

[회전계자형 발전기] 회전계자방식은 동기발전기의 회전자에 의한 분류로 전기자를 고정자로 하고 계자극을 회전자로 한 방식이다.

【정답】①

54. 저항부하를 갖는 단상 전파제어 정류기의 평균 출력 전압은? (단, α는 사이리스터의 점호각, V_m은 교류 입력전압의 최대값이다.)

① $V_{dc} = \dfrac{V_m}{2\pi}(1+\cos\alpha)$

② $V_{dc} = \dfrac{V_m}{\pi}(1+\cos\alpha)$

③ $V_{dc} = \dfrac{V_m}{2\pi}(1-\cos\alpha)$

④ $V_{dc} = \dfrac{V_m}{\pi}(1-\cos\alpha)$

|정|답|및|해|설|

[정류기의 평균 출력 전압]

	반파정류	전파정류
다이오드	$V_d = \dfrac{\sqrt{2}\,V_i}{\pi} = 0.45\,V_i$	$V_d = \dfrac{2\sqrt{2}\,V_i}{\pi} = 0.9\,V_i$
SCR	$V_d = \dfrac{\sqrt{2}\,V_i}{2\pi}(1+\cos\alpha)$	$V_d = \dfrac{\sqrt{2}\,V_i}{\pi}(1+\cos\alpha)$

여기서, V_d : 직류전압, V_i : 교류전압의 실효값
V_m : 최대값($=\sqrt{2}\,V_i$)이다. 【정답】②

55. 10[kW], 3상 200[V] 유도전동기의 전부하 전류는 약 몇 [A]인가? (단, 효율 및 역률 85[%]이다.)

① 60 ② 80 ③ 40 ④ 20

|정|답|및|해|설|

[전부하전류] $I = \dfrac{P}{\sqrt{3}\,V\cos\theta \cdot \eta}$ [A]

출력 $P = \sqrt{3}\,VI\cos\theta \cdot \eta$[kW]

전부하전류 $I = \dfrac{P}{\sqrt{3}\,V\cos\theta \cdot \eta} = \dfrac{10\times10^3}{\sqrt{3}\times200\times0.85\times0.85} ≒ 40$[A]

【정답】③

56. 단상 유도전동기에서 기동토크가 가장 큰 것은?

① 반발 기동형 ② 분상 기동형

③ 콘덴서 전동기 ④ 세이딩 코일형

|정|답|및|해|설|

[단상 유도전동기에 대한 기동 토크의 크기]
반발 기동형 〉 반발 유도형 〉 콘덴서 기동형 〉 분상 기동형 〉
모노사이클릭 기동형 순이다. 【정답】①

57. 동기전동기의 V곡선(위상특성)에 대한 설명으로 틀린 것은?

① 횡축에 여자전류를 나타낸다.

② 종축에 전기자전류를 나타낸다.

③ V곡선의 최저점에는 역률이 0[%]이다.

④ 동일출력에 대해서 여자가 약한 경우가 뒤진 역률이다.

|정|답|및|해|설|

[위상특성곡선(V곡선)]

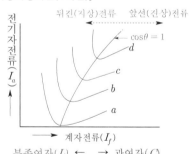

· 전압, 주파수, 출력이 일정할 때 계자(여자) 전류 I_f(횡축)와 전기자 전류 I_a(종축)의 관계를 나타내는 곡선(V 곡선)

· 역률이 $1(\cos=1)$인 경우 전기자 전류기 최소

· 부족여자(여자 전류를 감소)로 운전하면 뒤진 전류가 흘러 일종의 리액터(L)로 작용

· 과여자(여자 전류를 증가)로 운진하면 앞선 선류가 흘러 일종의 콘덴서(C)로 작용

【정답】③

58. 변압기 온도시험을 하는데 가장 좋은 방법은?

① 실 부하법   ② 반환 부하법

③ 단락 시험법   ④ 내전압 시험법

|정|답|및|해|설|
[변압기 온도시험]
· 실부하법은 소용량의 경우에 이용 되지만, 전력 손실이 크기 때문에 소용량 이외에는 별로 적용되지 않는다.
· 반환부하법은 동일 정격의 변압기가 2대 이상 있을 경우에 채용되며, 전력 소비가 적고 철손과 동손을 따로 공급하는 것으로 현재 가장 많이 사용하고 있다. 【정답】②

59. 전기기기에 있어 와전류손(Eddy current loss)을 감소시키기 위한 방법은?

① 냉각압연

② 보상권선 설치

③ 교류전원을 사용

④ 규소강판을 성층하여 사용

|정|답|및|해|설|
[와전류손]
·전기 기계에 규소 강판을 사용하는 이유는 규소를 넣으면 사기 저항이 크게 되어 와류손과 히스테리시스손이 감소하게 된다.
·성층하는 이유는 와류손을 적게 하기 위한 것이다. 【정답】④

60. 동기발전기에서 전기자전류를 I, 유기기전력과 전기자전류와의 위상각을 θ라 하면 직축반작용을 하는 성분은?

① $I\tan\theta$ ② $I\cot\theta$

③ $I\sin\theta$ ④ $I\cos\theta$

|정|답|및|해|설|
[동기발전기의 전기자반작용]
· $I\cos\theta$(유효전류)는 기전력과 같은 위상의 전류 성분으로서 횡축 반작용을 한다.
· $I\sin\theta$(무효전류)는 $\pi/2$[rad]만큼 뒤지거나 앞서기 때문에 직축 반작용을 한다. 【정답】③

61. 자동제어의 각 요소를 블록선도로 표시할 때 각 요소는 전달함수로 표시하고, 신호의 전달경로는 무엇으로 표시하는가?

① 전달함수   ② 단자

③ 화살표   ④ 출력

|정|답|및|해|설|
[신호의 전달경로(방향)] 자동제어계의 각 요소를 블록 선도로 표시할 때에 각 요소는 전달함수로 표시하고, 신호의 전달경로는 화살표로 표시한다. 【정답】③

62. $t=0$에서 스위치 S를 닫을 때의 전류 $i(t)$는?

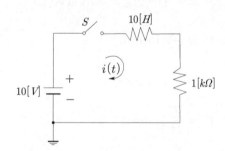

① $0.01(1-e^{-t})$ ② $0.01(1+e^{-t})$

③ $0.01(1-e^{-100t})$ ④ $0.01(1+e^{-100t})$

|정|답|및|해|설|

[전류 $i(t)$] $i(t)=\dfrac{E}{R}\left(1-e^{-\frac{R}{L}t}\right)$

RL직렬 회로에서 직류 기전력을 인가 시 흐르는 전류

$i(t)=\dfrac{E}{R}\left(1-e^{-\frac{R}{L}t}\right)=\dfrac{10}{1\times10^3}\left(1-e^{-\frac{1\times10^3}{10}t}\right)=0.01(1-e^{-100t})[A]$

【정답】③

63. Var는 무엇의 단위인가?

① 효율   ② 유효전력

③ 피상전력   ④ 무효전력

|정|답|및|해|설|
[단위]
·피상전력 $P_a=VI=I^2Z$[VA]
·유효전력 $P=VI\cos\theta=I^2R$[W]
·무효전력 $P_r=VI\sin\theta=I^2X$[Var] 【정답】④

64. 다음과 같은 4단자망에서 영상 임피던스는 몇[Ω] 인가?

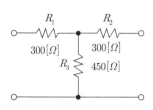

① 200
② 300
③ 450
④ 600

|정|답|및|해|설|

[4단자망에서 영상 임피던스]

· 영상 임피던스 $Z_{01} = \sqrt{\dfrac{AB}{CD}}$

· 대칭 T형 회로에서 $A = D \rightarrow Z_{01} = \sqrt{\dfrac{B}{C}}$

· $C = \dfrac{1}{450}$

· $B = \dfrac{300 \times 450 + 300 \times 300 + 300 \times 450}{450} = \dfrac{360000}{450}$

$\therefore Z_{01} = \sqrt{\dfrac{B}{C}} = \sqrt{\dfrac{\dfrac{360000}{450}}{\dfrac{1}{450}}} = 600[\Omega]$ 　【정답】④

65. 임피던스 $Z = 15 + j4[\Omega]$의 회로에 $I = 5(2+j)[A]$ 의 전류를 흘리는데 필요한 전압 $V[V]$는?

① $10(26 + j23)$
② $10(34 + j23)$
③ $5(26 + j23)$
④ $5(34 + j23)$

|정|답|및|해|설|

[전압(옴의법칙)] $V = IZ[V]$
$I = 5(2+j) = 10 + 5j[A]$
$\therefore V = IZ = (10 + 5j) \times (15 + j4) = 130 + j115 = 5(26 + j23)[V]$
　【정답】③

66. 다음 회로에서 4단자정수 A, B, C, D 중 C의 값은?

① 1
② $j\omega L$
③ $j\omega C$
④ $1 + j(\omega L + \omega C)$

|정|답|및|해|설|

[4단자정수] $\begin{vmatrix} A & B \\ C & D \end{vmatrix} = \begin{vmatrix} 1 + \dfrac{j\omega L}{\dfrac{1}{j\omega C}} & j\omega L \\ j\omega C & 1 \end{vmatrix}$

$C = \dfrac{I_1}{V_2}\bigg|_{I_2 = 0} = \dfrac{I_1}{\dfrac{I_1}{j\omega C}} = j\omega C$ 　【정답】③

67. 회로에서 V_{30}과 V_{15}는 각각 몇 [V]인가?

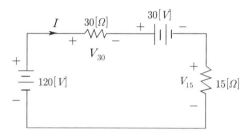

① $V_{30} = 60, V_{15} = 30$
② $V_{30} = 80, V_{15} = 40$
③ $V_{30} = 90, V_{15} = 45$
④ $V_{30} = 120, V_{15} = 60$

|정|답|및|해|설|

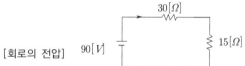

[회로의 전압]
120[V]와 30[V]의 방행이 역방향이고 전류의 방향이 시계 방향이므로 총전압은 120−30=90[V]이다.
$R_1 = 30[\Omega]$, $R_2 = 15[\Omega]$라면

· $V_{30} = \dfrac{R_1}{R_1 + R_2} \times V = \dfrac{30}{30 + 15} \times 90 = 60[V]$

· $V_{15} = \dfrac{R_2}{R_1 + R_2} \times V = \dfrac{15}{30 + 15} \times 90 = 30[V]$ 　【정답】①

68. $e_1 = 6\sqrt{2} \sin\omega[V]$, $e_2 = 4\sqrt{2}\sin(\omega t - 60°)[V]$일 때, $e_1 - e_2$의 실효값[V]은?

① $2\sqrt{2}$
② 4
③ $2\sqrt{7}$
④ $2\sqrt{13}$

|정|답|및|해|설|

[실효값]
$e_1 = 6\angle 0°$, $e_2 = 4\angle -60°$
$\therefore e_1 - e_2 = 6 - 4(\cos 60° - j\sin 60°)$

$= 6 - 4 \times \left(\dfrac{1}{2} - j\dfrac{\sqrt{3}}{2}\right) = 4 + j2\sqrt{3}$

$= \sqrt{4^2 + (2\sqrt{3})^2} = 2\sqrt{7}[V]$ 　【정답】③

69. 그림과 같은 비정현파의 주기함수에 대한 설명으로 틀린 것은?

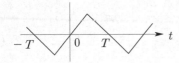

① 기함수파이다.

② 반파 대칭파이다.

③ 직류 성분은 존재하지 않는다.

④ 기수차의 정현항 계수는 0이다.

|정|답|및|해|설|

[반파(반주기) 정현대칭(원점대칭) 함수]
· 원점대칭 : 정현대칭
· 반파(반주기)대칭 : 기수항(홀수)만 존재(짝수항은 갖지 않음)
· $f(t) = -f(t+\pi)$와 $f(t) = -f(-t)$ 【정답】④

70. 그림에서 $10[\Omega]$의 저항에 흐르는 전류는 몇 [A]인가?

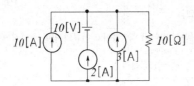

① 13   ② 14

③ 15   ④ 16

|정|답|및|해|설|

[중첩의 정리]
· 전류원 기준(전압원 단락) $I_R = 10 + 2 + 3 = 15[A]$
· 전압원 기준(전류원 개방) $I'_R = 0[A]$

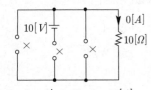

$\therefore I = I_R - I'_R = 15 - 0 = 15[A]$ 【정답】③

71. 3상 불평형 전압에서 불평형률은?

① $\dfrac{영상전압}{정상전압} \times 100[\%]$ ② $\dfrac{역상전압}{정상전압} \times 100[\%]$

③ $\dfrac{정상전압}{역상전압} \times 100[\%]$ ④ $\dfrac{정상전압}{영상전압} \times 100[\%]$

|정|답|및|해|설|

[불평형률] 불평형률 $= \dfrac{역상분}{정상분} \times 100[\%]$ 【정답】②

72. 그림은 평형 3상 회로에서 운전하고 있는 유도전동기의 결선도이다. 각 계기의 지시가 $W_1 = 2.36[kW]$, $W_2 = 5.95[kW]$, $V = 200[V]$, $I = 30[A]$일 때, 이 유도 전동기의 역률은 약 몇 [%]인가?

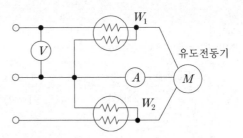

① 80   ② 76   ③ 70   ④ 66

|정|답|및|해|설|

[전동기의 역률(2전력계법)] $\cos\theta = \dfrac{P}{P_a} \times 100[\%]$

· 유효전력 $P = W_1 + W_2 = 2360 + 5950 = 8310[W]$
· 피상전력 $P_a = \sqrt{3} \, VI = \sqrt{3} \times 200 \times 30 = 10392.3[VA]$
$\therefore$ 역률 $\cos\theta = \dfrac{P}{P_a} \times 100 = \dfrac{8310}{10392.3} \times 100 = 80[\%]$

【정답】①

73. 기본파의 30[%]인 제3고조파와 기본파의 20[%]인 제5고조파를 포함하는 전압파의 왜형률은?

① 0.21   ② 0.31   ③ 0.36   ④ 0.42

|정|답|및|해|설|

[전압파의 왜형률] 왜형률 $= \dfrac{각 고조파의 실효값의 합}{기본파의 실효값}$

왜형률 $= \dfrac{\sqrt{V_3^2 + V_5^2}}{V_1} = \sqrt{\left(\dfrac{V_3}{V_1}\right)^2 + \left(\dfrac{V_5}{V_1}\right)^2} = \sqrt{0.3^2 + 0.2^2} = 0.36$

【정답】③

74. 코일의 권수 $N=1000$회, 저항 $R=10[\Omega]$이다. 전류 $I=10[A]$를 흘릴 때 자속 $\phi=3\times10^{-2}[Wb]$이라면 이 회로의 시정수[s]는?

① 0.3 ② 0.4 ③ 3.0 ④ 4.0

|정|답|및|해|설|⋯⋯⋯⋯⋯⋯⋯⋯⋯⋯

[시정수] $\tau=\dfrac{L}{R}[s]$

· 코일의 인덕턴스 $L=\dfrac{N\phi}{L}=\dfrac{1000\times3\times10^{-2}}{10}=3[H]$

· 저항 $R=10[\Omega]$

∴ 시정수 $\tau=\dfrac{L}{R}=\dfrac{3}{10}=0.3[s]$ 【정답】①

75. $f(t)=\dfrac{d}{dt}\cos\omega t$를 라플라스 변환하면?

① $\dfrac{\omega^2}{s^2+\omega^2}$ ② $\dfrac{-s^2}{s^2+\omega^2}$

③ $\dfrac{s}{s^2+\omega^2}$ ④ $-\dfrac{\omega^2}{s^2+\omega^2}$

|정|답|및|해|설|⋯⋯⋯⋯⋯⋯⋯⋯⋯⋯

[라플라스 변환]
실미분의 정리 $\mathcal{L}[f'(t)]=sF(s)-f(0)$

$\mathcal{L}\left[\dfrac{d}{dt}\cos\omega t\right]=s\cdot\dfrac{s}{s^2+w^2}-1=\dfrac{-w^2}{s^2+w^2}$

【정답】④

76. 800[kW], 역률 80[%]의 부하가 있다. $\dfrac{1}{4}$ 시간 동안 소비되는 전력량[kWh]은?

① 800 ② 600

③ 400 ④ 200

|정|답|및|해|설|⋯⋯⋯⋯⋯⋯⋯⋯⋯⋯

[전력량] $W=P\cdot t=800\times\dfrac{1}{4}=200[kWh]$ 【정답】④

77. 3상 불평형 전압을 V_a, V_b, V_c라고 할 때 정상전압은? (단, $a=-\dfrac{1}{2}+j\dfrac{\sqrt{3}}{2}$이다.)

① $\dfrac{1}{3}(V_a+aV_b+a^2V_c)$

② $\dfrac{1}{3}(V_a+a^2V_b+aV_c)$

③ $\dfrac{1}{3}(V_a+a^2V_b+V_c)$

④ $\dfrac{1}{3}(V_a+V_b+V_c)$

|정|답|및|해|설|⋯⋯⋯⋯⋯⋯⋯⋯⋯⋯
[정상전압]
1. 영상전압 $V_0=\dfrac{1}{3}(V_a+V_b+V_c)[V]$

2. 정상전압 $V_1=\dfrac{1}{3}(V_a+aV_b+a^2V_c)$

$=\dfrac{1}{3}(V_a+V_b\angle120°+V_c\angle-120°)[V]$

3. 역상전압 $V_2=\dfrac{1}{3}(V_a+a^2V_b+aV_c)[V]$ 【정답】①

78. 그림과 같이 접속된 회로에 평형 3상 전압 $E[V]$를 가할 때의 전류 $I_1[A]$은?

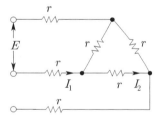

① $\dfrac{\sqrt{3}}{4E}$ ② $\dfrac{4E}{\sqrt{3}}$

③ $\dfrac{4r}{\sqrt{3}E}$ ④ $\dfrac{\sqrt{3}E}{4r}$

|정|답|및|해|설|⋯⋯⋯⋯⋯⋯⋯⋯⋯⋯
[전류]

1상의 등가 저항 $R=\dfrac{r^2}{r+r+r}=\dfrac{r^2}{3r}=\dfrac{r}{3}$

선전류 $I_1=\dfrac{\dfrac{E}{\sqrt{3}}}{r+\dfrac{r}{3}}=\dfrac{\sqrt{3}E}{4r}$

【정답】④

79. 그림과 같은 커패시터 C의 초기 전압이 $V(0)$일 때 라플라스 변환에 의하여 s함수로 표시된 등가 회로로 옳은 것은?

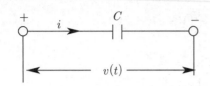

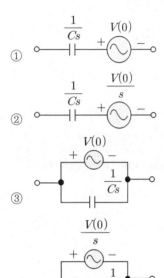

①

②

③

④

|정|답|및|해|설|

[등가회로]

$v(t) = \dfrac{1}{C}\int i(t)dt$ 라플라스 변환하면

$V(s) = \dfrac{1}{Cs}I(s) + \dfrac{1}{Cs}i^{-1}(0)$

$i^{-1}(0)$는 초기 충전 전하이므로 $Q_0 = Cv(0)$

$\therefore V(s) = \dfrac{1}{Cs}I(s) + \dfrac{v(0)}{s}$ 【정답】②

80. 평형 3상 Y결선 회로의 선간전압 V_l, 상전압 V_p, 선전류 I_l, 상전류가 I_p일 때 다음의 관련식 중 틀린 것은? (단, P_y는 3상 부하전력을 의미한다.)

① $V_l = \sqrt{3}\,V_p$ ② $I_l = I_p$

③ $P_y = \sqrt{3}\,V_l I_l \cos\theta$ ④ $P_y = \sqrt{3}\,V_p I_p \cos\theta$

|정|답|및|해|설|

[△, Y결선 회로의 선간전압(V_l), 상전압(V_p), 선전류(I_l), 상전류(I_p)]

결선법	선간전압 V_l	선전류 I_l	출력[W]	
△결선	V_p	$\sqrt{3}\,I_p$	$\sqrt{3}\,V_l I_l \cos\theta$	$3 V_p I_p \cos\theta$
Y결선	$\sqrt{3}\,V_p$	I_p		

여기서, V_l : 선간전압, I_l : 선로전류, V_p : 정격전압

　　　　I_p : 상전류 　　　　　　　　　　【정답】④

---

81. 옥내배선의 사용전압이 220[V]인 경우 금속관공 사의 기술기준으로 옳은 것은?

① 금속관에는 접지공사를 하였다.

② 전선은 옥외용 비닐절연전선을 사용하였다.

③ 금속관과 접속부분의 나사는 3턱 이상으로 나 사결합으로 하였다.

④ 콘크리트에 매설하는 전선관의 두께는 1.0[mm]를 사용하였다.

|정|답|및|해|설|

[금속관 공사 (KEC 232.12)]

· 금속관 공사는 옥외용 비닐 절연 전선을 제외한 절연 전선으로 10[㎟] 이하에 한하여 단선을 사용

· 콘크리트에 매설하는 금속관의 두께는 1.2[mm] 이상

· 전선관과의 접속 부분의 나사는 5턱 이상 완전히 나사 결합이 될 수 있는 길이일 것

· 관에는 kec140에 준하여 접지공사 　　　　【정답】①

82. 폭발성 또는 연소성의 가스가 침입할 우려가 있는 지중함에 그 크기가 몇 [m³] 이상의 것은 통풍장 치 기타 가스를 방산시키기 위한 적당한 장치를 시설하여야 하는가?

① 0.9　　② 1.0　　③ 1.5　　④ 2.0

|정|답|및|해|설|

[지중함의 시설 (KEC 334.2)] 지중 전로를 시설하는 경우 폭발 성 또는 연소성의 가스가 침입할 우려가 있는 곳에 시설하는 지중 함으로 그 크기가 1[m³] 이상인 것은 통풍 장치 기타 가스를 방산 시키기 위한 장치를 하여야 한다. 　　　　【정답】②

83. 무선용 안테나를 지지하는 목주의 풍압하중에 대한 안전율은?

① 1.2 이상   ② 1.5 이상

③ 2.0 이상   ④ 2.2 이상

|정|답|및|해|설|⋯⋯⋯⋯⋯⋯⋯⋯⋯⋯⋯⋯⋯

[무선용 안테나 등을 지지하는 철탑 등의 시설 (KEC 364)] 전력보안통신 설비인 무선통신용 안테나 또는 반사판을 지지하는 목주·철근·철근콘크리트주 또는 철탑은 다음 각 호에 의하여 시설하여야 한다.
① 목주의 안전율 : 1.5 이상
② 철주·철근콘클리트주 또는 철탑의 기초 안전율 : 1.5 이상
【정답】②

84. 차량, 기타 중량물의 압력을 받을 우려가 없는 장소에 지중 전선로를 직접 매설식에 의하여 매설하는 경우에는 매설 깊이를 몇 [cm] 이상으로 하여야 하는가?

① 40   ② 60

③ 80   ④ 100

|정|답|및|해|설|⋯⋯⋯⋯⋯⋯⋯⋯⋯⋯⋯⋯⋯

[지중 전선로의 시설 (KEC 334.1)] 전선은 케이블을 사용하고, 또한, 관로식, 암거식, 직접 매설식에 의하여 시공한다.
1. 직접 매설식 : 매설 깊이는 중량물의 압력이 있는 곳은 1.0[m] 이상, 없는 곳은 0.6[m] 이상으로 한다.
2. 관로식 : 매설 깊이를 1.0[m]이상, 중량물의 압력을 받을 우려가 없는 곳은 60[cm] 이상으로 한다.
3. 암거식 : 지하 구조물 내 케이블 지지대를 설치하고 그 위에 케이블을 부설하는 방식
【정답】②

85. 전력용 커패시터의 용량 15000[kVA] 이상은 자동적으로 전로로부터 차단하는 장치가 필요하다. 자동적으로 전로로부터 차단하는 장치가 필요한 사유로 틀린 것은?

① 과전류가 생긴 경우

② 과전압이 생긴 경우

③ 내부에 고장이 생긴 경우

④ 절연유의 압력이 변화하는 경우

|정|답|및|해|설|⋯⋯⋯⋯⋯⋯⋯⋯⋯⋯⋯⋯⋯

[발전기 등의 보호장치 (KEC 351.3)] 조상 설비에는 그 내부에 고장이 생긴 경우에 보호하는 장치를 표와 같이 시설하여야 한다.

설비 종별	뱅크 용량의 구분	자동적으로 전로로부터 차단하는 장치
전력용 커패시터 및 분로리액터	500[kVA] 초과 15,000[kVA] 미만	· 내부에 고장이 생긴 경우 · 과전류가 생긴 경우
	15,000[kVA] 이상	· 내부에 고장이 생긴 경우 · 과전류가 생긴 경우 · 과전압이 생긴 경우
무효 전력 보상 장치 (조상기)	15,000[kVA] 이상	내부에 고장이 생긴 경우

【정답】④

86. 고압 가공전선로의 지지물로 철탑을 사용한 경우 최대경간은 몇 [m] 이하이어야 하는가?

① 300   ② 400

③ 500   ④ 600

|정|답|및|해|설|⋯⋯⋯⋯⋯⋯⋯⋯⋯⋯⋯⋯⋯

[고압 가공전선로 지지물 간의 거리(경간)의 제한 (KEC 332.9)]

지지물의 종류	표준 경간	22[㎟] 이상의 경동선 사용
목주 · A종 철주 또는 A종 철근 콘크리트 주	150[m] 이하	300[m] 이하
B종 철주 또는 B종 철근 콘크리트 주	250[m] 이하	500[m] 이하
철탑	600[m] 이하	600[m] 이하

【정답】④

87. 목주, A종 철주 및 A종 철근 콘크리트주 지지물을 사용할 수 없는 보안공사는?

① 고압 보안공사

② 제1종 특고압 보안공사

③ 제2종 특고압 보안공사

④ 제3종 특고압 보안공사

|정|답|및|해|설|⋯⋯⋯⋯⋯⋯⋯⋯⋯⋯⋯⋯⋯

[특고압 보안공사 (KEC 333.22)] 제1종 특고압 보안 공사의 지지물에는 B종 철주, B종 철근 콘크리트주 또는 철탑을 사용할 것
【정답】②

88. 특고압 가공전선로의 지지물로 사용하는 목주의 풍압 하중에 대한 안전율은 얼마 이상이어야 하는가?

① 1.2   ② 1.5

③ 2.0   ④ 2.5

|정|답|및|해|설|_____

[특고압 가공전선로의 목주 시설 (KEC 333.10)] 특고압 가공전선로의 지지물로 사용하는 목주는 다음 각 호에 따르고 또한 경고하게 시설하여야 한다.

1. 풍압하중에 대한 안전율은 1.5 이상일 것.
2. 굵기는 위쪽 끝 지름 12[cm] 이상일 것.   【정답】②

89. ACSR선을 사용한 고압가공전선의 처짐 정도(이도) 계산에 적용되는 안전율은?

① 2.0   ② 2.2   ③ 2.5   ④ 3

|정|답|및|해|설|_____

[고압 가공전선의 안전율 (KEC 331.14.2)] 고압 가공전선은 케이블인 경우 이외에는 다음 각 호에 규정하는 경우에 그 안전율이 경동선 또는 내열 동합금선은 2.2 이상, 그 밖의 전선은 2.5 이상이 되는 처짐 정도(이도)로 시설하여야 한다.   【정답】③

90. 진열장 안의 사용전압이 400[V] 미만인 저압 옥내배선으로 외부에서 보기 쉬운 곳에 한하여 시설할 수 있는 전선은? (단, 진열장은 건조한 곳에 시설하고 또한 진열장 내부를 건조한 상태로 사용하는 경우이다.)

① 단면적이 $0.75[mm^2]$ 이상인 코드 또는 캡타이어 케이블

② 단면적이 $0.75[mm^2]$ 이상인 나전선 또는 캡타이어 케이블

③ 단면적이 $1.25[mm^2]$ 이상인 코드 또는 절연전선

④ 단면적이 $1.25[mm^2]$ 이상인 나전선 또는 다심형전선

|정|답|및|해|설|_____

[진열장 또는 이와 유사한 것의 내부 배선 (KEC 234.8)] 진열장 내부에 사용-전압이 400[V] 미만의 배선은 단면적이 0.75[mm²] 이상인 코드 또는 캡타이어 케이블일 것   【정답】①

91. 저압 옥내배선을 가요전선관 공사에 의해 시공하고자 한다. 이 가요전선관에 설치하는 전선으로 단선을 사용할 경우 그 단면적은 최대 몇 $[mm^2]$ 이하이어야 하는가? (단. 알루미늄선은 제외한다.)

① 2.5   ② 4

③ 6   ④ 10

|정|답|및|해|설|_____

[금속제 가요 전선관 공사 (KEC 232.13)]

가요 전선관 공사에 의한 저압 옥내 배선

· 전선은 절연 전선 이상일 것(옥외용 비닐 절연 전선은 제외)

· 전선은 연선일 것. 다만, 단면적 $10[mm^2]$ 이하인 것은 단선을 쓸 수 있다.

· 가요 전선관 안에는 전선에 접속점이 없도록 할 것

· 가요 전선관은 2종 금속제 가요 전선관일 것   【정답】④

92. 변압기의 고압측 전로의 1선 지락전류가 4[A]일 때, 일반적인 경우의 접지저항 값은 몇 [Ω] 이하로 유지되어야 하는가?

① 18.75   ② 22.5

③ 37.5   ④ 52.5

|정|답|및|해|설|_____

[변압기 중성점 접지의 접지저항 (KEC 142.5)]

1. 특별한 보호 장치가 없는 경우

$$R = \frac{150}{I}[\Omega] \quad \rightarrow (I : 1선지락전류)$$

2. 보호 장치의 동작이 1~2초 이내 $R = \frac{300}{I}[\Omega]$

3. 보호 장치의 동작이 1초 이내 $R = \frac{600}{I}[\Omega]$

그러므로 일반적으로 변압기의 고압·특고압측 전로 1선 지락전류로 150을 나눈 값과 같은 저항 값 이하

$$R = \frac{150}{1선\ 지락\ 전류} = \frac{150}{4} = 37.5[\Omega]$$ 【정답】③

93. KS C IEC 60364에서 충전부 전체를 대지로부터 절연시키거나 한 점에 임피던스를 삽입하여 대지에 접속시키고, 전기기기의 노출 도전성 부분 단독 또는 일괄적으로 접지 하거나 또는 계통접지로 접속하는 접지계통을 무엇이라 하는가?

① TT 계통
② IT 계통
③ TN-C 계통
④ TN-S 계통

|정|답|및|해|설|
[계통접지의 방식 (KEC 203)]
1. TT 계통 : 전원의 한 점을 직접 접지하고 설비의 노출 도전성부분을 전원계통의 접지극과는 전기적으로 독립한 접극에 접지하는 접지계통을 말한다.
2. IT계통 : 충전부 전체를 대지로부터 절연시키거나, 한 점에 임피던스를 삽입하여 대지에 접속시키고, 전기기기의 <u>노출 도전성부분 단독 또는 일괄적으로 접지하거나 또는 계통접지로 접속하는 접지계통</u>
3. TN 계통 : 전원의 한 점을 직접접지하고 설비의 노출 도전성부분을 보호선(PE)을 이용하여 전원의 한 점에 접속하는 접지계통
·TN-C 계통 : 계통 전체의 중성선과 보호선을 동일전선으로 사용한다.
·TN-S 계통 : 계통 전체의 중성선과 보호선을 접속하여 사용하거나, 계통 전체의 접지된 상전선과 보호선을 접속하여 사용한다.
·TN-C-S 계통 : 계통 일부의 중성선과 보호선을 동일전선으로 사용한다.　　　　　　　　　　　　　　**【정답】②**

94. 발전기·변압기·무효 전력 보상 장치(조상기)·계기용변성기·모선 또는 이를 지지하는 애자는 어떤 전류에 의하여 생기는 기계적 충격에 견디는 것인가?

① 지상전류
② 유도전류
③ 충전전류
④ 단락전류

|정|답|및|해|설|
[발전기 등의 기계적 강도 (기술기준 제23조)] 발전기, 변압기, 무효 전력 보상 장치(조상기), 모선 또는 이를 지지하는 <u>애자는 단락 전류에 의하여 생기는 기계적 충격에 견디어야 한다.</u>
　　　　　　　　　　　　　　　　　　【정답】④

95. 화약류 저장소에서 전기설비를 시설할 때의 사항으로 틀린 것은?

① 전로의 대지전압이 400[V] 이하이어야 한다.
② 개폐기 및 과전류차단기는 화약류저장소 밖에 둔다.
③ 옥내배선은 금속관배선 또는 케이블배선에 의하여 시설한다.
④ 과전류차단기에서 저장소 인입구까지의 배선에는 케이블을 사용한다.

|정|답|및|해|설|
[화약류 저장소 등의 위험장소 (KEC 242.5)]
·전로의 <u>대지전압은 300[V] 이하일 것</u>
·전기 기계기구는 전폐형일 것
·금속관 공사, 케이블 공사에 의할 것　　　**【정답】①**

※한국전기설비규정(KEC) 적용으로 인해 더 이상 출제되지 않는 문제는 삭제했습니다.

1. $l_1 = \infty$, $l_2 = 1[m]$의 두 직선 도선을 50[cm]의 간격으로 평행하게 놓고, l_1을 중심축으로 하여 l_2를 속도 100[m/s]로 회전시키면 l_2에 유기되는 전압은 몇 [V] 인가? (단, l_1에 흐르는 전류는 50[mA]이다.)

① 0   ② 5

③ 2×10^{-6} ④ 3×10^{-6}

|정|답|및|해|설|
[유기기전력] $e = Blv\sin\theta$
즉, 유기기전력은 자속을 끊어야 발생한다.
지금 평형상태이고 자속을 끊지 못하므로 유기기전력은 발생하지 않는다. 【정답】①

2. 무한 길이의 직선 도체에 전하가 균일하게 분포되어 있다. 이 직선 도체로부터 l인 거리에 있는 점의 전계의 세기는?

① l에 비례한다.   ② l에 반비례한다.

③ l^2에 비례한다.   ④ l^2에 반비례한다.

|정|답|및|해|설|
[무한장 직선 도체에 의한 전계] $E = \dfrac{\lambda}{2\pi\epsilon_0 l}[V/m]$

여기서, $\lambda[C/m]$: 선전하밀도
$E \propto \dfrac{1}{l}$, 거리에 반비례한다. 【정답】②

3. 6.28[A]가 흐르는 무한장 직선 도선상에서 1[m] 떨어진 점의 자계의 세기[AT/m]는?

① 0.5   ② 1

③ 2   ④ 3

|정|답|및|해|설|
[무한장 직선 전류에 의한 자계의 세기] $H = \dfrac{I}{2\pi r}$

$H = \dfrac{6.28}{2\pi \times 1} = 1[\text{AT/m}]$ 【정답】②

4. W_1, W_2의 에너지를 갖는 두 콘덴서를 병렬로 연결하였을 경우 총 에너지 W에 대한 관계식으로 옳은 것은? (단, $W_1 \neq W_2$이다.)

① $W_1 + W_2 > W$ ② $W_1 + W_2 < W$

③ $W_1 + W_2 = W$ ④ $W_1 - W_2 = W$

|정|답|및|해|설|
[콘덴서 병렬연결]
1. $W_1 \neq W_2$: 서로 다른 에너지를 갖는 두 콘덴서를 병렬로 연결하면 합성 에너지는 감소한다. 즉, $W_1 + W_2 > W$가 된다.
2. $W_1 = W_2$: 서로 같은 두 콘덴서를 병렬로 연결하면 합성 에너지는 일정하다. 즉, $W_1 + W_2 = W$가 된다.
3. 비눗방울을 합치면 에너지는 증가한다. 즉, $W_1 + W_2 < W$ 【정답】①

5. 정현파 자속으로 하여 기전력이 유기될 때 자속의 주파수가 3배로 증가하면 유기 기전력은 어떻게 되는가?

① 3배 증가   ② 3배 감소

③ 9배 증가   ④ 9배 감소

|정|답|및|해|설|
[유기기전력] $e = -N\dfrac{d\varnothing}{dt} = -N\dfrac{d(\varnothing_m \sin \omega t)}{dt} = -\omega N\varnothing_m \sin \omega t$
$\rightarrow (\varnothing = \varnothing_m \sin \omega t, \ \omega = 2\pi f)$

위의 식에 의해 $e \propto f$
따라서, 주파수(f)의 유기기전력(e)은 비례하므로 주파수를 3배로 높이면 유기기전력도 3배로 증가한다. 【정답】①

6. 그림과 같은 자기회로에서 $R_1 = 0.1$[AT/Wb], $R_2 = 0.2$[AT/Wb], $R_3 = 0.3$[AT/Wb]이고 코일은 10회 감았다. 이때 코일이 10[A]의 전류를 흘리면 $\overline{ABC}$간에 투과하는 자속 $\varnothing$는 약 몇 [Wb]인가?

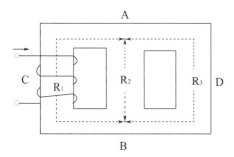

① 2.25×10^2
② 4.55×10^2
③ 6.50×10^2
④ 8.45×10^2

|정|답|및|해|설|

[자속] $\phi = \dfrac{NI}{R}$ → ($\varnothing R = NI$)

합성저항 $R = R_1 + \dfrac{R_2 R_3}{R_2 + R_3} = 0.1 + \dfrac{0.2 \times 0.3}{0.2 + 0.3}$

$\qquad\qquad = 0.1 + 0.12 = 0.22$[AT/Wb]

$N = 10$, $I = 10$[A]

$\therefore \phi = \dfrac{NI}{R} = \dfrac{10 \times 10}{0.22} = 4.55 \times 10^2$[Wb]   【정답】②

7. 전계의 세기를 주는 대전체 중 거리 r에 반비례하는 것은?

① 구전하에 의한 전계
② 점전하에 의한 전계
③ 선전하에 의한 전계
④ 전기쌍극자에 의한 전계

|정|답|및|해|설|

[선전하에 의한 전계] $E = \dfrac{\lambda}{2\pi \epsilon_0 r}[V/m] \propto \dfrac{1}{r}$ 【정답】③

|참|고|

① 구전하 $E = \dfrac{Q}{4\pi \epsilon r^2} = 9 \times 10^9 \dfrac{Q}{\epsilon_s r^2}[N]$

② 점전하 $E = \dfrac{Q_1 Q_2}{4\pi \epsilon r^2} = 9 \times 10^9 \dfrac{Q_1 Q_2}{\epsilon_s r^2}[N]$

④ 전기쌍극자 $E = \dfrac{M}{4\pi \epsilon_0 r^3} \sqrt{1 + 3\cos^2\theta}$ [V/m]

8. 투자율이 다른 두 자성체의 경계면에서 굴절각과 입사각의 관계가 옳은 것은? (단, μ : 투자율, θ_1 : 입사각, θ_2 : 굴절각 이다.)

① $\dfrac{\sin\theta_1}{\sin\theta_2} = \dfrac{\mu_1}{\mu_2}$
② $\dfrac{\tan\theta_2}{\tan\theta_1} = \dfrac{\mu_1}{\mu_2}$
③ $\dfrac{\cos\theta_1}{\cos\theta_2} = \dfrac{\mu_1}{\mu_2}$
④ $\dfrac{\tan\theta_1}{\tan\theta_2} = \dfrac{\mu_1}{\mu_2}$

|정|답|및|해|설|

[두 유전체의 경계 조건 (굴절법칙)] $\dfrac{\tan\theta_1}{\tan\theta_2} = \dfrac{\mu_1}{\mu_2} = \dfrac{\epsilon_1}{\epsilon_2}$

여기서, θ_1 : 입사각, θ_2 : 굴절각, ϵ : 유전율, μ : 투자율
※투자율, 유전율도 굴절각에 비례한다.   【정답】④

9. $E = [(\sin x)a_x + (\cos x)a_y]e^{-y}$ [V/m]인 전계가 자유공간 내에 존재한다. 공간 내의 모든 곳에서 전하밀도는 몇 $[C/m^3]$인가?

① $\sin x$
② $\cos x$
③ e^{-y}
④ 0

|정|답|및|해|설|

[가우스 정리의 미분형]
$\rho = \nabla \cdot D = \nabla \cdot \epsilon_0 E$

$= \epsilon_0 \left(\dfrac{\partial}{\partial x} e^{-y} \sin x + \dfrac{\partial}{\partial y} e^{-y} \cos x \right)$

$= \epsilon_0 (e^{-y}\cos x - e^{-y}\cos x) = 0$ 【정답】④

10. 진공 중에 같은 전기량 +1[C]의 대전체 두 개가 약 몇 [m] 떨어져 있을 때 각 대전체에 작용하는 반발력이 몇 [N] 인가?

① 3.2×10^{-3}
② 3.2×10^3
③ 9.5×10^{-4}
④ 9.5×10^4

|정|답|및|해|설|

[쿨롱의 법칙] $F = 9 \times 10^9 \times \dfrac{Q_1 Q_2}{r^2}$ [N]

$F = 1$[N], $Q_1 = Q_2 = 1$[C]

$r^2 = \dfrac{9 \times 10^9 \times Q^2}{F} = \dfrac{9 \times 10^9 \times 1^2}{1} \rightarrow \therefore r = 9.5 \times 10^4$[m]

【정답】④

11. 유전체에 가한 전계 E[V/m]와 분극의 세기 $P[C/m^2]$, 전속밀도 $D[C/m^2]$간의 관계식으로 옳은 것은?

① $P = \epsilon_o(\epsilon_s - 1)E$

② $P = \epsilon_o(\epsilon_s + 1)E$

③ $D = \epsilon_o E - P$

④ $D = \epsilon_o \epsilon_s E + P$

|정|답|및|해|설|

[분극의 세기] $P = \epsilon_0(\epsilon_s - 1)E = D - \epsilon_0 E = (1 - \frac{1}{\epsilon_s})D[C/m^2]$

· 전계 $E = \frac{\sigma - \sigma_p}{\epsilon_0} = \frac{D - P}{\epsilon_0}$[V/m]

· 전속밀도 $D = \epsilon_0 E + P = \epsilon_0 \epsilon_s E[C/m^2]$

· 분극의 세기 $P = \epsilon_0(\epsilon_s - 1)E = D - \epsilon_0 E = (1 - \frac{1}{\epsilon_s})D[C/m^2]$

여기서, σ : 진전하, σ_p : 속박전하, $\sigma - \sigma_p$: 자유전하

【정답】①

12. 정전용량 6[μF], 극간거리 2[mm]의 평형 평판 콘덴서에 300[μC]의 전하를 주었을 때 극판간의 전계는 몇 [V/mm]인가?

① 25   ② 50

③ 150   ④ 200

|정|답|및|해|설|

[전계의 세기] $E = \frac{V}{r}[V]$[V/mm]

$V = \frac{Q}{C} = \frac{300 \times 10^{-6}}{6 \times 10^{-6}} = 50$[V]

$\therefore E = \frac{V}{r} = \frac{50}{2} = 25$[V/mm]   【정답】①

13. 전자석의 재료(연철)로 적당한 것은?

① 잔류자속밀도가 크고, 보자력이 작아야 한다.

② 잔류자속밀도와 보자력이 모두 작아야 한다.

③ 잔류자속밀도와 보자력이 모두 커야 한다.

④ 잔류자속밀도가 작고, 보자력이 커야 한다.

|정|답|및|해|설|

[전자석의 재료] 전자석의 재료는 히스테리시스 면적과 보자력이 작고 잔류자속밀도만 크면 된다.

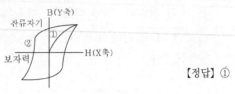

【정답】①

14. 두 자기인덕턴스를 직렬로 연결하여 두 코일이 만드는 자속이 동일 방향일 때 합성 인덕턴스를 측정하였더니 75[mH]가 되었고, 두 코일이 만드는 자속이 서로 반대인 경우에는 25[mH]가 되었다. 두 코일의 상호인덕턴스는 몇 [mH]인가?

① 12.5   ② 20.5

③ 25   ④ 30

|정|답|및|해|설|

[코일의 상호인덕턴스]

· 자속이 동일 방향 : $L_a + L_b + 2M = 75$ ················①

· 자속이 반대 방향 : $L_a + L_b - 2M = 25$ ················②

· ①-②을 하면

상호인덕턴스 $M = \frac{75 - 25}{4} = 12.5$ → $\therefore M = 12.5$[mH]

【정답】①

15. 유전율 ϵ, 투자율 μ인 매질 중을 주파수 f(Hz)의 전자파가 전파되어 나갈 때의 파장은 몇 [m]인가?

① $f\sqrt{\epsilon\mu}$ ② $\frac{1}{f\sqrt{\epsilon\mu}}$

③ $\frac{f}{\sqrt{\epsilon\mu}}$ ④ $\frac{\sqrt{\epsilon\mu}}{f}$

|정|답|및|해|설|

[전파속도] $v = f\lambda = \sqrt{\frac{1}{\epsilon\mu}} = \frac{c}{\sqrt{\epsilon_s\mu_s}} = \frac{3 \times 10^8}{\sqrt{\epsilon_s\mu_s}}$[m/s]

여기서, v : 전파속도, λ : 전파의 파장[m], f : 주파수[Hz]

$\therefore \lambda = \frac{1}{f\sqrt{\epsilon\mu}}$[m]   【정답】②

16. 반지름이 r_1인 가상구 표면에 $+Q$의 전하가 균일하게 분포되어 있는 경우, 가상구 내의 전위분포에 대한 설명으로 옳은 것은?

① $V = \dfrac{Q}{4\pi\epsilon_0 r_1}$ 로 반지름에 반비례하여 감소한다.

② $V = \dfrac{Q}{4\pi\epsilon_0 r_1}$ 로 일정하다.

③ $V = \dfrac{Q}{4\pi\epsilon_0 r_1^2}$ 로 반지름에 반비례하여 감소한다.

④ $V = \dfrac{Q}{4\pi\epsilon_0 r_1^2}$ 로 일정하다.

|정|답|및|해|설|⋯⋯⋯⋯⋯⋯⋯⋯⋯⋯⋯⋯⋯⋯⋯⋯⋯

[가상구 내의 전위분포] 전하 $+Q$가 가상구 표면에 균일하게 분포되어 있는 경우는 도체구를 의미하므로 <u>가상구 내부의 전위는 표면전위와 같다.</u> 즉 가상구(도체구)의 표면 전위는 점전하 $+Q$가 중심에 있고 거리 r_1인 점의 전위와 같으므로

$V = \dfrac{Q}{4\pi\epsilon_0 r_1}$ (내부 : 일정)　　　　　　　【정답】②

17. 공간도체 중의 정상 전류밀도를 i, 공간 전하밀도를 ρ라고 할 때 키르히호프의 전류법칙을 나타내는 것은?

① $i = 0$　　　　　　② $\mathrm{div}\, i = 0$

③ $i = \dfrac{\partial \rho}{\partial t}$　　　　④ $\mathrm{div}\, i = \infty$

|정|답|및|해|설|⋯⋯⋯⋯⋯⋯⋯⋯⋯⋯⋯⋯⋯⋯⋯⋯⋯

[키르히호프의 전류 법칙(KCL)] $\sum i_i = \sum i_o$
유입전류=유출전류
단위 체적당 전류의 크기 변화는 없다.
전류의 연속성 $div\, i = 0$로 표현된다.　　　　【정답】②

18. 완전 유전체에서 경계조건을 설명한 것 중 맞는 것은?

① 전속밀도의 접선성분은 같다.

② 전계의 법선성분은 같다.

③ 경계면에 수직으로 입사한 전속은 굴절하지 않는다.

④ 유전율이 큰 유전체에서 유전율이 작은 유전체로 전계가 입사하는 경우 굴절각은 입사각보다 크다.

|정|답|및|해|설|⋯⋯⋯⋯⋯⋯⋯⋯⋯⋯⋯⋯⋯⋯⋯⋯⋯

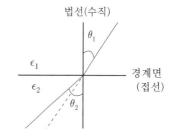

[유전체의 경계조건]

　여기서, θ_1, θ_2 : 법선과 이루는 각, θ_1 : 입사각, θ_2 : 굴절각

1. 전속밀도의 법선성분(수직성분)이 같다.
　($D_1 \cos\theta_1 = D_2 \cos\theta_2$)
2. 전계는 접선성분(평행성분)이 같다.
　($E_1 \sin\theta_1 = E_2 \sin\theta_2$)
3. <u>경계면에 수직으로 입사한 전속은 굴절하자 않는다.</u>
4. 입사각과 굴절각은 유전율에 비례

　$\dfrac{\tan\theta_1}{\tan\theta_2} = \dfrac{\epsilon_1}{\epsilon 2}$　(θ_1 : 입사각, θ_2 : 굴절각)

　$\epsilon_1 > \epsilon_2$이면, $\theta_1 > \theta_2$　　　　　　　【정답】③

19. 10[V]의 기전력을 유기시키려면 5초간에 몇 [Wb]의 자속을 끊어야 하는가?

① 2　　　　　　　② 10

③ 25　　　　　　④ 50

|정|답|및|해|설|⋯⋯⋯⋯⋯⋯⋯⋯⋯⋯⋯⋯⋯⋯⋯⋯⋯

[패러데이 법칙(기전력)] $e = -N\dfrac{d\phi}{dt}$ 에서 크기이므로 $e = N\dfrac{d\phi}{dt}$

$10 = \dfrac{d\phi}{5}$ → $d\phi = 10 \times 5 = 50[\mathrm{Wb}]$

　　　　　　　　　　　　　　　　　　　　【정답】④

20. 전계 $E = i3x^2 + j2xy^2 + kx^2yz$의 div E는 얼마인가?

① $-i6x + jxy + kx^2y$

② $i6x + j6xy + kx^2y$

③ $-6x - 6xy - x^2y$

④ $6x + 4xy + x^2y$

|정|답|및|해|설|_____

[div E의 값]

$$\text{div}\,E = \nabla \cdot E$$

$$= \left(i\frac{\partial}{\partial x} + j\frac{\partial}{\partial y} + k\frac{\partial}{\partial z}\right) \cdot (iE_x + jE_y + kE_z)$$

$$= \frac{\partial E_x}{\partial x} + \frac{\partial E_y}{\partial y} + \frac{\partial E_z}{\partial z}$$

$$= \frac{\partial}{\partial x}(3x^2) + \frac{\partial}{\partial y}(2xy^2) + \frac{\partial}{\partial z}(x^2yz)$$

$$= 6x + 4xy + x^2y\,[\text{F}]$$

【정답】④

2015년 전기산업기사필기 (전력공학)

21. 유역면적 80[km²], 유효낙차 30[m], 연간강우량 1500[mm]의 수력발전소에서 그 강우량의 70[%]만 이용하면 연간 발전 전력량은 몇 [kWh]인가? (단, 종합효율은 80[%]이다.)

① 5.49×10^7 ② 1.98×10^7

③ 5.49×10^6 ④ 1.98×10^8

|정|답|및|해|설|_____

[연간 발전 전력량] $P = 9.8HQ\eta \times 365 \times 24[\text{kWh}]$

여기서, Q : 연간 평균유량$[m^3/S]$, H : 유효낙차, η : 효율

연평균 유량 $Q = \dfrac{A\rho k \times 10^3}{365 \times 24 \times 60 \times 60}[m^2/s]$

$$= \frac{80 \times 10^6 \times \dfrac{1500}{1000} \times 0.7}{365 \times 24 \times 60 \times 60} = 2.664[m^3/\text{sec}]$$

(A : 하천의 유역면적$[km^2]$, k : 유출계수, ρ : 연강수량[mm])

$\therefore P = 9.8HQ\eta \times 365 \times 24[\text{kWh}]$

$= 9.8 \times 2.664 \times 30 \times 0.8 \times 365 \times 24 = 5.49 \times 10^6[kWh]$

【정답】③

---

22. 선로 임피던스가 Z인 단상 단거리 송전선로의 4단자 정수는?

① $A = Z$, $B = Z$, $C = 0$, $D = 1$

② $A = 1$, $B = 0$, $C = Z$, $D = 1$

③ $A = 1$, $B = Z$, $C = 0$, $D = 1$

④ $A = 0$, $B = 1$, $C = Z$, $D = 0$

|정|답|및|해|설|_____

[4단자 정수]

A : 전압비, B : 임피던스, C : 어드미턴스, D : 전류

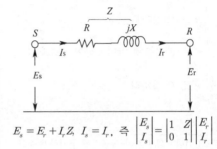

$E_s = E_r + I_r Z$, $I_s = I_r$, 즉 $\begin{vmatrix} E_s \\ I_s \end{vmatrix} = \begin{vmatrix} 1 & Z \\ 0 & 1 \end{vmatrix}\begin{vmatrix} E_r \\ I_r \end{vmatrix}$

【정답】③

---

23. 송전선로의 단락보호계전방식이 아닌 것은?

① 과전류계전방식

② 방향단락계전방식

③ 거리계전방식

④ 과전압계전방식

|정|답|및|해|설|_____

[단락 보호 계전방식 보호 계전기]

과전류계전기 (OCR)	단락이 되면 일정한 전류 이상이 흐르면 동작
거리계전기	선로의 단락보호, 사고의 검출용
방향·단락계전기 (DSR)	환상 선로의 단락사고 보호에 사용

※[과전압 계전기] 일정값 이상의 전압이 걸렸을 때 동작하는 계전기이다.

【정답】④

24. 어떤 건물에서 총 설비 부하용량이 850[kW], 수용률이 60[%]이면 변압기 용량은 최소 몇 [kVA]로 하여야 하는가? (단, 설비부하의 종합역률은 0.75이다.)

① 740

② 680

③ 650

④ 500

|정|답|및|해|설|

[변압기용량]

$$변압기 용량 = \frac{설비 용량 \times 수용률}{역률}$$

$$= \frac{850 \times 0.6}{0.75} = 680 [kVA]$$

※부하용량[kW], 변압기용량[kVA] $\rightarrow kVA = \frac{kW}{역률}$

【정답】②

25. 저압뱅킹방식에 대한 설명으로 틀린 것은?

① 전압동요가 적다.

② 캐스케이딩 현상에 의해 고장확대가 축소된다.

③ 부하증가에 대해 융통성이 좋다.

④ 고장 보호 방식이 적당할 때 공급 신뢰도는 향상된다.

|정|답|및|해|설|

[저압뱅킹방식의 특징]
· 전압 강하 및 전력 손실 경감
· 변압기 용량 및 저압선 용량의 절감
· 부하 증가에 대한 탄력성 향상
· 고장 보호 방법이 적당할 때 공급 신뢰도가 향상되며 플리커 현상 경감
· 캐스케이딩 현상이 발생하므로 <u>고장이 광범위하게 파급될 우려가 있음</u>

【정답】②

26. 낙차 350[m], 회전수 600[rpm]인 수차를 325[m]의 낙차에서 사용할 때의 회전수는 약 몇 [rpm] 인가?

① 500

② 560

③ 580

④ 600

|정|답|및|해|설|

[회전수] $N_2 = \left(\frac{H_2}{H_1}\right)^{\frac{1}{2}} \times N_1$ $\rightarrow (\frac{v_2}{v_1} = \frac{N_2}{N_1} = \left(\frac{H_2}{H_1}\right)^{\frac{1}{2}})$

$\frac{N_2}{N_1} = \left(\frac{H_2}{H_1}\right)^{\frac{1}{2}}$ $\rightarrow$ $\frac{N_2}{600} = \left(\frac{325}{350}\right)^{\frac{1}{2}}$

∴회전수 $N_2 = \left(\frac{325}{350}\right)^{\frac{1}{2}} \times 600 = 578.17 \doteqdot 580[rpm]$

【정답】③

27. 동일 전력을 동일 선간전압, 동일 역률로 동일 거리에 보낼 때 사용하는 전선의 총중량이 같으면, 단상 2선식과 3상 3선식의 전력 손실비(3상 3선식/단상 2선식)는?

① $\frac{1}{3}$

② $\frac{1}{2}$

③ $\frac{3}{4}$

④ 1

|정|답|및|해|설|

[전력 손실비] $전력손실비 = \frac{3상3선식}{단상2선식} = \frac{3I_3^2 R_3}{2I_1^2 R_1}$

· 전력이 동일하므로 $VI_1 = \sqrt{3}\,VI_3$

$\therefore I_1 = \sqrt{3}\,I_3 \rightarrow \frac{I_3}{I_1} = \frac{1}{\sqrt{3}}$

· 중량이 동일하므로

$2\sigma A_1 l = 3\sigma A_3 l \rightarrow \frac{A_1}{A_3} = \frac{3}{2} = \frac{R_3}{R_1}$

$\therefore 전력손실비 = \frac{3상3선식}{단상2선식} = \frac{3I_3^2 R_3}{2I_1^2 R_1} = \frac{3}{2} \times \left(\frac{1}{\sqrt{3}}\right)^2 \times \frac{3}{2} = \frac{3}{4}$

【정답】③

|참|고|

[전력 손실비를 이용하는 방법]

공급 방식	단상 2선식	단상 3선식	3상 3선식	3산 4선식
소요 전선량 전력 손실비	1	3/8 (37.5[%])	3/4 (75[%])	1/3 (33.3[%])

표에 의해 $\frac{3상3선식}{단상2선식} = \frac{\frac{3}{4}}{1} = \frac{3}{4}$

※문제에서 '~에 대한' 을 분모로 놓는다.

28. 송전선로의 안정도 향상 대책이 아닌 것은?

① 병행 다회선이나 복도체방식 채용

② 계통의 직렬리액턴스 증가

③ 속응 여자방식 채용

④ 고속도 차단기 이용

|정|답|및|해|설|

[안정도 향상대책]

1. 리액턴스의 값을 적게 한다.
   · 복도체 채용
   · 회선수 증가
2. 전압 변동을 작게
   · 분로리액터(페란티 효과 방지)
   · 단락비 크게
3. 계통 충격 줄임
   · 고속도 재폐로 방식
   · 고속차단기 설치
   · 속응여자 방식
   · 계통연계   【정답】②

29. 정정된 값 이상의 전류가 흘러 보호계전기가 동작할 때 동작 전류가 낮은 구간에서는 동작 전류의 증가에 따라 동작 시간이 짧아지고, 그 이상이면 동작 전류의 크기에 관계없이 일정한 시간에서 동작하는 특성을 무슨 특성이라 하는가?

① 정한시 특성   ② 반한시 특성

③ 순시 특성   ④ 반한시성 정한시 특성

|정|답|및|해|설|

[보호계전기의 특성]

1. 반한시 계전기 : 정정된 값 이상의 전류가 흘러서 동작할 경우에 작동 전류값이 클수록 빨리 동작하고 반대로 작동 전류값이 작아질수록 느리게 동작하는 특성이 있다.
2. 정한시 계전기 : 설정된 값 이상의 전류가 흘렀을 때 작동 전류의 크기와는 관계없이 항상 일정한 시간 후에 작동하는 계전기이다.
3. 반한시 정한시 계전기 : 어느 전류값까지는 반한시성이지만 그 이상이 되면 정한시로 작동하는 계전기이다.   【정답】④

30. 양 지지점의 높이가 같은 전선의 처짐 정도(이도)를 구하는 식은? (단, 처짐 정도(이도)는 D[m], 수평장력은 T[kg], 전선의 무게는 W[kg/m], 지지점 간 거리는 S[m]이다.)

① $D = \frac{WS^2}{8T}$ ② $D = \frac{SW^2}{8T}$

③ $D = \frac{8WT}{S^2}$ ④ $D = \frac{ST^2}{8W}$

|정|답|및|해|설|

[처짐 정도(이도)] $D = \frac{WS^2}{8T}[m]$

여기서, W : 전선의 중량[kg/m], T : 전선의 수평 장력 [kg]
         S : 지지점 간 거리(경간) [m]

※전선의 실제길이 $L = S + \frac{SD^2}{3S}[m]$ 【정답】①

31. 원자력발전소와 화력발전소의 특성을 비교한 것 중 틀린 것은?

① 원자력발전소는 화력발전소의 보일러 대신 원자로와 열교환기를 사용한다.

② 원자력발전소의 건설비는 화력발전소에 비해 싸다.

③ 동일 출력일 경우 원자력발전소의 터빈이나 복수기가 화력발전소에 비하여 대형이다.

④ 원자력발전소는 방사능에 대한 차폐 시설물의 투자가 필요하다.

|정|답|및|해|설|

[원자력발전소] 화력발전과 비교하여 원자력발전은 출력밀도(단위 체적당 출력)가 크므로 같은 출력이라면 소형화가 가능하나, 단위 출력당 건설비는 화력 발전소에 비하여 비싸다.
                                              【정답】②

32. 송전선로에서 역섬락을 방지하는 가장 유효한 방법은?

① 피뢰기를 설치한다.

② 가공지선을 설치한다.

③ 소호각을 설치한다.

④ 탑각 접지저항을 작게 한다.

|정|답|및|해|설|

[역섬락] 역섬락은 철탑의 탑각 접지 저항이 커서 뇌서지를 대지로 방전하지 못하고 선로에 뇌격을 보내는 현상이다.
따라서 역섬락을 방지하기 위해서는 탑각 접지저항(R)을 작게 해야 한다.
                                              【정답】④

33. 선로의 작용 정전용량 0.008[μF/km], 선로길이 100[km], 전압 37000[V]이고 주파수 60[Hz]일 때 한 상에 흐르는 충전전류는 약 몇 [A] 인가?

① 6.7 ② 8.7 ③ 11.2 ④ 14.2

|정|답|및|해|설|

[한 상에 흐르는 충전전류] $I_c = 2\pi f C l E [A]$

→ (E : 상전압. 문제에서 아무런 언급이 없으면 선간전압)

$\therefore I_c = 2\pi f C l E = 2\pi \times 60 \times 0.008 \times 10^{-6} \times 100 \times \dfrac{37000}{\sqrt{3}} = 6.44[A]$

【정답】정답없음

※37000[V]을 선간전압으로 하면 정답이 없으므로 상전압으로 계산하면

$I_c = 2\pi f C l E = 2\pi \times 60 \times 0.008 \times 10^{-6} \times 100 \times 37000 = 11.2[A]$

【정답】③

34. 차단기의 개폐에 의한 이상 전압의 크기는 대부분의 경우 송전선 대지 전압의 최고 몇 배 정도인가?

① 2배 ② 4배
③ 6배 ④ 8배

|정|답|및|해|설|

[차단기의 개폐에 의한 이상 전압] 선로의 개폐 시 또는 고장 시에 발생하는 서지(Surge)에 의한 이상전압 은 일반적으로 최대 상시 대지전압의 4배 정도   【정답】②

35. 리클로저에 대한 설명으로 가장 옳은 것은?

① 배전선로용은 고장구간을 고속 차단하여 제거한 후 다시 수동조작에 의해 배전이 되도록 설계된 것이다.
② 재폐로계전기와 함께 설치하여 계전기가 고장을 검출하고 이를 차단기에 통보, 차단하도록 된 것이다.
③ 3상 재폐로 차단기는 1상의 차단이 가능하고 무전압 시간을 약 20~30초로 정하여 재폐로 하도록 되어있다.
④ 배전선로의 고장구간을 고속 차단하고 재송전하는 조작을 자동적으로 시행하는 재폐로 차단장치를 장비한 자동차단기이다.

|정|답|및|해|설|

[리클로저]
· 회로의 차단과 투입을 자동적으로 반복하는 기구를 갖춘 차단기의 일종이다.
· 차단 장치를 자동 재폐로 하는 일   【정답】④

36. 뇌해 방지와 관계가 없는 것은?

① 매설지선 ② 가공지선
③ 소호각 ④ 댐퍼

|정|답|및|해|설|

[뇌해 방지]
1. 매설지선 : 탑각 접지저항을 가감시킨다.
2. 가공지선 : 뇌서지의 차폐
3. 소호각 : 섬락사고시 애자련의 보호

※댐퍼(damper)]
· 전선의 진동을 억제하기 위해 설치한다.
· 지지점 가까운 곳에 설치한다.   【정답】④

37. 우리나라의 특고압 배전방식으로 가장 많이 사용되고 있는 것은?

① 단상 2선식 ② 단상 3선식
③ 3상 3선식 ④ 3상 4선식

|정|답|및|해|설|

[우리나라의 특고압 배전방식] 3상 4선식은 같은 회선에서 선간전압과 상전압의 양전압을 이용할 수 있기 때문에 배전계통에서 가장 많이 채용되고 있다.   【정답】④

38. 발전기의 정태 안정 극한전력이란?

① 부하가 서서히 증가할 때의 극한전력
② 부하가 갑자기 크게 변동할 때의 극한전력
③ 부하가 갑자기 사고가 났을 때의 극한전력
④ 부하가 변하지 않을 때의 극한전력

|정|답|및|해|설|

[정태 안정 극한전력] 전력계통에서 극히 완만한 부하 변화가 발생하더라도 안정하게 계속적으로 송전할 수 있는 정도를 정태 안정도라고 하여 안정도를 유지할 수 있는 극한의 송전전력을 정태 안정 극한 전력(Steady State Stability Power Limit)이라 한다.   【정답】①

39. 가공송전선의 코로나를 고려할 때 표준상태에서 공기의 절연내력이 파괴되는 최소 전위경도는 정현파 교류의 실효값으로 약 몇 [kV/cm] 정도인가?

① 6   ② 11
③ 21   ④ 31

|정|답|및|해|설|
[공기의 절연이 파괴되는 전위 경도]
· DC 30[kV/cm]
· AC 21[kV/cm]

실효값 = $\dfrac{\text{최대값}}{\sqrt{2}} = \dfrac{30}{\sqrt{2}} = 21.2[kV]$ 【정답】③

40. 배전선로의 역률개선에 따른 효과로 적합하지 않은 것은?

① 전원측 설비의 이용률 향상
② 선로절연에 요하는 비용 절감
③ 전압강하 감소
④ 선로의 전력손실 경감

|정|답|및|해|설|
[역률개선의 효과]
·전력손실 경감
·전압강하 감소
·설비용량의 여유 증가
·전력요금 절약   【정답】②

41. 3상 60[Hz] 전원에 의해 여자되는 6극 권선형 유도전동기가 있다. 이 전동기가 1150[rpm]으로 회전할 때 회전자 전류의 주파수는 몇 [Hz] 인가?

① 1   ② 1.5   ③ 2   ④ 2.5

|정|답|및|해|설|
[회전자 전류의 주파수] $f_{2s} = sf_2 [Hz]$

$\rightarrow (슬립\ s = \dfrac{N_s - N}{N_s} = \dfrac{E_{2s}}{E_2} = \dfrac{f_{2s}}{f_2} = \dfrac{P_{2x}}{P_2})$

동기속도 $N_s = \dfrac{120f}{p} = \dfrac{120 \times 60}{6} = 1200[rpm]$

$s = \dfrac{N_s - N}{N_s} \times 100 = \dfrac{1200 - 1150}{1200} \times 100 = 4.2[\%]$

$\therefore f_{2s} = sf_2 = 0.042 \times 60 = 2.5[Hz]$ 【정답】④

42. 직류 전동기의 역기전력에 대한 설명 중 틀린 것은?

① 역기전력이 증가할수록 전기자 전류는 감소한다.
② 역기전력은 속도에 비례한다.
③ 역기전력은 회전방향에 따라 크기가 다르다.
④ 부하가 걸려 있을 때에는 역기전력은 공급전압보다 크기가 작다.

|정|답|및|해|설|
[역기전력] 전기회로 내의 임피던스 양끝에서 흐르고 있는 전류와 반대방향으로 생기는 기전력으로 회전방향에 따라 크기가 같다.
                                          【정답】③

43. 단자전압 220[V], 부하전류 50[A]인 분권발전기의 유기기전력[V]은? (단, 전기자 저항 0.2[Ω], 계자전류 및 전기자 반작용은 무시한다.)

① 210   ② 225
③ 230   ④ 250

|정|답|및|해|설|
[분권 발전기의 유기기전력] $E = V + I_a R_a$
$I_a : 50[A],\ R_a : 0.2[\Omega]$
$E = V + I_a R_a = 220 + 50 \times 0.2 = 230[V] \rightarrow (I_a = I + I_f = 50 | 0)$
                                          【정답】③

44. 스테핑모터의 여자방식이 아닌 것은?

① 2-4상 여자   ② 1-2상 여자
③ 2상 여자   ④ 1상 여자

|정|답|및|해|설|
[스테핑모터의 여자방식]
1. 1상 여자방식 : 항상 하나의 상에만 전류가 흐르게 하는 방식
2. 2상 여자방식 : 항상 2개의 상에 전류를 흐르게 하는 방식
3. 1-2상 여자방식 : 1상 여자방식과 2상 여자방식을 교대로 반복하는 여자방식   【정답】①

45. 3상 유도전동기 원선도 작성에 필요한 시험이 아닌 것은?

① 저항측정   ② 슬립측정

③ 무부하시험   ④ 구속시험

|정|답|및|해|설|

[원선도 작성시 필요한 시험]
1. 저항측정시험
2. 구속시험
3. 무부하(개방)시험   【정답】②

46. △−Y 결선의 3상 변압기군 A와 Y−△ 결선의 3상 변압기군 B를 병렬로 사용할 때 A군의 변압기 권수비가 30이라면 B군의 변압기 권수비는?

① 10   ② 30

③ 60   ④ 90

|정|답|및|해|설|

[변압기 권수비] A, B 변압기군의 권수비를 각각 a_1, a_2, 1차, 2차의 유도기전력과 선간전압을 각각 E_1, E_2, V_1, V_2라고 하면

$$a_1 = \frac{E_1}{E_2} = \frac{V_1}{\frac{V_2}{\sqrt{3}}}, \quad a_2 = \frac{E_1'}{E_2'} = \frac{\frac{V_1}{\sqrt{3}}}{V_2}$$

$$\frac{a_2}{a_1} = \frac{\frac{\frac{V_1}{\sqrt{3}}}{V_2}}{\frac{V_1}{\frac{V_2}{\sqrt{3}}}} = \frac{V_1}{\sqrt{3}} \cdot \frac{V_2}{\sqrt{3}} = \frac{1}{3}$$

$$\therefore a_2 = \frac{1}{3}a_1 = \frac{1}{3} \times 30 = 10 \quad \text{【정답】①}$$

47. 3상 동기발전기의 매극 매상의 슬롯수를 3이라고 하면 분포계수는?

① $\sin\frac{2}{3}\pi$ ② $\sin\frac{3}{2}\pi$

③ $6\sin\frac{\pi}{18}$ ④ $\dfrac{1}{6\sin\frac{\pi}{18}}$

|정|답|및|해|설|

[분포계수] $K = \dfrac{\sin\frac{n\pi}{2m}}{q\sin\frac{n\pi}{2mq}}$

여기서, n : 고주파 차수, m : 상수, q : 매극매상당 슬롯수
고조파 차수 $n=1$, 상수 $m=3$, 매극매상의 슬롯수 $q=3$)

$$K = \frac{\sin\frac{n\pi}{2m}}{q\sin\frac{n\pi}{2mq}} = \frac{\sin\frac{\pi}{6}}{3\sin\frac{\pi}{18}} = \frac{1}{6\sin\frac{\pi}{18}} \quad \text{【정답】④}$$

48. 정격 6600/220[V]인 변압기의 1차측에 6600[V]를 가하고 2차측에 순저항 부하를 접속하였더니 1차에 2[A]의 전류가 흘렀다. 이때 2차 출력[kVA]은?

① 1.98   ② 15.4

③ 13.2   ④ 9.7

|정|답|및|해|설|

[2차 출력] $P = V_2 I_2$[kVA]

권수비 $a = \dfrac{E_1}{E_2} = \dfrac{N_1}{N_2} = \dfrac{V_1}{V_2} = \dfrac{I_2}{I_1} = \sqrt{\dfrac{R_1}{R_2}}$ 에서

$$I_2 = aI_1 = \frac{V_1}{V_2}I_1 = \frac{6600}{220} \times 2 = 60[A]$$

$$\therefore P = 220 \times 60 \times 10^{-3} = 13.2[kVA] \quad \text{【정답】③}$$

49. 동기발전기에서 기전력의 파형이 좋아지고 권선의 누설리액턴스를 감소시키기 위하여 채택한 권선법은?

① 집중권   ② 형권

③ 쇄권   ④ 분포권

|정|답|및|해|설|

[분포계수의 특징] 1국 1상의 코일이 차지하는 슬롯수가 1개가 되는 권선을 집중권이라 하고, 2개 이상에 분포된 것을 분포권이라 한다.
[분포권을 사용하는 이유]
· 집중권에 비해 합성 유기기전력이 감소한다.
· 기전력의 고조파가 감소하여 파형이 좋아진다.
· 누설 리액턴스는 감소된다.
· 과열 방지의 이점이 있다.   【정답】④

50. 반도체 사이리스터에 의한 제어는 어느 것을 변화시키는 것인가?

① 주파수
② 전류
③ 위상각
④ 최대값

|정|답|및|해|설|

[반도체 사이리스터] 반도체 사이리스터는 <u>위상각</u>을 제어해서 크기와 주기를 조정할 수 있다. 【정답】③

51. 3300V/210[V], 5[kVA] 단상변압기의 퍼센트 저항강하 2.4[%] 퍼센트 리액턴스강하 1.8[%]이다. 임피던스 와트[W]는?

① 320
② 240
③ 120
④ 90

|정|답|및|해|설|

[임피던스와트(동손)] $P_c = \dfrac{p \cdot P_n}{100}$ [W]

$\rightarrow$ (%저항강하 $p = \dfrac{P_c}{P_n} \times 100\,[\%]$)

여기서, P_n : 정격전력, P_c : 임피던스와트

$\therefore$ 임피던스 와트 $P_s = \dfrac{p \cdot P_n}{100} = \dfrac{2.4 \times 5 \times 10^3}{100} = 120$ [W]

【정답】③

52. 단상 유도전동기의 기동토크에 대한 사항으로 틀린 것은?

① 분상기동형의 기동토크는 125[%] 이상이다.
② 콘덴서기동형의 기동토크는 350[%] 이상이다.
③ 반발기동형의 기동토크는 300[%] 이상이다.
④ 세이딩코일형의 기동토크는 40~80[%] 이상이다.

|정|답|및|해|설|

[단상 유도전동기의 기동토크] 콘덴서 기동형의 기동토크는 <u>200[%]~300[%]</u>이다.

※단상 유도전동기의기동 토크의 크기 순서

반발기동형 → 반발유도형 → 콘덴서기동형 → 분상기동형 → 세이딩코일형(또는 모노사이클릭 기동형) 【정답】②

53. 6극 직류발전기의 정류자 편수가 132, 단자전압이 220[V], 직렬 도체수가 132개이고 중권이다. 정류자 편간 전압은 몇 [V] 인가?

① 5
② 10
③ 20
④ 30

|정|답|및|해|설|

[정류자편간전압] $e_{sa} = \dfrac{pE}{K} = \dfrac{6 \times 220}{132} = 10$ [V]

여기서, e_{sa} : 정류자편간전압, E : 유기기전력, p : 극수

k : 정류자편수 【정답】②

|참|고|

정류자 : · 정류자편수 $k = \dfrac{Z}{2} = \dfrac{\mu}{2}s$

· 정류자편수의 위상차 $\theta = \dfrac{2\pi}{k} = \dfrac{2\pi}{k}$

54. 200[kW], 200[V]의 직류 분권발전기가 있다. 전기자 권선의 저항이 0.025[Ω]일 때 전압변동률은 몇 [%] 인가?

① 6.0
② 12.5
③ 20.5
④ 25.0

|정|답|및|해|설|

[전압변동률] $\epsilon = \dfrac{V_0 - V_n}{V_n} \times 100 = \dfrac{I_a R_a}{V_n} \times 100$,

(V_0 : 무부하 단자전압 V_n : 단자전압)

$V_0 = V_n + R_a I_a \quad \rightarrow (V_0 = E(\text{기전력}))$

$I_a = I + I_f = \dfrac{P}{V} + \dfrac{V}{R_f}$ 에서 계자저항이 주어지지않았으므로

$I_a = \dfrac{P}{V} = \dfrac{200 \times 10^3}{200} = 1000$

$V_0 = V_n + R_a I_a = 200 + 0.025 \times 1000 = 225$

$\therefore$ 전압변동률 $\epsilon = \dfrac{V_0 - V_n}{V_n} \times 100 = \dfrac{225 - 200}{200} \times 100 = 12.5$ [%]

【정답】②

55. 브러시의 위치를 바꾸어서 회전방향을 바꿀 수 있는 전기기계가 아닌 것은?

① 톰슨형 반발 전동기
② 3상 직권 정류자 전동기
③ 시라게 전동기
④ 정류자형 주파수 변환기

|정|답|및|해|설|⸺

[회전방향] 브러시의 위치를 바꾸어서 회전방향을 바꿀 수 있는 전동기로는 톰슨형 반발 전동기, 3상 직권 정류자 전동기, 시라게 전동기 등이 있다. 【정답】④

56. 다음중 변압기유가 갖추어야 할 조건으로 옳은 것은?

① 절연내력이 낮을 것
② 인화점이 높을 것
③ 비열이 적어 냉각효과가 클 것
④ 응고점이 높을 것

|정|답|및|해|설|⸺

[변압기유의 구비조건]
·절연내력이 클 것
·절연 재료 및 금속에 화학 작용을 일으키지 않을 것
·인화점이 높고, 응고점이 낮을 것
·점도가 낮고, 비열이 커서 냉각 효과가 클 것
·고온에 있어 석출물이 생기거나 산화하지 않을 것
·증발량이 적을 것 【정답】②

57. 유도전동기의 슬립을 측정하려고 한다. 다음 중 슬립의 측정법이 아닌 것은?

① 동력계법　　　　② 수화기법
③ 직류 밀리볼트계법　④ 스트로보스코프법

|정|답|및|해|설|⸺

[슬립의 측정법] 슬립의 측정법에는 직류밀리볼트계법, 수화기법, 스트로보스코프법 등이 있나.

※동력계법 : 직류전동기 토크를 측정하는 방법(대형)
【정답】①

58. 단상 반발전동기에 해당되지 않는 것은?

① 아트킨손 전동기　② 슈라게 전동기
③ 데리 전동기　　　④ 틈슨 전동기

|정|답|및|해|설|⸺

[슈라게 전동기] 3차 권선을 갖춘 1차 권선은 회전자에, 그리고 2차 권선은 고정자에 설치한 권선형 3상 유도전동기라고 할 수 있다.
종류로는 아트킨손형 전동기, 톱슨 전동기, 데리 전동기, 윈터 아이히베르그 전동기 등이 있다

※슈라게 전동기(교류 분권 정류자전동기) 【정답】②

59. 3상 동기발전기에 평형 3상전류가 흐를 때 전기자 반작용은 이 전류가 기전력에 대하여 (A) 때 감자작용이 되고 (B) 때 증자작용이 된다. A, B의 적당한 것은?

① A : 90°뒤질, B : 90°앞설
② A : 90°앞설, B : 90°뒤질
③ A : 90°뒤질, B : 동상일
④ A : 동상일, B : 90°앞설

|정|답|및|해|설|⸺

[동기발전기의 전기자 반작용]
·전기자 전류 I_a가 유기기전력 E와 동상인 경우는 교차자화작용으로 주자속을 편자하도록 하는 횡축 반작용을 한다.
·전기자 전류 I_a가 유기기전력 E보다 90°뒤지는 경우, 즉 지상인 경우에는 감자작용에 의하여 주자속을 감소시키는 직축 반작용을 한다.
·전기자 전류 I_a가 유기기전력 E보다 90°앞서는 경우, 즉 진상인 경우에는 증자작용을 하여 단자전압을 상승시키는 직축 반작용을 한다.

※[전기자반작용] 동기전동기의 전기자반작용은 동기발전기와 반대

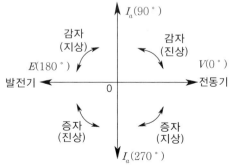

→ (위상 : 반시계방향)
【정답】①

60. 극수 6, 회전수 1200[rpm]의 교류발전기와 병렬 운전하는 극수 8의 교류발전기의 회전수는 몇 [rpm] 이어야 하는가?

① 800 ② 900
③ 1050 ④ 1100

|정|답|및|해|설|

[동기속도] $N_s = \dfrac{120f}{p}$

교류발전기(동기속도) 병렬 운전시 주파수가 같아야 하므로

$N_s = \dfrac{120f}{p}$ 에서 주파수 f를 구하면,

$f = \dfrac{p}{120} \cdot N_s = \dfrac{6}{120} \times 1200 = 60[Hz]$

$\therefore N_s{}' = \dfrac{120f}{p'} = \dfrac{120 \times 60}{8} = 900[rpm]$ 【정답】②

61. 다음 회로에 대한 설명으로 옳은 것은?

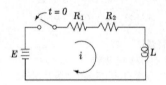

① 이 회로의 시정수는 $\dfrac{L}{R_1 + R_2}$ 이다.

② 이 회로의 특성근은 $\dfrac{R_1 + R_2}{L}$ 이다.

③ 정상전류값은 $\dfrac{E}{R_2}$ 이다.

④ 이 회로의 전류값은

$i(t) = \dfrac{E}{R_1 + R_2}\left(1 - e^{-\frac{L}{R_1 + R_2}t}\right)$ 이다.

|정|답|및|해|설|

① 시정수 : 전류 $i(t)$가 정상값의 63.2[%]까지 도달하는데 걸리는 시간으로 단위는 [sec]이다. 즉, $t = \dfrac{L}{R_1 + R_2}$

② 특성근 : 시정수의 음의 역수, 즉 $-\dfrac{R_1 + R_2}{L}$

③ 정상전류 $i_s = \dfrac{E}{R_1 + R_2}$

④ 전류$i(t) = \dfrac{E}{R_1 + R_2}\left(1 - e^{-\frac{R_1 + R_2}{L}t}\right)$ 【정답】①

62. $Z = 8 + j6\,\Omega$인 평형 Y 부하에 선간전압 200[V]인 대칭 3상 전압을 가할 때 선전류는 약 몇 [A] 인가?

① 20 ② 11.5
③ 7.5 ④ 5.5

|정|답|및|해|설|

[Y결선시의 선전류] $I_l = I_p$ $\rightarrow (V_l = \sqrt{3}\,V_p,\ I_l = I_p)$

$I_p = \dfrac{V_p}{Z} = \dfrac{\frac{200}{\sqrt{3}}}{\sqrt{8^2 + 6^2}} = 11.5[A]$

$\therefore Y$부하에서 $I_l = I_p$이므로 $I_l = I_p = 11.5[A]$

※[$\triangle$결선] $V_l = V_p,\ I_l = \sqrt{3}\,I_p$ 【정답】②

63. 그림과 같은 회로의 전달함수는? (단, e_1은 입력, e_2는 출력이다.)

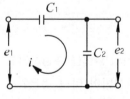

① $C_1 + C_2$ ② $\dfrac{C_2}{C_1}$

③ $\dfrac{C_1}{C_1 + C_2}$ ④ $\dfrac{C_2}{C_1 + C_2}$

|정|답|및|해|설|

[전달함수] $G(s) = \dfrac{E_2(s)}{E_1(s)} = \dfrac{\frac{1}{C_2 s} \cdot I(s)}{\frac{C_1 + C_2}{C_1 C_2 s} \cdot I(s)} = \dfrac{C_1}{C_1 + C_2}$

【정답】③

64. 그림에서 전류 I_5의 크기는?

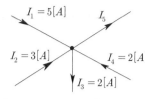

$I_1 = 5[A]$　　　I_5

$I_2 = 3[A]$　　　$I_4 = 2[A]$

$I_3 = 2[A]$

① 3[A]　　　　② 5[A]

③ 8[A]　　　　④ 12 A

|정|답|및|해|설|
[키르히호프의 제1법칙]
제1법칙은 회로상의 한 교차점으로 들어오는 전류(전 전류 I)의 합은 나가는 전류(유출 전류)의 합과 같은 것으로, 이는 다음과 같이 나타낸다.

$I_1 + I_2 + I_4 = I_3 + I_5 \rightarrow 5 + 3 + 2 = 2 + I_5 \quad \therefore I_5 = 8$

【정답】③

65. 1상의 직렬 임피던스가 $R = 6[\Omega]$, $X_L = 8[\Omega]$인 △ 결선 평형 부하가 있다. 여기에 선간전압 100[V]인 대칭 3상 교류전압을 가하면 선전류는 몇 [A] 인가?

① $\dfrac{10\sqrt{3}}{3}$　　　② $3\sqrt{3}$

③ 10　　　　④ $10\sqrt{3}$

|정|답|및|해|설|
[△결선 선전류]
△결선에서 $I_l = \sqrt{3} I_p$이므로

$I_p = \dfrac{V_p}{Z} = \dfrac{100}{6 + j8} = \dfrac{100}{\sqrt{6^2 + 8^2}} = 10[A]$

$\therefore I_l = \sqrt{3} \times 10[A]$

【정답】④

66. 역률이 60[%]이고 1상의 임피던스가 60[Ω]인 유도부하를 △로 결선하고 여기에 병렬로 저항 20[Ω]을 Y결선으로 하여 3상 선간전압 200[V]를 가할 때의 소비전력[W]은?

① 3200　　　　② 3000

③ 2000　　　　④ 1000

|정|답|및|해|설|
[소비전력[W]]
1. △결선 시의 소비전력

$P_\triangle = 3 V_p I_p \cos\theta = 3 \times 200 \times \dfrac{200}{60} \times 0.6 = 1200[W]$

2. Y결선 시의 소비전력

$P_Y = 3\dfrac{V_p^2}{R} = 3 \cdot \dfrac{\left(\dfrac{200}{\sqrt{3}}\right)^2}{20} = 3 \times \dfrac{\dfrac{40000}{3}}{20} = 2000[W]$

$\therefore P = 1200 + 2000 = 3200[W]$

【정답】①

67. 그림과 같은 이상적인 변압기로 구성된 4단자 회로에서 정수 A, B, C, D 중 A는?

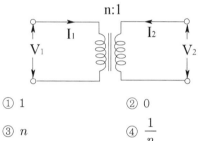

n:1

① 1　　　　② 0

③ n　　　　④ $\dfrac{1}{n}$

|정|답|및|해|설|
[4단자 정수회로 (F파라미터)]
[방법1]

· $V_1 = A V_2 + B I_2$

· $I_1 = C V_2 + D I_2$

· 권수비 $n = \dfrac{V_1}{V_2} = \dfrac{I_2}{I_1} = \dfrac{N_1}{N_2}$

$\therefore V_1 = n V_2 + 0 I_2$, $I_1 = 0 V_2 + \dfrac{1}{n} I_2$이므로

$A = n$, $B = 0$, $C = 0$, $D = \dfrac{1}{n}$

[방법2]

변압기의 4단자 정수는 $\begin{bmatrix} a & 0 \\ 0 & \dfrac{1}{a} \end{bmatrix}$이므로

$\begin{vmatrix} a & 0 \\ 0 & \dfrac{1}{a} \end{vmatrix} = \begin{vmatrix} n & 0 \\ 0 & \dfrac{1}{n} \end{vmatrix} \rightarrow A = n$

【정답】③

68. 구형파의 파형률(㉠)과 파고율(㉡)은?

① ㉠ 1, ㉡ 0

② ㉠ 1.11, ㉡ 1.414

③ ㉠ 1, ㉡ 1

④ ㉠ 1.57, ㉡ 2

|정|답|및|해|설|_____

[파형률 및 파고율]

	구형파	삼각파	정현파	정류파 (전파)	정류파 (반파)
파형률 $=\dfrac{\text{실효값}}{\text{평균값}}$	1.0	1.15	1.11		1.57
파고율 $=\dfrac{\text{최대값}}{\text{실효값}}$		$\sqrt{3}=1.732$	$\sqrt{2}=1.414$		2.0

【정답】③

69. 그림과 같은 회로에서 a–b 양단간의 전압은 몇 [V] 인가?

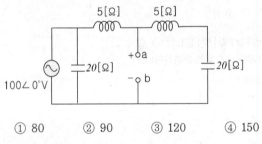

① 80　　② 90　　③ 120　　④ 150

|정|답|및|해|설|_____

[전압]

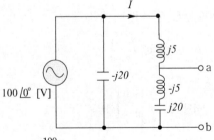

· 전류 $I=\dfrac{100}{(j5+j5-j20)}=j10[A]$

· 전압 $V_{ab}=I\times(j5-j20)=j10\times(-j15)=150[V]$

【정답】④

70. 그림과 같은 회로에서 각 계기들의 지시값은 다음과 같다. ⓥ는 240[V], ⓐ는 5[A], ⓦ는 720[W]이다. 이때 인덕턴스 L[H]는? (단, 전원주파수는 60[Hz]라 한다.)

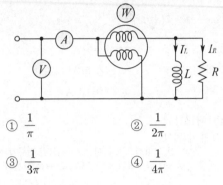

① $\dfrac{1}{\pi}$　　　　② $\dfrac{1}{2\pi}$

③ $\dfrac{1}{3\pi}$　　　　④ $\dfrac{1}{4\pi}$

|정|답|및|해|설|_____

[인덕턴스] $L=\dfrac{X_L}{2\pi f}[H]$

· 피상전력 $P_a=VI=240\times5=1200[VA]$

· 무효전력 $P_r=\sqrt{P_a^2-P^2}=\sqrt{1200^2-720^2}=960[Var]$

· $X_L=wL=2\pi fL=\dfrac{V^2}{P_r}=\dfrac{240^2}{960}=60[\Omega]$

∴인덕턴스 $L=\dfrac{X_L}{2\pi f}=\dfrac{60}{2\pi\times60}=\dfrac{1}{2\pi}[H]$

【정답】②

71. $f(t)=u(t-a)-u(t-b)$ 의 라플라스 변환은?

① $\dfrac{1}{s}(e^{-as}-e^{-bs})$　　② $\dfrac{1}{s}(e^{as}+e^{bs})$

③ $\dfrac{1}{s^2}(e^{-as}-e^{-bs})$　　④ $\dfrac{1}{s^2}(e^{as}+e^{bs})$

|정|답|및|해|설|_____

[라플라스 변환]

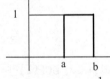

$u(t-a)-u(t-b)=\dfrac{1}{s}e^{-as}-\dfrac{1}{s}e^{-bs}=\dfrac{1}{s}(e^{-as}-e^{-bs})$

【정답】①

72. 복소수 $I_1 = 10 \angle \tan^{-1}\dfrac{4}{3}$

$I_2 = 10 \angle \tan^{-1}\dfrac{3}{4}$ 일 때 $I = I_1 + I_2$는 얼마인가?

① $-2 + j2$
② $14 + j14$
③ $14 + j4$
④ $14 + j3$

|정|답|및|해|설|
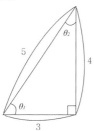

[복소수 계산]

$\theta_1 = \tan^{-1}\dfrac{4}{3}, \quad \theta_2 = \tan^{-1}\dfrac{3}{4}$

I_1과 I_2를 변형하면

$I_1 = 10 \angle \theta_1$
$\quad = 10(\cos\theta_1 + j\sin\theta_1) = 6 + j8$

$I_2 = 10 \angle \theta_2$
$\quad = 10(\cos\theta_2 + j\sin\theta_2) = 8 + j6$

$\therefore I = I_1 + I_2 = 6 + j8 + 8 + j6 = 14 + j14$

【정답】②

73. 그림과 같은 4단자망의 영상 전달정수 θ는?

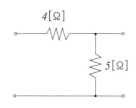

① $\sqrt{5}$
② $\log_e \sqrt{5}$
③ $\log_e \dfrac{1}{\sqrt{5}}$
④ $5\log_e \sqrt{5}$

|정|답|및|해|설|
[4단자망의 영상 전달정수]

$A = 1 + \dfrac{4}{5} = \dfrac{9}{5}, \quad B = 4(직렬성분), \quad C = \dfrac{1}{5}(병렬성분)$

$D = 1 + 0 = 1$

$\therefore \theta = \log_e (\sqrt{AD} + \sqrt{BC})$

$\quad = \log_e\left(\sqrt{\dfrac{9}{5} \times 1} + \sqrt{4 \times \dfrac{1}{5}}\right) = \log_e \sqrt{5}$ 【정답】②

74. 2전력계법으로 평형 3상 전력을 측정하였더니 각각의 전력계가 500[W], 300[W]를 지시하였다면 전 전력[W]은?

① 200
② 300
③ 500
④ 800

|정|답|및|해|설|
[2전력계법의 전전력] $P = P_1 + P_2 = 500 + 300 = 800[W]$

【정답】④

75. 1000[Hz]인 정현파 교류에서 5[mH]인 유도리액턴스와 같은 용량리액턴스를 갖는 C의 값은 약 몇 [μF] 인가?

① 4.07
② 5.07
③ 6.07
④ 7.07

|정|답|및|해|설|
[용량 리액턴스]
1. L회로 (인덕턴스만의 회로) : 유도성 리액턴스 $wL = X_L$

2. C회로 (정전용량만의 회로) : 용량성 리액턴스 $X_C = \dfrac{1}{wC}$

3. $X_L = X_c, \quad wL = \dfrac{1}{wC} \rightarrow w^2 LC = 1$

$\therefore C = \dfrac{1}{w^2 L} = \dfrac{1}{(2\pi \times 1000)^2 \times 5 \times 10^{-3}} = 5.07$ 【정답】②

76. 그림 (a)의 회로를 그림 (b)와 같은 등가회로로 구성하고자 한다. 이때 V 및 R의 값은?

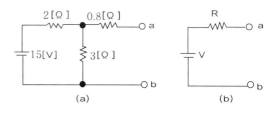

(a)   (b)

① 6[V], 2[Ω]
② 6[V], 6[Ω]
③ 9[V], 2[Ω]
④ 9[V], 6[Ω]

|정|답|및|해|설|
[테브난의 정리]

전압 $V = V_{ab} = \dfrac{R_2}{R_1 + R_2}E = \dfrac{3}{2+3} \times 15 = 9[V]$

저항 $R = Z_{ab} = 0.8 + \dfrac{2 \times 3}{2+3} = 2[\Omega]$ 【정답】③

77. 모든 초기 값을 0으로 할 때, 출력과 입력의 비를 무엇이라 하는가?

① 전달함수 ② 충격함수
③ 경사함수 ④ 포물선함수

|정|답|및|해|설|

[전달함수] $G(s) = \dfrac{출력}{입력} = \dfrac{C(s)}{R(s)}$

모든 초기값을 0으로 했을 때, 출력신호의 라플라스변환과 입력신호 라플라스 변환의 비를 말한다. 【정답】①

78. 3상 평형 부하가 있다. 선간전압이 200[V], 역률이 0.8이고 소비전력이 10[kW]라면 선전류는 약 몇 [A] 인가?

① 30 ② 32 ③ 34 ④ 36

|정|답|및|해|설|

[소비전력] $P = \sqrt{3}\, VI\cos\theta$

$\therefore I = \dfrac{P_0}{\sqrt{3}\, V\cos\theta} = \dfrac{10 \times 10^3}{\sqrt{3} \times 200 \times 0.8} = 36[A]$

【정답】④

79. 그림과 같은 회로에서 S를 열었을 때 전류계는 10[A]를 지시하였다. S를 닫을 때 전류계의 지시는 몇 [A] 인가?

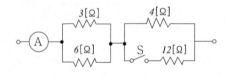

① 10 ② 12
③ 14 ④ 16

|정|답|및|해|설|

S를 열었을 때 전전압 E는

$E = IR = 10\left(\dfrac{3 \times 6}{3 + 6} + 4\right) = 60[V]$

S를 닫으면 전전류 I'는

$I' = \dfrac{E}{R'} = \dfrac{60}{\dfrac{3 \times 6}{3 + 6} + \dfrac{4 \times 12}{4 + 12}} = \dfrac{60}{2 + 3} = 12[A]$

【정답】②

80. 그림과 같은 파형의 라플라스 변환은?

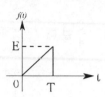

① $\dfrac{E}{Ts}(1 - e^{-Ts})$

② $\dfrac{E}{Ts^2}(1 - e^{-Ts})$

③ $\dfrac{E}{Ts}(1 - e^{-Ts} - Ts \cdot e^{-Ts})$

④ $\dfrac{E}{Ts^2}(1 - e^{-Ts} - Ts \cdot e^{-Ts})$

|정|답|및|해|설|

그림의 파형을 시간함수로 표현하면

$F(t) = \dfrac{E}{T}tu(t) - Eu(t - T) - \dfrac{E}{T}(t - T)u(t - T)$

이것을 라플라스 변환하면,

$F(s) = \dfrac{E}{Ts^2} - \dfrac{Ee^{-Ts}}{s} - \dfrac{Ee^{-Ts}}{Ts^2} = \dfrac{E}{Ts^2}(1 - e^{-Ts} - Ts \cdot e^{-Ts})$

$\qquad = \dfrac{E}{Ts^2}[1 - (Ts + 1)e^{-Ts}]$ 【정답】④

81. 케이블트레이 공사에 사용하는 케이블트레이의 최소 안전율은?

① 1.5 ② 1.8 ③ 2.0 ④ 3.0

|정|답|및|해|설|

[케이블 트레이 공사 (KEC 232.40)]
케이블 트레이는 다음에 적합하게 시설하여야 한다.
· 케이블 트레이의 안전율은 1.5 이상이어야 한다.
· 전선의 피복 등을 손상시킬 돌기 등이 없이 매끈해야 한다.
· 비금속제 케이블 트레이는 난연성 재료의 것이어야 한다.

|참|고|

[안전율]
1.33 : 이상시 상정하중 철탑의 기초
1.5 : 케이블트레이, 안테나
2.0 : 기초 안전율
2.2 : 경동선/내열동 합금선
2.5 : 지지선, ACSR, 기타 전선 【정답】①

82. 애자사용공사에 의한 저압 옥내배선을 시설할 때 전선 상호간의 간격은 몇 [cm] 이상이어야 하는가?

① 2   ② 4
③ 6   ④ 8

|정|답|및|해|설|_____

[애자사용공사 (KEC 232.56)]
· 옥외용 및 인입용 절연 전선을 제외한 절연 전선을 사용할 것
· 전선 상호간의 간격 6[cm] 이상일 것   【정답】③

83. 소맥분, 전분 기타의 가연성 먼지(분진)가 존재하는 곳의 저압 옥내배선으로 적합하지 않은 공사방법은?

① 케이블공사
② 합성수지관공사
③ 금속관공사
④ 가요전선관공사

|정|답|및|해|설|_____

[먼지(분진) 위험 장소 (KEC 242.2)]
1. 폭연성 먼지(분진) : 설비를 금속관 공사 또는 케이블 공사(캡타이어 케이블 제외)
2. 가연성 먼지(분진) : 합성수지관 공사, 금속관 공사, 케이블 공사   【정답】④

84. 가공전선로의 지지물에 하중이 가하여지는 경우에 그 하중을 받는 지지물의 기초의 안전율은 일반적인 경우 얼마 이상이어야 하는가?

① 1.2   ② 1.5   ③ 1.8   ④ 2

|정|답|및|해|설|_____

[가공전선로 지지물의 기초의 안전율 (KEC 331.7)] 가공전선로 지지물의 기초 안전율은 2 이상이어야 한다. 단, 이상 시 상정하중은 철탑인 경우는 1.33이다.

|참|고|_____

[안전율]
1.33 : 이상시 상정하중 철탑의 기초
1.5 : 케이블트레이, 안테나
2.0 : 기초 안전율
2.2 : 경동선/내열동 합금선
2.5 : 지지선, ACSR, 기타 전선   【정답】④

85. 66[kV]에 사용되는 변압기를 취급자 이외의 자가 들어가지 않도록 적당한 울타리, 담 등을 설치하여 시설하는 경우 울타리, 담 등의 높이와 울타리, 담 등으로부터 충전부분까지의 거리의 합계는 최소 몇 [m] 이상으로 하여야 하는가?

① 5   ② 6
③ 8   ④ 10

|정|답|및|해|설|_____

[울타리·담 등의 높이 (KEC 341.4)] 기계 기구를 지표상 5[m] 이상의 높이에 시설하고 또한 사람이 접촉할 우려가 없도록 시설하는 경우 다음과 같이 시설한다.

사용 전압의 구분	울타리·담 등의 높이와 울타리·담 등으로부터 충전 부분까지의 거리의 합계
35[kV] 이하	5[m]
35[kV] 초과 160[kV] 이하	6[m]
160[kV] 초과	· 거리의 합계 = $6 + $ 단수 $\times 0.12$[m] · 단수 $= \dfrac{\text{사용전압[kV]} - 160}{10}$ → (단수 계산에서 소수점 이하는 절상)

【정답】②

86. 가공 전선로에 사용하는 지지물의 강도 계산에 적용하는 병종풍압하중은 갑종풍압하중의 몇 [%]를 기초로 하여 계산한 것인가?

① 30   ② 50
③ 80   ④ 110

|정|답|및|해|설|_____

[풍압하중의 종별과 적용 (KEC 331.6)]
빙설이 많은 지방에서는 고온계절에는 갑종 풍압 하중, 저온계절에는 을종 풍압 하중을 적용한다.
1. 갑종 풍압 하중 : 구성재의 수직 투영면적 1[㎡], 에 대한 풍압을 기초로 하여 계산한 것
2. 을종 풍압 하중 : 전선 기타 가섭선의 주위에 두께 6[mm], 비중 0.9의 빙설이 부착한 상태에서 수직 투영 면적 372[Pa](다도체를 구성하는 전선은 333[Pa]), 그 이외의 것은 갑종 풍압 하중의 1/2을 기초로 하여 계산한 것
3. 병종 풍압 하중 : 갑종 풍압 하중의 1/2의 값
【정답】②

87. 방전등용 안정기로부터 방전관까지의 전로를 무엇이라 하는가?

① 가섭선
② 가공인입선
③ 관등회로
④ 지중관로

|정|답|및|해|설|

[용어정의] 관등 회로라 함은 방전등용 안정기로부터 방전관까지의 전로를 말한다.　　　　　　　　　　　【정답】③

88. "지중 관로"에 대한 정의로 옳은 것은?

① 지중 전선로, 지중 약전류 전선로와 지중 매설 지선 등을 말한다.
② 지중 전선로, 지중 약전류 전선로와 복합 케이블 선로, 기타 이와 유사한 것 및 이들에 부속하는 지중함을 말한다.
③ 지중 전선로, 지중 약전류 전선로, 지중에 시설하는 수관 및 가스관과 지중 매설지선을 말한다.
④ 지중 전선로, 지중 약전류 전선로, 지중 광섬유 케이블 선로, 지중에 시설하는 수관 및 가스관과 이와 유사한 것 및 이들에 부속하는 지중함 등을 말한다.

|정|답|및|해|설|

[지중관로] 지중관로란 지중전선로, 지중약전류전선로, 지중에 시설하는 수관 및 가스관과 이와 유사한 것 및 이들에 부속하는 지중함 등을 말한다.　　　　　　　【정답】④

89. 저압옥내배선에서 시행하는 공사 내용 중 틀린 것은?

① 합성수지몰드공사에서는 절연전선을 사용한다.
② 합성수지관 안에서는 접속점이 없어야 한다.
③ 가요전선관은 2종 금속제 가요전선관이어야 한다.
④ 금속관에는 접지공사를 하지 않는다.

|정|답|및|해|설|

[금속관 공사]
1. 전선은 절연전선(옥외용 비닐절연전선을 제외한다)일 것
2. 전선은 연선일 것. 다만, 다음의 것은 적용하지 않는다.
· 짧고 가는 금속관에 넣은 것
· 단면적 10[㎟](알루미늄선은 단면적 16[㎟]) 이하의 것

3. 전선은 금속관 안에서 접속점이 없도록 할 것
4. 관에는 kec140에 준하여 접지공사　　　【정답】④

90. 345[kV]의 송전선을 사람이 쉽게 들어갈 수 없는 산지에 시설하는 경우 전선의 지표상 높이는 최소 몇 [m] 이상이어야 하는가?

① 7.28
② 8.28
③ 7.85
④ 8.85

|정|답|및|해|설|

[특고압 가공전선의 높이 (KEC 333.7)]

사용전압의 구분	지표상의 높이	
35[kV] 이하	일반	5[m]
	철도 또는 궤도를 횡단	6.5[m]
	도로 횡단	6[m]
	횡단보도교의 위 (전선이 특고압 절연전선 또는 케이블)	4[m]
35[kV] 초과 160[kV] 이하	일반	6[m]
	철도 또는 궤도를 횡단	6.5[m]
	산지	5[m]
	횡단보도교의 케이블	5[m]
160[kV] 초과	일반	6[m]
	철도 또는 궤도를 횡단	6.5[m]
	산지	5[m]
	160[kV]를 초과하는 10[kV] 또는 그 단수마다 12[cm]를 더한 값	

· 특고압 가공 전선의 지표상 높이는 일반 장소에서는 6[m](산지 등에서는 5[m])에, 160[kV]를 넘는 10[kV] 또는 그 단수마다 12[cm]를 가한 값

· 단수 $= \dfrac{345-160}{10} = 18.5 \rightarrow 19$단

∴ 전선의 지표상 높이 $= 5 + 19 \times 0.12 = 7.28$[m]　　【정답】①

91. 고압 가공전선과 교차하는 가공 교류 전차 선로의 지지점 간 거리(경간)는 몇 [m] 이하로 하여야 하는가?

① 30
② 60
③ 80
④ 100

|정|답|및|해|설|

[고압 가공전선과 교류전차선 등의 접근 또는 교차 (kec 332.15)]
교류 전차선 등의 지지물에 철근 콘크리트주 또는 철주를 사용하고 또한 지지물의 지지물 간 거리(경간)가 60[m] 이하일 것
　　　　　　　　　　　　　　　　　【정답】②

92. 전기설비기술기준에서 정하는 15[kV] 이상 25[kV] 미만인 특고압 가공전선과 그 지지물, 완금류, 지주 또는 지지선 사이의 간격(이격거리)은 몇 [cm] 이상이어야 하는가?

① 20 ② 25
③ 30 ④ 40

|정|답|및|해|설|
[특고압 가공전선과 지지물 등의 간격(이격거리) (KEC 333.5)]

사용 전압의 구분	간격(이격거리)
15[kV] 미만	15[cm]
15[kV] 이상 25[kV] 미만	20[cm]
25[kV] 이상 35[kV] 미만	25[cm]
35[kV] 이상 50[kV] 미만	30[cm]
50[kV] 이상 60[kV] 미만	35[cm]
60[kV] 이상 70[kV] 미만	40[cm]

【정답】①

93. 철근 콘크리트주로서 전장이 15[m]이고, 설계하중이 7.8[kN]이다. 이 지지물을 논, 기타 지반이 약한 곳 이외에 기초 안전율의 고려 없이 시설하는 경우에 그 묻히는 깊이는 기준보다 몇 [cm]를 가산하여 시설하여야 하는가?

① 10 ② 30
③ 50 ④ 70

|정|답|및|해|설|
[가공전선로 지지물의 기초의 안전율 (KEC 331.7)] 전체의 길이가 15[m] 이하인 경우에는 땅에 묻히는 깊이를 전체 길이의 6분의 1 이상으로 하되, 철근 콘크리트주로서 전체의 길이가 14[m] 이상 20[m] 이하이고, 설계하중이 6.8[kN] 초과 9.8[kN] 이하의 것을 논이나 그 밖의 지반이 연약한 곳 이외에 시설하는 경우 ㄱ 묻히는 깊이는 기준보다 30[cm]를 가산하여 시설한다.
설계하중은 $900 \times 9.8 \times 10^{-3} = 8.82$[kN]이므로 따라서, 묻히는 깊이는 $2.5 + 0.3 = 2.8$[m]   【정답】②

94. 고압 지중케이블로서 직접 매설식에 의하여 콘크리트제 기타 견고한 관 또는 트로프에 넣지 않고 부설할 수 있는 케이블은?

① 비닐외장케이블
② 고무외장케이블
③ 클로로프렌외장케이블
④ 콤바인덕트케이블

|정|답|및|해|설|
[지중 전선로의 시설 (KEC 334.1)] 저압 또는 고압의 지중전선에 콤바인덕트 케이블 또는 고시하는 구조로 개장한 케이블을 사용하여 시설하는 경우에는 지중전선을 견고한 관 또는 트로프 방호물에 넣지 아니하여도 된다.
【정답】④

|참|고|
[지중전선로 시설]
전선은 케이블을 사용하고, 관로식, 암거식, 직접 매설식에 의하여 시공한다.
1. 직접 매설식 : 매설 깊이는 중량물의 압력이 있는 곳은 1.0[m] 이상, 없는 곳은 0.6[m] 이상으로 한다.
2. 관로식 : 매설 깊이를 1.0[m]이상, 중량물의 압력을 받을 우려가 없는 곳은 60[cm] 이상으로 한다.
3. 암거식 : 지하 구조물 내 케이블 지지대를 설치하고 그 위에 케이블을 부설하는 방식

95. 전선의 접속법을 열거한 것 중 틀린 것은?

① 전선의 세기를 30[%] 이상 감소시키지 않는다.
② 접속 부분을 절연 전선의 절연율과 동등 이상의 절연 효력이 있도록 충분히 피복한다.
③ 접속 부분은 접속관, 기타의 기구를 사용한다.
④ 알루미늄 도체의 전선과 동 도체의 전선을 접속할 때에는 전기적 부식이 생기지 않도록 한다.

|정|답|및|해|설|
[전선의 접속법 (KEC 123)]
· 전기저항을 증가시키지 않도록 할 것
· 전선의 세기를 20[%] 이상 감소시키지 아니 할 것
· 접속부분의 절연전선에 절연물과 동등 이상의 절연효력이 있는 것으로 충분히 피복할 것
【정답】①

96. 도로, 주차장 또는 조영물의 조영재에 고정하여 시설하는 전열장치의 발열선에 공급하는 전로의 대지전압은 몇 [V] 이하이어야 하는가?

① 30   ② 60

③ 220   ④ 300

|정|답|및|해|설|
[도로 등의 전열장치의 시설 (KEC 241.12)]
· 전로의 대지전압 : 300[V] 이하
· 전선은 미네럴인슈레이션(MI) 케이블, 클로로크렌 외장케이블 등 발열선 접속용 케이블일 것
· 발열선은 그 온도가 80[℃]를 넘지 아니하도록 시설할 것

|참|고|
[대지전압]
1. 90[%] 이상은 300[V]
2. 예외인 경우
   ① 누설전압이 없는 경우 → 대지전압 150[V]
   ② 전기저장장치, 태양광설비 → 직류 600[V]

【정답】④

97. 전기 울타리의 시설에 관한 설명으로 틀린 것은?

① 전원장치에 전기를 공급하는 전로의 사용전압은 600[V] 이하이어야 한다.

② 사람이 쉽게 출입하지 아니하는 곳에 시설한다.

③ 전선은 지름 2[mm] 이상의 경동선을 사용한다.

④ 수목 사이의 간격은 30[cm] 이상이어야 한다.

|정|답|및|해|설|
[전기울타리의 시설 (KEC 241.1)]
· 전로의 <u>사용전압은 250[V] 이하</u>
· 전기울타리를 시설하는 곳에는 사람이 보기 쉽도록 적당한 간격으로 위험표시를 할 것
· 전선은 인장강도 1.38[kN] 이상의 것 또는 지름 2[㎜] 이상의 경동선일 것
· 전선과 이를 지지하는 기둥 사이의 이격거리는 2.5[㎝] 이상일 것
· 전선과 다른 시설물(가공 전선을 제외한다) 또는 수목 사이의 간격(이격거리)은 30[㎝] 이상일 것
· 전기울타리에 전기를 공급하는 전로에는 쉽게 개폐할 수 있는 곳에 전용 개폐기를 시설하여야 한다.

【정답】①

※한국전기설비규정(KEC) 적용으로 인해 더 이상 출제되지 않는 문제는 삭제했습니다.

2회 2015년 전기산업기사필기 (전기자기학)

1. 전기력선의 성질에 관한 설명으로 틀린 것은?

① 전기력선의 방향은 그 점의 전계의 방향과 같다.

② 전기력선은 전위가 높은 점에서 낮은 점으로 향한다.

③ 전하가 없는 곳에서도 전기력선의 발생, 소멸이 있다.

④ 전계가 0이 아닌 곳에서 2개의 전기력선은 교차하는 일이 없다.

|정|답|및|해|설|
[전기력선의 성질]
· 전기력선은 정전하에서 시작하여 부전하에서 끝난다.
· 전기력선은 그 자신만으로 폐곡선이 되지 않는다.
· 전기력선은 도체 표면에서 수직으로 출입한다.
· 전기력선밀도는 그 점의 전계의 세기와 같다.
· <u>전하가 없는 곳에서는 전기력선이 존재하지 않는다.</u>
· 도체 내부에서의 전기력선은 존재하지 않는다.
· 단위 전하에서는 $\frac{1}{\epsilon_0}$개의 전기력선이 출입한다.

【정답】③

2. 두 벡터 $A = 2i + 4j$, $B = 6j - 4k$가 이루는 각은 약 몇 [°]인가?

① 36 ② 42 ③ 50 ④ 61

|정|답|및|해|설|
[스칼라곱]
1. $A = |A| = \sqrt{2^2 + 4^2} = \sqrt{20}$,
   $B = |B| = \sqrt{6^2 + (-4)^2} = \sqrt{52}$
2. $A_x B_x + A_y B_y + A_z B_z = (2i + 4j) \cdot (6j - 4k) - 4 \times 6 = 24$
3. $A \cdot B = AB\cos\theta = A_x B_x + A_y B_y + A_z B_z$이므로
   $A \cdot B = \sqrt{20}\sqrt{52}\cos\theta = 24$
4. $\cos\theta = \frac{24}{\sqrt{20} \times \sqrt{52}} = 0.744$ ∴ $\theta = \cos^{-1}0.744 ≒ 42$ °

【정답】②

3. 자계 내에서 운동하는 대전입자의 작용에 대한 설명으로 틀린 것은?

① 대전입자의 운동방향으로 작용하므로 입자의 속도의 크기는 변하지 않는다.

② 가속도 벡터는 항상 속도 벡터와 직각이므로 입자의 운동에너지도 변화하지 않는다.

③ 정상 자계는 운동하고 있는 대전입자에 에너지를 줄 수가 없다.

④ 자계 내 대전입자를 임의 방향의 운동 속도로 투입하면 $\cos\theta$에 비례한다.

|정|답|및|해|설|
[대전입자의 작용] 대전입자를 자계 내에 수직으로 투입 : 등속원운동
【정답】④

4. 2[cm]의 간격을 가진 두 평행도선에 1000[A]의 전류가 흐를 때 도선 1[m] 마다 작용하는 힘은 몇 [N/m] 인가?

① 5 ② 10 ③ 15 ④ 20

|정|답|및|해|설|
[평행 도선간에 작용하는 힘] $F = \frac{\mu_0 I_1 I_2}{2\pi r}$[N/m] → $(\mu_0 = 4\pi \times 10^{-7})$
$F = \frac{\mu_0 I_1 I_2}{2\pi r} = \frac{2 \times 10^{-7} \times I^2}{r} = \frac{2 \times 10^{-7} \times 1000^2}{2 \times 10^{-2}} = 10[N/m]$
【정답】②

5. 어느 철심에 도선을 250회 감고 여기에 4[A]의 전류를 흘릴 때 발생하는 자속이 0.02[Wb]이었다. 이 코일의 자기인덕턴스는 몇 [H] 인가?

① 1.05 ② 1.25

③ 2.5 ④ $\sqrt{2}\pi$

|정|답|및|해|설|
[자기인덕턴스] $L = \frac{N\varnothing}{I}$

여기서, N : 권수, $\varnothing$: 자속

$L = \frac{N\varnothing}{I} = \frac{250 \times 0.02}{4} = 1.25[H]$
【정답】②

6. 투자율 $\mu = \mu_0$, 굴절률 $n = 2$, 전도율 $\sigma = 0.5$의 특성을 갖는 매질내부의 한 점에서 전계가 $E = 10\cos(2\pi ft)a_x$로 주어질 경우 전도 전류밀도와 변위 전류밀도의 최대값의 크기가 같아지는 전계의 주파수 f[GHz]는?

① 1.75 ② 2.25 ③ 5.75 ④ 10.25

|참고|

[유전체의 삽입 위치에 따른 콘덴서의 직·병렬 구별]

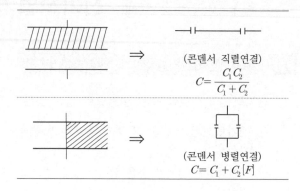

(콘덴서 직렬연결)
$$C = \frac{C_1 C_2}{C_1 + C_2}$$

(콘덴서 병렬연결)
$$C = C_1 + C_2 [F]$$

|정|답|및|해|설|

[전계의 주파수] $f = \dfrac{k}{2\pi\epsilon} = \dfrac{k}{2\pi(n^2\epsilon_0)}$

전도 전류밀도 $i_c = kE$, 변위전류밀도 $i_d = \omega\epsilon E$와 $i_c = i_d$로부터 $kE = \omega\epsilon E \rightarrow k = 2\pi f\epsilon$

주파수 $f = \dfrac{k}{2\pi\epsilon} = \dfrac{k}{2\pi(n^2\epsilon_0)} = \dfrac{0.5}{2\pi \times 2^2 \times 8.85 \times 10^{-12}}$

$= 2.25 \times 10^9 [Hz] = 2.25[GHz]$　　【정답】②

7. 면적 S[m²]의 평행한 평판 전극사이에 유전율이 ϵ_1[F/M], ϵ_2[F/M]되는 두 종류의 유전체를 $\dfrac{d}{2}$[m] 두께가 되도록 각각 넣으면 정전용량은 몇 [F]가 되는가?

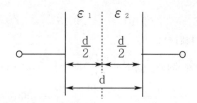

① $\dfrac{2S}{d(\epsilon_1 + \epsilon_2)}$ ② $\dfrac{2\epsilon_1\epsilon_2}{dS(\epsilon_1 + \epsilon_2)}$

③ $\dfrac{2S\epsilon_1\epsilon_2}{d(\epsilon_1 + \epsilon_2)}$ ④ $\dfrac{S\epsilon_1\epsilon_2}{2d(\epsilon_1 + \epsilon_2)}$

|정|답|및|해|설|

[직렬연결 콘덴서의 정전용량] $C = \dfrac{C_1 \cdot C_2}{C_1 + C_2}$

등가회로 : ⊸├ C_1 ├─┤C_2├⊸ → (직렬 연결)

$C = \dfrac{C_1 \cdot C_2}{C_1 + C_2} = \dfrac{\dfrac{\epsilon_1 \cdot S}{\dfrac{d}{2}} \cdot \dfrac{\epsilon_2 \cdot S}{\dfrac{d}{2}}}{\dfrac{\epsilon_1 \cdot S}{\dfrac{d}{2}} + \dfrac{\epsilon_2 \cdot S}{\dfrac{d}{2}}} = \dfrac{2S}{d\left(\dfrac{1}{\epsilon_1} + \dfrac{1}{\epsilon_2}\right)} = \dfrac{2S\epsilon_1\epsilon_2}{d(\epsilon_1 + \epsilon_2)}$

【정답】③

8. 접지된 무한히 넓은 평면도체로부터 a[m] 떨어져 있는 공간에 Q[C]의 점전하가 놓여 있을 때 그림 P점의 전위는 몇 [V] 인가?

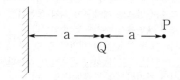

① $\dfrac{Q}{8\pi\epsilon_o a}$ ② $\dfrac{Q}{6\pi\epsilon_o a}$

③ $\dfrac{3Q}{4\pi\epsilon_o a}$ ④ $\dfrac{Q}{2\pi\epsilon_o a}$

|정|답|및|해|설|

[P점의 전위]

영상전하$-Q$[C]을 생각하면 두 개의 점전하 Q[C]과 $-Q$[C]에 의한 점 P에서의 전위 V_P는

$V_P = \dfrac{Q}{4\pi\epsilon_0 a} + \dfrac{-Q}{4\pi\epsilon_0(3a)} = \dfrac{Q}{6\pi\epsilon_0 a}$ [V]　　【정답】②

9. 전계와 자계의 기본법칙에 대한 내용으로 틀린 것은?

① 암페어의 주회적분 법칙:
$$\oint_c H \cdot dl = I + \int_s \frac{\partial D}{\partial t} \cdot dS$$

② 가우스의 정리: $\oint_s B \cdot dS = 0$

③ 가우스 정리: $\oint_s D \cdot dS = \int_v \rho dv = Q$

④ 패러데이의 법칙: $\oint_c D \cdot dl = -\int_s \frac{dH}{dt} dS$

|정|답|및|해|설|
[패러데이의 법칙] 전자유도 법칙에 의한 기전력
$e = -N \frac{\partial \phi}{\partial t}$ 　　　　　　　　　　【정답】④

10. 옴의 법칙에서 전류는?

① 저항에 반비례하고 전압에 비례한다.
② 저항에 반비례하고 전압에도 반비례한다.
③ 저항에 비례하고 전압에 반비례한다.
④ 저항에 비례하고 전압에도 비례한다.

|정|답|및|해|설|
[옴의 법칙] 전류 $I = \frac{V}{R}[A]$ 이므로
저항(R)에 반비례하고, 전압(V)에 비례한다.
　　　　　　　　　　　　　　　　【정답】①

11. 철심에 도선을 250회 감고 1.2[A]의 전류를 흘렸더니 1.5×10^{-3}[Wb]의 자속이 생겼다. 자기저항[AT/Wb]은?

① 2×10^5 　　　　② 3×10^5
③ 4×10^5 　　　　④ 5×10^5

|정|답|및|해|설|
[자기저항] $R_m = \frac{F}{\varnothing} = \frac{NI}{\varnothing}[AT/Wb]$
　　　　　　　　→ (기자력 $F = NI = R\varnothing [AT]$)
$R_m = \frac{NI}{\varnothing} = \frac{250 \times 1.2}{1.5 \times 10^{-3}} = 2 \times 10^5 [AT/Wb]$ 　【정답】①

12. 다음 물질 중 반자성체는?

① 구리 　　　　② 백금
③ 니켈 　　　　④ 알루미늄

|정|답|및|해|설|
[자성체의 분류] 자계 내에 놓았을 때 자석화 되는 물질

종류	비투자율	비자하율	원소
강자성체	$\mu_r \geq 1$	$\chi_m \gg 1$	철, 니켈, 코발트
상자성체	$\mu_r > 1$	$\chi_m > 0$	알루미늄, 망간, **백금**, 주석, 산소, 질소
반(역)자성체	$\mu_r < 1$	$\chi_m < 0$	은, 비스무트, 탄소, 규소, 납, 아연, 황, 구리, 실리콘
반강자성체			

　　　　　　　　　　　　　　　　【정답】①

13. 반지름 a[m]의 구도체에 Q[C]의 전하가 주어졌을 때 구심에서 $5a$[m]되는 점의 전위는 몇 [V] 인가?

① $\frac{Q}{4\pi\epsilon_0 a}$ 　　　　② $\frac{Q}{4\pi\epsilon_0 a^2}$
③ $\frac{Q}{20\pi\epsilon_0 a}$ 　　　④ $\frac{Q}{20\pi\epsilon_0 a^2}$

|정|답|및|해|설|
[구도체 외부의 전위] $V = \frac{Q}{4\pi\epsilon_0 r}[V]$
$V = \frac{Q}{4\pi\epsilon_0 (5a)} = \frac{Q}{20\pi\epsilon_0 a}[V]$ 　　【정답】③

14. 전류와 자계 사이에 직접적인 관련이 없는 법칙은?

① 앙페르의 오른나사법칙
② 비오사바르의 법칙
③ 플레밍의 왼손법칙
④ 쿨롱의 법칙

|정|답|및|해|설|
[쿨롱의 법칙] 전하들 간에 작용하는 힘
　　　　　　　　　　　　　　　　【정답】④

15. 전류분포가 벡터자기포텐셜 A[Wb/m]를 발생시킬 때 점(-1, 2, 5)m에서의 자속밀도 B[T]는? (단, $A = 2yz^2 a_x + y^2 x a_y + 4xyz a_z$이다.)

① $20a_x - 40a_y + 30a_z$

② $20a_x + 40a_y - 30a_z$

③ $2a_x + 4a_y + 3a_z$

④ $-20a_x - 46a_z$

|정|답|및|해|설|

[자속밀도] $B = \mu H$, $B = rot\, A = \nabla \times A$

$$B = rot\, A = \nabla \times A = \begin{vmatrix} a_x & a_y & a_z \\ \dfrac{\partial}{\partial x} & \dfrac{\partial}{\partial y} & \dfrac{\partial}{\partial z} \\ 2yz^2 & y^2 x & 4xyz \end{vmatrix}$$

$$= \left\{ \frac{\partial}{\partial y}(4xyz) - \frac{\partial}{\partial z}(y^2 x) \right\} a_x$$
$$+ \left\{ \frac{\partial}{\partial z}(2yz^2) - \frac{\partial}{\partial x}(4xyz) \right\} a_y$$
$$+ \left\{ \frac{\partial}{\partial x}(y^2 x) - \frac{\partial}{\partial y}(2yz^2) \right\} a_z$$

$$= (4xz - 0)a_x + (4yz - 4yz)a_y + (y^2 - 2z^2)a_z$$
$$= 4xz a_x + (y^2 - 2z^2)a_z$$

여기에, 점 (-1, 2, 5) 대입하면
$$B = -20a_x + (4 - 50)a_z = -20a_x - 46a_z [T] \qquad 【정답】 ④$$

|참|고|

$$rot\, \vec{A} = \nabla \times \vec{A} = curl\, \vec{A}$$

$$= \left(\frac{\partial}{\partial x} i + \frac{\partial}{\partial y} j + \frac{\partial}{\partial z} k \right) \times (A_x i + A_y j + A_z k)$$

$$= \begin{vmatrix} i & j & k \\ \dfrac{\partial}{\partial x} & \dfrac{\partial}{\partial y} & \dfrac{\partial}{\partial z} \\ A_x & A_y & A_z \end{vmatrix}$$

$$= i\left(\frac{\partial A_z}{\partial y} - \frac{\partial A_y}{\partial z} \right) + j\left(\frac{\partial A_x}{\partial z} - \frac{\partial A_z}{\partial x} \right) + k\left(\frac{\partial A_y}{\partial x} - \frac{\partial A_x}{\partial y} \right)$$

16. $\epsilon_1 > \epsilon_2$인 두 유전체의 경계면에 전계가 수직으로 입사할 때 단위면적당 경계면에 작용하는 힘은?

① 힘 $f = \dfrac{1}{2}\left(\dfrac{1}{\epsilon_1} - \dfrac{1}{\epsilon^2} \right)D^2$이 ϵ_2에서 ϵ_1으로 작용한다.

② 힘 $f = \dfrac{1}{2}\left(\dfrac{1}{\epsilon_1} - \dfrac{1}{\epsilon_2} \right)E^2$이 ϵ_2에서 ϵ_1으로 작용한다.

③ 힘 $f = \dfrac{1}{2}\left(\dfrac{1}{\epsilon_2} - \dfrac{1}{\epsilon_1} \right)D^2$이 ϵ_1에서 ϵ_2로 작용한다.

④ 힘 $f = \dfrac{1}{2}\left(\dfrac{1}{\epsilon_1} - \dfrac{1}{\epsilon_2} \right)E^2$이 ϵ_1에서 ϵ_2로 작용한다.

|정|답|및|해|설|

[힘(전계가 경계면에 수직이면)] $f = \dfrac{1}{2}\dfrac{D^2}{\epsilon}[N/m^2]$, $\epsilon_1 > \epsilon_2$

$\cdot f_n = \dfrac{1}{2}\left(\dfrac{1}{\epsilon_2} - \dfrac{1}{\epsilon_1} \right)D^2 [N/m^2]$

힘의 방향은 유전율이 큰 쪽에서 작은 쪽으로 작용한다.
$$【정답】 ③$$

17. 반지름이 2[m], 3[m] 절연 도체구의 전위를 각각 5[V], 6[V]로 한 후 가는 도선으로 두 도체구를 연결하면 공통 전위는 몇 [V]가 되는가?

① 5.2 ② 5.4

③ 5.6 ④ 5.8

|정|답|및|해|설|

[가는 전선을 접속했을 때 공통전위]

$$V = \frac{Q_1 + Q_2}{C_1 + C_2} = \frac{C_1 V_1 + C_2 V_2}{C_1 + C_2} = \frac{2 \times 5 + 3 \times 6}{2 + 3} = \frac{28}{5} = 5.6 [V]$$
$$【정답】 ③$$

18. 축이 무한히 길고 반지름이 a[m]인 원주 내에 전하가 축대칭이며, 축방향으로 균일하게 분포되어 있을 경우, 반지름 r(> a)[m]되는 동심 원통면상 외부의 한 점 P의 전계의 세기는 몇 [V/m]인가? (단, 원주의 단위 길이당의 전하를 λ[C/m]라 한다.)

① $\dfrac{\lambda}{\epsilon_o}$ ② $\dfrac{\lambda}{2\pi \epsilon_o}$

③ $\dfrac{\lambda}{\pi a}$ ④ $\dfrac{\lambda}{2\pi \epsilon_o r}$

|정|답|및|해|설|

[선전하(전계의 세기)] $E = \dfrac{\lambda}{2\pi r \epsilon_0}[V/m]$

$r < a$ 이면, $E = \dfrac{r\lambda}{2\pi a^2 \epsilon_0}[V/m]$ $\qquad 【정답】 ④$

19. 전기쌍극자로부터 임의의 점의 거리가 r이라 할 때, 전계의 세기는 r과 어떤 관계에 있는가?

① $\dfrac{1}{r}$에 비례 ② $\dfrac{1}{r^2}$에 비례

③ $\dfrac{1}{r^3}$에 비례 ④ $\dfrac{1}{r^4}$에 비례

|정|답|및|해|설|

[전기쌍극자] 전계 $E = \dfrac{M}{4\pi\epsilon_0 r^3}\sqrt{1+3\cos^2\theta}$ [V/m] $\rightarrow E \propto \dfrac{1}{r^3}$

여기서, M : 쌍극자 모멘트, ϵ_0 : 진공시 유전율, r : 거리

【정답】③

20. 전하 Q_1, Q_2간의 전기력이 F_1이고 이 근처에 전하 Q_3를 놓았을 경우의 Q_1과 Q_2간의 전기력을 F_2라 하면 F_1과 F_2의 관계는 어떻게 되는가?

① $F_1 > F_2$ ② $F_1 = F_2$

③ $F_1 < F_2$ ④ Q_3의 크기에 따라 다르다.

|정|답|및|해|설|

[전기력]

Q_1, Q_2 간의 작용력 $F_1 = \dfrac{Q_1 Q_2}{4\pi\epsilon r^2}$ [N]이므로

작용력은 두 전하량(Q_1, Q_2), 유전율(ϵ), 거리(r)와 관계 두 전하 사이에 작용하는 힘은 다른 전하(Q_3)에 영향을 받지 않는다. ($F_1 = F_2$)

【정답】②

21. 60[Hz], 154[kV], 길이 200[km]인 3상 송전선로에서 대지정전용량 C_s=0.008[μF/km], 선간정전용량 C_m=0.0018[μF/km]일 때, 1선에 흐르는 충전전류는 약 몇 [A]인가?

① 68.9 ② 78.9

③ 89.8 ④ 97.6

|정|답|및|해|설|

[충전전류] $I_c = \omega C E_p l = 2\pi f C \dfrac{E_l}{\sqrt{3}} l$ [A]

충전전류는 대지로 흐르는 전류이므로 전압은 상전압 $\dfrac{E_l}{\sqrt{3}}$가 된다.

→ (문제에서 아무런 언급이 없으면 선간전압 $E_p = \dfrac{E_l}{\sqrt{3}}$)

$I_c = 2\pi \times 60 \times (C_s + 3C_m) \times \dfrac{154000}{\sqrt{3}} \times 200$ [A]

$= 2\pi \times 60 \times (0.0134) \times \dfrac{154000}{\sqrt{3}} \times 200 = 89.8$

※ $3\phi 3\omega$ $C = C_s + 3C_m$

$1\phi 2\omega$ $C = C_s + 2C_m$

여기서, C_s : 전선과 대지간 정전용량

C_m : 전선과 전선간 정전용량

【정답】③

22. 소수력 발전의 장점이 아닌 것은?

① 국내 부존자원 활용

② 일단 건설 후에는 운영비가 저렴

③ 전력생산 위에 농업용수 공급, 홍수조절에 기여

④ 양수발전과 같이 첨두부하에 대한 기여도가 많음

|정|답|및|해|설|

[소수력 발전] 3000[kW] 이하의 발전소로 도서, 산간에 임시로 설치하는 발전소 【정답】④

|참|고|

[양수발전소]

① 낮에는 발전을 하고, 밤에는 원자력, 대용량 화력 발전소의 잉여 전력으로 필요한 물을 다시 상류 쪽으로 양수하여 발전하는 방식으로 잉여 전력의 효율적인 활용방법이다.

② 첨두부하용으로 많이 쓰인다.

23. 조상설비가 있는 1차 변전소에서 주변압기로 주로 사용되는 변압기는?

① 승압용 변압기 ② 단권 변압기

③ 단상 변압기 ④ 3권선 변압기

|정|답|및|해|설|

[조상설비] 조상설비는 계통에 무효전력을 공급하는 설비이다. 조상설비에는 3권선 변압기를 사용한다. 【정답】④

24. 아킹혼의 설치목적은?

① 코로나손의 방지

② 이상전압 제한

③ 지지물의 보호

④ 섬락사고 시 애자의 보호

|정|답|및|해|설|⋯⋯⋯⋯⋯⋯⋯⋯⋯⋯⋯⋯⋯⋯

[아킹혼] 이상전압 시 <u>애자련 보호</u>, 전압 분담 평준화

【정답】④

25. 유효낙차 400[m]의 수력발전소에서 펠턴수차의 노즐에서 분출하는 물의 속도를 이론값의 0.95 배로 한다면 물의 분출속도는 약 몇 [m/s]인가?

① 42.3   ② 59.5

③ 62.6   ④ 84.1

|정|답|및|해|설|⋯⋯⋯⋯⋯⋯⋯⋯⋯⋯⋯⋯⋯⋯

[분출속도] $C_v = k\sqrt{2gH}\,[\text{m/s}]$

$\rightarrow$ (k : 속도계수, 최대 $k=1$을 기준)

$\therefore C_v = 0.95\sqrt{2 \times 9.8 \times 400} = 84.1[\text{m/s}]$ 【정답】④

26. 초고압 장거리 송전선로에 접속되는 1차 변전소에 병렬리액터를 설치하는 목적은?

① 페란티효과 방지   ② 코로나손실 경감

③ 전압강하 경감   ④ 선로손실 경감

|정|답|및|해|설|⋯⋯⋯⋯⋯⋯⋯⋯⋯⋯⋯⋯⋯⋯

[병렬(분로)리액터 설치] 페란티효과 방지, 충전전류 차단

【정답】①

27. SF_6 가스차단기의 설명으로 틀린 것은?

① 밀폐구조이므로 개폐 시 소음이 작다.

② SF_6가스는 절연내력이 공기보다 크다.

③ 근거리 고장 등 가혹한 재기전압에 대해서 성능이 우수하다.

④ 아크에 의해 SF_6가스는 분해되어 유독가스를 발생시킨다.

|정|답|및|해|설|⋯⋯⋯⋯⋯⋯⋯⋯⋯⋯⋯⋯⋯⋯

[SF_6 가스]

· 무색 · 무취 · 무독성 가스이다.

· 아크를 제거하는 소호능력이 공기의 100~200배

· 절연내력과 신뢰도가 높다(공기의 3~4배)

· 밀폐형이므로 소음이 적고 유지보수가 용이하다.

[단점]

· 저온(-60도 정도)에서 액화되는 현상이 일어난다.

· 대기오연 지수가 매우 높다.   【정답】④

28. 직류 송전방식이 교류 송전방식에 비하여 유리한 점이 아닌 것은?

① 선로의 절연이 용이하다.

② 통신선에 대한 유도 잡음이 적다.

③ 표피효과에 의한 송전손실이 적다.

④ 정류가 필요 없고 승압 및 강압이 쉽다.

|정|답|및|해|설|⋯⋯⋯⋯⋯⋯⋯⋯⋯⋯⋯⋯⋯⋯

[직 · 교류 송전방식의 특징]

1. 직류송전의 특징

· 차단 및 <u>전압의 변성이 어렵다.</u>

· 리액턴스손실이 적다

· 안정도가 좋다.

· 절연레벨을 낮출 수 있다.

2. 교류송전의 특징

· <u>승압, 강압이 용이하다.</u>

· 회전자계를 얻기가 용이하다.

· 통신선 유도장해가 크다.   【정답】④

29. 송전선로에서 역섬락을 방지하려면?

① 가공지선을 설치한다.

② 피뢰기를 설치한다.

③ 탑각 접지저항을 적게 한다.

④ 소호각을 설치한다.

|정|답|및|해|설|⋯⋯⋯⋯⋯⋯⋯⋯⋯⋯⋯⋯⋯⋯

[역섬락]

· 역섬락은 철탑의 탑각 접지 저항이 커서 뇌서지를 대지로 방전하지 못하고 선로에 뇌격을 보내는 현상이다.

· 철탑의 탑각 접지저항을 낮추기 위해서 매설지선을 시설한다.

【정답】③

30. 전원이 양단에 있는 방사상 송전선로에서 과전류 계전기와 조합하여 단락보호에 사용하는 계전기는?

① 선택지락계전기 ② 방향단락계전기
③ 과전압계전기 ④ 부족전류계전기

|정|답|및|해|설|
[계전기]
· 전원이 2군데 이상 환상선로의 단락보호 → 방향거리 계전기(DZR)
· 전원이 2군데 이상 선로의 단락보호 → 방향단락계전기(DSR)와 과전류계전기(OCR)를 조합 【정답】②

31. 그림과 같은 평형 3상 발전기가 있다. a상이 지락한 경우 지락전류는 어떻게 표현되는가? (단, Z_0 : 영상임피던스, Z_1 : 정상임피던스, Z_2 : 역상임피던스이다.)

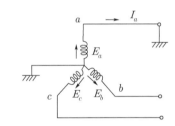

① $\dfrac{E_a}{Z_0 + Z_1 + Z_2}$ ② $\dfrac{3E_a}{Z_0 + Z_1 + Z_2}$

③ $\dfrac{-Z_0 E_a}{Z_0 + Z_1 + Z_2}$ ④ $\dfrac{2Z_2 E_a}{Z_1 + Z_2}$

|정|답|및|해|설|
[지락전류] $I_g = 3I_0 = \dfrac{3E_a}{Z_0 + Z_1 + Z_2}$

$I_a = I_g$, $I_b = I_c = 0$ → $I_0 = I_1 = I_2$

$V_a = V_0 + V_1 + V_2 = 0$

$-I_a Z_0 + E_a - I_1 Z_1 - I_2 Z_2 = 0$

∴ 지락전류 $I_g = \dfrac{3E_a}{Z_0 + Z_1 + Z_2}$ 【정답】②

32. 전력계통의 안정도 향상대책으로 볼 수 없는 것은?

① 직렬콘덴서 설치
② 병렬콘덴서 설치
③ 중간 개폐소 설치
④ 고속차단, 재폐로방식 채용

|정|답|및|해|설|
[안정도 향상대책] 안정도 향상에는 선로의 리액턴스를 저감시켜 송전전력을 증가시켜야 하므로 병렬 콘덴서는 직접적인 관계가 없다.
1. 리액턴스의 값을 적게 한다.
   · 복도체 채용
   · 회선수 증가
2. 전압변동을 작게
   · 분로리액터(페란티 효과 방지)
   · 단락비 크게
3. 계통충격 줄임
   · 고속도 재폐로 방식
   · 고속차단기 설치
   · 속응여자 방식
   · 계통연계 【정답】②

33. 송전단의 전력원 방정식이

$$P_s^2 + (Q_s - 300)^2 = 250000$$인 전력계통에서 최대전송 가능한 유효전력은 얼마인가?

① 300 ② 400
③ 500 ④ 600

|정|답|및|해|설|
[최대전송 가능한 유효전력] 최대전송 가능한 유효전력은 무효분이 0일 때 이므로, 무효분 $(Q_s - 300)^2 = 0$이다.
∴ $P_s^2 + (Q_s - 300)^2 = 250000$에서
$P_s^2 + 0 = 500^2$ → $P_s = 500$ 【정답】③

34. π형 회로의 일반회로 정수에서 B는 무엇을 의미하는가?

① 컨덕턴스 ② 리액턴스
③ 임피던스 ④ 어드미턴스

|정|답|및|해|설|
[π형 회로]
$$E_s = AE_R + BI_R, \ I_s = CE_R + DI_r, \ B = \dfrac{E_s}{I_r}\bigg|_{E_R = 0}$$

여기서, A : 전압비, B : 임피던스, C : 어드미턴스
D : 전류비 【정답】③

35. 그림의 X 부분에 흐르는 전류는 어떤 전류인가?

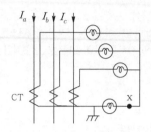

① b상 전류   ② 정상전류
③ 역상전류   ④ 영상전류

|정|답|및|해|설|⎽⎽⎽⎽⎽⎽⎽⎽⎽⎽⎽⎽⎽⎽⎽
[영상전류] 접지선으로 나가는 전류는 영상전류이다.

영상전류 $I_0 = \frac{1}{3}(I_a + I_b + I_c)$ 【정답】④

36. 변류기 개방시 2차측을 단락하는 이유는?

① 2차측 절연 보호
② 2차측 과전류 보호
③ 측정오차 방지
④ 1차측 과전류 방지

|정|답|및|해|설|⎽⎽⎽⎽⎽⎽⎽⎽⎽⎽⎽⎽⎽⎽⎽
[변류기 개방] 변류기의 2차측을 개방하면 2차 전류는 흐르지 않으나 1차 전류가 모두 여자 전류가 되어 2차 권선에 매우 높은 전압이 유기되어 절연이 파괴되고 소손될 염려가 있다.
2차는 선로의 접지측에 접속하고 1단을 접지하여야 한다.
【정답】①

37. 그림과 같은 배전선이 있다. 부하에 급전 및 정전할 때 조작방법으로 옳은 것은?

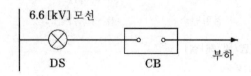

① 급전 및 정전할 때는 항상 DS, CB순으로 한다.
② 급전 및 정전할 때는 항상 CB, DS순으로 한다.

③ 급전시는 DS, CB순이고 정전시는 CB, DS순이다.
④ 급전시는 CB, DS순이고 정전시는 DS, CB순이다.

|정|답|및|해|설|⎽⎽⎽⎽⎽⎽⎽⎽⎽⎽⎽⎽⎽⎽⎽
[배전선 조작방법] 부하전류가 흐르는 상태에서는 단로기를 열거나 닫을 수가 없으므로 차단기가 열려 있을 때만 단로기는 개폐할 수 있다. 따라서 급전시는 DS, CB순이고 정전시는 CB, DS순이다.
【정답】③

38. 피뢰기가 방전을 개시할 때 단자전압의 순시값을 방전개시전압이라 한다. 피뢰기 방전 중 단자전압의 파고값을 무슨 전압이라고 하는가?

① 뇌전압   ② 상용주파교류전압
③ 제한전압   ④ 충격절연강도전압

|정|답|및|해|설|⎽⎽⎽⎽⎽⎽⎽⎽⎽⎽⎽⎽⎽⎽⎽
[제한전압] 제한전압이란 방전 중 단자에 걸리는 전압을 의미한다.
【정답】③

39. 3상 1회선과 대지간의 충전전류가 1[km]당 0.25[A]일 때 길이가 18[km]인 선로의 충전전류는 몇 [A] 인가?

① 1.5   ② 4.5
③ 13.5   ④ 40.5

|정|답|및|해|설|⎽⎽⎽⎽⎽⎽⎽⎽⎽⎽⎽⎽⎽⎽⎽
[충전전류] $I_c = 0.25 \times l = 0.25 \times 18 = 4.5[A]$ 【정답】②

※한국전기설비규정(KEC) 적용으로 인해 더 이상 출제되지 않는 문제는 삭제했습니다.

41. 직류 분권전동기가 단자전압 215[V], 전기자 전류 50[A], 1500[rpm]으로 운전되고 있을 때 발생 토크는 약 몇 [N·m]인가? (단, 전기자 저항은 0.1[Ω]이다.)

① 6.8　　　　② 33.2
③ 46.8　　　　④ 66.9

|정|답|및|해|설|

[직류기의 토크]　$\tau = 0.975\dfrac{E \cdot I_a}{N}[kg \cdot m] = 0.975\dfrac{E \cdot I_a}{N} \times 9.8[N \cdot m]$

$= 0.975\dfrac{P}{N}[kg \cdot m] = 0.975\dfrac{P}{N} \times 9.8[N \cdot m]$

$\rightarrow ([kg \cdot m] \times 9.8 = [N \cdot m])$

분권전동기의 역기전력 $E_c = V - I_a R_a = 215 - (50 \times 0.1) = 210[V]$

∴토크 $\tau = 0.975\dfrac{E \cdot I_a}{N} \times 9.8 = 0.975 \times \dfrac{210 \times 50}{1500} \times 9.8 = 66.9[N \cdot m]$

【정답】④

42. 어느 변압기의 1차 권수가 1500인 변압기의 2차측에 접속한 20[Ω]의 저항은 1차측으로 환산했을 때 8[kΩ]으로 되었다고 한다. 이 변압기의 2차 권수는?

① 400　　　　② 250
③ 150　　　　④ 75

|정|답|및|해|설|

[권수비]　$a = \dfrac{N_1}{N_2} = \dfrac{V_1}{V_2} = \dfrac{I_2}{I_1} = \sqrt{\dfrac{R_1}{R_2}}$

$a = \sqrt{\dfrac{R_1}{R_2}} = \sqrt{\dfrac{8000}{20}} = 20$

$\therefore N_2 = \dfrac{N_1}{a} = \dfrac{1500}{20} = 75$회　　　　【정답】④

43. SCR의 특징이 아닌 것은?

① 아크가 생기지 않으므로 열의 발생이 적다.
② 열용량이 적어 고온에 약하다.
③ 전류가 흐르고 있을 때 양극의 전압강하가 작다.
④ 과전압에 강하다.

[SCR의 특성]
· 위상제어소자로 전압 및 주파수를 제어
· 전류가 흐르고 있을 때 양극의 전압강하가 작다.
· 정류기능을 갖는 단일방향성3단자소자이다.
· 역률각 이하에서는 제어가 되지 않는다.

【정답】④

44. 8극과 4극 2개의 유도전동기를 종속법에 의한 직렬 종속법으로 속도제어를 할 때, 전원주파수가 60[Hz]인 경우 무부하 속도[rpm]는?

① 600　　　　② 900
③ 1200　　　　④ 1800

|정|답|및|해|설|

[유도전동기의 속도제어법(직렬종속법)]　$N = \dfrac{120f}{p_1 + p_2}[rpm]$

$p_1 = 8, \ p_2 = 4, \ f = 60[Hz]$

$\therefore N = \dfrac{120f}{p_1 + p_2}[rpm] = \dfrac{120 \times 60}{8 + 4} = 600[rpm]$

※권선형 유도전동기의 속도제어(종속법)

1. 직렬종속법 : $(p_1 + p_2) \rightarrow N = \dfrac{120f}{p_1 + p_2}[rpm]$

2. 차동종속법 : $(p_1 - p_2) \rightarrow N = \dfrac{120f}{p_1 - p_2}[rpm]$

3. 병렬종속법 : $(\dfrac{p_1 + p_2}{2}) \rightarrow N = \dfrac{2 \times 120f}{p_1 + p_2}[rpm]$

$(p_1 : M_1$의 극수, $p_2 : M_2$의 극수)　　【정답】①

45. 1차 전압 6900[V], 1차 권선 3000회, 권수비 20의 변압기가 60[Hz]에 사용할 때 철심의 최대 자속[Wb]은?

① 0.76×10^{-4}　　　　② 8.63×10^{-3}
③ 80×10^{-3}　　　　④ 90×10^{-3}

|정|답|및|해|설|

[최대자속] 최대자속　$\varnothing_m = \dfrac{E}{4.44fN}$

$\rightarrow$ (기전력 $E = 4.44fN\varnothing[V]$)

∴최대자속　$\varnothing_m = \dfrac{E_1}{4.44fN_1} = \dfrac{6900}{4.44 \times 60 \times 3000}$

$= 0.00863 = 8.63 \times 10^{-3}[Wb]$

※2차권수 $= \dfrac{1차 권수}{권수비} = \dfrac{3000}{20} = 150[회]$　　$\rightarrow (a = \dfrac{N_1}{N_2} = \dfrac{V_1}{V_2} = \dfrac{I_2}{I_1})$

【정답】②

46. 30[kW]의 3상 유도전동기에 전력을 공급할 때 2대의 단상변압기를 사용하는 경우 변압기의 용량[kVA]은? (단, 전동기의 역률과 효율은 각각 84[%], 86[%]이고 전동기 손실은 무시한다.)

① 10   ② 20
③ 24   ④ 28

|정|답|및|해|설|
[변압기의 용량] 변압기 2대를 사용하면 V결선이다.

$P' = \sqrt{3}\,P = \dfrac{30}{0.86}$ 에서 $P = \dfrac{1}{\sqrt{3}} \cdot \dfrac{30}{0.86} = 24[\text{kVA}]$

【정답】③

47. 동기발전기의 병렬운전 시 동기화력은 부하각 δ와 어떠한 관계인가?

① $\tan\delta$에 비례   ② $\cos\delta$에 비례
③ $\sin\delta$에 반비례   ④ $\cos\delta$에 반비례

|정|답|및|해|설|
[동기화력] $p = E_0 I_s \cos\dfrac{\delta}{2}[W]$

여기서, $E_0 = E_A = E_B[V]$, I_s : 순환전류
　　　δ : 양기의 기전력의 위상차

|참|고|
[동기발전기 병렬운전 시 기전력의 위상이 다른 경우]
·동기화 전류(유효횡류)가 흐른다.

·동기화전류 $I_s = \dfrac{2E_a}{2Z_s}\sin\dfrac{\delta}{2}$

·수수전력 $P_s = \dfrac{E_a^2}{2Z_s}\sin\delta_s$

【정답】②

48. 동기 주파수 변환기의 주파수 f_1 및 f_2 계통에 접속되는 양 극을 P_1, P_2라 하면 다음 어떤 관계가 성립되는가?

① $\dfrac{f_1}{f_2} = \dfrac{P_1}{P_2}$ ② $\dfrac{f_1}{f_2} = P_2$

③ $\dfrac{f_1}{f_2} = \dfrac{P_2}{P_1}$ ④ $\dfrac{f_2}{f_1} = P_1 \cdot P_2$

|정|답|및|해|설|
[동기주파수 변환기] 동기 주파수 변환기는 다음의 관계가 있다.

$N_s = \dfrac{120f_1}{P_1} = \dfrac{120f_2}{P_2}$ 이므로 $\dfrac{f_1}{P_1} = \dfrac{f_2}{P_2}$ $\therefore \dfrac{f_1}{f_2} = \dfrac{P_1}{P_2}$

【정답】①

49. 유도전동기 원선도에서 원의 지름은? (단, E는 1차 전압, r은 1차로 환산한 저항, x를 1차로 환산한 누설리액턴스라 한다.)

① rE에 비례   ② rxE에 비례

③ $\dfrac{E}{r}$에 비례   ④ $\dfrac{E}{x}$에 비례

|정|답|및|해|설|
[원선도에서 원의 지름] 유도전동기는 일정값의 리액턴스와 부하에 의하여 변하는 저항(r_2'/s)의 직렬 회로라고 생각되므로 부하에 의하여 변호하는 전류 벡터의 궤적, 즉 원선도의 지름은 전압에 비례하고 리액턴스에 반비례한다.　　　【정답】④

50. 유도전동기의 2차 동손을 P_c, 2차 입력을 P_2, 슬립을 s라 할 때 이들 사이의 관계는?

① $s = \dfrac{P_c}{P_2}$ ② $s = \dfrac{P_2}{P_c}$

③ $s = P_2 \cdot P_c$ ④ $s = P_2 + P_c$

|정|답|및|해|설|
[유도전동기의 2차동손(P_c, 2차입력(P_2), 슬립(s)의 관계)

$s = \dfrac{N_s - N}{N_s} = \dfrac{E_{2s}}{E_2} = \dfrac{f_{2s}}{f_2} = \dfrac{P_c}{P_2}$

$\therefore s = \dfrac{P_c}{P_2}$ 또는 $P_c = sP_2$　　　【정답】①

51. 단상 변압기 3대를 이용하여 3상 $\triangle - \triangle$ 결선을 했을 때 1차와 2차 전압의 각변위(위상차)는?

① 30°   ② 60°   ③ 120°   ④ 180°

|정|답|및|해|설|
[$\triangle - \triangle$결선의 1차와 2차 전압의 각변위(위상차)] $\triangle - \triangle$결선의 위상차는 0°(180°)

※각 변위라 함은 1차 유기전압을 기준으로 하고 이에 대한 2차 유기전압의 뒤진 각을 말한다.　　　【정답】④

52. 슬롯수 36의 고정자 철심이 있다. 여기에 3상 4극의 2층권을 시행할 때 매극 매상의 슬롯수와 총 코일수는?

① 3과 18
② 9과 36
③ 3과 36
④ 9과 18

|정|답|및|해|설|

[매극 매상의 슬롯수와 총 코일수] 코일수 $= \dfrac{슬롯수 \times 층수}{2}$

매극 매상의 슬롯수는 총 슬롯수가 36이므로

$\dfrac{총슬롯수}{극성 \times 상수} = \dfrac{36}{4 \times 3} = 3$

총 코일수 2층권이므로 1개 코일이 2슬롯을 사용하므로

코일수 $= \dfrac{슬롯수 \times 층수}{2} = \dfrac{36 \times 2}{2} = 36$ 【정답】③

---

53. 입력전압이 220[V]일 때 3상전파 제어정류회로에서 얻을 수 있는 직류전압은 몇 [V] 인가? (단, 최대전압은 점호각 $\alpha = 0$일 때이고, 3상에서 선간전압으로 본다.)

① 152
② 198
③ 297
④ 317

|정|답|및|해|설|

[수은정류기 직류전압]

· 3상반파 $E_d = 1.17E \cdot \cos\alpha$
· 3상전파(=6상반파) $E_d = 1.35E \cdot \cos\alpha$

$\therefore E_{d\pi} = 1.35 V_l = 1.35 \times 220 = 297 [V]$ 【정답】③

---

54. 직류전동기의 회전수를 1/2로 줄이려면, 계자자속을 몇 배로 하여야 하는가? (단, 전압과 전류 등은 일정하다.)

① 1
② 2
③ 3
④ 4

|정|답|및|해|설|

[직류전동기의 회전수] $N = \dfrac{E}{k\varnothing} \times 60 [rpm]$

$\rightarrow (E = k\varnothing N [V])$

$\varnothing \propto \dfrac{1}{N}$ 이므로 회전수 N을 $\dfrac{1}{2}$로 하려면 자속 $\varnothing$는 2배가 된다.

【정답】②

---

55. 전부하로 운전하고 있는 60[Hz], 4극 권선형 유도전동기의 전부하 속도는 1728[rpm], 2차 1상의 저항은 0.02[Ω]이다. 2차 회로의 저항을 3배로 할 때의 회전수[rpm]는?

① 1264
② 1356
③ 1584
④ 1765

|정|답|및|해|설|

[회전수] $N = (1 - s)N_s$

동기속도 $N_s = \dfrac{120f}{p} = \dfrac{120 \times 60}{4} = 1800 [rpm]$

1차슬립 $s_1 = \dfrac{N_s - N}{N_s} = \dfrac{1800 - 1728}{1800} = 0.04$

$\dfrac{r_2}{s_1} = \dfrac{R}{s_2} = \dfrac{3r_2}{s_2} \rightarrow$ 2차슬립 $s_2 = \dfrac{3r_2}{r_2}s_1 = 3s_1 = 3 \times 0.04 = 0.12$

$\therefore N_2 = (1 - s_2)N_s = (1 - 0.12) \times 1800 = 1584 [rpm]$

【정답】③

---

56. 3상 권선형 유도전동기의 2차 회로의 한상이 단선된 경우에 부하가 약간 커지면 슬립이 50[%]인 곳에서 운전이 되는 것을 무엇이라 하는가?

① 차동기 운전
② 자기여자
③ 게르게스 현상
④ 난조

|정|답|및|해|설|

[게르게스 현상]

·3상 유도전동기를 무부하 또는 경부하 운전 중 한 상이 결상이 되어도 전동기가 소손되지 않고 정격 속도의 1/2배의 속도에서 운전되는 현상을 말한다.

·게르게스 현상의 슬립은 대략 0.5(50[%])의 값을 갖는다.

|참|고|

[크로우링 현상(차동기 운전)]

3상유도전동기에서 회전자의 슬롯수 및 권선법이 적당하지 않아 고조파가 발생되고, 이로 인해 전동기는 낮은 속도에서 안정 상태가 되어 더 이상 가속하지 않는 현상

1. 원인 : 공극이 불균일할 때, 고조파가 전동기에 유입될 때
2. 방지책 : 스큐슬롯(경사슬롯)을 채용한다.   【정답】③

57. 변압기의 임피던스전압이란?

① 정격전류 시 2차측 단자전압이다.

② 변압기의 1차를 단락, 1차에 1차 정격전류와 같은 전류를 흐르게 하는데 필요한 1차 전압이다.

③ 변압기 내부임피던스와 정격전류와의 곱인 내부 전압강하이다.

④ 변압기의 2차를 단락, 2차에 2차 정격전류와 같은 전류를 흐르게 하는데 필요한 2차 전압이다.

|정|답|및|해|설|

[변압기의 임피던스전압]

$$\%Z = \frac{IZ}{E} \times 100 = \frac{임피던스전압}{E} \times 100$$

변압이 자체 임피던스에 걸리는 내부 전압강하를 말한다.

【정답】③

58. 3상 유도전동기를 급속하게 정지시킬 경우에 사용되는 제동법은?

① 발전 제동법　　② 회생 제동법

③ 마찰 제동법　　④ 역상 제동법

|정|답|및|해|설|

[유도전동기의 제동법]

1. 회생제동 : 발생전력을 전원으로 반환하면서 제동하는 방식을 회생제동이라고 한다.

2. 발전제동 : 발생전력을 내부에서 열로 소비하는 제동방식을 발전제동이라고 한다.

3. 역상제동 : 역상제동은 3상중 2상의 결선을 바꾸어 역회전시킴으로 제동시키는 방식으로 급속하게 정지시킬 경우에 사용되는 제동법이다.　【정답】④

59. 동기전동기의 진상전류에 의한 전기자반작용은 어떤 작용을 하는가?

① 횡축반작용　　② 교차자화작용

③ 증자작용　　④ 감자작용

|정|답|및|해|설|

[동기전동기의 전기자반작용] 동기 전동기에서 전기자 전류 I_a의 위상은 공급 전압 V에 대한 위상을 말하므로 전기자 반작용을 살펴보면 공급 전압은 유기 기전력과 반대 방향이 되어 발전기의 경우와 반대로 된다.

· I_a와 V가 동상일 때는 횡축 반작용으로 교차 자화 작용

· I_a가 V보다 $\frac{\pi}{2}$ 앞설 때는 직축 반작용으로 감자 작용

· I_a가 V보다 $\frac{\pi}{2}$ 뒤질 때는 직축 반작용으로 증자 작용

|참|고|

[전기자반작용] 동기전동기의 전기자반작용은 동기발전기와 반대

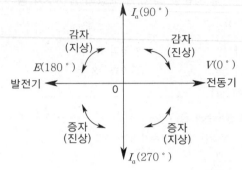

→ (위상 : 반시계방향)

【정답】④

60. 2상 서보모터의 제어방식이 아닌 것은?

① 온도제어　　② 전압제어

③ 위상제어　　④ 전압·위상 혼합제어

|정|답|및|해|설|

[2상 서보모터의 제어방식]

1. 전압제어 방식 : 주권선에 보통 위상을 90° 진상으로 콘덴서 C를 직렬로 접속하여 일정 전압을 가하고 제어권선에는 입력전압의 크기만이 변화하는 신호를 걸어 속도 제어를 하는 방식

2. 위상제어 방식 : 주권선에는 위상을 90° 진상으로 콘덴서를 통하여 일정 전압을 가하고, 제어권선에도 정격 전압을 가하여 그 위상을 ±90° 변화시켜 제어 하는 방식

3. 전압·위상 혼합 제어방식 : 가장 일반적으로 사용되는 방식이며, 전압제어와 위상제어의 각각의 장점을 취한 방식이다.

【정답】①

2회 **2015년 전기산업기사필기 (회로이론)**

61. $\frac{dx(t)}{dt} + x(t) = 1$의 라플라스 변환 $X(s)$의 값은? (단, $X(0) = 0$이다.)

① s+1　　② s(s+1)

③ $\frac{1}{s}$(s+1)　　④ $\frac{1}{s(s+1)}$

|정|답|및|해|설|

[라플라스 변환] 초기값을 0으로 하고 라플라스 변환하면,

$$\{sX(s) - x(0)\} + X(s) = \frac{1}{s}$$

$$(s+1)X(s) = \frac{1}{s} \quad \rightarrow \quad \therefore X(s) = \frac{1}{s(s+1)}$$　【정답】④

62. 4단자 회로에서 4단자 정수를 A, B, C, D라 할 때 전달정수 θ는 어떻게 되는가?

① $\ln\left(\sqrt{AB}+\sqrt{BC}\right)$

② $\ln\left(\sqrt{AB}-\sqrt{CD}\right)$

③ $\ln\left(\sqrt{AD}+\sqrt{BC}\right)$

④ $\ln\left(\sqrt{AD}-\sqrt{BC}\right)$

|정|답|및|해|설|
[4단자정수] 영상전달정수 θ는
$\theta = \ln\left(\sqrt{AD}+\sqrt{BC}\right)$
$= \cosh^{-1}\sqrt{AD} = \sinh^{-1}\sqrt{BC} = \tanh^{-1}\sqrt{\dfrac{BC}{AD}}$

【정답】③

63. 다음 회로에서 10[Ω]의 저항에 흐르는 전류는 몇 [A] 인가?

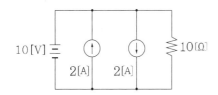

① 1

② 2

③ 4

④ 5

|정|답|및|해|설|
[전류] $I = \dfrac{V}{R} = \dfrac{10}{10} = 1[A]$ → (병렬이므로 전압 일정)

【정답】①

64. 3상 회로에 △ 결선된 평형 순저항 부하를 사용하는 경우 선간전압 220[V], 상전류가 7.33[A]라면 1상의 부하저항은 약 몇 [Ω] 인가?

① 80

② 60

③ 45

④ 30

|정|답|및|해|설|
[부하 1상의 임피던스] $Z = R = \dfrac{V_p(\text{상전압})}{I_p(\text{상전류})}[\Omega]$

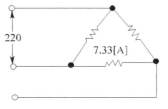

$\therefore$ 부하 1상의 임피던스 $= \dfrac{\text{상전압}}{\text{상전류}} = \dfrac{220}{7.33} = 30[\Omega]$ 【정답】④

65. 그림과 같은 순저항으로 된 회로에 대칭 3상 전압을 가했을 때 각 선에 흐르는 전류가 같으려면 R[Ω]의 값은?

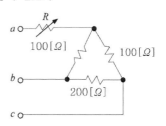

① 20

② 25

③ 30

④ 35

|정|답|및|해|설|
[저항]

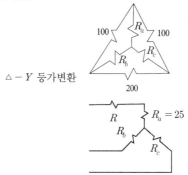

△ － Y 등가변환

$R_a = \dfrac{100 \times 100}{100 + 100 + 200} = 25[\Omega]$

$R_b = R_c$
$= \dfrac{100 \times 200}{100 + 100 + 200} = \dfrac{20000}{400} = 50$

b, c 상의 저항이 50[Ω]

$R + R_a = 50$

$\therefore R = 25$

【정답】②

66. 다음 용어에 대한 설명으로 옳은 것은?

① 능동소자는 나머지 회로에 에너지를 공급하는 소자이며 그 값은 양과 음의 값을 갖는다.

② 종속전원은 회로 내의 다른 변수에 종속되어 전압 또는 전류를 공급하는 전원이다.

③ 선형소자는 중첩의 원리와 비례의 법칙을 만족할 수 있는 다이오드 등을 말한다.

④ 개방회로 두 단자 사이에 흐르는 전류가 양단자에 전압과 관계없이 무한대 값을 갖는다.

|정|답|및|해|설|
[종속전원] 종속전원은 회로 내의 다른 변수에 종속되어 전압 또는 전류를 공급하는 전원으로 회로 내의 다른 부분에는 영향을 미치지 못한다. 　　　　　　　　　　　　　　　【정답】②

|참|고|
1. 능동소자 : 회로에 전기에너지를 공급할 목적으로 사용되는 것으로 배터리, 전원장치, 발전기 등이 있다. 비선형적 특성
2. 수동 소자 : 주로, 선형적 특성을 갖음, 소자 내 에너지 원천을 갖지 않음, 에너지 소비 가능 소자로 저항기,인덕터, 커패시터 등
3. 선형 소자 　: 저항기, 인덕터, 커패시터, 전압 전류 관계가 선형적
4. 비선형 소자 : 다이오드, 트랜지스터, 사이리스터 등 전압 전류 관계가 비선형적

67. 그림과 같은 회로에서 입력을 $V_1[s]$, 출력을 $V_2[s]$라 할 때 전압비 전달함수는?

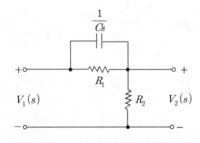

① $\dfrac{R_1}{R_1 Cs + 1}$

② $\dfrac{R_2 + R_1 R_2 Cs}{R_1 + R_2 + R_1 R_2 Cs}$

③ $\dfrac{R_1 R_2 S + RCs}{R_1 Cs + R_1 R_2 S^2 + C}$

④ $\dfrac{S+1}{S+(R_1 + R_2) + R_1 R_2 C}$

|정|답|및|해|설|
[전달함수] $G(s) = \dfrac{V_2(s)}{V_1(s)}$

R_1과 C의 합성 임피던스 등가회로

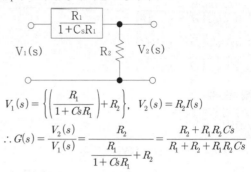

$V_1(s) = \left\{\left(\dfrac{R_1}{1+CsR_1}\right) + R_2\right\}$, $V_2(s) = R_2 I(s)$

$\therefore G(s) = \dfrac{V_2(s)}{V_1(s)} = \dfrac{R_2}{\dfrac{R_1}{1+CsR_1} + R_2} = \dfrac{R_2 + R_1 R_2 Cs}{R_1 + R_2 + R_1 R_2 Cs}$

　　　　　　　　　　　　　　　　【정답】②

68. 반파대칭 및 정현대칭인 왜형파의 푸리에 급수의 전개에서 옳게 표현된 것은?

(단, $f(t) = a_o + \displaystyle\sum_{n=1}^{\infty} a_n \cos nwt + \sum_{n=1}^{\infty} b_n \sin nwt$ 임)

① a_n의 우수항만 존재한다.

② a_n의 기수항만 존재한다.

③ b_n의 우수항만 존재한다.

④ b_n의 기수항만 존재한다.

|정|답|및|해|설|
[정현대칭] 우수는 짝수, 기수는 홀수이고 사인파, 즉 정현대칭이므로 기수파만 존재한다.

함수식 $f(t) = \displaystyle\sum_{n=1}^{\infty} b_n \sin nwt$ 　　　　　【정답】④

|참|고|

1. 여현 대칭파 (우함수파 : Y축 대칭)
　① 대칭 조건 $f(t) = f(-t)$ → (cos항만 존재)
　② 함수식 $f(t) = a_0 + \displaystyle\sum_{n=1}^{\infty} a_n \cos nwt$

2. 반파 대칭파 (짝수파는 상쇄되므로 홀수파만 남는다)
　① 대칭 조건 $f(t) = -f\left(t + \dfrac{T}{2}\right)$
　　　　　　→ (반주기마다 반대 부호의 파형이 반복된다.)
　② 함수식 $f(t) = \displaystyle\sum_{n=1}^{\infty} a_n \cos nwt + \sum_{n=1}^{\infty} b_n \sin nwt$

69. 어떤 코일에 흐르는 전류를 0.5[ms] 동안에 5[A] 만큼 변화 시킬 때 20[V]의 전압이 발생한다. 이 코일의 자기인덕턴스[mH]는?

① 2 　　② 4

③ 6 　　④ 8

|정|답|및|해|설|

[코일의 자기인덕턴스]

코일의 전압 $V_L = |-L\dfrac{di}{dt}|$

$20 = L \cdot \dfrac{5}{0.5 \times 10^{-3}}$

$L = \dfrac{0.5 \times 10^{-3}}{5} \times 20 = 2 \times 10^{-3}[H] = 2[mH]$ 　　【정답】①

---

70. 어떤 소자가 60[Hz]에서 리액턴스 값이 10[Ω]이 었다. 이 소자를 인덕터 또는 커패시터라 할 때, 인덕턴스[mH]와 정전용량[μF]은 각각 얼마인가?

① 26.53[mH], 295.37[μF]

② 18.37[mH], 265.25[μF]

③ 18.37[mH], 295.37[μF]

④ 26.53[mH], 265.25[μF]

|정|답|및|해|설|

[인덕턴스와 정전용량]

각속도 $\omega = 2\pi f = 2\pi \times 60 \fallingdotseq 377$

1. 용량성리액턴스 $X_L = \omega L = 377L = 10[\Omega]$

$\therefore L = \dfrac{10}{377} = 0.02653[H] = 26.53[mH]$

2. 유도성리액턴스 $X_C = \dfrac{1}{\omega C} = \dfrac{1}{377C} = 10[\Omega]$

$\therefore C = \dfrac{1}{377 \times 10} = 0.00026525[F] = 265.25[\mu F]$ 　【정답】④

---

71. 전기량(전하)의 단위로 알맞은 것은?

① [C]　　② [mA]　　③ [nW]　　④ [μF]

|정|답|및|해|설|

① 전기량 : Q[C]

② 전류 : I[A]

③ 유효전력 : P[W]

④ 정전용량 : C[F]

【정답】①

---

72. 저항 $R = 60[\Omega]$과 유도리액턴스 $\omega L = 80[\Omega]$ 인 코일이 직렬로 연결된 회로에 200[V]의 전압을 인가할 때 전압과 전류의 위상차는?

① 48.17°　　② 50.23°

③ 53.13°　　④ 55.27°

|정|답|및|해|설|

[임피던스] $Z = R + j\omega L = 60 + j80$

$= \sqrt{60^2 + 80^2} \angle \tan^{-1}\dfrac{80}{60} = 100 \angle 53.13°$

【정답】③

---

73. 다음과 같은 π형 회로의 4단자 정수 중 D의 값은?

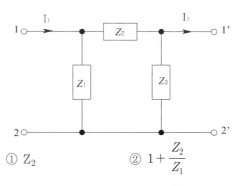

① Z_2　　　　② $1 + \dfrac{Z_2}{Z_1}$

③ $\dfrac{1}{Z_1} + \dfrac{1}{Z_2}$　　④ $1 + \dfrac{Z_2}{Z_3}$

|정|답|및|해|설|

[π형 회로의 4단자정수]

$A = 1 + \dfrac{Z_3}{Z_2}$

$B = Z_2$

$C = \dfrac{Z_1 + Z_2 + Z_3}{Z_1 Z_3}$

$D = 1 + \dfrac{Z_2}{Z_1}$ 　　【정답】②

74. 다음 회로에서 $t=0$ 일 때 스위치 K를 닫았다. $i_1(0_+)$, $i_2(0_+)$의 값은? (단, $t < 0$에서 C전압과 L전압은 각각 0[V]이다.)

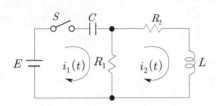

① $\dfrac{V}{R_1}$, 0 ② 0, $\dfrac{V}{R_2}$

③ 0, 0 ④ $-\dfrac{V}{R_1}$, 0

|정|답|및|해|설|⋯⋯⋯⋯⋯⋯⋯⋯⋯⋯⋯⋯

[$R-C$ 직렬회로의 과도현상] 과도전류 $i(t) = \dfrac{E}{R}(1 - e^{-\frac{R}{L}t})[A]$

$t = 0_+$에서 C는 단락, L은 개방이므로

$i_1(0) = \dfrac{E}{R}$, $i_2(0) = 0$ 【정답】①

|참|고|⋯⋯⋯⋯⋯⋯⋯⋯⋯⋯⋯⋯⋯⋯⋯⋯⋯⋯
[$R-C$ 직렬회로의 과도현상]

	L	C
$t=0$	개방	단락
$t=\infty$	단락	개방

75. 그림과 같이 저항 $R = 3[\Omega]$과 용량 리액턴스 $\dfrac{1}{\omega C} = 4[\Omega]$인 콘덴서가 병렬로 연결된 회로에 100[V]의 교류 전압을 인가할 때, 합성 임피던스 Z[Ω]는?

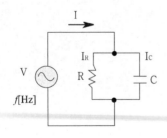

① 1.2 ② 1.8

③ 2.2 ④ 2.4

|정|답|및|해|설|⋯⋯⋯⋯⋯⋯⋯⋯⋯⋯⋯⋯⋯

[$R-L$회로의 합성 임피던스(병렬)] $Z = \dfrac{Z_1 \cdot Z_2}{Z_1 + Z_2}$

・$Z_1 = R = 3[\Omega]$

・$Z_2 = \dfrac{1}{j\omega C} = -j\dfrac{1}{\omega C} = -j4[\Omega]$

∴ $Z = \dfrac{3 \cdot (-j4)}{3 + (-j4)} = \dfrac{-j12(3+j4)}{(3-j4)(3+j4)} = 2.4[\Omega]$

【정답】④

76. 전달함수 $G(s) = \dfrac{20}{3+2s}$을 갖는 요소가 있다. 이 요소에 $\omega = 2$[rad/sec]인 정현파를 주었을 때 $|G(j\omega)|$를 구하면?

① 8 ② 6

③ 4 ④ 2

|정|답|및|해|설|⋯⋯⋯⋯⋯⋯⋯⋯⋯⋯⋯⋯⋯

[전달함수] $G(s) = \dfrac{20}{3+2s}$

$G(j\omega) = \dfrac{20}{3+2j\omega}$, $\omega = 2$

$|G(j\omega)| = \left| \dfrac{20}{3+2j\omega} \right|_{\omega=2} = \left| \dfrac{20}{\sqrt{3^2+4^2}} \right| = 4$ 【정답】③

77. 시정수 τ를 갖는 RL 직렬회로에 직류전압을 가할 때 $t = 2\tau$되는 시간에 회로에 흐르는 전류는 최종 값의 약 몇 [%]인가?

① 98 ② 95

③ 86 ④ 63

|정|답|및|해|설|⋯⋯⋯⋯⋯⋯⋯⋯⋯⋯⋯⋯⋯

[RL 직렬시의 과도전류] $i(t) = \dfrac{E}{R}\left(1 - e^{-\frac{R}{L}t}\right)[A]$

RL 직렬시의 시정수 $\tau = \dfrac{L}{R}$

시정수는 특성근 절대값의 역이므로,

$i(t) = \dfrac{E}{R}\left(1 - e^{-\frac{R}{L}t}\right) = \dfrac{E}{R}\left(1 - e^{-\frac{1}{\tau}t}\right)$

$t = 2\tau$를 대입하면

$i_\tau = \dfrac{E}{R}\left(1 - e^{-\frac{1}{\tau} \times 2\tau}\right) = I(1 - e^{-2}) = 0.86I$ 【정답】③

78. 3상 4선식에서 중성선이 필요하지 않아서 중성선을 제거하여 3상 3선식으로 하려고 한다. 이때 중성선의 조건식은 어떻게 되는가? (단, I_a, I_b, I_c[A]는 각상의 전류이다.)

① $I_a + I_b + I_c = 1$ ② $I_a + I_b + I_c = \sqrt{3}$

③ $I_a + I_b + I_c = 3$ ④ $I_a + I_b + I_c = 0$

|정|답|및|해|설|

[중성선의 조건] 평형 3상이면 중성선에는 전류가 흐르지 않는다. 즉, $I_a + I_b + I_c = 0$ 【정답】④

79. $e_i(t) = R_i(t) + L\dfrac{di}{dt}(t) + \dfrac{1}{C}\int i(t)dt$ 에서 모든 초기값을 0으로 하고 라플라스 변환 할 때 $I(s)$는? (단, $I(s)$, $E_i(s)$는 $i(t)$, $e_i(t)$의 라플라스 변환이다.)

① $\dfrac{Cs}{LCs^2 + RCs + 1}E_i(s)$

② $\dfrac{1}{R + Ls + \dfrac{s}{C}}E_i(s)$

③ $\dfrac{1}{R + Ls + Cs^2}E_i(s)$

④ $(R + Ls + \dfrac{1}{Cs})E_i(s)$

|정|답|및|해|설|

[$R-L-C$ 직렬회로의 라플라스 변환]

· $\mathcal{L}f(t) = F(s)$, $\mathcal{L}e_i(t) = E_i(s)$, $\mathcal{L}i(t) = I(s)$

$E_i(s) = RI(S) + LsI(s) + \dfrac{1}{Cs}I(s) = \left(R + Ls + \dfrac{1}{Cs}\right)I(s)$ 이므로,

$\therefore I(s) = \dfrac{1}{R + Ls + \dfrac{1}{Cs}}E_i(s) = \dfrac{Cs}{LCs^2 + RCs + 1}E_i(s)$

【정답】①

80. 대칭 3상 Y결선 부하에서 각 상의 임피던스가 $16 + j12[\Omega]$이고, 부하전류가 10[A]일 때, 이 부하의 선간전압은 약 몇 [V] 인가?

① 152.6   ② 229.1

③ 346.4   ④ 445.1

|정|답|및|해|설|

[대칭 3상 Y결선 선간전압] $V_l = \sqrt{3}\,V_p$

$Z = 16 + j12$, $I = 10[A]$, Y결선이므로 $V_l = \sqrt{3}\,V_p$

$\therefore V_l = \sqrt{3}\,V_p = \sqrt{3}\,I_p Z = \sqrt{3} \times 10 \times \sqrt{16^2 + 12^2}$

$= 200\sqrt{3} = 346.4[V]$ 【정답】③

81. 옥내에 시설하는 저압 전선으로 나전선을 사용할 수 있는 배선공사는?

① 합성수지광공사   ② 금속관공사

③ 버스 덕트공사   ④ 플로어 덕트공사

|정|답|및|해|설|

[나전선의 사용 제한 (KEC 231.4)]

1. 나전선을 사용할 수 있는 공사 : 라이팅 덕트 공사, 버스 덕트 공사

2. 나전선을 사용 제한 공사 : 금속관 공사, 합성수지관 공사, 합성수지몰드 공사, 금속덕트공사 등 【정답】③

82. 변압기로서 특고압과 결합되는 고압전로의 혼촉에 의한 위험방지 시설은?

① 프라이머리 컷 아웃 스위치

② 제2종 접지공사

③ 휴즈

④ 사용전압의 3배의 전압에서 방전하는 방전장치

|정|답|및|해|설|

[특별고압과 고압의 혼촉 등에 의한 위험 방지시설 (kec 322.3)]

· 사용전압이 3배 이하인 전압이 가하여진 경우에 방전하는 장치를 그 변압기의 단자에 가까운 1극에 설치하여야 한다. 다만, 사용전압이 3배 이하인 전압이 가하여진 경우에 방전하는 피뢰기를 고전압전로의 모선의 각상에 시설할 때에는 그러하지 아니한다.

· 장치의 접지는 kec140의 규정에 따라 시설하여야 한다.

【정답】④

83. 특고압 가공전선로에서 양측 지지점 간 거리(경간)의 차가 큰 곳에 사용하는 철탑의 종류는?

① 내장형   ② 직선형

③ 인류형   ④ 보강형

|정|답|및|해|설|

[특고압 가공전선로의 철주·철근 콘크리트주 또는 철탑의 종류(KEC 333.11)]

특고 가공 전선로의 지지물로 사용하는 B종 철주, 철근 콘크리트주, 철탑의 종류는 다음과 같다.

1. 직선형 : 전선로의 직선 부분(3° 이하의 수평 각도 이루는 곳 포함)에 사용되는 것

2. 각도형 : 전선로 중 수평 각도 3° 를 넘는 곳에 사용되는 것

3. 인류형 : 전 가섭선을 인류하는 곳에 사용하는 것

4. 내장형 : 전선로 지지물 양측의 지지물 간 서리(경간) 차가 큰 곳에 사용하는 것

5. 보강형 : 전선로 직선 부분을 보강하기 위하여 사용하는 것

【정답】①

84. 발전기, 변압기, 무효 전력 보상 장치(조상기), 모선 또는 이를 지지하는 애자는 단락전류에 의하여 생기는 어느 충격에 견디어야 하는가?

① 기계적 충격
② 철손에 의한 충격
③ 동손에 의한 충격
④ 표류부하손에 의한 충격

|정|답|및|해|설|
[발전기 등의 기계적 강도 (기술기준 제23조)]
발전기, 변압기, 무효 전력 보상 장치(조상기), 모선 또는 이를 지지하는 애자는 단락 전류에 의하여 생긴 기계적 충격에 견디는 것이어야 한다. 【정답】①

85. 금속제 수도관로 또는 철골, 기타의 금속제를 접지극으로 사용한 접지공사의 접지선 시설방법은 어느 것에 준하여 시설하여야 하는가?

① 애자 사용 공사
② 금속 몰드 공사
③ 금속관 공사
④ 케이블 공사

|정|답|및|해|설|
[수도관 등의 접지극 (KEC 142.3.1)] 접지도체는 절연전선(옥외용 비닐절연전선은 제외) 또는 케이블(통신용 케이블은 제외)을 사용하여야 한다. 다만, 접지도체를 철주 기타의 금속체를 따라서 시설하는 경우 이외의 경우에는 접지도체의 지표상 0.6[m]를 초과하는 부분에 대하여는 절연전선을 사용하지 않을 수 있다. 【정답】④

86. 22[kV] 전선로의 절연내력시험은 전로와 대지간에 시험전압을 연속하여 몇 분간 가하여 시험하게 되는가?

① 2
② 4
③ 8
④ 10

|정|답|및|해|설|
[전로의 절연저항 및 절연내력 (KEC 132)]
최대 사용전압에 배수를 곱하고 그 값의 전압으로 권선과 대지간에 10분간 견딜 것 【정답】④

87. 저압 옥내배선을 케이블트레이 공사로 시설하려고 한다. 틀린 것은?

① 저압 케이블과 고압 케이블은 동일 케이블 트레이 내에 시설하여서는 아니 된다.
② 케이블 트레이 내에서는 전선을 접속하여서는 아니 된다.
③ 수평으로 포설하는 케이블 이외의 케이블은 케이블 트레이의 가로대에 견고하게 고정시킨다.
④ 절연전선을 금속관에 넣으면 케이블트레이 공사에 사용할 수 있다.

|정|답|및|해|설|
[케이블 트레이 공사 (KEC 232.41)]
케이블 트레이 내에서 전선을 접속하는 경우 전선 접속부분에 사람이 접근할 수 있고 그 부분이 특면 레일위로 나오지 않도록 하고 그 부분을 절연 처리해야 한다. 【정답】②

88. 건조한 장소에 시설하는 애자사용공사로서 사용전압이 440[V]인 경우 전선과 조영재와의 간격(이격거리)은 최소 몇 [cm] 이상이어야 하는가?

① 2.5
② 3.5
③ 4.5
④ 5.5

|정|답|및|해|설|
[애자공사 (KEC 232.56)]
1. 400[V] 미만 : 2.5[cm] 이상
2. 400[V] 이상 : 4.5[cm] 이상(건조한 곳은 2.5[cm] 이상) 【정답】①

89. 발전기의 용량에 관계없이 자동적으로 이를 전로로부터 차단하는 장치를 시설하여야 하는 경우는?

① 과전류 인입
② 베어링 과열
③ 발전기 내부 고장
④ 유압의 과팽창

|정|답|및|해|설|
[발전기 등의 보호장치 (KEC 351.3)]
발전기의 고장시 자동차단
1. 수차 압유 장치의 유압이 저하 : 500[kVA] 이상
2. 수차 스러스트 베어링의 온도 상승 : 2000[kVA] 이상
3. 발전기 내부 고장이 발생 : 10000[kVA] 이상
4. 발전기에 과전류나 과전압이 생긴 경우 【정답】①

90. 가공전선로의 지지물에 지지선을 시설할 때 옳은 방법은?

① 지지선의 안전율을 2.0으로 하였다.
② 소선은 최소 2가닥 이상의 연선을 사용하였다.
③ 지중의 부분 및 지표상 20[cm]까지의 부분은 아연도금 철봉 등 내부식성 재료를 사용하였다.
④ 도로를 횡단하는 곳의 지지선의 높이는 지표상 5[m]로 하였다.

|정|답|및|해|설|
[지지선의 시설 (KEC 331.11)]
지지선 지지물의 강도 보강
· 안전율 : 2.5 이상
· 최저 인상 하중 : 4.31[kN]
· 2.6[mm] 이상의 금속선을 3조 이상 꼬아서 사용
· 지중 및 지표상 30[cm]까지의 부분은 아연도금 철봉 등을 사용
· 지지선이 도로를 횡단하는 경우는 5[m] 이상으로 한다(보도의 경우는 2.5[m] 이상으로 할 수 있다). 【정답】④

91. 전로의 절연원칙에 따라 대지로부터 반드시 절연하여야 하는 것은?

① 수용장소의 인입구 접지점
② 고압과 특별고압 및 저압과의 혼촉 위험방지를 한 경우 접지점
③ 저압가공전선로의 접지측 전선
④ 시험용 변압기

|정|답|및|해|설|
[전로의 절연 원칙 (KEC 131)] 전로는 다음의 경우를 제외하고 대지로부터 절연하여야 한다.
· 저압 전로에 접지공사를 하는 경우의 접지점
· 전로의 중성점에 접지공사를 하는 경우의 접지점
· 계기용변성기의 2차측 전로에 접지공사를 하는 경우의 접지점
· 특고압 가공전선과 저고압 가공전선의 병행설치(병가)에 따라 저압 가공 전선의 특고압 가공 전선과 동일 지지물에 시설되는 부분에 접지공사를 하는 경우의 접지점
· 25[kV] 이하로서 다중 접지를 하는 경우의 접지점
· 시험용 변압기, 전력선 반송용 결합 리액터, 전기울타리용 전원장치, 엑스선발생장치, 전기부식방지용 양극, 단선식 전기철도의 귀선 등 전로의 일부를 대지로부터 절연하지 아니하고 전기를 사용하는 것이 부득이한 것.
· 전기욕기, 전기로, 전기보일러, 전해조 등 대지로부터 절연하는 것이 기술상 곤란한 것 【정답】③

92. 방직공장의 구내 도로에 220[V] 조명등용 가공전선로를 시설하고자 한다. 전선로의 지지점 간 거리(경간)는 몇 [m] 이하이어야 하는가?

① 20 ② 30
③ 40 ④ 50

|정|답|및|해|설|
[구내에 시설하는 저압 가공전선로 (KEC 222.23)]
구내에 시설하는 저압 가공전선로는 지지점 간 거리(경간) 30[m] 이하로 하며, 전선은 인장강도 1.38[kN] 이상의 절연전선 또는 지름 2[mm] 이상의 경동선의 절연전선을 사용한다.
【정답】②

93. 교통신호등의 시설공사를 다음과 같이 하였을 때 틀린 것은?

① 전선은 450/750[V] 일반용 단심 비닐 절연 전선을 사용하였다.
② 신호등의 인하선은 지표상 2.5[m]로 하였다.
③ 사용전압을 400[V] 이하로 하였다.
④ 제어장치의 금속제 외함은 접지공사를 하였다.

|정|답|및|해|설|
[교통 신호등의 시설 (KEC 234.15)] 교통신호등 제어장치의 2차측 배선의 최대사용전압은 300[V] 이하이어야 한다. 【정답】③

94. 옥외등 또는 그의 점멸기에 이르는 인하선은 사람의 접촉과 전선피복의 손상을 방지하기 위한 배선방법이 아닌 것은?

① 애자사용배선 ② 금속관배선
③ 합성수지관배선 ④ 가요전선관 배선

|정|답|및|해|설|
[옥외등 (KEC 234.9)]
옥외등의 인하선의 시설]
1. 애자사용배선(지표상 2[m] 이상의 높이에서 노출된 장소에 시설할 경우에 한한다)
2. 금속관배선
3. 합성수지관배선
4. 케이블배선(알루미늄피 등 금속제 외피가 있는 것은 목조 이외의 조영물에 시설하는 경우에 한한다) 【정답】①

95. 345[kV] 가공 송전선로를 제1종 특고압 보안 공사에 의할 때 사용되는 경동연선의 굵기는 몇 $[mm^2]$ 이상이어야 하는가?

① 150   ② 200
③ 250   ④ 300

|정|답|및|해|설|

[제1종 특고압 보안공사 (KEC 333.22)]

사용전압	전선
100[kV] 미만	인장강도 21.67[kN] 이상의 연선 또는 단면적 55[[mm²] 이상의 경동연선
100[kV] 이상 300[kV] 미만	인장강도 58.84[kN] 이상의 연선 또는 단면적 150[[mm²] 이상의 경동연선
300[kV] 이상	인장강도 77.47[kN] 이상의 연선 또는 단면적 200[[mm²] 이상의 경동연선

【정답】②

96. 금속관공사에 의한 저압옥내배선 시설방법으로 틀린 것은?

① 전선은 절연전선일 것
② 전선은 연선일 것
③ 관의 두께는 콘크리트에 매설시 1.2[mm] 이상일 것
④ 사용전압이 400[V] 이하인 관에는 접지공사를 하지 않아도 된다.

|정|답|및|해|설|

[금속관 공사 (KEC 232.12)]
1. 전선은 절연전선(옥외용 비닐절연전선을 제외한다)일 것
2. 전선은 연선일 것. 다만, 다음의 것은 적용하지 않는다.
  · 짧고 가는 금속관에 넣은 것
  · 단면적 10[㎟](알루미늄선은 단면적 16[㎟]) 이하의 것
3. 전선은 금속관 안에서 접속점이 없도록 할 것
4. 관에는 kec140에 준하여 접지공사   【정답】④

97. 한 수용장소의 인입선에서 분기하여 지지물을 거치지 않고 다른 수용 장소의 인입구에 이르는 부분의 전선을 무엇이라고 하는가?

① 가공인입선
② 인입선
③ 이웃연결(인입)인입선
④ 옥측배선

|정|답|및|해|설|

[저압 연접 인입선 시설 (kec 221.1.2)]
한 수용 장소 인입구에서 분기하여 지지물을 거치지 아니하고 다른 수용장소 인입구에 이르는 전선이며 시설 기준은 다음과 같다.
· 분기하는 점으로부터 100[m]를 초과하지 않을 것
· 폭 5[m]를 넘는 도로를 횡단하지 않을 것
· 옥내를 관통하지 않을 것   【정답】③

98. 중량물이 통과하는 장소에 비닐외장케이블을 직접 매설식으로 시설하는 경우 매설깊이는 몇 [m] 이상이어야 하는가?

① 0.8   ② 1.0
③ 1.2   ④ 1.5

|정|답|및|해|설|

[지중 전선로의 시설 (KEC 334.1)]지중 전선로는 전선에 케이블을 사용하고 또한 관로식·암거식 또는 직접 매설식에 의하여 시설하여야 한다.
1. 직접 매설식 : 매설 깊이는 중량물의 압력이 있는 곳은 1.0[m] 이상, 없는 곳은 0.6[m] 이상으로 한다.
2. 관로식 : 매설 깊이를 1.0 [m] 이상, 중량물의 압력을 받을 우려가 없는 곳은 60 [cm] 이상으로 한다.
3. 암거식 : 지하 구조물 내 케이블 지지대를 설치하고 그 위에 케이블을 부설하는 방식   【정답】②

99. 특고압 가공전선이 다른 특고압 가공전선과 교차하여 시설하는 경우는 제 몇 종 특고압 보안공사에 의하여야 하는가?

① 1종
② 2종
③ 3종
④ 4종

|정|답|및|해|설|
[특고압 가공전선 상호간의 접근 또는 교차 (KEC 333.27)]
위쪽 또는 앞쪽에 시설되는 특고압 가공전선로는 제3종 특고압 보안공사에 의할 것 【정답】③

100. 특고압 전로와 저압 전로를 결합하는 변압기 저압 측의 중성점에 제2종 접지공사를 토지의 상황 때문에 변압기의 시설장소마다 하기 어려워서 가공접지선을 시설하려고 한다. 이때 가공접지선으로 경동선을 사용한다면 그 최소 굵기는 몇 [mm] 인가?

① 3.2
② 4
③ 4.5
④ 5

|정|답|및|해|설|
[고압 또는 특고압과 저압의 혼촉에 의한 위험방지 시설 (KEC 322.1)] 변압기의 시설 장소마다 제2종 접지공사를 시행하여야 하나 접지저항을 얻기 어려운 경우 지름 4[mm]의 경동선이나 이와 동등 이상의 세기 및 굵기의 가공접지선을 사용하여 200[m] 까지 떼어 시설할 수 있다. 【정답】②

1. 맥스웰의 전자 방정식 중 페러데이의 법칙에 의하여 유도 된 방정식은?

① $\nabla \times E = -\dfrac{\partial B}{\partial t}$　　　② $\nabla \times H = i_c + \dfrac{\partial D}{\partial t}$

③ $div\, D = \rho$　　　④ $div\, B = 0$

|정|답|및|해|설|......

[패러데이 법칙] 패러데이 법칙에서 유도된 맥스웰의 전자방정식
$rot\, E = \nabla \times E = -\dfrac{\partial B}{\partial t} = -\mu\dfrac{\partial H}{\partial t}$

여기서, D : 전속밀도, ρ_v : 공간전하 밀도, B : 자속밀도
　　　E : 전계의 세기, J : 전류 밀도, H : 자계의 세기
【정답】①

2. 면적이 $S[m^2]$, 극사이의 거리가 $d[m]$, 유전체의 비유전율이 ε_s 인 평판 콘덴서의 정전용량은 몇 [F]인가?

① $\dfrac{\epsilon_0 S}{d}$　　　② $\dfrac{\epsilon_0 \epsilon_s S}{d}$

③ $\dfrac{\epsilon_0 d}{S}$　　　④ $\dfrac{\epsilon_0 \epsilon_s d}{S}$

|정|답|및|해|설|......

[평판 정전용량] $C = \dfrac{Q}{V_0} = \dfrac{\epsilon S}{d} = \dfrac{\epsilon_0 \epsilon_s S}{d}$　　【정답】②

|참|고|......
[각 도형의 정전용량]

1. 구 : $C = 4\pi\epsilon a [F]$　　2. 동심구 : $C = \dfrac{4\pi\epsilon}{\dfrac{1}{a} - \dfrac{1}{b}}[F]$

3. 원주 : $C = \dfrac{2\pi\epsilon l}{\ln\dfrac{b}{a}}[F]$　　4. 평행도선 : $C = \dfrac{\pi\epsilon l}{\ln\dfrac{d}{b}}[F]$

3. 전기저항 R과 정전용량 C, 고유저항 ρ 및 유전율 ϵ 사이의 관계로 옳은 것은?

① $RC = \rho\epsilon$　　　② $R\rho = C\epsilon$

③ $C = R\rho\epsilon$　　　④ $R = \epsilon\rho C$

|정|답|및|해|설|......

[전기저항] $R = \rho\dfrac{l}{S}$, $C = \dfrac{\epsilon S}{l}$　　$\rightarrow$　$RC = \rho\epsilon$
【정답】①

4. 전자석에 사용하는 연철(soft iron)은 다음 어느 성질을 갖는가?

① 잔류자기, 보자력이 모두 크다.
② 보자력이 크고 잔류자기가 작다.
③ 보자력이 크고 히스테리시스 곡선의 면적이 작다.
④ 보자력과 히스테리시스 곡선의 면적이 모두 작다.

|정|답|및|해|설|......

[전자석] 전자석의 재료는 잔류자기가 크고 보자력이 작아야 한다. 즉, 보자력과 히스테리시스 곡선의 면적이 모두 작다.

|참|고|......
[영구자석과 전자석의 비교]

종류	영구자석	전자석
잔류자기(B_r)	크다	크다
보자력(H_c)	크다	작다
히스테리시스 손 (히스테리시스 곡선 면적)	크다	작다

【정답】④

5. 환상 솔레노이드 코일에 흐르는 전류가 2[A]일 때 자로의 자속이 $10^{-2}[Wb]$였다고 한다. 코일의 권수를 500회라고 하면, 이 코일의 자기인덕턴스는 몇 [H]인가? (단, 코일의 전류와 자로의 자속과의 관계는 비례하는 것으로 한다.)

① 2.5　　② 3.5　　③ 4.5　　④ 5.5

|정|답|및|해|설|......

[코일의 자기인덕턴스] $L = \dfrac{N\varnothing}{I}[H]$　　$\rightarrow (LI = N\varnothing)$

$\therefore L = \dfrac{N\varnothing}{I} = \dfrac{500 \times 10^{-2}}{2} = 2.5[H]$　　【정답】①

6. 한 변의 길이가 $a[m]$인 정육각형의 각 정점에 각각 $Q[C]$의 전하를 놓았을 때, 정육각형의 중심 0의 전계의 세기는 몇 [v/m]인가?

① 0

② $\dfrac{Q}{2\pi\epsilon_0 a}$

③ $\dfrac{Q}{4\pi\epsilon_0 a}$

④ $\dfrac{Q}{8\pi\epsilon_0 a}$

|정|답|및|해|설|

[정육각형 중심의 전계의 세기]
1. 전계의 세기(중심) $E = 0$

2. 전위 $V = \dfrac{Q}{4\pi\epsilon_0 a} \times 6 = \dfrac{3}{2}\dfrac{Q}{\pi\epsilon_0 a}$ [V]　　　　【정답】①

7. 그림과 같이 판의 면적 $\dfrac{1}{3}S$, 두께 d와 판면적 $\dfrac{1}{3}S$, 두께 $\dfrac{1}{2}d$되는 유전체($\epsilon_s = 3$)를 끼웠을 경우의 정전용량은 처음의 몇 배인가?

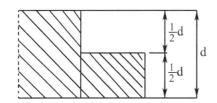

① $\dfrac{1}{6}$

② $\dfrac{5}{6}$

③ $\dfrac{11}{6}$

④ $\dfrac{13}{6}$

|정|답|및|해|설|

[정전용량]

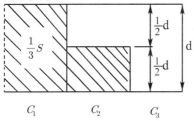

면적 s, 간격 d, 평행판 콘덴서의 정전용량 C

$C_0 = \dfrac{\epsilon S}{d}[F]$

$C_1 = \dfrac{3\epsilon_0\left(\dfrac{1}{3}S\right)}{d} = \dfrac{\epsilon_0 S}{d} = C_0$

$C_2 = \dfrac{\dfrac{\epsilon_0\left(\dfrac{1}{3}S\right)}{\dfrac{d}{2}} \cdot \dfrac{3\epsilon_0\left(\dfrac{1}{3}S\right)}{\dfrac{d}{2}}}{\dfrac{\epsilon_0\left(\dfrac{1}{3}S\right)}{\dfrac{d}{2}} + \dfrac{3\epsilon_0\left(\dfrac{1}{3}S\right)}{\dfrac{d}{2}}} = \dfrac{\epsilon_0 S}{2d} = \dfrac{1}{2}C_0$

$C_3 = \dfrac{\epsilon_0\left(\dfrac{1}{3}S\right)}{d} = \dfrac{\epsilon_0 S}{3d} = \dfrac{1}{3}c_0$

$\therefore C = C_1 + C_2 + C_3 = C_0 + \dfrac{1}{2}C_0 + \dfrac{1}{3}C_0 = \dfrac{11}{6}C_0$　　　　【정답】③

8. 동일한 두 도체를 같은 에너지 $W_1 = W_2$로 충전한 후에 이들을 병렬로 연결하였다. 총에너지 W와의 관계로 옳은 것은?

① $W_1 + W_2 < W$　　② $W_1 + W_2 = W$

③ $W_1 + W_2 > W$　　④ $W_1 - W_2 = W$

|정|답|및|해|설|

[병렬연결 시의 총에너지]

$W_1 = \dfrac{Q_1^2}{2C_1} = \dfrac{Q^2}{2C}$,　 $W_2 = \dfrac{Q_2^2}{2C_2} = \dfrac{Q^2}{2C}$,

서로 같은 에너지를 갖는 두 콘덴서를 병렬로 연결하면 합성에너지는 같다. 즉, $W_1 + W_2 = W$　　　【정답】②

9. 반지름 $a[m]$의 도체구와 내외 반지름이 각각 $b[m]$, $c[m]$인 도체구가 동심으로 되어 있다. 두 도체구 사이에 비유전율 ϵ_s인 유전체를 채웠을 경우의 정전용량[F]은?

① $\dfrac{1}{9 \times 10^9} \times \dfrac{abc}{a - b + c}$

② $9 \times 10^9 \times \dfrac{bc}{b - c}$

③ $\dfrac{\epsilon_s}{9 \times 10^9} \times \dfrac{ac}{c - a}$

④ $\dfrac{\epsilon_s}{9 \times 10^9} \times \dfrac{ab}{b - a}$

|정|답|및|해|설|

[두 도체구 사이의 전위차] $V_{12} = \dfrac{Q}{4\pi\epsilon_0\epsilon_s}\left(\dfrac{1}{a} - \dfrac{1}{b}\right)$[V]

$C = \dfrac{Q}{V_{12}} = \dfrac{4\pi\epsilon_0\epsilon_s}{\dfrac{1}{a} - \dfrac{1}{b}} = \dfrac{4\pi\epsilon_0\epsilon_s}{\dfrac{b-a}{ab}} = \dfrac{4\pi\epsilon_0\epsilon_s ab}{b-a}$ [F] $= \dfrac{\epsilon_s}{9 \times 10^9} \cdot \dfrac{ab}{b-a}$

【정답】④

10. 100[MHz]의 전자파의 파장 [m]은?

    ① 0.3   ② 0.6   ③ 3   ④ 6

|정|답|및|해|설|

[전파의 파장] $\lambda = \dfrac{v}{f} = \dfrac{3\times10^8}{100\times10^6} = 3[m]$

여기서, λ : 전파의 파장 [m], f : 주파수[Hz],

    v : 전파속도(진공 중에서 $3\times10^8[m/s]$)

【정답】③

11. 자계가 보존적인 경우를 나타내는 것은? (단, j는 공간상의 0이 아닌 전류 밀도를 의미한다.)

    ① $\nabla \cdot B = 0$ ② $\nabla \cdot B = j$

    ③ $\nabla \times H = 0$ ④ $\nabla \times H = j$

|정|답|및|해|설|

[보존장의 조건]

· $\oint H \cdot dl = 0$ (적분형)

· $\oint_c H \cdot dl = \oint_s \nabla \times H \cdot ds = 0$

$rot\,H = \nabla \times H = 0$ (미분형)

【정답】③

12. 투자율 μ_1 및 μ_2인 두 자성체의 경계면에서 지력선의 굴절법칙을 나타내는 식은?

    ① $\dfrac{\mu_1}{\mu_2} = \dfrac{\sin\theta_1}{\sin\theta_2}$ ② $\dfrac{\mu_1}{\mu_2} = \dfrac{\sin\theta_2}{\sin\theta_1}$

    ③ $\dfrac{\mu_1}{\mu_2} = \dfrac{\tan\theta_1}{\tan\theta_2}$ ④ $\dfrac{\mu_1}{\mu_2} = \dfrac{\tan\theta_2}{\tan\theta_1}$

|정|답|및|해|설|

[경계조건 (굴절법칙)]

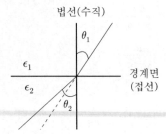

$\dfrac{\tan\theta_1}{\tan\theta_2} = \dfrac{\epsilon_1}{\epsilon_2} = \dfrac{\mu_1}{\mu_2}$

굴절각은 투자율이나 유전율에 비례한다.   【정답】③

|참|고|

[경계조건]

전계	자계
1. $E_1\sin\theta_1 = E_2\sin\theta_2$ (접선)	1. $H_1\sin\theta_1 = H_2\sin\theta_2$
2. $D_1\cos\theta_1 = D_2\cos\theta_2$ (법선)	2. $B_1\cos\theta_1 = B_2\cos\theta_2$
3. $\dfrac{\tan\theta_1}{\tan\theta_2} = \dfrac{\epsilon_1}{\epsilon_2}$ (굴절의 법칙)	3. $\dfrac{\tan\theta_1}{\tan\theta_2} = \dfrac{\mu_1}{\mu_2}$

13. 코로나 방전이 $3\times10^6[V/m]$에서 일어난다고 하면 반지름 10[cm]인 도체구에 저축할 수 있는 최대 전하량은 몇 [C]인가?

    ① 0.33×10^{-5} ② 0.72×10^{-6}

    ③ 0.33×10^{-7} ④ 0.98×10^{-8}

|정|답|및|해|설|

[최대 전하량] $Q = 4\pi\epsilon_0 r^2 E$

· 전계와 전위의 관계식

$E = \dfrac{Q}{4\pi\epsilon_0 r^2} = \dfrac{Q}{4\pi\epsilon_0 r \cdot r} = \dfrac{V}{r} \rightarrow V = rE$

· 도체구 전하량 $Q = CV = (4\pi\epsilon_0 r)(rE) = 4\pi\epsilon_0 r^2 E$

전계 $E = 3\times10^6[V/m]$, 반지름 $r = 10\times10^{-2}[m]$

$\therefore Q = 4\pi\epsilon_0 r^2 E$ $\rightarrow (4\pi\epsilon_0 = 4\times3.14\times8.855\times10^{-12} = \dfrac{1}{9\times10^9})$

    $= \dfrac{1}{9\times10^9} \times (10\times10^{-2})^2 \times 3\times10^6 = 0.33\times10^{-5}[C]$

【정답】①

14. 반지름이 3[mm], 4[mm]인 2개의 절연도체구에 각각 5[V], 8[V]가 되도록 충전한 후 가는 도선으로 연결할 때 공통 전위는 몇 [V]인가?

    ① 3.14   ② 4.27

    ③ 5.56   ④ 6.71

|정|답|및|해|설|

[가는 전선을 접속했을 때 공통 전위]

$V = \dfrac{Q_1 + Q_2}{C_1 + C_2} = \dfrac{C_1 V_1 + C_2 V_2}{C_1 + C_2} = \dfrac{3\times5 + 4\times8}{3+4} = \dfrac{47}{7} = 6.71[V]$

【정답】④

15. 금속도체의 전기저항은 일반적으로 온도와 어떤 관계인가?

① 전기저항은 온도의 변화에 무관하다.
② 전기저항은 온도의 변화에 대해 정특성을 가진다.
③ 전기저항은 온도의 변화에 대해 부특성을 가진다.
④ 금속도체의 종류에 따라 전기저항의 온도 특성은 일관성이 없다.

|정|답|및|해|설|

[온도계수와 저항과의 관계] $R_2 = R_1[1 + a_1(T_2 - T_1)][\Omega]$
· 금속 도체의 전기저항은 온도 상승에 따라 증가
· 탄소, 전해액 및 반도체 등의 저항은 온도 상승에 따라 감소
【정답】②

16. 자기인덕턴스와 상호인덕턴스와의 관계에서 결합계수 k에 영향을 주지 않는 것은?

① 코일의 형상   ② 코일의 크기
③ 코일의 재질   ④ 코일의 상대위치

|정|답|및|해|설|

[결합계수(k)] 자기적 결합 정도를 결합계수라고 하며, 코일의 형상, 크기, 상대 위치 등으로 결정한다.   【정답】③

|참|고|

[결합계수($0 \leq k \leq 1$)]
1. k=1 : 누설자속이 없다. 이상적 결합, 완전결합
2. k=0 : 결합자속이 없다. 서로 간섭이 없다.

17. 두 종류의 금속 접합면에 전류를 흘리면 접속점에서 열의 흡수 또는 발생이 일어나는 현상은?

① 제벡 효과   ② 펠티에 효과
③ 톰슨 효과   ④ 코일의 상대 위치

|정|답|및|해|설|

① 지벡 효과 : 두 종류 금속 접속면에 온도차가 있으면 기전력이 발생하는 효과
② 펠티에효과 : 두 종류 금속 접속면에 전류를 흘리면 접속점에서 열의 흡수, 발생이 일어나는 효과.
③ 톰슨효과 : 동일한 금속 도선의 두 점간에 온도차를 주고, 고온 쪽에서 저온 쪽으로 전류를 흘리면 도선 속에서 열이 발생되거나 흡수가 일어나는 이러한 현상을 톰슨효과라 한다.
【정답】②

18. 대기 중의 두 전극 사이에 있는 어떤 점의 전계의 세기가 $E = 3.5[V/cm]$, 지면의 도전율이 $k = 10^{-4}[\mho/m]$일 때, 이 점의 전류밀도 $[A/m^2]$는?

① 1.5×10^{-2} ② 2.5×10^{-2}
③ 3.5×10^{-2} ④ 4.5×10^{-2}

|정|답|및|해|설|

[전류밀도] $i = k\dfrac{V}{l} = kE[A/m^2]$

$i = kE = 10^{-4} \times \left(3.5 \times \dfrac{1}{10^{-2}}\right) = 3.5 \times 10^{-2}[A/m^2]$

【정답】③

19. 위치함수로 주어지는 벡터량이 $E(x, y, z) = iE_x + jE_y + kE_z$이다. 나블라($\nabla$)와의 내적 $\nabla \cdot E$와 같은 의미를 갖는 것은?

① $\dfrac{\partial E_x}{\partial x} + \dfrac{\partial E_y}{\partial y} + \dfrac{\partial E_z}{\partial z}$

② $i\dfrac{\partial E_x}{\partial x} + j\dfrac{\partial E_y}{\partial y} + k\dfrac{\partial E_z}{\partial z}$

③ $\int \dfrac{\partial E_x}{\partial x} + \int \dfrac{\partial E_y}{\partial y} + \int \dfrac{\partial E_z}{\partial z}$

④ $i\int E_x dx + j\int E_y dy + k\int E_z dz$

|정|답|및|해|설|

[나블라(∇)와의 내적 $\nabla \cdot E$와 같은 의미]

$\nabla \cdot E = \left(i\dfrac{\partial}{\partial x} + j\dfrac{\partial}{\partial y} + k\dfrac{\partial}{\partial z}\right) \cdot (iEx + jEy + kEz)$

$= \dfrac{\partial Ex}{\partial x} + \dfrac{\partial Ey}{\partial y} + \dfrac{\partial Ez}{\partial z}$ 【정답】①

20. $\phi = \phi_m \sin 2\pi ft$[Wb]일 때, 이 자속과 쇄교하는 권수 N회인 코일에 발생하는 기전력[V]은?

① $2\pi fN\phi_m \sin 2\pi ft$

② $-2\pi fN\phi_m \sin 2\pi ft$

③ $2\pi fN\phi_m \cos 2\pi ft$

④ $-2\pi fN\phi_m \cos 2\pi ft$

|정|답|및|해|설|
[코일에 발생하는 기전력] $e = -N\dfrac{d\varnothing}{dt}$

자속 $\varnothing = \varnothing_m \sin 2\pi ft\,[Wb]$

기전력 $e = -N\dfrac{d\varnothing}{dt} = -N\dfrac{d}{dt}\varnothing_m \sin 2\pi ft$

$\qquad = -2\pi fN\varnothing_m \cos 2\pi ft\,[V]$ 【정답】④

3회 2015년 전기산업기사필기 (전력공학)

21. 그림과 같이 반지름 $r[m]$인 세 개의 도체가 선간 거리 $D[m]$로 수평 배치하였을 때 A도체의 인덕턴스는 몇 $[mH/km]$인가?

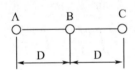

① $0.005 + 0.4605\log_{10}\dfrac{D}{r}$

② $0.05 + 0.4605\log_{10}\dfrac{2D}{r}$

③ $0.05 + 0.4605\log_{10}\dfrac{\sqrt[3]{2}\,D}{r}$

④ $0.05 + 0.4605\log_{10}\dfrac{\sqrt{2}\,D}{r}$

|정|답|및|해|설|
[도체의 인덕턴스] $L = 0.05 + 0.4605\log\dfrac{D_e}{r}$

등가선간거리 $D_e = \sqrt[3]{D \cdot D \cdot 2D} = \sqrt[3]{2}\,D$

∴인덕턴스 $L = 0.05 + 0.4605\log_{10}\dfrac{\sqrt[3]{2}\,D}{r}[mH/km]$

【정답】③

---

22. 송전선로의 저항은 R, 리액턴스를 X라 하면 성립하는 식은?

① $R \geq 2X$　　② $R < X$

③ $R = X$　　④ $R > X$

|정|답|및|해|설|
[송전선로의 저항과 리액턴스의 관계]
· 송전선로(굵은 전선)에서는 리액턴스가 저항보다 매우 크다.
· 옥내배선(얇은 전선)에서는 저항이 리액턴스보다 매우 크다.

【정답】②

---

23. 주상변압기의 고압측 및 저압측에 설치되는 보호장치가 아닌 것은?

① 피뢰기　　② 1차 컷아웃 스위치

③ 캐치홀더　　④ 케이블 헤드

|정|답|및|해|설|
[주상변압기의 보호장치]
1. 1차측 : COS(컷아웃 스위치)
2. 2차측 : 캐치홀더(퓨즈홀더)
3. 피뢰기 : 낙뢰 방지
※[케이블 헤드] 가공전선과 케이블 종단접속

【정답】④

---

24. 과전류 계전기의 반한시 특성이란?

① 동작전류가 커질수록 동작시간이 짧아진다.
② 동작전류가 적을수록 동작시간이 짧아진다.
③ 동작전류에 관계없이 동작시간은 일정하다.
④ 동작전류가 커질수록 동작시간이 길어진다.

|정|답|및|해|설|
[보호계전기의 특징]
1. 순한시 : 최초 동작 전류 이상의 전류가 흐르면 즉시 동작하는 특징
2. 반한시 : 동작 전류가 커질수록 동작 시간이 짧게 되는 특징
3. 정한시 : 동작 전류의 크기에 관계없이 일정한 시간에 동작하는 특징
4. 반한시 정한시 : 동작 전류가 적은 동안에는 동작 전류가 커질수록 동작 시간이 짧게 되고 어떤 전류 이상이면 동작 전류의 크기에 관계없이 일정한 시간에 동작하는 특성　【정답】①

25. 장거리 송전선에서 단위 길이당 임피던스 $Z = r + jwL[\Omega/km]$, 어드미턴스 $Y = g + jwC$ $[\mho/km]$라 할 때 저항과 누설컨덕턴스를 무시하면 특성임피던스의 값은?

① $\sqrt{\dfrac{L}{C}}$ ② $\sqrt{\dfrac{C}{L}}$

③ $\dfrac{L}{C}$ ④ $\dfrac{C}{L}$

|정|답|및|해|설|
[특성 임피던스] $Z_0 = \sqrt{\dfrac{Z}{Y}} = \sqrt{\dfrac{R+jwL}{G+jwC}}$
저항과 누설컨덕턴스를 무시하면 $R=0,\ G=0$이다.
$\therefore Z_0 = \sqrt{\dfrac{L}{C}}\ [\Omega]$ 【정답】①

26. 유효낙차 $50[m]$, 최대 사용수량 $20[m^3/s]$, 수차 효율 87[%], 발전기 효율 97[%]인 수력발전소의 최대 출력은 몇 [kW]인가?

① 7570 ② 8070
③ 8270 ④ 8570

|정|답|및|해|설|
[최대출력] $P_g = 9.8\,QH\eta_t\,\eta_g\,[\text{kW}]$
$=9.8 \times 20 \times 50 \times 0.87 \times 0.97 = 8270$
【정답】③

27. 콘덴서형 계기용 변압기의 특징으로 틀린 것은?

① 권선형에 비해 오차가 적고 특성이 좋다.
② 절연의 신뢰도가 권선형에 비해 크다.
③ 전력선 반송용 결합 콘덴서와 공용할 수 있다.
④ 고압 회로용의 경우는 권선형에 비해 소형 경량 이다.

|정|답|및|해|설|
[콘덴서형 계기용 변압기의 특징]
· 권선형에 비해 소형 경량이고 값이 싸다.
· 절연의 신뢰도가 권선형에 비해 크다.
· 전력선 반송용 결합 콘덴서와 공용할 수 있다.
· 권선형에 비해 오차가 많고 특성이 나쁘다. 【정답】①

28. 동일 전력을 수송할 때 다른 조건은 그대로 두고 역률을 개선한 경우의 효과로 옳지 않은 것은?

① 선로변압기 등의 저항손이 역률이 제곱에 반비 례하여 감소한다.
② 변압기, 개폐기 등의 소요 용량은 역률에 비례 하여 감소한다.
③ 선로의 송전용량이 그 허용전류에 의하여 제한 될 때는 선로의 송전 용량도 증가한다.
④ 전압강하는 $1 + \dfrac{X}{R}\tan\theta$에 비례하여 감소한다.

|정|답|및|해|설|
[역률을 개선] 변압기, 계폐기 등의 소요용량은 역률에 반비례한다.
【정답】②

29. 배전선로의 전압강하의 정도를 나타내는 식이 아닌 것은? (단, E_S는 송전단 전압, E_R은 수전단 전압이다.)

① $\dfrac{I}{E_R}(R\cos\theta + X\sin\theta) \times 100\%$

② $\dfrac{\sqrt{3}\,I}{E_R}(R\cos\theta + X\sin\theta) \times 100\%$

③ $\dfrac{E_S - E_R}{E_R} \times 100\%$

④ $\dfrac{E_S + E_R}{E_S} \times 100\%$

|정|답|및|해|설|
[전압강하율]
$\epsilon = \dfrac{E_s - E_r}{E_r} \times 100 = \dfrac{\sqrt{3}\,I(R\cos\theta + X\sin\theta)}{E_r} \times 100[\%]$
$= \dfrac{\sqrt{3}\,E_r I(R\cos\theta + X\sin\theta)}{E_r^2} \times 100[\%] = \dfrac{RP + QX}{V_r^2} \times 100[\%]$
【정답】④

30. 소호 원리에 따른 차단기의 종류 중에서 소호실에서 아크에 의한 절연유 분해가스의 흡부력을 이용하여 차단하는 것은?

① 유입 차단기 ② 기중 차단기
③ 자기 차단기 ④ 가스 차단기

|정|답|및|해|설|
[유입 차단기의 특징]
· 보수가 번거롭다(정기적으로 절연유의 여과 및 교체 필요).
· 방음설비가 필요 없다.
· 공기보다 소호능력이 크다.
· 붓싱 변류기를 사용할 수 있다.
· 전극 개폐 시 발생하는 아크열에 의해 수소 가스가 발생. 이로 인해 냉각능력이 커서 아크로부터 열을 빼앗아 소호하게 된다.
【정답】①

31. 비접지식 송전선로에서 1선 지락고장이 생겼을 경우 지락점에 흐르는 전류는?

① 직선성을 가진 직류이다.
② 고장 상의 전압과 동상의 전류이다.
③ 고장 상의 전압보다 90°늦은 전류이다.
④ 고장 상의 전압보다 90°빠른 전류이다.

|정|답|및|해|설|
[비접지식 송전선로]
· 지락 고장 시 진상전류 (90° 앞선 전류)가 흐른다.
· 단락 고장 시 지상전류 (90° 늦은 전류)가 흐른다.
【정답】④

32. 출력 5000[kW], 유효낙차 50[m]인 수차에서 안내 날개의 개방상태나 효율의 변화 없이 일정할 때 유효낙차가 5[m] 줄었을 경우 출력은 약 몇 [kW]인가?

① 4000 ② 4270 ③ 4500 ④ 4740

|정|답|및|해|설|

[발전소의 출력과 낙차와의 관계] $\left(\dfrac{P_2}{P_1}\right) = \left(\dfrac{H_2}{H_1}\right)^{\frac{3}{2}}$

P_1 : 낙차 변화 전의 출력[kW], P_2 : 낙차 변화 후의 출력[kW]
H_1 : 변화 전의 낙차, H_2 : 변화 후의 낙차라고 하면

$\therefore P_2 = P_1 \left(\dfrac{H_2}{H_1}\right)^{3/2} = 5000 \times \left(\dfrac{50-5}{50}\right)^{3/2} = 4270[kW]$

【정답】②

33. 다음 사항 중 가공 송전선로의 코로나 손실과 관계가 없는 것은?

① 전원 주파수 ② 전선의 연가
③ 상대 공기밀도 ④ 선간거리

|정|답|및|해|설|
[코로나 손실 (Peek식)]

$P_c = \dfrac{241}{\delta}(f+25)\sqrt{\dfrac{r}{2D}}(E-E_0)^2 \times 10^{-5} [\text{kW/km/line}]$

여기서, δ : 상대공기밀도$(\delta = \dfrac{0.386b}{273+t})$

$\longrightarrow (b : 기압, \ t : 기온)$

f : 주파수[Hz], r : 전선의 반지름[cm]
D : 선간거리[cm], E : 전선의 대지전압[kV]
E_0 : 코로나 임계전압[kV]
【정답】②

34. 송전선로에 낙뢰를 방지하기 위하여 설치하는 것은?

① 댐퍼 ② 초호환
③ 가공지선 ④ 애자

|정|답|및|해|설|
[가공지선의 설치목적]
· 직격 뇌에 대한 차폐효과
· 유도 뇌에 대한 정전 차폐효과
· 통신선에 대한 전자 유도 장해 경감 효과
※1. 댐퍼 : 전선의 진동방지
 2. 초호환 : 낙뢰 등으로 인한 역섬락 시 애자련을 보호하기 위한 것
【정답】③

35. 배전방식으로 저압 네트워크 방식이 적당한 경우는?

① 부하가 밀집되어 있는 시가지
② 바람이 많은 어촌지역
③ 농촌지역
④ 화학공장

|정|답|및|해|설|
[저압 네트워크 방식의 특징]
· 공급 신뢰도가 가장 우수하다.
· 전력 손실 및 전압 변동이 적다.
· 부하 증가 시 대응이 쉽다.
· 부하가 밀집되어 있는 시가지
【정답】①

36. 차단 시 재점호가 발생하기 쉬운 경우는?

① R-L 회로의 차단

② 단락 전류의 차단

③ C회로의 차단

④ L회로의 차단

|정|답|및|해|설|
[차단 시 재점호] 재점호는 무부하 회로를 차단할 때 잘 발생한다. 무부하회로를 흐르는 충전전류는 V와 I의 위상차를 거의 90° 가까이 만들어 i가 최소 상태에서 V가 최대가 걸리므로 재점호 되기가 쉽다. 【정답】③

37. 뇌서지와 개폐서지의 파두장과 파미장에 대한 설명으로 옳은 것은?

① 파두장과 파미장이 모두 같다.

② 파두장은 같고 파미장은 다르다.

③ 파두장이 다르고 파미장은 같다.

④ 파두장과 파미장이 모두 다르다.

|정|답|및|해|설|
[파두장과 파미장] 뇌서지와 개폐서지는 파두장 파미장이 모두 다르다. 【정답】④

38. 전선이 조영재에 접근할 때에나 조영재를 관통하는 경우에 사용되는 것은?

① 노브애자

② 애관

③ 서비스캡

④ 유니버설 커플링

|정|답|및|해|설|
[내선규정 2270-7] 애자 사용 배선의 절연전선이 조영재를 관통하는 경우는 그 부분의 모든 전선을 각각 별개의 애관 및 합성수지관 등에 넣어 시설하여야 한다. 【정답】②

39. 동일한 전압에서 동일한 전력을 송전할 때 역률을 0.7에서 0.75로 개선하면 전력손실은 개선 전에 비해 약 몇 [%]인가?

① 80 ② 65

③ 54 ④ 40

|정|답|및|해|설|
[전력손실] $P_L = \dfrac{R \cdot P^2}{V^2 \cos^2 \theta}$

$P_L \propto \dfrac{1}{\cos^2 \theta}$ 이므로

$\therefore \dfrac{P_L{'}}{P_L} = \dfrac{\dfrac{1}{0.95^2}}{\dfrac{1}{0.7^2}} = \left(\dfrac{0.7}{0.95}\right)^2 \quad \rightarrow \quad P_L{'} = 0.543 P_L$

약 54[%]로 감소 【정답】③

40. 3상 Y결선된 발전기가 무부하 상태로 운전 중 3상 단락 고장이 발생하였을 때 나타나는 현상으로 틀린 것은?

① 영상분 전류는 흐르지 않는다.

② 역상분 전류는 흐르지 않는다.

③ 3상 단락 전류는 정상분 전류의 3배가 흐른다.

④ 정상분 전류는 영상분 및 역상분 임피던스에 무관하고 정상분 임피던스에 반비례한다.

|정|답|및|해|설|
[3상 단락] 3상 단락사고에서 영상분과 역상분이 흐르지 않고 정상분만 흐른다.

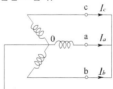

$I_a + I_b + I_c = 0, \quad V_a = V_b = V_c = 0$

$I_a = I_0 + I_1 + I_2 = I_1 = \dfrac{E_a}{Z_1}$

$I_b = I_0 + a^2 I_1 + a I_2 = a^2 I_1 = \dfrac{a^2 E_a}{Z_1}$

$I_c = I_0 + a I_1 + a^2 I_2 = a I_1 = \dfrac{a E_a}{Z_1}$

【정답】③

41. 중부하에서도 기동되도록 하고 회전계자형의 동기 전동기에 고정자인 전기자 부분이 회전자의 주위를 회전할 수 있도록 2중 베어링의 구조를 가지고 있는 전동기는?

① 유도자형 전동기　② 유도 동기 전동기
③ 초동기 전동기　④ 반작용 전동기

|정|답|및|해|설|......................
[초동기 전동기]
・동기 전동기를 보완하여 중부하에서도 기동이 되도록 한 것이 초동기 전동기이다.
・초동기 전동기는 기동 토크가 크고 기동 전류가 적은 것이 특징이며, 2중 베어링 장치와 브레이크 밴드 등의 특수 구조가 있어 고속 운전에는 부적당하다.　【정답】③

42. 유도 전동기의 공극에 관한 설명으로 틀린 것은?

① 공극은 일반적으로 0.3~2.5[mm] 정도이다.
② 공극이 넓으면 여자 전류가 커지고 역률이 현저하게 떨어진다.
③ 공극이 좁으면 기계적으로 약간의 불평형이 생겨도 진동과 소음의 원인이 된다.
④ 공극이 좁으면 누설리액턴스가 증가하여 순간 최대전력이 증가하고 철손이 증가한다.

|정|답|및|해|설|......................
[유도 전동기의 공극(air gap)] 공극이 좁으면 누설리액턴스는 감소한다.　【정답】④

43. 직류기의 권선법에 대한 설명 중 틀린 것은?

① 전기자 권선에 환상권은 거의 사용되지 않는다.
② 전기자 권선에는 고상권이 주로 사용된다.
③ 정류를 양호하게 하기 위해 단절권이 이용된다.
④ 저전압 대전류 직류기에는 파권이 적당하며 고전압 직류기에는 중권이 적당하다.

|정|답|및|해|설|......................
[직류기의 권선법(이층권)]
・중권은 대전류, 저전압 계통에 적당하고,
・파권은 소전류, 고전압 계통에 적당하다.
　【정답】④

44. 단상 전파 정류의 맥동률은?

① 0.17　② 0.34
③ 0.48　④ 0.86

|정|답|및|해|설|......................
[맥동률] $\gamma = \frac{\triangle E}{E_d} \times 100$ [%]
($\triangle E$: 교류분, E_d : 직류분)

|참|고|......................
[각 정류 회로의 특성]

정류 종류	단상 반파	단상 전파	3상 반파	3상 전파
맥동률[%]	121	48	17.7	4.04
정류효율	40.6	81.1	96.7	99.8
맥동주파수	f	$2f$	$3f$	$6f$

【정답】③

45. 3상 유도전동기의 원선도를 작성하는데 필요하지 않은 것은?

① 구속 시험　② 무부하 시험
③ 슬립 측정　④ 저항 측정

|정|답|및|해|설|......................
[원선도 작성에 필요한 시험] 무부하시험, 구속시험, 저항측정시험
　【정답】③

46. 반발 전동기(reaction motor)의 특성에 대한 설명으로 옳은 것은?

① 분권 특성이다.
② 기동 토크가 특히 큰 전동기이다.
③ 직권특성으로 부하 증가 시 속도가 상승한다.
④ 1/2 동기 속도에서 정류가 양호하다.

|정|답|및|해|설|......................
[반발전동기]
・단상 직권정류자 전동기의 변형이다.
・속도를 변화시키려면 브러시 각을 이동시키면 되고, 브러시 각을 역방향으로 이동시키면 역회전 시킬 수 있다.
　【정답】②

47. 고압 단상변압기의 %임피던스강하 4[%], 2차 정격전류를 300[A]라 하면 정격전압의 2차 단락 전류[A]는? (단, 변압기에서 전원측의 임피던스는 무시한다.)

① 0.75   ② 75

③ 1200   ④ 7500

|정|답|및|해|설|⟶

[2차단락전류] $I_{2s} = \dfrac{100}{\%Z} I_{2n} = \dfrac{100}{4} \times 300 = 7500$[A]

【정답】④

48. 3상 유도전동기의 운전 중 전압을 80[%]로 낮추면 부하 회전력은 몇 [%]로 감소되는가?

① 94   ② 80   ③ 72   ④ 64

|정|답|및|해|설|⟶

[3상 유도전동기 토크(회전력)와 전압과의 관계] $T \propto V^2$
따라서 $0.8^2 = 0.64$, 64[%]로 낮아진다.   【정답】④

49. 단상 정류자 전동기에 보상권선을 사용하는 이유는?

① 정류개선   ② 기동토크 조절

③ 속도제어   ④ 역률개선

|정|답|및|해|설|⟶

[단상 정류자전동기 보상권선] 단상 직권전동기의 보상권선은 직류 직권전동기와 달리 전기자반작용으로 생기는 필요 없는 자속을 상쇄하도록 하여, 무효전력의 증대에 따르는 <u>역률의 저하를 방지</u>한다.

【정답】④

50. 단상 직권정류자 전동기에 전기자 권선의 권수를 계자 권수에 비해 많게 하는 이유가 아닌 것은?

① 주자속을 크게 하고 토크를 증가시키기 위하여

② 속도 기전력을 크게 하기 위하여

③ 변압기 기전력을 크게 하기 위하여

④ 역률 저하를 방지하기 위하여

|정|답|및|해|설|⟶

[단상 직권정류자 전동기] 단상 직권정류자 전동기는 전기자 및 계자권선의 리액턴스 강하 때문에 역률이 저하하므로 <u>약계자, 강전기자형으로 하여 역률을 좋게 하고 변압기 기전력을 작게</u> 한다.

【정답】③

51. 변압기의 병렬운전에서 1차 환산 누설임피던스가 $2+j3[\Omega]$과 $3+j2[\Omega]$일 때 변압기에 흐르는 부하전류가 50[A]이면 순환전류[A]는? (단, 다른 정격은 모두 같다.)

① 10   ② 8

③ 5   ④ 3

|정|답|및|해|설|⟶

[순환전류] $I_c = \dfrac{V_1 - V_2}{Z_1 + Z_2} = \dfrac{I_1 Z_1 - I_2 Z_2}{Z_1 + Z_2}$[A]

부하전류가 50[A]이고 임피던스의 크기가 같으므로, 각 변압기에는 25[A]씩 나뉘어 흐른다.

$$\therefore I_c = \frac{25(3+j2) - 25(2+j3)}{(2+j3)+(3+j2)} = \frac{75+j50-50-j75}{5+j5}$$

$$= \frac{25-j25}{5+j5} = \frac{(25-j25)(5-j5)}{(5+j5)(5-j5)} = \frac{125-j125-j125+j^2 125}{5^2+5^2}$$

$$= \frac{-j250}{50} = -j5 = 5\angle -90°\,[A]$$

【정답】③

52. 터빈 발전기의 출력 1350[kVA], 2극, 3600[rpm], 11[kV]일 때 역률 80[%]에서 전부하 효율이 96[%]라 하면 이때의 손실전력[kW]은?

① 36.6   ② 45

③ 56.6   ④ 65

|정|답|및|해|설|⟶

[발전기의 손실전력]

출력 $P = 1350 \times 0.8 = 1080$[kW]

효율 $\eta = \dfrac{\text{출력}}{\text{출력}+\text{손실}} = \dfrac{P}{P+P_1} \rightarrow 0.96 = \dfrac{1080}{1080+P_1}$

$\therefore P_1 = \dfrac{1080}{0.96} - 1080 = 45$[kW]   【정답】②

53. 1방향성 4단자 사이리스터는?

① TRIAC   ② SCS

③ SCR   ④ SSS

|정|답|및|해|설|
[각종 반도체 소자의 비교]
1. 방향성
 · 양방향성(쌍방향) 소자 : DIAC, TRIAC, SSS
 · 역저지(단방향성) 소자 : SCR, LASCR, GTO, SCS
2. 극(단자)수
 · 2극(단자) 소자 : DIAC, SSS, Diode
 · 3극(단자) 소자 : SCR, LASCR, GTO, TRIAC
 · 4극(단자) 소자 : SCS   【정답】②

54. T결선에 의하여 3300[V]의 3상으로부터 200[V], 40[KVA]의 전력을 얻는 경우 T좌 변압기의 권수비는 약 얼마인가?

① 16.5   ② 14.3   ③ 11.7   ④ 10.2

|정|답|및|해|설|

[T좌 변압기의 권수비] $a_T = a_M \times \dfrac{\sqrt{3}}{2}$

여기서, a_M : 주좌변압기의 권수비 , a_T : T좌변압기의 권수비

$\therefore a_T = a_M \times \dfrac{\sqrt{3}}{2} = \dfrac{3300}{200} \times \dfrac{\sqrt{3}}{2} = 16.5 \times 0.866 = 14.3$

【정답】②

55. 직류 분권 전동기 기동 시 계자 저항기의 저항값은?

① 최대로 해둔다.   ② 0으로 해둔다.

③ 중간으로 해둔다.   ④ 1/3로 해둔다.

|정|답|및|해|설|
[기동 시 계자저항] 직류 분권전동기 기동 시에는 $I_f \propto \phi$, 즉 기자력이 커야한다. 따라서 R_f는 작을수록 좋기 때문에 0으로 해둔다.
【정답】②

|참|고|

[직류 분권전동기 기동 조건]
1. 기동 시 기동전류가 작아야 한다.
2. 기동 시 기동저항은 커야 한다.
3. 기동 시 계자전류(I_f)는 큰 것이 좋다.
4. 기동 시 계자저항(R_f)는 작아야 한다. $R_f = 0$

56. 3상 동기발전기를 병렬 운전하는 도중 여자전류를 증가시킨 발전기에서 일어나는 현상은?

① 무효전류가 증가한다.

② 역률이 좋아진다.

③ 전압이 높아진다.

④ 출력이 커진다.

|정|답|및|해|설|
[동기발전기 병렬운전 조건] 여자전류를 증가 시키면 역률이 나빠지고 무효전류가 증가한다. 병렬로 사용하는 다른 발전기는 역률이 좋아진다.   【정답】①

57. 유도전동기로 직류발전기를 회전시킬 때 직류발전기의 부하를 증가시키면 유도전동기의 속도는?

① 증가한다.

② 감소한다.

③ 변함이 없다.

④ 동기속도 이상으로 회전한다.

|정|답|및|해|설|
[유도전동기의 속도] 전기 동력계로 토크를 측정하는 것이고, 부하전류가 커지면 토크가 증가 따라서 속도는 감소한다.
【정답】②

58. 직류 타여자발전기의 부하 전류와 전기자전류의 크기는?

① 부하 전류가 전기자 전류보다 크다.

② 전기자 전류가 부하 전류보다 크다.

③ 전기자 전류와 부하 전류가 같다.

④ 전기자 전류와 부하 전류는 항상 0이다.

|정|답|및|해|설|
[타여자발전기] 타여자발전기는 외부에서 계자권선 F에 직류전원을 공급하므로 잔류자기가 없어도 되며, 전기자전류(I_a)와 부하전류(I)의 크기가 같다.   【정답】③

59. 5[kVA], 2000/200[V]의 단상 변압기가 있다. 2차로 환산한 등가저항과 등가리액턴스는 각각 0.14[Ω], 0.16[Ω]이다. 이 변압기에 역률 0.8(뒤짐)의 정격 부하를 걸었을 때의 전압변동률[%]은?

① 0.026   ② 0.26

③ 2.6   ④ 26

|정|답|및|해|설|

[전압변동률] $\epsilon = p\cos\theta \pm q\sin\theta = \dfrac{V_o - V_n}{V_n} \times 100[\%]$

→ (+ : 지상(뒤짐)부하시, - : 진상(앞섬)부하시), 언급이 없으면 +)

여기서, p : 퍼센트 저항강하, q : 퍼센트 리액턴스강하

· 퍼센트 저항강하 $p = \dfrac{I_n \times r}{V_n} \times 100$

· 퍼센트 리액턴스강하 $q = \dfrac{I_n \times x}{V_n} \times 100$에서

저항과 리액턴스가 2차로 환산한 값이므로 모든 개념을 2차로 환산한다.

· $p = \dfrac{I_{2n} \times r_n}{V_{2n}} \times 100 = \dfrac{\frac{5000}{200} \times 0.14}{200} = 1.75[\%]$

· $q = \dfrac{I_{2n} \times x^2}{V_{2n}} \times 100 = \dfrac{\frac{5000}{200} \times 0.16}{200} \times 100 = 2[\%]$

∴ $\epsilon = p\cos\theta + q\sin\theta = 1.75 \times 0.8 + 2 \times 0.6 = 2.6[\%]$

【정답】③

60. 송전선로에 접속된 무효 전력 보상 장치의 설명으로 옳은 것은?

① 과여자로 해서 운전하면 앞선 전류가 흐르므로 리액터 역할을 한다.

② 과여자로 해서 운전하면 뒤진 전류가 흐르므로 콘덴서 역할을 한다.

③ 부족여자로 해서 운전하면 앞선 전류가 흐르므로 리액터 역할을 한다.

④ 부족여자로 해서 운전하면 송전선로의 자기 여자작용에 의한 전압 상승을 방지한다.

|정|답|및|해|설|

[무효 전력 보상 장치] 무효 전력 보상 장치는 동기전동기를 무부하로 회전시켜 직류 계자전류 I_f의 크기를 조정하여 무효 전력을 지상 또는 진상으로 제어하는 기기이다. 동력을 전달하지 않는다.
1. 중부하 시 과여자 운전 : 콘덴서(C) 작용 → 역률개선
2. 경부하 시 부족여자 운전 : 리액터(L) 작용 → 이상전압의 상승 억제
3. 연속적인 조정(진상·지상) 및 시송전(시충전)이 가능하다.
4. 증설이 어렵다. 손실 최대(회전기) 【정답】④

61. 리액턴스 함수가 $Z(s) = \dfrac{3s}{s^2 + 15}$로 표시되는 리액턴스 2단자망은?

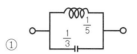

①

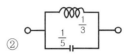

②

③

④

|정|답|및|해|설|

[리액턴스 2단자망]

· $Z(s) = \dfrac{3s}{s^2 + 15}$ → (분모가 더 크면 병렬연결)

· $Z(s) = \dfrac{s^2 + 15}{3s}$ → (분자가 더 크면 직렬연결)

$Z(s) = \dfrac{3s}{s^2 + 15} = \dfrac{1}{(s^2 + 15)/3s} = \dfrac{1}{\dfrac{s}{3} + \dfrac{15}{3s}} = \dfrac{1}{\dfrac{s}{3} + \dfrac{1}{\frac{1}{5}s}}$

∴ C와 L 병렬회로이다. 【정답】①

62. 불평형 3상 전류가 $I_a = 15 + j2[A]$, $I_b = -20 - j14[A]$, $I_c = -3 + j10[A]$일 때, 정상분 전류 $I[A]$는?

① $1.91 + j6.24$ ② $-2.67 - j0.67$

③ $15.7 - j3.57$ ④ $18.4 + j12.3$

|정|답|및|해|설|

[정상전류(I_1)]

1. 영상전류 $I_0 = \dfrac{1}{3}(I_a + I_b + I_c)$

2. 정상전류 $I_1 = \dfrac{1}{3}(I_a + aI_b + a^2 I_c)$

3. 역상전류 $I_2 = \dfrac{1}{3}(I_a + a^2 I_b + aI_c)$

∴정상전류 I_1

$I_1 = \dfrac{1}{3}(I_a + aI_b + a^2 I_c)$

$= \dfrac{1}{3}\left\{ \begin{array}{l} (15 + j2) + \left(-\dfrac{1}{2} + j\dfrac{\sqrt{3}}{2}\right)(-20 - j14) \\ + \left(-\dfrac{1}{2} + j\dfrac{\sqrt{3}}{2}\right)(-3 + j10) \end{array} \right\}$

$= 15.7 - j3.57[A]$ 【정답】③

63. 그림과 같은 회로의 전압비 전달함수 $H(jw)$는? (단, 입력 $V(t)$는 정현파 교류전압이며, V_R은 출력이다.)

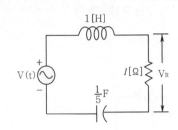

① $\dfrac{jw}{(5-w^2)+jw}$　　② $\dfrac{jw}{(5+w^2)+jw}$

③ $\dfrac{jw}{(5-w)^2+jw}$　　④ $\dfrac{jw}{(5+w)^2+jw}$

|정|답|및|해|설|

[전달함수] $G(s)=\dfrac{출력}{입력}=\dfrac{E_0(s)}{E_i(s)}$

$H(j\omega)=\dfrac{V_R}{V(j\omega)}=\dfrac{1}{j\omega+1+\dfrac{1}{j\omega\frac{1}{5}}}=\dfrac{j\omega}{(j\omega)^2+j\omega+5}=\dfrac{j\omega}{(5-\omega^2)+j\omega}$

【정답】①

64. RC 직렬회로의 과도현상에 대하여 옳게 설명한 것은?

① $\dfrac{1}{RC}$의 값이 클수록 전류값은 천천히 사라진다.

② RC값이 클수록 과도 전류값은 빨리 사라진다.

③ 과도 전류는 RC값에 관계가 없다.

④ RC값이 클수록 과도 전류값은 천천히 사라진다.

|정|답|및|해|설|

[RC 직렬회로(시정수)] $\tau=RC$[s]
시정수가 크면 응답이 늦다.(과도전류가 천천히 사라진다)

【정답】④

65. 전압과 전류가 각각

$$e=141.4\sin\left(377t+\dfrac{\pi}{3}\right)[V]$$

$$i=\sqrt{8}\,sin\left(377t+\dfrac{\pi}{6}\right)[A]$$ 인 회로의 소비 전력은 몇 [W]인가?

① 100　　② 173　　③ 200　　④ 344

|정|답|및|해|설|

[소비 전력] $P=VI\cos\theta[W]$　→　$\left(V=\dfrac{V_m}{\sqrt{2}}\right)$

$P=\dfrac{V_m}{\sqrt{2}}\cdot\dfrac{I_m}{\sqrt{2}}\cos\theta=\dfrac{141.4}{\sqrt{2}}\times\dfrac{\sqrt{8}}{\sqrt{2}}\times\cos\left(\dfrac{\pi}{3}-\dfrac{\pi}{6}\right)=173[W]$

【정답】②

66. 그림과 같은 회로에서 a-b 단자에서 본 합성저항은 몇 [Ω]인가?

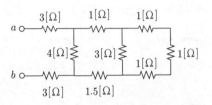

① 2　　② 4　　③ 6　　④ 8

|정|답|및|해|설|

[합성저항]

1. $R_1=1+1+1=3[\Omega]$　　→ (1[Ω]개 직렬)

2. $R_2=\dfrac{3\times3}{3+3}=1.5[\Omega]$　　→ (1의 3[Ω]과 3[Ω]이 병렬)

3. $R_3=1+1.5+1.5=4$　　→ (2의 3[Ω]과 1[Ω], 1.5[Ω]이 직렬)

4. $R_4=\dfrac{4\times4}{4+4}=2[\Omega]$　　→ (3의 4[Ω]과 4[Ω]이 병렬)

5. $R=3+2+3=8[\Omega]$　　→ (4의 2[Ω]과 3[Ω], 3[Ω]이 직렬)

∴단자 a, b에서 본 합성저항 $R=8[\Omega]$　　【정답】④

67. 부동작 시간(dead time) 요소의 전달 함수는?

① Ks　　　　② $\dfrac{K}{s}$

③ Ke^{-Ls}　　④ $\dfrac{K}{Ts+1}$

|정|답|및|해|설|

[부동작 시간(dead time) 요소]
방정식 : $y(t)=Kx(t-L)$　　→ (L : 부동작시간)
라플라스 변환 : $Y(s)=Ke^{-Ls}\cdot X(s)$

∴ $G(s)=\dfrac{Y(s)}{X(s)}=Ke^{-Ls}$

※ ① Ks : 미분요소, ② $\dfrac{K}{s}$: 적분요소, ④ $\dfrac{K}{Ts+1}$: 1차지연요소

【정답】③

68. $i = 10\sin\left(wt - \dfrac{\pi}{6}\right)[A]$로 표시되는 전류와 주파수는 같으나 위상이 45° 앞서는 실효값 100[V]의 전압을 표시하는 식으로 옳은 것은?

① $100\sin\left(wt - \dfrac{\pi}{10}\right)$

② $100\sqrt{2}\sin\left(wt + \dfrac{\pi}{12}\right)$

③ $\dfrac{100}{\sqrt{2}}\sin\left(wt - \dfrac{5\pi}{12}\right)$

④ $100\sqrt{2}\sin\left(wt - \dfrac{\pi}{12}\right)$

|정|답|및|해|설|

[순시값] $v = V_m \sin\theta(\omega t + \theta)$ → (실효값 $V = \dfrac{V_m}{\sqrt{2}}$, V_m : 최대값)

실효값이 V=100[V]이고

전류보다 위상이 45°$\left(= \dfrac{\pi}{4}\right)$ 앞서므로

∴순시값

$v = 100\sqrt{2}\sin\left(\omega t - \dfrac{\pi}{6} + \dfrac{\pi}{4}\right) = 100\sqrt{2}\sin\left(\omega t + \dfrac{\pi}{12}\right)[V]$

【정답】②

69. 저항 $6[k\Omega]$, 인덕턴스 $90[mH]$, 커패시턴스 $0.01[\mu F]$인 직렬회로에 $t = 0$에서의 직류전압 $100[V]$를 가하였다. 흐르는 전류의 최대값 (I_m)은 약 몇 $[mA]$인가?

① 11.8　　② 12.3

③ 14.7　　④ 15.6

|정|답|및|해|설|

1. $R^2 = (6\times 10^3)^2 = 36\times 10^6$

$\dfrac{4L}{C} = \dfrac{4\times 90\times 10^{-3}}{0.01\times 10^{-6}} = 36\times 10^6$

$R^2 = \dfrac{4L}{C}$

전류는 $i(t) = \dfrac{E}{L}t \cdot e^{-\frac{R}{2L}t}$

2. 전류가 최대로 되는 시간

$\dfrac{di(t)}{dt} = \dfrac{E}{L}\cdot e^{-\frac{R}{2L}t} - \dfrac{R}{2L}\cdot \dfrac{E}{L}te^{\frac{R}{2L}t} = 0$

$1 = \dfrac{R}{2L}t$

$t = \dfrac{2L}{R} = \dfrac{2\times 90\times 10^{-3}}{6000} = 30[\mu s]$

전류의 최대값은

$i(t) = \dfrac{E}{L}t \cdot e^{-\frac{R}{2L}t}$

$= \dfrac{100}{90\times 10^{-3}}\times 30\times 10^{-6}\times e^{-\frac{6\times 10^3}{2\times 90\times 10^{-3}}\times 30\times 10^6}$

$= 0.0123[A] = 12.3[mA]$

【정답】②

70. 그림과 같은 회로에서 단자 a-b간의 전압 $V_{ab}[V]$는?

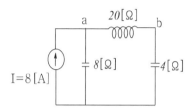

① $-j160$　　② $j160$

③ 40　　④ 80

|정|답|및|해|설|

[단자 a-b간의 전압] $V_{ab} = I_{ab}Z[V]$

· ⊸w⊸ : $Z = j\omega C = jX_L$

· ⊸⊢⊸ : $Z = \dfrac{1}{j\omega C} = -jX_C$

$I_{ab} = \dfrac{-j8}{(j20 - j4) - j8}\times 8 = -8[A]$

∴ $V_{ab} = I_{ab}Z = -8\times j20 = -j160[V]$

【정답】①

71. 회로에서 Z파라미터가 잘못 구하여진 것은?

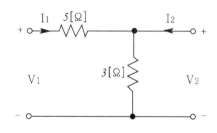

① $Z_{11} = 8$　　② $Z_{12} = 3$

③ $Z_{21} = 3$　　④ $Z_{22} = 5$

|정|답|및|해|설|

[Z파라미터] T형 회로

· $Z_{11} = 5 + 3 = 8$ → (I_1가 흘러가는 임피던스의 합)

· $Z_{22} = 3$　→ (I_2가 흘러가는 임피던스)

· $Z_{12} = Z_{21} = 3$　→ (I_1과 I_2의 공통된 임피던스)

【정답】④

72. △ 결선된 저항 부하를 Y결선으로 바꾸면 소비 전력은? (단, 저항과 선간 전압은 일정하다.)

① 3배로 된다.
② 9배로 된다.
③ $\frac{1}{9}$배로 된다.
④ $\frac{1}{3}$배로 된다.

|정|답|및|해|설|

[△→Y시의 소비전력]

$$P_\triangle = 3I^2R = 3\left(\frac{V}{R}\right)^2 R = 3 \cdot \frac{V^2}{R} [W]$$

다음 Y결선 시 상전압은 선간전압의 $\frac{1}{\sqrt{3}}$이므로

$$P_Y = 3 \cdot \frac{\left(\frac{V}{\sqrt{3}}\right)^2}{R} = \frac{V^2}{R} [W] \quad \rightarrow \quad \therefore P_Y = \frac{1}{3}P_\triangle$$

|참|고|

[△→Y] 임피던스 : $\frac{1}{3}$배, 선전류 : $\frac{1}{3}$배, 소비전력 : $\frac{1}{3}$배

[Y→△] 임피던스 : 3배, 선전류 : 3배, 소비전력 : 3배

【정답】④

73. 굵기가 일정한 도체에서 체적은 변하지 않고 지름을 $\frac{1}{n}$로 줄였다면 저항은?

① $\frac{1}{n^2}$로 된다.
② n로 된다.
③ n^2로 된다.
④ n^4배로 된다.

|정|답|및|해|설|

[저항] $R = \rho\frac{l}{A} = \rho\frac{l}{\pi r^2}$

지름 a, 반지름 τ, 길이 l, 저항 R_1, 지름을 $\frac{1}{n}$로 줄였을 때의 저항을 R_2라고 하면,

1. 체적이 일정하므로

$$\frac{\pi a_1^2}{4} \times l_1 = \frac{\pi a_2^2}{4} \times l_2 = \frac{\pi}{4}\left(\frac{1}{n}a_1\right)^2 \times l_2$$

$$l_1 = \frac{1}{n^2}l_2 \quad \rightarrow \quad \therefore l_2 = n^2 l_1$$

2. 저항 $R_1 = \rho\frac{l_1}{A_1} = \rho\frac{l_1}{\pi r_1^2}$

$$R_2 = \rho\frac{l_2}{\pi r_2^2} = \rho\frac{n^2 l_1}{\pi \times (\frac{1}{n}r_1)^2} = n^4 \times \rho\frac{l_1}{\pi r_1^2} = n^4 R_1$$

【정답】④

74. 20[mH]와 60[mH]의 두 인덕턴스가 병렬로 연결되어 있다. 합성 인덕턴스의 값[mH]은? (단, 상호 인덕턴스는 없는 것으로 한다.)

① 15
② 20
③ 50
④ 75

|정|답|및|해|설|

[합성인덕턴스(병렬)] $L_0 = \frac{L_1 \times L_2}{L_1 + L_2} = \frac{20 \times 60}{20 + 60} = 15[mH]$

【정답】①

75. 대칭 3상 전압이 있다. 1상의 Y결선 전압의 순시값이 다음과 같을 때 선간전압에 대한 상전압의 비율은?

$$e = 1000\sqrt{2}\sin wt + 500\sqrt{2}\sin(3wt + 20°) + 100\sqrt{2}\sin(5wt + 30°)$$

① 약 55[%]
② 약 65[%]
③ 약 70[%]
④ 약 75[%]

|정|답|및|해|설|

[Y결선시의 선간전압]
상전압의 실효값 V_p
$$V_p = \sqrt{V_1^2 + V_3^2 + V_5^2} = \sqrt{1000^2 + 500^2 + 100^2} = 1122.5[V]$$
선간전압에는 제3고조파분이 나타나지 않으므로
$$V_l = \sqrt{3} \cdot \sqrt{V_1^2 + V_5^2} = \sqrt{3} \cdot \sqrt{1000^2 + 100^2} = 1740.7[V]$$
$$\therefore \frac{V_p}{V_l} = \frac{1122.5}{1740.7} = 0.645 = 65[\%]$$

【정답】②

76. 비정현파의 일그러짐의 정도를 표시하는 양으로서 왜형률이란?

① $\frac{평균값}{실효값}$
② $\frac{실효값}{최대값}$
③ $\frac{고조파만의 실효값}{기본파의 실효값}$
④ $\frac{기본파의 실효값}{고조파만의 실효값}$

|정|답|및|해|설|

[왜형률] $D = \frac{전고조파의 실효값}{기본파의 실효값}$

$$= \sqrt{\frac{V_2^2 + V_3^2 + \cdots}{V_1^2}} = \frac{\sqrt{V_2^2 + V_3^2 + \cdots}}{V_1}$$

【정답】③

77. $\bigcirc \mathcal{L}[\sin at]$, $\bigcirc \mathcal{L}[\cos wt]$를 구하면?

① $\bigcirc \dfrac{a}{s+a}$ $\bigcirc \dfrac{s}{s+w}$

② $\bigcirc \dfrac{1}{s^2+a^2}$ $\bigcirc \dfrac{s}{s+w}$

③ $\bigcirc \dfrac{a}{s^2+a^2}$ $\bigcirc \dfrac{s}{s^2+w^2}$

④ $\bigcirc \dfrac{1}{s+a}$ $\bigcirc \dfrac{1}{s-w}$

|정|답|및|해|설|
[라플라스 변환]

· $\mathcal{L}[\sin at] = \dfrac{a}{s^2+a^2}$

· $\mathcal{L}[\cos \omega t] = \dfrac{s}{s^2+\omega^2}$ 【정답】③

78. 각 상의 임피던스 $Z=6+j8[\Omega]$인 평형 △ 부하에 선간전압이 220[V]인 대칭 3상 전압을 가할 때의 선전류[A] 및 전력[W]은?

① 17[A], 5620[W] ② 25[A], 6570[W]

③ 57[A], 7180[W] ④ 38.1[A], 8712[W]

|정|답|및|해|설|

1. 상전류 $I_p = \dfrac{V_p}{Z} = \dfrac{220}{\sqrt{8^2+6^2}} = 22[A]$

∴선전류 $I_l = \sqrt{3}\,I_p = \sqrt{3} \times 22 = 38.1[A]$

2. 전전력 $P = 3I_p^2 R[W] = 3 \times 22^2 \times 6 = 8712[W]$

【정답】④

79. 그림과 같은 회로에서 저항 R에 흐르는 전류 I[A]는?

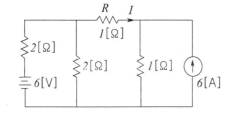

① -2 ② -1

③ 2 ④ 1

|정|답|및|해|설|
[중첩의 원리]
1. 전류원 개방시 I_1는

$I_1 = \dfrac{R_2}{R_1+R_2} \cdot I = \dfrac{R_2}{R_1+R_2} \cdot \dfrac{V}{R}$

$= \dfrac{2}{(1+1)+2} \cdot \dfrac{6}{2+\dfrac{(1+1)\times 2}{(1+1)+2}} = 1[A]$

2. 전압원 단락시 I_2는

$I_2 = \dfrac{R_2}{R_1+R_2} \cdot I = \dfrac{1}{\left(1+\dfrac{2\times 2}{2+2}\right)+1} \times 6 = 2[A]$

3. I_1과 I_2의 방향이 반대이므로, 전 전류 I는

$I = I_1 - I_2 = 1 - 2 = -1[A]$ 【정답】②

80. 전압 100[V], 전류 15[A]로써 1.2[kW]의 전력을 소비하는 회로의 리액턴스는 약 몇 [Ω]인가?

① 4 ② 6

③ 8 ④ 10

|정|답|및|해|설|
[회로의 리액턴스] $X = Z\sin\theta[\Omega]$

· $Z = \dfrac{V}{I} = \dfrac{100}{15} = 6.67[\Omega]$

· $P = EI\cos\theta$에서

역률 $\cos\theta = \dfrac{P}{EI} = \dfrac{1200}{100 \times 15} = 0.8$

∴리액턴스 $X = Z\sin\theta = 6.67 \times \sqrt{1-0.8^2} = 4[\Omega]$

【정답】①

3회 2015년 전기산업기사필기(전기설비기술기준)

81. 시가지에 시설하는 154[kV] 가공전선로를 도로와 1차 접근 상태로 시설하는 경우, 전선과 도로와의 간격(이격거리)은 몇 [m] 이상이어야 하는가?

① 4.4 ② 4.8 ③ 5.2 ④ 5.6

|정|답|및|해|설|
[특고압 가공전선과 도로 등의 접근 또는 교차 (KEC 333.24)]
· 사용 전압이 35[kV] 가공 전선로를 경우 3[m]에 35[kV]를 넘는 매 10[kV] 또는 그 단수마다 0.15[m]를 가산

· 단수 $= \dfrac{154-35}{10} = 11.9 \rightarrow 12$단

· 간격(이격거리) $= 3 + 12 \times 0.15 = 4.8[m]$

【정답】②

82. 화약류 저장소에서의 전기설비 시설기준으로 틀린 것은?

① 전용 개폐기 및 과전류 차단기는 화약류 저장소 이외의 곳에 둔다.

② 전기기계 기구는 반폐형의 것을 사용한다.

③ 전로의 대지전압은 300[V] 이하이어야 한다.

④ 케이블을 전기기계 기구에 인입할 때에는 인입구에서 케이블이 손상될 우려가 없도록 시설하여야 한다.

|정|답|및|해|설|
[화약류 저장소 등의 위험장소 (KEC 242.5)]
· 전로의 대지전압은 300[V] 이하일 것
· 전기 기계기구는 전폐형일 것
· 금속관 공사, 케이블 공사에 의할 것
· 화약류 저장소안의 전기설비에 전기를 공급하는 전로에는 저장소 이외의 곳에 전용의 개폐기 및 과전류차단기를 각 극에 취급자 이외의 자가 쉽게 조작할 수 없도록 시설하고, 전로에 지기 발생 시 자동차단하거나 경보하는 장치를 시설할 것
· 개폐기 및 과전류 차단기에서 화약류 저장소까지는 케이블을 사용하여 지중에 시설한다. **【정답】②**

83. 고압 지중 케이블로서 직접 매설식에 의하여 견고한 트로프 기타 방호물에 넣지 않고 시설할 수 있는 케이블은? (단, 케이블을 개장하지 않고 시설한 경우이다.)

① 미네럴 인슈레이션 케이블

② 콤바인 덕트 케이블

③ 클로로프렌 외장 케이블

④ 고무 외장 케이블

|정|답|및|해|설|
[지중 전선로의 시설 (KEC 334.1)] 지중 전선을 견고한 트로프 기타 방호물에 넣어 시설하여야 한다. 단, **콤바인덕트 케이블**, 파이프형 압력케이블, 최대 사용전압이 60[kV]를 초과하는 연피케이블, 알루미늄피케이블, 금속 피복을 한 특고압 케이블 등은 견고한 트로프 기타 방호물에 넣지 않고도 부설할 수 있다.

|참|고|
[지중전선로 시설]
전선은 케이블을 사용하고, 관로식, 암거식, 직접 매설식에 의하여 시공한다.
1. 직접 매설식 : 매설 깊이는 중량물의 압력이 있는 곳은 1.0[m] 이상, 없는 곳은 0.6[m] 이상으로 한다.
2. 관로식 : 매설 깊이를 1.0[m]이상, 중량물의 압력을 받을 우려가 없는 곳은 60[cm] 이상으로 한다.
3. 암거식 : 지하 구조물 내 케이블 지지대를 설치하고 그 위에 케이블을 부설하는 방식 **【정답】②**

84. 최대 사용전압이 3300[V]인 고압용 전동기가 있다. 이 전동기의 절연내력 시험 전압은 몇 [V]인가?

① 3630　　　　② 4125

③ 4290　　　　④ 4950

|정|답|및|해|설|
[회전기의 절연내력 (KEC 133)]

종류		시험 전압	시험 방법
회전기	발전기 · 전동기 · 무효 전력 보상 장치 · 기타 회전 전기	7[kV] 이하	1.5배(최저 500[V])	권선과 대지 간에 연속하여 10분간
		7[kV] 초과	1.25배 (최저 10,500[V])	
	회전 변류기	직류측의 최대사용전압의 1배의 교류전압 (최저 500[V])	

· 시험전압은=$3300 \times 1.5 = 4950[V]$ **【정답】④**

85. 지중 전선로에 사용하는 지중함의 시설기준으로 적절하지 않은 것은?

① 견고하고 차량 기타 중량물의 압력에 견디는 구조일 것

② 안에 고인 물을 제거할 수 있는 구조로 되어 있을 것

③ 뚜껑은 시설자 이외의 자가 쉽게 열수 없도록 시설할 것

④ 조명 및 세척이 가능한 적당한 장치를 시설할 것

|정|답|및|해|설|
[지중함의 시설 (KEC 334.2)]
· 지중함은 견고하고 차량 기타 중량물의 압력에 견디는 구조일 것
· 지중함은 그 안의 고인 물을 제거할 수 있는 구조로 되어 있을 것
· 폭발성 또는 연소성의 가스가 침입할 우려가 있는 것에 시설하는 지중함으로서 그 크기가 1[㎥] 이상인 것에는 통풍장치 기타 가스를 방산시키기 위한 적당한 장치를 시설할 것
· 지중함의 뚜껑은 시설자 이외의 자가 쉽게 열 수 없도록 시설할 것 **【정답】④**

86. 345[kV] 특고압 가공전선로를 사람이 쉽게 들어 갈 수 없는 산지에 시설할 때 지표상의 높이는 몇 [m] 이상인가?

① 7.28   ② 7.85
③ 8.28   ④ 9.28

|정|답|및|해|설|
[특고압 가공전선의 높이 (KEC 333.7)]

사용전압의 구분	지표상의 높이	
35[kV] 이하	일반	5[m]
	철도 또는 궤도를 횡단	6.5[m]
	도로 횡단	6[m]
	횡단보도교의 위 (전선이 특고압 절연전선 또는 케이블)	4[m]
35[kV] 초과 160[kV] 이하	일반	6[m]
	철도 또는 궤도를 횡단	6.5[m]
	산지	5[m]
	횡단보도교의 케이블	5[m]
160[kV] 초과	일반	6[m]
	철도 또는 궤도를 횡단	6.5[m]
	산지	5[m]
	160[kV]를 초과하는 10[kV] 또는 그 단수마다 12[cm]를 더한 값	

· 특고압 가공 전선의 지표상 높이는 일반 장소에서는 6[m](산지 등에서는 5[m])에, 160[kV]를 넘는 10[kV] 또는 그 단수마다 12[cm]를 가한 값

· 단수 $= \dfrac{345-160}{10} = 18.5 \rightarrow$ 19단

∴ 전선의 지표상 높이 $= 5 + 19 \times 0.12 = 7.28$[m]

【정답】①

87. 피뢰기를 설치하지 않아도 되는 곳은?

① 발전소·변전소의 가공전선 인입구 및 인출구
② 가공전선로의 위쪽 끝 부분
③ 가공전선로에 접속한 1차측 전압이 35[kV] 이하인 배전용 변압기의 고압측 및 특고압측
④ 고압 및 특고압 가공전선로로부터 공급을 받는 수용장소의 인입구

|정|답|및|해|설|
[피뢰기의 시설 (KEC 341.13)]
· 발·변전소 또는 이에 준하는 장소의 가공 전선 인입구 및 인출구
· 배전용 변압기의 고압측 및 특고압측
· 고압 및 특고압 가공 전선로부터 공급을 받는 장소의 인입구
· 가공 전선로와 지중 전선로가 접속되는 곳

【정답】②

88. 사용전압이 220[V]인 가공전선을 절연전선으로 사용하는 경우 그 최소 굵기는 지름 몇 [mm]인가?

① 2   ② 2.6
③ 3.2   ④ 4

|정|답|및|해|설|
[저압 가공전선의 굵기 및 종류 (KEC 222.5)]

사용전압	전선의 종류
400[V] 미만 저압 가공전선	인장강도 3.43[KN] 이상의 것 또는 지름 3.2[mm]의 경동선(절연전선인 경우 인장강도 2.3[KN] 이상의 것 또는 2.6[mm])
400[V] 이상 저·고압 가공전선	시가지내 : 인장강도 8.01[KN] 이상의 것 또는 5.0[mm] 경동선
	시가지외 : 인장강도 5.26[KN] 이상의 것 또는 4.0[mm] 경동선
특고압 가공 전선	시가지내 : 10만[V] 미만 인장강도 21.67[KN] 이상의 연선 또는 55[mm²]의 경동연선 10만[V] 이상 인장강도 58.84[KN] 이상의 연선 또는 150[mm²]의 경동연선
	시가지외 : 인장강도 8.71[KN] 이상의 연선 또는 22[mm²]의 경동연선

【정답】②

89. 조명용 전등을 설치할 때 타임스위치를 시설해야 할 곳은?

① 공장   ② 사무실
③ 병원   ④ 아파트 현관

|정|답|및|해|설|
[점멸기의 시설 (KEC 234.6)] 조명용 백열전등은 다음의 경우에 타임스위치를 시설하여야 한다.

설치장소	소등시간
여관, 호텔의 객실 입구 등	1분 이내 소등
주택, APT각 호실의 현관 등	3분 이내 소등

【정답】④

90. 옥내에 시설하는 저압전선으로 나전선을 절대로 사용할 수 없는 경우는?

① 금속 덕트 공사에 의하여 시설하는 경우

② 버스 덕트 공사에 의하여 시설하는 경우

③ 애자 사용 공사에 의하여 전개된 곳에 전기로용 전선을 시설하는 경우

④ 놀이용(유희용) 전차에 전기를 공급하기 위하여 접촉 전선을 사용하는 경우

|정|답|및|해|설|
[나전선의 사용 제한 (KEC 231.4)]
옥내에 시설하는 저압전선에는 나전선을 사용하여서는 아니 된다. 다만, 다음중 어느 하나에 해당하는 경우에는 그러하지 아니하다.
1. 애자사용공사에 의하여 전개된 곳에 다음의 전선을 시설하는 경우
  · 전기로용 전선
  · 전선의 피복 절연물이 부식하는 장소에 시설하는 전선
  · 취급자 이외의 자가 출입할 수 없도록 설비한 장소에 시설하는 전선
2. 버스덕트공사에 의하여 시설하는 경우
3. 라이팅덕트공사에 의하여 시설하는 경우
4. 접촉 전선을 시설하는 경우　　　　　【정답】①

91. 지중 또는 수중에 시설되어 있는 금속체의 부식을 방지하기 위해 전기 부식 회로의 사용전압은 직류 몇 [V] 이하이어야 하는가?

① 30　　② 60　　③ 90　　④ 120

|정|답|및|해|설|
[전기부식방지 시설 (KEC 241.16)]
· 사용전압은 직류 60[V] 이하일 것
· 지중에 매설하는 양극은 75[㎝] 이상의 깊이일 것
· 수중에 시설하는 양극과 그 주위 1[m] 안의 임의의 점과의 전위차는 10[V] 이내, 지표 또는 수중에서 1[m] 간격을 갖는 임의의 2점간의 전위차는 5[V] 이내이어야 한다.
· 전선은 케이블인 경우를 제외하고 2[mm] 경동선 이상이어야 한다.　　　　　【정답】②

92. 과전류 차단기를 시설하여도 좋은 곳은 어느 것인가?

① 접지공사를 한 저압 가공전선로의 접지 측 전선

② 방전 장치를 시설한 고압 측 전선

③ 접지 공사의 접지선

④ 다선식 전로의 중성선

|정|답|및|해|설|
[과전류 차단기의 시설 제한 (KEC 341.11)]
· 각종 접지공사의 접지선
· 다선식 전로의 중성선
· 전로의 일부에 접지공사를 한 저압 가공선로의 접지측 전선
　　　　　【정답】②

93. 인가에 인접한 주상변압기의 중성점 접지공사에 적합한 시공은?

① 접지극은 공칭단면적 $2[mm^2]$ 연동선에 연결하여, 지하 75[cm] 이상의 깊이에 매설

② 접지극은 공칭단면적 $16[mm^2]$ 연동선에 연결하여, 지하 60[cm] 이상의 깊이에 매설

③ 접지극은 공칭단면적 $6[mm^2]$ 연동선에 연결하여, 지하 60[cm] 이상의 깊이에 매설

④ 접지극은 공칭단면적 $6[mm^2]$ 연동선에 연결하여, 지하 75[cm] 이상의 깊이에 매설

|정|답|및|해|설|
[접지도체 (KEC 142.3.1)]
· 중성점 접지용 접지도체는 공칭단면적 $16[mm^2]$ 이상의 연동선 또는 동등 이상의 단면적 및 세기를 가져야 한다.
· 접지도체는 지하 75[cm] 부터 지표 상 2[m] 까지 부분은 합성수지관(두께 2[mm] 미만의 합성수지제 전선관 및 가연성 콤바인덕트관은 제외) 또는 이와 동등 이상의 절연효과와 강도를 가지는 몰드로 덮어야 한다.　　【정답】④

94. 다음 중에서 목주, A종 철주 또는 A종 철근 콘크리트주를 전선로의 지지물로 사용할 수 없는 보안 공사는?

① 고압 보안공사

② 제1종 특고압 보안공사

③ 제2종 특고압 보안공사

④ 제3종 특고압 보안공사

|정|답|및|해|설|
[특고압 보안공사 (KEC 333.22)] 제1종 특고압 보안 공사의 지지물에는 B종 철주, B종 철근 콘크리트주 또는 철탑을 사용할 것(목주, A종은 사용불가)　　　【정답】②

95. 가공전선로의 지지물로서 길이 9[m], 설계하중이 6.8[kN] 이하인 철근 콘크리트주를 시설할 때 땅에 묻히는 깊이는 몇 [m] 이상으로 하여야 하는가?

① 1.2 ② 1.5 ③ 2 ④ 2.5

|정|답|및|해|설|

[가공전선로 지지물의 기초의 안전율 (KEC 331.7)]
가공전선로의 지지물에 하중이 가하여지는 경우에 그 하중을 받는 지지물의 기초의 안전율은 2 이상

설계하중 ＼ 전장	6.8[kN] 이하	6.8[kN] 초과 ~ 9.8[kN] 이하	9.8[kN] 초과 ~ 14.72[kN] 이하
15[m] 이하	전장 × 1/6[m] 이상	전장 × 1/6+0.3[m] 이상	–
15[m] 초과	2.5[m] 이상	2.8[m] 이상	–
16[m] 초과~20[m] 이하	2.8[m] 이상	–	–
15[m] 초과~18[m] 이하	–	–	3[m] 이상
18[m] 초과	–	–	3.2[m] 이상

$\therefore 9[m] \times \dfrac{1}{6} = 1.5[m]$　　　　　　**【정답】** ②

※한국전기설비규정(KEC) 적용으로 인해 더 이상 출제되지 않는 문제는 삭제했습니다.

1. 다음 식에서 관계없는 것은?

$$\oint_c H dl = \int_s J ds = \int_s (\nabla \times H) ds = I$$

① 맥스웰의 방정식

② 암페어의 주회법칙

③ 스토크스(stokes)의 정리

④ 패러데이 법칙

|정|답|및|해|설|

$$\oint_C H dl = \int_s J dS = \int_s (\nabla \times H) dS = I$$

페러데이 법칙 $rotE = -\dfrac{\partial B}{\partial t}$ 이므로 위 식에 포함되지 않는다.

① 맥스웰의 정리　$\int_s (\nabla \times H) dS = I$

② 암페어의 주회적분 법칙　$\int_C H \cdot dl = I$

③ 스토크스의 정리　$\oint_C H \cdot dl = \int_s (\nabla \times H) dS$

【정답】④

2. 진공 중에 있는 반지름 a[m]인 도체구의 표면전하밀도가 $\sigma[C/m^2]$일 때 도체구 표면의 전계의 세기는 몇 [V/m]인가?

①　$\dfrac{\sigma}{\epsilon_o}$　　　　② $\dfrac{\sigma}{2\epsilon_o}$

③　$\dfrac{\sigma^2}{2\epsilon_o}$　　　④ $\dfrac{\epsilon_o \sigma^2}{2}$

|정|답|및|해|설|

[도체구의 표면 전계] $E = \dfrac{Q}{4\pi\epsilon_0 a^2}[V/m]$

전체전하량 $Q = \sigma \cdot S = \sigma 4\pi a^2$ 이므로

$\therefore E = \dfrac{\sigma 4\pi a^2}{4\pi\epsilon_0 a^2} = \dfrac{\sigma}{\epsilon_o}[V/m]$　　　【정답】①

3. 10^6[cal]의 열량은 몇 [kWh] 정도의 전력량에 상당한가?

① 0.06　　　　② 1.16

③ 2.27　　　　④ 4.17

|정|답|및|해|설|

[열량과 전력량]

1[kwh]= 860[kcal] 이므로

$1 : 860 = x : 1000 \rightarrow x = 1.1627[kWh]$　　【정답】②

|참|고|

[방법2]

1. 전력 $P = VI = I^2 R = \dfrac{V^2}{R}[W]$

2. 전력량 $W = Pt = VIt = I^2 Rt = \dfrac{V^2}{R}t[J]$

3. 열량 $H = 0.24W = 0.24Pt = 0.24\,VIt$

$\qquad = 0.24 I^2 Rt = 0.24\dfrac{V^2}{R}t[cal]$

$\therefore Pt = \dfrac{H}{0.24} = \dfrac{10^6}{0.24}[W \cdot s] = \dfrac{10^6 \times 10^{-3}}{0.24} \times \dfrac{1}{3600} = 1.16[kWh]$

$\rightarrow (1[W] = 10^{-3}[kW],\ 1[s] = \dfrac{1}{3600}[h])$

4. 다음 설명 중 틀린 것은?

① 저항의 역수는 컨덕턴스이다.

② 저항률의 역수는 도전율이다.

③ 도체의 저항은 온도가 올라가면 그 값이 증가한다.

④ 저항률의 단위는 $[\Omega/m^2]$이다.

|정|답|및|해|설|

① $G = \dfrac{1}{R}$

② $R = \rho\dfrac{l}{S}$　　　→ (ρ : 저항률(고유저항), σ : 도전율($=\dfrac{1}{\rho}$))

③ $R_2 = R_1 [1 + a_1 (T_2 - T_1)] [\Omega]$

※1. 저항률(ρ)의 단위는 $[\Omega \cdot m]$이다. $\rho = \dfrac{1}{\sigma}[\Omega \cdot m]$

2. 도전율의 단위는 $[S/m] = [\mho/m]$이다. $\sigma = \dfrac{1}{\rho}[\mho \cdot m]$

【정답】④

5. 다음 중 전자유도 현상의 응용이 아닌 것은?

① 발전기　　　　② 전동기

③ 전자석　　　　④ 변압기

|정|답|및|해|설|

[전자유도 현상] 전자유도법칙은 패러데이–노이만의 법칙(변압기)이다. 그때 흐르는 전류의 방향에 대한 것이 렌쯔의 법칙(발전기, 전동기)이다.　　　　【정답】③

6. 속도 v[m/s] 되는 전자가 자속밀도 B[Wb/m²]인 평등자계 중에 자계와 수직으로 입사했을 때 전자궤도의 반지름 r은 몇 [m]인가?

① $\dfrac{ev}{mB}$　　　　② $\dfrac{mB}{ev}$

③ $\dfrac{eB}{mv}$　　　　④ $\dfrac{mv}{eB}$

|정|답|및|해|설|

[로렌쯔의 힘] $F = \mu_0 evH = \dfrac{mv^2}{r}[N]$

여기서, e : 전자, m : 전자의 질량, r : 궤의 반지름, F : 힘
　　　→ (자계 내에서 수직으로 돌입한 전자는 원운동을 한다.)

$F = \mu_0 evH = \dfrac{mv^2}{r}[N]$ 에서

$\therefore r = \dfrac{mv}{e\mu_0 H} = \dfrac{mv}{eB}[m]$　　　→ $(B = \mu_0 H = \dfrac{m}{4\pi^2 r}[Wb/m^2])$

【정답】④

7. 비투자율 μ_s인 철심이 든 환상솔레노이드의 권수가 N회, 평균 지름이 d[m], 철심의 단면적이 $A[m^2]$라 할 때 솔레노이드에 I[A]의 전류가 흐르면, 자속[Wb]은?

① $\dfrac{2\pi \times 10^{-7} \mu_s NIA}{d}$　　　② $\dfrac{4\pi \times 10^{-7} \mu_s NIA}{d}$

③ $\dfrac{2 \times 10^{-7} \mu_s NIA}{d}$　　　④ $\dfrac{4 \times 10^{-7} \mu_s NIA}{d}$

|정|답|및|해|설|

[자속] $\varnothing = \dfrac{F}{R_m} = \dfrac{NI}{R_m} = \dfrac{NI}{\dfrac{l}{\mu S}} = \dfrac{\mu SNI}{l}$　　　→ $(R_m = \dfrac{l}{\mu S})$

$\therefore \varnothing = \dfrac{\mu_0 \mu_s NIA}{l} = \dfrac{4\pi \times 10^{-7} \mu_s NIA}{\pi d} = \dfrac{4 \times 10^{-7} \mu_s NIA}{d}[Wb]$

※ $L = \dfrac{N}{I}\varnothing = \dfrac{\mu SN^2}{l}[H]$　　　【정답】④

8. $\epsilon_1 > \epsilon_2$ 인 두 유전체의 경계면에 전계가 수직일 때 경계면에 작용하는 힘의 방향은?

① 전계의 방향

② 전속밀도의 방향

③ ϵ_1의 유전체에서 ϵ_2의 유전체 방향

④ ϵ_2의 유전체에서 ϵ_1의 유전체 방향

|정|답|및|해|설|

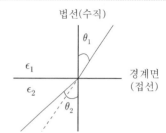

[경계조건 (수직)]

1. 전속밀도의 법선성분의 크기는 같다.
　　$D_1 \cos\theta_1 = D_2 \cos\theta_2$ → 수직성분

3. 전계가 경계면에 수직이면 $f = \dfrac{1}{2}\dfrac{D^2}{\epsilon}[N/m^2]$, $\epsilon_1 > \epsilon_2$

4. 힘 $f_n = \dfrac{1}{2}\left(\dfrac{1}{\epsilon_2} - \dfrac{1}{\epsilon_1}\right)D^2[N/m^2]$

5. 힘의 방향 : 유전율이 큰 쪽에서 작은 쪽으로 작용한다.
　　　　　　　　　　　　　　　　【정답】③

|참|고|

[경계조건]

전계	자계
1. $E_1 \sin\theta_1 = E_2 \sin\theta_2$ (접선)	1. $H_1 \sin\theta_1 = H_2 \sin\theta_2$
2. $D_1 \cos\theta_1 = D_2 \cos\theta_2$ (법선)	2. $B_1 \cos\theta_1 = B_2 \cos\theta_2$
3. $\dfrac{\tan\theta_1}{\tan\theta_2} = \dfrac{\epsilon_1}{\epsilon_2}$ (굴절의 법칙)	3. $\dfrac{\tan\theta_1}{\tan\theta_2} = \dfrac{\mu_1}{\mu_2}$

9. 2[cm]의 간격을 가진 선간 전압 6600[V]인 두 개의 평행 도선에 2000[A]의 전류가 흐를 때 도선 1[m] 마다 작용하는 힘은 몇 [N/m]인가?

① 20　　　② 30　　　③ 40　　　④ 50

|정|답|및|해|설|

[평행 도선간에 작용하는 힘] $F = \dfrac{\mu_0 I_1 I_2}{2\pi r}[N/m]$
　　　　　　　　　　　　　　　　→ $(\mu_0 = 4\pi \times 10^{-7})$

$F = \dfrac{\mu_0 I_1 I_2}{2\pi r} = \dfrac{2 \times 10^{-7} \times I^2}{r} = \dfrac{2 \times 10^{-7} \times 2000^2}{2 \times 10^{-2}} = 40[N/m]$

【정답】③

10. 액체 유전체를 넣은 콘덴서의 용량이 30[μF]이다. 여기에 500[V]의 전압을 가했을 때 누설전류는 약 얼마인가? (단, 고유저항 ρ는 10^{11}[$\Omega \cdot$ m], 비유전율 ϵ_s는 2.2이다.)

① 5.1[mA]　　　　② 7.7[mA]

③ 10.2[mA]　　　④ 15.4[mA]

|정|답|및|해|설|..

[누설전류] $I = \dfrac{V}{R} = \dfrac{CV}{\rho\epsilon} = \dfrac{CV}{\rho\epsilon_0\epsilon_s}$ $\rightarrow (RC = \rho\epsilon \rightarrow R = \dfrac{\rho\epsilon}{C}[\Omega])$

누설전류 $I = \dfrac{CV}{\rho\epsilon_0\epsilon_s}$

$= \dfrac{30 \times 10^{-6} \times 500}{10^{11} \times 8.855 \times 10^{-12} \times 2.2} = 7.7[mA]$

【정답】②

11. 동심구형 콘덴서의 내외 반지름을 각각 2배로 증가시켜서 처음의 정전용량과 같게 하려면 유전체의 비유전율은 처음의 유전체에 비하여 어떻게 하면 되는가?

① 1배로 한다.　　　② 2배로 한다.

③ $\dfrac{1}{2}$로 줄인다.　　④ $\dfrac{1}{4}$로 줄인다.

|정|답|및|해|설|..

[동심구 정전용량] $C = \dfrac{4\pi\epsilon}{\dfrac{1}{a} - \dfrac{1}{b}}[F]$

$a' = 2a, \quad b' = 2b$

$\therefore C' = \dfrac{4\pi\epsilon_0 a'b'}{b' - a'} = \dfrac{4\pi\epsilon_0 2a2b}{2(b-a)} = 2 \times \dfrac{4\pi\epsilon_0 ab}{b-a} = 2C[F]$

즉, 처음 정전용량의 2배가 되므로 유전체의 비유전율은 처음의 유전체에 비하여 1/2로 줄인다.　　【정답】③

|참|고|..

[각 도형의 정전용량]
1. 구 : $C = 4\pi\epsilon a[F]$

2. 평판 : $C = \dfrac{Q}{V_0} = \dfrac{\epsilon S}{d} = \dfrac{\epsilon_0\epsilon_s S}{d}$

3. 원주 : $C = \dfrac{2\pi\epsilon l}{\ln\dfrac{b}{a}}[F]$

4. 평행도선 : $C = \dfrac{\pi\epsilon l}{\ln\dfrac{d}{b}}[F]$

12. 전계 E[V/m] 및 자계 H[AT/m]의 에너지가 자유공간 사이를 C[m/s]의 속도로 전파될 때 단위 시간에 단위 면적을 지나는 에너지는 몇 [W/m^2]인가?

① $\dfrac{1}{2}EH$　　　② EH

③ EH^2　　　　④ $E^2 H$

|정|답|및|해|설|..

[포인팅벡터]
전계 E와 자계 H가 공존하는 경우이므로 단위 체적에 대하여 $\omega = \dfrac{1}{2}(\epsilon E^2 + \mu H^2)[J/m^3]$의 에너지 존재

지금 E, H의 전자계가 평면파를 이루고 c[m/s]의 속도로 전파된다면 진행 방향에 수직되는 단위 면적당 단위 시간에 통과하는 에너지는

$P = (\dfrac{1}{2}\epsilon E^2 + \mu H^2) \cdot C[W/m^2]$에서

$C = \dfrac{1}{\sqrt{\epsilon\mu}}, \quad E = \sqrt{\dfrac{\mu}{\epsilon}} \cdot H$이므로

$\therefore P = \dfrac{1}{\sqrt{\epsilon\mu}}\left\{\dfrac{1}{2}\epsilon E\left(\sqrt{\dfrac{\mu}{\epsilon}}H\right) + \dfrac{1}{2}\epsilon H\left(\sqrt{\dfrac{\epsilon}{\mu}}E\right)\right\} = EH[W/m^2]$

이 벡터를 포인팅 벡터라 하며, 방향은 진행 방향과 평행이다.
【정답】②

13. 코일로 감겨진 환상 자기회로에서 철심의 투자율을 μ[H/m]라 하고 자기회로의 길이를 ℓ[m]라 할 때, 그 자기회로의 일부에 미소 공극 ℓ_g[m]를 만들면 회로의 자기저항은 이전의 약 몇 배 정도 되는가?

① $1 + \dfrac{\mu l_g}{\mu_0 l}$　　　② $1 + \dfrac{\mu l}{\mu_0 l_g}$

③ $\dfrac{\mu l_g}{\mu_o l}$　　　　④ $\dfrac{\mu l}{\mu_o l_g}$

|정|답|및|해|설|..

[자기저항] $R = \dfrac{l}{\mu A}$

여기서, A : 철심의 단면적, l_g : 미소의 공극, l : 철심의 길이

R_m : 자기저항

$l - l_g \fallingdotseq l$

저항 $R_m = R_g + R_\mu = \dfrac{l_g}{\mu_0 A} + \dfrac{l}{\mu_0 A}$

$\therefore \dfrac{R_m}{R_\mu} = 1 + \dfrac{\mu l_g}{\mu_0 l} = 1 + \dfrac{l_g}{l}\mu_s$　　　　【정답】①

|참|고|

[환상자기회로에서 공극이 있을 때와 없을 때]

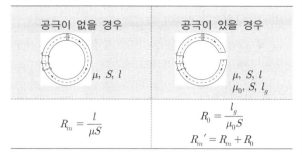

공극이 없을 경우	공극이 있을 경우
$\mu,\ S,\ l$	$\mu,\ S,\ l$ $\mu_0,\ S,\ l_g$
$R_m = \dfrac{l}{\mu S}$	$R_0 = \dfrac{l_g}{\mu_0 S}$ $R_m{}' = R_m + R_0$

14. C=5[μF]인 평행판 콘덴서는 5[V]인 전압을 걸어 줄 때 콘덴서에 축적되는 에너지는 몇 [J] 인가?

① 6.25×10^{-5} ② 6.25×10^{-3}

③ 1.25×10^{-5} ④ 1.25×10^{-3}

|정|답|및|해|설|

[콘덴서에 축적되는 에너지] $W = \dfrac{1}{2}CV^2 = \dfrac{Q^2}{2C} = \dfrac{1}{2}QV[J]$

$W = \dfrac{1}{2}CV^2[J] = \dfrac{1}{2} \times 5 \times 10^{-6} \times 25 = 6.25 \times 10^{-5}$

【정답】①

15. 변위전류에 대해 설명이 옳지 않은 것은?

① 전도전류이든 변위전류이든 모두 전자 이동이다.

② 유전율이 무한히 크면 전하의 변위를 일으킨다.

③ 변위전류는 유전체 내에 유전속 밀도의 시간적 변화에 비례한다.

④ 유전율이 무한대이면 내부 전계는 항상 0(zero)이다.

|정|답|및|해|설|

[변위전류]

·유전체(공기)에 접속 밀도의 시간적 변화에 의한 전류

$J_d = \dfrac{dD}{dt}[A/m^2]$

·전도전류와 변위전류는 자계를 발생한다.

·인가전압보다 위상이 90[°] 앞선다. 【정답】①

16. 히스테리시스 손실과 히스테리시스 곡선과의 관계는?

① 히스테리시스 곡선의 면적이 클수록 히스테리시스 손실이 적다.

② 히스테리시스 곡선의 면적이 작을수록 히스테리시스 손실이 적다

③ 히스테리시스 곡선의 잔류자기 값이 클수록 히스테리시스 손실이 적다.

④ 히스테리시스 곡선의 보자력이 값이 클수록 히스테리시스 손실이 적다.

|정|답|및|해|설|

[히스테리시스곡선]

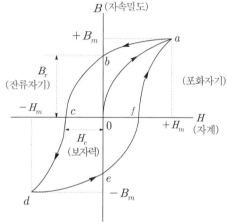

히스테리시스곡선(자기이력곡선)은 자화를 여러 번 반복했을 경우 처음 자화를 했을 때와 다른 곡선 상태를 갖는다. 여러 번 자화를 했던 자성체는 적은 에너지로 쉽게 자화가 이루어진다. 따라서 면적이 작아진다. 면적이 작을수록 히스테리시스 손실이 적다.

히스테리시스손 $P_h = f v \eta B_m^{1.6}[W]$ 【정답】②

17. 구(球)의 전하가 5×10^{-6}[C]에서 3[m] 떨어진 점에서 전위를 구하면 몇 [V]인가? (단, $\epsilon_s = 1$ 이다.)

① 10×10^3 ② 15×10^3

③ 20×10^3 ④ 25×10^3

|정|답|및|해|설|

[구의 전하] $V = \dfrac{Q}{4\pi\epsilon_0\epsilon_s r} = 9 \times 10^9 \dfrac{Q}{\epsilon_s r}[V]$

$V = 9 \times 10^9 \dfrac{Q}{\epsilon_s r} = 9 \times 10^9 \dfrac{5 \times 10^{-6}}{1 \times 3} = 15 \times 10^3[V]$

$\rightarrow (\epsilon_0 = 8.855 \times 10^{-12})$

【정답】②

18. 정전용량이 4[μF], 5[μF], 6[μF]이고 각각의 내압이 순서대로 500[V], 450[V], 350[V]인 콘덴서 3개를 직렬로 연결하고 전압을 서서히 증가시키면 콘덴서의 상태는 어떻게 되겠는가? (단, 유전체의 재질이나 두께는 같다.)

① 동시에 모두 파괴 된다.

② 4[μF]가 가장 먼저 파괴된다.

③ 5[μF]가 가장 먼저 파괴된다.

④ 6[μF]가 가장 먼저 파괴된다.

|정|답|및|해|설|
직렬 연결된 콘덴서 최초로 파괴되는 콘덴서]
전하량이 가장 적은 것이 가장 먼저 파괴된다.
(전하량=정전용량×내압, 전하량 $Q = CV[C]$)

· $Q_1 = C_1 \times V_1 = 4 \times 500 = 2,000[C]$
· $Q_2 = C_2 \times V_2 = 5 \times 450 = 2,250[C]$
· $Q_3 = C_3 \times V_3 = 6 \times 350 = 2,100[C]$

따라서, 전하량이 $Q_1 < Q_3 < Q_2$이므로
전하용량이 가장 적은 4[μF]/500[V]의 콘덴서가 가장 먼저 파괴된다. **【정답】②**

19. 그림과 같이 AB = BC = 1[m]일 때 A와 B에 동일한 +1[μC]이 있는 경우 C점의 전위는 몇 [V] 인가?

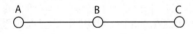

① 6.25×10^3 ② 8.75×10^3

③ 12.5×10^3 ④ 13.5×10^3

|정|답|및|해|설|

[전위] $V = \dfrac{1}{4\pi\epsilon_0}\left(\dfrac{Q_1}{r_2} + \dfrac{Q_2}{r_2} + \cdots\cdots + \dfrac{Q_n}{r_2}\right)$

$\therefore V = \dfrac{1}{4\pi\epsilon_0}\left(\dfrac{1 \times 10^{-6}}{1} + \dfrac{1 \times 10^{-6}}{2}\right)$

$= 9 \times 10^9 \times \dfrac{3}{2} \times 10^{-6} = 13.5 \times 10^3[V]$ **【정답】④**

20. 강유전체에 대한 설명 중 옳지 않은 것은?

① 티탄산바륨과 인산칼륨은 강유전체에 속한다.

② 강유전체의 결정에 힘을 가하던 분극을 생기게 하여 전압이 나타난다.

③ 강유전체에 생기는 선압의 변화와 고유진동수의 관계를 이용하여 발전기, 마이크로폰 등에 이용되고 있다.

④ 강유전체에 전압을 가하면 변형이 생기고 내부에만 정·부의 전하가 생긴다.

|정|답|및|해|설|
[강유전체] 강유전체에 전압을 가하면 변형이 생기고 강유전체의 양면에 양·음의 전하가 생긴다. **【정답】④**

1회 2014년 전기산업기사필기 (전력공학)

21. 공기 예열기를 설치하는 효과로 볼 수 없는 것은?

① 화로의 온도가 높아져 보일러의 증발량이 증가한다.

② 매연의 발생이 적어진다.

③ 보일러 효율이 높아진다.

④ 연소율이 감소한다.

|정|답|및|해|설|
[공기 예열기] 연도에서 배출되는 연소가스가 갖는 열량을 회수하여 연소용 공기의 온도를 높인다. **【정답】④**

22. 그림과 같은 배전선로에서 부하의 급전 시와 차단 시에 조작 방법 중 옳은 것은?

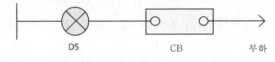

DS CB 부하

① 급전 시는 DS, CB 순이고, 차단 시는 CB, DS 순이다.

② 급전 시는 CB, DS 순이고, 차단 시는 DS, CB 순이다.

③ 급전 및 차단 시 모두 DS, CB 순이다.

④ 급전 및 차단 시 모두 CB, DS 순이다.

|정|답|및|해|설|
[배전선 조작방법] 부하전류가 흐르는 상태에서는 단로기를 열거나 닫을 수가 없으므로 차단기가 열려 있을 때만 단로기는 개폐할 수 있다. 따라서 급전시는 DS, CB순이고 정전시는 CB, DS순이다. **【정답】①**

23. 장거리 송전선에서 단위 길이당 임피던스 $Z = R + j\omega L$ [Ω/km], 어드미턴스 $Y = G + j\omega C$ [℧/km]라 할 때 저항과 누설 컨덕턴스를 무시하는 경우 특성 임피던스의 값은?

① $\sqrt{\dfrac{L}{C}}$

② $\sqrt{\dfrac{C}{L}}$

③ $\dfrac{L}{C}$

④ $\dfrac{C}{L}$

|정|답|및|해|설|
[특성임피던스] 특성임피던스에서 저항(R)과 누설컨덕턴스(G)를 무시하면 $Z_0 = \sqrt{\dfrac{Z}{Y}} = \sqrt{\dfrac{R + jwL}{G + jwC}} = \sqrt{\dfrac{0 + jwL}{0 + jwC}} = \sqrt{\dfrac{L}{C}}$
【정답】①

24. 영상변류기를 사용하는 계전기는?

① 과전류계전기   ② 지락계전기

③ 차동계전기   ④ 과전압계전기

|정|답|및|해|설|
[지락계전기] 영상 변류기(ZCT)는 영상전류를 검출한다. 따라서 지락과전류 계전기(OCGR)에는 영상전류를 검출하도록 되어있고, 지락사고를 방지한다. 【정답】②

25. 62000[KW]의 전력을 60[Km] 떨어진 지점에 송전하려면 전압은 약 몇 [kV]로 하면 좋은가? (단, still식을 사용한다.)

① 66   ② 110

③ 140   ④ 154

|정|답|및|해|설|
[경제적인 송전전압(V_s) (스틸(still) 식)]
$V_s = 5.5\sqrt{0.6 \times 송전거리[km] + \dfrac{송전전력[kw]}{100}}$ [kW]
$V_s = 5.5\sqrt{0.6 \times l + \dfrac{P}{100}} = 5.5\sqrt{0.6 \times 60 + 0.01 \times 62000} = 140.87[kV]$
【정답】③

26. 계통 내의 각 기기, 기구 및 애자 등의 상호간에 적정한 절연강도를 지니게 함으로서 계통 설계를 합리적으로 하는 것은?

① 기준충격절연강도
② 절연협조
③ 절연계급 선정
④ 보호계전방식

|정|답|및|해|설|
[절연 협조]
·절연협조의 기본은 피뢰기의 제한전압이다.
·각 기기의 절연 강도를 그 이상으로 유지함과 동시에 기기 상호간의 관계는 가장 경제적이고 합리적으로 결정한다.
【정답】②

27. 옥내배선의 전압강하는 될 수 있는 대로 적게 해야 하지만 경제성을 고려하여 보통 다음 값이하로 하고 있다. 옳은 것은?

① 인입선 1[%], 간선 1[%], 분기회로 2[%]
② 인입선 2[%], 간선 2[%], 분기회로 1[%]
③ 인입선 1[%], 간선 2[%], 분기회로 3[%]
④ 인입선 2[%], 간선 1[%], 분기회로 1[%]

|정|답|및|해|설|
[내선규정 1415-1 전압강하]
전압강하는 간선 및 분기회로에서 각각 표준전압의 2[%] 이하로 하는 것을 원칙으로 하며, 인입선 접속점에서 인입구까지의 부분도 간선에 포함하여 계산한다.
즉, 인입선+간선 2[%], 분기회로 2[%] 【정답】①

28. 페란티 현상이 생기는 주된 원인으로 알맞은 것은?

① 선로의 인덕턴스
② 선로의 정전용량
③ 선로의 누설컨덕턴스
④ 선로의 저항

|정|답|및|해|설|
[페란티 현상] 선로의 정전용량으로 인하여 무부하시나 경부하시 진상전류가 흘러 수전단전압이 송전단전압보다 높아지는 현상을 말한다. 페란티 현상의 방지책으로는 지상 무효전력(분로리액터)을 공급하여야 한다. 【정답】②

29. 100[kVA] 단상변압기 3대로 3상 전력을 공급하던 중 변압기 1대가 고장 났을 때 공급 가능 전력은 몇 [kVA] 인가?

① 200

② 100

③ 173

④ 150

|정|답|및|해|설|
[단상변압기 공급 가능 전력] $P_v = \sqrt{3}\,P_1[kVA]$
100[kVA] 단상 변압기 2대로 V 운전시의 출력
$\therefore P_v = \sqrt{3}\,P_1 = \sqrt{3} \times 100 = 173[kVA]$

【정답】③

30. 중성점 접지방식 중 1선 지락고장일 때 선로의 전압상승이 최대이고, 통신장해가 최소인 것은?

① 비접지방식

② 직접접지방식

③ 저항접지방식

④ 소호리액터접지방식

|정|답|및|해|설|
[중성점 접지방식의 비교]

	비접지	직접접지	고저항접지	소호리액터접지
전위상승	$\sqrt{3}$	1.3	$\sqrt{3}$	$\sqrt{3}$ 이상
지락전류	소	최대	100~150[A]	최소
보호계전기 동작	적용곤란	확실	소세력지락계전기	불확실
유도장해	적음	최대	적음	최소
과정안정도	큼	최소	중정도	최대
주요 특징	저전압 단거리에 적용	중성점 영전위 단절연 가능		병렬공진 고장전류 최소

※·정전유도장해 : 영상전압(V_0)에 의해 발생
·전자유도장해 : 영상전류(I_0)에 의해 발생

【정답】④

31. 부하역률이 $\cos\phi$인 배전선로의 저항 손실은 같은 크기의 부하전력에서 역률 1일 때의 저항손실과 비교하면 몇 배인가?

① $\cos^2\phi$

② $\cos\phi$

③ $\dfrac{1}{\cos\phi}$

④ $\dfrac{1}{\cos^2\phi}$

|정|답|및|해|설|
[전력손실] $P_l = 3I^2R = \dfrac{P^2R}{V^2\cos^2\theta} \times 10^6\,[W]$
→ (단상부하의 전력 $P = VI\cos\varnothing\,[W]$)
$= \dfrac{P^2R}{V^2\cos^2\theta} \times 10^3\,[kW]$

P_l과 $\dfrac{1}{\cos^2\varnothing}$ 이 비례하므로 $\dfrac{1}{\cos^2\varnothing}$ 배로 손실 감소

【정답】④

32. 전력용 퓨즈에 대한 설명 중 틀린 것은?

① 정전용량이 크다.

② 차단용량이 크다.

③ 보수가 간단하다.

④ 가격이 저렴하다.

|정|답|및|해|설|
[전력용 퓨즈의 장점]
·소형, 경량으로 가격이 저렴하다.
·한류 특성을 가진다.
·고속도 차단할 수 있다.
·소형으로 큰 차단 용량을 가진다.
·유지 보수가 간단하다.
·정전용량이 **작다**.
·릴레이나 변성기가 필요하다.
[전력용 퓨즈의 단점]
·결상의 우려가 있다.
·재투입할 수 없다.
·차단시 과전압 발생
·과도전류에 용단되기 쉽다.

※전력퓨즈는 단락보호로 사용되나 부하전류의 개폐용으로 사용되지 않는다.

【정답】①

33. 변압기의 보호방식에서 차동계전기는 무엇에 의하여 동작하는가?

① 정상전류와 역상전류의 차로 동작한다.

② 정상전류와 영상전류의 차로 동작한다.

③ 전압과 전류의 배수의 차로 동작한다.

④ 1, 2차 전류의 차로 동작한다.

|정|답|및|해|설|
[차동계전기] 차동계전기는 피보호 구간에 유입하는 전류와 유출하는 전류의 벡터차를 검출해서 동작하는 계전기이다.

【정답】④

34. 선간전압 3300[V], 피상전력 330[kVA], 역률 0.7인 3상부하가 있다. 부하의 역률을 0.85로 개선하는데 필요한 전력용 콘덴서의 용량은 약 몇 [kVA]인가?

① 62   ② 72

③ 82   ④ 92

|정|답|및|해|설|

[역률 개선용 콘덴서 용량]

$$Q_c = P(\tan\theta_1 - \tan\theta_2) = P\left(\frac{\sin\theta_1}{\cos\theta_1} - \frac{\sin\theta_2}{\cos\theta_2}\right)$$

$$= P\left(\frac{\sqrt{1-\cos^2\theta_1}}{\cos\theta_1} - \frac{\sqrt{1-\cos^2\theta_2}}{\cos\theta_2}\right)$$

여기서, $\cos\theta_1$: 개선 전 역률, $\cos\theta_2$: 개선 후 역률

$$Q = P\left(\frac{\sqrt{1-\cos^2\theta_1}}{\cos\theta_1} - \frac{\sqrt{1-\cos^2\theta_2}}{\cos\theta_2}\right)$$

$$= 330 \times 0.7\left(\frac{\sqrt{1-0.7^2}}{0.7} - \frac{\sqrt{1-0.85^2}}{0.85}\right) = 92[\text{kVA}]$$

【정답】④

35. 철탑에서 전선의 오프셋을 주는 이유로 옳은 것은?

① 불평형 전압의 유도방지

② 상하 전선의 접촉방지

③ 전선의 진동방지

④ 지락사고 방지

|정|답|및|해|설|

[오프셋] 상하 전선의 단락을 방지하기 위하여 철탑 지지물의 위치를 수직에서 벗어나게 하는 것이다. 【정답】②

36. 3상 송배전 선로의 공칭전압이란?

① 그 전선로를 대표하는 최고전압

② 그 전선로를 대표하는 평균전압

③ 그 전선로를 대표하는 선간전압

④ 그 전선로를 대표하는 상전압

|정|답|및|해|설|

[공칭전압] 공식적으로 부르는 전압, 즉 계통을 부르는 호칭을 말하며 <u>선간전압</u>이 된다. 따라서 110[V], 220[V], 380[V] 22.9[kV], 154[kV], 345[kV]로 부른다. 【정답】③

37. 345[kV] 송전계통의 절연협조에서 충격절연내력의 크기순으로 적합한 것은?

① 선로애자 〉 차단기 〉 변압기 〉 피뢰기

② 선로애자 〉 변압기 〉 차단기 〉 피뢰기

③ 변압기 〉 차단기 〉 선로애자 〉 피뢰기

④ 변압기 〉 선로애자 〉 차단기 〉 피뢰기

|정|답|및|해|설|

[절연레벨(BIL)] 피뢰기의 제한전압을 기준으로 피뢰기, 변압기, 차단기, 선로애자 순으로 높아진다. 【정답】①

38. 무손실 송전선로에서 송전할 수 있는 송전용량은? (단, E_s: 송전단 전압, E_R:수전단 전압, δ: 부하각, X: 송전선로의 리액턴스, R: 송전선로의 저항, Y: 송전선로의 어드미턴스 이다.)

① $\dfrac{E_S E_R}{X}\sin\delta$ ② $\dfrac{E_S E_R}{R}\sin\delta$

③ $\dfrac{E_S E_R}{Y}\cos\delta$ ④ $\dfrac{E_S E_R}{X}\cos\delta$

|정|답|및|해|설|

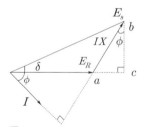

$$\overline{bc} = XI\cos\phi = E_s\sin\delta$$

$$I\cos\phi = \frac{E_s}{X}\sin\delta, \quad P = E_R I\cos\phi \quad \therefore P = \frac{E_S E_R}{X}\sin\delta$$

【정답】①

39. 부하측에 밸런스를 필요로 하는 배전 방식은?

① 3상 3선식   ② 3상 4선식

③ 단상 2선식   ④ 단상 3선식

|정|답|및|해|설|

[밸런스를 필요로 하는 배전 방식] 저압 밸런스는 단상 3선식에서 부하가 불평형이 생기면 양 외선간의 전압이 불평형이 되므로 이를 방지하기 위해 설치한다. 【정답】④

40. 4상 66[kV]의 1회선 송전선로의 1선의 리액턴스가 11[Ω], 정격전류가 600[A]일 때 %리액턴스는?

① $\dfrac{10}{\sqrt{3}}$ ② $\dfrac{100}{\sqrt{3}}$

③ $10\sqrt{3}$ ④ $100\sqrt{3}$

|정|답|및|해|설|

[%리액턴스] $\%X = \dfrac{IX}{E_p} \times 100$ → $\left(E_p = \dfrac{E_l}{\sqrt{3}}\right)$

→ (문제에서 아무런 언급이 없으면 선간전압)

$\%X = \dfrac{IX}{E_p} \times 100 = \dfrac{IX}{\dfrac{E_l}{\sqrt{3}}} \times 100 = \dfrac{600 \times 11}{\dfrac{66000}{\sqrt{3}}} \times 100 = 10\sqrt{3}$

【정답】③

1회 **2014년 전기산업기사필기 (전기기기)**

41. 브러시 흘더(brush holder)는 브러시를 정류자면의 적당한 위치에서 스프링에 의하여 항상 일정한 압력으로 정류자면에 접촉하여야 한다. 가장 적당한 압력[kg/cm^2]은?

① 0.01~0.15   ② 0.5~1

③ 0.15~0.25   ④ 1~2

|정|답|및|해|설|

[브러시 흘더] 브러시의 압력은 재질에 따라서 0.1~0.2[kg/cm^2]로 조정한다. 　　　　　　　　　　　　　　　　【정답】③

---

42. 3상 동기기의 제동권선을 사용하는 주 목적은?

① 출력이 증가한다.   ② 효율이 증가한다.

③ 역률을 개선한다.   ④ 난조를 방지한다.

|정|답|및|해|설|

[제동권선의 역할]
·난조 방지
·기동토크 발생
·불평형 부하시의 전류, 전압 파형 개선
·송전선의 불평형 단락시의 이상 전압 방지

【정답】④

---

43. 제13차 고조파에 의한 회전자계의 회전방향과 속도를 기본파 회전자계와 비교할 때 옳은 것은?

① 기본파와 반대방향이고, 1/13의 속도

② 기본파와 동일방향이고, 1/13의 속노

③ 기본파와 동일방향이고 13배의 속도

④ 기본파와 반대방향이고, 13배의 속도

|정|답|및|해|설|

[고조파 차수]
·$3n+1$차수(7차, 13차,...등)는 기본파와 같은 방향의 회전 자계로 $\dfrac{1}{v}$(v : 고조파 차수)의 속도로 회전하는 차동기 운전의 현상을 발생하고

·$3n-1$차수(5, 11차, ...등)는 기본파와 반대 방향의 $\dfrac{1}{v}$의 속도로 회전하는 비동기 토크가 된다. 　　　　　【정답】②

---

44. 동기발전기의 병렬운전에서 기전력의 위상이 다른 경우, 동기화력(P_s)을 나타내는 식은? (단, P: 수수전력, δ: 상차각 이다.)

① $P_s = \dfrac{dP}{d\delta}$ ② $P_s = \int P d\delta$

③ $P_s = P \times \cos\delta$ ④ $P_s = \dfrac{P}{\cos\delta}$

|정|답|및|해|설|

[동기화력] 동기화력(P_s)이란 부하각(δ)의 미소 변동에 대한 출력의 변화율이다.

$P_s = \dfrac{dP}{d\delta} = \dfrac{d}{d\delta} \cdot \dfrac{E^2}{2Z_s}\sin\delta = \dfrac{E^2}{2Z_s}\cos\delta [W/rad]$

→ (수수전력 $P = \dfrac{E_0^2}{2Z_s}\sin\delta_s$)

동기화력 P_s는 $\cos\delta$에 비례한다. 　　　　　【정답】①

---

45. 변압기의 임피던스 와트와 임피던스 전압을 구하는 시험은?

① 충격전압시험   ② 부하시험

③ 무부하시험   ④ 단락시험

|정|답|및|해|설|

[변압기 등가회로 작성 시 필요한 시험]
·권선의 저항측정 시험
· 무부하(개방) 시험 : 철손, 여자전류
·단락시험 : 동손, 임피던스(전압, 와트, 동손), 단락전류

【정답】④

46. 220[V], 6극, 60[Hz], 10[kW]인 3상 유도전동기의 회전자 1상의 저항은 0.1$[\Omega]$, 리액턴스는 0.5$[\Omega]$이다. 정격전압을 가했을 때 슬립이 4[%]일 때 회전자전류는 몇 [A]인가? (단, 고정자와 회전자는 △ 결선으로서 권수는 각각 300회와 150회이며, 각 권선계수는 같다.)

① 27   ② 36   ③ 43   ④ 52

|정|답|및|해|설|

[회전자 전류] $I_2 = \dfrac{sE_2}{\sqrt{r_2^2 + (sx_2)^2}}$

1. 권수비 $a = \dfrac{E_1}{E_2} = \dfrac{N_1}{N_2} = \dfrac{300}{150} = 2$

2. 2차 유기전압 $E_2 = \dfrac{E_1}{a} = \dfrac{220}{2} = 110[V]$

∴회전자 전류 $I_2 = \dfrac{sE_2}{\sqrt{r_2^2 + (sx_2)^2}}$

$\qquad = \dfrac{0.04 \times 110}{\sqrt{0.1^2 + (0.04 \times 0.5)^2}} = 43[A]$

【정답】③

47. 계자저항 100$[\Omega]$, 계자전류 2[A], 전기자저항이 0.2$[\Omega]$이고, 무부하 정격속도로 회전하고 있는 직류 분권발전기가 있다. 이때의 유기기전력[V]은?

① 196.2   ② 200.4
③ 220.5   ④ 320.2

|정|답|및|해|설|

[유기기전력] $E = V + I_f R_a [V]$

·전기자전류 $I_a = I + I_f = \dfrac{P}{V} + \dfrac{V}{R_f}$

$\qquad \rightarrow$ (무부하시 $I = 0$이므로 $\dfrac{P}{V} = 0$, $I_a = I_f$, $V = I_f \cdot R_f$)

·$I_a = I_f = 2$
·$V = R_f \times I_f = 100 \times 2 = 200$
∴유기기전력 $E = V + I_f R_a = 200 + 2 \times 0.2 = 200.4[V]$

【정답】②

48. 6극, 220[V]의 3상 유도전동기가 있다. 정격전압을 인가해서 기동시킬 때 기동토크는 전부하토크의 220[%]이다. 기동토크를 전부하토크의 1.5배로 하려면 기동전압[V]을 얼마로 하면 되는가?

① 163   ② 182   ③ 200   ④ 220

|정|답|및|해|설|

[3상 유도전동기의 토크와 전압과의 관계] $T_s \propto V_1^2$

$T_s \propto V_1^2 \rightarrow 2.20T : 1.5T = 220^2 : V^2$

$V = \sqrt{\dfrac{1.5}{2.20}} \times 220 = 182[V]$　　　【정답】②

49. 교류 전동기에서 브러시의 이동으로 속도변화가 가능한 것은?

① 농형 전동기   ② 2중 농형 전동기
③ 동기 전동기   ④ 시라게 전동기

|정|답|및|해|설|

[브러시 이동시의 속도변화] 사라게 전동기는 브러시의 이동으로 원활하게 속도 제어가 되고 적당한 편각을 주면 역률이 좋아진다.

【정답】④

50. 3상 유도전동기의 속도제어법이 아닌 것은?

① 1차 주파수제어   ② 2차 저항제어
③ 극수변환법   ④ 1차 여자제어

|정|답|및|해|설|

[3상 유도전동기의 속도제어법]
1. 농형 유도전동기
 ① 주파수 변환법 : 역률이 양호하며 연속적인 속조에어가 되지만, 전용 전원이 필요, 인견·방직 공장의 포트모터, 선박의 전기추진기 등에 이용
 ② 극수 변환법
 ③ 전압 제어법 : 전원 전압의 크기를 조절하여 속도제어

2. 권선형 유도전동기
 ① 2차저항법 : 토크의 비례추이를 이용한 것으로 2차 회로에 저항을 삽입 토크에 대한 슬립 s를 바꾸어 속도 제어
 ② 2차여자법 : 회전자 기전력과 같은 주파수 전압을 인가하여 속도제어, 고효율로 광범위한 속도제어
 ③ 종속접속법
　·직렬종속법 : $N = \dfrac{120}{P_1 + P_2} f$

　·차동종속법 : $N = \dfrac{120}{P_1 - P_2} f$

　·병렬종속법 : $N = 2 \times \dfrac{120}{P_1 + P_2} f$

【정답】④

51. 직류기에서 공극을 사이에 두고 전기자와 함께 자기회로를 형성하는 것은?

① 계자 ② 슬롯

③ 정류자 ④ 브러시

|정|답|및|해|설|
[직류기(계자)] 계자는 직류기에서 공극을 사이에 두고 전기자와 함께 자기회로를 형성하는 것이다. 【정답】①

52. 60[Hz], 12극의 동기전동기 회전자계의 주변속도[m/s]는 약 얼마인가? (단, 회전자계의 극 간격은 1[m]이다.)

① 10 ② 31.4

③ 120 ④ 377

|정|답|및|해|설|
[동기전동기의 속도] $\therefore v = \pi D \cdot \dfrac{N_s}{60}$ [m/s]

$\rightarrow (\pi D :$ 회전자의 둘레 (= 극수 × 극간격))

·동기속도 $N_s = \dfrac{120f}{p} = \dfrac{120 \times 60}{12} = 600[rpm]$

$\therefore v = \pi D \cdot \dfrac{N_s}{60} = 12 \times 1 \times \dfrac{600}{60} = 120[m/s]$ 【정답】③

53. 4극 60[Hz], 3상 권선형 유도전동기에서 전부하 회전수는 1600[rpm]이다. 동일토크를 1200[rpm]으로 하려면 2차 회로에 몇 [Ω]의 외부저항을 삽입하면 되는가? (단, 2차 회로는 Y결선이고, 각상의 저항은 r_2이다.)

① r_2 ② $2r_2$

③ $3r_2$ ④ $4r_2$

|정|답|및|해|설|
[외부 저항] $\dfrac{r_2}{s_1} = \dfrac{r_2 + R_s}{s_2}$

$f = 60[Hz]$, 극수$(p) = 4$, $N_1 = 1600[rpm]$, $N_2 = 1200[rpm]$

·$N_s = \dfrac{120f}{p} = \dfrac{120 \times 60}{4} = 1800[rpm]$

·$s_1 = \dfrac{N_s - N_1}{N_s} = \dfrac{1800 - 1600}{1800} = 0.11$

·$s_2 = \dfrac{N_s - N_2}{N_s} = \dfrac{1800 - 1200}{1800} = 0.33$

그러므로 외부저항 R_s는 비례추이에 의해서

$\dfrac{r_2}{s_1} = \dfrac{r_2 + R_s}{s_2} \rightarrow \dfrac{r_2}{0.11} = \dfrac{r_2 + R_s}{0.33}$

$R_s = \dfrac{(0.33 - 0.11)r_2}{0.11} = 2r_2$ 【정답】②

54. 3상 유도전동기의 원선도 작성시 필요치 않은 시험은?

① 저항 측정 ② 무부하 시험

③ 구속 시험 ④ 슬립 측정

|정|답|및|해|설|
[원선도 작성시 필요한 시험]
1. 권선의 저항측정시험
2. 무부하개방시험
3. 구속시험
※슬립은 원선도가 그려지면 원선도 상에서 구할 수 있다.
【정답】④

55. 3상 직권 정류자 전동기에 있어서 중간 변압기를 사용하는 주된 목적은?

① 역회전의 방지를 위하여

② 역회전을 하기 위하여

③ 권수비를 바꾸어서 전동기의 특성을 조정하기 위하여

④ 분권 특성을 얻기 위하여

|정|답|및|해|설|
[중간 변압기를 사용하는 주요한 이유]
·회전자상수의 증가
·정류자전압의 조정
·경부하 시 속도 이상 상승 방지
·실효 권수비의 조정 【정답】③

56. 동기 발전기의 안정도를 증진시키기 위하여 설계상 고려할 점으로서 틀린 것은?

① 속응여자방식을 채용 한다.

② 단락비를 작게 한다.

③ 회전부의 관성을 크게 한다.

④ 영상 및 역상 임피던스를 크게 한다.

|정|답|및|해|설|

[동기기의 안정도 증진 방법] 동기기의 안정도 증진 방법으로 리액턴스를 작게, 속응여자방식 채택, 단락비 크게, 플라이휠 효과 크게

1. 정류기 주기를 크게하면 전류의 변화율($\frac{di}{dt}$)이 작아져서 불꽃발생

2. L이 작아져도 역기전력이 작아진다.

3. 리액턴스 전압($e_r = -L\frac{di}{dt}$)이 정류를 해치는 원인이 된다.

4. 브러시의 접촉 저항이 크면 양호한 정류가 이루어진다.

【정답】②

57. 단상 반파 정류회로에서 변압기 2차 전압의 실효값을 E[V]라 할 때 직류 전류 평균값 [A]은? (단, 정류기의 전압강하는 e[V], 부하저항은 R[Ω]이다.)

① $(\frac{\sqrt{2}}{\pi}E - e)/R$

② $\frac{1}{2} \cdot \frac{E-e}{R}$

③ $\frac{2\sqrt{2}}{\pi} \cdot \frac{E}{R}$

④ $\frac{\sqrt{2}}{\pi} \cdot \frac{E-e}{R}$

|정|답|및|해|설|

[단상 반파 정류회로에서 전류평균값]

· $E_d = \frac{\sqrt{2}}{\pi}(E-e)$

· $I_d = \frac{E_d}{R}$

∴ $I_d = \frac{\sqrt{2}}{\pi} \cdot \frac{E-e}{R}$

【정답】①

58. 단상 직권정류자전동기의 설명으로 틀린 것은?

① 계자권선의 리액턴스 강하 때문에 계자권선수를 적게 한다.

② 토크를 증가하기 위해 전기자권선수를 많게 한다.

③ 전기자 반작용을 감소하기 위해 보상권선을 설치한다.

④ 변압기 기전력을 크게 하기 위해 브러시 접촉저항을 적게 한다.

|정|답|및|해|설|

[단상 직권정류자전동기] 단상 직권정류자 전동기는 브러시에 의한 전류가 크므로 이것을 개선하기 위하여 브러시 접촉 저항이 큰 것을 사용하여 저항정류를 하여야 한다. 【정답】④

59. 그림과 같은 동기발전기의 무부하 포화곡선에서 포화계수는?

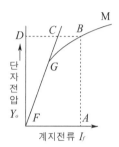

① $\overline{OA}/\overline{OG}$

② $\overline{OD}/\overline{DB}$

③ $\overline{BC}/\overline{CD}$

④ $\overline{CD}/\overline{CO}$

|정|답|및|해|설|

[무부하 포화곡선에서 포화계수] 포화계수 $= \frac{BC}{CD}$

【정답】③

60. 단상 단권변압기 2대를 V결선으로 해서 3상 전압 3000[V]를 3300[V]로 승압하고, 150[kVA]를 송전하려고 한다. 이 경우 단상 단권변압기 1대분의 자기용량[kVA]은 약 얼마인가?

① 15.74

② 13.62

③ 7.87

④ 4.54

|정|답|및|해|설|

[단상 단권변압기 자기용량] 자기용량 $= \frac{2}{\sqrt{3}} \times \frac{V_h - V_l}{V_h} \times$ 부하용량

→ ($\frac{자기용량}{부하용량} = \frac{2}{\sqrt{3}} \times \frac{V_h - V_l}{V_h}$)

자기용량$= = \frac{2}{\sqrt{3}} \times \frac{3300 - 3000}{3300} \times 150 = 15.75[kVA]$

→ (위의 값은 단권변압기 두 대의 용량)

∴한 대의 용량은 $\frac{15.75}{2} = 7.87[kVA]$ 【정답】③

61. $F(s) = \dfrac{2s+3}{s^2+3s+2}$ 인 라플라스 함수를 시간함수로 고치면 어떻게 되는가?

① $e^{-t} - 2e^{-2t}$

② $e^{-t} + te^{-2t}$

③ $e^{-t} + e^{-2t}$

④ $2t + e^{-t}$

|정|답|및|해|설|

[라플라스역변환] 부분함수 → 지수함수

$F(s) = \dfrac{2s+3}{s^2+3s+2} = \dfrac{2s+3}{(s+1)(s+2)} = \dfrac{1}{s+1} + \dfrac{1}{s+2}$

$\therefore \mathcal{L}\left|\dfrac{1}{s+1} + \dfrac{1}{s+2}\right| = e^{-t} + e^{-2t}$　　　【정답】③

62. 대칭 3상 교류에서 각 상의 전압이 $v_a[V]$, $v_b[V]$, $v_c[V]$일 때 3상 전압의 합은?

① $0[V]$

② $0.3v_a[V]$

③ $0.5v_a[V]$

④ $3v_a[V]$

|정|답|및|해|설|

[3상 전압의 합] 대칭이면 $V_a + V_b + V_c = 0$ 평형상태를 말한다.

　　　【정답】①

63. $v_1 = 20\sqrt{2}\sin wt[V]$, $v_2 = 50\sqrt{2}\cos\left(wt - \dfrac{\pi}{6}\right)[V]$

일 때, $v_1 + v_2$의 실효값[V]은?

① $\sqrt{1400}$

② $\sqrt{2400}$

③ $\sqrt{2900}$

④ $\sqrt{3900}$

|정|답|및|해|설|

[실효값]

$\cdot v_2 = 50\sqrt{2}\cos\left(wt - \dfrac{\pi}{6}\right) = 50\sqrt{2}\sin\left(wt - \dfrac{\pi}{6} + \dfrac{\pi}{2}\right)$

$= 50\sqrt{2}\sin\left(wt + \dfrac{\pi}{3}\right)$

$\cdot v_1 = 20\angle 0°$, $v_2 = 50\angle 60°$

$\therefore v_1 + v_2 = 20 + 50(\cos 60° + j\sin 60°)$

$= 45 + j25\sqrt{3} = \sqrt{45^2 + (25\sqrt{3})^2} = \sqrt{3900}$

　　　【정답】④

64. 어떤 회로의 단자전압 및 전류의 순시값이 $v = 220\sqrt{2}\sin\left(377t + \dfrac{\pi}{4}\right)[V]$, $i = 5\sqrt{2}\sin\left(377t + \dfrac{\pi}{3}\right)[A]$일 때, 복소 임피던스는 약 몇 $[\Omega]$인가?

① $42.5 - j11.4$

② $42.5 - j9$

③ $50 + j11.4$

④ $50 - j11.4$

|정|답|및|해|설|

[복소 임피던스] $Z = \dfrac{V_m}{I_m} = \dfrac{V}{I}[\Omega]$

$Z = \dfrac{V}{I} = \dfrac{220\angle\dfrac{\pi}{4}}{5\angle\dfrac{\pi}{3}} = 44\angle -15°$

$= 44(\cos 15° - j\sin 15°) = 42.5 - j11.4[\Omega]$

　　　【정답】①

65. 단자전압의 각 대칭분 $\dot{V}_0$, $\dot{V}_1$, $\dot{V}_2$가 0이 아니면서 서로 같게 되는 고장의 종류는?

① 1선지락

② 선간단락

③ 2선지락

④ 3상단락

|정|답|및|해|설|

[고장의 종류]

1. 1선지락고장 : V_0, V_1, V_2 존재

2. 선간단락고장 : $V_0 = 0$, V_1, V_2 존재

3. 2선지락 : $V_0 = V_1 = V_2 \neq 0$　　　【정답】③

|참|고|

[고장 종류에 따른 대칭분의 종류]

고장의 종류	대칭분
1선지락	I_0, I_1, I_2 존재
선간단락	$I_0 = 0$, I_1, I_2 존재
2선지락	$I_0 = I_1 = I_2 \neq 0$
3상단락	정상분(I_1)만 존재
비접지 회로	영상분(I_0)이 없다.
a상 기준	영상(I_0)과 역상(I_2)이 없고 정상(I_1)만 존재한다.

66. 전원과 부하가 다같이 △ 결선된 3상 평형회로에서 전원전압이 200[V], 부하 한 상의 임피던스가 $6+j8[\Omega]$인 경우 선전류는 몇 [A]인가?

① 20

② $\dfrac{20}{\sqrt{3}}$

③ $20\sqrt{3}$

④ $40\sqrt{3}$

|정|답|및|해|설|

[△결선 선전류] $I_l = \sqrt{3}\, I_p$

상전류 $I_p = \dfrac{V}{Z} = \dfrac{200}{\sqrt{6^2+8^2}} = 20[A]$

$\therefore I_l = \sqrt{3}\, I_p = 20\sqrt{3}\,[A]$　　　　【정답】③

67. 그림과 같은 T형 회로의 영상 전달정수 $[\theta]$는?

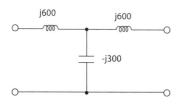

① 0

② 1

③ -3

④ -1

|정|답|및|해|설|

[영상 전달정수] $\theta = \log_e(\sqrt{AD} + \sqrt{BC})$

· $A = 1 + \dfrac{j600}{-j300} = -1$　· $B = j600 + j600 + \dfrac{j600 \times j600}{-j300} = 0$

· $C = \dfrac{1}{-j300}$　　　· $D = -1$

$\therefore \theta = \ln(1) = 0$　　　　【정답】①

68. 어떤 회로에 $e = 50\sin wt\,[V]$를 인가했을 때 $i = 4\sin(wt-30°)[A]$가 흘렀다면 유효전력은 몇 [W]인가?

① 173.2

② 122.5

③ 86.6

④ 61.2

|정|답|및|해|설|

[유효전력] $P = VI\cos\theta\,[W]$

$P = VI\cos\theta = \dfrac{50}{\sqrt{2}} \cdot \dfrac{4}{\sqrt{2}} \cdot \cos 30° = \dfrac{200}{2} \times \dfrac{\sqrt{3}}{2} = 86.6\,[W]$

【정답】③

69. 전기회로의 입력을 e_i, 출력을 e_o라고 할 때 전달함수는? (단, $T = \dfrac{L}{R}$이다.)

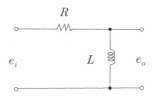

① $Ts+1$

② Ts^2+1

③ $\dfrac{1}{Ts+1}$

④ $\dfrac{Ts}{Ts+1}$

|정|답|및|해|설|

[전달함수] $G(s) = \dfrac{E_o(s)}{E_i(s)}$

입력과 출력이 모두 전압함수로 주어졌을 경우에는 입력측에서 바라본 임피던스값하고 출력단자에 결합된 임피던스의 비로 계산한다.

· 입력측 $E_i(s) = R + L_A$

· 출력측 $E_o(s) = L_A$

$\therefore$ 전달함수 $G(s) = \dfrac{E_o(s)}{E_i(s)} = \dfrac{L_A}{R+L_A} = \dfrac{\frac{L}{R}s}{1+\frac{L}{R}s} = \dfrac{Ts}{1+Ts}$

【정답】④

70. RC회로의 입력단자에 계단전압을 인가하면 출력전압은?

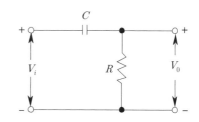

① 0부터 지수적으로 증가한다.

② 처음에는 입력과 같이 변했다가 지수적으로 감쇠한다.

③ 같은 모양의 계단전압이 나타난다.

④ 아무 것도 나타나지 않는다.

|정|답|및|해|설|

[RC회로의 출력전압]
(미분기(진상 보상기)

V_0는 초기에 V_i와 같이 되었다기 충전에 따라 V_c가 커지므로 V_R은 서서히 작아져서 0[V]가 된다.

【정답】②

71. $Ri(t) + L\dfrac{di(t)}{dt} = E$에서 모든 초기값을 0으로 하였을 때의 i(t)의 값은?

① $\dfrac{E}{R}e^{-\frac{R}{2}L}$

② $\dfrac{E}{R}e^{-\frac{L}{R}t}$

③ $\dfrac{E}{R}\left(1 - e^{-\frac{R}{L}t}\right)$

④ $\dfrac{E}{R}\left(1 - e^{-\frac{L}{R}t}\right)$

|정|답|및|해|설|

[RL직렬회로]

$Ri(t) + L\dfrac{di(t)}{dt} = E$를 라플라스 변환

$RI(s) + LsI(s) = \dfrac{E}{s}$

$I(s) = \dfrac{E}{s(R+Ls)} = \dfrac{\frac{E}{L}}{s\left(s+\frac{R}{L}\right)} = \dfrac{\frac{E}{R}}{s} - \dfrac{\frac{E}{R}}{s+\frac{R}{L}}$

$i(t) = \dfrac{e}{R} - \dfrac{E}{R}e^{-\frac{R}{L}t} = \dfrac{E}{R}\left(1 - e^{-\frac{R}{L}t}\right)$

시정수 $\tau = \dfrac{L}{R}$[sec]이다. 【정답】③

72. 교류회로에서 역률이란 무엇인가?

① 전압과 전류의 위상차의 정현

② 전압과 전류의 위상차의 여현

③ 임피던스와 리액턴스의 위상차의 여현

④ 임피던스와 저항의 위상차의 정현

|정|답|및|해|설|

[역률] $\cos\theta = \dfrac{R}{|Z|}$ 또는 $\cos\theta = \dfrac{\text{유효전력}}{\text{피상전력}}$ 또는 전압과 전류의 위상차에 cos을 사용해서 얻은 값을 말한다. 【정답】②

73. $t = 0$에서 스위치 S를 닫았을 때 정상 전류값[A]은?

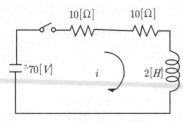

① 1

② 2.5

③ 3.5

④ 7

|정|답|및|해|설|

[정상 전류값] $i_s = \dfrac{E}{R}\left(1 - e^{-\frac{R}{L}t}\right)$

$i_s = \dfrac{E}{R}\left(1 - e^{-\frac{R}{L}t}\right)$에서 $t = \infty$

$\therefore i_s = \dfrac{E}{R} = \dfrac{70}{20} = 3.5[A]$ 【정답】③

74. R[Ω]의 저항 3개를 Y로 접속하고 이것을 선간전압 200[V]의 평형 3상 교류 전원에 연결할 때 선전류가 20[A] 흘렀다. 이 3개의 저항을 Δ로 접속하고 동일 전원에 연결하면 선전류는 몇 [A]가 되는가?

① 30 ② 40 ③ 50 ④ 60

|정|답|및|해|설|

[Y로 접속 시 선전류]

·Y결선의 상전류 $I_Y = \dfrac{200}{\sqrt{3}R}$

·Y결선의 선전류 $I_{Yl} = \dfrac{200}{\sqrt{3}R}$

·Δ결선의 상전류 $I_\Delta = \dfrac{200}{R}$

·Δ결선의 선전류 $I_{\Delta l} = \sqrt{3}I_\Delta = \dfrac{200\sqrt{3}}{R}$

$\dfrac{I_{\Delta l}}{I_{Yl}} = \dfrac{\frac{200\sqrt{3}}{R}}{\frac{200}{\sqrt{3}R}} = 3$ $\therefore I_{\Delta l} = 3I_{Yl} = 3 \times 20 = 60[A]$

【정답】④

75. 비정현파에서 여현 대칭의 조건은 어느 것인가?

① $f(t) = f(-t)$

② $f(t) = -f(-t)$

③ $f(t) = -f(t)$

④ $f(t) = -f\left(t + \dfrac{T}{2}\right)$

|정|답|및|해|설|

대칭 항목	정현대칭 (기함수)	여현대칭 (우함수)
대칭	$f(t) = -f(-t)$	$f(t) = f(-t)$
특징	원점 대칭 (sin대칭)	y축 대칭 (cos대칭)
존재하는 항	sin항	cos항, 직류분
존재하지 않는 항	직류분, cos항	sin항

【정답】①

76. 임피던스 궤적이 직선일 때 이의 역수인 어드미턴스 궤적은?

① 원점을 통하는 직선

② 원점을 통하지 않는 직선

③ 원점을 통하는 원

④ 원점을 통하지 않는 원

|정|답|및|해|설|

[궤적] L을 $0{\sim}\infty$로 가변 할 때

1. 임피던스(Z) 궤적 : 1사분면 <u>반직선</u>

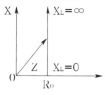

2. 어드미턴스(Y) 궤적 : : 4사분면 반원

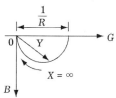

3. 전류(I) 궤적 : 4사분면 반원

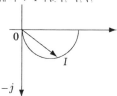

※임피던스가 반직선이 아니고 **직선**이므로 어드미턴스와 전류의 궤적은 **원**이 된다.　　　　　**【정답】③**

77. 그림과 같은 회로의 출력전압 $e_0(t)$의 위상은 입력전압 $e_i(t)$의 위상보다 어떻게 되는가?

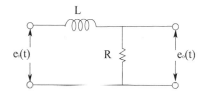

① 앞선다.

② 뒤진다.

③ 같다.

④ 앞설 수도 있고, 뒤질 수도 있다.

|정|답|및|해|설|

[RL회로의 위상]

전류 $i = \dfrac{e_i}{R+jwL}[A]$

$e_o = iR = \dfrac{e_i}{R+jwL} \times R = \dfrac{e_i \cdot R}{R^2 + w^2 L^2}(R-jwL)[V]$

e_i의 허수값이 $-j$이므로, e_o는 e_i보다 위상이 뒤진다.

【정답】②

78. 그림과 같은 회로의 합성 인덕턴스는?

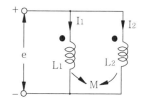

①　$\dfrac{L_1 - M^2}{L_1 + L_2 - 2M}$　　　②　$\dfrac{L_2 - M^2}{L_1 + L_2 - 2M}$

③　$\dfrac{L_1 L_2 + M^2}{L_1 + L_2 - 2M}$　　　④　$\dfrac{L_1 L_2 - M^2}{L_1 + L_2 - 2M}$

|정|답|및|해|설|

[합성인덕턴스(병렬)] $L = \dfrac{L_1 L_2 - M^2}{L_1 + L_2 \mp 2M}$

$\rightarrow$ (같은 방향(가극성(-)), 다른 방향(감극성(+))

같은 방향(가극성)이므로 $L = \dfrac{L_1 L_2 - M^2}{L_1 + L_2 - 2M}$　**【정답】④**

79. $3[\mu F]$인 커패시턴스를 $50[\Omega]$으로 용량성 리액턴스로 사용하려면 정현파 교류의 주파수는 약 몇 [kHz]로 하면 되는가?

①　1.02　　　　②　1.04

③　1.06　　　　④　1.08

|정|답|및|해|설|

[리액턴스]

· L회로 (인덕턴스만의 회로) : 유도성리액턴스 $wL = X_L$

· C회로 (정전용량만의 회로) : 용량성 리액턴스 $X_C = \dfrac{1}{wC}$

$X_C = \dfrac{1}{2\pi fC} \rightarrow f = \dfrac{1}{2\pi C \cdot X_C}$

$f = \dfrac{1}{2\pi \times 3 \times 10^{-6} \times 50} = 1.06 \times 10^3 [Hz] = 1.06[kHz]$

【정답】③

80. L형 4단자 회로망에서 R_1, R_2를 정합하기 위한 Z_1은? (단, $R_2 > R_1$이다.)

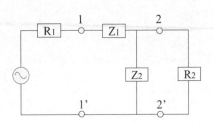

① $\pm jR_2\sqrt{\dfrac{R_1}{R_2-R_1}}$ 　　② $\pm jR_1\sqrt{\dfrac{R_1}{R_2-R_1}}$

③ $\pm j\sqrt{R_2(R_2-R_1)}$ 　　④ $\pm j\sqrt{R_1(R_2-R_1)}$

|정|답|및|해|설|⋯⋯⋯⋯⋯⋯⋯⋯⋯⋯⋯⋯⋯⋯⋯⋯⋯

$R_1 = Z_{11} = \sqrt{Z_1(Z_1+Z_2)}$

$R_2 = Z_{12} = \sqrt{\dfrac{Z_1 Z_2^2}{Z_1+Z_2}}$

$R_1^2 = Z_1(Z_1+Z_2) \rightarrow Z_1+Z_2 = \dfrac{R_1^2}{Z_1}$

$R_2^2 = \dfrac{Z_1 Z_2^2}{Z_1+Z_2} \rightarrow R_2^2 = \dfrac{(Z_1 Z_2)^2}{R_1^2} \rightarrow R_2 = \dfrac{Z_1 Z_2}{R_1}$

$Z_1 = \dfrac{R_1 R_2}{Z_2} \rightarrow (Z_2 = \dfrac{R_1^2}{Z_1} - Z_1 = \dfrac{R_1^2 - Z_1^2}{Z_1})$

$Z_1 = \dfrac{R_1 R_2 Z_1}{R_1^2 - Z_1^2} \rightarrow R_1^2 - Z_1^2 = R_1 R_2 \rightarrow Z_1^2 = R_1^2 - R_1 R_2$

$Z_1 = \pm \sqrt{R_1(R_1-R_2)} \rightarrow R_2 > R_1$이므로

$\therefore Z_1 = \pm \sqrt{R_1(R_2-R_1)}$　　　　　【정답】④

1회 **2014년 전기산업기사필기(전기설비기술기준)**

81. 765[kV] 특고압 가공전선이 건조물과 2차 접근 상태로 있는 경우 전선 높이가 초저 상태일 때 가공전선과 건조물 상부와의 수직거리는 몇 [m] 이상이어야 하는가?

① 20　　　　　② 22

③ 25　　　　　④ 28

|정|답|및|해|설|⋯⋯⋯⋯⋯⋯⋯⋯⋯⋯⋯⋯⋯⋯⋯⋯⋯

[특고압 가공전선과 건조물의 접근 (KEC 333.23)]
사용전압이 400[kV] 이상의 특고압 가공전선이 건조물과 제2차 접근상태로 있을 경우, 전선 높이가 최저 상태일 때 가공전선과 건조물 상부와의 수직거리가 28[m] 이상일 것　【정답】④

82. 고압 옥상 전선로의 전선이 다른 시설물과 접근하 거나 교차하는 경우 이들 사이의 간격(이격거리) 은 몇 [cm] 이상이어야 하는가?

① 30　　　　　② 60

③ 90　　　　　④ 120

|정|답|및|해|설|⋯⋯⋯⋯⋯⋯⋯⋯⋯⋯⋯⋯⋯⋯⋯⋯⋯

[고압 옥상 전선로의 시설 (KEC 331.14.1)]
· 전개된 장소에서 전선은 케이블을 사용
· 조영재와의 거리를 1.2[m] 이상
· 전선은 관 기타 트로프에 넣어 시설할 것
· 고압 옥상 전선로의 전선이 다른 시설물과 접근 교차 시 60[cm] 이상 이격할 것
· 고압 옥상전선로의 전선은 상시 부는 바람 등에 의하여 식물에 접촉하지 않도록 시설하여야 한다.　　　【정답】②

83. 고압 가공전선이 상부 조영재의 위쪽으로 접근시 의 가공전선과 조영재의 간격(이격거리)은 몇 [m] 이상이어야 하는가?

① 0.6　　　　　② 0.8

③ 1.2　　　　　④ 2.0

|정|답|및|해|설|⋯⋯⋯⋯⋯⋯⋯⋯⋯⋯⋯⋯⋯⋯⋯⋯⋯

[저고압 가공 전선과 건조물의 접근 (KEC 332.11)]
상부 조영재의 위쪽에서는 2[m], 상부 조용재의 옆쪽 또는 아래쪽 에서는 1.2[m]이다.　　　　　【정답】④

84. 고압 가공전선이 가공약전류 전선과 접근하는 경우 고압 가공전선과 가공약전류 전선 사이의 간격(이격거리)은 몇 [cm] 이상이어야 하는가? (단, 전선이 케이블인 경우이다.)

① 15[cm]　　　　　② 30[cm]

③ 40[cm]　　　　　④ 80[cm]

|정|답|및|해|설|⋯⋯⋯⋯⋯⋯⋯⋯⋯⋯⋯⋯⋯⋯⋯⋯⋯

[저고압 가공전선과 가공약전류전선 등의 접근 또는 교차 (KEC 332.13)]

가공전선 약전류전선	저압 가공전선		고압 가공전선	
	저압 절연전선	고압 절연전선 또는 케이블	절연전선	케이블
일반	0.6[m]	0.3[m]	0.3[m]	0.4[m]
절연전선 또는 통신용 케이블인 경우	0.3[m]	0.15[m]		

【정답】③

85. 특고압 가공전선로의 중성선의 다중접지 및 중성선을 시설할 때, 각 접지선을 중성선으로부터 분리하였을 경우 각 접지점의 대지 전기저항 값은 몇 [Ω] 이하이어야 하는가?

① 100
② 150
③ 300
④ 500

|정|답|및|해|설|
[25[kV] 이하인 특고압 가공 전선로의 시설 (KEC 333.32)] 각 접지선을 중성선으로부터 분리하였을 경우의 각 접지점의 대지 전기저항치가 1[km] 마다의 중성선과 대지사이의 합성 전기저항치가

사용전압	각 접지점의 대지 전기저항치	1[km] 마다의 합성 전기저항치
15[kV] 이하	300[Ω]	30[Ω]
15[kV] 초과 25[kV] 이하	300[Ω]	15[Ω]

【정답】③

86. 저고압 가공전선이 철도 또는 궤도를 횡단하는 경우에는 레일면상 높이가 몇 [m] 이상이어야 하는가?

① 5
② 5.5
③ 6
④ 6.5

|정|답|및|해|설|
[저고압 가공 전선의 높이 (KEC 332.5)]
저고압 가공전선의 높이는 다음과 같다.
1. 도로 횡단 : 6[m] 이상
2. 철도 횡단 : 레일면 상 6.5[m] 이상
3. 횡단 보도교 위 : 3.5[m] 이상
4. 기타 : 5[m] 이상
【정답】④

87. 고압용 기계기구를 시설하여서는 안 되는 경우는?

① 발전소, 변전소, 개폐소 또는 이에 준하는 곳에 시설하는 경우
② 시가지 외로서 지표상 3[m]인 경우
③ 공장 등의 구내에서 기계기구의 주위에 사람이 쉽게 접촉할 우려가 없도록 적당한 울타리를 설치하는 경우
④ 옥내에 설치한 기계기구를 취급자 이외의 사람이 출입할 수 없도록 설치한 곳에 시설하는 경우

|정|답|및|해|설|
[고압용 기계기구의 시설 (KEC 341.8)]
고압용 기계기구는 다음 각 호의 어느 하나에 해당하는 경우와 발전소, 변전소, 개폐소 또는 이에 준하는 곳에 시설하는 경우 이외에는 시설하여서는 아니 된다.
1. 기계기구의 주위에 울타리, 담 등을 시설하는 경우
2. 기계기구를 지표상 4.5[m](시가지 외에는 4[m]) 이상의 높이에 시설하고 또한 사람이 쉽게 접촉할 우려가 없도록 시설하는 경우
3. 공장 등의 구내에서 기계기구의 주위에 사람이 쉽게 접촉할 우려가 없도록 적당한 울타리를 설치하는 경우
4. 옥내에 설치한 기계기구를 취급자 이외의 사람이 출입할 수 없도록 설치한 곳에 시설하는 경우
【정답】②

88. 애자사용 공사에 의한 고압 옥내배선의 시설에 사용되는 연동선의 단면적은 최소 몇 [mm²]의 것을 사용하여야 하는가?

① 2.5
② 4
③ 6
④ 10

|정|답|및|해|설|
[고압 옥내배선 등의 시설 (KEC 342.1)]
애자사용 공사에 의한 고압 옥내배선은 전선의 공칭단면적 6[mm²] 이상의 연동선 또는 이와 동등 이상의 세기 및 굵기의 고압 절연전선이어야 한다.
【정답】③

89. 발전기, 전동기, 무효 전력 보상 장치, 기타 회전기(회전변류기 제외)의 절연내력 시험시 시험 전압은 권선과 대지 사이에 연속하여 몇 분 이상 가하여야 하는가?

① 10
② 15
③ 20
④ 30

|정|답|및|해|설|
[회전기의 절연내력 (KEC 133)]

종 류		시험 전압	시험 방법
회전기	발전기·전동기·무효 전력 보상 장치·기타 회전기	7[kV] 이하	1.5배 (최저 500[V])	권선과 대지간의 연속하여 10분간
		7[kV] 초과	1.25배 (최저 10,500[V])	
	회전 변류기		직류측의 최대사용전압의 1배의 교류전압 (최저 500[V])	

【정답】①

90. 터널에 시설하는 사용전압이 400[V] 이상인 저압의 경우 이동전선은 몇 [mm^2] 이상의 0.6/1[kV] EP 고무 절연 클로로프렌케이블이어야 하는가?

① 0.25

② 0.55

③ 0.75

④ 1.25

|정|답|및|해|설|
[터널 등의 전구선 또는 이동전선 등의 시설 (KEC 242.7.4)]
터널 등에 시설하는 사용전압이 400[V] 미만인 저압의 전구선 또는 이동 전선(전구선)은 단면적 0.75[mm^2] 이상의 300/300[V] 편조 고무코드 또는 0.6/1[kV] EP 고무절연클로로프렌 캡타이어 케이블일 것   【정답】③

91. 전로의 중성점을 접지하는 목적에 해당되지 않는 것은?

① 보호장치의 확실한 동작의 확보

② 부하전류의 일부를 대지로 흐르게 하여 전선 절약

③ 이상전압의 억제

④ 대지전압의 저하

|정|답|및|해|설|
[전로의 중성점의 접지 (KEC 322.5)] 중성점 접지의 목적은 이상전압의 억제, 기기보호, 보호계전기의 확실한 동작을 확보하며 절연을 경감하려는데 있다.   【정답】②

92. 동일 지지물에 고·저압 가공전선을 병행설치(병가)할 때 저압 가공전선의 위치는?

① 저압 가공전선을 고압 가공전선 위에 시설

② 저압 가공전선을 고압 가공전선 아래에 시설

③ 동일 완금류에 평행되게 시설

④ 별도의 규정이 없으므로 임으로 시설

|정|답|및|해|설|
[저고압가공전선의 병행설치(병가) (KEC 332.8)]
· 저압 가공전선을 고압 가공전선의 아래로 하고 별개의 완금류에 시설할 것
· 간격(이격거리) 50[cm] 이상으로 저압선을 고압선의 아래로 별개의 완금류에 시설   【정답】②

93. 154[kV]인 가공전선로를 제1종 특고압 보안공사에 의하여 시설하는 경우 사용 전선은 인장강도 58.84[kN] 이상의 연선 또는 단면적 몇 [mm^2] 이상의 경동연선이어야 하는가?

① 35

② 50

③ 95

④ 150

|정|답|및|해|설|
[특고압 보안공사 (KEC 333.22)]
제1종 특고압 보안공사의 전선 굵기

사용전압	전선
100[kV] 미만	인장강도 21.67[kN] 이상의 연선 또는 단면적 55[㎟] 이상의 경동연선
100[kV] 이상 300[kV] 미만	인장강도 58.84[kN] 이상의 연선 또는 단면적 150[㎟] 이상의 경동연선
300[kV] 이상	인장강도 77.47[kN] 이상의 연선 또는 단면적 200[㎟] 이상의 경동연선

【정답】④

94. 특고압용 변압기로서 변압기 내부고장이 발생할 경우 경보장치를 시설하여야 하는 뱅크 용량의 범위는?

① 1000[kVA] 이상 5000[kVA] 미만

② 5000[kVA] 이상 10000[kVA] 미만

③ 10000[kVA] 이상 15000[kVA] 미만

④ 15000[kVA] 이상 20000[kVA] 미만

|정|답|및|해|설|
[특고압용 변압기의 보호장치 (KEC 351.4)]
특고압용의 변압기에는 그 내부에 고장이 생겼을 경우에 보호하는 장치를 표와 같이 시설하여야 한다.

뱅크 용량의 구분	동작 조건	장치의 종류
5,000[kVA] 이상 10,000[kVA] 미만	변압기 내부 고장	자동 차단 장치 또는 경보 장치
10,000[kVA] 이상	변압기 내부 고장	자동 차단 장치
타냉식 변압기(변압기의 권선 및 철심을 직접 냉각시키기 위하여 봉입한 냉매를 강제 순환시키는 냉각 방식을 말한다.)	냉각 장치에 고장이 생긴 경우 또는 변압기의 온도가 현저히 상승한 경우	경보 장치

【정답】②

95. 지중전선로를 직접 매설식에 의하여 시설하는 경우, 차량 기타 중량물의 압력을 받을 우려가 있는 장소의 매설 깊이는 몇 [cm] 이상이면 되는가?

① 100   ② 150   ③ 180   ④ 200

|정|답|및|해|설|

[지중 전선로의 시설 (KEC 334.1)] 전선은 케이블을 사용하고, 또한 관로식, 암거식, 직접 매설식에 의하여 시공한다.
1. 직접 매설식 : 매설 깊이는 중량물의 압력이 있는 곳은 1.0[m] 이상, 없는 곳은 0.6[m] 이상으로 한다.
2. 관로식 : 매설 깊이를 1.0 [m] 이상, 중량물의 압력을 받을 우려가 없는 곳은 60[cm] 이상으로 한다.
3. 암거식 : 지하 구조물 내 케이블 지지대를 설치하고 그 위에 케이블을 부설하는 방식   **【정답】①**

96. 지중 전선로의 매입방법이 아닌 것은?

① 관로식   ② 인입식
③ 암거식   ④ 직접 매설식

|정|답|및|해|설|

[지중 선로의 시설]
지중 전선로는 전선에 케이블을 사용하고 또한 관로식·암거식 또는 직접 매설식에 의하여 시설하여야 한다.   **【정답】②**

97. 시가지에 시설하는 특고압 가공전선로의 철탑의 지지물 간 거리(경간)는 몇 [m] 이하이어야 하는가?

① 250   ② 300
③ 350   ④ 400

|정|답|및|해|설|

[시가지 등에서 특고압 가공전선로의 시설 (KEC 333.1)]

지지물의 종류	지지물 간 거리(경간)
A종 철주 또는 A종 철근 콘크리트주	75[m]
B종 철주 또는 B종 철근 콘크리트주	150[m]
철탑	400[m] (단주인 경우에는 300[m]) 다만, 전선이 수평으로 2 이상 있는 경우에 전선 상호간의 간격이 4[m] 미만인 때에는 250[m]

【정답】④

98. 전력보안 통신용 전화설비를 시설하지 않아도 되는 경우는?

① 수력설비의 강수량 관측소와 수력발전소간
② 동일 수계에 속한 수력발전소 상호간
③ 발전제어소와 기상대
④ 휴대용 전화설비를 갖춘 22.9[kV] 변전소와 기술원 주재소

|정|답|및|해|설|

[전력보안 통신설비 (KEC 360)]
전력 보안 통신용 전화 설비는
1. 원격 감시 제어가 되지 아니하는 <u>발·변전소</u>
2. 2 이상의 <u>급전소 상호간</u>
3. 수력 설비 중 중요한 곳
4. 발·변전소, 발·변전제어소 및 개폐소 상호간   **【정답】③**

※한국전기설비규정(KEC) 적용으로 인해 더 이상 출제되지 않는 문제는 삭제했습니다.

2회 2014년 전기산업기사필기 (전기자기학)

1. 역자성체 내에서 비투자율 μ_s는?

① $\mu_s \gg 1$ ② $\mu_s > 1$

③ $\mu_s < 1$ ④ $\mu_s = 1$

|정|답|및|해|설|
[자성체의 분류] 자계 내에 놓았을 때 자석화 되는 물질

종류	비투자율	비자화율	원소
강자성체	$\mu_s \geq 1$	$\chi_m \gg 1$	철, 니켈, 코발트
상자성체	$\mu_s > 1$	$\chi_m > 0$	알루미늄, 망간, 백금, 주석, 산소, 질소
반(역)자성체	$\mu_s < 1$	$\chi_m < 0$	은, 비스무트, 탄소, 규소, 납, 아연, 황, 구리, 실리콘
반강자성체			

【정답】③

2. 반지름 1[m]의 원형 코일에 1[A]의 전류가 흐를 때 중심점의 자계와 세기는 몇 [AT/m] 인가?

① $\dfrac{1}{4}$ ② $\dfrac{1}{2}$ ③ 1   ④ 2

|정|답|및|해|설|

[원형 전류 자계의 세기] $H = \dfrac{a^2 NI}{2(a^2+x^2)^{\frac{3}{2}}}$ [AT/m]

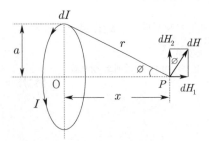

·원형 코일 중심 ($x=0,\ N=1$)

$H = \dfrac{NI}{2a} = \dfrac{I}{2a}$[AT/m] → ($N$: 감은 권수(=1))

→ (권수에 대한 언급이 없으면 N=1)

$H_s = \dfrac{I}{2a} = \dfrac{1}{2 \times 1} = \dfrac{1}{2}[AT/m]$ 【정답】②

|참|고|
1. 원형 코일 중심($N=1$)

$H = \dfrac{NI}{2a} = \dfrac{I}{2a}$[AT/m] → ($N$: 감은 권수(=1), a : 반지름)

2. 반원형($N=\dfrac{1}{2}$) 중심에서 자계의 세기 H

$H = \dfrac{I}{2a} \times \dfrac{1}{2} = \dfrac{I}{4a}$[AT/m]

3. $\dfrac{3}{4}$원($N=\dfrac{3}{4}$) 중심에서 자계의 세기 H

$H = \dfrac{I}{2a} \times \dfrac{3}{4} = \dfrac{3I}{8a}$[AT/m]

3. 면적 $S[m^2]$, 간격 $d[m]$인 평행판 콘덴서에 그림과 같이 두께 $d_1, d_2[m]$이며 유전율 $\varepsilon_1, \varepsilon_2[F/m]$인 두 유전체를 극판간에 평행으로 채웠을 때 정전용량 $[F]$은?

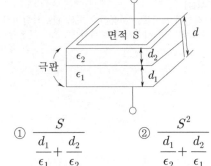

① $\dfrac{S}{\dfrac{d_1}{\varepsilon_1} + \dfrac{d_2}{\varepsilon_2}}$ ② $\dfrac{S^2}{\dfrac{d_1}{\varepsilon_2} + \dfrac{d_2}{\varepsilon_1}}$

③ $\dfrac{\varepsilon_1 S}{d_1} + \dfrac{\varepsilon_2 S}{d_2}$ ④ $\dfrac{\varepsilon_1 \varepsilon_2 S}{d}$

|정|답|및|해|설|

[두 유전체의 정전용량 (직렬)] $C = \dfrac{1}{\dfrac{1}{C_1} + \dfrac{1}{C_2}} = \dfrac{C_1 C_2}{C_1 + C_2}$

$C_1 = \dfrac{\varepsilon_1 S}{d_1}, \quad C_2 = \dfrac{\varepsilon_2 S}{d_2}$

$\therefore C = \dfrac{C_1 C_2}{C_1 + C_2} = \dfrac{\dfrac{\varepsilon_1 S \varepsilon_2 S}{d_1 d_2}}{\dfrac{\varepsilon_1 S}{d_1} + \dfrac{\varepsilon_2 S}{d_2}} = \dfrac{\varepsilon_1 \varepsilon_2 S}{\varepsilon_2 d_1 + \varepsilon_1 d_2} = \dfrac{S}{\dfrac{d_1}{\varepsilon_1} + \dfrac{d_2}{\varepsilon_2}}$

【정답】①

[유전체의 삽입 위치에 따른 콘덴서의 직·병렬 구별]

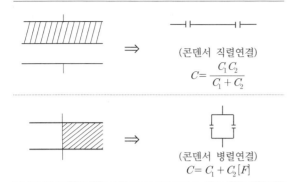

$\Rightarrow$ (콘덴서 직렬연결)

$$C = \frac{C_1 C_2}{C_1 + C_2}$$

$\Rightarrow$ (콘덴서 병렬연결)

$$C = C_1 + C_2 [F]$$

4. 무한 평면에 일정한 전류가 표면에 한 방향으로 흐르고 있다. 평면으로부터 위로 r만큼 떨어진 점과 아래로 2r만큼 떨어진 점과의 자계의 비 및 서로의 방향은?

① 1, 반대방향 ② $\sqrt{2}$, 같은 방향

③ 2, 반대방향 ④ 4, 같은 방향

|정|답|및|해|설|

[무한 평면에서의 자계의 세기]

$$\oint H \cdot dl = [H(x)j + H(-x)(-j)]t = I$$
$$H_y(x) - H_y(-x) = KT$$
$$H_y(x) = -H_y(-x) \text{로 부터 } 2H_y(x) = KT$$
$$\therefore H_y(x) = \frac{KT}{2}(\text{상수})$$

자기장애 x, zt성분 $H_x = H_z = 0$, y성분 $H_y = \frac{KT}{2}$ 이므로

자계는 거리에 관계없이 일정하고 방향은 반대이다.

【정답】①

5. 자유공간 중의 전위계에서 $V = 5(x^2 + 2y^2 - 3z^2)$ 일 때 점 P(2, 0, -3)에서의 전하밀도 ρ의 값은?

① 0 ② 2

③ 7 ④ 9

|정|답|및|해|설|

[포아송 방정식] $\nabla^2 V = \frac{\partial^2 V}{\partial x^2} + \frac{\partial^2 V}{\partial y^2} + \frac{\partial^2 V}{\partial z^2} = -\frac{\rho_v}{\epsilon_0}$

$$\nabla^2 V = \frac{\partial^2}{\partial x^2}[5(x^2 + 2y^2 - 3z^2) + \frac{\partial^2}{\partial y^2}5(x^2 + 2y^2 - 3z^2)$$
$$+ \frac{\partial^2}{\partial z^2}5(x^2 + 2y^2 - 3z^2)] = 10 + 20 - 30 = 0$$

$\therefore \rho = -\epsilon(\nabla^2 V) = -\epsilon \times 0 = 0[C/m^3]$ 【정답】①

6. 유전율 $\epsilon[F/m]$인 유전체 중에서 $Q[C]$, 전위가 $V[V]$, 반지름 $a[m]$이 도체구가 갖는 에너지는 몇 [J]인가?

① $\frac{1}{2}\pi\epsilon a V^2$ ② $\pi\epsilon a V^2$

③ $2\pi\epsilon a V^2$ ④ $4\pi\epsilon a V^2$

|정|답|및|해|설|

[도체구가 갖는 에너지] $W = \frac{1}{2}QV = \frac{1}{2}CV^2[J]$

$\rightarrow (Q = CV)$

반경 a인 도체구의 정전용량 $C = 4\pi\epsilon a[F]$

$\therefore W = \frac{1}{2}CV^2 = \frac{1}{2} \times 4\pi\epsilon a V^2 = 2\pi\epsilon a V^2[J]$ 【정답】③

7. 10[mH] 인덕턴스 2개가 있다. 결합계수를 0.1로 부터 0.9까지 변화시킬 수 있다면 이것을 직렬 접속시켜 얻을 수 있는 합성인덕턴스의 최대값과 최소값의 비는?

① 9:1 ② 13:1

③ 16:1 ④ 19:1

|정|답|및|해|설|

[합성인덕턴스의 최대값과 최소값의 비]

· $k = 0.9$, $M = k\sqrt{L_1 L_2} = 0.9\sqrt{10 \times 10} = 9[mH]$

· $L_{+ max} = L_1 + L_2 + 2M = 10 + 10 + 2 \times 9 = 38[mH]$

$\rightarrow$ (0.1~0.9까지의 변화이므로 최대값은 $k = 0.9$, $M = 9$를 더해줄 때)

· $L_{- min} = L_1 + L_2 - 2M = 10 + 10 - 2 \times 9 = 2[mH]$

$\rightarrow$ (0.1~0.9까지의 변화이므로 최소값은 $k = 0.9$, $M = 9$를 빼줄 때)

$\therefore L_{+ max} : L_{- min} = 38 : 2 \rightarrow 19 : 1$ 【정답】④

8. 지면에 평행으로 높이 h[m]에 가설된 반지름 a [m]인 가공직선 도체의 대지 간 정전용량은 몇 [F/m]인가? (단, $h \gg a$이다.)

① $\dfrac{\pi\epsilon_0}{\ln\dfrac{2h}{a}}$

② $\dfrac{2\pi\epsilon_0}{\ln\dfrac{2h}{a}}$

③ $\dfrac{\pi\epsilon_0}{\ln\dfrac{a}{2h}}$

④ $\dfrac{2\pi\epsilon_0}{\ln\dfrac{a}{2h}}$

|정|답|및|해|설|

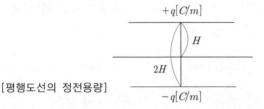

[평행도선의 정전용량]

$$C = \dfrac{\pi\epsilon_0}{\ln\dfrac{2h}{a}}[F/m]$$

대지간 정전용량의 거리 $\dfrac{1}{2}$ 이므로

$$\therefore C_0 = \dfrac{2\pi\epsilon_0}{\ln\dfrac{2h}{a}}[F/m] = 2C$$

【정답】②

9. 접지 구도체와 점전하 사이에 작용하는 힘은?

① 항상 반발력이다.
② 항상 흡인력이다.
③ 조건적 반발력이다.
④ 조건적 흡인력이다.

|정|답|및|해|설|

[접지 구도체와 점전하] 접지 구도체와 점전하 $Q[C]$간 작용력은 접지 구도체의 영상 전하 $Q' = -\dfrac{a}{d}Q[C]$이 부호가 반대이므로 항상 흡인력이 작용한다.

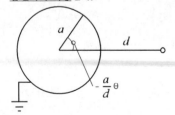

【정답】②

10. 그림과 같이 내외 도체의 반지름이 a, b인 동축선(케이블)의 도체 사이에 유전율이 ϵ인 유전체가 채워져 있는 경우 동축선의 단위 길이 당 정전용량은?

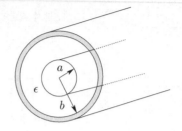

① $\epsilon \log_e \dfrac{b}{a}$ 에 비례한다.

② $\dfrac{1}{\epsilon} \log_{10} \dfrac{b}{a}$ 에 비례한다.

③ $\dfrac{\epsilon}{\log_e \dfrac{b}{a}}$ 에 비례한다.

④ $\dfrac{\epsilon b}{a}$ 에 비례한다.

|정|답|및|해|설|

[동축원통의 정전용량] $C = \dfrac{2\pi\epsilon l}{\ln\dfrac{b}{a}} = \dfrac{2\pi\epsilon_0\epsilon_s l}{\ln\dfrac{b}{a}}[F/m]$

여기서, $l[m]$: 동축원통의 길이

$$\therefore C \propto \dfrac{\epsilon}{\log_e \dfrac{b}{a}}$$

【정답】③

11. 진공 중에서 어떤 대전체의 전속이 Q 이었다. 이 대전체를 비유전율 2.2인 유전체 속에 넣었을 경우의 전속은?

① Q

② $\dfrac{2.2Q}{\epsilon}$

③ $\dfrac{Q}{2.2\epsilon}$

④ $2.2Q$

|정|답|및|해|설|

[진공 중 대전체]

·전기력선 수는 $\dfrac{Q}{\epsilon}$로 유전율에 반비례하나

·전속수는 유전체의 Gauss 법칙에서 $\oint D \cdot ndS = Q$로 매질(유전율)에 관계없이 항상 $Q[C]$이다.

【정답】①

12. 지름 20[cm]의 구리로 만든 반구의 볼에 물을 채우고 그 중에 지름 10[cm]의 구를 띄운다. 이때에 양구가 동심구라면 양구간의 저항[Ω]은 약 얼마인가? (단, 물의 도전율은 $10^{-3}[\mho/m]$이고 물은 충만되어 있다.)

① 159   ② 1590

③ 2800   ④ 2850

|정|답|및|해|설|

[동심구의 정전용량] $C=\dfrac{4\pi\epsilon}{\dfrac{1}{a}-\dfrac{1}{b}}[F]$

반구이므로 $C=\dfrac{4\pi\epsilon}{\dfrac{1}{a}-\dfrac{1}{b}}\times\dfrac{1}{2}=\dfrac{2\pi\epsilon}{\dfrac{1}{a}-\dfrac{1}{b}}[F]$

$RC=\epsilon\rho=\dfrac{\epsilon}{\sigma}$

$R=\dfrac{\epsilon}{\sigma C}=\dfrac{1}{2\pi\sigma}\left(\dfrac{1}{a}-\dfrac{1}{b}\right)=\dfrac{1}{2\pi\times10^{-3}}\left(\dfrac{1}{0.05}-\dfrac{1}{0.1}\right)=1590[\Omega]$

【정답】②

|참|고|

[각 도형의 정전용량]
1. 구 : $C=4\pi\epsilon a[F]$
2. 원주 : $C=\dfrac{2\pi\epsilon l}{\ln\dfrac{b}{a}}[F]$
3. 평행도선 : $C=\dfrac{\pi\epsilon l}{\ln\dfrac{d}{b}}[F]$
4. 평판 : $C=\dfrac{Q}{V_0}=\dfrac{\epsilon S}{d}=\dfrac{\epsilon_0\epsilon_s S}{d}$

13. 전하 8π[C]이 8[m/s]의 속도로 진공 중을 직선운동하고 있다면, 이 운동 방향에 대하여 각도 θ이고, 거리 4[m] 떨어진 점의 자계의 세기는 몇 [A/m]인가?

① $\cos\theta$ ② $\dfrac{1}{2\sin\theta}$

③ $\sin\theta$ ④ $2\sin\theta$

|정|답|및|해|설|

[비오-사바르의 법칙 (전류와 자계 관계)]

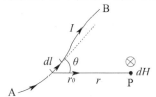

점 P에서의 자장의 세기 $H=\dfrac{Il\sin\theta}{4\pi r^2}=\dfrac{qv\sin\theta}{4\pi r^2}[A/m]$

$\to$ (등가전류 $I=\dfrac{q}{t}=\dfrac{qv}{l}\to v=\dfrac{l}{t}$)

$\therefore H=\dfrac{qv\sin\theta}{4\pi r^2}=\dfrac{8\pi\times8\times\sin\theta}{4\pi\times4^2}=\sin\theta[A/m]$

【정답】③

14. 다음 중 사람의 눈이 색을 다르게 느끼는 것은 빛의 어떤 특성이 다르기 때문인가?

① 굴절률   ② 속도

③ 편광 방향   ④ 파장

|정|답|및|해|설|
가시광선에서는 적색의 파장이 가장 길고 보라색이 가장 짧다.
【정답】④

15. 두 벡터 $A=A_x i+2j$, $B=3i-3j-k$가 서로 직교하려면 A_x의 값은?

① 0   ② 2

③ $\dfrac{1}{2}$ ④ -2

|정|답|및|해|설|
[두 벡터의 직교] A와 B가 직교되기 위해서는 $A\cdot B=0$
$A\cdot B=(A_x i+2j)\cdot(3i-3j-k)$
$\qquad =3A_x i\cdot i-3A_x i\cdot j-A_x i\cdot k+6j\cdot i-6j\cdot j-2j\cdot k$
$\qquad =3A_x-6=0\quad \therefore A_x=2$
【정답】②

16. 다음의 멕스웰 방정식 중 틀린 것은?

① $rot H=i+\dfrac{\partial D}{\partial t}$ ② $rot E=-\dfrac{\partial H}{\partial t}$

③ $div B=0$ ④ $div D=\rho$

|정|답|및|해|설|

① $rot H=i+\dfrac{\partial D}{\partial t}$ $\to$ (암페어의 주회적분 법칙)

② $rot E=-\dfrac{\partial B}{\partial t}$ $\to$ (페러데이 법칙)

③ $div B=0$ $\to$ (고립된 자화는 없다.)

④ $div D=\rho$ $\to$ (가우스의 법칙)

【정답】②

17. 전계 내에서 폐회로를 따라 전하를 일주시킬 때 전계가 행하는 일은 몇 J인가?

① ∞   ② π ③ 1   ④ 0

|정|답|및|해|설|

[등전위면] 폐회로를 따라 단위 정전하를 일주시킬 때 전계가 하는 일은 항상 0을 의미한다. 즉, $V=0$, $W=0$ 【정답】④

18. 단면적이 같은 자기회로가 있다. 철심의 투자율을 μ라 하고 철심회로의 길이를 l이라 한다. 지금 그 일부에 미소공극 l_0를 만들었을 때 자기회로의 자기저항은 공극이 없을 때의 약 몇 배인가? (단, $l \gg l_0$ 이다)

① $1 + \dfrac{\mu l}{\mu_0 l_0}$ ② $1 + \dfrac{\mu l_0}{\mu_0 l}$

③ $1 + \dfrac{\mu_0 l}{\mu l_0}$ ④ $1 + \dfrac{\mu_0 l_0}{\mu l}$

|정|답|및|해|설|

[미소공극이 있을 때의 자기저항과의 비] $\dfrac{R}{R_m} = 1 + \dfrac{\mu_s l_0}{l}$ [A]

여기서, R_m : 자기저항(공극이 없을 때)

R : 공극이 있을 때의 자기저항, μ : 투자율($=\mu_0 \mu_s$)

l : 철심의 길이, l_0 : 미소의 공극

$\therefore \dfrac{R}{R_m} = 1 + \dfrac{\mu_s l_0}{l} = 1 + \dfrac{\mu_s l_0 \times \mu_0}{l \times \mu_0} = 1 + \dfrac{\mu l_0}{l \mu_0}$ [A]   【정답】②

19. 전류와 자계 사이의 힘의 효과를 이용한 것으로 자유로이 구부릴 수 있는 도선에 대전류를 통하면 도선 상호간에 반발력에 의하여 도선이 원을 형성하는데 이와 같은 현상은?

① 스트레치 효과   ② 핀치 효과
③ 홀효과   ④ 스킨효과

|정|답|및|해|설|

[스트레치 효과] 자유로이 구부릴 수 있는 도선에 대전류를 통하면 도선 상호간에 반발력에 의하여 도선이 원을 형성하는데 이와 같은 현상을 스트레치 효과라고 한다.   【정답】①

20. 두 평형 왕복 도선 사이의 도선 외부의 자기인덕턴스는 몇 [H/m]인가? (단, r은 도선의 반지름, D는 두 왕복 도선 사이의 거리이다.)

① $\dfrac{\mu_0}{4\pi} \ln \dfrac{D}{r}$ ② $\dfrac{\mu_0}{2\pi} \ln \dfrac{D}{r}$

③ $\dfrac{\mu_0}{4\pi} \ln \dfrac{r}{D}$ ④ $\dfrac{\mu_0}{\pi} \ln \dfrac{D}{r}$

|정|답|및|해|설|

[평행 도선에서 인덕턴스]

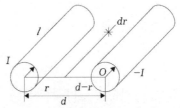

·외부 $L = \dfrac{\mu_0 l}{\pi} \ln \dfrac{d}{a}$ [H/m]

·내부 $L = \dfrac{\mu l}{4\pi}$ [H/m]

·전 인덕턴스 $L = $ 외부 $+$ 내부 $= \dfrac{\mu_0 l}{\pi} \ln \dfrac{d}{a} + \dfrac{\mu l}{4\pi}$ [H/m]

내부 인덕턴스를 무시하면 $L = \dfrac{\mu_0}{\pi} \ln \dfrac{d}{r}$ 【정답】④

2회 **2014년 전기산업기사필기 (전력공학)**

21. 송전선로에 근접한 통신선에 유도장해가 발생하였다. 전자유도의 원인은?

① 역상 전압   ② 정상 전압
③ 정상 전류   ④ 영상 전류

|정|답|및|해|설|

[통신선에 유도장해]
1. 정전유도 : 송전선로의 영상전압과 통신선과의 정전용량의 불평형에 의해서 통신선에 정전적으로 유도되는 전압이다(정상시).
2. 전자유도 : 영상전류에 의해 발생(사고시)
   전자유도전압($E_m = 2\pi f M l \cdot 3I_0$)은 통신선의 길이에 비례하나 정전유도전압은 주파수 및 평행길이와는 관계가 없고, 대지전압에만 비례한다.

$E_0 = \dfrac{C_m}{C_m + C_0} \cdot E$ [V]

여기서, C_m : 상호 정전용량, C_0 : 통신선의 대지정전용량
E : 송전선로의 대지전압

【정답】④

22. 선로의 단락보호용으로 사용되는 계전기는?

① 접지 계전기　　② 역상 계전기

③ 재폐로 계전기　　④ 거리 계전기

|정|답|및|해|설|.........

[거리계전기] 송전선에 사고가 발생했을 때 고장구간의 전류를 차단하는 작용을 하는 계전기.　　　　　　【정답】④

23. 송전 계통의 중성점을 직접 접지하는 목적과 관계 없는 것은?

① 고장전류 크기의 억제

② 이상전압 발생의 방지

③ 보호계전기의 신속 정확한 동작

④ 전선로 및 기기의 절연 레벨을 경감

|정|답|및|해|설|.........

[직접접지의 목적]

1. 1선지락 시 건전상의 대지전압 상승을 1.3배 이하로 억제한다(유효접지).
2. 선로 및 기기의 절연레벨을 경감시킨다(저감절연, 단절연 가능).
3. 보호계전기의 동작을 확실하게 한다.　　　【정답】①

|참|고|.........

[고장전류 억제 방법]

・한류리액터 설치　　　　・한류퓨즈 설치

・고속차단기 설치　　　　・계통의 분리 및 설계 개선

24. 옥내배선의 보호방법이 아닌 것은?

① 과전류 보호　　② 지락 보호

③ 전압강하 보호　　④ 절연 접지 보호

|정|답|및|해|설|.........

※전압강하는 전선의 굵기 등을 선정할 때 사용하는 것으로, 전기 품질과 관계가 있다.　　　　　　　　　　　　【정답】③

25. 배전선로 개폐기 중 반드시 차단기능이 있는 후비 보조장치와 직렬로 설치하여 고장구간을 분리시키는 개폐기는?

① 컷아웃 스위치　　② 부하 개폐기

③ 리클로저　　④ 섹셔널라이저

|정|답|및|해|설|.........

[섹셔널라이저(sectionalizer)] 섹셔널라이저는 고장전류를 차단할 수 있는 능력이 없으므로 후비 보호 장치인 리클로저와 직렬로 조합하여 사용한다.

※리클로저(R/C) : 차단 장치를 자동 재폐로 하는 일

【정답】④

26. 가공 송전선에 사용되는 애자 1연 중 전압 부담이 최대인 애자는?

① 철탑에 제일 가까운 애자

② 전선에 제일 가까운 애자

③ 중앙에 있는 애자

④ 전선으로부터 1/4 지점에 있는 애자

|정|답|및|해|설|.........

[애자련의 전압부담]

・지지물로부터 세 번째 애자가 전압분담이 가장 적다.

・전선에 가까운 것이 전압분담이 가장 크다.

【정답】②

27. 다음은 무엇을 결정할 때 사용되는 식인가? (단, l은 송전거리[km]이고, P는 송전전력[kW]이다.)

$$5.5\sqrt{0.6l + \frac{P}{100}}$$

① 송전전압

② 송전선의 굵기

③ 역률 개선 시 콘덴서의 용량

④ 발전소의 발전전압

|정|답|및|해|설|.........

[Still의 식] 경제적인 송전전압 산출

【정답】①

28. 자가용 변전소의 1차측 차단기의 용량을 결정할 때 가장 밀접한 관계가 있는 것은?

① 부하설비 용량

② 공급측의 단락용량

③ 부하의 부하율

④ 수전계약 용량

|정|답|및|해|설|

[차단기의 용량] $P_s = \dfrac{100}{\%Z} P_m$

자가용 변전소의 1차측 차단기 용량을 결정하는 식
여기서, P_m : 선로의 기준용량, $\%Z$: 발전소에서 부터의 $\%Z$
그러므로 공급측의 단락용량과는 관계가 없다.

【정답】②

29. 3상 3선식에서 전선의 선간거리가 각각 1[m], 2[m], 4[m]로 삼각형으로 배치되어 있을 때 등가 선간거리는 몇 [m]인가?

① 1

② 2

③ 3

④ 4

|정|답|및|해|설|

[등가 선간거리] $D_e = \sqrt[3]{D_{ab} \cdot D_{bc} \cdot D_{ac}}\,[m]$
등가 선간거리 D_e는 기하학적 평균으로 구한다.

$D_e = \sqrt[3]{D_{ab} \cdot D_{bc} \cdot D_{ac}} = \sqrt[3]{1 \times 2 \times 4} = 2[m]$

【정답】②

30. 일반적으로 수용가 상호간, 배전변압기 상호간, 급전선 상호간 또는 변전소 상호간에서 각각의 최대 부하는 그 발생 시각이 약간씩 다르다. 따라서 각각의 최대 수요 전력의 합계는 그 군의 종합 최대 수요전력보다도 큰 것이 보통이다. 이 최대 전력의 발생시각 또는 발생시기의 분산을 나타내는 지표는?

① 전일효율

② 부등률

③ 부하율

④ 수용률

|정|답|및|해|설|

1. 수용률 : 수요를 상정할 경우 사용

수용률 $= \dfrac{\text{최대전력}}{\text{설비용량}} \times 100$

2. 부등률 : 최대 전력의 발생시각 또는 발생시기의 분산을 나타내 는 지표로 사용

부등률 $= \dfrac{\text{각각의 최대 수용전력의 합}}{\text{합성 최대 수용전력}}$

3. 부하율 : 일정기간 중 부하변동의 정도를 나타내는 것으로서 전기설비가 얼마만큼 유효하게 사용되고 있는가 하는 정도를 파악하는데 사용

부하율 $= \dfrac{\text{평균전력}}{\text{최대전력}} \times 100$

【정답】②

31. 다음 중 SF_6 가스 차단기의 특징이 아닌 것은?

① 밀폐구조로 소음이 작다.

② 근거리 고장 등 가혹한 재기 전압에 대해서도 우수하다.

③ 아크에 의해 SF_6 가스가 분해되며 유독가스를 발생시킨다.

④ SF_6 가스의 소호능력은 공기의 $100 \sim 200$배 이다.

|정|답|및|해|설|

[SF₆ 가스 차단기의 특징]
· SF₆ 가스사용 독성이 없다.
· 소호누적이 공기의 100~200배
· 절연누적이 공기의 3~4배
· 입축공기를 사용하지민 밀폐식이므로 소음이 없다.
· 근거리 고장 등 가혹한 재기전압에도 성능이 우수하다.

【정답】③

32. 원자로 내에서 발생한 열에너지를 외부로 끄집어 내기 위한 열매체를 무엇이라고 하는가?

① 반사체

② 감속재

③ 냉각재

④ 제어봉

|정|답|및|해|설|

[냉각제] 냉각제란 원자로 내에서 발생한 열에너지를 외부로 끄집어내기 위한 열매체로 다음과 같은 구비 조건을 갖추어야 한다.
· 열전달 특성이 좋을 것
· 중성자 흡수가 적을 것
· 열용량이 클 것
· 비등점이 높을 것

【정답】③

33. 송전선로에 복도체를 사용하는 가장 주된 목적은?

① 건설비를 절감하기 위하여

② 진동을 방지하기 위하여

③ 전선의 처짐 정도(이도)를 주기 위하여

④ 코로나를 방지하기 위하여

|정|답|및|해|설|

[복도체] 3상 송전선의 한 상당 전선을 2가닥 이상으로 한 것을 다도체라 하고, 2가닥으로 한 것을 보통 복도체라 한다.
1. 코로나 임계전압이 15~20[%] 상승하여 코로나 발생을 억제
2. 인덕턴스 20~30[%] 감소
3. 정전용량 20[%] 증가
4. 안정도기 증대된다.　　　　　　　　　　　　【정답】④

34. 수전단 전압이 송전단 전압보다 높아지는 현상을 무엇이라 하는가?

① 옵티마 현상　　　　② 자기 여자 현상

③ 페란티 현상　　　　④ 동기화 현상

|정|답|및|해|설|

[페란티 효과] 무부하나 경부하시에 수전단 전압이 송전단 전압보다 높아지는 현상
·원인 : 정전용량
·대책 : 분로 리액터　　　　　　　　　　　　【정답】③

35. 선로 임피던스 Z, 송수전단 양쪽에 어드미턴스 Y인 π형 회로의 4단자 정수에서 B의 값은?

① Y　　　　　　　　② Z

③ $1+\dfrac{ZY}{2}$　　　　④ $Y+(1+\dfrac{ZY}{4})$

|정|답|및|해|설|

[π형 회로의 4단자 정수]

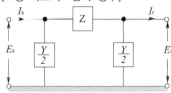

·$E_s = AE_r + BI_r$
·$I_s = CE_r + DI_r$

$$\begin{bmatrix} A & B \\ C & D \end{bmatrix} = \begin{bmatrix} 1+\dfrac{ZY}{2} & Z \\ Y\left(1+\dfrac{ZY}{4}\right) & 1+\dfrac{ZY}{2} \end{bmatrix}$$

·전압 $A = 1+\dfrac{Z_3}{Z_2}$

·임피던스 $B = Z_2$

·어드미턴스 $C = \dfrac{Z_1 + Z_2 + Z_3}{Z_1 Z_3}$

·전류비 $D = 1+\dfrac{Z_2}{Z_1}$　　　　　　　　　【정답】②

36. 출력 20[kW]의 전동기로서 총 양정 10[m], 펌프 효율 0.75일 때 양수량은 몇 [m^3/min]인가?

① 9.18　　　　　　　② 9.85

③ 10.31　　　　　　④ 11.02

|정|답|및|해|설|

[펌프용 전동기의 출력] $P = \dfrac{QH}{6.12\eta}$ [kW]

$Q = \dfrac{6.12 P\eta}{H} = \dfrac{6.12 \times 20 \times 0.75}{10} = 9.18[m^3/\min]$

　　　　　　　　　　　　　　　　　　【정답】①

37. 전압이 일정값 이하로 되었을 때 동작하는 것으로서 단락시 고장 검출용으로 사용되는 계전기는?

① OVR　　　　　　　② OVGR

③ NSR　　　　　　　④ UVR

|정|답|및|해|설|

[고장 검출용으로 사용되는 계전기]
· 전압이 일정값 이하 시 동작 : 부족전압 계전기(UVR)
· 전압이 일정값 초과 시 동작 : 과전압 계전기(OVR)
　　　　　　　　　　　　　　　　　　【정답】④

38. 취수구에 제수문을 설치하는 목적은?

① 모래를 배체한다.　　② 홍수위를 낮춘다.

③ 유량을 조절한다.　　④ 낙차를 높인다.

|정|답|및|해|설|

[제수문] 취수구에 제수문을 설치하는 주된 목직은 취수량을 조절하고, 수압관 수리시 물의 유입을 단절하기 위함이다.
※취수구 : 저수지, 하천 등에서 수로에 물을 취수하기 위하여 설치한 시설　　　　　　　　　　　【정답】③

39. 송전단 전압 161[kV], 수전단 전압 154[kV], 상차 각 45도, 리액턴스 14.14[Ω]일 때, 선로손실을 무시하면 전송전력은 몇 [MW]인가?

① 1753   ② 1518

③ 1240   ④ 877

|정|답|및|해|설|

[전송전력] $P = \dfrac{V_s V_r}{X} \sin\theta = \dfrac{161 \times 154}{14.14} \sin 45° = 1240[MW]$

【정답】③

40. 연가를 하는 주된 목적에 해당되는 것은?

① 선로정수를 평형 시키기 위하여

② 단락사고를 방지하기 위하여

③ 대전력을 수송하기 위하여

④ 페란티 형상을 줄이기 위하여

|정|답|및|해|설|

[연가] 선로정수를 평형하게 하기 위하여 각 상이 선로의 길이를 3배수 등분하여 각 위치를 한 번씩 돌게 하는 것으로 특징은 다음과 같다.
·선로정수 평형
·직렬공진 방지
·유도장해 감소

【정답】①

2회 **2014년 전기산업기사필기 (전기기기)**

41. 동기 발전기의 병렬운전조건에서 같지 않아도 되는 것은?

① 기전력   ② 위상

③ 주파수   ④ 용량

|정|답|및|해|설|

[동기발전기의 병렬운전 조건]
·기전력의 크기가 같을 것
·기전력의 위상이 같을 것
·기전력의 주파수가 같을 것
·기전력의 파형이 같을 것
·상회전 방향이 같을 것

【정답】④

42. 전력용 MOSPET와 전력용 BJT에 대한 설명 중 틀린 것은?

① 전력용 BJT는 전압제어소자로 온 상태를 유지하는데 거의 무시할 만큼 전류가 필요로 한다.

② 전력용 MOSFET는 비교적 스위칭 시간이 짧아 높은 스위칭 주파수로 사용할 수 있다.

③ 전력용 BJT는 일반적으로 턴온 상태에서의 전압강하가 전력용 MOSFER보다 작아 전력손실이 적다.

④ 전력용 MOSFET는 온오프 제어가 가능한 소자이다.

|정|답|및|해|설|

[전력용 MOSPET와 전력용 BJT] BJT는 베이스 전류로 컬렉터 전류 제어 스위치로, 온상태를 유지하기 위해 지속적이고 일정한 크기의 베이스 전류가 필요하다. 【정답】①

43. 다음 중 반자성 특성을 갖는 자성체는?

① 규소강판   ② 초전도체

③ 페리자성체   ④ 네오디움 자석

|정|답|및|해|설|

[반자성체의 특성] 초전도체는 임계온도 이하에서 완전 반자성을 나타낸다. 【정답】②

44. 직류 분권발전기의 무부하 포화 곡선이 $V = \dfrac{950 I_f}{30 + I_f}$ 이고, I_f는 계자전류[A], V는 무부하 전압[V]으로 주어질 때 계자 회로의 저항이 25[Ω]이면, 몇 [V]의 전압이 유기되는가?

① 200   ② 250   ③ 280   ④ 300

|정|답|및|해|설|

[직류 분권발전기의 단자전압] $V = I_f R_f [V]$

여기서, I_f : 계자전류, R_f : 계자저항

· $V = \dfrac{950 I_f}{30 + I_f}$, 계자 저항 $R_f = 25[\Omega]$이므로 $V = I_f R_f = 25 I_f [V]$

· $I_f = \dfrac{V}{R_f} = \dfrac{V}{25}$ [A]

∴ $V = \dfrac{950 \dfrac{V}{25}}{30 + \dfrac{V}{25}} = \dfrac{950 V}{750 + V} \rightarrow 750 V + V^2 = 950 V \rightarrow V = 200[\text{M}]$

【정답】①

45. 권선형 유도전동기에서 비례추이를 할 수 없는 것은?

① 회전력   ② 1차 전류

③ 2차 전류   ④ 출력

|정|답|및|해|설|

[비례추이] 비례추이란 2차 회로 저항(외부 저항)의 크기를 조정함으로써 슬립을 바꾸어 속도와 토크를 조정하는 것
1. 비례추이 할 수 있는 것 : 1차전류, 2차전류, 역률, 동기와트 등
2. 비례추이 할 수 없는 것 : 출력 외에 2차동손, 효율 등
【정답】④

46. 용량 150[kVA]의 단상 변압기의 철손이 1[kW], 전부하동손이 4[kW]이다. 이 변압기의 최대효율은 몇 [kVA]에서 나타나는가?

① 50   ② 75   ③ 100   ④ 150

|정|답|및|해|설|

[변압기의 최대효율]

변압기의 효율 $\left(\dfrac{1}{m}\right)^2 P_c = P_i$ 일 때 최대

$\dfrac{1}{m^2} \times 4 = 1,\ \dfrac{1}{m} = \sqrt{\dfrac{1}{4}} = \dfrac{1}{2}$

$150 \times \dfrac{1}{2} = 75[kVA]$ 에서 최대 효율   【정답】②

47. 단상 전파 제어 정류회로에서 순저항 부하일 때의 평균 출력 전압은? (단, V_m은 인가 전압의 최대값이고 점호각은 α이다.)

① $\dfrac{V_m}{\pi}(1+\cos\alpha)$ ② $\dfrac{V_m}{\pi}(1+\tan\alpha)$

③ $\dfrac{2V_m}{\pi}(1+\cos\alpha)$ ④ $\dfrac{2V_m}{\pi}(1+\tan\alpha)$

|정|답|및|해|설|

[단상 전파 제어 정류 회로]

	반파정류	전파정류
다이오드	$V_d = \dfrac{\sqrt{2}\,V_i}{\pi} = 0.45V_i$	$V_d = \dfrac{2\sqrt{2}\,V_i}{\pi} = 0.9V_i$
SCR	$V_d = \dfrac{\sqrt{2}\,V_i}{2\pi}(1+\cos\alpha)$	$V_d = \dfrac{\sqrt{2}\,V_i}{\pi}(1+\cos\alpha)$

여기서, V_d : 직류전압, V_i : 교류전압의 실효값
【정답】①

48. 단상 유도전동기의 기동방법 중 기동 토크가 가장 큰 것은?

① 반발기동형   ② 반발유도형

③ 콘덴서기동형   ④ 분상기동형

|정|답|및|해|설|

[단상 유도전동기의 기동토크 크기]
반발기동형 – 반발유도형 – 콘덴서기동형 – 분상기동형 – 모노사이클릭 기동형 순이다.   【정답】①

49. 단락비가 큰 동기기는?

① 안정도가 높다.

② 전압변동률이 크다.

③ 기계가 소형이다.

④ 전기자 반작용이 크다.

|정|답|및|해|설|

[단락비]
1. 단락비가 작은 동기기 : 부피가 작고, 철손, 기계손 등의 고정손이 작아 효율은 좋아지나 전압변동률이 크고 안정도 및 선로충전용량이 작아지는 단점이 있다.
2. 단락비가 큰 동기기(철기계) : 기계의 중량과 부피가 크고, 고정손(철손, 기계손)이 커서 효율이 나쁘다. 반면 전압변동률이 작고 안정도가 높다. 전기자 반작용이 작다.
【정답】①

50. 직류 분권전동기의 공급 전압의 극성을 반대로 하면 회전방향은 어떻게 되는가?

① 변하지 않는다.   ② 반대로 된다.

③ 발전기로 되다.   ④ 회전하지 않는다.

|정|답|및|해|설|

[직류 분권전동기] 직류 분권전동기의 공급전압의 극성이 반대로 되면, 계자전류와 전기자전류의 방향이 동시에 반대로 되기 때문에 회전 방향은 변하지 않는다.   【정답】①

51. [보기]의 설명에서 빈칸 ㉠~㉢에 알맞은 말은?

> [보기]
> 권선형 유도전동기에서 2차저항을 증가시키면 기동전류는 (㉠)하고 기동토크는 (㉡)하며, 2차회로의 역률이 (㉢)되고 최대토크는 일정하다.

① ㉠ 감소 ㉡ 증가 ㉢ 좋아지게
② ㉠ 감소 ㉡ 감소 ㉢ 좋아지게
③ ㉠ 감소 ㉡ 증가 ㉢ 나빠지게
④ ㉠ 증가 ㉡ 감소 ㉢ 나빠지게

|정|답|및|해|설|
[권선형 유도전동기] 권선형 유도전동기에서 2차저항을 증가시키면 기동전류는 (감소)하고 기동토크는 (증가)하며, 2차회로의 역률이 (좋아지게)되고 최대토크는 일정하다. 【정답】①

52. 10[kVA], 2000/380[V]의 변압기 1차 환산 등가 임피던스가 3+j4[Ω]이다. %임피던스 강하는 몇 [%]인가?

① 0.75 ② 1.0 ③ 1.25 ④ 1.5

|정|답|및|해|설|
[%임피던스 강하] $\%Z = \dfrac{I_{1n}z}{V_{1n}} \times 100[\%]$

$\cdot I_{1m} = \dfrac{P}{V_{1n}} = \dfrac{10 \times 10^3}{2000} = 5[A]$

$\cdot Z = \sqrt{r^2 + x^2} = \sqrt{3^2 + 4^2} = 5[A]$

$\therefore \%Z = \dfrac{I_{1n}z}{V_{1n}} \times 100 = \dfrac{5 \times 5}{2000} \times 100 = 1.25[\%]$ 【정답】③

53. 무효 전력 보상 장치(동기조상기)를 부족여자로 사용하면?

① 리액터로 작용
② 저항손의 보상
③ 일반 부하의 뒤진 전류를 보상
④ 콘덴서로 작용

|정|답|및|해|설|
[부족 여자 운전] 뒤진 전류가 흘러서 리액터로 작용하여 충전 전류에 의하여 발전기의 자기 여자 작용으로 일어나는 단자전압의 이상 상승을 방지할 수 있다. 【정답】①

54. 직류 분권전동기의 운전 중 계자저항기의 저항을 증가하면 속도는 어떻게 되는가?

① 변하지 않는다. ② 증가한다.
③ 감소한다. ④ 정지한다.

|정|답|및|해|설|
[직류 분권전동기] 계자저항 R_f을 증가시키면 여자 전류가 감소하고 따라서 계자자속 Ø이 감소한다.
$E = KØN[V]$에서 E가 일정할 때 자속이 감소하면 속도는 증가하게 된다. 【정답】②

55. 사이리스터 특성에 대한 설명 중 틀린 것은?

① 하나의 스위치 작용을 하는 반도체이다.
② pn접합을 여러 개 적당히 결합한 전력용 스위치이다.
③ 사이리스터를 턴온시키기 위해 필요한 최소의 순방향 전류를 래칭전류라 한다.
④ 유지전류는 래칭전류보다 크다.

|정|답|및|해|설|
[사이리스터 특성]
1. 래칭전류 : 사이리스터를 확실하게 턴온시키기 위해 필요한 최소한의 순전류를 래칭전류라 한다.
2. 유지전류 : 게이트가 개방되어 도통되고 있는 상태를 유지하기 위해 최소의 순전류를 유지전류라고 한다.
※유지전류보다 래칭전류가 조금 크다. 【정답】④

56. $E_1 = 2000[V]$, $E_2 = 100[V]$의 변압기에서 $r_1 = 0.2[\Omega]$, $r_2 = 0.0005[\Omega]$, $x_1 = 2[\Omega]$, $x_2 = 0.005[\Omega]$이다. 권수비 a는?

① 60 ② 30
③ 20 ④ 10

|정|답|및|해|설|
[권수비] $a = \dfrac{E_1}{E_2} = \dfrac{N_1}{N_2} = \dfrac{I_2}{I_1} = \sqrt{\dfrac{R_1}{R_2}}$

$\therefore a = \dfrac{2000}{100} = 20$ 【정답】③

57. 출력이 20[kW]인 직류발전기의 효율이 80[%]이면 손실[kW]은 얼마인가?

① 1   ② 2

③ 5   ④ 8

|정|답|및|해|설|

[손실] 손실 = 입력 － 출력

효율 $\eta = \dfrac{출력}{입력}$

손실을 $P_l[kW]$라 하면 $0.8 = \dfrac{20}{20 + P_l}$

$P_l = \dfrac{20}{0.8} - 20 = 25 - 20 = 5[kW]$ 【정답】③

58. 명판(name plate)에 정격전압 220[V], 정격전류 14.4[A], 출력 3.7[kW]로 기재되어 있는 3상 유도전동기가 있다. 이 전동기의 역률을 84[%]라 할 때 이 전동기의 효율[%]은?

① 78.25   ② 78.84

③ 79.15   ④ 80.27

|정|답|및|해|설|

[전동기의 효율] $\eta = \dfrac{P}{\sqrt{3}\,VI\cos\theta} \times 100[\%]$

$\rightarrow (P = \sqrt{3}\,VI\cos\theta \cdot \eta)$

$\therefore \eta = \dfrac{P}{\sqrt{3}\,VI\cos\theta} \times 100$

$= \dfrac{3.7 \times 10^3}{\sqrt{3} \times 220 \times 14.4 \times 0.84} \times 100[\%] = 80.27[\%]$

【정답】④

59. 단상 교류 정류자 전동기의 직권형에 가장 적합한 부하는?

① 치과 의료용   ② 펌프용

③ 송풍기용   ④ 공작 기계용

|정|답|및|해|설|

[단상 직권정류자 전동기] 단상 직권정류자 전동기(단상 직권전동기)는 교·지 양용으로 사용할 수 있으며 만능 전동기라고도 불린다. 75[W] 이하의 소형으로 가정용 미싱, 소형공구, 영사기, 믹서, 치과 의료용 엔진 등에 사용된다.

【정답】①

60. 전기자를 고정자로하고, 계자극을 회전자로 한 회전자계형으로 가장 많이 사용되는 것은?

① 직류 발전기   ② 회전 변류기

③ 동기 발전기   ④ 유도 발전기

|정|답|및|해|설|

[회전계자방식] 회전계자방식은 동기발전기의 회전자에 의한 분류로 전기자를 고정자로 하고 계자극을 회전자로 한 방식이다.

【정답】③

61. 1차 지연 요소의 전달함수는?

① K ② $\dfrac{K}{s}$ ③ Ks ④ $\dfrac{K}{1 + Ts}$

|정|답|및|해|설|

[1차 지연 요소] $G(s) = \dfrac{K}{1 + Ts}$

① 비례요소 : $G(s) = K$

② 적분요소 : $G(s) = \dfrac{K}{s}$

③ 미분요소 : $G(s) = Ks$ 【정답】④

62. 어떤 회로에 $E = 200 \angle \dfrac{\pi}{3}[V]$의 전압을 가하니 $I = 10\sqrt{3} + j10[A]$의 전류가 흘렀다. 이 회로의 무효전력[Var]은?

① 707   ② 1000

③ 1732   ④ 2000

|정|답|및|해|설|

[무효전력] $P_a = \overline{V}I[VA]$

·전력 $I = 10\sqrt{3} + j10$

$= \sqrt{(10\sqrt{3})^2 + 10^2}\,\tan^{-1}\left(\dfrac{1}{\sqrt{3}}\right) = 20 \angle 30°[A]$

·$P_a = \overline{V}I = 200 \angle -60° \times 20 \angle 30°$

$= 4000 \angle -30°$

$= 4000(\cos 30° - j\sin 30°)$

$= 2000\sqrt{3} - j2000[VA]$

$\therefore$ 무효전력 : $2000[Var]$, 유효전력 : $2000\sqrt{3}[W]$

【정답】④

63. 그림과 같은 회로에서 공진시의 어드미턴스[℧]는?

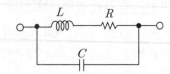

① $\dfrac{CR}{L}$　　② $\dfrac{LC}{R}$

③ $\dfrac{C}{RL}$　　④ $\dfrac{R}{LC}$

|정|답|및|해|설|

[공진시의 어드미턴스(병렬 시)] 공진시는 합성 어드미턴스의 허수부가 0이므로

$$Y = Y_1 + Y_2 = \frac{1}{R+jwL} + jwC$$
$$= \frac{R}{R^2+w^3L^2} + j\left(wC - \frac{wL}{R^2+w^3L^2}\right) = \frac{R}{R^2+w^3L^2}$$

$wC = \dfrac{wL}{R^2+\omega^2L^2}$ 이므로 $R^2 + w^3L^2 = \dfrac{L}{C}$

$$Y_r = \frac{R}{R^2+w^2L^2} = \frac{R}{\frac{L}{C}} = \frac{CR}{L}$$
　　　　　　　　　　　　　　　【정답】①

64. 3상 불평형 전압에서 영상전압이 150[V]이고 정상전압이 500[V], 역상전압이 300[V]이면 전압의 불평형률[%]은?

① 70　　② 60

③ 50　　④ 40

|정|답|및|해|설|

[불평형률] 불평형률 $= \dfrac{\text{역상전압}}{\text{정상전압}} \times 100 = \dfrac{300}{500} \times 100 = 60[\%]$

　　　　　　　　　　　　　　　【정답】②

65. 어떤 제어계의 출력이 $C(s) = \dfrac{5}{s(s^2+s+2)}$ 로 주어질 때 출력의 시간함수 $c(t)$의 정상값은?

① 5　　② 2　　③ $\dfrac{2}{5}$　　④ $\dfrac{5}{2}$

|정|답|및|해|설|

[정상값(최종값 정리)] $t \to \infty$

$$\lim_{t\to\infty} c(t) = \lim_{s\to 0} sC(s) = \lim_{s\to 0} \frac{5}{s(s^2+s+2)} = \frac{5}{2}$$

　　　　　　　　　　　　　　　【정답】④

66. 그림과 같은 회로에서 정전용량 C[F]를 충전한 후 스위치 S를 닫아서 이것을 방전할 때 과도전류는? (단, 회로에는 저항이 없다.)

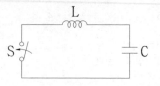

① 주파수가 다른 전류

② 크기가 일정하지 않은 전류

③ 증가 후 감쇠하는 전류

④ 불변의 진동전류

|정|답|및|해|설|

[LC직렬회로] 저항 성분이 없으므로 전력 소모가 없고 L, C내의 보유 에너지는 불변하므로 크기, 주파수가 변함없는 불변의 진동 전류가 흐른다.

　　　　　　　　　　　　　　　【정답】④

67. 저항 4[Ω]과 유도리액턴스 $X_L[\Omega]$이 병렬로 접속된 회로에 12[V]의 교류전압을 가하니 5[A]의 전류가 흘렀다. 이 회로의 $X_L[\Omega]$은?

① 8　　② 6

③ 3　　④ 1

|정|답|및|해|설|

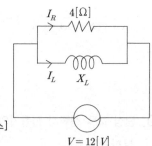

[RL병렬회로 유도리액턴스]

병렬접속인 경우 전압이 일정하므로 저항에 흐르는 전류

$$I_R = \frac{V}{R} = \frac{12}{4} = 3[A] \qquad \to (I = I_R + I_L)$$

$$I_L = \sqrt{I^2 - I_R^2} = \sqrt{5^2 - 3^2} = 4[A]$$

$X_L \cdot I_L = 12[V]$이므로

$$\therefore X_L = \frac{12}{I_L} = \frac{12}{4} = 3[\Omega]$$
　　　　　　　　　　　　　　　【정답】③

68. 3상 회로의 영상분, 정상분, 역상분을 각각 I_0, I_1, I_2라 하고 선전류를 I_a, I_b, I_c라 할 때 I_b는?

(단, $a = -\frac{1}{2} + j\frac{\sqrt{3}}{2}$ 이다.)

① $I_0 + I_1 + I_2$

② $\frac{1}{3}(I_0 + I_1 + I_2)$

③ $I_0 + a^2 I_1 + a I_2$

④ $\frac{1}{3}(I_0 + a I_1 + a^2 I_2)$

|정|답|및|해|설|
1. 영상분 : $I_a = I_0 + I_1 + I_2$
2. 정상분 : $I_b = I_0 + a^2 I_1 + a I_2$
3. 역상분 : $I_c = I_0 + a I_1 + a^2 I_2$　　　　【정답】③

69. 다음 용어 설명 중 틀린 것은?

① 역률 = $\frac{유효전력}{피상전력}$

② 파형률 = $\frac{평균값}{실효값}$

③ 파고율 = $\frac{최대값}{실효값}$

④ 왜형률 = $\frac{전고조파의 실효값}{기본파의 실효값}$

|정|답|및|해|설|
② 파형률 = $\frac{실효값}{평균값}$　　　　【정답】②

70. 그림과 같은 구형파의 라플라스 변환은?

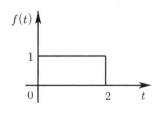

① $\frac{1}{s}(1 - e^{-s})$　　② $\frac{1}{s}(1 + e^{-s})$

③ $\frac{1}{s}(1 - e^{-2s})$　　④ $\frac{1}{s}(1 + e^{-2s})$

|정|답|및|해|설|
[구형파의 라플라스 변환]
$f(t) = u(t) - u(t-2)$
$F(s) = \mathcal{L}[f(t)] = \mathcal{L}[u(t) - u(t-2)]$
$= \frac{1}{s} - \frac{1}{s}e^{-2s} = \frac{1}{s}(1 - e^{-2s})$　　　　【정답】③

71. 3대의 단상변압기를 △결선으로 하여 운전하던 중 변압기 1대가 고장으로 제거하여 V결선으로 한 경우 공급할 수 있는 전력은 고장전 전력의 몇 [%]인가?

① 57.7　　　　② 50.0

③ 63.3　　　　④ 67.7

|정|답|및|해|설|
[3상 V결선의 출력비]
출력비 = $\frac{P_V}{P_\triangle} = \frac{\sqrt{3}P}{3P} = \frac{\sqrt{3}}{3} = 0.577 = 57.7[\%]$
여기서, P : 변압기 1대의 출력
※이용률 : $\frac{\sqrt{3}P_a}{2P_a} = \frac{\sqrt{3}}{2} = 0.866$　　　　【정답】①

72. 어떤 코일의 임피던스를 측정하고자 직류전압 100[V]를 가했더니 500[W]가 소비되고, 교류전압 150[V]를 가했더니 720[W]가 소비되었다. 코일의 저항[Ω]과 리액턴스[Ω]는 각각 얼마인가?

① $R = 20, X_L = 15$

② $R = 15, X_L = 20$

③ $R = 25, X_L = 20$

④ $R = 30, X_L = 25$

|정|답|및|해|설|
[RL직렬회로 저항과 리액턴스]
· 직류 $R = \frac{V^2}{P} = \frac{100^2}{500} = 20[\Omega]$

· 교류 $P = \frac{V^2 R}{R^2 + X^2}$ → $720 = \frac{150^2 \times 20}{20^2 + X^2}[\Omega]$

$\therefore X = \sqrt{\frac{150^2 \times 20}{720} - 20^2} = 15[\Omega]$　　　　【정답】①

73. 정상상태에서 시간 t=0초인 순간에 스위치 s를 열면 흐르는 전류 $i(t)$는?

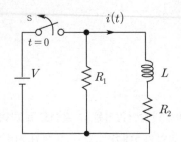

① $\dfrac{E}{R}e^{-\frac{R_1+R_2}{L}t}$ ② $\dfrac{V}{R_1}e^{-\frac{L}{R_1+R_2}t}$

③ $\dfrac{V}{R_2}e^{-\frac{R_1+R_2}{L}t}$ ④ $\dfrac{V}{R_2}e^{-\frac{L}{R_1+R_2}t}$

|정|답|및|해|설|

[일반식] $i(t)=i(\infty)+[i(0)-i(\infty)]\cdot e^{-\frac{t}{\tau}}$

여기서, $i(0)$: 초기값, $i(\infty)$: 최종값, τ : 시정수)

1. 정상상태에서 L은 단락(0[Ω])

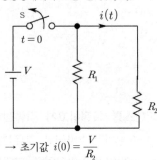

→ 초기값 $i(0)=\dfrac{V}{R_2}$

2. 최종값 $i(\infty)$: 스위치가 열린 상태
   → 최종값 $i(\infty)=0$

3. 시정수 : $\tau=\dfrac{L}{R}=\dfrac{L}{R_1+R_2}$
   → 최종값 $i(\infty)=0$

$\therefore i(t)=i(\infty)+[i(0)-i(\infty)]\cdot e^{-\frac{t}{\tau}}$

$=\dfrac{V}{R_2}\times e^{-\frac{R_1+R_2}{L}t}[A]$ 【정답】③

74. 어떤 회로에 흐르는 전류가 $i=7+14.1\sin\omega t$ [A]인 경우 실효값은 약 몇 [A]인가?

① 11.2[A] ② 12.2[A]

③ 13.2[A] ④ 14.2[A]

|정|답|및|해|설|

[비정현파의 실효값] $I=\sqrt{I_0^2+I_1^2+I_2^2+\cdots+I_n^2}$

$\rightarrow (I=\dfrac{I_m}{\sqrt{2}})$

$I=\sqrt{I_0^2+I_1^2}=\sqrt{7^2+\left(\dfrac{14.1}{\sqrt{2}}\right)^2}=12.2[A]$ 【정답】②

75. 단자 a-b에 30[V]의 전압을 가했을 때 전류 I는 3[A]가 흘렀다고 한다. 저항 r[Ω]은 얼마인가?

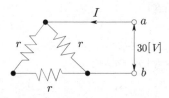

① 5 ② 10

③ 15 ④ 20

|정|답|및|해|설|

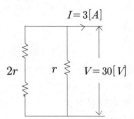

[저항]

$r=\dfrac{V}{I}[\Omega]$

$V=\dfrac{r\cdot 2r}{r+2r}\cdot I=\dfrac{2}{3}r\cdot I$

$r=\dfrac{V}{I}\times\dfrac{3}{2}=\dfrac{30}{3}\times\dfrac{3}{2}=15[\Omega]$ 【정답】③

76. $f(t)=At^2$의 라플라스 변환은?

① $\dfrac{A}{s^2}$ ② $\dfrac{2A}{s^2}$

③ $\dfrac{A}{s^3}$ ④ $\dfrac{2A}{s^3}$

|정|답|및|해|설|

[라플라스 변환] $\delta(t^n)=\dfrac{n!}{s^{n+1}}$

$\mathcal{L}[At^n]=A\mathcal{L}[t^n]=\dfrac{A\cdot n!}{S^{n+1}}=\dfrac{A\cdot 2!}{S^{2+1}}=\dfrac{2A}{S^3}$ 【정답】④

77. 그림과 같은 회로에서 임피던스 파라미터 Z_{11}은?

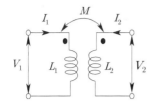

① sL_1 ② sM

③ sL_1L_2 ④ sL_2

|정|답|및|해|설|

[임피던스 파라미터]

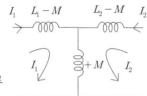

1. T형 등가회로

$Z_{11} = j\omega(L_1 - M) + j\omega M = j\omega L_1 - j\omega M + j\omega M$
$\qquad = j\omega L_1 = sL_1$

【정답】①

|참|고|

[다른 방법]

1. 임피던스(Z) → T형으로 만든다.

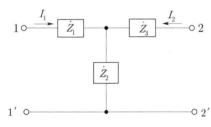

· $Z_{11} = Z_1 + Z_2 [\Omega]$

· $Z_{12} = Z_{21} = Z_2 [\Omega]$ → (I_2→, 전류방향 같을 때)

· $Z_{12} = Z_{21} = -Z_2 [\Omega]$ → (I_2 ←전류방향 다를 때)

· $Z_{22} = Z_2 + Z_3 [\Omega]$

2. 어드미턴스(Y) → π형으로 만든다.

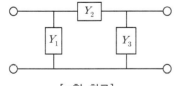

[π형 회로]

· $Y_{11} = Y_1 + Y_2 [\mho]$

· $Y_{12} - Y_{21} = Y_2 [\mho]$ → (I_2→, 전류방향 같을 때)

· $Y_{12} = Y_{21} = -Y_2 [\mho]$ → (I_2 ←, 전류방향 다를 때)

· $Y_{22} = Y_2 + Y_3 [\mho]$

78. RL 병렬회로의 합성임피던스$[\Omega]$는? (단, $w[rad/s]$는 이 회로의 각 주파수이다.)

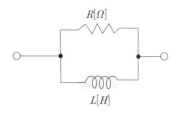

① $R(1 + j\dfrac{wL}{R})$ ② $R(1 - j\dfrac{1}{wL})$

③ $\dfrac{R}{(1 - j\dfrac{R}{wL})}$ ④ $\dfrac{R}{(1 + j\dfrac{R}{wL})}$

|정|답|및|해|설|

[RL 병렬회로의 합성임피던스] $Z = \dfrac{Z_1 \times Z_2}{Z_1 + Z_2} = \dfrac{R \times jwL}{R + jwL}$

$\therefore Z = \dfrac{R \times jwL}{R + jwL} = \dfrac{R}{1 + \dfrac{R}{jwL}} = \dfrac{R}{1 - j\dfrac{R}{wL}}$ 【정답】③

79. 3상 유도전동기의 출력이 3.7[kW], 선간전압 200[V], 효율 90[%], 역률 80[%]일 때, 이 전동기에 유입되는 선전류는 약 몇 [A]인가?

① 8   ② 10

③ 12   ④ 15

|정|답|및|해|설|

[3상유도전동기 선전류] $I_l = \dfrac{P}{\sqrt{3}\, V_l \cos\theta\, \eta}[A]$

$\qquad\qquad\qquad\qquad\qquad → (P = \sqrt{3}\, V_l I_l \cos\theta\, \eta)$

$\therefore$ 선전류 $I_l = \dfrac{P}{\eta\sqrt{3}\, V_l \cos\theta} = \dfrac{3.7 \times 10^3}{0.9 \times \sqrt{3} \times 200 \times 0.8} = 15[A]$

【정답】④

80. 그림과 같은 회로망에서 Z_1을 4단자 정수에 의해 표시하면 어떻게 되는가?

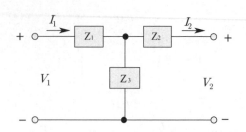

① $\dfrac{1}{C}$　　　　② $\dfrac{D-1}{C}$

③ $\dfrac{B-1}{C}$　　　　④ $\dfrac{A-1}{C}$

|정|답|및|해|설|
[4단자 정수(A와 C)]

$$\begin{bmatrix} A & B \\ C & D \end{bmatrix} = \begin{bmatrix} 1 & Z_1 \\ 0 & 1 \end{bmatrix} \begin{bmatrix} 1 & 0 \\ \frac{1}{Z_3} & 1 \end{bmatrix} \begin{bmatrix} 1 & Z_2 \\ 0 & 1 \end{bmatrix}$$

$$= \begin{bmatrix} 1+\dfrac{Z_1}{Z_3} & Z_1 \\ \dfrac{1}{Z_3} & 1 \end{bmatrix} \begin{bmatrix} 1 & Z_2 \\ 0 & 1 \end{bmatrix}$$

$$= \begin{bmatrix} 1+\dfrac{Z_1}{Z_3} & Z_2\left(1+\dfrac{Z_1}{Z_2}\right)+Z_1 \\ \dfrac{1}{Z_3} & 1+\dfrac{Z_2}{Z_3} \end{bmatrix}$$

· $A = 1 + \dfrac{Z_1}{Z_3}$　　· $C = \dfrac{1}{Z_3}$

$\therefore Z_1 = (A-1)Z_3 = \dfrac{(A-1)}{C}$　　【정답】④

2014년 전기산업기사필기(전기설비기술기준)

81. 발전소 등의 울타리 담 등을 시설할 때 사용전압이 154[kV]인 경우 울타리 담 등의 높이와 울타리 담 등으로부터 충전부분까지의 거리의 합계는 몇 [m] 이상 이어야 하는가?

① 5　　　　② 6
③ 8　　　　④ 10

|정|답|및|해|설|
[특고압용 기계 기구의 시설 (KEC 341.4)] 기계 기구를 지표상 5[m] 이상의 높이에 시설하고 또한 사람이 접촉할 우려가 없도록 시설하는 경우 다음과 같이 시설한다.

사용 전압의 구분	울타리의 높이와 울타리로부터 충전부분까지의 거리의 합계 또는 지표상의 높이
35[kV] 이하	5[m]
35[kV] 초과 160[kV] 이하	6[m]
160[kV] 초과	· 거리=6 + 단수×0.12[m] · 단수 $\dfrac{\text{사용전압}[kV]-160}{10}$ → (단수 계산에서 소수점 이하는 절상)

【정답】②

82. 지지선 시설에 관한 설명으로 틀린 것은?

① 철탑은 지지선을 사용하여 그 강도를 분담시켜야 한다.
② 지지선의 안전율은 2.5이상이어야 한다.
③ 지지선에 연선을 사용할 경우 소선 3가닥 이상의 연선이어야 한다.
④ 지지선 버팀대는 지지선의 인장하중에 충분히 견디도록 시설하여야 한다.

|정|답|및|해|설|
[지지선의 시설 (KEC 331.11)] 가공 전선로의 지지물로서 사용하는 철탑은 지지선을 사용하여 그 강도를 분담시켜서는 아니 된다.
·안전율 : 2.5 이상 일 것
·최저 인상 하중:4.31[kN]
·2.6[mm] 이상의 금속선을 3조 이상 꼬아서 사용
·지중 및 지표상 30[cm]까지의 부분은 아연도금 철봉 등을 사용
【정답】①

83. 중성점 접지식 22.9[kV] 가공전선과 직류 1500[V] 전차선을 동일 지지물에 병행설치(병가)할 때 상호간의 간격(이격거리)은 몇 [m] 이상인가?

① 1.0　　　　② 1.2
③ 1.5　　　　④ 2.0

|정|답|및|해|설|
[특고압 가공전선과 저고압 병행설치(병가)] 특고압 가공전선과 저압 또는 고압 가공전선 사이의 간격(이격거리)은 1.2[m] 이상일 것 다만, 특고압 가공전선이 케이블로서 저압 가공전선이 절연전선이거나 케이블인 때 또는 고압 가공전선이 고압 절연전선, 특고압 절연전선 또는 케이블인 때는 50[cm]까지로 감할 수 있다.　　【정답】②

84. 사용전압 66[kV]의 가공전선을 시가지에 시설할 경우 전선의 지표상 최소 높이는 몇 [m]인가?

① 6.48   ② 8.36

③ 10.48   ④ 12.36

|정|답|및|해|설|
[시가지 등에서 특고압 가공전선로의 시설 (KEC 333.1)]
시가지에 특고가 시설되는 경우 전선의 지표상 높이는 35[kV] 이하 10[m](특고 절연 전선인 경우 8[m]) 이상, 35[kV]를 넘는 경우 10[m]에 35[kV]를 넘는 10[kV] 또는 그 단수마다 12[cm]를 더한 값으로 한다.

· 단수 $= \dfrac{66-35}{10} = 3.1 \rightarrow 4$단

· 지표상의 높이 $= 10 + 4 \times 0.12 = 10.48[m]$ 【정답】③

85. 시가지 등에서 특고압 가공전선로를 시설하는 경우 특고압 가공전선로용 지지물로 사용할 수 없는 것은? (단, 사용전압이 170[kV] 이하인 경우이다.)

① 철탑   ② 철근 콘크리트주

③ A종 철주   ④ 목주

|정|답|및|해|설|
[시가지 등에서 특고압 가공전선로의 시설 (KEC 333.1)] 시가지 등에 시설하는 특고압 가공전선용 지지물은 철주, 철근 콘크리트주, 철탑을 사용하고 목주는 사용할 수 없다.   【정답】④

86. 전기설비의 접지계통과 건축물의 피뢰설비 및 통신설비 등이 접지극을 공용하는 통합 접지공사를 하는 경우 낙뢰 등 과전압으로부터 전기설비를 보호하기 위하여 설치해야 하는 것은?

① 과전류 차단기

② 지락 보호 장치

③ 서지 보호 장치

④ 개폐기

|정|답|및|해|설|
[공통접지 및 통합접지 (KEC 142.5.2)] 전기설비의 접지계통과 건축물의 피뢰설비 및 통신실비 등의 접지극을 공용하는 통합접지공사를 할 수 있다. 이 경우 낙뢰 등에 의한 과전압으로부터 전기설비 등을 보호하기 위해 서지보호장치를 설치하여야 한다.   【정답】③

87. 가요전선관 공사에 의한 저압 옥내배선으로 틀린 것은?

① 2종 금속제 가요전선관을 사용하였다.

② 사용전압이 380[V] 이므로 가요전선관에 제 3종 접지공사를 하였다.

③ 전선으로 옥외용 비닐 절연전선을 사용하였다.

④ 가요전선관공사는 kec140에 준하여 접지공사를 할 것

|정|답|및|해|설|
[금속제 가요 전선관 공사 (KEC 232.13)] 가요 전선관 공사에 의한 저압 옥내 배선의 시설
· 전선은 절연전선(옥외용 비닐 절연전선을 제외한다) 이상일 것
· 전선은 연선일 것. 다만, 단면적 10[㎟](알루미늄선은 단면적 16[㎟]) 이하인 것은 그러지 아니하다.
· 가요전선관 안에는 전선에 접속점이 없도록 할 것
· 1종 금속제 가요 전선관은 두께 0.8[㎜] 이상인 것일 것
· 가요전선관은 2종 금속제 가요 전선관일 것
· 가요전선관공사는 kec140에 준하여 접지공사를 할 것   【정답】③

88. 저압 가공전선과 고압 가공전선을 동일 지지물에 시설하는 경우 간격(이격거리)은 몇 [cm] 이상이어야 하는가?

① 50   ② 60

③ 70   ④ 80

|정|답|및|해|설|
[고압 가공전선 등의 병행설치 (KEC 332.8)] 저압 가공 전선과 고압 가공 전선 사이의 간격(이격거리)은 50[cm] 이상 일 것, 단 케이블 사용 → 30[cm] 이상   【정답】①

89. 300[kHz]부터 3000[kHz]까지의 주파수대에서 전차선로에서 발생하는 전파의 허용한도 상대레벨의 준첨두 값[dB]은?

① 25.5   ② 32.5

③ 36.5   ④ 40.5

|정|답|및|해|설|
[전파 장해의 방지 (kec 331.1)] 전차선로에서 발생하는 전파의 허용한도는 300[kHz]부터 3000[kHz]까지의 주파수대에서 36.5[dB](준 첨두값)일 것   【정답】③

90. 옥내의 네온 방전등 공사에 대한 설명으로 틀린 것은?

① 방전등용 변압기는 네온 변압기일 것
② 관등회로의 배선은 점검할 수 없는 은폐장소에 시설할 것
③ 관등회로의 배선은 애자사용 공사에 의하여 시설할 것
④ 금속제프레임 등은 kec140의 규정에 준하여 접지공사를 한다.

|정|답|및|해|설|
[옥내의 네온 방전등 공사 (KEC 234.12)] 옥내에 시설하는 관등회로의 사용전압이 1[kV]를 넘는 관등회로의 배선은 애자사용공사에 의하여 시설하고 또한 다음에 의할 것
· 전선은 네온전선일 것
· 전선은 조영재의 옆면 또는 아래 면에 붙일 것. 다만, 전선을 전개된 장소에 시설하는 경우에 기술상 부득이한 때에는 그러하지 아니하다.
· 전선의 지지점간의 거리는 1[m] 이하일 것
· 전선 상호간의 간격은 6[cm] 이상일 것
· 금속제프레임 등은 kec140의 규정에 준하여 접지공사를 한다.
【정답】②

91. 사용전압 220[V]인 경우에 애자사용 공사에 의한 옥측 전선로를 시설할 때 전선과 조영재와의 간격(이격거리)은 몇 [cm] 이상이어야 하는가?

① 2.5　　　　② 4.5
③ 6　　　　④ 8

|정|답|및|해|설|
[애자사용공사 (KEC 232.56)]
1. 옥외용 및 인입용 절연 전선을 제외한 절연 전선을 사용할 것
2. 전선 상호간의 간격 6[cm] 이상일 것
3. 전선과 조명재의 간격
　· 400[V] 미만은 2.5[cm] 이상
　· 400[V] 이상의 저압은 4.5[cm] 이상
4. 전선과 지지점 사이의 간격

지지 방식	400[V] 미만	400[V] 이상
윗면 또는 옆면에 따라 붙일 경우	2[m]	2[m]
기타	제한없음	6[m]

【정답】①

92. 사용전압 66[kV] 가공전선과 6[kV] 가공전선을 동일 지지물에 시설하는 경우, 특고압 가공전선은 케이블인 경우를 제외하고는 단면적이 몇 $[mm^2]$인 경동연선 또는 이와 동등 이상의 세기 및 굵기의 연선이어야 하는가?

① 22　　　　② 38
③ 50　　　　④ 100

|정|답|및|해|설|
[특고압 가공전선과 저고압 가공전선 등의 병행설치 (KEC 333.17)]

	35[kV] 초과 100[kV] 미만	35[kV] 이하
간격	2[m] 이상	1.2[m] 이상
사용 전선	인장 강도 21.67[kN] 이상의 연선 또는 단면적이 50[mm^2] 이상인 경동 연선	연선

【정답】③

93. 가공전선 및 지지물에 관한 시설기준 중 틀린 것은?

① 가공전선은 다른 가공전선로, 전차선로, 가공 약전류 전선로 또는 광섬유 케이블 선로의 지지물을 사이에 두고 시설하지 말 것
② 가공전선의 분기는 그 전선의 지지점에서 할 것(단, 전선의 장력이 가하여지지 않도록 시설하는 경우는 제외)
③ 가공전선로의 지지물에는 승탑 및 승주를 할 수 없도록 발판 못 등을 시설하지 말 것
④ 가공전선로의 지지물로는 목주, 철주, 철근콘크리트주 또는 철탑을 사용할 것

|정|답|및|해|설|
[가공전선로 지지물의 철탑오름 및 전주오름 방지 (KEC 331.4)]
발판 볼트 등은 1.8[m] 미만에 시설하여서는 안 된다. 다만 다음의 경우에는 그러하지 아니하다.
· 발판 볼트를 내부에 넣을 수 있는 구조
· 지지물에 승탑 및 승주 방지 장치를 시설한 경우
· 취급자 이외의 자가 출입할 수 없도록 울타리 담 등을 시설할 경우
· 산간 등에 있으며 사람이 쉽게 접근할 우려가 없는 곳
【정답】③

94. 수소냉각식 발전기 및 이에 부속하는 수소냉각장치에 관한 시설기준 중 틀린 것은?

① 발전기안의 수소의 압력 계측장치 및 압력 변동에 대한 경보 장치를 시설할 것

② 발전기안의 수소 온도를 계측하는 장치를 시설할 것

③ 발전기는 기밀 구조이고 또한 수소가 대기압에서 폭발하는 경우에 생기는 압력에 견디는 강도를 가지는 것일 것

④ 발전기안의 수소의 순도가 70[%] 이하로 저하한 경우에 경보를 하는 장치를 시설할 것

|정|답|및|해|설|
[수소냉각식 발전기 등의 시설 (kec 351.10)]
수소냉각식의 발전기 · 조상기 또는 이에 부속하는 수소 냉각 장치는 다음 각 호에 따라 시설하여야 한다.
1. 발전기 내부 또는 조상기 내부의 수소의 순도가 85[%] 이하로 저하한 경우에 이를 경보하는 장치를 시설할 것.
2. 발전기 내부 또는 무효 전력 보상 장치(조상기) 내부의 수소의 압력을 계측하는 장치 및 그 압력이 현저히 변동한 경우에 이를 경보하는 장치를 시설할 것.
3. 발전기 내부 또는 무효 전력 보상 장치(조상기) 내부의 수소의 온도를 계측하는 장치를 시설할 것.
4. 수소를 통하는 관은 동관 또는 이음매 없는 강관이어야 하며 또한 수소가 대기압에서 폭발하는 경우에 생기는 압력에 견디는 강도의 것일 것. **【정답】④**

95. 과전류 차단기로 시설하는 퓨즈 중 고압 전로에 사용되는 포장 퓨즈는 정격 전류의 몇 배의 전류에 견디어야 하는가?

① 1.1 ② 1.2

③ 1.3 ④ 1.5

|정|답|및|해|설|
[고압 및 특고압 전로 중의 과전류 차단기의 시설 (KEC 341.10)]
1. 포장퓨즈 : 1.3배에 견디고 2배의 전류에 120분 안에 용단하여야 한다.
2. 비포장 퓨즈 : 1.25배의 전류에 견디고 2배의 전류에서는 2분 동안에 용단되어야 한다. **【정답】③**

96. 저압 옥내배선을 합성수지관 공사에 의하여 실시하는 경우 사용할 수 있는 단선(동선)의 최대 단면적은 몇 $[mm^2]$인가?

① 4 ② 6

③ 10 ④ 16

|정|답|및|해|설|
[합성수지관 공사 (KEC 232.11)]
1. 전선은 절연전선(옥내용 비닐 절연전선을 제외한다)일 것
2. 전선은 연선일 것. 다만, 다음의 것은 적용하지 않는다.
 ·짧고 가는 합성수지관에 넣은 것
 ·단면적 10[㎟](알루미늄선은 단면적 16[㎟]) 이하의 것
3. 전선은 합성수지관 안에서 접속점이 없도록 할 것 **【정답】③**

97. 가반형의 용접전극을 사용하는 아크 용접장치를 시설할 때 용접변압기의 1차측 전로의 대지전압은 몇 [V] 이하이어야 하는가?

① 200 ② 250

③ 300 ④ 600

|정|답|및|해|설|
[아크 용접장치의 시설 (KEC 241.10)]
가반형의 용접 전극을 사용하는 아크용접장치는 다음 각 호에 의하여 시설하여야 한다.
1. 용접변압기는 절연변압기일 것
2. 용접변압기의 1차측 전로의 대지전압은 300[V] 이하일 것
3. 용접변압기의 1차측 전로에는 용접변압기에 가까운 곳에 쉽게 개폐할 수 있는 개폐기를 시설할 것 **【정답】③**

※한국전기설비규정(KEC) 적용으로 인해 더 이상 출제되지 않는 문제는 삭제했습니다.

3회 2014년 전기산업기사필기 (전기자기학)

1. 공기 중에서 무한평면 도체 표면 아래의 1[m] 떨어진 곳에 1[C]의 점전하가 있다. 전하가 받는 힘의 크기는 몇 [N] 인가?

① 9×10^9

② $\dfrac{9}{2} \times 10^9$

③ $\dfrac{9}{4} \times 10^9$

④ $\dfrac{9}{16} \times 10^9$

|정|답|및|해|설|

[무한평면과 점전하(쿨롱인력 F)]

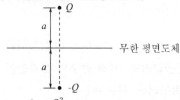

$F = \dfrac{1}{4\pi\epsilon_0} \dfrac{Q^2}{(2d)^2} [N]$

여기서, ϵ_0 : 진공중이 유전율, Q : 전하, d : 거리

$F = \dfrac{Q^2}{16\pi\epsilon_0 d^2} = \dfrac{1}{4} \times \dfrac{1}{4\pi\epsilon_0 d^2}$ → ($\dfrac{1}{4\pi\epsilon_0} = 9 \times 10^9$)

$= \dfrac{1}{4} \times 9 \times 10^9 \times \dfrac{1}{1^2} = \dfrac{9}{4} \times 10^9 [N]$ 【정답】③

2. 비투자율 800의 환상철심으로 하여 권선 600회 감아서 환상솔레노이드를 만들었다. 이 솔레노이드의 평균 반경이 20[cm]이고, 단면적이 10 $[cm^2]$이다. 이 권선에 전류 1[A]를 흘리면 내부에 통하는 자속[Wb]은?

① 2.7×10^{-4}

② 4.8×10^{-4}

③ 6.8×10^{-4}

④ 9.6×10^{-4}

|정|답|및|해|설|

[자속] 자속 $\varnothing = Bs = \mu HS = \mu_0 \mu_s \dfrac{NI}{l} S = \dfrac{\mu_0 \mu_s NIS}{2\pi r}$

→ (환상솔레노이드의 내부 자계 $H = \dfrac{NI}{l} [AT/m]$)

$\therefore$ 자속 $\varnothing = \dfrac{\mu_0 \mu_s NIS}{2\pi r} = \dfrac{4\pi \times 10^{-7} \times 800 \times 600 \times 1 \times 10 \times 10^{-4}}{2\pi \times 20 \times 10^{-2}}$

$= 4.8 \times 10^{-4} [Wb]$ 【정답】②

3. 1[m]의 간격을 가진 선간전압 66000[V]인 2개의 평행 왕복 도선에 10[kA]의 전류가 흐를 때 도선 1[m] 마다 작용하는 힘의 크기는 몇 [N/m]인가?

① 1[N/m]

② 10[N/m]

③ 20[N/m]

④ 200[N/m]

|정|답|및|해|설|

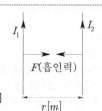

[평행 도선 사이에 작용하는 힘]

힘 $F = \dfrac{\mu_0 I_1 I_2}{2\pi r} = \dfrac{2 I_1 I_2}{r} \times 10^{-7}$ → (전류의 방향이 같은 경우)

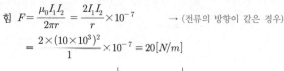

$= \dfrac{2 \times (10 \times 10^3)^2}{1} \times 10^{-7} = 20 [N/m]$

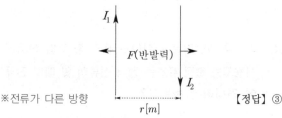

※전류가 다른 방향 【정답】③

4. 유도계수의 단위에 해당되는 것은?

① C/F

② V/C

③ V/m

④ C/V

|정|답|및|해|설|

[용량계수와 유도계수] 단위는 [C/V]이다.

· $P_{ii} > 0$ (용량계수) → 예 P_{11}, $P_{22} > 0$

· $P_{ij} = P_{ji} \geq 0$ (유도계수) → 예 $P_{12} = P_{21} \geq 0$

【정답】④

5. 대지면에서 높이 h[m]로 가선된 대단히 긴 평행 도선의 선전하(선전하 밀도 $\lambda[C/m]$)가 지면으로부터 받는 힘[N/m]은?

① h에 비례
② h^2에 비례
③ h에 반비례
④ h^2에 반비례

|정|답|및|해|설|

[무한 평면과 선전하(직선 도체와 평면 도체 간의 힘)]

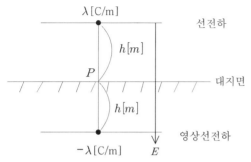

전계의 세기 $E = \dfrac{\lambda}{2\pi\epsilon_0 r} = \dfrac{\lambda}{2\pi\epsilon_0 2h} = \dfrac{\lambda}{4\pi\epsilon_0 h}\,[V/m]$

힘 $f = -\lambda E = -\lambda \cdot \dfrac{\lambda}{4\pi\epsilon_0 h} = \dfrac{-\lambda^2}{4\pi\epsilon_0 h}\,[N/m] \propto \dfrac{1}{h}$

여기서, $h[m]$: 지상의 높이, $\lambda[C/m]$: 선전하밀도

【정답】③

6. $Q_1[C]$으로 대전된 용량 $C_1[F]$의 콘덴서에 $C_2[F]$를 병렬 연결한 경우 C_2가 분배받는 전기량 $Q_2[C]$는? (단, $V_1[V]$은 콘덴서 C_1이 Q_1으로 충전되었을 때 C_1의 양단 전압이다.)

① $Q_2 = \dfrac{C_1 + C_2}{C_2} V_1$
② $Q_2 = \dfrac{C_2}{C_1 + C_2} V_1$
③ $Q_2 = \dfrac{C_1 + C_2}{C_1} V_1$
④ $Q_2 = \dfrac{C_1 C_2}{C_1 + C_2} V_1$

|정|답|및|해|설|

[합성용량 (병렬)] $C_0 = C_1 + C_2[F]$

연결 후 전위차 $V_0 = \dfrac{Q_1}{C_1 + C_2}[V]$

C_2가 분배받는 전기량 Q_2

$Q_2 = C_2 V_0 = \dfrac{C_2}{C_1 + C_2} Q_1 = \dfrac{C_1 C_2}{C_1 + C_2} V_1[C]$

【정답】④

7. 단면의 지름이 D[m], 권수가 n[회/m]인 무한 장 솔레노이드에 전류 I[A]를 흘렸을 때, 길이 l[m]에 대한 인덕턴스 $L[H]$는 얼마인가?

① $4\pi^2 \mu_s n D^2 l \times 10^{-7}$
② $4\pi \mu_s n^2 Dl \times 10^{-7}$
③ $\pi^2 \mu_s n D^2 l \times 10^{-7}$
④ $\pi^2 \mu_s n^2 D^2 l \times 10^{-7}$

|정|답|및|해|설|

[솔레노이드인덕턴스] $L = \dfrac{N\emptyset}{I} = \dfrac{(nl)\mu HS}{\dfrac{Hl}{(nl)}} = n^2 l \mu S$

$L \equiv n^2 \mu S = n^2 l \mu_0 \mu_s S$

$= 4\pi \times 10^{-7} \times \mu_s n^2 l \times \pi\left(\dfrac{D}{2}\right)^2 = \pi^2 \mu_s n^2 D^2 l \times 10^{-7}$

$\rightarrow$ (지름이 D이므로 반지름 $\dfrac{D}{2}$)

【정답】④

8. 전계 E[V/m] 및 자계 H[AT/m]의 전자계가 평면파를 이루고 공기 중을 $3 \times 10^8 [m/s]$의 속도로 전파될 때 단위 시간당 단위 면적을 지나는 에너지는 몇 $[W/m^2]$인가?

① EH
② $\sqrt{\epsilon\mu}\,EH$
③ $\dfrac{EH}{\sqrt{\epsilon\mu}}$
④ $\dfrac{1}{2}(\epsilon E^2 + \mu H^2)$

|정|답|및|해|설|

[포인팅벡터] 전계 E와 자계 H가 공존하는 경우이므로

$w = \dfrac{1}{2}(\epsilon E^2 + \mu H^2)[J/m^2]$의 에너지가 존재한다.

단위 면적당 단위 시간에 통과하는 에너지(E, H의 전자계가 평면파를 이루고 C[m/s]의 속도로 전파될 경우)

$P = \dfrac{1}{2}(\epsilon E^2 + \mu H^2) \cdot C[W/m^2]$

$C = \dfrac{1}{\sqrt{\epsilon\mu}}, \quad E = \sqrt{\dfrac{\mu}{\epsilon}} \cdot H$ 와 관계가 있으므로

$P = \dfrac{1}{\sqrt{\epsilon\mu}}\left\{\dfrac{1}{2}\epsilon E\left(\sqrt{\dfrac{\mu}{\epsilon}}H\right) + \dfrac{1}{2}\mu H\left(\sqrt{\dfrac{\epsilon}{\mu}}E\right)\right\} = EH[W/m^2]$

진행 방향에 수직되는 단위 면적을 단위 시간에 통과하는 에너지를 포인팅(Poynting)벡터 또는 방사벡터라 하며

$P = E \times H = EH\sin\theta[W/m^2]$로 표현된다.

E와 H가 수직이므로 $P = E \cdot H[w/m^2]$이다.

【정답】①

※포인팅벡터 $P = E \times H = EH = 377H^2 = \dfrac{1}{377}E^2 = \dfrac{\omega}{S}[W/m^2]$

$\rightarrow (S = $ 구의 표면적 $4\pi R^2)$

9. 액체 유전체를 포함한 콘덴서 용량이 C[F]인 것에 V[V]의 전압을 기했을 경우에 흐르는 누설전류[A]는? (단, 유전체의 유전율은 ε, 고유저항은 ρ 라 한다.)

① $\dfrac{\rho\varepsilon}{C}V$　　　　② $\dfrac{C}{\rho\varepsilon}V$

③ $\dfrac{C}{\rho\varepsilon}V^2$　　　　④ $\dfrac{\rho\varepsilon}{CV}$

|정|답|및|해|설|

[누설전류] $I = \dfrac{V}{R} = \dfrac{V}{\dfrac{\rho\varepsilon}{C}} = \dfrac{CV}{\rho\varepsilon}$ 　　　 → ($RC = \rho\varepsilon$)

여기서, R : 저항, C : 정전용량, ϵ : 유전율
　　　　ρ : 저항률 또는 고유저항　　　　**【정답】②**

10. 다음 중 변위 전류에 관한 설명으로 가장 옳은 것은?

① 변위전류 밀도는 전속밀도의 시간적 변화율이다.
② 자유공간에서 변위전류가 만드는 것은 전계이다.
③ 변위전류는 도체와 가장 관계가 깊다.
④ 시간적으로 변화하지 않는 계에서도 변위전류는 흐른다.

|정|답|및|해|설|

[변위 전류 밀도] $i_d = \dfrac{\partial D}{\partial t} = \epsilon\dfrac{\partial E}{\partial t} = \dfrac{I_o}{S}[A/m^2]$ 이며 자계를 만든다. 유전체를 흐르는 전류를 말한다. 즉, 유전체(공기)에 전속밀도의 시간적 변화에 의한 전류　　**【정답】①**

11. 비유전율 $\varepsilon_s = 5$인 유전체 내의 분극률은 몇 [F/m]인가?

① $\dfrac{10^{-5}}{9\pi}$　　　　② $\dfrac{10^9}{9\pi}$

③ $\dfrac{10^{-9}}{9\pi}$　　　　④ $\dfrac{10^5}{9\pi}$

|정|답|및|해|설|

[분극률] $\lambda = \dfrac{P}{E} = \epsilon_0(\epsilon_s - 1)$

　　→ (분극의 세기 $P = \epsilon_0(\epsilon_s - 1)E = \lambda E = D\left(1 - \dfrac{1}{\epsilon_s}\right)$

∴분극률 $\lambda = \dfrac{P}{E} = \epsilon_0(\epsilon_s - 1)$

　　　　$= \dfrac{1}{36\pi \times 10^9} \times (5-1) = \dfrac{10^{-9}}{9\pi}[F/m]$

【정답】③

12. 평면 전자파의 전계 E와 자계 H와의 관계식으로 알맞은 것은?

① $H = \sqrt{\dfrac{\varepsilon}{\mu}}E$　　　　② $H = \sqrt{\dfrac{\mu}{\varepsilon}}E$

③ $H = \dfrac{\varepsilon}{\mu}E$　　　　④ $H = \dfrac{\mu}{\varepsilon}E$

|정|답|및|해|설|

[전계 E와 자계 H와의 관계식]
$Z = \dfrac{E}{H} = \sqrt{\dfrac{\mu}{\epsilon}} \rightarrow H = \sqrt{\dfrac{\epsilon}{\mu}}E,$　　　**【정답】①**

13. 반지름 a[m]인 무한히 긴 원통형 도선 A, B가 중심 사이의 거리 d[m]로 평행하게 배치되어 있다. 도선 A, B에 각각 단위 길이마다 $+Q[C/m]$, $-[C/m]$의 전하를 줄 때 두 도선 사이의 전위차는 몇 [V]인가?

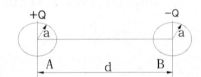

① $\dfrac{Q}{2\pi\varepsilon_0}\ln\dfrac{d-a}{a}$　　　② $\dfrac{Q}{2\pi\varepsilon_0}\ln\dfrac{a}{d-a}$

③ $\dfrac{Q}{\pi\varepsilon_0}\ln\dfrac{d-a}{a}$　　　④ $\dfrac{Q}{\pi\varepsilon_0}\ln\dfrac{a}{d-a}$

|정|답|및|해|설|

[두 도체간의 전위차] $V_{AB} = \dfrac{Q}{C} = \dfrac{Q}{\pi\epsilon_0}\ln\dfrac{d-a}{a}[V]$

P점의 전계의 세기 E

$E_A = \dfrac{Q}{2\pi\epsilon_0 x}[V/m]$, 　 $E_B = \dfrac{Q}{2\pi\epsilon_0(d-x)}[V/m]$

$E = E_A + E_B = \dfrac{Q}{2\pi_0 x} + \dfrac{Q}{2\pi\epsilon_0(d-x)} = \dfrac{Q}{2\pi\epsilon_0}\left(\dfrac{1}{x} + \dfrac{1}{d-x}\right)$

두 도체간의 전위차 V_{AB}

$V_{AB} = -\int_{d-a}^{a}Edx = \int_{a}^{d-a}Edx$

　　$= \dfrac{Q}{2\pi\epsilon_0}\left(\int_a^{d-a}\dfrac{1}{x}dx + \int_a^{d-a}\dfrac{1}{d-x}dx\right)$

　　$= \dfrac{Q}{2\pi\epsilon_0}\left([\ln x]_a^{d-a} + [-\ln(d-x)]_a^{d-a}\right) = \dfrac{Q}{\pi\epsilon_0}\ln\dfrac{d-a}{a}[V]$

【정답】③

14. 자속 $\phi[wb]$가 $\phi_m \cos 2\pi ft[wb]$로 변화할 때 이 자속과 쇄교하는 권수 N회의 코일의 발생하는 기전력은 몇 [V]인가?

① $-\pi f N \phi_m \cos 2\pi ft$

② $\pi f N \phi_m \sin 2\pi ft$

③ $-2\pi f N \phi_m \cos 2\pi ft$

④ $2\pi f N \phi_m \sin 2\pi ft$

|정|답|및|해|설|

[코일에 발생하는 기전력] $e = -N\dfrac{d\varnothing}{dt}[V]$

$e = -N\dfrac{d\varnothing}{dt} = -N\dfrac{d}{dt}\varnothing_m \cos 2\pi ft = 2\pi f N \varnothing_m \sin 2\pi ft\,[V]$

【정답】④

15. 반지름 $r = a[m]$인 원통 도선에 $I[A]$의 전류가 균일하게 흐를 때, 자계의 최대값 [AT/m]는?

① $\dfrac{I}{\pi a}$ ② $\dfrac{I}{2\pi a}$

③ $\dfrac{I}{3\pi a}$ ④ $\dfrac{I}{4\pi a}$

|정|답|및|해|설|

[자계의 최대값] $H = \dfrac{I}{2\pi r} = \dfrac{I}{2\pi a}[AT/m]$ $\rightarrow (r=a)$

※[반지름 $a[m]$인 원통형(원주)에서 자계의 세기

　1. 외부 $H = \dfrac{I}{2\pi r}[\text{AT/m}] \rightarrow (r \geq a)$

　2. 내부 $H = \dfrac{rI}{2\pi a^2}[\text{AT/m}] \rightarrow (r \leq a)$

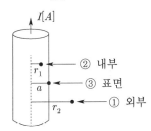

【정답】②

16. ㉠ $[6\,\Omega \cdot \sec]$, ㉡ $[\sec/\Omega]$과 같은 단위는?

① ㉠[H], ㉡[F]

② ㉠[H/m], ㉡[F/m]

③ ㉠[F], ㉡[H]

④ ㉠[F/m], ㉡[H/m]

|정|답|및|해|설|

[단위] 시정수 $t[\sec]$와 $R[\Omega]$, $L[H]$, $C[F]$에서

・RL회로 시정수 $t = \dfrac{L}{R}$ $\therefore L[H] = tR[\Omega \cdot \sec]$

・RC회로의 시정수 $t = RC$ $\therefore C[F] = \dfrac{t}{R}[\sec/\Omega]$

【정답】①

17. 유전율 $\epsilon_1 > \epsilon_2$인 두 유전체 경계면에 전속이 수직일 때, 경계면상의 작용력은?

① ϵ_1의 유전체에서 ϵ_2의 유전체 방향

② ϵ_2의 유전체에서 ϵ_1의 유전체 방향

③ 전속밀도의 방향

④ 전속밀도의 반대 방향

|정|답|및|해|설|

[두 유전체 경계상의 작용력] 유전체 경계면에서 전계 또는 전속밀도는 유전율이 큰 쪽으로 크게 굴절한다. 　【정답】①

18. 전류에 의한 자계의 발생 방향을 결정하는 법칙은?

① 비오사바르의 법칙

② 쿨롱의 법칙

③ 패러데이의 법칙

④ 암페어의 오른속 법칙

|정|답|및|해|설|

[암페어의 오른손 법칙] 전류에 의한 자계의 방향을 결정하는 법칙이다.

※① 비오사바르의 법칙 : 자계 내 선류 도선이 받느는 사계

　② 쿨롱의 법칙 : 전하들 간에 작용하는 힘, 두 전하의 곱에 비례하고, 두 전하의 거리의 제곱에 반비례한다.

　　$F = \dfrac{1}{4\pi\epsilon}\dfrac{Q_1 Q_2}{r^2}$

　③ 패러데이의 법칙 : 전자유도 법칙에 의한 기전력, 유도기전력의 크기를 결정, $e = -N\dfrac{\partial \phi}{\partial t}$ 　【정답】④

19. 자기회로의 자기 저항에 대한 설명으로 옳지 않은 것은?

① 자기 회로의 단면적에 반비례한다.

② 자기회로의 길이에 반비례한다.

③ 자성체의 비투자율에 반비례한다.

④ 단위는 [AT/Wb]이다.

|정|답|및|해|설|

[자기저항] $R_m = \dfrac{l}{\mu S} = \dfrac{l}{\mu_0 \mu_s S}[AT/Wb]$

여기서, $S[m^2]$: 자기회로의 단면적, $l[m]$: 길이, μ : 투자율
자기저항은 자기회로의 길이에 비례한다.   【정답】②

20. 길이 20[cm], 단면의 반지름이 10[cm]인 원통이 길이의 방향으로 균일하게 자화되어 자화의 세기가 $200[Wb/m^2]$인 경우, 원통 양 단자에서의 전 자극의 세기는 몇 [Wb]인가?

① π ② 2π

③ 3π ④ 4π

|정|답|및|해|설|

[자화의 세기] $J = \dfrac{m}{S} = \dfrac{m}{\pi r^2}[\text{Wb/m}^2]$

여기서, m : 자화된 자기량(전자극의 세기)
　　　　S : 자성체의 단면적

$J = \dfrac{m}{\pi r^2} \rightarrow m = J \cdot \pi r^2 = 200 \times \pi \times (10 \times 10^{-2})^2 = 2\pi [Wb]$

【정답】②

3회 2014년 전기산업기사필기 (전력공학)

21. 정삼각형 배치의 선간거리가 5[m]이고, 전선의 지름이 1[cm]인 3상 가공 송전선의 1선의 정전용량은 약 몇 $[\mu F/km]$인가?

① 0.008   ② 0.016

③ 0.024   ④ 0.032

|정|답|및|해|설|

[정전용량] $C = \dfrac{0.02413}{\log_{10}\dfrac{D}{r}} = \dfrac{0.02413}{\log_{10}\dfrac{5}{0.5 \times 10^{-2}}} = 0.008[\mu F/km]$

　　　→ (지름 1을 반지름으로 0.5, cm를 m(10^{-2})로)
【정답】①

22. 보일러 급수 중에 포함되어 있는 산소 등에 의한 보일러 배관의 부식을 방지할 목적으로 사용되는 장치는?

① 공기 예열기   ② 탈기기

③ 급수 가열기   ④ 수위 경보기

|정|답|및|해|설|

[탈기기] 급수 중에 용해되어 있는 산소는 증기 계통, 급수 계통 등을 부식시킨다. 탈기기는 용해 산소 분리의 목적으로 쓰인다.
【정답】②

23. 변압기의 손실 중, 철손의 감소 대책이 아닌 것은?

① 자속 밀도의 감소

② 고배향성 규소 강판 사용

③ 아몰퍼스 변압기의 채용

④ 권선의 단면적 증가

|정|답|및|해|설|

[철손의 감소 대책] 철손은 고정손으로 권선의 단면적이 증가하면 손실이 더 증가하게 된다.

※변압기 손실
1. 철손 : 히스테리시스손, 와류손
2. 부하손(동손)   【정답】④

24. 가공 전선로의 전선 진동을 방지하기 위한 방법으로 틀린 것은?

① 토셔널 댐퍼의 설치

② 스프링 피스톤 댐퍼와 같은 진동 제지권을 설치

③ 경동선을 ACSR로 교환

④ 클램프나 전선 접촉기 등을 가벼운 것으로 바꾸고 클램프 부근에 적당히 전선을 첨가

|정|답|및|해|설|

[전선의 진동 방지책]
· 토셔널 댐퍼 설치
· 스프링 피스톤 댐퍼와 같은 진동 제지권을 설치
· 클램프나 전선 접촉기 등을 가벼운 것으로 바꾸고 클램프 부근에 적당히 전선을 첨가
※ 강심 알루미늄전선(ACSR)이나 중공전선은 지름에 비해 중량이 가벼우므로 진동의 원인이 된다.   【정답】③

25. 송전 선로의 절연 설계에 있어서 주된 결정 사항으로 옳지 않은 것은?

① 애자련의 개수

② 전선과 지지물과의 간격(이격거리)

③ 전선 굵기

④ 가공지선의 차폐각도

|정|답|및|해|설|

[절연 설계] 송전 선로의 절연 설계는 선로에 흐르는 전류의 크기와 허용전압 강하 등을 고려하며, 전선의 굵기는 무관하다.
【정답】③

26. 부하전류의 차단 능력이 없는 것은?

① 공기 차단기　　② 유입 차단기

③ 진공 차단기　　④ 단로기

|정|답|및|해|설|

[단로기] 단로기(DS)는 소호 장치가 없고 아크 소멸 능력이 없으므로 부하전류나 사고 전류의 개폐는 할 수 없으며 기기를 전로에서 개방할 때 또는 모선의 접촉 변경시 사용한다.
【정답】④

27. 차단기가 전류를 차단할 때, 재점호가 일어나기 쉬운 차단 전류는?

① 동상 전류　　② 지상 전류

③ 진상 전류　　④ 단락 전류

|정|답|및|해|설|

[재점호] 재점호는 진상전류(충전 전류)시에 잘 발생한다.
【정답】③

28. 전력용 콘덴서에 직렬로 콘덴서용량의 5[%] 정도의 유도리액턴스를 삽입하는 목적은?

① 제3고조파 전류의 억세

② 제5고조파 전류의 억제

③ 이상 전압의 발생 방지

④ 정전용량의 조절

|정|답|및|해|설|

[유도리액턴스 삽입 목적] 송전선로에는 변압기의 유기기전력이 발생할 때에 생기는 기수고조파가 존재하게 되는데, 제3고조파는 변압기의 △ 결선에서 제거되고 제5고조파는 전력을 콘덴서에 직렬로 5[%] 가량의 직렬 리액터를 삽입하여 제거시킨다.
【정답】②

29. 중거리 송전선로에 T형 회로일 경우 4단자정수 A는?

① $1 + \dfrac{ZY}{2}$　　　② $1 - \dfrac{ZY}{4}$

③ Z　　　　　　　④ Y

|정|답|및|해|설|

[T형 회로의 4단자 정수] 행렬식으로 풀면

· $E_s = AE_r + BI_r$ → (A : 전압, B : 임피던스)

· $I_s = CE_r + DI_r$ → (C : 어드미턴스, B : 전류)

$$\begin{bmatrix} A & B \\ C & D \end{bmatrix} = \begin{bmatrix} 1 & \dfrac{Z}{2} \\ 0 & 1 \end{bmatrix}\begin{bmatrix} 1 & 0 \\ Y & 1 \end{bmatrix}\begin{bmatrix} 1 & \dfrac{Z}{2} \\ 0 & 1 \end{bmatrix}$$

$$= \begin{bmatrix} 1+\dfrac{ZY}{2} & Z\left(1+\dfrac{ZY}{4}\right) \\ Y & 1+\dfrac{ZY}{2} \end{bmatrix}$$
【정답】①

30. 피뢰기의 제한전압이란?

① 상용주파 전압에 대한 피뢰기의 충격방전 개시전압

② 충격파 전압 침입시 피뢰기의 충격방전 개시전압

③ 피뢰기가 충격파 방전 종류 후 언제나 속류를 확실히 차단할 수 있는 상용주파 최대 전압

④ 충격파 전류가 흐르고 있을 때의 피뢰기 단자전압

|정|답|및|해|설|

[제한전압] 피뢰기 동작 중의 단자전압의 파고값
【정답】④

31. 3상 수직 배치인 선로에서 오프셋(off set)을 주는 이유는?

① 전선의 진동 억제　　② 단락 방지

③ 철탑의 중량 감소　　④ 진신의 풍압 감소

|정|답|및|해|설|

[오프셋] 상하 전선의 단락을 방지하기 위하여 철탑 지지물의 위치를 수직에서 벗어나게 하는 것이다.
【정답】②

32. 수차의 특유속도 크기를 바르게 나열한 것은?

① 펠턴수차 〈 카플란수차 〈 프란시스수차

② 펠턴수차〈 프란시스수차 〈 카플란수차

③ 프란시스수차 〈 카플란수차 〈 펠턴수차

④ 카플란수차 〈 펠턴수차 〈 프란시스수차

|정|답|및|해|설|
[수차의 특유속도 크기]
펠턴수차 〈 프란시스수차 〈 카플란수차

※수차의 특유속도 크기
1. 펠턴수차 : 13~21
2. 사류수차 : 15~250
3. 프란시스수차 : 65~350
4. 카플란수차 : 350~800
5. 프로펠라 수차 : 350~800　　　　**【정답】②**

33. 1차전압 6000[V], 권수비 30인 단상 변압기로부터 부하에 20[A]를 공급할 때, 입력전력은 몇 [kW]인가? (단, 변압기 손실은 무시하고, 부하역률은 1로 한다.)

① 2　　　　　　　　② 2.5

③ 3　　　　　　　　④ 4

|정|답|및|해|설|
[입력전력] $P_1 = V_1 I_1 \cos\theta \, [W]$

권수비 $a = \dfrac{E_1}{E_2} = \dfrac{N_1}{N_2} = \dfrac{I_2}{I_1} = \sqrt{\dfrac{L_1}{L_2}} \rightarrow I_1 = \dfrac{I_2}{a} = \dfrac{20}{30} = \dfrac{2}{3}[A]$

진동 부하에서 역률 $\cos\theta = 1$이므로 입력 P_1은

$P_1 = V_1 I_1 \cos\theta = 6000 \times \dfrac{2}{3} \times 1 = 4000[W] = 4[kW]$

【정답】④

34. 송전선로에서 매설지선을 사용하는 주된 목적은?

① 코로나 전압을 저감시키기 위하여

② 뇌해를 방지하기 위하여

③ 탑각 접지저항을 줄여서 섬락을 방지하기 위하여

④ 인축의 감전사고를 막기 위하여

|정|답|및|해|설|
[매설지선] 역섬락을 방지하기 위하여 탑각 저항을 감소시킬 목적으로 설치한다.　　　　**【정답】③**

35. 전력계통의 전압 조정을 위한 방법으로 적당한 것은?

① 계통에 콘덴서 또는 병렬리액터 투입

② 발전기의 유효전력 조정

③ 부하의 유효전력 감소

④ 계통의 주파수 조정

|정|답|및|해|설|
[전력계통의 전압조정을 위한 방법] 전력계통의 전압조정을 위한 방법으로는 발전기의 전압조정 장치, 전력용콘덴서, 전력용분로 리액터 투입 등이다.　　　　**【정답】①**

36. 송전선로에 가공지선을 설치하는 목적은?

① 코로나 방지　　　② 뇌에 대한 차폐

③ 선로 정수의 평형　④ 철탑지지

|정|답|및|해|설|
[가공지선] 가공지선을 설치하면 철탑 정점에서 본 임피던스는 경감되나 탑각 접지 저항이 경감되는 것은 아니다.
[가공지선의 설치 목적]
1. 직격뇌에 대한 차폐 효과
2. 유도체에 대한 정전 차폐 효과
3. 통신법에 대한 전자 유도 장해 경감 효과　　**【정답】②**

37. 설비 A가 150[kW], 수용률 0.5, 설비 B가 250[kW], 수용률 0.8일 때, 합성 최대전력이 235[kW]이면 부등률은 약 얼마인가?

① 1.10　　　　　　② 1.13

③ 1.17　　　　　　④ 1.22

|정|답|및|해|설|
[부등률]
부등률 $= \dfrac{\text{각각 최대수용전력}}{\text{합성최대수용전력}} = \dfrac{150 \times 0.5 + 250 \times 0.8}{235} = 1.17$

【정답】③

38. 송전단전압이 3300[V], 수전단전압은 3000[V]이다. 수전단의 부하를 차단한 경우, 수전단전압이 3200[V]라면 이 회로의 전압변동률은 약 몇 [%]인가?

① 3.25   ② 4.28

③ 5.67   ④ 6.67

|정|답|및|해|설|

[전압변동률] $\delta = \dfrac{V_{r0} - V_r}{V_r} \times 100 [\%]$

(V_{r0} : 무부하시 수전단 전압, V_r : 전부하시 수전단 전압)

$\therefore \delta = \dfrac{3200 - 3000}{3000} \times 100 = 6.67 [\%]$ 【정답】④

39. 진상콘덴서에 2배의 교류전압을 가했을 때 충전용량은 어떻게 되는가?

① $\dfrac{1}{4}$ 로 된다.   ② $\dfrac{1}{2}$ 로 된다.

③ 2배로 된다.   ④ 4배로 된다.

|정|답|및|해|설|

[충전용량] $Q = wCV^2 \rightarrow Q \propto V^2$

전압이 2배 증가하면 충전용량은 4배로 증가한다.

【정답】④

40. 동일한 부하전력에 대하여 전압을 2배로 승압하면 전압강하, 전압강하율, 전력손실률은 각각 어떻게 되는지 순서대로 나열한 것은?

① $\dfrac{1}{2}, \dfrac{1}{2}, \dfrac{1}{2}$ ② $\dfrac{1}{2}, \dfrac{1}{2}, \dfrac{1}{4}$

③ $\dfrac{1}{2}, \dfrac{1}{4}, \dfrac{1}{4}$ ④ $\dfrac{1}{4}, \dfrac{1}{4}, \dfrac{1}{4}$

|정|답|및|해|설|

[전압을 n배 승압 송전할 경우]

1. 전압강하 $e = \dfrac{P}{V}(R + X\tan\theta) \rightarrow e \propto \dfrac{1}{V}$

  $\therefore$ 전압강하는 승압전의 $\dfrac{1}{n}$ 배이므로 $\dfrac{1}{2}$ 배

2. 전압강하율 $\delta = \dfrac{e}{V} - \dfrac{P}{V^2}(R + X\tan\theta) \rightarrow \delta \propto \dfrac{1}{V^2}$

  $\therefore$ 전압강하율은 $\dfrac{1}{n^2}$ 배이므로 $\dfrac{1}{4}$

3. 선력손실률 $P_l = 3I^2R = \dfrac{P^2 R}{V^2 \cos^2\theta} \rightarrow P_l \propto \dfrac{1}{V^2}$

  $\therefore$ 전력손실률은 승압전의 $\dfrac{1}{n^2}$ 배이므로 $\dfrac{1}{4}$ 【정답】③

41. 유도전동기의 회전력 발생 요소 중 제곱에 비례하는 요소는?

① 슬립   ② 2차 권선저항

③ 2차 임피던스   ④ 2차 기전력

|정|답|및|해|설|

[유도전동가 토크] $\tau = k_0 \dfrac{sE_2^2 r_2}{r_2^2 + (sx_2)^2}$

r_2, x_2는 일정하므로, 토크 $\tau \propto E_2^2$

즉, 토크는 단자전압의 2승에 비례한다.   【정답】④

42. 변압기에 사용되는 절연유의 성질이 아닌 것은?

① 절연내력이 클 것

② 인화점이 낮을 것

③ 비열이 커서 냉각효과가 클 것

④ 절연재료와 접촉해도 화학작용을 미치지 않을 것

|정|답|및|해|설|

[변압기 절연유의 구비 조건]

1. 절연 저항 및 절연 내력이 클 것
2. 절연 재료 및 금속에 화학 작용을 일으키지 않을 것
3. 인화점이 높고(130도 이상) 응고점이 낮을(-30도) 것
4. 점도가 낮고(유동성이 풍부) 비열이 커서 냉각 효과가 클 것
5. 고온에 있어 석출물이 생기거나 산화하지 않을 것
6. 열팽창 계수가 적고 증발로 인한 감소량이 적을 것

【정답】②

43. 분로권선 및 직렬권선 1상에 유도되는 기전력을 각각 E_1, E_2[V]라 하고 회전자를 0도에서 180도까지 변화시킬 때 3상 유도전압 조정기의 출력측 선간전압의 조정범위는?

① $(E_1 \pm E_2)/\sqrt{3}$ ② $\sqrt{3}(E_1 \pm E_2)$

③ $(E_1 - E_2)$ ④ $3(E_1 + E_2)$

|정|답|및|해|설|

[3상 유도전압 조정기의 출력 측 선간전압의 조정범위] 출력 회로의 선간전압을 $\sqrt{3}(E_1 \pm E_2)$의 범위에 걸쳐 연속직으로 조정할 수가 있다.   【정답】②

44. 단상 및 3상 유도전압 조정기에 관하여 옳게 설명한 것은?

① 단락 권선은 단상 및 3상 유도전압 조정기 모두 필요하다.

② 3상 유도전압 조정기에는 단락 권선이 필요 없다.

③ 3상 유도전압 조정기의 1차와 2차 전압은 동상이다.

④ 단상 유도전압 조정기의 기전력은 회전 자계에 의해서 유도 된다.

|정|답|및|해|설|.....

[유도전압 조정기] 3상 유도 전압 조정기의 직렬 권선에 의한 기전력은 회전 자계의 위치에 관계없이 1차 부하 전류에 의한 분로 권선의 기자력에 의하여 소멸되므로 <u>단락 권선이 필요 없다</u>. 단상 유도 전압 조정기는 교번자계, 3상 유도 전압 조정기는 회전 자계로 구동되며, 1, 2차 전압간에 위상차가 생긴다.

【정답】②

45. 주파수 50[Hz], 슬립 0.2인 경우의 회전자 속도가 600[rpm]일 때에 3상 유도 전동기의 극수는?

① 4　　② 8　　③ 12　　④ 16

|정|답|및|해|설|.....

[유도전동기의 극수] $p = \dfrac{120f}{N_s}$

· 유도전동기의 회전자속도 $N = (1-s)N_s$

· 동기속도 $N_s = \dfrac{N}{1-s} = \dfrac{600}{1-0.2} = 750[rpm]$

∴극수 $p = \dfrac{120f}{N_s} = \dfrac{120 \times 50}{750} = 8[극]$

여기서, s : 슬립, p : 극수, f : 주파수　　【정답】②

46. 변압기 결선 방식에서 △ − △ 결선 방식의 특성이 아닌 것은?

① 중성점 접지를 할 수 없다.

② 110[kV] 이상 되는 계통에서 많이 사용되고 있다.

③ 외부에 고조파 전압이 나오지 않으므로 통신 장해의 염려가 없다.

④ 단상 변압기 3대 중 1대의 고장이 생겼을 때 2대로 V결선하여 송전할 수 있다.

|정|답|및|해|설|.....

[△ − △ 결선] △ − △ 결선은 중성점을 접지할 수 없어 이상전압의 발생 정도가 심하므로 77[kV] 이하의 배전용 변압기에 사용되고 그 이상에는 거의 사용되지 않는다.　　【정답】②

47. 직류기에 탄소 브러시를 사용하는 주된 이유는?

① 고유 저항이 작기 때문에

② 접촉 저항이 작기 때문에

③ 접촉 저항이 크기 때문에

④ 고유 저항이 크기 때문에

|정|답|및|해|설|.....

[저항정류(resistance commutation)] <u>접촉저항이 큰 전기 흑연질 또는 탄소 브러시를 사용</u>하여 정류코일의 단락전류를 억제해서 정류시키는 방법이다.　　【정답】③

48. 직류 발전기에 있어서 계자 철심에 잔류자기가 없어도 발전되는 직류기는?

① 분권 발전기　　② 직권 발전기

③ 타여자 발전기　　④ 복권 발전기

|정|답|및|해|설|.....

[타여자 발전기] 로부터 계자전류를 공급받아서 계자자속을 만들기 때문에 <u>계자철심에 잔류자기가 없어도 발전할 수 있다</u>.　　【정답】③

49. 일반적으로 전철이나 화학용과 같이 비교적 용량이 큰 수은 정류기용 변압기의 2차측 결선방식으로 쓰이는 것은?

① 6상 2중 성형　　② 3상 반파

③ 3상 전파　　④ 3상 크로스파

|정|답|및|해|설|.....

[변압기의 2차측 결선방식] 수은정류기, 회전변류기 다같이 6상을 쓰나 수은정류기일 때는 포크결선이다.　　【정답】①

50. 시라게 전동기의 특성과 가장 가까운 전동기는?

① 3상 평복권 정류자 전동기

② 3상 복권 정류자 전동기

③ 3상 직권 정류자 전동기

④ 3상 분권 정류자 전동기

|정|답|및|해|설|.....

[시라게 전동기] 시라게 전동기는 브러시의 이동으로 원활하게 속도 제어가 되고 적당한 편각을 주면 역률이 좋아진다. 시라게 전동기는 <u>3상 분권 정류자 전동기로 직류 분권 전동기와 특성이 가장 비슷</u>하다.　　【정답】④

51. 3300/200[V], 10[kVA]의 단상 변압기의 2차를 단락하여 1차측에 300[V]을 가하니, 2차에 120[A]가 흘렀다. 이 변압기의 임피던스 전압[V]과 백분율 임피던스 강하[%]는?

① 125, 3.8 ② 200, 4

③ 125, 3.5 ④ 200, 4.2

|정|답|및|해|설|

[변압기의 임피던스 전압[V]과 백분율 임피던스 강하]

· 1차 정격전류 $I_{1n} = \frac{P}{V_1} = \frac{10 \times 10^3}{3300} = 3.03[A]$

· 1차 단락전류 $I_{1s} = \frac{1}{a} I_{2s} = \frac{200}{3300} \times 120 = 7.27[A]$

· 등가 누설임피던스 $Z_{21} = \frac{V_s'}{I_{1s}} = \frac{300}{7.27} = 41.26[\Omega]$

∴ 임피던스전압 $V_s = I_{1n} Z_{21} = 3.03 \times 41.26 = 125.02[V]$

백분율 임피던스 강하 $\%Z = \frac{V_s}{V_{1n}} \times 100 = \frac{125.02}{3300} \times 100 = 3.8[\%]$

【정답】①

52. 정·역 운전을 할 수 없는 단상 유도전동기는?

① 분상 기동형   ② 세이딩 코일형

③ 반발 기동형   ④ 콘덴서 기동형

|정|답|및|해|설|

[세일딩 코일형] 세이딩 코일형은 돌극형 자극의 고정자와 농형 회전자로 구성된 전동기로 자극에 슬롯을 만들어서 단락된 세이딩 코일을 끼워 넣은 것이다. 구조가 간단하나 기동 토크가 매우 작고 효율과 역률이 떨어지며, 회전 방향을 바꿀 수 없는 큰 결점이 있다.

【정답】②

53. 동기기의 과도 안정도를 증가시키는 방법이 아닌 것은?

① 속응여자방식을 채용한다.

② 회전자의 플라이휠 효과를 크게 한다.

③ 동기화 리액턴스를 크게 한다.

④ 조속기의 동작을 신속히 한다.

|정|답|및|해|설|

[동기기의 안정도 향상 대책]

· 과도 리액턴스는 작게, 단락비는 크게 한다.

· 정상 임피던스는 작게, 영상, 역상 임피던스는 크게 한다.

· 회전자의 플라이휠 효과를 크게 한다.

· 속응여자 방식을 채용한다.

· 발전기의 조속기 동작을 신속하게 할 것

· 동기 탈조계전기를 사용한다.

【정답】③

54. 극수는 6, 회전수가 1200[rpm]인 교류 발전기와 병렬 운전하는 극수가 8인 교류 발전기의 회전수[rpm]는?

① 1200 ② 900 ③ 750 ④ 520

|정|답|및|해|설|

[교류 발전기 동기속도] $N_s = \frac{120f}{p}[rpm]$ → $(N_s \propto \frac{1}{p})$

$8 : 1200 = 6 : N_s'$ → $N_s = \frac{6}{8} \times 1200 = 900[rpm]$

【정답】②

55. 어떤 변압기의 단락시험에서 [%]저항강하 1.5[%]와 [%]리액턴스 강하 3[%]를 얻었다. 부하 역률이 80[%] 앞선 경우의 전압변동률[%]은?

① −0.6 ② 0.6

③ −3.0 ④ 3.0

|정|답|및|해|설|

[전압변동률] $\epsilon = p\cos\theta \pm q\sin\theta[\%]$

→ (+ : 지상(뒤짐)부하시, − : 진상(앞섬)부하시, 언급이 없으면 +)

여기서, p : %저항 강하, q : %리액턴스 강하, θ : 부하 Z의 위상각

∴ $\epsilon = p\cos\theta - q\sin\theta = 1.5 \times 0.8 - 3 \times 0.6 = -0.6[\%]$

|참|고|

전압변동률(δ) $\delta = \frac{V_{ro} - V_r}{V_r} \times 100$

여기서, V_{ro} : 무부하시의 수전단 전압

V_r : 정격부하시의 수전단 전압

【정답】①

56. 교류발전기의 고조파 발생을 방지하는데 적합하지 않은 것은?

① 전기자 슬롯을 스큐 슬롯으로 한다.

② 전기자 권선의 결선은 Y형으로 한다.

③ 전기자 반작용을 작게 한다.

④ 전기자 권선을 전절권으로 감는다.

|정|답|및|해|설|

[고조파 발생 방지] 고조파를 제거하여 기전력의 파형을 좋게 하기 위해서 단절권으로 하여야 한다.

【정답】④

57. 3상 동기기에서 제동권선의 주 목적은?

① 출력 개선   ② 효율 개선

③ 역률 개선   ④ 난조 방지

|정|답|및|해|설|

[제동권선의 역할]
·선로가 단락할 경우 이상전압 방지
·기동토크 발생
·<u>난조 방지</u>
·불평형 부하시의 전류 · 전압을 개선   【정답】④

58. 직류기에서 전기자 반작용을 방지하기 위한 보상
권선의 전류 방향은?

① 계자전류의 방향과 같다.

② 계자전류 방향과 반대이다.

③ 전기자 전류 방향과 같다.

④ 전기자 전류 방향과 반대이다.

|정|답|및|해|설|

[전기자 반작용 방지] 보상권선을 전기자권선과 직렬로 접속하여
<u>전기자 전류의 반대 방향으로 전류를 흐르게</u> 하여 전기자 기자력을
상쇄시키도록 한다.   【정답】④

59. 10극인 직류발전기의 전기자 도체수가 600, 단
중 파권이고 매극의 자속수가 0.01[Wb],
600[rpm]일 때의 유도기전력[V]은?

① 150   ② 200

③ 250   ④ 300

|정|답|및|해|설|

[직류기의 유기기전력] $E = \dfrac{pZ}{a}\phi\dfrac{N}{60}[V]$

여기서, p : 극수, a : 병렬회로수, Z : 도체수, ϕ : 자속
       N : 회전수
파권이므로 $a = 2$

$\therefore E = \dfrac{pZ}{a}\phi\dfrac{N}{60} = \dfrac{10 \times 600}{2} \times 0.01 \times \dfrac{600}{60} = 300[V]$

   【정답】④

60. 전동력 응용기기에서 GD^2의 값이 적은 것이
바람직한 기기는?

① 압연기   ② 엘리베이터

③ 송풍기   ④ 냉동기

|정|답|및|해|설|

[엘리베이터용 전동기]
·일반적으로 성능이 높은 신뢰도를 지녀야 한다.
·기동 토크가 큰 것이 요구된다.
·사용빈도가 높으며, 마이너스 부하로부터 과부하까지 광범위하게
 제어가 되어야 한다.
·기동전류와 전동기의 GD^2이 작아야 한다.
·소음 및 속도와 회전력의 맥동이 없어야 한다.
·가속도의 변화율이 일정값이 되도록 해야 한다.

   【정답】②

3회 2014년 전기산업기사필기 (회로이론)

61. 다음과 같은 회로가 정저항회로가 되기 위한 R
[Ω]의 값은?

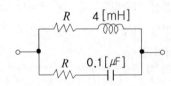

① 200   ② 2

③ 2×10^{-2} ④ 2×10^{-4}

|정|답|및|해|설|

[정저항 회로] $R-L-C$ 직·병렬 2단자 회로망에서 주파수에 관
계없이 2단자 임피던스의 허수부가 항상 0이고 실수부도 항상
일정한 회로

정저항 조건 $Z_1 Z_2 = R^2 = \dfrac{L}{C}$ → $(Z_1 = jwL_1, \quad Z_2 = \dfrac{1}{jwC})$

$R = \sqrt{\dfrac{L}{C}} = \sqrt{\dfrac{4 \times 10^{-3}}{0.1 \times 10^{-6}}} = 200[\Omega]$

$R = 200[\Omega]$이면 주파수에 무관한 정저항 회로가 된다.

   【정답】①

62. 2전력계법에서 지시 $P_1 = 100\,W$, $P_2 = 200\,W$ 일 때 역률[%]은?

① 50.2   ② 70.7

③ 86.6   ④ 90.4

|정|답|및|해|설|

[2전력계법 역률] $\cos\theta = \dfrac{P_1 + P_2}{2\sqrt{P_1^2 + P_2^2 - P_1 P_2}}$

$W_1 = P_1$, $W_2 = P_2$ 라고 하면 $P = P_1 + P_2 = W_1 + W_2$

$\cos\theta = \dfrac{P_1 + P_2}{2\sqrt{P_1^2 + P_2^2 - P_1 P_2}}$

$\quad = \dfrac{100 + 200}{2\sqrt{100^2 + 200^2 - 100 \times 200}} = 0.866 = 86.6[\%]$

【정답】③

63. $Z_1 = 2 + j11\,[\Omega]$, $Z_2 = 4 - j3\,[\Omega]$의 직렬회로에 교류전압 100[V]를 가할 때 회로에 흐르는 전류는 몇 [A]인가?

① 10   ② 8

③ 6   ④ 4

|정|답|및|해|설|

[전류] $I = \dfrac{V}{Z}[A]$

합성임피던스 $Z_0 = Z_1 + Z_2 = (2 + j11) + (4 - j3) = 6 + j8\,[\Omega]$

$\therefore I = \dfrac{V}{Z_0} = \dfrac{100}{6 + j8} = \dfrac{100}{\sqrt{6^2 + 8^2}} = 10[A]$

【정답】①

64. 주기함수 $f(t)$의 푸리에 급수 전개식으로 옳은 것은?

① $f(t) = \displaystyle\sum_{n=1}^{\infty} a_n \sin nwt + \sum_{n=1}^{\infty} b_n \sin nwt$

② $f(t) = b_0 + \displaystyle\sum_{n=2}^{\infty} a_n \sin nwt + \sum_{n=2}^{\infty} b_n \cos nwt$

③ $f(t) = a_0 + \displaystyle\sum_{n=1}^{\infty} a_n \cos nwt + \sum_{n=1}^{\infty} b_n \sin nwt$

④ $f(t) = \displaystyle\sum_{n=1}^{\infty} a_n \cos nwt + \sum_{n=1}^{\infty} b_n \cos nwt$

|정|답|및|해|설|

[푸리에 급수] 푸리에 급수는 주파수의 진폭을 달리하는 무수히 많은 성분을 갖는 비정현파를 무수히 많은 정현항과 여현항의 합으로 표현한다.

$f(t) = a_0 + \displaystyle\sum_{n=1}^{\infty} a_n \cos nwt + \sum_{n=1}^{\infty} b_n \sin nwt$ 【정답】③

65. $i(t) = I_0 e^{st}\,[A]$로 주어지는 전류가 콘덴서 $C[F]$에 흐르는 경우의 임피던스 $[\Omega]$는?

① $\dfrac{C}{s}$ ② $\dfrac{1}{sC}$

③ C ④ sC

|정|답|및|해|설|

[C만의 회로의 임피던스] $Z = \dfrac{v(t)}{i(t)}$

C에서의 전압 $v(t) = \dfrac{1}{C}\displaystyle\int i(t)\,dt$

$v(t) = \dfrac{1}{C}\displaystyle\int I_0 e^{st}\,dt = \dfrac{I_0}{sC}e^{st}$

$\therefore Z = \dfrac{v(t)}{i(t)} = \dfrac{\frac{I_0 e^{st}}{sC}}{I_0 e^{st}} = \dfrac{1}{sC}$ 【정답】②

66. $E = 40 + j30\,[V]$의 전압을 가하면 $I = 30 + i10\,[A]$의 전류가 흐른다. 이 회로의 역률은?

① 0.456   ② 0.567

③ 0.854   ④ 0.949

|정|답|및|해|설|

[2전력계법 역률] $\cos\theta = \dfrac{P}{P_a}$

여기서, P : 유효전력, P_a : 피상전력

$P_a = VI = (40 - j30)(30 + j10) = 1500 - j500$

$\therefore \cos\theta = \dfrac{P}{P_a} = \dfrac{1500}{\sqrt{1500^2 + 500^2}} = 0.949$

【정답】④

67. $V_a = 3[V]$, $V_b = 2 - j3[V]$, $V_c = 4 + j3[V]$ 를 3상 불평형 전압이라고 할 때, 영상전압[V]은?

① 0   ② 3

③ 9   ④ 27

|정|답|및|해|설|

[영상전압] $V_0 = \frac{1}{3}(V_a + V_b + V_c)$

$= \frac{1}{3}(3 + 2 - j3 + 4 + j3) = \frac{9}{3} = 3[V]$

【정답】②

|참|고|

1. 비대칭분에 의한 대칭을 구할 때]

·영상전압 $V_0 = \frac{1}{3}(V_a + V_b + V_c)$

·정상전압 $V_1 = \frac{1}{3}(V_a + aV_b + a^2 V_c)$

$\rightarrow (a : 1\angle 120, \; a^2 : 1\angle 240)$

·역상전압 $V_2 = \frac{1}{3}(V_a + a^2 V_b + aV_c)$

2. 대칭분에 의한 비대칭을 구할 때]

· $V_a = V_0 + V_1 + V_2$

· $V_b = V_0 + a^2 V_1 + aV_2$

· $V_c = V_0 + aV_1 + a^2 V_2$

68. $R = 4[\Omega]$, $wL = 3[\Omega]$의 직렬 회로에 $e = 100\sqrt{2}\sin wt + 50\sqrt{2}\sin 3wt[V]$를 가할 때 이 회로의 소비전력은 약 몇 [W]인가?

① 1414   ② 1514

③ 1703   ④ 1903

|정|답|및|해|설|

[소비전력] $P = I^2 R = \left(\frac{E}{\sqrt{R^2 + X^2}}\right)^2 R = \frac{E^2 R}{R^2 + X^2}$

·기본파에 의한 전력 $P_1 = \frac{100^2 \times 4}{4^2 + 3^2} = 1600[W]$

·3고조파에 의한 전력 $P_3 = \frac{50^2 \times 4}{4^2 + (3 \times 3)^2} = 103[W]$

∴소비전력 $P = P_1 + P_3 = 1600 + 103 = 1703[W]$

【정답】③

69. 그림과 같은 회로에서 $V - i$의 관계식은?

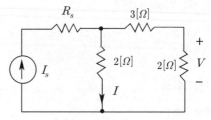

① $V = 0.8i$ ② $V = i_s R_s - 2i$

③ $V = 2i$ ④ $V = 3 + 0.2i$

|정|답|및|해|설|

[전압분배의 법칙] $V_1 = \frac{R_1}{R_1 + R_2} V$

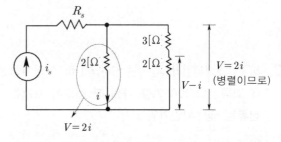

$V = 2i$ (병렬이므로)

$V = \frac{2}{3+2} \times 2i = \frac{4}{5}i = 0.8i$

【정답】①

70. $f(t) = te^{-at}$의 라플라스 변환은?

① $\frac{2}{(s-1)^2}$ ② $\frac{1}{s(s+a)}$

③ $\frac{1}{(s+a)^2}$ ④ $\frac{1}{s+a}$

|정|답|및|해|설|

[라플라스 변환]

$\mathcal{L}[te^{-at}] = \mathcal{L}[t]_{s=s+a}$

$= \left[\frac{1}{S^2}\right]_{s=s+a} = \frac{1}{(s+a)^2}$

【정답】③

71. 회로에서 단자 a–b 사이의 합성저항 R_{ab}는 몇 [Ω]인가? (단, 저항의 크기는 r[Ω]이다.)

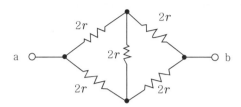

① $\dfrac{1}{3}r$　　　② $\dfrac{1}{2}r$

③ r　　　④ $2r$

|정|답|및|해|설|

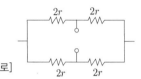

[브리지 회로]

브리지 회로의 평형 상태로 중앙의 $2r$ 소자에는 전류가 흐르지 않는다.

$R_{ab} = \dfrac{4r \times 4r}{4r + 4r} = 2r[\Omega]$ 　　　【정답】④

72. 그림과 같은 4단자 회로의 어드미턴스 파라미터 중 $Y_{11}[\mho]$은?

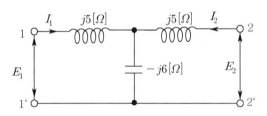

① $-j\dfrac{1}{35}$　　　② $j\dfrac{2}{35}$

③ $-j\dfrac{1}{33}$　　　④ $j\dfrac{2}{33}$

|정|답|및|해|설|

[4단자 회로의 어드미턴스] $Y_{11} = Y_1 + Y_2 = \dfrac{1}{A} + \dfrac{1}{B}[\mho]$

$A = \dfrac{(j5 \times j5) + (j5 \times -j6) + (-j6 \times j5)}{j5} = -j7$

$B = \dfrac{(j5 \times j5) + (j5 \times -j6) + (-j6 \times j5)}{-j6} = j5.83$

$\therefore Y = \dfrac{1}{A} + \dfrac{1}{B} = -\dfrac{1}{j7} + \dfrac{1}{j5.83} = -j\dfrac{1}{35}[\mho]$

【정답】①

73. 그림과 같은 회로에서 스위치 S를 닫았을 때 시정수 [sec]의 값은? (단, L=10[mH], R=20[Ω] 이다.)

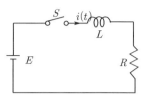

① 5×10^{-3}　　　② 5×10^{-4}

③ 200　　　④ 2000

|정|답|및|해|설|

[RL회로의 시정수] 시정수 $\tau = \dfrac{L}{R} = \dfrac{10 \times 10^{-3}}{20} = 5 \times 10^{-4}[S]$

【정답】②

74. 정전용량이 같은 콘덴서 2개를 병렬로 연결했을 때의 합성 정전용량은 직렬로 연결했을 때의 몇 배인가?

① 2　　　② 4

③ 6　　　④ 8

|정|답|및|해|설|

[합성 정전용량]

· 직렬연결 $C_s = \dfrac{C \times C}{C + C} = \dfrac{C^2}{2C} = \dfrac{C}{2}$

· 병렬연결 $C_p = C + C = 2C$

$\therefore \dfrac{C병렬}{C직렬} = \dfrac{2C}{\dfrac{C}{2}} = 4$배 　　　【정답】②

75. 대칭 5상 회로의 선간전압과 상전압의 위상차는?

① $27°$　　　② $36°$

③ $54°$　　　④ $72°$

|정|답|및|해|설|

[대칭 n상인 경우 기전력의 위상차]

$\theta = \dfrac{\pi}{2}\left(1 - \dfrac{2}{n}\right) = \dfrac{\pi}{2}\left(1 - \dfrac{2}{5}\right) = \dfrac{180}{2}\left(1 - \dfrac{2}{5}\right) = 90 \times \dfrac{3}{5} = 54°$

【정답】③

76. 전달함수에 대한 설명으로 틀린 것은?

① 어떤 계의 전달함수는 그 계에 대한 임펄스 응답의 라플라스 변환과 같다.

② 전달함수는 $\dfrac{\text{출력 라플라스변환}}{\text{입력 라플라스변환}}$ 으로 정의된다.

③ 전달함수가 s가 될 때 적분요소라 한다.

④ 어떤 계의 전달함수의 분모를 0으로 놓으면 이것이 곧 특성방정식이 된다.

|정|답|및|해|설|

[전달함수] $G(s) = \dfrac{C(s)}{R(s)} = \dfrac{C(s)}{1} = C(s)$

|참|고|

1. 적분요소의 전달함수는 $G(s) = \dfrac{K}{s}$

2. 미분요소의 전달함수는 $G(s) = Ks$ 【정답】③

77. 그림과 같은 대칭 3상 Y결선 부하 $Z = 6 + j8\,[\Omega]$에 200[V]의 상전압이 공급될 때 선전류는 몇 [A]인가?

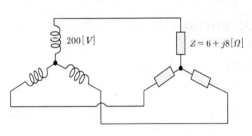

① 15 ② 20
③ $15\sqrt{3}$ ④ $20\sqrt{3}$

|정|답|및|해|설|

[Y결선 선전류] 선전류=상전류

$I_l = I_p = \dfrac{V_p}{Z} = \dfrac{200}{\sqrt{6^2 + 8^2}} = 20[A]$ 【정답】②

78. 정현파 교류 전압의 평균값은 최대값의 약 몇 [%]인가?

① 50.1 ② 63.7
③ 70.7 ④ 90.1

|정|답|및|해|설|

[정현파 교류전압]

· 정현파 평균값 $V_{av} = \dfrac{2V_m}{\pi} = 0.6369\,V_m$

· 정현파 최대값 $V_m = \dfrac{\pi V_{av}}{2}$ [V] 【정답】②

|참|고|

[각종 파형의 평균값, 실효값, 파형률, 파고율]

명칭	파형	평균값	실효값	파형률	파고율
정현파 (전파)		$\dfrac{2I_m}{\pi}$	$\dfrac{I_m}{\sqrt{2}}$	1.11	$\sqrt{2}$
정현파 (반파)		$\dfrac{I_m}{\pi}$	$\dfrac{I_m}{2}$	$\dfrac{\pi}{2}$	2
사각파 (전파)		I_m	I_m	1	1
사각파 (반파)		$\dfrac{I_m}{2}$	$\dfrac{I_m}{\sqrt{2}}$	$\sqrt{2}$	$\sqrt{2}$
삼각파		$\dfrac{I_m}{2}$	$\dfrac{I_m}{\sqrt{3}}$	$\dfrac{2}{\sqrt{3}}$	$\sqrt{3}$

79. 그림과 같은 비정현파의 실효값[V]은?

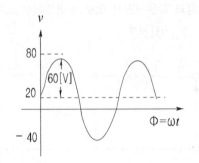

① 46.9 ② 51.6
③ 56.6 ④ 63.3

|정|답|및|해|설|

[비정현파의 실효값] 실효값 $V = \sqrt{\text{각 파의 실효값 제곱의 합}}$

그림은 교류 $60\sin\omega t$가 20[V] 바이어스 된 것 이므로

$V = 20 + 60\sin\omega t$ [V]

∴ 실효값 $V = \sqrt{\text{각 파의 실효값 제곱의 합}}$ [V]

$= \sqrt{20^2 + \left(\dfrac{60}{\sqrt{2}}\right)^2} = 46.90$

【정답】①

80. 4단자 회로에서 4단자 정수가 $A = \dfrac{15}{4}, D = 1$ 이고, 영상임피던스 $Z_{02} = \dfrac{12}{5}[\Omega]$일 때, 영상임 피던스 $Z_{01}[\Omega]$은?

① 9   ② 6

③ 4   ④ 2

|정|답|및|해|설|

[영상임피던스]

$\cdot Z_{01} = \sqrt{\dfrac{AB}{CD}}$, $Z_{02} = \sqrt{\dfrac{BD}{AC}}$

$Z_{01} \cdot Z_{02} = \dfrac{B}{C}$, $\dfrac{Z_{01}}{Z_{02}} = \dfrac{A}{D}$에서

$\therefore Z_{01} = \dfrac{A}{D} Z_{02} = \dfrac{\frac{15}{4}}{1} \times \dfrac{12}{5} = \dfrac{180}{20} = 9[\Omega]$

【정답】①

81. 전자 개폐기의 조작회로 또는 초인벨, 경보벨 등에 접속하는 전로로서 최대 사용전압이 60[V] 이하인 것으로 대지전압이 몇 [V] 이하인 강 전류 전기의 전송에 사용하는 전로와 변압기로 결합되는 것을 소세력 회로라 하는가?

① 100   ② 150   ③ 300   ④ 440

|정|답|및|해|설|

[소세력 회로의 시설 (KEC 241.14)]
·최대 사용전압이 60[V] 이하인 것
·절연변압기의 사용전압은 대지전압 300[V] 이하

【정답】③

82. 제2차 접근 상태를 바르게 설명한 것은?

① 가공전선이 전선의 절단 또는 지지물의 도괴등이 되는 경우에 당해 전선이 다른 시설물에 접속될 우려가 있는 상태

② 가공진신이 다른 시실물과 집근하는 경우에 당해 가공전선이 다른 시설물의 위쪽 또는 옆쪽에서 수평거리로 3[m] 미만인 곳에 시설되는 상태

③ 가공전선이 다른 시설물과 접근하는 경우에 가공전선을 다른 시설물과 수평되게 시설되는 상태

④ 가공선로에 접지공사를 하고 보호망으로 보호하여 인축의 감전 상태를 방지하도록 조치하는 상태

|정|답|및|해|설|

[용어정의 (KEC 112)]
1. 제1차접근상태 : 가공전선이 다른 시설물의 위쪽 또는 옆쪽에서 수평 거리로 3[m] 이상인 곳에 시설
2. 제2차접근상태 : 가공전선이 다른 시설물의 위쪽 또는 옆쪽에서 수평 거리로 3[m] 미만인 곳에 시설

【정답】②

83. 화약류 저장소의 전기설비의 시설기준으로 틀린 것은?

① 전로의 대지전압은 150[V] 이하일 것

② 전기기계기구는 전폐형의 것일 것

③ 전용 개폐기 및 과전류 차단기는 화약류 저장소 밖에 설치할 것

④ 개폐기 또는 과전류 차단기에서 화약류 저장소의 인입구까지의 배선은 케이블을 사용할 것

|정|답|및|해|설|

[화약류 저장소 등의 위험장소 (KEC 242.5)]
·전로의 대지전압은 300[V] 이하일 것
·전기 기계기구는 전폐형일 것
·금속관 공사, 케이블 공사에 의할 것
·화약류 저장소안의 전기설비에 전기를 공급하는 전로에는 저장소 이외의 곳에 전용의 개폐기 및 과전류차단기를 각 극에 취급자 이외의 자가 쉽게 조작할 수 없도록 시설하고, 전로에 지기 발생시 자동차단하거나 경보하는 장치를 시설할 것

【정답】①

84. 전기욕기의 시설에서 욕기 내의 전극간의 거리는 몇 [m] 이상이어야 하는가?

① 1   ② 1.2

③ 1.3   ④ 1.5

|정|답|및|해|설|

[전기욕기의 시설 (KEC 241.2)]
·사용전압이 10[V] 이하
·욕탕안의 전극간의 거리는 1[m] 이상일 것.

【정답】①

85. 고압 보안공사에 철탑을 지지물로 사용하는 경우 지지물 간 거리(경간)는 몇 [m] 이하이어야 하는가?

① 100   ② 150

③ 400   ④ 600

|정|답|및|해|설|
[고압 보안공사 (KEC 332.10)]

지지물의 종류	지지물 간 거리(경간)
목주 · A종 철주 또는 A종 철근 콘크리트주	100[m]
B종 철주 또는 B종 철근 콘크리트주	150[m]
철탑	400[m]

【정답】③

86. 옥내에 시설하는 전동기에 과부하 보호 장치의 시설을 생략할 수 없는 경우는?

① 전동기가 단상의 것으로 전원 측 전로에 시설하는 과전류차단기의 정격전류가 16[A] 이하인 경우

② 전동기가 단상의 것으로 전원 측 전로에 시설하는 경우 배선용 차단기의 정격전류가 20[A] 이하인 경우

③ 전동기 운전 중 취급자가 상시 감시할 수 있는 위치에 시설하는 경우

④ 전동기의 정격 출력이 0.75[kW]인 전동기

|정|답|및|해|설|
[전동기의 과부하 보호 장치의 생략조건 (KEC 212.6.3)]
·정격출력이 0.2[kW] 이하인 경우
·전동기를 운전 중 상시 취급자가 감시할 수 있는 위치에 시설하는 경우
·전동기의 구조나 부하의 성질로 보아 전동기가 소손될 수 있는 과전류가 생길 우려가 없는 경우
·단상전동기로써 그 전원측 전로에 시설하는 과전류 차단기의 정격전류가 16[A](배선용 차단기는 20[A]) 이하인 경우

【정답】④

87. 저압 이웃연결(연접)인입선은 폭 몇 [m]를 초과하는 도로를 횡단하지 않아야 하는가?

① 5   ② 6   ③ 7   ④ 8

|정|답|및|해|설|
[저압 이웃연결(연접) 인입선 시설 (kec 221.1.2)]
한 수용 장소 인입구에서 분기하여 지지물을 거치지 아니하고 다른 수용장소 인입구에 이르는 전선이며 시설 기준은 다음과 같다.
·분기하는 점으로부터 100[m]를 초과하지 않을 것
·폭 5[m]를 넘는 도로를 횡단하지 않을 것
·옥내를 관통하지 않을 것

【정답】①

88. 특고압 가공전선로의 지지물 중 전선로의 지지물 양쪽의 경간의 차가 큰 곳에 사용하는 철탑은?

① 내장형 철탑   ② 인류형 철탑

③ 보강형 철탑   ④ 각도형 철탑

|정|답|및|해|설|
[특고압 가공전선로의 철주 · 철근 콘크리트주 또는 철탑의 종류 (KEC 333.11)] 특고압 가공 전선로의 지지물로 사용하는 B종 철주, 철근 콘크리트주, 철탑의 종류는 다음과 같다.
1. 직선형 : 전선로의 직선 부분 (3° 이하의 수평 각도를 이루는 곳 포함)에 사용되는 것
2. 각도형 : 전선로 중 수평 각도 3°를 넘는 곳에 사용되는 것
3. 인류형 : 전 가섭선을 인류하는 곳에 사용하는 것
4. 내장형 : 전선로 지지물 양측의 경간차가 큰 곳에 사용하는 것
5. 보강형 : 전선로 직선 부분을 보강하기 위하여 사용하는 것

【정답】①

89. 400[V] 미만의 저압 옥내배선을 할 때 점검할 수 없는 은폐 장소에 할 수 없는 배선공사는?

① 금속관 공사   ② 합성수지관 공사

③ 금속몰드 공사   ④ 플로어덕트 공사

|정|답|및|해|설|
[금속몰드공사 (KEC 232.22)]
1. 전선은 절연전선(옥외용 비닐절연 전선을 제외)일 것
2. 금속몰드 안에는 전선에 접속점이 없도록 할 것. 다만, 「전기용품 및 생활용품 안전관리법」에 적합한 2종 금속제 몰드를 사용하고 또한 다음에 의하여 시설하는 경우는 그러하지 아니하다.
   ·전선을 분기하는 경우일 것.
   ·접속점을 쉽게 점검할 수 있도록 시설할 것.
   ·몰드 안의 전선을 외부로 인출하는 부분은 몰드의 관통 부분에서 전선이 손상될 우려가 없도록 시설할 것.
3. 2종 금속제 몰드를 사용할 것
4. 황동제 또는 동제의 몰드는 폭이 50[mm] 이하, 두께 0.5[mm] 이상인 것일 것

【정답】③

90. 특고압 가공전선을 삭도와 제1차 접근상태로 시설되는 경우 최소 간격(이격거리)에 대한 설명 중 틀린 것은?

① 사용전압이 35[kV] 이하의 경우는 1.5[m] 이상

② 사용전압이 35[kV] 이하이고 특고압 절연전선을 사용한 경우 1[m] 이상

③ 사용전압이 70[kV]인 경우 2.12[m] 이상

④ 사용전압이 35[kV]를 초과하고 60[kV] 이하인 경우 2.0[m] 이상

|정|답|및|해|설|
[특고압 가공전선과 삭도의 접근 또는 교차 (KEC 333.25)]

사용전압의 구분	이격 거리
35[kV] 이하	2[m] (전선이 특고압 절연전선인 경우는 1[m], 케이블인 경우는 50[cm])
35[kV] 초과 60[kV] 이하	2[m]
60[kV] 초과	2[m]에 사용전압이 60[kV]를 초과하는 10[kV] 또는 그 단수마다 12[cm]를 더한 값

【정답】①

91. 특고압 가공전선이 도로, 횡단 보도교, 철도와 제1차 접근상태로 시설되는 경우 특고압 가공전선로는 제 몇 종 보안공사를 하여야 되는가?

① 제1종 특고압 보안공사

② 제2종 특고압 보안공사

③ 제3종 특고압 보안공사

④ 특별 제3종 특고압 보안공사

|정|답|및|해|설|
[특고압 가공전선과 도로 등의 접근 또는 교차 (KEC 333.24)]
1. 건조물과 제1차 접근상태로 시설 : 제3종 특고압 보안공사
2. 건조물과 제2차 접근상태로 시설 : 제2종 특고압 보안공사
3. 도로 통과 교차하여 시설 : 제2종 특고압 보안공사
4. 가공 약전류선과 공가하여 시설 : 제2종 특고압 보안공사
【정답】③

92. 임시 가공전선로의 지지물로 철탑을 사용시 사용 기간은?

① 1개월 이내　　② 3개월 이내

③ 4개월 이내　　④ 6개월 이내

|정|답|및|해|설|
[임시 전선로의 시설 (KEC 335.10)]
가공전선로의 지지물로 사용하는 철탑은 <u>사용기간이 6개월 이내의 것에 한하여 지지선을 사용하여 그 강도를 분담시킬 수 있다.</u>
【정답】④

93. 폭연성 먼지(분진) 또는 화약류의 가루(분말)가 존재하는 곳의 저압 옥내배선은 어느 공사에 의하는가?

① 애자 사용 공사 또는 가요 전선관 공사

② 캡타이어 케이블 공사

③ 합성 수지관 공사

④ 금속관 공사 또는 케이블 공사

|정|답|및|해|설|
[분진 위험장소 (KEC 242.2)]
1. 폭연성 먼지(분진) : 설비를 금속관 공사 또는 케이블 공사(캡타이어 케이블 제외)
2. 가연성 먼지(분진) : 합성수지관 공사, 금속관 공사, 케이블 공사
【정답】④

94. 고압 가공전선이 경동선인 경우 안전율은 얼마 이상이어야 하는가?

① 2.0　　　　② 2.2

③ 2.5　　　　④ 3.0

|정|답|및|해|설|
[저·고압 가공전선의 안전율 (KEC 332.4)]
고압 가공전선은 케이블인 경우 이외에는 다음 각 호에 규정하는 경우에 그 안전율이 <u>경동선 또는 내열 동합금선은 2.2 이상</u>, 그 밖의 전선은 2.5 이상이 되는 처짐 정도(이도)로 시설하여야 한다.

|참|고|

[기타 안전율]
1. 1.33 : 이상시 상정하중에 대한 철탑의 기초
2. 1.5 : 안테나, 케이블트레이
3. 2.0 : 기초안전율
4. <u>2.2 : 경동선, 내열동합금선</u>
5. 2.5 : ACSR, 지지선, 기타 전선
【정답】②

95. 가공전선로에 사용하는 지지물의 강도 계산시 구성재의 수직 투영면적 1$[m^2]$에 대한 풍압을 기초로 적용하는 갑종풍압하중 값의 기준이 잘못된 것은?

① 목주 : 588 [Pa]

② 원형 철주 : 588 [Pa]

③ 철근 콘크리트주 : 1117[Pa]

④ 강관으로 구성된 철탑 : 1255 [Pa]

|정|답|및|해|설|..

[풍압하중의 종별과 적용 (KEC 331.6)]

풍압을 받는 구분			풍압[Pa]
목주			588
지지물	철주	원형의 것	588
		삼각형 또는 농형	1412
		강관에 의하여 구성되는 4각형의 것	1117
		기타의 것으로 복재가 전후면에 겹치는 경우	1627
		기타의 것으로 겹치지 않은 경우	1784
	철근 콘크리트 주	원형의 것	588
		기타의 것	822
	철탑	단주 원형의 것	588[Pa]
		단주 기타의 것	1,117[Pa]
		강관으로 구성되는 것(단주는 제외함)	1,255[Pa]
		기타의 것	2,157[Pa]

【정답】③

96. 일반주택 및 아파트 각 호실의 현관 등은 몇 분 이내에 소등되는 타임스위치를 시설하여야 하는가?

① 1분   ② 3분

③ 5분   ④ 10분

|정|답|및|해|설|..

[점멸기의 시설 (KEC 234.6)]
1. 숙박시설, 호텔, 여관 각 객실 입구등은 1분
2. 거주시설, 일반 주택 및 아파트 현관등은 3분

【정답】②

※한국전기설비규정(KEC) 적용으로 인해 더 이상 출제되지 않는 문제는 삭제했습니다.

1회 2013년 전기산업기사필기 (전기지기학)

1. 일반적으로 자구(magnetic domain)를 가지는 자성체는?

① 강자성체 ② 유전체

③ 역자성체 ④ 비자성체

|정|답|및|해|설|

[강자성체] 자구란 자기모멘트가 동일한 방향으로 통일된 영역을 갖는 것을 말하며 강자성체의 특징이다.

|참|고|

[자성체의 분류]

종류	비투자율	비자하율	원소
강자성체	$\mu_r \geq 1$	$\chi_m \gg 1$	철, 니켈, 코발트
상자성체	$\mu_r > 1$	$\chi_m > 0$	알루미늄, 망간, 백금, 주석, 산소, 질소
반(역)자성체	$\mu_r < 1$	$\chi_m < 0$	은, 비스무트, 탄소, 규소, 납, 아연, 황, 구리, 실리콘
반강자성체			

【정답】①

2. 간격 50[cm]인 평행 도체판 사이에 10[$\Omega \cdot m$]인 물질을 채웠을 때 단위 면적당의 저항은 몇 [Ω]인가?

① 11[Ω] ② 5[Ω]

③ 10[Ω] ④ 15[Ω]

|정|답|및|해|설|

[단위 면적당의 저항] $R = \rho \dfrac{l}{S}[\Omega]$

($S=1$, $\rho=10[\Omega]$, $l=0.5[m]$)

$\therefore R = 10 \times 0.5 = 5[\Omega]$

【정답】②

3. 도체 표면의 전류밀도가 커지고 도체중심으로 갈수록 선류 밀도가 삭아지는 효과는?

① 표피효과 ② 홀효과

③ 펠티에효과 ④ 제벡효과

|정|답|및|해|설|

[표피효과] 표피효과란 전류가 도체 표면에 집중하는 현상

침투깊이 $\delta = \sqrt{\dfrac{2}{w k \mu a}}[m] = \sqrt{\dfrac{1}{\pi f k \mu a}}[m]$

표피효과 ↑ 침투깊이 δ ↓ → 침투깊이 $\delta = \sqrt{\dfrac{1}{\pi f \sigma \mu a}}$ 이므로

주파수 f와 단면적 a에 비례하므로 전선의 굵을수록, 수파수가 높을수록 침투깊이는 작아지고 표피효과는 커진다. 【정답】①

4. 대전된 구도체를 반지름이 2배가 되는 대전이 되지 않은 구도체에 가는 도선으로 연결할 때 원래의 에너지에 대해 손실된 에너지의 비율은 얼마가 되는가? (단, 구도체는 충분히 떨어져 있다고 한다.)

① $\dfrac{1}{2}$ ② $\dfrac{1}{3}$ ③ $\dfrac{2}{3}$ ④ $\dfrac{2}{5}$

|정|답|및|해|설|

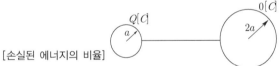

[손실된 에너지의 비율]

· $C_1 = 4\pi\epsilon a$ · $C_2 = 4\pi\epsilon 2a = 2C_1$ · 전체 $C = C_1 + C_2 = 3C_1$

· 연결 전 에너지 $W = \dfrac{Q^2}{2C_1}[J]$

· 연결 후 에너지 $W' = \dfrac{Q^2}{2 \times 3C_1} = \dfrac{Q^2}{6C_1}[J]$

$\therefore \dfrac{W-W'}{W} = \dfrac{\dfrac{Q^2}{2C_1} - \dfrac{Q^2}{6C_1}}{\dfrac{Q^2}{2C_1}} = \dfrac{\dfrac{1}{2} - \dfrac{1}{6}}{\dfrac{1}{2}} = \dfrac{2}{3}$ 배 【정답】③

5. 자속의 연속성을 나타내는 식은?

① $B = \mu H$ ② $\nabla \cdot B = 0$

③ $\nabla \cdot B = \rho$ ④ $\nabla \cdot B = \mu H$

|정|답|및|해|설|

[자속의 연속성] 자속의 연속성이란 양적인 변화가 없는 상태이므로 $div B = \nabla \cdot B = 0$

자속이 발산되는 것이 아니므로 N극에서 나온 자속은 반드시 S극으로 전부 되돌아옴을 알 수가 있다. 따라서 N극이나 S극만의 고립된 자극은 만들어지지 않는다. 【정답】②

6. 길이 l[m]인 도선으로 원형코일을 만들어 일정한 전류를 흘릴 때, M회 감았을 때의 중심자계는 N회 감았을 때의 중심자계의 몇 배 인가?

① $\left(\dfrac{M}{N}\right)^2$ ② $\left(\dfrac{N}{M}\right)^2$

③ $\dfrac{N}{M}$ ④ $\dfrac{M}{N}$

|정|답|및|해|설|

[중심자계의 세기] $\dfrac{H_M}{H_N} = \dfrac{\dfrac{\pi M^2 I}{l}}{\dfrac{\pi N^2 I}{l}} = \dfrac{M^2}{N^2}$

$l = M(2\pi a_M) = N(2\pi a_N),\ a_M = \dfrac{l}{2\pi M},\ a_N = \dfrac{l}{2\pi N}$

$H_M = \dfrac{M \cdot I}{2a_M} = \dfrac{M \cdot I}{2 \cdot \dfrac{l}{2\pi M}} = \dfrac{\pi M^2 I}{l}$

$H_N = \dfrac{N \cdot I}{2a_N} = \dfrac{N \cdot I}{2 \cdot \dfrac{l}{2\pi N}} = \dfrac{\pi N^2 I}{l}$

$\dfrac{H_M}{H_N} = \dfrac{\dfrac{\pi M^2 I}{l}}{\dfrac{\pi N^2 I}{l}} = \dfrac{M^2}{N^2}$ $\therefore H_M = \left(\dfrac{M}{N}\right)^2 \times H_N$ 【정답】①

7. 환상 철심에 감은 코일에 5[A]의 전류를 흘리면 2000[AT]의 기자력이 생긴다면 코일의 권수는 얼마로 하여야 하는가?

① 10000 ② 5000

③ 400 ④ 250

|정|답|및|해|설|

[코일의 권수] $N = \dfrac{F}{I}\,[T]$ → $(F = NI\,[AT])$

기자력 $F = NI = 2000\,[AT],\ I = 5\,[A]$ 이면

$\therefore N = \dfrac{F}{I} = \dfrac{2000}{5} = 400\,[T]$ 【정답】③

8. 그림과 같이 도체구 내부 공동의 중심에 점전하 Q[C]가 있을 때 이 도체구의 외부로 발산되어 나오는 전기력선의 수는 몇 개인가? (단, 도체 내외의 공간은 진공이라 한다.)

① 4π

② $\dfrac{Q}{\epsilon_0}$

③ Q

④ $\epsilon_0 Q$

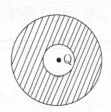

|정|답|및|해|설|

[전기력선의 수] $n = \dfrac{Q}{\epsilon}$ → (전속선수$= Q$)

발산되어 외부로 나오는 자속은 가우스정리에 의해서

$\dfrac{Q}{\epsilon}$ 개의 전기력선이 나온다. 진공중이나 공기중에서는 유전율이

ϵ_0이므로 $\dfrac{Q}{\epsilon_0}$ 【정답】②

9. 1.2[kW]의 전열기를 45분간 사용할 때 발생한 열량[kcal]은?

① 471 ② 572 ③ 673 ④ 777

|정|답|및|해|설|

[열량[cal]] $H = Q = 0.24W = 0.24Pt$

1[kwh]= 860[kcal] 이므로

$\therefore H = 0.24Pt = 0.24 \times 1.2 \times 10^3 \times 45 \times 60 \times 10^{-3} = 777.6[kcal]$

※1. 전력 $P = V \cdot I = I^2 \cdot R = \dfrac{V^2}{R}\,[W]$

2. 전력량(에너지) $W = Pt\,[W \cdot s]$

3. 열량 $H = Q = 0.24W = 0.24Pt$

$= 0.24VIt = 0.24I^2Rt = 0.24\dfrac{V^2}{R}t\,[cal]$

【정답】④

10. 비투자율 μ_s, 자속밀도 B인 자계 중에 있는 m [Wb]의 점 자극이 받는 힘[N]은?

① $\dfrac{mB}{\mu_0}$ ② $\dfrac{mB}{\mu_0 \mu_s}$

③ $\dfrac{mB}{\mu_s}$ ④ $\dfrac{\mu_0 \mu_s}{mB}$

|정|답|및|해|설|

[자계의 세기] $H = \dfrac{F}{m}[\text{N/Wb}]$

$F = mH = m\dfrac{B}{\mu} = m\dfrac{B}{\mu_0 \mu_s}\,[N]$ → (자속밀도 $B = \mu H$)

【정답】②

11. 비유전율이 2.4인 유전체 내의 전계의 세기가 100[mV/m]이다. 유전체에 저축되는 단위 체적당 정전에너지는 몇 $[J/m^3]$인가?

① 1.06×10^{-13} ② 1.77×10^{-13}

③ 2.32×10^{-12} ④ 2.32×10^{-11}

|정|답|및|해|설|

[단위 체적당 축적되는 정전에너지]

$$W = \frac{1}{2}DE = \frac{1}{2}\epsilon E^2 = \frac{1}{2}\frac{D^2}{\epsilon}[J/m^3]$$

여기서, D : 전속밀도, E : 전계, ϵ : 유전율

$$W = \frac{1}{2}\epsilon E^2 = \frac{\epsilon_0 \epsilon_s E^2}{2} \qquad \rightarrow (\epsilon_0 = 8.855 \times 10^{-12})$$

$$= \frac{8.855 \times 10^{-12} \times 2.4 \times (100 \times 10^{-3})^2}{2} = 1.06 \times 10^{-13}[J/m^3]$$

※1. 정전계 : $W = \frac{1}{2}DE = \frac{1}{2}\epsilon E^2 = \frac{1}{2}\frac{D^2}{\epsilon}[J/m^3]$

$\qquad\qquad f = \frac{1}{2}DE = \frac{1}{2}\epsilon E^2 = \frac{1}{2}\frac{D^2}{\epsilon}[N/m^2]$

2. 정자계 : $W = \frac{1}{2}\mu H^2 = \frac{B^2}{2\mu} = \frac{1}{2}HB[J/m^3]$

$\qquad\qquad f = \frac{1}{2}\mu H^2 = \frac{B^2}{2\mu} = \frac{1}{2}HB[N/m^2]$

【정답】①

12. 그림과 같이 공기 중에서 1[m]의 거리를 사이에 둔 2점 A, B에 각각 $3 \times 10^{-4}[Wb]$와 -3×10^{-4} 강 의 점자극을 두었다. 이때 점 P에 단위 정(+)자극을 두었을 때 이 극에 작용하는 힘의 합력은 약 몇 [N]인가?

(단, $m(\overline{AP}) = m(\overline{BP})$ ・ $m(\angle APB) = 90°$ 이다)

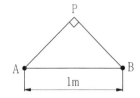

① 0 ② 18.9 ③ 37.9 ④ 53.7

|정|답|및|해|설|

[힘의 합력] $F = \frac{m_1 m_2}{4\pi\mu_0 r^2} = 6.33 \times 10^4 \times \frac{m_1 m_2}{r^2}[N]$

$\rightarrow (\frac{1}{4\pi\mu_0} = \frac{1}{4 \times 3.14 \times 4 \times 3.14 \times 10^{-7}} = 6.33 \times 10^4)$

$\overline{AP} = \overline{BP} = \frac{1}{\sqrt{2}}$

$$F_1 = 6.33 \times 10^4 \times \frac{1 \times 3 \times 10^{-4}}{\left(\frac{1}{\sqrt{2}}\right)^2} = 12.66 \times 3 = 37.98[N]$$

$$F_2 = 6.33 \times 10^4 \times \frac{1 \times (-3) \times 10^{-4}}{\left(\frac{1}{\sqrt{2}}\right)^2} = 12.66 \times (-3) = -37.98[N]$$

$$\therefore F = 2F_1 \cos 45 = 2 \times 37.98 \times \frac{1}{\sqrt{2}} = 53.71[N]$$

A점의 점자극과 P점의 점자극은 극성이 들다 (+)이므로 반발력이 생겨서 P점의 자극은 F_1의 힘을 받고 B점의 점자극과 P점의 점자극은 반대의 극성이므로 서로 당기는 힘으로 인해서 F_2의 힘이 작용하게 된다. 따라서 합성된 힘은 F로 작용한다.

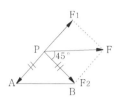

【정답】④

13. 중공도체의 중공부에 전하를 놓지 않으면 외부에서 준 전하는 외부 표현에만 분포한다. 이때 도체 내의 전계는 몇 [V/m]가 되는가?

① 0 ② 4π

③ ∞ ④ $\frac{1}{4\pi\epsilon_0}$

|정|답|및|해|설|

[도체내의 전계] 중공도체이므로 전하의 분포는 도체를 따라 표면에만 분포하게 되고 등전위를 형성하므로 중공도체 내부에서는 전계가 0이다.

【정답】①

14. 다음 중 맥스웰의 전자 방정식으로 옳지 않은 것은?

① $rot\,H = i + \frac{\partial D}{\partial t}$ ② $rot\,E = -\frac{\partial B}{\partial t}$

③ $div\,B = \varnothing$ ④ $div\,D = \rho$

|정|답|및|해|설|

[맥스웰 방정식] 공간 도체내의 한 점에 있어서 자계의 시간적 변화는 회전하는 전계를 발생한다.

① $rot\,H = i + \frac{\partial D}{\partial t}$

② $rot\,E = \nabla \times E = -\frac{\partial B}{\partial t}$

③ $div\,B = 0$

④ $div\,D = \rho$

【정답】③

15. 그림과 같은 정전용량이 C_0[F]되는 평행판 공기 콘덴서의 판면적의 $\frac{3}{2}$ 되는 공간에 비유전율 ϵ_s인 유전체를 채우면 공기콘덴서의 정전용량은 몇 [F]인가?

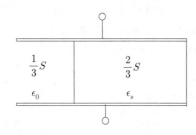

① $\frac{2\epsilon_s}{3} C_0$
② $\frac{3}{1+2\epsilon_s} C_0$
③ $\frac{1+\epsilon_s}{3} C_0$
④ $\frac{1+2\epsilon_s}{3} C_0$

|정|답|및|해|설|
[공기콘덴서의 정전용량 (병렬)] $C = C_1 + C_2$

$$C = C_1 + C_2 = \frac{1}{3}\epsilon_0 \frac{S}{d} + \frac{2}{3}\epsilon_0 \epsilon_s \frac{S}{d} = \frac{\epsilon_0 S(1+2\epsilon_s)}{3d}$$

$$= \frac{1+2\epsilon_s}{3} \times \frac{\epsilon_0 S}{d} = \frac{1+2\epsilon_s}{3} C_0 [F]$$ 【정답】④

|참|고|

[유전체의 삽입 위치에 따른 콘덴서의 직·병렬 구별]

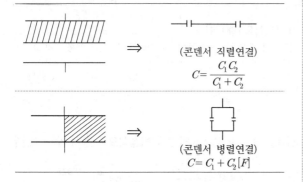

(콘덴서 직렬연결)
$$C = \frac{C_1 C_2}{C_1 + C_2}$$

(콘덴서 병렬연결)
$$C = C_1 + C_2 [F]$$

16. 자유 공간을 통과하는 전자파의 전파속도 v는? (단, ϵ_0 : 자유공간의 유전율, μ_0 : 자유공간의 투자율)

① $\sqrt{\frac{\epsilon_0}{\mu_0}}$
② $\sqrt{\epsilon_0 \mu_0}$
③ $\sqrt{\frac{\mu_0}{\epsilon_0}}$
④ $\frac{1}{\sqrt{\epsilon_0 \mu_0}}$

|정|답|및|해|설|
[전자파의 전파속도]
$$v = \lambda f = \frac{\omega}{\beta} = \frac{1}{\sqrt{\mu\epsilon}} = \frac{1}{\sqrt{\mu_0\mu_s \times \epsilon_0\epsilon_s}} = \frac{1}{\sqrt{\mu_0\epsilon_0}} [m/s]$$
→ (진공시나 공기중에서 $\epsilon_s = 1$, $\mu_s = 1$)
【정답】④

17. 자계 내에서 도선에 전류를 흘려보낼 때, 도선을 자계에 대해 60도의 각으로 놓았을 때 작용하는 힘은 30도의 각으로 놓았을 때 작용하는 힘의 몇 배인가?

① 2
② $\sqrt{2}$
③ $\sqrt{3}$
④ 4

|정|답|및|해|설|
[플레밍의 왼손법칙(작용하는 힘)] $F = l(I \times B) = BIl\sin\theta [N]$
→ 힘 F는 각도에 비례한다.

따라서 $F_1 : F_2 = \sin 30° : \sin 60° \rightarrow F_1 : F_2 = \frac{1}{2} : \frac{\sqrt{3}}{2}$

$$\frac{F_2}{2} = \frac{\sqrt{3} F_1}{2} \rightarrow F_2 = \sqrt{3} F_1$$ 【정답】③

18. 용량계수와 유도계수에 대한 성질 중에서 틀린 것은?

① $q_{11}, q_{22}, q_{33} \cdots q_{nn} > 0$, 일반적으로 $qrr > 0$
② q_{12}, q_{13}, 등 ≤ 0, 일반적으로 $q_{rs} \leq 0$
③ $q_{11} \geq (q_{21} + q_{31} + \cdots + q_{n1})$, 일반적으로 $q_{rr} > 0$
④ $q_{rs} = q_{sr}$

|정|답|및|해|설|
[용량계수 및 유도계수의 성질]
· $q_{11}, q_{22}, q_{33} \cdots > 0$: 용량계수(q_{rr}) > 0
· $q_{12}, q_{21}, q_{31}, \cdots \leq 0$: 유도계수(q_{rs}) ≤ 0
· $q_{11} \geq -(q_{21} + q_{31} + q_{41} + \cdots + q_{n1})$
  또는 $q_{11} + q_{21} + q_{31} + q_{41} + \cdots + q_{n1} \geq 0$
· 전위계수 $P_{12} = P_{21}$의 성질이 있으므로 다음의 관계가 성립한다.
  $q_{12} = q_{21}$ 일반적으로 $q_{rs} = q_{sr}$
$Q_1 = q_{11} V_1 + q_{12} V_2 + \cdots$
용량계수는 항상 (+), 유도계수는 항상 (−)
【정답】③

19. 도체가 관통하는 자속이 변하든가 또는 자속과 도체가 상대적으로 운동하여 도체내의 자속이 시간적 변화를 일으키면 이 변화를 막기 위하여 도체내에 국부적으로 형성되는 임의의 폐회로를 따라 전류가 유기되는데 이 전류를 무엇이라 하는가?

① 히스테리시스전류　② 와전류

③ 변위전류　　　　④ 과도전류

|정|답|및|해|설|

[와전류] 와전류는 자속의 변화를 방해하기 위해서 국부적으로 만들어지는 맴돌이 전류로서 자속이 통과하는 면을 따라 폐곡선을 그리면서 흐르는 전류이다. 　　　　　　　　　　　【정답】②

20. 공기 중에서 1[V/m]의 크기를 가진 정현파 전계에 대한 변위전류 1[A/m^2]를 흐르게 하기 위해서는 이 전계의 주파수가 몇 [MHz]가 되어야 하는가?

① 1500[MHz]　　② 1800[MHz]

③ 15000[MHz]　　④ 18000[MHz]

|정|답|및|해|설|

[전계의 주파수] $f = \dfrac{i_d}{2\pi\epsilon E}[Hz]$

$\quad\to$ (변위전류밀도 $i_d = \dfrac{\partial D}{\partial t} = \epsilon\dfrac{\partial E}{\partial t} = \omega\epsilon E = 2\pi f\epsilon E$)

$\qquad\qquad\qquad\qquad\qquad\to (\omega = 2\pi f)$

$\therefore f = \dfrac{i_d}{2\pi\epsilon E}[Hz] = \dfrac{1}{2\pi \times 8.855 \times 10^{-12} \times 1}$

$= 17973 \times 10^6 [Hz] = 17973[MHz]$　　　【정답】④

1회 **2013년 전기산업기사필기 (전력공학)**

21. 전력퓨즈(POWER FUSE)의 특성이 아닌 것은?

① 현저한 한류 특성이 있다.

② 부하전류를 안전하게 차단한다.

③ 소형이고 경량이다.

④ 릴레이나 변성기가 불필요하다.

|정|답|및|해|설|

[전력용 퓨즈의 장점]

·소형, 경량이다.　　　　　·한류 특성을 가진다.

·고속도 차단할 수 있다.　·소형으로 큰 차단용량을 가진다.

·유지 보수가 간단하다.　·릴레이나 변성기가 필요하다.

·정전용량이 작다.

[전력용 퓨즈의 단점]

·결상의 우려가 있다.　　·재투입할 수 없다.

·차단시 과전압 발생　　·과도전류에 용단되기 쉽다.

※전력퓨즈는 단락보호로 사용되나 부하전류의 개폐용으로 사용되지 않는다.

【정답】②

22. 22.9[KV-Y] 배전선로의 보호 협조 기기가 아닌 것은?

① 컷아웃 스위치　　② 인터럽터 스위치

③ 리클로저　　　　④ 섹셔널라이저

|정|답|및|해|설|

[보호 협조 기기] 22.9[kV] 배전선로의 보호 협조는 리클로저, 섹셔널라이저, 라인퓨즈(배전용 COS : Cut Out Switch)로 이루어진다.

【정답】②

23. 선로의 전압을 25[KV]에서 50[KV]로 승압할 경우, 공급전력을 동일하게 취급하면 공급전력은 승압전의 (ⓐ)배로 되고, 선로손실은 승압 전의 (ⓑ)배로 된다. (단, 동일 조건에서 공급전력과 선로손실률을 동일하게 취급함)

① ⓐ $\dfrac{1}{4}$, ⓑ 2　　② ⓐ $\dfrac{1}{4}$, ⓑ 4

③ ⓐ 2, ⓑ $\dfrac{1}{4}$　　④ ⓐ 4, ⓑ $\dfrac{1}{4}$

|정|답|및|해|설|

[손실률과 손실전력]

1. 손실률 $h = \dfrac{P_l}{P} = \dfrac{RP}{V^2\cos^2\theta} \to P = \dfrac{hV^2\cos^2\theta}{R} \to P \propto V^2$

2. 전력손실 $P_l = 3I^2R = 3\left(\dfrac{P}{\sqrt{3}\,V\cos\theta}\right)^2 R = \dfrac{RP^2}{V^2\cos^2\theta}$

$\qquad\to P_l \propto \dfrac{1}{V^2}$

$\therefore P : P' = V^2 : (2V)^2 \to P' = 4P$

$P_l : P_l' = \dfrac{1}{V^2} : \dfrac{1}{(2V)^2} \to P_l' = \dfrac{1}{4}P_l$　【정답】④

24. 전선의 굵기가 균일하고 부하가 균등하게 분산 분포되어 있는 배전선로의 전력손실은 전체 부하가 송전단으로부터 전체 전선로 길이의 어느 지점에 집중되어 있을 경우의 손실과 같은가?

① $\dfrac{3}{4}$ 　　② $\dfrac{2}{3}$

③ $\dfrac{1}{3}$ 　　④ $\dfrac{1}{2}$

|정|답|및|해|설|⋯⋯⋯⋯⋯⋯⋯⋯⋯⋯⋯⋯
[집중 부하와 분산 부하]

	모양	전압강하	전력손실
균일 분산부하	↓↓↓↓↓↓↓	$\dfrac{1}{2}IrL$	$\dfrac{1}{3}I^2rL$
끝부분 집중부하	↓ ↓ ↓ ↓	IrL	I^2rL

(I : 전선의 전류, r : 전선의 단위 길이당 저항, L : 전선의 길이)
　　　　　　　　　　　　　　　　　　【정답】③

25. 발전기의 자기여자현상을 방지하기 위한 대책으로 적합하지 않은 것은?

① 단락비를 크게 한다.
② 포화율을 작게 한다.
③ 선로의 충전전압을 높게 한다.
④ 발전기 정격전압을 높게 한다.

|정|답|및|해|설|⋯⋯⋯⋯⋯⋯⋯⋯⋯⋯⋯⋯
[발전기의 자기여자현상] 발전기가 송전선로를 충전하는 경우 자기여자 현상을 방지하기 위해서는 단락비를 크게 하면 된다. 따라서, 선로를 안전하게 충전할 수 있는 단락비의 값은 다음 식을 만족해야 한다.

단락비 $> \dfrac{Q'}{Q}\left(\dfrac{V}{V'}\right)(1+\sigma)$

여기서, Q' : 소요 충전전압 V'에서의 선로 충전용량[kVA]
　　　　Q : 발전기의 정격출력[kVA],
　　　　V : 발전기의 정격전압[V]
　　　　σ : 발전기 정격전압에서의 포화율

따라서, 자기여자현상을 방지하기 위해서는 <u>발전기 정격전압 V를 낮게</u> 하여야 한다.　　　　　　　　【정답】④

26. 화력발전소에서 탈기기의 설치 목적으로 가장 타당한 것은?

① 급수 중의 용해산소의 분리
② 급수의 습증기 건조
③ 연료 중의 공기제거
④ 염류 및 부유물질 제거

|정|답|및|해|설|⋯⋯⋯⋯⋯⋯⋯⋯⋯⋯⋯⋯
[탈기기] 급수중에 용해되어 있는 산소는 증기 계통, 급수 등을 부식시킨다. 탈기기는 용해산소 분리의 목적으로 쓰인다.　　【정답】①

27. 차단기의 소호재료가 아닌 것은?

① 수소　　　　② 기름
③ 공기　　　　④ SF_6

|정|답|및|해|설|⋯⋯⋯⋯⋯⋯⋯⋯⋯⋯⋯⋯
[차단기별 소호 매질]

종류	소호매질
유입차단기(OCB)	절연류
진공차단(VCB)	고진공
자기차단(MBB)	전자기력
공기차단(ABB)	압축공기
가스차단(GCB)	SF_6

※수소가스는 공기와 적당히 혼합하게 되면 폭발하므로 소호재료로 사용할 수 없다.　　　　　　　　　　　　　　【정답】①

28. 차단기에서 "$O-t_1-CO-t_2-CO$"의 표기로 나타내는 것은? (단, O : 차단 동작, t_1, t_2 : 시간 간격, C : 투입동작, CO : 투입 직후 차단)

① 차단기 동작 책무
② 차단기 재폐로 계수
③ 차단기 속류 주기
④ 차단기 무전압 시간

|정|답|및|해|설|⋯⋯⋯⋯⋯⋯⋯⋯⋯⋯⋯⋯
[차단기의 동작책무] 어느 시간 간격을 두고 행하여지는 일련의 동작을 규정한 것
1. 일반용 : CO − 15초 − CO
2. 고속도 재투입용 : O − t(0.35초) − CO − 1분 − CO
　　　　　　　　　　　　　　　　　　【정답】①

29. 송전단 전압을 V_s, 수전단전압을 V_r, 선로의 직렬 리액턴스를 X라 할 때 이 선로에서 최대 송전전력은? (단, 선로저항은 무시한다.)

① $\dfrac{V_s V_r}{X}$ 　　② $\dfrac{V_s^2 - V_r^2}{X}$

③ $\dfrac{V_s V_r}{X^2}$ 　　④ $\dfrac{V_s^2 V_r^2}{X}$

|정|답|및|해|설|

[송전전력] $P = \dfrac{V_s V_r}{X}\sin\theta$

최대 송전전력은 $\theta = 90°$ 일 때

따라서 최대 송전전력은 $P_m = \dfrac{V_s V_r}{X}$ 　【정답】①

---

30. 뒤진 역률 80[%], 1000[KW]의 3상 부하가 있다. 여기에 콘덴서를 설치하여 역률을 95[%]로 개선하려면 콘덴서의 용량[KVA]은?

① 328[kVA] 　　② 421[kVA]

③ 765[kVA] 　　④ 951[kVA]

|정|답|및|해|설|

[역률 개선용 콘덴서 용량]

$Q_c = P(\tan\theta_1 - \tan\theta_2) = P\left(\dfrac{\sin\theta_1}{\cos\theta_1} - \dfrac{\sin\theta_2}{\cos\theta_2}\right)$

$= P\left(\dfrac{\sqrt{1-\cos^2\theta_1}}{\cos\theta_1} - \dfrac{\sqrt{1-\cos^2\theta_2}}{\cos\theta_2}\right)$

여기서, $\cos\theta_1$: 개선 전 역률, $\cos\theta_2$: 개선 후 역률

$\therefore Q_c = P\left(\dfrac{\sqrt{1-\cos^2\theta_1}}{\cos\theta_1} - \dfrac{\sqrt{1-\cos^2\theta_2}}{\cos\theta_2}\right)$

$= 1000\left(\dfrac{0.6}{0.8} - \dfrac{\sqrt{1-0.95^2}}{0.95}\right) = 421.32[kVE]$ 　【정답】②

---

31. 3상의 같은 전원에 접속하는 경우, Δ 결선의 콘덴서를 Y결선으로 바꾸어 연결하면 진상용량은?

① $\sqrt{3}$ 배의 진상용량이 된다.

② 3배의 진상용량이 된다.

③ $\dfrac{1}{\sqrt{3}}$ 의 진상용량이 된다.

④ $\dfrac{1}{3}$ 의 진상용량이 된다.

|정|답|및|해|설|

[Δ→Y 시의 진상용량]

· Δ결선 시 용량 $Q_\Delta = 3EI_c = 3V\omega CV = 3\omega CV^2$

　　　　　→ ($I_c = \omega CV$, Δ 결선 시 $E_p = E_l$)

· Δ을 Y로 바꾸면 $Q_Y = 3EI_c = 3\dfrac{V}{\sqrt{3}}\omega C\dfrac{V}{\sqrt{3}} = \omega CV^2$

　　　　　→ (Y결선 시 $E_p = \dfrac{E_l}{\sqrt{3}}$)

$\therefore Q_Y = \dfrac{1}{3}Q_\Delta$ 　【정답】④

---

32. 철탑의 탑각 접지저항이 커질 때 생기는 문제점은?

① 속류 발생

② 역섬락 발생

③ 코로나 증가

④ 가공지선의 차폐각 증가

|정|답|및|해|설|

[철탑의 탑각 접지저항] 탑각 접지저항이 충분히 낮지 않으면 가공지선이 포착한 직격뢰는 대지로 흐를 수 없고, 철탑 전위가 상승하기 때문에 역섬락 발생할 우려가 있다. 이를 방지하기 위해서는 매설지선을 설치한다. 　【정답】②

---

33. 수력발전소의 조압수조(서지 탱크) 설치 목적은?

① 수차 보호 　　② 흡출관 보호

③ 수격작용 흡수 　　④ 조속기 보호

|정|답|및|해|설|

[조압수조(서지 탱크)] 조압수조는 압력수조에서 수로와 수압철관 사이의 수격을 방지하기 위해 설치하는 것으로, 저수지 이용 수심이 크면 수실 조압 수조를 설치해서 수조의 높이를 낮추도록 한다. 차동 조압 수조는 서지가 빠르게 낮아지도록 라이저를 설치한 것이다. 　【정답】③

---

34. 전압이 일정값 이하로 되었을 때 동작하는 것으로서 단락시 고장 검출용으로도 사용되는 계전기는?

① 재폐로 계전기 　　② 역상 계전기

③ 부족전류 계전기 　　④ 부족전압 계전기

|정|답|및|해|설|

[계전기]
1. 전압이 일정값 이하 시 동작 : 부족전압 계전기
2. 전압이 일정값 초과 시 동작 : 과전압 계전기
　【정답】④

35. 전선 양측의 지지점의 높이가 동일할 경우 전선의 단위 길이당 중량을 W[kg], 수평장력을 T[kg], 지지점 간의 거리를 S[m], 전선의 처짐 정도(이도)를 D[m]라 할 때 전선의 실제길이 L[m]를 계산하는 식은?

① $L = S + \dfrac{8S^2}{3D}$ ② $L = S + \dfrac{8D^2}{3S}$

③ $L = S + \dfrac{3S^2}{8D}$ ④ $L = S + \dfrac{3D^2}{8S}$

|정|답|및|해|설|

[전선의 실제길이] $L = S + \dfrac{8D^2}{3S}[m]$

→ (처짐 정도(이도)) : $D = \dfrac{WS^2}{8T}[m]$

(W : 전선의 중량[kg/m], T : 전선의 수평 장력 [kg]
S : 지지점 간의 거리(경간)[m])   【정답】②

36. 송배전선로의 도중에 직렬로 삽입하여 선로의 유도성 리액턴스를 보상함으로써 선로정수 그 자체를 변화시켜서 선로의 전압강하를 감소시키는 직렬콘덴서방식의 특성에 대한 설명으로 옳은 것은?

① 최대 송전전력이 감소하고 정태 안정도가 감소된다.
② 부하의 변동에 따른 수전단의 전압변동률은 증대된다.
③ 장거리 선로의 유도 리액턴스를 보상하고 전압강하를 감소시킨다.
④ 송·수 양단의 전달 임피던스가 증가하고 안정 극한 전력이 감소한다.

|정|답|및|해|설|

[직렬 콘덴서의 장점]
· 유도리액턴스를 보상하고 전압강하를 감소시킨다.
· 수전단의 전압변동률을 경감시킨다.
· 최대 송전전력이 증대하고 정태 안정도가 증대한다.
· 부하역률이 나쁠수록 설치 효과가 크다.
· 용량이 작으므로 설비가 저렴하다.   【정답】③

37. 배전반 및 분전반의 설치장소로 가장 적당한 곳은?

① 벽장 내부   ② 화장실 내부
③ 노출된 장소   ④ 출입구 신발장 내부

|정|답|및|해|설|

[배전반 및 분전반의 설치장소] 배전반 및 분전반의 설치장소는 습기가 없고 조작 및 유지보수가 용이한 노출된 장소가 적당하다.   【정답】③

38. 배전선로의 접지 목적과 거리가 먼 것은?

① 고장전류의 크기 억제
② 고저압 혼촉, 누전, 접촉에 의한 위험 방지
③ 이상전압의 억제, 대지전압을 저하시켜 보호장치 작동 확실
④ 피뢰기 등의 뇌해 방지 설비의 보호 효과 향상

|정|답|및|해|설|

[배전선로 접지의 목적]
· 지락고장 시 건전상의 대지 전위상승을 억제
· 지락고장 시 접지계전기의 확실한 동작
· 혼촉, 누전, 접촉에 의한 위험 방지
· 고장전류를 대지로 방전하기 위함   【정답】①

39. 3상 배전선로의 전압강하율을 나타내는 식이 아닌 것은? (단, V_s : 송전단 전압, V_r : 수전단 전압, I : 전부하전류, P : 부하전력, Q : 무효전력 이다.)

① $\dfrac{\sqrt{3}\,I}{V_r}(R\cos\theta + X\sin\theta) \times 100[\%]$

② $\dfrac{PR + QX}{V_r^2} \times 100[\%]$

③ $\dfrac{V_s - V_r}{V_r} \times \times 100[\%]$

④ $\dfrac{V_r}{V_s} \times 100[\%]$

|정|답|및|해|설|

[전압강하율]

1. $\epsilon = \dfrac{e}{V} \times 100 = \dfrac{V_s - V_r}{V_r} \times 100[\%]$

2. $\epsilon = \dfrac{\sqrt{3}\,I(R\cos\theta + X\sin\theta)}{V_r} \times 100[\%]$ → (3상 전압강하율)

→ (2식에서 분모, 분자에 V_r을 곱한다)
→ ($P = \sqrt{3}\,V_r I\cos\theta$, $Q = \sqrt{3}\,V_r I\sin\theta$)

3. $\epsilon = \dfrac{RP + QX}{V_r^2} \times 100[\%]$ 【정답】④

40. 전력계통의 전압조정과 무관한 것은?

① 변압기

② 발전기의 전압조정장치

③ MOF

④ 무효 전력 보상 장치(동기 조상기)

|정|답|및|해|설|

[전압조정]
1. 직접 조정(직접 코일량을 조정)
　·유도전압조정기(IVR)　　→ (부하 변동이 심한 경우)
　·부하시 탭(Tap)절환변압기
　·승압기
　· 변압기
2. 간접 조정(무효분을 조정)
　·전력용콘덴서(SC)
　·SHR
　·무효 전력 보상 장치(동기조상기)

※MOF(계기용 변성기)] MOF(계기용 변성기)는 고전압 대전류 등의 전기량을 측정하기 위한 계기용 변성기로서 전력 계통의 전압 조정과 무관하다.

【정답】③

1회 2013년 전기산업기사필기 (전기기기)

41. 동기전동기에서 제동권선의 역할에 해당되지 않는 것은?

① 기동 토크를 발생한다.

② 난조 방지작용을 한다.

③ 전기자반작용을 방지한다.

④ 급격한 부하의 변화로 인한 속도의 요동을 방지한다.

|정|답|및|해|설|

[제동권선의 역할]
· 난조방지
· 기동토크 발생
· 불평형 부하시의 전류, 전압 파형 개선
· 송전선의 불평형 단락시의 이상 전압 방지　　【정답】③

42. 단권변압기의 3상 결선에서 $\triangle$결선인 경우, 1차측 선간전압 V_1, 2차측 선간전압 V_2일 때 단권변압기의 자기용량/부하용량은? (단, $V_1 > V_2$인 경우이다.)

① $\dfrac{V_1 - V_2}{V_1}$

② $\dfrac{V_1^2 - V_2^2}{\sqrt{3}\,V_1 V_2}$

③ $\dfrac{\sqrt{3}\,(V_1^2 - V_2^2)}{V_1 V_2}$

④ $\dfrac{V_1 - V_2}{\sqrt{3}\,V_1}$

|정|답|및|해|설|

[단권변압기] $\triangle$ 결선에서 고압측 전압 V_h, 저압측 전압 V_l이라면

$$\frac{\text{자기용량(등가용량)}}{\text{부하용량}} = \frac{V_h^2 - V_l^2}{\sqrt{3}\,V_h V_l} = \frac{V_1^2 - V_2^2}{\sqrt{3}\,V_1 V_2}$$

→ (항상 부하용량 〉 자기용량)

※1. Y결선 : $\dfrac{\text{자기용량(등가용량)}}{\text{부하용량}} = \dfrac{2}{\sqrt{3}} \cdot \dfrac{V_h - V_l}{V_h}$

　2. V결선 : $\dfrac{\text{자기용량(등가용량)}}{\text{부하용량}} = \dfrac{V_h - V_l}{V_h}$　　【정답】②

43. 동기 발전기의 전기자 권선법 중 집중권에 비해 분포권의 장점에 해당되는 것은?

① 기전력의 파형이 좋아진다.

② 난조를 방지 할 수 있다.

③ 권선의 리액턴스가 커진다.

④ 합성유도기전력이 높아진다.

|정|답|및|해|설|

[분포권의 장점]
· 기전력의 고조파가 감소하여 파형이 좋아진다.
· 권선의 누설 리액턴스가 감소한다.
· 전기자권선에 의한 열을 고르게 분포시켜 과열을 방지한다.

[분포권의 단점]
· 분포권은 집중권에 비하여 합성유기전력이 감소한다.

【정답】①

44. 정격출력 P[kW], 회전수 N[rpm]인 전동기의 토크[kg · m]는?

① $0.975 \dfrac{P}{N}$

② $1.026 \dfrac{P}{N}$

③ $975 \dfrac{P}{N}$

④ $1026 \dfrac{P}{N}$

|정|답|및|해|설|

[유도전동기의 토크] $T = 0.975 \dfrac{P \times 10^3}{N} = 975 \dfrac{P}{N}$[kg.m]

여기서, P : 전부하 출력[W], N : 유도전동기 속도[rpm]

【정답】③

45. 50[kW], 610[V], 1200[rpm]의 직류 분권전동기가 있다. 70[%] 부하일 때 부하전류는 100[A], 회전 속도는 1240[rpm]이다. 전기자 발생 토크[kg · m]는? (단, 전기자 저항은 0.1[Ω]이고, 계자 전류는 전기자 전류에 비해 현저히 작다.)

① 약 39.3   ② 약 40.6

③ 약 47.17   ④ 약 48.75

|정|답|및|해|설|

[직류 분권전동기 전기자 발생 토크]

$$T = 0.975 \frac{EI_a}{N} = 0.975 \frac{(V - I_a R_a)I_a}{N} [kg \cdot m]$$

$$\cdot I_a = I - I_f = \frac{P}{V} = \frac{V}{R_f} \rightarrow (I_f = 0) \rightarrow I_a = I$$

$$\therefore 토크 \quad T = 0.975 \frac{(V - I_a R_a)I_a}{N}$$

$$= 0.975 \frac{(610 - 100 \times 0.1) \times 100}{1240} = 47.17 [kg \cdot m]$$

※ $T = 47.17 \times 9.8 = 462[N \cdot m]$

【정답】③

46. 직류발전기의 구조가 아닌 것은?

① 계자 권선   ② 전기자 권선

③ 내철형 철심   ④ 전기자 철심

|정|답|및|해|설|

[직류발전기의 주요 부분]
1. 계자 : 전기자를 통과하는 자속을 만드는 부분으로 계자권선, 자극철심, 계철 및 자극편으로 되어 있다.
2. 전기자 : 계자에서 만든 자속을 끊어서 기전력을 유도하는 부분으로 전기자 권선과 전기자 철심으로 구성되어 있다.
3. 정류자 : 전기자 권선에서 유도된 교류를 직류로 바꾸어 주는 부분

【정답】③

47. 주파수 60[Hz], 슬립 3[%], 회전수 1164[rpm]인 유도전동기의 극수는?

① 4   ② 6   ③ 8   ④ 10

|정|답|및|해|설|

[유도전동기의 극수] $p = \frac{120f}{N_s} [극]$ → ($N_s = \frac{120f}{p}$)

여기서, s : 슬립, p : 극수, f : 주파수

· 슬립 $s = \frac{N_s - N}{N_s} \times 100$ 에서

→ 동기속도 $N_s = \frac{N}{1 - \frac{s}{100}} = \frac{1164}{1 - 0.03} = 1200[rpm]$

$$\therefore p = \frac{120f}{N_s} = \frac{120 \times 60}{1200} = 6[극]$$

【정답】②

48. 75[W] 이하의 소 출력으로 소형 공구, 영사기, 치과 의료용 등에 널리 이용되는 전동기는?

① 단상 반발 전동기

② 3상 직권정류자 전동기

③ 영구자석 스텝전동기

④ 단상 직권정류자 전동기

|정|답|및|해|설|

[단상 직권 정류자전동기]
· 75[W] 이하의 소 출력
· 교·직 양용으로 사용할 수 있으며 만능 전동기
· 직권형, 보상직권형, 유도보상직권형 등이 있다.
· 재봉틀, 믹서, 소형 공구, 치과 의료용 기구 등에 사용

【정답】④

49. 변압기에 사용하는 절연유의 성질이 아닌 것은?

① 절연내력이 클 것   ② 인화점이 높을 것

③ 점도가 클 것   ④ 냉각효과가 클 것

|정|답|및|해|설|

[변압기 절연유의 구비 조건]
· 절연저항 및 절연내력이 클 것
· 절연 재료 및 금속에 화학 작용을 일으키지 않을 것
· 인화점이 높고(130도 이상) 응고점이 낮을(-30도) 것
· 점도가 낮고(유동성이 풍부) 비열이 커서 냉각 효과가 클 것
· 고온에 있어 석출물이 생기거나 산화하지 않을 것
· 열팽창 계수가 적고 증발로 인한 감소량이 적을 것

【정답】③

50. 4극 60[Hz]의 3상 동기발전기가 있다. 회전자의 주변속도를 200[m/s] 이하로 하려면 회전자의 최대 직경을 약 몇[m]로 하여야 하는가?

① 1.5   ② 1.8   ③ 2.1   ④ 2.8

|정|답|및|해|설|

[회전자의 최대 직경] $D = \frac{60v}{\pi N_s} [m]$

→ (동기기 속도 $v = \pi D \frac{N_s}{60} [m/s]$, 직류기 속도 $v = \pi D \frac{N}{60} [m/s]$)

(N_s : 동기속도, v : 회전자 주변 속도, D : 회전자의 지름)

$$N_s = \frac{120f}{p} = \frac{120 \times 60}{4} = 1800[rpm]$$

$$\therefore D = \frac{60v}{\pi N_s} = \frac{60 \times 200}{3.14 \times 1800} = 2.1231[m]$$

【정답】③

51. 변압기 결선방법 중 3상 전원을 이용하여 2상 전압을 얻고자 할 때 사용할 결선 방법은?

① Fork 결선　　② Scott결선

③ 환상 결선　　④ 2중 3각 결선

ㅣ정ㅣ답ㅣ및ㅣ해ㅣ설ㅣ

[변압기의 상수 변환]
1. 3상-2상간의 상수변환
 ・스코트 결선(T결선)
 ・메이어 결선
 ・우드브리지 결선
2. 3상-6상간의 상수변환
 ・환상 결선
 ・2중3각 결선
 ・2중성형 결선
 ・대각 결선
 ・포크 결선　　　　　　　　　【정답】②

52. 변압기 온도시험을 하는 데 가장 좋은 방법은?

① 반환부하법　　② 실부하법

③ 단락시험법　　④ 내전압시험법

ㅣ정ㅣ답ㅣ및ㅣ해ㅣ설ㅣ

[변압기 온도시험]
1. 실부하법 : 소용량의 경우에 이용 되지만, 전력 손실이 크기 때문에 소용량 이외에는 별로 적용되지 않는다.
2. 반환부하법 : 동일 정격의 변압기가 2대 이상 있을 경우에 채용되며, 전력 소비가 적고 철손과 동손을 따로 공급하는 것으로 현재 가장 많이 사용하고 있다.　　　　　　　【정답】①

53. 3상 유도전동기의 슬립과 토크의 관계에서 최대 토크를 T_m , 최대 토크를 발생하는 슬립을 s_t , 2차 저항이 R_2일 때의 관계는?

① $T_m \propto R_2$, $s_t = $ 일정

② $T_m \propto R_2$, $s_t \propto R_2$

③ $T_m = $ 일정 , $s_t \propto R_2$

④ $T_m \propto \dfrac{1}{R_2}$, $s_t \propto R_2$

ㅣ정ㅣ답ㅣ및ㅣ해ㅣ설ㅣ

[3상 유도전동기 최대토크, 슬립, 2차저항의 관계]

・최대토크 $T_m \propto \dfrac{V^2}{2X^2}$: 2차 저항에 무관

・최대 토크를 발생하는 슬립 $s_t = \pm \dfrac{R_2}{X_2}$: 2차 저항에 비례

따라서, 3상 유도전동기의 최대 토크의 크기는 2차저항 R_2와 슬립 s에 관계없이 항상 일정하고, 다만 최대 토크가 발생하는 슬립점이 2차회로의 저항에 비례해서 이동할 뿐이다.
【정답】③

54. 직류 전동기의 실측효율을 측정하는 방법이 아닌 것은?

① 보조 발전기를 사용하는 방법

② 프로니 브레이크를 사용하는 방법

③ 전기 동력계를 사용하는 방법

④ 블론델법을 사용하는 방법

ㅣ정ㅣ답ㅣ및ㅣ해ㅣ설ㅣ

[직류기의 온도시험 방법]
1. 실부하법
2. 반환부하법 : 블론델법, 카프법 및 홉킨스법
【정답】④

55. 트랜지스터에 비해 스위칭 속도가 매우 빠른 이점이 있는 반면에 용량이 적어서 비교적 저전력용에 주로 사용되는 전력용 반도체 소자는?

① SCR　　② GTO

③ IGBT　　④ MOSFET

ㅣ정ㅣ답ㅣ및ㅣ해ㅣ설ㅣ

[MOSFET] 금속 산화막 반도체 전계효과 트랜지스터 (MOS field-effect transistor)는 디지털 회로와 아날로그 회로에서 가장 일반적인 전계효과 트랜지스터 (FET)이다. 줄여서 MOSFET (모스펫)이라고도 한다. 모스펫은 전력손실이 없어 구동 전력이 적고 스위칭 속도가 뛰어나기 때문에 디지털 회로에 광범위하게 사용된다.　　　　　　　【정답】④

56. 유도전동기에서 부하를 증가시킬 때 일어나는 현상에 관한 설명 중 틀린 것은? (단, η_s: 회전자계의 속도, η : 회전자의 속도이다.)

① 상대속도 ($\eta_s - \eta$) 증가　　② 2차 전류 증가

③ 토크 증가　　④ 속도 증가

ㅣ정ㅣ답ㅣ및ㅣ해ㅣ설ㅣ

[유도전동기] $N = (1-s)N_s$
부하가 증가하면 회전자의 속도 N이 감소하게 되어 슬립(s)은 증가한다.
【정답】④

57. 2극 단상 60[Hz]인 릴럭턴스(reluctance) 전동기가 있다. 실효치 2[A]의 정현파 전류가 흐를 때 발생 토크의 최대값[Nm]은? (단, 직축(L_d) 및 횡축(L_q) 인덕턴스는 $L_d = 2L_q = 200[mH]$이다.)

① 0.1   ② 0.5   ③ 1.0   ④ 1.5

|정|답|및|해|설|

[릴럭턴스 전동기 토크의 최대값] $T_m = \frac{1}{8}I_m^2(L_d - L_q)\sin 2\delta$

T_m은 $2\delta = 90[°]$일 때 발생

$\sin 2\delta = 1$

$T_m = \frac{1}{8}I_m^2(L_d - L_q)\sin 2\delta$

$\quad = \frac{1}{8} \times (2\sqrt{2})^2 \times (200 - 100) \times 10^{-3} \times 1 = 0.1[N \cdot m]$

【정답】①

58. 동일 정격의 3상 동기발전기 2대를 무부하로 병렬 운전하고 있을 때 두 발전기의 기전력 사이에 30°의 위상차가 있으면 한 발전기에서 다른 발전기에 공급되는 유효전력은 몇 [kW]인가? (단, 각 발전기의(1상의) 기전력은 1000[V], 동기 리액턴스는 4[Ω]이고, 전기자 저항은 무시한다.)

① 62.5   ② 62.5 × $\sqrt{3}$

③ 125.5   ④ 125.5 × $\sqrt{3}$

|정|답|및|해|설|

[한 발전기에서 다른 발전기에 공급되는 유효전력(수수전력)]

$P_s = \frac{E^2}{2X_s}\sin\delta[W] \quad \rightarrow (E : 상전압)$

$P_s = \frac{1000^2}{2 \times 4}\sin 30[°] = 62500[W] = 62.5[kW]$ **【정답】①**

59. 비철극(원통)형 회전자 동기발전기에서 동기리액턴스 값이 2배가 되면 발전기의 출력은?

① 1/2로 줄어든다.
② 1배이다.
③ 2배로 증가한다.
④ 4배로 증가한다.

|정|답|및|해|설|

[비철극기 1상의 출력] $P = \frac{EV}{X_s}\sin\delta[W]$

동기리액턴스 X_s가 2배로 되면 출력 P는 1/2로 감소

【정답】①

60. 3상 유도전동기의 원선도 작성시 필요한 시험이 아닌 것은?

① 슬립 측정
② 무부하 시험
③ 구속 시험
④ 고정자권선의 저항 측정

|정|답|및|해|설|

[유도전동기의 원선도] 전동기의 실부하 시험을 하지 않고도 유도전동기에 대한 간단한 시험의 결과로부터 전동기의 특성을 쉽게 구할 수 있도록 한 것
원선도 작성에 필요한 시험 <u>무부하시험</u>, <u>구속시험</u>, <u>저항측정</u>이 있고, 1차 입력, 1차 동손, 효율, 슬립 등을 구할 수가 있다.

【정답】①

<hr>

1회 2013년 전기산업기사필기 (회로이론)

61. RLC 직렬회로에서 t=0 에서 교류전압 $e = E_m\sin(wt + \theta)$를 가할 때 $R^2 - 4\frac{L}{C} > 0$이면 이 회로는?

① 진동적이다.
② 비진동적이다.
③ 임계진동적이다.
④ 비감쇠진동이다.

|정|답|및|해|설|

[RLC 직렬회로의 각 주파수에 따른 회로의 진동관계 조건]
1. 비진동 조건(과제동)

$\left(\frac{R}{2L}\right)^2 - \frac{1}{LC} > 0 \quad \rightarrow \quad R > 2\sqrt{\frac{L}{C}}$

2. 진동 조건(부족제동)

$\left(\frac{R}{2L}\right)^2 - \frac{1}{LC} < 0 \quad \rightarrow \quad R < 2\sqrt{\frac{L}{C}}$

3. 임계 조건

$\left(\frac{R}{2L}\right)^2 - \frac{1}{LC} = 0 \quad \rightarrow \quad R = 2\sqrt{\frac{L}{C}}$ **【정답】②**

62. 코일에 단상 100[V]의 전압을 가하면 30[A]의 전류가 흐르고 1.8[KW]의 전력을 소비한다고 한다. 이 코일과 병렬로 콘덴서를 접속하여 회로의 합성역률을 100[%]로 하기 위한 용량 리액턴스[Ω]는?

① 약 4.2[Ω] ② 약 6.8[Ω]

③ 약 8.4[Ω] ④ 약 10.6[Ω]

|정|답|및|해|설|

[콘덴서의 용량] $Q_c = 2\pi f C V^2 = \dfrac{V^2}{X_c}[kVA]$

· 피상전력 $P_a = V \cdot I = 100 \times 30 = 3000[VA] = 3[kVA]$

· 지상무효전력 $P_r = \sqrt{P_a^2 - P^2} = \sqrt{3^2 - 1.8^2} = 2.4[kVar]$

· 역률이 100[%]로 되기 위해서는 무효전력이 0[kVar]이 되어야 하므로 진상무효 전력인 2.4[kVA]의 콘덴서가 필요하다.

· 콘덴서의 용량 $Q_c = 2\pi f C V^2 = \dfrac{V^2}{X_c} = 2.4 \times 10^3 [kVA]$

$\therefore X_c = \dfrac{100^2}{2.4 \times 10^3} ≒ 4.2[\Omega]$　　　　　【정답】①

63. 그림과 같은 4단자 회로망에서 어드미턴스 파라미터 $Y_{12}[℧]$는?

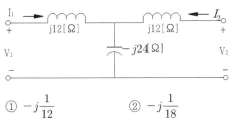

① $-j\dfrac{1}{12}$ ② $-j\dfrac{1}{18}$

③ $-j\dfrac{1}{24}$ ④ $j\dfrac{1}{24}$

|정|답|및|해|설|

[4단자 회로의 어드미턴스] $Y_{12} = \dfrac{Z_2}{Z_1 Z_2 + Z_2 Z_3 + Z_3 Z_1}[℧]$

$Y_{12} = \dfrac{-j24}{j12 \times (-j24) + (-j24) \times j12 + j12 \times j12} = -j\dfrac{1}{18}[℧]$

【정답】②

64. 대칭 3상 전압을 그림과 같은 평형 부하에 가할 때 부하의 역률은 얼마인가? (단, $R = 9[\Omega]$, $\dfrac{1}{wC} = 4[\Omega]$이다.)

① 0.4

② 0.6

③ 0.8

④ 1.0

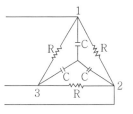

|정|답|및|해|설|

[R-C병렬 회로에서 역률] $\cos\theta = \dfrac{I_R}{I} = \dfrac{G}{Y} = \dfrac{X_C}{\sqrt{R^2 + X_C^2}}$

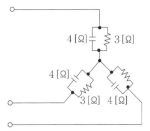

△ 결선된 저항을 Y로 등가 변환하면 그림과 같은 R-C 병렬 회로가 된다.

$\therefore$ RC 병렬회로에서 역률 $\cos\theta = \dfrac{X_C}{\sqrt{R^2 + X_C^2}} = \dfrac{4}{\sqrt{3^2 + 4^2}} = 0.8$

【정답】③

65. 테브난의 정리를 이용하여 그림(a)의 회로를 (b)와 같은 등가회로로 만들려고 할 때 V와 R의 값은?

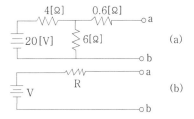

① $V = 12[V]$, $R = 3[\Omega]$

② $V = 20[V]$, $R = 3[\Omega]$

③ $V = 12[V]$, $R = 10[\Omega]$

④ $V = 20[V]$, $R = 10[\Omega]$

|정|답|및|해|설|

[테브난의 정리]

· 단자 a, b 사이의 전압 $V_{ab} = \dfrac{20}{4+6} \times 6 = 12[V]$

· 20[V] 전압원을 단락시키고 단자 a, b에서 본 저항

$R_{ab} = 0.6 + \dfrac{4 \times 6}{4 + 6} = 3[\Omega]$　　　　　【정답】①

66. $\dfrac{2s+3}{s^2+3s+2}$ 의 라플라스 함수의 역변환의 값은?

① $e^{-t}+e^{-2t}$　　　② $e^{-t}-e^{-2t}$

③ $-e^{-t}-e^{-2t}$　　　④ e^t+e^{2t}

|정|답|및|해|설|

[역변환] $F(s)=\dfrac{2s+3}{s^2+3s+2}=\dfrac{2s+3}{(s+2)(s+1)}=\dfrac{K_1}{s+2}+\dfrac{K_2}{s+1}$

・ $K_1=\lim\limits_{s\to-2}\dfrac{(2s+3)}{(s+1)}=1$

・ $K_2=\lim\limits_{s\to-1}\dfrac{(2s+3)}{(s+2)}=1$

$\therefore\left[\dfrac{1}{s+2}+\dfrac{1}{s+1}\right]=e^{-t}+e^{-2t}$ 　　【정답】①

67. 다음 중 옳지 않은 것은?

① 역률 = $\dfrac{\text{유효전력}}{\text{피상전력}}$

② 파형률 = $\dfrac{\text{실효값}}{\text{평균값}}$

③ 파고율 = $\dfrac{\text{실효값}}{\text{최대값}}$

④ 왜형률 = $\dfrac{\text{전고조파의 실효값}}{\text{기본파의 실효값}}$

|정|답|및|해|설|

③ 파고율 = $\dfrac{\text{최대값}}{\text{실효값}}$　　　【정답】③

68. 그림과 같은 4단자 회로망에서 출력측을 개방하니 $V_1=12[V]$, $I_1=2[A]$, $V_2=4[V]$이고 출력측을 단락하니 $V_1=16[V]$, $I_1=4[A]$, $I_2=2[A]$이었다. 4단자 정수 A, B, C, D는 얼마인가?

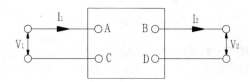

① A=2, B=3, C=8, D=0.5

② A=0.5, B=2, C=3, D=8

③ A=8, B=0.5, C=2, D=3

④ A=3, B=8, C=0.5, D=2

|정|답|및|해|설|

[4단자정수] $\begin{bmatrix}V_1\\I_1\end{bmatrix}=\begin{bmatrix}A&B\\C&D\end{bmatrix}\begin{bmatrix}V_2\\I_2\end{bmatrix}$

$V_1=AV_2+BI_2,\ \ I_1=CV_2+DI_2$

$A=\dfrac{V_1}{V_2}\bigg|_{I_2=0}=\dfrac{12}{4}=3,\ \ B=\dfrac{V_1}{I_2}\bigg|_{V_2=0}=\dfrac{16}{2}=8$

$C=\dfrac{V_1}{V_2}\bigg|_{I_2=0}=\dfrac{2}{4}=0.5,\ \ D=\dfrac{I_1}{I_2}\bigg|_{V_2=0}=\dfrac{4}{2}=2$

【정답】④

69. 대칭 3상 전압을 공급한 3상 유도전동기에서 각 계기의 지시는 다음과 같다. 유도전동기의 역률은 얼마인가? (단, $W_1=1.2[kW]$, $W_2=1.8[W]$, $V=200[V]$, $A=10[A]$이다.)

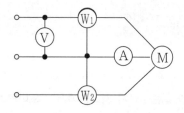

① 0.70　　　　② 0.76

③ 0.80　　　　④ 0.87

|정|답|및|해|설|

[2전력계법] $W_1=P_1$, $W_2=P_2$라고 하면

유효전력 $P=P_1+P_2=\sqrt{3}\,VI\cos\theta[W]$

역률 $\cos\theta=\dfrac{P}{P_a}=\dfrac{P_1+P_2}{\sqrt{3}\,VI}=\dfrac{1200+1800}{\sqrt{3}\times200\times10}=0.866$

【정답】④

70. 두 점 사이에는 20[C]의 전하를 옮기는데 80[J]의 에너지가 필요하다면 두 점 사이의 전압은?

① 2[V]　　　　② 3[V]

③ 4[V]　　　　④ 5[V]

|정|답|및|해|설|

[두 점 사이의 전압] $V=\dfrac{W}{Q}=\dfrac{80}{20}=4[V]$　　　$\rightarrow(W=QV)$

【정답】③

71. 그림과 같은 회로에서 t=0일 때 스위치 K를 닫을 때 과도전류 $i(t)$ 어떻게 표시되는가?

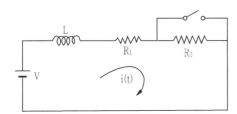

① $i(t) = \dfrac{V}{R_1}\left(1 - \dfrac{R_2}{R_1+R_2}e^{-\frac{R_1}{L}t}\right)$

② $i(t) = \dfrac{V}{R_1+R_2}\left(1 + \dfrac{R_2}{R_1}e^{-\frac{(R_1+R_2)}{L}t}\right)$

③ $i(t) = \dfrac{V}{R_1}\left(1 + \dfrac{R_2}{R_1}e^{-\frac{R_2}{L}t}\right)$

④ $i(t) = \dfrac{R_1V}{R_2+R_1}\left(1 + \dfrac{R_1}{R_2+R_1}e^{-\frac{(R_1+R_2)}{L}t}\right)$

|정|답|및|해|설|

[과도전류]

1. 정상전류 $I_s = \dfrac{V}{R_1}$

2. 시정수 $\tau = \dfrac{L}{R_1}$

3. 초기전류 $i(0) = \dfrac{V}{R_1+R_2} = \dfrac{V}{R_1} + K \rightarrow K = \dfrac{-R_2V}{R_1(R_1+R_2)}$

4. $i(t) = I_s + Ke^{-\frac{1}{\tau}}[A]$

$i(t) = \dfrac{V}{R_1} - \dfrac{R_2V}{R_1(R_1+R_2)}e^{-\frac{R_1}{L}} = \dfrac{V}{R_1}\left(1 - \dfrac{R_2}{R_1+R_2}e^{-\frac{R_1}{L}t}\right)[A]$

【정답】①

72. 다음과 같이 변환시 $R_1 + R_2 + R_3$의 값 $[\Omega]$은? (단, $R_{ab} = 2[\Omega]$, $R_{bc} = 4[\Omega]$, $R_{ca} = 6[\Omega]$이다.)

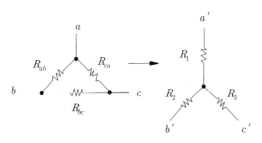

① $1.57[\Omega]$　　　② $2.67[\Omega]$

③ $3.67[\Omega]$　　　④ $4.87[\Omega]$

|정|답|및|해|설|

$[\triangle \rightarrow Y]$

・$R_1 = \dfrac{R_{ab} \cdot R_{ca}}{R_{ab} + R_{bc} + R_{ca}}$

・$R_2 = \dfrac{R_{ab} \cdot R_{bc}}{R_{ab} + R_{bc} + R_{ca}}$

・$R_3 = \dfrac{R_{bc} \cdot R_{ca}}{R_{ab} + R_{bc} + R_{ca}}$

$\therefore R_1 + R_2 + R_3 = \dfrac{R_{ab} \cdot R_{ca} + R_{ab} \cdot R_{bc} + R_{bc} \cdot R_{ca}}{R_{ab} + R_{bc} + R_{ca}}$

$= \dfrac{2 \times 6 + 2 \times 4 + 4 \times 6}{2+4+6} = 3.67[\Omega]$　　【정답】③

73. 3상 불평형 전압에서 영상전압이 150[V]이고 정상전압이 600[V], 역상전압이 300[V]이면 전압의 불평형률[%]은?

① 60[%]　　　② 50[%]

③ 40[%]　　　④ 30[%]

|정|답|및|해|설|

[전압의 불평형률[%]]

불평형률 $= \dfrac{\text{역상전압}}{\text{정상전압}} \times 100 = \dfrac{300}{600} \times 100 = 50[\%]$

【정답】②

74. 저항 $R_1 = 10[\Omega]$과 $R_2 = 40[\Omega]$이 직렬로 접속된 회로에 100[V], 60[Hz]인 정현파 교류전압을 인가할 때, 이 회로에 흐르는 전류로 옳은 것은?

① $\sqrt{2}\sin 377t[A]$　　　② $2\sqrt{2}\sin 377t[A]$

③ $\sqrt{2}\sin 422t[A]$　　　④ $2\sqrt{2}\sin 422t[A]$

|정|답|및|해|설|

[순시값]

・전류 실효값 $I = \dfrac{V}{R} = \dfrac{100}{10+40} = 2[A]$

・전류 $i = I_m\sin(wt+\theta) = \sqrt{2}\,I\sin(wt+\theta^\circ) \rightarrow (\dfrac{I_m}{\sqrt{2}} = I)$

$\theta = 0^\circ \rightarrow i = \sqrt{2}\,I\sin(2\pi f)t = 2\sqrt{2}\sin 377t[A]$

【정답】②

75. 비정현파에서 정현 대칭의 조건은 어느 것인가?

① $f(t) = f(-t)$ ② $f(t) = -f(-t)$

③ $f(t) = -f(t)$ ④ $f(t) = -f(t + \dfrac{T}{2})$

|정|답|및|해|설|

[정현 대칭 조건]
(f축 대칭 후 다시 t축에 대칭)
$f(t) = -f(-t)$, $f(t) = f(T+t)$

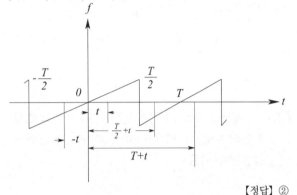

【정답】②

76. 100[V] 전압에 대하여 늦은 역률 0.8 로서 10[A]의 전류가 흐르는 부하와 앞선 역률 0.8로서 20[A]의 전류가 흐르는 부하가 병렬로 연결되어 있다. 진 전류에 대한 역률은 약 얼미인기?

① 0.66   ② 0.76

③ 0.87   ④ 0.97

|정|답|및|해|설|

[전 전류에 대한 역률] $\cos\theta = \dfrac{I_R}{I}$

$I_1 = I_1 \times \cos\theta_1 - jI_1 \times \sin\theta_1 = 10 \times 0.8 - j10 \times 0.6 = 8 - j6[A]$
$I_2 = I_2 \times \cos\theta_2 + jI_2 \times \sin\theta_2 = 20 \times 0.8 + j20 \times 0.6 = 16 + j12[A]$
$I = I_1 + I_2 = 8 - j6 + 16 + j12 = 24 + j6[A]$

$\therefore$ 전 역률 $\cos\theta = \dfrac{I_R}{I} = \dfrac{24}{24 + j6} = \dfrac{24}{\sqrt{24^2 + 6^2}} = 0.97$

【정답】④

77. $t\sin wt$의 라플라스 변환은?

① $\dfrac{w}{(s^2 + w^2)^2}$ ② $\dfrac{ws}{(s^2 + w^2)^2}$

③ $\dfrac{w^2}{(s^2 + w^2)^2}$ ④ $\dfrac{2ws}{(s^2 + w^2)^2}$

|정|답|및|해|설|

[라플라스 변환]
$$F(s) = (1-)\dfrac{d}{ds}\mathcal{L}(\sin wt) = (-1)\dfrac{d}{ds}\dfrac{w}{s^2 + w^2}$$
$$= \dfrac{w'(s^2 + \omega^2) - \omega(s^2 + \omega^2)}{(s^2 + w^2)^2}$$
$$= (-1)\dfrac{0 - \omega(2s + 0)}{(s^2 + w^2)^2}$$
$$= \dfrac{2\omega s}{(s^2 + w^2)^2}$$
【정답】④

78. 전압 $e = 5 + 10\sqrt{2}\sin wt + 10\sqrt{2}\sin 3wt$ $[V]$일 때 실효값은?

① 7.07[V]   ② 10[V]

③ 15[V]   ④ 20[V]

|정|답|및|해|설|

[실효값] $V = \sqrt{V_0^2 + V_1^2 + V_2^2 + V_3^2 + \cdots}$

$V = \sqrt{V_0^2 + V_1^2 + V_2^2 + V_3^2 + \cdots} = \sqrt{5^2 + 10^2 + 10^2} = 15[V]$
【정답】③

79. 그림과 같은 회로의 합성 인덕턴스는?

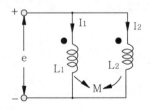

① $\dfrac{L_1 L_2 - M^2}{L_1 + L_2 - 2M}$ ② $\dfrac{L_1 L_2 + M^2}{L_1 + L_2 - 2M}$

③ $\dfrac{L_1 L_2 - M^2}{L_1 + L_2 + 2M}$ ④ $\dfrac{L_1 L_2 + M^2}{L_1 + L_2 + 2M}$

|정|답|및|해|설|

[합성인덕턴스(병렬)] $L = \dfrac{L_1 L_2 - M^2}{L_1 + L_2 \mp 2M}$

→ (같은 방향(가극성(-), 다른 방향(감극성(+))

같은 방향(가극성)이므로 $L = \dfrac{L_1 L_2 - M^2}{L_1 + L_2 - 2M}$ 【정답】①

80. 두 코일이 있다. 한 코일의 전류가 매초 40[A]의 비율로 변화할 때 다른 코일에는 20[V]의 기전력이 발생하였다면 두 코일의 상호인덕턴스는 몇 [H]인가?

① 0.2[H] ② 0.5[H]
③ 1.0[H] ④ 2.0[H]

|정|답|및|해|설|

[두 코일의 상호인덕턴스]

$$V_L = M\frac{di(t)}{dt} \rightarrow M = \frac{V_L}{\frac{di(t)}{dt}} = \frac{20}{40} = 0.5[H]$$

【정답】②

1회 **2013년 전기산업기사필기 (전기설비기술기준)**

81. 금속덕트 공사에 의한 저압 옥내배선에서, 금속 덕트에 넣은 전선의 단면적의 합계는 덕트 내부 단면적의 몇 [%] 이하이어야 하는가?

① 20   ② 30   ③ 40   ④ 50

|정|답|및|해|설|

[금속 덕트 공사 (KEC 232.31)] 금속 덕트에 넣는 전선의 단면적의 합계는 덕트 내부 단면적의 20[%](전광 표시 장치, 출퇴근 표시 등, 제어 회로 등의 배전선만을 넣는 경우는 50[%]) 이하일 것
【정답】①

82. 저압 및 고압 가공전선의 최소 높이는 도로를 횡단하는 경우와 철도를 횡단하는 경우에 각각 몇 [m] 이상이어야 하는가?

① 도로 : 지표상 6[m], 철도 : 레일면상 6.5[m]
② 도로 : 지표상 6[m], 철도 : 레일면상 6[m]
③ 도로 : 지표상 5[m], 철도 : 레일면상 6.5[m]
④ 도로 : 지표상 5[m], 철도 : 레일면상 6[m]

|정|답|및|해|설|

[저고압 가공전선의 높이 (KEC 222.7)] 저고압 가공 전선의 높이는 다음과 같다.
1. 도로 횡단 : 6[m] 이상
2. 철도 횡단 : 레일면 상 6.5[m] 이상
3. 횡단 보도교 위 : 3.5[m](고압 4[m])
4. 기타 : 5[m] 이상
【정답】①

---

83. 저압 접촉전선을 절연트롤리 공사에 의하여 시설하는 경우에 대한 기준으로 옳지 않은 것은? (단, 기계 기구에 시설하는 경우가 아닌 것으로 한다.)

① 절연 트롤리선은 사람이 쉽게 접할 우려가 없도록 시설 할 것
② 절연 트롤리선의 개구부는 아래 또는 옆으로 향하여 시설할 것
③ 절연 트롤리선의 끝 부분은 충전 부분이 노출되는 구조일 것
④ 절연 트롤리선은 각 지지점에서 견고하게 시설하는 것 이외에 그 양쪽 끝을 내장 인류장치에 의하여 견고하게 인류할 것

|정|답|및|해|설|

[옥내에 시설하는 저압 접촉전선 공사 (KEC 232.81)]
·절연 트롤리선은 사람이 쉽게 접할 우려가 없도록 시설할 것
·절연 트롤리선의 개구부는 아래 또는 옆으로 향하여 시설할 것
·절연 트롤리선의 끝 부분은 충전 부분이 노출되지 아니하는 구조의 것일 것
·절연 트롤리선은 각 지지점에서 견고하게 시설하는 것 이외에 그 양쪽 끝을 내장 인류장치에 의하여 견고하게 인류할 것
·절연 트롤리선 및 그 절연 트롤리선에 접촉하는 집전장치는 조영재와 접촉되지 아니하도록 시설할 것
·절연 트롤리선을 습기가 많은 장소 또는 물기가 있는 장소에 시설하는 경우 옥외용 행거 또는 옥외용 내장 인류장치를 사용할 것
【정답】③

84. 345[kV] 옥외 변전소에 울타리 높이와 울타리에서 충전부분까지 거리[m]의 합계는?

① 6.48   ② 8.16
③ 8.40   ④ 8.28

|정|답|및|해|설|

[울타리·담 등의 높이 (KEC 341.4)] 기계 기구를 지표상 5[m] 이상의 높이에 시설하고 또한 사람이 접촉할 우려가 없도록 시설하는 경우 다음과 같이 시설한다.

사용 전압의 구분	울타리의 높이와 울타리로부터 충전부분까지의 거리의 합계 또는 지표상의 높이
35[kV] 이하	5[m]
35[kV] 초과 160[kV] 이하	6[m]
160[kV] 초과	·거리=6 + 단수×0.12[m] ·단수= $\frac{\text{사용전압}[kV]-160}{10}$ → (단수 계산에서 소수점 이하는 절상)

$단수 = \frac{345-160}{10} = 18.5 \rightarrow 19단$

∴ 거리 + 울타리높이 = $6 + 19 \times 0.12 = 8.28[m]$ 【정답】④

85. 철도·궤도 또는 자동차도의 전용터널 안의 터널내 전선로의 시설방법으로 틀린 것은?

① 저압전선으로 지름 2.0[mm]의 경동선을 사용하였다.

② 고압전선은 케이블공사로 하였다.

③ 저압전선을 애자사용공사에 의하여 시설하고 이를 레일면상 또는 노면상 2.5[m] 이상으로 하였다.

④ 저압전선을 가요전선관공사에 의하여 시설하였다.

|정|답|및|해|설|..............

[터널 안 전선로의 시설 (KEC 335.1)]

전압	전선의 굵기	시공 방법	애자공사 시 높이
고압	4[mm] 이상의 경동선의 절연전선	·케이블공사 ·애자사용공사	노면상, 레일면상 3[m] 이상
저압	인장강도 2.3[kN] 이상의 절연전선 또는 2.6[mm] 이상의 경동선의 절연전선	·합성수지관공사 ·금속관공사 ·가요전선관 사 ·케이블공사 ·애자사용공사	노면상, 레일면상 2.5[m] 이상

【정답】①

86. 고압 가공전선이 교류 전차선과 교차하는 경우, 고압 가공전선으로 케이블을 사용하는 경우 이외에는 단면적 몇 $[mm^2]$ 이상의 경동연선을 사용하여야 하는가?

① 14   ② 22

③ 30   ④ 38

|정|답|및|해|실|..............

[저고압 가공전선과 교류전차선 등의 접근 또는 교차 (kec 332.15)]

1. 저압 가공전선에는 케이블을 사용하고 또한 이를 단면적 38 $[mm^2]$ 이상인 아연도강연선으로서 인장강도 19.61[kN] 이상인 것으로 조가하여 시설할 것

2. 고압 가공전선은 케이블인 경우 이외에는 인장강도 14.51[kN] 이상의 것 또는 단면적 38$[mm^2]$ 이상의 경동연선일 것

3. 고압 가공전선이 케이블인 경우에는 이를 단면적 38$[mm^2]$ 이상인 아연도강연선으로서 인장강도 19.61[kN] 이상인 것으로 조가하여 시설할 것   【정답】④

87. 가공전선로에 사용하는 지지물의 강도계산에 적용하는 갑종 풍압하중을 계산할 때 구성재의 수직 투영면적 1$[m^2]$에 대한 풍압의 기준이 잘못된 것은?

① 목주 : 588 pa

② 원형 철주 : 588 pa

③ 원형 철근콘크리트주 : 882 pa

④ 강관으로 구성(단주는 제외)된 철탑 : 1255 pa

|정|답|및|해|설|..............

[풍압하중의 종별과 적용 (KEC 331.6)]

풍압을 받는 구분			풍압[Pa]
목주			588
지지물	철주	원형의 것	588
		삼각형 또는 농형	1412
		강관에 의하여 구성되는 4각형의 것	1117
		기타의 것으로 복재가 전후면에 겹치는 경우	1627
		기타의 것으로 겹치지 않은 경우	1784
	철근 콘크리트 주	원형의 것	588
		기타의 것	822
	철탑	단주 원형의 것	588[Pa]
		단주 기타의 것	1,117[Pa]
		강관으로 구성되는 것(단주는 제외함)	1,255[Pa]
		기타의 것	2,157[Pa]

【정답】③

88. 저압 옥내배선 버스덕트공사에서 지지점간의 거리[m]는? (단, 취급자만이 출입하는 곳에서 수직으로 붙이는 경우)

① 3   ② 5

③ 6   ④ 8

|정|답|및|해|설|..............

[버스덕트공사 (KEC 232.61)]

· 덕트를 조영재에 붙이는 경우에는 덕트의 지지점 간 의 거리를 3[m] 이하

· 취급자 이외의 자가 출입할 수 없도록 설비한 곳에서 수직으로 붙이는 경우에는 6[m]

· 덕트(환기형의 것을 제외)의 끝부분은 막을 것

· 버스덕트 내부에 물이 침입하여 고이지 아니하도록 할 것

· 덕트는 kec140에 준하여 접지공사를 할 것

【정답】③

89. 고압 옥내배선이 다른 고압 옥내배선과 접근하거나 교차하는 경우 상호간의 간격(이격거리)은 최소 몇 [cm] 이상이어야 하는가?

① 10　　② 15　　③ 20　　④ 25

|정|답|및|해|설|
[고압 옥내배선 등의 시설 (KEC 342.1)]
1. 다른 고압 옥내배선, 저압 옥내전선, 관등회로의 배선약전류전선 : 15[cm]
2. 수관, 가스관이나 이와 유사한 것과 접근하거나 교차하는 경우 : 15[cm]
3. 애자사용공사에 의하여 시설하는 저압 옥내전선인 경우 : 30[cm]
4. 가스계량기 및 가스관의 이음부와 전력량계 및 개폐기 : 60[cm]
【정답】②

90. 특고압 가공전선로를 제3종 특고압 보안공사에 의하여 시설하는 경우는?

① 건조물과 제1차 접근상태로 시설되는 경우
② 건조물과 제2차 접근상태로 시설되는 경우
③ 도로 등과 교차하여 시설하는 경우
④ 가공 약전류선과 공가하여 시설하는 경우

|정|답|및|해|설|
[특고압 가공전선과 건조물의 접근 (KEC 333.23)]
1. 제1차 접근 상태 : 제3종 특고 보안 공사
2. 제2차 접근 상태
　·35[kV] 이하 : 제2종 특고 보안 공사
　·35[kV] 초과 170[kV] 미만 : 제1종 특고 보안 공사
【정답】①

91. 접지공사에 사용하는 접지선을 사람이 접촉할 우려가 있는 곳에 시설하는 경우에 합성수지관 또는 이와 동등 이상의 절연효력 및 강도를 가지는 몰드로 접지선을 덮어야 하는가?

① 지하 30cm로부터 지표상 1.5m까지의 부분
② 지하 50cm로부터 지표상 1.8m까지의 부분
③ 지하 90cm로부터 지표상 2.5m까지의 부분
④ 지하 75cm로부터 지표싱 2.0m까지의 부분

|정|답|및|해|설|
[접지도체 (KEC 142.3.1)] 접지도체는 지하 75[cm] 부터 지표 상 2[m] 까지 부분은 합성수지관(두께 2[mm] 미만의 합성수지세 선관 및 가연성 콤바인덕트관은 제외한다) 또는 이와 동등 이상의 절연효과와 강도를 가지는 몰드로 덮어야 한다.
【정답】④

92. 주상변압기 전로의 절연내력을 시험할 때 최대 사용전압이 23000[V]인 권선으로서 중성점 접지식 전로(중성선을 가지는 것으로서 그 중성선에 다중 접지를 한 것)에 접속하는 것의 시험전압은?

① 16560[V]　　　② 21160[V]
③ 25300[V]　　　④ 28750[V]

|정|답|및|해|설|
[전로의 절연저항 및 절연내력 (KEC 132)]

접지방식	최대 사용전압	시험 전압(최대 사용 전압 배수)	최저 시험 전압
비접지	7[kV] 이하	1.5배	500[V]
	7[kV] 초과	1.25배	10,500[V]
중성점접지	60[kV] 초과	1.1배	75[kV]
중성점직접접지	60[kV] 초과 170[kV] 이하	0.72배	
	170[kV] 초과	0.64배	
중성점 다중접지	25[kV] 이하	0.92배	

∴ 시험전압 $= 23000 \times 0.92 = 21160[V]$
【정답】②

93. 아파트 세대 욕실에 '비데용 콘센트'를 시설하고자 한다. 다음의 시설방법 중 적합하지 않는 것은?

① 충전 부분이 노출되지 않을 것
② 배선기구에 방습장치를 시설할 것
③ 저압용 콘센트는 접지극이 없는 것을 사용할 것
④ 인체감전보호용 누전차단기가 부착된 것을 사용할 것

|정|답|및|해|설|
[콘센트의 시설 (KEC 234.5)] 욕조나 샤워시설이 있는 욕실 또는 화장실 등 인체가 물에 젖어있는 상태에서 전기를 사용하는 장소에 콘센트를 시설하는 경우에는 다음 각 호에 따라 시설하여야 한다.
· 「전기용품안전 관리법」의 적용을 받는 인체감전보호용 누전차 단기(정격감도전류 15[mA] 이하, 동작시간 0.03초 이하의 전 류동작형의 것에 한한다) 또는 절연변압기(정격용량 3[kVA] 이하인 것에 한한다)로 보호된 전로에 접속하거나, 인체감전 보호용 누전차단기가 부착된 콘센트를 시설하여야 한다.
· 콘센트는 접지극이 있는 방적형 콘센트를 사용하여 접지하여야 한다.
【정답】③

94. 빙설이 적고 인가가 밀집된 도시에 시설하는 고압 가공전선로 설계에 사용하는 풍압하중은?

① 갑종 풍압하중

② 을종 풍압하중

③ 병종 풍압하중

④ 갑종 풍압하중과 을종 풍압하중을 각 설비에 따라 혼용

|정|답|및|해|설|

[풍압하중의 종별과 적용 (KEC 331.6)]

지역			고온 계절	저온 계절
빙설이 많은 지방 이외의 지방			갑종	병종
빙설이 많은 지방	일반 지역		갑종	을종
	해안지방 기타 저온계절에 최대풍압이 생기는 지역		갑종	갑종과 을종 중 큰 값 선정
인가가 많이 연접되어 있는 장소			갑종	병종

【정답】③

95. 가공전선로의 지지물에 시설하는 지지선의 안전율은 일반적인 경우 얼마 이상이어야 하는가?

① 1.8

② 2.0

③ 2.2

④ 2.5

|정|답|및|해|설|

[지지선의 시설 (KEC 331.11)]

지지선 지지물의 강도 보강

· 안전율 : 2.5이상

· 최저 인장 하중 : 4.31[kN]

· 2.6[mm] 이상의 금속선을 3조 이상 꼬아서 사용

· 지중 및 지표상 30[cm]까지의 부분은 아연도금 철봉 등을 사용

【정답】④

|참|고|

[안전율]

1.33 : 이상시 상정하중 철탑의 기초

1.5 : 케이블트레이, 안테나

2.0 : 기초 안전율

2.2 : 경동선/내열동 합금선

2.5 : 지지선, ACSR, 기타 전선

96. 놀이용(유희용) 전차에 전기를 공급하는 전로의 사용전압이 교류인 경우 몇 [V] 이하이어야 하는가?

① 20

② 40

③ 60

④ 100

|정|답|및|해|설|

[놀이용(유희용) 전차의 시설 (KEC 241.8)]

1. 놀이용(유희용) 전차(유원지·유희장 등의 구내에서 놀이용(유희용)으로 시설하는 것을 말한다)에 전기를 공급하기 위하여 사용하는 변압기의 1차 전압은 400[V] 이하

2. 놀이용(유희용) 전자에 전기를 공급하는 전로(전원장치)의 서용 전압은 직류 60[V] 이하, <u>교류 40[V] 이하</u>일 것

3. 접촉 전선은 제3레일 방식에 의할 것

4. 전차 안에 승압용 변압기를 사용하는 경우는 절연 변압기로 그 2차 전압은 150[V] 이하일 것 【정답】②

※한국전기설비규정(KEC) 적용으로 인해 더 이상 출제되지 않는 문제는 삭제했습니다.

1. 평행한 두 개의 도선에 전류가 서로 반대 방향으로 흐를 때 두 도선 사이에서의 자계강도는 한 개의 도선일 때 보다 어떠한가?

① 더 약해진다.
② 주기적으로 약해졌다 또는 강해졌다 한다.
③ 더 강해진다.
④ 강해졌다가 약해진다.

|정|답|및|해|설|

[두 도선 사이에서의 자계강도] 자계강도 H는 자력선 밀도와 같으므로 한 개의 자력선보다 반대 방향의 두 개의 자력선이 흐르면 자력선 밀도가 상쇄하여 감소하므로 자계강도는 더 약해진다.

【정답】①

2. 하나의 금속에서 전류의 흐름으로 인한 온도 구배 부분의 줄열 이외의 발열 또는 흡열에 관한 현상은?

① 펠티에 효과(Peltier effect)
② 볼타 법칙(Volta law)
③ 지벡 효과(Seebeck effect)
④ 톰슨 효과(Thomson effect)

|정|답|및|해|설|

[톰슨효과] 동일한 금속 도선의 두 점간에 온도차를 주고, 고온 쪽에서 저온 쪽으로 전류를 흘리면 도선 속에서 열이 발생되거나 흡수가 일어나는 이러한 현상을 톰슨효과라 한다.

※① 펠티에효과 : 두 종류 금속 접속면에 전류를 흘리면 접속점에서 열의 흡수, 발생이 일어나는 효과
  ② 볼타 효과 : 서로 다른 두 종류의 금속을 접촉시킨 다음 얼마 후에 떼어서 각각을 검사해 보면 + 및 －로 대전하는 것을 Volta가 발견하였으므로 이 현상을 볼타 효과라고 한다.
  ③ 지벡 효과 : 두 종류 금속 접속면에 온도차가 있으면 기전력이 발생하는 효과

【정답】④

3. 진공중에서 $10^{-6}[C]$과 $10^{-7}[C]$의 두 개의 점전하가 50[cm]의 거리에 있을 때 작용하는 힘은 몇 [N]인가?

① 3.6×10^{-3}
② 1.8×10^{-3}
③ 4×10^{-13}
④ 0.25×10^{-13}

|정|답|및|해|설|

[쿨롱의 법칙] $F = \dfrac{Q_1 Q_2}{4\pi\epsilon_0 r^2} = 9 \times 10^9 \times \dfrac{Q_1 Q_2}{r^2}[N]$

$F = 9 \times 10^9 \times \dfrac{Q_1 Q_2}{r^2}$

$= 9 \times 10^9 \times \dfrac{10^{-6} \times 10^{-7}}{0.5^2} = 3.6 \times 10^{-3}[N]$

【정답】①

4. 공기 중에서 무한 면 도체 표면의 아래의 1[m] 떨어진 곳에 1[C]의 점전하가 있다. 전하가 받는 힘의 크기는 몇 [N]인가?

① $9 \times 10^9[N]$
② $\dfrac{9}{2} \times 10^9[N]$
③ $\dfrac{9}{4} \times 10^9[N]$
④ $\dfrac{9}{16} \times 10^9[N]$

|정|답|및|해|설|

[무한 평면 도체의 점전하] 무한 평면 도체에서 1[m] 떨어진 점전하 $Q[C]$이 받는 힘은 전기 영상법에 의해 흡인력이고 중력과 반대 방향이다

$F = \dfrac{1}{4\pi\epsilon_0} \dfrac{Q(-Q)}{(2d)^2} = -\dfrac{Q^2}{16\pi\epsilon_0 d^2}$

→ $(\dfrac{1}{4\pi\epsilon_0} = 9 \times 10^9)$
→ (크기 이므로 －를 뺀다)

$= \dfrac{1}{4} \times 9 \times 10^9 \times \dfrac{1}{1^2} = \dfrac{9}{4} \times 10^9 [N]$

【정답】③

5. 전위 분포가 $V = 2x^2 + 3y^2 + z^2 \, [V]$의 식으로 표시되는 공간의 전하밀도 p는 얼마인가?

① $12\epsilon_0 [C/m^3]$ ② $-12\epsilon_0 [C/m^3]$

③ $12\epsilon_0 [C/cm^3]$ ④ $112\epsilon_0 [C/cm^3]$

|정|답|및|해|설|

[공간의 전하밀도] $\nabla^2 V = \dfrac{\partial^2 V}{\partial x^2} + \dfrac{\partial^2 V}{\partial y^2} + \dfrac{\partial^2 V}{\partial z^2} = -\dfrac{\rho}{\epsilon_0}$

공간의 전하밀도를 구하는 포아송의 식을 이용

전위 $V = 2x^2 + 3y^2 + z^2$

$\nabla^2 V = \dfrac{\partial^2 V}{\partial x^2} + \dfrac{\partial^2 V}{\partial y^2} + \dfrac{\partial^2 V}{\partial z^2} = 4 + 6 + 2 = -\dfrac{\rho}{\epsilon_0}$

$\dfrac{\partial V}{\partial x} = \dfrac{\partial (2x^2 + 3y^2 + z^2)}{\partial x} = 4x \;\rightarrow\; \dfrac{\partial 4x}{\partial x} = 4$

따라서 $\dfrac{\partial^2 V}{\partial^2 x} = 4$, 마찬가지로 $\dfrac{\partial^2 V}{\partial^2 y} = 6$, $\dfrac{\partial^2 V}{\partial^2 z} = 2$

$\therefore 12 = -\dfrac{\rho}{\epsilon_0} \;\rightarrow\; \rho = -12\epsilon_0 [C/m^3]$ 【정답】②

6. 투자율과 유전율로 이루어진 식 $\dfrac{1}{\sqrt{\mu\epsilon}}$ 의 단위는?

① [F/H] ② [m/s]

③ $[\Omega]$ ④ $[A/m^2]$

|정|답|및|해|설|

[전파속도] $v = f\lambda = \sqrt{\dfrac{1}{\epsilon\mu}} = \dfrac{c}{\sqrt{\epsilon_s \mu_s}} = \dfrac{3 \times 10^8}{\sqrt{\epsilon_s \mu_s}} [m/s]$

여기서, v : 전파속도, λ : 전파의 파장[m], f : 주파수$[Hz]$

【정답】②

7. 강자성체에서 자구의 크기에 대한 설명으로 옳은 것은?

① 역자성체를 제외한 다른 자성체에서는 모두 같다.

② 원자나 분자의 질량에 따라 달라진다.

③ 물질의 종류에 관계없이 크기가 모두 같다.

④ 물질의 종류 및 상태에 따라 모두 다르다.

|정|답|및|해|설|

[강자성체에서 자구의 크기] 자구(magnetic Domain)를 가지는 자성체는 강자성체이며, 물질의 종류 및 상태 등에 따라 다르다.

【정답】④

8. 유전율이 각각 ϵ_1, ϵ_2인 두 유전체가 접해 있다. 각 유전체중의 전계 및 전속밀도가 각각 E_1, D_1 및 E_2, D_2 이고, 경계면에 대한 입사각 및 굴절각이 θ_1, θ_2일 때 경계조건으로 옳은 것은?

① $\dfrac{\sin\theta_2}{\sin\theta_1} = \dfrac{\epsilon_2}{\epsilon_1}$ ② $\dfrac{\cos\theta_2}{\cos\theta_1} = \dfrac{D_2}{D_1}$

③ $\dfrac{\tan\theta_2}{\tan\theta_1} = \dfrac{\epsilon_2}{\epsilon_1}$ ④ $\dfrac{\cot\theta_2}{\cot\theta_1} = \dfrac{E_2}{E_1}$

|정|답|및|해|설|

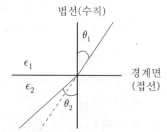

[유전체의 경계조건]

여기서, θ_1, θ_2 : 법선과 이루는 각, θ_1 : 입사각, θ_2 : 굴절각

1. 전속밀도의 법선성분(수직성분)이 같다.
   ($D_1\cos\theta_1 = D_2\cos\theta_2$)
2. 전계는 접선성분(평행성분)이 같다.
   ($E_1\sin\theta_1 = E_2\sin\theta_2$)
3. 경계면에 수직으로 입사한 전속은 굴절하자 않는다.
4. 입사각과 굴절각은 유전율에 비례
   $\dfrac{\tan\theta_1}{\tan\theta_2} = \dfrac{\epsilon_1}{\epsilon 2}$ (θ_1 : 입사각, θ_2 : 굴절각)

$\epsilon_1 > \epsilon_2$이면, $\theta_1 > \theta_2$ 【정답】③

9. 판자석의 세기가 $P[Wb/m]$되는 판자석을 보는 입체각이 w인 점의 자위는 몇 [A]인가?

① $\dfrac{P}{4\pi\mu_0 w}$ ② $\dfrac{Pw}{4\pi\mu_0}$

③ $\dfrac{P}{2\pi\mu_0 w}$ ④ $\dfrac{Pw}{2\pi\mu_0}$

|정|답|및|해|설|

[자위] 자축과 $r[m]$인 임의의 점 사이의 각을 θ라 하면 ds면 내부의 자하에 대한 점 P의 자위는

$du = \dfrac{1}{4\pi\mu_0} \cdot \dfrac{PdS\cos\theta}{r^2} = \dfrac{P}{4\pi\mu_0} \cdot \dfrac{dS\cos\theta}{r^2}[A]$

판 전체의 자위 $U = \displaystyle\int du = \dfrac{P}{4\pi\mu_0} \int_s \dfrac{dS\cos\theta}{r^2} = \dfrac{Pw}{4\pi\mu_0}[A]$

$\rightarrow (\omega = 2\pi(1 - \cos\theta)[sr]$

【정답】②

10. 강자성체의 자속밀도 B 의 크기와 자화의 세기 J 의 크기 사이의 관계로 옳은 것은?

① J 는 B 보다 크다.

② J 는 B 보다 약간 작다.

③ J 는 B 와 그 값이 같다.

④ J 는 B에 투자율을 더한 값과 같다.

|정|답|및|해|설|

[자속밀도(B)의 크기와 자화의 세기(J)] 자화의 세기란 자속밀도 중에서 강자성체가 자화되는 것이므로 자속밀도보다 약간 작다.

1. 자와의 세기 $J = \mu_0(\mu_s - 1)H[wb/m^2]$

2. 자속밀도 $B = \mu H = \mu_0\mu_s H[wb/m^2]$

자속밀도는 자화의 세기에서 진공상태 자속밀도를 더한 것으로 조금 커진다.

$\therefore J$가 B보다 약간 작다. 【정답】②

11. 반지름 a[m]인 원통도체가 있다. 이 원통도체의 길이가 $l[m]$일 때 내부 인덕턴스는 몇 [H] 인가? (단, 원통도체의 투자율은 μ[H/m]이다.)

① $\frac{\mu a}{4\pi}$ ② $\frac{\mu l}{4\pi}$

③ $\frac{\mu l}{8\pi}$ ④ $\frac{\mu a}{8\pi}$

|정|답|및|해|설|

[원주 내부 인덕턴스]

· 단위 길이당 자계에너지 $W = \frac{\mu I^2}{16\pi}[J/m]$

· 단위 길이당 내부 인덕턴스

$L_i = \frac{2W}{I^2} = \frac{2}{I^2} \times \frac{\mu I^2}{16\pi} = \frac{\mu}{8\pi}[H/m]$

길이가 $l[m]$인 경우 내부 인덕턴스

$L_i = \frac{\mu l}{8\pi}[H]$로서 도체의 반지름 a와 무관하다

【정답】③

|참|고|

1. 원주(동축원통)

· 정전용량 $C = \frac{2\pi\epsilon l}{\ln\frac{b}{a}}[F/m]$

· 외부 $L = \frac{\mu l}{2\pi}\ln\frac{b}{a}$ · 내부 $L = \frac{\mu l}{8\pi}$

· 인덕턴스 $L_0 =$ 내부 $+$ 외부 $= \frac{\mu l}{2\pi}\ln\frac{b}{a} + \frac{\mu l}{8\pi}$

2. 평행도선

· 정전용량 $C = \frac{\pi\epsilon l}{\ln\frac{b}{a}}[F/m]$

· 외부 $L = \frac{\mu l}{\pi}\ln\frac{b}{a}$ · 내부 $L = \frac{\mu l}{4\pi}$

· 인덕턴스 $L_0 =$ 내부 $+$ 외부 $= \frac{\mu l}{\pi}\ln\frac{b}{a} + \frac{\mu l}{4\pi}$

12. 진공 중에서 어떤 대전체의 전속이 Q 이었다. 이 대전체를 비유전율 2.2인 유전체 속에 넣었을 경우의 전속은?

① Q ② ϵQ

③ $2.2Q$ ④ 0

|정|답|및|해|설|

[전기력선수 및 전속수]

· 전기력선 수 $N = \frac{Q}{\epsilon}$ → (유전율에 반비례)

· 전속수는 유전체의 매질(유전율)에 관계없이 항상 Q[C]이다. 【정답】①

13. 점 P(1, 2, 3)와 Q(2, 0, 5)[m]에 각각 $4\times10^{-5}[C]$과 $-2\times10^{-4}[C]$의 점전하가 있을 때 점 P에 작용하는 힘은 몇 [N]인가?

① $\frac{8}{3}(i - 2j + 2K)$ ② $\frac{8}{3}(-i - 2j + 2K)$

③ $\frac{8}{3}(i + 2j + 2K)$ ④ $\frac{8}{3}(2i + j - 2K)$

|정|답|및|해|설|

[작용하는 힘(쿨롱의 법칙)] $F = \frac{1}{4\pi\epsilon_0} \cdot \frac{Q_1 Q_2}{r^2} = 9\times10^9 \times \frac{Q_1 Q_2}{r_0^2}$

$F = 9\times10^9 \times \frac{Q_1 Q_2}{r^2} r_0$

$= 9\times10^9 \times \frac{4\times10^{-5} \times (-2\times10^{-4})}{(1-2)^2 + (2-0)^2 + (3-5)^2} r_0$

$r_0 = \frac{(1-2)i + (2-0)j + (3-5)k}{\sqrt{(1-2)^2 + (2-0)^2 + (3-5)^2}} = \frac{-i + 2j - 2k}{3}$

$F = 9\times10^9 \times \frac{(-8\times10^{-9})}{9} \times \frac{(-i + 2j - 2k)}{3} = \frac{8}{3}(i - 2j + 2k)$

【정답】①

14. 자계 B의 안에 놓여 있는 전류 I의 회로 C가 받는 힘 F의 식으로 옳은 것은? (단, dl은 미소변위이다.)

① $F = \oint_c (I\,dl) \times B$ ② $F = \oint_c (I\,B) \times dl$

③ $F = \oint_c (I^2\,dl) \cdot B$ ④ $F = \oint_c (-I^2\,B) \cdot dl$

|정|답|및|해|설|

[플레밍의 왼손법칙] 자속밀도 $B[Wb/m^2]$ 중에 있는 길이 $l[m]$의 도선에 전류 $I[A]$를 흐를 때 작용하는 힘 $F = I\,dl \times B\ [N]$

$F = \oint_c (I\,dl) \times B\ [N]$ 【정답】①

15. 500[AT/m]의 자계 중에 어떤 자극을 놓았을 때 $3 \times 10^3[N]$의 힘이 작용했다면 이때의 자극의 세기는 몇 [Wb]인가?

① 2 ② 3
③ 5 ④ 6

|정|답|및|해|설|

[자극의 세기] $m = \dfrac{F}{H}[Wb]$ $\rightarrow (F = mH)$

$\therefore m = \dfrac{F}{H} = \dfrac{3 \times 10^3}{500} = \dfrac{3000}{500} = 6[Wb]$ 【정답】④

16. 자유공간에서 특성 임피던스 $\sqrt{\dfrac{\mu_o}{\epsilon_o}}$ 의 값은?

① $\dfrac{1}{110\pi}[\Omega]$ ② $\dfrac{1}{120\pi}[\Omega]$

③ $110\pi[\Omega]$ ④ $120\pi[\Omega]$

|정|답|및|해|설|

[특성 임피던스] $Z_0 = \dfrac{E}{H} = \sqrt{\dfrac{\mu_0}{\epsilon_0}}$

$= \sqrt{\dfrac{4\pi \times 10^{-7}}{8.855 \times 10^{-12}}} = 120\pi = 377[\Omega]$ 【정답】④

17. 공기 중에서 반지름 a[m], 도선의 중심축간 거리 d[m]인 평행 도선간의 정전용량은 몇 [F/m] 인가? (단, d≫a 이다.)

① $\dfrac{2\pi\epsilon_0}{\log_e \dfrac{a}{d}}$ ② $\dfrac{4\pi\epsilon_0}{\log_e \dfrac{a}{d}}$

③ $\dfrac{2\pi\epsilon_0}{\log_e \dfrac{d}{a}}$ ④ $\dfrac{\pi\epsilon_0}{\log_e \dfrac{d}{a}}$

|정|답|및|해|설|

[평행 도선 간의 선간정전용량] $d \gg a$인 경우, 도선간의 정전용량

$C = \dfrac{\pi\epsilon_0}{\ln \dfrac{d}{a}}[F/m] = \dfrac{\pi\epsilon_0 l}{\ln \dfrac{d}{a}}[F]$ 【정답】④

|참|고|

[각 도형의 정전용량]
1. 구 : $C = 4\pi\epsilon a[F]$

2. 동심구 : $C = \dfrac{4\pi\epsilon}{\dfrac{1}{a} - \dfrac{1}{b}}[F]$

3. 원주 : $C = \dfrac{2\pi\epsilon l}{\ln \dfrac{b}{a}}[F]$

4. 평판 : $C = \dfrac{Q}{V_0} = \dfrac{\epsilon S}{d} = \dfrac{\epsilon_0 \epsilon_s S}{d}$

18. 자기인덕턴스가 10[H]인 코일에 3[A]의 전류가 흐를 때 코일에 축적된 자계에너지는 몇 [J]인가?

① 30 ② 45
③ 60 ④ 90

|정|답|및|해|설|

[코일에 축적된 자계에너지] $W = \dfrac{1}{2}LI^2$

$W = \dfrac{1}{2}LI^2 = \dfrac{1}{2} \times 10 \times 3^2 = 45[J]$

※1. L : ⎓⎓⎓ $W = \dfrac{1}{2}LI^2[J]$

2. C : ⊣⊢ $W = \dfrac{1}{2}CV^2[J]$

3. R : ⩗⩗ $W = Pt[J]$ 【정답】②

19. 유전체 내의 정전에너지 식으로 옳지 않은 것은?

① $\dfrac{1}{2} ED \,[J/m^3]$ 　　　② $\dfrac{1}{2} \dfrac{D^2}{\epsilon} \,[J/m^3]$

③ $\dfrac{1}{2} \epsilon D \,[J/m^3]$ 　　　④ $\dfrac{1}{2} \epsilon E^2 \,[J/m^3]$

|정|답|및|해|설|

[정전에너지] $w = \dfrac{1}{2} ED = \dfrac{\epsilon E^2}{2} = \dfrac{D^2}{2\epsilon} \,[J/m^3]$

$$\rightarrow \left(D = \epsilon E \;\rightarrow\; E = \dfrac{D}{\epsilon} \right)$$

【정답】③

20. 다음 식들 중 옳지 못한 것은?

① 라플라스(Laplace)의 방정식 $\nabla^2 V = 0$

② 발산정리 $\oint_s A dS = \int_v div A dv$

③ 포아송(Poisson's)의 방정식 $\nabla^2 V = \dfrac{\rho}{\epsilon_0}$

④ 가우스(Gauss)의 정리 $div D = \rho$

|정|답|및|해|설|

전위와 공간 전하밀도의 관계 : 포아송 방정식 $\nabla^2 V = -\dfrac{\rho}{\epsilon_0}$

③ $\nabla^2 V = -\dfrac{\rho}{\epsilon_0}$ 　　　【정답】③

2회 2013년 전기산업기사필기 (전력공학)

21. 풍압이 P$[kg/m^2]$이고 빙설이 적은 지방에서 지름이 $d[mm]$인 전선 1[m]가 받는 풍압하중은 표면계수를 k라고 할 때 몇 [kg/m]가 되는가?

① $\dfrac{Pk(d+12)}{1000}$ 　　　② $\dfrac{Pk(d+6)}{1000}$

③ $\dfrac{Pkd}{1000}$ 　　　④ $\dfrac{Pkd^2}{1000}$

|정|답|및|해|설|

[풍압하중]

1. 빙설이 많은 지역 $W_w = \dfrac{Pk(d+12)}{1000} \,[kg/m]$

2. 빙설이 적은 지역 $W_w = \dfrac{Pkd}{1000} \,[kg/m]$

여기서, P : 전선이 받는 압력$[kg/m^2]$
　　　d : 전선의 직경$[mm]$, k : 전선의 표면계수)
　　　풍압하중(W_w : 수평하중) 　　　【정답】③

22. 154[kV] 송전선로에서 송전거리가 154[km]라 할 때 송전용량 계수법에 의한 송전용량은 몇 [kW]인가? (단, 송전용량계수는 1200으로 한다.)

① 61600 　　　② 92400

③ 123200 　　　④ 184800

|정|답|및|해|설|

[송전용량 계산법 (용량계수법)] $P = K \dfrac{V^2}{l} \,[kW]$

(k : 용량계수, V : 송전전압$[kV]$, l : 송전거리$[km]$)

$P = 1200 \times \dfrac{154^2}{154} = 184800 \,[kW]$

※송전용량 계산법 (고유부하법)

$$P = \dfrac{V_r^2}{Z_0} \,[W] = \dfrac{V_r^2}{\sqrt{\dfrac{L}{C}}} \,[MW/회선]$$

(V_r : 수전단 선간전압 [kV], Z_o : 특성 임피던스)

【정답】④

23. 154[kV] 송전선로에 10개의 현수애자가 연결되어 있다. 다음 중 전압부담이 가장 적은 것은?

① 철탑에 가장 가까운 것

② 철탑에서 3번째에 있는 것

③ 전선에서 가장 가까운 것

④ 전선에서 3번째에 있는 것

|정|답|및|해|설|

[애자의 전압부담]

· 지지물로부터 <u>세 번째</u> 애자가 전압분담이 가장 적다.

· 전선에 가까운 것이 전압분담이 가장 크다.

전압분담 최소 7%

154[kV]

현수애자 10개　전압분담 최대 21%

전선에 가장 가까운 애자

【정답】②

24. 중성점 저항 접지방식의 병행 2회선 송전선로의 지락사고 차단에 사용되는 계전기는?

① 선택접지계전기　② 거리계전기
③ 과전류 계전기　　④ 역상계전기

|정|답|및|해|설|
[지락사고 차단에 사용되는 계전기] 지락 사고 시에 선택 접지 계전기(SGR)가 동작하여 지락회선을 <u>선택 차단</u>한다.

【정답】①

25. 다음 중 3상 차단기의 정격차단용량으로 알맞은 것은?

① 정격 전압×정격차단전류
② $\sqrt{3}$ ×정격전압×정격차단전류
③ 3×정격전압×정격차단전류
④ $3\sqrt{3}$ ×정격전압×정격차단전류

|정|답|및|해|설|
[정격차단용량] $P_s = \sqrt{3} \times V_s \times I_s$
여기서, V_s : 정격전압, I_s : 정격차단전류

【정답】②

26. 불평형 부하에서 역률은?

① $\dfrac{유효전력}{각 상의 피상전력의 산술합}$

② $\dfrac{유효전력}{각 상의 피상전력의 벡터합}$

③ $\dfrac{무효전력}{각 상의 피상전력의 산술합}$

④ $\dfrac{무효전력}{각 상의 피상전력의 벡터합}$

|정|답|및|해|설|
[역률] $\cos\theta = \dfrac{유효전력}{피상전력}$
피상전력이 여러 개 있을 때는 벡터의 합으로 구한다.

【정답】②

27. 배전선로의 전기적 특성 중 그 값이 1이상인 것은?

① 부등률　　② 전압강하율
③ 부하율　　④ 수용률

|정|답|및|해|설|
1. 부등률 = $\dfrac{수용 설비 개개의 최대 수용 전력의 합계}{합성 최대 수용 전력} \geq 1$

2. 수용률 = $\dfrac{최대수용 전력[kW]}{부하설비 용량합계[kW]} \times 100[\%] \langle 1$

3. 부하율 = $\dfrac{평균 전력}{설치 부하의 합계} \times \dfrac{부등률}{수용률} \times 100[\%] \langle 1$

【정답】①

28. 송전된 콘덴서의 정전에너지에 의해 트립되는 방식으로 정류기, 콘덴서 등으로 구성되어 있는 차단기의 트립방식은?

① 과전류 트립방식
② 직류전압 트립방식
③ 콘덴서 트립방식
④ 부족전압 트립방식

|정|답|및|해|설|
[차단기의 트립방식] 변류기 2차전류 트립방식(CT), 부족 전압 트립방식(UVR), 전압 트립방식(PT전원), 콘덴서 트립방식(CTD), DC전압 방식 등이 있다.
1. 22.9[kV-Y] : CTD 방식
2. 66[kV] 이상 : DC 방식

【정답】③

29. 1선의 대지정전용량이 C인 3상 1회선 송전선로의 1단에 소호리액터를 설치할 때 그 인덕턴스는?

① $\dfrac{1}{3w^2 C}$　　② $\dfrac{1}{wC}$

③ $\dfrac{1}{w^2 C}$　　④ $\dfrac{1}{3wC}$

|정|답|및|해|설|
[소호 리액터의 인덕턴스]
$X = \omega L = \dfrac{1}{3wC}[\Omega] \rightarrow wL = \dfrac{1}{3wC}, \quad L = \dfrac{1}{3w^2 C}[H]$

【정답】①

30. 전선 a, b, c 가 일직선으로 배치되어 있다. a와 b, b와 c 사이의 거리가 각각 5[m]일 때 이 선로의 등가선간거리는 약 몇 [m]인가?

① 5[m]
② 10[m]
③ $5\sqrt[3]{2}$ [m]
④ $5\sqrt{2}$ [m]

|정|답|및|해|설|

[등가선간거리] D_e는 기하학적 평균으로 구한다.

$$D_e = \sqrt[3]{D_{ab} \cdot D_{bc} \cdot D_{ac}} = \sqrt[3]{5 \times 5 \times 10} = 5\sqrt[3]{2}\,[m]$$

【정답】③

31. 소호리액터 접지방식에서 사용되는 탭의 크기로 일반적인 것은?

① 과보상
② 부족보상
③ (−)보상
④ 직렬공진

|정|답|및|해|설|

[소호리액터 접지방식] 소호 리액터 접지방식에서 직렬공진에 의한 이상 전압을 억제하기 위하여 10[%] 정도 반드시 과보상한다.

【정답】①

32. 주상변압기 1차측 전압이 일정할 경우, 2차측 부하가 증가하면 주상변압기의 동손과 철손은 어떻게 되는가?

① 동손은 감소하고 철손은 증가한다.
② 동손은 증가하고 철손은 감소한다.
③ 동손은 증가하고 철손은 일정하다.
④ 동손과 철손이 모두 일정하다.

|정|답|및|해|설|

[주상변압기의 동손과 철손]
· 부하가 증가하면 동손도 함께 비례하여 증가한다.
· 철손은 항상 일정하다.　　　【정답】③

33. 가공전선로의 작용 인덕턴스를 L[H], 작용정전 용량을 C[F], 사용전원의 주파수를 f[Hz]라 할 때 선로의 특성 임피던스는? (단, 저항과 누설컨덕턴스는 무시한다.)

① $\sqrt{\dfrac{C}{L}}$
② $\sqrt{\dfrac{L}{C}}$
③ $\sqrt{LC}$
④ $2\pi fL - \dfrac{1}{2\pi fC}$

|정|답|및|해|설|

[특성 임피던스] $Z_0 = \sqrt{\dfrac{Z}{Y}} = \sqrt{\dfrac{R + jwL}{G + jwC}}$

저항과 누설컨덕턴스를 무시(R과 $G = 0$)하면 $Z_0 = \sqrt{\dfrac{L}{C}}\,[\Omega]$

【정답】②

34. 단상 2선식 계통에서 단락점까지 전선 한 가닥의 임피던스가 $6 + 8j\,[\Omega]$(전원포함), 단락전의 단락점 전압이 3300[V]일 때 단상 전선로의 단락 용량은 약 몇 [kVA]인가? (단, 부하전류는 무시한다.)

① 455
② 500
③ 545
④ 600

|정|답|및|해|설|

[단락용량] $P_s = 상 \times EI_s\,[VA]$

· 전선 한 가닥의 임피던스 $Z = \sqrt{R^2 + X^2} = \sqrt{6^2 + 8^2} = 10[\Omega]$

· 왕복 선로의 임피던스 $Z_s = 2Z = 2 \times 10 = 20[\Omega]$

· 단락전류 $I_s = \dfrac{E}{Z_s} = \dfrac{3300}{2 \times (6 + 8j)} = \dfrac{3300}{2 \times \sqrt{6^2 + 8^2}} = 165[A]$

→ (전선 한 가닥의 임피던스가 $6 + 8j\,[\Omega]$, 2선식이므로))

∴ $P_s = 상 \times EI_s = 1 \times 3300 \times 165 \times 10^{-3} = 545[kVA]$

【정답】③

35. 다음 중 송전선의 1선지락 시 선로에 흐르는 전류를 바르게 나타낸 것은?

① 영상전류만 흐른다.
② 영상전류 및 정상전류만 흐른다.
③ 영상전류 및 역상전류만 흐른다.
④ 영상전류, 정상전류 및 역상전류가 흐른다.

|정|답|및|해|설|

[각 사고별 대칭좌표법 해석]

1선지락	정상분	역상분	영상분
선간단락	정상분	역상분	×
3상단락	정상분	×	×

【정답】④

36. 기력발전소에서 과잉 공기가 많아질 때의 현상으로 적당하지 않은 것은?

① 노 내의 온도가 저하된다.

② 배기가스가 증가된다.

③ 연도손실이 커진다.

④ 불완전 연소로 매연이 발생한다.

|정|답|및|해|설|

[과잉 공기량] 과잉 공기량$=\dfrac{\text{실제 사용 공기량}}{\text{이론공기량}}$

과잉 공기량이 많으면 연료는 완전히 연소되지만 연도로 빠져나가는 배기가스량이 증가하여 배출되는 열량이 많아지고, 노 내의 온도가 저하되고, 연도손실이 커지게 된다. 　【정답】 ④

37. 역률 0.8, 출력 360[kW]인 3상 평형유도 부하가 3상 배전선로에 접속되어 있다. 부하단의 수전전압이 6000[V], 배전선의 1조의 저항 및 리액턴스가 각각 5[Ω], 4[Ω]라고 하면 송전단전압은 몇 [V]인가?

① 6120　② 6277　③ 6300　④ 6480

|정|답|및|해|설|

[송전단 전압] $V_s = V_r + \sqrt{3}\,I(R\cos\theta + X\sin\theta)$

전류 $I = \dfrac{P}{\sqrt{3}\,V\cos\theta} = \dfrac{360 \times 10^3}{\sqrt{3} \times 6000 \times 0.8} = 43.3[A]$

∴송전단 전압 $V_s = V_r + \sqrt{3}\,I(R\cos\theta + X\sin\theta)$
$= 6000 + \sqrt{3} \times 43.3 \times (5 \times 0.8 + 4 \times 0.6)$
$= 6480[V]$　【정답】 ④

38. 초호각(acring horn)의 역할은?

① 풍압을 조정한다.

② 차단기의 단락강도를 높인다.

③ 송전효율을 높인다.

④ 애자의 파손을 방지한다.

|정|답|및|해|설|

[초호각(arciing horn)의 목적]
· 애자련의 전압분포 개선
· 애자련의 보호 　　　　　　　　　　　【정답】 ④

39. 중성점 비접지 방식이 이용되는 송전선은?

① 20~30[kV] 정도의 단거리 송전선

② 40~50[kV] 정도의 중거리 송전선

③ 80~100[kV] 정도의 장거리 송전선

④ 140~160[kV] 정도의 장거리 송정선

|정|답|및|해|설|

[중성점 비접지 방식의 송전선] 중성점 비접지방식은 전압이 낮은 계통(22[kV] 정도)의 단거리 송전선 계통에 적용한다.
그 이유는 비접지방식을 전압이 높고 선로의 길이가 긴 계통에 채용하게 되면 대지 정전용량이 증가하게 되어 1선지락고장시 충전전류에 의한 지락을 일으켜서 이상 전압을 발생하게 되기 때문이다.
　　　　　　　　　　　　　　　　　【정답】 ①

40. 단상 2선식과 3상3선식의 부하전력, 전압을 같게 하였을 때 단상 2선식의 역률을 100[%]로 보았을 경우, 3상3선식의 선로전류는?

① 38[%]　　　　② 48[%]

③ 58[%]　　　　④ 68[%]

|정|답|및|해|설|

[선로전류]
송전전력이 동일한 조건이므로

$VI_1\cos\theta = \sqrt{3}\,VI_3\cos\theta \;\rightarrow\; I_3 = \dfrac{1}{\sqrt{3}}I_1 = 0.58I_1$

　　　　　　　　　　　　　　　　　【정답】 ③

41. 전기자를 고정자로 하고 계자극을 회전자로 한 전기기계는?

① 직류 발전기　　② 동기 발전기

③ 유도 발전기　　④ 회전 변류기

|정|답|및|해|설|

[동기 발전기] 회전 계자형은 전기자를 고정자로 하고, 계자극을 회전자로 한 것으로 기계적으로 견고하고 전기적으로 안정적인 구조이므로 많이 사용되는 방식이다. 　　【정답】 ②

42. 와류손이 3[kW]인 3300/110[V], 60[Hz]용 단상 변압기를 50[Hz], 3000[V]의 전원에 사용하면 이 변압기의 와류손은 약 몇 [kW]로 되는가?

① 1.7   ② 2.1   ③ 2.3   ④ 2.5

|정|답|및|해|설|
[와류손] $P_e = \sigma_e (tfB_m)^2 \propto f^2 B^2 = e^2$
주파수와 무관하고 전압의 제곱에 비례

$$P_e' = P_c \times \left(\frac{e'}{e}\right)^2 = 3 \times \left(\frac{3000}{3300}\right)^2 = 2.5[kW]$$ 【정답】④

43. 전기철도에 주로 사용되는 직류전동기는?

① 직권 전동기   ② 타여자 전동기
③ 자여자 분권전동기   ④ 가동 복권전동기

|정|답|및|해|설|
[직권전동기] 직권 전동기는 토크가 증가하면 속도가 급격히 강하하고 출력도 대체로 일정하다. 따라서 직권 전동기는 전기철도처럼 속도가 작을 때 큰 기동 토크가 요구되고 속도가 빠를 때 토크가 작아지는 특성에 사용된다.   【정답】①

44. 다음중 인버터(inverter)의 설명으로 바르게 나타낸 것은?

① 직류를 교류로 변환
② 교류를 교류로 변환
③ 직류를 직류로 변환
④ 교류를 직류로 변환

|정|답|및|해|설|
[정류기]
1. 인버터(Inverter) : 직류(DC) → 교류(AC)
2. 컨버터(converter) : 교류(AC) → 직류(DC)
3. 사이클로컨버터 : 교류(AC) → 교류(AC)로 주파수 변환하는 장치   【정답】①

45. 직류전동기의 속도제어법 중 정지 워드 레오나드 방식에 관한 설명으로 틀린 것은?

① 광범위한 속도제어가 가능하다.
② 정토크 가변속도의 용도에 적합하다.

③ 제철용 압연기, 엘리베이터 등에 사용된다.
④ 직권전동기의 저항제어와 조합하여 사용한다.

|정|답|및|해|설|
[직류 전동기 속도제어]

구분	제어 특성	특징
계자제어	계자 전류의 변화에 의한 자속의 변화로 속도 제어	속도 제어 범위가 좁다. 정출력제어
전압제어	워드 레오나드 방식	·보조 발전기가 직류 전동기 ·광범위한 속도제어가 가능 ·정토크 제어 방식 ·가장 효율이 좋다. ·제철용 압연기, 권상기, 엘리베이터 등에 사용
	일그너 방식	·부하의 변동이 심할 때 광범위하고 안정되게 속도를 제어 ·보조 전동기가 교류 전동기 ·제어 범위가 넓고 손실이 거의 없다. ·설비비가 많이 든다는 단점 ·주 전동기의 속도와 회전 방향을 자유로이 변화
저항제어	전기자 회로의 저항 변화에 의한 속도 제어법	효율이 나쁘다.

【정답】④

46. 스태핑 모터의 특징을 설명한 것으로 옳지 않은 것은?

① 위치제어를 할 때 각도 오차가 적고 누적되지 않는다.
② 속도제어 범위가 좁으며 초저속에서 토크가 크다.
③ 정지하고 있을 때 그 위치를 유지해주는 토크가 크다.
④ 가속, 감속이 용이하며 정·역전 및 변속이 쉽다.

|정|답|및|해|설|
[스태핑 모터의 특징]
·가속 감속이 용이하다.
·정·역운전과 변속이 쉽다.
·위치 제어가 용이하고 오차가 적다.
·브러시 슬립링 등이 없고 유지보수가 용이하다.
·정지하고 있을 때 토크가 크다.
·속도제어 범위가 광범위하며, 초저속에서 큰 토크를 얻을 수 있다.   【정답】②

47. 440/13200[V], 단상 변압기의 2차 전류가 4.5[A]이면 1차 출력은 약 몇 [kVA]인가?

① 50.4   ② 59.4

③ 62.4   ④ 65.4

|정|답|및|해|설|

[피상전력] $P_1 = V_1 I_1$

손실을 무시하면 1차 입력=2차 출력

$a = \dfrac{E_1}{E_2} = \dfrac{N_1}{N_2} = \dfrac{I_2}{I_1} = \dfrac{V_1}{V_2} = \sqrt{\dfrac{R_1}{R_2}} = \sqrt{\dfrac{Z_1}{Z_2}} = \sqrt{\dfrac{X_1}{X_2}}$

$a = \dfrac{V_1}{V_2} = \dfrac{440}{13200} = \dfrac{1}{30}$

$I_1 = \dfrac{I_2}{a} = \dfrac{4.5}{\dfrac{1}{30}} = 135$

$\therefore P = V_1 I_1 = 440 \times 135 \times 10^{-3} = 59.4[kVA]$

【정답】②

48. 직류기에서 양호한 정류를 얻을 수 있는 조건이 아닌 것은?

① 전기자 코일의 인덕턴스를 작게 한다.

② 정류주기를 크게 한다.

③ 자속분포를 줄이고 자기적으로 포화시킨다.

④ 브러시의 접촉저항을 작게 한다.

|정|답|및|해|설|

[양호한 정류를 하려면]

· 리액턴스 전압이 낮아야 한다.

· 정류 주기가 길어야 한다.

· 브러시의 접촉저항이 커야한다 : 탄소 브러시 사용

· 보극, 보상권선을 설치한다. 　　　　【정답】④

49. 동기발전기에 관한 다음 설명 중 옳지 않은 것은?

① 단락비가 크면 동기임피던스가 적다.

② 단락비가 크면 공극이 크고 철이 많이 소요된다.

③ 단락비를 적게 하기 위해서 분포권 단절권을 사용한다.

④ 단락비가 크면 전압강하가 감소되어 전압변동률이 좋다.

|정|답|및|해|설|

[동기발전기] 동기발전기의 전기자권선을 <u>분포권과 단절권으로 하는 이유는</u> 고조파를 제거하여 <u>기전력의 파형을 개선하기 위한 것이다</u>. 따라서 단락비와는 관련이 없다. 　　　　【정답】③

50. 전압비가 무부하에서는 33:1, 정격부하에서는 33.6:1인 변압기의 전압변동률[%]은?

① 약 1.5   ② 약 1.8

③ 약 2.0   ④ 약 2.2

|정|답|및|해|설|

[전압변동률(δ)] $\epsilon = \dfrac{V_{20} - V_{2n}}{V_{2n}} \times 100[\%]$

· 전압비 $\dfrac{V_{20}}{V_{2n}} = \dfrac{\dfrac{V_1}{33}}{\dfrac{V_1}{33.6}} = \dfrac{33.6}{33}$

· 전압변동률 $\epsilon = \dfrac{V_{20} - V_{2n}}{V_{2n}} \times 100 = \left(\dfrac{V_{20}}{V_{2n}} - 1 \right) \times 100$

$= \left(\dfrac{33.6}{33} - 1 \right) \times 100 = 1.8[\%]$

※[전압변동률(δ)] $\delta = \dfrac{V_{ro} - V_r}{V_r} \times 100 = p\cos\theta \pm q\sin\theta$

여기서, V_{ro} : 무부하시의 수전단 전압

V_r : 정격부하시의 수전단 전압

p : 저항강하율, q : 리액턴스강하율

+ : 지상일 때, − : 진상일 때, 언급이 없으면 +

【정답】②

51. 변압기의 전일효율을 최대로 하기 위한 조건은?

① 전부하 시간이 짧을수록 무부하손을 적게 한다.

② 전부하 시간이 짧을수록 철손을 크게 한다.

③ 부하 시간에 관계없이 전부하 동손과 철손을 같게 한다.

④ 전부하 시간이 길수록 철손을 적게 한다.

|정|답|및|해|설|

[변압기의 전일효율]

전일 효율이 최대가 되려면 철손=동손 $(24P_i = \sum h P_c)$일 때이다. 따라서 전부하 시간이 짧을수록(동손이 적을수록) 철손(무부하손)을 적게 하여야 한다. 　　　　【정답】①

52. 동기발전기의 단락비나 동기 임피던스를 산출하는데 필요한 특성곡선은?

① 단상 단락 곡선과 3상 단락곡선

② 무부하포화곡선과 3상 단락곡선

③ 부하포화곡선과 3상 단락곡선

④ 무부하포화곡선과 외부특성곡선

|정|답|및|해|설|

[특성곡선] 단락비나 동기임피던스는 정격전류와 단락전류로 구한다.

단락비 $K = \dfrac{I_s}{I_n} = \dfrac{100}{\%Z}$

무부하포화곡선과 3상 단락곡선이 필요하다. 【정답】②

---

53. 6극 3상 유도전동기가 있다. 회전자도 3상이며 회전자 정지시의 1상의 전압은 200[V]이다. 전부하시의 속도가 1152[rpm]이면 2차 1상의 전압은 몇 [V]인가? (단, 1차 주파수는 60[Hz]이다.)

① 8.0 ② 8.3 ③ 11.5 ④ 23.0

|정|답|및|해|설|

[전압] $E_{2s} = sE_2 [V]$

· 동기속도 $N_s = \dfrac{120f}{p} = \dfrac{120 \times 60}{6} = 1200 [rpm]$

· 슬립 $s = \dfrac{N_s - N}{N_s} = \dfrac{1200 - 1152}{1200} = 0.04$

∴슬립 s로 회전시 2차측 1상의 전압

$E_{2s} = sE_2 = 0.04 \times 200 = 8 [V]$ 【정답】①

---

54. 3상 동기발전기에서 그림과 같이 1상의 권선을 서로 똑같은 2조로 나누어서 그 1조의 권선전압을 E[V], 각 권선의 전류를 I[A]라 하고 2중 Δ형 (double delta)으로 결선하는 경우 선간전압과 선전류 및 피상전력은?

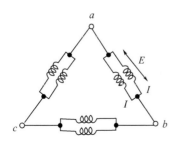

---

① $3E$, I, $5.19EI$

② $\sqrt{3}E$, $2I$, $6EI$

③ E, $2\sqrt{3}I$, $6EI$

④ $\sqrt{3}E$, $\sqrt{3}I$, $5.19EI$

|정|답|및|해|설|

[피상전력] $P_a = \sqrt{3}\,V_l I_l$

· $\triangle$ 결선에서 선간전압=상전압, $V_l = E$

· 선전류= $\sqrt{3} \times$ 상전류

$I_l = \sqrt{3} \times 2I = 2\sqrt{3}I$ → (2중 권선이므로 $2I$)

∴ 피상전력 $P_a = \sqrt{3}\,V_l I_l = \sqrt{3} \times \sqrt{3}\,E \times 2I = 6EI$

【정답】③

---

55. 권선형 유도전동기에 한하여 이용되고 있는 속도제어법은?

① 1차 전압제어법, 2차 저항제어법

② 1차 주파수제어법, 1차 전압제어법

③ 2차 여자제어법, 2차 저항제어법

④ 2차 여자제어법, 극수변환법

|정|답|및|해|설|

[유도전동기의 속도제어법]

1. 농형 유도전동기

① 주파수 변환법 : 역률이 양호하며 연속적인 속조어가 되지만, 전용 전원이 필요, 인견·방직 공장의 포트모터, 선박의 전기추진기 등에 이용

② 극수 변환법

③ 전압 제어법 : 전원 전압의 크기를 조절하여 속도제어

2. 권선형 유도전동기

① 2차저항법 : 토크의 비례추이를 이용한 것으로 2차 회로에 저항을 삽입 토크에 대한 슬립 s를 바꾸어 속도 제어

② 2차여자법 : 회전자 기전력과 같은 주파수 전압을 인가하여 속도제어, 고효율로 광범위한 속도제어

③ 종속접속법

· 직렬종속법 : $N = \dfrac{120}{P_1 + P_2} f$

· 차동종속법 : $N = \dfrac{120}{P_1 - P_2} f$

· 병렬종속법 : $N = 2 \times \dfrac{120}{P_1 + P_2} f$ 【정답】③

56. 저전압 대전류에 가장 적합한 브러시 재료는?

① 금속 흑연질　　② 전기 흑연질

③ 탄소질　　　　④ 금속질

|정|답|및|해|설|
[브러시의 종류 및 적용]
1. 탄소질 브러시 : 소형기, 저속기
2. 흑연질 브러시 : 대전류, 고속기
3. 전기 흑연질 브러시 : 일반 직류기
4. 금속 흑연질 브러시 : 저전압, 대전류　　【정답】①

57. 220[V] 50[Hz], 8극, 15[kW]의 3상 유도전동기에서 전부하 회전수가 720[rpm]이면 이 전동기의 2차 동손은 몇 [W]인가?

① 435　　　　② 537

③ 625　　　　④ 723

|정|답|및|해|설|

[2차동손] $P_{c2} = \frac{s}{(1-s)} P_0$　→ (P_0 : 출력)

　→ (만약 기계손(P_m)이 주어진다면 $P_0 + P_m$으로 한다.)

· 동기속도 $N_s = \frac{120f}{p} = \frac{120 \times 50}{8} = 750[rpm]$

· 슬립 $s = \frac{N_s - N}{N_s} = \frac{750 - 720}{750} = 0.04$

$\therefore P_{c2} = \frac{s}{(1-s)} P_0 = \frac{0.04}{1-0.04} 15 \times 10^3 = 625[W]$

【정답】③

58. 변압기의 내부고장 보호에 쓰이는 계전기로서 가장 적당한 것은?

① 과전류 계전기　　② 역상 계전기

③ 접지 계전기　　　④ 브흐홀쯔 계전기

|정|답|및|해|설|
[변압기의 내부고장 보호] 브흐홀쯔 계전기는 변압기의 내부 고장으로 발생하는 가스 증기 등을 감지하여 계전기를 동작시키는 구조로서 콘서베이터와 변압기의 연결부분에 설치한다.
【정답】④

59. SCR에 대한 설명으로 옳은 것은?

① 턴온을 위해 게이트 펄스가 필요하다.

② 게이트 펄스를 지속적으로 공급해야 턴온 상태를 유지 할 수 있다.

③ 양방향성의 3단 소자이다.

④ 양방향성의 3층 구조이다.

|정|답|및|해|설|
[SCR]
· SCR은 정류기능을 갖는 단일방향성 3단자 소자(PNPN4층구조)
· 게이트에 (+)의 트리거 펄스가 인가되면 on상태로 되어 정류작용이 된다.
· 일단 on되면 게이트 전류를 차단해도 주전류는 차단되지 않는다.
【정답】①

60. 3상 유도전동기의 전전압 기동토크는 전부하시의 1.8배이다. 전전압의 2/3으로 기동할 때 기동토크는 전부하시보다 약 몇 [%] 감소하는가?

① 80　　② 70　　③ 60　　④ 40

|정|답|및|해|설|

[3상 유도전동기] $T \propto V^2$　　　→ ($T = K_0 \frac{E_2^2}{2x_2}[N \cdot m]$)

$T_s' = \left(\frac{2}{3}\right)^2 T_s = \frac{4}{9} T_s = \frac{4}{9} \times 1.8 T = 0.8T$

여기서, T_s' : 전압 V'로 기동 할 때 기동 토크

　　　T_s : 전 전압 기동 토크, T : 전부하 토크

【정답】①

[제4과목] 회로이론

61. e^{jwt}의 라플라스 변환은?

① $\frac{1}{s-jw}$　　　　② $\frac{1}{s+jw}$

③ $\frac{1}{s^2+w^2}$　　　　④ $\frac{w}{s^2+w^2}$

|정|답|및|해|설|
[라플라스 변환]

$\mathcal{L}[e^{\pm at}] = \frac{1}{s \mp a}$, $F(s) = \mathcal{L}[e^{jwt}] = \frac{1}{s-jw}$

【정답】①

62. 그림과 같은 회로의 컨덕턴스 G_2에 흐르는 전류는 몇 [A] 인가?

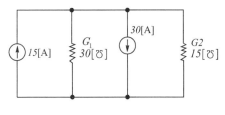

① 3

② 5

③ 10

④ 15

|정|답|및|해|설|
[전류] 전류원 두 개가 방향이 반대 이므로 컨덕턴스에는 15[A]전류가 흐르고 배분법칙에 따라 작은 컨덕턴스에 작은 전류가 흐른다.

$$I_2 = I \times \frac{G_2}{G_1 + G_2} = 15 \times \frac{15}{30 + 15} = 5[A].$$ 【정답】②

63. RL 직렬회로에 $V_R = 100[V]$이고, $V_L = 173[V]$이다. 인가전압이 $v = \sqrt{2}\, V \sin wt [V]$ 일 때 리액턴스 양단 전압의 순시값 $V_L[V]$은?

① $173\sqrt{2} \sin(wt + 60°)$

② $173\sqrt{2} \sin(wt + 30°)$

③ $173\sqrt{2} \sin(wt - 60°)$

④ $173\sqrt{2} \sin(wt - 30°)$

|정|답|및|해|설|
[양단 전압의 순시값] $v = V_m \sin(wt + \theta) \rightarrow (V_m : 최대값)$
전압 $V = V_R + j V_L = 100 + j173 = 200\angle 60°$
인가전압을 위상 0°로 하였으므로
$V_L = 173\angle 30° \rightarrow \therefore V_L = 173\sqrt{2}\sin(wt + 30°)$ 【정답】②

64. 2단자 임피던스 함수일 때 $Z(s) = \frac{(s+2)(s+3)}{(s+4)(s+5)}$ 극점(pole)은?

① $-2, -3$

② $-3, -4$

③ $-2, -4$

④ $-4, -5$

|정|답|및|해|설|
[극점과 영점]
· 영점 : 분자가 0 → $(s+2)(s+3) = 0 \rightarrow s = -2, -3$

· 극점은 $Z(s) = \infty$(분모가 0인 경우)
$(s+4)(s+5) = 0 \rightarrow \therefore s = -4, -5$ 【정답】④

65. 그림과 같은 불평형 Y형 회로에 평형 3상 전압을 가할 경우 중성점의 전위 $V_n[V]$는? (단, Y_1, Y_2 Y_3는 각 상의 어드미턴스[℧]이고, Z_1, Z_2, Z_3는 각 어드미턴스에 대한 임피던스[Ω]이다.)

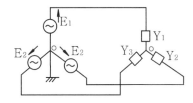

① $\dfrac{E_1 + E_2 + E_3}{Z_1 + Z_2 + Z_3}$

② $\dfrac{Z_1 E_1 + Z_2 E_2 + Z_3 E_3}{Z_1 + Z_2 + Z_3}$

③ $\dfrac{E_1 + E_2 + E_3}{Y_1 + Y_2 + Y_3}$

④ $\dfrac{Y_1 E_1 + Y_2 E_2 + Y_3 E_3}{Y_1 + Y_2 + Y_3}$

|정|답|및|해|설|
[평형 3상에서 중성점에 흐르는 전류]
밀만의 정리로 중성점의 전위를 구하면

$$V_n = IZ = \frac{I}{Y} = \frac{\dfrac{V}{Z}}{Y} = \frac{Y_1 V_1 + Y_2 V_2 + Y_3 V_3}{Y_1 + Y_2 + Y_3}$$ 【정답】④

66. 다음 중 LC 직렬회로의 공진 조건으로 옳은 것은?

① $\dfrac{1}{wL} = wC + R$

② $wL = \dfrac{1}{w^2 C}$

③ $wL = wC$

④ $wL = \dfrac{1}{wC}$

|정|답|및|해|설|
[LC 직렬회로의 공진조건]
1. 직렬회로 : $wL = \dfrac{1}{wC}$

2. 병렬회로 : $wC = \dfrac{1}{wL}$ 【정답】④

67. 그림과 같은 회로에서 지로전류 $I_L[A]$과 $I_C[A]$가 크기는 같고 $90[°]$의 위상차를 이루는 조건은?

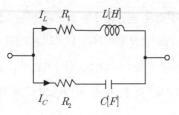

① $R_1 = R_2, \ R_2 = \dfrac{1}{wC}$

② $R_1 = \dfrac{1}{wC}, \ R_2 = wL$

③ $R_1 = wL, \ R_2 = \dfrac{1}{wC}$

④ $R_1 = -wL, \ R_2 = \dfrac{1}{wL}$

|정|답|및|해|설|

[$90[°]$의 위상차를 이루는 조건]
병렬이므로 전압V는 같고 위상차가 $90°$이므로

· $I_L = \dfrac{V}{R_1 + jwL}[A]$

· $I_C = \dfrac{V}{R_2 - j\dfrac{1}{wc}}[A]$

· $\dfrac{I_C}{I_L} = \dfrac{\dfrac{V}{R_2 - j\dfrac{1}{wC}}}{\dfrac{V}{R_1 + jwL}} = \dfrac{R_1 + jwL}{R_2 - j\dfrac{1}{wc}} = j \ \rightarrow \ R_1 + jwL = jR_2 + \dfrac{1}{wC}$

$\left(R_1 - \dfrac{1}{wC}\right) + j(wL - R_2) = 0 \ \rightarrow \ \therefore R_1 = \dfrac{1}{wC}, \ R_2 = wL$

【정답】②

68. 라플라스 함수 $F(s) = \dfrac{A}{a+s}$ 이라 하면 이의 라플라스 역변환은?

① ae^{At}

② Ae^{at}

③ ae^{-At}

④ Ae^{-at}

|정|답|및|해|설|

[라플라스 역변환] $\mathcal{L}^{-1}\left[\dfrac{A}{s+a}\right] = A\mathcal{L}^{-1}\left[\dfrac{1}{s+a}\right] = Ae^{-at}$

【정답】④

69. 파고율이 2이고 파형률이 1.57인 파형은?

① 구형파

② 정현반파

③ 삼각파

④ 정현파

|정|답|및|해|설|

[정현파 반파의 파고율. 파형률]

1. 정현파 반파의 파고율은 $\dfrac{최대값}{실효값} = \dfrac{V_m}{\dfrac{V_m}{2}} = 2$

2. 정현파 반파의 파형률은 $\dfrac{실효값}{평균값} = \dfrac{\dfrac{V_m}{2}}{\dfrac{V_m}{\pi}} = \dfrac{\pi}{2} = 1.57$

【정답】②

70. 다음과 같은 Y결선 회로와 등가인 △결선 회로의 A, B, C, 값은 몇 $[Ω]$ 인가?

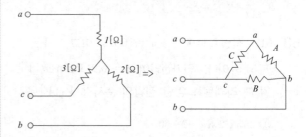

① $A = 11, \ B = \dfrac{11}{2}, \ C = \dfrac{11}{3}$

② $A = \dfrac{7}{3}, \ B = 7, \ C = \dfrac{7}{2}$

③ $A = \dfrac{11}{3}, \ B = 11, \ C = \dfrac{11}{2}$

④ $A = 7, \ B = \dfrac{7}{2}, \ C = \dfrac{7}{3}$

|정|답|및|해|설|

[Y→△로 등가변환]

· $R_1 = \dfrac{R_a R_b + R_b R_c + R_c R_a}{R_c}$

· $R_2 = \dfrac{R_a R_b + R_b R_c + R_c R_a}{R_a}$

· $R_3 = \dfrac{R_a R_b + R_b R_c + R_c R_a}{R_b}$

· $R_a = R_b = R_c = R_Y$가 되면 $R_1 = R_2 = R_3 = 3R_Y$

$\therefore A = \dfrac{1 \times 2 + 2 \times 3 + 3 \times 1}{3} = \dfrac{11}{3}$

$B = \dfrac{1 \times 2 + 2 \times 3 + 3 \times 1}{1} = 11$

$C = \dfrac{1 \times 2 + 2 \times 3 + 3 \times 1}{2} = \dfrac{11}{2}$

【정답】③

71. 그림의 R–L–C 직렬회로에서 입력을 전압 $e_i(t)$ 출력을 전류 $i(t)$로 할 때 이 계의 전달함수는?

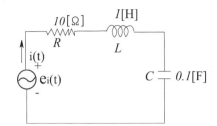

① $\dfrac{s}{s^2+10s+10}$

② $\dfrac{10s}{s^2+10s+10}$

③ $\dfrac{s}{s^2+s+1}$

④ $\dfrac{10s}{s^2+s+1}$

|정|답|및|해|설|

[전달함수] $G(s)=\dfrac{I(s)}{E(s)}=Y(s)=\dfrac{1}{Z(s)}$

$\dfrac{I(s)}{E(s)}=Y(s)=\dfrac{1}{Z(s)}=\dfrac{1}{R+Ls+\dfrac{1}{Cs}}=\dfrac{Cs}{LCs^2+RCs+1}$

$=\dfrac{0.1s}{1\times0.1s^2+10\times0.1s+1}=\dfrac{s}{s^2+10s+10}$

※ $G(s)=\dfrac{E(s)}{I(s)}=Z(s)=\dfrac{1}{Y(s)}$ 【정답】①

72. RL 직렬회로에서 시정수의 값이 클수록 과도현상이 소멸되는 시간은 어떻게 변화하는가?

① 길어진다. ② 짧아진다.

③ 관계없다. ④ 과도기가 없어진다.

|정|답|및|해|설|

[RL 직렬회로의 시정수와 과도현상의 관계]

$i(t)=\dfrac{E}{R}\left(1-e^{-\frac{R}{L}t}\right)=\dfrac{E}{R}\left(1-e^{-\frac{1}{\tau}t}\right)[A]$ → (시정수 $\tau=\dfrac{L}{R}$)

따라서 시정수가 크면 $e^{-\frac{1}{\tau}t}$ 값이 커지므로 과도 상태는 길어진다.

【정답】①

73. Y결선 전원에서 각 상전압이 100[V]일 때 선간전압[V]은?

① 150 ② 170

③ 173 ④ 179

|정|답|및|해|설|

[Y결선] $V_p=\dfrac{V_l}{\sqrt{3}}$, $I_l=I_p$

여기서, V_l : 선간전압, V_p : 상전압, I_l : 선전류, I_p : 상전류

∴ 선간전압 $V_l=\sqrt{3}\,V_p=\sqrt{3}\times100=173[V]$ 【정답】③

74. 그림과 같은 톱니파형의 실효값은?

① $\dfrac{A}{\sqrt{3}}$

② $\dfrac{A}{\sqrt{2}}$

③ $\dfrac{A}{3}$

④ $\dfrac{A}{2}$

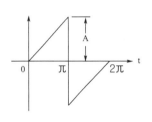

|정|답|및|해|설|

[톱니파(삼각파)형의 실효값] $I=\dfrac{I_m}{\sqrt{3}}$

|참|고|

[각종 파형의 평균값, 실효값, 파형률, 파고율]

명칭	파형	평균값	실효값	파형률	파고율
정현파 (전파)		$\dfrac{2I_m}{\pi}$	$\dfrac{I_m}{\sqrt{2}}$	1.11	$\sqrt{2}$
정현파 (반파)		$\dfrac{I_m}{\pi}$	$\dfrac{I_m}{2}$	$\dfrac{\pi}{2}$	2
사각파 (전파)		I_m	I_m	1	1
사각파 (반파)		$\dfrac{I_m}{2}$	$\dfrac{I_m}{\sqrt{2}}$	$\sqrt{2}$	$\sqrt{2}$
삼각파		$\dfrac{I_m}{2}$	$\dfrac{I_m}{\sqrt{3}}$	$\dfrac{2}{\sqrt{3}}$	$\sqrt{3}$

【정답】①

75. 두 벡터의 값이 $A_1 = 20\left(\cos\dfrac{\pi}{3} + j\sin\dfrac{\pi}{3}\right)$이고

$A_2 = 5\left(\cos\dfrac{\pi}{6} + j\sin\dfrac{\pi}{6}\right)$일 때 $\dfrac{A_1}{A_2}$의 값은?

① $10\left(\cos\dfrac{\pi}{6} + j\sin\dfrac{\pi}{6}\right)\}$

② $10\left(\cos\dfrac{\pi}{3} + j\sin\dfrac{\pi}{3}\right)$

③ $4\left(\cos\dfrac{\pi}{6} + j\sin\dfrac{\pi}{6}\right)$

④ $4\left(\cos\dfrac{\pi}{3} + j\sin\dfrac{\pi}{3}\right)$

|정|답|및|해|설|

· $A_1 = 20\left(\cos\dfrac{\pi}{3} + j\sin\dfrac{\pi}{3}\right) = 20\angle\dfrac{\pi}{3}$

· $A_2 = 5\left(\cos\dfrac{\pi}{6} + j\sin\dfrac{\pi}{6}\right) = 5\angle\dfrac{\pi}{6}$

∴ $A_3 = \dfrac{A_1}{A_2} = 20\angle\dfrac{\pi}{3}\big/ 5\angle\dfrac{\pi}{6}$

$= 4\angle\dfrac{\pi}{6} = 4\left(\cos\dfrac{\pi}{6} + j\sin\dfrac{\pi}{6}\right)$　　【정답】③

76. 임피던스가 $Z(s) = \dfrac{s+30}{s^2 + 2RLs + 1}[\Omega]$으로 주

어지는 2단자 회로에 직류 전류원 3[A]를 가할

때, 이 회로의 단자전압[V]은? (단, $s = jw$이다.)

① 30[V]　　　② 90[V]

③ 300[V]　　④ 900[V]

|정|답|및|해|설|

[단자전압] $E = Z \cdot I[V]$

직류전원이므로 $f = 0$

$w = 2\pi f$ 따라서 $s = j\omega = 0$

$Z = \dfrac{s+30}{s^2 + 2RLs + 1}\bigg|_{s=0} = 30[\Omega]$

∴ $E = Z \cdot I = 30 \times 3 = 90[V]$　　【정답】②

77. 푸리에 급수에서 직류항은?

① 우함수이다

② 기함수이다.

③ 우함수+기함수이다.

④ 우함수×기함수이다.

|정|답|및|해|설|

[푸리에 급수] 직류항은 주파수 0에서의 값으로서 우함수에서 y축에 걸리는 값이다. 기함수는 주파수가 0에서 원점에서 만나게 되므로 직류항은 항상 0이다. .　　【정답】①

78. 다음과 같은 회로에서 $t = 0$인 순간에 스위치 S를 닫았다. 이 순간에 인덕턴스 L에 걸리는 전압은? (단, L의 초기 전류는 0 이다.)

① 0

② E

③ $\dfrac{LE}{R}$

④ $\dfrac{E}{R}$

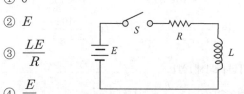

|정|답|및|해|설|

[인덕턴스 L에 걸리는 전압]

$E_L = Ee^{-\frac{R}{L}t} = Ee^{-\frac{R}{L}\times 0} = E[V]$

$e^0 = 1$

R−L회로에서 t=0이면 L은 개방상태가 되어 전류는 0이고, 전압은 인가전압 E가 걸린다.　　【정답】②

79. 부하저항 $R_L[\Omega]$이 전원의 내부저항 $R_o[\Omega]$의

3배가 되면 부하저항 R_L에서 소비되는 전력은

최대 전송전력 $P_m[W]$의 몇 배인가?

① 0.89배　　　② 0.75배

③ 0.5배　　　④ 0.3배

|정|답|및|해|설|

[소비 전력대비 최대 전송전력]

$P_L = I^2 R_L = \left(\dfrac{V}{R_0 + R_L}\right) \cdot R_L$

$= \left(\dfrac{V}{R_0 + 3R_0}\right)^2 \times 3R_0 = \dfrac{3}{16} \cdot \dfrac{V^2}{R_0}$

최대 전력 전송 조건은 $R_L = R_0$ 일 때 이므로

$P_{max} = I^2 R_L = \left(\dfrac{V}{R_0 + R_L}\right)^2 \cdot R_L = \dfrac{V^2}{4R_0}$

∴ $\dfrac{P_L}{P_{max}} = \dfrac{\dfrac{3}{16} \cdot \dfrac{V^2}{R_0}}{\dfrac{1}{4} \cdot \dfrac{V^2}{R_0}} = \dfrac{12}{16} = 0.75$　　【정답】②

80. 그림과 같이 선형저항 R_1과 이상 전압원 V_2와의 직렬 접속된 회로에서 $V-i$ 특성을 나타낸 것은?

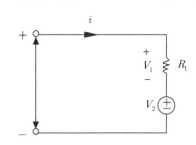

①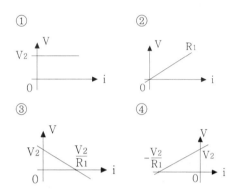

②

③

④

|정|답|및|해|설|
[회로에서 $V-i$ 특성]

$\cdot i = \dfrac{V_1}{R_1} = \dfrac{V - V_2}{R_1}[A]$

$\cdot V = 0$일 때 $i = -\dfrac{V_2}{R_1}[A]$

$\cdot V = V_2$일 때 $i = 0[A]$　　　　　【정답】④

2회 2013년 전기산업기사필기(전기설비기술기준)

---

81. 옥내 고압용 이동전선의 시설방법으로 옳은 것은?

① 전선은 MI케이블을 사용하였다.

② 다선식 선로의 중성선에 과전류차단기를 시설하였다.

③ 이동전선과 전기사용기계기구와는 해체가 쉽게 되도록 느슨하게 접속하였다.

④ 전로에 지락이 생겼을 때에 자동적으로 전로를 차단하는 장치를 시설하였다.

|정|답|및|해|설|
[옥내 고압용 이동 전선의 시설 (KEC 342.2)]
· 전선은 고압용의 캡타이어 케이블일 것
· 전로에 지락이 생겼을 때에 자동적으로 전로를 차단하는 장치를 시설할 것
※ MI케이블은 고압에서 사용할 수 없다.　　【정답】④

82. 지상에 전선로를 시설하는 규정에 대한 내용으로 설명이 잘못된 것은?

① 1구내에서만 시설하는 전선로의 전부 또는 일부로 시설하는 경우에 사용한다.

② 사용전선은 케이블 또는 클로로프렌 캡타이어 케이블을 사용한다.

③ 전선이 케이블인 경우는 철근콘크리트제의 견고한 개방수로 또는 트로프에 넣어야 한다.

④ 캡타이어 케이블을 사용하는 경우 전선 도중에 접속점을 제공하는 장치를 시설한다.

|정|답|및|해|설|
[지상에 시설하는 전선로 (KEC 335.5)]
전선이 캡타이어 케이블인 경우에는 다음에 의할 것
· 전선의 도중에는 접속점을 만들지 않는다.
· 전선은 손상을 받을 우려가 없도록 개발수로 또는 트로프에 넣을 것
· 전선로의 전원측 전로에는 전용의 개폐기 및 과전류 차단기를 각 극(과전류 차단기는 다선식 전로의 중성극을 제외한다.)에 시설할 것.　　【정답】④

83. 가공 전화선에 고압 가공전선을 접근하여 시설하는 경우, 간격(이격거리)은 최소 몇 [cm] 이상이어야 하는가? (단, 가공전선으로는 절연전선을 사용한다고 한다.)

① 60　　　　　　② 80

③ 100　　　　　④ 120

|정|답|및|해|설|
[고압 가공전선과 가공약전류전선 등이 접근 또는 교차 (KEC 332.13)]
· 고압 가공전선이 가공약전류전선 등과 접근하는 경우는 고압 가공전선과 가공약전류전선 등 사이의 간격(이격거리)은 0.8[m] (전선이 케이블인 경우에는 0.4[m]) 이상일 것.
· 가공전선과 약전류전선로 등의 지지물 사이의 간격(이격거리)은 저압은 0.3[m] 이상, 고압은 0.6[m] (전선이 케이블인 경우에는 0.3[m]) 이상일 것.　　【정답】②

84. 다도체 가공전선의 을종 풍압하중은 수직 투영면적 1[m] 당 몇 Pa 을 기초로 하여 계산하는가? (단, 전선 기타의 가섭선 주위에 두께 6[mm], 비중 0.9의 빙설이 부착한 상태임)

① 333　　　　　　　② 372
③ 588　　　　　　　④ 666

|정|답|및|해|설|
[풍압하중의 종별과 적용 (KEC 331.6)]
빙설이 많은 지방에서는 고온계절에는 갑종 풍압 하중, 저온계절에는 을종 풍압 하중을 적용한다.
1. 갑종 풍압 하중 : 구성재의 수직 투영면적 1[m²], 에 대한 풍압을 기초로 하여 계산한 것
2. 을종 풍압 하중 : 전선 기타 가섭선의 주위에 두께 6[mm], 비중 0.9의 빙설이 부착한 상태에서 수직 투영 면적 372[Pa](다도체를 구성하는 전선은 333[Pa]), 그 이외의 것은 갑종 풍압 하중의 1/2을 기초로 하여 계산한 것
3. 병종 풍압 하중 : 갑종 풍압 하중의 1/2의 값
【정답】①

85. 고압 옥내배선의 시설 공사로 할 수 있는 것은?

① 금속관공사　　　② 케이블공사
③ 합성수지관공사　④ 버스덕트공사

|정|답|및|해|설|
[고압 옥내배선 등의 시설 (KEC 342.1)] 고압 옥내배선은 애자사용공사 및 케이블공사, 케이블트레이공사에 의하여야 한다.
【정답】②

86. 케이블을 지지하기 위하여 사용하는 금속제 케이블트레이의 종류가 아닌 것은?

① 통풍 밀폐형　　　② 통풍 채널형
③ 바닥 밀폐형　　　④ 사다리형

|정|답|및|해|설|
[케이블 트레이 공사 (KEC 232.40)] 케이블트레이배선은 케이블을 지지하기 위하여 사용하는 금속재 또는 불연성 재료로 제작된 유닛 또는 유닛의 집합체 및 그에 부속하는 부속재 등으로 구성된 견고한 구조물을 말하며 사다리형, 펀칭형, 그물망(메시)형, 바닥밀폐형 기타 이와 유사한 구조물을 포함하여 적용한다.
【정답】①

87. 냉각장치에 고장이 생긴 경우 특고압용 변압기의 보호 장치는?

① 경보장치　　　　② 과전류 측정장치
① 온도 측정장치　　④ 자동 차단장치

|정|답|및|해|설|
[특별고압용 변압기의 보호 장치 (KEC 351.4)]

뱅크 용량의 구분	동작 조건	장치의 종류
5,000[kVA] 이상 10,000[kVA] 미만	변압기 내부 고장	자동차단장치 또는 경보장치
10,000[kVA] 이상	변압기 내부 고장	자동차단장치
타냉식 변압기 (강제순환식)	·냉각장치 고장 ·변압기 온도 상승	경보장치

【정답】①

88. 저압 가공전선이 상부 조영재 위쪽에서 접근하는 경우 전선과 상부 조영재간의 간격[m](간격)은 얼마 이상 이어야 하는가? (단, 특고압 절연전선 또는 케이블인 경우이다.)

① 0.8　　　　　　② 1.0
③ 1.2　　　　　　④ 2.0

|정|답|및|해|설|
[저고압 가공 전선과 건조물의 접근]
저고압 가공 전선과 건조물의 접근 (KEC 332.11)]
·상부 조영재 : 위쪽에서는 2[m]
　　　　　　　옆쪽 또는 아래쪽에서는 1.2[m]
　　　　　　　단, 케이블인 경우 1[m]　　　【정답】②

89. 옥내 저압 간선 시설에서 전동기 등의 정격전류 합계가 50[A] 이하인 경우에는 그 정격전류 합계의 몇 배 이상의 허용전류가 있는 전선을 사용하여야 하는가?

① 0.8　　② 1.1　　③ 1.25　　④ 1.5

|정|답|및|해|설|
[저압옥내 간선의 선정 (KEC 232.18.6)]
1. 전동기 등의 정격전류의 합계가 50[A] 이하인 경우에는 그 정격전류의 합계의 1.25배
2. 전동기 등의 정격전류의 합계가 50[A]를 초과하는 경우에는 그 정격전류의 합계의 1.1배
【정답】③

90. 피뢰기 설치기준으로 옳지 않은 것은?

① 발전소·변전소 또는 이에 준하는 장소의 가공 전선의 인입구 및 인출구

② 가공전선로와 특고압 전선로가 접속되는 곳

③ 배전용 변압기의 고압측 및 특고압측

④ 고압 및 특고압 가공전선로로부터 공급 받는 수용장소의 인입구

|정|답|및|해|설|
[피뢰기의 시설 (KEC 341.13)]
·발·변전소 또는 이에 준하는 장소의 가공 전선 인입구 및 인출구
·배전용 변압기의 고압측 및 특고압측
·고압 및 특고압 가공 전선로부터 공급을 받는 장소의 인입구
·가공 전선로와 지중 전선로가 접속되는 곳
【정답】②

91. 중성선 다중접지식의 것으로 전로에 지락이 생긴 경우에 2초안에 자동적으로 이를 차단하는 장치를 가지는 22.9[kV] 특고압 가공전선로에서 각 접지점의 대지 전기저항 값이 300[Ω] 이하이며, 1[km] 마다의 중성선과 대지간의 합성전기 저항 값은 몇 [Ω] 이하이어야 하는가?

① 10   ② 15

③ 20   ④ 30

|정|답|및|해|설|
[25[kV] 이하인 특고압 가공전선로의 시설 (KEC 333.32)]

사용전압	각 접지점의 대지 전기저항	1[km]마다의 합성전기저항
15[kV] 이하	300[Ω]	30[Ω]
15[kV] 초과 25[kV] 이하	300[Ω]	15[Ω]

【정답】②

92. 저압 가공전선과 식물이 상호 접촉되지 않도록 이격시키는 기준으로 옳은 것은?

① 간격은 최소 50[cm] 이상 떨어져 시설하여야 한다.

② 상시 불고 있는 바람 등에 의하여 식물에 접촉하지 않도록 시설하여야 한다.

③ 저압 가공전선은 반드시 방호구에 넣어 시설하여야 한다.

④ 트리와이어(Tree Wire)를 사용하여 시설하여야 한다.

|정|답|및|해|설|
[저압 가공전선과 식물의 간격 (KEC 222.19)] 고·저압전선은 식물과 상시 불고 있는 바람에 접촉하지 않으면 된다. 다만, 저압 가공절연전선을 방호구에 넣어 시설하거나 절연내력 및 내마모성이 있는 케이블을 시설하는 경우는 그러하지 아니하다.
【정답】②

93. 고압 가공전선으로 ACSR선을 사용할 때의 안전율은 얼마 이상이 되는 처짐 정도(이도)로 시설하여야 하는가?

① 2.2   ② 2.5

③ 3   ④ 3.5

|정|답|및|해|설|
[저·고압 가공전선의 안전율 (KEC 331.14.2)]
전선의 안전율 경동선은 2.2 이상
ACSR 등은 2.5 이상

|참|고|
[안전율]
1.33 : 이상시 상정하중 철탑의 기초
1.5 : 케이블트레이, 안테나
2.0 : 기초 안전율
2.2 : 경동선/내열동 합금선
2.5 : 지지선, ACSR, 기타 선선
【정답】②

94. 특고압 가공전선이 다른 특고압 가공전선과 접근 상태로 시설되거나 교차하는 경우에 양쪽이 특고압 절연전선으로 시설할 경우 간격은몇 [m] 이상 인가?

① 0.8
② 1.0
③ 1.2
④ 1.6

|정|답|및|해|설|
[15 kV 초과 25 kV 이하 특고압 가공전선로 간격 KEC 333.32.9]

사용전선의 종류구분	간격
어느 한쪽 또는 양쪽이 나전선인 경우	1.5[m]
양쪽이 특고압 절연전선인 경우	1.0[m]
한쪽이 케이블이고 다른 한쪽이 케이블이거나 특고압 절연전선인 경우	0.5[m]

【정답】 ②

95. 저압 가공 인입선의 시설시 사용할 수 없는 전선은?

① 절연전선, 케이블
② 지지물 간의 거리(경간) 20[m] 이하인 경우 2[mm] 이상의 인입용 비닐 절연 전선
③ 지름이 2.6[mm] 이상의 인입용 비닐 절연 전선
④ 사람 접촉 우려가 없도록 시설하는 경우 옥외용 비닐 절연 전선

|정|답|및|해|설|
[저압 인입선의 시설 (kec 221.1.1)]
사용 가능한 전선의 종류
1. 케이블
2. 절연전선
·지지물 간의 거리(경간)가 15[m] 이하 : 지름 2[mm] 이상의 인입용 비닐절연전선
·지지물 간 거리가 15[m] 초과 : 지름 2.6[mm] 이상의 인입용 비닐 절연전선
·전선이 옥외용 비닐 절연 전선인 경우에는 사람이 쉽게 접촉할 수 없도록 시설 　　　　　　　　　　【정답】 ②

96. 고압전로와 비접지식의 저압전로를 결합하는 변압기로 그 고압권선과 저압권선 간에 금속제의 혼촉방지판이 있고 그 혼촉방지판에 제2종 접지 공사를 한 것에 접속하는 저압 전선을 옥외에 시설하는 경우로 옳지 않은 것은?

① 저압 옥상전선로의 전선은 케이블이어야 한다.
② 저압 가공전선과 고압의 가공전선은 동일 지지물에 시설하지 않아야 한다.
③ 저압 전선은 2구내에만 시설한다.
④ 저압 가공전선로의 전선은 케이블이어야 한다.

|정|답|및|해|설|
[혼촉방지판이 있는 변압기에 접속하는 저압 옥외전선의 시설 등 (KEC 322.2)]
1. 저압전선은 1구내에만 시설할 것
2. 저압 가공전선로 또는 저압 옥상전선로의 전선은 케이블일 것
3. 저압 가공전선과 고압 또는 특고압의 가공전선을 동일 지지물에 시설하지 아니할 것 　　　　　　　【정답】 ③

97. "지중관로"에 대한 정의로 가장 옳은 것은?

① 지중전선로, 지중약전류전선로와 지중매설지선 등을 말한다.
② 지중전선로, 지중약선류전선로와 복합케이블 선로, 기타 이와 유사한 것 및 이들에 부속되는 지중함을 말한다.
③ 지중전선로, 지중약전류전선로, 지중에 시설하는 수관 및 가스관과 지중매설지선을 말한다.
④ 지중전선로, 지중 약전류 전선로, 지중 광섬유 케이블선로, 지중에 시설하는 수관 및 가스관과 기타 이와 유사한 것 및 이들에 부속하는 지중함 등을 말한다.

|정|답|및|해|설|
[용어정의]
지중관로란 지중전선로, 지중약전류전선로, 지중에 시설하는 수관 및 가스관과 이와 유사한 것 및 이들에 부속하는 지중함 등을 말한다. 　　　　　　　　　　【정답】 ④

※ 한국전기설비규정(KEC) 적용으로 인해 더 이상 출제되지 않는 문제는 삭제했습니다.

1. 인접 영구 자기 쌍극자가 크기는 같으나 방향이 서로 반대 방향으로 배열된 자성체를 어떤 자성체라 하는가?

① 반자성체
② 반강자성체
③ 강자성체
④ 상자성체

|정|답|및|해|설|

[자성체 종류]
① 반자성체 : 영구 자기 쌍극자는 없다.
② 반강자성체 : 인접 영구 자기 쌍극자의 배열이 서로 반대인 자성체
③ 강자성체 : 인접 영구 자기 쌍극자의 방향이 동일 방향으로 배열하는 자성체
④ 상자성체 : 인접 영구 자기 쌍극자의 방향이 규칙성이 없는 자성체

【정답】②

2. 전자유도작용에서 벡터퍼텐셜을 A라 할 때 유도되는 전계 E는 몇 [V/m]인가?

① $-\int A \, dt$
② $\int A \, dt$
③ $-\dfrac{\partial A}{\partial t}$
④ $\dfrac{\partial A}{\partial t}$

|정|답|및|해|설|

[전계]
$\varnothing = BS = \int_c A \, dl = \int_s rot A \, ds$ 이므로

B= rotA 이고 맥스웰방정식에서

$rot E = -\dfrac{\partial B}{\partial t} = \dfrac{\partial rot A}{\partial t}$ 이므로 양변에서 rot를 나누면

∴전계 $E = -\dfrac{\partial A}{\partial t}$

【정답】③

3. 지표면에 대지로 향하는 300[V/m]의 전계가 있다면 지표면의 전하밀도의 크기는 몇 [C/m^2]인가?

① 1.33×10^{-9}
② 2.66×10^{-9}
③ 1.33×10^{-7}
④ 2.66×10^{-7}

|정|답|및|해|설|

[전하밀도] $\sigma = D = \epsilon_0 E [C/m^2]$ $\rightarrow (E = \dfrac{\sigma}{\epsilon_0})$

$\sigma = \epsilon_0 E = 8.855 \times 10^{-12} \times 300 = 2.66 \times 10^{-9} [C/m^2]$

【정답】②

4. 전압 V로 충전된 용량 C의 콘덴서에 용량 2C의 콘덴서를 병렬 연결한 후의 단자전압은?

① V
② 2V
③ $\dfrac{V}{2}$
④ $\dfrac{V}{3}$

|정|답|및|해|설|

[콘덴서 병렬연결 후의 단자전압]

$V = \dfrac{Q}{C}[V]$ $\rightarrow (Q = CV)$

합성용량 $C_0 = C + 2C = 3C$이므로

∴단자전압 $V_0 = \dfrac{Q}{C_0} = \dfrac{CV}{3C} = \dfrac{V}{3}$ [V]

【정답】④

5. 비투자율이 μ_s, 자속밀도 $B[Wb/m^2]$의 자계 중에 있는 $m[Wb]$의 자극이 받는 힘은 몇 [N]인가?

① $m \cdot B$
② $\dfrac{m \cdot B}{\mu_0}$
③ $\dfrac{m \cdot B}{\mu_s}$
④ $\dfrac{m \cdot B}{\mu_0 \mu_s}$

|정|답|및|해|설|

[자계 중의 자극이 받는 힘] $F = mH[N]$ $\rightarrow (H = \dfrac{B}{\mu_0 \mu_s}[A/m])$

$F = \dfrac{B \cdot m}{\mu_0 \mu_s}[N]$

【정답】④

6. 전하 q[C]이 공기 중의 자계 $H[AT/m]$ 내에서 자계와 수직 방향으로 $v[m/s]$의 속도로 움직일 때 받는 힘은 몇 [N]인가?

① $\mu_0 qvH$

② $\dfrac{qvH}{\mu_0}$

③ qvH

④ $\dfrac{qH}{\mu_0 v}$

|정|답|및|해|설|
[자계 내에 놓여진 전하가 받는 힘]
$F = q(v \times B) = qvB\sin\theta = qv\mu_0 H\sin\theta[N]$
$\theta = 90°$ 이므로 $F = qv\mu_0 H[N]$
이때 전하 q는 원운동을 하게 된다.　　【정답】①

7. 자기 인덕턴스가 각각 L_1, L_2인 두 코일을 서로 간섭이 없도록 병렬로 연결했을 때 그 합성 인덕턴스는?

① $L_1 + L_2$

② $L_1 \cdot L_2$

③ $\dfrac{L_1 + L_2}{L_1 \cdot L_2}$

④ $\dfrac{L_1 \cdot L_2}{L_1 + L_2}$

|정|답|및|해|설|
[합성 인덕턴스]

· 병렬접속 가극성의 경우 $L = \dfrac{L_1 L_2 - M^2}{L_1 + L_2 - 2M}$

· 병렬접속 감극성의 경우 $L = \dfrac{L_1 L_2 - M^2}{L_1 + L_2 + 2M}$

두 코일에 간섭이 없다는 것은 $M=0$을 의미하므로

$\therefore L = \dfrac{L_1 L_2}{L_1 + L_2}[H]$　　【정답】④

8. 100[kW]의 전력이 안테나에서 사방으로 균일하게 방사될 때 안테나에서 1[km]의 거리에 있는 전계의 실효값은 약 몇 [V/m]인가?

① 1.73[V/m]

② 2.45[V/m]

③ 3.68[V/m]

④ 6.21[V/m]

|정|답|및|해|설|

[전계의 실효값] $E^2 = \dfrac{W}{4\pi r^2} \times 377$　→　$(P = \dfrac{1}{377}E^2 = \dfrac{W}{4\pi r^2})$

포인팅벡터P는 단위면적당의 전력 $[W/m^2]$ 이므로

$P = \dfrac{W}{S} = \dfrac{W}{4\pi r^2}$ 에서 전력 W=100[kw] 거리 r은 1[km]

→ $(\vec{P} = E \times H = EH = 377H^2 = \dfrac{1}{377}E^2 = \dfrac{W}{S}[W/m^2])$

$P = \dfrac{1}{377}E^2 = \dfrac{W}{4\pi r^2}$　→　$E^2 = \dfrac{W}{4\pi r^2} \times 377$

$\therefore E = \sqrt{\dfrac{W}{4\pi r^2} \times 377}$

$= \sqrt{\dfrac{100 \times 10^3}{4\pi \times (1 \times 10^3)^2} \times 120\pi} = \sqrt{3} = 1.73[V/m]$　【정답】①

9. 두 자성체 경계면에서 정자계가 만족하는 것은?

① 자계의 법선성분이 같다.
② 자속밀도의 접선성분이 같다.
③ 경계면상의 두 점간의 자위차가 같다.
④ 자속은 투자율이 작은 자성체에 모인다.

|정|답|및|해|설|
[두 자성체 경계면]유전체의 경계조건

여기서, θ_1, θ_2 : 법선과 이루는 각, θ_1 : 입사각, θ_2 : 굴절각

1. 전속밀도의 법선성분(수직성분)이 같다.
   $(D_1 \cos\theta_1 = D_2 \cos\theta_2)$

2. 자계(전계)는 접선성분(평행성분)이 같다.
   $(E_1 \sin\theta_1 = E_2 \sin\theta_2)$

3. 경계면에 수직으로 입사한 전속은 굴절하자 않는다.

4. 입사각과 굴절각은 유전율에 비례
   $\dfrac{\tan\theta_1}{\tan\theta_2} = \dfrac{\epsilon_1}{\epsilon_2}$　(θ_1 : 입사각, θ_2 : 굴절각)
   $\epsilon_1 > \epsilon_2$이면, $\theta_1 > \theta_2$

5. 경계면상의 두 점간의 자위차는 같다.

6. 자속은 투자율(μ)이 높은 쪽으로 모이는 성질이 있다.
　　　　　　　　　　【정답】③

10. 무한 평면 도체로부터 $a[m]$ 떨어진 곳에 점전하 $Q[C]$가 있을 때 이 무한 평면 도체 표면에 유도되는 면밀도가 최대인 점의 전하밀도는 몇 $[C/m^2]$인가?

① $-\dfrac{Q}{2\pi a^2}$ ② $-\dfrac{Q}{\pi \epsilon_0 a}$

③ $-\dfrac{Q}{4\pi a^2}$ ④ $-\dfrac{Q}{4\pi a}$

|정|답|및|해|설|

[면밀도가 최대인 점의 전하밀도] $\sigma = -\dfrac{Q \cdot a}{2\pi(a^2+x^2)^{3/2}}[C/m^2]$

→ (−값은 영상전하 고려)

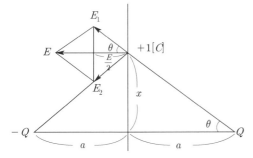

무한 평면 도체상의 기준 원점으로부터 $x[m]$인 곳의 전하 밀도는

$\sigma = -\dfrac{Q \cdot a}{2\pi(a^2+x^2)^{3/2}}[C/m^2]$에서

면밀도가 최대인점은 $x=0$인 곳이므로 $\sigma = -\dfrac{Q}{2\pi a^2}[C/m^2]$

【정답】①

11. 히스테리시스 곡선(Hysteresis loop)에 대한 설명 중 틀린 것은?

① 자화의 경력이 있을 때나 없을 때나 곡선은 항상 같다.
② Y축(세로축)은 잔류자속밀도이다.
③ 자화력이 0일 때 남아있는 자기가 잔류 자기이다.
④ 잔류 자기를 상쇄시키려면 역방향의 자화력을 가해야 한다.

|정|답|및|해|설|

[히스테리시스 곡선] 히스테리시스곡선(자기이력곡선)은 자화를 여러 번 반복했을 경우 처음 지회를 했을 때의 다른 곡선 상태를 갖는다. 여러 번 자화를 했던 자성체는 적은 에너지로 쉽게 자화가 이루어진다. 따라서 면적이 작아진다.

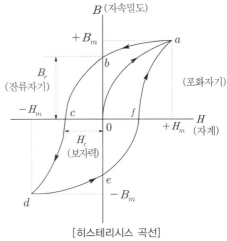

[히스테리시스 곡선]

【정답】①

12. 무한평면의 표면을 가진 비유전율 ϵ_s인 유전체의 표면 전방의 공기 중 $d[m]$ 지점에 놓인 점전하 $Q[C]$에 작용하는 힘은 몇 $[N]$인가?

① $-9\times10^9 \times \dfrac{Q^2(\epsilon_s+1)}{d^2(\epsilon_s-1)}$

② $-9\times10^9 \times \dfrac{Q^2(\epsilon_s+1)}{d^2(\epsilon_s+1)}$

③ $-2.25\times10^9 \times \dfrac{Q^2(\epsilon_s-1)}{d^2(\epsilon_s+1)}$

④ $-2.25\times10^9 \times \dfrac{Q^2}{d^2(\epsilon_s+1)}$

|정|답|및|해|설|

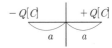

[무한평면에 작용하는 힘]

힘 $F = \dfrac{-Q^2}{16\pi \epsilon d^2}$

전기영상법에서 점전하에 작용력은 흡인력이고 $\epsilon_2 = \epsilon_s$이고 $\epsilon_1 = \epsilon_0$이므로

$\therefore F = -\dfrac{1}{16\pi d^2}\dfrac{\epsilon_2 - \epsilon_1}{\epsilon_1(\epsilon_2+\epsilon_1)}Q^2 = -\dfrac{1}{16\pi\epsilon_0 d^2}\cdot\dfrac{(\epsilon_s-1)}{(\epsilon_s+1)}Q^2$

$= -2.25\times10^9 \times \dfrac{Q^2(\epsilon_s-1)}{d^2(\epsilon_s+1)}[N]$

【정답】③

13. 그림과 같이 진공 중에 자극 면적이 2 [cm²], 간격이 0.1[cm]인 자성체 내에서 포화 자속 밀도가 2[Wb/m²]일 때 두 자극면 사이에 작용하는 힘의 크기는 약 몇 [N]인가?

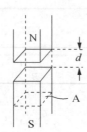

① 53
② 106
③ 159
④ 318

|정|답|및|해|설|⟋⟍⟋⟍⟋⟍⟋⟍⟋⟍⟋⟍⟋⟍⟋⟍

[단위 면적 당의 힘의 크기] $F = \dfrac{B^2 S}{2\mu_0}$[N]

자성체에서 힘은 자속밀도제곱에 비례한다.

$f = \dfrac{B^2}{2\mu_0}\left[\dfrac{N}{m^2}\right]$이므로 작용력 N은 면적을 곱해서 구한다.

$\therefore F = \dfrac{B^2 S}{2\mu_0} = \dfrac{2^2 \times 2 \times 10^{-4}}{2 \times 4\pi \times 10^{-7}} = 318.31[N]$ 　【정답】④

14. 코일에 있어서 자기인덕턴스는 다음 중 어떤 매질의 상수에 비례하는가?

① 저항률
② 유전율
③ 투자율
④ 도전율

|정|답|및|해|설|⟋⟍⟋⟍⟋⟍⟋⟍⟋⟍⟋⟍⟋⟍⟋⟍

[원형 코일에서 자기인덕턴스] $L = \dfrac{\mu S N^2}{l}[H]$

인덕턴스 L은 투자율 μ에 비례한다. 　【정답】③

15. 길이가 50[cm], 단면의 반지름이 1[cm]인 원형의 가늘고 긴 공심 단층 원형 솔레노이드가 있다. 이 코일의 자기인덕턴스를 10[mH]로 하려면 권수는 약 몇 회[Turn]인가? (단, 비투자율은 1이며, 솔레노이드 측면의 누설자속은 없다.)

① 3560
② 3820
③ 4300
④ 5760

|정|답|및|해|설|⟋⟍⟋⟍⟋⟍⟋⟍⟋⟍⟋⟍⟋⟍⟋⟍

[권수] $N = \sqrt{\dfrac{L \cdot l}{\mu S}}[T]$

→ (솔레노이드의 인덕턴스 $L = \dfrac{\mu S N^2}{l}[H]$)

$N = \sqrt{\dfrac{L \cdot l}{\mu S}} = \sqrt{\dfrac{10 \times 10^{-3} \times 0.5}{4\pi \times 10^{-7} \times \pi \times (1 \times 10^{-2})^2}} = 3560[T]$ 　【정답】①

16. 등전위면을 따라 전하 Q[C]을 운반하는데 필요한 일은?

① 전하의 크기에 따라 변한다.
② 전위의 크기에 따라 변한다.
③ 등전위면과 전기력선에 의하여 결정된다.
④ 항상 0이다.

|정|답|및|해|설|⟋⟍⟋⟍⟋⟍⟋⟍⟋⟍⟋⟍⟋⟍⟋⟍

[일 (등전위면 또는 폐곡면)] $W = QV = 0[J]$

즉, $W = Q(V_1 - V_2) = 0[J]$ → (전위차가 없으므로 $V_1 - V_2 = 0$)

등전위면은 전위가 일정하기 때문에 에너지의 변동이 없다 에너지의 증감이 있는 경우에만 일을 하는 것이다. 　【정답】④

17. 공기 중에서 반지름 $a[m]$, 도선의 중심축간 거리 $d[m]$인 평행 도선 사이의 단위 길이당 정전용량은 몇 $[F/m]$인가? (단, $d \gg a$이다.)

① $\dfrac{\pi\epsilon_0}{\log_{10}\dfrac{d}{a}}$
② $\dfrac{12.07 \times 10^{-12}}{\log_{10}\dfrac{d}{a}}$

③ $\dfrac{24.16 \times 10^{-12}}{\log_{10}\dfrac{d}{a}}$
④ $\dfrac{2\pi\epsilon_0}{\log_{10}\dfrac{d}{a}}$

|정|답|및|해|설|⟋⟍⟋⟍⟋⟍⟋⟍⟋⟍⟋⟍⟋⟍⟋⟍

[단위 길이당 정전용량 (평행 원통)] $C = \dfrac{\lambda}{V} = \dfrac{\pi\epsilon_0}{\ln\dfrac{d-a}{a}}[F/m]$

여기서 d가 a보다 너무나 커서 $d - a \simeq d$이므로

$C = \dfrac{\pi\epsilon_0}{\ln\dfrac{d}{a}}[F/m]$에서

자연대수 대신에 상용대수를 취하면

$C = \dfrac{\pi\epsilon_0}{\ln\dfrac{d}{a}} = \dfrac{12.07 \times 10^{-12}}{\log_{10}\dfrac{d}{a}}[F/m]$ 　【정답】②

18. 액체 유전체를 넣은 콘덴서의 용량이 20[μF]이다. 여기에 500[V]의 전압을 가했을 때의 누설전류는 몇 [mA]인가? (단, 고유저항 $\rho = 10^{11}$ [$\Omega \cdot m$], 비유전율 $\epsilon_s = 2.2$이다.)

① 4.1   ② 4.5

③ 5.1   ④ 5.6

|정|답|및|해|설|

[누설전류] $I = \dfrac{V}{R} = \dfrac{CV}{\rho\epsilon} = \dfrac{CV}{\rho\epsilon_0\epsilon_s}$ → ($RC = \rho\epsilon$ → $R = \dfrac{\rho\epsilon}{C}[\Omega]$)

∴ 누설전류 $I = \dfrac{CV}{\rho\epsilon_0\epsilon_s} = \dfrac{20\times10^{-6}\times500\times10^{-3}}{10^{11}\times8.855\times10^{-12}\times2.2} = 5.13[mA]$

【정답】③

19. 유전율이 서로 다른 두 종류의 경계면에 전속과 전기력이 수직으로 도달할 때 다음 설명 중 옳지 않은 것은?

① 전계의 세기는 연속이다.
② 전속밀도는 연속이다.
③ 전속과 전기력선은 굴절하지 않는다.
④ 전속선은 유전율이 큰 유전체 중으로 모이려는 성질이 있다.

|정|답|및|해|설|

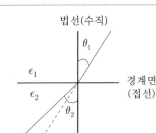

[두 유전체의 경계조건]

여기서, θ_1, θ_2 : 법선과 이루는 각, θ_1 : 입사각, θ_2 : 굴절각
1. 전속밀도의 법선성분(수직성분)이 같다.
   ($D_1\cos\theta_1 = D_2\cos\theta_2$)
2. 자계(전계)는 접선성분(평행성분)이 같다.
   ($E_1\sin\theta_1 = E_2\sin\theta_2$)
   ※유전체가 다른 경우 경계면에서는 전계 불연속
3. 경계면에 수직으로 입사한 전속은 굴절하자 않는다.
4. 입사각과 굴절각은 유전율에 비례
   $\dfrac{\tan\theta_1}{\tan\theta_2} = \dfrac{\epsilon_1}{\epsilon 2}$ (θ_1 : 입사각, θ_2 : 굴절각)

   $\epsilon_1 > \epsilon_2$이면, $\theta_1 > \theta_2$
5. 경계면상의 두 점간의 자위차는 같다.
6. 작용하는 힘은 유전율이 큰 쪽에서 작은 쪽으로 모인다.
   반면, 전속선은 유전율(ϵ)이 큰 쪽으로 모이는 성질이 있다.

【정답】①

20. 유전율이 각각 ϵ_1, ϵ_2인 두 유전체가 접해 있는 경우 경계면에서 전속선의 방향이 그림과 같을 때 $\epsilon_1 > \epsilon_2$이면 입사각과 굴절각은?

① $\theta_1 = \theta_2$이다
② $\theta_1 > \theta_2$이다.
③ $\theta_1 < \theta_2$이다.
④ $\theta_1 + \theta_2 = 90$이다.

|정|답|및|해|설|

[경계조건(굴절의 법칙)]

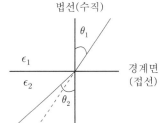

1. $\dfrac{E_1\sin\theta_1}{D_1\cos\theta_1} = \dfrac{E_2\sin\theta_2}{D_2\cos\theta_2}$ → $\dfrac{E_1\sin\theta_1}{\epsilon_1 E_1\cos\theta_1} = \dfrac{E_1\sin\theta_1}{\epsilon_2 E_2\cos\theta_2}$

2. $\dfrac{\tan\theta_1}{\epsilon_1} = \dfrac{\tan\theta_2}{\epsilon_2}$ → $\dfrac{\epsilon^2}{\epsilon_1} = \dfrac{\tan\theta_2}{\tan\theta_1}$

$\dfrac{\tan\theta_1}{\tan\theta_2} = \dfrac{\epsilon_1}{\epsilon_2} = \dfrac{\mu_1}{\mu_2}$ 이므로 $\epsilon_1 > \epsilon_2$이면, $\theta_1 > \theta_2$이다.

전속밀도의 법선성분은 같고 전계는 접선성분이 같다.

|참|고|

[경계조건]

	전계	자계
1.	$E_1\sin\theta_1 = E_2\sin\theta_2$ (접선)	$H_1\sin\theta_1 = H_2\sin\theta_2$
2.	$D_1\cos\theta_1 = D_2\cos\theta_2$ (법선)	$B_1\cos\theta_1 = B_2\cos\theta_2$
3.	$\dfrac{\tan\theta_1}{\tan\theta_2} = \dfrac{\epsilon_1}{\epsilon_2}$ (굴절의 법칙)	$\dfrac{\tan\theta_1}{\tan\theta_2} = \dfrac{\mu_1}{\mu_2}$

【정답】②

21. 차단기 개방시 재점호가 일어나기 쉬운 경우는?

① 1선 지락 전류인 경우

② 3상 단락 전류인 경우

③ 무부하 변압기의 여자 전류인 경우

④ 무부하 충전전류인 경우

|정|답|및|해|설|

[재점호] 재점호란 전류가 0인 점에서 아크가 소호된 후 차단점에서 다시 아크를 일으키는 현상을 재점호라 하며, 전류가 0일 때 전압이 크게 걸리는 경우 많이 발생한다.
전압과 전류의 위상이 가장 크게 걸리는 경우가 무부하 충전전류이므로 충전전류를 차단할 때 발생하기 쉽다.

【정답】④

22. 다음 빈 칸 ㉠~㉣에 알맞은 것은?

"화력 발전소의 (㉠)은 발생 (㉡)을 열량으로 환산한 값과 이것을 발생하기 위하여 소비된 (㉢)의 보유 열량 (㉣)를 말한다."

① ㉠ 손실률 ㉡ 발열량 ㉢ 물 ㉣ 차

② ㉠ 열효율 ㉡ 전력량 ㉢ 연료 ㉣ 비

③ ㉠ 발전량 ㉡ 증기량 ㉢ 연료 ㉣ 결과

④ ㉠ 연료소비율 ㉡ 증기량 ㉢ 물 ㉣ 차

|정|답|및|해|설|

[화력발전소의 열효율] $\eta = \frac{860 \times W}{mH} \times 100 [\%]$

여기서, W : 전력량$[kWh]$, H : 연료의 발열량$[kcal/kg]$
m : 연료량$[kg]$, $1[kWh] = 860[kcal]$

화력발전소의 열효율이란 발생 전력량을 투입된 열량으로 나눈 것을 말한다.

【정답】②

23. 다음 중 부하전류의 차단 능력이 없는 것은?

① 부하개폐기(LBS) ② 유입차단기(OCB)

③ 진공차단기(VCB) ④ 단로기(DS)

|정|답|및|해|설|

[단로기(DS)] 단로기(DS)는 소호 장치가 없고 아크 소멸 능력이 없으므로 부하 전류나 사고 전류의 개폐는 할 수 없으며 기기를 전로에서 개방할 때 또는 모선의 접촉 변경시 사용한다.

【정답】④

24. 3상용 차단기의 정격차단용량은?

① $\frac{1}{\sqrt{3}}$(정격전압)×(정격차단전류)

② $\frac{1}{\sqrt{3}}$(정격전압)×(정격전류)

③ $\sqrt{3}$×(정격전압)×(정격전류)

④ $\sqrt{3}$×(정격전압)×(정격차단전류)

|정|답|및|해|설|

[정격차단용량] $(P_s) = \sqrt{3} \times$정격 전압$(V) \times$정격 차단 전류(I_s)

※단상 $P_s = VI_s$

【정답】④

25. 충전전류는 일반적으로 어떤 전류를 말하는가?

① 앞선전류 ② 뒤진전류

③ 유효전류 ④ 누설전류

|정|답|및|해|설|

[충전전류] $I_c = j\omega C \frac{V}{\sqrt{3}} l [A]$

충전전류는 전선과 대지 사이의 정전용량으로 흐르는 전류로서 90° 앞선 진상전류이다.

※단락전류는 지상전류로서 위상이 늦다. 【정답】①

26. 송전선로에서 역섬락을 방지하는데 가장 유효한 방법은?

① 가공지선을 설치한다.

② 소호각을 설치한다.

③ 탑각 접지저항을 작게 한다.

④ 피뢰기를 설치한다.

|정|답|및|해|설|

[역섬락 방지] 역섬락은 철탑의 탑각 접지 저항이 커서 뇌서지를 대지로 방전하지 못하고 선로에 뇌격을 보내는 현상이다.
철탑의 탑각 접지저항을 낮추기 위해서 매설지선을 시설한다.

【정답】③

27. A, B 및 C상의 전류를 각각 I_a, I_b, I_c라 할 때, $I_x = \frac{1}{3}(I_a + aI_b + a^2 I_c)$이고, $a = -\frac{1}{2} + j\frac{\sqrt{3}}{2}$이다. I_x는 어떤 전류인가?

① 정상전류 ② 역상전류
③ 영상전류 ④ 무효전류

|정|답|및|해|설|
[대칭좌표법]
1. 정상전류 $I_1 = \frac{1}{3}(I_a + aI_b + a^2 I_c)$ → (1→a→a² 의 순서)

2. 역상전류 $I_2 = \frac{1}{3}(I_a + a^2 I_b + aI_c)$ → (1→a²→a 의 순서)

3. 영상전류 $I_0 = \frac{1}{3}(I_a + I_b + I_c)$ 【정답】①

28. 배전선로에서 사용하는 전압 조정 방법이 아닌 것은?

① 승압기 사용
② 저전압 계전기 사용
③ 병렬콘덴서 사용
④ 주상변압기 탭 전환

|정|답|및|해|설|
[선로전압 조정]
1. 직접 조정(직접 코일량을 조정)
 ·유도전압조정기(IVR) → (부하 변동이 심한 경우)
 ·부하시 탭(Tap)절환변압기
 ·승압기
 ·변압기
2. 간접 조정(무효분을 조정)
 ·전력용콘덴서(SC)
 ·SHR
 ·무효 전력 보상 장치(동기조상기)
※저전압 계전기(UVR) : 계전기로 전압 조정 설비가 아니다.
【정답】②

29. 단거리 3상3선식 송전선에서 전선의 중량은 전압이나 역률과 어떠한 관계에 있는가?

① 비례 ② 반비례
③ 제곱에 비례 ④ 제곱에 반비례

|정|답|및|해|설|
[전선의 중량과 전압, 역률과의 관계]
1. 전력손실 $P_l = \frac{\rho l P^2}{A V^2 \cos^2\theta}$ → $A = \frac{\rho l P^2}{P_l V^2 \cos^2\theta}$

2. 전선의 중량 $W \propto A = \frac{\rho l^2 P^2}{P_l V^2 \cos^2\theta} \propto \frac{1}{V^2 \cos^2\theta}$
【정답】④

30. 저항 2[Ω], 유도리액턴스 10[Ω]의 단상 2선식 배전선로의 전압강하를 보상하기 위하여 부하단에 용량 리액턴스 5[Ω]의 직렬 콘덴서를 삽입하였을 때 부하 단자전압은 몇 [V]인가? (단, 전원전압은 7000[V], 부하전류 200[A], 역률은 0.8(뒤짐)이다.)

① 6080 ② 7000
③ 7080 ④ 8120

|정|답|및|해|설|
[부하 단자전압] 전압강하를 보상하기 위해서 직렬콘덴서를 사용하는 경우 수전단전압(부하단자전압)
$V_r = V_s - I(R\cos\theta + (X_L - X_C)\sin\theta)[V]$
$\cos\theta = 0.8$ → $\sin\theta = \sqrt{1 - \cos^2\theta} = \sqrt{1 - 0.8^2} = 0.6$
$\therefore V_r = 7000 - 200(2 \times 0.8 + (10 - 5) \times 0.6) = 6080[V]$
【정답】①

31. 송전선로에 근접한 통신선에 유도장해가 발생한다. 정전유도의 원인과 관계가 있는 것은?

① 역상전압 ② 영상전압
③ 역상전류 ④ 정상전압

|정|답|및|해|설|
[통신선의 유도장해]
1. 정전유도장해 : 영상전압(V_0)에 의해 발생
2. 전자유도장해 : 영상전류(I_0)에 의해 발생
유도장해 방지를 위해서 간격 증대와 연가, 그리고 소호리액터접지방식 채택과 차폐선설치를 한다.   【정답】②

32. 다음 중 특유속도가 가장 작은 수차는?

① 프로펠라 수차   ② 프란시스 수차

③ 펠턴 수차   ④ 카플란 수차

|정|답|및|해|설|

[특유속도] 특유 속도 N_s는 수차와 유수와의 상대속도로서

$$N_s = N \frac{P^{\frac{1}{2}}}{H^{\frac{5}{4}}}[rpm]$$ 로 표시된다.

여기서, 출력 $P[kW]$, 유효 낙차 $H[m]$, 회전 속도 $N[rpm]$)
특유속도가 크면 경부하에서 효율의 저하가 심하다

[각 수차의 특유 속도의 범위]

1. 펠턴 수차 : 13~21
2. 프랜시스 수차 : 65~350
3. 프로펠라(카플란) 수차 : 350~800
4. 카플란수차 : 350~800
5. 사류 수차 : 15~250
【정답】③

33. 선로 길이 100[km], 송전단전압 154[kV], 수전단
전압 140[kV]의 3상 3선식 정전압 송전선에서
선로 정수는 저항 0.315[Ω/km], 리액턴스
1035[Ω/km]라고 할 때 수전단 3상 전력원선도
의 반경을 [MVA] 단위로 표시하면 약 얼마인가?

① 200[MVA]   ② 300[MVA]

③ 450[MVA]   ④ 600[MVA]

|정|답|및|해|설|

[수전단 3상 전력원선도의 반경] $\rho = \dfrac{E_s E_r}{B}$

B는 임피던스를 나타내므로

$B = \sqrt{R^2 + X^2} = \sqrt{(31.5)^2 + (103.5)^2} = 108.19$

→ (km당의 값이므로 $R = 0.315 \times 100$, $X = 1.035 \times 100$)

$\therefore \rho = \dfrac{154 \times 10^3 \times 140 \times 10^3}{108.19} = 199.28 \times 10^6 [VA] = 200[MVA]$

【정답】①

34. △ 결선의 3상3선식 배전선로가 있다. 1선이 지락
하는 경우 건전상의 전위 상승은 지락 전의 몇
배인가?

① $\dfrac{\sqrt{3}}{2}$ ② 1

③ $\sqrt{2}$ ④ $\sqrt{3}$

|정|답|및|해|설|

[△결선] △결선은 비접지 계통이므로 1선 지락시 전위 상승은 상
전압에서 선간전압($\sqrt{3}$ 배)으로 된다.   **【정답】④**

35. 다음 중 전력선 반송 보호계전방식의 장점이
아닌 것은?

① 저주파 반송전류를 중첩시켜 사용하므로 계통
의 신뢰도가 높아진다.

② 고장 구간의 선택이 확실하다.

③ 동작이 예민하다.

④ 고장점이나 계통의 여하에 불구하고 선택차단
개소를 동시에 고속도 차단할 수 있다.

|정|답|및|해|설|

[전력선 반송 보호계전방식] 전력선 반송보호계전방식은 가공송전
선을 이용하여 반송파를 전송하는 계전방식으로서 송전계통 보호에
널리 사용되고 있으며 사용되는 반송파의 주파수 범위는
30~300[kHz]의 높은 주파수를 사용한다.   **【정답】①**

36. 그림과 같이 D[m]의 간격으로 반지름 r[m]의 두
전선 a, b가 평행하게 가선되어 있다고 한다. 작용
인덕턴스 $L[mH/km]$의 표현으로 알맞은 것은?

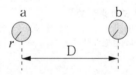

① $L = 0.05 + 0.4605\log_{10}(rD)[mH/km]$

② $L = 0.05 + 0.4605\log_{10}\dfrac{r}{D}[mH/km]$

③ $L = 0.05 + 0.4605\log_{10}\dfrac{D}{r}[mH/km]$

④ $L = 0.05 + 0.4605\log_{10}\left(\dfrac{1}{rD}\right)[mH/km]$

|정|답|및|해|설|

[단도체 인덕턴스] $L = 0.05 + 0.4605\log_{10}\dfrac{D}{r}[mH/km]$

【정답】③

37. 페란티 현상이 발생하는 주된 원인은?

① 선로의 저항

② 선로의 인덕턴스

③ 선로의 정전용량

④ 선로의 누설콘덕턴스

|정|답|및|해|설|

[페란티 현상] 선로의 정전용량으로 인하여 무부하시나 경부하시 진상전류가 흘러 수전단전압이 송전단전압보다 높아지는 현상을 말한다.

페란티 현상은 지상무효전력을 공급하여 방지할 수가 있다.

【정답】③

38. 철탑의 사용 목적에 의한 분류에서 송전선로 전부의 전선을 끌어당겨서 고정시킬 수 있도록 설계한 철탑으로 D형 철탑이라고도 하는 것은?

① 내장 보강 철탑　　② 각도 철탑

③ 억류지지 철탑　　④ 직선 철탑

|정|답|및|해|설|

[철탑의 사용 목적에 의한 분류]

① 내장 보강 철탑 : 선로의 보강용으로 세워지는 것으로서 직선 철탑이 다수 연속될 경우에는 약 10기마다 1기의 비율로 내장 보강 철탑을 세워 나간다.

② 각도 철탑 : 수평 각도가 30[°]를 넘는 장소에 세워지는 철탑

③ 억류지지 철탑 : 전부의 전선을 끌어당겨서 고정시킬 수 있도록 설계한 철탑으로서 D형 철탑이라고도 한다. 수평각도가 30° 이상

④ 직선 철탑 : 선로의 직선 부분 또는 수평 각도 3[°] 이내의 장소에 세워지는 철탑

【정답】③

39. 공칭단면적 200[mm^2], 전선무게 1.838 [kg/m], 전선의 바깥지름이 18.5[mm]인 경동연선을 지지물 간 거리(경간) 200[m]로 가설하는 경우의 처짐 정도(이도)는 약 몇 [m]인가? (단, 경동연선의 전단 인장하중은 7910[kg], 빙설하중은 0.416[kg/m], 풍압하중은 1.525 [kg/m], 안전율은 2.0이다.)

① 3.44[m]　　　　② 3.78[m]

③ 4.28[m]　　　　④ 4.78[m]

|정|답|및|해|설|

[처짐 정도(이도)] $D = \frac{WS^2}{8T}[m]$

여기서, W : 전선의 중량[kg/m], S : 지지점 간 거리(경간)[m]

T : 전선의 수평장력[kg] ($T = \frac{인장하중}{안전율}$)

· 수직하중=자중+빙설하중 =1.838+0.416=2.254[kg/m]

· 수평하중=풍압하중=1525[kg/m]

· 전선의 하중= $\sqrt{(수직하중)^2 + (수평하중)^2}$

　　　　　= $\sqrt{2.254^2 + 1.525^2} = 2.72[kg/m]$

$\therefore D = \frac{WS^2}{8T} = \frac{2.721 \times 200^2}{8 \times \frac{7910}{2}} = 3.44[m]$　　　【정답】①

40. 콘덴서 3개를 선간 전압 6600[V], 주파수 60[Hz]의 선로에 △ 로 접속하여 60[kVA]가 되게 하려면 필요한 콘덴서 1개의 정전용량은 약 얼마인가?

① 약 1.2[μF]　　　② 약 3.6[μF]

③ 약 7.2[μF]　　　④ 약 72[μF]

|정|답|및|해|설|

[콘덴서 1개의 정전용량] $C = \frac{Q}{3 \times 2\pi f E^2}[F]$

$\rightarrow (Q = 3EI_c = 3 \times 2\pi f CE^2[KVA])$

$\rightarrow (충전전류 \ I_c = \omega CE, \ \omega = 2\pi f)$

$\therefore C = \frac{Q}{3 \times 2\pi f E^2} = \frac{60 \times 10^3}{6\pi \times 60 \times 6600^2} \times 10^6 = 1.2[\mu F]$

【정답】①

41. 직류 분권전동기의 운전중 계자저항기의 저항을 증가하면 속도는 어떻게 되는가?

① 변하지 않는다.　　② 증가한다.

③ 감소한다.　　　　④ 정지한다.

|정|답|및|해|설|

[직류 분권전동기 회전속도] $N = K \cdot \frac{E}{\varnothing} \times 60[rpm]$

$\rightarrow (\varnothing = I_f = \frac{V}{R_f})$

· 계자저항 R_f 을 증가시키면 여자전류가 감소히고 띠리서 계자자속 $\varnothing$ 이 감소한다.

· E가 일정할 때 자속이 감소하면 속도(N)는 증가하게 된다.

【정답】②

42. 단자전압 100[V], 전기자 전류 10[A], 전기자 회로 저항 1[Ω], 회전수 1800[rpm]으로 전부하 운전하고 있는 직류전동기의 토크는 약 몇 [kg·m]인가?

① 0.049　　　　② 0.49

③ 49　　　　　④ 490

|정|답|및|해|설|

[직류전동기의 토크] $T = 0.975 \dfrac{P}{N} = \dfrac{EI_a}{N}$

기전력 $E = V - I_a R_a = 100 - 10 \times 1 = 90[V]$

$\therefore T = 0.975 \dfrac{EI_a}{N} = 0.975 \dfrac{90 \times 10}{1800} = 0.49[kg·m]$

※기전력(발전기) $E = V + I_a R_a[V]$　　　　【정답】②

43. 단상 반파 정류로 직류전압 50[V]를 얻으려고 한다. 다이오드의 최대 역전압(Peak Inverse Voltage), 즉 PIV는 몇 [V]인가?

① 111　　② 141.4　　③ 157　　④ 314

|정|답|및|해|설|

[단상반파정류회로] $PIV = \sqrt{2}E = \pi E_d$

$PIV = \pi \times 50 = 157[V]$

|참|고|

[단상 정류회로]　　　　　　　　→ (전파=반파×2)

	단상 반파	단상 전파
직류출력	$E_d = 0.45E$	$E_d = 0.9E$
SCR의 출력 평균	$E_d = \dfrac{E}{\sqrt{2}\pi}(1+\cos\alpha)$ $= 0.225E(1+\cos\alpha)$	$E_d = \dfrac{\sqrt{2}E}{\pi}(1+\cos\alpha)$ $= 0.45E(1+\cos\alpha)$
맥동 주파수	60[Hz]	120[Hz]
정류효율	40.6[%]	81.2[%]
PIV	$PIV = \sqrt{2}E = \pi E_d$	$PIV = 2\sqrt{2}E$
맥동률	121[%]	48[%]

【정답】③

44. 전압비 3300/110[V], 1차 누설임피던스 $Z_1 = 12 + j13[\Omega]$, 2차 누설임피던스 $Z_2 = 0.015 + j0.013[\Omega]$인 변압기가 있다. 1차로 환산된 등가임피던스[Ω]는?

① $25.5 + j24.7$　　　② $25.5 + j22.7$

③ $24.7 + j25.5$　　　④ $22.7 + j25.5$

|정|답|및|해|설|

[1차로 환산한 등가임피던스] $Z_1{'} = Z_1 + a^2 Z_2$

권수비 $a = \dfrac{E_1}{E_2} = \dfrac{3300}{110} = 30$

∴1차로 환산한 등가임피던스 $Z_1{'}$

$Z_1{'} = Z_1 + a^2 Z_2 = 12 + j13 + 30^2 \times (0.015 + j0.013)$

$\quad = 25.5 + j24.7[\Omega]$　　　　　　　　【정답】①

45. 3상 동기발전기의 전기자권선을 Y결선으로 하는 이유 중 △결선과 비교할 때 장점이 아닌 것은?

① 출력을 더욱 증대할 수 있다.

② 권선의 코로나 현상이 적다.

③ 고조파 순환전류가 흐르지 않는다.

④ 권선의 보호 및 이상 전압의 방지 대책이 용이하다.

|정|답|및|해|설|

[Y결선의 장점 → (△ 결선과 비교)] △결선과 Y결선의 출력은 같다
1. 권선의 불평형 및 제3고조파 등에 의한 순환 전류가 흐르지 않는다.
2. 중성점 접지에 의한 이상 전압의 방지 대책이 용이하다.
3. 상전압이 낮기 때문에 코일의 코로나현상, 열화현상 등이 적다.
【정답】①

46. △결선 변압기의 1대가 고장으로 제거되어 V결선으로 할 때 공급할 수 있는 전력은 고장 전 전력의 몇 [%]인가?

① 81.6　　　　② 75.0

③ 66.7　　　　④ 57.7

|정|답|및|해|설|

[V결선 이용률과 출력비]

1. V결선 출력비 $= \dfrac{V결선\ 실제\ 출력}{△결선\ 출력} = \dfrac{\sqrt{3}P}{3P} = 0.577\,(57.7[\%])$

2. V결선 이용률 $= \dfrac{V결선\ 실제\ 출력}{V결선\ 이론\ 출력} = \dfrac{\sqrt{3}P}{2P} = 0.866\,(86.6[\%])$

【정답】④

47. 75[kVA], 6000/200[V]의 단상변압기의 %임피던스강하가 4[%]이다. 1차 단락전류[A]는?

① 512.5
② 412.5
③ 312.5
④ 212.5

|정|답|및|해|설|

[1차 단락전류] $I_{1s} = \dfrac{100}{\%Z} \times I_{1n}[A]$

$\therefore I_{1s} = \dfrac{100}{\%Z} \times I_{1n} = \dfrac{100}{4} \times \dfrac{75 \times 10^3}{6000} = 312.5[A]$

$\times I_{1n} = \dfrac{P}{V}, \ I_{3n} = \dfrac{P}{\sqrt{3}\,V}$

【정답】③

48. 3상 유도전동기의 원선도 작성에 필요한 기본량이 아닌 것은?

① 저항 측정
② 슬립 측정
③ 구속 시험
④ 무부하 시험

|정|답|및|해|설|

[원선도 작성에 필요한 시험] 무부하시험, 구속시험, 저항측정시험

【정답】②

49. 동기발전기의 자기여자 방지법이 아닌 것은?

① 발전기를 2대 또는 3대를 병렬로 모선에 접속한다.
② 수전단에 무효 전력 보상 장치(동기조상기)를 접속한다.
③ 송전선로의 수전단에 변압기를 접속한다.
④ 발전기의 단락비를 적게 한다.

|정|답|및|해|설|

[동기발전기의 자기여자현상을 방지하려면]
·발전기 2대 또는 3대를 병렬로 모선에 접속한다.
·수전단에 무효 전력 보상 장치(동기 조상기)를 접속하고 이것을 부족 여자로 하여
  지상 전류를 공급한나.
·송전선로의 수전단에 변압기를 접속한다.
·수전단에 리액턴스를 병렬로 접속한다.
·발전기의 단락비를 크게 한다.

【정답】④

50. 균압선을 설치하여 병렬운전 하는 발전기는?

① 타여자 발전기
② 분권 발전기
③ 복권 발전기
④ 동기기

|정|답|및|해|설|

[균압선 설치] 직권 계자가 있는 <u>직류직권발전기</u>와 <u>직류복권발전기</u>는 안정된 병렬운전을 하기 위하여 균압선을 설치해야 한다.

【정답】③

51. 변압기 등가회로 작성에 필요하지 않은 시험은?

① 무부하 시험
② 단락 시험
③ 반환부하 시험
④ 저항 측정 시험

|정|답|및|해|설|

[변압기 등가회로 작성] 등가회로 작성에는 권선의 저항을 알아야하고, 철손을 측정하는 무부하 시험, 동손을 측정하는 단락 시험이 필요하다. 반환부하법은 변압기의 온도 상승 시험을 하는데 필요한 시험법이다.

【정답】③

52. 직류기에서 전기자 반작용이란 전기자 권선에 흐르는 전류로 인하여 생긴 자속이 무엇에 영향을 주는 현상인가?

① 모든 부분에 영향을 주는 현상
② 계자극에 영향을 주는 현상
③ 감자 작용만을 주는 현상
④ 편자 작용만을 하는 현상

|정|답|및|해|설|

[직류기의 전기자 반작용] 전기자 반작용이란 전기자 권선에 흐르는 전류에 의해서 발생한 자속이 계자에서 만든 주자속에 영향을 미치는 현상이다.
·전기적 중성축 이동
·주자속 감소
·정류자 편간의 불꽃이 발생하여 정류 불량 발생

【정답】②

53. 2대의 동기발전기가 병렬 운전하고 있을 때 동기 화전류가 흐르는 경우는?

① 기전력의 크기에 차가 있을 때

② 기전력의 위상에 차가 있을 때

③ 부하 분담에 차가 있을 때

④ 기전력의 파형에 차가 있을 때

|정|답|및|해|설|
[동기발전기가 병렬 운전]

병렬 운전 조건	같지 않은 경우
기전력의 크기가 같을 것	무효순환전류가 흘러서 저항손 증가, 전기자 권선 과열, 역률 변동 등이 일어난다.
기전력의 위상이 같을 것	동기화전류가 흐르고 동기화력 작용, 출력 변동이 일어난다.
기전력의 주파수가 같을 것	동기화전류가 주기적으로 흘러서 심해지면 병렬운전을 할 수 없다.
기전력의 파형이 같을 것	고조파 무효 순환 전류가 흐르고 전기자 저항손이 증가하여 과열의 원인이 된다.

【정답】②

54. 경부하로 회전중인 3상 농형 유도전동기에서 전원의 3선중 1선이 개방되면 3상 전동기는?

① 개방시 바로 정지한다.

② 속도가 급상승한다.

③ 회전을 계속한다.

④ 일정시간 회전 후 정지한다.

|정|답|및|해|설|
[농형 유도전동기] 3상 농형 유도전동기에서 전원의 3선중 1선이 개방되면 3상 전동기는 단상 전동기가 된다.
이때 큰 부하가 인가되어 있는 경우에는 전동기가 정지하게 되고 큰 전류가 흘러 전동기가 소손된다.
그러나 경부하에서는 회전을 계속하고 부하전류는 증가한다.
【정답】③

55. 용량 2[kVA], 3000/100[V]의 단상변압기를 단권변압기로 연결해서 승압기로 사용할 때, 1차측에 3000[V]를 가할 경우 부하용량은 몇 [kVA]인가?

① 16 ② 32 ③ 50 ④ 62

|정|답|및|해|설|
[부하용량] 부하 용량=자기 용량$\times \dfrac{V_h}{V_h-V_l}$

$\to (\dfrac{\text{자기용량}}{\text{부하용량}}=\dfrac{V_2-V_1}{V_2})$

$V_h=(1+\dfrac{1}{a})V_l=(1+\dfrac{1}{30})\times 3000=3100[V]$ $\to (a=\dfrac{V_1}{V_2})$

$\therefore$ 부하 용량=자기 용량$\times \dfrac{V_h}{V_h-V_l}$

$=2\times \dfrac{3100}{3100-3000}=62[kVA]$ **【정답】④**

56. 직류기에서 전기자 반작용을 방지하기 위한 보상 권선의 전류 방향은?

① 전기자 전류의 방향과 같다.

② 전기자 전류의 방향과 반대이다.

③ 계자 전류의 방향과 같다.

④ 계자 전류의 방향과 반대이다.

|정|답|및|해|설|
[상권선의 전류 방향] 보상권선을 전기자 권선과 직렬로 접속하고 전기자 전류와 반대 방향으로 전류를 흐르게 하면 전기자 전류에 의한 전기지 반작용 자속은 보상 권선외 자속으로 상쇄되어 전기자 반작용은 상쇄된다. **【정답】②**

57. 동기기에서 동기 임피던스 값과 실용상 같은 것은? (단, 전기자저항은 무시한다.)

① 전기자 누설 임피던스

② 동기 리액턴스

③ 유도 리액턴스

④ 등가 리액턴스

|정|답|및|해|설|
[동기 임피던스] 동기 임피던스 $Z_s=r+jx_s[\Omega]$에서 일반적으로 전기자 저항 r은 매우 적으므로 무시하면 $Z_s≒x_s$, 즉 동기임피던스는 동기리액턴스와 같다. **【정답】②**

58. 변압기 내부 고장 검출용으로 쓰이는 계전기는?

① 비율차동계전기　　② 거리계전기

③ 과전류계전기　　④ 방향단락계전기

|정|답|및|해|설|

[변압기 내부 고장 검출용 계전기] 비율차동계전기는 발전기나 변압기 등이 내부고장에 의해 불평형 전류가 흐를 때 동작하는 계전기로 기기의 보호에 쓰인다.　　【정답】①

59. 3상 유도전동기의 공급 전압이 일정하고, 주파수가 정격값보다 수 [%] 감소할 때 다음 현상 중 옳지 않은 것은?

① 동기속도가 감소한다.

② 누설 인덕턴스가 증가한다.

③ 철손이 약간 증가한다.

④ 역률이 나빠진다.

|정|답|및|해|설|

[누설리액턴스] $X_L = 2\pi f L$에서

주파수 f가 누설리액턴스X_L와 비례하므로 주파수가 감소하면 누설리액턴스도 감소한다.　　【정답】②

60. 정격부하를 걸고 16.3[kg·m]의 토크를 발생하며, 1200[rpm]으로 회전하는 어떤 직류 분권전동기의 역기전력이 100[V]일 때 전기자전류는 약 몇 [A]인가?

① 100　　　　　② 150

③ 175　　　　　④ 200

|정|답|및|해|설|

[직류 분권전동기 토크] $T = 0.975 \dfrac{P}{N} = 0.975 \dfrac{EI_a}{N}$

∴전기자전류 $I_a = \dfrac{T \times N}{0.975 \times E} = \dfrac{16.3 \times 1200}{0.975 \times 100} = 200[A]$

【정답】④

61. 교류의 파형률이란?

① $\dfrac{최대값}{실효값}$　　　　② $\dfrac{실효값}{최대값}$

③ $\dfrac{평균값}{실효값}$　　　　④ $\dfrac{실효값}{평균값}$

|정|답|및|해|설|

[교류의 파형률 및 파고율]

1. 파형률 = $\dfrac{실효값}{평균값}$

2. 파고율 = $\dfrac{최대값}{실효값}$　　　　【정답】④

62. 1[mV]의 입력을 가했을 때 100[mV]의 출력이 나오는 4단자 회로의 이득[dB]은?

① 40　　　　　② 30

③ 20　　　　　④ 10

|정|답|및|해|설|

[이득] $G = 20\log \dfrac{V_2}{V_1} = 20\log \dfrac{100}{1} = 20\log 10^2 = 40[dB]$

【정답】①

63. 불평형 3상 전류가 $I_a = 15 + j2[A]$, $I_b = -20 - j14[A]$, $I_c = -3 + j10[A]$ 일 때의 영상전류 I_0는?

① $2.85 + j0.36[A]$　　② $-2.6 - j0.67[A]$

③ $1.57 + j3.25[A]$　　④ $12.67 + j2[A]$

|정|답|및|해|설|

[영상전류] $I_0 = \dfrac{1}{3}(I_a + I_b + I_c)$

∴$I_0 = \dfrac{1}{3}(15 + j2 - 20 - j14 - 3 + j10)$

$= \dfrac{1}{3}(-8 - j2) = -2.67 - j0.67[A]$

※·정상전류 : $I_1 = \dfrac{1}{3}(I_a + aI_b + a^2I_c)$

·역상전류 : $I_2 = \dfrac{1}{3}(I_a + a^2I_b + aI_c)$　　【정답】②

64. 그림과 같은 회로에서 $15[\Omega]$에 흐르는 전류는 몇 $[A]$인가?

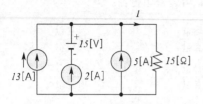

① $4[A]$
② $8[A]$
③ $10[A]$
④ $20[A]$

|정|답|및|해|설|
[중첩의 정리]
1. 전류원에 의한 전류 I_1 (전압원 단락)

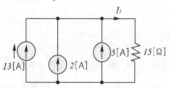

$$I_1 = 13 + 2 + 5 = 20[A]$$

2. 전압원에 의한 전류 I_2 (전류원 개방)

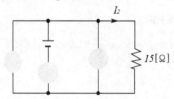

전압원 밑의 $2[A]$ 전류원은 개방되므로 전압원에 의한 전류는 흐를 수가 없어서 0이다.

$$\therefore I = I_1 + I_2 = 20 + 0 = 20[A]$$ 【정답】④

65. 다음 그림과 같은 전기회로의 입력을 e_i, 출력을 e_0 라고 할 때 전달함수는?

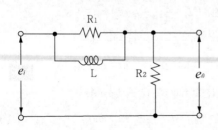

① $\dfrac{R_2(1 + R_1 Ls)}{R_1 + R_2 + R_1 R_2 Ls}$

② $\dfrac{1 + R_2 Ls}{1 + (R_1 + R_2) Ls}$

③ $\dfrac{R_2(R_1 + Ls)}{R_1 R_2 + R_1 Ls + R_2 Ls}$

④ $\dfrac{R_2 + \dfrac{1}{Ls}}{R_1 R_2 + \dfrac{1}{Ls}}$

|정|답|및|해|설|
[전달함수] $G(s) = \dfrac{출력}{입력} = \dfrac{E_o(s)}{E_i(s)}$

입력과 출력이 모두 전압함수로 주어졌을 경우에는 입력측에서 바라본 임피던스값하고 출력단자에 결합된 임피던스의 비로 계산한다.

· 입력측 $E_i(s) = \dfrac{R_1 \cdot Ls}{R_1 + Ls} + R_2$

· 출력측 $E_o(s) = R_2$

∴ 전달함수

$$G(s) = \dfrac{E_0(s)}{E_i(s)} = \dfrac{R_2}{R_2 + \dfrac{R_1 Ls}{R_1 + Ls}} = \dfrac{R_2(R_1 + Ls)}{R_1 R_2 + R_1 Ls + R_2 Ls}$$

【정답】③

66. 변압비 $\dfrac{n_1}{n_2} = 30$인 단상변압기 3대를 1차 △ 결선, 2차 Y결선 하고 선간에 3000[V]를 가했을 때 무부하 2차 선간전압[N]은?

① $\dfrac{100}{\sqrt{3}}[V]$
② $\dfrac{190}{\sqrt{3}}[V]$

③ $100[V]$
④ $100\sqrt{3}[V]$

|정|답|및|해|설|
[무부하 2차 선간전압(Y결선)] $V_l = \sqrt{3}\, V_p[V]$

$a = \dfrac{E_1}{E_2} \rightarrow E_2 = \dfrac{E_1}{a} = \dfrac{3000}{30} = 100[V]$

$\therefore V_l = \sqrt{3}\, V_p = \sqrt{3} \times 100[V]$ 【정답】④

67. 그림과 같은 RC 직렬회로에 비정현파 전압 $v = 20 + 220\sqrt{2}\sin120\pi t + 40\sqrt{2}\sin360\pi t\,[V]$를 가할 때 제3고조파전류 $i_3\,[A]$는 약 얼마인가?

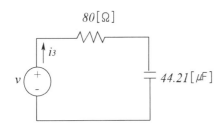

① $0.49\sin(360\pi t - 14.04°)$

② $0.49\sqrt{2}\sin(360\pi t - 14.04°)$

③ $0.49\sin(360\pi t + 14.04°)$

④ $0.49\sqrt{2}\sin(360\pi t + 14.04°)$

|정|답|및|해|설|⋯⋯⋯⋯⋯⋯⋯⋯⋯⋯⋯⋯⋯⋯⋯⋯⋯⋯

[제3고조파전류] $i_3 = 0.49\sqrt{2}\,I_m\sin(\omega t + \theta) = \sqrt{3}\,I_3(\omega t + \theta)[A]$

R-C회로이므로 전류의 위상이 전압의 위상보다 앞선다. 그리고 기본파의 각주파수 $\omega = 2\pi f = 120\pi$ 에서

3고조파 $3\omega = 6\pi f = 360\pi$이므로 f는 $60[Hz]$

·3고조파에 의한 리액턴스

$$X_3 = \frac{1}{2\pi \times 3f \times C} = \frac{1}{2\pi \times 3 \times 60 \times 44.21 \times 10^{-6}} = 20[\Omega]$$

·3고조파 전류 $I_3 = \dfrac{V_3}{\sqrt{R^2 + X_3^2}} = \dfrac{40}{\sqrt{80^2 + 20^2}} = 0.49[V]$

·$\theta = \tan^{-1}\dfrac{X_3}{R} = \tan^{-1}\dfrac{20}{80} = 14.04°$

따라서 순시치 $i_3 = 0.49\sqrt{2}\sin(360\pi t + 14.04°)[A]$

【정답】④

68. 다음과 같은 회로에서 4단자정수는 어떻게 되는가?

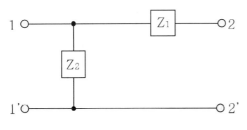

① $A = 1$, $B = \dfrac{1}{Z_1}$, $C = Z_1$, $D = 1 + \dfrac{Z_2}{Z_3}$

② $A = 0$, $B = \dfrac{1}{2}$, $C = Z_3$, $D = 2 + \dfrac{Z_2}{Z_3}$

③ $A = 1$, $B = Z_1$, $C = \dfrac{1}{Z_2}$, $D = 1 + \dfrac{Z_1}{Z_2}$

④ $A = 1$, $B = \dfrac{1}{Z_2}$, $C = \dfrac{Z_3}{Z_2 + Z_3}$, $D = Z_2 + Z_3$

|정|답|및|해|설|⋯⋯⋯⋯⋯⋯⋯⋯⋯⋯⋯⋯⋯⋯⋯⋯⋯⋯

[4단자정수 (F파라메타)] $\begin{bmatrix} V_1 \\ I_1 \end{bmatrix} = \begin{bmatrix} A & B \\ C & D \end{bmatrix}\begin{bmatrix} V_2 \\ I_2 \end{bmatrix}$

·송전전압 $V_1 = AV_2 + BI_2$

·송전전류 $I_1 = CV_2 + DI_2$

$$\begin{bmatrix} A & B \\ C & D \end{bmatrix} = \begin{bmatrix} 1 & 0 \\ \dfrac{1}{Z_2} & 1 \end{bmatrix}\begin{bmatrix} 1 & Z_1 \\ 0 & 1 \end{bmatrix} = \begin{bmatrix} 1 & Z_1 \\ \dfrac{1}{Z_2} & \dfrac{Z_1}{Z_2}+1 \end{bmatrix}$$

$\;※A = \dfrac{V_1}{V_2}\bigg|_{I_2=0} \rightarrow$ 전압비　　　$B = \dfrac{V_1}{I_1}\bigg|_{V_2=0} \rightarrow$ 임피던스

$\;\;C = \dfrac{I_1}{V_2}\bigg|_{I_2=0} \rightarrow$ 어드미턴스　　$D = \dfrac{I_1}{I_2}\bigg|_{V_2=0} \rightarrow$ 전류비

【정답】③

69. 6상 성형 상전압이 $200[V]$일 때 선간전압$[V]$은?

① 200　　　　　　　② 150

③ 100　　　　　　　④ 50

|정|답|및|해|설|⋯⋯⋯⋯⋯⋯⋯⋯⋯⋯⋯⋯⋯⋯⋯⋯⋯⋯

[Y결선의 선간전압 (n상)] $V_l = 2V_p\sin\dfrac{\pi}{n}[V]$

$V_l = 2V_p\sin\dfrac{\pi}{n} = 2V_p\sin\dfrac{\pi}{6} = V_p$　　　　$\rightarrow (\sin60° = \dfrac{1}{2})$

그러므로 6상에서는 상전압이 선간전압과 크기가 같아서 선간전압

$V_l = 200[V]$　　　　　　　　　　　　　　　　　　【정답】①

70. $i = 20\sqrt{2}\sin\left(377t - \dfrac{\pi}{6}\right)[A]$인 파형의 주파수는 몇 $[Hz]$인가?

① 50　　　　　　　② 60

③ 70　　　　　　　④ 80

|정|답|및|해|설|⋯⋯⋯⋯⋯⋯⋯⋯⋯⋯⋯⋯⋯⋯⋯⋯⋯⋯

[파형의 주파수] $\omega = 2\pi f$

문제에서 $\omega t = 377t$이므로 $\omega = 2\pi f = 377$

$\therefore f = \dfrac{377}{2\pi} = 60[Hz]$　　　　　　　　　　　　【정답】②

71. 그림과 같은 회로에 교류전압 $E = 100\angle 0°$ $[V]$를 인가할 때 전전류 I는 몇 $[A]$인가?

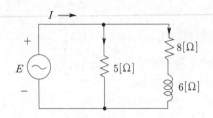

① $6+j28$ ② $6-28j$

③ $28+j6$ ④ $28-j6$

|정|답|및|해|설|

[전전류] $I = I_1 + I_2 [A]$

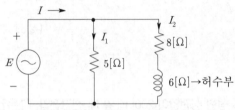

1. 저항 $5[\Omega]$에 흐르는 전류 $I_1 = \dfrac{100}{5} = 20[A]$

2. $R-L$ 직렬회로에 흐르는 전류(I_2)

$I_2 = \dfrac{E_2}{Z_2} = \dfrac{100}{8+j6} = \dfrac{100(8-j6)}{(8+j6)(8-j6)} = \dfrac{800-j600}{100} = 8-j6[A]$

∴전전류 $I = I_1 + I_2 = 20 + 8 - j6 = 28 - j6[A]$

【정답】④

72. 어떤 회로의 전압 E, 전류 I일 때, $P_a = \overline{E}I$ $= P + jPr$에서 $P_r > 0$이다. 이 회로는 어떤 부하인가? (단, $\overline{E}$는 E의 공액복소수이다.)

① 용량성   ② 무유도성

③ 유도성   ④ 정저항

|정|답|및|해|설|

[부하]

· $P_r > 0$, 즉 무효전력이 0보다 크면 용량성(진상)회로

· $P_r < 0$, 즉 무효전력이 0보다 작으면 유도성(지상)회로

【정답】①

73. $e^{-at}\cos\omega t$의 라플라스 변환은?

① $\dfrac{s-a}{(s-a)^2+\omega^2}$ ② $\dfrac{s+a}{(s+a)^2+\omega^2}$

③ $\dfrac{s+a}{(s^2+\omega^2)^2}$ ④ $\dfrac{s-a}{(s^2-\omega^2)^2}$

|정|답|및|해|설|

[라플라스 변환]

$\mathcal{L}[e^{-at}\cos\omega t] = \left[\dfrac{s}{s^2+\omega^2}\right]_{s=s+a} = \dfrac{s+a}{(s+a)^2+\omega^2}$

【정답】②

|참|고|

[라플라스 변환표]

함수명	시간함수 $f(t)$	주파수함수 $F(s)$
정현파	$\sin\omega t$	$\dfrac{w}{s^2+w^2}$
여현파	$\cos\omega t$	$\dfrac{s}{s^2+w^2}$
지수 감쇠 정현파	$e^{-at}\sin\omega t$	$\dfrac{w}{(s+a)^2+w^2}$
지수 감쇠 여현파	$e^{-at}\cos\omega t$	$\dfrac{s+a}{(s+a)^2+w^2}$
쌍곡 정현파	$\sinh at$	$\dfrac{a}{s^2-a^2}$
쌍곡 여현파	$\cosh at$	$\dfrac{s}{s^2-a^2}$

74. 그림과 같은 회로에서 스위치 S를 t=0에서 닫았을 때 $(V_L)_{t=0} - 100[V]$, $\left(\dfrac{di}{dt}\right)_{t=0} = 400[A/\sec]$이다. L의 값은 몇 [H]인가?

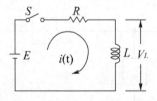

① 0.1   ② 0.5   ③ 0.25   ④ 7.5

|정|답|및|해|설|

[패러데이의 법칙] $V_L = L\dfrac{di}{dt}[V]$

$100 = L \times 400$ → ∴$L = \dfrac{100}{400} = 0.25[H]$ 【정답】③

75. $G(s) = \dfrac{s+1}{s^2+3s+2}$ 의 특성방정식의 근의 값은?

① -2, 3   ② 1, 2

③ -2, -1   ④ 1, -3

|정|답|및|해|설|

[특성방정식의 근] 특성방정식은 전달함수의 분모를 0으로하므로 분모 $s^2+3s+2=0$ 을 인수 분해하여 구한다.

$(s+1)(s+2)=0 \rightarrow s=-2, -1$

※만약, 개루프전달함수 G(s)를 주고 구하라고 하면 특성방정식은 1+G(s)=0으로 해서 구한다.

【정답】③

76. 그림과 같이 접속된 회로의 단자 a, b에서 본 등가 임피던스는 어떻게 표현되는가? (단, $M[H]$ 은 두 코일 L_1, L_2 사이의 상호 인덕턴스이다.)

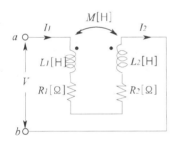

① $R_1+R_2+jw(L_1+L_2)$

② $R_1+R_2+jw(L_1-L_2)$

③ $R_1+R_2+jw(L_1+L_2+2M)$

④ $R_1+R_2+jw(L_1+L_2-2M)$

|정|답|및|해|설|

[RL직렬접속 시 합성 인덕턴스] $Z=R+jX=R+jwL$

회로의 인덕턴스의 감긴 방향이 서로 반대이므로 감극성 따라서 합성 L= L_1+L_2-2M

$\therefore Z=R+jwL=R_1+R_2+jw(L_1+L_2-2M)$

※자속의 합성에 따라 상호 인덕턴스는 가극성일 때 +2M 감극성일 때 -2M이 된다.

【정답】④

77. 다음 회로에서 정저항 회로가 되기 위해서는 $\dfrac{1}{\omega C}$의 값은 몇 $[\Omega]$이면 되는가?

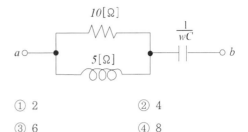

① 2   ② 4

③ 6   ④ 8

|정|답|및|해|설|

[정저항 회로] 정저항 회로가 되기 위해서는 허수부가 영

$\dfrac{1}{\omega C}=X_c$라고 하면

합성임피던스 $Z=\dfrac{10 \times j5}{10+j5}-jX_c=\dfrac{j50(10-j5)}{(10+j5)(10-j5)}-jX_c$

$=\dfrac{j500+250}{125}-jX_c=\dfrac{250}{125}+j\dfrac{500}{125}-jX_c$

허수부가 영이 되어야 하므로 $j\dfrac{500}{125}-jX=0$

따라서 $X_c=\dfrac{1}{\omega C}=\dfrac{500}{125}=4[\Omega]$

【정답】②

78. 내부저항이 $15[k\Omega]$이고 최대눈금이 150[V]인 전압계와 내부저항이 $10[k\Omega]$이고 최대눈금이 150[V]인 전압계가 있다. 두 전압계를 직렬 접속하여 측정하면 최대 몇 [V]까지 측정할 수 있는가?

① 200   ② 250

③ 300   ④ 375

|정|답|및|해|설|

[최대 측정 전압] 두 대의 전압계가 직렬접속이고 내부저항으로 볼 때 큰 저항에 큰 전압이 걸리므로 $15[k\Omega]$의 저항에 150[V]가 걸리면 저항이 $10[k\Omega]$에는 저항의 크기에 비례한 100[V]가 걸리게 되므로 총 250[V]를 측정할 수가 있다

즉, $150=\dfrac{15}{15+10} \times E-\dfrac{15}{25} \times E \rightarrow E=150 \times \dfrac{25}{15}=250[V]$

【정답】②

79. 그림에서 4단자망의 개방 순방향 전달 임피던스 $Z_{21}[\Omega]$과 단락 순방향 전달 어드미턴스 $Y_{21}[\mho]$은?

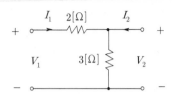

① $Z_{21} = 5, Y_{21} = -\dfrac{1}{2}$

② $Z_{21} = 3, Y_{21} = -\dfrac{1}{3}$

③ $Z_{21} = 3, Y_{21} = -\dfrac{1}{2}$

④ $Z_{21} = 5, Y_{21} = -\dfrac{5}{6}$

|정|답|및|해|설|

[4단자정수]

· $Z_{21} = \dfrac{V_2}{I_1}\bigg|_{I_2=0} = \dfrac{3I_1}{I_1} = 3$

· $Y_{21} = \dfrac{I_2}{V_1}\bigg|_{V_2=0} = \dfrac{-I_1}{2I_1} = -\dfrac{1}{2}$

※4단자정수 (방법2)

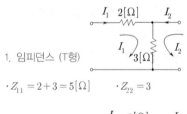

1. 임피던스 (T형)

· $Z_{11} = 2 + 3 = 5[\Omega]$ · $Z_{22} = 3$

2. 어드미턴스 (π형)

· $Z_{11} = \dfrac{1}{2}$ · $Z_{21} = \dfrac{1}{2} + \dfrac{1}{3}$ 【정답】③

80. RLC 직렬회로에 $t = 0$에서 교류전압 $e = E_m \sin(\omega t + \theta)$를 가할 때 $R^2 - 4\dfrac{L}{C} > 0$이면 이 회로는?

① 진동적이다.   ② 비진동적이다.

③ 임계적이다.   ④ 비감쇠진동이다.

|정|답|및|해|설|

[과도응답 특성]

1. $R > 2\sqrt{\dfrac{L}{C}}$: 비진동 (과제동)

2. $R < 2\sqrt{\dfrac{L}{C}}$: 진동 (부족제동)

3. $R = 2\sqrt{\dfrac{L}{C}}$: 임계 (임계제동)   【정답】②

3회 2013년 전기산업기사필기 (전기설비기술기준)

81. 특고압 지중전선과 고압 지중전선이 교차하며, 각각의 지중전선을 견고한 난연성의 관에 넣어 시설하는 경우, 지중함 내 이외의 곳에서 상호간의 간격(이격거리)은 몇 [cm] 이하로 시설하여도 되는가?

① 30   ② 60

③ 100   ④ 120

|정|답|및|해|설|

[지중 전선 상호 간의 접근 또는 교차 (KEC 334.7)] 지중전선이 다른 지중전선과 접근하거나 교차하는 경우에 지중함 내 이외의 곳에서 상호간의 거리가 저압 지중전선과 고압 지중전선에 있어서는 15[cm] 이하, 저압이나 고압의 지중전선과 특별고압 지중전선에 있어서는 30[cm] 이하로 한다.   【정답】①

82. 특고압으로 가설할 수 없는 전선로는?

① 지중 전선로   ② 옥상 전선로

③ 가공 전선로   ④ 수중 전선로

|정|답|및|해|설|

[특고압 옥상 전선로의 시설 (KEC 331.14.2)]
특고압 옥측 전선로(특고압 인입선의 옥측 부분을 제외한다)는 시설하여서는 아니 된다.   【정답】②

83. 440[V]를 사용하는 전로의 절연저항은 몇 [$M\Omega$] 이상인가?

① 0.1   ② 0.2

③ 0.3   ④ 1.0

|정|답|및|해|설|
[전로의 사용전압에 따른 절연저항값 (기술기준 제52조)]

전로의 사용전압의 구분	DC 시험전압	절연 저항값
SELV 및 PELV	250	0.5[$M\Omega$]
FELV, 500[V] 이하	500	1[$M\Omega$]
500[V] 초과	1000	1[$M\Omega$]

【정답】④

84. 22.9[kV]의 특고압 가공전선로를 시가지에 시설할 경우 지표상의 최저 높이는 몇 [m] 이어야 하는가? (단, 전선은 특고압 절연전선이다.)

① 4   ② 5

③ 6   ④ 8

|정|답|및|해|설|
[시가지 등에서 특고압 가공전선로의 시설 제한 (KEC 333.1)]
35[KV] 이하의 특고압전선이 시가지에 시설되는 경우 높이는 10[m] 이상으로 해야 한다.(단, 특고압 절연전선으로 시설하는 경우에는 8[m] 이상으로 할 수 있다.) 【정답】④

85. 직류 귀선의 궤도 근접 부분이 금속제 지중 관로와 1[m] 안에 접근하는 경우에는 지중관로에 대한 어떤 장해를 방지하기 위한 조치를 취하여야 하는가?

① 전파에 의한 장해

② 전류누설에 의한 장해

③ 전식작용에 의한 장해

④ 토양붕괴에 의한 장해

|정|답|및|해|설|
[전기부식방지 시설 (KEC 241.16)] 지중 또는 수중에 시설되는 금속체의 부식을 방지하기 위하여 지중 또는 수중에 시설하는 양극과 금속체 간에 방식 전류를 통하는 시설로 다음과 같이 한다.

· 사용전압은 직류 60[V] 이하일 것
· 지중에 매설하는 양극은 75[㎝] 이상의 깊이일 것
· 수중에 시설하는 양극과 그 주위 1[m] 안의 임의의 점과의 전위차는 10[V] 이내, 지표 또는 수중에서 1[m] 간격을 갖는 임의의 2점간의 전위차는 5[V] 이내이어야 한다.
· 전선은 케이블인 경우를 제외하고 2[㎜] 경동선 이상이어야 한다.
【정답】③

86. 동작시에 아크가 생기는 고압용 개폐기는 목재로부터 몇 [m] 이상 떼어 놓아야 하는가?

① 1   ② 1.2

③ 1.5   ④ 2

|정|답|및|해|설|
[아크를 발생하는 기구의 시설 (KEC 341.7)] 고압용 또는 특고압용의 개폐기·차단기·피뢰기등 동작시에 아크가 생기는 것은 목재 등 가연성 물체로부터 이격한다.
· 고압용의 것은 1[m] 이상 이격
· 특고압용은 2[m] 이상 이격 【정답】①

87. 고압 가공전선로의 지지물이 B종 철주인 경우, 지지물 간 거리(경간)는 몇 [m] 이하여야 하는가?

① 150   ② 200

③ 250   ④ 300

|정|답|및|해|설|
[고압 가공전선로의 지지물 간의 거리(경간)의 제한 (KEC 332.9)]

지지물의 종류	표준 경간	25[㎟] 이상의 경동선 사용
목주 · A종 철주 또는 A종 철근 콘크리트 주	150[m] 이하	300[m] 이하
B종 철주 또는 B종 철근 콘크리트 주	250[m] 이하	500[m] 이하
철탑	600[m] 이하	600[m] 이하

【정답】③

88. 일반 주택의 저압 옥내 배선을 점검하였더니 다음과 같이 시공되어 있었다. 잘못 시공된 것은?

① 욕실의 전등으로 방습 형광등이 시설되어 있다.

② 단상 3상식 인입개폐기의 중성선에 동관이 접속되어 있었다.

③ 합성수지관공사의 관의 지지점간의 거리가 2[m]로 되어 있었다.

④ 금속관 공사로 시공하였고 절연전선을 사용하였다.

|정|답|및|해|설|
[합성수지관 공사 (KEC 232.11)]
· 전선은 합성수지관 안에서 접속점이 없도록 할 것
· 전선은 절연전선(옥외용 비닐 절연전선을 제외)일 것
· 관의 지지점 간의 거리는 1.5[m] 이하로 할 것
【정답】③

89. 전기설비기준에서 사용되는 용어의 정의에 대한 설명으로 옳지 않은 것은?

① 접속설비란 공용 전력계통으로부터 특정 분산형전원 설치자의 전기설비에 이르기까지의 전선로와 이에 부속하는 개폐장치, 모선 및 기타 관련 설비를 말한다.

② 제1차 접근상태란 가공 선선이 다른 시설물과 접근하는 경우에 다른 시설물의 위쪽 또는 옆쪽에서 수평거리로 3[m] 미만인 곳에 시설되는 상태를 말한다.

③ 계통연계란 분산형 송전사업자나 배 전사업자의 전력계통에 접속하는 것을 말한다.

④ 단독운전이란 전력계통의 전원과 전기적으로 분리된 상태에서 분산형전원에 의해서만 가압되는 상태를 말한다.

|정|답|및|해|설|
[용어정의 (제1차 접근 '제1차 접근 상태'란 가공전선이 다른 시설물의 위쪽 또는 옆쪽에서 수평거리로 가공저선로의 지지물의 지표상의 높이에 상당하는 거리 안에 시설됨으로써 가공전선로의 전선의 절단, 지지물의 도괴 등의 경우에 그 전선이 다른 시설물에 접촉할 우려가 있는 상태 상태를 말한다.
※3[m] 미만의 접근상태는 2차접근상태를 말한다.
【정답】②

90. 고압 옥내배선의 공사법이 아닌 것은?

① 애자사용공사 ② 케이블공사

③ 금속관공사 ④ 케이블트레이공사

|정|답|및|해|설|
[고압 옥내배선 등의 시설 (KEC 342.1)]
고압 옥내배선은 다음 중 1에 의하여 시설할 것.
1. 애자사용 공사(건조한 장소로서 전개된 장소에 한한다)
2. 케이블 공사
3. 케이블 트레이 공사
【정답】③

91. 고압 보안공사 지지물로 A종 철근콘크리트주를 사용할 경우 지지물 간 거리(경간)는 몇 [m] 이하이어야 하는가?

① 50 ② 100 ③ 150 ④ 400

|정|답|및|해|설|
[고압 보안공사의 지지물 간 거리(경간) (KEC 332.10)]

지지물의 종류	지지물 간 거리(경간)
목주·A종 철주 또는 A종 철근 콘크리트주	100[m]
B종 철주 또는 B종 철근 콘크리트주	150[m]
철탑	400[m]

【정답】②

92. 케이블을 사용하지 않은 154[kV] 가공송전선과 식물과의 최소 간격은 몇 [m]인가?

① 2.8 ② 3.2

③ 3.8 ④ 4.2

|정|답|및|해|설|
[특별고압 가공전선과 식물의 간격 (KEC 333.30)
1. 사용전압이 35[kV] 이하인 경우 0.5[m] 이상 이격
2. 60[kV] 이하 : 2[m] 이상 이격
3. 60[kV] 초과 : 2[m]에 60[kV]를 넘는 10[kV] 또는 그 단수마다 12[cm]를 가산한 값 이상으로 이격

· 단수 $= \dfrac{154-60}{10} = 9.4 \rightarrow 10$단

· 간격 $= 2 + 10 \times 0.12 = 3.2[m]$
【정답】②

93. 고압 가공전선을 ACSR선으로 쓸 때 안전율은 몇 이상의 처짐 정도(이도)로 시설하여야 하는가?

① 2.0   ② 2.2
③ 2.5   ④ 3.0

|정|답|및|해|설|
[저·고압 가공전선의 안전율 (kec 222.6), (KEC 331.14.2)]
고압 가공전선은 케이블인 경우 이외에는 다음의 안전율 이상이 되는 처짐 정도(이도)로 시설한다.
1. 경동선 또는 내열 동합금선은 2.2 이상
2. 그 밖의 전선(ACSR등)은 2.5 이상이 되는 안전율로 시설한다.

|참|고|
[안전율]
1.33 : 이상시 상정하중 철탑의 기초
1.5 : 케이블트레이, 안테나
2.0 : 기초 안전율
2.2 : 경동선/내열동 합금선
2.5 : 지지선, ACSR(강심알루미늄연선), 기타 전선   【정답】③

94. 발전소에 시설하여야 하는 계측장치가 계측할 대상이 아닌 것은?

① 발전기, 연료전지의 전압 및 전류
② 발전기의 베어링 및 고정자 온도
③ 고압용 변압기의 온도
④ 주요 변압기의 전압 및 전류

|정|답|및|해|설|
[계측장치의 시설 (KEC 351.6)] 발전소에서는 다음 계측하는 장치를 시설한다.
·발전기·연료전지 또는 태양전지 모듈의 전압 및 전류 또는 전력
·발전기의 베어링 및 고정자의 온도
·정격출력이 10,000[kW]를 초과하는 증기터빈에 접속하는 발전기의 진동의 진폭
·주요 변전소의 전압 및 전류 또는 전력
·특고압용 변압기의 온도   【정답】③

95. 다음 중 전로의 중성점 접지의 목적으로 거리가 먼 것은?

① 대지 전압의 저하
② 이상 전압의 억제
③ 손실 전력의 감소
④ 보호장치의 확실한 확보

|정|답|및|해|설|
[전로의 중성점의 접지 (KEC 322.5)]
전로의 보호 장치의 확실한 동작의 확보, 이상 전압의 억제 및 대지 전압의 저하를 위하여 특히 필요한 경우에 전로의 중성점을 접지한다.   【정답】③

96. 전력보안 가공 통신선을 횡단보도교 위에 시설하는 경우, 그 노면상 높이는 몇 [m] 이상으로 하여야 하는가?

① 3.0   ② 3.5
③ 4.0   ④ 4.5

|정|답|및|해|설|
[전력보안통신케이블의 지상고와 배전설비와의 간격 (KEC 362.2)]

시설 장소		가공 통신선	첨가 통신선	
			고저압	특고압
도로 횡단	일반적인 경우	5[m]	6[m]	6[m]
	교통에 지장이 없는 경우	4.5[m]	5[m]	
철도 횡단 (레일면상)		6.5[m]	6.5[m]	6.5[m]
횡단 보도 교 위 (노면 상)	일반적인 경우	3[m]	3.5[m]	5[m]
	절연전선과 동등 이상의 절연효력이 있는 것 (고·저압)이나 광섬유 케이블을 사용하는 것 (특고압)		3[m]	4[m]
기타의 장소		3.5[m]	4[m]	5[m]

【정답】①

97. 특고압 옥내배선과 저압 옥내전선, 관등회로의 배선 또는 고압 옥내전선 사이의 이격 거리는 일반적으로 몇 [cm] 이상이어야 하는가?

① 15   ② 30

③ 46   ④ 60

|정|답|및|해|설|
[특고압 옥내 전기설비의 시설 (KEC 342.4)]
1. 전선은 케이블일 것
2. 사용전압 : 100[kV] 이하 (단, 케이블 트레이 공사에 의하여 시설하는 경우에는 35[kV] 이하)
3. 간격 : 특고압 배선과 저·고압선 60[m] 이격(약전류 전선 또는 수관, 가스관과 접촉하지 않도록 시설)

【정답】④

98. 전로에 시설하는 기계 기구 중에서 외함 접지 공사를 생략할 수 없는 경우는?

① 사용 전압이 직류 300[V] 또는 교류 대지 전압이 150[V] 이하인 기계 기구를 건조한 곳

② 철대 또는 외함의 주위에 절연대를 시설하는 경우

③ 전기용품안전관리법의 적용을 받는 2중 절연의 구조로 되어 있는 기계기구를 시설하는 경우

④ 정격감도 전류 20[mA], 동작 시간이 0.5초인 직류 동작형의 인체 감전 보호용 누전차단기를 시설하는 경우

|정|답|및|해|설|
[기계기구의 철대 및 외함의 접지 (KEC 142.7)] 감전 보호용 누전차단기 : 전기용품안전관리법의 적용을 받는 인체 감전보호용 누전차단기는 정격감도전류가 30[mA] 이하, 동작시간이 0.03초 이하의 전류동작형의 것을 시설하는 경우 접지공사를 생략할 수 있다.

【정답】④

※한국전기설비규정(KEC) 적용으로 인해 더 이상 출제되지 않는 문제는 삭제했습니다.

Memo

Memo